2판
유체역학

Pearson Education South Asia Pte Ltd
9 North Buona Vista Drive
#13-05/06 The Metropolis
Tower One
Singapore 138588

Pearson Education offices in Asia: Bangkok, Beijing, Ho Chi Minh City, Hong Kong, Jakarta, Kuala Lumpur, Manila, Seoul, Singapore, Taipei, Tokyo

3   2   1
23   22   21

Cover Art: © Chaiyagorn Phermphoon/Shutterstock

발행일: 2021년 3월 1일
공급처: 교문사(031-955-6111~4/genie@gyomoon.com)
ISBN: 978-981-3137-31-8(93550)
가격: 39,000원

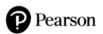

http://pearsonapac.com/

Fluid Mechanics

2판

유체역학

R. C. Hibbeler 지음

황원태 감수

권재성·김범주·김우태·김형민·심재술·유기수
유재영·윤준용·이도형·전용두·홍지우   옮김

P Pearson

교문사

옮긴이 머리말

우리의 일상 어디에서나 발견할 수 있는 것이 유체이다. 지구 표면의 약 70%를 덮고 있는 바다, 인체의 약 70%를 구성하고 있는 물도 유체이고, 우리가 숨 쉬는 공기도 유체에 해당한다. 이 책은 '유체'란 정확히 무엇을 말하고, 유체의 움직임을 이해하는 것이 왜 중요하며, 유체의 흐름에 대한 이해는 실생활에 어떻게 활용될 수 있는가라는 질문에 대한 기초적인 지식을 제공한다. 과학자들은 이러한 질문들에 대한 답을 고대로부터 오랜 시간 탐구해 왔는데, 그 시작은 고대 그리스 시대 아르키메데스가 부력에 대해 연구하던 때로 거슬러 올라간다.

유체의 움직임과 그와 연관된 힘에 대한 학문인 유체역학은, 물리학, 화학, 해양학, 생물학, 지구 물리학 등의 기초과학뿐 아니라, 기계공학, 항공공학, 토목공학, 화학공학, 조선공학, 환경공학, 의공학 등 여러 공학 분야에서도 중요한 기반이다. 적용분야도 무척 광범위하여, 자동차, 비행기, 선박, 기차 등의 수송기관, 발전소와 화학 플랜트 등의 에너지 생성 및 변환 시설, 수로와 댐 등의 토목 관련 분야, 대기의 흐름과 날씨 등을 다루는 기상학, 심혈관계 및 순환기 등을 연구하는 의공학 분야 등이 유체역학을 활용하고 있다.

유체역학을 처음 공부하는 학생들이 어렵다고 느끼는 것은, 유체의 흐름은 통상 눈에 보이지 않아 개념을 잡는 것이 쉽지 않고, 그 움직임을 관장하는 수식들이 복잡하기 때문이다. 따라서 개념을 잘 정립해주고, 다양한 예제들을 통해 문제가 풀이되는 과정의 이해를 돕는 안내서가 필요하다. 이 책은 학생들이 유체의 개념을 쉽게 이해하고, 다양한 문제와 풀이들을 통해서 문제해결 능력을 배양할 수 있도록 구성했다. 실제 상황을 어떻게 수식으로 모델화하고 이론을 적용하는지 가르쳐주는 문제들도 다수 실었다. 개념 정리가 필요할 때마다 요점정리를 배치했고, 각 장의 끝에는 복습을 통해 이해를 다지도록 개념들과 수식들을 요약해 놓았다. 아울러 실제 상황과 관련된 사진들도 다수 수록하여 학생들의 이해를 돕고 흥미를 유발한다.

이 책의 번역진은 각자의 분야에서 다년간 강의와 연구 경력이 있는 이들로 구성되어 있다. 정성 들여 번역본을 집필하였고, 출판사와 여러 번에 걸쳐 수정해서 완성하였다. 전체적으로 용어들을 일관되게 사용하였고, 자연스럽게 읽힐 수 있도록 노력했다. 이 책을 유체역학에 입문하는 모든 학생들, 그리고 교재 선정에 고심 중인 모든 교수 및 강사들에게 추천한다. 번역 과정에서의 오류 또는 부자연스러운 부분들이 발견된다면 독자들의 피드백을 감사한 마음으로 받도록 하겠다.

2021년 2월
역자 일동

지은이 머리말

이 책이 학생들에게 유체역학의 이론과 응용을 명확하게 설명해줄 수 있기를 희망한다. 이 목표를 달성하기 위해 책의 검토위원들, 이메일을 보내주신 대학 동료들, 그리고 학생들로부터 받은 많은 제안 사항과 의견들을 반영하였다. 일부 중요 개선 사항들은 다음과 같다.

새로운 사항들

- **본문 자료의 재작성**　책 전체에 걸쳐 자료를 더 명확하게 하기 위하여, 논의를 확장하거나 특정 주제와 관련이 없는 자료는 삭제하였다.
- **확장된 주제 범위**　1, 3, 5, 7, 10, 11장의 자료들은 10, 11, 12장의 표에 있는 추가 자료를 포함하여 일부 주제에 대한 논의를 강화했다.
- **새로운 예제문제**　7장과 10장에 새로운 예제들을 추가함으로써 이론을 어떻게 적용하는지 잘 보여주도록 했다. 책 전반에 걸쳐 있는 많은 예제들의 더 명확한 의미 전달을 위해서 설명을 확장했다.
- **새로운 기초문제**　이론 및 응용에 대한 학생들의 이해를 증진하고, 다양한 공학 시험을 공부하는 데 사용할 수 있는 자료를 제공하고자 이러한 문제들을 10장에 추가하였다.
- **새로운 사진과 향상된 그림**　학생들의 내용 이해를 돕기 위하여 많은 새로운 사진과 그림들이 추가되었다.
- **새로운 수식 요약**　학생들이 핵심 공식의 응용을 요하는 시험을 치를 때 공식 시트를 이용할 수 있도록 이것들을 7, 11, 12, 13장의 끝에 추가했다.

언급된 이러한 새로운 기능들 외에도, 이 책의 내용을 돋보이게 하는 두드러진 특징들은 다음과 같다.

구성 및 접근　각 장은 특정 주제에 대한 설명 및 이해를 돕기 위한 예제문제들을 포함한 잘 정의된 절들로 구성되어 있고, 끝에는 관련 연습문제들이 있다. 각 절 내의 주제들은 볼드체 제목으로 표시된 하위 그룹 안에 배치된다. 이러한 구성의 목적은 새로운 정의 또는 개념을 소개하기 위한 구조화된 방법을 제공하고, 후에 이 책을 참고 및 리뷰용 교재로 편리하게 사용할 수 있게 만들기 위함이다.

해석의 절차　이 고유한 기능은 특정 절에 논의된 이론을 적용할 때 따라야 되는 논리정연한 방법을 학생들에게 제공한다. 예제문제들을 수치적으로 명확하게 풀기 위하여 이 방법을 이용한다. 그러나 관련 원리들을 숙달하고 충분한 자신감과 판단력이 일단 생겼으면, 학생들은 문제 풀이를 위한 각자의 방법을 개발할 수 있다.

요점정리 이 기능은 각 절에서 가장 중요한 개념들의 리뷰 또는 요약을 제공하고, 문제 풀이 시 이론을 적용할 때 기억해야 되는 가장 중요한 점들을 강조한다. 각 장의 끝에 추가적인 복습이 제시된다.

사진 책 전반에 걸쳐 배치된 많은 사진들로 묘사된 실제 응용 사례들은 내용 파악에 도움을 준다. 이 사진들은 유체역학의 원리들이 실제 상황에 어떻게 적용되는지 보여주기 위하여 자주 사용된다.

기초문제 예제문제 직후 이러한 문제들을 선택적으로 배치하였다. 학생들에게 이론을 간단히 응용해볼 수 있는 기회를 줌으로써 뒤따르는 연습문제들을 풀려고 시도하기 전에 문제해결 능력을 개발할 수 있는 기회를 제공한다. 이러한 문제들은 책 뒤에 완전한 풀이 과정과 해답이 주어져 있기 때문에 확장된 예제로 간주할 수 있다. 그리고 이러한 기초문제들은 학생들이 시험을 대비할 때 훌륭하게 사용될 수 있으며, 후에 다양한 공학 시험을 준비할 때에도 사용될 수 있다.

연습문제 책에 있는 대다수의 문제들은 공학 분야에서 마주치게 되는 실제 상황들을 묘사하고 있다. 이러한 현실성이 흥미로움을 유발하고, 동시에 어떠한 문제도 물리 현상에서 모델 또는 상징적 표현을 유추한 후 유체역학의 이론들을 적용할 수 있는 능력을 개발할 수 있는 방법을 제공할 수 있기를 희망한다.
  책 전체의 모든 문제들은 국제(SI)단위계를 사용한다. 그리고 모든 경우에 난이도가 증가하는 방향으로 문제들을 배치하려고 노력했다. 별표(*)로 표시된 매 네 번째 문제를 제외하고, 다른 모든 문제들에 대한 해답은 책 뒤에 주어져 있다.

개념문제 본문 전체에 걸쳐, 대부분의 장 끝에, 그 장에 포함된 이론들을 적용할 수 있는 개념적 상황들과 관련이 있는 문제들이 있다. 이러한 문제들은 학생들이 사진에 묘사된 실제 상황에 대해서 곰곰이 생각해볼 수 있도록 고안된 것이다. 학생들이 과목에 대한 전문 지식이 어느 정도 쌓인 후 출제하면 되고, 개인 또는 팀 프로젝트로 모두 적합하다.

정확성 본문의 정확성과 문제 풀이 과정들은 전부 외부인들에 의해 철저히 점검되었다. 특히 Bittner Development Group의 Kai Beng Yap, Kurt Nolin, 그리고 Competentum의 Pavel Kolmakov과 Vadim Semenenko가 공이 크다. 국제단위계 판은 세 명의 추가적인 검토자가 점검했다.

내용

이 책은 14장으로 나뉘어져 있다. 1장은 유체역학에 대한 소개로 시작하고, 그 후에 단위 및 중요한 유체 물성치들에 대한 논의가 뒤따른다. 액체의 일정한 가속된 움직임과 일정한 회전을 포함한 유체정역학의 개념들은 2장에서 다룬다. 3장에서는 유체 운동학의 기본 원리들을 다룬다. 그 후, 4장에서는 연속방정식, 5장에서는 베르누이와 에너지 방정식, 그리고 6장에서는 유체 운동량이 뒤따른다. 7장에서는 이상유체의 미분형 유체 유동에 대해 논의한다. 8장은 차원해석과 상사성을 다룬다. 그런 다음 9장에서는 평행평판 사이와 파이프 내의 점성유동을 다룬다. 이러한 분석은 10장으로 확장되고, 여기서는 파이프 시스템 설계에 대해 논의한다. 압력항력과 양력에 관한 주제들을 포함한 경계층 이론은 11장에서 다룬다. 12장에서는 개수로, 그리고 13장에서는 압축성 유동의 여러 주제들에 대해 다룬다. 마지막으로, 축류와 반경류 펌프 및 터빈과 같은 터보기계들은 14장에서 다룬다.

대체 적용 범위　　1장부터 6장까지의 기본 원리들을 다룬 후, 강사는 재량에 따라 나머지 장들을 연속성의 손실 없이 어떠한 순서로 제시해도 관계 없다. 시간이 허락하는 경우, 좀 더 진보된 주제들을 포함한 절들이 강좌에 포함될 수 있다. 이러한 주제들은 책 뒤에 있는 장들에 있다. 또한 이 자료는 기본 원리들이 좀 더 진보된 강좌에서 논의될 때 참고용으로 사용될 수 있다.

Russell Charles Hibbeler

hibbeler@bellsouth.net

차례

1
기본 개념 13

2
유체정역학 49

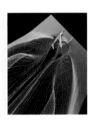

3
유체의 운동학 127

4
질량보존 법칙 157

5
움직이는 유체의 일과 에너지 191

6
유체 운동량 251

7
미분형 유동 해석 299

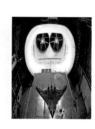

8
차원해석과 상사성 363

9
닫힌 도관 내부의 점성유동 397

11
외부 표면 위를 흐르는 점성유동 485

10
파이프 유동에 대한 해석과 설계 437

12
개수로 유동 553

13
압축성 유동　605

14
터보기계　683

CHAPTER 1

화학공정 플랜트에서 사용되는 압력 용기, 파이프 시스템, 펌프 등을 설계하고 분석하는 데 있어서 유체역학은 중요한 역할을 한다.

기본 개념

학습목표

- 유체역학의 정의와 유체역학의 다양한 응용 분야에 대해 설명한다.
- 유체량과 관련된 단위계에 대해 설명하고 올바른 계산 방법에 대한 논의한다.
- 중요한 유체의 물성치를 정의한다.
- 유체의 거동 특성에 대해 설명한다.

1.1   서론

유체역학(fluid mechanics)은 정지해 있거나 움직이는 유체(기체 또는 액체)의 거동을 연구하는 학문이다. 유체는 우리 주변에 만연하게 존재하기 때문에 여러 가지 공학 분야에서 중요하게 응용되는 핵심적인 학문이다. 예를 들면, 항공 및 항공우주공학 분야에서는 비행에 대한 연구와 추진시스템의 설계에 유체역학을 적용한다. 토목공학 분야에서는 배수로, 배수 네트워크, 상하수도 시스템이나 댐, 제방 등의 구조물을 설계하는 데 유체역학을 적용한다. 기계공학 분야에서는 펌프, 압축기, 공정 제어시스템, 냉난방 장치, 풍력 발전기, 태양열 장치 등을 설계하는 데 유체역학을 적용한다. 화학공학이나 석유화학공학 분야에서는 여러 가지 화학물질을 정제하거나 이송 및 혼합하는 공정에서 유체역학을 적용한다. 심지어 전자공학이나 컴퓨터공학 분야에서도 스위치나 스크린 디스플레이 및 데이터 저장 장치를 설계하는 데 유체역학의 원리를 적용한다. 공학 분야 외에 생체역학 분야에서도 혈액순환이나 소화기 및 기관지 시스템을 이해하는 데 유체역학이 중요한

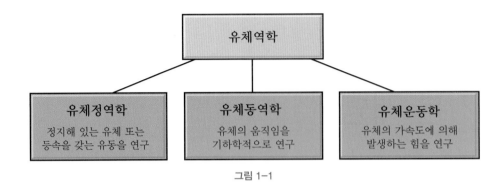

그림 1-1

역할을 하며, 기상학에서 토네이도와 허리케인의 움직이나 영향을 연구하는 데 있어서도 유체역학의 역할이 중요하다.

유체역학의 분류　유체역학의 원리는 뉴턴의 운동 법칙, 질량보존 법칙, 열역학 제1, 2법칙, 유체의 물리적 성질을 기반으로 한다. 유체역학은 그림 1-1에서 보여주는 바와 같이 3개의 학문으로 분류된다. 본 책에서는 2장에서 유체정역학을, 3장에서 유체운동학을, 나머지 부분에서 유체동역학을 다룰 것이다.

역사적 발전과정　유체역학의 원리에 대한 기본적인 지식은 인류의 문명 발전에 상당한 영향을 미쳤다. 역사적 기록에 의하면 로마 제국과 같은 초기 사회에는 시행 오차의 과정을 통해 관개 및 물 공급 시스템 건축에 유체역학을 이용하였다. 기원전 3세기 중반에는 Archimedes에 의해 부력의 원리가 발견되었고, 한참 뒤인 15세기에 이르러 Leonardo Da Vinci에 의해 수문 설계에 대한 원리가 규명되었고 기타 수로 운송에 사용되는 장치 개발에 적용되었다. 그러나 유체역학의 핵심적인 기초 원리에 대한 다수의 중요한 발견들은 17세기에 이루어졌다. 이 시기에 Evangelista Torricelli는 기압계를 고안했고, Blaise Pascal은 정압 법칙을 발견했으며, Isaac Newton은 점성법칙을 발견하여 유동 저항에 대한 원리를 설명하였다.

18세기에는 Leonhard Euler와 Daniel Bernoulli에 의해 일정한 밀도를 가지며 내부 마찰 저항이 없는 이상적인 유체의 운동을 다루는 **수력학**(hydrodynamics) 분야가 개척되었다. 하지만 수력학은 유체의 물리적 성질을 충분히 반영하지 못하기 때문에 공학 문제에 적용하는 데 제약이 있다. 좀 더 실질적인 접근법의 필요성에 의해 발전된 학문이 **수리학**(hydraulics)이다. 이 분야에서는 주로 물의 흐름을 대상으로 한 실험으로부터 얻어진 자료를 사용하여 경험식을 도출한 후 이를 설계에 사용한다. 19세기에 수리학 발전에 공헌한 대표적인 학자로는 수차를 개발한 Gustave de Coriolis, 파이프 유동의 마찰을 연구한 Gotthilf Hagen과 Jean Poiseuille를 들 수 있다. 20세기 초반에 공기역학을 연구하던 중 경계층의 개념을 도입한 Ludwig Prandtl에 의해 수력학과 수리학이 통합되었다. 그 후 많은 학자들이 지금의 유체역학으로 발전되어 오는 데 기여를 하였다. 이 책 전체를 통해 이를 다룰 것이다.*

---

* 참고문헌 [1]과 [2]는 유체역학의 역사적 발전 과정에 대해 더 자세히 다루고 있다.

1.2 물질의 특성

일반적으로 물질은 상태에 따라 고체, 액체, 기체로 구분된다.

고체는 일정한
형상을 유지한다.
(a)

고체 철, 알루미늄, 나무와 같은 **고체**(solid)는 분명한 형태와 체적을 유지한다 (그림 1-2a). 고체 내의 분자나 원자가 조밀하게 밀집되어 있으며, 주로 격자 형태 나 기하학적 구조를 가지면서 서로 강하게 결합되어 있으므로 고체는 형상을 유 지한다. 이러한 구조 내의 원자 간격은 부분적으로 분자 사이에 존재하는 큰 응집 력 때문이다. 이러한 응집력으로 인해 분자 자체의 미소한 진동을 제외하고는 어 떠한 상대적 움직임도 일어나지 않는다. 따라서 고체는 가해지는 하중에 대해 쉽 게 변형되지 않으며, 변형이 발생된 상태에서도 계속 하중을 지탱할 수 있다.

액체는 용기의
형상을 취한다.
(b)

액체 물, 알코올, 기름과 같은 **액체**(liquid)는 고체보다 더 이동성이 높은 분자 들로 구성된 유체이다. 액체는 분자 간 인력이 약하기 때문에 형태를 유지할 수 없 다. 대신에 액체는 흐르며 그림 1-2b와 같이 용기에 담을 경우 용기의 형태를 취 하며 용기 상단부에 수평한 자유표면(free surface)을 형성한다. 액체는 쉽게 변 형될 수 있으나 분자 간의 거리는 가까워서 용기 내에 구속되어 있을 때 압축력 (compressive force)에 저항할 수 있다.

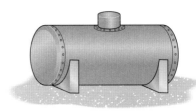

기체는 용기의
전체 공간을 채운다.
(c)

그림 1-2

기체 헬륨, 질소, 공기와 같은 **기체**(gas)는 그림 1-2c와 같이 용기의 전체 공간 을 채울 때까지 흐르는 유체이다. 기체는 액체에 비해 분자 간의 거리가 훨씬 멀리 떨어져 있다. 따라서 기체 분자는 다른 기체 분자나 용기 표면에 부착된 기체 분자 와 서로 충돌하여 반발력을 받기 전에 상당한 거리를 자유롭게 이동할 수 있다.

실제 유체
(a)

연속체 모델
(b)

그림 1-3

연속체 그림 1-3a와 같이 유체를 형성하는 모든 분자의 운동을 고려하여 유체 의 거동을 연구하는 것은 불가능한 일이다. 하지만 다행하게도 대부분의 공학 문 제에서 다루는 유체의 체적은 유체를 이루는 분자 간의 거리에 비해 매우 크기 때 문에 유체가 대상이 되는 공간 내에 균일하게 분포되었다고 가정하더라도 합리성 이 보장된다. 이러한 상황에서, 유체를 빈 공간을 남기지 않는 연속적인 물질 분포 인 **연속체**(continuum)로 간주할 수 있다(그림 1-3b). 연속체 가정을 통해 공간 전 체에 걸쳐 어느 지점에서나 유체의 **평균 성질**을 사용할 수 있다. 10억분의 1미터 정 도의 분자 거리가 중요해지는 특수한 상황에서는 연속 모델이 적용되지 않으며, 이러한 상황에서의 유체 흐름을 연구하기 위해서는 통계적 기법을 사용할 필요가 있다. 본 책에서는 연속체 가설을 만족하는 유체역학 문제만을 다루며, 연속체가 아닌 통계역학적 접근 방식의 유체역학 문제에 관심이 있으면 참고문헌 [3]을 살 펴보기 바란다.

1.3 국제단위계

유체와 유체의 흐름 특성을 길이, 시간, 질량, 힘, 온도 등의 5가지 기본 물리량을 결합하여 설명할 수 있다. 하지만 길이, 시간, 질량, 힘은 모두 뉴턴의 운동 제2법칙인 $F=ma$와 연결되어 있기 때문에 각 물리량을 정량화하는 데 사용되는 단위는 임의의 단위계를 사용하면 안 된다. $F=ma$로 정의되는 힘의 크기를 표현한 경우 3가지 물리량에 대해서는 임의의 단위를 정의할 수 있지만, 나머지 하나의 물리량 단위는 식에 의해 유도된다.

국제 단위계(international system of units, SI units)는 전 세계적으로 통용되는 최신 단위계이다. SI 단위계에서 길이는 미터(m), 시간은 초(s), 킬로그램(kg)을 사용한다. 뉴턴(N)이라고 하는 힘의 단위는 $F=ma$에서 유도된다. 여기서, 1뉴턴(N)은 그림 1-4a와 같이 1킬로그램의 질량을 1 m/s²로 가속시키는 데 필요한 힘(N=kg·m/s²)으로 정의된다.

중력으로 인한 가속도가 $g=9.81$ m/s²이고 유체의 질량이 m(kg)인 '표준 위치'에서 유체의 중량(W)을 뉴턴 단위로 나타내면 다음 식과 같다.

$$W \text{ (N)} = [m \text{ (kg)}](9.81 \text{ m/s}^2) \tag{1-1}$$

따라서 1 kg의 질량을 갖는 유체의 중량은 9.81 N이고, 2 kg의 질량을 갖는 유체의 중량은 19.62 N이다.

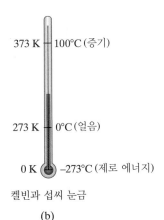

1 m/s²

1 N   1 kg

뉴턴은 힘의 단위이다.

(a)

373 K — 100°C (증기)

273 K — 0°C (얼음)

0 K — -273°C (제로 에너지)

켈빈과 섭씨 눈금

(b)

그림 1-4

온도 절대온도(absolute temperature)는 물질의 분자가 소위 '제로 에너지(zero-energy)' 또는 움직임이 없는 지점에서 측정된 온도이다.* SI 단위계에서 절대온도의 단위는 켈빈(K)이다. 이 단위는 온도 표시를 사용하지 않기 때문에 7K이면 '7켈빈(seven kelvins)'으로 읽으면 된다. SI 단위는 아니지만 섭씨온도(Celcius, °C)로 측정되는 등가 크기 단위가 자주 사용된다. 섭씨온도는 그림 1-4b와 같이 순수한 물의 어는점과 끓는점을 기준으로 각각 0°C(273 K), 100°C(373 K)로 정한다. 이에 대한 단위 변환식은 다음과 같다.

$$T_K = T_C + 273 \tag{1-2}$$

이 책에서 대부분의 공학 문제를 다룰 때 식 (1-1)과 (1-2)를 사용할 것이다. 하지만 더 정밀한 계산을 위해서는 식 (1-2)에서 273.15K을 사용한다. 또 '표준 위치'에서는 더 정확한 중력가속도 값 $g=9.807$ m/s² 또는 중력으로 인한 국부 가속도 값을 식 (1-1)에서 사용한다.

접두어 SI 단위계에서는 수치가 매우 크거나 아주 작을 때 크기를 정의하는 데 사용되는 단위를 접두어를 사용하여 표기한다. 이 책에서 사용되는 접두어를 표 1-1에 정리하였다. 각각은 숫자의 소수점 기준으로 앞으로 또는 뒤로 3자리, 6자

---

* 이는 양자역학의 법칙에 따르면 실제로 도달할 수 없는 온도이다.

표 1-1 접두어			
	지수형	접두어	SI 기호
하위 배수			
0.001	10^{-3}	milli	m
0.0000 001	10^{-6}	micro	μ
0.0000 000 001	10^{-9}	nano	n
배수			
1 000 000 000	10^9	Giga	G
1 000 000	10^6	Mega	M
1 000	10^3	kilo	k

리, 9자리만큼 이동하는 단위의 배수 또는 하위 배수를 표현하는 데 사용된다. 예를 들어 5 000 000 g은 5000 kg(kilogram) 또는 5 Mg(Megagram)이고, 0.000 006 s는 0.006 ms(millisecond) 또는 6 μs(microsecond)로 쓴다.

일반적으로 다수의 단위가 복합적으로 상용될 경우에 접두어를 사용할 경우와 혼돈을 방지하기 위하여 점을 사용하여 구별한다. 즉, m · s는 미터-초를 나타내는 반면에 ms는 milisecond를 나타낸다. 접두어가 있는 단위에 적용되는 지수 거듭제곱은 단위와 접두사에 모두 적용 가능하다. 예를 들면, $ms^2 = (ms)^2 = (ms)(ms) = (10^{-3} s)(10^{-3} s) = 10^{-6} s^2$이다.

1.4 계산

유체역학의 원리를 적용할 때 대수 연산으로 계산해야 하는 공식들이 자주 등장한다. 따라서 정확한 계산을 위해 아래의 개념을 숙지하는 것이 중요하다.

동차성의 원리 물리적 과정을 서술하는 데 사용되는 공식의 모든 항은 **동일한 차원**을 가져야 하며, 동일한 단위계로 계산되어야 한다. 이 원리를 바탕으로 공식의 각 항에 표시된 변수들이 맞는지, 어떤 숫자를 대입해야 하는지 확인할 수 있다. 예를 들어, 일과 에너지의 원리를 적용한 베르누이 방정식을 고려해보자. 5장에서 이 식에 대해 자세히 다루겠지만, 우선 식은 아래와 같이 표현된다.

$$\frac{p}{\gamma} + \frac{V^2}{2g} + z = \text{일정}$$

SI 단위계를 사용하면, 압력 p는 N/m^2, 비중량 γ는 N/m^3, 속도 V는 m/s, 중력가속도 g는 m/s^2, 그리고 위치 z는 m이다. 위의 식을 각 항에 대한 단위로 환산하면 아래와 같이 모두 미터 단위임을 확인할 수 있다.

$$\frac{N/m^2}{N/m^3} + \frac{(m/s)^2}{m/s^2} + m$$

이 방정식이 어떤 형태의 대수식으로 표시되더라도 반드시 동차성의 원리는 만족되어야 한다. 문제를 풀기 위해 공식을 적용할 경우 각 항의 단위를 점검해보고 동일한지 확인하는 것이 중요하다.

숫자 반올림 결과의 정확도가 문제 데이터의 정확도와 같도록 숫자를 반올림해야 한다. 일반적으로 5보다 큰 숫자로 끝나는 숫자는 반올림하며 5보다 작은 숫자는 반내림한다. 예를 들어, 3.558을 3개의 유효숫자로 반올림하려면 네 번째 숫자(8)가 5보다 크므로 세 번째 숫자는 6으로 반올림되어 3.56이 된다. 마찬가지로 0.5896은 0.590이 되고 9.387은 9.39가 된다. 1.341에서 3개의 유효숫자로 반내림하면 네 번째 숫자(1)가 5보다 작기 때문에 1.34가 된다. 마찬가지로 0.3762는 0.376이 되고 9.873은 9.87이 된다. 끝자리가 정확하게 5로 끝나는 어떤 숫자의 경우에는, 5 앞의 숫자가 홀수일 때만 반올림한다. 예를 들어, 75.25는 3개의 유효숫자로 반내림하여 75.2가 되며, 0.1275와 0.2555는 각각 반올림하여 0.128과 0.256이 된다.

계산과정 산술적 계산을 수행할 때는 중간 결과를 계산기에 저장하는 것이 좋다. 즉 최종 결과를 도출할 때까지 계산된 결과를 반올림하지 않는다. 이 절차는 최종 해답에 이를 때까지 일련의 과정에 걸쳐 정밀도를 유지한다. 이 책에서는 기하학 및 유체 물성과 같은 유체역학의 대부분의 데이터를 유효숫자 세 자리의 정확도로 신뢰성 있게 측정할 수 있기 때문에 일반적으로 해답은 **유효숫자 세 자리**로 표기할 것이다.

또 SI 단위계를 사용할 때는 우선 접두어를 10의 거듭제곱 형태로 변환한 단위로 모든 수량을 나타낸다. 그런 다음 계산을 수행하고 마지막으로 하나의 접두어를 사용하여 결과를 표현한다. 예를 들면, $[3\ MN](2\ mm) = [3(10^6)\ N][2(10^{-3})\ m] = 6(10^3)\ N \cdot m = 6\ kN \cdot m$이다. 분수 형태의 표기의 경우, 킬로그램을 제외하고 MN/s, mm/kg처럼 접두어는 항상 분자에 사용해야 한다.

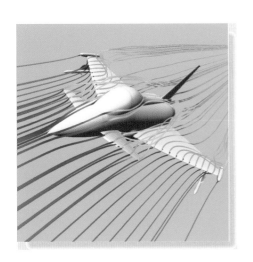

복잡한 유체 흐름은 종종 컴퓨터 해석기법을 통해 연구된다. 하지만 합리적인 예측이 이루어졌는지 판별하기 위해서는 유체역학의 원리를 잘 이해하는 것이 중요하다. (© CHRIS SATTLBERGER/Science Source)

1.5   문제풀이

유체역학에서 이해해야 할 개념과 원리가 다른 과목에 비해 복잡하고 많기 때문에 얼핏 보면 유체역학 문제가 다소 어렵게 느껴질지 모른다. 하지만 이 책을 주의 깊게 잘 읽고 수업시간에 집중을 한다면 유체역학 문제들을 쉽게 풀 수 있다. Aristotle는 "우리가 배워야만 하는 것은 **실천해봄으로써 배울 수 있다.**"라고 했다. 실제로 유체역학 문제 풀이에 대한 독자의 능력은 철저한 준비와 깔끔한 발표에 달려 있다.

어떠한 공학 과목이든 간에 문제를 풀 때에는 논리적이고 순차적인 절차를 충실히 밟는 것이 중요하다. 유체역학에서도 다음에 정리된 논리적 순서를 잘 따라야 한다.

해석의 일반적 절차

유체 설명

유체는 매우 다른 형태로 거동을 하기 때문에 유체의 **유동 형태**를 잘 정의하고 유체의 **물리적 성질**들을 정확히 아는 것이 중요하다. 이를 통해 해석에 필요한 타당한 공식을 선정할 수 있다.

해석

해석의 순서는 일반적으로 다음과 같은 절차를 따른다.

* 문제 데이터에 대한 표를 작성하고 필요한 다이어그램을 그린다.
* 문제에 해당되는 원리를 바탕으로 수학적 형태의 식을 쓴다. 식에 수치들을 대입할 때는 반드시 단위를 포함시키고, 각 항이 동차성의 원리를 따르는지 점검한다.
* 방정식을 풀고 해답은 유효숫자 세 자리로 표기한다.
* 구한 답이 공학적 사고와 상식에 부합되는 타당성을 가졌는지 판단한다.

이러한 절차를 진행해 나갈 때, 가능한 한 깔끔하게 정리해야 한다. 깔끔하게 정리를 해 나가면 논리적으로 분명하게 사고하고 있는지를 잘 알 수 있다.

요점정리

* 고체는 분명한 형상과 체적을 가지며, 액체는 담는 용기의 형태를 띠고, 기체는 담은 용기의 전체 공간을 채운다.
* 대부분의 공학적 문제에서 유체는 연속체라고 간주하며, 유체의 거동을 나타내는 물성은 평균값을 사용한다.
* SI 단위계에서 중량은 뉴턴으로 표시하며, $W(N) = m \text{ (kg)}(9.81 \text{ m/s}^2)$ 식으로부터 구한다.
* SI 단위계에서 접두어를 사용한 단위로 계산을 수행할 경우, 모든 수치량의 단위를 기본 단위로 변환시킨 후 계산을 수행하고, 그 결과값은 다시 적절한 접두어를 사용하여 표기한다.
* 유체역학에서 파생된 모든 공식들은 차원이 동일해야 하며, 각 항의 단위도 일치해야 한다. 방정식을 풀기 위해 변수의 값을 대입할 경우 단위에 주의해야 한다.
* 일반적으로 충분한 수치 정확도로 계산을 수행한 다음, 마지막 해답은 유효숫자 세 자리로 반올림한다.

예제 1.1

$(80 \text{ MN/s})(5 \text{ mm})^2$을 계산하고, 결과를 적절한 접두어를 붙여 SI 단위계로 표시하시오.

풀이

우선 접두어가 있는 수치량을 모두 10의 거듭제곱 형태로 변환하여 계산을 수행한 다음, 결과에 적합한 접두어를 선택하여 표기한다.

$$(80\,\text{MN/s})(5\,\text{mm})^2 = \left[80(10^6)\,\text{N/s}\right]\left[5(10^{-3})\,\text{m}\right]^2$$
$$= \left[80(10^6)\,\text{N/s}\right]\left[25(10^{-6})\,\text{m}^2\right]$$
$$= 2(10^3)\,\text{N}\cdot\text{m}^2/\text{s} = 2\,\text{kN}\cdot\text{m}^2/\text{s} \qquad Ans.$$

예제 1.2

24 000 L/h의 체적유량을 m³/s로 변환하시오.

풀이

1 m³ = 1000 L, 1 h = 3600 s를 사용하여 변환 인자들을 다음과 같은 순서로 배열한 후 단위를 환산한다.

$$\left(24\,000\,\frac{\text{L}}{\text{h}}\right)\left(\frac{1\,\text{m}^3}{1000\,\text{L}}\right)\left(\frac{1\,\text{h}}{3600\,\text{s}}\right)$$
$$= 6.67(10^{-3})\text{m}^3/\text{s} \qquad Ans.$$

여기서 결과값을 3개의 유효숫자로 반내림하였다는 것에 주목하길 바란다. 공학적 계산의 경우, 결과를 (10^3), (10^6), (10^{-9}) 등과 같이 10^3의 지수 거듭제곱 형태로 표기한다.

1.6 기본적인 유체의 물성

유체는 유체의 거동을 설명하는 데 사용되는 몇 가지 중요한 물리적 특성을 가지고 있다. 이 절에서는 밀도, 비중량, 비중, 체적탄성계수를 정의할 것이다. 이 절의 끝부분에서 이상기체 법칙을 이용하여 이상기체가 어떻게 거동하는지 살펴볼 것이다.

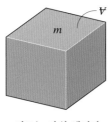

밀도는 단위 체적당 질량으로 정의된다.

그림 1-5

밀도　밀도(density) ρ(로)는 단위 체적당 유체의 질량을 의미한다(그림 1-5). 단위는 kg/m³로 표기하며, 다음 식으로 구한다.

$$\rho = \frac{m}{V} \tag{1-3}$$

여기서 m은 유체의 질량이고, V는 유체의 체적이다.

액체　실험에 의하면 액체는 실질적으로 비압축성이다. 즉 압력에 대한 밀도의 변화는 극히 미소하다. 하지만 온도에 대한 밀도 변화는 미미하지만 압력에 대한 변화보다는 더 크다. 예를 들면, 4°C에서 물의 밀도 $\rho_w = 1000$ kg/m³이지만, 100°C에서는 체적이 팽창하여 $\rho_w = 958.1$ kg/m³의 값을 가진다. 대부분 실제 응용에서 온도의 변화 폭이 크지 않기 때문에 액체의 밀도는 일반적으로 일정하며, 따라서 **비압축성** 유체로 간주한다.

기체 액체와는 달리 기체는 높은 압축성을 갖기 때문에 온도와 압력 모두 밀도에 큰 영향을 준다. 예를 들면, 온도가 15°C이고 압력이 대기압 상태인 101.3 kPa [1 Pa(파스칼)＝1 N/m²]에서 공기의 밀도는 $\rho = 1.23$ kg/m³인 반면, 같은 온도에서 압력이 2배가 되면 공기의 밀도도 2배($\rho = 2.46$ kg/m³)가 된다.

부록 A에 통상적으로 사용되는 액체와 기체들에 대한 대표적인 밀도 값들을 정리해 놓았다. 또한 여러 가지 온도 조건에서의 물의 밀도와 여러 가지 온도 및 고도 조건에서의 공기 밀도도 표로 수록해 놓았다.

비중량 유체의 **비중량**(specific weight) γ(감마)는 그림 1-6과 같이 단위 체적당 중량으로 정의된다. 단위는 N/m³로 표기한다. 따라서

$$\gamma = \frac{W}{V} \tag{1-4}$$

여기서 W는 유체의 중량이고 V는 유체의 체적이다.

중량과 질량의 관계는 $W = mg$이므로, 이 관계식을 식 (1-4)에 대입하고 식 (1-3)과 비교하면 비중량과 밀도는 다음의 관계식을 갖는다.

$$\gamma = \rho g \tag{1-5}$$

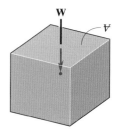

비중량은 단위 체적당
중량으로 정의된다.

그림 1-6

비중 물질의 **비중**(specific gravity) S는 무차원량으로, '표준으로' 삼는 물질의 밀도나 비중량에 대한 그 물질의 밀도나 비중량의 상대적 비를 의미한다. 주로 액체에 사용되며, 대기압 101.3 kPa에서의 온도 4°C의 물을 표준 물질로 택한다. 따라서

$$S = \frac{\rho}{\rho_w} = \frac{\gamma}{\gamma_w} \tag{1-6}$$

표준 상태의 물의 밀도는 $\rho_w = 1000$ kg/m³이다. 따라서 밀도가 $\rho_o = 880$ kg/m³인 기름의 경우 비중은 $S_o = 0.880$이다.

체적탄성계수 체적탄성계수(bulk modulus of elasticity 또는 bulk modulus)는 유체가 압축에 견디는 저항력을 나타내는 수치이다. 그림 1-7과 같이 각 면적이 A인 정육면체의 유체에 힘의 증분 dF가 가해지고 있다고 가정해보자. 단위 면적당 힘의 세기는 압력 $dp = dF/A$이다. 이 압력에 의해 초기 체적이 V이었던 유체의 체적이 dV만큼 줄어든다. 체적탄성계수는 단위 체적당 체적 감소분에 대한 압력 증분으로 정의되고, 다음 식과 같이 표현된다.

$$E_V = -\frac{dp}{dV/V} \tag{1-7}$$

여기서 음의 기호는 압력의 증가(양)로 인한 체적의 감소(음)를 의미한다.

체적탄성계수 E_V의 단위는 체적 감소율이 무차원이기 때문에 단위 면적당 힘이

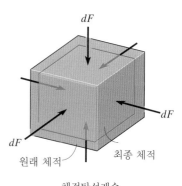

원래 체적   최종 체적

체적탄성계수

그림 1-7

되며, 이는 압력의 단위와 동일하다. 체적탄성계수의 통상적인 단위는 N/m² 또는 Pa이다.

액체   압력 변화에 따른 액체의 밀도 변화가 매우 작기 때문에 액체의 체적탄성계수는 매우 크다. 예를 들어, 대기압과 상온에서 바닷물의 체적탄성계수는 $E_V = 2.20$ GPa이다.* 이 값과 태평양 가장 깊은 곳의 해수 압력인 110 MPa을 고려하면, 식 (1-7)에서 해수의 압축률은 고작 $\Delta V / V = \left[110(10^6)\ \text{Pa}\right] / \left[2.20(10^9)\ \text{Pa}\right] = 0.05$ 또는 5%밖에 안된다. 유사한 결과를 다른 액체에서도 확인할 수 있으며, 이러한 이유로 실제 응용에 있어서 액체를 비압축성 유체로 취급할 수 있으며, 앞에서 기술한 바와 같이 밀도는 항상 일정하다고 간주할 수 있다.**

기체   기체는 밀도가 낮아서 액체에 비해 압축성이 수천 배 크며, 따라서 체적탄성계수도 액체에 비해 매우 작다. 하지만 기체의 경우에는 압력이 작용할 때 어떤 과정으로 기체가 압축되는가에 따라 체적 변화가 달라진다. 이 책의 13장에서 압력의 변화가 중요시되는 압축성 유동에 대해 상세히 다룰 것이다. 기체가 음속의 30% 이하의 저속으로 흐를 경우에는 낮은 체적탄성계수를 가져도 기체의 압력 변화가 미미하며, 등온의 경우에는 기체를 액체처럼 비압축성 유체로 간주할 수 있다.

이상기체 법칙   이 책에서는 모든 기체가 **이상기체**(ideal gas)처럼 거동을 한다고 가정한다.*** 이상기체는 분자 간의 거리가 충분히 떨어져 있어서 분자 간의 인력이 없다고 가정한다. 그리고 기체가 액체나 고체로 변하는 응축점 근처에 있으면 이상기체로 가정할 수 없다.

대부분 공기로 행해지는 실험을 통해 이상기체는 **이상기체 법칙**(ideal gas law)에 따라 행동한다는 것이 증명되었다. 이상기체 법칙은 다음 식과 같다.

$$p = \rho R T \qquad (1\text{-}8)$$

여기서 p는 **절대압력** 또는 절대 진공을 기준으로 한 단위 면적당 수직력이다. ρ는 기체의 밀도이고 R는 기체상수, T는 **절대온도**이다. 여러 가지 기체들에 대한 기체상수 값들을 부록 A에 수록하였다. 예를 들어, 공기의 기체상수는 $R = 286.9$ J/(kg · K)이고, 여기서 1 J(줄) = 1 N · m이다.

이 탱크 내 기체는 이상기체 법칙에 의해 체적, 압력 및 온도가 결정된다.

---

*   물론 고체는 훨씬 더 높은 체적탄성계수를 가진다. 예를 들어, 강철의 체적탄성계수는 160 GPa이다.
**   일부 유체해석 분야에서 흐르는 액체의 압축성을 고려해야만 하는 경우가 있다. 예를 들면, 액체가 파이프 내 흐르고 있을 때 갑자기 밸브를 잠그면 발생하는 '수격현상(water hammer)'이다. 이 현상은 밸브 근처에서 물의 밀도의 급격한 국부적 변화를 일으키며, 이는 파이프를 거슬러 올라가는 압력파를 발생시키고, 파동이 파이프에서 곡선부를 만나거나 다른 방해물에 부딪힐 때 망치로 치는 듯한 소리를 발생시킨다. 자세한 내용은 참고문헌 [7]을 참조하라.
***   비이상기체와 증기에 대해서는 열역학에서 다룬다.

> 요점정리
>
> - 유체의 질량은 **밀도** $\rho = m/V$로 계산하고, 유체의 중량은 **비중량** $\gamma = W/V$를 통해 계산한다. 여기서 비중량 $\gamma = \rho g$이다.
> - **비중**은 물에 대한 액체의 밀도 비 또는 비중량 비를 의미하며 $S = \rho/\rho_w = \gamma/\gamma_w$로 정의한다. 여기서 물의 밀도 $\rho_w = 1000 \ kg/m^3$이다.
> - 유체의 **체적탄성계수**는 압축에 대한 저항 정도로 나타낸다. 액체의 경우 체적탄성계수가 매우 커서 비압축성 유체로 간주할 수 있다. 기체의 경우 유속이 느릴 경우(음속의 30% 이하일 경우) 일정한 온도 조건에서 압력의 변화가 미미하므로 비압축성으로 가정할 수 있다.
> - 많은 공학적 응용에서 기체를 **이상기체**라고 간주할 수 있으며, **절대압력**과 **절대온도** 및 밀도의 관계는 이상기체 법칙 $p = \rho RT$를 따른다.

예제 1.3

그림 1-8과 같이 탱크에 공기가 채워져 있다. 이때 공기의 절대압력은 60 kPa이고 온도는 60℃이다. 탱크 내부 공기의 질량을 구하시오.

풀이

먼저 탱크 내 공기의 밀도를 이상기체 법칙 $p = \rho RT$를 이용하여 구한다. 그 다음 탱크의 체적을 알면 질량을 구할 수 있다. 공기의 절대온도는

$$T_K = T_C + 273 = 60℃ + 273 = 333 \ K$$

부록 A로부터 공기의 기체상수는 $R = 286.9 \ J/(kg \cdot K)$이므로

$$p = \rho RT$$
$$60(10^3) \ N/m^2 = \rho(286.9 \ J/kg \cdot K)(333 \ K)$$
$$\rho = 0.6280 \ kg/m^3$$

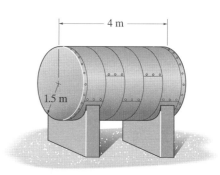

그림 1-8

따라서 탱크 내 공기의 질량은 다음과 같다.

$$\rho = \frac{m}{V}$$
$$0.6280 \ kg/m^3 = \frac{m}{\left[\pi \left(1.5 \ m \right)^2 (4 \ m) \right]}$$
$$m = 17.8 \ kg \qquad \qquad Ans.$$

많은 학생들이 탱크 안에 있는 공기의 질량이 생각보다 크다고 놀라기도 한다. 20℃ 상온과 101.3 kPa의 대기압 상태에서 체적 4 m×6 m×3 m의 일반적인 교실 내 공기의 질량을 동일한 방법으로 계산하면 86.8 kg이 된다. 이를 중량으로 바꾸면 851 N이다! 공기의 흐름으로 인해 비행기가 뜨고 강풍에 건축물이 쓰러지는 것은 그리 놀랄 만한 일이 아니다.

예제 1.4

압력이 120 kPa일 때 체적이 1 m^3인 글리세린이 있다. 압력이 400 kPa로 증가하였을 때, 세제곱미터당 체적의 변화를 구하시오. 글리세린의 체적탄성계수는 $E_V = 4.52$ GPa 이다.

풀이

계산을 위해 체적탄성계수의 정의를 사용한다. 우선 세제곱미터의 글리세린에 작용하는 압력의 증가분은 다음과 같다.

$$\Delta p = 400 \text{ kPa} - 120 \text{ kPa} = 280 \text{ kPa}$$

따라서 체적 변화는 다음과 같다

$$E_V = -\frac{\Delta p}{\Delta V / V}$$

$$4.52\left(10^9\right) \text{N/m}^2 = -\frac{280\left(10^3\right) \text{N/m}^2}{\Delta V / 1 \text{ m}^3}$$

$$\Delta V = -61.9\left(10^{-6}\right) \text{m}^3 \qquad \textit{Ans.}$$

이 값은 실제로 매우 미소한 체적 변화이다! 체적 감소가 압력 변화에 비례하므로 압력 변화가 2배가 되면 체적 변화도 2배가 된다.

1.7 점성계수

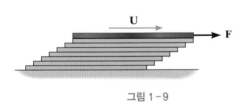

그림 1-9

액체와 기체가 **유체**로 분류되는 이유는 전단력이나 접선력이 가해졌을 때 지속적으로 변형되거나 흐르기 때문이다. 이러한 변형은 그림 1-9와 같이 미소 힘 **F**가 평판에 작용하여 액체가 끌려가는 경우 얇은 유체층의 움직임에 의해 나타난다. 예상한 바와 같이, 유체의 변형은 다른 종류의 유체에 대해 다른 속도로 발생할 것이다. 예를 들어, 물이나 휘발유의 얇은 층은 타르나 시럽보다 더 빨리 미끄러질 것이다.

이러한 유체 흐름의 저항을 측정하는 데 사용되는 유체의 성질을 **점성계수** (viscosity)라고 한다. 점성이 높을수록 유체 내에서 이동하기 어렵다. 예를 들어, 공기의 점도가 물보다 몇 배나 작기 때문에 물보다 공기 내에서 이동하기 쉽다. 점성계수는 유체역학에서 매우 중요한 성질로서, 유체 내에서 내부 마찰을 일으켜 에너지 손실을 발생시키기 때문에 파이프 및 채널과 같은 도관을 설계할 때 반드시 고려되어야 한다.

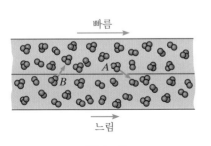

그림 1-10

점성계수의 물리적 원인 유체의 점성계수에 의해 발생하는 저항을 이해하기 위해 그림 1-10과 같이 서로 미끄러지는 2개의 얇은 유체층을 고려해보자. 유체를 형성하는 분자들은 항상 연속적으로 움직이고 있기 때문에 더 빨리 움직이는 상부 유체층 내의 분자 A가 더 느리게 움직이는 하부 유체층으로 내려간다면 오른쪽으로 움직이는 속도성분을 갖게 된다. 이 분자가 하부층의 천천히 움직이는 분자와 충돌하게 되면 A 분자와의 운동량 교환에 의해 밀리게 된다. 하부층에 있던 분자 B가 상부층으로 이동하면 반대의 효과가 발생한다. 이들 분자 간의 운동량 교환으로 느리게 움직이는 분자들이 빠르게 움직이는 분자들을 더디게 만든다. 결과적으로 거시적인 입장에서 저항력, 즉 점성을 야기시킨다.

뉴턴의 점성법칙
그림 1-11a와 같이 고정된 표면과 매우 넓은 수평판 사이에 갇혀 있는 유체를 다시 고려해보자. 매우 작은 수평력 **F**가 상판에 작용하면 유체 요소들은 그림과 같이 변형된다. 잠시 가속 후에, 유체의 점성 저항이 평판과 힘의 평형을 이루면서 평판은 일정한 속도 **U**로 움직이게 된다. 이러한 운동 중에 하단 고정면과 접촉하는 유체입자와 평판 하단과 접촉하는 입자 간의 분자 접착력에 의해 점착조건(no-slip condition)이 형성되면서 고정된 표면의 유체입자가 **정지** 상태를 유지하는 반면에 움직이는 수평판에 붙은 유체입자는 판과 같은 속도로 이동한다.* 두 표면 사이에서 매우 얇은 유체층이 끌려서 그림 1-11b와 같은 속도분포를 가지면서 평판과 평행하게 움직인다.

전단응력 앞에서 언급한 유체의 운동은 평판의 운동에 의해 유체 내에서 생긴 전단 효과의 결과이다. 이 효과는 그림 1-11c에서처럼 각 유체 요소에 적용하면 단위 면적당 힘 또는 **전단응력**(shear stress) τ(타우)가 생기는데, 전단응력은 요소 면적 ΔA에 작용하는 접선력 ΔF로 정의된다. 전단응력은 단위 면적당 힘으로 측정되며 극한을 취하면 다음과 같은 미분 형태로 표현된다.

$$\tau = \lim_{\Delta A \to 0} \frac{\Delta F}{\Delta A} = \frac{dF}{dA} \tag{1-9}$$

전단변형도 유체가 흐르면 그림 1-11c와 같이 전단응력의 작용으로 사각형 유체 요소는 평행사변형이 된다. 미소 시간 Δt 동안 이루어진 변형을 **전단변형도**(shear strain)라고 하며, 다음과 같이 미소 각도 $\Delta\alpha$(알파)로 정의된다.

$$\Delta\alpha \approx \tan\Delta\alpha = \frac{\delta x}{\Delta y}$$

고체의 경우 주어진 하중에서 이 각도가 유지되지만 유체 요소는 계속해서 변형된다. 따라서 유체역학에서는 전단변형도(각도)의 시간 변화율이 중요해진다. 그림 1-11b와 같이 유체 요소의 상단부는 하단부에 비해 상대적으로 Δu만큼 더 빨리 움직인다. $\delta x = \Delta u \Delta t$이므로 위의 식에 대입하면 전단변형도의 시간 변화율은 $\Delta\alpha/\Delta t = \Delta u/\Delta y$가 된다. 그리고 $\Delta t \to 0$의 극한을 취하면 다음과 같은 식을 얻는다.

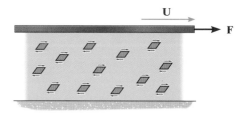

전단 효과에 의한 유체 요소의 변형

(a)

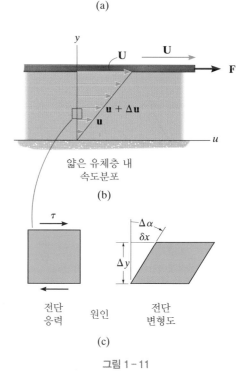

얇은 유체층 내
속도분포

(b)

전단   원인   전단
응력   변형도

(c)

그림 1-11

---

* 최근의 발견에 의하면 '점착조건'은 항상 유지되지 않는다는 것이 밝혀졌다. 극도로 매끈한 표면 위에서 매우 빠르게 움직이는 유체 흐름은 점착력이 거의 없다. 또한 유체에서 비누성분과 같은 분자들을 첨가하면 분자 표면을 코팅하면서 표면을 매우 미끄럽게 하여 점착력을 감소시킬 수 있다. 하지만 대부분의 공학적 응용에서는 고체 경계면에 인접한 유체 분자들은 표면에 부착되므로 경계면에서의 미끄럼 현상과 같은 특수한 상황은 이 책에서 다루지 않는다. 더 자세한 설명은 참고문헌 [11]을 참조하라.

$$\frac{d\alpha}{dt} = \frac{du}{dy}$$

위 식의 우변 항을 **속도구배**(velocity gradient)라고 하며, y축에 대한 속도 u의 변화를 나타낸다.

17세기 말에 Isaac Newton은 유체의 전단응력은 전단변형률 또는 속도구배에 정비례함을 제안하였다. 이를 **뉴턴의 점성법칙**(Newtom's law of viscosity)이라 하며, 아래 식과 같이 쓴다.

$$\tau = \mu \frac{du}{dy} \tag{1-10}$$

여기서 비례상수 μ(뮤)는 유체 운동에 대한 저항을 측정하는 유체의 물리적 성질이다.* 이를 **절대 점성계수**(absolute viscosity) 또는 **동역학적 점성계수**(dynamic viscosity)라 하며, 간단히 **점성계수**라고 한다. 뉴턴의 점성법칙 식으로부터 점성계수의 단위는 $N \cdot s/m^2$를 사용한다.

뉴턴 유체 적용된 전단응력과 속도구배 사이에서 동일한 점도를 유지하는 모든 유체를 **뉴턴 유체**(Newtonian fluid)라고 한다[식 (1-10)]. 그림 1-12는 뉴턴 유체의 전단응력과 전단변형률 간의 관계를 보여준다. 매우 낮은 점성계수를 갖는 공기로부터 더 높은 점성계수를 갖는 물, 원유까지 기울기(점성계수)가 어떻게 증가하는지를 보여준다. 앞서 기술한 바와 같이, 점성계수가 높을수록 유체가 흐를 때 저항은 더 커진다.

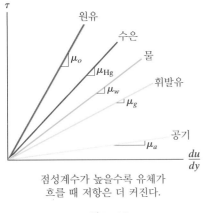

점성계수가 높을수록 유체가
흐를 때 저항은 더 커진다.

그림 1-12

비뉴턴 유체 얇은 유체층 사이에 작용하는 전단응력과 전단변형률이 비선형 관계를 갖는 유체를 **비뉴턴 유체**(non-Newtonian fluid)라 한다. 그림 1-13에서처럼, 비뉴턴 유체는 2가지 형태가 있다. 각 유체에 대해 특정한 전단변형률에서 곡선의 기울기를 구할 수 있는데, 이를 그 유체의 **겉보기 점성계수**(apparent viscosity)라고 한다. 겉보기 점성계수가 전단응력이 증가함에 따라 같이 증가하는 유체를 **전단농후**(shear-thickening) 또는 **팽창유체**(dilatant fluid)라고 한다. 예로는 설탕이 진하게 녹아 있는 물이 여기에 속한다. 그러나 다수의 유체들이 이와 반대 거동을 보이는데, 이러한 유체들을 **전단희박**(shear-thinning) 또는 **유사소성유체**(pseudo-plastic fluid)라고 한다. 예로는 피, 젤라틴, 우유가 여기에 속한다. 이 유체들은 낮은 전단응력에서는 천천히 흐르고(높은 기울기를 가짐) 높은 전단응력에서는 빨리 흐른다(낮은 기울기를 가짐). 예를 들면, 유사(quicksand)는 유사소성의 성질을 지닌다. 유사에 빠지게 되면 낮은 전단변형률에서 겉보기 점도가 높기 때문에(높은 기울기를 가짐) 매우 천천히 움직이는 것이 가장 좋다. 만약 빠르게 움직이면 유사는 높은 전단변형률에서 겉보기 점도가 낮기 때문에(낮은 기울기를

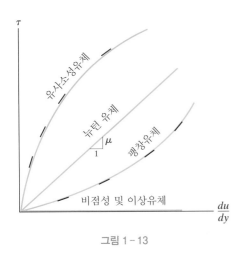

그림 1-13

---

* 고체역학을 공부했다면 유사한 방정식이 탄성 고체에 적용된다는 것을 알 수 있을 것이다. 전단응력 τ는 전단탄성계수 G와 전단변형도 $\Delta\alpha$에 비례한다($\tau = G\Delta\alpha$).

가짐) 유사가 느슨해져 빠지게 된다.

마지막으로 고체 성질과 유체 성질을 모두 가진 다른 종류의 물질이 존재한다. 예를 들면, 페이스트나 젖은 시멘트처럼 낮은 전단응력에서는 형상을 유지하고 있다가(고체 성질) 높은 전단응력에서는 흐를 수 있는(유체 성질) 물질이 있다. 이러한 물질들뿐만 아니라 다른 특이한 고체-유체 물질들은 유체역학 분야가 아닌 유변학(rheology) 분야에서 다룬다. 더 자세한 정보는 참고문헌 [8]을 참조하라.

비점성 및 이상유체　많은 공학적 응용에 있어서 물이나 공기와 같이 매우 낮은 점성[20°C에서 물의 점성계수는 $1.00(10^{-3})$ N · s/m², 공기의 점성계수는 $18.1(10^{-6})$ N · s/m²]을 가진 유체들을 비점성유체로 간주할 수 있다. **비점성유체**(inviscid fluid)는 점성계수가 0인 유체로 정의되며, 그림 1-13에서와 같이 비점성유체는 전단응력에 대한 저항력이 없다. 다른 말로 하면, 마찰이 없는 유체이다. 그림 1-11a에서 유체가 비점성이면, 평판에 힘 **F**가 가해질 때, 이 판은 계속해서 가속될 것이며, 비점성유체 내에서는 전단응력이 전달되지 않으므로 하단면에는 마찰저항이 발생하지 않는다. 비점성이며 비압축성을 갖는 유체를 **이상유체**(ideal fluid)라고 한다.

압력 및 온도의 영향　실험을 통해서 압력이 증가하면 유체의 점성계수도 증가한다고 알려져 있다. 그러나 이러한 효과는 미미하기 때문에 실제 유체역학 응용에서는 일반적으로 무시한다. 하지만 온도는 유체의 점성계수에 상당히 광범위한 영향을 미친다. 물, 수은, 원유와 같은 액체의 경우 그림 1-14에서와 같이 온도가 증가함에 따라 점성계수가 감소한다(참고 문헌 [9]). 이러한 현상은 온도의 증가에 의해 액체의 분자들이 더 활발하게 진동하거나 움직여서 분자 간의 결합력을 감소시키고 유체층 사이의 연결을 '느슨하게 하여' 더 쉽게 미끄러지도록 하기 때문이다. 반면에 공기, 이산화탄소, 수소 등과 같은 기체의 경우에는 온도가 증가하면 점성계수도 증가한다(참고문헌 [10]). 기체를 구성하는 분자들은 액체와는 달리 분자 간의 거리가 멀리 떨어져 있고 분자 상호간의 결합력은 매우 낮다. 온도가 상승하면 기체 분자의 운동을 활발하게 하여, 연속적인 층 사이에서 운동량 교환을 활발하게 한다. 분자 간의 충돌에 의해 유발된 추가적인 저항력 때문에 점성계수가 증가하는 것이다.

그림 1-14에서처럼 실험 곡선의 근사를 통해 여러 가지 액체와 기체에 대한 점성계수와 온도 간의 상관관계에 대한 경험식을 유도할 수 있다. 액체의 경우, 아래 식과 같은 안드레드(Andrade) 식이 잘 맞는다.

$$\mu = Be^{C/T} \text{ (액체)}$$

기체에 대해서는 아래와 같은 서덜랜드(Sutherland) 식이 잘 일치한다.

$$\mu = \frac{BT^{3/2}}{(T + C)} \text{ (기체)}$$

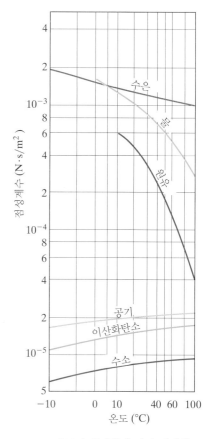

온도가 증가함에 따라 기체의 점성계수는 증가하지만 액체의 점성계수는 감소한다.

그림 1-14

여기서 T는 절대온도이며, 상수 B와 C는 2개의 서로 다른 온도에서 측정된 점성
계수들로부터 결정된다.[*]

동점성계수   유체의 점성계수를 표현하는 또 다른 방법으로 **동점성계수**
(kinematic viscosity) ν(뉴)가 있는데, 이는 밀도에 대한 동역학적 점성계수의 비로
정의되며 아래와 같이 표현된다.

$$\nu = \frac{\mu}{\rho} \tag{1-11}$$

동점성계수의 단위는 m^2/s이다.[**] 동점성계수에서 'kinematic(운동학적)'이란 단
어는 차원에 힘이 포함되지 않고 점성의 성질을 표현할 수 있기 때문이다. 통상적
인 액체나 기체의 동역학적 점성계수와 동점성계수의 대표적인 값이 부록 A에 나
와 있고, 물과 공기에 대해서는 더욱 자세한 값을 정리해 놓았다.

1.8   점성계수의 측정

브룩필드 점도계

뉴턴 유체의 점성계수를 측정하는 방법에는 여러 가지가 있다. 통상적인 방법
중 하나가 **회전식 점도계**(rotational viscometer)인데 **브룩필드 점도계**(Brookfield
viscometer)라고도 한다. 이 장치는 그림 1-15a와 같이 원통형 추가 매달려 있는
원통형 용기로 구성되어 있다. 원통형 용기와 원통형 추의 틈 사이에 액체를 넣고
바깥 원통형 용기를 천천히 일정 각속도 ω로 회전시키면 원통형 추를 매달고 있
는 와이어가 비틀리게 되고 평형상태가 되면 비틀린 상태로 정지한다. 와이어의
비틀림 각도를 측정하고 고체역학 이론을 적용하여 와이어의 토크 M을 계산할 수
있다. 토크가 계산되면 뉴턴의 점성법칙에 의해 유체의 점성계수를 구할 수 있다.
 이 과정을 설명하기 위해 평형상태에서 원통형 추의 수직면에 작용하는 전단응
력을 고려해보자. 그림 1-15b에서 보듯이, 와이어에 작용하는 토크 M은 내부 원
통형 추의 표면에 작용하는 전단응력의 합력이 원통형 추의 축에 대해 작용하는
모멘트와 균형을 이룬다.[***] 전단응력의 합력은 $F_s = M/r_i$이고 전단응력이 작용하는
면적이 $(2\pi r_i)h$이므로, 면에 작용하는 전단응력은 다음 식과 같다.

$$\tau = \frac{F_s}{A} = \frac{M/r_i}{2\pi r_i h} = \frac{M}{2\pi r_i^2 h}$$

그림 1-15c에 나타낸 바와 같이 원통형 용기의 각운동에 의해 내벽과 접촉되어 유
체는 $U = \omega r_o$의 속도를 가진다. 내부 원통형 추는 비틀어진 와이어에 의해 움직이

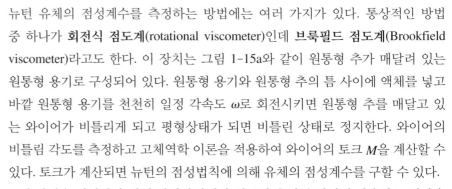

---

[*]   연습문제 1-40과 1-42를 참조하라.

[**] 표준적인 미터계(SI 단위계가 아님)에서는 그램과 센티미터(100 cm = 1 m)를 사용한다. 동역학적
    점성계수 μ는 이 단위로 표현할 때 푸아즈(poise)를 사용하며, 1 poise = 1g/(cm · s)이다. 동점성계
    수 ν는 스토크스(stokes)를 사용하고 1 stoke = 1 cm^2/s이다.

[***] 더 완벽한 해석을 위해서는 반드시 원통형 추 바닥의 마찰저항을 고려해야 한다. 연습문제 1-45와
    1-48을 참조하라.

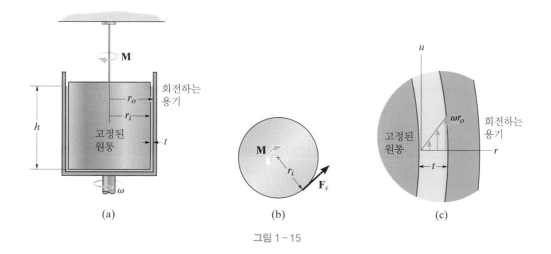

M

r_o

r_i

회전하는
용기

h

고정된
원통

t

ω

(a)

M

r_i

$\mathbf{F}_s$

(b)

u

ωr_o

고정된
원통

회전하는
용기

r

t

(c)

그림 1-15

지 않기 때문에, 액체의 두께 t에 걸친 속도구배 또는 기울기는 다음과 같다.

$$\frac{du}{dr} = \frac{\omega r_o}{t}$$

뉴턴의 점성법칙을 이용하면,

$$\tau = \mu \frac{du}{dr}; \qquad \frac{M}{2\pi r_i^2 h} = \mu \frac{\omega r_o}{t}$$

측정된 물성들을 이용하여 μ에 대해 풀면, 점성계수는 아래 식과 같이 주어진다.

$$\mu = \frac{Mt}{2\pi \omega r_i^2 r_o h}$$

회전식 점도계 외에도 다른 방법들을 통해 액체의 점성계수를 측정할 수 있다. 오른쪽 사진은 W. Ostwald가 발명한 **오스트발트 점도계**(Ostwald viscometer)를 보여준다. 이 장치에서 점성계수는 두 전구(bulbs) 사이의 짧고 좁은 직경을 갖는 튜브를 통해 액체가 흘러가는 시간을 측정한 후, 이 시간과 알려진 점성계수를 갖는 다른 액체가 동일한 튜브를 흘러가는 시간 간의 상관관계를 통해 결정한다. 이때 미지의 점성계수는 시간에 정비례하므로 점성계수가 구해진다. 액체가 투명하고 꿀과 같이 점성이 높으면 액체 속에 작은 구를 떨어뜨리고 속도를 측정함으로써 액체의 점성계수를 구할 수 있다. 11.8절에 원리가 설명되어 있는데, 스토크스 방정식을 사용하여 구의 속도와 점도 간 관계로부터 점성계수를 측정할 수 있다. 그 외에도 점도를 측정하는 방법에는 여러 가지가 있다. 여러 가지 점도계의 측정원리는 참고문헌 [14]에 자세히 나와 있다.

오스트발트 점도계

> **요점정리**
>
> - 뉴턴 유체의 전단저항력은 비례상수인 점성계수 μ에 의해 측정된다. 점성계수가 클수록 전단에 의한 유동저항은 더 커진다.
> - 물, 기름, 공기 등과 같은 **뉴턴 유체**에서 연속적인 얇은 유체층 사이에 발생하는 전단응력은 유체층 사이의 속도구배에 정비례하며, 관계식은 $\tau = \mu(du/dy)$이다.
> - 비뉴턴 유체는 겉보기 점성계수를 갖는다. 겉보기 점성계수가 전단응력에 따라 증가하는 비뉴턴 유체를 팽창유체라고 하며, 전단응력이 증가할수록 겉보기 점성계수가 감소하는 비뉴턴 유체를 유사소성유체라고 한다.
> - 비점성유체는 점성이 없는 유체($\mu=0$)이며, 비점성($\mu=0$)이며 비압축성($\rho=$일정) 유체를 이상유체라고 한다.
> - 점성계수는 압력에 대해서는 큰 변화가 없지만, 온도에 따라서는 크게 변한다. 액체는 온도가 증가할수록 점성계수가 낮아지고, 기체는 반대로 증가한다.
> - 동점성계수는 밀도에 대한 점성계수의 상대비로 $\nu = \mu/\rho$로 표기한다.
> - 액체의 점성계수는 회전식 점도계, 오스트발트 점도계 등 여러 가지 방법을 이용하여 측정할 수 있다.

예제 1.5

그림 1-16과 같이 25°C의 얇은 물 박막 위에 평판이 놓여 있다. A지점과 B지점 간에 압력차가 발생하고 평판에 작은 힘 **F**가 작용하여 유체의 두께 방향으로의 속도분포 $u = (40y - 800y^2)$ m/s가 생겼다. 여기서 y의 단위는 미터이다. 움직이는 판과 바닥에 고정된 판에서의 전단응력을 구하시오.

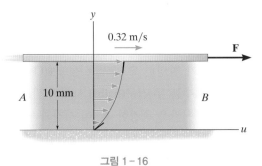

그림 1-16

풀이

유체 설명   물은 뉴턴 유체이며, 뉴턴의 점성법칙 적용이 가능하다. 부록 A에서 25°C 물의 점성계수는 $\mu = 0.897(10^{-3})$ N · s/m²이다.

해석   뉴턴의 점성법칙을 적용하기 전에 속도구배를 먼저 구해야 한다.

$$\frac{du}{dy} = \frac{d}{dy}\left(40y - 800y^2\right) \text{ m/s}$$

$$= (40 - 1600y) \text{ s}^{-1}$$

고정된 판에서 $y=0$이므로,

$$\tau = \mu \frac{du}{dy}\Big|_{y=0} = \left[0.897\left(10^{-3}\right) \text{ N}\cdot\text{s/m}^2\right](40-0)\text{ s}^{-1}$$

$$\tau = 35.88\left(10^{-3}\right)\text{ N/m}^2 = 35.9\text{ mPa} \qquad\qquad Ans.$$

움직이는 판에서는 $y=0.01$ m이므로,

$$\tau = \mu\frac{du}{dy}\Big|_{y=0.01\text{ m}} = \left[0.897\left(10^{-3}\right)\text{ N}\cdot\text{s/m}^2\right][40-1600(0.01)]\text{ s}^{-1}$$

$$\tau = 21.5\text{ mPa} \qquad\qquad Ans.$$

계산 결과를 비교해보면 고정된 판에서의 전단응력이 속도구배 또는 du/dy의 기울기가 크기 때문에 움직이는 판에서의 전단응력보다 크다. 그림 1-16에서 짧은 검은 선으로 기울기가 표시되어 있다. 또한 속도분포에 대한 식은 고정판($y=0$)에서 점착조건($u=0$)을 만족하며, 움직이는 판($y=10$ mm)에서 $u=U=0.32$ m/s를 만족한다.

예제 1.6

그림 1-17a와 같이 100 kg 중량의 판이 SAE 10W-30 기름 박막 위에 놓여 있고, 이 기름의 점성계수는 $\mu=0.0652$ N·s/m²이다. 판을 기름 박막 위에서 0.2 m/s의 일정 속도로 미끄러지게 하기 위한 힘 **P**를 구하시오. 이때 힘은 판의 중심에 작용한다. 기름 박막 두께는 0.1 mm이며 이 두께에 걸친 속도분포는 선형이라고 가정한다. 판의 아랫면이 기름과 접촉하는 면적은 0.75 m²이다.

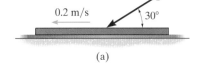

(a)

풀이

유체 설명 기름은 뉴턴 유체이므로 뉴턴의 점성법칙을 적용할 수 있다.

해석 먼저 그림 1-17b와 같이 자유물체도를 그려서 작용력 **P**에 의한 전단력 **F**를 구한다. 판이 일정 속도로 움직이므로 수평방향으로 힘의 평형이 적용된다.

$$\xrightarrow{+}\Sigma F_x = 0; \qquad\qquad F - P\cos 30° = 0$$

$$F = 0.8660P$$

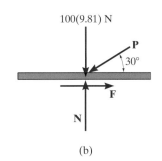

(b)

기름 박막에 작용하는 힘은 반대 방향이며, 기름 박막 상단의 전단응력이 왼쪽으로 작용한다.

$$\tau = \frac{F}{A} = \frac{0.8660P}{0.75\text{ m}^2} = (1.155P)\text{ m}^{-2}$$

그림 1-17c와 같이 속도분포가 선형이기 때문에 속도구배는 일정하며 $du/dy = U/t$이다. 따라서

$$\tau = \mu\frac{du}{dy} = \mu\frac{U}{t}$$

$$(1.155P)\text{ m}^{-2} = \left(0.0652\text{ N}\cdot\text{s/m}^2\right)\left[\frac{0.2\text{ m/s}}{0.1(10^{-3})\text{ m}}\right]$$

$$P = 113\text{ N} \qquad\qquad Ans.$$

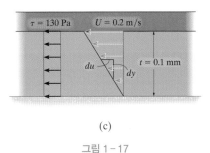

(c)

그림 1-17

속도구배가 일정하면 그림 1-17c와 같이, 기름 박막의 두께 방향으로 일정한 전단응력 $\tau = \mu(U/t) = 130$ Pa을 갖는다.

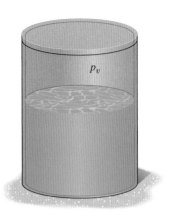

증기압 p_v는 원래 진공이었던
밀폐된 탱크의 위쪽 부분에서
형성된다.

그림 1-18

공동현상은 표면 근처에서
기포가 파열되기 때문에
발생한다.

그림 1-19

1.9 증기압

그림 1-18에서와 같이 밀폐된 탱크 내에 액체가 담겨있으면 온도는 액체 분자의 지속적인 열적 운동을 유발한다. 이로 인해 표면 근처의 분자 중 일부는 인접한 분자 사이의 분자 결합을 끊기에 충분한 운동에너지를 얻어 표면으로부터 벗어나거나 탱크 내부의 빈 공간으로 증발한다. 결국 평형상태에 도달하여 액체에서 증발하는 분자의 수는 액체로 다시 응축되는 분자의 수와 동일하게 된다. 이때 이 빈 공간을 **포화되었다**(saturated)고 한다. 탱크 내부 벽과 액체의 표면에 튕기면서 증발된 액체의 분자들이 압력을 생성한다. 이러한 압력을 **증기압**(vapor pressure, P_v)이라고 한다. 액체 온도가 증가하면 증발하는 액체 분자 수가 증가하고 액체 분자의 운동에너지도 증가하게 되어서, 결국 높은 온도는 높은 증기압을 야기시킨다.

표면의 절대압력이 증기압보다 낮을 때 액체가 끓기 시작하기 때문에 증기압을 아는 것이 중요하다. 예를 들어, 해수면에서 물의 온도가 100°C에 도달하면, 이때의 증기압과 대기압(101.3 kPa)이 같아지고, 따라서 물이 빠르게 증발하면서 끓기 시작한다. 다양한 온도에서의 물의 증기압은 부록 A에 나와 있다. 온도가 증가하면 분자의 열적 운동이 증가하여 증기압도 증가한다는 사실을 유념하길 바란다.

공동현상 펌프, 터빈 또는 파이프 시스템을 설계할 경우 유동 내의 어떤 지점에서도 액체가 증기압 이하의 압력을 받지 않도록 하는 것이 중요하다. 위에서 언급했듯이 이러한 경우가 만약 발생한다면 액체 내에서 급속한 증발 또는 비등이 발생한다. 이렇게 생성된 기포는 더 높은 압력의 영역으로 이동한 다음 갑자기 붕괴되는데, 이러한 현상을 **공동현상**(cavitation)이라고 한다. 그림 1-19에서처럼, 초고속 액체 제트가 붕괴하는 기포에 들어가고, 그 결과 표면에 충격파와 함께 극도로 큰 국부적인 압력과 온도가 발생한다. 이러한 현상이 반복적으로 일어나면 표면에 구멍이 생기고, 결국 마모되어 프로펠러의 블레이드 또는 펌프 케이싱의 표면 또는 배수로나 댐에 손상을 입힐 수 있다. 이후 14장에서는 공동현상의 중요성을 더욱 상세히 설명하고, 터보기계 설계 시 이를 피할 수 있는 방법을 소개할 것이다.

1.10 표면장력과 모세관 현상

액체는 분자와 분자 사이의 끌어당기는 **응집력**(cohesion)으로 인해 그 형태를 유지할 수 있다. 이 힘으로 인해 액체가 표면장력에 저항할 수 있다. 액체 분자는 액체의 용기를 구성하는 다른 물질의 분자에도 끌릴 수 있는데, 이러한 인력을 **접착력**(adhesion)이라고 한다. 응집력과 접착력 모두 표면장력과 모세관 현상의 효과를 생성하는 데 중요한 역할을 한다.

표면장력 표면장력 현상은 그림 1-20a와 같이 액체 내부의 두 분자(또는 입

자) 주변에 응집력이 발생하는 것을 볼 수 있는데, 이를 이용하여 설명할 수 있다. 액체의 깊은 곳에 있는 분자의 경우 분자 주변으로 같은 크기의 응집력이 작용한다. 따라서 그로 인해 발생되는 응집력은 0이 된다. 하지만 액체 표면에 위치한 분자에는 표면에서 옆에 있는 분자와 그 아래에 있는 분자를 끌어당기는 응집력이 작용한다. 이는 결과적으로 아래 방향으로의 순 응집력을 만들어내고, 이러한 힘으로 인해 표면이 수축하려는 경향을 보인다. 다시 말해, 응집력으로 인해 발생되는 힘은 표면을 아래 방향으로 끌어당긴다. 표면에 위치한 분자에 대한 인력은 분자가 늘어난 탄성 필름을 복원하려고 할 때 일어나는 효과와 유사하다. 이러한 효과를 **표면장력**(surface tension) σ(시그마)라고 하며, 그림 1-20b에 나타낸 바와 같이 표면을 따라 모든 방향으로 단위 길이당 힘으로 측정된다.

표면장력의 단위는 모든 액체에서 N/m의 단위를 가지며, 이 값은 주로 온도의 영향을 받는다. 온도가 증가하면 분자의 열적 운동이 더 활발해져 표면장력이 감소하게 된다. 예를 들어, 온도 10℃에서 물의 표면장력은 74.2 mN/m인 반면, 50℃에서의 표면장력 값은 67.9 mN/m이다. 또 표면장력의 값은 불순물에 민감하기 때문에 알려진 값을 사용할 때 신중해야 한다. 부록 A에 일반적인 액체에 대한 대표적인 표면장력 값을 수록해 놓았다.

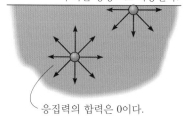

응집력의 합력은 아래로 수직한 방향으로 작용한다.

응집력의 합력은 0이다.

(a)

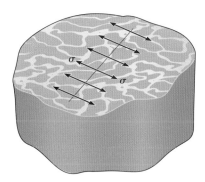

표면장력은 단위 길이당의 힘으로 표면으로부터 분자를 분리하는 데 필요한 힘이다.

(b)

그림 1-20

빗방울과 같이 분수에서 분출된 물도 표면장력에 의한 응집력으로 구형의 액적을 형성한다.

액적 표면장력으로 인하여 액체가 대기로 분사될 때 자연스럽게 액적(liquid drop)이 형성된다. 이 힘은 액적의 표면을 최소화하려고 하기 때문에 액적의 형태는 구를 형성한다. 그림 1-21과 같이 반구형 액적에 대한 자유물체도를 고려하여 액적 내에서 표면장력이 유발하는 압력을 결정할 수 있다. 중력과 액적이 떨어질 때 대기의 항력을 무시한다면, 반구형 액적에서 작용하는 유일한 힘들은 외부 표면에서의 대기압 p_a로 인한 힘, 액적의 단면 주변에 작용하는 표면장력 σ로 인한 힘, 단면에 작용하는 내부 압력 p로 인한 힘이 있다. 다음 장에서 설명하겠지만, p_a와 p로 인해 발생하는 수평력은 각각의 압력에 액적의 **정사영된 면적**, 즉 πR^2를 곱함으로써 결정된다. 표면장력에 의한 힘은 표면장력 σ에 액적 주변의 원둘레 $2\pi R$를 곱함으로써 결정된다. 따라서 수평력에 대한 평형은 다음 식과 같이 된다.

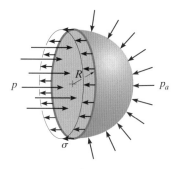

그림 1-21

---

* 표면장력은 액체의 단위 표면적의 증가에 따른 **자유표면 에너지** 또는 일의 양으로도 생각할 수 있다. 연습문제 1-63을 참조하라.

수은은 가장자리가 안쪽으로 말려들어가는 것으로 부터 알 수 있듯이 비습윤 액체이다.

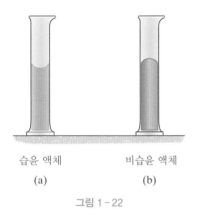

습윤 액체 (a)   비습윤 액체 (b)

그림 1-22

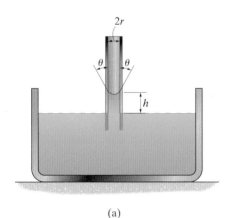

(a)

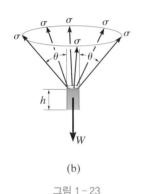

(b)

그림 1-23

$$\overset{+}{\to}\Sigma F_x = 0; \qquad p(\pi R^2) - p_a(\pi R^2) - \sigma(2\pi R) = 0$$

$$p = \frac{2\sigma}{R} + p_a$$

예를 들어, 20°C 온도에서 수은은 486 mN/m의 표면장력을 가진다. 수은이 2 mm 직경의 액적을 형성하면, 표면장력은 액적 내부에서 대기에 의한 압력 p_a를 더하여 $p_{st} = 2(0.486 \text{ N/m})/(0.001 \text{ m}) = 972$ Pa의 내부 압력을 생성할 것이다.

모세관 현상 액체의 모세관 현상(capillarity)은 접착력과 응집력 간의 힘의 크기에 따라 달라진다. 용기 표면에 있는 분자에 대한 액체의 접착력이 액체 분자 간의 응집력보다 크면 액체를 **습윤(또는 젖음) 액체**(wetting liquid)라고 한다. 이런 경우, 액체의 **계면**(meniscus)은 좁은 유리 용기에 담겨있는 물처럼 오목하게 될 것이다(그림 1-22a). 수은처럼, 접착력이 응집력보다 작은 경우의 액체를 **비습윤(또는 비젖음) 액체**(nonwetting liquid)라고 한다. 이때 계면은 볼록한 표면을 형성한다(그림 1-22b).

비습윤 액체는 그림 1-23a에서 볼 수 있듯이, 좁은 튜브를 따라 올라올 것이고, 그림 1-23b와 같이 튜브에 떠 있는 액체 부분의 자유물체도를 고려함으로써 높이 h를 결정할 수 있다. 여기서 자유표면이나 계면은 튜브와 액체 측면과 접촉각 θ를 형성한다. 이 각도는 액체의 표면을 튜브의 벽에 고정시키면서 액체의 표면장력의 방향을 결정한다. 결과적인 힘의 방향은 수직이며 튜브의 내부 원주 주위에 작용한다. 따라서 힘은 $\sigma(2\pi r)\cos\theta$이다. 한편 또 다른 힘은 매달린 액체의 중량 $W = \rho g V$이다. 여기서 액체의 체적 $V = \pi r^2 h$이다. 수직력의 평형을 고려하면 다음과 같은 식을 구할 수 있다.

$$+\uparrow\Sigma F_y = 0; \qquad \sigma(2\pi r)\cos\theta - \rho g(\pi r^2 h) = 0$$

$$h = \frac{2\sigma\cos\theta}{\rho g r}$$

실험에 의하면 물과 유리 사이의 접촉각 θ는 거의 0°이고, 그림 1-23a에 나타낸 것처럼 물의 계면은 반구형이 된다. 접촉각 θ는 거의 0°라 하고, h를 주의 깊게 측정하여 위의 식에 적용하면 다양한 온도에서 물에 대한 표면장력 σ를 구하는 데 사용할 수 있다.

다음 장에서는 도관 내에 배치된 작은 유리관에 담겨있는 액체의 높이를 측정하여 개방형 또는 폐쇄형 도관 내의 압력을 측정하는 방법을 배울 것이다. 하지만 액체의 높이로 압력을 측정할 경우 관 내의 모세관 현상에 의해 야기된 추가적인 높이로 인한 오차가 발생할 수 있다. 이러한 효과를 최소화하기 위해서는 모세관 현상으로 상승하는 h가 액체의 밀도와 관의 반경에 반비례한다는 사실을 고려해야 한다. 액체의 밀도와 관의 반경이 더 커질수록 h는 더 낮아진다. 예를 들어, 20°C에서 물을 채우고 있는 3 mm 직경의 관이 있다. 물의 표면장력은 72.7 mN/m이고 밀도는 998.3 kg/m³이다. 이때 h는 다음과 같이 구할 수 있다.

$$h = \frac{2(0.0727 \text{ N/m}) \cos 0°}{\left(998.3 \text{ kg/m}^3\right)\left(9.81 \text{ m/s}^2\right)(0.0015 \text{ m})} = 9.90 \text{ mm}$$

이 결과는 무시할 수 없는 오차를 야기시킨다. 따라서 좀 더 정확한 액주계 압력 측정 실험을 하기 위해서는 모세관 현상의 효과를 최소화시키기 위하여 직경이 10 mm 이상인 관(10 mm 직경의 관의 경우 $h \approx 3$ mm)을 사용하는 것이 좋다.

앞으로 유체역학에 대한 학습을 통해 대부분의 경우 응집력과 접착력이 중력, 압력 및 점도의 영향에 비해 작다는 것을 알 수 있을 것이다. 하지만 표면에 작용하는 기포의 형성과 성장, 미스트 또는 미세 스프레이 생성을 위한 노즐 설계, 토양 같은 다공성 물질을 통과하는 액체 거동, 표면에 작용하는 액막의 효과 등을 연구하는 데 있어 표면장력은 매우 중요한 역할을 한다.

요점정리

- 액체는 특정 온도에서 액체의 내부나 표면에서의 압력이 포화 증기압과 같아질 때 끓기 시작한다.
- 기계 또는 구조물을 설계할 경우 주어진 조건에서 **공동현상**이 발생하는지를 반드시 고려해야 한다. 공동현상은 유체 내에서 증기압과 비교하여 압력이 같아지거나 작아지는 경우 비등이 발생하게 되고, 결과적으로 기포가 높은 압력 영역으로 휩쓸려가게 되어 갑작스럽게 붕괴될 때 발생한다.
- 액체의 **표면장력**은 유체 내부에서 분자들 간의 응집력으로 인해 발생한다. 이는 액체 표면에 작용하는 단위 길이당 힘으로 정의할 수 있다. 온도가 증가하면 표면장력은 낮아진다.
- 좁은 유리관에서 물과 같은 **습윤(또는 젖음) 액체**의 모세관 현상은 관의 벽에 붙는 접착력이 응집력에 의한 힘보다 더 크기 때문에 오목한 표면을 만든다. 수은과 같은 **비습윤(또는 비젖음) 액체**에서는 응집력이 접착력보다 더 크기 때문에 표면이 볼록하다.

참고문헌

1. G. A. Tokaty, *A History and Philosophy of Fluid Mechanics*, Dover Publications, New York, NY, 1994.

2. R. Rouse and S. Ince, *History of Hydraulics*, Iowa Institute of Hydraulic Research, Iowa City, IA, 1957.

3. *Handbook of Chemistry and Physics*, 62nd ed., Chemical Rubber Publishing Co., Cleveland, OH, 1988.

4. *Handbook of Tables for Applied Engineering Science*, Chemical Rubber Publishing Co., Cleveland, OH, 1970.

5. V. L. Streeter, and E. Wylie, *Fluid Mechanics*, 8th ed., McGraw-Hill, New York, N.Y., 1985.

6. D. Blevins, *Applied Fluid Dynamics Handbook*, Van Nostrand Reinhold, New York, NY, 1984.

7. P. R. Lide, W. M. Haynes, eds., *Handbook of Chemistry and Physics*, 90th ed., CRC Press, Boca Raton, FL.

연습문제

매 네 번째 문제를 제외한 모든 연습문제의 답은 이 책의 뒤에 나와 있다.

1.1 – 1.6절

E1-1 적절한 접두어와 SI 단위계로 다음의 답을 유효숫자 세 자리로 표현하시오.

(a) 749 μm/63 ms

(b) (34 mm)(0.0763 Ms)/263 mg

(c) (4.78 mm)(263 Mg)

E1-2 적절한 접두어를 사용하여 여러 단위의 조합으로 된 다음의 양들을 알맞은 SI 단위계로 나타내시오.

(a) mm · MN

(b) Mg/mm

(c) km/ms

(d) kN/(mm)^2

E1-3 적절한 접두어와 SI 단위계로 다음의 답을 유효숫자 세 자리로 표현하시오.

(a) [4.86(10^6)]^2 mm

(b) (348 mm)^3

(c) (83700 mN)^2

***E1-4** (a) 250 K을 화씨온도로, (b) 43°C를 절대온도로 변환하시오.

E1-5 25°C 온도의 물이 채워져 있는 용기의 깊이는 2.5 m이다. 용기의 무게가 30 kg이라면, 용기와 물의 전체 무게는 얼마인가?

그림 E1-5

E1-6 온도가 25°C로 일정할 경우 절대압력이 345 kPa에서 286 kPa로 변한다면 산소의 밀도는 얼마나 변화하는가? 이 과정은 등온과정(isothermal process)이다.

E1-7 8 m 직경의 구형 열기구가 온도 28°C, 절대압력 106 kPa인 헬륨으로 채워져 있다. 열기구 안의 헬륨의 무게를 구하시오. 구의 체적은 $V = \frac{4}{3}\pi r^3$이다.

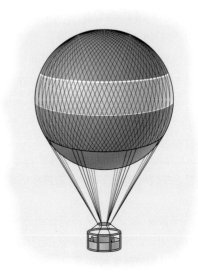

그림 E1-7

***E1-8** 온도 18°C, 절대압력 160 kPa인 공기가 탱크 내에 채워져 있다. 탱크의 체적이 3.48 m^{3}이고, 온도가 42°C 증가한다면, 같은 압력을 유지하기 위해 탱크에서 배출되어야 하는 공기의 질량을 구하시오.

E1-9 절대압력 350 kPa, 온도 18°C인 4 kg의 공기가 탱크 내에 채워져 있다. 0.8 kg의 공기를 탱크에 더 채우고, 온도를 38°C로 증가시키면, 탱크 내의 압력은 얼마가 되겠는가?

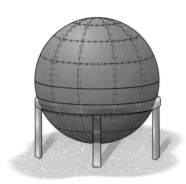

그림 E1-8/9

E1-10 사염화탄소를 글리세린 80 kg과 혼합할 경우 혼합물의 밀도가 1450 kg/m^{3}가 되는 사염화탄소의 질량을 구하시오.

E1-11 휘발유에 에틸알코올 3 m³가 혼합되어 5.5 m³의 체적으로 탱크 안에 혼합되어 있다. 표준온도, 표준압력에서 혼합물의 밀도와 비중량을 구하시오.

그림 E1-11

*E1-12 탱크에는 밀도가 1.3 Mg/m³인 액체가 들어 있다. 이 경우 액체의 중량을 구하시오.

그림 E1-12

E1-13 병 모양의 탱크는 온도 60℃ 질소로 채워져 있다. 탱크의 밀도와 탱크에서의 압력 변화(세로축) $0 \leq \rho \leq 5$ kg/m³의 관계를 그래프로 그리시오. 이때 $\Delta p = 50$ kPa이다.

그림 E1-13

E1-14 탱크 안의 공기가 절대압력 680 kPa, 온도 70℃인 경우 탱크 안의 공기 무게를 구하시오. 탱크 내부의 체적은 1.35 m³이다.

그림 E1-14

E1-15 온도가 5℃인 수영장의 수심은 3.03 m이다. 온도가 35℃일 때 수영장의 수심을 대략적으로 계산하시오. 증발로 인한 손실은 무시한다.

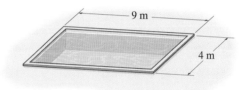

그림 E1-15

*E1-16 유조선은 원유 858(10³)배럴을 운반한다. 원유 비중이 0.940일 때 원유의 무게를 구하시오. 1배럴은 159리터이다.

그림 E1-16

E1-17 25℃ 건공기의 밀도는 1.23 kg/m³이다. 그러나 같은 압력에서 100%의 습도가 있으면 공기의 밀도는 0.65% 더 작아진다. 온도가 얼마가 되면 건공기가 100%의 습공기와 같은 밀도를 가질 수 있겠는가?

E1-18 85℃의 온도, 4 MPa의 절대압력에서 수소의 비중량을 구하시오.

E1-19 병 모양 탱크의 체적은 0.35 m³이고 질량 40 kg, 온도 40°C의 질소로 채워져 있다. 탱크의 절대압력을 구하시오.

그림 E1-19

*E1-20 절대압력이 80 kPa이고, 온도가 15°C인 체적 8 m³의 산소가 일정한 온도, 절대압력 25 kPa에 노출된 경우 변한 산소의 밀도와 체적을 구하시오.

E1-21 비구름의 체적은 대략 30 km³이고, 구름의 바닥에서 꼭대기까지 평균 높이는 125 m이다. 직육면체 용기로 구름에서 떨어진 비의 강우량을 측정한 결과 58 mm였다. 구름에서 떨어진 비의 전체 중량을 구하시오.

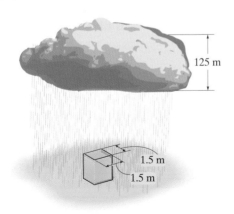

그림 E1-21

E1-22 2 kg의 산소가 50°C의 온도, 220 kPa의 절대압력하에 있다. 체적탄성계수를 구하시오.

E1-23 바다 깊은 곳에서 해수의 밀도는 1035 kg/m³이다. 표면에서 밀도가 1035 kg/m³이고 절대압력이 101.3 kPa인 지점의 절대압력을 구하시오. $E_V = 2.42$ GPa을 사용하라.

*E1-24 20°C의 물이 받는 압력이 44 MPa까지 증가한다. 밀도 증가율을 구하시오. $E_V = 2.20$ GPa을 사용하라.

E1-25 물의 체적을 0.3% 감소시키는 경우 변화하는 압력은 6.60 MPa이다. 물의 체적탄성계수를 구하시오.

E1-26 액체의 체적탄성계수와 밀도는 각각 1.44 GN/m², 880 kg/m³이다. 액체에 가해지는 압력이 900 kPa로 증가하는 경우 밀도는 얼마나 증가하는가?

1.7–1.8절
E1-27 특정 온도에서 SAE 10W30 기름의 점성계수는 0.100 N·s/m²이다. 동점성계수를 구하시오. 비중은 0.92이다.

*E1-28 글리세린의 동점성계수가 $1.15(10^{-3})$ m²/s일 때의 점성계수를 구하시오. 고려된 온도에서 글리세린의 비중은 1.26이다.

E1-29 $P = 2$ N의 힘이 작용하여 30 mm 직경의 축을 0.5 m/s의 일정한 속도로 윤활유가 들어 있는 베어링을 따라 미끄러지게 한다. 윤활유의 점성계수를 구하고, 힘 $P = 8$ N일 때 축의 속도를 구하시오. 윤활유는 뉴턴 유체이고, 축과 베어링 사이의 속도구배는 선형이라고 가정한다. 베어링과 축 사이의 간격은 1 mm이다.

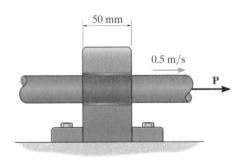

그림 E1-29

E1-30 평판과 고정된 표면 사이에 위치한 얇은 막의 뉴턴 유체가 $u = (8y - 0.3y^2)$ mm/s의 속도분포를 가진다. 여기서 y의 단위는 밀리미터이다. 이러한 움직임을 일으키도록 평판에 가해져야 하는 힘 **P**를 구하시오. 평판은 유체와 접촉하는 면적이 15000 mm²이다. 이때 점성계수는 0.482 N·s/m²이다.

E1-31 평판과 고정된 표면 사이에 위치한 얇은 막의 뉴턴 유체가 $u = (8y - 0.3y^2)$ mm/s의 속도분포를 가진다. 여기서 y의 단위는 밀리미터이다. 유체가 평판과 고정된 표면에 가하는 전단응력을 구하시오. 이때 점성계수는 0.482 N·s/m²이다.

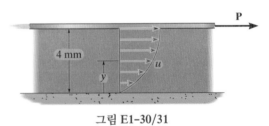

그림 E1-30/31

*E1-32 평판에 가해지는 힘이 4 mN일 때 평판은 0.6 mm/s의 속도로 이동한다. 액체와 접촉하는 평판의 표면적이 0.5 m²이면 속도분포가 선형일때 액체의 대략적인 점성계수를 구하시오.

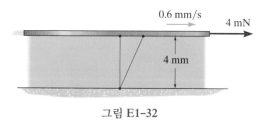

그림 E1-32

E1-33 $T = 30℃$에서 혈액을 사용하여 실험하자 표면 A에서의 속도구배는 16.8 s⁻¹, 전단응력은 0.15 N/m²로 작용하였다. 혈액이 비뉴턴 유체일 때 A에서의 겉보기 점성계수를 구하시오.

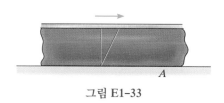

그림 E1-33

E1-34 힘 **P**가 평판에 가해질 때 평판 아래 위치하는 뉴턴 유체의 속도분포는 $u = (4.23y^{1/3})$ mm/s이다. 여기서 y의 단위는 밀리미터이다. 유체 내의 최소 전단응력을 구하시오. 이때 점성계수는 $0.630(10^{-3})$ N · s/m²이다.

E1-35 힘 **P**가 평판에 가해질 때 평판 아래 위치하는 뉴턴 유체의 속도분포는 $u = (4.23y^{1/3})$ m/s이다. 여기서 y의 단위는 밀리미터이다. $y = 5$ mm일 때의 유체 내의 전단응력을 구하시오. 이때 점성계수는 $0.630(10^{-3})$ N · s/m²이다.

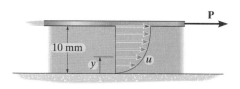

그림 E1-34/35

*E1-36 휘발유로 채워진 탱크의 표면에 10 μm의 평균폭을 가진 긴 균열이 있다. 균열을 통해 흘러나오는 휘발유의 속도분포는 $u = 10(10^9)[10(10^{-6})y - y^2]$ m/s로 추정된다. y는 바닥에서부터 위로 생겨난 균열을 측정한 값이며 단위는 미터이다. 바닥($y = 0$)에서 전단응력을 구하고 아울러 휘발유 안에서 전단응력이 0이 되는 균열 위치 y를 구하시오. 휘발유의 점성계수는 $0.317(10^{-3})$ N · s/m²이다.

E1-37 휘발유로 채워진 탱크의 표면에 10 μm의 평균폭을 가진 긴 균열이 있다. 균열을 통해 흘러나오는 휘발유의 속도분포는 $u = 10(10^9)[10(10^{-6})y - y^2]$ m/s로 추정된다. y의 단위는 미터이다. 휘발유가 균열을 통해 흐를 때의 속도분포와 전단응력 분포를 그리시오. 휘발유의 점성계수는 $0.317(10^{-3})$ N · s/m²이다.

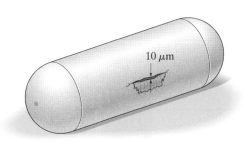

그림 E1-36/37

E1-38 폭이 0.2 m이고 질량이 150 g인 플라스틱 스트립이 5.24 N · s/m²의 점성계수를 갖는 페인트의 두 층 A와 B 사이를 통과한다. 이 스트립이 각 면의 점성 마찰을 극복하여 4 mm/s의 일정한 속도로 위쪽으로 이동하는 경우에 필요한 힘 **P**를 구하시오. 상단 및 하단 개구부의 마찰을 무시하고 각 층을 통과하는 속도분포는 선형이라고 가정한다.

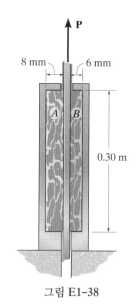

그림 E1-38

E1-39 폭이 0.2 m이고 질량이 150 g인 플라스틱 스트립이 페인트의 두 층 A와 B 사이를 통과한다. 힘 $P=2$ N이 스트립에 적용되어 6 mm/s의 일정한 속도로 움직이게 하는 경우 페인트의 점성계수를 구하시오. 상단 및 하단 개구부의 마찰을 무시하고 각 층을 통과하는 속도분포는 선형이라고 가정한다.

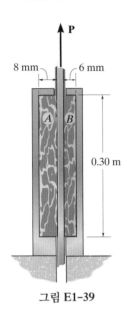

그림 E1-39

*E1-40 실험으로 구한 물의 점성계수가 온도 20℃에서 0.001 N · s/m², 온도 50℃에서 0.000554 N · s/m²일 때의 물에 대한 안드레드 식의 상수 B와 C를 구하시오.

E1-41 일정한 상수 $B=1.357(10^{-6})$ N · s/(m² · K$^{1/2}$), $C=78.84$ K이 표준 대기압하에 공기의 점성계수를 구하기 위한 실험식인 서덜랜드 식에 사용되었다. 부록 A에 표로 나와 있는 값을 참고하여 온도 10℃와 80℃에서 이 수식을 이용한 점성계수와 부록 A에서 찾은 점성계수 값을 비교하시오.

E1-42 실험으로 구한 공기의 점성계수가 표준 대기압, 온도 20℃에서 $18.3(10^{-6})$ N · s/m², 온도 50℃에서 $19.6(10^{-6})$ N · s/m²이다. 공기에 대한 서덜랜드 식의 상수 B와 C를 구하시오.

E1-43 물의 점성계수는 실험에 근거한 안드레드 식의 상수 $B=1.732(10^{-6})$ N · s/m²와 $C=1863$ K을 사용하여 구할 수 있다. 부록 A에 나와 있는 표를 참고하여 $T=10℃$, $T=80℃$에서 이 수식을 이용한 값과 부록 A에서의 값을 비교하시오.

*E1-44 기름 두께가 t의 함수이면서 $\omega=30$ rad/s의 일정한 각속도로 원판을 회전하는 데 필요한 토크 **T**를 구하시오. $0 \le t \le 0.15(10^{-3})$ m에서 $0.03(10^{-3})$ m마다 값에 대해 기름 두께에 대한 토크(수직축)의 결과를 그래프로 나타내시오. 단, 속도분포가 선형이고 점성계수가 0.428 N · s/m²라고 가정한다.

E1-45 일정한 각속도 $\omega=30$ rad/s로 원판을 회전하는 데 필요한 토크 **T**를 구하시오. 기름 두께는 0.15 mm이다. 단, 속도분포가 선형이고 점성계수가 0.428 N · s/m²라고 가정한다.

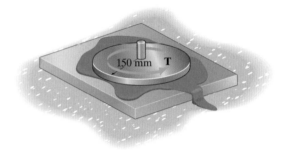

그림 E1-44/45

E1-46 휴대형 음악 재생기의 읽기-쓰기 헤드의 표면적이 0.04 mm²이다. 헤드는 원판 위 0.04 μm에 고정되며 원판 위에서 1800 rpm의 일정 회전속도로 회전한다. 헤드와 원판 사이에 공기의 마찰 전단저항을 극복하기 위해 원판에 가해지는 토크 **T**를 구하시오. 주변 공기는 표준 대기압이고 온도는 20℃이다. 속도분포는 선형이라고 가정한다.

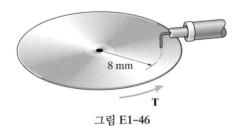

그림 E1-46

E1-47 튜브에서 축의 점성계수 0.0586 N · s/m²이고, 막 두께가 1.5 mm인 기름 막 위에 놓여 있다. 축이 일정 각속도 $\omega=4.5$ rad/s로 회전한다면, 반경 $r=40$ mm, 80 mm에서 기름의 전단응력은 얼마인가? 기름 내의 속도분포는 선형이라고 가정한다.

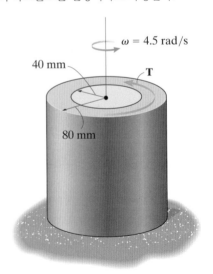

그림 E1-47

*E1-48 튜브에서 축이 점성계수 0.0586 N · s/m²이고, 막 두께가 1.5 mm인 기름 막 위에 놓여 있다. 축이 일정 각속도 $\omega = 4.5$ rad/s로 회전한다면, 회전을 유지하기 위해 튜브에 가해야 하는 토크 **T**를 구하시오. 기름 내의 속도분포는 선형이라고 가정한다.

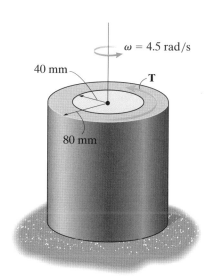

그림 E1-48

E1-49 평균반경 r, 길이 L의 매우 얇은 튜브 A가 그림처럼 고정된 원형 구멍 안에 놓여 있다. 구멍과 튜브의 면 사이의 간격은 t이고, 점성계수 μ를 가지는 뉴턴 유체로 채워져 있을 때 유체 저항을 극복하고 일정 각속도 ω로 튜브를 회전시키는 데 필요한 토크 **T**를 구하시오. 액체 내의 속도분포는 선형이라고 가정한다.

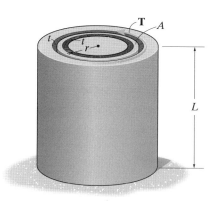

그림 E1-49

E1-50 원뿔 모양 베어링이 점성계수 μ의 윤활 뉴턴 유체에 놓여 있다. ω의 일정 각속도로 베어링을 회전시키는 데 필요한 토크 **T**를 구하시오. 유체의 두께 t에 따른 속도분포는 선형이라고 가정한다.

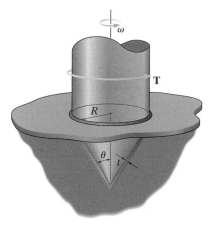

그림 E1-50

1.9–1.10절

E1-51 에베레스트산 정상(8848 m)을 등반하는 경우 차를 만들기 위해 물을 얼마나 뜨겁게 끓여야 하는가?

*E1-52 콜로라도주 덴버시는 해수면 기준 1610 m 고도에 있다. 차를 만들기 위해 물을 얼마나 뜨겁게 끓여야 하는가?

E1-53 $T = 28.5$°C의 물이 정원용 호스를 통해 흐르고 있다. 만약 호스가 휜 경우 소음을 들을 수 있다. 이 휜 지점에서 호스에 흐르는 유체의 속도가 증가하고, 압력이 감소되어 공동현상이 발생한다. 이때 호스 내부의 휜 지점에서 발생되는 최고 절대압력은 얼마인가?

E1-54 $T = 25$°C의 물이 정원용 호스를 통해 흐르고 있다. 만약 호스가 휜 경우 소음을 들을 수 있다. 이 휜 지점에서 호스에 흐르는 유체의 속도가 증가하고, 압력이 감소되어 공동현상이 발생한다. 이때 호스 내부의 휜 지점에서 발생되는 최고 절대압력은 얼마인가?

그림 E1-53/54

E1–55 보트 프로펠러가 $T=15℃$ 물에서 회전하고 있다. 프로펠러에서 발생하는 공동현상을 피하기 위한 최저 절대수압을 구하시오.

*E1–56 $T=20℃$의 물이 직경이 변하는 관로를 흐를 때 압력은 감소하기 시작한다. 공동현상이 발생하지 않는 최저 절대압력을 구하시오.

그림 E1–56

E1–57 삼각형 유리막대는 0.3 N의 무게를 가지며 물 표면에 $σ=0.0728$ N/m로 매달려 있다. 막대를 표면에서 분리하는 데 필요한 수직력 **P**를 구하시오.

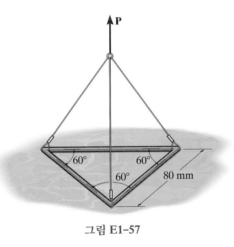

그림 E1–57

E1–58 삼각형 유리막대의 무게는 0.3 N이며 물 표면에 매달려 있다. 지면으로부터 자유롭기 위해서 $P=0.335$ N의 힘이 필요하다고 한다. 이때 물의 표면장력을 구하시오.

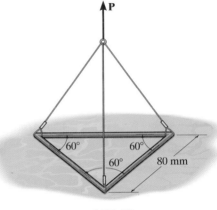

그림 E1–58

E1–59 튜브에서 떨어지는 물의 경우 표면장력 $σ$의 영향으로 인해 물줄기 바로 내부에 있는 지점과 외부에 있는 지점 간에 압력 Δp의 차이가 있다. 이 위치에서 물줄기의 직경 d를 구하시오.

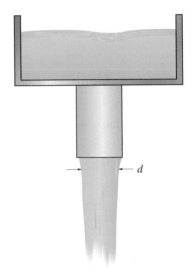

그림 E1–59

*E1–60 내경이 d인 유리관을 수평에서 $θ$만큼 기울여 물속에 넣는다. 모세관 현상으로 관을 따라 물이 올라올 때 평균 길이 L을 구하시오. 이때 표면장력은 $σ$이며, 밀도는 $ρ$이다.

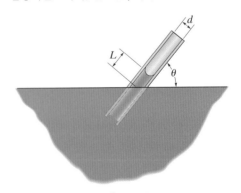

그림 E1–60

E1–61 내경 $d=2$ mm인 유리관을 물속에 넣는다. 모세관 현상으로 관을 따라 물이 올라올 때 평균 길이 L을 기울기 θ에 따른 함수로 나타내시오. $10° \le \theta \le 30°$에서 L(수직축)과 θ의 관계를 그래프로 그리시오. 이때 θ는 5°씩 값을 증가시킨다. 물의 표면장력은 75.4 mN/m이며, 밀도는 1000 kg/m³이다.

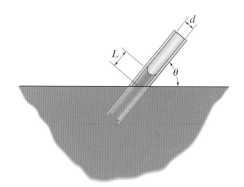

그림 E1-61

E1–62 소금쟁이의 질량은 0.36 g이다. 이 곤충은 6개의 얇은 다리를 가지고 있는데, $T=20°C$ 물 위에서 몸을 지지하기 위한 모든 다리의 최소 접촉 길이를 구하시오. 이때 σ는 72.7 mN/m이고 다리는 얇은 원통형이며 접촉각은 0°이다.

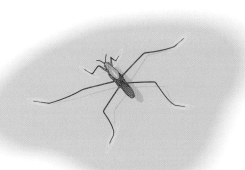

그림 E1-62

E1–63 응집력은 액체 표면적의 증가에 저항하기 때문에 실제로 표면 크기를 최소화하려고 한다. 분자를 분리하여 표면장력을 극복하는 데 일이 필요하며, 이 일을 하는 데 필요한 에너지를 **자유표면 에너지**라고 한다. 자유표면 에너지가 표면장력과 어떠한 관련이 있는지 보여주기 위해 표면장력 **F**를 받는 액체 표면의 작은 요소를 고려하자. 표면이 미소 증분 δx로 늘어나면 면적 증가당 **F**에 의해 수행되는 일이 액체에서의 표면장력과 같다는 것을 보이시오.

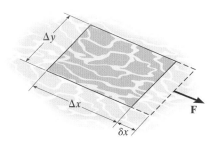

그림 E1-63

*E1–64 20°C의 주변 온도에서 튜브에 수은을 넣는 경우 튜브 내부의 수은 기둥이 감소되는 높이 h를 구하시오. 튜브의 직경은 $D=5.5$ mm이다.

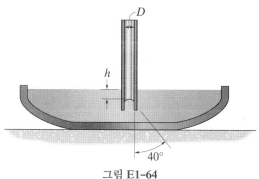

그림 E1-64

E1–65 20°C의 주변 온도에서 튜브에 수은을 넣는 경우 튜브 내부의 수은 기둥이 감소되는 높이 h를 구하시오. 1 mm $\le D \le 6$ mm에서의 h(수직축)와 D의 관계를 그래프로 그리시오. 단, D는 1 mm씩 값을 증가시킨다. 이 결과에 관해 토의해보자.

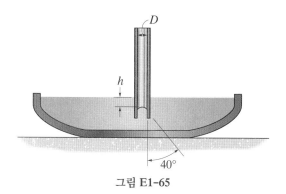

그림 E1-65

E1–66 강철 입자는 분쇄기에서 배출되어 등유 탱크로 부드럽게 떨어진다. 접촉각이 180°인 등유에 떠 있는 입자의 최대 평균 직경을 구하시오. 이때 $\rho_{st}=7850$ kg/m³, $\sigma=26.8$ MN/m이며 각 입자가 $V=\frac{4}{3}\pi r^3$인 구 모양을 가지고 있다고 가정한다.

E1-67 모래 알갱이는 벤젠 탱크로 짧게 떨어진다. 180°의 접촉각으로 벤젠에 떠 있는 입자의 최대 평균 직경을 구하시오. 이때 ρ_s = 2650 kg/m³, σ = 28.9 MN/m이며 각 알갱이가 $V = \frac{4}{3}\pi r^3$인 구 모양을 가지고 있다고 가정한다.

그림 E1-67

*E1-68 물의 온도는 30℃이다. 0.4 mm ≤ w ≤ 2.4 mm에 대해 2개의 유리판 사이의 간격 w의 함수로 물의 높이 h를 그래프로 나타내시오. 단, 그래프에서 w를 0.4 mm씩 증가시키며 σ = 0.0718 N/m이다.

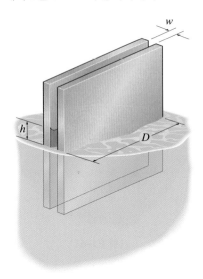

그림 E1-68

개념문제

P1-1 자전거 바퀴 내부의 공기압은 220 kPa이다. 바퀴 내부의 공기 체적이 일정하다고 가정할 때, 일반적인 여름과 겨울의 경우 압력차이가 얼마나 되는지 구하시오. 이때 그 압력이 주행자가 자전거를 탈 경우 바퀴와 자전거를 지지해줄 수 있는지 토의해보자.

P1-2 맥주잔을 기울여 물을 붓는 경우 아래 부분에 매달려 떨어지는 경향이 있다. 이 현상에 관해 설명하고 이를 예방하기 위해서 어떻게 해야 하는지 제안하시오.

P1-3 기름이 물 표면에 떨어질 때, 기름은 그림에서 볼 수 있듯이 표면 전체로 퍼지는 경향이 있다. 이 현상에 관해 설명하시오.

P1-4 도시에 있는 물탱크는 파라핀지와 같은 소수성 표면에 액적이 떨어질 때의 형태와 같다. 왜 공학자가 이와 같이 탱크를 디자인하였는지 설명하시오.

1장 복습

물질은 형태를 유지하는 고체, 용기 모양을 취하는 액체, 전체 용기를 채우는 기체로 분류할 수 있다. SI 단위계는 길이는 미터(m), 시간은 초(s), 질량은 힘의 단위인 뉴턴(N)을 사용하여 킬로그램(kg)으로 나타내며, 온도는 섭씨(℃) 또는 켈빈(K)을 사용한다.		
밀도는 단위 체적당 질량으로 정의된다. 비중량은 단위 체적당 중량으로 정의된다. 비중은 물의 밀도 또는 비중량에 대한 액체의 밀도 또는 비중량의 상대비를 말한다. 여기서 물의 밀도는 $\rho_w = 1000 \text{ kg/m}^3$이다. 이상기체 법칙은 기체의 **절대압력**, 밀도, **절대온도**와의 관계를 나타낸다. 체적탄성계수는 유체가 압축에 견디는 저항력을 나타내는 수치이다.	$\rho = \dfrac{m}{V}$ $\gamma = \dfrac{W}{V}$ $S = \dfrac{\rho}{\rho_w} = \dfrac{\gamma}{\gamma_w}$ $p = \rho RT$ $E_V = -\dfrac{dp}{dV/V}$	
점성계수란 유체의 층 사이에서 저항하는 성질을 나타내는 척도이다. 점성계수가 크면 저항도 크다.		
뉴턴 유체는 유체의 전단응력과 시간에 따른 전단변형률 간의 선형적인 관계를 가지며, 여기서 전단변형률은 속도구배 du/dy를 이용하여 정의한다. 비례상수 μ는 동역학적 점성계수 또는 간단히 점성계수라고 부른다. 동점성계수는 유체의 점성계수와 밀도의 비로 정의된다. 점성계수는 회전식 점도계, 오스트발트 점도계 또는 다른 장치를 이용하여 간접적으로 측정한다.	$\tau = \mu \dfrac{du}{dy}$ $\nu = \dfrac{\mu}{\rho}$	

액체의 압력이 증기압보다 작아지는 경우 비등이 발생한다. 이로 인해 공동현상이 발생되는데, 공동현상에 의해 생성된 기포는 높은 압력 영역으로 이동할 수 있고 갑자기 붕괴할 수 있다.

액체 표면에서의 표면장력은 분자 간의 응집력(인력)으로 인해 발생하게 된다. 이는 단위 길이당 힘으로 정의된다.

액체의 모세관 현상은 접착력과 응집력의 상대적인 힘에 영향을 받는다. 습윤 액체는 접촉하는 면에서 접착력이 액체의 응집력보다 더 크다. 비습윤 액체는 응집력이 접착력보다 더 크기 때문에 반대의 효과가 발생한다.

CHAPTER 2

이 수문들은 운하 내의 정수압에 의한 하중에 견딜 수 있도록 설계되어 있다. 또한 제한된 공간에서 수위를 조절할 수 있는 '잠금장치'를 설치하여 배가 높이가 다른 위치를 통과할 수 있도록 한다.

유체정역학

학습목표

- 압력에 대하여 정의하고 정지된 유체 속에서 압력이 어떻게 변하는지 학습한다.
- 유체의 압력을 측정하는 다양한 방법을 학습한다.
- 정수압력의 합력을 계산하는 방법과 잠긴 표면에서의 작용점을 찾는 방법을 배운다.
- 부력과 안정성에 대해 학습한다.
- 등가속도를 갖는 액체 내 압력과 고정된 축을 중심으로 일정한 회전을 하는 액체 내 압력을 계산하는 방법을 배운다.

2.1 압력

일반적으로 유체는 유체와 접촉한 면에 수직력과 전단력을 모두 가할 수 있다. 그러나 유체가 표면에 대해 정지상태에 있게 되면 유체의 점성은 그 표면에 전단력을 가하지 않는다. 대신 수직력만 가해지는데, 그 힘의 세기를 압력이라고 한다. 이는 진동하는 유체분자들이 서로 부딪히고 표면에 충돌하여 가해진 충격의 결과이다.

  압력은 일정 면적에 수직으로 가해지는 힘을 그 면적으로 나눈 것으로 정의된다. 유체를 연속체로 가정한다면, 그림 2-1a에서 보이듯이 유체 면의 한 점은 0에 근접해진다. 따라서 압력은 다음과 같이 주어진다.

$$p = \lim_{\Delta A \to 0} \frac{\Delta F}{\Delta A} = \frac{dF}{dA} \qquad (2\text{-}1)$$

그림 2-1b에서처럼, 표면이 제한적 면적을 가지고 있고, 압력이 균일하게 이 면적

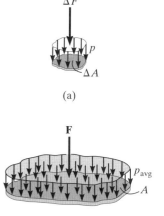

(a)

평균 압력

(b)

그림 2-1

에 분포하게 되면, 이때의 **평균 압력**은 다음과 같다.

$$p_{\text{avg}} = \frac{F}{A} \tag{2-2}$$

압력의 단위는 파스칼 Pa(N/m²)이다.

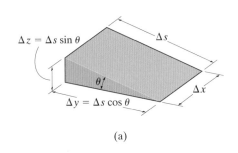

(a)

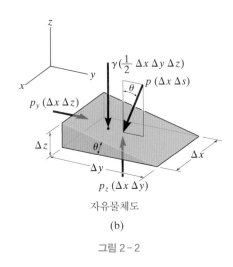

자유물체도

(b)

그림 2-2

파스칼의 법칙   17세기에 프랑스 수학자 Blaise Pascal은 유체의 한 지점에서 작용하는 압력의 세기가 모든 방향에서 동일하다는 것을 보였다. 이는 일반적으로 **파스칼의 법칙**(Pascal's law)으로 알려져 있다. 이를 증명하기 위해 그림 2-2a와 같이 유체 속에 놓여 있는 미소 삼각형 요소에 대한 힘의 평형을 고려해보자. 유체가 정지해 있다(또는 일정한 속도로 움직이고 있다)고 가정하면, 자유물체도에 작용하는 힘들은 압력과 중력뿐이다(그림 2-2b). 유체의 비중량(γ)과 미소 요소의 체적 $\left(\frac{1}{2}\Delta y\Delta z\right)\Delta x$를 곱한 값이 중력에 의한 힘이다. 압력에 의해 발생된 힘은 그 압력과 작용한 면적을 곱한 값으로 계산된다. yz 평면에는 3개의 압력 힘들이 있다. 경사면의 길이를 Δs라고 가정했을 때, 다른 면들의 치수는 $\Delta y = \Delta s \cos \theta$와 $\Delta z = \Delta s \sin \theta$로 나타낼 수 있다(그림 2-2a). 따라서 y와 z 방향에 대해 평형의 힘 방정식들을 적용하면 다음과 같다.

$$\Sigma F_y = 0; \qquad p_y(\Delta x)(\Delta s \, \sin \theta) - \left\lfloor p(\Delta x \Delta s) \right\rfloor \sin \theta = 0$$

$$\Sigma F_z = 0; \qquad p_z(\Delta x)(\Delta s \, \cos \theta) - \left\lfloor p(\Delta x \Delta s) \right\rfloor \cos \theta$$

$$- \gamma \left[\frac{1}{2}\Delta x(\Delta s \, \cos \theta)(\Delta s \, \sin \theta) \right] = 0$$

$\Delta x \Delta s$로 나누고 $\Delta s \rightarrow 0$이라고 할 때, 다음과 같은 관계를 얻는다.

$$p_y = p$$

$$p_z = p$$

같은 방식으로 z축에 대해 미소 요소를 90° 회전하고, $\Sigma F_x = 0$의 식을 적용하면 $p_x = p$를 증명할 수 있다. 경사면의 각도 θ가 임의적이기 때문에, 이것은 실제로 인접한 층 사이에 상대 운동이 없는 유체에 대해 한 지점의 압력이 모든 방향에서 동일하다는 것을 보여준다.[*] 어떠한 지점에서의 압력이 반대 방향보다 한 방향으로 더 크게 된다면 불균형으로 인해 유체의 움직임이나 동요가 발생하게 되므로, 파스칼의 법칙은 실제로 직관적이다.

한 지점에서의 압력은 유체를 통해 인접한 다른 지점으로 전달되기 때문에, 반작용에 의해 인접한 다른 점으로 전달된다. 파스칼의 법칙에 따라 유체의 한 지점에서 압력이 Δp만큼 변화하면 다른 모든 지점에서도 동일한 압력 변화가 발생한다. 다음 예제에서 확인할 수 있듯이, 이 법칙은 유압기계의 설계에 널리 적용된다.

---

[*]   유체가 가속되는 경우에도 파스칼의 법칙을 적용할 수 있다. 연습문제 2-1을 참조하라.

예제 2.1

그림 2-3에서 보는 바와 자동차 정비서비스에서 사용하는 공기압 잭이 있다. 자동차와 승강기의 중량이 총 25 kN일 때 승강기를 일정한 속도로 올리기 위해 B 지점에서 공기 압축기를 통해 발생해야 하는 힘을 구하시오. B에서의 공기관의 직경은 15 mm이고 A 의 기둥의 직경은 280 mm이다.

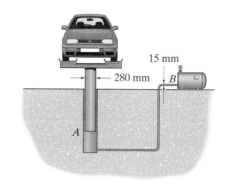

그림 2-3

풀이

유체 설명 공기의 중량은 무시할 수 있다.

해석 힘의 평형으로 인해 A에서 공기 압축기에 의해 생성되는 힘은 차와 승강기의 중량과 크기는 같고 방향은 반대이다. 그러므로 A에서의 평균 압력은

$$p_A = \frac{F_A}{A_A}; \qquad \frac{25(10^3)\text{N}}{\pi(0.140 \text{ m})^2} = 406.00(10^3) \text{ Pa}$$

공기의 중량은 무시할 수 있기 때문에 각 지점에서의 압력은 모든 방향에서 동일하다 (파스칼의 법칙). 따라서 동일한 압력이 B로 전달된다. 그러므로 B에서의 힘은

$$p_B = \frac{F_B}{A_B}; \qquad 406.00(10^3) \text{ N/m}^2 = \frac{F_B}{\pi(0.0075 \text{ m})^2}$$

$$F_B = 71.7 \text{ N} \qquad \qquad Ans.$$

따라서 비록 A와 B의 압력은 같다 하더라도 이 작은 힘만으로도 25 kN의 하중을 들어올리기에 충분하다.

참고: 이러한 원리는 기름을 이용하여 작동되는 다양한 유압 시스템에 폭넓게 적용된다. 유압잭, 건설 장비, 유압 프레스, 승강기 등이 이에 해당하는 대표적인 예이다. 작은 자동차의 경우, 시스템의 압력은 8 MPa이고, 유압잭의 경우 60 MPa까지 도달한다.

2.2 절대압력과 계기압력

공기와 같은 유체가 용기에서 제거되면 진공상태가 되고, 이때 용기 내 압력은 0이 된다. 이를 일반적으로 **절대 영압력**(zero absolute pressure)이라고 한다. 절대 영압력 이상으로 측정되는 모든 압력을 **절대압력**(absolute pressure) p_{abs}이라고 한다. 예를 들어, **표준 대기압**(standard atmospheric pressure)은 15℃ 온도와 해수면을 기준으로 측정된 절대압력이다. 이 값은

$$p_{\text{atm}} = 101.3 \text{ kPa}$$

계기는 주로 대기압과 비교하여 압력을 측정하기 때문에, 대기압을 기준으로 높거나 낮은 모든 압력을 **계기압력**(gage pressure) p_g이라고 한다. 그러므로 절대압력과 계기압력은 다음과 같은 관계를 갖는다.

$$\boxed{p_{\text{abs}} = p_{\text{atm}} + p_g} \qquad (2\text{-}3)$$

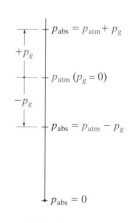

압력 눈금

그림 2-4

절대압력 및 대기압은 항상 양의 값을 갖지만, 그림 2-4처럼 계기압력은 양과 음의 모든 값을 가질 수 있다. 예를 들어, 절대압력이 $p_{abs} = 301.3$ kPa이면, 계기압력은 $p_g = 301.3$ kPa-101.3 kPa = 200 kPa이 된다. 마찬가지로, 절대압력이 $p_{abs} = 51.3$ kPa이면 계기압력은 대기압보다 낮기 때문에 흡입을 생성하는 음수값인 $p_g = 51.3$ kPa − 101.3 kPa = -50 kPa을 갖는다.

이 책에서는 표준 대기압을 기준으로 계기압력을 사용할 것이다. 하지만 정확도를 높이기 위해서는 국부적 대기압을 사용해야 하며, 이로부터 절대압력을 결정할 수 있다. 한편, **달리 명시되지 않는 한 이 책과 문제에 언급하는 모든 압력은 계기압력으로 간주한다.** 만약 절대압력을 필요로 하는 경우에는 구체적으로 명시하거나 50 kPa(abs.)과 같이 표시할 것이다.

예제 2.2

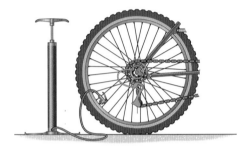

그림 2-5

그림 2-5와 같이 자전거 타이어의 공기압은 계기로부터 70 kPa로 측정되었다. 국부적 대기압이 104 kPa일 때, 타이어의 절대압력을 구하시오.

풀이

유체 설명　공기는 일정한 압력에서 정적인 상태를 유지한다.

해석　타이어가 공기로 채워지기 전에 타이어 내부의 압력은 대기압(104 kPa)이었다. 타이어에 공기를 채우면 타이어 내부의 절대압력은

$$p_{abs} = p_{atm} + p_g$$

$$p_{abs} = 104 \text{ kPa} + 70 \text{ kPa}$$

$$= 174 \text{ kPa} \qquad Ans.$$

기억해야 할 점은 단위 뉴턴은 사과의 중량만큼을 나타내는 단위이기 때문에 이 중량이 제곱미터에 걸쳐 분포되어 있다고 상상해보면 파스칼이 실제로 매우 작은 압력이라는 것을 알 수 있다(Pa = N/m²). 이러한 이유로 공학 분야에서는 파스칼 단위로 측정된 압력들은 k나 M 같은 접두어와 함께 동반되어 표기된다.

2.3　정압 변화

이 절에서는 유체의 중량으로 인해 정지된 유체 속의 압력이 어떻게 달라지는지 계산해보고자 한다. 이를 위해 단면적 ΔA를 가지며 길이가 Δy와 Δz인 수평과 수직의 작고 가는 유체요소들을 고려해보자. 그림 2-6에 나타낸 것처럼 y와 z 방향으로 향하는 힘들만 자유물체도에 나타나 있다. z 방향으로 연장되는 요소는 그 중량도 포함되어 있다. 이 값은 유체의 비중량 γ와 체적 $\Delta V = \Delta A \Delta z$를 곱한 값이다.

각 요소의 한쪽에서 반대쪽까지의 압력의 기울기 또는 변화는 양의 y 및 z 방향으로 증가한다고 가정하고 각각 $(\partial p / \partial y)\Delta y$ 및 $(\partial p / \partial z)\Delta z$로 표현된다.* 그림 2-6a

---

* 이 결과는 $\Delta y \to 0$, $\Delta z \to 0$으로 고차항 $\frac{1}{2}\left(\frac{\partial^2 p}{\partial y^2}\right)\Delta y^2 + \cdots$과 $\frac{1}{2}\left(\frac{\partial^2 p}{\partial z^2}\right)\Delta z^2 + \cdots$이 생략될 때 한 점을 기점으로 테일러 급수 전개한 결과이다. 또한 압력이 모든 방향으로 변한다고 가정하기 때문

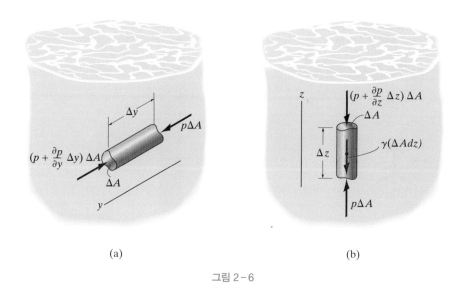

(a)   (b)

그림 2-6

와 같이 힘의 평형 방정식을 수평요소에 적용하면 다음과 같다.

$$\Sigma F_y = 0; \qquad p(\Delta A) - \left(p + \frac{\partial p}{\partial y}\Delta y\right)\Delta A = 0$$

$$\partial p = 0$$

이러한 결과는 x 방향에도 동일하게 나타나며, 압력의 변화가 0이기 때문에 압력은 수평면에서는 일정하게 유지된다. 따라서 압력은 오직 z만의 함수 $p=p(z)$이다. 그림 2-6b로부터 압력의 변화는 다음과 같이 표현할 수 있다.

$$\Sigma F_z = 0; \qquad p(\Delta A) - \left(p + \frac{dp}{dz}\Delta z\right)\Delta A - \gamma(\Delta A\Delta z) = 0$$

$$dp = -\gamma dz \qquad (2\text{-}4)$$

음의 부호는 유체의 압력이 z축의 양의 방향, 즉 위로 향하면서 점점 감소하는 것을 의미한다.

위의 두 결과들은 비압축성 유체, 압축성 유체에 모두 적용되고, 다음 두 절에서 이러한 두 종류의 유체들에 대해 각각 살펴볼 것이다.

2.4 비압축성 유체의 압력분포

만약 유체가 액체와 같은 비압축성이라면, 체적이 변하지 않기 때문에 비중량 γ는 일정하다. 압력이 p_0인 액체의 수면을 기준으로 설정한 다음 z 좌표의 아래 방향을 양수로 지정하여 측정하면 식 (2-4)는 $dp=\gamma dz$가 된다. 이를 수면부터 $z=h$인 깊이까지 적분을 하면, 다음과 같은 식을 구할 수 있다.

물 분배 시스템 내에서 일정한 고압을 유지시키기 위해 많은 지자체에서 물탱크를 사용한다. 이 방법은 물의 수요가 많은 이른 아침이나 초저녁에 특히 중요하다.

에 여기서 편도함수를 사용한다. 즉, 압력은 각 지점에서 다르다고 가정하므로 $p=p(x, y, z)$의 함수로 정의된다.

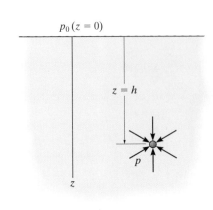

압력은 깊이에 따라 증가한다.
$p = \gamma h$

그림 2-7

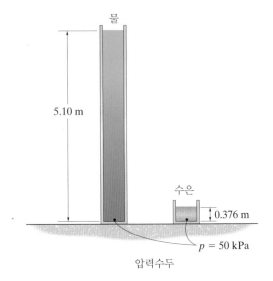

압력수두

그림 2-8

$$\int_{p_0}^{p} dp = \gamma \int_{0}^{h} dz$$

$$p = p_0 + \gamma h \qquad (2-5)$$

수면의 압력이 대기압과 같다면($p_0 = p_\text{atm}$), γh는 액체의 계기압력을 나타낸다.

$$\boxed{p = \gamma h} \qquad (2-6)$$

비압축성 유체

수영장에 다이빙하는 것과 마찬가지로 이러한 결과는 다이버가 물속 깊이 내려갈수록 계기압력이 선형적으로 증가되는 원인이 물의 중량이라는 것을 보여준다.

압력수두   식 (2-6)을 h에 관해 풀이하면 다음과 같다.

$$\boxed{h = \frac{p}{\gamma}} \qquad (2-7)$$

여기서 h를 **압력수두**(pressure head)라고 하며, (계기)압력 p에 의해 발생한 튜브 속의 액주 높이를 나타낸다. 예를 들어, 계기압력이 50 kPa일 때, 그에 해당하는 물($\gamma_w = 9.81$ kN/m³)과 수은($\gamma_\text{Hg} = 133$ kN/m³)의 압력수두는 다음과 같다.

$$h_w = \frac{p}{\gamma_w} = \frac{50(10^3)\ \text{N/m}^2}{9.81(10^3)\ \text{N/m}^3} = 5.10\ \text{m}$$

$$h_\text{Hg} = \frac{p}{\gamma_\text{Hg}} = \frac{50(10^3)\ \text{N/m}^2}{133(10^3)\ \text{N/m}^3} = 0.376\ \text{m}$$

그림 2-8에서 볼 수 있듯이, 두 액체의 밀도(또는 비중량)가 크게 차이나므로 압력수두도 확연하게 큰 차이가 있다.

예제 2.3

그림 2-9와 같이 탱크와 배수관은 각각의 높이만큼 휘발유와 글리세린으로 채워져 있다. C 지점 배수 플러그에서의 압력을 구하시오. 휘발유와 글리세린의 비중량은 각각 $\rho_{ga} =$ 726 kg/m³와 $\rho_{gl} = 1260$ kg/m³로 주어지며, 물의 압력수두는 미터 단위로 답하시오.

풀이

유체 설명 모든 액체는 비압축성 유체로 가정한다.

해석 휘발유는 비중량이 더 낮기 때문에 글리세린 위에 떠 있다. C에서의 압력을 구하기 위해서 휘발유로 채워진 깊이 B의 압력을 먼저 구하고, 글리세린으로 채워진 B에서 C의 압력을 더한다. C의 계기압력은 다음과 같다.

$$p_C = \gamma_{ga} h_{AB} + \gamma_{gl} h_{BC}$$
$$= (726 \text{ kg/m}^3)(9.81 \text{ m/s}^2)(1 \text{ m}) + (1260 \text{ kg/m}^3)(9.81 \text{ m/s}^2)(1.5 \text{ m})$$
$$= 25.66(10^3) \text{ Pa} = 25.66 \text{ kPa}$$

이러한 결과는 탱크의 모양과 크기에는 무관하며, 오직 각 액체의 깊이에 따라 달라진다. 달리 말하면 모든 수평면에서의 압력은 일정하다.

물의 비중량이 $\gamma_w = \rho_w g = (1000 \text{ kg/m}^3)(9.81 \text{ m/s}^2) = 9.81(10^3) \text{ N/m}^3$이므로, C에서의 물의 압력수두는 다음과 같다.

$$h = \frac{p_C}{\gamma_w} = \frac{25.66(10^3) \text{N/m}^2}{9.81(10^3) \text{ N/m}^3} = 2.62 \text{ m} \qquad \textit{Ans.}$$

따라서 물로 채워진 탱크가 휘발유와 글리세린으로 인한 C의 압력과 같기 위해서는 위에서 구한 높이까지 탱크에 물을 채워야 한다.

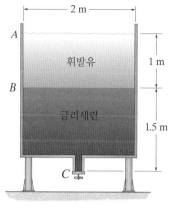

그림 2-9

2.5 압축성 유체의 압력분포

기체와 같은 압축성 유체에서는 기체 전체의 비중량 γ가 일정하지 않기 때문에 식 (2-4), $dp = -\gamma dz$를 적분하여 압력을 계산해야 한다. 적분을 하기 위해서는 먼저 γ를 압력 p의 함수로 표현해야 한다. 이상기체 상태방정식인 식 (1-12), $p = \rho RT$와 $\gamma = \rho g$를 이용하면 $\gamma = pg/RT$의 관계식을 얻는다. 따라서 압력은 다음과 같은 관계식의 적분을 통해 구할 수 있다.

$$dp = -\gamma \, dz = -\frac{pg}{RT} dz$$

또는

$$\frac{dp}{p} = -\frac{g}{RT} dz$$

주의할 점은 위 관계식에서 압력 p와 온도 T는 절대압력과 절대온도여야 한다. 절대온도 T를 길이 z의 함수로 나타내면 위 관계식을 적분할 수 있다.

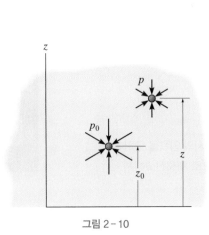

그림 2-10

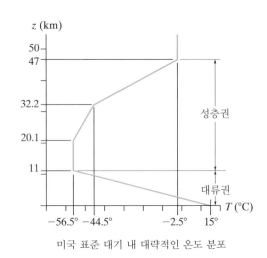

미국 표준 대기 내 대략적인 온도 분포

그림 2-11

등온조건 기체의 온도가 전 영역에서 온도 $T=T_0$로 동일하고(isothermal), 그림 2-10과 같이 기준점($z=z_0$)에서 압력이 $p=p_0$라고 가정하면 다음과 같다.

$$\int_{p_0}^{p}\frac{dp}{p} = -\int_{z_0}^{z}\frac{g}{RT_0}\,dz$$

$$\ln\frac{p}{p_0} = -\frac{g}{RT_0}\,(z-z_0)$$

또는

$$p = p_0 e^{-\left(\frac{g}{RT_0}\right)(z-z_0)} \tag{2-8}$$

이 식을 통해 성층권에서 가장 낮은 영역 내의 압력을 계산할 수 있다. 그림 2-11은 미국의 표준 대기 그래프를 나타내는데, 이 영역은 약 11.0 km에서 20.1 km에 이르는 영역이다. 해당 영역에서 기온은 $-56.5°C$(216.5 K)로 일정하다.

예제 2.4

저장 탱크의 천연가스는 유연한 막(flexible membrane) 내에 저장되어 있으며 가스가 탱크에 들어오거나 나갈 때 위쪽 또는 아래쪽으로 움직일 수 있는, 하중이 있는 덮개 때문에 일정한 압력을 유지한다(그림 2-12a). A에서 60 kPa의 압력으로 배출된다면 이 덮개의 중량은 얼마인가? 이때 가스의 온도는 20°C이다.

풀이

유체 설명 기체가 압축성일 때와 비압축성일 때의 결과를 비교한다.

해석 토출구 A 지점에서의 압력은 계기압력이다. 그림 2-12b처럼 덮개의 자유물체도를 보면 두 힘이 작용한다. 이 힘은 기체의 압력 p_B와 덮개의 중량 W이다. 이를 식으로 나타내면 다음과 같다.

$$+\uparrow \Sigma F_y = 0; \qquad p_B A_B - W = 0$$

$$p_B[\pi(5\ \text{m})^2] - W = 0$$

$$W = [78.54\, p_B]\ \text{N} \qquad\qquad (1)$$

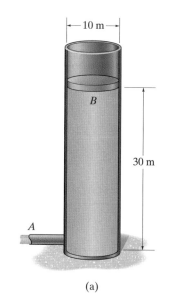

비압축성 기체 탱크 내부의 기체를 비압축성 기체라고 가정하면 토출구 A의 압력은 덮개 B의 압력과 식 (2-5)의 관계를 가진다. 부록 A에서 천연가스의 밀도를 찾을 수 있으며, 밀도는 $\rho_g = 0.665\ \text{kg/m}^3$이다. $\gamma_g = \rho_g g$이므로 다음과 같은 식을 구할 수 있다.

$$p_A = p_B + \gamma_g h$$

$$60(10^3)\ \text{N/m}^2 = p_B + (0.665\ \text{kg/m}^3)(9.81\ \text{m/s}^2)(30\ \text{m})$$

$$p_B = 59\,804\ \text{Pa}$$

이를 식 (1)에 대입하면,

$$W = [78.54(59\,804)]\ \text{N} = 4.697\ \text{MN} \qquad\qquad\qquad Ans.$$

압축성 기체 기체가 압축성이라고 가정하면, 탱크 내부의 천연가스 온도가 일정하기 때문에 식 (2-8)을 적용할 수 있다. 천연가스의 기체 상수는 $R = 518.3\ \text{J/(kg·K)}$이고, 절대온도 $T_0 = 20 + 273 = 293\text{K}$이므로

$$p_B = p_A e^{-\left(\frac{g}{RT_0}\right)(z_B - z_A)}$$

$$= 60(10^3) e^{-\left(\frac{9.81}{[518.3(293)]}\right)(30 - 0)}$$

$$= 59\,884\ \text{Pa}$$

이며, 식 (1)로부터

$$W = [78.54(59\,884)]\ \text{N} = 4.703\ \text{MN} \qquad\qquad\qquad Ans.$$

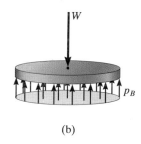

(b)

그림 2-12

이다.

천연가스를 압축성과 비압축성이라고 가정한 두 경우를 비교하면 압력차가 0.13% 이내로 나온다. 또한 이 문제에서 토출구 A와 덮개 B의 압력 차이 역시 매우 작다는 것을 알 수 있다. 비압축성 유체라고 가정한 경우 덮개와 토출구의 압력차는 (60 kPa − 59.80 kPa) = 0.2 kPa이고, 압축성 유체의 경우는 (60 kPa − 59.88 kPa) = 0.12 kPa이었다. 이러한 이유로 기체의 중량으로 인한 압력 변화는 일반적으로 무시할 수 있을 정도로 작다고 볼 수 있으며, 기체의 압력분포 역시 균일하다고 가정할 수 있다. 따라서 덮개 B와 토출구 A에서의 압력은 $p_B = p_A = 60$ kPa이고, 식 (1)에 의해 덮개의 중량은 $W = 4.71$ MN이다.

2.6 정압 측정

유체 내부의 절대압력과 계기압력을 측정하는 방법은 다양하다. 이 절에서는 몇 가지 중요한 압력 측정 방법에 대해 알아보도록 한다.

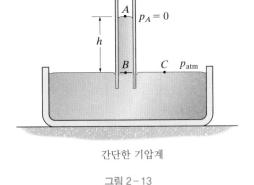

간단한 기압계

그림 2-13

기압계 대기압은 **기압계**(barometer)라고 하는 간단한 장치를 통해 측정할 수 있다. 기압계는 Evangelista Torricelli에 의해 17세기 중엽에 발명되었다. Torricelli는 기압계에 수은을 이용했는데, 수은이 높은 밀도와 매우 낮은 증기압을 가졌기 때문이다. 기압계의 원리는 한쪽 끝이 막혀 있는 유리관에 먼저 수은을 가득 채우고, 이 유리관을 수은 접시에 담근 후 그림 2-13처럼 뒤집는다. 이렇게 하면 닫힌 끝에서 약간의 수은이 비워져 소량의 수은 증기가 이 영역에 축적된다. 하지만 일반적으로 상온의 경우 생성된 증기압은 사실상 0이므로 수은주 표면에서 절대압력은 $p_A = 0$이라고 간주할 수 있다.[*]

대기압 p_{atm}이 접시에 있는 수은주의 표면을 누르고 있기 때문에 B 지점에서의 압력은 같은 수평한 높이를 갖는 C 지점에서의 압력과 같다. 유리관의 수은주 높이를 h라고 하면, 대기압은 식 (2-5)를 이용하여 계산할 수 있다.

$$p_B = p_A + \gamma_{Hg} h$$

$$p_{atm} = 0 + \gamma_{Hg} h = \gamma_{Hg} h$$

일반적으로 수은주의 높이 h는 밀리미터 단위를 사용한다. 예를 들면 표준 대기압 101.3 kPa에서 유리관의 수은주($\gamma_{Hg} = 133\,550\ \text{N/m}^3$)는 대략 높이 $h \approx 760\ \text{mm}$까지 상승한다.

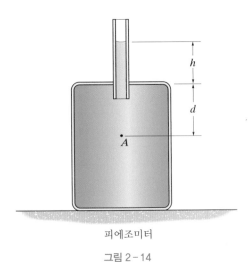

피에조미터

그림 2-14

마노미터 마노미터(manometer)는 액체의 계기압력을 측정하는 투명한 튜브로 이루어져 있다. 가장 단순한 형태의 마노미터는 **피에조미터**(piezometer)이다. 이 튜브는 그림 2-14처럼 한쪽 끝은 대기로 개방되어 있고, 다른 쪽 끝은 액체의 압력을 측정하는 용기에 삽입되어 있다. 용기 상단에 압력이 가해지면 액체가 튜브 위로 일정 거리만큼 밀려난다. 예를 들어 이 액체의 비중량이 γ이고, 압력수두가 h라면 A 지점에서의 압력은 $p_A = \gamma(h + d)$이다. 피에조미터는 계기압력이 큰 경우에는 압력수두가 커져서 사용이 적절하지 않다. 또한 계기압력이 음압이 될 경우에는 공기가 용기 내부로 유입되는 문제가 있다.

계기압력의 음압이 높거나 적당히 높은 압력의 경우에는, 그림 2-15와 같이 **U관 마노미터**(U-tube manometer)를 사용한다. 여기서, U관의 한쪽 끝은 비중량이 γ인 액체가 담겨있는 용기 내부와 연결되어 있으며, 반대쪽은 대기로 개방되어 있다. 비교적 높은 압력을 측정하기 위해서 U관 내부에 수은 같이 비중량 γ'이 높은 액체를 사용한다. 용기 내의 점 A의 압력은 같은 높이에 있는 유리관의 점 B의 압력

과 같다. 점 C에서 압력은 $p_C = p_A + \gamma h_{BC}$로, 점 D의 압력과 같은 값을 가진다. 이는 C와 D가 같은 높이에 있기 때문이다. 따라서 $p_C = p_D = \gamma' h_{DE}$이므로,

$$\gamma' h_{DE} = p_A + \gamma h_{BC}$$

또는

$$p_A = \gamma' h_{DE} - \gamma h_{BC}$$

이다. 용기 내의 유체가 기체라면 비중량이 U관 마노미터의 유체에 비해 매우 낮으므로 $\gamma \approx 0$으로 볼 수 있다. 따라서 위 식은 $p_A = \gamma' h_{DE}$가 된다.

마노미터의 오차를 줄이기 위해서는 예상되는 압력이 낮을 경우 물처럼 비중량이 낮은 유체를 이용하면 마노미터의 유체를 더 높이 상승시키기 때문에 좀 더 정밀하게 압력수두를 읽을 수 있다. 또한 튜브의 직경이 10 mm 이상의 모세관이라면, 모세관 현상에 의해 수면에 곡면을 갖는 계면이 생긴다. 1.10절에서 기술한 방법대로 눈금을 읽는다면 계측 오차를 줄일 수 있다. 더 높은 정밀도를 요구한다면 온도에 따른 유체의 비중량 변화를 반영하여 계산해야 한다.

마노미터 법칙   이전 결과는 모든 유형의 압력계에서 적용할 수 있는 **마노미터 법칙**(manometer rule)을 사용하여 좀 더 직접적인 방식으로 계산할 수 있다. 마노미터 법칙은 다음과 같다.

> 마노미터 법칙은 계산하고자 하는 압력의 위치에서 시작한다. 이 압력에 수직으로 맞닿는 유체의 압력을 더한다. 이 수직 압력을 마노미터의 다른 끝까지 산술적으로 더해간다.

어떤 유체 시스템이든 측정하고자 하는 지점이 기준점보다 아래에 위치하면 압력이 증가하기 때문에 압력 항은 양의 값을 가진다. 기준점 위의 압력 항은 음의 값을 가지는데, 이는 압력이 감소하기 때문이다. 이와 같은 논리로 그림 2-15의 마노미터는 A의 압력 p_A에서 시작한다. 여기에 γh_{BC}를 더하고, $\gamma' h_{DE}$를 뺀다. 이 산술 합은 대기압인 E의 압력과 같으며, 이는 0이다. 즉 $p_A + \gamma h_{BC} - \gamma' h_{DE} = 0$이다. 따라서 A의 압력 $p_A = \gamma' h_{DE} - \gamma h_{BC}$로, 이는 앞서 얻은 결과와 같다.

다른 예로 그림 2-16의 마노미터를 고려해보자. A에서 시작하면 C의 압력은 0임을 알 수 있으므로,

$$p_A - \gamma h_{AB} - \gamma' h_{BC} = 0$$

이고, 따라서

$$p_A = \gamma h_{AB} + \gamma' h_{BC}$$

이다.

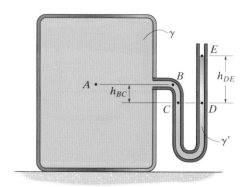

간단한 마노미터

그림 2-15

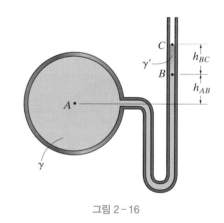

그림 2-16

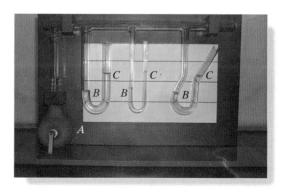

A에 있는 풍선을 압축하여 압력을 증가시키면 B와 C의 높이 차이가 유리관의 형상과 관계없이 같은 크기만큼 증가한다.

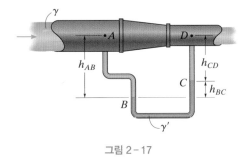

그림 2-17

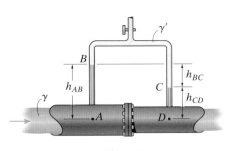

그림 2-18

부르동 압력계

그림 2-19

차동 마노미터 차동 마노미터(differential manometer)는 유체가 흐를 때 폐쇄된 도관 내 두 점의 압력차를 측정할 때 사용된다. 예를 들면, 그림 2-17의 차동 마노미터는 배관 내에 흐르는 유체의 점 A와 D의 정압차를 측정한다. 마노미터의 점 A, B, C, D를 따라 마노미터 법칙을 이용하여 압력을 더하면 다음과 같다.

$$p_A + \gamma h_{AB} - \gamma' h_{BC} - \gamma h_{CD} = p_D$$

$$\Delta p = p_D - p_A = \gamma h_{AB} - \gamma' h_{BC} - \gamma h_{CD}$$

$h_{BC} = h_{AB} - h_{CD}$이므로

$$\Delta p = (\gamma - \gamma') h_{BC}$$

이 결과는 점 A와 D 사이에 절대압력 또는 계기압력의 압력차 또는 강하를 나타낸다. 한편, 두 유체의 비중량 차가 작다면 h_{BC}의 값이 커지므로 좀 더 정밀한 압력차를 측정할 수 있다.

압력 차이가 작은 경우에는 그림 2-18에서처럼 뒤집힌 U관 마노미터를 이용하여 측정할 수 있다. 이 뒤집힌 U관 마노미터는 측정 유체의 비중량(γ)보다 작은 비중량(γ')을 가진 유체가 담겨있다. 물(γ)과 기름(γ')이 들어 있다고 생각하라. 앞의 경우와 같이 점 A에서 시작하여 점 D까지 마노미터 법칙을 이용하면 다음의 관계식을 얻는다.

$$p_A - \gamma h_{AB} + \gamma' h_{BC} + \gamma h_{CD} = p_D$$

$$\Delta p = p_D - p_A = -\gamma h_{AB} + \gamma' h_{BC} + \gamma h_{CD}$$

$h_{BC} = h_{AB} - h_{CD}$이므로

$$\Delta p = (\gamma' - \gamma) h_{BC}$$

가벼운 유체로 공기를 사용하다면 공기가 U관의 상단부와 적절한 액위를 유지하기 위해 사용된 잠금 밸브까지 올라갈 수도 있다. 이 경우 $\gamma' \approx 0$이며 압력차는 $\Delta p = -\gamma h_{BC}$가 된다.

압력과 압력차를 더 정확하게 측정하기 위해 다양한 형태의 개선된 U관 마노미터가 많이 개발되고 있다. 가장 일반적으로 사용되는 정밀 마노미터로는 예제 2.7의 한쪽 관이 기울여진 마노미터와 연습문제 2-42의 마이크로 마노미터가 있다.

부르동 압력계 계기압력이 매우 높은 경우에는 마노미터의 사용이 비효율적이다. 따라서 이러한 경우에는 그림 2-19처럼 **부르동 압력계**(Bourdon gage)를 이용하여 압력을 측정한다. 부르동 압력계는 코일 형태로 감겨 있는 금속튜브로 구성되어 있으며, 한쪽 끝은 압력을 측정할 용기에 붙어있고, 다른 끝은 막혀 있다. 따라서 금속튜브 내부의 압력이 증가하면 감겨 있는 튜브가 풀리면서 탄성적으로 반응하기 시작한다. 금속튜브 끝에 부착된 연결장치가 압력계 전면부의 다이얼에 연결되어 측정 압력을 직접 읽을 수 있으며, 이는 kPa과 같은 다양한 단위로 보정할 수 있다.

압력 변환기 압력 변환기(pressure transducer)라고 일컫는 전기기계 장치 또한 압력을 측정하는 데 사용된다. 이 장치는 압력 변화에 신속하게 반응하고 시간이 지남에 따라 연속적인 디지털 판독값을 제공한다는 장점을 가지고 있다. 그림 2-20은 압력 변환기의 작동 원리를 보여준다. A의 끝단을 압력 용기에 부착하면 유체압력이 얇은 판막을 변형시킨다. 판막의 변형은 부착된 저항을 변화시키고 결국 전류의 크기가 바뀐다. 이러한 전류의 변화는 압력으로 인한 변형에 정비례하기 때문에 B 영역이 대기에 개방되어 있다면 전류를 용기의 계기압력에 대한 직접 판독값으로 변환할 수 있다.

압력 변환기는 판막 뒤의 체적 B가 밀폐되어 진공상태에 있는 경우 절대압력을 찾는 데도 사용할 수 있다. 끝으로, 영역 A와 B가 2개의 서로 다른 용기에 연결되어 있다면 두 용기 사이의 압력 차이를 측정할 수 있다.

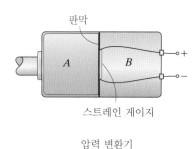

판막

스트레인 게이지

압력 변환기

그림 2-20

기타 압력계 지금까지 논의한 압력계 외에도 압력을 측정하는 방법은 다양하다. 좀 더 정밀한 압력계 중 하나로 **힘-저울식 용융석영 부르동관**(fused quartz force-balance Bourdon tube)이 있다. 이 부르동관 내부에는 압력에 의해 탄성 변형하는 코일 형태의 금속관이 있으며, 금속관의 변형을 광학적으로 측정한다. 변형된 금속관은 자기장에 의해 복원되는데, 이 자기장을 측정하여 변형을 일으킨 압력과 상호 비교한다. 이와 유사한 방법으로 **압전게이지**(piezoelectric gage)가 있는데, 마찬가지로 석영 크리스탈을 이용하여 작은 압력이 가해졌을 때 전압의 변화를 측정하여 디지털 판독기로 출력하는 형태로 작동한다. 동일한 방식으로 얇은 실리콘 웨이퍼로 제작되는 압력계도 있다. 갑작스런 압력 변화는 실리콘 웨이퍼를 변형시켜 측정되는 정전 용량 또는 진동 주파수의 변화를 유발한다. 다양한 압력계와 응용 사례에 대한 자세한 내용은 참고문헌 [5]~[11]을 통해 확인할 수 있다.

> **요점정리**
>
> - 유체가 상대 운동을 하지 않으면 유체 내부의 한 지점에서의 압력은 **모든 방향에서 동일하다**. 이를 파스칼의 법칙이라 부른다. 따라서 유체 내부의 한 지점에서의 **압력 증가** Δp는 다른 지점에서도 **같은 압력 증가** Δp를 일으킨다.
> - 절대압력은 진공을 기점으로 측정한다. 표준 대기압은 온도가 15°C인 해수면에서 측정되며 101.3 kPa이다.
> - 계기압력은 대기압을 기준으로 위(양의 값) 또는 아래(음의 값)로 측정된 압력이다.
> - 정지된 유체의 질량을 고려할 때, **수평방향의 압력은 일정**하지만 **수직방향의 압력은 깊이에 따라 증가**한다.
> - 유체가 액체의 경우와 같이 근본적으로 **비압축성**이면, 비중량은 일정하고 (계기)압력은 $p = \gamma h$에 의해 결정된다.
> - 유체가 기체와 같이 **압축성**이면, 압력의 정확한 측정값을 얻기 위해서는 압력에 따른 유체의 비중량(또는 밀도)의 변화가 고려되어야 한다.
> - 기체의 비중량은 매우 작기 때문에 탱크, 용기, 마노미터, 파이프 내부의 **기체 정압**은 전체 체적에서 높이의 차이가 크지 않다면 **일정**하다고 보아도 무방하다.

- 한 점에서의 압력 p는 압력을 생성하기 위해 필요한 유체 기둥의 높이 $h = p/\gamma$인 **압력 수두**로 나타낼 수 있다.
- 대기압은 **기압계**를 사용하여 측정된다.
- 마노미터는 파이프나 탱크의 작은 압력이나 두 파이프 사이의 압력차를 측정하는 데 사용된다. 마노미터의 임의의 두 지점에의 압력은 마노미터 규칙을 사용하여 계산한다.
- 고압은 일반적으로 부르동 압력계나 압력 변환기를 사용하여 측정된다. 그 밖에도 다양한 종류의 압력계가 특수한 응용분야에서 사용된다.

예제 2.5

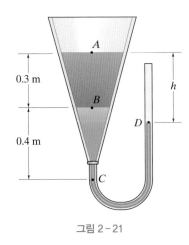

그림 2–21

그림 2-21의 깔때기에 표시된 높이만큼 기름과 물이 채워져 있고, CD 부분은 수은으로 채워져 있다. 평형상태일 때의 기름 표면의 상단에서부터 수은까지의 거리 h를 구하시오. 여기서 각 유체의 밀도는 $\rho_o = 880 \text{ kg/m}^3$, $\rho_w = 1000 \text{ kg/m}^3$, $\rho_{Hg} = 13550 \text{ kg/m}^3$이다.

풀이

유체 설명 유체는 액체이므로 비압축성 유체로 간주한다.

해석 이 시스템을 '마노미터'로 다루어서 유체의 압력을 계산할 수 있고, A에서 D까지 마노미터 규칙을 이용하여 수식을 유도할 수 있으면 A와 D에서의 (계기)압력은 모두 0임을 알 수 있다.

$$0 + \rho_o g h_{AB} + \rho_w g h_{BC} - \rho_{Hg} g h_{CD} = 0$$

$$0 + (880 \text{ kg/m}^3)(9.81 \text{ m/s}^2)(0.3 \text{ m}) + (1000 \text{ kg/m}^3)(9.81 \text{ m/s}^2)(0.4 \text{ m})$$
$$- (13\,550 \text{ kg/m}^3)(9.81 \text{ m/s}^2)(0.3 \text{ m} + 0.4 \text{ m} - h) = 0$$

따라서

$$h = 0.651 \text{ m} \qquad\qquad Ans.$$

이다.

예제 2.6

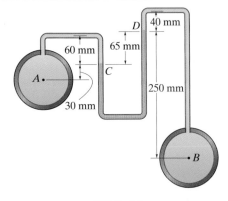

그림 2–22

그림 2-22와 같이 CD 부분에 마노미터 액체가 들어 있다. 두 파이프라인의 중심선 지점인 A와 B 사이의 압력차를 구하시오. AC와 DB에서 액체의 밀도 $\rho = 800 \text{ kg/m}^3$이고, CD에서는 $\rho_{CD} = 1100 \text{ kg/m}^3$이다.

풀이

유체 설명 액체는 비압축성으로 가정한다.

해석 마노미터 규칙을 사용하여 점 B에서 시작하여 점 A까지 마노미터를 통과하며 식을 세우면

$$p_B - \rho g h_{BD} + \rho_{CD} g h_{DC} + \rho g h_{CA} = p_A$$

$$p_B - (800 \text{ kg/m}^3)(9.81 \text{ m/s}^2)(0.250 \text{ m}) + (1100 \text{ kg/m}^3)(9.81 \text{ m/s}^2)(0.065 \text{ m})$$
$$+ (800 \text{ kg/m}^3)(9.81 \text{ m/s}^2)(0.03 \text{ m}) = p_A$$

따라서

$$\Delta p = p_A - p_B = -1.03 \text{ kPa} \qquad \qquad Ans.$$

결과가 음의 값이므로, A에서의 압력이 B보다 작음을 알 수 있다.

예제 2.7

그림 2-23의 경사관 마노미터는 미소 압력 변화를 측정하는 데 사용된다. 점 A와 E 사이의 압력차를 구하시오. 파이프의 A 부분에는 물, BCD 부분에는 마노미터 액체인 수은, E 부분에는 천연가스가 들어 있다. 수은의 밀도는 $\rho_{Hg} = 13550 \text{ kg/m}^3$이다.

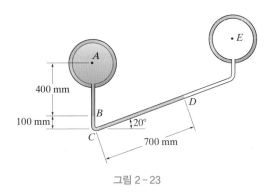

그림 2-23

풀이

유체 설명 액체는 비압축성이고, 천연가스의 비중량은 무시한다. 따라서 E에서의 압력은 D와 같다.

해석 점 A와 D 사이에 마노미터 규칙을 적용하면,

$$p_A + \gamma_w h_{AB} + \gamma_{Hg} h_{BC} - \gamma_{Hg} h_{CD} = p_E$$
$$p_A + (1000 \text{ kg/m}^3)(9.81 \text{ m/s}^2)(0.4 \text{ m}) + (13550 \text{ kg/m}^3)(9.81 \text{ m/s}^2)$$
$$(0.1 \text{ m}) - (13550 \text{ kg/m}^3)(9.81 \text{ m/s}^2)(0.7 \sin 20° \text{ m}) = p_E$$
$$p_A - p_E = 14.61(10^3) \text{ Pa} = 14.6 \text{ kPa} \qquad \qquad Ans.$$

CD튜브의 기울기로 인하여 작은 압력의 변화에도 액주의 변화는 민감함을 알 수 있다. 압력의 변화가 작더라도 거리 Δ_{CD}는 크게 변하고, 이에 따라 높이 변화 Δh_{CD}는 $\sin 20°$의 인수로 달라진다. 즉 $\Delta_{CD} = \Delta h_{CD}/\sin 20° = 2.92\Delta h_{CD}$이다. 실제로 사용할 경우 5° 미만의 각도는 적용하기 어렵다. 이 이유는 이러한 작은 각도에서는 계면의 정확한 위치를 감지하기 어렵고, 튜브 내의 표면에 불순물이 있을 경우 표면장력의 영향이 확대되기 때문이다.

2.7 평면에 작용하는 정수압력 – 공식법

수문, 선박, 댐 등 액체에 잠긴 물체를 설계할 때 액체의 압력하중에 의한 합력을 구하는 것과 그 물체 위에 작용하는 힘의 작용점을 구하는 문제는 매우 중요하다. 이 절에서는 수식을 사용하여 평면에 정수압력이 어떻게 작용하는지를 보여줄 것이다.

수식을 일반화하기 위해 그림 2-24a와 같이 액체에 잠겨 있고 수평방향의 각도가 θ인 임의의 평판 표면을 고려해보자. x, y 좌표계의 원점은 액체의 표면에 위치하기 때문에 y축의 양의 방향은 평판의 평면에 따라 아래 방향으로 확장된다.

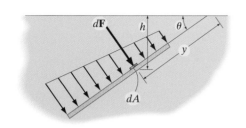

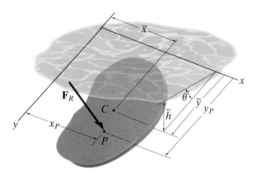

측면도
(a)

합력   평판에 작용하는 합력은 먼저 액체 표면으로부터 깊이 $h = y \sin \theta$에 위치한 미소면적 dA를 고려하여 구할 수 있다. 깊이 h에서 압력은 $p = \gamma h$이므로 미소면적에 작용하는 미소힘은 다음 식과 같다.

$$dF = p\, dA = (\gamma h)\, dA = \gamma\, (y \sin \theta)\, dA$$

평판에 작용하는 합력은 이 미소힘들의 합과 동일하다. 그러므로 전체 면적 A에 대해 적분하면

$$F_R = \Sigma F; \qquad F_R = \int_A \gamma\, y \sin \theta\, dA = \gamma \sin \theta \int_A y\, dA = \gamma \sin \theta\, (\bar{y} A)$$

여기서 $\int y\, dA$는 x축에 대한 '면적 모멘트'라고 부른다. 이 식은 그림 2-24b에서 $\bar{y}A$로 대체되고, $\bar{y}$는 x축에서 도심 C 또는 그 면적의 기하학적 중심까지의 거리이다.[*] 도심의 깊이가 $\bar{h} = \bar{y} \sin \theta$이므로, 위의 식을 다음과 같이 쓸 수 있다.

$$\boxed{F_R = \gamma \bar{h}\, A} \tag{2-9}$$

여기서, F_R = 평판에 작용하는 합력

γ = 액체의 비중량

$\bar{h}$ = 잠긴 면에서의 도심의 깊이

A = 평판의 잠긴 면적

전체적인 압력분포가 평판에 수직방향으로 작용하기 때문에 합력도 평판에 수직방향을 갖는다.

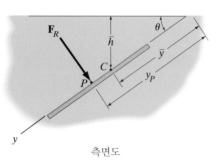

측면도
$F_R = \gamma \bar{h}\, A$
$\mathbf{F}_R$은 압력 중심 P에 작용한다.
(b)
그림 2-24

합력의 작용점   그림 2-24b에서 볼 수 있듯이, 압력분포의 합력은 **압력의 중심**(center of pressure) P라고 하는 평판 위의 점을 통해 작용한다. 이 점의 위치 (x_p, y_p)는 그림 2-24a에서 x축과 y축에 대한 전체적인 압력 분포하중의 모멘트와 그림 2-24b의 각각의 축들에 대한 합력의 모멘트가 같다는 모멘트 평형에 의해 결정된다.

---

[*]   *Engineering Mechanics: Statics*, R. C. Hibbeler, Pearson Education을 참조하라.

y_p 좌표 x축에 대한 모멘트 평형식은 다음과 같다.

$$(M_R)_x = \Sigma M_x; \qquad\qquad y_P F_R = \int_A y\, dF$$

여기서 $F_R = \gamma \sin \theta(\bar{y}A)$이고, $dF = \gamma(y \sin \theta)dA$이므로,

$$y_P[\gamma \sin \theta\, (\bar{y}A)] = \int_A y\, [\gamma\, (y \sin\, \theta)\, dA]$$

양변을 $\gamma \sin \theta$로 약분하면,

$$y_P\, \bar{y}A = \int_A y^2\, dA$$

위의 적분항은 x축에 대한 **면적 관성 모멘트** I_x이다.[*] 따라서

$$y_P = \frac{I_x}{\bar{y}A}$$

일반적으로 면적 관성 모멘트라고 정의되는 $\bar{I}_x$는 면적의 도심을 통과하는 축을 기준으로 한다. 몇 가지 일반적인 형태의 면적에 대한 관성 모멘트 식이 이 책의 뒤표지 안쪽에 나와 있다. 면적 관성 모멘트 식과 **평행축 정리**(parallel-axis theorem)[*] $I_x = \bar{I}_x + A\bar{y}^2$을 사용하여 I_x를 구할 수 있다. 위의 식을 다시 쓰면

$$\boxed{y_P = \bar{y} + \frac{\bar{I}_x}{\bar{y}A}} \qquad\qquad (2\text{-}10)$$

공식법을 사용하여 이 물통의 끝판과 같은 표면에 작용하는 합력을 구할 수 있다.

여기서, y_p = 평판을 따라 압력 중심까지의 거리

$\qquad \bar{y}$ = 평판을 따라 잠긴 영역의 도심까지의 거리

$\qquad \bar{I}_x$ = 중심축에 대한 잠긴 영역의 관성 모멘트

$\qquad A$ = 평판의 잠긴 영역의 면적

$\bar{I}_x/(\bar{y}A)$ 항은 항상 양의 값이므로 그림 2-24b에서 압력 중심 P까지의 거리는 평판의 도심까지의 거리 y보다 항상 아래($y_P > \bar{y}$)에 있음을 주목하라.

x_p 좌표   그림 2-24a와 2-24b에서 압력 중심의 측면 위치인 x_p는 y축에 대한 모멘트 평형에 의해 결정된다. 모멘트 평형식은 다음과 같다.

$$(M_R)_y = \Sigma M_y; \qquad\qquad -x_P F_R = -\int_A x\, dF$$

다시 $F_R = \gamma \sin \theta(\bar{y}A)$와 $dF = \gamma(y \sin \theta)dA$를 사용하면,

$$x_P[\gamma \sin \theta(\bar{y}A)] = \int_A x\, [\gamma(y \sin \theta)\, dA]$$

---

[*] Ibid.

양변을 $\gamma \sin\theta$로 약분하면

$$x_P \bar{y} A = \int_A xy \, dA$$

위 식에서 적분항은 면적에 대한 관성 상승 모멘트(product of inertia) I_{xy}이다.* 따라서

$$x_P = \frac{I_{xy}}{\bar{y}A}$$

평행축 정리*($I_{xy} = \bar{I}_{xy} + A\bar{x}\,\bar{y}$, 여기서 $\bar{x}, \bar{y}$는 면적의 도심까지의 거리)를 사용하면 x_p 좌표는 다음과 같다.

$$x_P = \bar{x} + \frac{\bar{I}_{xy}}{\bar{y}A} \tag{2-11}$$

여기서, x_p = 압력 중심의 위치

  $\bar{x}, \bar{y}$ = 잠긴 영역의 도심까지의 좌표 거리

  $\bar{I}_{x}y$ = 중심축에 대한 잠긴 영역의 관성 상승 모멘트

  A = 평판의 잠긴 면적

대칭형 평판 대부분의 공학적 응용문제에서 액체에 잠긴 영역은 그림 2-25 와 같이 직사각형 평판처럼 그 중심이 축에 대해 대칭인 경우가 많다. 따라서 $\bar{I}_{xy} = 0$, $\bar{x}_P = 0$이 되고, 그림에서 볼 수 있듯이 압력 중심 P는 y 중심축에 위치한다.

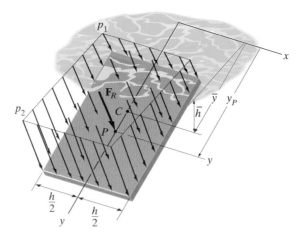

$$F_R = \gamma \bar{h} A$$
$\mathbf{F}_R$은 압력 중심에 작용한다.

그림 2 - 25

---

* Ibid.

요점정리

- 액체에 잠긴 표면에 수직으로 작용하는 압력하중을 생성한다. 액체가 비압축성이면 압력의 세기는 깊이에 따라 선형적으로 증가한다($p = \gamma h$).
- 면적 A인 액체에 잠긴 **평면의 표면**에 작용하는 압력에 의한 합력은 $F_R = \gamma \bar{h} A$에 의해 구해지고, 여기서 $\bar{h}$는 액체의 표면으로부터 면적의 도심 C까지 측정된 깊이이다.
- 압력 중심 P를 통해 작용하는 합력은 $x_P = \bar{x} + \bar{I}_{xy}/(\bar{y}A)$와 $y_P = \bar{y} + \bar{I}_x/(\bar{y}A)$에 의해 결정된다. 만일 액체에 잠긴 표면이 y축에 대해 대칭인 경우에는 $\bar{I}_{xy} = 0$이 되고, 따라서 $x_P = \bar{x} = 0$이 된다. 이때 P는 영역의 중심축에 있다.

예제 2.8

그림 2–26a에서 보이는 저장 탱크의 경사진 면 $ABDE$에 가해지는 물의 정수압력을 구하고, AB 위치에서 합력의 작용점까지의 거리를 구하시오.

풀이

유체 설명 물은 비압축성 유체이고 $\rho_w = 1000 \text{ kg/m}^3$이다.

해석 그림 2–26a에서 평판의 도심은 면적의 중심으로 선분 AB로부터 $\bar{y} = 1.5$ m이다. 이 지점에서 물의 깊이는 평균 수심이므로 $\bar{h} = 1.25$이다. 따라서

$$F_R = \gamma_w \bar{h} A = (1000 \text{ kg/m}^3)(9.81 \text{ m/s}^2)(1.25 \text{ m})[(1.5 \text{ m})(3 \text{ m})]$$

$$= 55.18 \, (10^3) \text{N} = 55.2 \text{ kN} \qquad \textit{Ans.}$$

이 책의 뒤표지 안쪽에서 직사각형 면적에 대한 관성 모멘트를 찾아보면, $\bar{I}_x = \dfrac{1}{12} ba^3$이다. 여기서 $b = 1.5$ m이고 $a = 3$ m이다. 따라서

$$y_P = \bar{y} + \frac{\bar{I}_x}{\bar{y}A}$$

$$= 1.5 \text{ m} + \frac{\frac{1}{12}(1.5 \text{ m})(3 \text{ m})^3}{(1.5 \text{ m})[(1.5 \text{ m})(3 \text{ m})]}$$

$$= 2 \text{ m} \qquad \textit{Ans.}$$

그림 2–26a에서 직사각형은 도심을 통과하는 y축에 대해 대칭이므로 $\bar{I}_{xy} = 0$이 되고, 식 (2–11)을 사용하면,

$$x_P = \bar{x} + \frac{\bar{I}_{xy}}{\bar{y}_A}$$

$$= 0 + 0$$

$$= 0 \qquad \textit{Ans.}$$

계산 결과는 그림 2–26b의 평판의 측면도에 표시되어 있다.

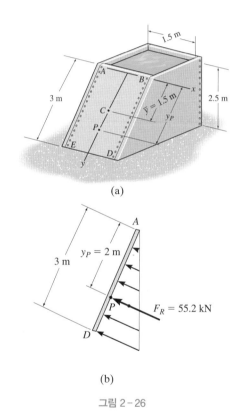

(a)

(b)

그림 2–26

예제 2.9

그림 2-27a와 같은 통에 물이 채워져 있다. 원형 평판에 가해지는 정수압력의 합력을 구하고, 그 작용점을 찾으시오.

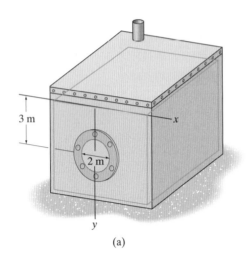

(a)

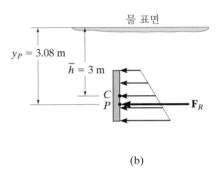

(b)

그림 2-27

풀이

유체 설명   물을 비압축성 유체라고 가정하고, 물의 밀도는 $\rho_w = 1000 \text{ kg/m}^3$이다.

해석   그림 2-27b에서 합력은

$$
\begin{aligned}
F_R &= \gamma_w \bar{h} A \\
&= (1000 \text{ kg/m}^3)(9.81 \text{ m/s}^2)(3 \text{ m})[\pi(1 \text{ m})^2] \\
&= 92.5 \text{ kN}
\end{aligned}
$$

Ans.

원의 관성 모멘트는 이 책의 뒤표지 안쪽에 있는 표에서 찾을 수 있으며, 합력의 작용점은 다음 식으로부터 구해진다.

$$
\begin{aligned}
y_P &= \bar{y} + \frac{\bar{I}_x}{\bar{y}A} = 3 \text{ m} + \frac{\frac{\pi}{4}(1 \text{ m})^4}{(3 \text{ m})[\pi(1 \text{ m})^2]} \\
&= 3.08 \text{ m}
\end{aligned}
$$

Ans.

원은 대칭이기 때문에, $I_{xy} = 0$이므로 x_p의 위치는 다음과 같다.

$$
\begin{aligned}
x_P &= \bar{x} + \frac{\bar{I}_{xy}}{\bar{y}A} \\
&= 0 + 0 \\
&= 0
\end{aligned}
$$

Ans.

예제 2.10

그림 2-28a에 보이는 바와 같이, 수조에는 등유가 담겨있다. 이 수조의 양끝, 삼각형 모양의 평판이 받는 정수압력의 합력의 크기와 작용점을 구하시오.

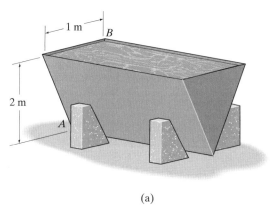

(a)

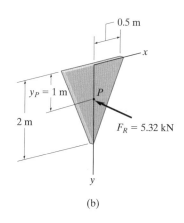

(b)

그림 2-28

풀이

유체 설명 등유는 비압축성 유체이고, $\gamma_k = \rho_k g = (814 \text{ kg/m}^3)(9.81 \text{ m/s}^2) = 7985 \text{ N/m}^3$ 이다(부록 A).

해석 이 책의 뒤표지 안쪽에서 삼각형에 대한 관성 모멘트를 찾아 합력과 작용점을 계산하면 다음과 같다.

$$\bar{y} = \bar{h} = \frac{1}{3}(2 \text{ m}) = 0.6667 \text{ m}$$

$$\bar{I}_x = \frac{1}{36} ba^3 = \frac{1}{36}(1 \text{ m})(2 \text{ m})^3 = 0.2222 \text{ m}^4$$

따라서

$$F_R = \gamma_k \bar{h} A = (7985 \text{ N/m}^3)(0.6667)\left[\frac{1}{2}(1 \text{ m})(2 \text{ m})\right]$$

$$= 5323.56 \text{ N} = 5.32 \text{ kN} \qquad \qquad Ans.$$

$$y_P = \bar{y} + \frac{\bar{I}_x}{\bar{y}A} = 0.6667 \text{ m} + \frac{0.2222 \text{ m}^4}{(0.6667 \text{ m})\left[\frac{1}{2}(1 \text{ m})(2 \text{ m})\right]}$$

$$= 1.00 \text{ m} \qquad \qquad Ans.$$

삼각형은 y축에 대하여 대칭이므로, $I_{xy} = 0$이다. 따라서

$$x_P = \bar{x} + \frac{\bar{I}_{xy}}{\bar{y}A} = 0 + 0 = 0 \qquad \qquad Ans.$$

결과값들은 그림 2-28b에 표시되어 있다.

2.8 평면에 작용하는 정수압력 – 기하학적 방법

액체 속에 잠긴 평판에서의 합력과 합력의 작용점은 앞 절에서와 같이 수식을 사용하는 대신 기하학적 방법을 이용하여 구할 수 있다. 기하학적 방법이 어떻게 사용되는지 살펴보기 위해 그림 2-29a의 평판을 고려해보자.

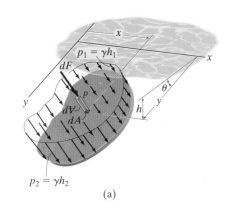

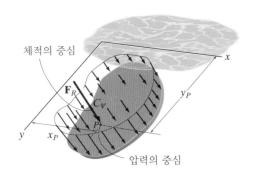

체적의 중심

$\mathbf{F}_R$은 압력분포의 체적과 같고,
이 체적의 중심 $C_{\mathbf{V}}$를 지난다.

(b)

그림 2-29

합력 평판의 미소면적 dA가 압력이 p인 깊이 h에 있다면, 그 요소에 작용하는 힘은 $dF = p\,dA$이다. 그림에서 보는 바와 같이, 이 힘은 기하학적으로 압력분포의 미소 체적요소 $d\mathbf{V}$를 나타낸다. 이 체적력은 높이 $p(\mathrm{N/m^2})$와 밑면 $dA(\mathrm{m^2})$를 가지므로 $dF = p\,dA = d\mathbf{V}$라고 할 수 있다. 합력은 압력분포와 면적에 의해 형성된 전체 체적에 대해 미소체적력 요소들을 적분함으로써 다음과 같다.

$$F_R = \Sigma F; \qquad F_R = \int_A p\,dA = \int_{\mathbf{V}} d\mathbf{V} = \mathbf{V} \qquad (2\text{-}12)$$

따라서 **합력의 크기는 '압력 프리즘(pressure prism)'의 전체 체적과 같다.** 이 프리즘의 밑면은 판의 면적이고, 높이는 $p_1 = \gamma h_1$부터 $p_2 = \gamma h_2$까지 선형적으로 변한다.

작용점 판에 작용하는 합력의 작용점을 찾아내기 위해서는 y축과 x축에 대한 합력의 모멘트를 구해야 한다. 그림 2-29b에서 보듯이 x, y축들에 대한 합력의 모멘트는 전체 압력분포에 의해 발생하는 모멘트와 같다. 즉

$$(M_R)_y = \Sigma M_y; \qquad x_P F_R = \int x\,dF$$

$$(M_R)_x = \Sigma M_x; \qquad y_P F_R = \int y\,dF$$

$F_R = \mathbf{V}$이고 $dF = d\mathbf{V}$이므로, 다음과 같이 x, y축의 작용점을 구할 수 있다.

$$x_P = \frac{\displaystyle\int_A x\,p\,dA}{\displaystyle\int_A p\,dA} = \frac{\displaystyle\int_{\mathbf{V}} x\,d\mathbf{V}}{\mathbf{V}} \qquad y_P = \frac{\displaystyle\int_A y\,p\,dA}{\displaystyle\int_A p\,dA} = \frac{\displaystyle\int_{\mathbf{V}} y\,d\mathbf{V}}{\mathbf{V}} \qquad (2\text{-}13)$$

위 식에서 합력의 중심은 압력 프리즘 체적의 중심 $C_{\mathbf{V}}$의 x, y 좌표이다. 즉 **합력의 작용선은 압력 프리즘 체적의 중심 $C_{\mathbf{V}}$와 판에 작용하는 압력 P의 중심을 모두 지나간다**(그림 2-29b).

일정 폭을 갖는 평판 특수한 경우로 그림 2-30a와 같이 직사각형 판이 일정 폭 b를 가진다면, 깊이 h_1과 h_2에서 폭을 따라 작용하는 압력은 동일하다. 결과적으로, 압력하중의 분포는 판의 측면을 따라 그림 2-30b와 같이 2차원으로 보일 것이다. 분포하중의 세기 w를 힘/길이로 정의하면, $w_1 = p_1 b = (\gamma h_1)b$에서 $w_2 = p_2 b = (\gamma h_2)b$까지 선형적으로 변한다. 합력 $\mathbf{F}_R$의 크기는 분포하중으로 표시된 사다리꼴 면적과 같고, 판 면적의 도심 C_A와 압력 중심 P 모두를 지나는 작용선을 가진다. 이 결과는 그림 2-30a에 나타난 바와 같이 압력 프리즘의 사다리꼴 체적으로 합력 $\mathbf{F}_R$을 구하고 사다리꼴 체적 중심 $C_{\mathbf{V}}$를 구하여 압력 중심을 구하는 방식을 통한 결과와 동일하다.

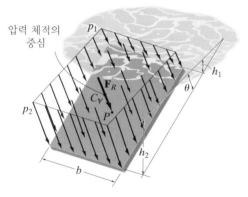

압력 체적의 중심

F_R은 압력분포의 체적과 같고,
이 체적의 중심 C_V를 지난다.

(a)

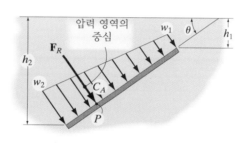

압력 영역의 중심

F_R은 w 선도의 면적과 같고,
이 면적의 중심 C_A를 지난다.

(b)

그림 2-30

요점정리

- **평면에 작용하는 정수압력의 합력**은 압력 프리즘의 **체적 V** 를 구함으로써 도식적으로 구할 수 있다($F_R = V$). 합력의 작용선은 **이 체적의 중심**을 지난다. 작용선은 압력 중심 P가 위치한 표면에서 만난다.
- 액체 속에 잠긴 표면이 일정 폭을 가지면 압력 프리즘은 측면에서 보았을 때 면적이 동일하며, 평면의 분포된 하중 w로 나타낼 수 있다. 압력은 이 하중 선도의 **면적**과 같고, 합력은 면적의 도심을 통과하여 작용한다.

예제 2.11

그림 2-31a에 보이는 탱크에 3 m 깊이의 물이 들어 있다. 합력과 합력의 작용점을 구하시오. 물의 압력은 탱크의 측면 $ABCD$와 바닥면에 모두 작용한다.

풀이

유체 설명 물은 비압축성 유체이며, 물의 밀도는 $\rho_w = 1000 \text{ kg/m}^3$이다.

해석 1

하중 탱크 바닥에서의 압력은 다음과 같다.

$$p = \rho_w g h = (1000 \text{ kg/m}^3)(9.81 \text{ m/s}^2)(3 \text{ m}) = 29.43 \text{ kPa}$$

탱크 측면과 바닥면에 작용하는 압력분포는 그림 2-31b와 같다.

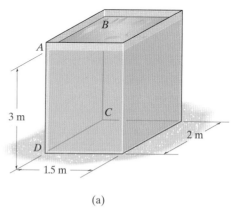

(a)

그림 2-31

합력 합력의 크기는 압력 프리즘의 체적과 같다.

$$(F_R)_s = \tfrac{1}{2}(3 \text{ m})(29.43 \text{ kN/m}^2)(2 \text{ m}) = 88.3 \text{ kN} \qquad Ans.$$

$$(F_R)_b = (29.43 \text{ kN/m}^2)(2 \text{ m})(1.5 \text{ m}) = 88.3 \text{ kN} \qquad Ans.$$

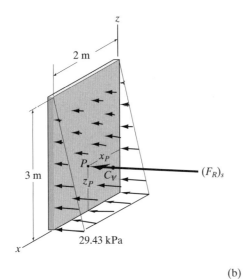

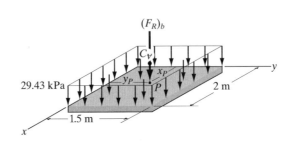

(b)

합력 벡터들은 각각의 체적 중심을 통과하여 작용하고, 그림 2-31에서 각 면에서의 압력 중심 P의 위치를 보여준다.

작용점 이 책의 뒤표지 안쪽에 있는 식을 사용하여 측면의 압력 프리즘 도심 z_p는 삼각형일 경우 $\frac{1}{3}a$이다. 따라서

$$x_P = 1 \text{ m} \qquad \qquad Ans.$$

$$z_P = \frac{1}{3}(3 \text{ m}) = 1 \text{ m} \qquad \qquad Ans.$$

바닥면에서의 합력과 작용점은 다음과 같다.

$$x_P = 1 \text{ m} \qquad \qquad Ans.$$

$$y_P = 0.75 \text{ m} \qquad \qquad Ans.$$

해석 2

하중 그림 2-31a에서 측면과 바닥면 둘 다 $b=2$ m의 일정한 폭을 가지므로 압력하중은 2차원 평면으로 나타낼 수 있다. 탱크 바닥에서 하중의 세기는

$$w = (\rho_w g h)b$$
$$= (1000 \text{ kg/m}^3)(9.81 \text{ m/s}^2)(3 \text{ m})(2 \text{ m}) = 58.86 \text{ kN/m}$$

분포하중은 그림 2-31c와 같다.

합력 합력은 하중 선도의 면적과 같다.

$$(F_R)_s = \frac{1}{2}(3 \text{ m})(58.86 \text{ kN/m}) = 88.3 \text{ kN} \qquad Ans.$$

$$(F_R)_b = (1.5 \text{ m})(58.86 \text{ kN/m}) = 88.3 \text{ kN} \qquad Ans.$$

작용점 합력의 작용점은 그림 2-31c에서와 같이 각각의 면적 중심을 통과하여 작용한다.

(c)

그림 2-31 (계속)

예제 2.12

저장 탱크에 기름과 물이 그림 2-32a에서 보이는 깊이로 채워져 있다. 측면의 폭이 $b = 1.25$ m일 때, 탱크의 측면 ABC에 두 액체가 함께 가하는 정수압력의 합력을 구하시오. 합력의 작용점을 탱크의 윗면으로부터의 측정한 거리로 구하시오. $\rho_o = 900$ kg/m³, $\rho_w = 1000$ kg/m³이다.

풀이

유체 설명 물과 기름 모두 비압축성이라고 가정한다.

하중 탱크의 측면이 일정한 폭을 가지므로, 그림 2-32b에서 B와 C에 분포된 하중의 세기는 다음과 같다.

$$w_B = \rho_o g h_{AB} b = (900 \text{ kg/m}^3)(9.81 \text{ m/s}^2)(0.75 \text{ m})(1.25 \text{ m})$$
$$= 8.277 \text{ kN/m}$$

$$w_C = w_B + \rho_w g h_{BC} b = 8.277 \text{ kN/m} + (1000 \text{ kg/m}^3)(9.81 \text{ m/s}^2)(1.5 \text{ m})(1.25 \text{ m})$$
$$= 26.67 \text{ kN/m}$$

합력 합력은 그림 2-32c에 나타난 바와 같이 음영 처리된 2개의 삼각형과 1개의 사각형 영역을 더함으로써 구할 수 있다.

$$F_R = F_1 + F_2 + F_3$$
$$= \frac{1}{2}(0.75 \text{ m})(8.277 \text{ kN/m}) + (1.5 \text{ m})(8.277 \text{ kN/m}) + \frac{1}{2}(1.5 \text{ m})(18.39 \text{ kN/m})$$
$$= 3.104 \text{ kN} + 12.42 \text{ kN} + 13.80 \text{ kN}$$
$$= 29.32 \text{ kN} = 29.3 \text{ kN} \qquad\qquad Ans.$$

작용점 그림 2-32c처럼 3개의 각 평행 합력은 각각의 면적의 중심을 통해 작용한다.

$$y_1 = \frac{2}{3}(0.75 \text{ m}) = 0.5 \text{ m}$$
$$y_2 = 0.75 \text{ m} + \frac{1}{2}(1.5 \text{ m}) = 1.5 \text{ m}$$
$$y_3 = 0.75 \text{ m} + \frac{2}{3}(1.5 \text{ m}) = 1.75 \text{ m}$$

합력의 작용점은 점 A에 대한 합력의 모멘트(그림 2-32d)를 점 A에 대한 3가지 성분의 힘들에 대한 모멘트 합(그림 2-32c)과 같게 둠으로써 구할 수 있다.

$$y_P F_R = \Sigma \tilde{y} F; \quad y_P(29.32 \text{ kN}) = (0.5 \text{ m})(3.104 \text{ kN})$$
$$+ (1.5 \text{ m})(12.42 \text{ kN}) + (1.75 \text{ m})(13.80 \text{ kN})$$
$$y_P = 1.51 \text{ m} \qquad\qquad Ans.$$

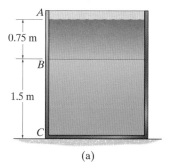

(a)

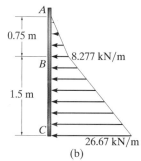

(b)

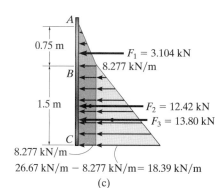

(c)

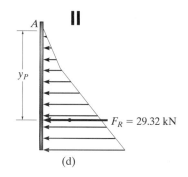

(d)

그림 2-32

2.9 평면에 작용하는 정수압력 – 적분법

그림 2-33a에서 보이는 바와 같이 평판의 경계가 xy 좌표계에서 $y=f(x)$의 식으로 정의될 수 있다면 판에 작용하는 합력 F_R과 합력의 작용점 P는 압력분포를 면적에 대해 직접 적분함으로써 구할 수 있다.

합력 압력이 p이고 깊이 h에 위치한 판의 미소면적 dA에 작용하는 힘은 $dF = p\,dA$이다(그림 2-33a). 따라서 전체 면적에 작용하는 합력은 다음과 같다.

$$F_R = \Sigma F; \qquad \boxed{F_R = \int_A p\,dA} \tag{2-14}$$

작용점 작용점은 y와 x축에 대한 $\mathbf{F}_R$의 모멘트와 각각의 축에 대한 압력분포의 모멘트를 같다고 놓고 구한다. dF가 dA의 중심(도심)을 통해 작용하므로 그 좌표가 $(\tilde{x}, \tilde{y})$일 때 그림 2-33a와 2-33b로부터 작용점은 다음과 같다.

$$(M_R)_y = \Sigma M_y; \qquad x_P F_R = \int_A \tilde{x}\,dF$$

$$(M_R)_x = \Sigma M_x; \qquad y_P F_R = \int_A \tilde{y}\,dF$$

위의 식들을 p와 dA의 항으로 표현하면

$$\boxed{x_P = \frac{\int_A \tilde{x}\,p\,dA}{\int_A p\,dA} \qquad y_P = \frac{\int_A \tilde{y}\,p\,dA}{\int_A p\,dA}} \tag{2-15}$$

이 방정식의 적용은 다음의 예제들에 나와 있다.

이 물 운반용 트럭의 타원형 후면판에 작용하는 정수압력은 적분법을 통해 구할 수 있다.

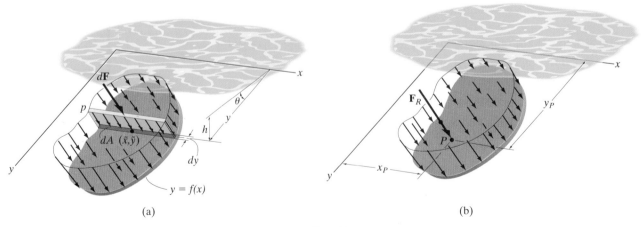

(a) (b)

그림 2-33

예제 2.13

그림 2-34a와 같은 통에 물이 채워져 있다. 원형 평판에 가해지는 정수압력의 합력을 구하고, 그 작용점을 찾으시오.

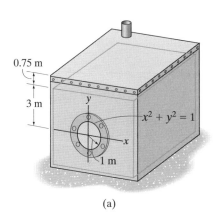

(a)

풀이

유체 설명 물은 비압축성이라 가정한다. 물의 밀도는 $\rho_w = 1000 \text{ kg/m}^3$이다.

합력 원형 단면의 경계선은 그림 2-34a에서처럼 xy 좌표계에서 함수로 정의되므로, 직접 적분을 통해서 판에 작용하는 합력을 구할 수 있다. 원의 식은 $x^2 + y^2 = 1$이다. 그림 2-34b에서 사각형의 미소면적 요소는

$$dA = 2x\,dy = 2(1 - y^2)^{1/2}dy$$

깊이는 $h = 3 - y$이고, 압력은 $p = \gamma_w h = \gamma_w(3 - y)$이다. 합력을 구하기 위해 식 (2-14)를 적용하면,

$$F = \int_A p\,dA = \int_{-1\text{ m}}^{1\text{ m}} \left[(1000 \text{ kg/m}^3)(9.81 \text{ m/s}^2)(3 - y)\right](2)(1 - y^2)^{1/2}\,dy$$

$$= 19\,620 \int_{-1\text{ m}}^{1\text{ m}} \left[3(1 - y^2)^{1/2} - y(1 - y^2)^{1/2}\right]dy$$

$$= 92.5 \text{ kN} \qquad\qquad\qquad Ans.$$

작용점 그림 2-34b에서 볼 수 있듯이 압력 중심 P의 위치는 식 (2-15)를 이용하여 구할 수 있다. 여기서 $dF = pdA$는 $\tilde{x} = 0$과 $\tilde{y} = 3 - y$에 위치하므로

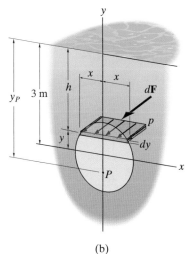

(b)

그림 2-34

$$y_P = \frac{\int_A (3 - y)p\,dA}{\int_A p\,dA} = \frac{\int_{-1\text{ m}}^{1\text{ m}} (3 - y)(1000 \text{ kg/m}^3)(9.81 \text{ m/s}^2)(3 - y)(2)(1 - y^2)^{1/2}dy}{\int_{-1\text{ m}}^{1\text{ m}} (1000 \text{ kg/m}^3)(9.81 \text{ m/s}^2)(3 - y)(2)(1 - y^2)^{1/2}dy} = 3.08 \text{ m}$$

$$\qquad\qquad\qquad\qquad\qquad\qquad\qquad\qquad\qquad\qquad\qquad\qquad\qquad\qquad Ans.$$

동일한 문제인 예제 2.9와 비교해보라.

예제 2.14

그림 2-35a의 수조에는 등유가 담겨있다. 이 수조의 양끝, 삼각형 모양의 평판이 받는 정수압력의 합력의 크기와 작용점을 구하시오.

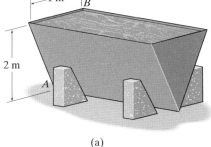

(a)

그림 2-35

풀이

유체 설명 등유는 비압축성 유체이고, $\gamma_k = \rho_k g = (814 \text{ kg/m}^3)(9.81 \text{ m/s}^2) = 7985 \text{ N/m}^3$이다(부록 A).

합력 삼각형 모양의 평판에 작용하는 압력분포는 그림 2-35b와 같다. xy 좌표계를 이용하여 미소요소를 그림과 같이 보인다면 다음과 같다.

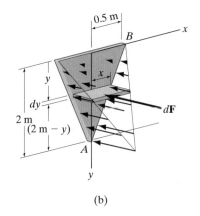

(b)

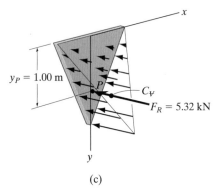

$y_P = 1.00$ m

$C_{\forall}$

$F_R = 5.32$ kN

(c)

그림 2-35 (계속)

$$dF = p\,dA = (\gamma_k y)(2x\,dy) = 15.97(10^3)yx\,dy$$

선 AB의 식은 삼각형의 닮음비를 이용하여 구한다.

$$\frac{x}{0.5\text{ m}} = \frac{2\text{ m} - y}{2}$$

$$x = 0.25(2 - y)$$

식 (2-14)를 적용하고 $y=0$에서 $y=2$ m까지 y에 대한 적분을 수행하면 다음과 같다.

$$F = \int_A p\,dA = \int_0^{2\text{m}} 15.97(10^3)y[0.25(2 - y)]\,dy$$

$$= 5.324(10^3)\text{ N} = 5.32\text{ kN} \qquad Ans.$$

작용점 y축에 대하여 대칭이므로 $\tilde{x}=0$이다. 따라서

$$x_P = 0 \qquad Ans.$$

식 (2-15)에 $\tilde{y}=y$를 대입하면, 다음과 같다.

$$y_P = \frac{\int_A \tilde{y}p\,dA}{\int_A p\,dA} = \frac{\int_0^{2\text{ m}} y[15.97(10^3)y][0.25(2 - y)]dy}{5.324(10^3)} = 1.00\text{ m} \qquad Ans.$$

결과는 그림 2-35c에 나타나 있다. 이 결과는 공식법이 사용된 예제 2.10에서 구한 결과와 동일하다.

2.10 정사영을 이용한 경사면 또는 곡면에 작용하는 정수압력

물속에 잠긴 표면이 곡면인 경우 압력은 표면에 항상 수직으로 작용하므로, 곡면에 작용하는 압력 힘의 크기와 방향은 변할 것이다. 이러한 경우 가장 좋은 방법은 압력에 의해 발생된 합력을 수평성분과 수직성분으로 나누어서 구한 후 벡터 합을 통해 합력을 구하는 것이다. 이 방법을 설명하기 위해 그림 2-36a의 잠긴 곡면을 고려한다.

수평성분   그림 2-36a의 미소요소 dA에 작용하는 힘은 $dF=p\,dA$이다. 그리고 힘의 수평성분은 그림 2-36b에서 보듯이 $dF_h=(pdA)\sin\theta$이다. 평판 위의 전체 면적에 대한 적분을 하면 합력의 수평성분을 구할 수 있다.

$$F_h = \int_A p\sin\theta\,dA$$

그림 2-36b에서 보듯이 $dA\sin\theta$는 수직방향의 면으로 정사영된 미소면적이고 점

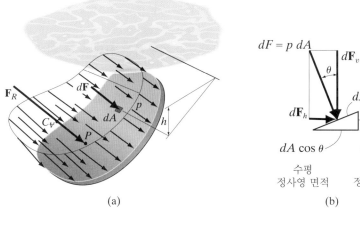

(a) (b)

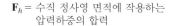

$\mathbf{F}_h$ = 수직 정사영 면적에 작용하는 압력하중의 합력

$\mathbf{F}_v$ = 판 위에 있는 액체의 체적에 의한 중량

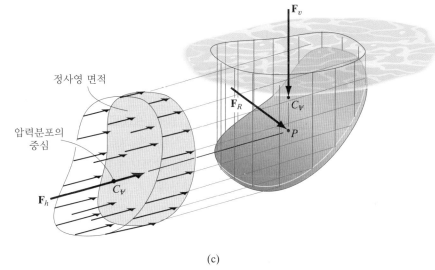

(c)

그림 2-36

에서의 압력 p는 모든 방향에 대하여 동일하므로 판 위의 전체 면적에 대한 적분은 다음과 같이 해석할 수 있다. **판 위에 작용하는 합력의 수평방향 성분은 판에 수직으로 정사영(projection)된 평면에 작용하는 정수압력의 합력과 같다**(그림 2-36c). 정사영된 수직평면의 정수수압력은 앞에서 제시한 3가지 해석방법을 모두 적용할 수 있고 합력 F_h와 작용점을 구할 수 있다.

수직성분 그림 2-36b에서처럼 미소요소 dA에 작용하는 합력의 수직성분은 $dF_v = (p dA) \cos \theta$이다. 수직성분의 합력은 미소요소 dA를 수평방향의 면으로 정사영하였을 때의 미소면적 $dA \cos \theta$를 고려하여 동일한 결과를 얻을 수 있다.

$$dF_v = p(dA \cos \theta) = \gamma h(dA \cos \theta)$$

dA 위에 수직하게 위치한 액체 기둥은 높이 h와 밑면적 $dA \cos \theta$를 가지므로 이 액체 기둥의 체적은 $dV = h(dA \cos \theta)$이고, 따라서 미소 합력은 $dF_v = \gamma dV$이다. 따라서 합력의 수직성분은 다음과 같다.

$$F_v = \int_V \gamma \, dV = \gamma V$$

즉 그림 2-36c에서 보듯이 **판에 수직방향으로 작용하는 합력은 판 위에 있는 액체의 체적에 의한 중량과 같다.** 수직방향으로 작용하는 합력은 체적의 중심 C_V를 통과하여 작용하며 이 위치는 액체의 비중량이 일정할 때, 액체의 중량에 대한 중량 중심과 같은 위치에 있다.

힘의 수평성분과 수직성분을 구하면 힘의 크기와 방향, 그리고 작용점을 구할 수 있다. 합력의 작용점은 그림 2-36c에 도시되어 있듯이 압력 중심 P를 통과하여 곡면과 만나는 점에 작용한다.

이 방법은 그림 2-37에서와 같이 일정한 폭을 갖는 경사 평판에도 적용할 수 있다. 여기서 F_R의 수평성분은 수직면에 정사영된 영역에 작용하고 수직성분은 평판 위의 액체 체적의 중량과 같다.

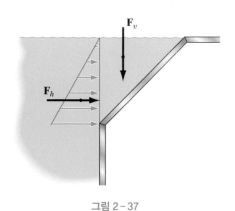

그림 2-37

판 아래의 액체   액체가 판의 아래에 위치해 있을 때도 같은 방법으로 해석이 가능하다. 예를 들면 그림 2-38에서와 같은 일정한 폭을 갖는 곡면 AD를 생각해보자. 합력 F_R의 수평성분은 정사영된 평면 DE에 작용하는 힘 F_h를 구하면 된다. F_R의 수직성분은 그림 2-38에서 유추할 수 있듯이 위의 방향으로 작용할 것이다. 그 이유를 알아보기 위해 액체가 회색으로 음영 처리된 체적 $ABCDA$ 내에 존재한다고 상상해보자. 그러면 판 상단 및 하단 표면에 작용하는 수직력 구성 요소는 방향은 반대지만 동일한 크기를 가지며 반드시 작용선도 동일해야 한다. 따라서 이러한 원리를 이용하여 $ABCD$의 체적만큼 가상의 액체가 존재한다고 생각하여 액체의 중량을 구하고, **중량의 방향을 반대로** 하면 곡면 AD에서 위로 작용하는 힘 F_v를 구할 수 있다.

이와 같은 방법을 이용하여, 그림 2-39에서처럼 일정한 폭을 갖는 잠긴 평판에 작용하는 합력의 수평과 수직성분들을 수직면에 정사영된 영역에 작용하는 압력 힘과 삼각형 블록 내의 유체 중량으로부터 구할 수 있다.

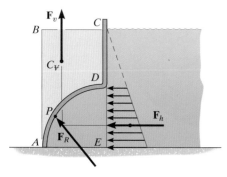

F_h = 수직 정사영 면적 DE에 작용하는 압력하중의 합력

F_v = 판 위에 있는 가상의 액체 $ADCBA$의 체적에 의한 중량

그림 2-38

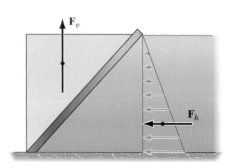

그림 2-39

기체   유체가 기체인 경우 일반적으로 기체의 중량은 무시할 수 있으며, 따라서 기체 내의 압력은 일정하다. 합력의 수평성분과 수직성분은 그림 2-40에서 보듯이 곡면에 대해 수직방향과 수평방향으로 정사영된 평면을 고려하여 구할 수 있다.

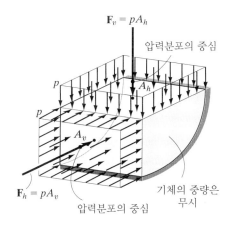

기체 압력은 일정

그림 2-40

요점정리

- 잠긴 경사면 또는 곡면에 작용하는 합력의 **수평성분**은 **수직면으로 정사영된** 평면에 작용하는 힘과 같다. 수평성분 힘의 크기와 작용점의 위치는 2.7~2.9절까지 제시된 방법들로 구할 수 있다.
- 잠긴 경사면 또는 곡면에 작용하는 합력의 **수직성분**은 표면 위에 작용하는 액체의 체적의 중량과 같다. 수직성분 힘은 체적의 중심을 지나가며, 액체가 경사면 또는 곡면 **아래**에 있다면, 액체 표면과 면 사이의 체적 내에 위치한 가상의 액체의 중량과 **동일한 크기**를 가지며 **반대 방향**으로 작용한다.
- 기체에 의한 압력은 **모든 방향에 대하여 일정**하며, 기체의 중량은 일반적으로 무시할 수 있다. 따라서 경사면과 곡면에 작용하는 기체의 압력에 의한 합력의 수평성분과 수직성분은 수직과 수평으로 정사영된 면적들과 압력의 곱으로 구할 수 있다. 각각의 힘 성분들은 정사영된 면적의 도심에 작용한다.

예제 2.15

그림 2-41a에서 보듯이 바다의 벽이 반포물형(semiparabola) 형태이다. 폭 1 m당 작용하는 합력의 크기를 구하고, 좌표의 원점으로부터 각 성분의 힘이 작용하는 지점을 구하시오. 물의 밀도는 $\rho_w = 1050 \text{ kg/m}^3$이다.

풀이

유체 설명   바닷물은 비압축성 유체라고 가정한다.

힘의 수평성분   벽에 수직한 방향으로 정사영된 평면은 AB이다(그림 2-41b). 벽 폭 1 m

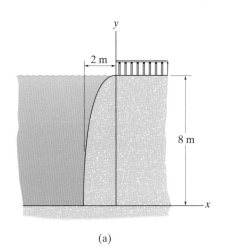

(a)

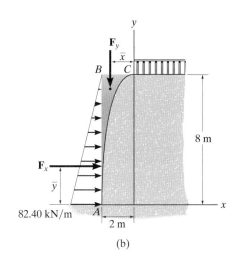

(b)

그림 2-41

에 대해 지점 A에서 바닷물로 인한 압력의 분포하중의 세기는 다음과 같다.

$$w_A = (\rho_w gh)(1 \text{ m}) = (1050 \text{ kg/m}^3)(9.81 \text{ m/s}^2)(8 \text{ m})(1 \text{ m})$$
$$= 82.40 \text{ kN/m}$$

따라서

$$F_x = \frac{1}{2}(8 \text{ m})(82.40 \text{ kN/m}) = 329.62 \text{ kN}$$

삼각형에 대해 이 책의 뒤표지 안쪽에 있는 각 도형의 도심을 나타낸 표를 이용하면, 수평성분의 힘은 수면으로부터 아래와 같은 위치에 작용한다.

$$\bar{y} = \frac{1}{3}(8 \text{ m}) = 2.67 \text{ m} \qquad Ans.$$

힘의 수직성분   수직성분 힘은 그림 2-41b에서 보듯이 포물면 외부의 체적 $ABCA$를 차지하는 바닷물의 중량과 같다. 이 책의 뒤표지 안쪽에서 외접 포물면의 면적은 $A_{ABCA} = \frac{1}{3}ba$이다. 따라서

$$F_y = (\rho_w g)A_{ABCA}(1 \text{ m})$$
$$= \left[(1050 \text{ kg/m}^3)(9.81 \text{ m/s}^2)\right]\left[\frac{1}{3}(2 \text{ m})(8 \text{ m})\right](1 \text{ m}) = 54.94 \text{ kN}$$

힘의 수직성분은 체적(면적)의 도심을 통과하여 작용하고 도심의 위치는 이 책의 뒤표지 안쪽에서 구할 수 있다.

$$\bar{x} = \frac{3}{4}(2 \text{ m}) = 1.5 \text{ m} \qquad Ans.$$

합력   합력은 다음과 같다.

$$F_R = \sqrt{(329.62 \text{ kN})^2 + (54.94 \text{ kN})^2} = 334 \text{ kN} \qquad Ans.$$

예제 2.16

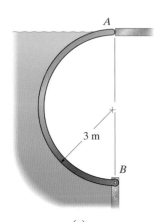

(a)
그림 2-42

그림 2-42a에 보인 반원 모양의 판은 길이가 4 m이며 운하의 수문으로 이용된다. 물이 판에 가하는 합력을 구하고, 힌지(핀) B와 지지대 A에서의 반력의 성분들을 구하시오. 판의 중량은 무시한다.

풀이

유체 설명   물은 비압축성 유체라고 가정하고, 비중량은 $\gamma_w = (1000 \text{ kg/m}^3)(9.81 \text{ m/s}^2) = 9.81(10^3) \text{ N/m}^3$이다.

해석 I

먼저 판에 작용하는 합력의 수평성분과 수직성분을 구할 것이다.

힘의 수평성분 AB의 수직방향으로 정사영된 면적은 그림 2-42b에서 확인할 수 있다. B(또는 E)에 작용하는 분포하중의 크기는

$$w_B = \gamma_w h_B b = [9.81(10^3)\,\text{N/m}^3](6\,\text{m})(4\,\text{m}) = 235.44(10^3)\,\text{N/m}$$

이므로 수평성분 힘은

$$F_x = \frac{1}{2}[235.44(10^3)\,\text{N/m}](6\,\text{m}) = 706.32(10^3)\,\text{N} = 706.32\,\text{kN}$$

이다. 이 힘은 $h = \frac{1}{3}(6\,\text{m}) = 2\,\text{m}$에서 작용한다.

힘의 수직성분 그림 2-42b에서 선분 BC에서 위 방향으로 미는 힘의 원인은 선분 BC 아래에서 작용하는 정수압력이다. 이 힘은 그림 2-42c에서 $BCDAB$를 차지하고 있는 물의 가상적인 중량과 같다. 그리고 그림 2-42b에서 선분 AC에 아래 방향으로 작용하는 힘의 원인은 그림 2-42d에서의 $CDAC$를 차지하고 있는 물의 중량이다. 따라서 전체 판에 작용하는 수직방향 힘의 총합은 $BCDAB$와 $CDAC$를 차지하는 물의 중량의 차이와 같다. 즉, 위 방향으로 향하는 힘의 총합은 그림 2-42b에서 반원 모양의 체적 $BCAB$를 차지하고 있는 물의 중량과 같다. 따라서

$$F_y = \gamma_w \mathcal{V}_{BCAB} = [9.81(10^3)\,\text{N/m}^3]\left\{\frac{1}{2}\left[\pi(3\,\text{m})^2\right]\right\}(4\,\text{m})$$

$$= 176.58\pi(10^3)\,\text{N} = 176.58\pi\,\text{kN}$$

반원 체적만큼을 차지한 물의 도심은 이 책의 뒤표지 안쪽에서 찾아 구할 수 있다.

$$d = \frac{4r}{3\pi} = \frac{4(3\,\text{m})}{3\pi} = \frac{4}{\pi}\,\text{m}$$

합력 합력의 크기는 다음과 같다.

$$F_R = \sqrt{F_x^2 + F_y^2} = \sqrt{(706.32\,\text{kN})^2 + (176.58\pi\,\text{kN})^2} = 898\,\text{kN} \qquad Ans.$$

반력 그림 2-42e에서 판의 자유물체도를 보여준다. 힘의 평형 방정식을 적용하면,

$$+\uparrow \Sigma F_y = 0; \quad -B_y + 176.58\pi\,\text{kN} = 0$$

$$B_y = 176.58\pi\,\text{kN} = 555\,\text{kN} \qquad Ans.$$

$$\zeta + \Sigma M_B = 0; \; F_A(6\,\text{m}) - (706.32\,\text{kN})(2\,\text{m}) - (176.58\pi\,\text{kN})\left(\frac{4}{\pi}\,\text{m}\right) = 0$$

$$F_A = 353.16\,\text{kN} = 353\,\text{kN} \qquad Ans.$$

$$\xrightarrow{+} \Sigma F_x = 0 \quad 706.32\,\text{kN} - 353.16\,\text{kN} - B_x = 0$$

$$B_x = 353.16\,\text{kN} = 353\,\text{kN} \qquad Ans.$$

해석 II

직접 적분을 이용하여 각 성분의 합력성분들을 구할 수 있다. 그림 2-42f에서 단면에 작용하는 압력분포가 나와 있다. 해석을 간단히 하기 위해 단면의 모양이 원이므로 극좌표계를 적용하고자 한다. 폭 b의 미소 면요소는 $dA = b\,ds = (4\,\text{m})(3\,d\theta\,\text{m}) = 12\,d\theta\,\text{m}^2$이다. 따라서 미소 면요소에 작용하는 압력은 다음과 같다.

$$p = \gamma_w h = [9.81(10^3)\,\text{N/m}^3](3 - 3\cos\theta)\,\text{m}$$

$$= 29.43(10^3)(1 - \cos\theta)\,\text{N/m}^2$$

힘의 수평성분은 $dF_x = p\,dA\sin\theta$이고, 따라서

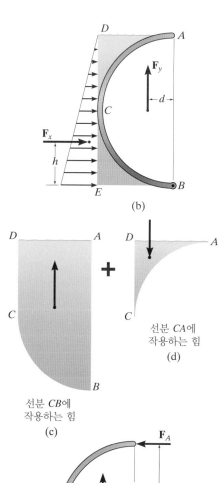

(b)

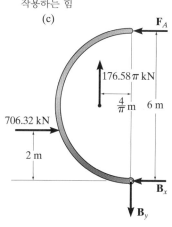

선분 CA에
작용하는 힘
(d)

선분 CB에
작용하는 힘
(c)

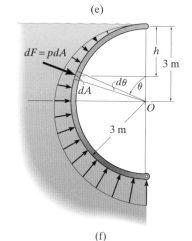

(e)

(f)

그림 2-42 (계속)

$$F_x = \int_A p \sin \theta \, dA = 29.43(10^3) \int_0^\pi (1 - \cos \theta)(\sin \theta)(12 \, d\theta) = 706.32 \text{ kN}$$

유사한 방법으로, 힘의 수직성분을 $dF_y = pdA \cos \theta$로부터 구할 수 있다. 이 방법을 통해서 앞에서 구하였던 힘의 수직성분 F_y에 대해 검증할 수 있다.[*]

예제 2.17

그림 2-43a에 나와 있는 50 mm 길이를 가진 플러그의 단면적은 사다리꼴 모양이다. 탱크가 원유로 차 있을 때, 원유의 압력에 의해 플러그에 작용하는 합력의 수직성분을 구하시오.

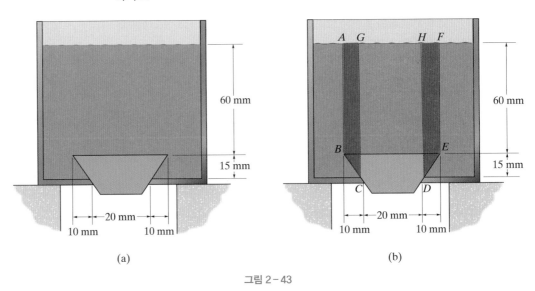

(a)   (b)

그림 2-43

풀이

유체 설명 원유는 비압축성 유체라고 가정하고, 부록 A에서 기름의 밀도는 $\rho_o = 880$ kg/m³이다.

해석 그림 2-43b를 참고하면, 플러그는 사각형 *ABEFA*를 차지하는 기름의 중량에 의해 아래로 향하는 힘을 받는다. 이와는 반대로, 면 *BC*와 *ED*를 따라 작용하는 압력에 의해 위로 향하는 힘은 그림 2-43b의 진갈색 영역 *ABCGA*와 *FEDHF*를 차지하는 기름의 중량과 같다. 따라서

$$+\downarrow F_R = \rho_o g [\mathcal{V}_{ABEFA} - 2\mathcal{V}_{ABCGA}]$$

$$= (880 \text{ kg/m}^3)(9.81 \text{ m/s}^2) \left[(0.06 \text{ m})(0.04 \text{ m})(0.05 \text{ m}) - 2 \left[(0.06 \text{ m})(0.01 \text{ m}) + \frac{1}{2}(0.01 \text{ m})(0.015 \text{ m}) \right] (0.05 \text{ m}) \right]$$

$$= 0.453 \text{ N}$$

Ans.

결과가 양의 값을 가지므로, 힘은 플러그의 아래 방향으로 작용한다.

---

[*] 이 방법은 오직 합력의 성분을 구하는 데만 적용할 수 있다. 그 이유는 $F_R = \int_A p \, dA$의 식은 힘의 방향 변화를 포함하지 않기 때문에 합력 벡터를 구할 수 없다.

2.11 부력

그리스의 과학자 Archimedes(기원전 287~212)는 **물체가 정지된 유체 내에 있을 때 물체에 의해 배제되는 유체 무게만큼의 뜨는 힘을 받는다**는 **부력의 원리**(principle of buoyancy)를 발견하였다. 그 이유를 설명하기 위해 그림 2-44a와 같은 잠긴 물체를 생각해보자. 유체 압력 때문에 물체의 밑면 *ABC*에서 위로 가해지는 수직합력은 이 표면 위에 있는 유체의 중량, 즉 체적 *ABCDEFA*의 중량과 동일하다. 또한 물체의 표면 위에서 *ADC* 아래로 작용하는 압력으로 합력은 체적 *ADCEFA* 내에 포함된 유체의 중량과 동일하다. 이 힘들의 차이에 의해 위로 작용하는 힘이 **부력**(buoyancy)이다. 부력은 물체의 체적 *ABCDA* 내에 포함된 유체의 가상의 양의 중량과 동일하다. 이 힘 $\mathbf{F}_b$는 **부력의 중심**(C_b)에 작용한다. 이 부력의 중심은 물체에 의해 이동한 액체의 체적의 중심에 위치해 있다. 유체의 밀도가 일정하면, 물체가 유체 내에 얼마나 깊이 위치해 있는지 상관없이 이 힘은 일정할 것이다.

이와 같은 원리는 그림 2-44b에서처럼 떠 있는 물체에도 적용된다. 여기서 배제된 유체의 양은 *ABCA*이고, 부력은 배제된 체적 내의 유체의 중량과 동등하며, 부력의 중심 C_b는 이 체적의 중심이다.

부력이 포함된 유체정역학 문제를 풀려면, 물체의 자유물체도에 작용하는 힘들을 모두 고려해야 한다. 물체의 무게는 무게중심에서 아래로 작용하는 반면, 부력은 부력의 중심에서 위로 작용한다.

이 화물선은 균일한 무게 분포를 가지고 있으며, 빨간색 경계선의 상단이 수면보다 위에 위치해 있기 때문에 화물공간이 비어 있음을 알 수 있다.

얼음의 밀도는 해수의 약 9/100이다. 이 때문에 빙산의 90%가 잠수해 있고 표면 위에는 10%만 떠 있다. (Jurgen Ziewe/Shutterstock)

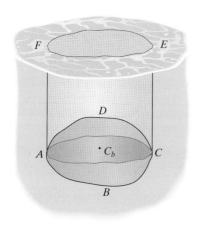

잠긴 물체

(a)

떠 있는 물체

(b)

그림 2-44

비중계 부력의 원리는 액체의 비중을 측정하는 **비중계**(hydrometer)에 실용적으로 적용된다. 그림 2-45a에서처럼, 한쪽 끝에 무게추가 달린 빈 유리관이 있다. 비중계가 순수 물과 같은 액체 속에 놓인다면, 무게 W가 밀어내는 물의 중량과 같은 평형상태에서 뜰 것이다. 즉 $W = \gamma_w V_0$, 여기서 V_0는 밀려나간 물의 체적을 나

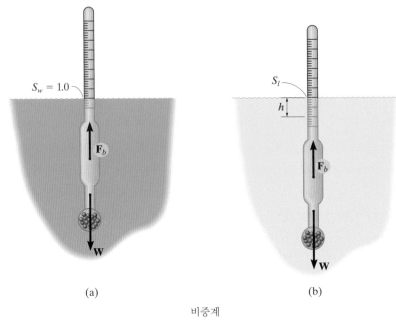

(a)   (b)

비중계

그림 2-45

타낸다. 유리막대가 그림 2-45a에서처럼 수위에서 1.0으로 표시되면, 이 위치는 물의 비중량을 나타낸다. 물의 경우 비중량은 식 (1-10)에서 $S_w = \gamma_w/\gamma_w = 1.0$이다.

비중계가 다른 액체 내에 놓여 있을 때, 물에 상대적인 액체의 비중량 γ_l에 따라서 더 높이 또는 더 낮게 뜰 것이다. 등유와 같이 액체가 물보다 더 낮은 밀도를 갖는다면, 비중계에 의해 배제된 액체의 체적은 더 많을 것이다. 그림 2-45b에서처럼 비중계 기둥의 단면적이 A일 때, 밀려난 체적은 $V_0 + Ah$이다. 액체의 비중이 S_l이면, 비중량은 $\gamma_l = S_l \gamma_w$이며, 비중계의 평형에 의해 중량은 다음과 같다.

$$W = \gamma_w V_0 = S_l \gamma_w (V_0 + Ah)$$

비중 S_l에 대해 정리하면,

$$S_l = \frac{V_0}{V_0 + Ah}$$

이 식을 사용하여 다양한 유형의 액체들에 대해 해당되는 깊이 h를 구하고, 비중 S_l을 나타내기 위한 눈금을 비중계 기둥 위에 표시할 수 있다. 과거에는 비중계가 자동차 배터리에 사용되는 산(acid)의 비중을 측정하는 데 자주 사용되었다. 배터리가 완전히 충전되었을 때에는 배터리가 방전되었을 때보다 산성의 액체 속에 놓인 비중계가 더 높이 뜰 것이다.

예제 2.18

그림 2-46a와 같이 폭 600 mm, 길이 900 mm, 무게 500 N인 바닥이 평면인 용기가 있다. 용기에 200 N인 강철 덩어리가 실려 있다. 강철 덩어리가 (a) 그림 2-46a와 같이 용기 안에 있을 때, (b) 그림 2-46b와 같이 용기 아래에 줄로 매달려 있을 때, 용기가 물속에서 뜨는 깊이를 구하시오. 강철의 비중량은 $\gamma_{st} = 77.0$ kN/m³이다.

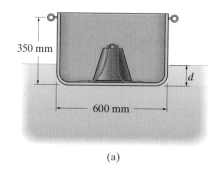

(a)

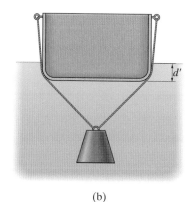

(b)

풀이

유체 설명 물은 비압축성이라 가정하고, 물의 비중량은 $\gamma_w = (1000$ kg/m³$)(9.81$ m/s²$) = 9.81(10^3)$ N/m³이다

해석 각각의 경우에 용기와 강철 덩어리의 무게가 부력에 의해 배제된 물의 무게와 같아야 한다.

(a) 형태 그림 2-46c와 같이 자유물체도로부터 다음 식을 얻을 수 있다.

$$+\uparrow\Sigma F_y = 0; \qquad -(W_{cont.} + W_{block}) + (F_b)_{cont.} = 0$$

$$-(500\text{ N} + 200\text{ N}) + [9.81(10^3)\text{ N/m}^3][(0.6\text{ m})(0.9\text{ m})d] = 0$$

$$d = 0.1321\text{ m} = 132\text{ mm} < 350\text{ mm OK} \qquad Ans.$$

(b) 형태 그림 2-46d와 같이 우선 강철 덩어리를 만드는 데 사용된 강철의 체적을 알아야 한다. 강철의 비중량이 주어졌기 때문에, $V_{st} = W_{st}/\gamma_{st}$을 사용하여 구할 수 있다. 이로부터 부력을 구할 수 있고, 물속에 뜨는 깊이는 다음과 같이 구할 수 있다.

$$+\uparrow\Sigma F_y = 0; \qquad -W_{cont.} - W_{block} + (F_b)_{cont.} + (F_b)_{block} = 0$$

$$-500\text{ N} - 200\text{ N} + [9.81(10^3)\text{N/m}^3][(0.6\text{ m})(0.9\text{ m})d']$$

$$+ [9.81(10^3)\text{ N/m}^3]\left[\frac{200\text{ N}}{77.0(10^3)\text{ N/m}^3}\right] = 0$$

$$d' = 0.1273\text{ m} = 127\text{ mm} \qquad Ans.$$

강철 덩어리가 물속에 지지되어 있을 때, 부력이 강철 덩어리를 지지하는 데 필요한 힘을 감소시켰기 때문에 용기가 물속에서 더 높이 뜰 수 있다. 여기서 부력은 강철 덩어리가 물속에 매달린 깊이와는 무관하다.

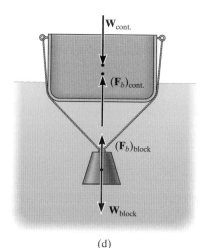

(d)

그림 2-46

2.12 안정성

이 배는 강을 가로질러 자동차를 운반하는 데 사용된다. 급회전하거나 한쪽에 과선적되었을 경우 불안정성에 대해 주의해야 한다.

물체는 액체(또는 기체) 내에서 안정하거나, 불안정하거나, 중립평형 상태로 떠 있을 수 있다. 이를 설명하기 위해 그림 2-47에서 보는 것과 같이 무게중심이 G에 있도록 막대의 끝에 무게추를 단 균일 질량의 막대를 생각해보자.

안정평형 막대의 무게중심이 부력중심 아래에 있도록 액체 속에 막대가 잠겨 있다면, 그림 2-47a에서처럼 막대의 약간 각변형이 발생하였을 때 수직위치로 막대를 복원하려는 중량과 부력 사이의 쌍모멘트가 발생할 것이다. 이러한 상태를 **안정평형**(stable equilibrium)이라고 한다.

불안정평형 그림 2-47b에서처럼 막대의 무게중심이 부력중심 위에 위치해 있도록 막대가 액체 속에 잠겨 있다면, 막대의 약간의 각변형은 평형위치로부터 더 멀리 회전시키는 쌍모멘트가 일어날 것이다. 이 상태를 **불안정평형**(unstable equilibrium)이라고 한다.

중립평형 무게추를 제거하고 중량과 부력이 균형을 이루면서 액체 내에 완전히 잠길 수 있는 충분히 무거운 막대가 있다면, 그림 2-47c처럼 무게중심과 부력중심은 일치할 것이다. 막대를 회전시키면 새로운 평형위치에서 정지할 것이다. 이 상태를 **중립평형**(neutral equilibrium)이라고 한다.

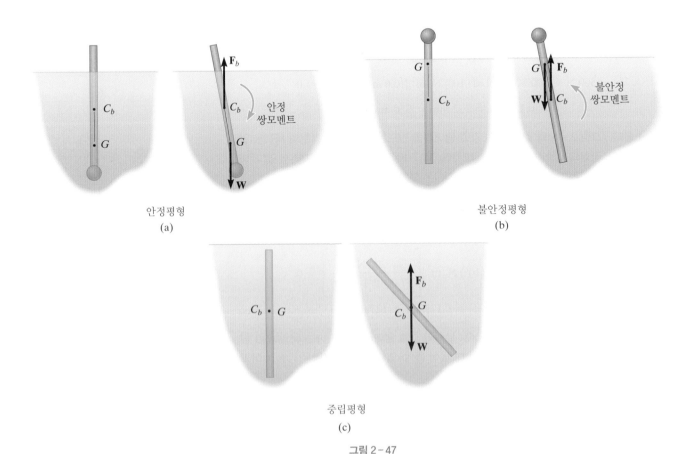

안정평형
(a)

불안정평형
(b)

중립평형
(c)

그림 2-47

그림 2-47b처럼 막대가 불안정평형 상태에 있다 하더라도, 떠 있는 물체의 무게중심이 부력중심보다 위에 있을 때에는 안정평형을 유지할 수 있다. 예를 들어, 그림 2-48a처럼 중력중심이 G에 있고, 부력중심이 C_b에 있는 배를 생각해보자. 배가 약간 기울어진다면, 그림 2-48b처럼 해수면에 점 O가 있고, 새로운 부력중심 C_b'이 G의 왼쪽에 위치하게 된다. 이는 배제된 물의 $ODEO$ 체적만큼의 잃은 양을 $OABO$의 체적만큼 왼쪽에서 얻어지기 때문이다. C_b'($\mathbf{F}_b$의 작용선)을 통과하는 수직선을 그리면 **경심**(metacenter)이라고 하는 점 M에서 배의 중심선과 교차한다. 그림 2-48b처럼 M이 G의 위에 있다면, 배의 무게와 부력에 의해 형성되는 시계방향의 쌍모멘트는 배의 상태를 평형상태로 **회복시킬** 것이다. 그러므로 배는 안정평형 상태에 있다.

그림 2-48c처럼 갑판 적재화물이 많은 큰 배에서 M은 G의 아래에 있게 된다. 이런 경우는 $\mathbf{F}_b$와 $\mathbf{W}$에 의해 만들어진 반시계방향 쌍모멘트가 배를 불안정하게 하고 쉽게 전복시킨다. 이 상태는 배를 설계하거나 짐을 실을 때 반드시 피해야 하는 명백한 위험상태이다. 이런 위험을 알고 있으면서도 해양 공학자들은 크루즈선과 같은 고급 배를 설계할 때 무게중심이 부력중심보다 높고 M 아래에 유치되도록 설계한다. 그 이유는 G가 경심 M에 가까워지면 복원하려는 쌍모멘트가 작아져서 배가 물속에서 매우 천천히 앞뒤로 움직이기 때문이다. G와 M이 멀어지면 복원 모멘트가 커지고 앞뒤로 움직이는 동작이 빨라져 승객에게 불편함을 줄 수 있다.

위에서 논의된 경심의 위치와 관련된 법칙은 그림 2-47에서와 같은 막대에도 동일하게 적용된다. 막대가 얇기 때문에, 경심 M이 막대의 중심선 위에 있고, 부력중심 C_b와 일치한다. 그림 2-47a처럼 M(또는 C_b)이 G 위에 있을 때 안정평형 상태에 있게 된다. G 아래에 있을 때는 그림 2-47b처럼 불안정평형 상태에 있게 된다. M이 G의 위치에 있을 때는 그림 2-47c처럼 중립평형 상태에 있게 된다.

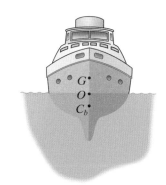

(a)

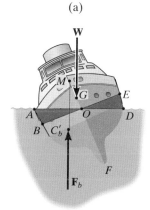

$OM > OG$
안정평형

(b)

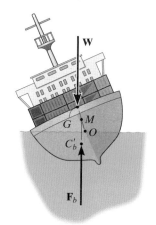

$OG > OM$
불안정평형

(c)

그림 2-48

예제 2.19

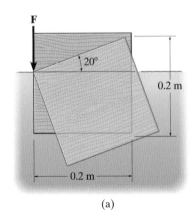

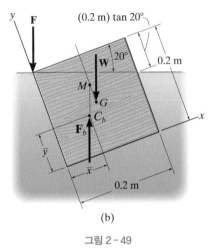

그림 2-49

그림 2-49a와 같이 정육면체의 나무 블록의 각 변의 길이는 0.2 m이다. 수직력 **F**가 한 면의 끝점에 작용하고 수면에서 20°의 각도를 가지고 기울도록 나무 블록의 모서리를 밀고 있다. 나무 블록에 작용하는 부력을 구하고, 힘 **F**를 제거하면 안정평형 상태에 있다는 것을 보이시오.

풀이

유체 설명   물은 비압축성이라 가정하고, 물의 밀도는 $\rho_w = 1000 \text{ kg/m}^3$이다.

해석   부력을 구하기 위해서는 그림 2-49b의 자유물체도처럼 먼저 물속에 있는 나무 블록의 체적을 알아야 한다.

$$\mathcal{V}_{\text{sub}} = (0.2 \text{ m})^3 - \frac{1}{2}(0.2 \text{ m})(0.2 \tan 20°)(0.2 \text{ m}) = 6.5441(10^{-3}) \text{ m}^3$$

따라서

$$F_b = \rho_w g \mathcal{V}_{\text{sub}} = \left[1000(9.81) \text{ N/m}^3\right]\left[6.5441(10^{-3}) \text{ m}^3\right]$$
$$= 64.2 \text{ N} \qquad\qquad Ans.$$

이 힘은 xy 좌표축으로부터 측정된 잠긴 체적 $\mathcal{V}_{\text{sub}}$의 도심에 작용한다.

$$\bar{x} = \frac{\Sigma \tilde{x} A}{\Sigma A} = \frac{0.1 \text{ m}(0.2 \text{ m})^2 - \frac{2}{3}(0.2 \text{ m})\left(\frac{1}{2}\right)(0.2 \text{ m})(0.2 \text{ m} \tan 20°)}{(0.2 \text{ m})^2 - \left(\frac{1}{2}\right)(0.2 \text{ m})(0.2 \text{ m} \tan 20°)}$$
$$= 0.0926 \text{ m}$$

$$\bar{y} = \frac{\Sigma \tilde{y} A}{\Sigma A}$$

$$= \frac{(0.1 \text{ m})(0.2 \text{ m})^2 - \left[(0.2 \text{ m}) - \left(\frac{1}{3}\right)(0.2 \text{ m} \tan 20°)\right]\left(\frac{1}{2}\right)(0.2 \text{ m})(0.2 \text{ m} \tan 20°)}{(0.2 \text{ m})^2 - \left(\frac{1}{2}\right)(0.2 \text{ m})(0.2 \text{ m} \tan 20°)}$$
$$= 0.0832 \text{ m}$$

F$_b$의 위치는 블록의 무게중심 (0.1 m, 0.1 m) 왼쪽에 있고, G에 대한 **F**$_b$의 모멘트는 시계방향이므로 힘 **F**가 제거되면 블록을 원위치로 복원시킬 것이다. 따라서 블록은 안정 평형 상태에 있다. 달리 말하면 경심 M은 그림 2-49b처럼 G 위에 위치해 있을 것이다.

이 문제에서 요구한 사항은 아니지만, 블록의 무게 **W**와 수직력 **F**는 블록에 대해 모멘트 평형식을 적용함으로써 구할 수 있다.

2.13   일정한 병진 가속운동을 하는 액체

이 절에서는 액체를 담은 용기가 수평 또는 수직으로 일정 가속도 운동을 할 때 액체 내의 압력이 어떻게 달라지는지 배울 것이다.

일정한 수평 가속도   그림 2-50a에서처럼 액체 용기가 일정 속도 $\mathbf{v}_c$로 움직이면, 액체 표면은 평형상태에 있기 때문에 수평으로 있을 것이다. 그 결과 용기의 벽으로 가해진 압력은 $p = \gamma h$를 사용하여 일반적인 방법으로 구할 수 있다. 그러나 용기가 일정 가속도 $\mathbf{a}_c$를 가지고 오른쪽으로 이동한다면 액체 표면은 용기의 중심선에 대해 시계방향으로 회전하기 시작할 것이고, 그림 2-50b처럼 기울어진 위치 θ에서 고정된 채로 남아 있을 것이다. 이러한 상태가 지속되면, 액체는 마치 고체처럼 운동하게 된다. 액체층 간의 상대 운동이 없으므로 액체 내에서 전단응력은 발생하지 않는다. 이러한 운동 효과에 대해 알아보기 위하여, 액체의 수직 및 수평 미소요소에 대한 자유물체도를 사용하여 힘과 운동과의 관계를 해석해보자.

탱크 차량은 다양한 액체를 운반하는 데 사용된다. 탱크의 끝판들은 차량이 어떠한 가속도를 받을 경우에도 액체의 정수압력을 견딜 수 있게 설계되어야 한다.

수직요소   그림 2-50c처럼 액체 표면에서 아래로 거리 h만큼 위치해 있는 단면적 ΔA를 가지는 미소요소를 생각해보자. 미소요소에 작용하는 2개의 수직력은 액체의 무게 $\Delta W = \gamma \Delta \forall = \gamma(h \Delta A)$와 바닥에서 위로 작용하는 압력 힘 $P \Delta A$가 있다. 수직방향에서 가속도가 없기 때문에 힘은 평형상태이다.

$$+\uparrow \Sigma F_y = 0; \qquad p\Delta A - \gamma(h\Delta A) = 0$$
$$p = \gamma h \qquad\qquad (2\text{-}16)$$

따라서 **경사진 액체 표면으로부터 일정 깊이에서의 압력은 액체가 정지된 상태와 같다**는 것을 알 수 있다.

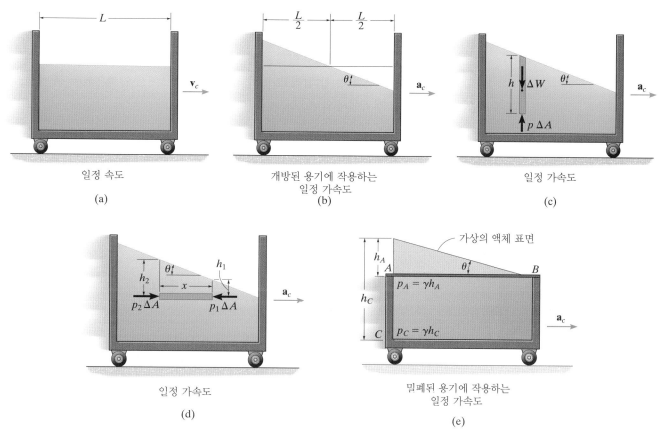

일정 속도

(a)

개방된 용기에 작용하는
일정 가속도

(b)

일정 가속도

(c)

일정 가속도

(d)

밀폐된 용기에 작용하는
일정 가속도

(e)

그림 2-50

수평요소   그림 2-50d처럼 길이 x, 단면적 ΔA인 미소요소를 고려하자. 미소요소에 작용하는 수평력은 양단에 인접한 액체의 압력에 의해 발생한다. 미소요소의 질량은 $\Delta m = \Delta W/g = \gamma(x\Delta A)/g$이므로 운동방정식은

$$\xrightarrow{\pm} \Sigma F_x = ma_x; \qquad p_2\Delta A - p_1\Delta A = \frac{\gamma(x\,\Delta A)}{g}a_c$$

$$p_2 - p_1 = \frac{\gamma x}{g}a_c \qquad (2\text{-}17)$$

$p_1 = \gamma h_1$과 $p_2 = \gamma h_2$를 사용하면 다음과 같이 표현할 수 있다.

$$\frac{h_2 - h_1}{x} = \frac{a_c}{g} \qquad (2\text{-}18)$$

그림 2-50d에서 보는 것처럼, 좌변은 액체의 자유표면의 기울기를 나타낸다. 기울기는 $\tan\theta$와 같다.

$$\boxed{\tan\theta = \frac{a_c}{g}} \qquad (2\text{-}19)$$

액체의 자유표면의 기울기

그림 2-50e처럼 용기가 액체로 가득 차 있고, 윗면이 뚜껑으로 막혀 있으면 액체는 용기의 중심을 축으로 회전할 수가 없다. 뚜껑에서 액체의 변형을 제한하기 때문에 위로 작용하는 압력에 의한 '가상 표면'은 모서리 B를 중심으로 기울어진다. 이런 경우에는 식 (2-19)를 사용하여 각도 θ를 구할 수 있다. 가상 표면이 형성되면 액체 내 어느 한 점에서 압력은 가상의 표면에서 점 위치까지의 수직 거리를 구함으로써 결정할 수 있다[식 (2-16)]. 예를 들어 점 A에서 압력은 $p_A = \gamma h_A$이고, 용기의 바닥 점 C에서 압력은 $p_C = \gamma h_C$이다.

일정한 수직 가속도
액체가 담긴 용기가 위쪽 방향으로 가속도 $\mathbf{a}_c$로 움직일 때 액체의 표면은 수평이 유지된다. 하지만 액체 내부의 압력은 변화게 된다. 이러한 현상에 관해 알아보기 위해 수평과 수직 방향 미소요소에 관한 자유물체도를 그려보자.

수평요소   그림 2-51a에서의 수평요소는 액체 내부에서 동일한 깊이에 위치하고 있기 때문에, 각 끝단에 인접한 액체의 압력은 그림과 같다. 이러한 경우 x축 방향으로의 움직임은 없기 때문에

$$\xrightarrow{\pm} \Sigma F_x = 0; \qquad p_2\,\Delta A - p_1\,\Delta A = 0$$
$$p_2 = p_1$$

즉, 유체가 정지하고 있는 경우와 마찬가지로 수직 가속도 운동을 하는 유체도 **수평면에서의 압력은 동일하게 작용한다.**

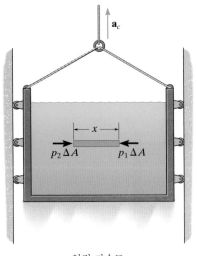

일정 가속도

(a)

그림 2-51

수직요소 그림 2-51b에서 보는 것과 같이 길이가 h이고 면적이 ΔA인 수직요소는 $\Delta W = \gamma \Delta V = \gamma(h\Delta A)$인 중량과 아랫면에서 작용하는 압력에 의한 힘을 받는다. 요소의 질량 $\Delta m = \Delta W/g = \gamma(h\Delta A)/g$이며, 운동방정식은 다음과 같이 적용할 수 있다.

$$+\uparrow \Sigma F_y = ma_y; \qquad p\Delta A - \gamma(h\,\Delta A) = \frac{\gamma(h\,\Delta A)}{g}a_c$$

$$\boxed{p = \gamma h\left(1 + \frac{a_c}{g}\right)} \qquad (2\text{-}20)$$

따라서 액체가 담겨있는 용기가 위로 가속할 경우 액체 내부의 압력은 $\gamma h(a_c/g)$만큼 증가한다. 아래로 가속할 경우 같은 크기만큼 감소한다. 또한 자유낙하의 경우 가속도는 $a_c = -g$와 같으며, 액체 내부의 (계기)압력은 0이 된다.

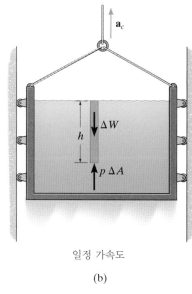

일정 가속도

(b)

그림 2-51 (계속)

예제 2.20

그림 2-52a에서 보는 것과 같이 트럭에 있는 탱크에 휘발유가 가득 차 있다. 트럭이 일정한 가속도 4 m/s²로 달린다면, 탱크 내부에서 A, B, C 그리고 D에서의 압력은 얼마인가?

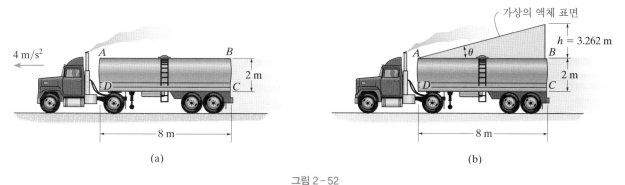

(a)   (b)

그림 2-52

풀이

유체 설명 휘발유는 비압축성으로 가정하고, 부록 A에서 휘발유의 밀도를 찾으면 $\rho_g = 726$ kg/m³이다.

해석 트럭이 멈춘 상태 또는 일정한 속력으로 움직이는 경우, 휘발유 액체 표면은 수평이 유지되면서 A와 B의 (계기)압력은 0이 된다. 트럭이 가속을 할 경우, 그림 2-52b에서처럼 가상의 표면은 A를 기준으로 뒤로 갈수록 높아진다. 식 (2-18)을 이용하여 높이 h를 다음과 같이 구할 수 있다.

$$\frac{h_2 - h_1}{x} = \frac{a_c}{g}$$

$$\frac{h - 0}{8 \text{ m}} = \frac{4 \text{ m/s}^2}{9.81 \text{ m/s}^2}$$

$$h = 3.262 \text{ m}$$

탱크의 상단은 이 경사면의 형성을 방지하므로 가상의 휘발유 표면은 상단에 압력을 가한다. 이 압력은 식 (2-16)의 $p = \gamma h$를 이용해서 구할 수 있다.

$$p_A = \gamma_g h_A = (726 \text{ kg/m}^3)(9.81 \text{ m/s}^2)(0) = 0 \qquad \textit{Ans.}$$

$$p_B = \gamma_g h_B = (726 \text{ kg/m}^3)(9.81 \text{ m/s}^2)(3.262 \text{ m}) = 23.2 \text{ kPa} \qquad \textit{Ans.}$$

$$p_C = \gamma_g h_C = (726 \text{ kg/m}^3)(9.81 \text{ m/s}^2)(3.262 \text{ m} + 2 \text{ m}) = 37.5 \text{ kPa} \qquad \textit{Ans.}$$

$$p_D = \gamma_g h_D = (726 \text{ kg/m}^3)(9.81 \text{ m/s}^2)(2 \text{ m}) = 14.2 \text{ kPa} \qquad \textit{Ans.}$$

예제 2.21

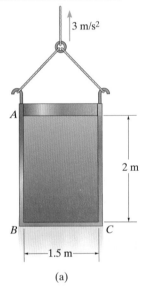

(a)

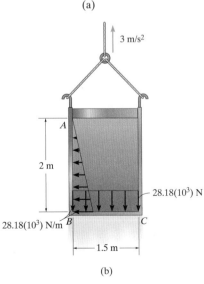

(b)

그림 2-53

그림 2-53a에서 보는 것과 같이 폭 1.25 m의 용기에 높이 2 m까지 원유가 채워져 있다. 크레인을 이용하여 위쪽 방향으로 3 m/s²의 가속도로 들어올릴 때 탱크 옆면 및 바닥면에 작용하는 힘을 구하시오.

풀이

유체 설명 원유는 비압축성으로 가정하고, 부록 A에서 비중량을 찾으면 $\gamma_o = \rho_o g = (880 \text{ kg/m}^3)(9.81 \text{ m/s}^2) = 8.6328(10^3) \text{ N/m}^3$이다.

해석 A에서 (계기)압력은 0이며, B와 C에서의 압력은 식 (2-20)을 이용하여 구한다. $a_c = +3 \text{ m/s}^2$이므로,

$$\begin{aligned}
p &= \gamma_o h\left(1 + \frac{a_c}{g}\right) \\
&= [8.6328(10^3) \text{ N/m}^3](2 \text{ m})\left(1 + \frac{3 \text{ m/s}^2}{9.81 \text{ m/s}^2}\right) \\
&= 22.55(10^3) \text{ N/m}^2
\end{aligned}$$

그림 2-53b에서 보는 것과 같이 용기의 폭이 1.25 m이므로, 탱크 바닥면에 작용하는 분포하중의 세기는

$$w = pb = [22.55(10^3) \text{ N/m}^2](1.25 \text{ m}) = 28.182 (10^3) \text{ N/m}$$

탱크 옆면 탱크의 옆면 AB에 작용하는 삼각형의 분포하중은 다음과 같다.

$$\begin{aligned}
(F_R)_s &= \frac{1}{2}[28.182(10^3) \text{ N/m}](2 \text{ m}) \\
&= 28.182(10^3) \text{ N} = 28.2 \text{ kN} \qquad \textit{Ans.}
\end{aligned}$$

탱크 바닥면 탱크의 바닥면에는 등분포하중이 작용한다. 그 힘은 다음과 같다.

$$\begin{aligned}
(F_R)_b &= [28.182(10^3) \text{ N/m}](1.5 \text{ m}) \\
&= 42.273(10^3) \text{ N} = 42.3 \text{ kN} \qquad \textit{Ans.}
\end{aligned}$$

2.14 액체의 등속 회전운동

그림 2-54a에서와 같이 액체가 원통형 용기에 담겨있고 일정한 각속도 ω로 회전할 때, 액체의 전단응력으로 인해 액체는 결국 용기와 함께 회전하기 시작한다. 시간이 지나가면, 액체 내부에서 상대 운동은 없어지고, 액체는 강체와 같이 회전운동을 한다. 이러한 운동이 발생한 경우 유체입자의 속도는 회전축에서의 거리에 비례한다. 유체입자가 회전축에 가까워질수록 축에서 멀리 떨어져 있는 입자에 비해 더 느리게 운동한다. 이와 같은 운동은 유체 표면의 형상을 **강제 와류**(forced vortex) 상태로 변형시킨다.

수직요소 그림 2-54a에서 보는 것과 같이 높이 h, 면적 ΔA의 수직방향 미소요소의 자유물체도에 식 (2-16)을 적용시켜 보면, 액체의 자유표면으로부터 깊어질수록 압력 $p = \gamma h$는 증가한다. 이는 수직방향으로 가속도가 없기 때문이다.

고리요소 원통-액체 시스템이 일정한 각속도 ω로 회전하면 유체입자에 적용하는 반경 방향의 가속도로 인해 반경 방향으로 압력차 또는 압력구배가 발생한다. 이 가속도는 입자의 속도 크기는 일정하지만 속도의 방향이 변화됨으로써 발생된다. 회전축에서 반경 r만큼 떨어져 있는 유체입자가 회전할 때 그 가속도의 크기는 $a_r = \omega^2 r$이며, 방향은 회전축 중심을 향한다. 반경 방향의 압력구배를 구하기 위해서 그림 2-54b에서와 같이 반경 r, 두께 Δr, 그리고 높이 Δh의 원형 고리요소를 사용하자. 고리의 내부 면에는 p, 외부 면에는 $p + (\partial p/\partial r)\Delta r$만큼의 압력이 작용한다.[*]

원형 고리의 질량은 $\Delta m = \Delta W/g = \gamma \Delta V/g = \gamma(2\pi r)\Delta r \Delta h/g$이고, 반경 방향의 운동방정식은 다음과 같다.

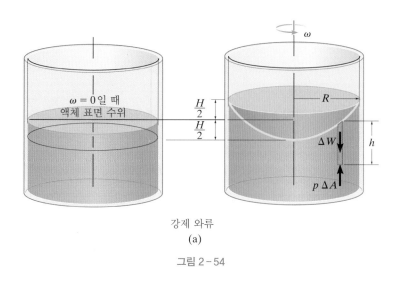

강제 와류
(a)

그림 2-54

---

[*] 압력은 깊이와 반경의 함수이므로, 여기서는 편미분이 사용된다.

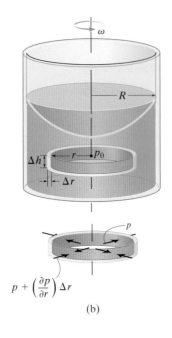

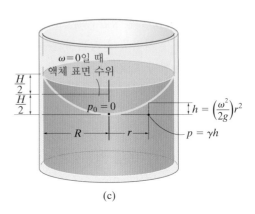

그림 2-54 (계속)

$$\Sigma F_r = ma_r; \quad -\left[p + \left(\frac{\partial p}{\partial r}\right)\Delta r\right](2\pi r\Delta h) + p(2\pi r\Delta h) = -\frac{\gamma(2\pi r)\Delta r\Delta h}{g}\omega^2 r$$

$$\frac{\partial p}{\partial r} = \left(\frac{\gamma\omega^2}{g}\right)r$$

위의 식을 적분하면,

$$p = \left(\frac{\gamma\omega^2}{2g}\right)r^2 + C$$

식의 적분 상수는 액체 내부의 특정 위치에서 압력으로부터 구할 수 있다. 그림 2-54c를 보면 자유표면과 회전축의 교점인 $r=0$에서 압력은 $p_0=0$이다. 따라서 $C=0$이며, 결과적으로

$$p = \left(\frac{\gamma\omega^2}{2g}\right)r^2 \tag{2-21}$$

그림 2-54c에서와 같이 $p=\gamma h$라 하면, 자유표면에서의 깊이 h는 다음 식으로 표현된다.

$$\boxed{h = \left(\frac{\omega^2}{2g}\right)r^2} \tag{2-22}$$

식 (2-22)는 포물선형의 식이다. 특히, 액체는 회전에 의해 **포물면**(paraboloid)을 형성한다. 그림 2-54c와 같이 원통 용기의 내부 반경은 R이며, 포물면의 깊이를 식으로 표현하면 $H=\omega^2 R^2/2g$이다. 이 포물면을 포함한 부분의 체적은 바닥면의 면적 πR^2에 포물면이 있는 부분의 깊이 H를 곱한 체적의 반과 같다. 그 결과, 회전하는 동안 액체 표면의 가장 높은 위치와 가장 낮은 위치는 액체가 정지상태에 있

을 때 액체 표면의 위와 아래로 $H/2$에 해당된다(그림 2-54c).

만약 회전하는 용기가 뚜껑으로 인해 밀폐되어 있다면, 가상의 자유표면이 뚜껑 위로 형성되며, 액체에 가해지는 압력은 가상의 표면으로부터의 깊이 h 값을 이용하여 구한다.

요점정리

- 개방된 용기에 담겨있는 액체에 **균일한 수평방향 가속도가 작용**하면 액체의 표면은 θ만큼 기울어지게 되는데, 이 값은 $\tan \theta = a_c/g$로부터 구할 수 있다. 압력은 액체 표면에서 깊이에 따라 선형적으로 변한다($p = \gamma h$). 만약 용기에 뚜껑이 있는 경우 **가상의 표면**을 정의할 수 있고, 특정 위치에서의 압력은 식 $p = \gamma h$를 이용하여 구할 수 있다. 여기서 h는 가상 표면에서 특정 위치까지의 거리이다.
- 액체가 담겨있는 용기에 **균일한 수직방향 가속도가 작용**하면, 액체 표면은 수평 상태를 유지한다. 만약 가속도가 **위쪽 방향**으로 작용하면, 깊이 h에서의 압력은 $\gamma h(a_c/g)$만큼 **증가하며**, 가속도가 **아래 방향**으로 작용하면 압력은 $\gamma h(a_c/g)$만큼 **감소한다**.
- 원통형 용기에 액체가 담겨있고 **고정된 축을 기준으로 회전**하면, 액체는 **강제 와류**를 형성하며 표면은 **포물선형**이 된다. 액체의 표면이 회전할 때, 깊이는 $h = (\omega^2/2g)r^2$이며, 표면에서 깊이에 따른 압력은 $p = \gamma h$이다. 만약 용기에 뚜껑이 있는 경우 **가상의 액체 표면**을 정의할 수 있고, 특정 위치에서의 압력은 표면에서 수직방향으로의 위치에 따라 정의할 수 있다.

예제 2.22

밀폐된 원통형 드럼에 원유가 그림 2-55a에 나타낸 바와 같이 채워져 있다. 뚜껑 중앙에 구멍이 뚫려 있어서 원유의 표면은 대기압 상태이다. 원통에 일정한 각속도 12 rad/s가 가해질 때 점 A와 B에서의 압력을 구하시오.

풀이

유체 설명 원유는 비압축성으로 가정하고, 부록 A에서 비중량을 찾으면

$$\gamma_o = \rho_o g = (880 \text{ kg/m}^3)(9.81 \text{ m/s}^2) = 8.6328(10^3) \text{ N/m}^3$$

이다.

해석 압력을 구하기 전에 원유 표면의 형상에 대해서 정의해야 한다. 드럼이 회전할 때, 원유 표면의 형상은 그림 2-55b와 같다. 드럼 내부의 열린 공간의 체적은 일정해야 하기 때문에 이 체적은 미지의 반경 r과 깊이 h를 갖는 음영 포물면을 포함한 공간의 체적과 동일해야 한다. 포물면의 체적은 같은 반경과 높이를 갖는 원통의 체적의 1/2과 같으며, 다음과 같이 구할 수 있다.

$$V_{\text{cyl}} = V_{\text{parab}}$$

$$\pi(0.625 \text{ m})^2(0.5 \text{ m}) = \frac{1}{2}\pi r^2 h$$

$$r^2 h = 0.3906 \tag{1}$$

또한 식 (2-22)로부터 원통 내부의 포물면의 깊이는 다음과 같이 구할 수 있다.

$$h = \left(\frac{\omega^2}{2g}\right)r^2 = \left[\frac{(12 \text{ rad/s})^2}{2(9.81 \text{ m/s}^2)}\right]r^2$$

$$h = 7.3394r^2 \tag{2}$$

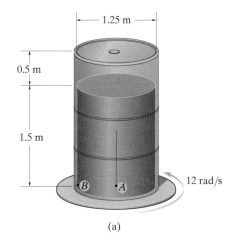

(a)

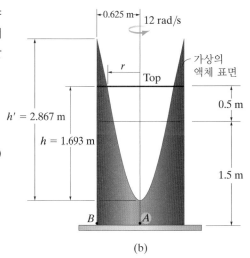

(b)

그림 2-55

식 (1)과 (2)를 연립해 계산을 수행하면,

$$r = 0.4803 \text{ m}, \quad h = 1.693 \text{ m}$$

그림 2-55b에서와 같이 뚜껑이 없는 경우 원유는 h'까지 상승하며, 이 값은 다음과 같다.

$$h' = \left(\frac{\omega^2}{2g}\right) R^2 = \left[\frac{(12 \text{ rad/s})^2}{2(9.81 \text{ m/s}^2)}\right](0.625 \text{ m})^2 = 2.867 \text{ m}$$

이제 원유의 자유표면이 정의되었으므로, A와 B에서의 압력은 다음과 같다.

$$p_A = \gamma h_A = [8.6328(10^3) \text{ N/m}^3](2 \text{ m} - 1.693 \text{ m})$$

$$= 2.648(10^3) \text{ Pa} = 2.65 \text{ kPa} \hspace{4cm} Ans.$$

$$p_B = \gamma h_B = [8.6328(10^3) \text{ N/m}^3][2.867 \text{ m} + (2 \text{ m} - 1.693 \text{ m})]$$

$$= 27.40(10^3) \text{ Pa} = 27.4 \text{ kPa} \hspace{4cm} Ans.$$

비록 본 예제의 문제는 아니지만, 뚜껑 구멍이 막혀 있고 드럼 내부의 공기 압력이 30 kPa 인 경우, A와 B에서의 압력은 위에서 구한 값에 단순하게 이 공기 압력을 더하면 된다.

참고문헌

1. I. Khan, *Fluid Mechanics*, Holt, Rinehart and Winston, New York, NY, 1987.

2. A. Parr, *Hydraulics and Pneumatics*, Butterworth-Heinemann, Woburn, MA, 2005.

3. *The U.S. Standard Atmosphere*, U.S Government Printing Office, Washington, DC.

4. K. J. Rawson and E. Tupper, *Basic Ship Theory*, 2nd ed., Longmans, London, UK, 1975.

5. S. Tavoularis, *Measurements in Fluid Mechanics*, Cambridge University Press, New York, NY, 2005.

6. R. C. Baker, *Introductory Guide to Flow Measurement*, John Wiley, New York, NY, 2002.

7. R. W. Miller, *Flow Measurement Engineering Handbook*, 3rd ed., McGraw-Hill, New York, NY, 1996.

8. R. P. Benedict, *Fundamentals of Temperature, Pressure, and Flow Measurement*, 3rd ed., John Wiley, New York, NY, 1984.

9. J. W. Dally et al., *Instrumentation for Engineering Measurements*, 2nd ed., John Wiley, New York, NY, 1993.

10. B. G. Liptak, *Instrument Engineer's Handbook: Process Measurement and Analysis*, 4th ed., CRC Press, Boca Raton, FL, 2003.

11. F. Durst et al., *Principles and Practice of Laser-Doppler Anemometry*, 2nd ed., Academic Press, New York, NY, 1981.

기초문제

모든 기초문제의 풀이는 이 책의 뒤에 나와 있다.

2.1–2.5절

F2–1 물로 채워진 파이프 AB에서 A의 절대압력은 400 kPa이다. 대기압력이 101 kPa일 때, B의 마개에 물과 주변 공기로 인해 가해지는 힘의 값을 계산하시오. 파이프의 안쪽 면의 직경은 50 mm이다.

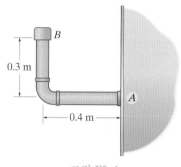

그림 F2–1

F2–2 용기가 부분적으로 물, 기름, 공기로 채워져 있다. A, B, C 에서의 압력을 구하시오. $\rho_w = 1000 \text{ kg/m}^3$, $\rho_o = 830 \text{ kg/m}^3$이다.

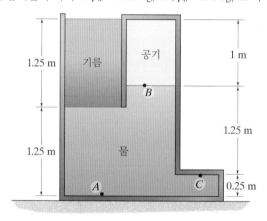

그림 F2–2

2.6절

F2–3 U관 마노미터에 밀도 $\rho_{Hg} = 13550 \text{ kg/m}^3$의 수은이 채워져 있다. 탱크가 물로 채워졌을 때 수은의 높이차 h를 구하시오.

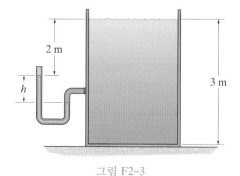

그림 F2–3

F2–4 A에서 B까지 수은으로 채워져 있고, B에서 C까지 물로 채워진 튜브가 있다. 물의 높이 h를 구하시오.

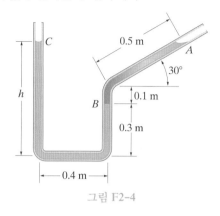

그림 F2–4

F2–5 파이프의 A에서 기체의 압력이 300 kPa일 때 B에서 물의 압력을 구하시오.

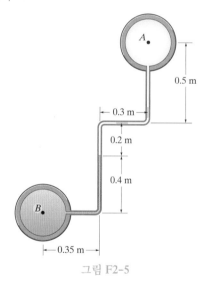

그림 F2–5

F2–6 탱크에 원유가 1.5 m만큼 담겨있다. 파이프 B에서 물의 절대압력을 구하시오. 단, 대기압은 $p_{atm} = 101 \text{ kPa}$이다.

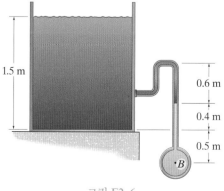

그림 F2–6

2.7 - 2.9절

F2-7 폭이 1.5 m인 통에 그림과 같이 물이 차 있다. 이때 면 AB와 BC에 작용하는 합력을 구하시오.

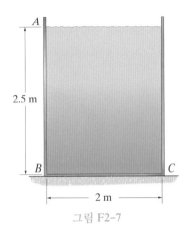

그림 F2-7

F2-8 폭이 2 m인 통에 그림과 같이 기름이 차 있다. 경사진 면 AB에 작용하는 합력을 구하시오. 기름의 밀도는 $\rho_o = 900 \text{ kg/m}^3$이다.

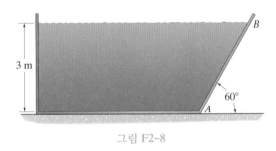

그림 F2-8

F2-9 전체 길이가 2 m인 용기에 주어진 깊이만큼 물이 채워져 있다. 측면 패널 A와 B에 작용하는 합력을 구하시오. 각 합력은 물의 표면에서부터 얼마의 거리에서 작용하는가?

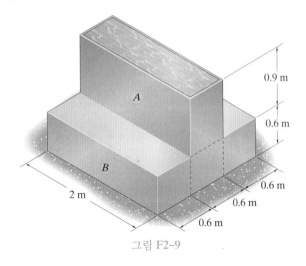

그림 F2-9

F2-10 삼각형의 측면 면적 A에 작용하는 물의 합력의 크기를 구하시오. 상단의 개방 부분의 폭은 무시한다. 합력은 물의 표면에서부터 얼마의 거리에서 작용하는가?

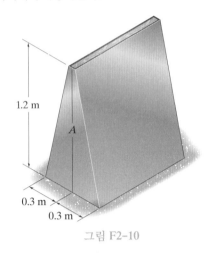

그림 F2-10

F2-11 탱크의 측면 패널에 볼트로 고정된 원형의 유리판에 작용하는 물의 합력을 구하시오. 또 상단에서부터 측정된 경사진 측면에 대한 압력 중심의 작용점을 구하시오.

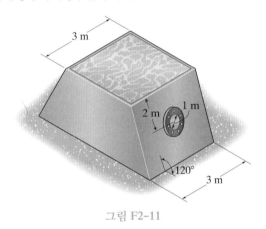

그림 F2-11

F2-12 탱크에 그림에서 보여지는 깊이만큼 물과 등유가 채워져 있다. 물과 등유가 탱크의 측면 AB에 가하는 전체 합력을 구하시오. 탱크의 폭은 2 m이다. 액체의 밀도는 각각 $\rho_w = 1000 \text{ kg/m}^3$, $\rho_k = 814 \text{ kg/m}^3$이다.

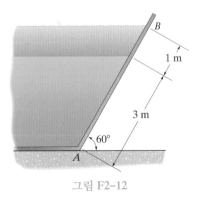

그림 F2-12

F2-13 0.5 m 폭의 경사판이 탱크 속의 물을 지탱하고 있다. A 지지점에서 판에 가해지는 힘과 모멘트의 수평 및 수직성분을 구하시오.

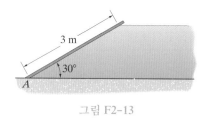

그림 F2-13

F2-14 기름이 반원형의 표면 AB에 가하는 합력을 구하시오. 탱크는 폭이 3 m이다. 기름의 밀도는 $\rho_o = 900 \text{ kg/m}^3$이다.

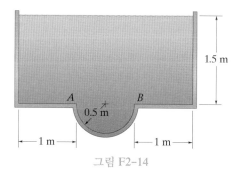

그림 F2-14

F2-15 경사진 벽 AB와 CD에 물이 가하는 합력을 구하시오. 벽의 폭은 0.75 m이다.

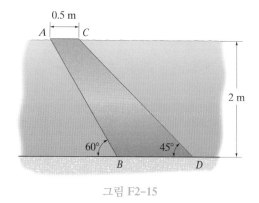

그림 F2-15

2.10절

F2-16 폭이 2 m인 탱크에 물이 가득 차 있다. 판 AB에 작용하는 합력의 수평 및 수직성분을 구하시오.

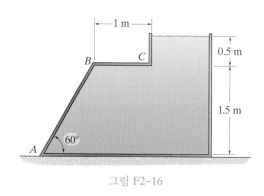

그림 F2-16

F2-17 판 AB와 BC에 물이 가하는 합력의 수평 및 수직성분을 구하시오. 각 판의 폭은 1.5 m이다.

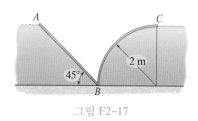

그림 F2-17

F2-18 2 m 폭의 판 ABC가 있다. C에서의 수직반력이 0이 되는 각도 θ를 구하시오. 판은 A에서 핀으로 지지되고 있다.

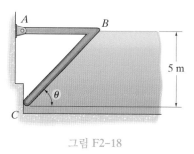

그림 F2-18

2.11 – 2.12절

F2-19 중량을 무시할 수 있는 컵 A에 2 kg의 블록 B가 담겨있다. 컵을 담그기 전 수조의 물의 높이가 $h = 0.5$ m일 때, 컵을 수조 위에 띄우고 난 후 물의 높이 h를 구하시오.

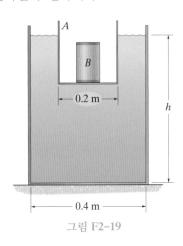

그림 F2-19

F2-20 폭이 3 m인 카트에 물이 바닥에서 점선 높이만큼 차 있다. 카트를 4 m/s²로 가속시킬 때, 점선과 수면 사이의 각도 θ와 벽 AB가 받는 합력을 구하시오.

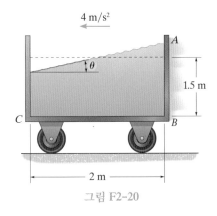

그림 F2-20

F2-21 밀폐된 탱크에 기름이 가득 차 있고 6 m/s²의 가속도를 받는다. 점 A와 B에서 탱크 바닥의 압력을 구하시오. $\rho_o = 880$ kg/m³이다.

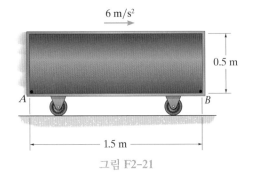

그림 F2-21

F2-22 개방된 원통형 용기에 물이 채워져 있다. 물이 벽을 넘치게 되는 가장 낮은 각속도를 구하시오.

F2-23 개방된 원통형 용기가 $\omega = 8$ rad/s로 회전하고 있다면 용기의 바닥에 작용하는 물의 최대 및 최소 압력을 구하시오.

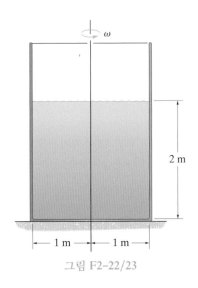

그림 F2-22/23

F2-24 밀폐된 통에 원유가 가득 차 있다. 통이 4 rad/s로 일정하게 회전하고 있을 때, 뚜껑의 A 지점에서의 압력을 구하시오.

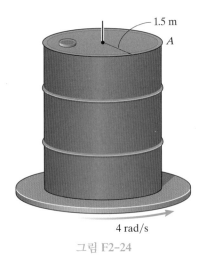

그림 F2-24

연습문제

별다른 언급이 없는 경우, 물의 밀도는 1000 kg/m³이며 모든 압력은 계기압력으로 가정한다.

2.1 – 2.5절

E2-1 유체 내부에 전단응력이 없을 경우 가속하고 있는 유체에 대해서도 파스칼의 법칙을 적용할 수 있음을 보이시오.

E2-2 1896년 S. Riva-Rocci는 피의 압력을 측정하는 혈압계를 개발했다. 이 혈압계를 팔의 윗부분에 착용하고 팽창부를 부풀렸을 때 내부의 공기압은 수은 마노미터와 연결되어 있어 혈압을 측정한다. 최고압력(수축) 120 mm에서 최소압력(이완) 80 mm까지 측정되었다면, 이 압력을 파스칼 단위로 나타내시오.

E2-3 탱크 내의 절대압력이 140 kPa이면, 수은의 압력 수두를 mm 단위로 구하시오. 대기압은 100 kPa이다.

*E2-4 수두계 안에 있는 물의 높이가 475 mm일 때, 지점 A의 절대압력을 결정하시오. 이 압력을 등유를 사용할 때와 비교하시오. 물과 등유의 밀도는 각각 $\rho_w = 1000$ kg/m³, $\rho_{ke} = 814$ kg/m³이다.

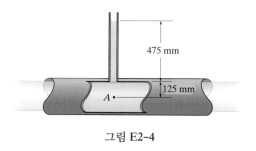

그림 E2-4

E2-5 시추탑에서 원유 매장지에 닿기 직전까지의 깊이 5 km까지 구멍을 뚫었다. 이때 A에서의 압력은 25 MPa이다. 이 압축에서 시추관에 들어 있는 '진흙'을 원유가 밀어 올려야 한다. A에서의 상대압력이 0이 되게 하는 진흙의 밀도는 얼마인가?

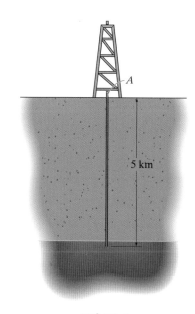

그림 E2-5

E2-6 탱크 안에 산소의 절대압력은 130 kPa이다. 수은의 압력 수두를 mm 단위로 결정하시오. 대기압은 102 kPa이다.

E2-7 선박으로 적재하기 전에 임시로 원유를 저장하는 탱크가 그림과 같은 구조를 가지고 있다. 원유로 채워져 있지 않을 때, 기둥 안의 물 높이는 B 지점(해수면 높이)이다. 그 이유는 무엇인가? 원유가 기둥에 채워짐에 따라 물은 E 지점을 통해 빠져나가게 된다. 만약 C 지점의 깊이까지 원유가 채워질 때, 해수면 위로부터 A 지점까지의 높이 h를 구하시오. 원유의 밀도는 $\rho_o = 900$ kg/m³, 바닷물의 밀도는 $\rho_w = 1020$ kg/m³이다.

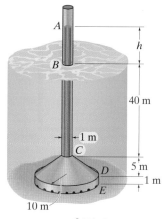

그림 E2-7

*E2-8 연습문제 2-7에서와 동일한 저장 탱크에 물이 원뿔의 바닥 D 지점까지 이동했을 때, 해수면 위로 올라가는 원유의 높이 h는 얼마인가? 원유의 밀도는 $\rho_o = 900 \text{ kg/m}^3$, 바닷물의 밀도는 $\rho_w = 1020 \text{ kg/m}^3$ 이다.

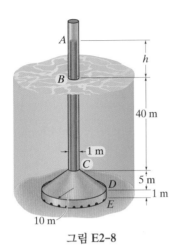

그림 E2-8

E2-9 자동차 부품을 청소하는 데 에틸알코올로 채워진 통을 사용한다. 흡입 펌프 C는 B 안에 갇힌 공기의 압력을 변화시킨다. h가 1.75 m일 때, A 지점과 갇힌 공기의 압력을 결정하시오. 에틸알코올의 밀도는 $\rho_{ea} = 789 \text{ kg/m}^3$이다.

E2-10 자동차 부품을 청소하는 데 에틸알코올로 채워진 통을 사용한다. 흡입 펌프 C는 B 안에 갇힌 공기의 압력을 변화시킨다. 갇힌 공기의 압력이 $p_B = -5.50 \text{ kPa}$일 때, A 지점에서의 압력과 통 안에서의 에틸알코올의 높이 h를 결정하시오. 에틸알코올의 밀도는 $\rho_{ea} = 789 \text{ kg/m}^3$이다.

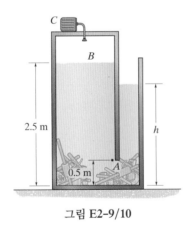

그림 E2-9/10

E2-11 밀폐된 탱크에 글리세린이 채워져 있다. A 공간이 진공이고 지점 B가 닫혀 있을 때, h가 6 m인 밸브 B 근처의 압력을 결정하시오. 밸브 B를 연다면 탱크를 비워낼 수 있는가?

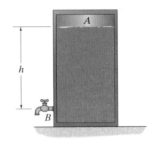

그림 E2-11

*E2-12 저장 탱크가 물로 채워져 있다. 파이프가 탱크의 B 지점에 연결되어 있고, 파이프의 C 지점은 대기 중에 노출되어 있다. A 공간에 갇힌 공기의 압력이 $p_A = 65 \text{ kPa}$일 때 탱크의 최대압력과 파이프 안에서 물이 상승하는 높이 h를 구하시오.

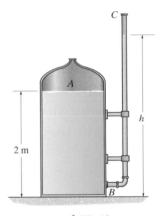

그림 E2-12

E2-13 저장 탱크가 기름으로 채워져 있다. 파이프가 탱크의 B 지점에 연결되어 있고, 파이프의 C 지점은 대기 중에 노출되어 있다. 파이프 안에서 물이 상승한 높이 h가 8 m일 때 탱크의 최대압력과 A 공간에 갇힌 공기의 압력을 구하시오.

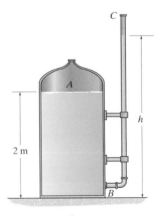

그림 E2-13

E2-14 탄산수의 병 바닥에 있는 거품의 직경이 0.2 mm이다. 거품이 표면에 도달했을 때에 직경을 결정하시오. 물과 거품의 온도는 10℃이고, 대기압은 101 kPa이다. 물의 밀도는 순수한 물의 밀도와 같다고 가정한다.

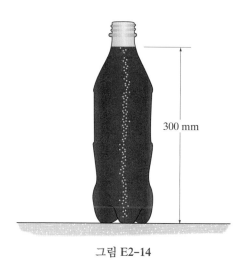

그림 E2-14

E2-15 탱크에 표시된 깊이까지 20℃의 온도로 물과 휘발유가 채워져 있다. 탱크 상단의 절대기압이 200 kPa일 때, 탱크 바닥의 계기압력을 결정하시오. 탱크의 바닥이 평평할 때와 구부러졌을 때에 결과가 다른가? 대기압은 101 kPa이다.

그림 E2-15

*E2-16 약간의 압축성으로 인해 물의 밀도는 깊이에 따라 달라지지만 체적탄성계수 E_V는 2.20 GPa(절대)인 상수로 간주할 수 있다. 이 압축성을 고려하여, 수면에서의 밀도가 $\rho_0 = 1000$ kg/m³인 경우 300 m 깊이의 수압을 결정하시오. 이 결과를 비압축성이라고 가정한 물의 경우와 비교하시오.

E2-17 유체의 밀도 ρ는 체적탄성계수 E_V가 일정하다고 가정하더라도 깊이 h에 따라 달라진다. 압력이 h에 따라 어떻게 달라지는지 결정하시오. 유체 표면에서의 밀도는 ρ_0이다.

E2-18 무거운 실린더형 유리를 뒤집어 수영장 바닥에 놓는다. 유리가 바닥에 있을 때 물의 높이 Δh를 결정하시오. 유리 안의 공기가 대기와 같은 온도로 유지된다고 가정한다.
힌트: 압력 변화로 인한 유리 안에 공기의 체적 변화를 계산하라. 대기압은 $p_{atm} = 101.3$ kPa이다.

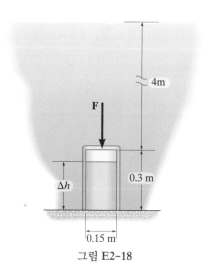

그림 E2-18

E2-19 $z = 15$ km 고도에서의 온도를 결정하시오. 또한 압력은 얼마인가? 성층권이 $z = 11$ km에서 시작한다고 가정하라(그림 2-11 참조).

*E2-20 대류권은 해발고도 11 km까지 이르며, 고도 상승에 따라 온도가 $dT/dz = -C$의 관계로 하강한다고 알려져 있다. 이때 C는 상수값인 기온저하율이다. 온도와 압력의 초기값이 T_0와 p_0일 때, 압력을 고도의 함수로 나타내시오.

E2-21 액체의 밀도는 깊이 h에 따라 달라지는데, 이는 $\rho = (1.75h + 825)$ kg/m³로 나타내며 h는 미터 단위이다. $0 \leq h \leq 30$ m에 대해 액체(세로축)와 비교하여 깊이로 인한 압력의 변화를 그래프로 나타내시오. 5 m 간격으로 값을 지정하라.

E2-22 액체의 밀도는 깊이 h에 따라 달라지는데, 이는 $\rho = (1.75h + 825)$ kg/m³로 나타내며 h는 미터 단위이다. 액체가 $h = 25$ m일 때 액체로 인한 압력을 결정하시오.

E2-23 부록 A를 이용하여, kPa 단위의 대기압 p(세로축)가 미터 단위의 고도 h에 따라 어떻게 변화하는지 그래프를 만드시오. p 값을 $0 \leq h \leq 6000$ m에 대해 1000 m마다 도시하라.

*E2-24 상승하는 기상 관측 풍선을 통해 온도가 $z=0$의 T_0에서 $z=h$의 T_f까지 선형적으로 감소하는 것을 측정하였다. $z=0$에서 공기의 절대압력이 p_0일 때, 압력을 z의 함수로 구하시오.

E2-25 풍선이 상승함에 따라, 온도가 $z=0$의 $T=15℃$에서 $z=1000$ m의 $T=8.50℃$까지 일정한 비율로 감소하는 것을 측정하였다. $z=0$에서 공기의 절대압력이 $p=101.3$ kPa일 때, 고도 $0≤z≤1000$ m에서 압력의 변화(세로축)를 그래프로 나타내시오. $\Delta z=200$ m 단위로 증가한다.

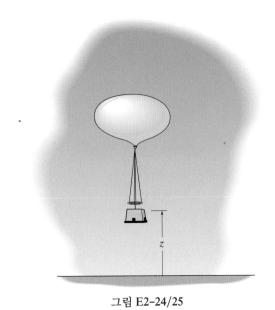

그림 E2-24/25

E2-26 표시된 시스템의 최대압력을 결정하시오. 또한 B의 압력은 얼마인가? 용기는 물로 채워져 있다.

E2-27 밀폐 용기에 갇힌 공기의 압력을 결정하시오. 용기는 물로 채워져 있다.

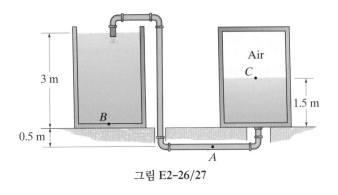

그림 E2-26/27

*E2-28 물로 채워진 파이프의 중심 A와 B 사이의 압력 차이 p_B-p_A를 결정하시오. 경사관 바로미터 안에 있는 수은의 수준은 표시된 바와 같다. 수은의 비중은 $S_{Hg}=13.55$이다.

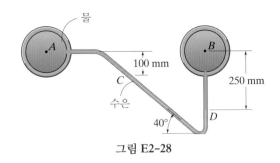

그림 E2-28

E2-29 플라스틱 제조에 필요한 부틸카비톨(butyl carbitol)을 보관하고 있는 탱크에 U관 마노미터가 달려 있다. 마노미터의 수은이 E 지점에 도달한다면, 점 B의 압력은 얼마인가? 수은의 비중은 $S_{Hg}=13.55$이고, 부틸카비톨의 비중은 $S_{bc}=0.957$이다.

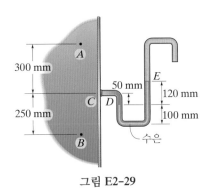

그림 E2-29

2.6절

E2-30 직경이 150 mm인 용기에 글리세린이 가득 담겨 있고 그 안에 직경이 50 mm인 얇은 파이프가 300 mm 깊이로 잠겨 있다. 0.00075 m³만큼의 등유를 얇은 파이프로 흘렸을 때 글리세린 표면과 등유 사이의 높이 h를 구하시오.

E2-31 직경이 150 mm인 용기에 글리세린이 가득 담겨 있고 그 안에 직경이 50 mm인 얇은 파이프가 300 mm 깊이로 잠겨 있다. 등유를 이 얇은 파이프에 흘렸을 때, 밑으로 새어나가지 않을 등유의 최대 체적을 구하시오. 그리고 이때의 글리세린 표면과 등유 사이의 높이 h를 구하시오.

그림 E2-30/31

*E2-32 저장고의 물을 이용하여 파이프 내 A의 압력을 조정한다. $h = 200$ mm이고 수은의 높이가 그림과 같을 때 압력을 구하시오. 수은의 밀도는 $\rho_{Hg} = 13550$ kg/m³이다. 파이프의 직경은 무시한다.

E2-33 A에서 파이프 내 수압이 25 kPa이다. 이때 요구되는 저장고의 수위 h를 결정하시오. 파이프 내 수은의 높이는 그림과 같으며, 수은의 밀도는 $\rho_{Hg} = 13550$ kg/m³이다. 파이프의 직경은 무시한다.

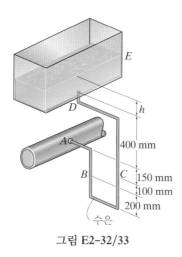

그림 E2-32/33

E2-34 탱크 안에 기름과 물의 깊이가 각각 0.6 m, 0.8 m이고 튜브 내 수은의 높이가 $h = 0.08$ m일 때 튜브 내 물의 높이 h'를 결정하시오. 기름의 밀도는 $\rho_o = 900$ kg/m³이고 물의 밀도는 $\rho_w = 1000$ kg/m³ 그리고 수은의 밀도는 $\rho_{Hg} = 13550$ kg/m³이다.

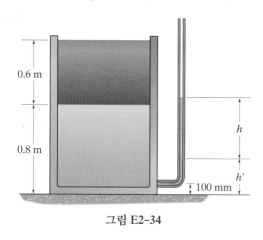

그림 E2-34

E2-35 파이프의 A와 B에는 기름이 들어 있고 경사관 마노미터에는 기름과 수은이 채워져 있다. A와 B 사이의 압력 차이를 결정하시오. 기름의 밀도는 $\rho_o = 920$ kg/m³이고 수은의 밀도는 $\rho_{Hg} = 13550$ kg/m³이다.

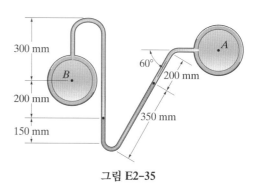

그림 E2-35

*E2-36 등유로 채워진 밀폐된 파이프의 중심 A와 B 사이의 압력 차이 $p_A - p_B$를 결정하시오. 경사관 마노미터의 수은은 표시된 바와 같다. 수은의 비중은 $S_{Hg} = 13.55$이고 등유의 비중은 $S_k = 0.82$이다.

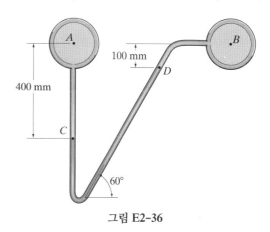

그림 E2-36

E2-37 튜브 내 물의 수위가 $h' = 0.3$ m이고 탱크의 기름과 물의 깊이가 각각 0.6 m, 0.5 m인 경우 튜브 내 수은의 높이 h를 결정하시오. 기름의 밀도는 $\rho_o = 900$ kg/m³이고 물의 밀도는 $\rho_w = 1000$ kg/m³ 그리고 수은의 밀도는 $\rho_{Hg} = 13550$ kg/m³이다.

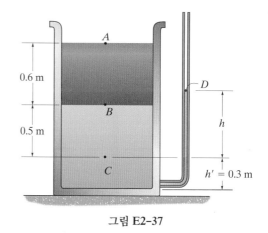

그림 E2-37

E2–38 두 탱크 A와 B가 마노미터로 연결되어 있다. 탱크 A에 폐유가 깊이 h = 0.6 m만큼 주입될 때, 탱크 B 내부에 갇힌 공기의 압력을 구하시오. 또한 공기는 그림과 같이 CD 부분에도 갇혀 있다. 폐유의 밀도는 $\rho_o = 900$ kg/m³이고, 물의 밀도는 $\rho_w = 1000$ kg/m³이다.

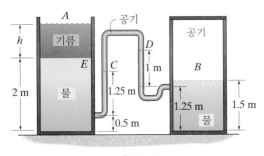

그림 E2–38

E2–39 두 탱크 A와 B가 마노미터로 연결되어 있다. 탱크 A에 폐유가 깊이 h = 1.25 m만큼 주입될 때, 탱크 B 내부에 갇힌 공기의 압력을 구하시오. 또한 공기는 그림과 같이 CD 부분에도 갇혀 있다. 폐유의 밀도는 $\rho_o = 900$ kg/m³이고, 물의 밀도는 $\rho_w = 1000$ kg/m³이다.

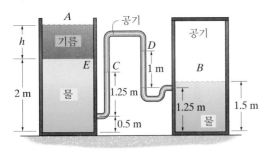

그림 E2–39

*E2–40 뒤집힌 U관 마노미터는 두 파이프 A와 B의 수압차를 측정하는 데 사용된다. U관 마노미터의 상부에 공기가 차 있고, 마노미터 내의 수위가 그림과 같을 때, 두 파이프 A와 B의 압력차는 얼마인가? 물의 밀도는 $\rho_w = 1000$ kg/m³이다.

E2–41 연습문제 2–40에서 U관 마노미터 배관 상단에 밀도가 $\rho_o = 800$ kg/m³인 기름이 채워진 경우에 대해 계산하시오.

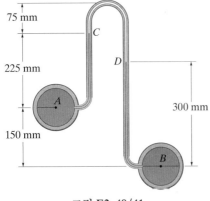

그림 E2–40/41

E2–42 마이크로 마노미터는 작은 압력의 차이를 측정하는 데 사용된다. 그림 (a)에서 저장소 R 아래의 U관의 윗부분은 비중량이 γ_R인 액체로 채워져 있고, 아랫부분은 비중량이 γ_t인 액체로 채워져 있다. 액체가 벤투리 유량계를 통해 흐를 때, 액체의 높이는 기존의 높이에 대해 그림 (b)에서와 같다. 각 저장소의 단면적이 A_R이고 U관의 단면적이 A_t일 때 압력차 $p_A - p_B$를 구하시오. 벤투리 유량계 속의 액체의 비중량은 γ_L이다.

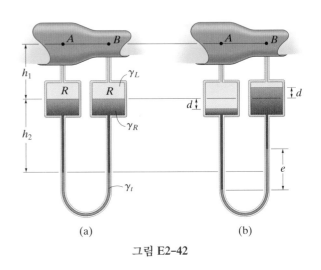

(a)   (b)

그림 E2–42

E2–43 Morgan Company는 그림과 같은 원리로 작동하는 마이크로 마노미터를 제작하였다. 두 저장소들은 등유로 채워져 있고, 각각의 단면적은 300 mm²이다. 연결되어 있는 튜브의 단면적은 15 mm²이고 수은으로 채워져 있다. 압력차 $p_A - p_B = 40$ Pa일 때의 h를 구하시오. 수은의 밀도는 $\rho_{Hg} = 13550$ kg/m³이고 등유의 밀도는 $\rho_{ke} = 814$ kg/m³이다.

힌트: h_1과 h_2는 계산에서 제외할 수 있다.

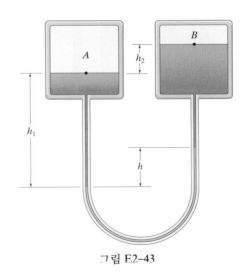

그림 E2–43

*E2–44 플라스틱 제조에 필요한 용액인 시클로핵사놀(cyclohe-xanol)은 탱크 A에, 에틸락테이드(ethyl lactate)는 탱크 B에 있다. 마노미터의 수은은 그림과 같고, $h=0.75$ m일 때 탱크 A 상단의 압력을 결정하시오. 시클로핵사놀의 비중은 $S_c=0.953$, 수은의 비중은 $S_{Hg}=13.55$, 에틸락테이트의 비중은 $S_{el}=1.03$이다.

E2–45 플라스틱 제조에 필요한 용액인 시클로핵사놀은 탱크 A에, 에틸락테이드는 탱크 B에 있다. 탱크 A 상단의 압력이 압력 게이지에 표시된 대로 $P_T=130$ kPa인 경우, 마노미터의 수은이 필요한 수준 h를 결정하시오. 시클로핵사놀의 비중은 $S_c=0.953$, 수은의 비중은 $S_{Hg}=13.55$, 에틸락테이트의 비중은 $S_{el}=1.03$이다.

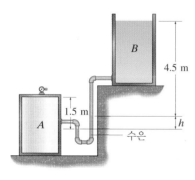

그림 E2–44/45

2.7–2.9절

E2–46 저장 탱크는 그림과 같은 깊이로 기름과 물이 채워져 있다. 측면의 폭이 1.25 m일 때 이 두 액체가 탱크의 측면 ABC에 가하는 합력을 구하시오. 또한 기름의 표면에서 측정된 합력의 작용점을 구하시오. 기름의 밀도는 $\rho_o=900$ kg/m³이다.

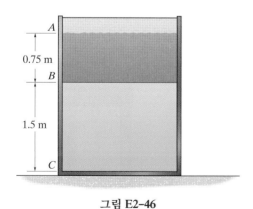

그림 E2–46

E2–47 콘크리트 벽 아래에 누출이 발생하는 것으로 가정하여 그림과 같이 정수압의 선형 분포를 생성한다. A 지점에서 왼쪽과 위쪽으로 측정한 1 m 너비 부분에 대한 위치의 합력을 결정하시오.

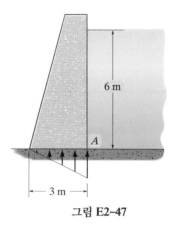

그림 E2–47

*E2–48 챔버 내 질소의 압력은 300 kPa이다. 접합부 A와 B의 압력을 유지하도록 견딜 수 있는 전체 힘을 구하시오. B에 덮개 판이 있다.

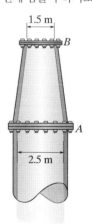

그림 E2–48

E2–49 수직 파이프 부분의 내경은 100 mm이고 그림과 같이 수평 파이프가 그 위쪽의 끝부분에 매달려 있다. 파이프에 물이 채워지고 A에서의 압력이 80 kPa일 때, 플랜지들을 고정시키기 위한 B의 볼트에서 견딜 수 있는 합력을 구하시오. 물을 제외한 파이프의 무게는 무시한다.

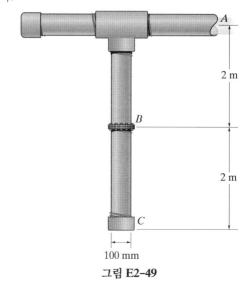

그림 E2–49

E2-50 수영장의 폭은 4 m이고 측면의 모습은 그림과 같다. 물의 압력이 벽 *AB*와 *DC* 그리고 바닥 *BC*에 가하는 합력을 구하시오.

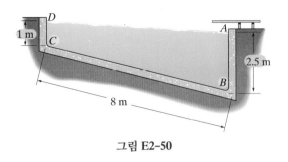

그림 E2-50

E2-51 콘크리트 중력 댐이 그 표면에 작용하는 물의 압력 때문에 뒤집어지기 전 수위의 임계 높이 *h*를 구하시오. 콘크리트의 밀도는 $\rho_c = 2.40$ Mg/m³이다.
힌트: 폭이 1 m인 댐을 사용하여 문제를 해결하라.

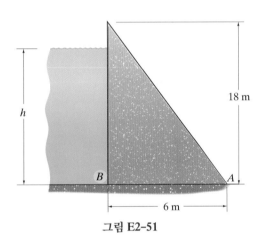

그림 E2-51

*E2-52 댐 표면에 작용하는 수압 때문에 댐이 뒤집히는 것을 방지할 수 있는 콘크리트 중력 댐 하부의 최소 길이 *b*를 구하시오. 콘크리트의 밀도는 $\rho_c = 2.4$ Mg/m³이다.
힌트: 1 m 폭의 댐을 사용하여 문제를 해결하라.

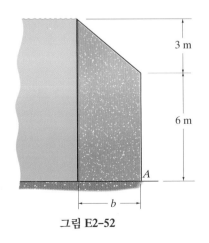

그림 E2-52

E2-53 균일한 폭을 갖는 제어 문 *AB*는 *A*에 고정되어 있고 *B*는 매끄러운 표면에 놓여 있다. 문의 질량이 8.50 Mg일 때 문이 열리기 직전의 저수지의 최대 수심 *h*를 구하시오. 문의 폭은 1 m이다.

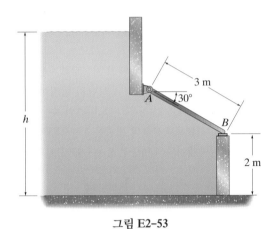

그림 E2-53

E2-54 균일한 폭을 갖는 직사각형 구조의 수문 *AB*의 무게는 20 Mg이고 폭은 2 m이다. 수로를 열기 위해 필요한 물의 최소 깊이 *h*를 구하시오. 수문은 *B*에서 고정되어 있고, *A*에는 고무씰이 달려 있다.

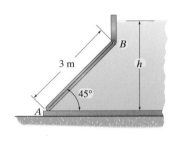

그림 E2-54

E2-55 *B*에서 조수가 빠질 때, 조수문은 자동으로 열리면서 *A*의 습지에서 자동으로 배수가 되도록 한다. 수위 *h*=4 m일 때, 매끄러운 마개 *C*에서의 수평방향의 반력을 구하시오. 문의 폭은 2 m이다. 문이 개방되기 직전의 높이 *h*는 얼마인가?

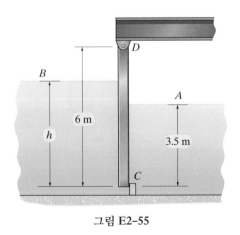

그림 E2-55

***E2-56** B에서 조수가 빠질 때, 조수문은 자동으로 열리면서 A의 습지에서 자동으로 배수가 되도록 한다. 수위의 깊이 h에 대한 함수로 매끄러운 매개 C에서의 수평방향의 반력을 구하시오. h=6 m에서 시작하여 문이 열리기 시작할 때까지 h가 0.5 m씩 증가할 때의 h의 값을 그래프로 그리시오. 문의 폭은 2 m이다.

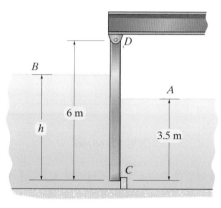

그림 E2-56

E2-57 균일한 폭을 갖는 직사각형 구조의 수문 AB의 무게는 200 kg이고 폭은 1.5 m이다. 핀 A에서 반력을 구하고 부드러운 지지대 B에서의 수직반력을 구하시오.

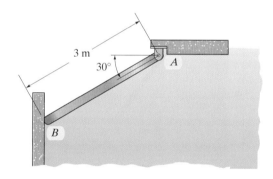

그림 E2-57

E2-58 다음 그림의 통은 금속 부품의 세정제로 사용하는 사염화탄소를 저장하는 데 사용된다. 사염화탄소가 상단까지 채워질 때 이 액체가 2개의 측면 판 AFEB와 BEDC 각각에 가하는 합력의 크기와 BE 위치에서 측정된 각 판 위의 압력 중심의 위치를 구하시오. 사염화탄소의 밀도는 ρ_{ct} = 1590 kg/m³이다.

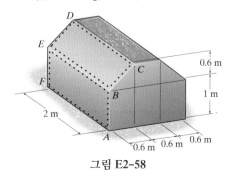

그림 E2-58

E2-59 밀폐된 탱크 내부의 A에서의 압력은 200 kPa이다. 판 BC와 CD에 작용하는 물에 의한 합력을 구하시오. 탱크의 폭은 1.75 m이다.

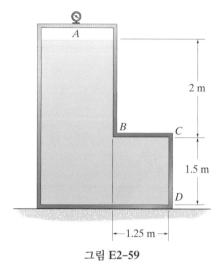

그림 E2-59

***E2-60** 물과 기름이 벽 ABC에 가하는 합력을 구하시오. 벽의 두께는 2 m이다. 또한 탱크 상단부로부터 합력의 위치를 구하시오. 물의 밀도는 ρ_o = 900 kg/m³이다.

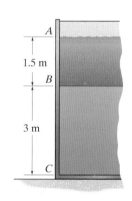

그림 E2-60

E2-61 콘크리트 중력 댐이 그 표면에 작용하는 물의 압력 때문에 뒤집어지기 시작하기 전 수위의 임계 높이 h를 구하시오. 여기서 물이 댐의 바닥에 스며들어 댐 아래에 균일한 압력을 생성한다고 가정하라. 콘크리트의 밀도는 ρ_c = 2400 kg/m³이다.

힌트: 폭이 1 m인 댐을 사용하여 문제를 해결하라.

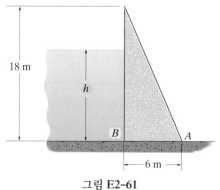

그림 E2-61

E2-62 문의 폭은 0.5 m이고 A에서 고정되어 있으며, 문에 수직력을 가하는 B에서 매끄러운 걸쇠 볼트로 고정되어 있다. 힘의 평형을 이룰 때 물이 핀에 작용하는 합력을 구하시오.

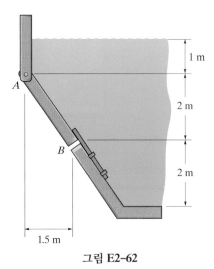

그림 E2-62

E2-63 콘크리트 중력 댐이 그 표면에 작용하는 물의 압력 때문에 뒤집어지기 시작하기 전 수위의 임계 높이 h를 구하시오. 콘크리의 밀도는 $\rho_c = 2.40$ Mg/m³이다.

힌트: 폭이 1 m인 댐을 사용하여 문제를 해결하라.

*E2-64 콘크리트 중력 댐이 그 표면에 작용하는 물의 압력 때문에 뒤집어지기 시작하기 전 수위의 임계 높이 h를 구하시오. 여기서 물이 댐의 바닥에 스며들어 댐 아래에 균일한 압력을 생성한다고 가정하라. 콘크리트의 밀도는 $\rho_c = 2.40$ Mg/m³이다.

힌트: 폭이 1 m인 댐을 사용하여 문제를 해결하라.

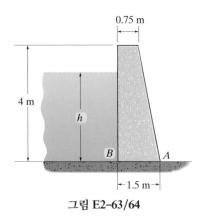

그림 E2-63/64

E2-65 0.5 m 너비의 직사각형 수문 핀의 위치 d를 폐수의 높이가 $h = 2.5$ m에 도달할 때 수문이 시계방향으로 회전하기 시작하도록 설계하시오. 수문에 작용하는 합력은 얼마인가?

E2-66 1 m 직경의 원형 수문 핀의 위치 d를 폐수의 높이가 $h = 2.5$ m에 도달할 때 수문이 시계방향으로 회전하기 시작하시오. 수문에 작용하는 합력은 얼마인가? 공식법을 사용하라.

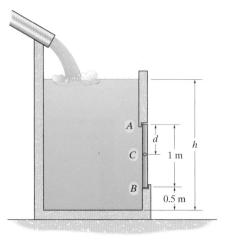

그림 E2-65/66

E2-67 면이 균일한 판의 C에서, 바닥에서 A까지의 높이 6 m를 일정하게 유지시켜주는 힌지가 달려 있다. 판의 폭이 1.5 m이고 무게가 30 Mg일 때, 바닥에서 B까지 최대 높이 h를 구하시오. 단, D에서 누수는 발생하지 않는다.

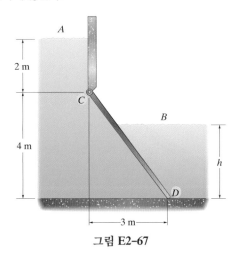

그림 E2-67

*E2-68 폭이 2 m인 문이 B에 핀으로 고정되어 있고, A에서 지지받고 있다. 평형을 이루는 B지점 반력의 수평 및 수직성분을 구하고 A지점의 수직반력을 구하시오. 유체는 물이다.

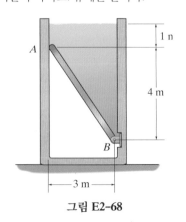

그림 E2-68

E2-69 탱크에 공업 용매인 에틸에테르로 가득 채워져 있다. 판 *ABC*에 작용하는 합력과 탱크 하부 *AB*로부터 측정되는 작용점을 구하시오. 공식법을 사용하라. 에틸에테르의 밀도는 $\rho_{ee} = 715 \ kg/m^3$이다.

E2-70 적분법을 이용하여 연습문제 2-69를 푸시오.

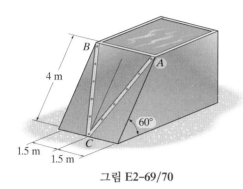

그림 E2-69/70

E2-71 탱크의 자유 수면에서 삼각형 판 *A*에 작용하는 합력과 탱크의 상부로부터 측정되는 압력 중심의 위치를 구하시오. 공식법을 사용하여 문제를 해결하라.

*E2-72 적분법을 사용하여 연습문제 2-71을 푸시오.

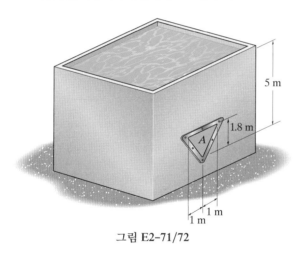

그림 E2-71/72

E2-73 그림에서 보는 바와 같이 산업용 탱크에 식물성 기름이 가득 차 있다. 판 *A*에 액체가 가하는 합력과 탱크의 바닥으로부터 측정되는 작용점을 구하시오. 공식법을 사용하라. 액체의 밀도는 $\rho_{vo} = 932 \ kg/m^3$이다.

E2-74 그림에서 보는 바와 같이 산업용 탱크에 식물성 기름이 가득 차 있다. 판 *B*에 액체가 가하는 합력과 탱크의 바닥으로부터 측정되는 작용점을 구하시오. 공식법을 사용하라. 액체의 밀도는 $\rho_{vo} = 932 \ kg/m^3$이다.

E2-75 적분법을 사용하여 연습문제 2-74를 푸시오.

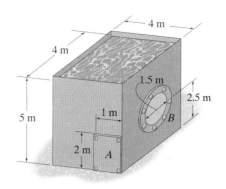

그림 E2-73/74/75

*E2-76 에틸알코올이 탱크로 주입되고 있으며, 이 탱크는 네 면의 피라미드 형태이다. 탱크가 완전히 가득 찰 때, 각 면에 작용하는 합력과 *A*로부터 측면을 따라서 측정된 작용점을 구하시오. 공식법을 사용하라. 에틸알코올의 밀도는 $\rho_{ea} = 789 \ kg/m^3$이다.

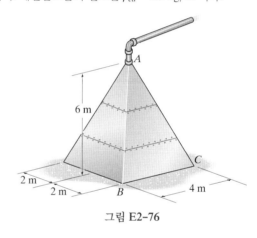

그림 E2-76

E2-77 끝이 점점 가늘어지는 고정 탱크에 기름이 차 있다. 바닥에 위치한 사다리꼴 소재구(celan-out) 판에 기름이 가하는 합력을 구하시오. 합력의 작용점은 기름 표면으로부터 얼마의 거리에 있는가? 공식법을 이용하라. 기름의 밀도는 $\rho_o = 900 \ kg/m^3$이다.

E2-78 끝이 점점 가늘어지는 고정 탱크에 기름이 차 있다. 바닥에 위치한 사다리꼴 소재구 판에 기름이 가하는 합력을 구하시오. 합력의 작용점은 기름 표면으로부터 얼마의 거리에 있는가? 적분법을 이용하라. 기름의 밀도는 $\rho_o = 900 \ kg/m^3$이다.

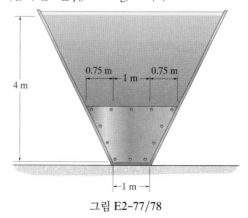

그림 E2-77/78

E2-79 탱크에 윤활유가 가득 차 있다. 반원형 판 *ABC*에 작용하는 합력과 탱크의 바닥 *B*로부터 측정되는 합력의 작용점을 구하시오. 공식법을 사용하여 문제를 해결하라. 윤활유의 밀도는 $\rho_o = 880 \text{ kg/m}^3$ 이다.

*E2-80 적분법을 사용하여 연습문제 2-79를 푸시오.

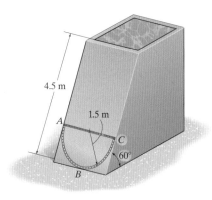

그림 E2-79/80

E2-81 뚜껑이 없는 수조에 산업용 용제인 부틸알코올이 가득 차 있다. 수조의 끝에 위치한 판 *ABCD*가 받는 합력의 크기와 *AB*에서의 압력 중심의 작용점을 구하시오. 문제의 해결을 위해 공식법을 이용하라. 밀도는 $\rho_{ba} = 800 \text{ kg/m}^3$이다.

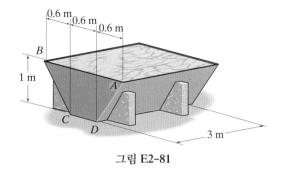

그림 E2-81

E2-82 조절수문(control gate) *ACB*는 *A*에 핀으로 고정되어 있고 매끈한 표면 *B*에서 받치고 있다. 저장소 물의 깊이를 $h = 2 \text{ m}$로 유지하기 위해 무게추를 *C*에 올려야 하는데, 이때 무게추의 최소 질량을 구하시오. 문의 폭은 0.6 m이고, 문의 무게는 무시한다.

E2-83 조절수문(control gate) *ACB*는 *A*에 핀으로 고정되어 있고 매끈한 표면 *B*에서 받치고 있다. *C*를 누르고 있는 무게추의 질량이 1200 kg일 때, 저장소에서 문이 열리기 직전 물의 최대 깊이 h를 구하시오. 문의 폭은 0.6 m이고, 문의 무게는 무시한다.

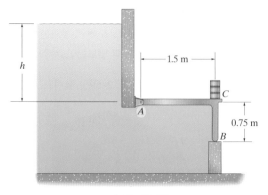

그림 E2-82/83

*E2-84 탱크에 물이 가득 차 있다. 사다리꼴 판 *C*에 작용하는 합력과 탱크의 상부로부터 측정되는 압력 중심의 위치를 구하시오. 공식법을 사용하여 문제를 해결하라.

E2-85 적분법을 이용하여 연습문제 2-84를 푸시오.

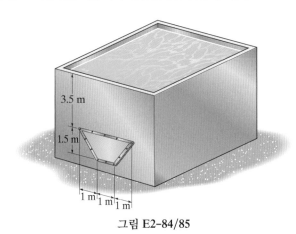

그림 E2-84/85

E2-86 *C*에 힌지로 연결된 균일한 판은 *A*의 수위를 6 m의 일정한 깊이로 유지하기 위해 이용된다. 판의 폭은 4 m이고 질량이 80 Mg일 때, *D*에서 누출이 발생하지 않도록 하는 *B*에서의 물의 최소 높이 h를 구하시오.

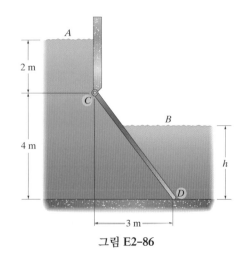

그림 E2-86

E2–87 통에는 이황화탄소로 가득 차 있다. 포물선형 판의 끝에 작용하는 합력의 크기를 구하고 상부로부터 압력 중심의 위치를 구하시오. 공식법을 사용하여 문제를 해결하라. 이황화탄소의 밀도는 $\rho_{cd} =$ 1260 kg/m³이다.

*E2–88 적분법을 사용하여 연습문제 2-87을 푸시오.

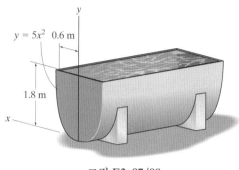

그림 E2–87/88

E2–89 탱크 트럭의 맨 위까지 물이 가득 차 있다. 탱크의 뒤쪽 타원형 판에 가해지는 합력의 크기와 탱크 상부로부터 측정되는 압력 중심의 위치를 구하시오. 공식법을 이용하여 문제를 해결하라.

E2–90 적분법을 사용하여 연습문제 2-89를 푸시오.

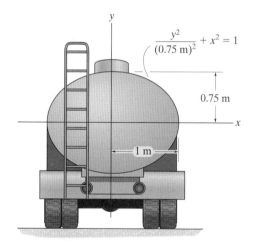

그림 E2–89/90

E2–91 탱크 트럭에 물이 반만 차 있다. 탱크의 뒤쪽 타원형 판에 가해지는 합력의 크기와 x축에서 측정되는 압력 중심의 위치를 구하시오. 공식법을 사용하여 문제를 해결하라.
힌트: x축에서 측정되는 반타원형의 도심은 $\bar{y} = 4b/3\pi$이다.

*E2–92 적분법을 사용하여 연습문제 2-91을 푸시오.

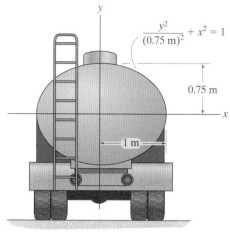

그림 E2–91/92

2.10절

E2–93 벽의 폭이 3 m일 때 물이 벽의 포물면 AB에 가하는 정수압력의 크기와 방향을 구하시오.

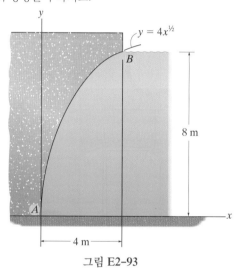

그림 E2–93

E2–94 폭이 1.5 m인 경사판이 A에 핀으로 고정되어 있고, 매끄러운 지지대 B에서 받치고 있다. A에서의 반력의 수평 및 수직성분을 구하고 B에서의 수직반력을 구하시오. 유체는 물이다.

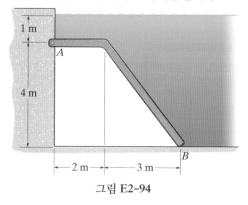

그림 E2–94

E2-95 5 m 폭의 돌출부는 아래의 그림과 같이 포물선 형상이다. 돌출부에 작용하는 합력의 크기와 방향을 구하시오.

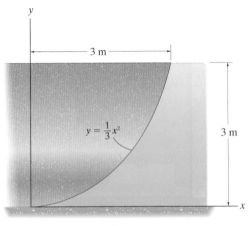

그림 E2-95

*E2-96 2 m 폭의 수직 공간 안에 물이 차 있다. 물이 아치형 지붕 AB에 가하는 합력을 구하시오.

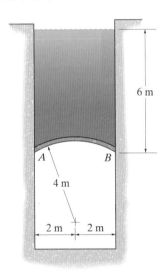

그림 E2-96

E2-97 수문은 폭이 1.5 m이고 A에 고정되어 있고, 매끄러운 지지대 B에서 받치고 있다. 수압으로 인한 지지대에서의 반력을 구하시오.

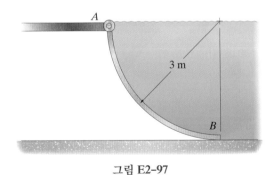

그림 E2-97

E2-98 바닷물에 돌출되어져 있는 벽 ABC를 따라 작용하는 합력을 구하시오. 벽의 폭은 2 m이다.

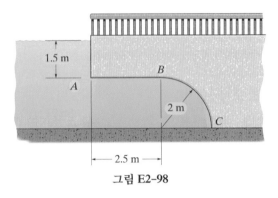

그림 E2-98

E2-99 벽은 그림과 같이 포물선 모양이다. 벽의 폭이 2 m일 때, 벽에 작용하는 합력의 크기와 방향을 구하시오.

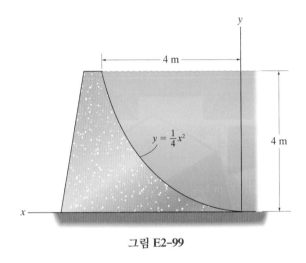

그림 E2-99

*E2-100 힌지 A에서의 수압으로 인한 반력의 수평 및 수직성분을 구하고, B에서의 수압으로 인한 수직반력을 구하시오. 문의 폭은 3 m이다.

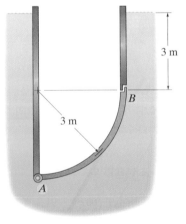

그림 E2-100

E2-101 물이 폭이 3 m인 사분원형 벽 *AB*에 가하는 합력을 구하시오.

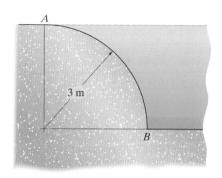

그림 E2-101

E2-102 사분원 모양의 판은 *A*에 핀으로 고정되어 있고, *B*에서 매끄러운 지지대로서 받치고 있다. 탱크와 판의 폭이 1.5 m일 때 *A*에서 반력의 수평 및 수직성분을 구하고 *B*에서 수압으로 발생하는 수직반력을 구하시오.

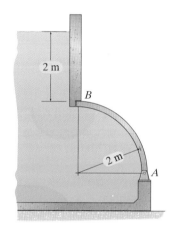

그림 E2-102

E2-103 판 *AB*의 폭은 1.5 m이고 반경은 3 m이다. 수압으로 핀 *A*에서 발생하는 반력의 수평 및 수직성분을 구하고 매끄러운 종점 *B*에서의 수직반력을 구하시오.

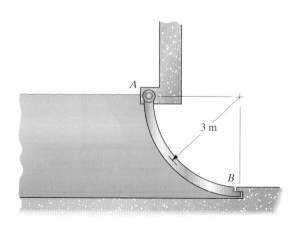

그림 E2-103

*E2-104 반원형 수문은 배수로 위의 물 흐름을 제어하는 데 사용된다. 그림과 같이 물이 최고 높이일 때 수문을 열기 위해 핀 *A*에 적용해야 하는 토크 **T**를 구하시오. 수문의 질량은 8 Mg이고 질량 중심은 *G*이다. 수문의 폭은 4 m이다.

E2-105 반원형 수문은 배수로 위의 물 흐름을 제어하는 데 사용된다. 그림과 같이 물이 최고 높이일 때 핀 *A*에서 반력의 수직 및 수평성분을 구하고 *B*에서의 수직반력을 구하시오. 수문의 무게는 8 Mg이고 질량 중심은 *G*이며 폭은 4 m이다. 단, *T* = 0이다.

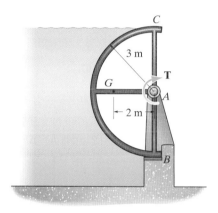

그림 E2-104/105

E2-106 포물선과 평판은 *A*, *B*, *C*에서 핀으로 연결되어 있다. 이들은 표시된 깊이의 물에 잠겨 있다. 핀 *B*에서 반력의 수평 및 수직성분을 구하시오. 판의 폭은 4 m이다.

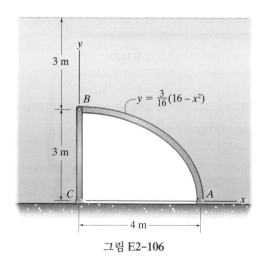

그림 E2-106

E2–107 폭 5 m인 벽은 포물선 형태이다. 수심이 $h=4$ m일 때 벽에 가해지는 힘의 합력의 크기와 방향을 구하시오.

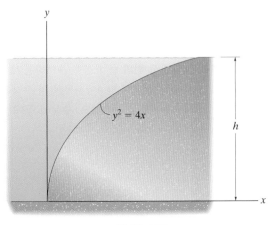

그림 E2-107

*E2–108 폭 5 m인 벽은 포물선 형태이다. 수심 h의 함수로 벽에 가해지는 반력의 크기를 구하시오. $0 \le h \le 4$ m에 대한 힘(수직축) 대 깊이 h의 결과를 그래프로 나타내시오. 이때 h는 $\Delta h=0.5$ m씩 증가한다.

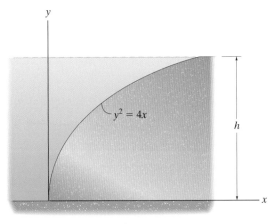

그림 E2-108

E2–109 원통형 탱크는 그림과 같이 휘발유와 물로 채워져 있다. 반구형 끝에서 발생하는 반력의 수평 및 수직성분을 구하시오. 휘발유의 밀도는 $\rho_g=726$ kg/m³이다.

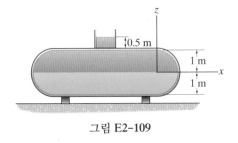

그림 E2-109

E2–110 수로용 테인터 수문(tainter gate)은 그림과 같이 폭이 1.5 m 이고 닫힌 위치에 있다. 물이 수문에 가하는 합력의 크기를 구하시오. 또한 무게가 30 kN이고 무게중심이 G인 경우 수문를 열기 위해 가해야 하는 최소 토크 **T**는 얼마인가?

E2–111 연습문제 2-110의 첫 번째 문제를 극좌표계를 이용한 적분법을 사용하여 구하시오.

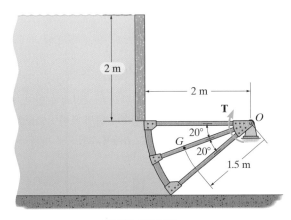

그림 E2-110/111

*E2–112 강철로 이루어진 반원통형 실린더는 7850 kg/m³의 밀도를 가지며 탱크의 0.5 m 길이 슬롯용 플러그 역할을 한다. 탱크의 물의 깊이가 $h=1.5$ m일 때, 탱크 바닥이 반원통형 실린더에 가하는 반력의 수직성분을 구하시오.

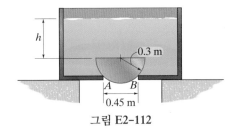

그림 E2-112

E2–113 강철로 이루어진 반원통형 실린더는 7850 kg/m³의 밀도를 가지며 탱크의 0.5 m 길이 슬롯용 플러그 역할을 한다. 탱크의 물이 반원통형 실린더의 상단까지 찼을 때 탱크 바닥이 실린더에 가하는 반력의 수직성분을 구하시오($h=0$).

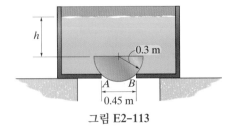

그림 E2-113

E2-114 수로의 수문은 그림과 같이 폭이 2 m이고 닫혀 있다. 수문에 물이 작용하는 반력의 크기를 구하시오. 또한 질량 중심이 G에 있고 질량이 6 Mg인 경우 수문을 열기 위해 가해야 하는 최소 토크 **T**는 얼마인가?

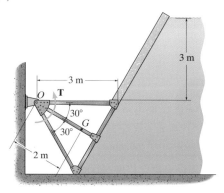

그림 E2-114

E2-115 힌지 A에서 반력의 수평 및 수직성분과 매끄러운 표면 B에서 수압에 의한 수평반력을 구하시오. 판의 폭은 1.2 m이다.

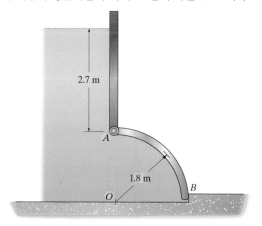

그림 E2-115

*E2-116 사분원호 형태의 폭 2 m를 갖는 테인터가 수문으로 사용된다. 테인터 수문에서 발생하는 물의 반력의 크기와 방향을 구하시오. 그리고 베어링 O에 작용하는 힘에 대한 모멘트를 구하시오.

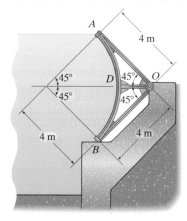

그림 E2-116

E2-117 테인터 수문은 배수로 위의 물 흐름을 제어하는 데 사용된다. 그림과 같이 물이 최고 높이일 때 수문을 열기 위해 핀 A에 적용해야 하는 토크 **T**를 구하시오. 수문의 질량은 5 Mg이고 질량 중심은 G이다. 수문의 폭은 3 m이다.

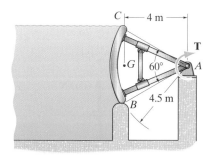

그림 E2-117

E2-118 테인터 수문은 배수로 위의 물 흐름을 제어하는 데 사용된다. 그림과 같이 물이 최고 높이에 있는 경우 핀 A에서 반력의 수평 및 수직성분과 매끄러운 배수로 꼭대기 B에서의 반력의 수직성분을 구하시오. 수문의 질량은 5 Mg이고 질량 중심은 G이다. 수문의 폭은 3 m이다. 이때 $T=0$으로 가정한다.

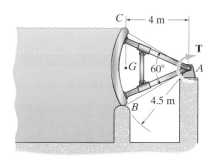

그림 E2-118

2.11 – 2.12절

E2-119 열기구에는 온도가 80°C인 공기로 차 있고 주변 공기의 온도는 20°C이다. 풍선과 짐의 총 질량이 770 kg일 때 열기의 체적을 구하시오.

그림 E2-119

*E2-120   질량 80 Mg의 보트가 호수의 바닥에 있고, 보트로 인하여 빠져나간 물의 체적은 10.25 m³이다. 크레인이 들어올릴 수 있는 힘은 600 kN밖에 안 되기 때문에, 보트의 양쪽에 공기로 채워진 2개의 풍선을 추가했다. 보트를 들어올리기 위한 구형 풍선의 최소 반경 r을 구하시오. 공기와 물의 온도가 12℃일 때, 각 풍선의 공기 질량은 얼마인가? 단 풍선의 평균 깊이는 20 m이고 공기와 풍선의 질량은 무시한다. 구의 체적은 $V = \frac{4}{3}\pi r^3$이다.

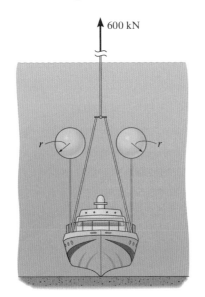

그림 E2-120

E2-121   고체 공은 밀도가 $\rho_p = 48$ kg/m³인 플라스틱으로 만들어진다. 이때 공이 다음과 같은 깊이의 물에 잠긴 경우 케이블 AB의 장력을 구하시오. 만약 끈이 짧아진다면 힘은 어떻게 변화하는가? 증가, 감소 또는 동일하게 유지되는가? 이러한 결과가 일어나는 원인은 무엇인가?
힌트: 공의 체적은 $V = \frac{4}{3}\pi r^3$이다.

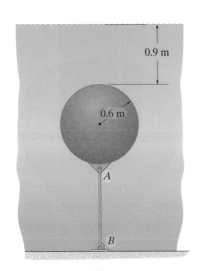

그림 E2-121

E2-122   질량 150 g의 속이 빈 구형 플로트는 탱크 내의 수위를 제어한다. 물의 수위가 그림과 같을 때, 핀 A에서 지지 암에 작용하는 힘의 수평 및 수직성분 요소와 매끄러운 지지대 B에 대한 수직력을 구하시오.

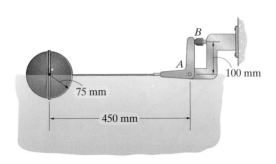

그림 E2-122

E2-123   물통의 질량은 20 kg, 블록 B의 밀도는 7840 kg/m³, 질량은 30 kg이다. 블록이 물에 완전히 잠겼을 때 각 용수철의 전체 압축 또는 연신율을 구하시오.

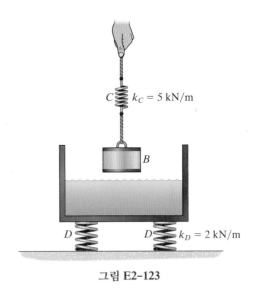

그림 E2-123

*E2-124   물통의 질량은 20 kg, 블록 B의 밀도는 7840 kg/m³, 질량은 30 kg이다. 블록이 물에 완전히 잠겼을 때 각 용수철의 전체 압축 또는 연신율을 구하시오.

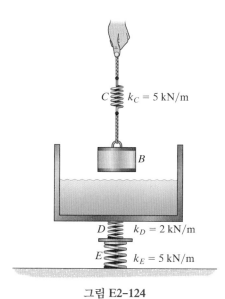

그림 E2-124

E2-125 용기 안의 물의 원래 높이는 $h = 1$ m이다. 밀도가 800 kg/m³인 블록을 물에 넣은 경우 물의 변화된 h를 구하시오. 이때 블록의 바닥은 600 mm 사각형이고 용기의 바닥은 1.2 m 사각형이다.

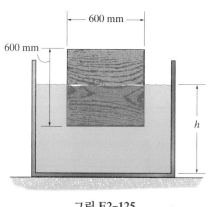

그림 E2-125

E2-126 뗏목은 질량이 2 Mg인 균일한 플랫폼과 각각의 질량이 120 kg이고 길이가 4 m인 4개의 플로트로 구성된다. 플랫폼이 수면에서 떠다니는 높이 h를 구하시오. 이때 $\rho_w = 1$ Mg/m³이다.

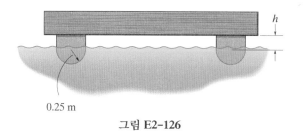

그림 E2-126

E2-127 참나무 블록이 수면 위에 떠 있는 높이를 구하시오. 참나무의 밀도는 $\rho_{oak} = 770$ kg/m³이다.

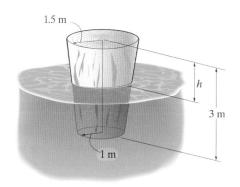

그림 E2-127

*E2-128 직경이 50 mm인 유리에는 그림과 같이 물이 채워졌다. 각 변의 길이가 25 mm인 얼음을 유리에 넣었을 때 수면의 높이 h를 구하시오. 물의 밀도는 $\rho_w = 1000$ kg/m³이고 얼음의 밀도는 $\rho_{ice} = 920$ kg/m³이다. 또한 얼음이 완전히 녹을 때 수위 h는 얼마인가?

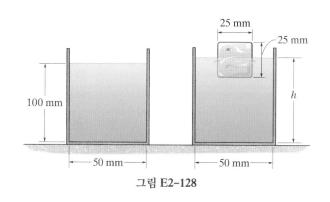

그림 E2-128

E2-129 자갈로 채워져 있는 바지선이 그림과 같이 물에 떠 있다. 무게중심이 G에 위치해 있다면, 파도로 9° 정도 기울어질 때 복원될 수 있는지 알아보시오.

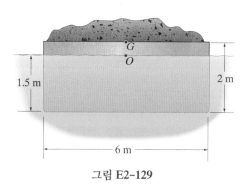

그림 E2-129

E2-130 자갈로 채워져 있는 바지선이 그림과 같이 물에 떠 있다. 무게중심이 G에 위치해 있다면, 파도로 바지선이 약간 기울어져 끝이 수면에 닿을 경우 복원될 수 있는지 알아보시오.

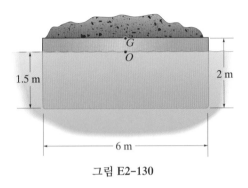

그림 E2-130

2.13 – 2.14절

E2-131 휘발유 캔은 호이스트 바닥에 놓여 있다. 호이스트가 (a) 3 m/s의 일정한 속도로, (b) 2 m/s²의 일정한 가속으로 위로 이동하는 경우 캔 바닥에서 발생하는 최대 압력을 구하시오. 이때 휘발유의 밀도는 $\rho_g = 726$ kg/m³이다.

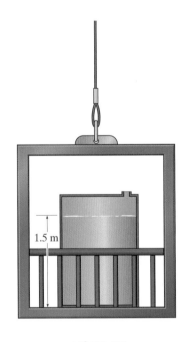

그림 E2-131

*E2-132 밀폐된 철도 차량은 폭이 2 m이고 그림과 같이 물이 채워져 있다. 철도의 가속도가 4 m/s²로 일정할 때 A와 B에서 작용하는 압력을 구하시오.

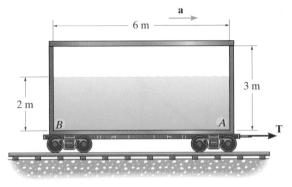

그림 E2-132

E2-133 트럭은 개방된 물 용기를 운반한다. 감속도가 1.5 m/s²로 일정할 때 물 표면의 경사각과 하단 모서리 A와 B의 압력을 구하시오.

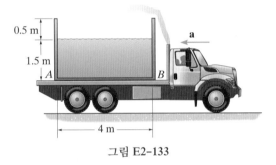

그림 E2-133

E2-134 트럭의 가속도가 2 m/s²일 때 물 탱크의 하단 모서리 A와 B에서 수압을 구하시오.

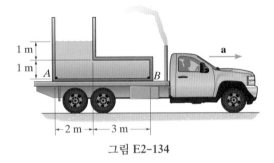

그림 E2-134

E2-135 개방된 철도 차량은 폭이 2 m이고 그림과 같이 물이 채워져 있다. 차량이 정지상태일 때와 3 m/s²의 일정한 가속도를 가질 때 B 지점에서 작용하는 압력을 구하시오. 또한 이때 차량 밖으로 얼마나 많은 물을 쏟는지 구하시오.

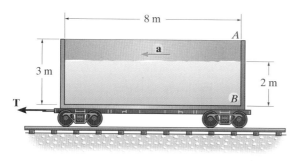

그림 E2-135

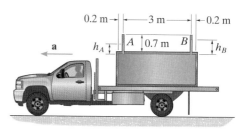

그림 E2-139/140

*E2-136 트럭이 일정하게 2 m/s²로 가속할 때 물 탱크의 하단 모서리 *B*와 *C*에서 수압을 구하시오. 단, *A*에는 작은 구멍이 나 있다.

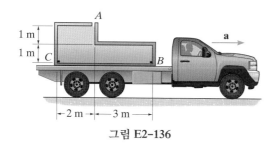

그림 E2-136

E2-137 카트는 무게로 인해 경사면에서 자유롭게 굴러 내려갈 수 있다. 이동하는 동안 액체 표면의 기울기(θ)가 $\theta = \phi$임을 보이시오.

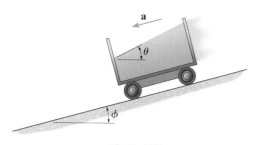

그림 E2-137

E2-138 카트에는 경사면 위로 일정한 가속도 **a**가 가해진다. 액체 내의 일정한 압력선이 $\tan \theta = (a \cos \phi)/(a \sin \phi + g)$의 기울기를 가짐을 보이시오.

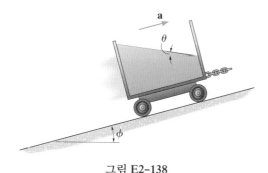

그림 E2-138

E2-139 큰 용기에 들어 있는 벤젠을 트럭을 이용해 운반하고 있다. 트럭이 일정한 가속도 $a = 1.5$ m/s²로 움직이고 있을 때 벤젠이 통풍관 *A*와 *B*에 채워져 있는 높이를 구하시오. 단, 트럭이 정지해 있을 때 $h_A = h_B = 0.4$ m이다.

*E2-140 큰 용기에 들어 있는 벤젠을 트럭을 이용해 운반하고 있다. 통풍관 *A*와 *B*에 들어 있는 벤젠이 흘러넘치지 않을 일정한 최대 가속도를 구하시오. 단, 트럭이 정지해 있을 때 $h_A = h_B = 0.4$ m이다.

E2-141 한 여성이 일정한 각속도 ω로 회전하는 수평 플랫폼에 서서 차 한 잔을 들고 있다. 컵의 중심이 회전축에서 0.9 m 떨어져 있고 액체의 표면 기울기 각도가 5°일 때 ω를 구하시오. 단, 컵의 크기는 무시하라.

E2-142 유리가 15 rad/s로 회전할 때 물이 넘치지 않도록 유리에 물을 채울 수 있는 최대 높이 *d*를 구하시오.

E2-143 유리에 $d = 0.1$ m 높이의 물이 채워져 있다. 플랫폼의 각속도 $\omega = 15$ rad/s일 때 물이 유리벽에 대해 $d = d'$만큼 올라간다. 이때 d'을 구하시오.

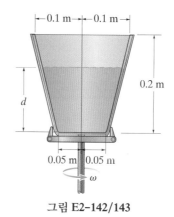

그림 E2-142/143

*E2–144   밀봉된 조립관은 C와 D의 압력이 0이 되도록 물로 완전히 채워진다. 이 조립관에 $\omega = 15$ rad/s의 각속도가 주어질 때 C와 D 사이의 압력 차이를 구하시오.

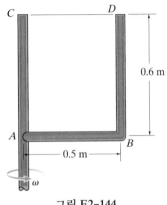

그림 E2–144

E2–145   밀봉된 조립관은 C와 D의 압력이 0이 되도록 물로 완전히 채워진다. 이 조립관에 $\omega = 15$ rad/s의 각속도가 주어질 때 A와 B 사이의 압력 차이를 구하시오.

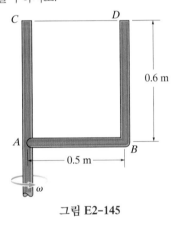

그림 E2–145

E2–146   튜브는 $h = 0.4$ m의 기름으로 채워져 있다. O의 압력이 -15 kPa이 되게 하는 튜브의 각속도를 구하시오. 단, 기름의 비중은 $S_o = 0.92$이다.

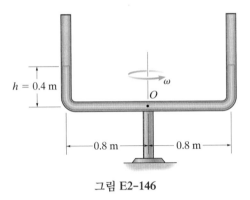

그림 E2–146

E2–147   드럼은 뚜껑 중앙에 구멍이 있으며 밀도 ρ를 갖는 액체로 높이 d까지 채워진다. 드럼을 회전 플랫폼에 놓았을 때 각속도가 ω에 도달한다면 이때의 뚜껑과 접촉하는 액체의 내부 반경 r_i를 구하시오.

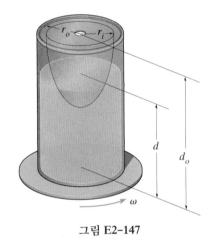

그림 E2–147

개념문제

P2-1   손잡이를 위아래로 움직이는 수동 펌프를 이용하여 저장소에서 물을 끌어올릴 수 있다. 펌프가 어떻게 작동되는지 설명하고, 물을 끌어올려 양수 가능한 최대 물 높이를 구하시오.

P2-2   1656년 Otto von Guericke는 내부가 비어 있는 직경 300 mm인 반구 2개를 결합시키고 펌프를 이용해 내부 공기를 제거했다. 그는 *A* 위치에 밧줄을 연결해 나무에 묶어두고 반대편에 8마리의 말을 걸어두었다. 구의 내부가 완전한 진공상태라고 가정하면, 말이 구를 분리시킬 수 있는지 설명하시오. 만약 한쪽에는 16마리의 말을, 다른 한쪽에는 8마리의 말을 줄을 걸어 당기면 다른 결과를 얻을 수 있는지 설명하시오.

P2-3   얼음이 유리잔 속에 물과 함께 가득 채워져 있다. 얼음이 녹는다면 수면에 무슨 일이 발생할지 설명하시오. 수면의 높이는 높아지는가, 낮아지는가, 또는 그대로인가?

P2-4   물이 담겨있는 비커가 저울 위에 놓여 있다. 만약 물 내부에 손가락을 넣는다면 저울의 눈금은 증가하는가, 감소하는가, 또는 그대로인가?

2장 복습

압력은 단위 면적당에 가해지는 수직력이다. 압력은 유체 속의 한 지점에서 모든 방향으로 동일하다. 이를 파스칼의 법칙이라고 부른다.

절대압력은 대기압과 계기압력의 합이다.

$$p_{abs} = p_{atm} + p_g$$

정지된 유체 속의 압력은 같은 수평면상에 위치한 지점들에서 일정하다. 만약 유체가 비압축성 유체일 경우, 압력은 그 유체의 비중량에 따라 달라지고 깊이에 따라 선형적으로 증가한다.

$$p = \gamma h$$

기체의 깊이가 깊지 않다면, 기체 내부의 압력은 균일하게 분포한다고 가정할 수 있다.

대기압은 기압계를 사용하여 측정한다.

마노미터는 액체 속의 계기압력을 측정하는 용도로 사용된다. 마노미터 법칙을 이용하여 압력을 계산한다. 부르동 압력계 또는 압력 변환기와 같은 다른 기기들을 사용하여 압력을 측정한다.

평판의 표면에 작용하는 정수압력의 합력의 크기는 $F_R = \gamma \bar{h} A$이고, 여기서 $\bar{h}$는 면적의 **도심**까지의 깊이이다. 합력의 작용점은 압력 중심 $P(x_P, y_P)$에 위치한다.

$$x_P = \bar{x} + \frac{\bar{I}_{xy}}{\bar{y}A}$$

$$y_P = \bar{y} + \frac{\bar{I}_x}{\bar{y}A}$$

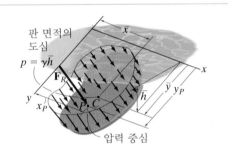

또한 압력 프리즘의 **체적**을 구하면 평판의 표면에 작용하는 정수압력의 합력의 크기를 결정할 수 있다. 표면이 일정한 폭을 가진다면, 그 폭에 대해 일정한 압력 기둥이 형성되므로 정수압력의 합력을 분포하중의 **면적**으로 구할 수 있다. 합력은 프리즘의 체적이나 분포하중 면적의 도심에 작용한다.

압력분포의 직접적인 적분 또한 합력을 결정하는 데 사용되고, 그 작용점은 평판의 표면에 있다.

표면이 경사지거나 곡면인 경우 정수압력은 합력의 수평성분과 수직성분으로 나누어 구할 수 있다.

수평성분은 표면이 수직방향으로 정사영된 면에서 이 평면에 가해진 힘으로 구할 수 있다.

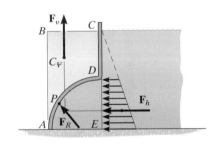

수직성분은 경사진 면이나 곡면 위에 있는 액체의 체적만큼의 중량과 같다. 액체가 표면 **아래에** 위치한다면 표면 **위의** 가상의 의 액체의 중량에 의해 구할 수 있다. 이때 수직성분은 **위 방향**으로 작용하는데, 수직성분이 표면 아래의 액체의 압력 힘과 같기 때문이다.

부력의 원리는 액체 내에 담겨진 물체에 작용하는 부력이 물체에 의해 배제된 유체의 중량과 동일하다는 원리이다.

떠 있는 물체는 안정, 불안정 또는 중립평형 상태로 존재할 수 있다. 이 물체는 경심이 무게중심의 위에 위치하면 안정평형 상태에 있게 된다.

액체가 들어 있는 개방형 용기가 일정한 수평 가속도 a_c로 운동하면 액체의 표면은 $\tan\theta = a_c/g$에 의해 주어진 θ만큼 기울어진다. 용기 위에 뚜껑이 있다면, 가상의 액체 표면이 만들어진다. 어느 경우에나 액체 내의 한 점에서 압력은 $p = \gamma h$로 결정된다. 여기서 h는 깊이이고, 액체 표면으로부터 측정된다.

액체가 담겨있는 용기에 위쪽 방향으로 일정한 가속도 a_c가 작용할 때 압력은 깊이 h에 따라 $\gamma h(a_c/g)$만큼 증가한다. 만약 아래 방향으로 같은 크기의 가속도가 작용하면 압력은 같은 크기만큼 감소한다.

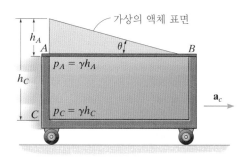

만약 고정된 축을 기준으로 용기가 일정한 속도로 회전한다면 액체는 강제 와류 상태가 되며, 표면의 형상은 포물선형이다. 표면의 높이는 $h = (\omega^2/2g)r^2$로 정의된다. 용기에 뚜껑이 있는 경우, 가상의 액체 표면을 정의할 수 있다. 이때의 액체 내부 압력은 식 $p = \gamma h$로 구할 수 있으며 여기서 h는 깊이이고, 액체 표면으로부터 측정된다.

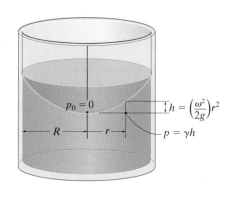

CHAPTER 3

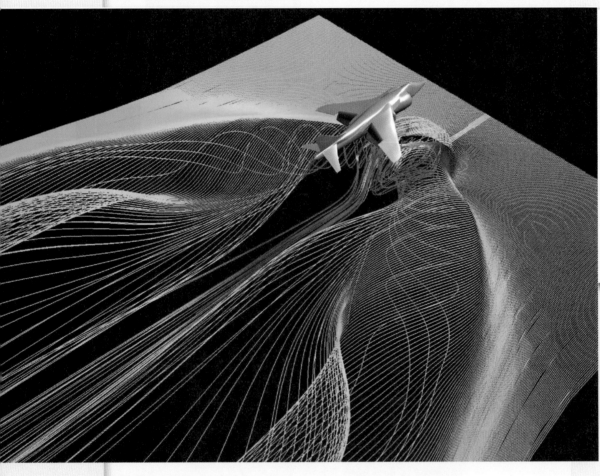

전산유체역학적 프로그램으로 모델링한 제트엔진으로부터 분출되는 배기유동

NASA/Science Source

유체의 운동학

3.1   유동의 종류

대부분의 유체는 정지상태보다는 흐르는 상태를 유지한다. 이 장에서는 흐르는 상태에 있는 유체 유동의 **운동학**, 즉 운동을 일으키는 힘을 고려하지 않고 유동하는 유체의 위치, 속도 및 가속도를 표현할 수 있는 흐름을 기하학적으로 표현하는 것을 공부하고자 한다. 운동학에 관하여 논의를 시작하기에 앞서 다양한 형태의 유체의 흐름을 이해하고 이를 구분하는 것이 좀 더 중요하게 생각되어 다음의 3가지를 논의해보고자 한다.

마찰효과에 의한 유동의 분류   오일과 같이 점도가 상당히 큰 유체가 파이프를 따라 흐를 때 유동은 매우 느리고 그 경로는 균일하고 교란되지 않는다. 다른 표현으로는 층류 또는 얇은 원통형 층을 이루는 '정렬된' 유체이며 각각의 유동층이 인접한 다른 유동층을 유지하면서 미끄러지듯 부드럽게 유동하는 것을 말한다. 이렇게 거동하는 유동을 **층류유동**(laminar flow)이라고 하며 그림 3-1a에서

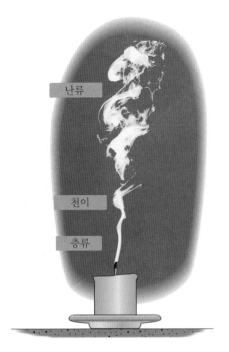

꺼진 촛불에서 올라오는 연기의 층류와 난류유동

층류유동
유체입자는 유동장의 얇은 층 안의
직선경로를 따라 흐른다.
(a)

난류유동
유체입자는 시간과 공간에 대해 그 흐름의
방향이 불규칙한 경로를 따라 흐른다.
(b)

그림 3-1

보는 바와 같다. 유속이 증가하거나 점도가 낮아지면 그림 3-1b에서 보는 바와 같이 유동하는 유체입자는 점점 불규칙적인 운동을 하며, 그 경로 역시 매우 불규칙적으로 변화하여 혼합된다. 이런 유동을 **난류유동**(turbulent flow)이라고 한다. 또한 층류에서 난류의 중간 유동을 **천이유동**(transitional flow)이라고 하며, 이 유동에는 층류와 난류의 유동 특성이 모두 나타난다. 9장에서는 이처럼 유동을 구분할 수 있는 가장 큰 요인이라고 할 수 있는 마찰의 영향으로 인한 손실 에너지의 양을 결정하는 방법에 대하여 설명하며, 특히 이 같은 손실 에너지는 유체를 수송하는 펌프와 관망을 설계하는 데 가장 필수적인 요소이다.

두 평판 사이를 따라 흐르는 층류와 난류의 속도는 그림 3-2에서 보는 바와 같이 층류유동은 점성에 의해서 유동이 층을 이루며 미끄러지듯 흐르는 반면에 난류유동은 유체가 수평과 수직방향으로 '혼합'하는 유동을 하고 있어 전반적으로 평균 유속이 균일하게 분포되어 있는 것을 볼 수 있다.

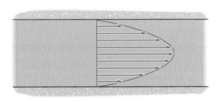
층류유동의 평균 속도분포

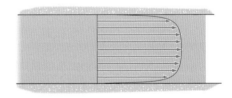
난류유동의 평균 속도분포

그림 3-2

2차원 유동
속도는 x와 r의 함수이다.
(a)

1차원 유동
속도는 r의 함수이다.
(b)

그림 3-3

차원에 의한 유동의 분류

유동은 그 유동을 기술하는 데 필요한 공간적인 차원의 수에 따라 분류될 수 있다. 이동하는 잠수함 주위의 물의 유동 또는 자동차 주위의 공기 유동과 같이 유동을 기술하는 데 3개의 차원이 모두 필요한 유동을 **3차원 유동**(three-dimensional flow)이라 한다. 3차원 유동은 다른 차원의 유동과 비교하여 그 유동이 매우 복잡하여 이를 분석하는 것도 매우 어려워 주로 모델을 이용한 컴퓨터 모사 또는 실험을 통해 분석한다.

대부분의 공학적 문제들의 경우 여러 가지 가정을 통해 2차, 1차 또는 0차원 유동으로 단순화하여 해석을 한다. 예를 들어 그림 3-3a와 같은 축소관유동의 경우 유체입자의 속도는 축소관의 축방향 x와 반경방향 r에 종속되는 **2차원 유동**(two-dimensional flow)으로 간주할 수 있다. 그림 3-3b에서처럼 파이프의 단면이 변하지 않다는 가정을 통해서 문제를 단순화하여 속도분포가 반경방향에만 종속되는 **1차원 유동**(one-dimensional flow)으로 가정할 수 있다. 더욱이 이 유체를 점성이 없는 비압축성 유체, 즉 이상유체라고 가정할 때 파이프의 단면에 대해 균일한 속도를 갖는 유동으로 간주할 수 있어, 좌표에 귀속되지 않는 그림 3-3c와 같은 **무차원 유동**(nondimensional flow)이 된다.

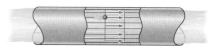

무차원 유동
속도는 일정하다.
(c)

그림 3-3 (계속)

시간과 공간에 따른 유동의 분류   어떤 한 점에서 유체의 속도가 시간에 따라 변화하지 않을 때 이 유동을 **정상유동**(steady flow)이라 하고, 위치의 변화와 무관하게 일정한 속도를 갖는 유동을 **균일유동**(uniform flow)이라 한다. 이 2가지 유동을 조합하여 그림 3-4에서 보는 바와 같이 총 4가지의 유동으로 분류할 수 있다.

다행스럽게도 유체역학과 관련된 공학적 응용분야의 대부분은 정상유동이어서 이를 해석하는 데 매우 수월하다. 비정상유동의 경우도 그 변화는 짧은 시간 동안에 이루어지는 경우가 많아서 상당 시간이 흐른 후 유동은 정상유동으로 간주될 수 있다. 예를 들어, 펌프유동에서 회전영역을 통과하는 유동의 경우 비정상유동이지만 이 유동이 주기적으로 반복되는 경우 평균적으로 입구와 출구에서는 정상유동이라고 간주할 수 있으며 또한 이동 물체 위에서 관찰하여 상대유동을 고려

정상 균일유동
이상유체는 시간과 공간에 관계없이 같은
속도를 유지한다.
(a)

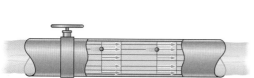

시간 t

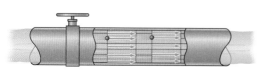

시간 $t + \Delta t$

비정상 균일유동
밸브가 천천히 개방되어 모든 위치에서 이상유체의
속도는 모두 같지만 시간에 따라 변화한다.

(b)

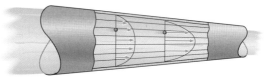

정상 비균일유동
시간이 변하더라도 속도는 변하지 않지만
두 위치에서의 속도는 다르다.
(c)

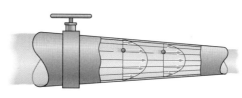

시간 t

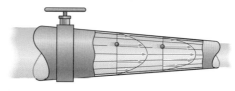

시간 $t + \Delta t$

비정상 비균일유동
천천히 개방되는 밸브는 파이프의 단면적의
변화를 일으켜 속도는 위치와
시간의 변화에 따라 변화한다.

(d)

그림 3-4

할 때 이 유동을 정상유동이라고 할 수 있다. 마치 어떤 속도로 유동하고 있는 안개가 낀 도로를 운전하는 운전자가 이 안개의 이동방향과 같은 방향으로 일정한 속도로 운전할 때 운전자는 이 안개가 정상상태로 유동하는 것처럼 보이지만, 도로에서 이 안개의 유동을 관찰할 때는 시간에 따라 변화하는 비정상유동으로 관찰되는 것과 같다.

3.2   유동의 가시화적 설명

실제 유체의 유동은 일반적으로 매우 복잡하여 어떤 유동 문제를 수학적으로 분석하고 가시화하기 위해서 실험적인 내용을 반영하지만 또한 유동을 가시화하는 것은 수치적인 해를 구하기 위해서도 매우 중요한 역할을 한다. 주로 유선과 유관은 유동을 이론적으로, 유적선과 유맥선 및 광학적 방법은 실험적으로 유동을 분석하기 위한 가시화라고 할 수 있다. 이 같은 가시화 방법을 각각 살펴보자.

유선   유동장 내 각 입자들은 고유한 속도를 가질 것이다. 예를 들어 실린더 주위를 흐르는 물의 속도장은 그림 3-5a와 같이 나타낼 수 있다. 하지만 이는 유동을 아주 명확하게 표현하지는 못한다. 대신에 **유선**(streamline)을 그려 어느 순간의 유동을 더 잘 표현할 수 있다. 유선은 유동장에서 유동하고 있는 유체입자들이 어떤 순간에 그 입자들이 이동하는 속도의 방향을 나타내는 선이다. 그러므로 그 순간에 유체입자의 속도는 항상 이 유선의 접선방향을 따라 이동하게 되어 이 유선을 가로지르는 유동은 존재하지 않아 유체의 유동은 항상 이 유선을 따라 흐른다. 사각형 덕트에 위치한 실린더 주위를 흐르는 정상상태에서 이상유체의 유선은 그림 3-5b에서 보는 바와 같다. 유선들 중 유동장의 중심에 있는 유선은 실린더와 만나는 점 A에서 위아래로 갈라지는 것을 볼 수 있다. 이런 점을 **정체점**(stagnation point)이라고 하며, 이 유선을 따라 유동하는 유체입자는 이 점에 근접할수록 속도가 **점진적으로** 감소하다가 실린더 표면의 점 A에 부딪치는 순간 속도는 0이 된다.

유선은 어떤 한 순간에 전체 유동장에 형성되는 흐름을 나타내는 선이라는 것을 꼭 기억하고 있어야 한다. 앞의 예시에서는 시간이 지남에 따라 유선의 방향이 계속 유지되고 있어 유체입자는 이 유선을 따라 이동한다는 것을 예측할 수 있다. 하지만 회전하는 파이프 유동에서 나타나는 것과 같이 유선이 시간과 공간의 함수

실린더 주위의
속도장

(a)

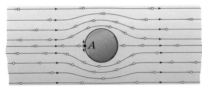

실린더 주위의
이상유체 유동의 유선

(b)

좁은 유관에서 빨라지는
유체의 흐름

(c)

그림 3-5

인 경우 시간이 흐름에 따라 유선이 변하기 때문에 유체입자는 유선을 따라 이동하지 않는다.

유관   어떤 유동장의 유선을 그림 3-6과 같이 하나의 묶음으로 생각할 때 유체가 어떤 곡관을 따라 흐르는 것처럼 이 유관을 따라 흐르는 것으로 가정할 수 있기 때문에 해석이 용이해지는 경우가 있다. 이때 이런 유선묶음을 **유관**(streamtube)이라고 한다.

2차원 유동에서 유관은 2개의 다른 유선으로 나타나며 그림 3-5c에서 보는 바와 같이 실린더 주위 유동에서 작은 유체요소는 이 유관을 따라 이동한다. 두 유선의 간격이 멀어질 때 유속은 느려지고 가까워질 때(또는 유관이 좁아질 때) 유속은 빨라진다. 이 같은 관계로 이것은 다음 장에서 설명할 질량보존 법칙과 연관지어 생각할 수 있다.

유선의 방정식   유체입자의 속도는 유선의 접선방향을 향하므로 어떤 한 순간의 입자의 속도로부터 그 시점에서 유선을 정의할 수 있는 식을 얻을 수 있다. 예를 들어 2차원 유동에서 입자의 속도는 그림 3-7과 같이 x축 방향 속도성분 u와 y축 방향 속도성분 v를 가질 때 이들로부터 다음과 같은 관계를 얻을 수 있다.

$$\frac{dy}{dx} = \frac{v}{u} \tag{3-1}$$

이 식을 적분하여 유선의 **방정식**(equation of a streamline)을 얻을 수 있고, 이 식을 구하는 과정을 예제 3.1과 3.2에 자세히 설명하였다.

유적선   유체입자가 어느 시간 동안 이동한 경로를 나타내는 것이 **유적선**(pathline)이다. 실험적으로 유적선을 얻기 위해서는 단일 부유 입자를 유동장의 한 곳에 놓고, 이 입자를 일정 **시간 동안 노출한 사진**에서 나타나는 선을 유적선이라 하며 그림 3-8a와 같이 유체입자의 이동경로를 나타낸다. 이 방법을 이용하여 유체 표면에서의 평균 속도를 결정하는 방법을 예를 들어 설명해보자. 반짝거리는 알루미늄 분말 입자가 유체 표면에 떠 있다고 하자. 짧은 시간 동안 노출시켜 사진을 찍으면 각 입자가 이동한 거리를 볼 수 있고 이 입자들의 평균 속도를 구할 수 있다.

유체입자의 속도성분을 알고 있을 때 이것으로부터 유적선의 방정식을 구할 수 있으며 2차원의 경우 다음과 같다.

$$u = \frac{dx}{dt}$$
$$v = \frac{dy}{dt} \tag{3-2}$$

이 식을 각각 적분하여 $x = x(t)$와 $y = y(t)$를 구할 수 있다. 이 두 식에서 매개변수 t를 소거하면 결과적으로 $y = f(x)$를 구할 수 있다.

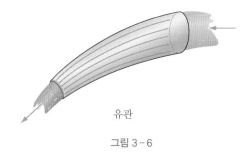

유관

그림 3-6

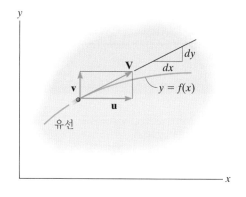

유속은 항상 유선의
접선방향을 갖는다.

그림 3-7

유적선은 $0 \le t \le t_1$ 동안 노출을 지속시킨
사진촬영을 통해 한 입자의 이동경로를 보여준다.

(a)

그림 3-8

이 사진은 어떤 한 순간에 스프링클러에서 분출하는 물의 유맥선을 보여준다.

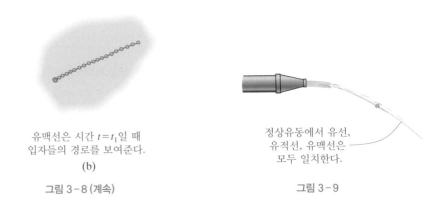

유맥선은 시간 $t=t_1$일 때 입자들의 경로를 보여준다.

(b)

그림 3-8 (계속)

정상유동에서 유선, 유적선, 유맥선은 모두 일치한다.

그림 3-9

유맥선 기체의 유동장에서 연기가 연속적으로 분출되거나 액체의 유동장에서 염색액이 연속적으로 분출될 때 이 모든 분출 입자는 그 유동을 따라 흐르게 되는데, 이처럼 동일한 지점에서 유동장에 분출된 입자들이 그리는 흔적을 **유맥선**(streakline)이라고 한다. 이 흔적 또는 모든 분출 입자들이 그리는 줄무늬는 그림 3-8b에서 보는 바와 같이 어떤 순간에 촬영한 사진에서 확인할 수 있다.

유동이 정상상태일 때 유선, 유적선, 유맥선은 모두 겹쳐 한 선으로 나타난다. 예를 들어 그림 3-9와 같이 고정된 노즐에서 물이 분사되어 정상유동의 상태를 유지하고 있을 때 유선은 동일한 상태를 유지하며, 노즐을 통과하는 모든 유체입자는 유선을 따라 이동하게 되어 유적선과 유맥선은 유선과 동일한 선으로 나타난다.

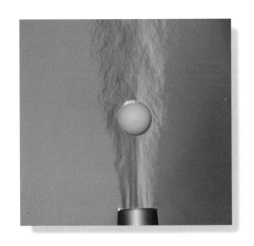

슐리렌 사진법으로 촬영한 가열된 공기 제트의 유동에 의해 떠 있는 공(© Ted Kinsman/Science Source)

광학적 방법 공기나 물과 같은 투명한 유체의 유동 가시화 방법에는 빛을 유동하는 유체에 투사하고 투사된 빛과 유체 간섭에 의해 굴절된 빛이 근처에 설치된 막에 유동이 그림자로 나타나게 하는 **음영사진법**(shadowgraph)이 있다. 이는 양초의 불꽃 끝에서 가열된 공기가 위로 올라가는 형상이나 제트엔진의 배출구에서 배출되는 가스의 유동에서 자주 볼 수 있다. 이 2가지 유동은 모두 열에 의해서 국소적으로 밀도가 작아져 가벼워진 공기에 투사된 빛이 굴절되어 나타난 영상이다. 유체의 밀도가 많이 변할수록 빛은 더 많이 굴절되어 이 가시화 방법은 제트비행기나 로켓과 같이 가열된 공기의 흐름을 연구할 때 많이 사용하는 방법이다.

투명한 유체의 유동을 가시화할 수 있는 또 다른 광학적 방법으로는 **슐리렌 사진법**(schlieren photography)이 있다. 이 방법 역시 유동에 의한 밀도 변화의 기울기를 검출하는 방법이다. 렌즈를 이용해 초점을 맞춘 광선이 물체를 향하거나 평행하도록 한 후 이 광선의 초점에 날카로운 칼끝을 광선에 수직하게 맞춰놓아 광선의 절반 정도를 차단한다. 이 차단된 광선에 의해서 유체의 밀도가 왜곡되고 이로 인해 뒤에 설치된 막에 음양의 형상을 만들어 가시화하는 방법으로, 가열된 공기로 공을 띄우고 있는 유동을 촬영한 사진이 이 방법으로 가시화한 것이다. 슐리렌 사진법은 주로 항공공학 분야에서 제트기 또는 미사일 주위에 형성되는 충격파와 팽창파를 가시화하는 데 이용하는 방법이다. 이 2가지 광학적 가시화 방법에 대한 더 자세한 내용은 참고문헌 [5]를 참고하기 바란다.

전산유체역학 현재까지 유동이 매우 복잡한 유동장을 분석하는 연구에는 실험적 방법이 주를 이루고 있으며, 그 결과 역시 매우 중요하게 여겨지고 있다. 한편 연산속도가 빠른 컴퓨터의 발달로 이를 이용하여 유체역학 관련 관계식을 수치적 기법으로 해석하는 전산유체역학(CFD, computational fluid dynamic) 분야로 빠르게 전환되고 있다. 현재 열전달이나 다상유동 등을 전산 해석에 포함시킬 수 있는 다수의 CFD 상용화 프로그램이 관련 연구에 활용되고 있으며, 이들을 이용해 얻은 해석결과는 유선과 유적선, 속도를 다양한 색의 그림으로 보여주며, 정상유동의 형상을 그림파일로 만들 수도 있고 비정상유동의 경우 유체의 흐름을 보여주는 동영상을 만들 수 있다. 7.13절에서 더 자세하게 이 내용을 논의할 것이다.

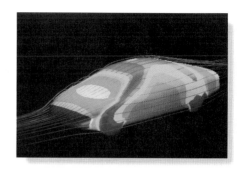

전산유체역학을 통해 자동차 주위를 흐르는 유동 그림. 이 결과를 바탕으로 향상된 자동차의 외형을 설계할 수 있다. (© Hank Morgan/Science Source)

3.3 유동의 설명

고체의 입자는 고정된 위치를 유지하고 있는 반면에 유체의 입자는 **모든 방향으로** 운동을 할 수 있기 때문에 그 거동이 고체의 입자와는 다르다. 이러한 거동의 차이로 인하여 운동을 기술할 수 있는 적당한 방법이 없으면 이 유동의 해석은 매우 어렵다. 이를 위해서는 그림 3-10a에서 나타낸 것과 같이 **주변**(surrounding)의 입자와는 분리된 어떤 공간을 차지하고 있는 유체입자들이 가지고 있는 유체의 어떤 물리량을 **시스템**(system)을 기준으로 정의해야 한다. 유체 안에 있는 구조물이나 기계장치에 작용하는 압력이나 힘과 같은 유체 시스템에서 나타나는 잘 알려진 유체 흐름의 유형들이 있다. 이 유형을 완벽하게 정의하기 위해서는 이 시스템에 있는 각각의 유체입자들의 속도가 그 위치와 시간에 따라 결정되어야 하는데, 유체역학에서는 다음의 2가지 방법으로 이를 정의한다.

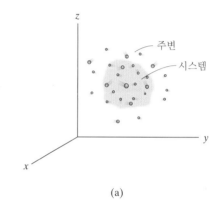

(a)

라그란지 기술법-시스템 접근 유체 시스템에서 각 유체입자에 꼬리표를 달아두고 그림 3-10b는 유체입자의 위치 **r**의 이동을 시간의 함수로 나타낸다. 이와 같이 입자의 운동을 기술하는 것을 이탈리아의 수학자 Joseph Lagrange의 이름을 따서 **라그란지 기술법**(Lagrangian description)이라고 한다. 유체입자의 위치를 **r**=**r**(t)라고 할 때 이것을 시간으로 미분하면 이 입자의 속도를 구할 수 있다.

$$\mathbf{V} = \mathbf{V}(t) = \frac{d\mathbf{r}(t)}{dt}$$

i, **j**, **k**를 x, y, z좌표계의 단위벡터라고 할 때 **V**를 이 좌표계의 성분으로 나타내면 $\mathbf{V}(t) = V_x(t)\mathbf{i} + V_y(t)\mathbf{j} + V_z(t)\mathbf{k}$와 같다. 여기서 이 속도는 유체입자의 위치에 변화율을 나타낸 것으로 그림 3-10b에서 보는 바와 같이 유체입자의 위치가 시간의 함수 **r**=**r**(t)로만 되어 있기 때문에 오직 시간의 함수로만 나타나며 위치가 포함되지 않는다. 다시 말해서 **r**과 **V**의 x, y, z 방향의 성분은 시간만을 독립변수로 가지고 있다.

강체운동을 하거나 형상이 고정된 물체의 운동을 기술하는 데에는 이런 설명방법을 이용하는 것이 유용하여 물체를 구성하고 있는 입자들의 위치와 운동을 쉽게

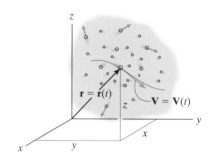

어떤 시스템 안에서 이동하는
1개의 유체입자 운동의
라그란지 기술법

(b)

그림 3-10

정의할 수 있다. 하지만 유체역학에서는 시스템을 구성하고 있는 유체입자들의 위치 변화에 따른 속도와 그 시스템의 형상의 변화를 매 순간 기술하는 것이 매우 어렵다. 이런 이유로 유동의 라그란지 기술법은 유체역학에서 유체 시스템의 형상의 변화를 고찰하는 분야에 매우 제한적으로 이용된다.

오일러 기술법–검사체적 접근

어떤 시스템에 있는 유체입자의 속도는 그림 3-10c와 같이 그 시스템 내의 미소공간의 한 점 (x_0, y_0, z_0)를 포함시켜 나타낼 수 있다. 이 시스템에 있는 모든 유체입자가 이 점 또는 공간을 통과할 때 그 유체입자의 속도는 그 점의 속도가 된다고 할 수 있다. 이런 기술법은 스위스의 수학자 Leonhard Euler의 이름을 따서 **오일러 기술법**(Eulerian description)이라고 한다.

유체입자가 통과하는 공간을 **검사체적**(control volume)이라고 하며 이 공간의 경계를 **검사표면**(control surface)이라고 한다. 전체 시스템에 대한 모든 정보를 얻기 위해서는 이 시스템의 임의의 위치 (x, y, z)에 있는 작은 검사체적을 유체입자가 통과할 때 그 속도를 시간에 따라 측정하여 이 시스템에 대해 시간과 공간의 함수로 표현하면 다음과 같은 속도장 또는 속도분포를 얻을 수 있다.

$$\mathbf{V} = \mathbf{V}(x, y, z, t) \tag{3-3}$$

속도장을 나타내는 예는 그림 3-11과 같으며, 이는 $\mathbf{V}$가 위치 (x, y, z)의 함수이므로 그 유동은 불균일(nonuniform)하며 시간의 함수이기 때문에 유동은 비정상(unsteady)이다.

위 2가지의 설명법을 요약하면 다음과 같다. 강의실의 학생이라는 시스템을 생각해보자. 라그란지 기술법은 어떤 한 학생의 속도 $\mathbf{V}(t)$를 강의실 안의 통로와 같은 고정된 장소에서 측정한 것이라면, 오일러 기술법은 강의실 안 어떤 책상 근처와 같은 특정 위치에서 각각의 학생들이 이 지점을 통과할 때 속도를 측정한 것으로 $\mathbf{V} = \mathbf{V}(x, y, z, t)$로 표현된다. 따라서 앞의 경우는 강의실에 있는 오직 한 명의 학생의 운동을 나타낸 것이라면 두 번째는 학생들의 운동을 나타낸 것이라고 할 수 있다.

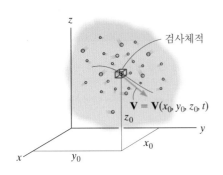

어떤 시스템에서 특정 영역이나 한 점에서 운동의 오일러 기술법과 검사체적 또는 한 점을 지나는 입자의 속도 측정

(c)

그림 3-10 (계속)

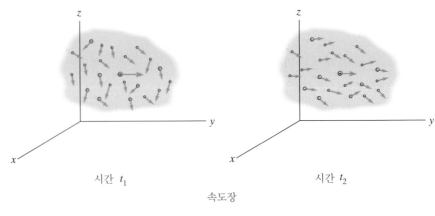

시간 t_1 시간 t_2

속도장

그림 3-11

> **요점정리**

- 유동을 분류할 수 있는 여러 가지 방법들 중 점성의 영향 정도에 따라 층류와 천이, 난류유동으로 분류할 수 있고, 차원으로는 유동을 무차원, 1차, 2차, 3차원 유동으로 분류할 수 있다. 또한 공간과 시간의 변화 따라 유동이 변화한다고 할 때 시간의 흐름과 관계없이 일정한 유동을 유지하는 **정상유동**과 위치에 관계없이 일정한 유동을 유지하는 **균일유동**으로 분류할 수 있다.

- 단일 유체입자가 시간에 따라 이동하는 경로를 촬영하여 실험적으로 가시화한 것을 **유적선**이라고 한다. **유맥선**은 연기나 염색액이 한 지점에서 유동장으로 연속적으로 분출되어 그리는 입자들의 이동 흔적을 순간적으로 촬영하여 나타낸 그림이다.

- 음영사진법과 슐리렌 사진법과 같은 광학적 가시화 방법은 가열된 무색 유체가 고속으로 흐를 때 발생하는 충격파 또는 팽창파를 가시화하는 데 유용한 방법이다.

- 전산유체역학은 수치적 기법을 유체역학 관련 방정식에 적용하여 그 해를 구하고 이 해석결과로 유동을 가시화하는 방법이다.

- 유동하는 유체입자의 운동을 기술하는 2가지 방법 중 시스템을 기반으로 하는 **라그란지 기술법**은 유동하는 **입자 각각의 위치**를 따라가며 운동을 기술해야 한다는 제한성을 가지고 있다. 반면에 검사체적을 기반으로 하는 **오일러 기술법**은 유동장의 특정 영역이나 좌표점을 통과하는 유체입자의 운동을 기술하는 방법이다.

- 어떤 한 순간에 유체입자의 운동방향을 접선으로 하는 선을 그릴 수 있는데 이 선을 **유선**이라고 한다. 시간에 따라 유동의 변화가 없는 정상유동의 경우 유체입자는 고정된 유선을 따라 흐르지만 유선의 방향이 시간에 따라 변하는 비정상유동의 경우 유체입자는 순간순간 변하는 유선을 따라 이동한다.

> **예제 3.1**

그림 3-12에서 보는 바와 같이 2차원 유동의 속도가 $\mathbf{V} = \{6y\mathbf{i} + 3\mathbf{j}\}$ m/s이고 y의 단위는 미터라고 할 때 좌표점 (1 m, 2 m)를 지나는 유선의 방정식을 구하시오.

풀이

유체 설명 공간적 위치를 기준으로 속도를 기술하는 것을 오일러 기술법이라고 한다. 다시 말해서 유동장의 검사체적의 한 점 (x, y)를 지나는 유체입자의 속도를 기술하는 방법이다. 문제에 주어진 속도분포에는 시간 항이 포함되어 있지 않아 이 유동은 정상유동이며 x와 y 방향의 속도성분은 $u = (6y)$ m/s와 $v = 3$ m/s이다.

해석 식 (3-1)을 이용하여 유선의 방정식을 적용하면

$$\frac{dy}{dx} = \frac{v}{u} = \frac{3}{6y} = \frac{1}{2y}$$

이 되고, 이 식을 변수 분리하여 적분하면

$$\int 2y\, dy = \int dx$$

$$y^2 = x + C$$

를 얻는다. 이 식은 포물선 방정식으로 적분상수 C를 결정함에 따라 1개의 유선의 방정

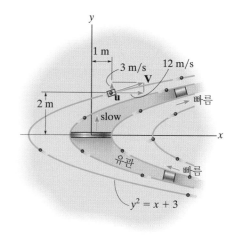

그림 3-12

식을 얻을 수 있다. 따라서 좌표점 (1 m, 2 m)를 통과하는 선은 $(2)^2 = (1) + C$ 또는 $C = 3$ 을 가지는 방정식이다. 그러므로

$$y^2 = x + 3 \qquad \text{\textit{Ans.}}$$

이 방정식을 그림으로 나타내면 (유선) 그림 3-12와 같다. 이것으로부터 어떤 검사체적의 한 점 (1 m, 2 m)를 지나는 입자의 속도가 $\mathbf{V} = \{12\mathbf{i} + 3\mathbf{j}\}$ m/s임을 알 수 있다. 임의의 검사체적 안의 다른 점을 선택하여 또 다른 적분상수 C 값을 결정하므로 전체 유동장의 모든 유선을 구할 수 있고, 이를 그림으로 나타내면 그림 3-12에서 보는 바와 같이 유동을 가시화할 수 있다. 이 유체요소는 어떤 한 유관을 따라 빠른 속도로 이동하다가 x축에 근접하면서 속도가 느려지고 통과 후에 다시 가속하는 것을 볼 수 있다.

예제 3.2

유동장의 유체입자의 속도성분이 $u = 3$ m/s, $v = (6t)$ m/s이고 시간 t의 단위는 초이다. 시간 $t = 0$일 때 좌표원점에서 있는 유체입자의 유적선을 그리시오.

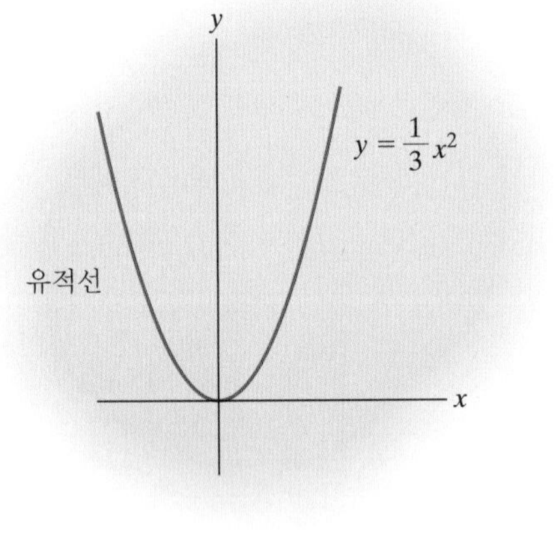

풀이

유체 설명 1개의 유체입자의 운동을 따라가는 것이기 때문에 라그란지 기술법으로 표현한 시간의 함수로만 나타낸 속도를 가지고 있다.

유적선 유적선은 시간에 따라 이동하는 입자의 위치를 나타낸 선이다. 시간 $t = 0$일 때 입자는 $(0, 0)$에 있으며 식 (3-2)로부터

$$u = \frac{dx}{dt} = 3 \qquad\qquad v = \frac{dy}{dt} = 6t$$

$$\int_0^x dx = \int_0^t 3\,dt \qquad\qquad \int_0^y dy = \int_0^t 6t\,dt$$

$$x = (3t) \text{ m} \qquad\qquad y = (3t^2) \text{ m} \qquad\qquad (1)$$

2개의 인수 t와 x로 된 방정식에서 시간을 나타내는 인수 t를 소거하면 다음과 같은 결과 식을 얻는다.

$$y = 3\left(\frac{x}{3}\right)^2 \text{ 또는 } y = \frac{1}{3}x^2 \qquad \text{\textit{Ans.}}$$

유체입자의 유적선 또는 경로는 그림 3-13에서 보는 바와 같은 포물선으로 나타난다.

$y = \frac{1}{3}x^2$

유적선

그림 3-13

예제 3.3

그림 3-14는 파이프의 중심을 따라 흐르는 기체 입자의 속도를 나타내며 이 속도장은 $x \geq 1$ m 구간에서 $V = (t/x)$ m/s이고 시간 t의 단위는 초(s)이고 x는 미터(m)[*]이다. 시간 $t = 0$일 때 입자가 $x = 1$ m에 있다고 할 때 이 입자가 $x = 2$ m로 이동했을 때 속도를 구하시오.

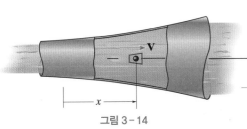

그림 3-14

---

[*] t의 단위 s와 x의 단위 m를 대입하여 s/m의 단위를 얻지만 상수가 1 m²/s² 단위를 가져서 속도는 m/s 단위를 갖는다.

풀이

유체 설명   속도가 시간의 함수이므로 비정상유동이고 또한 위치의 함수이기 때문에 비균일유동이다. 속도장 $V = V(x, t)$는 오일러 기술법으로 기술한 속도이며 시간 t일 때 x 지점을 통과하는 모든 유체입자의 속도는 $V = (t/x)$이다.

해석 $x = 2$ m에서 속도를 구하기 위해서 먼저 $x = 1$ m에서 $x = 2$ m로 이동하는 데 걸리는 시간을 구해야 하며 그 시간은 $x = x(t)$ 함수를 구한 후 구할 수 있다. 이 함수는 라그란지 기술법으로 표현한 어떤 1개 입자의 이동경로를 의미한다.

시간의 함수로 나타나는 유체입자의 위치는 다음과 같이 속도장으로부터 정의할 수 있다.

$$V = \frac{dx}{dt} = \frac{t}{x}$$

변수를 분리하여 적분하면

$$\int_1^x x \, dx = \int_0^t t \, dt$$

$$\frac{x^2}{2} - \frac{1}{2} = \frac{1}{2}t^2$$

$$x = \sqrt{t^2 + 1} \tag{1}$$

이제 식 (3-2)를 적용하면

$$V = \frac{dx}{dt} = \frac{1}{2}(t^2 + 1)^{-1/2}(2t) \ = \frac{t}{\sqrt{t^2 + 1}} \tag{2}$$

이 결과로부터 시간이 흐름에 따라 경로를 따라 이동하는 유체입자의 속도관계를 나타낸 식 (1)을 적용하여 이 입자의 위치를 찾을 수 있다. 식 (2)는 시간에 따른 입자의 속도이며 $x = 2$ m 위치에 입자가 도달했을 때 시간은

$$2 = \sqrt{t^2 + 1}$$

$$t = 1.732 \text{ s}$$

가 된다. 이때 이 입자의 이동 속도는

$$V = \frac{1.732}{\sqrt{(1.732)^2 + 1}}$$

$$V = 0.866 \text{ m/s} \qquad\qquad Ans.$$

이다. 이 결과를 오일러 기술법을 이용하여 확인해보면, $x = 2$ m에 도달했을 때 시간 $t = 1.732$ s이고 이때 속도는

$$V = \frac{t}{x} = \frac{1.723}{2} = 0.866 \text{ m/s} \qquad\qquad Ans.$$

임을 확인할 수 있다.

참고: 이 예제는 1개 성분을 갖는 속도장으로 $V = u = t/x$, $v = 0$, $w = 0$을 의미한다. 따라서 이 유동은 1차원 운동이며 유선은 그 방향이 변하지 않고 x 방향을 유지한다.

3.4 유체의 가속도

어떤 유동 시스템에서 그 속도분포가 주어져 있으면 이 유동의 가속도분포를 이 속도분포로부터 구할 수 있다. 유동에서 유체입자에 작용하는 힘과 가속도의 관계인 뉴턴의 제2법칙 $\mathbf{F} = m\mathbf{a}$이므로 이를 수행할 수 있는 것은 매우 중요하다. 속도의 변화율이 가속도라는 정의에 따라 어떤 경로를 따라 이동하는 입자의 경우 유동의 라그란지 기술법으로 속도는 오직 시간의 함수 $\mathbf{V} = \mathbf{V}(t)$로 표현된다. 따라서 입자의 가속도는 속도를 시간으로 미분한 시간 변화율로부터 구할 수 있다.

$$\mathbf{a} = \frac{d\mathbf{V}}{dt} \tag{3-4}$$

오일러 기술법은 $\mathbf{V}$의 변화를 입자가 이동하는 정해진 검사체적에 대해서 정의되어야 하므로 그 변화율을 구하기 위해서는 또 다른 방법이 필요하다. 이 변화율을 어떻게 얻을 수 있는지 알아보기 위해 그림 3-15와 같은 비정상, 비균일 노즐유동의 검사체적에서 운동하고 있는 유체입자 1개에 대해 생각해보자. 이 검사체적의 중심을 지나는 유선에서 입자의 속도가 $V = V(x, t)$라고 하자. 이 입자가 검사체적의 어떤 한쪽 검사표면인 x에서 속도는 노즐의 출구 쪽으로 Δx만큼 진행된 $x + \Delta x$ 경계면에서의 속도보다는 작은 값을 갖는다고 할 수 있다. 이는 단면이 점점 작아지는 노즐의 유동에서 노즐의 출구와 가까워질수록 속도가 빨라지기 때문이다. 따라서 입자는 Δx만큼 그 위치가 변할 때(비균일유동) 그 속도가 변한다는 것을 알 수 있으며 또한 밸브가 더 개방되어 속도가 변할 때 그 검사체적 안의 유체입자의 속도도 시간변화 Δt에 따라 변하게(비정상유동) 된다는 것을 알 수 있다. 결과적으로 입자 속도의 총 변화량은 다음과 같다.

$$\Delta V = \underbrace{\frac{\partial V}{\partial t}\Delta t}_{\substack{\text{시간 변화에 따른 속도의} \\ \text{변화량(비정상유동)}}} \quad + \quad \underbrace{\frac{\partial V}{\partial x}\Delta x}_{\substack{\text{위치 차이에 따른 속도의} \\ \text{변화량(비균일유동)}}}$$

Δx를 Δt 시간 동안 이동한 거리라고 할 때 이 식을 Δt로 나누고 극한을 취하여 얻은 입자의 가속도는

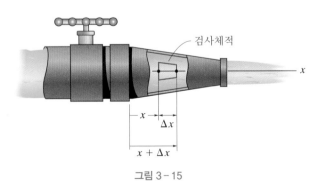

그림 3-15

$$a = \lim_{\Delta t \to 0} \frac{\Delta V}{\Delta t} = \frac{\partial V}{\partial t} + \frac{\partial V}{\partial x}\frac{dx}{dt}$$

이다. 미적분학에서 배운 **연쇄법칙**을 이용하여도 같은 결과를 얻을 수 있다. $V =$ $V(x, t)$라고 할 때 속도 V의 변화를 구하기 위해 편미분을 하면 $a = \partial V/\partial t\,(dt/dt) +$ $\partial V/\partial x\,(dx/dt)$가 되고, 여기에 $dx/dt = V$를 대입하면

$$a = \frac{DV}{Dt} = \frac{\partial V}{\partial t} + V\frac{\partial V}{\partial x} \tag{3-5}$$

국소 + 대류
가속도   가속도

를 얻는다. 여기서 연산자 $D(\ )/Dt$를 **물질미분**(material derivative)이라고 하며 이 것은 유체입자가 검사체적을 통과해서 흐르는 유체의 어떤 상태량(이 경우에는 속도)의 시간변화율을 나타낸다. 이 결과를 정리해보자.

국소가속도 검사체적 안의 유체입자 속도의 시간변화율을 나타내는 오른쪽 첫 번째 항 $\partial V/\partial t$를 **국소가속도**(local acceleration)라고 한다. 그림 3-15에서 밸브의 개방으로 인한 국소 지점에서의 속도 증가를 의미한다. 정상유동은 이 항이 '0'인 상태로 시간이 변화하더라도 유동은 변화하지 않는다.

대류가속도 오른쪽 둘째 항 $V(\partial V/\partial x)$를 **대류가속도**(convective acceleration)라 고 하며 검사체적의 입구에서 유입된 유체입자가 출구로 빠져나갈 때 이 두 지점 에서의 속도의 변화량을 나타낸다. 그림 3-15와 같은 원뿔 모양의 노즐을 따라 흐 르는 유동에서 나타나는 값이며 단면이 일정한 파이프 유동과 같은 균일유동에서 이 항은 '0'이 된다.

스프링클러에서 위로 분사된 물 입자의 속도 크기는 감소하고 그 방향은 변한 다. 이 두 변화는 모두 가속도에 영향을 준다.

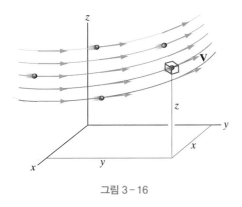

그림 3-16

3차원 유동

그림 3-16과 같은 3차원 유동의 경우에서 물질미분을 이용한 결과를 일반적으로 나타내보자. 속도장에 있는 입자들은 다음과 같은 속도를 갖는다.

$$\mathbf{V}(x, y, z, t) = u(x, y, z, t)\,\mathbf{i} + v(x, y, z, t)\,\mathbf{j} + w(x, y, z, t)\,\mathbf{k} \qquad (3\text{-}6)$$

여기서 u, v, w는 x, y, z 방향의 속도성분이다. 일반적으로 (x, y, z)에 위치한 검사체적을 지나는 유체입자의 속도는 공간의 변화 dx, dy, dz 또는 시간의 변화 dt에 의해 속도는 증가 또는 감소하게 된다. 식 (3-4)와 같은 속도 변화는 연쇄법칙을 적용한 미분을 통해서 얻을 수 있다.

$$\mathbf{a} = \frac{D\mathbf{V}}{Dt} = \frac{\partial \mathbf{V}}{\partial t} + \frac{\partial \mathbf{V}}{\partial x}\frac{dx}{dt} + \frac{\partial \mathbf{V}}{\partial y}\frac{dy}{dt} + \frac{\partial \mathbf{V}}{\partial z}\frac{dz}{dt}$$

$u = dx/dt$, $v = dy/dt$, $w = dz/dt$이므로 이를 대입하면

$$\mathbf{a} = \frac{D\mathbf{V}}{Dt} = \underset{\substack{\text{전체}\\\text{가속도}}}{\frac{\partial \mathbf{V}}{\partial t}} + \underset{\substack{\text{국소}\\\text{가속도}}}{\left(u\frac{\partial \mathbf{V}}{\partial x} + v\frac{\partial \mathbf{V}}{\partial y} + w\frac{\partial \mathbf{V}}{\partial z} \right)} \qquad (3\text{-}7)$$

를 얻을 수 있다. 식 (3-6)을 이 식에 다시 대입하여 각 방향의 가속도성분으로 나타내면 다음과 같다.

$$a_x = \frac{\partial u}{\partial t} + u\frac{\partial u}{\partial x} + v\frac{\partial u}{\partial y} + w\frac{\partial u}{\partial z}$$

$$a_y = \frac{\partial v}{\partial t} + u\frac{\partial v}{\partial x} + v\frac{\partial v}{\partial y} + w\frac{\partial v}{\partial z} \qquad (3\text{-}8)$$

$$a_z = \frac{\partial w}{\partial t} + u\frac{\partial w}{\partial x} + v\frac{\partial w}{\partial y} + w\frac{\partial w}{\partial z}$$

$\mathbf{V} = \mathbf{V}(x, y, z, t)$인 속도분포 외에 다른 상태량도 오일러 기술법으로 표현할 수 있다. 예를 들어 보일러에서 액체가 가열되는 동안에는 각 지점에 따라 상승되는 온도가 다를 것이다. 이때 유체의 온도분포를 $T = T(x, y, z, t)$라고 할 수 있다. 이 온도는 위치와 시간에 따라 변화하며 유체를 연속체라고 가정할 때 유체의 압력과 밀도 역시 위치에 따른 분포로 나타내면 $p = p(x, y, z, t)$, $\rho = \rho(x, y, z, t)$로 나타낼 수 있다. 속도장과 마찬가지로 이와 같은 장(field)의 시간변화율은 각 검사체적의 유체 시스템에서 국소변화율과 대류변화율로 나타난다.

예제 3.4

그림 3-17과 같이 밸브가 닫히고 있을 때 기름 입자가 이 노즐의 중심의 유선을 따라 흐르고 있으며 이 속도가 $V = [6(1 + 0.4x^2)(1 - 0.5t)]$ m/s이다. x와 t의 단위는 미터와 초(s)이다. 기름 입자가 $t = 1$ s일 때 $x = 0.25$ m에 있다면 이때 이 입자의 가속도를 구하시오.

풀이

유체 설명 오일러 기술법으로 표현된 속도가 시간과 공간의 함수로 되어 있으므로 이 유선을 따라 흐르는 유체입자는 비균일, 비정상유동 상태이다.

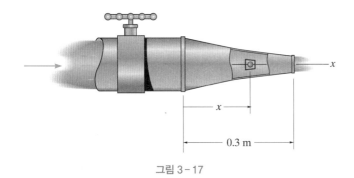

그림 3-17

해석 속도 $V=u$를 식 (3-5)나 (3-8)의 첫 번째 식에 적용하면 다음 식을 얻는다.

$$a = \frac{\partial V}{\partial t} + V\frac{\partial V}{\partial x} = \frac{\partial}{\partial t}\left[6(1+0.4x^2)(1-0.5t)\right]$$
$$+ \left[6(1+0.4x^2)(1-0.5t)\right]\frac{\partial}{\partial x}\left[6(1+0.4x^2)(1-0.5t)\right]$$
$$= \left[6(1+0.4x^2)(0-0.5)\right] + \left[6(1+0.4x^2)(1-0.5t)\right]\left[6(0+0.4(2x))(1-0.5t)\right]$$

$x=0.25$ m, $t=1$ s를 대입하여 가속도를 구하면

$$a = -3.075\ \text{m/s}^2 + 1.845\ \text{m/s}^2 = -1.23\ \text{m/s}^2 \qquad \textit{Ans.}$$

이다. 밸브가 닫히면서 유동이 감소하므로 국소가속도 성분(-3.075 m/s^2)은 음수가 된다. 따라서 $x=0.25$ m에서 이 입자의 속도가 감소한다는 것을 알 수 있고, 위치 x가 커짐에 따라 노즐의 단면이 좁아져서 속도는 빨라지므로 대류가속도 성분(1.845 m/s^2)은 양수가 된다. 결과적으로 이 두 가속도를 합한 가속도는 1.23 m/s^{2}의 감속도가 된다.

예제 3.5

2차원 유동에서 속도분포를 $\mathbf{V} = \{2x\mathbf{i} - 2y\mathbf{j}\}$ m/s라고 하자. 여기서 x와 y의 단위는 미터이다. 이 유동장의 유선을 그리고 $x=1$ m, $y=2$ m인 점에서 입자의 속도와 가속도의 크기를 구하시오.

풀이

유체 설명 속도가 시간의 함수가 아니므로 정상유동이고 유선은 변하지 않는다.

해석 각 방향의 속도는 $u=(2x)$ m/s와 $v=(-2y)$ m/s이다. 이 속도를 식 (3-1)에 적용하면

$$\frac{dy}{dx} = \frac{v}{u} = \frac{-2y}{2x}$$

이고, 변수를 분리하여 적분하면

$$\int \frac{dx}{x} = -\int \frac{dy}{y}$$
$$\ln x = -\ln y + C$$
$$\ln(xy) = C$$
$$xy = C'$$

을 얻는다. 여기서 C'은 임의의 적분상수이다. 이 상수에 여러 가지 값을 대입하면 그림 3-18a에서 보는 바와 같은 쌍곡선 형태의 유선들을 그릴 수 있다. 이 중 (1 m, 2 m) 점을 지나는 유선은 이 점의 위치를 이 식에 대입하면 $C' = (1)(2)$이고 $xy = 2$라는 식을 얻을 수 있다.

속도 (1 m, 2 m)에 위치한 검사체적을 통과하는 유체입자의 속도성분은

$$u = 2(1) = 2 \text{ m/s}$$
$$v = -2(2) = -4 \text{ m/s}$$

이므로 이 속도의 크기는

$$V = \sqrt{(2 \text{ m/s})^2 + (-4 \text{ m/s})^2} = 4.47 \text{ m/s} \qquad Ans.$$

이다. 이 속도성분의 방향을 그림 3-18a에 나타냈으며 이로부터 속도의 방향이 쌍곡선 형태의 유선을 따른다는 것을 확인할 수 있다. 다른 쌍곡선 형태의 유선에서도 속도가 이 유선을 따른다는 것을 먼저 위치를 선택하고 이 점에서의 속도를 구한 후 같은 방법으로 유선을 구해 도시하면 확인할 수 있을 것이다.

이 결과의 한 부분을 선택하여 그 유동을 보면 아주 흥미로운 점을 알 수 있다. 그림 3-18b는 유동이 수평면에 부딪친 후 좌우로 빠져나가는 유동이며 그림 3-18c는 직각의 모서리를 따라 흐르는 유동 또는 그림 3-18d처럼 모서리와 쌍곡선 형태의 한 유선 사이를 흐르는 유동이라고 할 수 있다. 이 모든 유동은 원점 (0, 0)에서 정체점을 가지며 이곳에서 속도는 $u = 2(0) = 0$, $v = -2(0) = 0$이 된다. 이 결과로부터 유체가 작은 고체 알갱이를 포함하고 있다면 이 알갱이는 원점 주위에 쌓인다는 것을 예측할 수 있다.

가속도 식 (3-8)로부터 가속도성분을 구할 수 있고 이 유동은 정상유동으로 국소 가속도는 없고 대류가속도만 존재한다.

$$a_x = \frac{\partial u}{\partial t} + u\frac{\partial u}{\partial x} + v\frac{\partial u}{\partial y} = 0 + 2x(2) + (-2y)(0) = 4x$$
$$a_y = \frac{\partial v}{\partial t} + u\frac{\partial v}{\partial x} + v\frac{\partial v}{\partial y} = 0 + 2x(0) + (-2y)(-2) = 4y$$

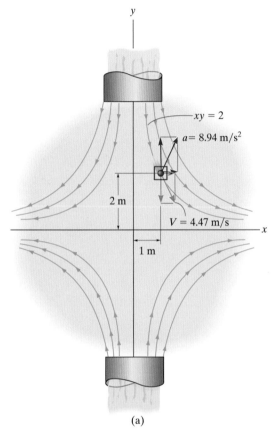

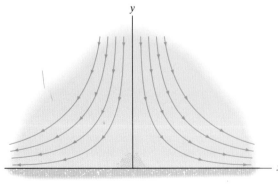

(a)

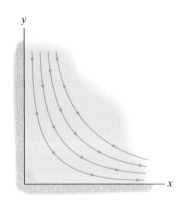

고정 평판에 부딪친 유동

(b)

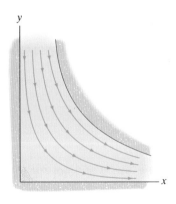

수직을 이루는
두 평판 사이의 유동

(c)

수직모서리와
쌍곡선면 사이의 유동

(d)

그림 3-18

점 (1 m, 2 m)에서 이 입자의 가속도성분은

$$a_x = 4(1) = 4 \, \text{m/s}^2$$
$$a_y = 4(2) = 8 \, \text{m/s}^2$$

이고, 그림 3-18a에서 보는 바와 같이 그 가속도의 크기는 다음과 같다.

$$a = \sqrt{(4 \, \text{m/s}^2)^2 + (8 \, \text{m/s}^2)^2} = 8.94 \, \text{m/s}^2 \qquad \textit{Ans.}$$

예제 3.6

그림 3-19와 같이 파이프의 중심을 따라 흐르는 기체 입자의 속도가 $x \geq 1$ m 구간에서 $V = (t/x)$ m/s이며 t의 단위는 초이고 x는 미터이다. 이 유동장에 있는 입자가 시간 $t=0$ 일 때 $x=1$ m에 있었다면 이 입자가 $x=2$ m에 있을 때 가속도를 구하시오.

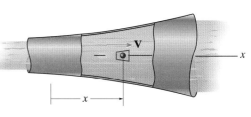

그림 3-19

풀이

유체 설명 $V = V(x, t)$이므로 유동은 비정상, 비균일유동이다.

해석 예제 3.3에서 라그랑지 기술법으로 기술된 입자의 위치와 속도를 다음과 같이 구했다.

$$x = \sqrt{t^2 + 1}$$
$$V = \frac{t}{x} = \frac{t}{\sqrt{t^2 + 1}}$$

이 입자가 $x=2$ m에 도달했을 때 시간은 $t = 1.732$ s이고 라그랑지 관점에서 속도를 시간으로 미분한 가속도는 다음과 같다.

$$a = \frac{dV}{dt} = \frac{(t^2+1)^{1/2}(1) - t\left[\dfrac{1}{2}(t^2+1)^{-1/2}(2t)\right]}{t^2+1} = \frac{1}{(t^2+1)^{3/2}}$$

따라서 $t = 1.732$ s일 때 가속도는

$$a = \frac{1}{[(1.732)^2 + 1]^{3/2}} = 0.125 \, \text{m/s}^2 \qquad \textit{Ans.}$$

이다. 이 속도분포를 물질미분한 가속도분포(오일러 기술법)를 이용하여 확인해보자. 1차원 유동이므로 식 (3-5)를 적용하여 가속도분포를 구하면 다음과 같다.

$$a = \frac{DV}{Dt} = \frac{\partial V}{\partial t} + V\frac{\partial V}{\partial x} = \frac{1}{x} + \frac{t}{x}\left(-\frac{t}{x^2}\right)$$

라그랑지 기술법으로 정의된 입자는 $t = 1.732$ s일 때 $x=2$ m의 검사체적에 도달하므로 이를 대입하면 가속도

$$a = \frac{1}{2} + \frac{1.732}{2}\left(-\frac{1.732}{2^2}\right) = 0.125 \, \text{m/s}^2 \qquad \textit{Ans.}$$

를 얻을 수 있고 두 결과는 일치한다.

3.5 유선좌표계

유체입자의 곡선 경로 또는 유선을 알고 있을 때 마치 곡관을 따라 흐르는 유동처럼 유선좌표계를 이용하여 운동을 설명할 수 있다. 이 좌표계가 어떻게 형성되는지를 보이기 위해 그림 3-20a와 같이 유선을 따라 이동하는 유체입자를 생각해보자. 이 유선 위에 한 점을 이 좌표계의 원점으로 설정한 후 이 점에서 접선방향의 좌표축을 s축이라 하고 입자가 이동하는 방향을 양의 방향으로 정하고 이 양의 s 방향의 단위벡터를 $\mathbf{u}_s$라고 하자. 수직축 n은 그림 3-20b에서 보는 바와 같이 검사체적에서 s축에 수직인 축이며, 경로를 따르는 호 ds의 곡선의 중심 O'을 향하는 방향이 양의 방향이다. 곡선에서 항상 오목한 곳에 있는 이 양의 방향의 단위벡터를 $\mathbf{u}_n$이라고 하자. 이런 방법으로 s와 n축을 만들고 이 좌표축의 함수로 검사체적을 통과하는 유체입자의 속도와 가속도를 나타낼 수 있다.

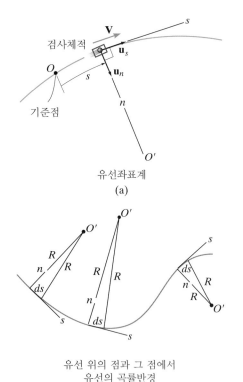

유선좌표계
(a)

유선 위의 점과 그 점에서
유선의 곡률반경
(b)

속도   입자의 속도 $\mathbf{V}$의 방향은 항상 그림 3-20a과 같이 그 경로의 접선방향인 양의 s 방향을 가지므로 속도는

$$\mathbf{V} = V\mathbf{u}_s \tag{3-9}$$

가 되며 $V = V(s, t)$이다.

가속도   가속도는 속도의 시간변화율이므로 물질미분으로 이를 정의하면 그림 3-20c와 같이 속도의 국소변화와 공간적으로 Δs만큼 이동할 때 속도변화인 대류변화로 나타낼 수 있다.

국소변화   비정상유동의 경우 dt만큼의 시간이 진행되는 동안에 이 검사체적 안에서 입자 속도의 국소변화(local change)가 발생한다. 이 국소변화는 다음과 같은 가속도성분으로 나타난다.

$$a_s\Big|_{\text{local}} = \left(\frac{\partial V}{\partial t}\right)_s$$

$$a_n\Big|_{\text{local}} = \left(\frac{\partial V}{\partial t}\right)_n$$

예를 들어, 어떤 한 점에서 유선(접선)방향의 가속도성분 $(\partial V/\partial t)_s$는 밸브의 개폐에 의한 유속이 증감하는 파이프 유동에서 속력과 같은 의미를 가지며 이 검사체적 안의 입자속도의 크기는 시간에 따라 증가 또는 감소한다. 또한 수직방향 성분의 국소가속도 $(\partial V/\partial t)_n$은 그림 3-21의 스프링클러처럼 파이프가 회전할 때 생성되는 가속도이며 이로 인하여 검사체적 안의 입자의 속도와 유선의 방향이 시간에 따라 변한다.

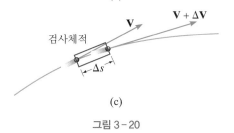

(c)

그림 3-20

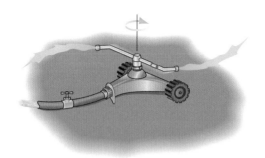

그림 3-21

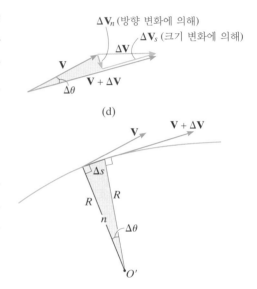

(d)

(e)

그림 3-20 (계속)

대류변화 입자의 속도는 그림 3-20c에서처럼 검사표면의 입구에서 출구로 Δs 만큼 이동할 때 속도가 변한다. 그림 3-20d의 $\Delta \mathbf{V}_s$는 속도 $\mathbf{V}$의 크기의 대류변화 (convective change)를 나타내며 이 변화량은 그림 3-22의 축소관(또는 노즐)을 따라 흐를 때처럼 속력이 커지기도 하고 확대관을 따라 흐를 때 속력이 작아지기도 한다. 두 경우 모두 비균일유동이며, s 방향의 대류가속도는 다음과 같다.

$$a_s \Big|_{\text{conv}} = \lim_{\Delta t \to 0} \frac{\Delta V_s}{\Delta t} = \lim_{\Delta t \to 0} \frac{\Delta s}{\Delta t}\frac{\Delta V_s}{\Delta s} = V\frac{\partial V}{\partial s}$$

그림 3-20d의 수직방향 성분 $\Delta \mathbf{V}_n$은 $\mathbf{V}$의 방향 변화에 따른 속도 변화이며 입자의 이동 또는 검사체적을 통과하는 대류적 흐름으로 인해 속도가 어떻게 '스윙'하는지를 보여준다. $\mathbf{V}$는 항상 경로의 접선방향이므로 $\mathbf{V}$와 $\mathbf{V}+\Delta \mathbf{V}$ 사이의 아주 작은 각도 변화인 $\Delta\theta$는 그림 3-20d에서 보는 바와 같이 $\Delta\theta=\Delta s/R$(그림 3-20e)이며, 또한 $\Delta\theta=\Delta V_n/V$ (그림 3-20d)이기도 하다. 결과적으로 이 둘의 관계로부터 $\Delta V_n=(V/R)\Delta s$임을 알 수 있다. 따라서 n 방향의 대류가속도는 다음과 같다.

$$a_n \Big|_{\text{conv}} = \lim_{\Delta t \to 0}\left(\frac{\Delta V_n}{\Delta t}\right)_{\text{conv}} = \frac{V}{R}\lim_{\Delta t \to 0}\frac{\Delta s}{\Delta t} = \frac{V^2}{R}$$

이는 입자가 검사체적의 입구에서 출구로 이동하면서 그 속도의 방향이 변화하는 그림 3-22의 곡관에서 나타나는 속도성분의 전형적인 예이다.

가속도의 합 앞에서 구한 국소변화와 대류변화를 모두 합하여 유선과 수직방향의 가속도 성분으로 나타내면 다음과 같다.

$$a_s = \left(\frac{\partial V}{\partial t}\right)_s + V\frac{\partial V}{\partial s} \tag{3-10}$$

$$a_n = \left(\frac{\partial V}{\partial t}\right)_n + \frac{V^2}{R} \tag{3-11}$$

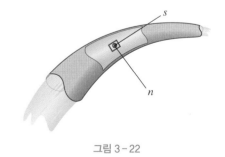

그림 3-22

요약하면, 이 식의 오른쪽 첫 번째 항은 비정상유동에 의한 속도 크기와 방향의 국소변화이며 두 번째 항은 비균일유동에 의한 속도 크기와 방향의 대류변화이다.

- 유동의 라그란지 기술법으로 속도가 표현되어 있을 때 입자의 가속도는 일반적인 시간미분으로 결정되며 속도는 $\mathbf{V} = \mathbf{V}(t)$와 같이 정의되며 가속도 $\mathbf{a} = d\mathbf{V}/dt$이다.
- 물질미분은 오일러 기술법으로 표현된 유동의 속도장 $\mathbf{V} = \mathbf{V}(x, y, z, t)$가 주어져 있을 때 입자의 가속도를 구하는 경우 이용된다. 이것은 검사체적에서 비정상유동의 경우 나타나는 시간 변화에 의한 **국소변화**와 비균일유동에서 나타나는 검사체적의 입구에서 출구로 이동하는 입자의 위치 변화로 나타나는 **대류변화**로 구성되어 있다.
- 유선좌표계는 유선 위의 어떤 한 점에 만들어지고 흐름방향을 양의 방향으로 하는 유선의 접선방향인 s축과 그 유선의 곡률반경의 원점을 향하는 s축에 수직인 n축으로 구성되어 있다.
- 유체입자의 속도는 항상 $+s$ 방향으로 이동한다.
- 가속도의 **s 방향 성분**은 속도의 **크기 변화**를 나타내며 이는 국소적 시간변화율 $(\partial V/\partial t)_s$ (비정상유동)와 대류변화율인 $V(\partial V/\partial s)$(비균일유동)의 합이다.
- 가속도의 **n 방향 성분**은 속도의 **방향 변화**를 나타내며 이는 국소적 시간변화율 $(\partial V/\partial t)_n$ (비정상유동)과 대류변화율인 V^2/R (비균일유동)의 합이다

연기의 입자를 이용하여 나타낸 유선으로 자동차 차체 주위를 따라 흐르는 공기 유동의 가시화
(© culture-images GmbH/Alamy Stock Photo)

예제 3.7

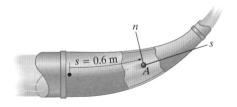

그림 3-23

그림 3-23의 곡관을 따라 흐르는 유동장의 유선에서 입자 속도가 $V = (0.4s^2)e^{-0.4t}$ m/s 라고 하자. 여기서 s의 단위는 미터이고 t는 초이다. $t = 1$ s일 때 $s = 0.6$ m인 A점에 있는 유체입자의 가속도의 크기를 구하시오. 점 A에서 유선의 곡률반경은 $R = 0.5$ m이다.

풀이

유체 설명 오일러 기술법에서 운동은 공간과 시간의 함수로 나타나므로 비균일, 비정상유동이다.

유선방향 가속도성분 가속도의 유선방향 성분은 식 (3-10)을 이용하여 그 속도의 크기의 변화율을 구하면 다음과 같다.

$$a_s = \left(\frac{\partial V}{\partial t}\right)_s + V\frac{\partial V}{\partial s}$$

$$= \frac{\partial}{\partial t}\left[(0.4s^2)e^{-0.4t}\right] + \left[(0.4s^2)e^{-0.4t}\right]\frac{\partial}{\partial s}\left[(0.4s^2)e^{-0.4t}\right]$$

$$= 0.4s^2(-0.4e^{-0.4t}) + (0.4s^2)e^{-0.4t}(0.8s\,e^{-0.4t})$$

$$= 0.4(0.6\text{ m})^2\left[-0.4\,e^{-0.4(1\text{ s})}\right] + (0.4)(0.6\text{ m})^2e^{-0.4(1\text{ s})}\left[0.8(0.6\text{ m})e^{-0.4(1\text{ s})}\right]$$

$$= -0.00755\text{ m/s}^2$$

수직방향 가속도성분 곡관이 회전하지 않기 때문에 유선도 회전하지 않는다. 따라서 A점에서 n축의 방향은 고정되어 있고 n축을 따르는 속도방향의 변화는 없다. 식 (3-11)을 적용하면 n 방향의 대류변화만을 가진다.

$$a_n = \left(\frac{\partial V}{\partial t}\right)_n + \frac{V^2}{R} = 0 + \frac{\left[0.4(0.6\text{ m})^2e^{-0.4(1\text{ s})}\right]^2}{0.5}$$

$$= 0.01863\text{ m/s}^2$$

가속도 따라서 가속도의 크기는 다음과 같다.

$$a = \sqrt{a_s^2 + a_n^2} = \sqrt{(-0.00755\text{ m/s}^2)^2 + (0.01863\text{ m/s}^2)^2}$$

$$= 0.0201\text{ m/s}^2 = 20.1\text{ mm/s}^2 \qquad \textit{Ans.}$$

참고문헌

1. D. Halliday, et. al, *Fundamentals of Physics*, 7th ed., J. Wiley and Sons, Inc., N.J., 2005.

2. W. Merzkirch, *Flow Visualization*, 2nd ed., Academic Press, New York, NY, 1897.

3. R. C. Baker, *Introductory Guide to Flow Measurement*, 2nd ed., John Wiley, New York, NY, 2002.

4. R. W. Miller, *Flow Measurement Engineering Handbook*, 3rd ed., McGraw-Hill, New York, NY, 1997.

5. G. S. Settles, *Schlieren and Shadowgraph Techniques: Visualizing Phenomena in Transport Media*, Springer, Berlin, 2001.

기초문제

모든 기초문제의 풀이는 이 책의 뒤에 나와 있다.

3.1 – 3.3절

F3-1   2차원 유동장에서 속도가 $u = (0.25x)$ m/s, $v = (2t)$ m/s이며 x의 단위는 미터, t의 단위는 초이다. 유체입자가 $t = 0$일 때 (2 m, 6 m) 지점을 통과한다고 할 때 $t = 2$ s일 때 이 입자의 위치 (x, y)를 구하시오.

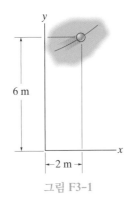

그림 F3-1

F3-2   어떤 유동장의 x, y 방향의 속도성분이 각각 $u = (2x^2)$ m/s와 $v = (8y)$ m/s이며 x와 y의 단위는 미터이다. (2 m, 3 m) 지점을 통과하는 유선의 방정식을 구하시오.

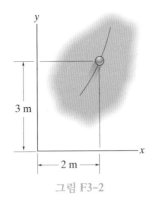

그림 F3-2

3.4절

F3-3   노즐로부터 분사되는 물의 유동에서 노즐의 중심을 지나는 유선을 따라 운동하는 유체입자의 속도분포가 $V = (200x^3 + 10t^2)$ m/s이며 t의 단위는 초이고 x의 단위는 미터이다. 시간 $t = 0.2$ s일 때 $x = 0.1$ m를 지나는 유체입자의 가속도를 구하시오.

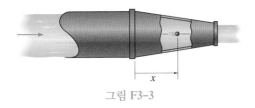

그림 F3-3

F3-4 x축을 따라 흐르는 다이옥시톨(dioxitol)의 속도가 $u = 3(x + 4)$이며 x의 단위는 미터이다. $x = 100$ mm 위치에서 유체입자의 가속도를 구하시오. 또한 $t = 0$일 때 $x = 0$에서 출발한 유체입자가 $t = 0.02$ s일 때 위치는 어디인가?

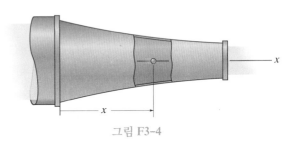

그림 F3-4

F3-5   어떤 유동장의 x, y 방향의 속도성분이 $u = (3x + 2t^2)$ m/s와 $v = (2y^3 + 10t)$ m/s이며 x와 y의 단위는 미터이고 t의 단위는 초이다. 시간 $t = 2$ s일 때 $x = 3$ m, $y = 1$ m 위치에 있는 유체입자의 국소 및 대류가속도의 크기를 구하시오.

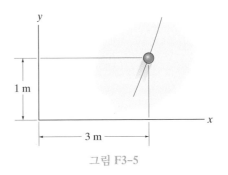

그림 F3-5

3.5절

F3-6   곡관을 따라 흐르는 정상상태의 유동이 있다. 곡관의 중심을 지나는 유선을 따라 운동하는 유체입자의 속도가 $V = (20s^2 + 4)$ m/s이며 s의 단위는 미터이다. 점 A에 있는 유체입자의 가속도의 크기를 구하시오.

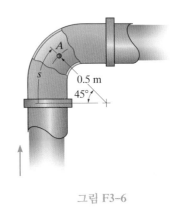

그림 F3-6

F3-7   평균 속도가 3 m/s인 곡관을 따라 흐르는 유동이 있다. 곡관의 중심을 지나는 유선을 따라 운동하는 물 입자의 가속도의 크기를 구하시오.

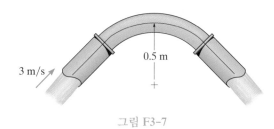

3 m/s

0.5 m

그림 F3-7

F3-8   곡관의 중심을 지나는 유선을 따라 흐르는 유동의 속도가 $V = (20s^2 + 1000t^{3/2} + 4)$ m/s이며 s의 단위는 미터이고 t의 단위는 초

이다. 시간 $t = 0.02$ s일 때 $s = 0.3$ m인 점 A를 지나는 유체입자의 가속도의 크기를 구하시오.

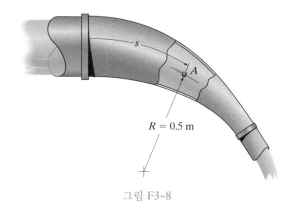

s

A

$R = 0.5$ m

그림 F3-8

연습문제

매 네 번째 문제를 제외한 모든 연습문제의 답은 이 책의 뒤에 나와 있다.

3.1 - 3.3절

*E3-1 $V = \{2y^2\,\mathbf{i} + 4\,\mathbf{j}\}$ m/s인 유동장에 있는 입자가 있다. 여기서 x, y의 단위는 미터이다. 점 (1 m, 2 m)를 지나는 유선의 방정식과 이 점에서 입자의 속도를 구하고 유선을 그리시오.

E3-2 $u = 10$ m/s, $v = -3$ m/s인 유동장에 (2 m, 1 m) 점에 금속 조각을 띄었다. 이 입자가 그리는 유선과 유맥선, 그리고 유적선을 그리시오.

E3-3   액체의 속도가 $\mathbf{V} = \{(5y^2 - x)\mathbf{i} + (3x + y)\mathbf{j}\}$ m/s인 2차원 유동장이 있다. 여기서 x, y의 단위는 미터이다. (5 m, −2 m)에 위치한 입자의 속도의 크기를 구하고, x축으로부터 반시계방향으로 각도를 측정한 방향을 구하시오.

*E3-4   속도가 $u = (2x^2 + 1)$ m/s, $v = (xy)$ m/s인 유동장이 있다. 여기서 x, y의 단위는 미터이다. (3 m, 1 m) 점을 지나는 유선의 방정식과 이 점에 위치한 입자의 속도를 구하고 유선을 그리시오.

E3-5   2차원 유동 속도가 $\mathbf{V} = [(4x)\mathbf{i} - (2y + 1.x)\mathbf{j}]$ m/s이며 x와 y의 단위는 미터이다. (1 m, 2 m) 점에 있는 유체입자의 속도의 크기와 x축을 기준으로 반시계방향의 각도로 그 방향을 구하시오.

E3-6   2차원 유동 속도가 $\mathbf{V} - [(2x + 1)\mathbf{i} - (y + 3x)\mathbf{j}]$ m/s이며 x와 y의 단위는 미터이다. (2 m, 3 m) 점에 있는 유체입자의 속도의 크기와 x축을 기준으로 반시계방향의 각도로 그 방향을 구하시오.

E3-7   일정한 속도 $u = 0.5$ m/s로 바람이 불고 있는 공기 중의 풍선이 이 바람을 따라 이동한다. 또한 이 풍선은 부력과 더운 공기의 영향으로 $v = (0.8 + 0.6y)$ m/s의 속도로 상승하고 있다. 이 풍선의 유선의 방정식을 구하고 유선을 그리시오. 여기서 x와 y의 단위는 미터이다.

*E3-8   일정한 속도 $u = (0.8x)$ m/s로 바람이 불고 있는 공기 중의 (1 m, 0) 지점에 띄운 풍선이 이 바람을 따라 이동한다. 또한 이 풍선은 부력과 더운 공기의 영향으로 $v = (1.6 + 0.4y)$ m/s의 속도로 상승하고 있다. 이 풍선의 유선의 방정식을 구하고 유선을 그리시오. 여기서 x와 y의 단위는 미터이다.

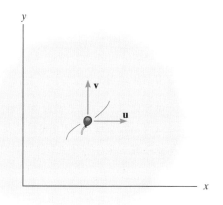

y

$\mathbf{v}$

$\mathbf{u}$

x

그림 E3-7/8

E3-9 2차원 유동장의 액체의 속도가 $\mathbf{V} = [(x+2y^2)\mathbf{i} + (2x^2-3y)\mathbf{j}]$ m/s이며 x와 y의 단위는 미터이다. (-2 m, 2 m) 점에 있는 유체입자의 속도의 크기와 x축을 기준으로 반시계방향의 각도로 그 방향을 구하시오.

E3-10 2차원 유동장의 입자의 속도가 $\mathbf{V} = \left[\frac{1}{16}y^3\mathbf{i} + 6\mathbf{j}\right]$ m/s이며 x와 y의 단위는 미터이다. (3 m, 4 m) 점을 통과하는 유선의 방정식과 이 점에서 유체입자의 속도를 구하고 유선을 그리시오.

E3-11 유동장의 입자의 속도가 $u=(2+y)$ m/s, $v=(2y)$ m/s이며 x와 y의 단위는 미터이다. (3 m, 2 m) 점을 통과하는 유선의 방정식과 이 점에서 유체입자의 속도를 구하고 유선을 그리시오.

*E3-12 회전하고 있는 유동장의 속도분포가 $u=(6-3x)$ m/s, $v=2$ m/s이며 x의 단위는 미터이다. $0 \le x < 2$ m 구간에서 원점을 지나는 유선을 그리시오.

E3-13 유선의 방정식 $y^3 = 8x-12$를 따라 이동하는 유체입자가 있다. $x=1$ m를 지날 때 이 입자의 속도가 5 m/s라면 이 점에서 두 방향의 속도성분을 구하고 유선 위에 속도를 그리시오.

E3-14 기름의 속도분포가 $\mathbf{V}=(0.5y^2\mathbf{i} + 2\mathbf{j})$ m/s인 유동장이 있다. 여기서 y의 단위는 미터이다. (1 m, 3 m) 점을 지나는 유선의 방정식은 무엇인가? 이 입자가 $t=0$일 때 이 점에 있었다면 $t=2$ s일 때는 어떤 위치에 있는지 구하시오.

E3-15 속도분포가 $\mathbf{V}=[(y^2-6)\mathbf{i} + (2x+3)\mathbf{j}]$ m/s인 2차원 유동장이 있다. 여기서 x와 y의 단위는 미터이다. (2 m, 4 m) 점을 지나는 유선과 이 점에서의 속도를 구하고 이 유선 위에 속도를 그리시오.

*E3-16 회전하는 유동의 속도가 $u=\left(3-\frac{1}{2}x\right)$ m/s, $v=4$ m/s이며 x와 y의 단위는 미터이다. 원점을 지나는 유선을 $0 \le x < 6$ m 구간에서 그리시오.

E3-17 휘발유의 속도가 $u=\left(\frac{8}{y}\right)$ m/s, $v=(2x)$ m/s인 유동장이 있다. 여기서 x와 y의 단위는 미터이다. (2 m, 4 m) 점을 지나는 유선의 방정식을 구하고 유선을 그리시오.

E3-18 유선의 방정식 $y^2+3=2x$를 따라 이동하는 유체입자가 있다. $x=3$ m, $y=\sqrt{3}$ m를 지날 때 이 입자의 속도가 3 m/s라면 이 점에서 속도성분을 구하고 유선 위에 속도를 그리시오.

E3-19 물의 운동 속도가 $u=5$ m/s, $v=8$ m/s인 유동장에 금속 조각을 원점 ($0, 0$)에 놓았다. 이 금속 조각의 유선과 유적선을 그리시오.

*E3-20 시간이 $0 \le t < 10$ s인 구간에서 속도성분이 $u=-2$ m/s, $v=3$ m/s이고 10 s $< t \le 15$ s인 구간에서 속도성분이 $u=5$ m/s, $v=-2$ m/s인 물의 유동장이 있다. 시간 $t=0$일 때 원점에 유체입자를 놓았다. 이 입자의 유선과 유적선을 그리시오.

E3-21 어떤 유체의 x, y 방향 속도성분이 $u=(3x^2+1)$ m/s, $v=(4txy)$ m/s이며 x와 y의 단위는 미터이고 t의 단위는 초이다. $t=1$ s와 $t=1.5$ s일 때 (1 m, 3 m) 점을 지나는 두 유선을 구하고 $0 \le x \le 5$ m 구간에서 유선을 그리시오.

E3-22 어떤 유체의 x, y 방향 속도성분이 $u=[30/(2x+1)]$ m/s, $v=(2ty)$ m/s이며 x와 y의 단위는 미터이고 t의 단위는 조이다. $t=2$ s일 때 (2 m, 6 m) 점을 지나는 두 유선을 구하고 $0 \le x \le 4$ m 구간에서 유선을 그리시오.

E3-23 속도가 $u=(0.9x)$ m/s, $v=(1.8y)$ m/s인 유동장이 있다. x와 y의 단위는 미터이다. (1 m, 2 m) 점을 지나는 유선의 방정식을 구하고 유선을 그리시오.

3.4절

*E3-24 속도가 $u=(3x^2-4y)$ m/s, $v=(6xy)$ m/s인 유동장이 있다. x와 y의 단위는 미터이다. (1 m, 2 m) 점을 통과하는 입자의 속도와 가속도를 구하시오.

E3-25 속도분포가 $\mathbf{V}=\{2x\mathbf{i}+5\mathbf{j}\}$ m/s인 유동장이 있다. 여기서 x와 y의 단위는 미터이다. (2 m, 1 m) 점을 통과하는 입자의 속도와 가속도, 이 점을 통과하는 유선의 방정식을 구하시오. 그리고 이 점에서 가속도와 속도를 유선 위에 나타내시오.

E3-26 기름이 흐르는 유동장에서 속도가 $u=(3y)$ m/s, $v=(0.6t^2+2)$ m/s이며 t의 단위는 초이고 y의 단위는 미터이다. 시간 $t=0$일 때 입자가 원점에 있었다면 $t=2$ s일 때 이 입자의 위치와 가속도를 구하시오.

E3-27 속도가 $u=\left(\frac{1}{4}y^2\right)$ m/s, $v=\left(\frac{1}{16}x^2y\right)$ m/s인 유동장이 있다. 여기서 x와 y의 단위는 미터이다. (2 m, 3 m) 점을 통과하는 유선의 방정식과 가속도를 구하시오. 이 유동은 정상인가 아니면 비정상인가?

*E3-28 리듀서의 중심선을 따라 흐르는 기름 유동에서 유체입자의 속도 $V=(60xt+3)$ m/s이고 여기서 x의 단위는 미터이고 t의 단위는 초이다. 시간 $t=0.3$ s일 때 $x=400$ mm에 도달한 입자의 가속도를 구하시오.

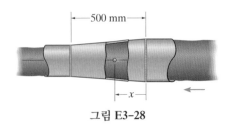

그림 E3-28

E3-29   어떤 유체의 속도성분이 $u=(0.5y)$ m/s, $v=(-0.3x)$ m/s이며 x와 y의 단위는 미터이다. (4 m, 3 m) 점을 통과하는 이 입자의 속도와 가속도의 크기, 이 점을 통과하는 유선의 방정식을 구하시오. 그리고 이 점에서 유선 위에 속도와 가속도를 나타내시오.

E3-30   파이프의 중심을 지나는 유선을 따라 흐르는 기체 유동의 속도는 $u=(10x^2+200t+6)$ m/s이며 x의 단위는 미터이고 t의 단위는 초이다. 시간 $t=0.01$ s일 때 노즐의 출구 끝인 점 A를 지나는 유체입자의 가속도를 구하시오.

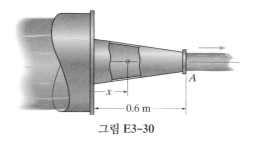

그림 E3-30

E3-31   속도성분이 $u=(0.4x^2+2t)$ m/s, $v=(0.8x+2y)$ m/s인 유동이 있다. 여기서 x와 y의 단위는 미터이고 t의 단위는 초이다. 시간 $t=3$ s일 때 $x=2$ m, $y=1$ m에 도달한 입자의 속도와 가속도를 구하시오.

*E3-32   속도성분이 $u=(6x^2-3y^2)$ m/s, $v=(4xy+y)$ m/s인 유동이 있다. 여기서 x와 y의 단위는 미터이다. (2 m, 2 m)에 위치한 입자의 속도와 가속도의 크기를 구하시오.

E3-33   속도성분이 $u=(x^2yt)$ m/s, $v=(4x-2t)$ m/s인 유동이 있다. 여기서 x와 y의 단위는 미터이고 t의 단위는 초이다. 시간 $t=2$ s일 때 (0.3 m, 0.4 m) 점을 통과하는 입자의 가속도의 크기를 구하시오.

E3-34   수평한 덕트의 중심을 따라 흐르는 균일한 공기 유동의 속도가 $V=\left(\frac{1}{4}t^3+3\right)$ m/s이고 여기서 t의 단위는 초이다. 시간 $t=3$ s일 때 이 유동의 가속도를 구하시오.

E3-35   속도성분이 $u=(3xy)$ m/s, $v=(2y)$ m/s인 유동이 있다. 여기서 x와 y의 단위는 미터이다. (2 m, 1 m) 점을 통과하는 유선의 방정식과 이 점에서 입자의 가속도를 구하시오. 이 유동은 정상인가 아니면 비정상인가?

*E3-36   리듀서의 중심선을 따라 흐르는 기름 유동에서 유체입자의 속도는 $V=(4x+20t+2)$ m/s이고 여기서 x의 단위는 미터이고 t의 단위는 초이다. 시간 $t=0.2$ s일 때 $x=400$ mm에 도달한 입자의 가속도를 구하시오.

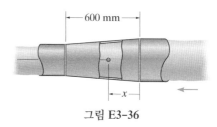

그림 E3-36

E3-37   덕트를 따라 흐르는 공기 유동의 속도분포가 $u=(2x^2+8)$ m/s, $v=(-8x)$ m/s이며 x의 단위는 미터이다. 원점 (0, 0)과 (1 m, 0) 점에서 유체입자의 가속도를 구하고 이 두 점을 지나는 유선을 그리시오.

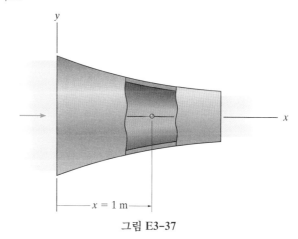

그림 E3-37

E3-38   테이퍼관의 중심선을 따라 흐르는 휘발유의 속도가 $u=(4tx)$ m/s이며 t의 단위는 초이고 x의 단위는 미터이다. $t=0.1$ s일 때 속도가 $u=0.8$ m/s라면 $t=0.8$ s일 때 이 유체입자의 가속도를 구하시오.

E3-39   어떤 유동장의 속도분포가 $u=(2y^2)$ m/s, $v=(8xy)$ m/s이며 x와 y의 단위는 미터이다. (1 m, 2 m) 점을 지나는 유선의 방정식을 구하고 이 점에 있는 유체입자의 가속도를 구하시오. 이 유동은 정상인가 아니면 비정상인가?

*E3-40   밸브가 닫히는 동안 노즐의 중심을 지나는 유선을 따라 흐르는 기름 유동의 속도가 $V=3(0.5+0.8x^2)(6-2t)$ m/s이며 x의 단위는 미터, t의 단위는 초이다. 시간 $t=2$ s일 때 $x=0.2$ m에 있는 기름 입자의 가속도를 구하시오.

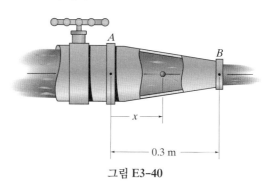

그림 E3-40

E3-41   어떤 유체의 속도성분이 $u = (5y^2)$ m/s, $v = (4x - 1)$ m/s이며 x와 y의 단위는 미터이다. (1 m, 1 m) 점을 통과하는 유선의 방정식을 구하고, 이 점에 있는 유체입자의 가속도성분을 구하시오. 또 유선 위에 가속도를 그리시오.

E3-42   덕트의 중심을 따라 흐르는 공기 유동의 속력이 $V_A = 8$ m/s에서 $V_B = 2$ m/s로 선형적으로 감소하고 있다. 덕트를 따라 흐르는 수평유동의 속도와 가속도를 위치 x의 함수로 나타내시오. 그리고 시간 $t = 0$일 때 $x = 0$에 위치한 유체입자의 위치 변화를 시간의 함수로 나타내시오.

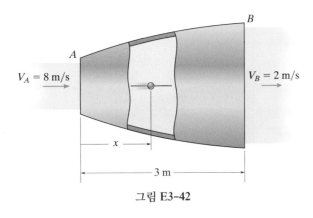

그림 E3-42

E3-43   어떤 유동장의 속도가 $\mathbf{V} = \{4y\mathbf{i} + 2x\mathbf{j}\}$ m/s이며 x와 y의 단위는 미터이다. (2 m, 1 m) 점을 지나는 유체입자의 속도와 가속도의 크기를 구하시오. 그리고 이 점을 지나는 유선의 방정식을 구하고 유선 위의 이 점에서 속도와 가속도를 나타내시오.

*E3-44   어떤 유동장의 속도가 $\mathbf{V} = \{4x\mathbf{i} + 2\mathbf{j}\}$ m/s이며 x의 단위는 미터이다. (1 m, 2 m) 점을 지나는 유체입자의 속도와 가속도의 크기를 구하시오. 그리고 이 점을 지나는 유선의 방정식을 구하고 유선 위의 이 점에서 속도와 가속도를 나타내시오.

E3-45   유체가 $u = (8t^2)$ m/s, $v = (7y + 3x)$ m/s인 속도성분을 가지고 있으며 x와 y의 단위는 미터이고 t의 단위는 초이다. 시간 $t = 2$ s일 때 (1 m, 1 m) 점을 지나는 유체입자의 속도와 가속도를 구하시오.

E3-46   어떤 유동장의 속도가 $u = (2x^2 - y^2)$ m/s, $v = (-4xy)$ m/s이며 x와 y의 단위는 미터이다. (1 m, 1 m) 점을 지나는 유체입자의 속도와 가속도의 크기를 구하시오. 그리고 이 점을 지나는 유선의 방정식을 구하고 유선 위의 이 점에서 속도와 가속도를 나타내시오.

E3-47   유체가 $u = (2x)$ m/s, $v = (2y)$ m/s인 속도를 가지고 있으며 x와 y의 단위는 미터이다. (0.6 m, 0.3 m) 점을 지나는 유선의 방정식을 구하고, 이 점에서 유체입자의 가속도를 구하시오. 이 유동은 정상유동인가 아니면 비정상유동인가?

3.5절

*E3-48   유체입자는 $u = (2x)$ m/s, $v = (4y)$ m/s인 속도성분을 가지며 x와 y의 단위는 미터이다. (2 m, 1 m) 점의 유체입자의 가속도와 이 점을 통과하는 유선의 방정식을 구하시오.

E3-49   유체입자는 $u = (4xy)$ m/s, $v = (2y)$ m/s인 속도성분을 가지며 x와 y의 단위는 미터이다. (2 m, 1 m) 점에서 유선방향과 수직방향 성분의 가속도의 크기를 구하시오.

E3-50   원형의 유선을 따라 3 m/s^{2}로 가속되어 3 m/s의 속도를 갖는 입자가 있다. 이 입자의 가속도를 구하고 유선 위에 이 가속도를 나타내시오.

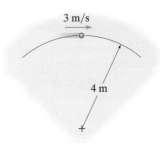

그림 E3-50

E3-51   물이 방수로를 따라 정상유동하는 동안 곡률반경이 16 m인 유선을 따라 흐르는 물 입자가 있다. 이 입자가 3 m/s^{2}로 가속될 때 점 A에서 이 입자의 속력이 5 m/s라면 이 입자의 가속도의 크기를 구하시오.

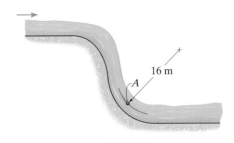

그림 E3-51

*E3-52   유체 유동에서 어떤 한 점에 위치한 유체입자의 속도성분이 $u = -2$ m/s, $v = 3$ m/s이고 가속도성분은 $a_x = -1.5$ m/s^2, $a_y = -2$ m/s^{2}이다. 이 입자의 유선방향과 수직방향 성분의 가속도의 크기를 구하시오.

E3-53   배수구로 향하는 반경방향의 속도성분이 $V = (-3/r)$ m/s인 물 유동이 있다. 여기서 r의 단위는 미터이다. $r = 0.5$ m, $\theta = 20°$ 점에 있는 유체입자의 가속도를 구하시오.

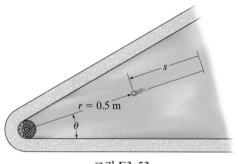

그림 E3-53

E3-54 공기가 전면이 원형인 물체의 표면을 따라 흐르고 있다. 이 면으로부터 상류에서 정상흐름의 속도가 4 m/s라면 이 면을 따라 흐르는 속도는 $V = (16 \sin \theta)$ m/s라고 할 수 있다. $\theta = 30°$ 점에 위치한 입자의 유선방향과 수직방향 성분의 가속도를 구하시오.

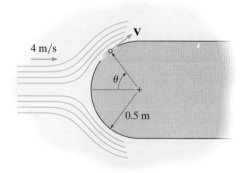

그림 E3-54

E3-55 토네이도의 유동을 부분적으로 자유 와류인 $V = k/r$로 나타낼 수 있다. 이 유동이 반경 $r = 3$ m에서 $V = 18$ m/s인 정상유동이라고 가정할 때 $r = 9$ m인 유선을 따라 유동하는 유체입자의 가속도의 크기를 구하시오.

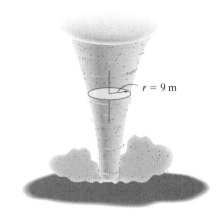

그림 E3-55

3장 복습

층류유동은 유체가 유동할 때 얇은 층을 유지하여 완곡한 경로를 따라 흐를 때 생성된다.

난류유동은 매운 불규칙한 유동으로, 유체입자가 혼합되어 층류보다 더 큰 내부마찰이 발생한다.

시간에 따라 그 유동이 변화하지 않는 유동을 정상유동이라 한다.

위치에 따라 그 유동에 변화가 없는 유동을 균일유동이라고 한다.

유선은 어떤 순간에 유체입자가 위치한 지점에서 입자의 속도의 방향을 보여주는 곡선이다.

$$\frac{dy}{dx} = \frac{v}{u}$$

유적선은 어느 일정 시간 동안 유체입자의 이동경로를 보여주는 선으로, 노출을 지속시킨 촬영으로 가시화할 수 있다.

유맥선은 동일한 원점에서 나오는 모두 표시된 입자들을 연결한 선이다. 예를 들어 동일한 지점에서 분출되는 연기나 염색액이 그리는 선이며 어떤 순간에 찍은 사진을 통해 모든 표시된 입자들의 경로를 보여준다.

정상유동에서 유선, 유적선, 유맥선은 모두 일치하여 동일한 선으로 나타난다.

라그란지 기술법은 유동장에서 운동하는 단일 유체입자의 운동을 기술한다.

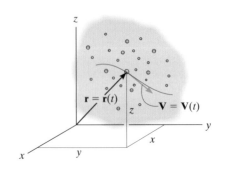

오일러 기술법은 유동장의 특정 영역(또는 검사체적)에서 이 영역을 지나는 모든 입자들의 운동이나 유체 물성을 계산하는 기법이다.

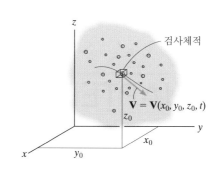

오일러 기술법으로 속도분포 $\mathbf{V} = \mathbf{V}(x, y, z, t)$를 정의하면 가속도는 국소가속도와 대류가속도 성분으로 나타난다. **국소가속도**는 검사체적에서 **시간 변화에 대한 속도의 변화율**을 의미하며 검사체적의 입구와 출구를 지날 때 입자의 속도변화, 즉 **공간적 변화에 대한 속도의 변화는 대류가속도**이다.

$$a = \frac{D\mathbf{V}}{Dt} = \frac{\partial \mathbf{V}}{\partial t} + \left(u\frac{\partial \mathbf{V}}{\partial x} + v\frac{\partial \mathbf{V}}{\partial y} + w\frac{\partial \mathbf{V}}{\partial z} \right)$$

전체　　　국소　　　　　　　대류
가속도　　가속도　　　　　　가속도

유선좌표계 s, n은 좌표원점을 유선 위의 한 점에 설정하고 s축은 유선의 접선을 따라 유체의 흐름방향을 양의 방향으로 한다. 수직축 n은 유선의 곡률반경의 원점을 향하는 축이다.

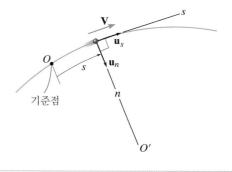

CHAPTER 4

Maximilian Stock Ltd./Science Source

화학공정에서 여러 가지 관을 따라 흐르는 유동은 질량보존 법칙을 적용하여 해석한다.

질량보존 법칙

학습목표

- 도관에서 평균 속도와 체적 및 질량유량을 어떻게 정의하는지 보인다.
- 레이놀스 수송이론을 이용하여 라그랑지와 오일러 기술법에서 유체의 거동의 관계를 보이고 이를 통해서 유한한 검사체적에서 개념을 정의한다.
- 레이놀즈 수송이론을 이용하여 질량보존 법칙을 의미하는 연속방정식을 유도한다.

4.1 체적유량과 질량유량, 그리고 평균 속도

이 장에서 검사체적을 질량보존 법칙에 확장 적용하여 활용해보고자. 먼저 유체 흐름을 단위시간의 질량과 체적으로 설명할 수 있도록 좀 더 정확한 정량적인 양을 정의해보고자 한다.

체적유량 어떤 단면을 통해 일정 시간 동안 흘러간 유체의 체적을 **체적유량**(volumetric flow)이라고 한다. 또는 간단하게 **유동**(flow) 또는 **배출량**(discharge)이라고도 한다. 이 양은 어떤 단면에 대한 주어진 속도분포로부터 정의할 수 있다. 예를 들어 점성유체가 파이프를 따라 흐르고 있다고 생각해보자. 이 유체의 속도분포가 그림 4-1과 같이 축대칭 형태일 때 이 입자가 미소면 dA를 v 속도로 dt 시간 동안 지나가면 통과한 체적은 $d V = (v\ dt)(dA)$이다. 어떤 면을 통과한 **체적유량** dQ는 체적을 dt로 나누어 $dQ = d V/dt = vdA$라고 정의할 수 있다. 이것을 전체 단면으로 적분하여 다음과 같은 식을 얻는다.

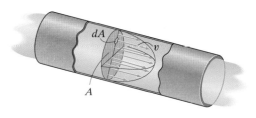

체적유량은 속도분포로부터 그 체적을 나타낼 수 있다.

그림 4-1

$$Q = \int_A v\, dA$$

여기서 Q의 단위는 $\mathrm{m^3/s}$이다.

속도가 단면에 대한 함수로 되어 있는 경우에 적분을 수행하여 유량을 계산해야 한다. 9장에서 다시 설명하겠지만 난류유동의 경우 속도분포는 실험적으로 정의되지만 여기서는 그림 4-1과 같은 포물선형의 층류유동 속도분포가 있다고 하자. 이 속도분포를 적분하거나 아니면 그 식을 기하학적으로 적분을 수행하는 것은 그림 4-1에서 보는 바와 같이 속도분포가 만드는 어떤 도형의 체적을 의미한다.

유량 Q를 계산할 때 속도의 방향은 항상 통과하는 단면에 수직방향이어야 한다는 것을 명심해야 하며, 그렇지 않은 경우 그림 4-2처럼 속도의 수직성분인 $v \cos \theta$를 이용하여 유량을 계산해야 한다. 면적을 벡터 $d\mathbf{A}$로 나타낼 때 이 면에 수직인 양의 방향을 검사체적의 바깥방향으로 정의하고 속도와 이 면적벡터의 내적*인 $\mathbf{v} \cdot d\mathbf{A} = v \cos \theta\, dA$를 이용하여 유량을 적분 식으로 나타내면 다음과 같다.

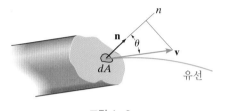

그림 4-2

$$\boxed{Q = \int_A \mathbf{v} \cdot d\mathbf{A}} \tag{4-1}$$

평균 속도   점성 또는 마찰효과가 없는 이상유체의 경우 어떤 단면에서의 유체의 속도분포는 그림 4-3에서 보는 바와 같이 균일하다. 이 분포의 형태는 그림 3-2에서처럼 난류유동에서 혼합으로 인해 평평하고 균일한 속도분포를 갖는 경우와 매우 비슷한 형태를 하고 있다. $\mathbf{v} = \mathbf{V}$인 경우 식 (4-1)은 다음과 같이 표현할 수 있다.

$$\boxed{Q = \mathbf{V} \cdot \mathbf{A}} \tag{4-2}$$

여기서 $\mathbf{V}$는 **평균 속도**(average velocity)이고 $\mathbf{A} = A\mathbf{n}$은 단면의 면적을 나타내며 검사체적의 바깥방향으로 향하는 벡터이다.

실제 유체의 경우 평균 속도는 그림 4-1 또는 그림 4-3과 같은 실제 속도 또는 평균 속도분포와 같은 크기의 유량을 갖도록 정의한 속도이다.

$$Q = VA = \int_A \mathbf{v} \cdot d\mathbf{A}$$

그러므로 평균 속도는

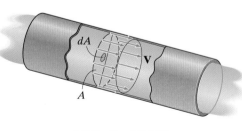

비점성 또는 이상유체는
균일한 속도분포를 갖는다.

그림 4-3

$$V = \frac{\int_A \mathbf{v} \cdot d\mathbf{A}}{A} \tag{4-3}$$

이며, 대부분의 경우 유동의 **평균 속도**는 단면 A를 통해 흘러가는 유량 Q를 알고 있을 때 식 (4-1)과 (4-3)을 결합하여 정의하면 다음과 같다.

---

* 벡터의 내적을 구하는 경우 각도 $\theta\ (0° \leq \theta \leq 180°)$는 벡터의 두 끝이 이루는 각도이다.

$$V = \frac{Q}{A} \tag{4-4}$$

이 책과 연습문제에서 속도가 주어지거나 구해야 하는 경우 평균 속도를 의미한다.

질량유량 그림 4-1에서 질량은 $dm = \rho d\forall = \rho(v\,dt)dA$이므로 단면 전체를 통해 흐르는 유체의 **질량유량**(mass flow) 또는 **배출질량**(mass discharge)은 다음과 같다.

$$\dot{m} = \frac{dm}{dt} = \int_A \rho \mathbf{v} \cdot d\mathbf{A} \tag{4-5}$$

이 질량유량의 단위는 kg/s이다.

밀도 ρ가 일정한 비압축성 유체의 경우 $\mathbf{V}$가 평균 속도인 경우 식 (4-5)로부터 다음과 같은 식을 얻을 수 있다.

$$\dot{m} = \rho \mathbf{V} \cdot \mathbf{A} \tag{4-6}$$

이 덕트를 통해서 흐르는 공기의 질량유량의 결정은 이 덕트의 개방된 면과 이 면에 수직 방향의 속도성분을 이용하여 결정된다.

> ### 요점정리
>
> - 어떤 면을 통해 흘러가는 **체적유량** 또는 **배출량**은 $Q = \int_A \mathbf{v} \cdot d\mathbf{A}$로 계산할 수 있으며 여기서 $\mathbf{v}$는 어떤 면을 통과하는 유체입자 각각의 속도이다. 유량은 통과면의 수직인 속도성분을 그 면적으로 적분하여 계산되므로 이를 속도와 면적벡터의 내적으로 표현할 수 있다. 따라서 체적유량의 단위는 m^3/s이다.
> - 대부분 문제에서는 평균 속도 $\mathbf{V}$를 이용하며, 유량을 알고 있을 때 평균 속도는 $V = Q/A$로 나타낼 수 있다.
> - **질량유량**은 $\dot{m} = \int \rho \mathbf{v} \cdot d\mathbf{A}$로 정의되고 평균 속도를 알고 있는 비압축성 유동의 경우에는 $\dot{m} = \rho \mathbf{V} \cdot \mathbf{A}$로 정의할 수 있다. 여기서 $\dot{m}$의 단위는 kg/s이다.

예제 4.1

그림 4-4a는 직경이 4 m인 파이프에서 정상상태이고 층류유동인 물의 유동을 보여주는 그림이다. 이 유동에서 물의 속도분포는 $v = 3(1 - 25r^2)$ m/s이고 여기서 r의 단위는 미터이다. 이 유동의 체적유량과 평균 속도를 구하시오.

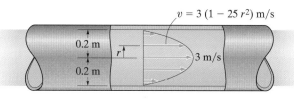

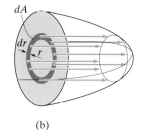

(a)   (b)

그림 4-4

풀이

유체 설명   1차원 정상유동이다.

해석   식 (4-1)을 이용하여 체적유량을 계산할 수 있다. 그림 4-4b에서 두께가 dr인 환형의 미소면의 면적은 $dA = 2\pi r\, dr$이므로

$$Q = \int_A \mathbf{v} \cdot d\mathbf{A} = \int_0^{0.2\text{ m}} 3(1 - 25r^2)\, 2\pi r\, dr$$

$$= 6\pi \left[\frac{r^2}{2} - \frac{25r^4}{4} \right]_0^{0.2\text{ m}}$$

$$= 0.1885 \text{ m}^3/\text{s} = 0.188 \text{ m}^3/\text{s} \qquad\qquad Ans.$$

이다. 적분을 하지 않고 계산하려면, Q는 속도분포가 그리는 반경이 0.2 m이고 높이가 3 m/s인 포물선을 회전시켜 만든 체적이고 그 크기는

$$Q = \frac{1}{2}\pi\, r^2 h = \frac{1}{2}\pi (0.2 \text{ m})^2 (3 \text{ m/s}) = 0.188 \text{ m}^3/\text{s} \qquad\qquad Ans.$$

이다. 식 (4-4)를 이용하여 평균을 계산하면 다음과 같다.

$$V = \frac{Q}{A} = \frac{0.1885 \text{ m}^3/\text{s}}{\pi (0.2 \text{ m})^2} = 1.5 \text{ m/s} \qquad\qquad Ans.$$

4.2   유한한 검사체적

3.3절에서 유체입자들을 포함하고 있는 시스템 안의 미소체적을 **검사체적**(control volume)으로 정의한다. 체적을 만드는 표면들을 **검사표면**(control surface)이라고 하며, 이 검사표면의 일부는 개방되어 있어 유체는 이 면을 통해서 검사체적에 유입되거나 밖으로 유출되며 나머지 검사표면은 닫혀 있다. 이전 장에서 고정된 작은 크기의 검사체적으로 설명하였듯이 여기서도 그림 4-5에서와 같이 유한한 크기의 검사체적을 고려하여 설명하고자 한다.

해석하고자 하는 문제에 따라 실제 검사체적은 고정되어 있을 수도 있지만 이

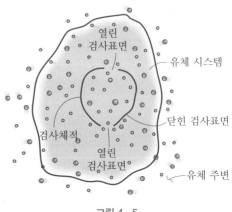

그림 4-5

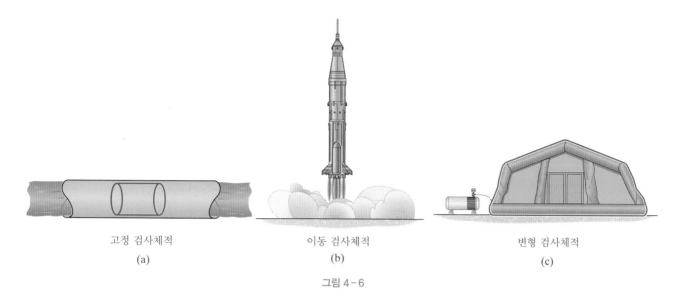

고정 검사체적	이동 검사체적	변형 검사체적
(a)	(b)	(c)

그림 4-6

동하기도 하고 또 그 형상이 변하기도 하며, 또한 검사표면의 한 부분을 고체 물체가 차지하기도 한다. 그림 4-6a의 빨간색으로 표시한 경계는 파이프에서 고정된 검사체적을 표시한 예이다. 또한 로켓엔진 주위에 그린 외곽선으로 표시한 그림 4-6b의 검사체적은 로켓과 함께 위로 이동하는 검사체적이다. 그리고 그림 4-6c는 열린 검사표면을 통해 공기가 주입됨에 따라 체적이 팽창하는 물체를 포함하고 있는 검사체적으로 그 형상이 변하는 검사체적을 보여준다.

 유동해석에 오일러 기술법을 적용하기 위해서 지금까지 예를 들은 것과 같이 기본적으로 가장 먼저 설정해야 하는 것은 검사체적이다. 따라서 이 장에서는 검사체적을 이용하여 유동의 연속성과 관련된 문제의 해를 구하는 방법을 중심으로 설명한 후, 5장에서는 에너지, 그리고 6장에서는 운동량과 관련된 문제의 해를 구하는 방법을 설명해나갈 것이다. 이를 적용하기 위한 필수적인 개념은 방향과 크기가 제시된 검사표면에서 유입, 유출되는 상태량을 정확하게 정의하는 것이다.

열린 검사표면
검사체적에서 열린 검사표면의 면적을 이 면을 통해서 유체가 유입될 때는 A_{in}, 이 면을 통해서 유출될 때는 A_{out}라고 정의하자. 이 면을 유입, 유출에 따라 정확하게 구별하고 관계식을 단순화하기 위해서는 **검사체적의 바깥방향으로 향하는 면에 수직인 벡터를 그 면적의 방향**으로 나타내는 것이 매우 유용하다. 예를 들어 그림 4-7과 같이 'T' 형상으로 연결된 파이프의 검사체적 문제에 이를 적용하는 경우 각 개방 면벡터를 검사체적의 바깥방향으로 향하는 수직벡터 **u**로 정의하여 $\mathbf{A}_A = A_A\mathbf{u}_A$, $\mathbf{A}_B = A_B\mathbf{u}_B$, $\mathbf{A}_C = A_C\mathbf{u}_C$로 나타낼 수 있다.

속도
검사체적을 이용할 때 각 검사표면을 통해서 유입되거나 유출되는 유체의 속도를 나타낼 필요가 있다. 검사표면에 수직이고 체적의 밖으로 향하는 면적을 '양'이라고 정의했으므로 체적의 안으로 유입되는 유동은 음이 되고 반대로 밖으로 유출되는 유동은 양이 된다. 따라서 그림 4-7의 $\mathbf{V}_A$는 음의 방향이고 $\mathbf{V}_B$와 $\mathbf{V}_C$는 양의 방향이다.

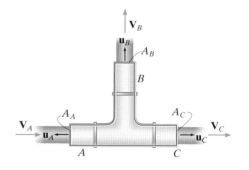

검사표면의 바깥방향으로
향하는 벡터가 양의 방향이다.

그림 4-7

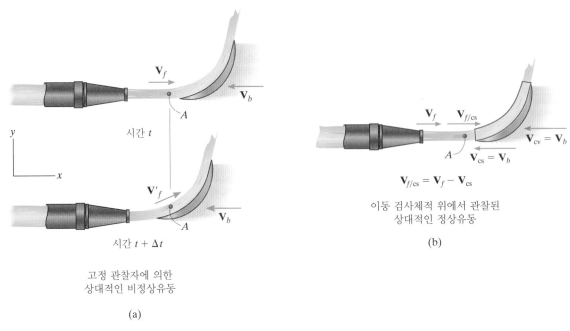

$$\mathbf{V}_{f/cs} = \mathbf{V}_f - \mathbf{V}_{cs}$$

이동 검사체적 위에서 관찰된
상대적인 정상유동

(b)

고정 관찰자에 의한
상대적인 비정상유동

(a)

그림 4-8

정상유동   어떤 문제에서는 이동 검사체적으로 설정하는 경우 유동이 정상상
태로 간주되어 관계식이 더 단순해져 해석이 용이해질 수 있다. 예를 들어 그림
4-8a와 같이 $\mathbf{V}_b$의 속도로 운동하는 날개가 있다고 하자. 고정 관찰자는 유동의 A점
에서의 속도를 어떤 시간 t에서 $\mathbf{V}_f$라 하고 시간이 좀 더 진행된 후인 $t + \Delta t$에서 A
점에서 속도를 $\mathbf{V}_f'$이라고 할 것이다. 속도가 시간에 따라 변하기 때문에 **비정상유동**
이라고 할 수 있다. 반면에 날개를 포함한 유체를 검사체적으로 선택하여 이 체적
은 날개와 함께 운동하고 또한 관찰자가 $\mathbf{V}_{cv} = \mathbf{V}_b$의 속도로 운동하는 **날개와 함께**
있다면 A점에서 관찰자는 이 유동을 그림 4-8b와 같이 **정상유동**이라 할 것이다.

4.3   레이놀즈 수송정리

유체의 거동은 질량보존, 일과 에너지 이론 및 운동량과 충돌량의 이론을 만족해
야 하며 이와 관련된 법칙들은 대부분 **입자**를 중심으로 공식화하고 이를 라그란지
접근법으로 설명한다. 하지만 이를 유체역학에 적용하기 위해서는 이 식들을 오
일러 접근법으로 설명하는 것이 해석에 용이하며 이론적으로 라그란지 기술법으
로 설명된 식을 오일러 기술법으로 **변환**할 수 있는 방법이 필요하다. 이것이 레이
놀즈 수송정리이다. 이 절에서 이 정리를 공식화하고 다음 절에서는 이를 이용하
여 검사체적 기반의 질량보존 법칙을 정의하고, 이후의 장에서는 검사체적 기반
의 에너지와 운동량 방정식을 유도할 것이다. 이 정리를 설명하기에 앞서 먼저 유
체의 상태량을 어떻게 하면 질량과 체적으로 나타낼 수 있는지 생각해보자.

유체 상태의 설명   시스템 안의 질량의 크기에 의존하는 유체의 상태량을 **종량상태량**(extensive property) N이라고 하며 이는 질량을 시스템 전체로 확장하기 때문이다. 예를 들어 질량과 속도의 곱인 운동량을 $N = mV$로 표현되는 종량상태량이라고 할 수 있다. 반면에 시스템의 질량과 무관한 유체의 상태량을 **강성상태량**(intensive property) η(에타)라고 하며 압력과 온도가 대표적인 강성상태량에 속한다.

종량상태량 N은 그 양을 질량으로 나누어 단위질량당의 상태량 $\eta = N/m$으로 나타내어 간단하게 강성상태량으로 표현할 수 있다. 운동량 $N = mV$를 질량으로 나누어 강성상태량으로 나타내면 $\eta = N/m = V$가 되며 같은 방법으로 운동에너지 $N = (1/2)mV^2$도 질량으로 나누어 $\eta = (1/2)V^2$로 나타낼 수 있다. 또한 질량과 체적의 관계가 $m = \rho V$이므로 어떤 시스템에서 유체의 종량상태량과 강성상태량 사이의 관계를 질량 또는 체적의 항으로 나타내면

$$N = \int_m \eta \, dm = \int_V \eta \rho \, dV \tag{4-7}$$

이고, 이 상태량은 시스템 전체의 질량 또는 이 시스템을 포함하고 있는 체적으로 적분하여 얻을 수 있다.

레이놀즈 수송정리   어떤 유체 시스템의 종량상태량 N의 시간변화율(라그란지 기술법)은 검사체적에서 나타나는 시간변화율(오일러 기술법)과 깊은 관계가 있다. 그림 4-9a의 고정된 도관을 통과하는 유체입자 시스템을 가지고 설명해 보자.

라그란지 기술법의 경우 그림 4-9a와 4-9b에서 보는 바와 같이 시간 t에서 $t + \Delta t$ 동안 이 도관을 통과하여 이동하고 있는 **시스템 전체**에 대하여 기술법을 적용해야만 한다. 이렇게 함으로써 종량상태량 N은 변화하며 시간에 대한 변화율은 미분으로 정의된다.

$$\frac{dN}{dt} = \lim_{\Delta t \to 0} \frac{N_{t+\Delta t} - N_t}{\Delta t} \tag{4-8}$$

오일러 기술법의 경우 먼저 검사체적을 설정한 후 이를 도관에 고정시켜 **빨간색**으로 나타냈다. 그리고 시간 Δt 동안 검사체적에서 N의 변화를 찾는다. 그림 4-9a에서 시간 t일 때 시스템 안의 모든 유체입자 시스템은 그림 4-9a의 검사체적(CV, control volume)과 완전히 일치한다. Δt시간이 지난 $t + \Delta t$ 시간에서 시스템 안의 일부 입자가 열린 검사표면을 통해서 유출되고 이 유출된 양은 그림 4-9b에서 보는 바와 같이 검사체적의 밖의 영역 R_{out}에 포함되어 있다. 유체입자의 유출로 생긴 검사체적 안의 공백영역은 R_{in}이다. 다시 말해서 시스템에서 유체입자는 t에서 CV에 포함되어 있고 $t + \Delta t$ 일 때 $[CV + (R_{out} - R_{in})]$에 포함되어 있다. 검사체적에서 N의 시간에 따른 변화율은 물질미분으로 구할 수 있다.

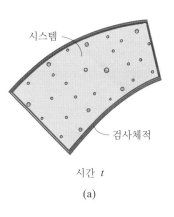

시스템

검사체적

시간 t

(a)

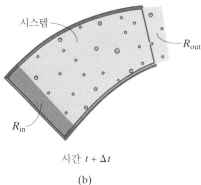

시스템

R_{out}

R_{in}

시간 $t + \Delta t$

(b)

그림 4-9

$$\frac{DN}{Dt} = \lim_{\Delta t \to 0}\left[\frac{[(N_{cv})_{t+\Delta t} + (\Delta N_{out} - \Delta N_{in})] - (N_{cv})_t}{\Delta t}\right]$$

$$= \lim_{\Delta t \to 0}\left[\frac{(N_{cv})_{t+\Delta t} - (N_{cv})_t}{\Delta t}\right] + \lim_{\Delta t \to 0}\left[\frac{\Delta N_{out}}{\Delta t}\right] - \lim_{\Delta t \to 0}\left[\frac{\Delta N_{in}}{\Delta t}\right] \quad (4\text{-}9)$$

식의 오른쪽 첫 번째 항은 검사체적에서 시간 변화에 따른 N의 변화를 나타내는 국소 미분 항이며 이를 식 (4-7)을 이용하여 강성상태량 η로 나타내면 다음과 같다.

$$\lim_{\Delta t \to 0}\left[\frac{(N_{cv})_{t+\Delta t} - (N_{cv})_t}{\Delta t}\right] = \frac{\partial N_{cv}}{\partial t} = \frac{\partial}{\partial t}\int_{cv}\eta\rho\, d\mathbf{V} \quad (4\text{-}10)$$

N_{CV}는 공간(위치)과 시간의 함수로써 편미분이 적용된다.

식 (4-9)의 오른쪽 두 번째 항은 검사표면을 통해서 시스템으로부터 유출되는 종량상태량의 대류 미분 항이며 $\Delta N_{out}/\Delta t = \eta\,\Delta m/\Delta t$와 $\Delta m = \rho\Delta\mathbf{V}_{out}$의 관계로부터 $\Delta N_{out}/\Delta t = \eta\rho(\Delta\mathbf{V}_{out}/\Delta t)$임을 알 수 있다.

그림 4-9c에서 보는 것처럼 검사표면 ΔA_{out}을 통해서 유출되는 유체입자의 미소량은 $(\Delta\mathbf{V})_{out}/\Delta t = [(V_{f/cs})_{out}\cos\theta_{out}]\Delta A_{out}$이다. 여기서 $V_{f/cs}$는 검사표면에서 측정한 유체의 상대 속도이다. $\Delta\mathbf{A}_{out} = \Delta A_{out}\mathbf{n}$인 벡터이므로 벡터의 내적인 $\Delta\mathbf{V}_{out}/\Delta t = (\mathbf{V}_{f/cs})_{out}\cdot\Delta\mathbf{A}_{out}$을 대입하면 $(\Delta N/\Delta t)_{out} = \eta\rho\,(\mathbf{V}_{f/cs})_{out}\cdot\Delta\mathbf{A}_{out}$이 된다. 이를 출구 검사표면 전체에 적용하면 다음과 같다.

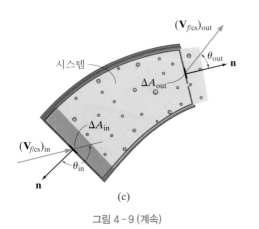

시스템

$(\mathbf{V}_{f/cs})_{out}$

θ_{out}

$\mathbf{n}$

ΔA_{out}

ΔA_{in}

$(\mathbf{V}_{f/cs})_{in}$

θ_{in}

$\mathbf{n}$

(c)

그림 4-9 (계속)

$$\lim_{\Delta t \to 0}\left(\frac{\Delta N_{out}}{\Delta t}\right) = \int \eta\rho(\mathbf{V}_{f/cs})_{out}\cdot d\mathbf{A}_{out}$$

식 (4-9)의 마지막 항에 동일한 방법을 적용하여 정리하며 다음과 같다.

$$\lim_{\Delta t \to 0}\left(\frac{\Delta N_{in}}{\Delta t}\right) = \int \eta\rho(\mathbf{V}_{f/cs})_{in}\cdot d\mathbf{A}_{in}$$

여기서 그림 4-9에서 보는 바와 같이 $(V_{f/cs})_{in}$의 방향은 검사체적 내부를 향하고 있고 $d\mathbf{A}_{in}$의 방향은 검사체적 밖을 향하고 있어 이 두 벡터의 내적은 음의 값을 갖는다. 다시 말해서 그림 4-9c에서처럼 $(\mathbf{V}_{f/cs})_{in}\cdot d\,\mathbf{A}_{in} = (V_{f/cs})_{in}\, dA_{in}\cos\theta_{in}$이고 $\theta_{in} > 90°$ 관계를 갖는다.

위의 두 항을 합하면 순수하게 이 열린 검사표면을 통해서 검사체적에서 유출, 유입되는 양을 나타낼 수 있다. 그리고 식 (4-10)을 이용하여 검사체적에서 N의 오일러 시간변화율인 식 (4-9)는 N의 라그랑지 시간변화율인 식 (4-8)의 관계로부터 다음과 같은 결과를 얻을 수 있다.

$$\boxed{\frac{dN}{dt} = \frac{\partial}{\partial t}\int_{cv}\eta\rho\, d\mathbf{V} + \int_{cs}\eta\rho\mathbf{V}_{f/cs}\cdot d\mathbf{A}} \quad (4\text{-}11)$$

국소변화   대류변화

영국의 과학자 Osborne Reynolds에 의해서 처음 제안된 이 이론을 **레이놀즈 수송 정리**(Reynolds transport theorem)라고 한다. 다시 요약하면 이 정리는 시스템에서 라그란지 기술법으로 정의된 어떤 종량상태량의 시간변화율과 오일러 기술법으로 정의되는 검사체적에서 그 상태량의 시간변화율의 관계를 나타낸 것이다. 이 관계식의 오른쪽 첫 번째 항은 **국소변화**이며, 이것은 검사체적 안에서 강성상태량 η의 시간변화율을 나타낸다. 두 번째 항은 **대류변화**이며, 이는 검사표면 전체를 통해 흐르는 강성상태량의 순 유량을 나타낸다.

응용 레이놀즈 수송정리를 적용할 때 먼저 유체 시스템의 어떤 한 영역을 검사체적으로 정해야 한다. 검사체적을 정한 후 이 체적 안의 유체 상태량의 국소변화율과 열린 검사표면을 통해서 유출, 유입되는 대류변화율을 계산한다. 이 계산방법에 대해서는 다음 예를 들어 구체적으로 설명해보자.

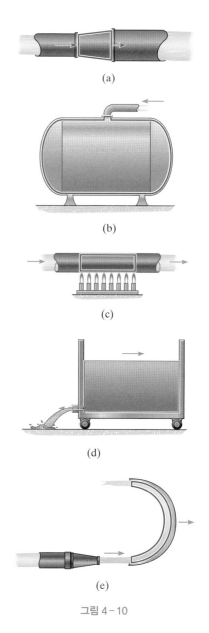

- 그림 4-10a는 비압축성 유체가 일정 비율로 단면적이 변하는 파이프를 따라 흐르고 있는 그림이다. 만약 그림에 그려진 빨간색 선을 고정된 검사체적이라 할 때 흐르는 유체의 질량유량이 일정하고 검사체적 안의 **질량** 역시 일정하다면, 체적 내의 상태량의 국소변화율은 없지만 2개의 열린 검사표면을 통해서 유입, 유출되는 상태량의 변화율은 존재한다.

- 그림 4 10b는 공기가 탱크에 주입되고 있는 그림이다. 탱크를 포함하는 외곽선을 검사체적이라고 할 때 주입된 공기의 **질량**이 시간에 따라 **증가**하기 때문에 공기의 국소변화율이 있으며, 열린 검사표면에 연결된 파이프를 통해서 공기가 유입되므로 대류변화율도 존재한다.

- 그림 4-10c는 일정한 양의 공기가 파이프를 따라 흐르는 동안 가열되고 있는 그림이다. 그림에서 빨간색 선을 검사체적이라고 할 때 열이 검사체적 안의 공기의 밀도를 감소시키지만 **일정**하게 가열시키고 있다면 검사체적 안의 국소변화는 발생하지 않는다. 공기의 팽창은 출구에서 유체의 유출속도가 증가하기 때문에 불균일한 유동을 갖는다. 하지만 실제로 가열을 증가(또는 감소)시키든지 공기가 더 팽창(또는 수축)하면 비정상유동이 되어 검사체적 안의 유체 물성의 국소변화가 발생한다.

- 그림 4-10d는 이동하고 있는 카트에서 비압축성 액체가 새어 나오고 있는 것을 보여주는 그림이다. 검사체적을 카트 안에서 유동하고 변형하는 액체만을 포함시켰을 때 시간에 따라서 액체 **질량**은 감소되기 때문에 국소변화율이 존재하고 열린 (출구) 검사표면에서 대류변화율도 있다.

- 그림 4-10e는 이동하고 있는 날개를 따라 유동하는 액체를 그린 그림이다. 이동하는 날개 위에서 이 유동을 관찰하는 경우 유동은 정상상태이므로 **질량**의 국소변화는 생기지 않고 열린 검사표면을 통해서 유입, 유출되는 대류변화만 존재한다.

질량보존, 일과 에너지 정리, 운동량과 충격량 이론에 레이놀즈 수송정리를 적용할 때마다 국소 및 대류변화율을 계산하기 위해 검사체적을 선정하는 방법을 다음의 예제를 통해서 설명해보자.

(a)

(b)

(c)

(d)

(e)

그림 4-10

4.4 질량보존 법칙

어떤 영역 안에서의 질량보존은 어떤 핵반응과는 달리 그 질량이 생성되거나 소멸하지 않는다는 것을 의미한다. 라그란지 관점에서 어떤 입자 시스템에 있는 모든 입자들의 질량은 항상 일정하다고 할 때 **질량변화율** $(dm/dt)_{\text{syst}} = 0$이라고 할 수 있다. 검사체적에서 이와 동일한 의미를 갖는 식을 만들기 위해서 식 (4-11)인 레이놀즈 수송정리를 이용할 수 있다. 종량상태량 $N = m$으로 정하고 이 질량의 강성상태량인 단위질량당 질량 $\eta = m/m = 1$로 정의하여 이를 레이놀즈 수송정리에 대입하면 검사체적 관점에서 질량보존 법칙을 얻을 수 있다.

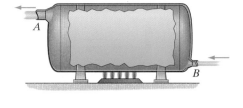

(a)

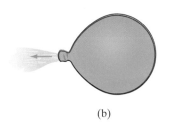

(b)

그림 4-11

$$\underbrace{\frac{\partial}{\partial t} \int_{cv} \rho \, d\mathcal{V}}_{\text{국소 질량변화}} + \underbrace{\int_{cs} \rho \, \mathbf{V}_{f/cs} \cdot d\mathbf{A}}_{\text{순 대류 질량유량}} = 0 \tag{4-12}$$

이 방정식을 **연속방정식**(continuity equation)이라고 하며, 이 식은 어떤 검사체적 안에서 질량의 국소변화율과 열린 검사표면을 통해서 순수하게 유출 또는 유입된 순 대류변화율의 합은 항상 '0'이라는 것을 나타낸다. 그림 4-11a와 같이 보일러에서 유입, 유출되는 상태를 예로 들어보자. 버너의 온도가 증가하면 유체는 팽창하여 비정상상태가 되므로 보일러(검사체적) 안의 유체 질량의 국소변화가 발생한다. 만약 온도가 일정하게 유지되면 정상상태가 되고 국소변화는 발생하지 않지만 입구와 출구에서 대류변화는 발생한다. 또 다른 예로, 그림 4-11b의 풍선이 납작해지면서 풍선 안의 검사체적 내의 공기가 감소한다. 이것은 질량의 국소변화를 일으키며 또 풍선의 주둥이 또는 열린 검사표면을 통해서 질량이 배출되어 대류변화가 발생한다.

특별한 경우 비압축성 유체로 완전히 채워져 있는 고정된 크기의 검사체적이

있고 검사체적 안에 질량의 국소변화율이 없는 경우, 식 (4-12)의 첫 번째 항은 '0'
이므로 이 검사체적에 순수하게 유입되거나 유출되는 질량유량은 없다. 다시 말해
서 정상유동에서 "유입된 질량은 모두 유출된다."

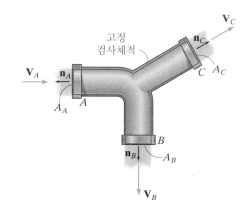

$$\int_{cs} \rho \mathbf{V}_{f/cs} \cdot d\mathbf{A} = \Sigma \dot{m}_{\text{out}} - \Sigma \dot{m}_{\text{in}} = 0 \qquad (4\text{-}13)$$

정상유동

각각의 검사표면을 통해 흘러 들어오거나 나가는 평균 속도를 $V_{f/cs}$라고 할 때 $V_{f/cs}$
는 면적에 대하여 상수 또는 균일하여 검사표면으로 적분하면 다음과 같다.

$$\Sigma \rho \mathbf{V}_{f/cs} \cdot \mathbf{A} = \Sigma \dot{m}_{\text{out}} - \dot{m}_{\text{in}} = 0 \qquad (4\text{-}14)$$

정상 균일 유동

결과적으로 유체가 비압축성 유체이면 밀도가 소거되어 다음 식을 얻는다.

$$\boxed{\Sigma \mathbf{V}_{f/cs} \cdot \mathbf{A} = \Sigma Q_{\text{out}} - \Sigma Q_{\text{in}} = 0} \qquad (4\text{-}15)$$

비압축성 정상 균일유동

$\Sigma \mathbf{V} \cdot \mathbf{A} = 0$

$-V_A A_A + V_B A_B + V_C A_C = 0$

비압축성 유체의
정상 균일유동

그림 4-12

이 식의 개념을 응용하여 그림으로 나타낸 것이 그림 4-12이다. 검사표면의 양의
방향을 검사체적의 바깥방향으로 설정한 부호규칙에 따라 유출되는 속도 $\mathbf{V}_{f/cs}$의
방향과 검사표면 $\mathbf{A}_{\text{out}} = A_{\text{out}}\mathbf{n}$의 방향이 모두 검사체적의 바깥방향을 향하고 있어
이 두 벡터의 내적은 양의 값이 된다. 유체가 유입되는 검사표면에서 $\mathbf{V}_{f/cs}$는 검사체
적의 안쪽을 향하고 있으며 $\mathbf{A}_{\text{in}} = A_{\text{in}}\mathbf{n}$은 (항상) 검사체적의 바깥방향을 향하고 있
어 이 두 벡터의 내적은 음의 값이 된다.

덕트 설비를 통해 흐르는 공기의 질량유량은 실내 통
풍구를 통해 배출되는 양과 균형을 맞추어 계산된다.

> **요점정리**
>
> - 연속방정식은 시스템 안의 모든 입자의 질량은 항상 일정하다는 질량보존 법칙을 기
>   반으로 하는 식이다.
> - 검사체적이 고정되어 있고 유체가 완전히 채워져 있고 정상상태이면 열린 검사표면
>   을 통해서 유출되거나 유입되는 질량에 의한 국소변화는 없다. 연속방정식은 순 질량
>   유량이나 열린 검사표면을 통한 대류변화는 없다.

> **해석의 절차**
>
> 연속방정식을 적용할 때 다음과 같은 순서를 따르는 것이 적합하다.
>
> **유체 설명**
>
> - 비정상유동인지 정상유동이지를 먼저 구분한 후 비균일유동인지 아니면 균일유동인지를 확인한다. 또한 유체를 비점성 또는 비점성인
>   동시에 압축성 유체로 가정할 수 있는지 확인한다.
>
> **검사체적**
>
> - 검사체적을 정하고 이 검사체적이 이동 또는 변형하는지를 확인한다. 일반적으로 고정 검사체적은 파이프 유동과 같이 고정 검사체적을
>   통해 일정한 양의 유체가 흐르는 검사체적이다. 펌프 또는 터빈의 블레이드를 대상으로 하는 경우 이동 검사체적을 이용하고 유체 탱크
>   와 같이 검사체적 안의 유체의 양이 변하는 경우 변형 검사체적을 이용한다. 열린 검사표면의 방향은 이 면을 통해 유입 또는 유출되는 속
>   도의 수직방향으로 정한다. 또한 열린 검사표면의 위치는 균일한 속도를 갖는 위치나 그 속도를 쉽게 나타낼 수 있는 위치에 정한다.

연속방정식

- 검사체적 안의 질량의 변화율과 각각의 열린 검사표면을 통해서 유입되거나 유출되는 질량유량을 모두를 고려한다. 이를 응용할 경우 먼저 항상 연속방정식인 식 (4-12)로부터 시작하여 이 식을 단순화할 수 있는 특별한 경우에 속하는지 검토한다. 예를 들어 검사체적이 변형하지 않고 유체가 완전히 채워져 있다면 검사체적 안의 질량의 국소변화율은 '0'이므로 식 (4-13)~(4-15)에서 보는 바와 같이 "유입된 질량유량만큼 유출한다."

평평하고 열린 검사표면의 면적의 단위벡터 **n**의 방향은 항상 검사체적의 **바깥으로** 향하며 면에 수직하다(**A** = A**n**). 따라서 이 열린 검사표면을 통해서 유체가 **유입되는** 경우 유입속도 **V**$_{f/cs}$와 면적벡터 **A**는 서로 반대방향의 벡터이므로 유체의 유량은 음의 값을 갖는다. 반면에 검사표면을 통해서 질량이 **유출되는** 경우 면적벡터와 속도가 같은 방향이므로 유출유량은 **양의** 값을 갖는다. 검사체적이 이동하는 정상유동의 경우 검사체적에 유입되거나 유출되는 속도 **V**$_{f/cs}$는 **검사표면의 이동 속도**에 대한 **상대 속도**로 계산해야 한다.

예제 4.2

직경이 250 mm인 소화전에 유량 $Q_C = 0.15$ m³/s의 물이 그림 4-13a와 같이 공급되고 있다. 직경이 75 mm인 노즐 A를 통해 분출되는 물의 속도가 12 m/s일 때 직경이 100 mm인 노즐 B를 통해서 분출되는 물의 유량을 구하시오.

풀이

유체 설명   이 유동은 물을 이상유체라 간주한 균일 정상유동이므로 평균 속도로 계산한다.

검사체적   소화전의 내부 영역을 고정 검사체적으로 설정하고 그림에서 보는 것처럼 호스영역으로 확장한다. 이 유동은 정상상태이므로 검사체적 안의 질량의 국소변화율은 없지만 세 부분의 열린 검사표면에서 대류변화율이 존재한다.

     C 지점에서 유동을 알고 있으므로 평균 속도는 다음과 같다.

$$V_C = \frac{Q_C}{A_C} = \frac{0.15 \text{ m}^3/\text{s}}{\pi \, (0.125 \text{ m})^2} = \frac{9.6}{\pi} \text{ m/s}$$

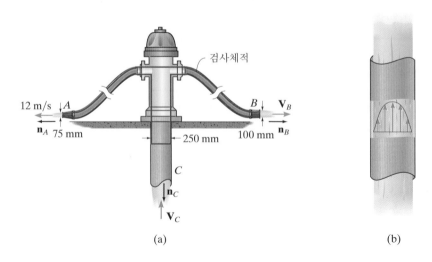

(a)   (b)

그림 4 - 13

연속방정식   비압축성 유체의 정상유동의 경우

$$\frac{\partial}{\partial t}\int_{cv}\rho\,d\mathcal{V} + \int_{cs}\rho\,\mathbf{V}_{f/cs}\cdot d\mathbf{A} = 0 \tag{1}$$

$$0 - V_C A_C + V_A A_A + V_B A_B = 0 \tag{2}$$

$$0 - \left(\frac{9.6}{\pi}\,\text{m/s}\right)\left[\pi(0.125\,\text{m})^2\right] + (12\,\text{m/s})\left[\pi(0.0375\,\text{m})^2\right] + V_B\left[\pi(0.05\,\text{m})^2\right] = 0$$

$$V_B = 12.35\,\text{m/s}$$

그러므로 B에서 분출유량은

$$Q_B = V_B A_B = (12.35\,\text{m/s})\left[\pi(0.05\,\text{m})^2\right] = 0.0970\,\text{m}^3/\text{s} \qquad \textit{Ans.}$$

이 풀이에서 유량 $Q_C = V_C A_C$와 $Q_B = V_B A_B$임을 알고 있으므로 V_C와 V_B를 구한 중간 과정은 생략해도 된다. 하지만 식 (2)에 적용된 Q_C는 음의 항이 된다는 것에 주의해야 한다. 따라서 식 (2)는 $0 - Q_C + V_A A_A + Q_B = 0$이 된다.

참고: 물의 점성으로 인하여 그림 4-13b에서 보는 것처럼 C에서 속도분포가 주어진 경우 해를 구하기 위해서는 적분을 수행하여 Q_C를 구해야 한다(예제 4.1 참고).

예제 4.3

그림 4-14는 가스 전열기 내의 정상상태의 공기 유동을 나타낸 그림이다. A점에서 공기의 절대압력은 203 kPa, 온도는 20°C이고 속도는 15 m/s이다. B점에서 유출되는 공기의 절대압력은 150 kPa, 온도는 75°C일 때 B점에 공기의 속도를 구하시오.

풀이

유체 설명   문제에서 설명한 바와 같이 정상유동이므로 공기의 점성을 무시하고 파이프를 따라 흐르는 평균 속도를 이용한다. 전열기 안의 압력과 온도에 의해서 공기의 밀도가 변하므로 공기의 압축성 효과가 고려되어야 한다.

검사체적   그림에서 보는 것처럼 전열기 내부의 파이프 영역과 이를 조금 확장한 고정 검사체적을 설정한다. 유동은 정상상태이므로 검사체적 안의 질량의 국소변화율은 없지만 열린 검사표면을 통해서 공기가 유출입하기 때문에 대류변화율은 있다.

연속방정식   열린 검사표면에서 압력과 온도는 공기의 밀도에 영향을 주고 A점에서 유입되는 유량은 음의 값을 갖는다.

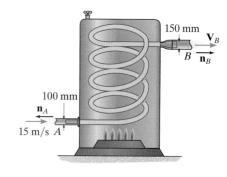

그림 4-14

$$\frac{\partial}{\partial t}\int_{cv}\rho\,d\mathcal{V} + \int_{cs}\rho\,\mathbf{V}_{f/cs}\cdot d\mathbf{A} = 0$$

$$0 - \rho_A V_A A_A + \rho_B V_B A_B = 0$$

$$-\rho_A(15\,\text{m/s})\left[\pi(0.05\,\text{m})^2\right] + \rho_B V_B\left[\pi(0.075\,\text{m})^2\right] = 0$$

$$V_B = 6.667\left(\frac{\rho_A}{\rho_B}\right) \tag{1}$$

이상기체 상태방정식 A와 B점에서 공기의 밀도는 이상기체 상태방정식을 이용하여 구할 수 있다.

$$p_A = \rho_A R T_A; \quad 203(10^3) \text{ N/m}^2 = \rho_A R(20 + 273) \text{ K}$$
$$p_B = \rho_B R T_B; \quad 150(10^3) \text{ N/m}^2 = \rho_B R(75 + 273) \text{ K}$$

R은 공기의 기체상수로 부록 A에서 그 값을 찾을 수 있지만 여기서는 두 식을 나눔으로써 기체상수 R을 소거한다.

$$1.607 = \frac{\rho_A}{\rho_B}$$

이 값을 식 (1)에 대입하여 B점의 속도를 구하면 다음과 같다.

$$V_B = 6.667(1.607) = 10.7 \text{ m/s} \qquad \textit{Ans.}$$

예제 4.4

그림 4-15와 같이 체적이 1.5 m³인 탱크에 직경이 10 mm인 호스를 연결하여 공기를 채우고 있으며 이 호스에서 공기의 평균 속도는 8 m/s이다. 탱크에 유입되는 공기의 온도는 30°C이고 절대압력은 500 kPa이다. 공기의 유입으로 인한 탱크 안의 공기밀도의 변화율을 구하시오.

풀이

유체 설명   유입된 공기가 잘 혼합된다고 가정할 때 탱크 안에서 공기의 밀도는 균일하다고 할 수 있으며 또한 공기는 압축성 유체이므로 밀도는 변한다. 유입되는 공기의 유동은 정상상태이다.

검사체적   탱크 안에 공기가 들어 있는 영역을 고정 검사체적으로 설정하면 시간에 따라 탱크 안의 공기의 질량이 변하므로 검사체적 안의 공기 질량의 국소변화가 발생하고, $\forall$가 일정하므로 이 변화는 밀도 변화에 비례한다. 열린 검사표면 A에서 공기의 유동속도를 균일하다고 하면 검사체적 안으로 유입되는 순 질량유량이 있어 대류변화가 존재한다.

연속방정식   연속방정식의 적용에서 검사체적(탱크)을 일정하다고 하면

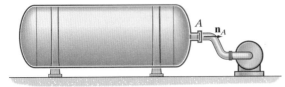

$$\frac{\partial}{\partial t} \int_{cv} \rho \, d\forall + \int_{cs} \rho \, \mathbf{V}_{f/cs} \cdot d\mathbf{A} = 0$$

$$\frac{\partial \rho_a}{\partial t} \forall - \rho_A V_A A_A = 0 \tag{1}$$

그림 4-15

이상기체 상태방정식   탱크로 유입되는 공기의 밀도는 이상기체 상태방정식을 이용하여 결정할 수 있다. 부록 A에서 $R = 286.9 \text{ J/(kg·K)}$을 이용하여 밀도를 계산하면 다음과 같다.

$$p_A = \rho_A R T_A; \quad 500(10^3) \text{ N/m}^2 = \rho_A \left[286.9 \text{ J/(kg·K)} \right](30 + 273) \text{ K}$$

$$\rho_A = 5.752 \text{ kg/m}^3$$

그러므로

$$\frac{\partial \rho_a}{\partial t} (1.5 \text{ m}^3) - \left[(5.752 \text{ kg/m}^3)(8 \text{ m/s}) \right] \left[\pi(0.005 \text{ m})^2 \right] = 0$$

$$\frac{\partial \rho_a}{\partial t} = 2.41(10^{-3}) \text{ kg/(m}^3 \cdot \text{s)} \qquad Ans.$$

양의 값을 가지므로 탱크 안의 공기의 밀도가 증가한다는 것을 알 수 있다.

예제 4.5

그림 4-16과 같은 로켓썰매가 연료가 60 kg/s로 연소되는 제트엔진에 의해서 추진된다. A점에 있는 공기덕트는 0.2 m²가 열려 있고 밀도가 1.20 kg/m³인 공기가 들어온다. 엔진이 노즐 B를 통해서 가스를 평균 속도 300 m/s로 분출시킨다고 할 때 노즐에서 분출되는 공기의 밀도를 구하시오. 이 썰매는 80 m/s의 일정한 속도로 이동하며 노즐의 출구 단면적은 0.35 m²이다.

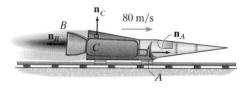

그림 4-16

풀이

연료 설명 공기-연료 시스템은 압축성 유체이므로 입구 A와 출구 B에서 밀도는 다르다. 속도는 평균 속도를 이용한다.

검사체적 엔진에 공기와 연료가 유입되고 연소하고 분출되는 영역을 포함한 전체를 검사체적으로 설정한다. 이 검사체적은 로켓과 함께 이동한다고 가정하여 로켓을 타고 있는 사람의 관점에서 유동은 정상상태이므로 검사체적에서 공기-연료의 질량의 국소 변화율은 없다. 공기의 유입구와 연료 주입구, 그리고 노즐 출구에서의 순 대류변화는 있으며 또한 로켓 밖의 공기는 정지해 있다고 가정할 때 A에서 유입되는 공기 유동의 상대 속도는 다음과 같다.

$$\xrightarrow{+} V_A = V_{cs} + V_{A/cs}$$

$$0 = 80 \text{ m/s} + V_{A/cs}$$

$$V_{A/cs} = -80 \text{ m/s} = 80 \text{ m/s} \leftarrow$$

B에서 분사되는 가스의 속도는 노즐이 있는 검사표면에서 분사되는 상대 속도이므로 $V_{B/cs} = 300$ m/s이다.

연속방정식 연료의 질량유량은 $\dot{m}_f = 60$ kg/s이고 열린 검사표면을 통해서 그림 4-16의 $\mathbf{n}_C$의 반대방향으로 유입되고 있으므로 음의 값을 갖는다. 국소변화는 없으므로

$$\frac{\partial}{\partial t} \int_{cv} \rho \, d\mathcal{V} + \int_{cs} \rho \mathbf{V}_{f/cs} \cdot d\mathbf{A} = 0$$

$$0 - \rho_a V_{A/cs} A_A + \rho_g V_{B/cs} A_B - \dot{m}_f = 0$$

$$-1.20 \text{ kg/m}^3 (80 \text{ m/s})(0.2 \text{ m}^2) + \rho_g (300 \text{ m/s})(0.35 \text{ m}^2) - 60 \text{ kg/s} = 0$$

$$\rho_g = 0.754 \text{ kg/m}^3 \qquad Ans.$$

설정한 검사체적이 어떤 공간의 고정된 위치에 있고 로켓썰매가 이 지점을 통과하면 검사체적 안의 질량은 국소변화가 발생하게 된다. 다시 말해서 검사체적을 통과하는 유동은 비정상유동이 된다.

예제 4.6

그림 4-17a는 직경이 1 m인 탱크에 직경이 0.5 m인 파이프를 통해서 물이 채워지고 있는 그림이며 유출량은 0.15 m³/s이다. 탱크 안에서 수면이 상승하는 속도를 구하시오. 단 떨어지는 물에 작용하는 중력은 무시한다.

풀이

유체 설명 물을 밀도 ρ가 일정한 이상유체로 가정한다.

검사체적 I 그림 4-17a처럼 탱크 안으로 유입되고 있는 물만을 고려한 변형 검사체적을 설정한다. 이 검사체적에서 유동이 정상상태라고 하더라도 검사체적이 변하므로 국소변화가 있다. 다시 말해서 검사체적 안의 물의 질량이 시간에 따라 변한다. A의 열린 검사표면을 통해서 검사체적에 유입되는 순 질량유량이 있어 대류변화가 발생한다. 검사체적 안의 물의 체적을 계산하기 위해서 물은 관통해서 유입될 때 직경을 그대로 유지한다고 가정한다.[*]

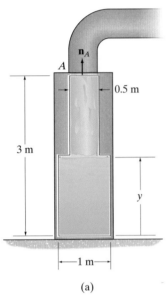

질량보존 $Q_A = V_A A_A$를 이해하고 연속방정식을 적용하면

$$\frac{\partial}{\partial t}\int_{cv}\rho\,d\mathcal{V} + \int_{cs}\rho\,\mathbf{V}_{f/cs}\cdot d\mathbf{A} = 0$$

밀도가 일정하고 그 체적은 시간만의 함수이므로 전미분을 하면

$$\rho\frac{d\mathcal{V}}{dt} - \rho Q_A = 0$$

여기서 $\mathcal{V}$는 탱크 안에 깊이가 y인 물 전체 체적이다. 위 식에서 ρ를 소거하고 정리하면

$$\frac{d}{dt}\left[\pi(0.5\,\text{m})^2 y + \pi(0.25\,\text{m})^2(3\,\text{m} - y)\right] - \left(0.15\,\text{m}^3/\text{s}\right) = 0$$

$$\pi\frac{d}{dt}(0.1875y + 0.1875) = 0.15$$

$$0.1875\frac{dy}{dt} + 0 = \frac{0.15}{\pi}$$

$$\frac{dy}{dt} = \frac{0.8}{\pi}\,\text{m/s} = 0.255\,\text{m/s} \qquad Ans.$$

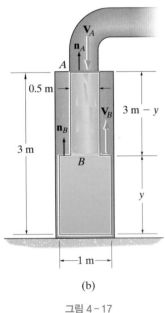

그림 4-17

검사체적 II 그림 4-17b와 같이 어떤 순간에 탱크 안에 있는 물의 깊이를 y라고 할 때 이때 물을 고정 검사체적으로 선택하여 이 문제의 해를 구할 수 있다. 이 경우 검사체적 안의 물이 비압축성 유체이기 때문에 국소변화는 없고, 질량은 일정하게 된다. 또 열린 검사표면 A의 면적 $\pi(0.25\,\text{m})^2$을 통해서 물이 유입되고 면적 $[\pi(0.5\,\text{m})^2 - \pi(0.25\,\text{m})^2]$인 검사표면 B에서 유출되기 때문에 대류변화도 있다.

질량보존 $Q_A = V_A A_A$이므로

$$\frac{\partial}{\partial t}\int_{cv}\rho_w\,d\mathcal{V} + \int_{f/cs}\rho_w\mathbf{V}\cdot d\mathbf{A} = 0$$

$$0 - V_A A_A + V_B A_B = 0$$

$$-\left(0.15\,\text{m}^3/\text{s}\right) + V_B\left[\left(\pi(0.5\,\text{m})^2 - \pi(0.25\,\text{m})^2\right)\right] = 0$$

$$V_B = \frac{dy}{dt} = \frac{0.8}{\pi}\,\text{m/s} = 0.255\,\text{m/s} \qquad Ans.$$

---

[*] 유입되는 물기둥이 분산된다고 하더라도 물기둥 전체에 대해서는 동일한 질량유량을 유지한다.

참고문헌

1. ASME, *Flow Meters*, 6th ed., ASME, New York, NY, 1971.

2. S. Vogel, *Comparative Biomechanics*, Princeton University Press, Princeton, NJ, 2003.

3. S. Glasstone and A. Sesonske, *Nuclear Reactor Engineering*, D. van Nostrand, Princeton, NJ, 2001.

기초문제

4.1 – 4.2절

F4-1 물을 사각형 튜브를 통해서 탱크에 공급하고 있다. 유동의 평균 속도가 16 m/s이고 물의 밀도를 $\rho_w = 1000$ kg/m³라고 할 때 질량유량을 구하시오.

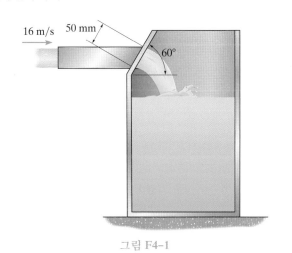

그림 F4-1

F4-2 단면 모양이 삼각형인 덕트를 통해서 공기가 0.7 kg/s의 유량으로 흐르고 있다. 이때 공기의 온도는 15°C이고 계기압력은 70 kPa이다. 표준 대기압이 $p_{atm} = 101$ kPa일 때 이 공기 유동의 평균 속도를 구하시오.

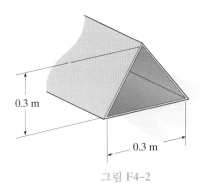

그림 F4-2

F4-3 파이프를 따라 흐르는 물의 평균 속도가 8 m/s이다. 이 유동의 체적유량과 질량유량을 구하시오.

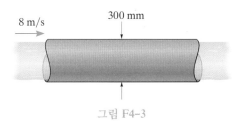

그림 F4-3

F4-4 파이프를 따라 흐르는 원유의 유량이 0.02 m³/s이다. 속도 분포가 그림과 같다고 할 때 이 원유의 최대속도 u_{max}와 평균 속도를 구하시오.

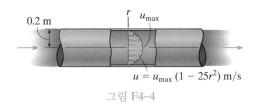

$u = u_{max}(1 - 25r^2)$ m/s

그림 F4-4

F4-5 온도가 20°C이고 압력이 80 kPa인 공기가 원형 덕트를 평균 속도 3 m/s로 흐르고 있다. 이 공기 유동의 질량유량을 구하시오.

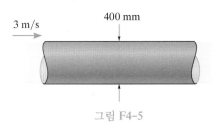

그림 F4-5

F4-6 강한 점성을 가지고 있는 유체가 폭이 0.5 m인 사각형 수로를 따라 흐를 때 속도분포가 $u = (6y^2)$ m/s이며 y의 단위는 미터이다. 이 유동의 체적유량을 구하시오.

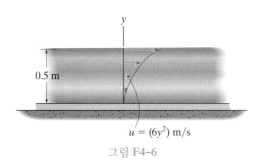

그림 F4-6

4.4절

F4-7 A와 B에서 정상유동으로 흐르는 유체의 평균 속도가 그림에서 보는 것과 같을 때 C점에서 평균 속도를 구하시오. 단 이 파이프의 각 단면의 면적은 $A_A = A_C = 0.1$ m²이고 $A_B = 0.2$ m²이다.

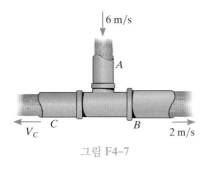

그림 F4-7

F4-8 어떤 탱크의 급수관이 연결된 A점을 통해서 4 m/s의 속도로 액체가 흘러 들어갈 때 이 액체탱크의 수면의 높이가 y만큼 상승한다면 이 수면의 높이의 상승률 dy/dt를 구하시오. 급수관 단면의 면적은 $A_A = 0.1$ m²이다.

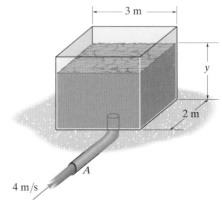

그림 F4-8

F4-9 탱크에서 배출되는 공기의 유량은 0.05 kg/s이고 이 공기는 배출관에 연결된 수관을 통해서 유입되는 질량유량이 0.002 kg/s인 물과 혼합된다. 이 혼합유체의 밀도가 1.45 kg/m³라고 할 때 직경이 20 mm인 파이프를 통해 배출되는 혼합유체의 평균 속도를 구하시오.

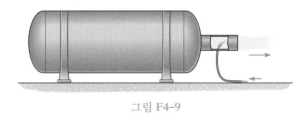

그림 F4-9

연습문제

4.1 – 4.2 절

E4-2 폭이 2 m인 수로에서 그림과 같이 속도가 주어져 있을 때 평균 속도 V를 구하시오.

E4-2 폭이 2 m인 수로에서 그림과 같이 속도가 주어져 있을 때 질량유량을 구하시오. 유체의 밀도는 $\rho = 1600$ kg/m³이다.

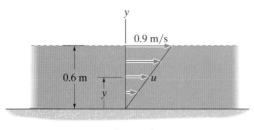

그림 E4-1/2

E4-3 파이프를 따라 흐르는 액체의 대략적인 속도분포가 그림과 같다. 이 유동의 평균 속도를 구하시오.
힌트: 원뿔의 체적은 $V = \frac{1}{3}\pi r^2 h$이다.

*E4-4 파이프를 따라 흐르는 액체의 대략적인 속도분포가 그림과 같다. 이 유체의 밀도가 $\rho = 880$ kg/m³일 때 이 유동의 질량유량을 구하시오.
힌트: 원뿔의 체적은 $V = \frac{1}{3}\pi r^2 h$이다.

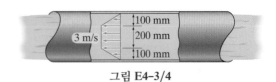

그림 E4-3/4

E4-5 반원의 수로를 따라 흐르는 물의 평균 속도가 3.6 m/s이다. 배출되는 물의 체적유량을 구하시오.

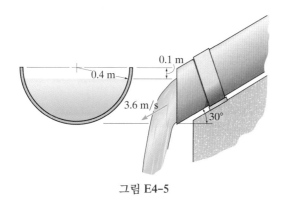

그림 E4-5

E4-6 단면이 삼각형인 수로를 따라 물이 평균 속도 3 m/s로 흐르고 있다. 배출되는 물의 체적유량을 구하시오.

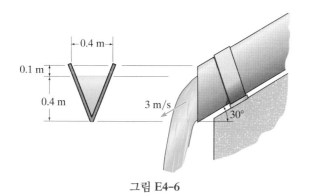

그림 E4-6

E4-7 두 평판 사이를 흐르는 유체의 속도가 $u = \dfrac{4u_{max}}{h^2}(hy - y^2)$ 과 같은 포물선 모양이다. 평균 속도와 체적유량을 u_{max}의 함수로 나타내시오. 이 평판의 폭은 w이다.

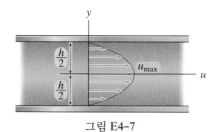

그림 E4-7

*E4-8 사각형 수로를 따라 흐르는 액체의 속도가 $u = (3y^{1/2})$ m/s이며 y의 단위는 미터이다. 수로의 폭이 2 m일 때 체적유량을 구하시오.

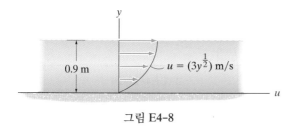

그림 E4-8

E4-9 사각형 수로를 따라 흐르는 액체의 속도가 $u = (3y^{1/2})$ m/s 이며 y의 단위는 미터이다. 이 액체의 평균 속도를 구하시오. 이 수로의 폭은 2 m이다.

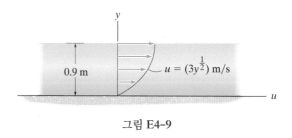

그림 E4-9

E4-10 소방선에 있는 직경이 50 mm인 노즐로부터 B 지점까지 물이 분사되고 있으며 분사거리가 $R = 24$ m라고 할 때 체적유량을 구하시오. 단, 이 소방선은 움직이지 않는다.

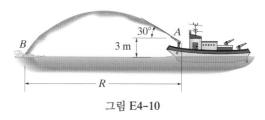

그림 E4-10

E4-11 소방선에 있는 직경이 50 mm인 노즐로부터 B 지점까지 분사되는 물의 체적유량을 분사거리 R의 함수로 나타내시오. 분사거리 $0 \le R \le 25$ m의 구간에 대해서 거리가 $\Delta R = 5$ m씩 증가될 때 체적유량의 변화 그래프를 그리시오. 단, 이 소방선은 움직이지 않는다.

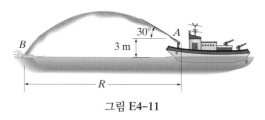

그림 E4-11

*E4-12 제트엔진의 터빈에 공기 40 kg/s가 유입되고 배출구에서 배출될 때 이 유체의 절대압력이 750 kPa이고 온도는 120°C이다. 배출구의 직경이 0.3 m일 때 배출구에서 속도를 구하시오.

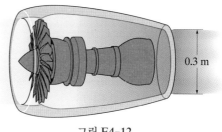

그림 E4-12

E4-13 직경이 30 mm인 노즐로부터 분사되고 있는 물이 B에 있는 벽의 $h = 4$ m 지점에 부딪히고 있다. 노즐을 통해서 배출되는 체적유량을 구하시오.

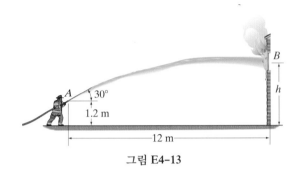

그림 E4-13

E4-14 덕트 안에서 흐르는 공기의 평균 속도가 16 m/s일 때 질량유량을 구하시오. 공기의 온도는 15℃이고 압력은 계기압력은 40 kPa이다.

E4-15 덕트 안에서 공기가 15℃의 온도를 유지하면서 평균 속도 16 m/s로 흐르고 있다. 공기의 압력이 $0 \le p \le 50$ kPa의 구간에서 $\Delta p = 10$ kPa씩 증가할 때 압력에 대한 공기의 질량유량의 변화 그래프를 그리시오. 단, 대기압은 101.3 kPa이다.

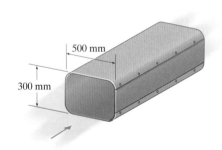

그림 E4-14/15

*E4-16 두 평판 사이를 흐르는 유체의 속도가 그림과 같이 선형적인 속도분포를 갖는다. 평균 속도와 체적유량을 u_{max}의 함수로 나타내시오. 평판의 폭은 w이다.

그림 E4-16

E4-17 직경이 300 mm인 원형 덕트에 속도 8 m/s로 흐르고 있는 공기의 질량유량을 구하시오. 공기의 온도는 24℃이고 계기압력은 60 kPa이다. 대기압은 101.3 kPa이다.

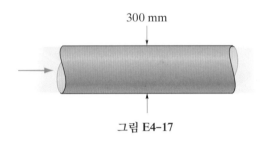

그림 E4-17

E4-18 산소가 직경 400 mm인 덕트에서 평균 속도 12 m/s로 흐르고 있다. 이때 계기압력은 120 kPa을 유지한다고 할 때 $0℃ \le T \le 50℃$의 온도구간에서 $\Delta T = 10℃$의 간격으로 온도가 변화할 때 질량유량의 변화 그래프를 그리시오. 대기압은 101.3 kPa이다.

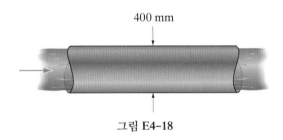

그림 E4-18

E4-19 원형 덕트의 반경이 $r = [0.06(1 - \sqrt{x})]$ m이고 여기서 x의 단위는 미터이다. A점에서 시간 $t = 0$일 때 유량이 $Q = 0.003$ m³/s이고, 이 유량은 $dQ/dt = 0.003$ m³/s²의 비율로 증가한다. 시간 $t = 0$일 때 $x = 0$에 위치한 입자가 $x = 0.3$ m의 위치에 도달하는 데 걸리는 시간을 구하시오. 단면에서의 평균 속도를 이용하라.

*E4-20 원형 덕트의 반경이 $r = [0.06(1 - \sqrt{x})]$ m이고 여기서 x의 단위는 미터이다. A점에서 시간 $t = 0$일 때 유량이 $Q = 0.003$ m³/s이고, 이 유량은 $dQ/dt = 0.003$ m³/s²의 비율로 증가한다. 시간 $t = 0.4$ s일 때 $x = 0.3$ m에 도달한 입자의 속도와 가속도를 구하시오. 단면에서의 평균 속도를 이용하라.

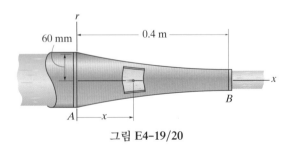

그림 E4-19/20

E4-21 심장의 맥동에 의한 혈류는 동맥의 직선구간의 두 지점에서 속도가 그림에서처럼 코사인함수로 나타난다. 이때 동맥을 따라 흐르는 유동의 두 지점에서 체적유량을 구하시오.

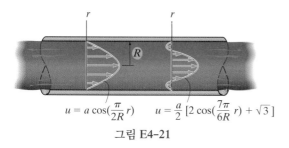

$$u = a\cos\left(\frac{\pi}{2R}\,r\right) \qquad u = \frac{a}{2}\left[2\cos\left(\frac{7\pi}{6R}\,r\right) + \sqrt{3}\,\right]$$

그림 E4-21

E4-22 인간의 심장에서 혈액의 토출유량은 $0.1(10^{-3})$ m^3/s이다. 1회의 심장박동에 토출되는 혈액량과 심장박동률을 구하시오. 모세혈관에서 측정된 유속은 0.5 mm/s이고 모세혈관의 평균 직경은 6 μm라고 할 때 신체의 모세혈관의 수를 예측해보시오.

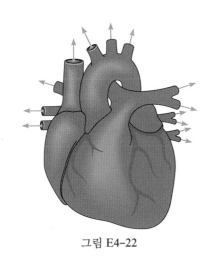

그림 E4-22

E4-23 등유가 노즐을 통해서 0.25 m^3/s의 유량으로 흐르고 있다. x축을 따라 이동하는 입자가 $t=0$일 때 $x=0$에서 출발하여 $x=0.2$ m에 도달하는 데 걸리는 시간은 얼마인가? 입자의 이동거리에 따라 걸리는 시간을 그래프로 그리시오. 단면에서의 평균 속도를 이용하라.

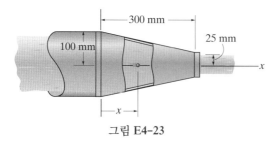

그림 E4-23

*E4-24 두 베인 사이를 흐르는 공기의 유량이 0.75 m^3/s이다. 입구 A와 출구 B에서 공기의 평균 속도를 구하시오. 베인의 폭은 400 mm이고 두 베인 사이의 수직거리는 200 mm이다.

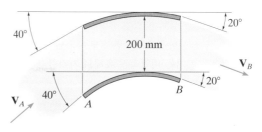

그림 E4-24

E4-25 등유가 노즐을 통해서 0.25 m^3/s의 유량으로 흐르고 있다. x축을 따라 이동하는 입자가 $x=0.25$ m에 도달했을 때 속도와 가속도를 구하시오. 단면에서의 평균 속도를 이용하라.

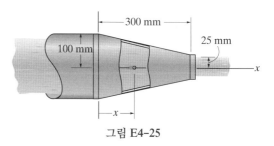

그림 E4-25

E4-26 평균 속력 6 m/s로 수직으로 내리고 있는 비를 통에 담고 있다. 통에 담겨지고 있는 빗물의 수위의 증가율은 2.5 mm/min이다. 1 m^3의 공기 중에 내리고 있는 빗물의 양을 구하시오. 또 빗방울의 평균 직경은 2.65 mm일 때 1 m^3의 공기 중에 있는 빗방울의 수를 구하시오.

힌트: 방울의 체적은 $V = \frac{4}{3}\pi r^3$이다.

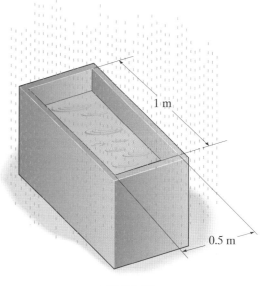

그림 E4-26

4.3절

E4-27 덕트의 단면이 선형적으로 좁아지는 테이퍼 덕트를 통해서 흐르는 공기가 가열되고 이 공기의 밀도는 일정한 비율로 증가하고 있다. 이때 이 덕트에서 공기의 평균 속도가 그림과 같다. 공기와 덕트를 포함한 검사체적을 정하고 열린 검사표면에서 그 면의 양의 방향과 속도의 방향을 표시하시오. 그 변화가 국소변화인지 대류변화인지 구별하시오. 단, 공기는 비압축성 유체로 가정한다.

그림 E4-27

***E4-28** 그림에 나타낸 평균 속도로 물이 노즐을 통해 정상상태로 흐르고 있다. 만약 노즐을 접착제로 파이프의 끝에 부착시켰다고 할 때 노즐 전체와 그 안의 물을 포함시킨 검사체적과 노즐 안의 물만을 포함시킨 또 다른 검사체적을 정했을 때 이 두 경우에 대해서 열린 검사표면과 검사표면의 양의 방향 및 이 면을 통과하는 속도의 방향을 표시하시오. 그리고 그 변화가 국소변화인지 대류변화인지 구별하시오. 단, 물은 비압축성 유체로 가정한다.

그림 E4-28

E4-29 그림에 나타낸 평균 속도로 물이 노즐을 통해 정상상태로 흐르고 있다. 만약 노즐을 접착제로 파이프의 끝에 부착시켰다고 할 때 노즐 전체와 그 안의 물을 포함시킨 검사체적과 노즐 안의 물만을 포함시킨 또 다른 검사체적을 정했을 때 이 두 경우에 대해서 열린 검사표면과 검사표면의 양의 방향 및 이 면을 통과하는 속도의 방향을 표시하시오. 그리고 그 변화가 국소변화인지 대류변화인지 구별하시오. 단, 물은 비압축성 유체로 가정한다.

그림 E4-29

E4-30 어떤 변환 관의 입구 B에서 출구 A로 흐르는 공기의 온도가 떨어지고 있으며 평균 속도는 보는 바와 같다. 공기를 포함한 덕트를 검사체적으로 정하고 열린 검사표면과 그 면의 양의 방향을 표시하시오. 또 그 면을 통해 흐르는 속도의 방향을 표시하고 그 변화가 국소변화인지 대류변화인지 구별하시오. 단, 공기는 비압축성 유체로 가정한다.

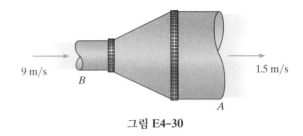

그림 E4-30

E4-31 2 m/s의 속도로 오른쪽 방향으로 이동하고 있는 수직판에 노즐 A로부터 평균 속도 4 m/s로 분사되고 있는 물이 있다. 물과 수직판을 포함한 이동 검사체적을 그리고 유동이 있는 열린 검사표면의 양의 방향을 표시하시오. 또 검사표면을 통과하는 상대 속도의 방향을 표시하고 입구 검사표면에서 유동의 상대 속도의 크기를 구하시오. 그리고 이 변화가 국소변화인지 대류변화인지 구별하시오. 이 해석을 이동 검사체적으로 하는 것이 최적인지 그 이유를 설명하시오. 단, 물은 비압축성 유체로 가정한다.

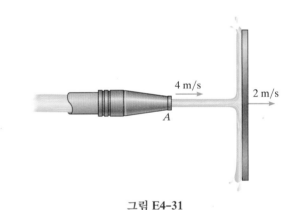

그림 E4-31

***E4-32** 그림과 같은 물탱크에서 물이 A점을 통해서 유출되고 있으며 평균 속도는 그림에서 보는 바와 같다. 검사체적을 탱크 안의 물만을 포함시켜 선택하여 열린 검사표면을 표시하고 이 면의 양의 방향과 이 면을 통과하는 속도의 방향을 표시하시오. 그리고 국소변화와 대류변화가 있는지 구별하시오. 단, 물은 비압축성 유체로 가정한다.

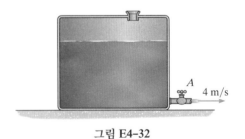

그림 E4-32

E4-33 어떤 파이프에서 그림과 같은 평균 속도로 물이 정상상태로 흐르고 있다. 물을 포함하고 있는 파이프 시스템의 외곽을 따라 검사체적을 설정하고 열린 검사표면과 이 면의 양의 방향을 보이시오. 또 이 면에서 유체의 속도의 방향을 표시하고 국소 및 대류변화가 있는지 구별하시오. 단, 물은 비압축성 유체로 가정한다.

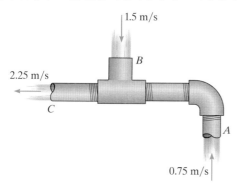

그림 E4-33

E4-34 탱크에 공기를 압입하고 있는 어떤 순간에 속도가 3 m/s였다. 탱크 안의 공기를 포함한 검사체적을 선택하고 열린 검사표면과 그 면의 양의 방향, 그리고 분출하는 속도의 방향을 표시하고 국소 및 대류변화가 있는지 구분하시오. 단, 공기는 압축성 유체로 가정한다.

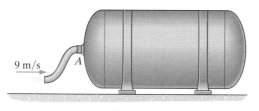

그림 E4-34

E4-35 노즐에서 분사되는 물에 의해 반구체가 그림과 같이 떠 있고 반구에 분사되는 물의 속도와 반구형 벽면을 따라 흘러 내려오는 물의 평균 속도가 그림과 같다. 반구체와 물을 포함한 검사체적을 그리고, 열린 검사표면과 그 면의 양의 방향과 속도의 방향을 표시하고 국소 및 대류변화가 있는지 구분하시오. 단, 물을 비압축성 유체로 가정한다.

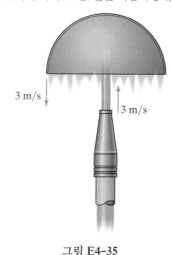

그림 E4-35

E4-36 비행기의 제트엔진이 800 km/h의 속도로 이동하고 있다. 연료는 탱크에서 제트엔진으로 공급되어 공기와 혼합되어 연소된 후 1200 km/h의 상대 속도로 배출되고 있다. 제트엔진과 연료, 공기를 포함한 검사체적을 선택하고 왜 이동 검사체적이 이 문제를 해석하는 데 가장 적합한 것인지 설명하시오. 열린 검사표면과 그 면의 양의 방향과 상대 속도의 크기와 방향을 표시하고 국소 및 대류변화가 있는지 구분하시오. 단, 연료는 비압축성 유체이고 공기는 압축성 유체라고 가정한다.

그림 E4-36

E4-37 터빈의 블레이드가 왼쪽 방향으로 6 m/s의 속도로 이동하고 있다. 노즐 출구 A에서 물이 평균 속도 2 m/s로 분사되고 있다. 블레이드를 따라 흐르는 물을 포함한 검사체적을 그리고, 열린 검사표면과 그 면의 양의 방향과 그 면에서 상대 속도의 방향과 크기를 표시하고 국소 및 대류변화를 구분하시오. 이 문제를 해석하는 데 왜 이동 검사체적을 선택하는 것이 적합한 것인지 설명하시오. 물은 비압축성 유체로 가정한다.

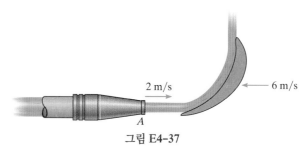

그림 E4-37

E4-38 탱크에 압입되어 있는 공기가 배출되고 있다. 이때 평균 배출 속도가 3 m/s였다. 공기를 포함한 탱크를 검사체적으로 선택하고 열린 검사표면의 양의 방향과 이 면에서의 속도를 표시하고 발생하는 국소변화와 대류변화를 구분하시오. 공기는 압축성 유체로 가정한다.

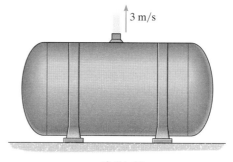

그림 E4-38

4.4절

E4–39 배수관을 통해서 흐르고 있는 액체의 포물선 모양의 속도가 $u = 10(1 - 400r^2)$ m/s이다. 여기서 r의 단위는 미터이다. 이 실린더 모양의 탱크에 처음에 물의 깊이가 $h = 2$ m라고 할 때 이 물의 깊이가 1 m가 되는 데 걸리는 시간을 구하시오. 탱크의 직경은 1.5 m이다.

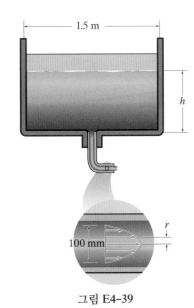

그림 E4–39

*E4–40 노즐을 통해서 흐르는 물의 유량이 0.02 m³/s이다. 이 파이프의 중심선을 따라 흐르고 있는 물의 속도 V를 x의 함수로 나타내시오.

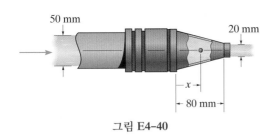

그림 E4–40

E4–41 노즐을 통해서 흐르는 물의 유량이 0.02 m³/s이다. 이 파이프의 중심선을 따라 흐르고 있는 이 물의 가속도를 x의 함수로 나타내시오.

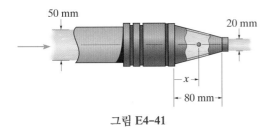

그림 E4–41

E4–42 비정상유동하는 글리세린의 A점에서의 속도가 $V_A = (5t^{1/2})$ m/s이고 t의 단위는 초이다. 시간 $t = 1$ s일 때 $x = 0.3$ m에 있는 유체입자의 가속도를 구하시오.

힌트: $V = V(x, t)$를 찾은 후 물질미분으로 구한다.

E4–43 비정상유동하는 글리세린의 A점에서의 속도가 $V_A = (0.8t + 2)$ m/s이고 t의 단위는 초이다. 시간 $t = 0.5$ s일 때 $x = 0.3$ m에 있는 유체입자의 가속도를 구하시오.

힌트: $V = V(x, t)$를 찾은 후 물질미분으로 구한다.

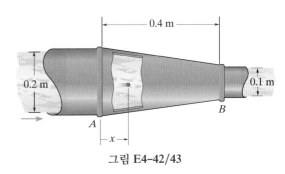

그림 E4–42/43

*E4–44 기름이 파이프의 A점에서 평균 속도 0.2 m/s로 흐르고 B점에서 평균 속도는 0.15 m/s이다. C점을 통해서 배출되는 기름이 속도 $v_C = V_{max}(1 - 100r^2)$의 포물선 함수의 분포를 갖는다고 할 때 최대 속도 V_{max}를 구하시오. 여기서 r은 파이프의 중심선으로부터 측정되는 좌표이며 단위는 미터이다.

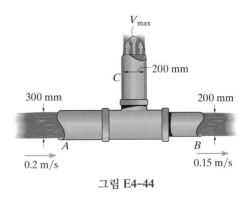

그림 E4–44

E4–45 축소관을 따라서 흐르고 있는 글리세린의 A점에서 속도가 $V_A = (0.8t^2)$ m/s이고 t의 단위는 초이다. $t = 2$ s일 때 B점에서의 속도와 A점에서의 평균 가속도를 구하시오. 관의 직경은 그림에서 보는 바와 같다.

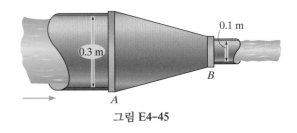

그림 E4–45

E4–46 원형 플런저를 $V_p=(0.004t^{1/2})$ m/s의 속도로 이동시켜 액체 플라스틱을 구를 만들기 위한 주물 틀에 압입하고 있다. 플런저의 직경이 $d=50$ mm라고 할 때 액체 플라스틱을 틀에 채우는 데 걸리는 시간을 구하시오. 단, 구의 체적은 $V=\frac{4}{3}\pi r^3$이다.

E4–47 원형 플런저를 $V_p=(0.004t^{1/2})$ m/s의 속도로 이동시켜 액체 플라스틱을 구를 만들기 위한 주물 틀에 압입하고 있다. 액체 플라스틱을 틀에 채우는 데 필요한 시간을 플런저의 직경 d의 함수로 나타내시오. 플런저의 직경 10 mm $\le d \le 50$ mm 구간에서 $\Delta d=10$ mm씩 증가시킬 때마다 액체 플라스틱을 채우는 데 걸리는 시간을 그래프로 그리시오. 단, 구의 체적은 $V=\frac{4}{3}\pi r^3$이다.

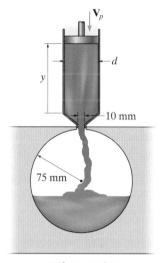

그림 E4–46/47

*E4–48** 제트엔진으로 공기 1800 kg/s와 연료 0.916 kg/s가 유입되고 있다. 배출구에서의 배출되는 공기와 혼합된 연료의 밀도가 3.36 kg/m³이다. 엔진의 배출되는 혼합기체의 비행기에 대한 상대 속도를 구하시오. 배출구 노즐의 직경은 0.8 m이다.

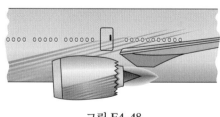

그림 E4–48

E4–49 물이 파이프의 A점에서 유량이 60 kg/s이고 B점에서 속도는 4 m/s이다. C점에서 흐르는 물의 평균 속도를 구하시오.

E4–50 Y자형 파이프의 A점에서는 60 kg/s와 B점에서는 20 kg/s의 물이 흐르고 있다. 이 파이프의 B점에서 흐르는 물의 속도를 구하시오.

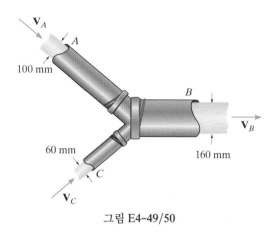

그림 E4–49/50

E4–51 그림과 같은 탱크에 A점에서는 질소가 $V_A=3$ m/s로 유입되고 B점에서는 헬륨이 $V_B=8$ m/s로 유입되고 있다. 유입되는 두 기체의 압력은 계기압으로 260 kPa이고 온도는 150℃이다. 정상상태일 때 C점에서 배출되는 혼합기체의 질량유량을 구하시오. 대기압은 $p_{atm}=101.3$ kPa이다.

*E4–52** 그림과 같은 탱크에 A점에서는 질소가 $V_A=3$ m/s로 유입되고 B점에서는 헬륨이 $V_B=8$ m/s로 유입되고 있다. 유입되는 두 기체의 압력은 계기압으로 260 kPa이고 온도는 150℃이다. 정상상태일 때 C점에서 배출되는 혼합기체의 속도를 구하시오. 혼합기체의 밀도는 $\rho=2.520$ kg/m³이며 대기압은 $p_{atm}=101.3$ kPa이다.

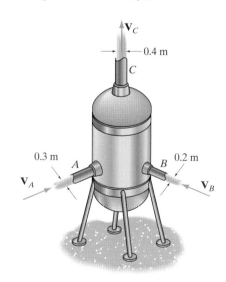

그림 E4–51/52

E4-53 평판에 페인팅을 하는 직경이 2 mm인 6개의 노즐이 직경이 20 mm인 파이프에 장치된 분체도장 장치가 있다. 이 장치로 폭이 50 mm인 평판에 1 mm 두께로 페인트칠을 할 수 있다고 할 때, 파이프를 통해서 공급되는 페인트의 속도가 1.5 m/s라고 할 때 6개의 노즐을 통과하는 평판의 속도를 구하시오.

E4-54 평판에 페인팅을 하는 6개의 노즐이 파이프에 장치된 분체도장 장치가 있다. 이 장치로 폭이 50 mm인 평판에 1 mm 두께로 페인트칠을 할 수 있다고 할 때, 파이프를 통해서 공급되는 페인트의 속도가 1.5 m/s라고 할 때 평판의 속도를 파이프의 직경의 함수로 나타내시오. 그리고 파이프의 직경을 10 mm≤D≤30 mm에서 $\Delta D=$ 5 mm로 증가시킬 때마다 필요한 속도를 그래프로 그리시오.

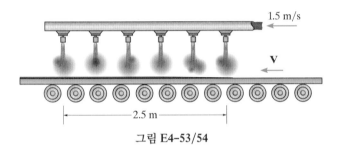

1.5 m/s

V

2.5 m

그림 E4-53/54

E4-55 절삭유가 동심원 파이프의 안쪽 파이프로 압입되어 두 동심원 파이프 사이의 환형 간극을 통해서 유출되고 있다. 압입되는 절삭유의 속도와 환형 간극을 통해서 유출되는 속도가 같은 속도로 유지되기 위한 안쪽 파이프의 직경 d를 구하시오. 유출유량이 0.02 m³/s일 때 평균 속도는 얼마인가? 단, 파이프의 두께는 무시한다.

*E4-56 절삭유가 동심원 파이프의 안쪽 파이프로 압입되어 두 동심원 파이프 사이의 환형 간극을 통해서 유출되고 있다. 압입되는 절삭유의 속도가 $V_{in}=$2 m/s라고 할 때 환형 간극을 통해서 유출되는 속도를 안쪽 파이프의 직경 d의 함수로 나타내시오. 안쪽 파이프의 직경을 50 mm≤d≤150 mm에서 $\Delta d=$25 mm씩 증가시킬 때 유출되는 절삭유의 속도를 그래프로 그리시오. 단, 파이프의 두께는 무시한다.

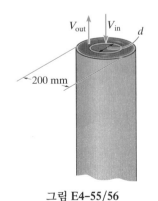

V_{out} V_{in} d

200 mm

그림 E4-55/56

E4-57 휘발유가 2개의 관을 통해서 탱크에 유입되고 있으며 A점에서 속도는 4 m/s이다. 탱크의 휘발유의 높이 변화율을 유입관 B의 유입유량의 함수로 나타내시오. 유입관 B의 유량을 0≤Q_B≤0.1 m³/s 구간에서 $\Delta Q_B=$0.02 m³/s씩 변할 때 높이 변화율의 변화를 그래프로 그리시오.

E4-58 휘발유가 2개의 관을 통해서 탱크에 유입되고 있으며 A점에서 속도는 4 m/s이고 B점에서 속도는 6 m/s이다. 이 탱크에서 휘발유의 높이 변화율을 구하시오.

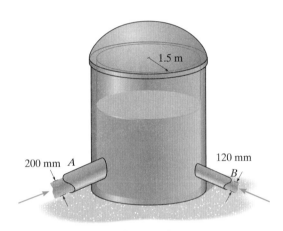

1.5 m

200 mm A 120 mm B

그림 E4-57/58

E4-59 2개의 파이프를 통해 탱크에 물이 공급되고 있다. A에서는 7500 L/min의 유량으로 유입되고 B에서는 5500 L/min의 유량으로 유입된다. 이 탱크에서 물의 높이의 변화율을 구하시오.

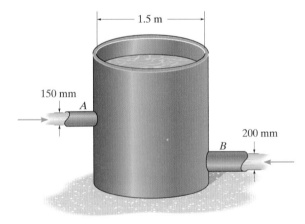

1.5 m

150 mm A

200 mm B

그림 E4-59

*E4-60 삼각뿔 형태의 탱크 바닥에서 물이 1.5 m/s의 속도로 유입되고 있다. 물의 높이 변화율을 높이가 h일 때 단면의 면적의 함수로 구하시오.

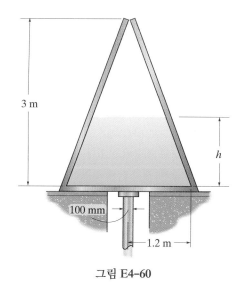

그림 E4-60

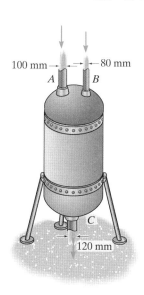

그림 E4-62/63

E4-61 주사기에서 플런저에 힘을 가하여 20 mm/s의 속도로 유체가 이동하고 있다. 이때 주사바늘을 통해서 배출되는 유체의 속도를 구하시오.

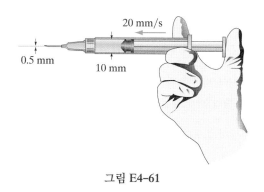

그림 E4-61

E4-62 혼합탱크에 기름이 파이프 A를 통해서 6 m/s의 속도로 유입되고 글리세린은 파이프 B를 통해서 3 m/s의 속도로 유입되고 있다. 파이프 C를 통해서 배출되고 있는 혼합유의 평균 밀도를 구하시오. 4 m³의 체적을 가지고 있는 혼합탱크에서는 혼합유의 밀도가 균일하다고 가정하라. 두 유체의 밀도는 $\rho_o = 880$ kg/m³, $\rho_{gly} = 1260$ kg/m³이다.

E4-63 혼합탱크에 기름이 파이프 A를 통해서 0.05 m³/s의 유량으로 유입되고 글리세린은 파이프 B를 통해서 0.015 m³/s의 유량으로 유입되고 있다. 파이프 C를 통해서 배출되고 있는 혼합유의 평균 밀도를 구하시오. 4 m³의 체적을 가지고 있는 혼합탱크에서는 혼합유의 밀도가 균일하다고 가정하라. 두 유체의 밀도는 $\rho_o = 880$ kg/m³, $\rho_{gly} = 1260$ kg/m³이다.

*E4-64 핵반응기의 압력탱크에 밀도가 $\rho_w = 850$ kg/m³인 끓는 물이 채워져 있으며 체적은 185 m³이다. 펌프의 고장으로 냉각이 필요하여 밸브 A를 개방해 밀도 $\rho_s = 35$ kg/m³인 수증기를 평균 속도 $V = 400$ m/s로 배출시켜 내부 압력을 줄이고 있다. 배출관의 직경이 40 mm라고 할 때 탱크의 물을 모두 배출시키는 데 걸리는 시간을 구하시오. 단, 배출되는 동안 물의 온도와 A점에서의 배출 속도는 일정하다고 가정한다.

E4-65 핵반응기의 압력탱크에 밀도가 $\rho_w = 850$ kg/m³인 끓는 물이 채워져 있으며 체적은 185 m³이다. 펌프의 고장으로 냉각이 필요하여 밸브 A를 개방해 밀도 $\rho_s = 35$ kg/m³인 수증기를 배출시켜 내부압력을 줄이고 있다. 배출관의 직경이 40 mm라고 할 때 탱크 안의 물을 모두 배출시키는 데 필요한 배출 속도를 배출 시간의 함수로 나타내시오. 배출시간 구간을 $0 \leq t \leq 3$ h라 하고 $\Delta t = 0.5$ h씩 증가시킬 때마다 배출 속도를 그래프로 그리시오. 단, 배출되는 동안 물의 온도와 A점에서의 배출 속도는 일정하다고 가정한다.

그림 E4-64/65

E4-66 공기가 채워져 있는 탱크의 온도가 20℃이고 절대압력은 500 kPa이다. 탱크의 상부에 직경이 15 mm인 노즐을 통해서 공기가 평균 속도 120 m/s로 배출되고 있다. 탱크의 체적이 1.25 m³이라면 탱크 안의 공기의 밀도의 변화율을 구하시오. 이 유동은 정상상태인가 아니면 비정상상태인가?

그림 E4-66

E4-67 인체의 기관(trachea)을 들어가는 공기는 2개의 주기관지(main bronchi)로 균등하게 분할된 후 150,000개의 세기관지 관(bronchial tube)을 거쳐 허파꽈리(alveolus)로 들어간다. 만약 직경이 18 mm인 기관에 12 L/min의 공기가 들어갈 때 기관과 직경이 12 mm인 주기관에서 속도를 구하시오.

참고: 허파꽈리의 직경은 약 250 μm이며 그 수가 매우 많아 유동은 0에 가깝게 감소하고 기체의 교환은 확산에 의해 이루어진다.

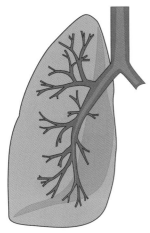

그림 E4-67

*E4-68 사각형 탱크에 A와 B의 파이프를 통해서 2.5 m/s와 1.5 m/s의 속도로 물을 채우고 있다. C의 파이프를 통해 0.75 m/s의 일정한 속도로 배출되고 있을 때 수면의 높이 변화율을 구하시오. 탱크 밑면은 2 m×1.5 m이며 낙수에 작용하는 중력은 무시한다.

E4-69 직경이 1.5 m인 원형 탱크에 A와 B의 파이프를 통해서 2.5 m/s와 1.5 m/s의 속도로 물을 채우고 있다. C의 파이프를 통해 0.75 m/s의 일정한 속도로 배출되고 있다. 시간 $t=0$일 때 $y=0$이라고 할 때 이 탱크에 물을 꽉 채우는 데 걸리는 시간을 구하시오. 수면의 높이 변화율을 구하시오. 낙수에 작용하는 중력은 무시한다.

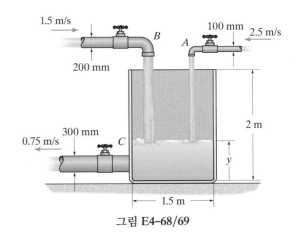

그림 E4-68/69

E4-70 실린더를 어떤 튜브에 $V=5$ m/s의 속도로 밀어 넣고 있다. 튜브 안의 액체의 높이가 상승하는 속도를 구하시오.

E4-71 실린더를 어떤 튜브에 일정한 속도로 밀어 넣고 있다. 튜브 안의 액체의 높이가 상승하는 속도가 4 m/s일 때 실린더의 속도 V를 구하시오.

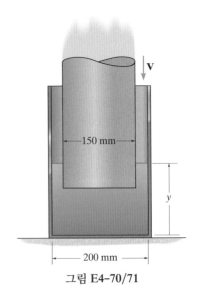

그림 E4-70/71

*E4–72 천연가스(메탄)와 원유가 혼합된 유체가 분리기의 A에서 1200 L/min의 유량으로 유입되고 B에 있는 수분 추출기를 통과한다. 원유는 C를 통해서 4800 L/min의 유량으로 배출되고 천연가스는 D에 있는 직경 50 mm인 파이프를 통해서 $V_D = 75$ m/s 속도로 배출되고 있다. 분리기의 A를 통해서 유입되는 혼합유체의 밀도를 구하시오. 이 공정에서 온도는 20℃로 유지되고 원유의 밀도는 $\rho_o = 880$ kg/m³이고 천연가스의 밀도는 $\rho_{me} = 0.665$ kg/m³이다.

E4–73 천연가스(메탄)와 원유가 혼합된 밀도가 353 kg/m³인 유체가 분리기의 A에서 1200 L/min의 유량으로 유입되고 B에 있는 수분 추출기를 통과한다. 원유는 C를 통해서 4800 L/min의 유량으로 배출되고 있다. D에 있는 직경 50 mm인 파이프를 통해서 배출되는 천연가스의 속도를 구하시오. 이 공정에서 온도는 20℃로 유지되고 원유의 밀도는 $\rho_0 = 880$ kg/m³이고 천연가스의 밀도는 $\rho_{me} = 0.665$ kg/m³이다.

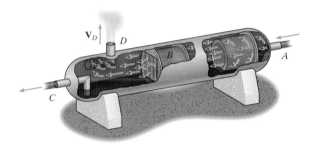

그림 E4–72/73

E4–74 사각형 탱크에 A와 B의 파이프를 통해서 4 m/s와 2 m/s의 속도로 물을 채우고 있다. 수면의 높이 변화율을 구하시오. 낙수에 작용하는 중력의 영향은 무시한다.

E4–75 밑면이 2 m×1 m인 사각형 탱크에 A와 B의 파이프를 통해서 4 m/s와 2 m/s의 속도로 물을 채우고 있다. 시간 $t = 0$일 때 $y = 0$이라고 할 때 이 탱크에 물을 꽉 채우는 데 걸리는 시간을 구하시오. 낙수에 작용하는 중력은 무시한다.

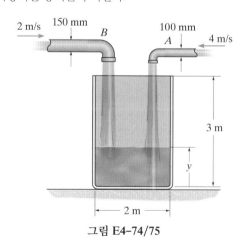

그림 E4–74/75

*E4–76 체적이 6 m³인 탱크에 온도가 30℃이고 절대압력이 480 kPa인 공기가 노즐을 통해서 0.05 m³/s의 유량으로 배출되고 있다. 이 탱크 안의 공기의 밀도의 변화율을 구하시오. 이것은 정상상태인가 아니면 비정상상태인가?

그림 E4–76

E4–77 휘발유가 A를 통해서 3 m/s의 평균 속도로 흐르고 등유는 B를 통해서 2 m/s의 평균 속도로 흐른다. 탱크에서 혼합된 액체의 높이를 $y = 1.5$ m로 유지하기 위해서 C를 통해서 배출되는 혼합액체의 평균 속도를 구하시오. 탱크의 폭은 1 m이다. 또 C를 통해서 배출되는 혼합액체의 밀도를 구하시오. 휘발유 밀도는 $\rho_g = 726$ kg/m³이고 등유의 밀도 $\rho_{ke} = 814$ kg/m³이다.

E4–78 휘발유가 A를 통해서 3 m/s의 평균 속도로 흐르고 등유는 B를 통해서 2 m/s의 평균 속도로 흐른다. 탱크에서 혼합액체의 높이가 $y = 1.5$ m가 될 때 C를 통해서 배출되는 속도는 $V_C = 2.5$ m/s였다. 이때 혼합액체의 높이의 변화율을 구하시오. 탱크의 폭은 1 m이다. 이때 액체의 높이가 올라가는 중이었나 아니면 내려가는 중이었나? 휘발유 밀도는 $\rho_g = 726$ kg/m³이고 등유의 밀도는 $\rho_{ke} = 814$ kg/m³이다.

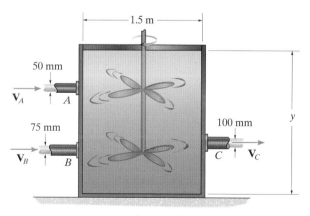

그림 E4–77/78

E4-79 평판 위를 흐르는 공기의 유동에서 평판과 공기 사이의 마찰효과로 인하여 평판 위에는 경계층이 형성되고 또한 균일한 속도 분포에서 $u = [1000y - 83.33(10^3)y^2]$ m/s 분포로 변화한다. 여기서 y의 단위는 미터이고 구간은 $0 \leq y < 6$ mm이다. 이 평판의 폭은 0.2 m이고 공기는 평판을 따라 0.5 m 떨어진 지점에서 위의 속도분포로 변했다면 AB와 CD를 통과하는 질량유량을 구하시오. 이 두 유량이 같지 않다면 이 유량 차이는 무엇을 의미하는지 설명하시오. 공기의 밀도는 $\rho = 1.226$ kg/m³이다.

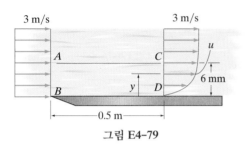

그림 E4-79

*E4-80 단면이 정삼각형인 블록을 단면이 정사각형인 탱크에 $V_b = 0.5$ m/s의 속도로 밀어 넣고 있다. 탱크 안의 액체의 높이가 상승하는 속도를 구하시오.

E4-81 단면이 정사각형인 블록을 단면이 정사각형인 탱크에 일정한 속도로 밀어 넣고 있다. 액체의 높이가 올라가는 속도가 0.2 m/s일 때 탱크의 속도 V_b를 구하시오.

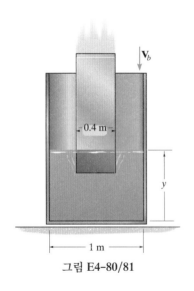

그림 E4-80/81

E4-82 실린더형 탱크에서 펌프를 이용하여 물을 배출시키고 있다. 물의 배출량이 0.2 m³/s일 때 감소되는 물의 높이의 변화율을 구하시오.

E4-83 실린더 형태의 탱크에서 펌프를 이용하여 물을 직경이 d인 파이프를 통해서 배출하고 있다. 펌프를 이용하여 배출되는 물의 평균 속도가 6 m/s일 때 물의 높이가 감소되는 변화율을 d의 함수로 나타내시오. 직경이 $0 \leq d \leq 0.3$ m 구간에서 $\Delta d = 0.05$ m씩 증가할 때 이 변화율의 변화를 그래프로 나타내시오.

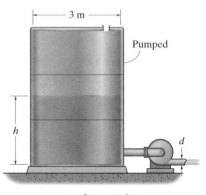

그림 E4-82/83

*E4-84 실린더 형태의 탱크에 직경이 6.5 mm인 호스를 이용하여 질소를 채우고 있다. 질소가 유입되는 속도가 10 m/s일 때 밀도는 3.50 kg/m³이었다. 이때 탱크 안의 질소 밀도의 변화율을 구하시오.

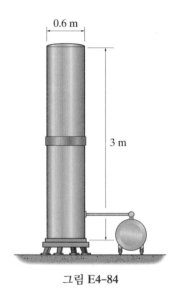

그림 E4-84

E4-85 완전히 밀폐된 원통형 탱크에 펌프를 이용하여 수소를 질량유량 $\dot{m} = (0.5\rho^{-1/3})$ kg/s로 압입하고 있다. 펌프를 가동한 후 $t = 4$ s일 때 이 탱크 안의 수소의 밀도를 구하시오. 단, 초기에 0.2 kg의 수소가 탱크에 있었다고 가정한다.

E4-86 완전히 밀폐된 원통형 탱크에 펌프를 이용하여 수소를 질량유량 $\dot{m} = (0.5\rho^{1/2})$ kg/s로 압입하고 있으며 여기서 ρ는 탱크 안의 밀도이고 단위는 kg/m³이다. 펌프를 가동한 후 $t = 4$ s일 때 이 탱크 안의 수소의 밀도를 구하시오. 단, 초기에 0.2 kg의 수소가 탱크에 있었다고 가정한다.

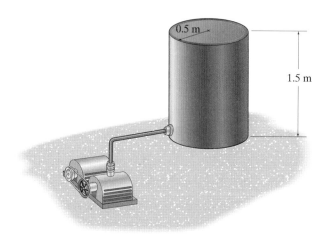

그림 E4-85/86

E4-87 실린더형 탱크에 들어 있는 소금물의 최초 밀도가 $\rho_b = 1250$ kg/m³이었다. 펌프로 A를 통해서 순수한 물을 0.02 m³/s 유량으로 넣어 소금물과 혼합시키고 있다. 같은 유량으로 희석된 소금물이 B를 통해서 배출된다고 할 때 처음 소금물 밀도에서 10% 감소한 소금물이 배출되도록 하기 위해서 탱크에 넣어야 하는 물의 양을 구하시오. 혼합과정에서 탱크는 완전히 채워진 상태를 유지한다.

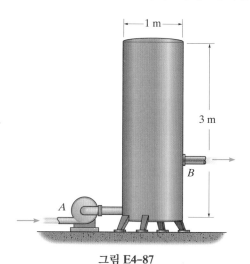

그림 E4-87

*$\textbf{E4-88}$ 어떤 생산 공정에서 용융 플라스틱이 들어 있는 사다리꼴 용기에 실린더 형태의 틀을 40 mm/s의 일정한 속도로 밀어 넣는다. 플라스틱의 싱승 속도를 형상의 높이 y_c의 함수로 나타내시오. 용기의 폭은 200 mm이다.

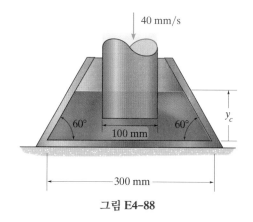

그림 E4-88

E4-89 기름이 사다리꼴 용기에 1800 kg/min의 유량으로 유입되고 있다. $y = 1.5$ m일 때 기름 높이의 상승률을 구하시오. 이 용기의 폭은 0.5 m이고 기름의 밀도는 $\rho_o = 880$ kg/m³이다.

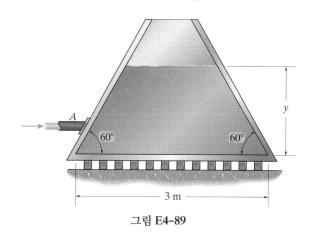

그림 E4-89

E4-90 기름이 사다리꼴 용기에 1800 kg/min의 유량으로 유입되고 있다. $y = 1.5$ m일 때 기름 높이의 상승률을 구하시오.
힌트: 원뿔의 체적은 $V = \frac{1}{3}\pi r^2 h$이고 기름의 밀도는 $\rho_o = 880$ kg/m³이다.

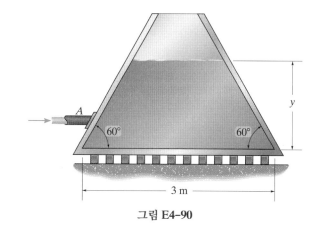

그림 E4-90

E4-91 산소를 원통형 탱크에 $\dot{m} = (4.50\rho^{-1/2})$ kg/s의 질량유량으로 펌프로 주입하고 있다. 밀도의 단위는 kg/m³이다. 펌프를 가동한 후 시간 $t = 5$ s일 때 탱크 안의 산소의 밀도를 구하시오. 초기에 탱크에는 5 kg의 산소가 있었다고 가정한다.

*E4-92 공기를 원통형 탱크에 $\dot{m} = (6.50\rho^{-3/2})$ kg/s의 질량유량으로 펌프로 주입하고 있다. 밀도의 단위는 kg/m³이다. 펌프를 가동한 후 시간 $t = 5$ s일 때 탱크 안의 산소의 밀도를 구하시오. 초기에 탱크에는 6 kg의 공기가 있었다고 가정한다.

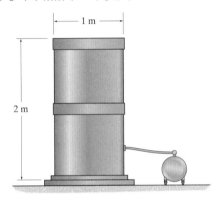

그림 E4-91/92

E4-93 원뿔 모양의 홈통에 $y = 900$ mm 높이의 물이 있다. 홈통의 아래 배수구를 열었을 때 물의 배출속도는 $V = (5.02y^{1/2})$ m/s이다. y의 단위는 미터이다. 이 홈통의 물을 완전히 배출시키는 데 걸리는 시간을 구하시오. 홈통 아래 열린 배수구의 직경은 50 mm이다.

E4-94 원뿔 모양의 홈통에 $y = 900$ mm 높이의 물이 있다. 홈통의 아래 배수구를 열었을 때 물의 배출속도는 $V = (5.02y^{1/2})$ m/s이다. y의 단위는 미터이다. 이 홈통의 물의 높이가 $y = 300$ mm 될 때까지 걸리는 시간을 구하시오. 홈통 아래 열린 배수구의 직경은 50 mm이다.

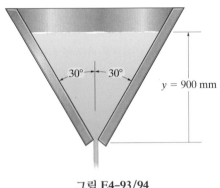

그림 E4-93/94

E4-95 식품 생산 공정에서 원통형 탱크에 초기 밀도가 $\rho_s = 1400$ kg/m³인 농축된 액상설탕을 채우고 있다. 파이프 A를 통해서 물이 0.03 m³/s의 유량으로 들어가 액상설탕과 혼합된다. 동일한 유량으로 파이프 B를 통해서 희석된 액상설탕이 배출된다면 액상설탕의 밀도를 10% 줄이는 데 필요한 물의 양을 구하시오.

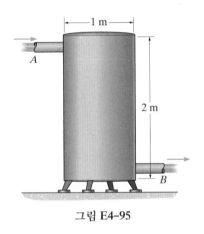

그림 E4-95

개념문제

P4-1 공기가 덕트의 왼쪽 방향으로 흐르고 있다. 이 공기의 속도가 가속되는가 아니면 감속되는가? 그 이유를 설명하시오.

그림 P4-1

P4-2 열린 구멍을 통해서 물이 나와 떨어질 때 물줄기의 폭이 좁아지는 현상을 베나 콘트랙타(vena contracta)라고 한다. 이 현상이 일어나는 이유와 물은 왜 그림과 같은 물줄기를 유지하는지 설명하시오.

그림 P4-2

4장 복습

검사체적은 유동을 오일러 기술법으로 기술하기 위한 것이며 문제에 따라 고정 검사체적과 이동 검사체적 및 변형 검사체적으로 설정할 수 있다.

레이놀즈 수송정리를 이용하여 어떤 시스템의 유체입자들의 상태량 N의 변화율과 검사체적에서 이 상태량의 변화율을 나타낼 수 있다. 검사체적에서 이 변화는 검사체적 안의 **국소변화**와 검사표면을 통과하는 유체의 의한 **대류변화**로 정의된다.

체적유량 또는 평면 A를 통과하는 배출량 Q는 그 면의 **수직방향** 속도성분에 의해서 정의된다. 속도분포를 알고 있다면 그 속도의 적분으로 유량 Q를 구할 수 있으며, 평균 속도 V를 알고 있는 경우 유량은 $Q = \mathbf{V} \cdot \mathbf{A}$가 된다.

$$Q = \int_A \mathbf{v} \cdot d\mathbf{A}$$

질량유량은 유체의 밀도와 그 면을 통해 흐르는 속도분포에 의해서 결정된다. 평균 속도 V를 이용하면 질량유량은 $\dot{m} = \rho \mathbf{V} \cdot A$가 된다.

$$Q = \int_A \mathbf{v} \cdot d\mathbf{A}$$

연속방정식은 시스템에서 질량은 시간에 대해 항상 일정한 양을 유지한다는 질량보존 법칙을 기반으로 하는 식이다. 다시 말해서 질량의 시간변화율이 '0'임을 의미한다.

연속방정식을 고정, 이동, 변형 검사체적에 이용할 수 있으며, 특히 어떤 유체가 검사체적에 완전하게 채워져 있고 정상상태인 경우 이 검사체적 안에서 국소변화는 나타나지 않고 대류변화만 나타나므로 대류변화만을 고려하면 된다.

$$\frac{\partial}{\partial t} \int_{cv} \rho \, d\mathcal{V} + \int_{cs} \rho \, \mathbf{V}_{f/cs} \cdot d\mathbf{A} = 0$$

검사체적이 일정한 속도로 이동하는 물체와 붙어 있으면 정상유동이 발생하는 경우도 있다.

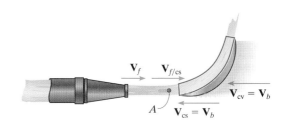

CHAPTER 5

Kyrylo Glivin/Alamy Stock Photo

분수대 설계에는 일과 에너지의 원리가 요구된다. 노즐에서 분사되는 유동의 속도는 물을 최대 높이까지 쏘아 올리는 상승 에너지로 변환된다.

움직이는 유체의 일과 에너지

학습목표

- 유선 좌표계에서 오일러의 운동 방정식과 베르누이 방정식을 전개하는 것과 몇 가지 중요한 적용을 보여준다.

- 유체 시스템의 에너지 구배선(EGL)과 수력 구배선(HGL)을 어떻게 구하는지 보여준다.

- 열역학 제1법칙으로부터 에너지 방정식을 전개하는 것과 펌프, 터빈, 마찰손실을 포함하는 문제를 어떻게 푸는지 보여준다.

5.1 오일러의 운동 방정식

이 장에서 유체의 압력, 속도, 고도가 한 위치에서 다른 위치로 어떻게 관련되어 있는지 분석한다. 그림 5-1a와 같이 정상유동의 유선을 따라서 이동하는 단일 유체입자의 운동을 설명하기 위해서 라그란지 서술 방법을 적용할 것이다. 수직평면에서의 이동을 고려하고, 유선 좌표계 s는 운동방향에 있고, 유선에 접선방향이며, 법선 좌표계 n은 유선의 곡률 중심으로 향하는 양의 방향이다. 입자의 길이는 Δs, 높이는 Δn, 폭은 Δx이다. 유동이 정상이므로 유선은 고정될 것이고, 곡선상에 있다면, 입자는 2개의 가속도성분을 가질 것이다. 3.5절을 상기해보면, 접선 또는 유선성분 a_s은 입자의 속도 크기의 시간변화율로 측정하고, $a_s = V(dV/ds)$로 결정된다. 법선성분 a_n은 속도의 방향으로의 시간변화율로 측정하고, $a_n = V^2/R$로부터 결정되고, R은 입자가 위치하는 점에서 유선의 곡률 반경이다.

유체입자의 자유물체도는 그림 5-1b에 보여진다. 만약 유체를 비점성 유동으로

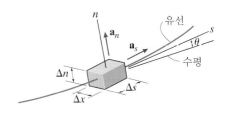

이상유체입자

(a)

그림 5-1

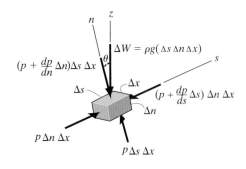

자유물체도

(b)

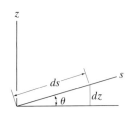

(c)

(d)

그림 5-1 (계속)

가정한다면, 점도에 의한 전단력은 나타나지 않을 것이며, 오직 무게와 압력에 의해 발생되는 힘이 입자에 작용한다. 유체입자의 양쪽 면에서의 압력은 양의 s 방향으로 $(dp/ds)\Delta s$와 양의 n 방향으로 $(dp/dn)\Delta n$만큼 증가하는 것을 주목하라.* 마지막으로, 입자의 무게는 $\Delta W = \rho g \Delta V = \rho g(\Delta s \Delta n \Delta x)$이고, 입자의 질량은 $\Delta m = \rho \Delta V = \rho(\Delta s \Delta n \Delta x)$이다.

s 방향 s 방향에서 운동 방정식 $\Sigma F_s = ma_s$을 적용하면 다음과 같다.

$$\underbrace{p\Delta n\Delta x - \left(p + \frac{dp}{ds}\Delta s\right)\Delta n\Delta x}_{\text{순 압력 힘}} - \underbrace{\rho g(\Delta s\Delta n\Delta x)\sin\theta}_{\text{무게}}$$

$$= \underbrace{\rho(\Delta s\Delta n\Delta x)V\left(\frac{dV}{ds}\right)}_{\text{질량-가속도}}$$

질량 $\rho(\Delta s \Delta n \Delta x)$으로 나누고, 항을 재배열하면 아래와 같이 된다.

$$\frac{1}{\rho}\frac{dp}{ds} + V\left(\frac{dV}{ds}\right) + g\sin\theta = 0 \tag{5-1}$$

그림 5-1c에서 보듯이, $\sin\theta = dz/ds$이다. 그러므로

$$\boxed{\frac{dp}{\rho} + V\,dV + g\,dz = 0} \tag{5-2}$$

n 방향   그림 5-1b와 같이 n 방향에서 운동 방정식 $\Sigma F_n = ma_n$을 적용하면 아래와 같다.

$$\underbrace{p\Delta s\Delta x - \left(p + \frac{dp}{dn}\Delta n\right)\Delta s\Delta x}_{\text{순 압력 힘}} - \underbrace{\rho g(\Delta s\Delta n\Delta x)\cos\theta}_{\text{무게}}$$

$$= \underbrace{\rho(\Delta s\Delta n\Delta x)\left(\frac{V^2}{R}\right)}_{\text{질량-가속도}}$$

그림 5-1d에서 $\cos\theta = dz/dn$을 사용하여 체적 $(\Delta s\Delta n\Delta x)$으로 나누면 이 방정식은 아래와 같이 요약된다.

$$\boxed{-\frac{dp}{dn} - \rho g\frac{dz}{dn} = \frac{\rho V^2}{R}} \tag{5-3}$$

---

* 이 증가의 경우, 유체입자의 크기가 매우 작기 때문에 고차항은 상쇄되므로, 테일러 급수의 첫 번째 항만 고려하였다(300쪽 각주 참조).

식 (5-2)와 (5-3)은 스위스 수학자 Leonhard Euler에 의해 처음 개발된 운동 방정식의 미분 형태이다. 이러한 이유로 이것을 **오일러의 미분 운동 방정식**(Euler's differential equation of motion)으로 종종 부른다. 오일러의 미분방정식은 s와 n 방향에서 유선을 따라서 움직이는 비점성 유체입자의 정상유동에서 오직 적용된다. 이제 몇 가지 중요한 적용에 대해서 고려할 것이다.

이상유체의 정상 수평 유동   그림 5-2에서 이상적인 유체가 일정한 속도로 흐르는 직선 수평 열린 관로(open conduit)와 닫힌 관로(closed conduit)를 보여준다. 두 경우에서, 만약 A에서 압력은 p_A이고, B와 C 점에서 압력을 결정하고 싶다. A와 B는 같은 유선에 놓여있기 때문에, s 방향에서 오일러 방정식을 적용할 수 있고, 오일러 방정식을 점 A에서 점 B까지 적분한다. 여기서 $V_A = V_B = V$이고, 높이의 변화가 없으므로 $dz = 0$이다. 또한 유체 밀도는 상수이기 때문에 아래와 같다.

$$\frac{dp}{\rho} + V\,dV + g\,dz = 0; \qquad \frac{1}{\rho}\int_{p_A}^{p_B} dp + \int_{V}^{V} V\,dV + 0 = 0$$

$$\frac{1}{\rho}(p_B - p_A) + 0 + 0 = 0 \quad \text{또는} \quad p_B = p_A$$

그러므로 **이상유체의 경우, 열린 관로와 닫힌 관로를 따라 압력은 수평방향으로 일정한 값을 갖는 상수가 된다.** 이 결과는 유체를 앞으로 미는 압력에 의해 이겨내는 점성 마찰력이 없기 때문에 예상될 수 있다.

그림 5-2와 같이 점 C는 같은 유선 위에 있지 않고, 점 A에서 원점인 n축 위의 유선에 놓여있다. A 지점에서 수평 유선의 곡률 반경은 $R \to \infty$이기 때문에, 식 (5-3)은 아래와 같이 된다.

$$-\frac{dp}{dn} - \rho g\,\frac{dz}{dn} = \frac{\rho V^2}{R} = 0; \qquad -dp - \rho g\,dz = 0$$

A에서 C까지 적분하고, A로부터 C까지 $z = -h$임을 주목하면 아래와 같다.

$$-\int_{p_A}^{p_C} dp - \rho g \int_{0}^{-h} dz = 0$$

$$-p_C + p_A - \rho g(-h - 0) = 0$$

$$p_C = p_A + \rho g h$$

이 결과는 **수직방향으로 압력은 유체가 마치 정지해 있는 것과 같다**는 것을 가리킨다. 따라서 열린 관로의 경우, p_A는 점 A의 위쪽의 유체의 무게에 의해서 작용하는 점 A에서의 압력을 나타낸다. 닫힌 관로의 경우, p_A는 관로 내의 유체의 내부 압력도 반드시 포함해야 한다. 정압(static pressure) 항은 유동에 상대적인 압력의 측도이기 때문에 종종 유체가 정지해 있는 경우의 용어로 사용된다. 예를 들면, 사람이 물에 잠겨 있고, 같은 깊이에서 수평방향으로 강 또는 움직이지 않는 호수를 따라서 움직이면, 같은 압력을 느낄 것이다.

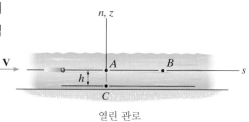

열린 관로

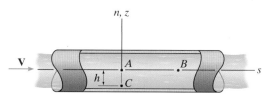

닫힌 관로

그림 5-2

만약 관로가 유선을 가지면서 굽어 있다면, A와 C 지점에서 유체입자들이 곡률반경이 다른 유선을 따라서 이동하므로 속도방향의 시간변화율이 다르기 때문에 위의 결과를 얻지 못할 것이다. 다음의 예제는 이것을 설명하는 데 도움을 줄 것이다.

예제 5.1

토네이도는 근본적으로 그림 5-3과 같이 수평의 원형 유선을 따라 움직이는 바람이다. $0 \le r \le r_0$인 토네이도의 눈에서 강제 와류(forced vortex)를 보여주는 바람속도는 $V = \omega r$ 이다. 2.14절에서 서술되었듯이 일정한 각속도 ω로 회전하는 유동이다. 만약 $r = r_0$에서 압력이 $p = p_0$라면, 토네이도의 눈에서 r의 함수로 압력분포를 구하시오.

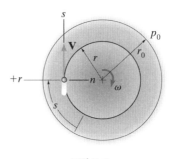

그림 5-3

풀이

유체 설명 정상유동에서 공기를 일정한 밀도 ρ를 가지고 비점성 이상유체로 가정한다.

해석 반경 r을 가지는 유체입자의 유선이 그림 5-3에 보여진다. r의 함수(양의 바깥쪽 방향)로써 압력분포를 찾기 위해서 n 방향(양의 안쪽 방향)으로 오일러 방정식을 적용해야 한다.

$$-\frac{dp}{dn} - \rho g \frac{dz}{dn} = \frac{\rho V^2}{R}$$

경로가 수평이기 때문에 $dz = 0$이다. 또한 임의로 선택된 유선에 대해 $R = r$이고 $dn = -dr$이다. 유체입자의 속도는 $V = \omega r$이기 때문에 위의 방정식은 다음과 같이 된다.

$$\frac{dp}{dr} - 0 = \frac{\rho(\omega r)^2}{r}$$

$$dp = \rho \omega^2 r \, dr$$

중앙으로부터 $+dr$만큼 멀어질 때, 압력이 증가($+dp$)함을 주목하라. $r = r_0$에서 $p = p_0$이기 때문에 식은 다음과 같다.

$$\int_p^{p_0} dp = \rho \omega^2 \int_r^{r_0} r \, dr$$

$$p = p_0 - \frac{\rho \omega^2}{2}(r_0^2 - r^2) \qquad\qquad Ans.$$

예제 7.9에서 이 해석을 확장할 것이다.

5.2   베르누이 방정식

앞에서 설명했듯이 오일러의 운동 방정식은 비점성 유체입자의 정상유동에 대한 뉴턴 운동의 제2법칙 적용을 나타낸다. 오직 s 방향에서 입자의 운동이 발생하기 때문에, 유선을 따라서 식 (5-2)를 적분할 수 있고, 따라서 입자의 운동과 압력과 입자에 작용하는 중력 사이의 관계를 얻을 수 있다.

$$\int \frac{dp}{\rho} + \int V\, dV + \int g\, dz = 0$$

만약 유체 밀도가 압력의 함수로 주어질 수 있다면, 첫 번째 항의 적분은 가능할 것이다. 그러나 가장 일반적인 경우는 비점성, 비압축성 이상유체로 고려하는 것이다.

$$\frac{p}{\rho} + \frac{V^2}{2} + gz = 상수 \tag{5-4}$$

여기서 z는 그림 5-4에서 임의로 선택된 고정된 수평면 또는 기준선으로부터 측정된 입자의 고도이다. 이 기준선 위의 입자에 대해서 z는 양($+$)이고, 그 아래의 입자에서 z는 음($-$)이다. 기준선 위에 있는 입자에 대해서 $z=0$이다.

식 (5-4)는 18세기 중반쯤에 이 식에 대해서 서술한 Daniel Bernoulli의 이름을 따서 **베르누이 방정식**(Bernoulli equation)으로 불린다. 훗날 이 방정식은 Leonhard Euler에 의해 수학적으로 표현되었다. 그림 5-4에서 같은 유선상에 있는 두 점 1과 2 사이에 적용할 때, 이 방정식은 다음과 같이 표현할 수 있다.[*]

$$\frac{p_1}{\rho} + \frac{V_1^2}{2} + gz_1 = \frac{p_2}{\rho} + \frac{V_2^2}{2} + gz_2 \tag{5-5}$$

정상유동, 이상유체, 동일 유선

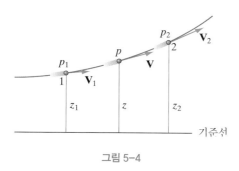

그림 5-4

---

[*] 7.6절에서 베르누이 방정식은 '비회전' 운동에 대하여 다른 두 유선 위에 있는 두 점에 대해 적용할 것이다.

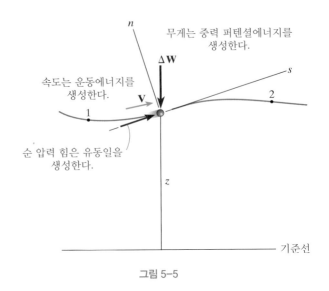

그림 5-5

그림 5-5와 같이 뉴턴의 제2법칙의 적분표현은 유선을 따라 점 1에서 2로 움직이는 단위 질량당 유체에 적용되므로 일과 에너지의 원리로 해석될 수 있다. 다른 말로, 각 항은 단위 질량당 에너지 또는 일의 단위를 가진다. $p/\rho + V^2/2 + gz =$ 상수에서 이 방정식은 압력과 관련된 유동에너지(p/ρ), 운동에너지($V^2/2$), 중력 퍼텐셜에너지(gz)의 합을 말하며, 만약 마찰이 없거나, 외부 열이나 에너지가 유체로 들어오거나, 유체로부터 나가는 경우가 없다면, 유선을 따라서 모든 점으로부터 일정하다는 것을 말한다.

때때로 베르누이 방정식에 g를 나누고 $\gamma = \rho g$로 대체하는 것이 편할 수 있다. 그러므로 다음과 같이 표현할 수 있다.

$$\frac{p_1}{\gamma} + \frac{V_1^2}{2g} + z_1 = \frac{p_2}{\gamma} + \frac{V_2^2}{2g} + z_2 \tag{5-6}$$

정상유동, 이상유체, 동일 유선

5.4절에서 위의 표현식의 베르누이 방정식을 적용할 것이다. 열린 관로와 닫힌 관로 네트워크에 대해 에너지 구배선(EGL)과 수력 구배선(HGL)을 그리기 위하여 각 항들을 도식화로 나타내는 방법을 보여줄 것이다.

제약사항   베르누이 방정식은 비압축성(ρ가 일정)이고 비점성($\mu = 0$)인 이상유체의 정상유동일 때에 적용될 수 있음을 기억하는 것은 매우 중요하다. 또한 베르누이 방정식은 동일 유선에 놓여있는 어떤 두 점 사이에 적용되는 것이다. 만약 이러한 조건들이 맞지 않다면, 이 방정식의 적용은 잘못된 결과들을 초래할 것이다. 그림 5-6은 베르누이 방정식을 적용할 수 없는 몇 가지 상황들을 보여준다.

- 공기와 물 같은 많은 유체들은 비교적 점도가 낮다. 따라서 어떤 상황에서 그것들은 아마 이상유체로 가정될 수도 있다. 하지만 유동 영역에 따라 점도의

효과가 무시될 수 없는 경우도 많이 있다. 예를 들면, 점성 유동은 그림 5-6에서 파이프 벽면과 같은 고체 경계 근처에서 항상 나타난다. 이 영역을 경계층이라 부른다. 11장에서 이에 대해 더 자세히 논의할 것이다. 경계층에서는 속도구배가 크고, 경계층 형성을 유발하는 유체 마찰 또는 전단력이 열을 생성하여, 유동으로부터 에너지를 소모할 것이다. 이렇게 에너지 손실을 유발하기 때문에 베르누이 방정식은 경계층 내에서 적용될 수가 없다.

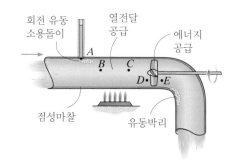

베르누이 방정식이
적용되지 않는 장소들

그림 5-6

- 고체 경계의 갑작스런 방향 변화는 경계층을 두껍게 만들 수 있고 경계로부터 유동박리를 만들 수 있다. 유동박리는 굽은 파이프의 내부 벽면을 따라 발생할 수 있다. 여기서 유체의 난류혼합은 마찰열 손실을 생성할 뿐 아니라, 속도 분포에 크게 영향을 주고 매우 큰 압력강하를 유발한다. 이 영역 내의 유선들은 형태가 잘 정의되지 못하여 베르누이 방정식을 적용하지 못한다. 뿐만 아니라 유동 내에서 유동박리나 난류혼합의 발달은 파이프-튜브의 연결부분인 A와 같이 밸브나 연결부에서 발생할 수 있다. 그러므로 베르누이 방정식은 이러한 연결부분에서는 적용되지 못한다.

- 유동 내에서 에너지 변화는 B와 C 사이와 같은 열을 제거하거나 또는 열을 공급하는 영역 내에서 발생한다. 또한 D와 E 사이의 펌프나 터빈은 유동으로부터 에너지를 공급하거나 제거할 수 있다. 베르누이 방정식은 이러한 에너지 변화를 고려하지 않아 이러한 영역 내에서는 적용될 수 없다.

- 만약 유체가 기체라면, 그 밀도는 유동의 속도가 증가함에 따라 변할 것이다. 일반적으로 공학 계산에 대한 일반적인 규약으로써, 기체가 소리가 공기에서 주파하는 속력의 30% 이하의 속력으로 유지된다면 비압축성으로 고려될 수 있다. 예를 들어, 15℃에서, 공기에서의 음속은 340 m/s이다. 그러므로 한계값은 102 m/s일 것이다. 한계값 이상의 유동에서 압축 효과는 열손실을 유발하므로 압축 효과가 중요해진다. 이렇게 높은 속력에서, 베르누이 방정식은 좋은 결과를 내지 못한다.

5.3 베르누이 방정식의 적용

이 절에서 유선상의 서로 다른 점들에서 속도나 압력 결정을 어떻게 하는지 보여주기 위해 베르누이 방정식의 몇 가지 기본적인 적용을 시도할 것이다.

대형 저수지로부터의 유동
그림 5-7과 같이 물이 배수구를 통해서 탱크 혹은 저수지로부터 흐를 때, 유동은 실제로 비정상적이다. 깊이 h가 클 때 배수구에서 큰 수압이 발생하여, h가 작을 때보다 빠른 속도로 떨어지고 이 때문에 비정상유동이 발생한다. 그러나 만약 저수지가 큰 체적을 가지고 있거나 배수구가 상대적으로 직경이 작다면, 저수지 내에서 물의 움직임은 아주 느리다. 그러므로 그림 5-7의 표면 $V_A \approx 0$이다. 이러한 경우에 배수구를 통해 정상유동으로 가정하는 것은 타당하다. 또한 작은 직경의 출구에서 C와 D 사이의 고도 차이는 작다. 그러므로 $V_C \approx$

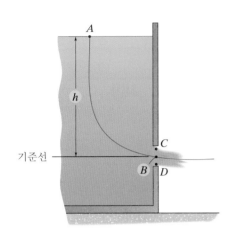

저수지로부터의 유동

그림 5-7

$V_D \approx V_B$이기 때문에 평균 속도를 사용할 수 있다. 그뿐만 아니라, 출구의 중앙선 B에서 압력은 대기에 노출되어 있고, C와 D도 마찬가지이다.

만약 물을 이상유체로 가정한다면, 베르누이 방정식은 그림 5-7에서 선택된 유선 위에 놓여있는 점 A와 B 사이에 적용될 수 있다. B에서 중력의 기준선을 잡고 $p_A = p_B = 0$인 지역에서 계기압력을 사용하면 아래와 같다.

$$\frac{p_A}{\gamma} + \frac{V_A^2}{2g} + z_A = \frac{p_B}{\gamma} + \frac{V_B^2}{2g} + z_B$$

$$0 + 0 + h = 0 + \frac{V_B^2}{2g} + 0$$

$$V_B = \sqrt{2gh}$$

이 결과는 17세기 Evangelista Torricelli에 의해 처음으로 공식화되었기 때문에 **토리첼리의 법칙**(Torricelli's law)으로 알려져 있다. 알아두면 도움이 될만한 사실은, 자유낙하를 하는 고체입자의 이동 시간은 유체가 탱크를 통해 흐르는 것보다 훨씬 짧음에도 불구하고, 유체의 속도 V_B는 같은 높이 h에서 자유낙하를 하는 고체입자의 속도와 같다는 것을 알 수 있다.

곡면 경계 주위의 유동   매끄러운 장애물 주위로 유체가 이동할 때, 유체의 에너지는 하나의 형태에서 다른 형태로 변환된다. 예를 들어, 그림 5-8에서 굽어진 표면의 정면에 교차하는 수평 유선을 고려해보자. B는 정체점(stagnation point)이기 때문에, A에서 B로 움직이는 유체입자들은 유체입자가 경계로 접근할수록 속도가 줄어들어야 한다. 그래서 점 B에서 유체의 속도는 0이 되고, 유체는 분리되어, 표면의 측면을 따라서 움직일 것이다. 점 A와 B 사이에 베르누이 방정식을 적용하면 다음과 같다.

$$\frac{p_A}{\gamma} + \frac{V_A^2}{2g} + z_A = \frac{p_B}{\gamma} + \frac{V_B^2}{2g} + z_B$$

$$\frac{p_A}{\gamma} + \frac{V_A^2}{2g} + 0 = \frac{p_B}{\gamma} + 0 + 0$$

$$\underset{\text{정체압}}{p_B} = \underset{\text{정압}}{p_A} + \underset{\text{동압}}{\rho \frac{V_A^2}{2}}$$

정체점 B에서 유체에 의해 작용되는 **전압**(total pressure)을 나타내기 때문에 이 압력(p_B)을 **정체압**(stagnation pressure)이라 부른다. 5.1절에서 보았듯이, 물속 수영자가 흐르는 강에서 느끼는 것과 같이 압력 p_A는 유동에 대하여 상대적으로 측정되기 때문에 **정압**(static pressure)이다. 한편, 압력의 증가($\rho V_A^2/2$)는 B에서 유체를 정지시키는 데 필요한 추가적인 압력을 나타내기 때문에 **동압**(dynamic pressure)이라 부른다. 구조 엔지니어는 이 압력을 사용하여 건물의 풍하중을 결정한다.

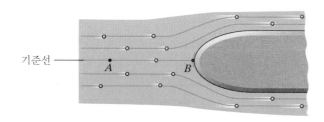

정체점

그림 5-8

개수로 내부 유동   강과 같은 개수로 내의 움직이는 액체의 속도를 결정하는 한 가지 방법은 흐르는 액체에 굽은 튜브를 담그고 그림 5-9와 같이 튜브 내에서 액체가 상승한 높이 h를 관찰하는 것이다. 이러한 장치는 **정체관**(stagnation tube) 또는 18세기 초에 이것을 발명한 **Henri Pitot**의 이름을 딴 **피토관**(Pitot tube)이라 불린다.

이것이 어떻게 작동하는지 보기 위해 수평 유선 위에 위치한 두 점 A와 B를 고려해보자. 점 A는 유체 내의 상류 지역에 있고, 유동의 속도는 V_A, 압력은 $p_A = \gamma d$이다. 점 B는 튜브의 입구에 있다. 튜브 내의 액체와의 충격 때문에 유동의 속도는 순간적으로 0이 되어서 정체점이라고 한다. 이 지점에서의 액체는 깊이 d로 인한 정압과 추가적인 액체를 액체 표면 위로 높이 h로 올리는 동압의 영향을 동시에 받는다. 그러므로 B에서 액체의 전압은 $p_B = \gamma(d + h)$이다. 유선 위의 중력 기준선을 따라 베르누이 방정식을 적용하면 아래와 같다.

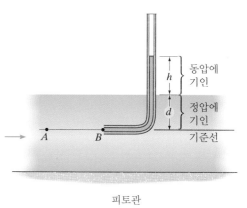

동압에
기인

정압에
기인

기준선

피토관

그림 5-9

$$\frac{p_A}{\gamma} + \frac{V_A{}^2}{2g} + z_A = \frac{p_B}{\gamma} + \frac{V_B{}^2}{2g} + z_B$$

$$\frac{\gamma d}{\gamma} + \frac{V_A{}^2}{2g} + 0 = \frac{\gamma(d + h)}{\gamma} + 0 + 0$$

$$V_A = \sqrt{2gh}$$

이런 원리로, 피토관 위의 상승한 액주 높이 h를 측정함으로써 유동의 속도를 구할 수 있다.

닫힌 관로 내부 유동   만약 액체가 그림 5-10a와 같이 닫힌 관로 또는 파이프 내부에서 흐른다면, 유동의 속도를 결정하기 위해서 피에조미터(piezometer)와 피토관 둘 다 사용할 필요가 있다. 피에조미터는 A에서 정압을 측정한다. 이 경우, 압력은 파이프 내의 내부 압력(internal pressure) γh와 유체의 무게에 의한 정수압 γd에 의해서 유발된다. 그러므로 A에서 정체압 또는 전압은 $\gamma(h + d)$이다. 정체점 B에서 전압은 유체의 속도($V_A^2/2g$)에 의존되는 동압 때문에 A보다도 더 커질 것이다. 이러한 두 튜브로부터 측정한 h와 $(l + h)$를 이용하여 유선 위의 점 A와 B에서 베르누이 방정식을 적용한다면, 속도 V_A를 얻을 수 있다.

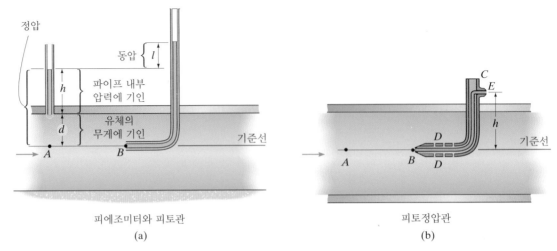

피에조미터와 피토관
(a)

피토정압관
(b)

그림 5-10

$$\frac{p_A}{\gamma} + \frac{V_A{}^2}{2g} + z_A = \frac{p_B}{\gamma} + \frac{V_B{}^2}{2g} + z_B$$

$$\frac{\gamma(h + d)}{\gamma} + \frac{V_A{}^2}{2g} + 0 = \frac{\gamma(h + d + l)}{\gamma} + 0 + 0$$

$$V_A = \sqrt{2gl}$$

방금 전에 설명했던 방식대로 2개의 분리된 튜브를 사용하기보다는 **피토정압관** (Pitot-static tube)이라고 불리는 더 정교한 하나의 튜브가 닫힌 관로의 유동의 속도를 결정하기 위해서 종종 사용된다. 피토정압관은 그림 5-10b에 보여지듯이 2개의 동심의 튜브를 사용하여 만든다. 그림 5-10a의 피토관과 같이 B에서 정체압은 내부 튜브의 E에서 압력탭으로부터 측정된다. B로부터 하류에는 바깥 튜브의 측면에 몇 개의 개방된 구멍들이 D에 뚫려있다. 이 바깥 튜브는 그림 5-10a의 피에조미터처럼 작용한다. 따라서 정압은 C에서 압력탭으로부터 측정된다. 2개의 측정된 압력을 이용하고 점 A와 B 사이의 베르누이 방정식을 적용하여 C와 E 사이의 작은 고도 차이를 무시하면 아래와 같은 식을 갖는다.

$$\frac{p_A}{\gamma} + \frac{V_A{}^2}{2g} + z_A = \frac{p_B}{\gamma} + \frac{V_B{}^2}{2g} + z_B$$

$$\frac{p_C + \rho g h}{\rho g} + \frac{V_A{}^2}{2g} + 0 = \frac{p_E + \rho g h}{\rho g} + 0 + 0$$

$$V_A = \sqrt{\frac{2}{\rho}(p_E - p_C)}$$

그림 2-20과 같이 실제 문제에서 압력차 $(p_E - p_C)$는 출구 C와 E에 부착된 마노미터 액의 높이 차이를 측정하는 마노미터를 사용하거나 압력변환기를 사용함으로써 구할 수 있다. 정확성을 위해서, B의 튜브 앞쪽 주위와 수직 구간의 측면을 지나는 움직임으로 인해 측면 입구 구멍 D에서 유동이 조금씩 방해받기 때문에 판독값을 수정해야 하는 경우도 있다.

벤투리 유량계   그림 5-11에서 **벤투리 유량계**(venturi meter)는 하나의 파이프를 사용하여 비압축성 유체의 평균 속도와 유량을 측정하기 위해서 사용되는 장치이다. 1797년 Giovanni Venturi에 의해 고안되었지만 거의 100년 뒤에 미국인 공학자 Clemens Herschel에 의해 이 원리를 적용하였다. 이 장치는 리듀서(reducer)와 리듀서에 연결된 벤투리관 또는 직경 d_2의 목(throat)으로 구성되어 있다. 그리고 원래의 파이프까지 뒤쪽은 점진적인 변위 구간이 있다. 리듀서를 통해서 유동이 흐를 때, 유체는 가속되고 더 높은 속도와 더 낮은 압력을 목 내에서 만든다. 파이프 내의 점 1과 목 내의 점 2 사이의 중앙 유선을 따라서 베르누이 방정식을 적용하면 다음과 같다.

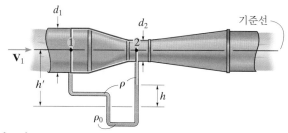

벤투리 유량계

그림 5-11

$$\frac{p_1}{\gamma} + \frac{V_1^2}{2g} + z_1 = \frac{p_2}{\gamma} + \frac{V_2^2}{2g} + z_2$$

$$\frac{p_1}{\rho g} + \frac{V_1^2}{2g} + 0 = \frac{p_2}{\rho g} + \frac{V_2^2}{2g} + 0$$

게다가 그림 5-11과 같이 유체의 질량은 보존되기 때문에 연속방정식은 점 1과 2에 적용되며, 정상유동에 대하여 다음 식과 같다.

$$\frac{\partial}{\partial t} \int_{\text{cv}} \rho \, d\cancel{V} + \int_{\text{cs}} \rho \mathbf{V}_{f/\text{cs}} \cdot d\mathbf{A} = 0$$

$$0 - V_1 \left[\pi \left(\frac{d_1^2}{4} \right) \right] + V_2 \left[\pi \left(\frac{d_2^2}{4} \right) \right] = 0$$

위의 두 결과를 결합하여 V_1에 대해 풀면 아래와 같은 결과를 얻는다.

$$V_1 = \sqrt{\frac{2(p_1 - p_2)/\rho}{(d_1/d_2)^4 - 1}}$$

정압차 $(p_1 - p_2)$는 압력변환기 또는 마노미터를 사용하여 측정된다. 예를 들어, 그림 5-11과 같이 마노미터가 사용되고, ρ가 파이프 내의 유체의 밀도이고, ρ_0는 마노미터 내부 유체의 밀도라고 하면 마노미터 규칙을 적용하여 아래와 같은 결과를 얻는다.

$$p_1 + \rho g h' - \rho_0 g h - \rho g (h' - h) = p_2$$

$$p_1 - p_2 = (\rho_0 - \rho) g h$$

h가 측정되면 결과 $(p_1 - p_2)$는 V_1을 얻기 위해서 위의 방정식으로 대체된다. 체적유량은 $Q = V_1 A_1$으로부터 결정된다.

요점정리

- 운동에 대한 오일러 미분방정식들은 유선을 따라서 움직이는 유체입자에 적용한다. 오일러 방정식은 **비점성 유체의 정상유동**을 근거로 한다. 점성이 무시되기 때문에 유동은 오직 압력과 중력에 영향을 받는다. s 방향에서 이러한 힘들은 유체입자의 접선방향의 가속도를 제공하는 속도의 **크기 변화**를 유발하고, n 방향에서 이러한 힘들은 법선 가속도를 생산하는 속도의 **방향 변화**를 유발한다.

- 유동에서 유선이 곧은 **수평선들**일 때, 오일러 방정식은 정상유동인 이상(무마찰)유체에 대해 **수평방향**에서 압력 p_0는 상수임을 보여준다. 그뿐만 아니라, 속도는 방향을 바꾸지 않기 때문에 법선 가속도는 없다. 결과적으로 수평의 열린 또는 닫힌 관로에서 수직방향의 압력 변화는 **정수압**이다. 다시 말해서, 압력이 **움직이는** 유체에 상대적으로 측정될 수 있기 때문에 **정압**의 측정이 가능하다. 액체가 정지한 것과 같다.

- 베르누이 방정식은 s 방향에서 오일러 방정식의 적분된 형태이다. 베르누이 방정식은 **동일한 유선**에 위치한 두 점에 적용되고, **이상유체의 정상유동** 조건을 필요로 한다. 이 방정식은 점성유체 또는 유동이 박리되고 난류가 형성되는 천이영역에는 적용될 수 **없다**. 또한 펌프나 터빈 같이 외부로부터 유체 에너지가 들어오거나 나가는 경우에도 적용될 수 없고, 열이 들어오거나 나가는 지역에 적용될 수 없다.

- 베르누이 방정식은 만약 유동이 수평이면 z는 일정해지고, 따라서 $p/\gamma + V^2/2g =$ 상수가 됨을 의미한다. 그러므로 단면이 **축소** 덕트나 **축소** 노즐을 통해서 **속도는 증가**할 것이고 **압력은 줄어**들 것이다. 똑같은 원리로 단면이 **넓어지는** 덕트의 경우에 속도는 **감소**할 것이고 압력은 **늘어날** 것이다(203쪽의 사진 참고).

- **피토관**은 **개수로**의 한 점의 유체의 속도를 측정하는 데 사용될 수 있다. 유동은 튜브의 정체점에서 동압($\rho V^2/2$)을 야기시키고, 이것은 튜브 위로 유체를 밀어준다. 닫힌 **관로**에서 피에조미터와 피토관을 모두 사용해서 속도를 측정해야 한다. 이러한 두 튜브를 조합한 장치를 피토정압관이라고 부른다.

- **벤투리 유량계**는 닫힌 덕트나 파이프를 통해 흐르는 유체의 평균 속도나 체적유량을 측정하는 데 사용한다.

해석의 절차

다음의 절차는 베르누이 방정식을 적용하는 방법을 제공한다.

유체 설명

- 유체가 비압축성이고 비점성인 이상유체로 가정될 수 있는지를 확인한다. 또한 정상유동이어야만 한다.

베르누이 방정식

- 몇 개의 압력과 속도값이 알려진 유동 내에서 **같은 유선** 위의 두 점을 선택한다. 이러한 점들의 높이는 임의의 정해진 **고정** 기준선으로부터 측정된다. 유체가 자유낙하하기 시작하는 대기로 연결되는 파이프 출구와 개방된 표면에서 압력은 대기, 즉 계기압력이 0이다.

- 만약 체적유량과 관로의 단면적이 $V = Q/A$로 알려졌을 때, 각각의 점에서 속도는 결정될 수 있다.

- 천천히 배수하는 탱크 또는 저수지는 필수적으로 정지해 있는, 즉 $V \approx 0$인 액체 표면을 가지고 있다.

- 이상유체가 기체일 때, 기준선으로부터 측정된 높이 변화는 일반적으로 무시된다.

- 일단 아는 값과 모르는 값 p, V, z가 각각의 두 점에서 확인되었을 때, 베르누이 방정식은 적용될 수 있다. 데이터를 대입할 때, 일관된 종류의 단위를 사용하도록 한다.

- 만약 한 가지 이상의 모르는 값들을 결정해야 한다면, 연속방정식을 이용한 속도 관계식 또는 마노미터 방정식을 사용한 압력 관계식을 고려한다.

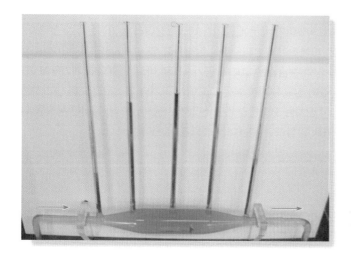

피에조미터의 수위에서 알 수 있듯이 파이프를 통해 흐르는 물의 압력은 베르누이 방정식에 따라 달라진다. 직경이 작은 경우 속도가 높고 압력이 낮다. 반면에 직경이 큰 곳에서는 속도가 낮고 압력이 높다.

예제 5.2

그림 5-12의 제트기는 47.2 kPa의 절대압력을 지시하는 피에조미터와 49.6 kPa의 절대압력을 지시하는 피토관 *B*를 장착하고 있다. 비행기의 고도와 속도를 결정하시오.

풀이

피에조미터는 공기의 정압을 측정한다. 그리고 비행기의 고도는 부록 A의 표로부터 결정될 수 있다. 절대압력 47.2 kPa일 때, 고도는 대략 다음과 같다.

$$h = 6 \text{ km} \qquad \text{Ans.}$$

그림 5-12

유체 설명   비행기의 속도는 공기가 이상유체인 비압축성이고 비점성으로 간주될 수 있는 만큼 충분히 느리다고 가정할 수 있다. 만약 정상유동을 관찰한다면, 베르누이 방정식을 적용할 수 있다. 만약 비행기*로부터 움직임을 본다면 정상유동임을 확인할 수 있다. 그러므로 비행기로부터 관찰되었을 때, *A*에서 정지해 있는 공기는 실제로 비행기와 같은 속도를 가질 것이다($V_A = V_p$). 비행기로부터 관찰될 때 정체점 *B*에서 공기는 정지해 있는 상태인 $V_B = 0$으로 보일 것이다. 부록 A로부터 6 km의 고도에서 공기는 $\rho_a = 0.6601 \text{ kg/m}^3$이다.

베르누이 방정식   수평 유선 위에 점 *A*와 *B*에 베르누이 방정식을 적용하면 아래와 같다.

$$\frac{p_A}{\gamma} + \frac{V_A^2}{2g} + z_A = \frac{p_B}{\gamma} + \frac{V_B^2}{2g} + z_B$$

$$\frac{47.2(10^3) \text{ N/m}^2}{(0.6601 \text{ kg/m}^3)(9.81 \text{ m/s}^2)} + \frac{V_p^2}{2(9.81 \text{ m/s}^2)} + 0 - \frac{49.6(10^3) \text{ N/m}^2}{(0.6601 \text{ kg/m}^3)(9.81 \text{ m/s}^2)} + 0 + 0$$

$$V_p = 85.3 \text{ m/s} \qquad \text{Ans.}$$

(© Minerva Studio/Shutterstock)

참고: 13장에서 비행기의 속도는 공기의 음속(343 m/s)의 25% 정도인 것을 보여줄 것

---

* 지상으로부터 유동을 관찰하면, 비행기가 입자들을 지나 비행하기 때문에 공기입자들이 시간에 따라 변하게 되어, 유동은 비정상적이다. 비정상유동에 대해 베르누이 방정식을 적용하지 못함을 명심하라.

이고, 25%<30%이기 때문에 공기가 비압축성이라는 가정은 유효할 것이다. 대부분의 비행기들은 피에조미터나 피토관을 장착하고 있거나 2개의 조합인 피토정압관을 장착하고 있다. 압력 눈금값은 고도와 공기속도로 바로 변환되고 계기판에 표시된다. 만약 더 정확한 값이 필요하다면, 높은 고도에서 공기의 감소된 밀도를 고려하는 교정작업이 필요하다. 이 장치는 오랫동안 항공 산업에 사용되었으나, 올바른 동작을 위해 피토관의 입구에 곤충의 알집 또는 얼음이 형성되면 안 된다.

예제 5.3

그림 5-13과 같이 파이프 내부 물의 유동의 평균 속도와 점 B에서 정압과 동압을 결정하시오. 각각의 피에조미터에서 수위는 지시되어 있다. $\rho_w = 1000 \text{ kg/m}^3$를 사용하라.

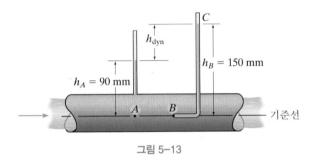

그림 5-13

풀이

유체 설명   정상유동에서 물을 이상유체로 가정한다.

베르누이 방정식 A에서 전압은 $p_A = \rho_w g h_A$로부터 구해지는 정압이고, B에서는 전압(또는 정체압)이 $p_B = \rho_w g h_B$로부터 구해는 정압과 동압의 조합이다. 이러한 압력들을 알면, 베르누이 방정식을 사용하여 점 A와 B에 적용된 유동의 평균 속도 V_A를 결정할 수 있다. B는 유선 위의 정체점이다.

$$\frac{p_A}{\gamma} + \frac{V_A^2}{2g} + z_A = \frac{p_B}{\gamma} + \frac{V_B^2}{2g} + z_B$$

$$\frac{\rho_w g h_A}{\rho_w g} + \frac{V_A^2}{2g} + 0 = \frac{\rho_w g h_B}{\rho_w g} + 0 + 0$$

$$V_A = \sqrt{2g(h_B - h_A)} = \sqrt{2(9.81 \text{ m/s}^2)(0.150 \text{ m} - 0.090 \text{ m})}$$

$$V_A = 1.085 \text{ m/s} = 1.08 \text{ m/s} \qquad \qquad Ans.$$

A와 B 모두에서 정압은 피에조미터 수두로부터 결정된다.

$$(p_A)_{\text{static}} = (p_B)_{\text{static}} = \rho_w g h_A = (1000 \text{ kg/m}^3)(9.81 \text{ m/s}^3)(0.09 \text{ m}) = 883 \text{ Pa} \qquad Ans.$$

B에서 동압은 다음 식으로부터 결정된다.

$$\rho_w \frac{V_A^2}{2} = (1000 \text{ kg/m}^3)\frac{(1.085 \text{ m/s})^2}{2} = 589 \text{ Pa} \qquad Ans.$$

이 값은 또한 아래의 방법으로도 구할 수 있다.

$$h_{dyn} = 0.15\ \text{m} - 0.09\ \text{m} = 0.06\ \text{m}$$

그러므로

$$(p_B)_{dyn} = \rho_w g h_{dyn} = (1000\ \text{kg/m}^3)(9.81\ \text{m/s}^2)(0.06\ \text{m}) = 589\ \text{Pa} \quad \textit{Ans.}$$

이다.

예제 5.4

그림 5-14의 직사각형 공기 덕트 안에 관로 이음관이 놓여있다. 만약 2 kg/s의 공기가 정상적으로 덕트를 통해서 흐를 경우, 관로 이음관의 두 끝단 사이에서 발생하는 압력의 변화를 구하시오. $\rho_a = 1.23\ \text{kg/m}^3$로 고려하라.

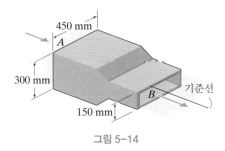

그림 5-14

풀이

유체 설명 유동은 정상유동이다. 낮은 속도에서 덕트를 지나는 공기는 비압축성이고 비점성인 이상유체로 간주한다.

해석 이 문제를 풀기 위해서, 처음에 A와 B에서 유동의 평균 속도를 얻기 위해 연속방정식을 사용한다. 그 다음 A와 B 사이의 압력차를 결정하기 위해 베르누이 방정식을 사용한다.

연속방정식 그림 5-14에서 덕트 내부의 공기를 포함하는 고정된 검사체적을 고려한다. 따라서 정상유동에서

$$\frac{\partial}{\partial t}\int_{cv} \rho\, dV + \int_{cs} \rho\mathbf{V}_{f/cs}\cdot d\mathbf{A} = 0$$

$$0 - V_A A_A + V_B A_B = 0$$

$$Q = V_A A_A = V_B A_B$$

그러나

$$Q = \frac{\dot{m}}{\rho} = \frac{2\ \text{kg/s}}{1.23\ \text{kg/m}^3} = 1.626\ \text{m}^3/\text{s}$$

그래서

$$V_A = \frac{Q}{A_A} = \frac{1.626 \text{ m}^3/\text{s}}{(0.45 \text{ m})(0.3 \text{ m})} = 12.04 \text{ m/s}$$

그리고

$$V_B = \frac{Q}{A_B} = \frac{1.626 \text{ m}^3/\text{s}}{(0.45 \text{ m})(0.15 \text{ m})} = 24.09 \text{ m/s}$$

베르누이 방정식   수평 유선 위의 점 A와 B를 선택하면 아래와 같다.

$$\frac{p_A}{\gamma_a} + \frac{V_A{}^2}{2g} + z_A = \frac{p_B}{\gamma_a} + \frac{V_B{}^2}{2g} + z_B$$

$$\frac{p_A}{(1.23 \text{ kg/m}^3)(9.81 \text{ m/s}^2)} + \frac{(12.04 \text{ m/s})^2}{2(9.81 \text{ m/s}^2)} + 0 = \frac{p_B}{(1.23 \text{ kg/m}^3)(9.81 \text{ m/s}^2)} + \frac{(24.09 \text{ m/s})^2}{2(9.81 \text{ m/s}^2)} + 0$$

$$p_A - p_B = 267.66 \text{ Pa} = 0.268 \text{ kPa}$$ *Ans.*

이러한 작은 압력강하 또는 낮은 속도는 공기의 밀도를 크게 바꾸지 못할 것이며, 그러므로 비압축성인 공기로 가정하는 것은 타당하다.

예제 5.5

그림 5-15와 같이 휘발유 탱크는 휘발유의 깊이 0.6 m와 깊이 0.2 m의 물을 보관하고 있다. 만약 배수 구멍이 25 mm의 직경이라면 물을 배수하는 데 필요한 시간을 구하시오. 탱크는 폭이 1.8 m이고 길이는 3.6 m이다. 휘발유의 밀도가 $\rho_g = 726 \text{ kg/m}^3$이고, 물의 밀도는 $\rho_w = 1000 \text{ kg/m}^3$이다.

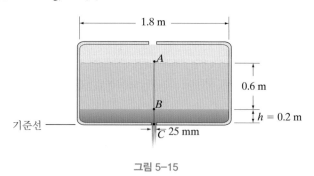

그림 5-15

풀이

유체 설명   휘발유의 밀도가 물의 밀도보다 작기 때문에 휘발유는 물 위에 있다. 탱크는 배수 구멍보다 상대적으로 크기 때문에 정상유동으로 가정할 것이고, 두 유체를 이상유체로 간주한다.

베르누이 방정식   그림 5-15에서와 같이 점 B와 C를 포함하는 수직 유선을 선택한다. 기준선으로부터 측정했을 때 임의의 순간에 물 높이는 h이다. 그리고 B에서의 압력은 물 위에 있는 휘발유의 무게 때문에 생긴다. 즉,

$$p_B = \gamma_g h_{AB} = (726 \text{ kg/m}^3)(9.81 \text{ m/s}^2)(0.6 \text{ m}) = 4.273(10^3) \text{ N/m}^2$$

베르누이 방정식을 사용하여 해석을 간단하게 하기 위해서, $V_B \approx 0$이기 때문에 B에서의 속도는 매우 작고, $V_B{}^2$는 더욱 작아 무시할 것이며, C는 대기에 노출되어 있기 때문에 $p_C = 0$이다. 따라서

$$\frac{p_B}{\gamma_w} + \frac{V_B{}^2}{2g} + z_B = \frac{p_C}{\gamma_w} + \frac{V_C{}^2}{2g} + z_C$$

$$\frac{4.273(10^3) \text{ N/m}^2}{(1000 \text{ kg/m}^3)(9.81 \text{ m/s}^2)} + 0 + h = 0 + \frac{V_C{}^2}{2(9.81 \text{ m/s}^2)} + 0$$

$$V_C = 4.429\sqrt{h + 0.4356} \tag{1}$$

연속방정식 B와 C에서 유동의 연속성으로 V_B와 V_C의 관계는 0이 아니다. 깊이 h까지 모든 물을 포함하는 검사체적을 선택하면, V_B는 음의 방향이고 h는 양의 방향이므로 검사표면의 상단에서 $V_B = -dh/dt$이다. 따라서

$$\frac{\partial}{\partial t}\int_{cv} \rho\, d\mathcal{V} + \int_{cs} \rho \mathbf{V}_{f/cs} \cdot d\mathbf{A} = 0$$

$$0 - V_B A_B + V_C A_C = 0$$

$$0 - \left(-\frac{dh}{dt}\right)\left[(1.8 \text{ m})(3.6 \text{ m})\right] + V_C\left[\pi(0.0125 \text{ m})^2\right] = 0$$

$$\frac{dh}{dt} = -75.752(10^{-6}) V_C$$

이제 식 (1)을 이용하여

$$\frac{dh}{dt} = -75.752(10^{-6})\left(4.429\sqrt{h + 0.4356}\right)$$

또는

$$\frac{dh}{dt} = -0.3355(10^{-3})\sqrt{h + 0.4356} \tag{2}$$

$h = 0.2$ m에서 $V_B = dh/dt = 0.268(10^{-3})$ m/s이고, 이 값은 식 (1)로부터 결정된 값 $V_C = 3.53$ m/s와 비교해서 아주 느리다는 것을 주목하라. 그러므로 식 (1)의 V_B를 무시하는 것은 타당하다.

만약 t_d가 탱크를 배수하는 데 필요한 시간이라면, 식 (2)를 변수분리하고 적분하면

$$\int_{0.2 \text{ m}}^{0} \frac{dh}{\sqrt{h + 0.4356}} = -0.3355(10^{-3})\int_{0}^{t_d} dt$$

$$\left(2\sqrt{h + 0.4356}\right)\Big|_{0.2 \text{ m}}^{0} = -0.3355(10^{-3})t_d$$

상하한 값을 대입하여 계산하면 아래와 같다.

$$-0.2745 = -0.3355(10^{-3})t_d$$

$$t_d = 818.06 \text{ s} = 13.6 \text{ min} \qquad\qquad \textit{Ans.}$$

예제 5.6

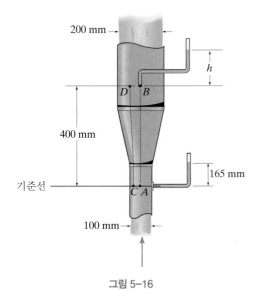

그림 5-16

수직 파이프를 통해서 위로 흐르는 물은 그림 5-16과 같이 관로 이음관에 연결되어 있다. 만약 체적유량이 0.02 m^3/s라면, 피토관 안으로 물이 오를 수 있는 높이 h를 구하시오. A에서 피에조미터에서 물의 수위는 나타나 있다.

풀이

유체 설명 유동이 정상유동이고 물은 $\rho_w = 1000$ kg/m^3인 이상유체로 가정한다.

베르누이 방정식 피에조미터 눈금으로부터 A에서 압력은 다음과 같다.

$$p_A = \rho_w g h_A = (1000\,\text{kg/m}^3)(9.81\,\text{m/s}^2)(0.165\,\text{m}) = 1618.65\,\text{Pa}$$

피에조미터의 전압은 물의 정압에 의해 발생한다. 다시 말하면, 피에조미터의 전압은 그 수위에서 닫힌 파이프 내에서 정압이다.

유량을 알고 있기 때문에 A에서 속도는 결정된다.

$$Q = V_A A_A; \qquad 0.02\,\text{m}^3/\text{s} = V_A\left[\pi(0.05\,\text{m})^2\right]$$
$$V_A = 2.546\,\text{m/s}$$

또한 B는 정체점이기 때문에 $V_B = 0$이다. 이제 그림 5-16에서 수직 유선 위의 점 A와 B에서 베르누이 방정식을 적용함으로써 B에서의 압력을 구할 수 있다. 기준선은 A에 위치하고 있으므로,

$$\frac{p_A}{\gamma_w} + \frac{V_A^2}{2g} + z_A = \frac{p_B}{\gamma_w} + \frac{V_B^2}{2g} + z_B$$

$$\frac{1618.65\,\text{N/m}^2}{(1000\,\text{kg/m}^3)(9.81\,\text{m/s}^2)} + \frac{(2.546\,\text{m/s})^2}{2(9.81\,\text{m/s}^2)} + 0 = \frac{p_B}{(1000\,\text{kg/m}^3)(9.81\,\text{m/s}^2)} + 0 + 0.4\,\text{m}$$

$$p_B = 936.93\,\text{Pa}$$

B는 정체점이기 때문에 이 전압은 B에서 정압과 동압 모두에 의해 발생한다. 피토관에서 수위는 아래와 같이 구한다.

$$h = \frac{p_B}{\gamma_w} = \frac{936.93\,\text{Pa}}{(1000\,\text{kg/m}^3)(9.81\,\text{m/s}^2)} = 0.09551\,\text{m} = 95.5\,\text{mm} \qquad Ans.$$

참고: 이 문제에서 질문한 내용은 아니지만, D에서 압력은 유선 CD를 따라 베르누이 방정식을 적용함으로써 얻어진다($p_D = 734$ Pa). 여기서 $p_C = p_A$이지만, 먼저 속도 $V_D = 0.6366$ m/s는 $Q = V_D A_D$에 의해 구해진다.

5.4 에너지 및 수력 구배선

파이프나 개수로 시스템 내의 유동을 분석하기 위해서 베르누이 방정식의 항들을 도식화로 표현하는 경우가 많다. 방정식을 다음과 같이 쓰면,

$$\underbrace{\frac{V^2}{2g}}_{\text{속도 수두}} + \underbrace{\frac{p}{\gamma}}_{\text{압력 수두}} + \underbrace{z}_{\text{중력 수두}} = \underbrace{H}_{\text{총 수두}} \qquad (5\text{-}7)$$

$$\underbrace{\qquad\qquad\qquad}_{\text{수력학적 수두}}$$

각 항의 단위는 길이 단위 m이다. 왼쪽의 첫 번째 항은 **동적 수두**(kinetic head) 또는 **속도 수두**(velocity head)를 나타내며, 속도 V를 얻기 위해 유체입자가 정지 상태에서 떨어져야 하는 수직 거리를 나타낸다. 두 번째 항은 정적 **압력 수두**(pressure head)를 나타낸다. 바닥에 작용하는 압력 p에 의해 지지되는 유체 기둥의 높이이다. 마지막으로 세 번째 항은 **중력 수두**(elevation head)로 유체입자가 선택된 기준선의 위나 아래에 놓여있는 높이이다. 앞에서 인급한 것과 같이, 압력 수두와 중력 수두는 **수력학적 수두**(hydraulic head)를 형성하고, 이를 속도 수두에 더하여 **총 수두**(total head) H라 한다.

  임의의 고정된 기준선으로부터 측정된 총 수두의 선도를 **에너지 구배선**(EGL)이라 부른다. 식 (5-7)의 왼쪽에 각 항들이 변할 수도 있지만, 마찰손실이 없고, 펌프 또는 터빈과 같은 외부 소스에 의한 에너지 추가 또는 제거가 없는 경우 각 항의 합계 H는 동일한 유선을 따라 모든 지점에서 항상 일정하게 유지된다. 실험적으로 H는 그림 5-17과 같이 피토관을 사용하여 어느 지점에서나 얻을 수 있다.

  파이프 시스템 또는 수로의 설계와 관련된 문제의 경우 에너지 구배선과 그에 상응하는 **수력 구배선**(HGL)을 그리는 것이 종종 편리하다. 이 선은 **수력학적 수두** $p/\gamma + z$가 파이프(수로)에 따라 어떻게 변하는지 보여준다. 여기서 그림 5-17과 같이 피에조미터를 사용하여 실험적으로 EGL을 얻을 수 있고, 이에 비해 HGL은 항상 $V^2/2g$의 거리만큼 EGL 아래에 있다.

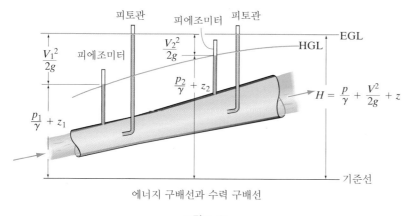

에너지 구배선과 수력 구배선

그림 5-17

에너지 구배선과 수력 구배선을 그리는 방법의 예로, 높이가 떨어지고 직경도 변하는 그림 5-18의 파이프를 생각해보자. 연속방정식을 만족해야 하기 때문에, 유동은 $ABCD$ 영역을 통해 속도 V_1을 유지해야 한다. 또한 연속방정식은 영역 DE의 길이에서 직경이 더 작기 때문에 영역 DE를 통해 더 빠른 $V_2 > V_1$의 유동이 요구된다. 이 두 길이에 대한 속도 수두는 $V_1^2/2g$와 $V_2^2/2g$이다. 모든 지점에서 중력 수두 z는 선택한 기준선에서 파이프 중심선*까지 측정된다. E에서의 압력은 대기압이고, 파이프 내부의 마찰 효과는 무시되므로 E와 DE를 따라 $p = 0$이다. 따라서 그림 5-18과 같이 HGL은 $p/\gamma + z = z_2$이고, EGL은 $V_2^2/2g + z_2$이다. 특히, 압력 수두와 중력 수두가 기울어진 영역을 따라 어떻게 교환되는지 주목하라. 여기서 압력 수두는 중력 수두의 강하에 비례하여 증가한다.

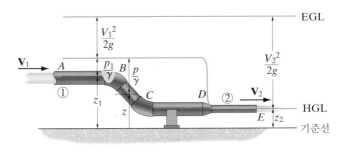

그림 5-18

요점정리

- 베르누이 방정식은 유체의 총 수두 H로 표현할 수 있다. 총 수두는 길이 단위로 측정되며 마찰손실이 발생하지 않고, 외부 소스로 인해 유체에 에너지가 추가되거나 배출되지 않는 한 유선을 따라 일정하게 유지된다. $H = V^2/2g + p/\gamma + z = $ 상수.
- 파이프나 수로를 따라 총 수두 H의 선도를 **에너지 구배선**(EGL)이라 부른다. 펌프와 터빈이 없고 마찰손실이 고려되지 않는 경우 에너지 구배선은 항상 수평이 되고 그 값은 p, V, z가 알려진 유동을 따라 어느 지점에서나 계산할 수 있다.
- **수력 구배선**(HGL)은 파이프를 따라 수력학적 수두 $p/\gamma + z$의 선도이다. 에너지 구배선이 알려진 경우 HGL은 항상 EGL보다 $V^2/2g$만큼 **낮다**.

---

* 193쪽에서, 실제로 파이프 내부의 유체가 파이프에 의해서 지지되기 때문에 파이프의 수직 직경에 따라 작은 수력학적 압력 차이가 있다. 여기서는 직경이 일반적으로 z보다 훨씬 작기 때문에 이 효과를 무시한다.

경작지는 사이펀 파이프들을 사용하여 급수되고 있다. 각 파이프의 길이를 통해 흐르는 유동은 본질적으로 일정하고, 결과적으로 수력 구배선은 일정하다. 즉, 고도가 증가함에 따라 파이프 내의 압력은 감소하고, 그 반대의 경우도 마찬가지이다. (© Jim Parkin/Alamy Stock Photo)

예제 5.7

그림 5-19a에서 물은 0.025 m³/s의 유량으로 직경 100 mm의 파이프를 통해서 흐른다. 만약 A에서 압력이 225 kPa이라면, C에서 압력을 결정하고, A부터 D까지 에너지 구배선과 수력 구배선을 그리시오. 마찰손실을 무시하고, $\gamma_w = 9.81$ kN/m³를 고려하라.

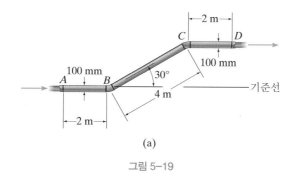

(a)

그림 5-19

풀이

유체 설명 정상유동이고 물을 이상유체라고 가정하자.

베르누이 방정식 파이프를 통해서 흐르는 유동의 평균 속도는

$$Q = VA; \qquad 0.025 \text{ m}^3/\text{s} = V\left[\pi(0.05 \text{ m})^2\right]$$

$$V = \frac{10}{\pi} \text{ m/s}$$

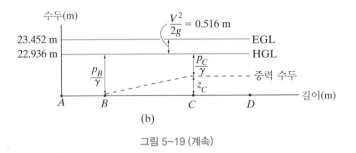

그림 5-19 (계속)

파이프는 파이프의 길이에 걸쳐서 일정한 직경을 가지고 있기 때문에 이 속도는 연속방정식을 만족하기 위해서 상수가 될 것이다.

AB 부분이 수평이기 때문에 A와 B에서 압력은 같고, 점성마찰의 효과를 무시한다. 같은 유선 위에 놓여있는 점 B와 C에서 베르누이 방정식을 적용함으로써 C(그리고 D)에서 압력을 찾을 수 있다. $V_B = V_C = V$를 참고하고 AB를 통과하는 중력 기준선을 이용하면 아래와 같다.

$$\frac{p_B}{\gamma_w} + \frac{V_B{}^2}{2g} + z_B = \frac{p_C}{\gamma} + \frac{V_C{}^2}{2g} + z_C$$

$$\frac{225(10^3)\ \text{N/m}^2}{9.81(10^3)\ \text{N/m}^3} + \frac{\left(\dfrac{10}{\pi}\ \text{m/s}\right)^2}{2(9.81\ \text{m/s}^2)} + 0 =$$

$$\frac{p_C}{9.81(10^3)\ \text{N/m}^3} + \frac{\left(\dfrac{10}{\pi}\ \text{m/s}\right)^2}{2(9.81\ \text{m/s}^2)} + (4\ \text{m})\sin 30°$$

$$p_C = p_D = 205.38(10^3)\ \text{Pa} = 205\ \text{kPa} \qquad\qquad Ans.$$

B의 압력은 물을 C로 들어 올리기 위해서 일을 해야 하기 때문에 B의 압력(225 kPa)은 C의 압력(205 kPa)보다 높다.

에너지 및 수력 구배선 마찰손실이 없기 때문에 총 수두는 상수이다. 이 수두는 파이프를 따라서 어떤 점에서든지 조건들로부터 결정될 수 있다. B를 이용하면 아래와 같다.

$$H = \frac{p_B}{\gamma} + \frac{V_B{}^2}{2g} + z_B = \frac{225(10^3)\ \text{N/m}^2}{9.81(10^3)\ \text{N/m}^3} + \frac{\left(\dfrac{10}{\pi}\ \text{m/s}\right)^2}{2\left(9.81\ \text{m/s}^2\right)} + 0$$
$$= 23.452\ \text{m} = 23.5\ \text{m}$$

에너지 구배선은 그림 5-19b와 같다. AB를 따라 수력 구배선(HGL)의 위치는 다음과 같다.

$$\frac{p_B}{\gamma} + z_B = \frac{225(10^3)\ \text{N/m}^2}{9.81(10^3)\ \text{N/m}^3} + 0 = 22.936\ \text{m} = 22.9\ \text{m}$$

또는 CD를 따라 수력 구배선(HGL)의 위치는 다음과 같다.

$$\frac{p_C}{\gamma} + z_C = \frac{205.38(10^3)\ \text{N/m}^2}{9.81(10^3)\ \text{N/m}^3} + (4\ \text{m})\sin 30° = 22.936\ \text{m} = 22.9\ \text{m}$$

BC를 따라서 중력 수두가 증가함에 따라 압력 수두는 상응하여 줄어들 것이다($p_C/\gamma < p_B/\gamma$).

파이프 전체의 속도는 일정하므로 속도 수두는 항상 일정하다.

$$\frac{V^2}{2g} = \frac{\left(\frac{10}{\pi} \text{ m/s}\right)^2}{2\left(9.81 \text{ m/s}^2\right)} = 0.516 \text{ m}$$

예제 5.8

그림 5-20처럼 물이 큰 탱크와 파이프라인을 통해서 흘러나온다. 만약 마찰손실을 무시하면 파이프의 에너지 구배선과 수력 구배선을 그리시오.

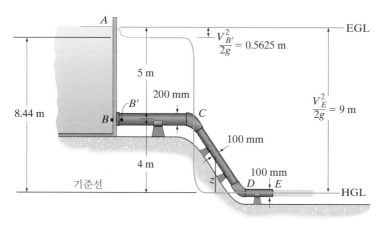

그림 5-20

풀이

유체 설명 $V_A = 0$과 정상유동이 유지되도록 탱크 내의 수위가 일정한 값으로 유지된다고 가정한다. 물은 이상유체로 가정된다.

에너지 구배선 DE를 통과하는 중력 기준선을 사용하자. A에서 속도와 압력 수두는 모두 0이고, 총 수두는 중력 수두와 같다.

$$H = \frac{p_A}{\gamma} + \frac{V_A^2}{2g} + z$$

$$= 0 + 0 + (4 \text{ m} + 5 \text{ m}) = 9 \text{ m}$$

유체는 이상유체이기 때문에 에너지 구배선은 이 높이를 유지하고, 마찰에 의한 에너지 손실은 없다.

베르누이 방정식이 점 A와 B에 적용되면 $V_A = 0$이라고 가정했기 때문에 $V_B = 0$이다. 이 결과는 정확하지는 않지만 유체가 파이프 내에서 B의 정지상태로부터 B'의 속도 $V_{B'}$까지만 가속해야 한다. 여기서 이 두 점이 실제로 분리되어 있지만 다소 가깝다고 가정한다. 9.6절을 참조하라.

수력 구배선 A와 E 모두에서 계기압력은 0이기 때문에, E에서 파이프를 통해서 나가는 물의 속도는 같은 유선에 놓여있는 베르누이 방정식을 적용함으로써 구할 수 있다.

$$\frac{p_A}{\gamma} + \frac{V_A^2}{2g} + z_A = \frac{p_E}{\gamma} + \frac{V_E^2}{2g} + z_E$$

$$0 + 0 + 9\,\text{m} = 0 + \frac{V_E^2}{2(9.81\,\text{m/s}^2)} + 0$$

$$V_E = 13.29\,\text{m/s}$$

파이프 $B'C$를 통해서 흐르는 물의 속도는 이제 전체 파이프 내부의 물을 포함하는 고정 검사체적을 고려하는 연속방정식으로부터 구한다.

$$\frac{\partial}{\partial t}\int_{\text{cv}} \rho\,dV + \int_{\text{cs}} \rho\mathbf{V}_{f/\text{cs}} \cdot d\mathbf{A} = 0$$

$$0 - V_{B'}A_{B'} + V_E A_E = 0$$

$$-V_{B'}\left[\pi(0.1\,\text{m})^2\right] + (13.29\,\text{m/s})\left[\pi(0.05\,\text{m})^2\right] = 0$$

$$V_{B'} = 3.322\,\text{m/s}$$

이제 수력 구배선이 만들어진다. 수력 구배선은 속도 수두 $V^2/2g$만큼 에너지 구배선 아래에 위치한다. 파이프 $B'C$에서 속도 수두는

$$\frac{V_{B'}^2}{2g} = \frac{(3.322\,\text{m/s})^2}{2(9.81\,\text{m/s}^2)} = 0.5625\,\text{m}$$

수력 구배선은 9 m − 0.5625 m = 8.44 m로 유지된 후에, 관로 이음관 C에서 이 CDE 내부의 속도 수두는 다음과 같이 변한다.

$$\frac{V_E^2}{2g} = \frac{(13.29\,\text{m/s})^2}{2(9.81\,\text{m/s}^2)} = 9\,\text{m}$$

이것은 수력 구배선을 9 m − 9 m = 0으로 떨어지게 한다. 그림 5-20에서와 같이 CD를 따라서 z는 항상 양(+)이다. 그러므로 수력학적 수두를 0으로(예를 들어 $p/\gamma + z = 0$) 유지하기 위해서는 이에 음(−)의 압력 수두 $-p/\gamma$가 유동 내에서 만들어져야 한다. 만약 이 음(−)의 압력이 충분히 커진다면, 다음 예제에서 논의될 공동현상(cavitation)을 유발할 수 있다. 마지막으로 DE를 따라서 p/γ와 z는 0이다.

예제 5.9

그림 5-21a의 사이펀은 큰 열린 탱크로부터 물을 빼내는 데 쓰인다. 만약 물의 절대 증기압이 $p_v = 1.23$ kPa이라면, 50 mm 직경의 튜브 내에서 공동현상을 유발하는 가장 짧은 하강 거리 L을 구하시오. 튜브의 길이에 대하여 에너지 구배선과 수력 구배선을 그리시오.

풀이

유체 설명 앞의 예제에서와 같이 물을 이상유체로 가정하고, 정상유동을 만들기 위해 탱크의 수위는 일정하게 유지된다고 가정한다. $\gamma_w = 9810$ N/m³이다.

베르누이 방정식 C에서 속도를 얻기 위해서 같은 유선 위에 놓여있는 점 A와 C에서 베르누이 방정식을 적용한다. C점을 중력 기준선으로 사용하면,

$$\frac{p_A}{\gamma_w} + \frac{V_A^2}{2g} + z_A = \frac{p_C}{\gamma_w} + \frac{V_C^2}{2g} + z_C$$

$$0 + 0 + (L - 0.2\,\text{m}) = 0 + \frac{V_C^2}{2(9.81\,\text{m/s}^2)} + 0$$

$$V_C = 4.429\sqrt{(L - 0.2\,\text{m})} \tag{1}$$

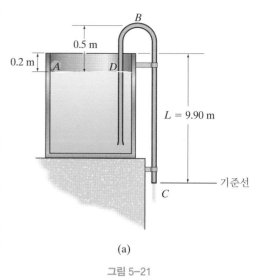

(a)

그림 5-21

이 결과는 튜브 내에 어느 점에서도 압력이 증기압 또는 증기압 미만으로 떨어지지 않는다면 유효하다. 만약 증기압 미만으로 떨어진다면, 물이 '부글부글' 소리를 내며 에너지 손실을 유발하고 끓게 된다(공동현상). 물론 이것은 베르누이 방정식을 적용할 수 없다.

유동이 정상으로 가정되기 때문에, 튜브의 직경이 일정하면, 연속성으로 인하여 $V^2/2g$는 튜브 전체에서 일정하다. 그러므로 수력학적 수두($p/\gamma + z$)는 반드시 상수여야 한다.

101.3 kPa의 표준 대기압을 사용하면 물의 게이지 증기압(계기압력)은 1.23 kPa − 101.3 kPa = − 100.07 kPa이다. 가장 짧은 하강 거리 L을 찾기 위해 음압이 B에서 발생한다고 가정한다. 여기서 z는 기준선으로 측정된 값이고 최댓값이다. 점 B와 C에 베르누이 방정식을 적용하면, $V_B = V_C = V$라는 것을 알 수 있다.

$$\frac{p_B}{\gamma_w} + \frac{V_B^2}{2g} + z_B = \frac{p_C}{\gamma_w} + \frac{V_C^2}{2g} + z_C$$

$$\frac{-100.07(10^3)\,\text{N/m}^2}{9810\,\text{N/m}^3} + \frac{V^2}{2g} + (L + 0.3\,\text{m}) = 0 + \frac{V^2}{2g} + 0$$

$$L + 0.3\,\text{m} = 10.20\,\text{m}$$

$$L = 9.90\,\text{m} \qquad\qquad \textit{Ans.}$$

식 (1)로부터 임계속도는 다음과 같다.

$$V_C = 4.429\sqrt{(9.90\,\text{m} - 0.2\,\text{m})} = 13.80\,\text{m/s}$$

만약 L이 9.90 m와 같거나 크다면, B에서 압력은 − 100.07 kPa과 같거나 작기 때문에 공동현상은 사이펀의 B에서 발생할 것이다.

처음에 V_B를 얻기 위해 A와 B 사이에서, 그리고 L을 얻기 위해 B와 C 사이에서 베르누이 방정식을 적용하여 이러한 결과를 얻을 수 있음을 주목하라.

에너지 구배선과 수력 구배선 튜브 전체의 속도 수두는

$$\frac{V^2}{2g} = \frac{(13.80\,\text{m/s})^2}{2(9.81\,\text{m/s}^2)} = 9.70\,\text{m}$$

총 수두는 C로부터 결정할 수 있다.

$$H = \frac{V_C^2}{2g} + \frac{p_C}{\gamma} + z_C = 9.70\,\text{m} + 0 + 0 = 9.70\,\text{m}$$

에너지 구배선과 수력 구배선 모두 그림 5-21b에 나타나 있다. 수력 구배선은 0으로 유지된다. D와 C 사이에 베르누이 방정식을 적용하여 D에서 파이프의 압력 수두를 구할 수 있다.

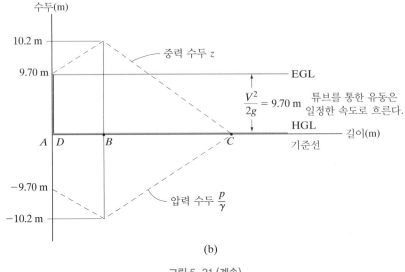

(b)

그림 5-21 (계속)

$$\frac{p_D}{\gamma} + \frac{V_D{}^2}{2g} + z_D = \frac{p_C}{\gamma} + \frac{V_C}{2g} + z_C$$

$$\frac{p_D}{\gamma} + 9.70\,\text{m} + (9.90\,\text{m} - 0.2\,\text{m}) = 0 + 9.70\,\text{m} + 0$$

$$\frac{p_D}{\gamma} = -9.70\,\text{m}$$

튜브를 따라서 압력 수두 p/γ는 D의 -9.70 m에서 $p/\gamma = [-100.07(10^3)\,\text{N/m}^2]/\,9810$ N/m³ $= -10.2$ m로 줄어든다. 반면에 중력 수두 z는 그림 5-21b에서와 같이 9.70 m에서 9.70 m + 0.5 m = 10.2 m로 증가한다. B에서 튜브의 상단 이후에는 압력 수두는 증가하고, 반면에 중력 수두는 상응하는 총량만큼 줄어든다.

5.5 에너지 방정식

이 절에서 베르누이 방정식의 한계를 넘어 일과 에너지 보존 법칙의 적용으로 확장시킬 것이며, 펌프로부터의 일 입력과 터빈으로의 일 출력과 더불어서 열과 점성유체유동을 포함할 것이다. 이를 위해 오일러 접근법(Eulerian approach)을 고려하여 유체입자가 그림 5-22와 같이 검사체적을 통과할 때 유체입자의 시스템을 따를 것이다. 하지만 시작하기 전에 유체 시스템이 가질 수 있는 다양한 형태의 에너지를 먼저 논의한다.

시스템 에너지 임의의 순간에 유체 시스템의 총에너지 E는 3부분으로 구성된다.

운동에너지 운동에너지(kinetic energy)는 관성 기준계(inertial reference frame)로부터 측정된 입자의 거시적 속도에 의존하는 움직임에 의한 에너지이다.

중력 퍼텐셜에너지 중력 퍼텐셜에너지(gravitational potential energy)는 선택된 기준선으로부터 측정된 입자들의 수직 위치로 인한 에너지이다.

내부에너지 내부에너지는 유체 시스템을 구성하는 원자나 분자의 진동 및 거시적인 운동을 의미한다. 내부에너지는 또한 핵력 또는 전기력에 의한 입자들의 결합을 유발하는 원자와 분자 내에 저장된 퍼텐셜에너지를 포함한다.

에너지는 시스템 내에 질량의 총량에 관련되어 있기 때문에 이러한 3가지 에너지들의 총합 E는 시스템의 종량 성질이다. 그러나 E를 질량으로 나눔으로써 종속 성질로써 표현될 수 있다. 이 경우에 위의 3가지 에너지들은 단위 질량당 에너지로 표현될 수 있으며, 종속 성질로써 표현된 시스템의 에너지는 다음과 같다.

$$e = \frac{1}{2}V^2 + gz + u \tag{5-8}$$

그림 5-22에서 열에너지와 유체 시스템에 의해 행해지는 다양한 형태의 일을 고려해보자.

열에너지 열에너지(heat energy) dQ는 검사표면을 통과하여 전도, 대류 또는 복사의 과정을 통해서 더해지거나 또는 감소될 수 있다. 만약 열에너지가 안으로 들어오면(시스템은 가열) 검사체적 내에서 시스템의 총에너지는 증가하고, 열에너지가 밖으로 나가면(시스템은 냉각) 총에너지는 감소한다.

일 일(work) dW은 검사표면을 통해서 닫힌 시스템에 의해 주위에 행해진다. 일이 시스템에 의해 행해졌을 때 시스템의 총에너지를 감소시킨다. 그리고 시스템으로 행해졌을 때 시스템의 총에너지는 증가한다. 유체역학에서 3가지 종류의 일에 관심을 가질 것이다.

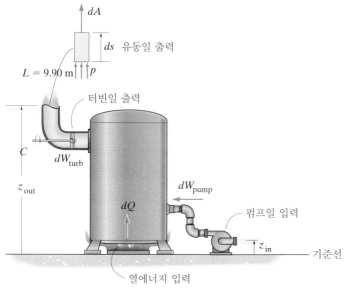

그림 5-22

유동일 유체가 압력을 받을 때, 유체는 검사표면 출구로부터 바깥으로 시스템의 질량의 체적 dV를 밀어낼 수 있다. 이것이 **유동일**(flow work) dW_p이다. 유동일을 계산하기 위해서, 시스템 내에서 (계기)압력 p에 의해 밖으로 밀려나는 그림 5-22의 시스템의 작은 체적 $dV = dA\,ds$를 고려하라. dA는 이 체적의 단면적이기 때문에, 시스템에 의해 작용된 힘은 $dF = p\,dA$이다. 만약 체적이 바깥 방향으로 움직이는 거리가 ds라면, 이 작은 체적에 대한 유동일은 $dW_p = dF\,ds = p(dA\,ds) = p\,dV$이다.

축일 만약 일이 검사체적 내에 유체 시스템에 의해서 터빈에 행해진다면, 일은 그림 5-22의 열린 검사표면의 시스템으로부터 에너지를 뺄 것이다. 그러나 일이 펌프에 의해 시스템에 행해지게 하는 것도 또한 가능하다. 2가지 경우에서, 이러한 형태의 일은 축은 일을 공급하거나 빼내는 데에 사용되기 때문에 **축일**(shaft work)로 불린다.

전단일 모든 실제 유체의 점성은 전단응력을 야기시켜 검사체적의 내부 표면에 접선방향으로 작용한다. 고정된 검사표면에 점착조건으로 인하여, 전단응력은 표면을 따라서 움직이지 못하기 때문에 표면으로 어떠한 일도 행해질 수 없다. 또한 검사체적으로 들어오고 나가는 유체의 유동에 수직이 되도록 항상 검사표면을 선택해야 한다. 이 경우 점성 전단응력이 생기지 않는다.[*]

에너지 방정식

이제 유체 시스템에 대한 다양한 형태의 일과 에너지의 형태를 고려했고, 시스템에 에너지 보존을 적용할 수 있다. 이것은 **열역학 제1법칙**으로 공식화되어 시스템의 **에너지 보존**을 나타낸다. 이 법칙은 시스템으로 추가되거나 들어가는 단위 시간당 열($\dot{Q}_{in}$)에서 시스템에 의해 행해진 단위 시간당 일을 더한 것은 시스템 내에서 총에너지의 시간**변화율**과 같다고 설명한다.

$$\dot{Q}_{in} + \dot{W}_{in} = \frac{dE}{dt} \tag{5-9}$$

오일러 방법의 설명으로 오른쪽 항은 레이놀즈 수송 정리를 사용하여 검사체적에 대한 에너지 변화율로 변환할 수 있다[식 (4-11)]. 여기서 $\eta = e$이다.

$$\dot{Q}_{in} + \dot{W}_{in} = \frac{\partial}{\partial t} \int_{cv} e\rho\, dV + \int_{cs} e\rho\mathbf{V}_{f/cs} \cdot d\mathbf{A}$$

오른쪽의 첫 번째 항들은 검사체적 내에서 단위 질량당 에너지의 국소변화율을, 두 번째 항은 열린 검사표면을 통해서 지나가는 단위 질량당 순 대류 에너지를 나타낸다. 유동이 정상이라고 가정하면, 시간 미분이 0이기 때문에 이 첫 번째 항은 0이

---

[*] 만약 열린 검사 표면을 통해서 흐르는 유동이 불균일하면, 수직 점성응력이 발생할 수 있다. 그러나 유선이 모두 평행한 경우 이러한 응력에 의해 생성되는 모든 일은 0이 된다. 점성 전단응력이 생기지 않는 경우도 이 경우에 해당된다. 342쪽의 각주를 참조하라.

된다. $\eta = e$에 대해서 식 (5-8)을 마지막 항으로 대체하면 아래와 같다.

$$\dot{Q}_{in} + \dot{W}_{in} = 0 + \int_{cs} \left(\frac{1}{2}V^2 + gz + u \right) \rho \mathbf{V}_{f/cs} \cdot d\mathbf{A} \qquad (5-10)$$

출력일의 시간 비율($\dot{W}_{in}$)은 단위 시간당 유동일과 축일들로써 나타낼 수 있다. 이 전에 언급했듯이, 유동일은 $dW_p = p(dA\ ds)$이므로 압력에 의해 유발된다. 그러므로 검사표면을 통해서 나가는 유동일의 비율이다.

$$\dot{W}_p = \frac{dW_p}{dt} = -\int_{cs} p \left(\frac{ds}{dt} dA \right) = -\int_{cs} p\mathbf{V}_{f/cs} \cdot d\mathbf{A}$$

펌프는 (양의) 축일(dW_{pump})을 생성하고, 터빈은 (음의) 축일($dW_{turbine}$)을 생성한다. 음수 부호는 시스템이 일을 하는 것을 의미한다. 그러므로 시스템 안으로 이동하는 총일(동력)의 시간 비율은 아래와 같이 표현된다.

$$\dot{W}_{in} = -\int_{cs} p\mathbf{V}_{f/cs} \cdot d\mathbf{A} + \dot{W}_{pump} - \dot{W}_{turbine}$$

이 결과를 식 (5-10)에 대입하고 항들을 재정리하면

$$\dot{Q}_{in} + \dot{W}_{pump} - \dot{W}_{turbine} = \int \left[\frac{p}{\rho} + \frac{1}{2}V^2 + gz + u \right] \rho \mathbf{V}_{f/cs} \cdot d\mathbf{A} \qquad (5-11)$$

이 식은 검사표면의 출구와 입구에 대해서 적분을 수행해야 한다. 이 경우에서 유동은 균일한 1차원으로 가정할 것이며, 평균 속도가 사용될 것이다.[*] 또한 그림 5-22에서 각각의 출구에서 압력 p와 위치 z는 일정하다고 가정할 것이다. 연속방정식으로부터 들어오는 질량유량은 나가는 질량유량과 같아야 한다. 따라서 $\dot{m} = \rho_{in} V_{in} A_{in} = \rho_{out} V_{out} A_{out}$이므로 각 검사표면을 적분하면

$$\dot{Q}_{in} + \dot{W}_{pump} - \dot{W}_{turbine} =$$
$$\left[\left(\frac{p_{out}}{\rho_{out}} + \frac{V_{out}^2}{2} + gz_{out} + u_{out} \right) - \left(\frac{p_{in}}{\rho_{in}} + \frac{V_{in}^2}{2} + gz_{in} + u_{in} \right) \right] \dot{m} \qquad (5-12)$$

이것이 1차원 정상유동의 에너지 방정식이고, 압축성과 비압축성 유체 모두에 적용한다.

비압축성 유동   만약 유동이 비압축성이라고 가정한다면, $\rho_{in} = \rho_{out} = \rho$이다. 그 때 만약 식 (5-12)를 $\dot{m}$으로 나누고 항들을 재정리하면 아래와 같다.

$$\frac{p_{in}}{\rho} + \frac{V_{in}^2}{2} + gz_{in} + w_{pump} = \frac{p_{out}}{\rho} + \frac{V_{out}^2}{2} + gz_{out} + w_{turbine} + (u_{out} - u_{in} - q_{in})$$

---

[*] 실제로 펌프와 터빈을 통과하는 유동은 유체가 기계를 통과할 때 주기적이다. 그러나 사이클은 매우 빠르며 유동을 관찰하는 데 고려되는 시간이 단일 사이클의 시간보다 길면, 입구 및 출구에서 짧은 거리에 있는 열린 검사표면을 통과하는 유동량의 시간 평균이 된다. 펌프 또는 터빈은 **준정상흐름**(quasi-steady flow)으로 간주될 수 있다.

여기서 각각의 항은 단위 질량당 에너지 또는 일은 J/kg으로 표현한다. 구체적으로 말하면, w_{pump}와 $w_{turbine}$은 각각 펌프와 터빈에 의해 행해진 단위 질량당 축일이다. 그리고 항 q_{in}은 시스템으로 들어가는 단위 질량당 열에너지이다.

　유체의 점성 효과는 유체 내에서 난류 또는 와점성을 생성하면, 이는 단위 질량당 유체의 내부 또는 열에너지를 증가시킨다. 이 마찰손실은 일반적으로 외부 소스로부터 단위 질량당 열 증가(q_{in})보다 훨씬 크다. 결과적으로 **마찰손실**로서 $u_{out} - u_{in} - q_{in}$를 표현할 수 있고, fl로 나타낸다. 따라서 에너지 방정식의 일반적인 표현은 다음과 같다.

$$\frac{p_{in}}{\rho} + \frac{V_{in}^2}{2} + gz_{in} + w_{pump} = \frac{p_{out}}{\rho} + \frac{V_{out}^2}{2} + gz_{out} + w_{turbine} + fl \quad (5\text{-}13)$$

이 방정식은 검사표면의 입구를 통해서 지나가는 단위 질량당 가능한 총에너지와 펌프에 의한 검사체적 내의 유체에 더해진 단위 질량당 일의 합은 검사표면의 출구를 통해서 지나가는 단위 질량당 총에너지와 터빈에 의해 검사체적 내의 유체로부터 나가는 에너지와 유체마찰에 의해 검사체적 내에 발생하는 에너지 손실의 합과 같다.

　만약 식 (5-13)을 g로 나누면, 항들은 단위 무게당 에너지 또는 '유체의 수두'로 나타난다.

검사체적 내에서 발생

$$\frac{p_{in}}{\gamma} + \frac{V_{in}^2}{2g} + z_{in} + h_{pump} = \frac{p_{out}}{\gamma} + \frac{V_{out}^2}{2g} + z_{out} + h_{turbine} + h_L \quad (5\text{-}14)$$

열린 검사표면에서 발생

마지막 항은 **수두 손실**(head loss) $h_L = fl/g$라고 부르고 항 h_{pump}와 $h_{turbine}$은 각각 **펌프 수두**(pump head)와 **터빈 수두**(turbine head)라고 부른다. 그러므로 이러한 형태의 에너지 방정식은 총 입력 수두와 펌프 수두 합은 총 출력 수두 및 터빈 수두와 수두 손실의 합들과 같다.

　식 (5-14)는 축일이 없고 유체의 내부에너지 변화가 없으면 베르누이 방정식과 같은 형태로 간략화된다. 이 두 방정식의 유도에는 현저한 차이가 있음을 깨닫게 될 것이다. 베르누이 방정식은 라그란지 방법으로 유도되었다. 동일한 유선을 따라 한 지점에서 다른 지점으로 일정한 유동으로 움직이는 단일 유체입자에 적용되는 뉴턴의 운동 제2법칙의 통합된 형태이다. 즉 유체입자에 적용되는 일과 에너지의 원리를 서술한 것이다. 이에 비해 에너지 방정식은 유한 체적의 유체에 적용된다. 그것은 오일러 방법 또는 검사체적 접근법을 사용하는 열역학(에너지 보존)의 제1법칙에서 파생되었다. 검사체적 내 에너지의 변화와 검사표면을 통해 전달되는 에너지를 설명한다.

압축성 유체　압축성 기체 유동의 경우 기체의 에너지는 내부에너지 u와 압력에 의해서 생기는 에너지의 합으로 표현하는 것이 편리하다. 이 유체 에너지의 조합을 **엔탈피**(enthalpy) h라 부른다. 압력은 유체의 이동을 유발할 수 있으며, 유체의 체적에 대한 유동 에너지 또는 유동일이 $p\,d\!V$이기 때문에 유체의 단위 질량에 대해서 $p\,d\!V/dm = p/\rho$이다. 그러므로

$$h = p/\rho + u \qquad (5\text{-}15)$$

엔탈피로 식 (5-12)로 대체한다면 아래와 같다.

$$\dot{Q}_{\text{in}} + \dot{W}_{\text{pump}} - \dot{W}_{\text{turbine}} = \left[\left(h_{\text{out}} + \frac{V_{\text{out}}^2}{2} + gz_{\text{out}}\right) - \left(h_{\text{in}} + \frac{V_{\text{in}}^2}{2} + gz_{\text{in}}\right)\right]\dot{m}$$

$$(5\text{-}16)$$

이 방정식의 응용은 압축성 유동을 논의할 13장에서 중요하게 다룰 것이다.

동력과 효율   터빈의 출력 **동력**(power) 또는 펌프의 입력 **동력**은 행하는 일의 시간 비율($\dot{W} = dW/dt$)로써 정의된다. SI 단위계에서 동력은 와트(W = J/s)로 측정되고, 가끔씩 마력(1 hp = 746 W)으로 측정된다.

식 (5-14)로부터 **축수두**(shaft head) h_s로서 표현하는 펌프 또는 터빈 수두로 동력을 표현할 수 있다($h_s = w_s/g$). 그리고 단위 질량당 축일이 $w_s = \dot{W}_s/\dot{m}$이기 때문에 $\dot{W}_s = \dot{m}gh_s$이다. 또한 질량유량이 $\dot{m} = \rho Q = \gamma Q/g$이기 때문에 펌프에 의해 유체에 전달되거나 터빈에 의해서 추출되는 동력은 다음과 같다.

$$\dot{W}_s = \dot{m}gh_s = Q\gamma h_s \qquad (5\text{-}17)$$

펌프(그리고 터빈)는 마찰손실을 가지고 있기 때문에, 그들은 절대로 효율 100%를 낼 수 없다. 그래서 동력의 비로 효율을 정의한다. 펌프에서 **기계적 효율**(mechanical efficiency) e는 유체로부터 전달되는 기계적 동력 $(\dot{W}_s)_{\text{out}}$을 펌프를 작동하기 위해서 필요한 전기적 동력 $(\dot{W}_s)_{\text{in}}$으로 나눈 비율이다.

$$e = \frac{(\dot{W}_s)_{\text{out}}}{(\dot{W}_s)_{\text{in}}} \qquad 0 < e < 1 \qquad (5\text{-}18)$$

비균일 속도   입구와 출구 검사표면에서 유동의 속도분포가 비균일이면, 점성유동의 모든 경우들에 해당되기 때문에 식 (5-11)의 적분을 수행하기 위해서 속도분포는 반드시 알아야 한다. 이러한 적분을 나타내는 한 가지 방법은 무차원 **운동에너지계수**(kinetic energy coefficient) α를 사용하고, 식 (4-3)으로부터 속도분포의 평균 속도 $V = (\int v\,dA)/A$는 속도분포의 적분으로 구한다. 따라서 식 (5-11)의 속도 항은 $\int_{\text{cs}} \frac{1}{2}V^2\rho\mathbf{V}_{f/\text{cs}}\cdot d\mathbf{A} = \alpha\frac{1}{2}V^2\dot{m}$이고, 다음과 같이 쓸 수 있다.

$$\alpha = \frac{1}{\dot{m}V^2}\int_{\text{cs}} V^2\rho\mathbf{V}_{f/\text{cs}}\cdot d\mathbf{A} \qquad (5\text{-}19)$$

검사표면에서 속도의 비균일을 고려하는 것이 필수적일 경우에 에너지 방정식의

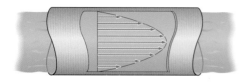

충류유동을 위한
속도분포
(a)

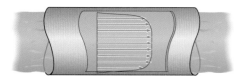

난류유동을 위한
평균 속도분포
(b)

그림 5-23

V^2와 관련된 항들을 αV^2로 대체할 수 있다. 예를 들어, 그림 5-23a와 같이 파이프 내 유체가 유동일 경우에 속도분포는 포물선 형상이며, 이 내용은 9장에 나온다. 그리고 이러한 경우에 대해서 적분하면 $\alpha=2$가 될 것이다.[*] 그러나 실제로는 거의 모든 유동이 난류이고, 이 때문에 유체의 난류혼합으로 인해 속도분포가 거의 균일해지기 때문에 $a=1$을 취하는 것으로 충분하다(그림 5-23b).

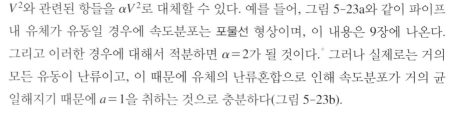

요점정리

- 에너지 방정식은 유체 시스템 내에 총에너지 시간변화율은 시스템으로 **추가된** 열전 달률에서 시스템에 의해 행해진 일률을 **더한** 비율과 같음을 설명하는 열역학 제1법 칙을 근거로 한다.
- 일반적으로, 검사체적 내에서 시스템의 총에너지 E는 모든 유체입자들의 운동에너지 와 퍼텐셜에너지, 원자 또는 분자 내부에너지로 구성된다.
- 시스템에 의해 행해진 일은 압력에 의한 **유동일**, 펌프 또는 터빈에 의한 **축일**, 또는 열 린 검사표면의 한쪽에서 발생한 점성마찰에 의해 유발된 **전단일**이 될 수 있다. 유동 은 모든 열린 검사표면에 항상 **수직**하기 때문에 전단일은 여기서 고려되지 않는다.

해석의 절차

아래의 절차는 다양한 형태의 에너지 방정식을 적용할 때에 사용된다.

- **유체 설명** 에너지 방정식은 압축성 또는 비압축의 1차원 정상유동에 적용한다.

- **검사체적** 유체를 포함하는 검사체적을 선택한다. 그리고 열린 검사표면을 나타낸다. 이러한 검사표면들은 유동이 균일하고 잘 정의된 지역에 위치하도록 한다.

- **에너지 방정식** 에너지 방정식을 쓴다. 그리고 각 항은 일관된 종류의 단위를 사용한 수치적인 데이터를 대입한다. 열에너지 dQ_{in}는 만약 열이 검사체적으로 흘러 **들어온다면 양**($+$)이고 만약 열이 흘러 **나간다면 음**($-$)이다.

  각각의 검사표면으로 들어오거나 나가는 유체의 높이(퍼텐셜에너지)를 측정하기 위해서 고정된 기준선을 선택한다.

  만약 유체를 비점성 또는 이상유동으로 가정한다면, 그때의 속도분포는 열린 검사표면을 통해서 지나갈 때에 균일하다. 또한 여기의 균일 또는 평균 속도분포는 점성유체의 난류유동에 대해서 사용될 수 있다. 만약 속도분포를 알고 있다면 V^2 대신에 αV^2가 사용되며, 계수 α는 식 (5-19)를 사용하여 구한다. 열린 검사표면을 통해 출입하는 유체의 평균 속도는 $Q=VA$ 식으로부터 구한다.

  천천히 배수하는 저수지 또는 큰 탱크는 $V \approx 0$인 필수적으로 정지해 있는 액체 표면을 가진다.

  식 (5-14)에서 항 $(p/\gamma+z)$는 검사표면을 '들어오거나' '나가는' 수력학적 수두를 나타낸다. 이 수두는 각각의 표면에 걸쳐서 **상수로 남겨 진다**. 그리고 표면의 **어떤 점**에서도 계산이 가능하다. 이 점이 기준선 위에 있으면 높이 z는 **양**($+$)이고, 기준선 **아래**에 있으면 **음**($-$)이다.

- 만약 1개 이상으로 미지수가 있을 경우에는 연속방정식을 사용하여 속도를 연관 짓거나 또는 마노미터 방정식을 사용하여 압력을 연관 짓는 것을 고려한다.

---

[*] 연습문제 5-90 참조.

예제 5.10

그림 5-24의 터빈은 작은 수력발전소 사용된다. 만약 직경 0.3 m를 통하는 B에서 체적 유량이 1.7 m³/s라면, 물로부터 터빈 블레이드로 전달되는 총 동력을 결정하시오. 수압 관, 터빈과 흡출관을 통해 발생하는 마찰 손실수두는 4 m이다.

풀이

유체 설명   이 문제는 정상유동의 경우에 해당한다. 여기서 점성 마찰손실은 유체 내에서 발생한다. 물은 $\gamma = 9810$ N/m³인 비압축성으로 간주한다.

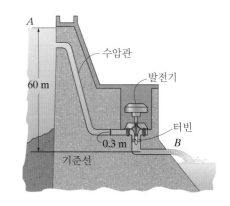

그림 5-24

검사체적   수압관, 터빈과 흡출관 내에 물과 더불어서 저수지의 일부는 고정된 검사체적으로 선택되었다. B에서 평균 속도는 물의 체적유량으로부터 결정될 수 있다.

$$Q = V_B A_B; \qquad 1.7 \text{ m}^3/\text{s} = V_B[\pi(0.15 \text{ m})^2]$$
$$V_B = 24.05 \text{ m/s}$$

에너지 방정식   B에서 중력 기준선을 설정하여 A(입구)와 B(출구) 지점에 베르누이 방정식을 적용하면 아래와 같다.

$$\frac{p_A}{\gamma} + \frac{V_A^2}{2g} + z_A + h_{\text{pump}} = \frac{p_B}{\gamma} + \frac{V_B^2}{2g} + z_B + h_{\text{turbine}} + h_L$$

$$0 + 0 + 60 \text{ m} + 0 = 0 + \frac{(24.05 \text{ m/s})^2}{2(9.81 \text{ m/s}^2)} + 0 + h_{\text{turbine}} + 4 \text{ m}$$

$$h_{\text{turbine}} = 26.52 \text{ m}$$

예상했듯이 결과값은 양(+)이다. 이것은 에너지가 물(시스템)에 의해 터빈에게 전달됨을 의미한다.

동력   식 (5-17)을 사용하여 터빈으로 전달된 동력을 구하면

$$\dot{W}_s = Q\gamma h_s = (1.7 \text{ m}^3/\text{s})(9810 \text{ N/m}^3)(26.52 \text{ m})$$
$$= 442 \text{ kW} \hspace{3cm} \textit{Ans.}$$

마찰 효과로 인한 동력 손실은 아래와 같다.

$$\dot{W}_L = Q\gamma h_L = (1.7 \text{ m}^3/\text{s})(9810 \text{ N/m}^3)(4 \text{ m}) = 66.7 \text{ kW}$$

예제 5.11

그림 5-25의 펌프는 물을 80(10³) L/h로 배출한다. A에서 입력은 150 kPa이고, 반면에 B에서 파이프의 출구 압력은 500 kPa이다. 파이프 필터는 물의 내부에너지가 마찰 발열로 인해 출구에서 50 J/kg으로 증가하도록 유발한다. 반면에 물로부터 250 J/s의 열전도 손실이 있다. 펌프에 의해 생성된 마력을 구하시오.

풀이

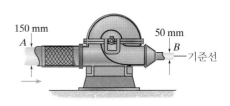

그림 5-25

유체 설명   펌프로부터 들어오고 나가는 유동은 정상유동이다. 물은 비압축성이고, 점성 마찰손실이 발생한다. $\rho = 1000$ kg/m³이다.

검사체적   펌프, 필터, 파이프의 물을 포함한 고정된 검사체적을 잡는다. 물 1 L는 1000 cm³이므로 체적유량과 질량유량은

$$Q = \left[80(10^3)\frac{\text{L}}{\text{h}}\right]\left(\frac{1000 \text{ cm}^3}{1 \text{ L}}\right)\left(\frac{1 \text{ m}}{100 \text{ cm}}\right)^3\left(\frac{1 \text{ h}}{3600 \text{ s}}\right) = 0.02222 \text{ m}^3/\text{s}$$

그리고

$$\dot{m} = \rho Q = (1000 \text{ kg/m}^3)(0.02222 \text{ m}^3/\text{s}) = 22.22 \text{ kg/s}$$

이다. 그러므로 A(입구)와 B(출구)에서 속도는 다음과 같다.

$$Q = V_A A_A; \quad 0.02222 \text{ m}^3/\text{s} = V_A[\pi(0.075 \text{ m})^2]; \quad V_A = 1.258 \text{ m/s}$$

$$Q = V_B A_B; \quad 0.02222 \text{ m}^3/\text{s} = V_B[\pi(0.025 \text{ m})^2]; \quad V_B = 11.32 \text{ m/s}$$

에너지 방정식   열전도 손실이 있기 때문에, $\dot{Q}_{\text{in}}$은 음($-$)이다. 즉 열이 흘러 나감을 말한다. 또한 A에서 B까지 유동의 높이 변화는 없다. 이 문제에서 식 (5-12)를 적용해야 한다.

$$\dot{Q}_{\text{in}} + \dot{W}_{\text{pump}} - \dot{W}_{\text{turbine}} = \left[\left(\frac{p_B}{\rho} + \frac{V_B^2}{2} + gz_B + u_B\right)\right.$$
$$\left. - \left(\frac{p_A}{\rho} + \frac{V_A^2}{2} + gz_A + u_A\right)\right]\dot{m}$$

$$- 250 \text{ J/s} + W_{\text{pump}} - 0$$
$$= \left[\left(\frac{500(10^3) \text{ N/m}^2}{1000 \text{ kg/m}^3} + \frac{(11.32 \text{ m/s})^2}{2} + gz + 50 \text{ J/kg}\right)\right.$$
$$\left. - \left(\frac{150(10^3) \text{ N/m}^2}{1000 \text{ kg/m}^3} + \frac{(1.258 \text{ m/s})^2}{2} + gz + 0\right)\right](22.22 \text{ kg/s})$$

$$\dot{W}_{\text{pump}} = 10.54(10^3) \text{ W} = 10.5 \text{ kW} \qquad \textit{Ans.}$$

양($+$)의 결과는 펌프를 사용하여 검사체적 내의 물로 에너지가 증가됨을 의미한다.

예제 5.12

그림 5-26에 나타낸 바와 같이 댐의 방수로(spillway)로 물이 내려올 때, 물은 6 m/s의 평균 속도로 흐르고 있다. 짧은 거리 내에서 수력도약이 발생하고, 이것은 0.8 m의 깊이에서 2.06 m로 수위가 변하는 원인이 된다. 도약하는 동안 난류에 의해 발생하는 수두손실을 결정하시오. 방수로는 일정한 폭 2 m를 가진다.

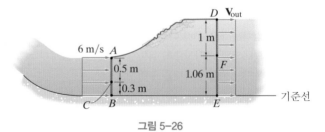

그림 5-26

풀이

유체 거동   도약 이전과 이후는 정상유동이다. 물은 비압축성으로 가정한다.

검사체적   그림 5–26에 나타낸 바와 같이, 도약 내에 있는 물과 도약으로부터 짧은 거리를 포함하는 고정된 검사체적을 고려한다. 열린 검사표면은 유동이 잘 정의되지 않는 도약 내에 있는 영역을 제거할 수 있기 때문에, 열린 검사표면을 통해 정상유동이 흐른다고 간주할 수 있다.

연속방정식 AB와 DE의 단면적은 알고 있으므로, 연속방정식을 이용하여 DE로 나가는 평균 속도를 결정할 수 있다.

$$\frac{\partial}{\partial t} \int_{cv} \rho \, d\forall + \int_{cs} \rho \mathbf{V}_{f/cs} \cdot d\mathbf{A} = 0$$

$$0 - (1000 \text{ kg/m}^3)(6 \text{ m/s})(0.8 \text{ m})(2 \text{ m}) + (1000 \text{ kg/m}^3)V_{out}(2.06 \text{ m})(2 \text{ m}) = 0$$

$$V_{out} = 2.3301 \text{ m/s}$$

에너지 방정식   그림 5–26의 검사표면의 바닥에 기준선을 둔다. 이것으로부터 각각의 열린 검사표면에서 수력학적 수두 $(p/\gamma + z)$를 결정할 수 있다. 만약 점 A와 D를 선택한다면, $p_{in} = p_{out} = 0$ 이므로 아래와 같다.

$$\frac{p_{in}}{\gamma} + z_{in} = 0 + 0.8 \text{ m} = 0.8 \text{ m}$$

$$\frac{p_{out}}{\gamma} + z_{out} = 0 + 2.06 \text{ m} = 2.06 \text{ m}$$

만약 점 B와 E를 사용한다면, $p = \gamma h$이므로 아래와 같다.

$$\frac{p_{in}}{\gamma} + z_{in} = \frac{\gamma(0.8 \text{ m})}{\gamma} + 0 = 0.8 \text{ m}$$

$$\frac{p_{out}}{\gamma} + z_{out} = \frac{\gamma(2.06 \text{ m})}{\gamma} + 0 = 2.06 \text{ m}$$

마지막으로, 만약 점 C와 F의 중간을 사용한다면, 동일한 원리로 아래와 같다.

$$\frac{p_{in}}{\gamma} + z_{in} = \frac{\gamma(0.5 \text{ m})}{\gamma} + 0.3 \text{ m} = 0.8 \text{ m}$$

$$\frac{p_{out}}{\gamma} + z_{out} = \frac{\gamma(1 \text{ m})}{\gamma} + 1.06 \text{ m} = 2.06 \text{ m}$$

모든 경우에서 같은 결과를 얻는다. 따라서 선택된 검사표면에서 어떤 곳이든 한 쌍의 점들에 크게 영향을 받지 않음을 알 수 있다. 여기서는 점 A와 D를 선택하면, 행해진 축일은 없으므로 에너지 손실은 아래와 같다.

$$\frac{p_{in}}{\gamma} + \frac{V_{in}^2}{2g} + z_{in} + h_{pump} = \frac{p_{out}}{\gamma} + \frac{V_{out}^2}{2g} + z_{out} + h_{turbine} + h_L$$

$$0 + \frac{(6 \text{ m/s})^2}{2(9.81 \text{ m/s}^2)} + 0.8 \text{ m} + 0 = 0 + \frac{(2.3301 \text{ m/s})^2}{2(9.81 \text{ m/s}^2)} + 2.06 \text{ m} + 0 + h_L$$

$$h_L = 0.298 \text{ m} \qquad\qquad Ans.$$

손실된 에너지는 도약하는 동안 난류와 마찰 발열을 야기시킨다.

예제 5.13

그림 5-27a의 관개용 펌프는 0.09 m³/s의 유량으로 B에서 물을 연못으로 공급하는 데 사용된다. 파이프의 직경이 150 mm일 때, 펌프의 필요 마력을 구하시오. 파이프의 미터당 마찰 수두손실이 0.1 m/m라고 가정하라. 이 시스템의 에너지 구배선과 수력 구배선을 그리시오.

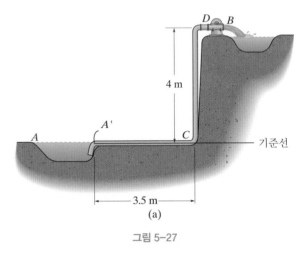

그림 5-27

풀이

유체 설명   여기서 유동은 정상이다. 물은 비압축성으로 가정되지만, 점성 마찰손실이 발생한다. $\gamma = 9.81(10^3)$ N/m³이다.

검사체적   파이프와 펌프 내부의 물과 더불어 저수지 A 내에 물을 포함하는 고정된 검사체적을 선택한다. 이러한 경우에 A에서 속도는 필수적으로 0이고, 입구 A와 출구 B의 압력도 0이다. 체적유량이 알려져 있으므로, 출구에서 평균 속도는 다음과 같다.

$$Q = V_B A_B; \qquad 0.09 \text{ m}^3/\text{s} = V_B[\pi(0.075 \text{ m})^2]$$

$$V_B = \frac{16}{\pi} \text{ m/s}$$

에너지 방정식 A에서 중력 기준선을 세우고 A(입구)와 B(출구) 사이에 에너지 방정식을 적용하면 아래와 같다.

$$\frac{p_A}{\gamma} + \frac{V_A^2}{2g} + z_A + h_{\text{pump}} = \frac{p_B}{\gamma} + \frac{V_B^2}{2g} + z_B + h_{\text{turbine}} + h_L$$

$$0 + 0 + 0 + h_{\text{pump}} = 0 + \frac{\left(\frac{16}{\pi} \text{ m/s}\right)^2}{2(9.81 \text{ m/s}^2)} + 4 \text{ m} + 0 + (0.1 \text{ m/m})(7.5 \text{ m})$$

$$h_{\text{pump}} = 6.072 \text{ m}$$

이 양(+)의 결과는 펌프에 의해서 시스템으로 전달되는 물의 펌프 수두를 가리킨다.

동력   식 (5-17)을 사용하면 펌프는 반드시 아래와 같은 동력을 가져야만 한다.

$$\dot{W}_s = Q\gamma_w h_{\text{pump}} = (0.09 \text{ m}^3/\text{s})[9.81(10^3) \text{ N/m}^3](6.072 \text{ m})$$
$$= 5.361(10^3) \text{ W} = 5.36 \text{ kW} \qquad \textit{Ans.}$$

이 중에서 마찰 수두손실을 극복하기 위해 필요한 동력은

$$\dot{W}_L = Q\gamma_w h_L = (0.09 \text{ m}^3/\text{s})[9.81(10^3) \text{ N/m}^3][(0.1 \text{ m/m})(7.5 \text{ m})]$$
$$= 662.18 \text{ W}$$

에너지 및 수력 구배선   에너지 구배선은 파이프를 따라서 총 수두 $H = p/\gamma + V^2/2g + z$의 그래프이다. 수력 구배선은 에너지 구배선보다 $V^2/2g$만큼 아래에 놓여있다. 속도 수두는

$$\frac{V^2}{2g} = \frac{\left(\dfrac{16}{\pi} \text{ m/s}\right)^2}{2\left(9.81 \text{ m/s}^2\right)} = 1.322 \text{ m}$$

파이프는 길이를 따라서 같은 직경을 가지기 때문에 속도 수두는 일정한 값을 갖는다. 그림 5-27의 A' 지점은 물이 파이프 입구에서 정지상태에서 가속되어 속도 V로 된다. A', C와 D에서 압력 수두는

$$\frac{p_A}{\gamma} + \frac{V_A^2}{2g} + z_A + h_{\text{pump}} = \frac{p_{A'}}{\gamma} + \frac{V_{A'}^2}{2g} + z_{A'} + h_{\text{turb}} + h_L$$

$$0 + 0 + 0 + 0 = \frac{p_{A'}}{\gamma} + 1.322 \text{ m} + 0 + 0 + 0$$

$$\frac{p_{A'}}{\gamma} = -1.322 \text{ m}$$

$$\frac{p_A}{\gamma} + \frac{V_A^2}{2g} + z_A + h_{\text{pump}} = \frac{p_C}{\gamma} + \frac{V_C^2}{2g} + z_C + h_{\text{turb}} + h_L$$

$$0 + 0 + 0 + 0 = \frac{p_C}{\gamma} + 1.322 \text{ m} + 0 + 0 + (0.1 \text{ m/m})(3.5 \text{ m})$$

$$\frac{p_C}{\gamma} = -1.672 \text{ m}$$

$$\frac{p_A}{\gamma} + \frac{V_A^2}{2g} + z_A + h_{\text{pump}} = \frac{p_D}{\gamma} + \frac{V_D^2}{2g} + z_D + h_{\text{turb}} + h_L$$

$$0 + 0 + 0 + 0 = \frac{p_D}{\gamma} + 1.322 \text{ m} + 4 \text{ m} + 0 + (0.1 \text{ m/m})(7.5 \text{ m})$$

$$\frac{p_D}{\gamma} = -6.072 \text{ m}$$

부호는 펌프의 흡입에 의해 유발되는 음($-$)의 압력을 의미한다. 그러므로 A', C, D, B에서 총 수두는 다음과 같다.

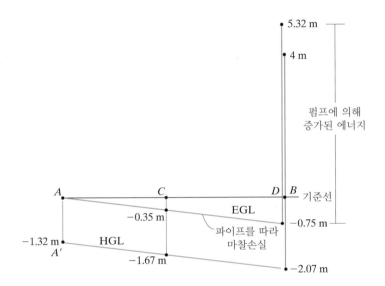

(b)

그림 5-27 (계속)

$$H = \frac{p}{\gamma} + \frac{V^2}{2g} + z$$

$$H_{A'} = -1.322\ \text{m} + 1.322\ \text{m} + 0 = 0$$

$$H_C = -1.672\ \text{m} + 1.322\ \text{m} + 0 = -0.35\ \text{m}$$

$$H_D = -6.072\ \text{m} + 1.322\ \text{m} + 4\ \text{m} = -0.75\ \text{m}$$

$$H_B = 0 + 1.322\ \text{m} + 4\ \text{m} = 5.32\ \text{m}$$

그림 5-27b에 파이프를 일직선으로 늘려서 에너지 구배선과 수력 구배선을 도시하였다. 수력 구배선은 에너지 구배선보다 1.322 m만큼 아래에 놓인다.

참고문헌

1. D. Ghista, *Applied Biomedical Engineering Mechanics*, CRC Press, Boca Raton, FL, 2009.

2. A. Alexandrou, *Principles of Fluid Mechanics*, Prentice Hall, Upper Saddle River, NJ, 2001.

3. I. H. Shames, *Mechanics of Fluids*, McGraw Hill, New York, NY, 1962.

4. L. D. Landau, E. M. Lifshitz, *Fluid Mechanics*, Pergamon Press, Addison-Wesley Pub., Reading, MA, 1959.

기초문제

5.2–5.3절

F5-1   물이 A에서 파이프를 통해 6 m/s로 흐른다. A에서 압력과 물이 B에서 파이프를 나갈 때, 물의 속도를 구하시오.

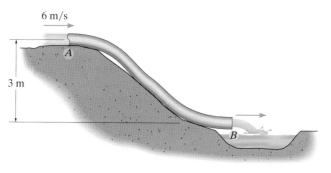

그림 F5-1

F5-2 A에서 기름의 속도는 7 m/s이고 압력은 300 kPa이다. B에서 속도와 압력을 구하시오. ρ_o = 940 kg/m³이다.

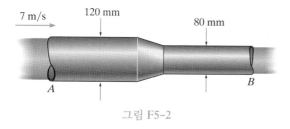

그림 F5-2

F5-3   노즐로부터 물이 2 m의 최대 높이를 가지도록 분수가 설계되었다. 노즐 출구 B로부터 짧은 거리에 있는 A에서 요구되는 파이프 내의 수압을 구하시오.

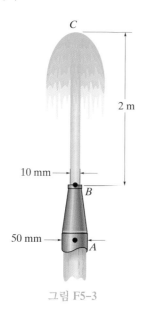

그림 F5-3

F5-4   물이 파이프를 통해 8 m/s로 흐른다. A에서 압력이 80 kPa 이라면, C에서 계기압력은 얼마인가?

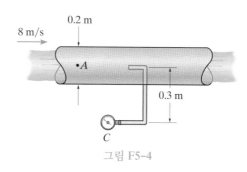

그림 F5-4

F5-5   바닥이 사각형인 탱크에 y = 0.4 m 깊이로 물이 채워져 있다. 직경 20 mm의 배수관이 열려있을 때 물의 초기 체적유량과 y = 0.2 m일 때의 체적유량을 구하시오.

그림 F5-5

F5-6   80°C의 온도인 공기가 파이프를 통해 흐른다. A에서 압력은 20 kPa이고, 평균 속도는 4 m/s이다. B에서 측정된 압력을 구하시오. 공기는 비압축성이라고 가정한다.

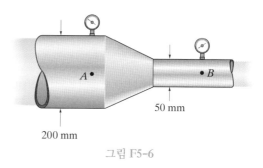

그림 F5-6

5.4절

F5-7 물이 저수지로부터 직경 100 mm의 파이프를 통해서 흐른다. B에서 체적유량을 구하시오. A로부터 B까지 유동의 에너지 구배선과 수력 구배선을 그리시오.

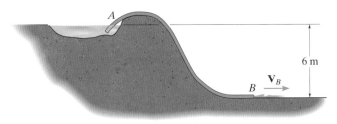

그림 F5-7

F5-8 직경 50 mm의 파이프를 통해서 원유가 흐른다. A에서 평균 속도는 4 m/s이고 압력은 300 kPa이다. B에서 원유의 압력을 구하시오. A로부터 B까지 유동의 에너지 구배선과 수력 구배선을 그리시오.

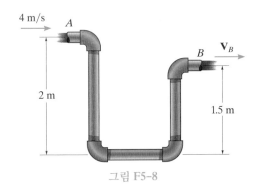

그림 F5-8

F5-9 A에서 400 kPa의 압력과 3 m/s의 속도의 물이 관로 이음관을 통해서 흐른다. B와 C에서 압력과 속도를 구하시오. A로부터 C까지 유동의 에너지 구배선과 수력 구배선을 그리시오.

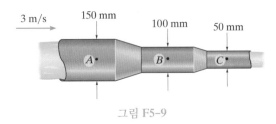

그림 F5-9

5.5절

F5-10 저수지로부터의 물이 길이 150 m이고, 직경 50 mm의 파이프를 통해서 B에서 터빈으로 흘러 들어간다. 만약 파이프에서 수두손실이 100 m의 파이프 길이마다 1.5 m가 된다면, 물이 C에서 8 m/s의 평균 속도로 파이프를 나갈 때, 터빈의 출력 동력을 구하시오. 터빈은 60%의 효율로 작동한다.

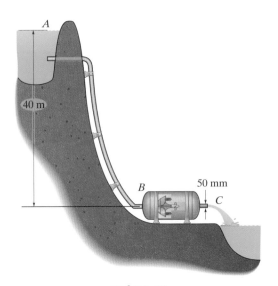

그림 F5-10

F5-11 물이 80 kPa의 압력과 $V_A = 2$ m/s의 속도로 펌프로 공급된다. 직경 50 mm의 파이프를 통해서 체적유량 0.02 m³/s가 요구된다면, 펌프가 물을 8 m 높이로 끌어올리기 위해 물에 공급해야 하는 동력은 얼마인가? 총 수두손실은 0.75 m이다.

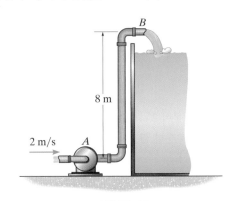

그림 F5-11

F5-12 제트엔진이 12 m/s의 속도로 600 kJ/kg의 엔탈피를 가지는 공기와 연료를 흡입한다. 배기구에서 엔탈피는 450 kJ/kg이고 속도는 48 m/s이다. 만약 질량유량이 2 kg/s이고 열손실률이 1.5 kJ/s라면, 엔진의 출력 동력은 얼마인가?

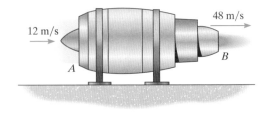

그림 F5-12

연습문제

5.1절

E5-1   20°C에서 공기가 수평으로 좁아지는 덕트를 통해서 흐른다. 동일한 유선에서 상류 압력이 101.3 kPa이고 15 m 떨어진 곳에서 압력이 100.6 kPa이라면, 공기의 가속도는 얼마인가?

E5-2   20°C에서 공기가 수평의 좁아지는 덕트를 통해서 흐른다. 공기가 50 m/s²의 가속도를 가질 때, 15 m 간격의 덕트에서 평균 압력 변화량을 구하시오.

그림 E5-1/2

E5-3   수평 유선을 따라 15 m/s²의 가속도로 물이 A에서 B로 흐르는 경우 필요한 평균 압력 변화량을 구하시오. $\rho_w = 1000$ kg/m³이다.

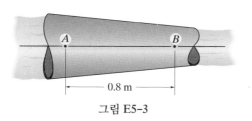

그림 E5-3

*E5-4   밀도 ρ를 가지는 이상유체가 곡관의 수평 부분을 통해 V의 속도로 들어온다. $r_i \le r \le r_o$이고 $r_o = 2r_i$인 경우, 유체 내에 압력 변화를 반경 r의 함수로 도시하시오. 계산을 위해 속도가 단면에서 일정하다고 가정하라.

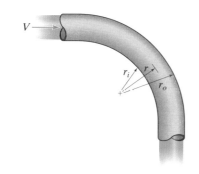

그림 E5-4

E5-5   파이프를 통과하는 물의 체적유량이 0.05 m³/s라면, 점 A와 B 사이의 압력 차이를 결정하시오. 유동은 수평면에서 발생한다. 속도는 단면에 걸쳐 일정하다고 가정하라.

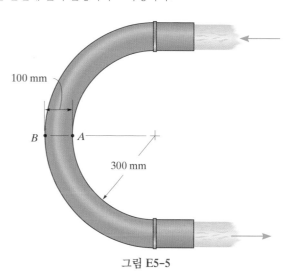

그림 E5-5

5.2–5.3절

E5-6   마노미터에 그림과 같이 수은이 들어있다면 파이프를 통해서 흐르는 물의 유속은 얼마인가? $\rho_{Hg} = 13550$ kg/m³이다.

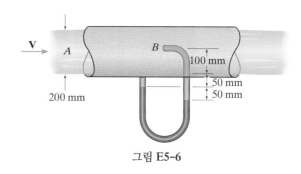

그림 E5-6

E5-7   소화전은 250 kPa의 압력으로 물을 공급한다. 직경 100 mm의 호스가 A에 연결되고 호스가 B에 있는 소방차 입구까지 40 m 확장된 경우 B에 도달할 때 물의 압력을 결정시오. 마찰손실은 10 m마다 1.2 m이다. B의 입구는 소화전 출구보다 0.5 m 높다.

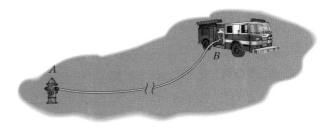

그림 E5-7

*E5-8   마노미터의 수은 수치가 그림과 같이 보여진다. B에서 노즐에서 흐르는 물의 속도를 결정하시오. 수두손실은 무시하라. $\rho_{Hg} = 13550 \ kg/m^3$를 사용하라.

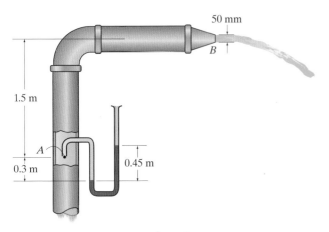

그림 E5-8

E5-9   공기는 A의 구멍을 통해 직경 200 mm 실린더로 유입된다. 피스톤이 10 m/s의 일정한 속도로 아래쪽으로 이동하는 경우 실린더 내의 평균 압력과 피스톤을 이동하는 데 필요한 힘을 결정하시오. $\rho_a = 1.23 \ kg/m^3$를 사용하라.

그림 E5-9

E5-10   물이 $Q = 0.08 \ m^3/s$로 튜브를 통해 흘러 올라가서 분수를 만든다. 대기 중으로 나가기 전에 두 원통형의 판을 통해서 반경방향으로 흐른다. 점 A에서 물의 속도와 압력을 구하시오.

E5-11   물이 $Q = 0.08 \ m^3/s$로 튜브를 통해 흘러 올라가서 분수를 만든다. 대기 중으로 나가기 전에 두 원통형의 판 사이를 반경방향으로 흐른다. 물의 압력을 반경 거리 r의 함수로 구하시오. 200 mm $\leq r$ $\leq$ 400 mm에 대하여 r 대 압력(수직축)을 그리시오. $\Delta r = 50 \ mm$ 증분값을 제공하라.

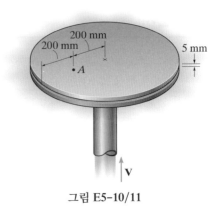

그림 E5-10/11

*E5-12   3 km 상공의 정지된 공기 A에서 제트 비행기가 80 m/s의 속도로 날아가고 있다. 날개의 선단 B에서 절대 정체압은 얼마인가?

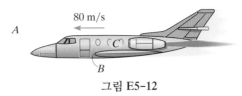

그림 E5-12

E5-13   4 km의 상공의 정지된 공기 A에서 제트 비행기가 날아가고 있다. 만약 공기가 비행기에 상대적으로 측정되어 90 m/s로 날개 근처의 점 C를 지나서 유동한다면, 날개의 선단 B 근처의 공기와 점 C 사이의 압력차는 얼마인가?

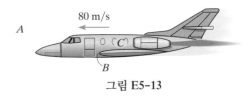

그림 E5-13

E5-14   운하 아래의 배수는 500 mm 직경의 배수관을 사용하여 제공된다. 배수관을 통하는 유량을 결정하시오. 수두손실은 무시하라.

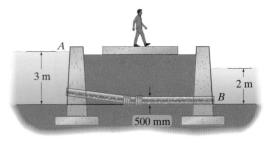

그림 E5-14

E5-15   물이 0.002 m³/s의 속도로 직경 30 mm의 파이프를 통해 흐르고 *B*의 직경 10 mm 노즐에서 배출된다. 지점 *A*에서의 물의 속도와 압력을 결정하시오.

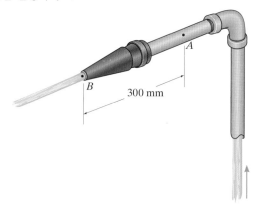

그림 E5-15

*****E5-16**   물은 직경 30 mm 파이프를 통해 흐르고 직경 10 mm 노즐에서 *B*에서 25 m/s의 속도로 분출된다. *A*에서 물의 압력과 속도를 결정하시오.

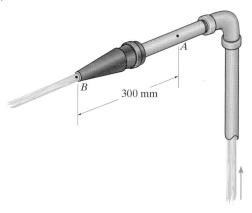

그림 E5-16

E5-17   물은 6 m/s로 *A*의 수도꼭지에서 흘러나온다. 물이 *B*에서 땅에 닿기 직전의 속도를 결정하시오.

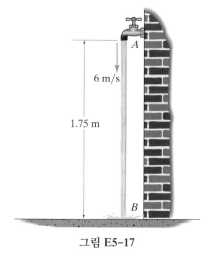

그림 E5-17

E5-18   개수로의 물은 $V_A = 1.5$ m/s의 속도로 고속도로 제방을 가로지르는 배수관으로 흐른다. 배수관을 통한 체적유량을 구하시오. 수두손실은 무시한다.

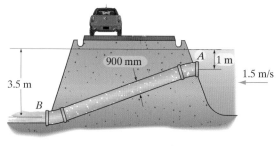

그림 E5-18

E5-19   폭우로 인해 저수지 *A*는 *B*의 파이프에서 3 m 높이에 도달했다. 제방 아래에 매립된 지하 배수로를 통과하는 유량을 결정하시오. 수두손실은 무시한다.

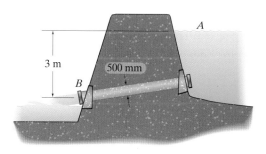

그림 E5-19

*****E5-20**   분수는 내경이 10 mm인 2개의 노즐 *A*와 *B*를 통해 물을 배출한다. 직경 50 mm 파이프의 지점 *C*에서 유속이 2 m/s이면 이 지점에서 파이프의 압력과 각 노즐을 통과하는 물의 속도를 결정하시오.

E5-21   분수는 내경이 10 mm인 2개의 노즐 *A*와 *B*를 통해 물을 배출한다. 직경 50 mm의 파이프를 통과하는 유량이 0.005 m³/s인 경우 각 노즐을 통과하는 물의 속도와 지점 *C*의 압력을 결정하시오.

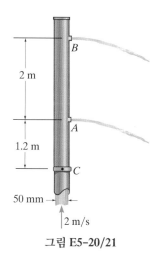

그림 E5-20/21

E5-22 노즐의 물은 600 mm 떨어지면 직경 12 mm에서 6 mm로 점점 가늘어진다. A와 B에서 물의 속도를 결정하시오.

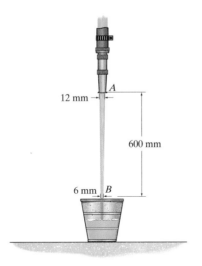

그림 E5-22

E5-23 노즐의 물은 600 mm 떨어지면 직경 12 mm에서 6 mm로 점점 가늘어진다. 질량유량(kg/s)을 결정하시오.

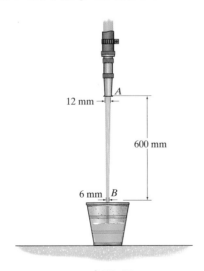

그림 E5-23

*E5-24 직사각형 수로 내부의 유량을 결정하기 위해서 높이 75 mm의 요철이 바닥 표면에 만들어져 있다. 만약 요철에서 유동의 측정된 깊이가 1.25 m라면, 체적유량을 얼마인가? 유동은 균일하고 수로 깊이는 1.5 m이다.

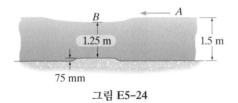

그림 E5-24

E5-25 40℃의 온도에서 공기가 6 m/s로 노즐로 흘러 들어가고, 온도가 0℃인 대기 B로 나간다. A에서 압력을 구하시오.

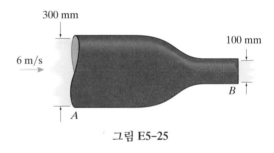

그림 E5-25

E5-26 물은 0.3 m³/s로 관로 이음관을 통해 흐르고, 이로 인해 A에서 피에조미터 내에서 물이 $h_A = 350$ mm 높이까지 상승한다. 높이 h_B를 결정하시오.

E5-27 피에조미터 내의 A와 B의 물이 관로 이음관을 통해 흐를 때 각각 $h_A = 250$ mm 및 $h_B = 950$ mm로 상승하면 체적유량을 결정하시오.

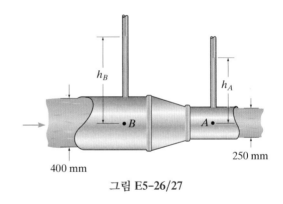

그림 E5-26/27

*E5-28 20℃의 공기는 절대압력이 A에서 100.8 kPa, B에서 101.6 kPa이 되도록 원형 덕트를 통과한다. 덕트를 통한 체적유량을 결정하시오.

E5-29 20℃의 공기는 A의 절대압력이 100.8 kPa이고 속도가 40 m/s가 되도록 원형 덕트를 통해 흐른다. B에서 절대압력과 공기의 속도를 결정하시오.

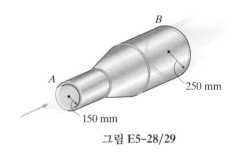

그림 E5-28/29

E5-30 강의 평균 폭은 5 m이다. 유동이 더 낮은 고도로 2 m 떨어지면 깊이는 $h = 0.8$ m가 된다. 체적 배출량을 구하시오.

E5-31 강은 평균 폭이 5 m이고 A에서 평균 속도가 6 m/s로 흐른다. 유동이 2 m 떨어진 직후 깊이 h를 결정하시오.

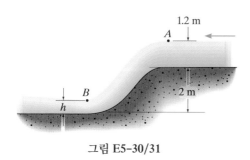

그림 E5-30/31

E5-32 공기는 30 m/s의 속도로 원형 노즐에 들어간 다음 B에서 대기로 나간다. A에서 압력을 결정하시오. 공기 밀도는 $\rho_a = 1.20$ kg/m³에서 일정하다고 가정하라.

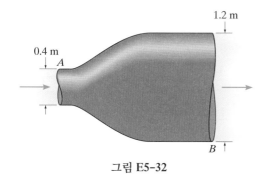

그림 E5-32

E5-33 물이 피토관을 지나 수평으로 흐르고 마노미터 내부의 수은이 그림과 같이 된다. 파이프의 직경이 100 mm인 경우 질량유량을 결정하시오. $\rho_{Hg} = 13550$ kg/m³를 사용하라.

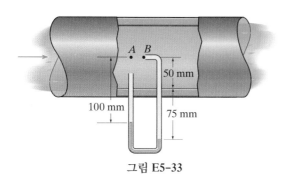

그림 E5-33

E5-34 물이 A에서 6 m/s의 속도로 관로 이음관을 통해서 흐른다. 마노미터 내에서 수은 높이차를 구하시오. 수은의 밀도는 $\rho_{Hg} = 13550$ kg/m³이다.

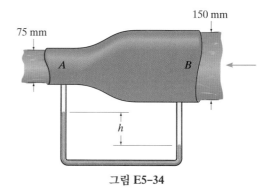

그림 E5-34

E5-35 관로 이음관을 따라 물의 속도가 $V_A = 10$ m/s에서 $V_B = 4$ m/s로 균일하게 변한다면, 거리 x 사이의 압력차를 구하시오.

E5-36 관로 이음관을 따라 물의 속도가 $V_A = 10$ m/s에서 $V_B = 4$ m/s로 균일하게 변한다면, A와 $x = 1.5$ m 사이의 압력차를 구하시오.

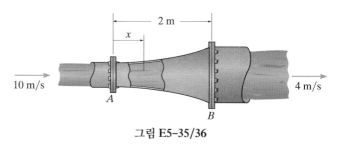

그림 E5-35/36

E5-37 B의 압력이 40 kPa이 되도록 공기가 탱크 상단으로 펌핑된다. $h = 5$ m일 때 배수관을 통한 물의 체적유량을 결정하시오.

E5-38 B의 압력이 40 kPa이 되도록 공기가 탱크 상단으로 펌핑된다. 높이 h의 함수로 물의 체적유량을 결정하시오. 1 m$\leq h \leq$6 m에 대해 배출량(수직축) 대 h를 그리시오. $\Delta h = 1$ m 증분값을 제공하라.

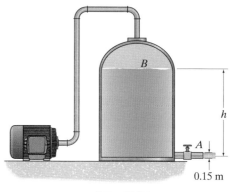

그림 E5-37/38

E5-39   6 m 높이의 굴뚝은 바닥에 원형 개구부 A가 있다. 3.75 m/s 로 공기가 유입되면 상단 B에서 빠져나가는 공기의 속도를 결정하시오. 또한 A와 B의 압력 차이는 얼마인가? $\rho_a = 1.20$ kg/m³를 사용하라.

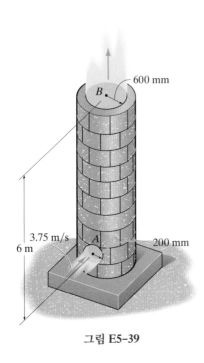

그림 E5-39

*E5-40   하수 사이펀은 대형 저장 탱크 A의 수위를 조절한다. 수위가 그림과 같을 때 직경 100 mm 파이프를 통과하는 흐름을 결정하시오. 수두손실을 무시하라.

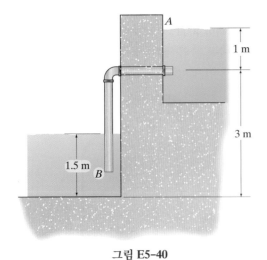

그림 E5-40

E5-41   파이프 어셈블리는 수직으로 장착된다. B에서 분출되는 물의 속도가 0.75 m/s인 경우 A에서의 압력을 결정하시오.

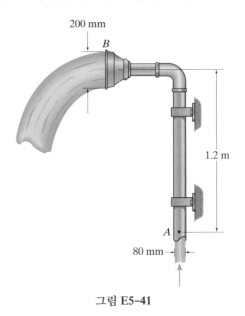

그림 E5-41

E5-42   A의 밸브가 열리면 초기 기름 배출량은 0.0125 m³/s이다. 탱크의 기름 깊이 h를 결정하시오. $\rho_{ke} = 814$ kg/m³ 및 $\rho_g = 726$ kg/m³를 사용하라.

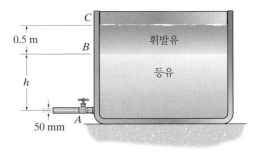

그림 E5-42

E5-43   마노미터에 수은이 포함되어 있으면 원형 덕트를 통과하는 공기의 체적유량을 결정하시오. $\rho_{Hg} = 13550$ kg/m³ 및 $\rho_a = 1.23$ kg/m³를 사용하라.

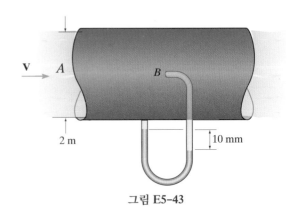

그림 E5-43

*E5-44 에너지를 생산하는 한 가지 방법으로 그림에 나타낸 바와 같이 해수를 저수지로 방향을 바꾸게 하는 좁아지는 수로(TAPCHAN)를 이용하는 방법이 있다. 파도가 A에서 양옆이 막혀있는 좁아지는 수로를 통해서 해안으로 다가옴에 따라, 파도의 높이는 측면을 넘어 넘치고 저수지로 들어올 때까지 증가할 것이다. 저수지의 물은 동력을 생산하기 위해서 C의 건물 내부의 터빈을 통해 지나가고 D에서 바다로 돌아올 것이다. 만약 A에서 물의 유속이 $V_A = 2.5$ m/s이고 수심은 $h_A = 3$ m라면, 물이 저수지로 들어갈 수 없는 수로의 배면 B의 최소 높이 h_B를 구하시오.

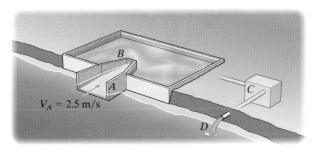

그림 E5-44

E5-45 닫힌 큰 탱크로부터 물이 A와 B에서 파이프를 따라 배수된다. B에서 밸브가 열릴 때, 초기 체적유량은 $Q_B = 0.025$ m³/s이다. 이때 C에서의 압력과 A에서 밸브가 열릴 때 초기 체적유량을 구하시오.

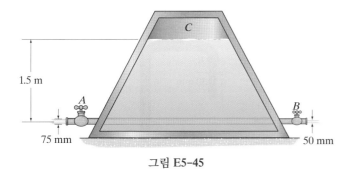

그림 E5-45

E5-46 닫힌 큰 탱크로부터 물이 A와 B에서 파이프를 따라 배수된다. A에서 밸브가 열릴 때, 초기 체적유량은 $Q_A = 0.055$ m³/s이다. 이때 C에서의 압력과 B에서 밸브가 열릴 때 초기 체적유량을 구하시오.

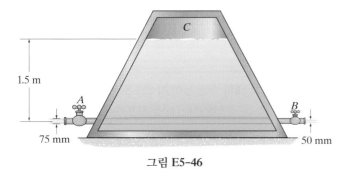

그림 E5-46

E5-47 공기는 탱크의 상단 A로 펌핑된다. 물이 C에서 지면에 닿으면 A에서 압력을 결정하시오(여기서 $d = 4$ m). 탱크를 큰 저수지로 간주하라.

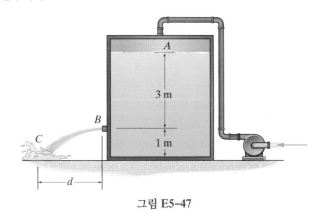

그림 E5-47

*E5-48 공기는 10 kPa의 압력을 갖도록 탱크의 상단 A로 펌핑된다. C에서 물이 지면에 닿는 거리 d를 결정하시오. 탱크를 큰 저수지로 간주하라.

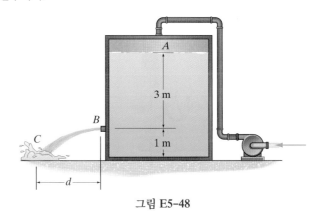

그림 E5-48

E5-49 물이 분수 컵 A에서 컵 B로 옮겨진다. 정상유동으로 유지되기 위한 B에서 물의 깊이 h를 구하시오. $d = 25$ mm이다.

E5-50 물이 분수 컵 A에서 컵 B로 옮겨진다. 만약 컵 B에서 깊이가 $h = 50$ mm라면, 정상유동이 되기 위해 C에서의 물의 유속과 D에서 출구의 직경 d를 구하시오.

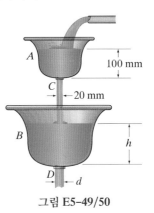

그림 E5-49/50

E5-51 용액은 0.4 mm 직경의 바늘을 통해 20 mm 직경 주사기에서 배출된다. 주사기 내에서 발생하는 압력이 50 kPa에서 일정하다고 가정하면 바늘을 통과하는 용액의 속도와 액체가 공기에서 상승하는 최대 높이를 결정하시오. $\rho = 1135$ kg/m³를 사용하라. 바늘을 통과하는 속도가 주사기를 통과하는 것보다 훨씬 크다고 가정하라.

*E5-52 용액은 0.4 mm 직경 바늘을 통해 20 mm 직경의 주사기에서 배출된다. 플런저에 적용된 힘 F의 함수로 바늘을 통과하는 용액의 속도와 용액이 공중에서 상승하는 최대 높이 h를 구하시오. 주사기 내의 압력이 일정하고 바늘을 통과하는 속도가 주사기를 통과하는 것보다 훨씬 크다고 가정하라. $0 \leq F \leq 20$ N에 대한 힘의 함수로 속도와 최대 높이(수직축)를 그리시오. $\Delta F = 5$ N 증분값과 $\rho = 1135$ kg/m³를 사용하라.

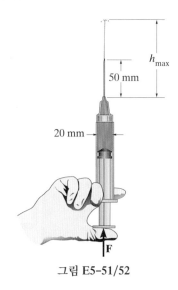

그림 E5-51/52

E5-53 A에서 직경 150 mm 파이프 내의 물의 압력이 150 kPa이고 이 지점의 속도가 4 m/s인 경우 B와 C에서 물의 속도를 결정하시오. B의 압력은 20 kPa로 측정된다.

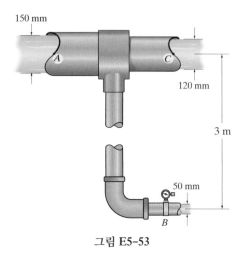

그림 E5-53

E5-54 300 mm 정사각형 용기는 나무에 천천히 물을 주기 위해 사용된다. 맨 위까지 물이 채워져 있다고 가정하고, 바닥에 직경 2 mm의 구멍이 뚫려 있어 용기가 비워지는 시간을 결정하시오. 구멍을 통과하는 속도가 수면보다 훨씬 크다고 가정하라.

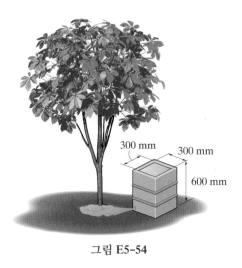

그림 E5-54

E5-55 물이 40 kPa 압력 하에 8 m/s로 T형상 파이프로 흘러 들어간다면, A와 B에서 파이프를 흘러나가는 속도는 얼마인가? 시스템은 수직 평면에 있다.

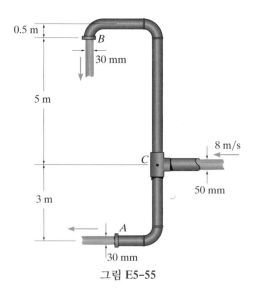

그림 E5-55

*E5-56 마노미터 내의 수은 높이 차이가 80 mm일때, 물의 체적유량을 결정하시오. $\rho_{Hg} = 13550$ kg/m³를 사용하라.

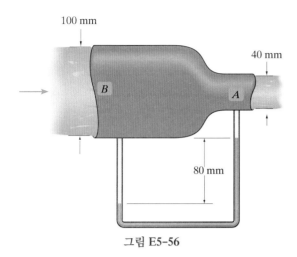

그림 E5-56

E5-57 개방 원통 탱크에 린시드유로 채워져 있다. 50 mm의 길이와 2 mm의 평균 높이를 갖는 틈이 탱크의 바닥에 발생하였다. 8시간 동안 얼마나 많은 양의 기름이 탱크로부터 배수될 것인가? 기름의 밀도는 $\rho_o = 940 \ kg/m^3$이다.

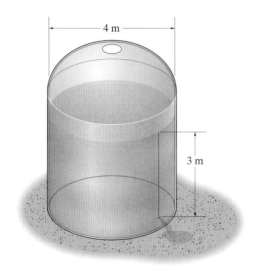

그림 E5-57

E5-58 공기가 A에서 B로의 관로 이음관을 통해 흐를 때 절대압력은 101.8 kPa에서 101.3 kPa로 떨어진다. 공기의 온도가 20°C로 일정하게 유지된다면 덕트를 통과하는 공기의 질량유량을 결정하시오.

E5-59 공기는 A에서 8 m/s의 속도로 관로 이음관을 통해 흐른다. A에서 절대압력이 101.8 kPa이면 B에서 압력을 결정하시오. 공기의 온도는 20°C로 일정하게 유지된다.

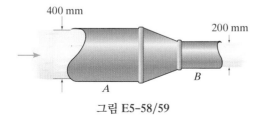

그림 E5-58/59

*E5-60 A에서 직경 100 mm 파이프의 물 압력이 120 kPa이고 물이 3 m/s로 이 지점을 지나 흐를 경우 B와 C의 흐름 속도를 결정하시오.

E5-61 A에서 직경 100 mm 파이프의 압력이 120 kPa이고 B에서 배출되는 물의 속도가 12 m/s이면 A에서 C로의 압력 변화와 C에서 파이프의 물 속도를 결정하시오.

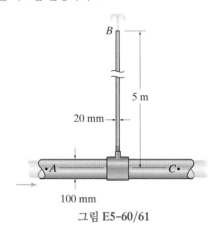

그림 E5-60/61

E5-62 물이 1 m 내려간 뒤에 직사각형 수로 내부로 흘러 들어간다. 수로의 폭이 1.5 m일 때 수로 내에서 체적유량을 구하시오.

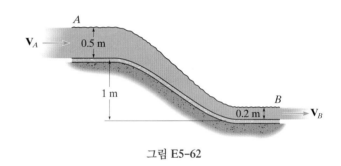

그림 E5-62

E5-63 A의 압력이 325 kPa이고 이 지점에서 물의 속도가 2.25 m/s이다. 만약 C의 압력이 175 kPa이면 B의 파이프 압력을 결정하시오. 유동은 수평면으로 생긴다.

*E5-64 A의 압력이 215 kPa이고 이 지점에서 물의 속도가 2.25 m/s이다. 만약 물이 C에서 대기로 배출되면 B에서 파이프의 압력을 결정하시오.

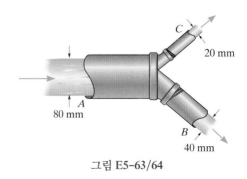

그림 E5-63/64

E5-65 피토관의 물기둥 높이가 450 mm이고 피에조미터의 높이가 50 mm인 경우 A에서 파이프의 평균 속도와 압력을 구하시오.

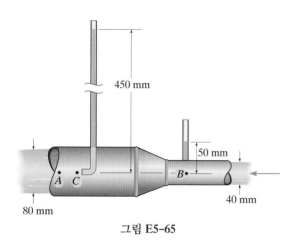

그림 E5-65

E5-66 20°C의 온도에서 이산화탄소가 그림과 같이 마노미터 내부의 수은이 머물러 있도록 팽창 챔버를 통해 지나간다. A에서의 기체 속도를 구하시오. 수은의 밀도는 $\rho_{Hg} = 13550$ kg/m³이다.

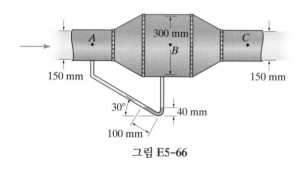

그림 E5-66

E5-67 $y = (8r^2)$ m(여기서 r은 미터 단위)로 정의된 표면을 가진 그릇 안에 물이 들어 있다. $y = 500$ mm일 때 직경 5 mm 배수 플러그가 열려있는 경우 물을 배출구 수준($y = 200$ mm)까지 배수하는 데 필요한 시간을 결정하시오.

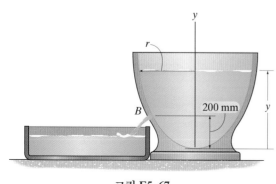

그림 E5-67

*E5-68 $y = 50$ mm의 순간에 깔때기에서 물의 체적유량을 결정하시오. 물의 양을 원뿔로 간주하라.
참고: 원뿔의 체적은 $V = \frac{1}{3}\pi r^2 h$이다.

E5-69 깊이 y의 함수로 깔때기에서 물의 표면 수준이 떨어지는 속도를 결정하시오. 정상상태로 가정하고, 20 mm < y < 120 mm에 대해 이 속도(수직축) 대 깊이 y를 그리시오. 20 mm 증분값을 사용하고 물의 양을 원뿔로 가정하라.
참고: 원뿔의 체적은 $V = \frac{1}{3}\pi r^2 h$이다.

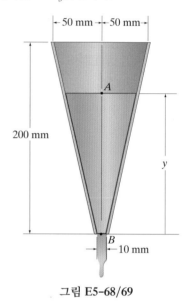

그림 E5-68/69

5.4–5.5절

E5-70 A에서 90 kPa의 압력과 속도 4 m/s로 물이 관로 이음관을 통해 흐른다. B에서 속도와 압력을 결정하시오. B에서 설정된 기준선을 참조하여 에너지 구배선 및 수력 구배선을 그리시오.

E5-71 A에서 90 kPa의 압력과 4 m/s의 속도의 물이 관로 이음관을 통해 흐른다. B에서 설정된 기준선을 참조하여 A에서 B까지 압력 수두와 중력 수두를 그리시오.

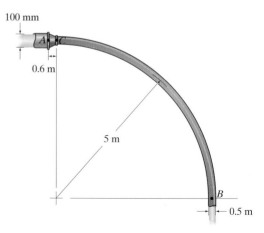

그림 E5-70/71

*E5-72 물이 8 m/s의 속도로 직경 400 mm의 파이프를 빠져나가는 경우 터빈에 전달되는 동력을 결정하시오. 지점 *C*에서 기준선을 사용하여 파이프의 에너지 구배선과 수력 구배선을 그리시오. 모든 손실은 무시한다.

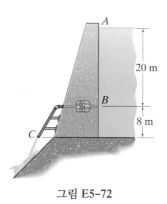

그림 E5-72

E5-73 *A*의 밸브가 닫히면 *A*의 압력은 230 kPa이 되고 *B*의 압력은 180 kPa이 된다. 밸브가 열리면 물은 6 m/s로 흐르고 *A*의 압력은 210 kPa이 되고 *B*의 압력이 145 kPa이 된다. *A*와 *B* 사이의 파이프에서 수두손실을 결정하시오.

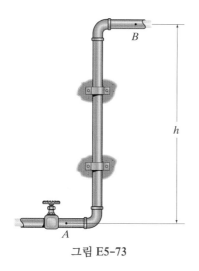

그림 E5-73

E5-74 물이 입구 *A*에서 압력이 −30 kPa이고 *B*에서 압력이 120 kPa인 펌프 속으로 흡입된다. *B*에서 체적유량이 0.15 m³/s일 때 펌프의 출력 동력을 구하시오. 마찰손실은 무시하라. 파이프는 100 mm의 일정한 직경을 가진다. *h* = 1.5 m이다.

E5-75 *A*에서 기준선을 사용하여 연습문제 5-74의 파이프 *ACB*의 에너지 구배선과 수력 구배선을 그리시오.

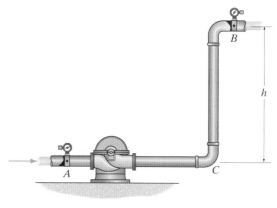

그림 E5-74/75

*E5-76 저수지의 물이 *A*에서 직경 300 mm의 파이프를 통해서 터빈으로 흐른다. *B*에서 체적유량이 18000 L/min이라면, 터빈의 출력 동력을 구하시오. 터빈이 75%의 효율로 작동된다고 가정하라. 파이프의 마찰손실은 무시한다.

E5-77 저수지의 물이 *A*에서 직경 300 mm의 파이프를 통해서 터빈으로 흐른다. *B*에서 체적유량이 18000 L/min이라면, 터빈의 출력 동력을 구하시오. 터빈이 75%의 효율로 작동되고, 파이프를 통해서 2 m의 수두손실이 있다고 가정한다.

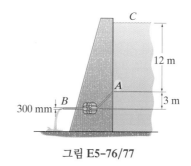

그림 E5-76/77

E5-78 6 kW 펌프는 *e* = 0.8의 효율을 가지며 파이프를 통해 3000 L/min의 유량을 생성한다. 시스템 내 마찰 수두손실이 2 m라면 *A*와 *B*의 수압차를 구하시오.

E5-79 30 kPa의 압력의 물이 3000 L/min으로 펌프로 흘러 들어가고, 130 kPa로 펌프를 나간다. 펌프의 출력 동력을 구하시오. 마찰손실은 무시한다.

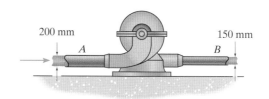

그림 E5-78/79

*E5-80 물이 A에서 4 m/s의 속도와 80 kPa의 압력을 가지는 일정한 직경의 파이프를 통해 흐른다. B에서 압력과 속도를 구하시오. A에서 설정된 기준선을 참조하여 A에서 B까지 에너지 구배선 및 수력 구배선을 그리시오.

E5-81 물은 A에서 압력이 80 kPa이고 속도가 4 m/s가 되도록 일정한 직경의 파이프를 통해 흐른다. A에서 설정된 기준선을 참조하여 A에서 B까지 압력 수두와 중력 수두를 그리시오.

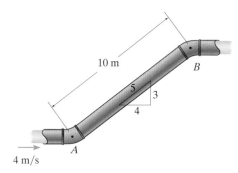

그림 E5-80/81

E5-82 물이 입구 A에서 압력이 −35 kPa이고 B에서 압력이 120 kPa인 펌프 속으로 흡입된다. B에서 체적유량이 0.08 m³/s일 때 펌프의 출력 동력을 구하시오. 마찰손실은 무시하라. 파이프는 100 mm의 일정한 직경을 가진다. h = 2 m이다.

E5-83 A에서 기준선을 사용하여 연습문제 5-82의 파이프 ACB의 에너지 구배선과 수력 구배선을 그리시오.

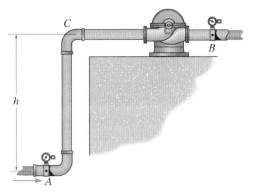

그림 E5-82/83

*E5-84 강으로부터 물을 옮기는 사이펀으로 호스가 사용된다. C에서 호스의 최소압력과 체적유량을 구하시오. 호스는 50 mm의 내부직경을 갖는다. C를 기준선으로 사용하여 호스의 에너지 구배선과 수력 구배선을 그리시오.

E5-85 강으로부터 물을 옮기는 사이펀으로 호스가 사용된다. 점 A′ 호스의 압력을 구하시오. 호스는 50 mm 내부 직경을 갖는다. B를 기준선으로 사용하여 호스의 에너지 구배선과 수력 구배선을 그리시오.

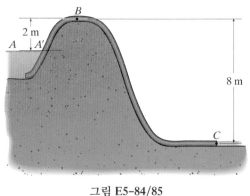

그림 E5-84/85

E5-86 터빈은 300 mm 직경의 파이프를 통해 0.3 m³/s의 체적유량을 갖도록 저수지의 물로부터 에너지를 소모한다. 터빈에 전달되는 동력을 결정하시오. 지점 C에서 기준선을 사용하여 유동에 대한 압력 수두 및 중력 수두를 그리시오. 마찰손실은 무시하라.

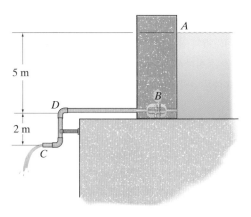

그림 E5-86

E5-87 큰 저장소로부터 20 m 더 높은 다른 큰 저장소로 물을 옮기는 데 펌프가 사용된다. 직경 200 mm이고, 길이 4 km의 파이프라인에서 마찰 수두손실이 500 m의 파이프의 단위 길이당 2.5 m라면, 체적유량이 0.8 m³/s가 되기 위한 펌프의 필요한 출력 동력을 구하시오. 파이프의 입구는 큰 저장소에 잠기고 출구는 다른 큰 저장소의 표면 바로 위에 있다.

*E5-88 같은 수위를 가지는 2개의 큰 개방 저장소와 연결된 직경 300 mm의 수평 기름 파이프라인의 길이가 8 km이다. 파이프의 마찰로 인해 200 m의 파이프 길이마다 3 m의 수두손실을 만들어낸다면, 파이프라인을 통해서 6 m³/min의 체적유량을 보내기 위해 펌프에 의해 공급해야 하는 동력을 구하시오. 파이프의 입구는 큰 저장소에 잠기고 출구는 다른 큰 저장소의 표면 바로 위에 있다. 기름의 밀도는 ρ_o = 880 kg/m³이다.

E5-89 만약 매끄러운 파이프에서 난류유동의 속도분포가 Prandtl의 1/7 멱급수 식인 $u = U_{max}(1 - r/R)^{1/7}$에 의해 정의된 속도분포를 가질 때, 운동에너지계수 α를 구하시오.

그림 E5-89

E5-90 매끄러운 파이프에서 층류유동의 속도분포가 $u = U_{max}(1 - (r/R)^2)$에 의해 정의될 때, 운동에너지계수 α를 구하시오.

그림 E5-90

E5-91 펌프는 지경 80 mm 호스에 연결된다. 펌프가 4 kW의 동력을 공급한다면 C에서 체적유량을 결정하시오. 마찰손실은 무시하라.

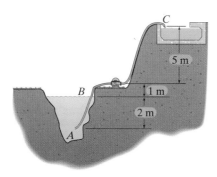

그림 E5-91

*E5-92 펌프는 직경 80 mm 호스에 연결된다. C에서 물의 평균 속도가 8.50 m/s이면 펌프의 필요한 출력 동력을 결정하시오. 마찰손실은 무시하라.

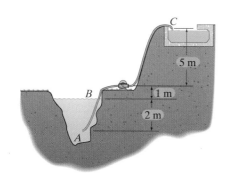

그림 E5-92

E5-93 호스 10 m마다 0.75 m의 마찰 수두손실을 고려하여 연습문제 5-92를 푸시오. 호스의 총 길이는 18 m이다.

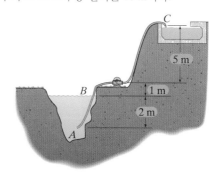

그림 E5-93

E5-94 펌프는 0.015 m³/s로 B에서 물을 배출한다. A의 흡입구와 B의 배출구 사이의 마찰 수두손실이 1.5 m이고 펌프에 입력되는 동력이 2 kW인 경우 A와 B 사이의 압력 차이를 결정하시오. 펌프의 효율은 $e = 0.8$이다.

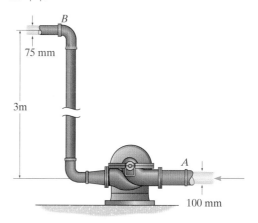

그림 E5-94

E5-95 직경 100 mm의 호스가 연결된 4.5 kW 펌프는 B의 큰 구멍에서 물을 배출하는 데 사용된다. C에서 체적유량을 결정하시오. 마찰손실과 펌프의 효율은 무시하라.

*E5-96 펌프는 직경 100 mm 호스가 연결되어 구멍에서 물을 끌어올린다. 체적유량이 0.075 m³/s이면 펌프의 필요한 동력을 결정하시오. 마찰손실은 무시하라.

E5-97 호스 10 m마다 0.75 m의 마찰 수두손실을 고려하여 연습문제 5-96을 푸시오. 호스의 총 길이는 50 m이다.

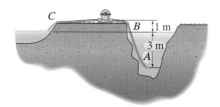

그림 E5-95/96/97

E5-98 사이펀 방수로는 원하는 범위 내에서 저수지의 수위를 자동으로 제어한다. 그림에서 보는 바와 같이 저수지의 수위가 도관의 크라운 C 위로 올라갈 때 유동이 시작된다. $h = 1.5$ mm인 경우 사이펀을 통한 유량을 결정하시오. 또한 B에서 설정된 기준선을 참조하여 사이펀 도관의 에너지 구배선 및 수력 구배선을 그리시오. 사이펀의 직경은 300 mm이고 물의 온도는 30℃이나. 수두손실은 무시하라. 대기압은 101.3 kPa이다.

E5-99 연습문제 5-98에서 사이펀 유동이 생기지 않는 최대 허용 높이 h는 얼마인가?

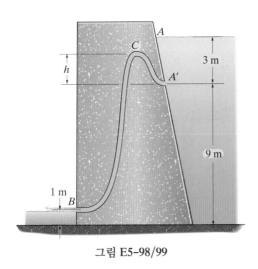

그림 E5-98/99

*E5-100 벤투리 유량계에는 피에조미터와 수은이 포함된 마노미터가 연결되어 있다. 게이지 판독값이 35 kPa이고 수은 수준이 그림과 같다면, 벤투리 유량계를 통과하는 물의 체적유량을 결정하시오. 에너지 구배선 및 수력 구배선을 그리시오. $\rho_{Hg} = 13550$ kg/m³를 사용하라.

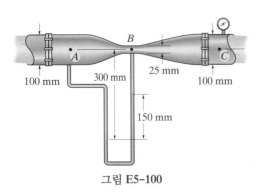

그림 E5-100

E5-101 C에서의 터빈은 68.5 kW의 동력을 소비한다. 흡입구 B의 압력이 $P_B = 380$ kPa이고 해당 지점에서 물의 속도가 4 m/s일 때, 출구 A에서 물의 압력과 속도를 결정하시오. A와 B 사이의 마찰손실은 무시하라.

그림 E5-101

E5-102 A에서 물 속도가 6 m/s이고 A와 B의 압력이 각각 175 kPa 및 350 kPa인 경우 펌프가 물에 공급하는 동력을 결정하시오. 마찰손실은 무시하라.

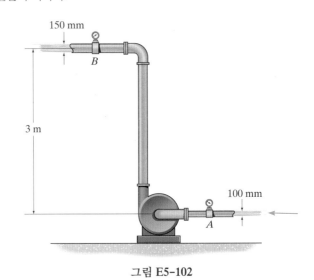

그림 E5-102

E5-103 펌프에 연결된 파이프의 입구부와 출구부에서 측정된 물의 압력이 아래 그림과 같이 표시되었다. 유량이 0.1 m³/s일 때 펌프의 동력을 구하시오. 마찰손실은 무시한다.

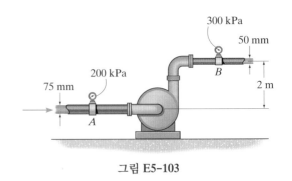

그림 E5-103

*E5-104   화학처리공장에서 저장탱크 A에서 혼합탱크 C로 사염화탄소를 운반하는 데 펌프가 사용된다. 마찰과 시스템의 파이프 이음장치로 인한 수두손실이 1.8 m이고 파이프의 직경이 50 mm일 때, $h=3$ m일 때 펌프에 필요한 동력을 구하시오. 파이프 출구 속도는 10 m/s이고, 저장탱크는 대기로 열려있다. 사염화탄소의 밀도는 $\rho_{ct}=1590$ kg/m³이다.

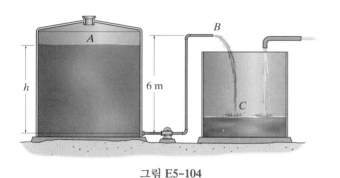

그림 E5-104

E5-105 C에서 펌프는 B로 물을 0.035 m³/s의 체적유량을 생성한다. B에서 파이프가 직경 50 mm이고 A에서 호스가 직경 30 mm를 가진다면, 펌프에 의해 공급되는 동력은 얼마인가? 파이프 시스템 내에서 마찰 수두손실이 $3V_B^2/2g$로부터 결정된다고 가정한다.

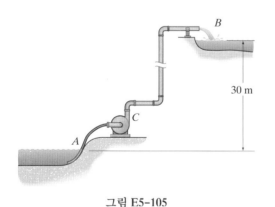

그림 E5-105

E5-106   펌프는 강에서 관개 시스템으로 4200 L/min의 물을 공급한다. 직경 80 mm 호스의 마찰 수두손실이 $h_L=3$ m이면 펌프의 출력 동력을 결정하시오.

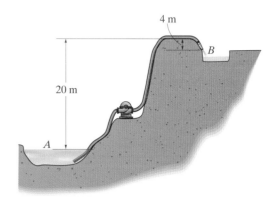

그림 E5-106

E5-107   소방차는 B 지점인 건물의 3층에 750 L/min의 물을 공급한다. 길이 20 m, 직경 60 mm 호스를 통한 마찰손실이 호스 10 m당 1.5 m인 경우 지면에 가까운 트럭 내부에 있는 펌프의 출구 A에의 필요 압력 및 B에서 직경 30 mm 노즐을 통해 분출될 때 물의 평균 속도는 얼마인가?

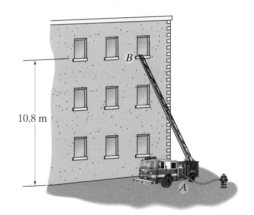

그림 E5-107

*E5-108직경 200 mm의 덕트에 유입되는 A 위치에서 공기의 유동은 180 kPa의 절대압력, 15℃의 온도, 10 m/s의 속도를 가진다. 덕트 하류에 있는 2 kW 배기장치로 B 위치에서 공기의 속도를 25 m/s까지 증가시킨다. 출구에서 공기의 밀도와 공기의 엔탈피 변화를 구하시오. 파이프를 통해서 전달되는 열선날은 무시한다.

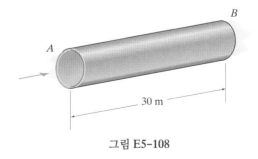

그림 E5-108

E5-109 A의 시험 분리기로부터 저장탱크로 직경 100 mm의 파이프를 사용하여 펌프에 의해 원유가 옮겨진다. 파이프의 총 길이가 60 m이고, A에서의 체적유량이 2400 L/min이라면 펌프에 의해 공급되는 필요 동력은 얼마인가? A에서의 압력은 30 kPa이고 저장탱크는 대기로 열려있다. 파이프 내 마찰 수두손실은 45 mm/m이고, 탱크로 들이오는 파이프 배출량은 $1.0\,(V^2/2g)$이며, 4개의 엘보의 파이프 배출량은 각각 $0.9(V^2/2g)$이다. V는 파이프의 유동 속도이다. $\rho_o = 880$ kg/m³를 사용하라.

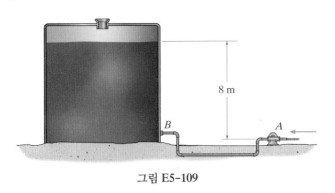

그림 E5-109

E5-110 개울로부터 10 m의 둑까지 2700 L/min으로 물을 옮기는 데 펌프가 사용된다. 직경 60 mm의 파이프에서 마찰 수두손실이 $h_L = 2.5$ m 라면, 펌프의 출력 동력은 얼마인가?

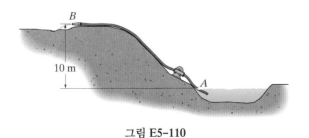

그림 E5-110

E5-111 저수지로부터 물이 0.75 m³/s의 유량으로 터빈을 통해서 흘러 지나간다. 만약 3 m/s의 속도로 B에서 배출되고 터빈이 80 kW를 얻는다면, 시스템에서의 수두손실은 얼마인가?

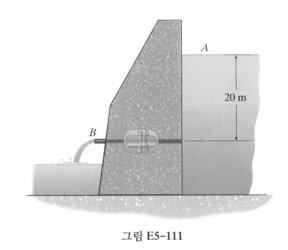

그림 E5-111

*E5-112 펌프는 0.025 m³/s의 체적유량으로 A의 연못에서 B의 수로로 물을 전달하는 데 사용된다. 호스의 직경이 100 mm이고 그 안의 마찰손실을 $5V^2/g$로 표현할 수 있다. 여기서 V는 유동의 속도이다. 펌프가 물에 공급하는 동력을 결정하시오.

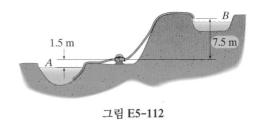

그림 E5-112

개념문제

P5-1 커피의 수위는 스탠드파이프 *A*에 의해 측정된다. 밸브가 밀려서 열리고 커피가 흘러나온다면, 스탠드파이프 내부 커피의 수위가 올라가는가, 내려가는가, 또는 같은 상태로 머물 것인가? 그 이유를 설명하시오.

그림 P5-1

P5-2 공은 팬에 의해 생성되는 공기의 흐름으로 인하여 공기 중에 떠 있다. 만약 공이 약간 오른쪽 또는 왼쪽으로 옮겨진다면, 왜 원위치로 돌아오는지 설명하시오.

그림 P5-2

P5-3 공기가 호스를 통하여 흐를 때, 종이가 위로 올라가도록 만든다. 왜 이러한 현상이 발생하는지 설명하시오.

그림 P5-3

5장 복습

비점성 유체에서 유선을 따라 입자의 **정상유동**은 압력과 중력에 의해 발생한다. 오일러 미분 방정식이 이 운동을 설명한다. 유선 또는 s 방향을 따라서 작용하는 힘은 유체입자 속도의 **크기**를 바꾸고 법선 또는 n 방향을 따라서 속도의 **방향**을 바꾼다.

$$\frac{dp}{\rho} + V\,dV + g\,dz = 0$$

$$-\frac{dp}{dn} - \rho g \frac{dz}{dn} = \frac{\rho V^2}{R}$$

베르누이 방정식은 s 방향에서 오일러 방정식의 적분된 형태이다. 이 식은 **이상유체의 정상유동**에서 **동일 유선** 위에 있는 두 점들 사이에 적용된다. 에너지 손실이 발생하는 지점 또는 외부 소스에 의해 유체 에너지가 추가 또는 제거되는 지점 간에는 사용할 수 없다. 베르누이 방정식을 적용할 때, 대기로 열려있는 출구에서 지점은 0의 계기압력을 가지고 속도는 정체점에서 0을 가지거나 큰 저수지의 상단 표면에서 속도는 0으로 가정할 수 있다.

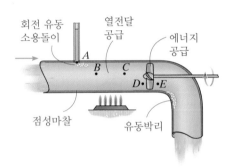

베르누이 방정식이
적용되지 않는 장소들

$$\frac{p_1}{\rho} + \frac{V_1^2}{2} + gz_1 = \frac{p_2}{\rho} + \frac{V_2^2}{2} + gz_2$$

정상유동, 이상유체, 동일 유선

피토관은 **개수로**에서 액체의 속도를 측정하는 데 사용된다. **닫힌 관로**에서 액체의 속도를 측정하기 위해서, 액체의 정압을 측정하는 피에조미터와 더불어서 피토관을 사용해야 한다. 벤투리 유량계는 평균 속도 또는 체적유량을 측정하는 데 사용된다.

베르누이 방정식은 유체의 총 수두 H로 표현될 수 있다. 총 수두의 그래프는 마찰손실이 없을 경우 항상 일정한 수평선인 에너지 구배선 (EGL)으로 불린다. 수력 구배선(HGL)은 수력학적 수두 $p/\gamma + z$의 그래프이다. 이 선은 항상 에너지 구배선보다 동적 수두와 동일한 크기 $V^2/2g$만큼 아래에 있다.

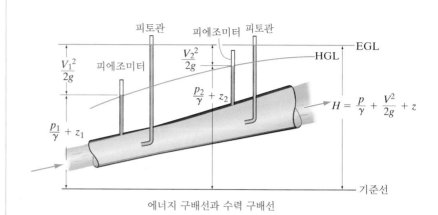

에너지 구배선과 수력 구배선

$$H = \frac{p}{\gamma} + \frac{V^2}{2g} + z = 상수$$

유체가 점성이고 에너지가 유체로부터 더해지거나 또는 빠져나갈 때 에너지 방정식이 사용되어야 한다. 에너지 방정식은 열역학 제1법칙을 근거로 하며, 에너지 방정식이 적용될 때 검사체적이 반드시 지정되어야 한다. 에너지 방정식은 다양한 형태로 표현된다.

$$\dot{Q}_{in} + \dot{W}_{pump} - \dot{W}_{turbine} =$$

$$\left[\left(h_{out} + \frac{V_{out}^2}{2} + gz_{out} \right) - \left(h_{in} + \frac{V_{in}^2}{2} + gz_{in} \right) \right] \dot{m}$$

$$\frac{p_{in}}{\rho} + \frac{V_{in}^2}{2} + gz_{in} + w_{pump} = \frac{p_{out}}{\rho} + \frac{V_{out}^2}{2} + gz_{out} + w_{turbine} + fl$$

$$\frac{p_{in}}{\gamma} + \frac{V_{in}^2}{2g} + z_{in} + h_{pump} = \frac{p_{out}}{\gamma} + \frac{V_{out}^2}{2g} + z_{out} + h_{turbine} + h_L$$

동력은 단위 시간당 행해지는 축일이다.

$$\dot{W}_s = \dot{m} g h_s = Q \gamma h_s$$

CHAPTER 6

충격량-운동량 법칙은 풍차와 풍력발전용 터빈의 설계에 매우 중요한 역할을 한다.

Spaces Images/Blend Images/Getty Image

유체 운동량

■ 유체의 선형 운동량과 각운동량의 원리를 발전시켜 유체가 표면에 가하는 힘을 결정한다.

■ 운동량 방정식을 프로펠러, 풍력터빈, 터보제트, 로켓에 구체적으로 적용하는 예를 보여준다.

6.1 선형 운동량 방정식

펌프 및 터빈뿐만 아니라 수문(floodgate)이나 유동 전환 블레이드(flow diversion blade)와 같은 많은 수력 구조물들은 유체의 유동이 그 구조물에 작용하는 힘에 기반하여 설계된다. 이 절에서 뉴턴의 제2법칙, 즉 $\sum \mathbf{F} = m\mathbf{a} = d(m\mathbf{V})/dt$에 기초를 둔 선형 운동량 방정식을 이용하여 이러한 힘을 구하고자 한다. 선형 방정식을 적용하기 위해서는 관성(inertial) 또는 비가속(nonaccelerating) 좌표계(고정 또는 등속 좌표계)에서 운동량($m\mathbf{V}$)의 시간변화율을 측정하는 것이 중요하다.

유체유동의 운동량 해석에는 검사체적 방법이 가장 적합하므로 검사체적에 대하여 상대적인 운동량의 변화율을 묘사하는 레이놀즈 수송정리를 적용할 것이다. 선형 운동량은 유체의 종량상태량(extensive property) $\mathbf{N}$으로써 $\mathbf{N} = m\mathbf{V}$로 표현되고, 그래서 $\eta = m\mathbf{V}/m = \mathbf{V}$가 된다. 그에 따라 식 (4-11)은 다음과 같이 된다.

$$\frac{d\mathbf{N}}{dt} = \frac{\partial}{\partial t} \int_{cv} \boldsymbol{\eta}\rho \, d\forall + \int_{cs} \boldsymbol{\eta}\rho \, \mathbf{V} \cdot d\mathbf{A}$$

$$\frac{d(m\mathbf{V})}{dt} = \frac{\partial}{\partial t} \int_{cv} \mathbf{V}\rho \, d\forall + \int_{cs} \mathbf{V}\rho \, \mathbf{V} \cdot d\mathbf{A}$$

위 식을 뉴턴의 제2법칙에 대입하면, 다음과 같은 **선형 운동량 방정식**(linear momentum equation)을 얻을 수 있다.

$$\Sigma\mathbf{F} = \frac{\partial}{\partial t} \int_{cv} \mathbf{V}\rho \, d\forall + \int_{cs} \mathbf{V}\rho\mathbf{V} \cdot d\mathbf{A} \qquad (6\text{-}1)$$

우변의 첫 번째 항은 검사체적 내 운동량의 국소변화율을 나타낸다. 만약 유동이 유체가 가속될 때와 같이 비정상이라면, 첫 번째 항의 값이 존재한다. 우변의 두 번째 항은 유체가 열린 검사표면으로 들어가고 나갈 때 발생하는 운동량의 대류적 변화를 나타낸다.

위 식에서 속도 $\mathbf{V}$가 3번 나타나는데, 각각의 의미를 아는 것이 매우 중요하다. 첫 번째 항에서 $\mathbf{V}$는 검사체적 내 한 점에서 유체 시스템의 속도를 나타낸다. 두 번째 항에서 $\mathbf{V}$는 열린 검사표면을 관통하여 지나가는 유체유동의 속도이다. 그 두 번째 $\mathbf{V}$는 내적 $\rho\mathbf{V} \cdot d\mathbf{A}$에 수반된다. 이것은 열린 검사표면을 통과하는 질량유량을 나타내며, 스칼라량이다. $\mathbf{V}$의 사용을 명확히 구분하기 위하여, 그 두 번째 속도 $\mathbf{V}$를 검사표면에 대하여 상대적으로 측정된 유체유동의 속도 $\mathbf{V}_{f/cs}$로써 나타낼 것이다. 이 표기를 이용하여 위 선형 운동량 방정식을 다음과 같이 다시 나타낼 수 있다.

$$\boxed{\Sigma\mathbf{F} = \frac{\partial}{\partial t} \int_{cv} \mathbf{V}\rho \, d\forall + \int_{cs} \mathbf{V}\rho \, \mathbf{V}_{f/cs} \cdot d\mathbf{A}} \qquad (6\text{-}2)$$

외력   국소적 운동량 변화   대류적 운동량 변화

정상유동 만약 유체유동이 **정상상태**라면, 검사체적 내에서 시간에 따른 그 어떠한 국소적인 운동량 변화도 없고, 그에 따라 식 (6-2)의 우변의 첫 번째 항이 0이 된다. 그러므로 식 (6-2)는 다음과 같이 된다.

$$\Sigma\mathbf{F} = \int_{cs} \mathbf{V}\rho\mathbf{V}_{f/cs} \cdot d\mathbf{A} \qquad (6\text{-}3)$$

정상유동

추가적으로 만약 그 유체가 이상유체라면, ρ는 일정하고 점성마찰이 0이 되기 때문에, 속도는 열린 검사표면에 균일하게 분포하게 된다. 그 경우에 대해 식 (6-3)을 적분하면 다음을 얻을 수 있다.

$$\Sigma\mathbf{F} = \Sigma\mathbf{V}\rho\mathbf{V}_{f/cs} \cdot \mathbf{A} \qquad (6\text{-}4)$$

정상상태 이상유체유동

이 식은 다양한 형태의 표면에 작용하여 유체유동을 수송하거나 편향시키는 유체 힘들을 얻는 데 자주 사용된다.

응용으로써, 그림 6-1a에서 보인 이상유체의 정상유동이 2개의 검사표면을 통해 흘러 들어오고 흘러 나가는 유동을 고려해보자. x방향에서 $\mathbf{V}_{in}$과 $\mathbf{V}_{out}$의 x성분은 $\mathbf{V}$를 위해 반드시 사용되어야 한다. 그 두 성분은 둘 다 양의 x방향으로 작용한다. 질량유량 $\rho\mathbf{V}_{f/cs} \cdot \mathbf{A}$에 대한 표현을 서술할 때, 반드시 양의 부호규약을 따라야 한다. 즉 $\mathbf{A}_{in}=A_{in}\mathbf{n}_{in}$과 $\mathbf{A}_{out}=A_{out}\mathbf{n}_{out}$은 둘 다 양의 방향을 가리킨다. 그런 까닭에 내적을 수행한 후에 식 (6-4)의 x성분은 다음과 같이 된다.

$$\xrightarrow{+}\ \Sigma F_x = \Sigma V_x \rho \mathbf{V}_{f/cs} \cdot \mathbf{A} = (V_{in})_x(-\rho V_{in} A_{in}) + (V_{out})_x(\rho V_{out} A_{out})$$

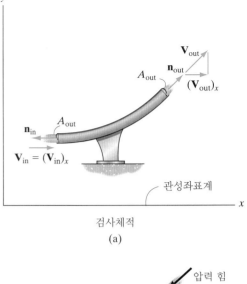

관성좌표계

검사체적

(a)

자유물체도 위 선형 운동량 방정식들이 적용될 때, 검사체적 내부와 검사표면에 작용하는 외력 $\Sigma\mathbf{F}$의 종류에는 일반적으로 4가지가 있다. 그림 6-1b의 자유물체도에 나타낸 것처럼, 닫힌 검사표면의 접선방향과 수직방향으로 작용하는 전단력과 수직력, 열린 검사표면에 수직방향으로 작용하는 압력 힘, 중력방향으로 검사체적 내 유체의 질량에 작용하는 **무게**가 존재한다. 표면에 작용하는 유체에 의한 힘을 해석하는 데 있어서, 닫힌 검사표면에 작용하는 각각의 전단력과 수직력은 일반적으로 하나의 합력으로 표현된다. 이 합력의 반대가 바로 유체 시스템이 검사표면에 작용하는 힘이며, 이 힘을 **동적 힘**(dynamic force)이라 부른다.

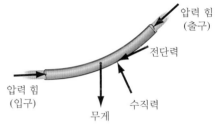

자유물체도

(b)

그림 6-1

6.2 정지된 물체에 대한 선형 운동량 방정식의 응용

베인, 파이프 또는 다양한 종류의 도관들은 유체의 방향을 변화시키고, 그 구조물의 표면이 유체에 가하는 힘만큼 그 표면에 유체에 의한 힘이 작용한다. 이 유체에 의한 힘이 정지된 물체에 작용할 때 그 힘은 선형 운동량 방정식을 이용하여 다음과 같은 과정을 통해 결정될 수 있다.

부착된 덮개는 그 덮개를 타격하는 유체유동의 운동량 변화로부터 야기되는 힘을 반드시 견뎌야 한다.

> **해석의 절차**

유체 설명

- 유체유동의 형태가 정상인지 비정상인지, 균일한지 비균일한지 식별한다. 또 유체가 압축성인지 비압축성인지, 점성인지 비점성인지 규정한다.

검사체적과 자유물체도

- 자유물체도는 주어진 문제에서 결정되어야 하는 미지의 힘들을 포함하도록 설정되어야 한다. 그 검사체적은 고정되거나 이동할 수 있고, 문제에 따라서 변형될 수 있다. 검사체적은 고체와 유체를 **동시에** 포함할 수 있다. 열린 검사표면은 유동이 균일하고 잘 정립되어 있는 영역에 위치되어야 한다. 이때 그 검사표면은 유동에 수직인 평면이 되도록 설정되어야 한다. 비점성 이상유체에 대하여 속도형상은 유동 단면적에 걸쳐 균일하다.

- 검사체적의 자유물체도는 검사체적에 작용하는 모든 외력을 식별할 수 있도록 그려져야 한다. 이러한 외력들은 일반적으로 검사체적 내 고체 영역의 무게와 유체의 무게, **닫힌 검사체적**에 작용하는 마찰 전단력과 압력 힘, 그리고 **열린 검사표면**에 작용하는 압력 힘들을 포함한다. 그 압력 힘들은 만약 검사표면이 대기에 노출되어 있으면 0이다. 하지만 열린 검사표면이 유체의 닫힌 영역 내에 포함되어 있으면, 그 표면 위에 작용하는 압력 힘은 베르누이 방정식으로 결정되어야 할 수도 있다.

선형 운동량

- 만약 체적유량을 알고 있다면 열린 검사표면의 평균 속도는 $V = Q/A$를 사용하여 결정되거나 연속방정식, 베르누이 방정식, 에너지 방정식 등을 적용하여 얻을 수 있다.

- x, y 관성좌표계를 설정한 후 열린 검사표면들에 대한 속도성분들과 검사체적의 자유물체도에 작용하는 힘들을 이용하여 x, y 각 방향에 대해 선형 운동량 방정식을 적용한다. 운동량 방정식에서 $\rho\mathbf{V}_{f/cs} \cdot d\mathbf{A}$는 열린 검사표면의 면적 $\mathbf{A}$를 가로지르는 **질량유량**을 나타내는 스칼라량임을 명심하라. 내적 $\rho\mathbf{V}_{f/cs} \cdot \mathbf{A}$는 $\mathbf{V}_{f/cs}$와 $\mathbf{A}$가 검사표면으로 유입하는 질량유량에서처럼 서로 반대방향이면 **음**의 값을 가지고, 이와 반대로 검사표면으로부터 **유출**하는 질량유량에서처럼 서로 같은 방향이면 **양**의 값을 가진다.

> **예제 6.1**

그림 6-2a에 나타낸 바와 같이 파이프의 끝에 리듀서가 씌워져 있다. A에서 파이프 내의 수압이 200 kPa일 때 리듀서가 제자리에 부착되어 있도록 파이프의 측면에 바른 접착제가 부과하는 전단력을 구하시오.

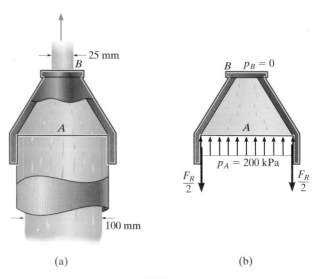

(a)   (b)

그림 6-2

풀이

유체 설명 파이프 내 물이 이상유체이고, 정상상태에서 흐르고 있다고 가정하며, 밀도는 $\rho_w = 1000 \text{ kg/m}^3$이다.

검사체적과 자유물체도 그림 6-2a에서 리듀서와 그 리듀서 내부의 물이 일부분 포함되도록 검사체적을 설정한다. 이렇게 검사체적을 선택하는 이유는 그림 6-2b에서 검사체적의 자유물체도에 작용하는 전단력 F_R을 표현하기 위한 것이다. 또한 입구 검사표면 A에서의 수압이 p_A이고, 출구 검사표면에서의 압력 p_B는 계기압력으로 0이기 때문에 검사표면의 출구에는 어떠한 작용도 하지 않는다. 리듀서와 파이프의 접촉면에 작용하는 수평 또는 수직력은 서로 대칭으로 상쇄된다. 이때 리듀서의 무게와 리듀서 내부의 물의 무게는 무시한다.

연속방정식 선형 운동량 방정식을 적용하기에 앞서서, 먼저 검사표면 A와 B에서의 물의 속도를 얻기 위해 정상유동에 대한 연속방정식을 적용하면 아래와 같은 식을 얻는다.

$$\frac{\partial}{\partial t} \int_{\text{cv}} \rho \, d\mathcal{V} + \int_{\text{cs}} \rho \mathbf{V}_{f/\text{cs}} \cdot d\mathbf{A} = 0$$

$$0 - \rho V_A A_A + \rho V_B A_B = 0$$

$$-V_A \left[\pi (0.05 \text{ m})^2 \right] + V_B \left[\pi (0.0125 \text{ m})^2 \right] = 0$$

$$V_B = 16 V_A \tag{1}$$

베르누이 방정식 검사표면 A와 B에서의 압력을 알고 있기 때문에 A와 B 표면 위 임의의 점들을 잇는 유선에 베르누이 방정식을 적용하면,[*] 식 (1)과 함께 V_A와 V_B를 구할 수 있다.

$$\frac{p_A}{\gamma} + \frac{V_A^2}{2g} + z_A = \frac{p_B}{\gamma} + \frac{V_B^2}{2g} + z_B$$

$$\frac{200(10^3) \text{ N/m}^2}{(1000 \text{ kg/m}^3)(9.81 \text{ m/s}^2)} + \frac{V_A^2}{2(9.81 \text{ m/s}^2)} + 0 = 0 + \frac{(16 V_A)^2}{2(9.81 \text{ m/s}^2)} + 0$$

$$V_A = 1.252 \text{ m/s}$$

$$V_B = 16(1.252 \text{ m/s}) = 20.04 \text{ m/s}$$

선형 운동량 F_R을 얻기 위하여 수직방향으로 운동량 방정식을 적용할 수 있다.

$$\Sigma \mathbf{F} = \frac{\partial}{\partial t} \int_{\text{cv}} \mathbf{V} \rho \, d\mathcal{V} + \int_{\text{cs}} \mathbf{V} \rho \mathbf{V}_{f/\text{cs}} \cdot d\mathbf{A}$$

정상유동이기 때문에 우변의 첫 번째 항은 0이다. 그리고 이상유체이기 때문에 ρ_w는 일정하고, 검사표면에 대하여 평균 속도를 사용하면 다음과 같은 결과를 얻는다.

$$+\uparrow \Sigma F_y = 0 + V_B (\rho_w V_B A_B) + V_A (-\rho_w V_A A_A)$$

$$+\uparrow \Sigma F_y = \rho_w (V_B^2 A_B - V_A^2 A_A)$$

$$\left[200(10^3) \text{ N/m}^2 \right] \left[\pi (0.05 \text{ m})^2 \right] - F_R = (1000 \text{ kg/m}^3) \left[(20.04 \text{ m/s})^2 (\pi)(0.0125 \text{ m})^2 - (1.252 \text{ m/s})^2 (\pi)(0.05 \text{ m})^2 \right]$$

$$F_R = 1.39 \text{ kN} \qquad \qquad \textit{Ans.}$$

양의 결과값은 전단력이 최초에 가정했던 대로 리듀서(검사표면)의 아래 방향으로 작용함을 의미한다.

---

[*] 실제로 이러한 이음부품은 마찰에 의한 손실을 발생시키기 때문에 에너지 방정식을 반드시 적용해야 한다. 이것에 대해서는 10장에서 논의할 것이다.

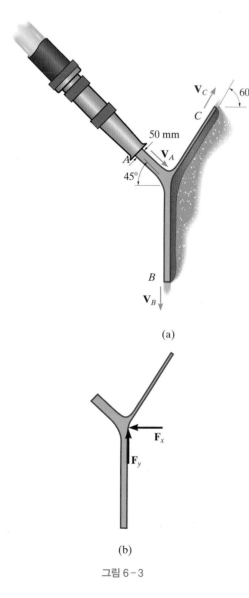

예제 6.2

(a)

(b)

그림 6-3

그림 6-3a에서 물이 소방호스의 직경 50 mm 노즐로부터 15 L/s의 유량으로 분사되고 있다. 분사된 유동은 고정된 표면 B와 C를 따라 각각 전체 유량의 3/4과 1/4로 나누어진다. 표면에 작용하는 x와 y방향 힘의 성분을 구하시오.

풀이

유체 설명 물은 이상유체이며, 정상유동을 보이고 있다고 가정한다. 물의 밀도는 $\rho_w = 1000 \text{ kg/m}^3$이다.

검사체적과 자유물체도 그림 6-3a와 같이 고정된 표면 위, 그리고 노즐로부터 나오는 물을 포함하도록 검사체적을 설정한다. 고정된 표면에 걸쳐 분포하고 있는 압력 힘은 닫힌 검사표면 위에서 반력의 수평 및 수직성분 $\mathbf{F}_x$와 $\mathbf{F}_y$를 야기한다. 검사체적 내 물의 무게는 무시한다. 열린 검사표면에 대한 계기압력이 0이기 때문에 표면에 작용하는 힘은 존재하지 않는다.

만약 점들 사이의 높이 차이를 무시하고 계기압력이 0이라는 것을 인지하면서 A를 따르는 유체흐름 위 한 점, 그리고 B 또는 C를 따르는 유체흐름 위 한 점에 베르누이 방정식을 적용한다면, 그때 베르누이 방정식$(p/\gamma + V^2/2g + z = 상수)$은 고정된 표면을 향하는 물의 속도와 동일하다는 것을 보여준다. 즉 베르누이 방정식으로부터 $V_A = V_B = V_C$이고, 그래서 고정된 표면은 단지 속도의 방향을 변화시킨다는 것을 보여준다.

선형 운동량 검사표면 A를 관통하여 흐르는 유체유동의 속도는 노즐로부터 분사되는 유량으로부터 결정될 수 있다. 여기서 단면적을 알고 있기 때문에 다음과 같은 결과를 얻는다.

$$Q_A = \left(\frac{15 \text{ L}}{\text{s}}\right)\left(\frac{1000 \text{ cm}^3}{1 \text{ L}}\right)\left(\frac{1 \text{ m}}{100 \text{ cm}}\right)^3 = 0.015 \text{ m}^3/\text{s}$$

$$V_A = V_B = V_C = \frac{Q_A}{A_A} = \frac{0.015 \text{ m}^3/\text{s}}{\pi(0.025 \text{ m})^2} = \frac{24}{\pi} \text{ m/s}$$

정상유동을 고려하면 선형 운동량 방정식은 다음과 같이 된다.

$$\Sigma\mathbf{F} = \frac{\partial}{\partial t}\int_{cv}\mathbf{V}\rho \, d\forall + \int_{cs}\mathbf{V}\rho\mathbf{V}_{f/cs} \cdot d\mathbf{A}$$

$$\Sigma\mathbf{F} = \mathbf{0} + \mathbf{V}_B(\rho V_B A_B) + \mathbf{V}_C(\rho V_C A_C) + \mathbf{V}_A(-\rho V_A A_A)$$

유동이 검사체적 안으로 들어오기 때문에 마지막 항은 음의 값을 가짐을 명심하라. $Q = VA$이기 때문에 위 식은 다음과 같이 다시 쓸 수 있다.

$$\Sigma\mathbf{F} = \rho(Q_B\mathbf{V}_B + Q_C\mathbf{V}_C - Q_A\mathbf{V}_A)$$

지금 이 방정식을 x와 y방향으로 분해하면 다음을 얻는다.

$$\xrightarrow{+} \Sigma F_x = \rho(Q_B V_{Bx} + Q_C V_{Cx} - Q_A V_{Ax})$$

$$-F_x = (1000 \text{ kg/m}^3)\left\{0 + \frac{1}{4}(0.015 \text{ m}^3/\text{s})\left[\left(\frac{24}{\pi} \text{ m/s}\right)\cos 60°\right]\right.$$

$$\left. - (0.015 \text{ m}^3/\text{s})\left[\left(\frac{24}{\pi} \text{ m/s}\right)\cos 45°\right]\right\}$$

$$F_x = 66.70 \text{ N} = 66.7 \text{ N} \leftarrow \qquad \textit{Ans.}$$

$$+\uparrow \Sigma F_y = \rho\left[Q_B(-V_{By}) + Q_C V_{Cy} - Q_A(-V_{Ay})\right]$$

$$F_y = (1000 \text{ kg/m}^3)\left\{\frac{3}{4}(0.015 \text{ m}^3/\text{s})\left(-\frac{24}{\pi} \text{ m/s}\right) + \frac{1}{4}(0.015 \text{ m}^3/\text{s})\left[\left(\frac{24}{\pi} \text{ m/s}\right)\sin 60°\right]\right.$$

$$\left. - (0.015 \text{ m}^3/\text{s})\left[\left(-\frac{24}{\pi} \text{ m/s}\right)\sin 45°\right]\right\}$$

$$F_y = 19.89 \text{ N} = 19.9 \text{ N}\uparrow \qquad\qquad Ans.$$

위 계산으로부터 고정된 표면이 유체에 가하는 합력은 69.6 N임을 알 수 있다. 같은 값이지만 반대방향으로 유체에 의한 동적 힘이 작용하고 있다. 비교로써, 만약 노즐이 편평한 면에 수직한 방향으로 놓인다면, 유체에 의한 동적 힘은 115 N이다. 그 힘은 만약 유체흐름이 사람을 향한다면 매우 위험할 수도 있는 크기이다.

예제 6.3

그림 6-4a와 같이 수문이 열린 상태로 깊이 1 m의 물이 방류되고 있다. 만약 수문의 폭이 3 m라면, 수문이 제 위치에 있도록 수문의 지지대에 의해 가해져야 하는 수평 합력을 구하시오. 수문을 통과하기 전 수로의 깊이는 5 m로 일정하게 유지되고 있다고 가정한다.

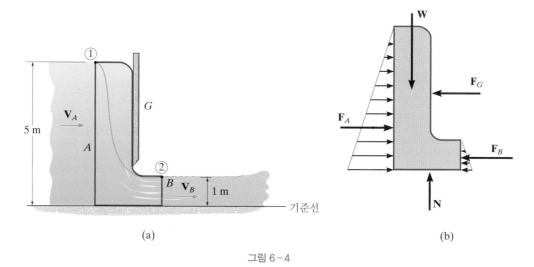

(a)   (b)

그림 6-4

풀이

유체 설명 수로의 깊이가 일정하다고 가정했기 때문에 유동은 정상상태이고, 물을 이상유체로 가정하면 물은 수문을 통해 일정한 평균 속도로 흐를 것이다. 물의 밀도는 $\rho = 1000 \text{ kg/m}^3$이다.

검사체적과 자유물체도 수문에 가해지는 힘을 결정하기 위해 그림 6-4a에서 고정 검사체적은 수로 내 수문의 벽과 수문의 양쪽 측면에서 물의 체적을 포함하도록 설정된다. 그림 6-4b의 자유물체도에 나타낸 것처럼, 수평방향으로 검사체적에 작용하는 힘은 3개 존재한다. 그 3개의 힘은 수문에 의해 작용하는 미지의 힘 F_G, 검사표면 A와 B 각각에서 물에 의해 작용하는 2개의 정수압력 힘 F_A와 F_B를 포함한다. 수문 및 바닥에 접촉해 있는 닫힌 검사표면에 작용하는 점성에 의한 마찰력은 다른 힘들에 비해 매우 약하기 때문에 이 문제에서는 비점성유동으로 간주하여 무시할 수 있다(실제로 이 힘들은 비교적으로 작다).

베르누이 방정식과 연속방정식 그림 6-4a에서 검사표면 A와 B에서의 평균 속도는 베르누이 방정식 또는 에너지 방정식과 연속방정식을 적용하여 결정할 수 있다. 점 1과 2에 대한 유선이 선택될 때, 베르누이 방정식을 적용하면 다음과 같다.[*]

$$\frac{p_1}{\gamma} + \frac{V_1^2}{2g} + z_1 = \frac{p_2}{\gamma} + \frac{V_2^2}{2g} + z_2$$

$$0 + \frac{V_A^2}{2(9.81 \text{ m/s}^2)} + 5\text{m} = 0 + \frac{V_B^2}{2(9.81 \text{ m/s}^2)} + 1\text{m}$$

$$V_B^2 - V_A^2 = 78.48 \tag{1}$$

연속방정식에 대해서는 다음과 같다.

$$\frac{\partial}{\partial t} \int_{cv} \rho \, dV + \int_{cs} \rho \mathbf{V}_{f/cs} \cdot d\mathbf{A} = 0$$

$$0 - V_A(5 \text{ m})(3 \text{ m}) + V_B(1 \text{ m})(3 \text{ m}) = 0$$

$$V_B = 5V_A \tag{2}$$

식 (1)과 (2)를 풀면 다음과 같다.

$$V_A = 1.808 \text{ m/s}, \quad V_B = 9.042 \text{ m/s}$$

선형 운동량

$$\Sigma \mathbf{F} = \frac{\partial}{\partial t} \int_{cv} \mathbf{V} \rho \, dV + \int_{cs} \mathbf{V} \rho \mathbf{V}_{f/cs} \cdot d\mathbf{A}$$

$$\xrightarrow{+} \Sigma F_x = 0 + V_B(\rho V_B A_B) + V_A(-\rho V_A A_A)$$

$$= 0 + \rho(V_B^2 A_B - V_A^2 A_A)$$

그림 6-4b에서 자유물체도를 참고하면,

$$\tfrac{1}{2}[(1000 \text{ kg/m}^3)(9.81 \text{ m/s}^2)(5 \text{ m})](3 \text{ m})(5 \text{ m})$$

$$- \tfrac{1}{2}[(1000 \text{ kg/m}^3)(9.81 \text{ m/s}^2)(1 \text{ m})](3 \text{ m})(1 \text{ m}) - F_G$$

$$= (1000 \text{ kg/m}^3)[(9.042 \text{ m/s})^2 (3 \text{ m}) (1 \text{ m}) - (1.808 \text{ m/s})^2 (3 \text{ m}) (5 \text{ m})]$$

$$F_G = 156.96 (10^3) \text{ N} = 157 \text{ kN} \qquad \text{\textit{Ans.}}$$

만약 아무런 유동이 발생하지 않는다면, 그때 수문 위에 작용하는 물의 정수압력 힘은 훨씬 더 크다. 그 힘은 235 kN이며, 계산과정은 아래와 같다.

$$(F_G)_{st} = \tfrac{1}{2}(\rho g h b)h = \tfrac{1}{2}[(1000 \text{ kg/m}^3)(9.81 \text{ m/s}^2)(5 \text{ m} - 1 \text{ m})(3 \text{ m})](5 \text{ m} - 1 \text{ m})$$

$$= 235.44(10^3) \text{ N} = 235 \text{ kN}$$

---

[*] 표면에 작용하는 모든 입자들은 수문 아래로 결국 지나갈 것이다. 여기서는 점 2로 오는 점 1의 입자를 선택하였다.

예제 6.4

기름이 파이프 AB를 통해 흐르고 있다. A단면에서 속도가 6 m/s이고 0.9 m/s^{2}의 가속도로 증가하고 있다. 만약 A단면에서 파이프 내 압력이 60 kPa이라면 기름유동을 발생시키는 데 필요한 B단면에서의 압력은 얼마인지 구하시오. 기름의 밀도는 $\rho_o = 900$ kg/m^{3}이다.

풀이

유체 설명 기름유동이 가속되고 있기 때문에 비정상유동으로 분류된다. 풀이의 편의를 위해 기름을 이상유체로 가정한다.

검사체적과 자유물체도 그림 6-5a에서 검사체적은 파이프 AB 내 기름을 포함하도록 설정한다. 자유물체도에 나타낸 힘들은 검사체적 내의 기름의 무게 $W_o = \gamma_o V_o$와 그림 6-5b에서 A와 B의 압력이다.[*]

선형 운동량 이상유체에서는 평균 속도를 고려하기 때문에 유체의 운동량 방정식은 다음과 같다.

$$\Sigma \mathbf{F} = \frac{\partial}{\partial t} \int_{cv} \mathbf{V} \rho \, dV + \int_{cs} \mathbf{V} \rho \mathbf{V}_{f/cs} \cdot d\mathbf{A}$$

$$+\uparrow \Sigma F_y = \frac{\partial}{\partial t} \int_{cv} V \rho \, dV + V_A (\rho V_A A_A) + V_B (-\rho V_B A_B)$$

기름의 밀도는 일정하고, $A_A = A_B$이므로 연속방정식은 $V_A = V_B = V = 6$ m/s이다. 따라서 우변의 마지막 두 항은 서로 상쇄된다. 다시 말하면, 그 기름유동은 균일하고, 그렇기 때문에 대류 효과는 없다.

우변의 첫 번째 항인 비정상유동 항(국소 효과)은 유동속도의 시간변화율(비정상유동)로 인한 검사체적 내 운동량 변화를 가리킨다. 국소변화는 비정상유동으로 인한 검사체적 내에 발생한다. 여기서 그 유체 시스템에 대한 속도장 $\mathbf{V} = \mathbf{V}(x, y, z, t)$는 기름이 비압축성이라고 가정되었으므로 위치의 함수가 아니며, 그래서 그 유체(기름)입자들 사이에 상대적인 운동은 전혀 없다. 다시 말하면, 검사체적 내 점들에서 모든 유체입자들은 함께 움직이고, 그래서 유체 시스템은 시간에 따른 속도의 변화, $V = V(t)$를 가진다. 그런 까닭에 위의 식은 다음과 같이 된다.

$$+\uparrow \Sigma F_y = \frac{dV}{dt} \rho V; \qquad -p_A A_A + p_B A_B - \gamma_o V_o = \frac{dV}{dt} \rho_o V_o \qquad (1)$$

$$[-60(10^3) \text{ N/m}^2][\pi(0.05 \text{ m})^2] + p_B[\pi(0.05 \text{ m})^2] - (900 \text{ kg/m}^3)(9.81 \text{ m/s}^2)[\pi(0.05 \text{ m})^2](0.75 \text{ m})$$

$$= (0.9 \text{ m/s}^2)(900 \text{ kg/m}^3)[\pi(0.05 \text{ m})^2](0.75 \text{ m})$$

$$p_B = 67.23(10^3) \text{ Pa} = 67.2 \text{ kPa} \qquad \textit{Ans.}$$

그림 6-5b에서 식 (1)은 실질적으로 뉴턴의 제2법칙인 $\Sigma F_y = m a_y$의 적용임을 명심하라.

---

[*] 검사체적 표면의 파이프의 측면에 가해지는 수평 압력은 합력이 0이기 때문에 여기서 고려하지 않는다. 또한 측면을 따라 가해지는 마찰도 기름을 비점성으로 가정하여 배제되어 있다.

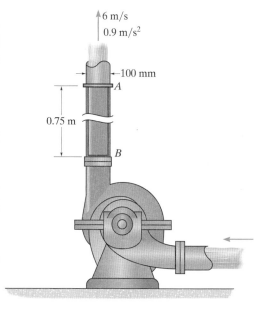

(a)

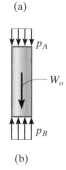

(b)

그림 6-5

6.3 일정한 속도를 가지고 움직이는 물체에의 적용

블레이드나 베인이 일정한 속도로 움직이는 경우를 고려해보자. 이 경우에 있어서 블레이드에 작용하는 힘들은 물체와 함께 움직이는 검사체적을 설정함으로써 얻을 수 있다. 이때 운동량 방정식 내 속도와 질량유량은 일정한 속도로 움직이는 검사체적에 대해 상대적으로 측정될 수 있다. 따라서 속도 $\mathbf{V} = \mathbf{V}_{f/cs}$이고, 그에 따라 선형 운동량 방정식은 다음과 같이 쓸 수 있다.

$$\Sigma \mathbf{F} = \frac{\partial}{\partial t} \int_{cv} \mathbf{V} \rho \, d\forall + \int_{cs} \mathbf{V}_{f/cs} \rho \mathbf{V}_{f/cs} \cdot d\mathbf{A}$$

또한 유동이 검사체적에 대해 상대적으로 정상유동으로 나타나기 때문에 우변의 첫 번째 항은 0이 된다.

다음에 보일 예들은 일정한 속도로 움직이는 물체에 위의 선형 운동량 방정식을 적용하여 풀이하는 사례를 보여주며, 추가적으로 6.5절에서는 프로펠러나 풍력터빈에 대해 적용하는 사례가 소개될 것이다. 이 예들의 풀이과정은 6.2절에 요약된 해석절차를 그대로 따른다.

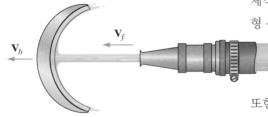

$$\mathbf{V}_{f/b} = \mathbf{V}_f - \mathbf{V}_b$$

블레이드에 상대적으로
측정된 정상유동

그림 6-6

예제 6.5

그림 6-7a에서 트럭이 8 L/s로 분사되고 있는 50 mm 직경의 물줄기를 향하여 속도 5 m/s로 움직이고 있다. 만약 물줄기의 방향이 차량 앞 유리와 충돌한 후 바뀔 때, 그때 트럭에 작용하는 물줄기에 의한 동적 힘을 구하시오.

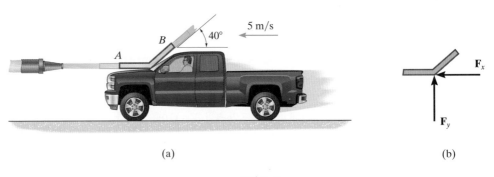

(a)   (b)

그림 6-7

풀이

유체 설명   문제에서 운전자는 정상유동을 관찰할 것이고, 그에 따라 트럭 위에 일정한 속도로 움직이는 x, y 관성좌표계를 구축한다. 물을 이상유체로 가정하고, 이 경우 트럭 앞 유리 위 마찰을 무시할 수 있기 때문에 평균 속도가 풀이를 위해 사용될 수 있다. 물의 밀도는 $\rho = 1000 \text{ kg/m}^3$이다.

검사체적과 자유물체도   그림 6-7a에서 움직이는 검사체적은 트럭과 충돌하고 있는 물줄기의 AB 부분을 포함하도록 설정한다. 그림 6-7b 자유물체도에 나타나 있듯이 트럭이 야기하는 검사체적 위의 수평 및 수직력만이 문제에서 중요하게 고려될 것이다. (열린 검사표면에서의 압력은 대기압이며, 물의 무게는 무시한다.)

먼저 물줄기의 노즐 속도를 계산하면 다음과 같다.

$$Q = VA; \qquad \left(\frac{8\,\text{L}}{\text{s}}\right)\left(\frac{10^{-3}\,\text{m}^3}{1\,\text{L}}\right) = V[\pi(0.025\,\text{m})^2]$$

$$V = 4.074\,\text{m/s}$$

A에서 검사체적(또는 운전자)에 대한 물의 상대 속도는 다음과 같다.

$$\xrightarrow{+}\ V_{f/A} = V_f - V_A$$

$$V_{f/A} = 4.074\,\text{m/s} - (-5\,\text{m/s}) = 9.074\,\text{m/s}$$

높이 차이의 효과를 무시하였을 때 베르누이 방정식을 적용하면 평균 상대 속도는 물줄기가 B를 떠날 때까지 일정하게 유지된다. 또한 B(열린 검사표면)에서 단면적의 크기는 연속방정식, 즉 $V_{f/A}A_A = V_{f/B}A_B$가 만족되어야 하므로 A에서와 동일하게 유지된다(비록 단면적의 형상은 확실히 바뀌지만).

선형 운동량 정상   비압축성 유동에 대해서 다음의 선형 운동량 방정식을 가진다.

$$\Sigma\mathbf{F} = \frac{\partial}{\partial t}\int_{\text{cv}}\mathbf{V}\rho\,dV + \int_{\text{cs}}\mathbf{V}\rho\mathbf{V}_{f/\text{cs}}\cdot d\mathbf{A}$$

$$\Sigma\mathbf{F} = \mathbf{0} + \mathbf{V}_{f/B}[\rho V_{f/B}A_B] + \mathbf{V}_{f/A}[-\rho V_{f/A}A_A]$$

위 방정식을 x, y방향으로 나누어 풀이하면 다음과 같다.

$$\xrightarrow{+}\ \Sigma F_x = 0 + [V_{f/B}\cos 40°][\rho V_{f/B}A_B] - V_{f/A}[\rho V_{f/A}A_A]$$

$$-F_x = [(9.074\,\text{m/s})\cos 40°]\big[(1000\,\text{kg/m}^3)(9.074\,\text{m/s})[\pi(0.025\,\text{m})^2]\big]$$

$$- (9.074\,\text{m/s})\big[(1000\,\text{kg/m}^3)(9.074\,\text{m/s})[\pi(0.025\,\text{m})^2]\big]$$

$$F_x = 37.83\,\text{N}$$

$$+\uparrow \Sigma F_y = 0 + [V_{f/B}\sin 40°][\rho V_{f/B}A_B] - 0$$

$$F_y = [(9.074\,\text{m/s})\sin 40°]\big[(1000\,\text{kg/m}^3)(9.074\,\text{m/s})[\pi(0.025\,\text{m})^2]\big] - 0$$

$$= 103.9\,\text{N}$$

따라서

$$F = \sqrt{(37.83\,\text{N})^2 + (103.9\,\text{N})^2} = 111\,\text{N} \qquad\qquad \textit{Ans.}$$

이 힘이 바로 유체가 트럭에 작용하는 동적 힘의 크기이고, 그것의 방향은 그림 6-7b에 보인 것과 반대이다.

예제 6.6

그림 6-8a에서 단면적이 $2(10^{-3})$ m²이고 속도가 45 m/s인 물제트가 터빈의 베인과 충돌하고 있고, 그로 인해 베인은 20 m/s로 움직이고 있다. 베인에 가해지는 물의 동적 힘과 물에 의해서 발생하는 동력을 구하시오.

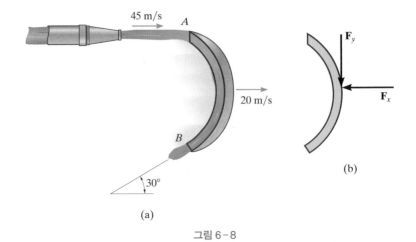

그림 6-8

풀이

유체 설명   정상유동을 관찰하기 위해 x, y 관성좌표계가 베인에 고정된다. 물을 이상유체로 가정하고 물의 밀도는 $\rho = 1000 \text{ kg/m}^3$이다.

검사체적과 자유물체도   그림 6-8a에서 검사체적은 A에서 B까지 베인 위의 물을 포함하도록 설정된다. 그림 6-8b의 자유물체도에 나타낸 것처럼 검사체적 위에 작용하는 베인에 대한 힘의 성분은 $\mathbf{F}_x$, $\mathbf{F}_y$로 표시된다. 물의 무게는 무시되며, 열린 검사표면에 대한 압력은 대기압 또는 계기압력 0이다.

선형 운동량 A에서 검사표면에 대한 제트의 상대 속도는 다음과 같다.

$$\xrightarrow{+} V_{f/A} = V_f - V_A$$

$$V_{f/A} = 45 \text{ m/s} - 20 \text{ m/s} = 25 \text{ m/s}$$

높이 차이를 무시하면서 베르누이 방정식을 적용하면, 물제트가 B에서 연속방정식을 만족하면서 $V_{f/B} = 25 \text{ m/s}$의 속도로 베인을 떠나므로 $A_A = A_B = A$이어야 한다. 정상상태이고, 이상유체유동의 경우에 대해 운동량 방정식은 다음과 같다.

$$\Sigma \mathbf{F} = \frac{\partial}{\partial t} \int_{cv} \mathbf{V} \rho \, d\forall + \int_{cs} \mathbf{V} \rho \mathbf{V}_{f/cs} \cdot d\mathbf{A}$$

$$\Sigma \mathbf{F} = \mathbf{0} + \mathbf{V}_{f/B}[\rho V_{f/B} A_B] + \mathbf{V}_{f/A}[-\rho V_{f/A} A_A]$$

이전 예제에서처럼, 속도 $\mathbf{V}_{f/cs}$는 위 방정식에서 방향성분을 가지고 있고, 질량유량 항 $\rho V_{f/cs} A$는 $\mathbf{V}_{f/cs}$와 $\mathbf{A}$의 방향에 따라 양 또는 음의 스칼라값이므로 다음과 같이 된다.

$$\xrightarrow{+} \Sigma F_x = [-V_{f/B} \cos 30°][\rho V_{f/B} A_B] + V_{f/A}[-\rho V_{f/A} A_A]$$

$$-F_x = [-(25 \text{ m/s}) \cos 30°]\left[(1000 \text{ kg/m}^3)(25 \text{ m/s})(2(10^{-3}) \text{ m}^2)\right]$$

$$+ (25 \text{ m/s})\left[-(1000 \text{ kg/m}^3)(25 \text{ m/s})(2(10^{-3}) \text{ m}^2)\right]$$

$$F_x = 2333 \text{ N}$$

$$+\uparrow \Sigma F_y = [-V_{f/B} \sin 30°][\rho V_{f/B} A_B] - 0$$

$$-F_y = [-(25 \text{ m/s}) \sin 30°]\left[(1000 \text{ kg/m}^3)(25 \text{ m/s})(2(10^{-3}) \text{ m}^2)\right]$$

$$F_y = 625 \text{ N}$$

$$F = \sqrt{(2333 \text{ N})^2 + (625 \text{ N})^2} = 2.41 \text{ kN} \qquad \textit{Ans.}$$

이 크기와 동일하고 방향이 반대인 힘이 바로 유체가 베인에 작용하는 동적 힘이다.

동력   정의에 의해서 동력은 단위 시간당 일 또는 힘과 힘의 방향과 평행한 속도성분의 곱이다. 여기서 $\mathbf{F}_y$는 베인을 위아래로 전혀 변위시키지 않으므로 베인에 아무런 일을 하지 않는다. 오직 $\mathbf{F}_x$만이 베인 위에 동력을 생성한다. 베인이 20 m/s로 움직이기 때문에 동력은 다음과 같이 구해진다.

$$\dot{W} = \mathbf{F} \cdot \mathbf{V}; \qquad \dot{W} = (2333 \text{ N})(20 \text{ m/s}) = 46.7 \text{ kW} \qquad \textit{Ans.}$$

6.4 각운동량 방정식

그림 6-9에서와 같이 고정된 축을 중심으로 회전하는, 블레이드를 가진 터보기계 (turbomachinery)를 분석하는 데 있어서 유동에 의해 야기되는 토크를 계산하는 것이 필요하다. 터보기계는 펌프, 터빈, 팬, 그리고 압축기를 포함한다. 또한 고정된 블레이드 또는 구조물은 그림 6-10에서와 같이 유동의 방향을 전환하는 데 사용되며, 이 경우 지지대에서의 모멘트가 반드시 계산되어야 한다. 이 두 형태에 대한 유체유동은 각 운동량 방정식을 적용하여 분석할 수 있다.

그림 6-11에서 질량 m을 가진 유체입자의 **각운동량**(angular momentum)은 그 유체입자의 선형 운동량 $m\mathbf{V}$의 점 O에 대한 모멘트로 정의된다. 만약 유체입자들의 시스템으로 구성된 검사체적을 고려한다면, 그때 유체 시스템의 각운동량은 $\Sigma(\mathbf{r} \times m\mathbf{V})$이다. 여기서 r은 점 O에서 각 입자까지 연결된 위치벡터이다.

입자의 운동에 대한 뉴턴의 제2법칙은 $\mathbf{F} = m\mathbf{a} = d(m\mathbf{V})/dt$이므로, 유체 시스템에 작용하는 외력의 O에 대한 모멘트의 총합* $\Sigma(\mathbf{r} \times \mathbf{F})$는 유체 시스템의 각운동량의 시간변화율과 같다. 즉 다음과 같다.

$$\Sigma \mathbf{M}_O = \Sigma(\mathbf{r} \times \mathbf{F}) = \frac{d}{dt}\Sigma(\mathbf{r} \times m\mathbf{V})$$

오일러 기술법으로 유체유동을 묘사해야 하므로, $\mathbf{r} \times m\mathbf{V}$의 물질미분을 얻기 위해 레이놀즈 수송정리를 반드시 사용해야 한다. 따라서 식 (4-11)을 적용하여 다음을 얻을 수 있다. 여기서 유체입자에 대하여 $\mathbf{N} = \mathbf{r} \times m\mathbf{V}$이고, $\eta = \mathbf{r} \times \mathbf{V}$이다.

$$\frac{d\mathbf{N}}{dt} = \frac{\partial}{\partial t}\int_{cv}\boldsymbol{\eta}\rho \, d\forall + \int_{cs}\boldsymbol{\eta}\rho \, \mathbf{V}_{f/cs} \cdot d\mathbf{A}$$

$$\frac{d}{dt}(\mathbf{r} \times m\mathbf{V}) = \frac{\partial}{\partial t}\int_{cv}(\mathbf{r} \times \mathbf{V})\rho \, d\forall + \int_{cs}(\mathbf{r} \times \mathbf{V})\rho \mathbf{V}_{f/cs} \cdot d\mathbf{A}$$

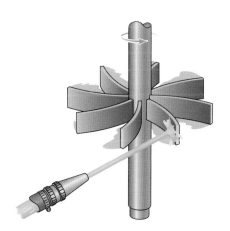

그림 6-9

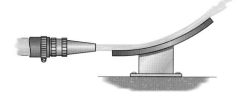

그림 6-10

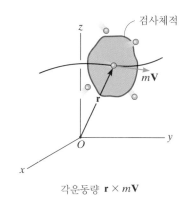

각운동량 $\mathbf{r} \times m\mathbf{V}$

그림 6-11

---

* 유체 시스템 내 내력들의 모멘트들은 서로 크기는 같고 방향은 반대이므로 상쇄될 것이다.

수차의 블레이드에 간헐적으로 떨어지는 물의 충격량이 수차의 회전을 야기시킨다.

그러므로 각운동량 방정식은 다음과 같다.

$$\Sigma \mathbf{M}_O = \frac{\partial}{\partial t} \int_{cv} (\mathbf{r} \times \mathbf{V}) \rho \, d\forall + \int_{cs} (\mathbf{r} \times \mathbf{V}) \rho \mathbf{V}_{f/cs} \cdot d\mathbf{A} \tag{6-5}$$

O에 대한 힘의 모멘트   O에 대한 국소 각운동량의 변화율   O에 대한 대류 각운동량의 변화율

정상유동 만약 정상유동을 고려한다면, 검사체적 내에서 아무런 국소변화가 없기 때문에 식 (6-5)에서 우변의 첫 번째 항은 0이다. 또한 밀도가 일정한 이상유체에 대해 열린 검사표면을 지나가는 유체유동의 속도가 균일하므로 우변의 두 번째 항은 적분 가능하고, 그에 따라 다음과 같은 식을 얻는다.

$$\Sigma \mathbf{M}_O = \Sigma (\mathbf{r} \times \mathbf{V}) \rho \mathbf{V}_{f/cs} \cdot \mathbf{A} \tag{6-6}$$

정상유동

위 식은 터보기계에서 블레이드의 설계를 위해 자주 사용되는 식이다. 이 과정은 14장에서 보일 것이다.

해석의 절차

각운동량 방정식의 적용은 선형 운동량 방정식과 동일한 적용 절차를 따른다.

유체 설명
먼저 유체유동의 형태가 정상 또는 비정상인지, 그리고 균일 또는 비균일인지를 정의한다. 또한 유체가 점성유동인지 압축성인지 또는 이상유체로 가정할 수 있는지에 대해서도 정의한다. 이상유체의 경우 속도는 균일하고, 밀도는 상수가 될 것이다.

검사체적과 자유물체도
결정되어야 하는 미지의 힘과 우력모멘트 또는 토크가 자유물체도에 포함되도록 검사체적을 설정한다. 자유물체도에 포함되어야 하는 힘은 유체의 무게와 자유물체도 내 고체 영역의 무게, 열린 검사표면에 작용하는 압력 힘, 그리고 닫힌 검사표면에 작용하는 수직력과 전단력이다.

각운동량
유량을 안다면, 열린 검사표면을 통해 흐르는 유체유동의 평균 속도는 $V = Q/A$를 사용하거나 연속방정식, 베르누이 방정식 또는 에너지 방정식을 적용함으로써 얻을 수 있다. x, y, z 관성좌표축을 설정하고, 각 축에 대한 각운동량 방정식을 적용하여 미지의 힘이나 모멘트를 계산할 수 있다.

예제 6.7

물이 그림 6-12a에서 소화전으로부터 120 L/s의 유량으로 흘러나오고 있다. 30 kg 소화전을 제자리에 고정시키기 위해 필요한 고정 지지대에서의 반력을 결정하시오.

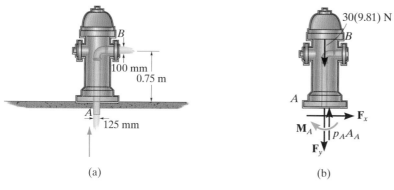

(a)   (b)

그림 6-12

풀이

유체 설명 유동은 정상유동이다. 물은 $\rho = 1000$ kg/m³인 이상유체로 가정한다.

검사체적과 자유물체도 고정된 검사체적은 소화전 전체와 소화전 내부의 물을 포함하도록 설정된다. A에서 지지대가 고정되어 있기 때문에 3개의 반력이 그림 6-12b의 자유물체도에 보인 바와 같이 작용한다. 또한 압력 힘 $p_A A_A$가 A의 열린 검사표면에 작용한다. B는 대기에 노출되어 있으므로 B에서의 압력 힘은 존재하지 않는다. 여기서 소화전과 소화전 내부의 무게는 무시한다.

베르누이 방정식 선형 및 각운동량 방정식을 적용하기에 앞서, A에서 압력을 먼저 결정해야 한다. 여기서,

$$Q = \left(120\ \frac{\text{L}}{\text{s}}\right)\left(\frac{1000\ \text{cm}^3}{1\ \text{L}}\right)\left(\frac{1\ \text{m}}{100\ \text{cm}}\right)^3 = 0.12\ \text{m}^3/\text{s}$$

이때 A와 B에서의 속도는 다음과 같다.

$$Q = V_A A_A;\quad \left(0.12\ \text{m}^3/\text{s}\right) = V_A[\pi(0.0625\ \text{m})^2];\qquad V_A = \frac{30.72}{\pi}\ \text{m/s}$$

$$Q = V_B A_B;\quad \left(0.12\ \text{m}^3/\text{s}\right) = V_B[\pi(0.05\ \text{m})^2];\qquad V_B = \frac{48}{\pi}\ \text{m/s}$$

그러므로 A를 기준선으로 택할 때,

$$\frac{p_A}{\gamma} + \frac{V_A^2}{2g} + z_A = \frac{p_B}{\gamma} + \frac{V_B^2}{2g} + z_B$$

$$\frac{p_A}{(1000\ \text{kg/m}^3)(9.81\ \text{m/s}^2)} + \frac{\left(\frac{30.72}{\pi}\ \text{m/s}\right)^2}{2(9.81\ \text{m/s}^2)} + 0 = 0 + \frac{\left(\frac{48}{\pi}\ \text{m/s}\right)^2}{2(9.81\ \text{m/s}^2)} + 0.75\ \text{m}$$

$$p_A = 76.27(10^3)\ \text{Pa}$$

선형 및 각운동량 지지대에서 반력은 선형 운동량 방정식으로부터 얻을 수 있다. 정상유동에 대해서

$$\Sigma \mathbf{F} = \frac{\partial}{\partial t} \int_{cv} \mathbf{V} \rho \, d\Psi + \int_{cs} \mathbf{V} \, \rho \mathbf{V}_{f/cs} \cdot d\mathbf{A}$$

$$\Sigma \mathbf{F} = \mathbf{0} + \mathbf{V}_B(\rho V_B A_B) + \mathbf{V}_A(-\rho V_A A_A)$$

유체유동 속도의 x, y 방향성분을 고려하면,

$$\xrightarrow{+} \Sigma F_x = V_{Bx}(\rho V_B A_B) + 0$$

$$F_x = \left(\frac{48}{\pi} \text{ m/s}\right)(1000 \text{ kg/m}^3)\left(\frac{48}{\pi} \text{ m/s}\right)[\pi(0.05 \text{ m})^2]$$

$$F_x = 1833.46 \text{ N} = 1.83 \text{ kN} \qquad \qquad Ans.$$

$$+\uparrow \Sigma F_y = 0 + (V_{Ay})(-\rho V_A A_A)$$

$$[76.27(10^3) \text{ N/m}^2][\pi(0.0625 \text{ m})^2] - 30(9.81) \text{ N} - F_y = \left(\frac{30.72}{\pi} \text{ m/s}\right)\left\{-(1000 \text{ kg/m}^3)\left(\frac{30.72}{\pi} \text{ m/s}\right)[\pi(0.0625 \text{ m})^2]\right\}$$

$$F_y = 1815.09 \text{ N} = 1.82 \text{ kN} \qquad \qquad Ans.$$

A에서의 반력을 제거하기 위해 점 A에 대한 각운동량 방정식을 적용한다.

$$\Sigma \mathbf{M}_A = \frac{\partial}{\partial t} \int_{cv} (\mathbf{r} \times \mathbf{V}) \rho \, d\Psi + \int_{cs} (\mathbf{r} \times \mathbf{V}) \, \rho \mathbf{V}_{f/cs} \cdot d\mathbf{A}$$

$$\circlearrowleft + \Sigma M_A = 0 + (rV_B)(\rho V_B A_B)$$

여기서 벡터의 외적은 점 A에 대한 $\mathbf{V}_B$의 스칼라 모멘트이다. 그러므로

$$M_A = \left[(0.75 \text{ m})\left(\frac{48}{\pi} \text{ m/s}\right)\right]\left\{(1000 \text{ kg/m}^3)\left(\frac{48}{\pi} \text{ m/s}\right)[\pi(0.05 \text{ m})^2]\right\}$$

$$= 1375.10 \text{ N} \cdot \text{m} = 1.38 \text{ kN} \cdot \text{m} \qquad \qquad Ans.$$

예제 6.8

그림 6-13의 스프링클러의 팔이 일정한 각속도 $\omega = 100$ rev/min으로 회전하고 있다. 이 회전은 3 L/s의 체적유량으로 바닥에서 올라오는 물에 의해서 만들어지고 그 물은 직경 20 mm의 2개의 노즐로부터 분사된다. 스프링클러 팔의 회전율을 일정하게 유지하기 위해 팔의 축에 가해지는 마찰토크를 구하시오.

풀이

유체 설명　스프링클러의 팔이 회전함에 따라 유체유동은 준정상상태, 즉 주기적이고 반복적인 유동을 보일 것이다. 물은 $\rho = 1000$ kg/m³인 이상유체로 가정한다.

검사체적과 자유물체도　검사체적은 그림 6-13a에서와 같이 회전하는 팔과 그 팔 내부의 물을 포함하는 고정된 디스크로 설정한다. 여기서 이 디스크의 옆 검사표면을 통해 접선방향으로 분사되는 준정상상태 유동을 고려한다.[*] 그림 6-13b의 자유물체도에 나타낸

---

[*]　만약 팔과 팔 내부의 유체를 포함하는 회전 검사체적을 고려하면, 팔과 함께 움직이는 좌표계는 관성좌표계가 되지 못할 것이다. 좌표의 회전은 운동량 해석에서 고려되어야만 하는 추가적인 가속도 항을 생성하기 때문에 해석을 더욱 복잡하게 만든다. 참고문헌 [2]를 참조하라.

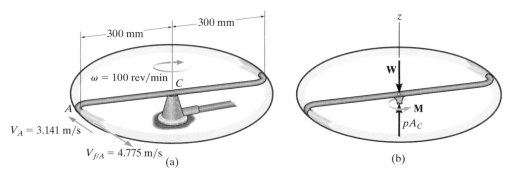

그림 6-13

것처럼, 검사체적에 가해지는 힘들은 팔과 물의 무게 **W**, 물의 공급에 의한 압력 pcA_C, 그리고 회전축에서 팔의 기반에 작용하는 마찰토크 **M**를 포함한다. 노즐로부터 나오는 유체는 대기압에 노출되어 있고, 따라서 압력에 의한 힘은 0이다.

속도 유동 대칭성 때문에 각 노즐로부터 분사되는 물의 유량은 전체 유량의 절반이 된다. 따라서 각 노즐을 통과하는 물의 속도는 다음과 같다.

$$Q = VA; \quad \left(\frac{1}{2}\right)\left[\left(\frac{3\,\text{L}}{\text{s}}\right)\left(\frac{10^{-3}\,\text{m}}{1\,\text{L}}\right)\right] = V_{f/A}\left[\pi(0.01\,\text{m})^2\right]$$
$$V_{f/A} = 4.775\,\text{m/s}$$

스프링클러 팔의 회전으로 인해 각 노즐은 다음과 같은 속도를 갖는다.

$$V_A = \omega r = \left(100\,\frac{\text{rev}}{\text{min}}\right)\left(\frac{2\pi\,\text{rad}}{\text{rev}}\right)\left(\frac{1\,\text{min}}{60\,\text{s}}\right)(0.3\,\text{m}) = 3.141\,\text{m/s}$$

따라서 고정된 검사체적(디스크)을 내려다보고 있는 고정된 관찰자가 경험하는, 열린 검사표면을 통해 각 노즐로부터 분사되는 물의 접선방향 출구속도는 다음과 같다.

$$V_f = -V_A + V_{f/A} \tag{1}$$
$$V_f = -3.141\,\text{m/s} + 4.775\,\text{m/s} = 1.633\,\text{m/s}$$

각운동량 만약 z축에 대해 각운동량 방정식을 적용한다면, 물의 유동속도가 z축을 향하기 때문에 입구 검사표면 C에서는 어떠한 각운동량도 발생하지 않을 것이다. 하지만 물이 검사체적을 떠날 때에는 그곳에서 접선방향의 유동속도 $\mathbf{V}_f$를 가지므로 z축에 대해 각운동량을 발생시킬 것이다. V_f에 의해 발생되는 두 모멘트의 벡터 외적은 그 속도의 스칼라 모멘트로 표현될 수 있다. 이들 모멘트는 서로 같고, 유동은 정상상태이므로 다음과 같이 된다.

$$\Sigma \mathbf{M} = \frac{\partial}{\partial t} \int_{cv} (\mathbf{r} \times \mathbf{V})\rho\,dV + \int_{cs} (\mathbf{r} \times \mathbf{V})\rho\mathbf{V}_{f/cs} \cdot d\mathbf{A}$$

$$\Sigma M_z = 0 + 2r_A V_f(\rho V_{f/A} A_A) \tag{2}$$

$$M = 2(0.3\,\text{m})(1.633\,\text{m/s})(1000\,\text{kg/m}^3)(4.775\,\text{m/s})\left[\pi(0.01\,\text{m})^2\right]$$

$$M = 1.47\,\text{N} \cdot \text{m} \qquad\qquad Ans.$$

만약 축에 가해지는 마찰토크가 0이면, 스프링클러 팔의 각속도 ω는 상한을 가진다. 이 값을 결정하기 위해 $V_A = \omega(0.3 \text{ m})$를 식 (1)에 넣고 정리하면 다음과 같이 쓸 수 있다.

$$V_f = -\omega(0.3 \text{ m}) + 4.775 \text{ m/s}$$

위의 결과값을 식 (2)에 대입하면 다음과 같다.

$$0 = 2(0.3 \text{ m})[-\omega(0.3 \text{ m}) + 4.775 \text{ m/s}](1000 \text{ kg/m}^3)(4.775 \text{ m/s})[\pi(0.01 \text{ m})^2]$$
$$\omega = 15.92 \text{ rad/s} = 152 \text{ rev/min}$$

예제 6.9

그림 6-14a의 축류펌프는 $r_m = 80$ mm 평균 반경의 블레이드가 장착된 임펠러를 가지고 있다. 임펠러가 $\omega = 120$ rad/s의 각속도로 회전하는 동안 펌프를 통해서 0.1 m³/s의 유량으로 물을 토출할 때, 임펠러에 공급해야 할 평균 토크 **T**를 구하시오. 임펠러의 열린 단면적은 0.025 m²이다. 그림 6-14b에 나타낸 것처럼, 물은 펌프의 축을 따라 블레이드 위로 이동되고, 5 m/s의 접선성분 속도를 가지고 블레이드를 떠난다.

풀이

유체 설명   임펠러로부터 약간 먼 위치에서 펌프를 통해 흐르는 유동은 시간 평균화된 관점에서 정상유동으로 간주될 수 있다. 여기서 물은 이상유체로 간주하고, 밀도는 $\rho = 1000$ kg/m³이다.

검사체적과 자유물체도   이전 예제에서처럼, 임펠러와 임펠러 주변을 둘러싸고 있는 물을 포함하도록 고정된 검사체적을 설정한다. 임펠러에 작용하는 토크는 그림 6-14c 자유물체도에 나타나 있다. 자유물체도에 표시되지는 않았지만 검사체적에 작용하는 힘으로써, 물과 블레이드의 무게, 그리고 닫힌 검사표면의 가장자리 주위 압력에 의한 힘이 있다. 이 힘들은 열린 검사표면에 작용하는 p_{ent}와 p_{exit}과 더불어 축에 대하여 그 어떠한 토크도 생산하지 않는다.

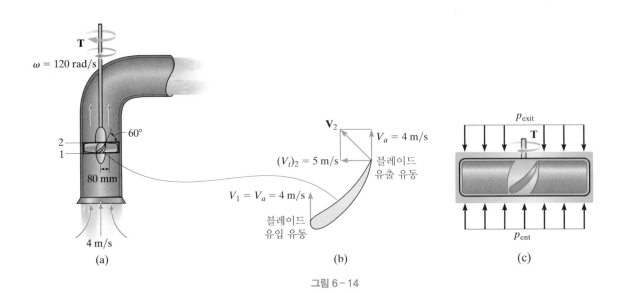

그림 6-14

펌프에 의해 축 위에 작용하는 토크를 결정하기 위하여 각운동량 방정식을 반드시 적용해야 한다.

연속방정식 각 열린 검사표면을 통해 흐르는 유량은 $\mathbf{V}$의 축방향성분을 사용하여 결정할 수 있다. 검사표면의 면적이 일정하므로, 연속방정식의 적용으로부터 다음과 같은 결론을 얻는다.

$$\frac{\partial}{\partial t}\int_{cv}\mathbf{V}\rho\,dV + \int_{cs}\rho\mathbf{V}_{f/cs}\cdot d\mathbf{A} = 0$$

$$0 - \rho V_{a1}A + \rho V_{a2}A = 0$$

$$V_{a1} = V_{a2}$$

그러므로 그림 6-14b에서와 같이 축방향 유동속도가 서로 동일하며, 다음과 같이 V_a를 계산할 수 있다.

$$Q = V_a A; \qquad 0.1\,\text{m}^3/\text{s} = V_a\big(0.025\,\text{m}^2\big)$$

$$V_a = 4\,\text{m/s}$$

각운동량 회전축에 대하여 각운동량 방정식을 적용하면, 정상유동에 대해 다음과 같이 쓸 수 있다.

$$\Sigma\mathbf{M} = \frac{\partial}{\partial t}\int_{cv}(\mathbf{r}\times\mathbf{V})\rho\,dV + \int_{cs}(\mathbf{r}\times\mathbf{V})\rho\mathbf{V}_{f/cs}\cdot d\mathbf{A}$$

$$T = 0 + \int_{cs}r_m V_t\rho V_a\,dA \qquad (1)$$

여기서 벡터 외적은 물의 속도 $\mathbf{V}$의 접선성분 $\mathbf{V}t$의 모멘트에 의해서 대체된다. 그림 6-14b에서 보는 바와 같이, 오직 이 성분만 회전축에 대한 모멘트를 생산한다. 또한 열린 검사표면을 통해 흐르는 유량은 오직 $\mathbf{V}$의 축방향성분으로부터 결정된다. 즉 $\rho\mathbf{V}_{f/cs}\cdot d\mathbf{A}=\rho V_a dA$이다. 따라서 두 검사표면에 대해 적분하면 다음과 같다.

$$T = r_m(V_t)_2(\rho V_a A) + r_m(V_t)_1(-\rho V_a A) \qquad (2)$$

그림 6-14b에 나타나 있듯이, 유량이 $V_a=4$ m/s의 축방향 속도로 블레이드로 흘러 들어오기 때문에 검사표면 1에서 접선방향의 속도성분 $V_{t1}=0$이다. 토크로 인해 블레이드의 상단에서 임펠러에 의한 물의 속도는 $\mathbf{V}_2=\mathbf{V}_a+(\mathbf{V}_t)_2$가 되지만, 이미 언급된 대로 단지 접선성분만이 각운동량을 생성한다.

위의 결과를 식 (2)에 대입하면 다음과 같다.

$$T = (0.08\,\text{m})(5\,\text{m/s})\big[\,(1000\,\text{kg/m}^3)(4\,\text{m/s})(0.025\,\text{m}^2)\,\big] - 0$$

$$= 40\,\text{N}\cdot\text{m} \qquad\qquad Ans.$$

축류펌프의 더 자세한 분석은 14장에서 다룰 것이다.

*6.5 프로펠러와 풍력터빈

프로펠러와 풍력터빈은 둘 다 회전하는 축에 장착된 다양한 블레이드를 사용함으로써 나사와 같이 동작한다. 보트나 항공기의 프로펠러는 유체가 블레이드를 통해서 흐를 때 **토크**를 가해서 프로펠러 전면 유체의 선형 운동량을 증가시킨다. 이러한 운동량 변화는 프로펠러 위에 반력을 만들고, 그 반력만큼 유체를 앞으로 민다. 풍력터빈은 바람이 프로펠러를 통과할 때 반대 원리로 작동하여 유체 에너지를 얻어내거나, 바람으로부터 **토크**를 만들어낸다.

이러한 두 장치의 설계는 익형(또는 비행기 날개)을 설계할 때 사용되는 것과 동일한 원리에 기초를 두고 있다. 참고문헌 [3]과 [5]를 참조하라. 그러나 이 절에서는 간단한 해석을 통해서 이러한 장치가 작동하는 원리에 대해 관심을 가질 것이다. 먼저 프로펠러에 대해서 논의한 후 풍력터빈에 대해서도 살펴볼 것이다. 이 두 경우에 있어서 유체는 **이상유체**로 가정한다.

프로펠러　유동을 정상유동으로 간주하기 위해 프로펠러의 중심에 대하여 상대적으로 그 유동을 관찰할 것이다. 따라서 정지해 있는 것으로 가정할 것이다.* 이 검사체적은 프로펠러를 배제하지만, 프로펠러를 통해서 흐르는 유체의 후류(slip-stream)를 포함한다. 왼쪽 검사표면 1에서 유체는 V_1 속도로 프로펠러를 향해 흐른다. 그림 6-15b와 같이 1에서 3까지 검사체적 내 유체는 감속된 압력(또는 증가된 흡입)으로 인해 가속된다. 만약 프로펠러가 매우 많은 얇은 블레이드를 가지고 있다고 가정한다면, 속도 V는 그림 6-15a와 6-15c에서 볼 수 있듯이 유체가 3에서 4까지 프로펠러를 통과하여 흐를 때 필수적으로 일정한 값이 된다. 프로펠러의 오른쪽에서 발생하는 증가된 압력은 그림 6-15b와 같이 4에서 2까지 유동을 더 가속시킨다. 마지막으로, 질량유량의 연속성으로 인해 검사표면 2에서 속도 V_2는 그림 6-15a에서와 같이 검사표면 또는 후류의 경계가 좁아지기 때문에 증가한다.

이 유동의 설명은 유체와 프로펠러가 부착된 하우징 사이의 상호효과를 무시하였기 때문에 다소 단순화되었음을 인식하자. 또한 그림 6-15a에서 1에서 2까지 상·하부 닫힌 검사표면에서 그 경계는 검사체적 외부의 정지된 공기와 내부의 유동 사이에 불연속성을 가지고 있다. 반면 두 경계 사이에서는 부드러운 속도분포를 가지고 있다. 마지막으로 이러한 축방향 유동에 추가하여, 프로펠러는 또한 회전운동을 통해 공기에 소용돌이를 전달한다. 지금까지 언급된 이러한 효과들은 이 절의 해석에서 무시한다.

선형 운동량　선형 운동량 방정식이 검사체적 내의 유체에 대해 수평방향으로 적용되면, 그림 6-15d의 자유물체도에 가해지는 수평적 힘은 오직 프로펠러에 의해서만 발생한다(운전 중에 모든 검사표면 밖에서 작용하는 압력은 일정하고 유

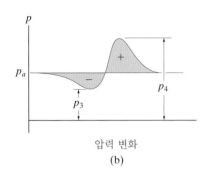

(a)

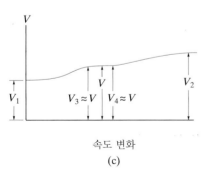

압력 변화

(b)

속도 변화

(c)

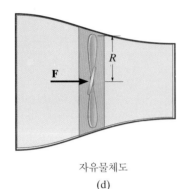

자유물체도

(d)

그림 6-15

---

* 두 경우에 대해서 해석방법이 같기 때문에, 프로펠러의 중심이 V_1의 속력으로 왼쪽으로 움직이는 경우도 동일하게 고려할 수 있다.

동이 없는 대기압이다. 즉, 계기압력은 0이다). 그러므로

$$\Sigma \mathbf{F} = \frac{\partial}{\partial t} \int_{cv} \mathbf{V}\rho \, dV + \int_{cs} \mathbf{V}\rho \mathbf{V}_{f/cs} \cdot d\mathbf{A}$$

$$F = 0 + V_2(\rho V_2 A_2) + V_1(-\rho V_1 A_1)$$

유량은 프로펠러의 반경 R에 의해 $Q = V_2 A_2 = V_1 A_1 = VA = V\pi R^2$로 표현되므로, 힘 F는 다음과 같이 쓸 수 있다.

$$F = \rho \left[V(\pi R^2) \right](V_2 - V_1) \tag{6-7}$$

그림 6-15c에 표현된 것처럼 속도는 $V_3 = V_4 = V$이고, 단면 3과 4 사이에 어떠한 운동량 변화도 발생하지 않는다. 그러므로 프로펠러에 의한 힘 F는 그림 6-15d에서 프로펠러 양면에 작용하는 압력의 차이에 관하여 다시 표현될 수 있다. 즉 $F = (p_4 - p_3)\pi R^2$이다. 그러므로 위의 방정식은 다음과 같이 된다.

$$p_4 - p_3 = \rho V(V_2 - V_1) \tag{6-8}$$

이제 V를 V_1과 V_2로 표현하는 것이 필요하다.

베르누이 방정식   베르누이 방정식 $p/\gamma + V^2/2g + z = $ 상수는 점 1과 3 사이와 점 4와 2 사이의 유선을 따라서 적용할 수 있다.[*] (계기)압력 $p_1 = p_2 = 0$을 적용하면 다음과 같은 식을 얻는다.

$$0 + \frac{V_1^2}{2g} + 0 = \frac{p_3}{\gamma} + \frac{V^2}{2g} + 0$$

그리고

$$\frac{p_4}{\gamma} + \frac{V^2}{2g} + 0 = 0 + \frac{V_2^2}{2g} + 0$$

이 방정식을 $p_4 - p_3$에 대해서 풀면 다음과 같다.

$$p_4 - p_3 = \frac{1}{2}\rho(V_2^2 - V_1^2)$$

마지막으로 이 방정식을 식 (6-8)과 같게 두면 다음을 얻는다.

$$V = \frac{V_1 + V_2}{2} \tag{6-9}$$

이 결과는 처음 유도한 William Froude의 이름을 따서 **프라우드 이론**(Froude's theorem)으로 알려져 있다. 프로펠러를 통해서 흐르는 유동의 속도는 상류 및 하류의 평균 속도를 의미한다. 이 속도를 식 (6-7)에 대입하면 유체에 가해지는 프로펠러의 힘(추력)은 다음과 같다.

프로펠러의 각속도 ω는 프로펠러의 길이 방향에 있는 점들이 v=ωr 식에 의해 서로 다른 속도를 가지도록 한다. 공기의 흐름과 일정한 받음각을 유지하기 위해서는 프로펠러의 블레이드가 상당한 비틀림각을 가져야 한다.

---

[*] 검사체적 내에서 프로펠러에 의해 에너지가 유체로 들어오기 때문에 점 3과 4 사이에서 이 방정식을 쓸 수 없다. 그리고 이 영역 내에서의 유동은 비정상유동이다.

$$F = \frac{\rho \pi R^2}{2} (V_2^2 - V_1^2) \tag{6-10}$$

동력과 효율 프로펠러의 **출력 동력**(power output)은 추력 $\mathbf{F}$에 의해 행해진 일의 시간변화율 때문에 생성된다. 만약 그림 6-15a에서 프로펠러 앞의 유체가 정지해 있고, 프로펠러가 비행기에 고정되어 V_1의 속도로 앞으로 움직인다고 생각하면, 그때 추력 $\mathbf{F}$에 의해 생성되는 출력 동력은 다음과 같다.

$$\dot{W}_o = FV_1 \tag{6-11}$$

입력 동력(power input)은 후류의 속도를 V_1에서 V_2로 증가시키는 데 필요한 일의 시간변화율이다. 유체가 프로펠러를 통해서 속도 V를 가지기 위해서 요구되는 입력 동력은 다음과 같다.

$$\dot{W}_i = FV \tag{6-12}$$

마지막으로 **이상효율**(ideal efficiency) η_{prop}은 입력 동력에 대한 출력 동력의 비율이며, 다음과 같이 나타낸다.

$$\eta_{\mathrm{prop}} = \frac{\dot{W}_o}{\dot{W}_i} = \frac{2V_1}{V_1 + V_2} \tag{6-13}$$

마찰손실 때문에 효율이 결코 1(또는 100%)이 될 수 없지만, 일반적으로 프로펠러의 **실제 효율**은 프로펠러가 장착된 비행기나 보트의 속도가 증가함에 따라 같이 증가한다. 하지만 비행기나 보트의 속도가 증가하더라도 어느 순간부터 실제 효율이 감소하기 시작하는 지점이 있다. 이것은 비행기 프로펠러에서 블레이드의 끝이 음속에 도달하거나 초과할 때 발생한다. 이 현상이 발생할 때 프로펠러 표면 근방에서 발생하는 항력은 공기의 압축성으로 인해 현저하게 증가한다. 또한 보트의 경우에는 블레이드 끝의 압력이 증기압에 도달할 때, 공동현상이 발생하여 실제 효율이 줄어든다. 실험으로부터 확인된 비행기 프로펠러의 실제 효율은 대략 60~80%인 반면, 상대적으로 작은 직경의 프로펠러를 가진 보트의 경우 40~60%의 더 낮은 실제 효율을 가진다.

풍력터빈 풍력터빈과 풍차는 바람으로부터 운동에너지를 가져온다. 그림 6-16에 나와 있는 것처럼 이러한 장치에 대한 유동 패턴은 프로펠러와 반대이고, 블레이드를 통해 흘러나오는 후류는 더 넓어진다. 프로펠러에 대해 사용한 방법과 비슷한 해석을 사용하여 프라우드 이론을 적용하면 다음과 같다.

$$V = \frac{V_1 + V_2}{2} \tag{6-14}$$

동력과 효율 식 (6-10)과 유사한 유도과정을 사용하면, 블레이드에 작용하는 풍력은 다음과 같다.

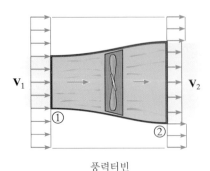

풍력터빈

그림 6-16

$$F = \frac{\rho \pi R^2}{2}\left(V_1^2 - V_2^2\right)$$

여기서 블레이드를 통과하는 바람은 $A = \pi R^2$의 단면적과 V의 속도를 가진다. 그러므로 **출력 동력** $\dot{W}_o$은 다음과 같이 쓸 수 있다.

$$\dot{W}_o = \frac{1}{2}\rho V A\left(V_1^2 - V_2^2\right) \qquad (6\text{-}15)$$

위 식은 바람이 블레이드를 통해 지나올 때 발생하는 운동에너지 손실의 시간변화율을 나타낸다.

통상적으로 입력 동력은 속도 V_1을 방해하는 블레이드의 존재를 고려하지 않고 블레이드에 의해 휩쓸리는 면적 πR^2을 관통하여 지나가는 바람의 운동에너지의 시간변화율로써 정의된다. 질량유량이 $\dot{m} = \rho A V_1$이므로, $\dot{W}_i = \frac{1}{2}\dot{m}V_1^2 = \frac{1}{2}(\rho A V_1)V_1^2$이다. 따라서 풍력터빈의 효율 η_{turbine}은 다음과 같다.

$$\eta_{\text{turbine}} = \frac{\dot{W}_o}{\dot{W}_i} = \frac{\frac{1}{2}\rho V A\left(V_1^2 - V_2^2\right)}{\frac{1}{2}(\rho A V_1)V_1^2} = \frac{V\left(V_1^2 - V_2^2\right)}{V_1^3}$$

식 (6-14)를 대입하면 다음과 같이 간단해진다.

$$\eta_{\text{turbine}} = \frac{1}{2}\left[1 - \left(\frac{V_2^2}{V_1^2}\right)\right]\left[1 + \left(\frac{V_2}{V_1}\right)\right] \qquad (6\text{-}16)$$

η_{turbine}을 V_2/V_1의 함수로 그리면, η_{turbine}은 **최댓값 0.593**을 갖는 것을 알 수 있다.* 다시 말하면, 풍력터빈은 풍력 전체 에너지의 59.3%를 추출할 수 있다. 이 값은 1919년에 이 식을 유도한 독일의 물리학자 이름을 따서 **베츠의 법칙**(Betz's law)으로 알려져 있다. 풍력터빈들은 일반적으로 특정 풍력속도에서 정격동력을 가지지만, 전력산업에 사용되는 풍력터빈들은 그것의 성능을 **성능인자**(capacity factor)에 기반하여 평가한다. 성능인자는 1년 동안 정격 출력동력에 대한 실제 출력동력의 비율이다. 최근 설치된 풍력터빈에 대한 성능인자는 0.3~0.4 사이의 값을 가진다. 참고문헌 [6]을 참조하라. 또한 작동효율에 대해, 두 터빈들 사이를 관통하는 바람의 간섭은 그 터빈들이 적어도 블레이드 길이의 10배만큼 떨어져 있을 때 최소화된다.

풍력터빈은 에너지를 수확하는 장치로서 인기를 얻고 있다. 비행기의 프로펠러처럼 각 날개는 익형(비행기 날개)처럼 작동한다. 여기에 제시된 단순화된 해석은 기본원리를 제시하지만, 비행기의 날개로서 프로펠러를 다룰 때는 더 복잡한 계산을 해야 한다.

예제 6.10

작은 보트에 장착된 모터는 60 mm 반경의 프로펠러를 가지고 있다. 만약 보트가 2 m/s의 속도로 이동하고 0.04 m³/s의 유량을 분사할 때, 보트에 작용하는 추력과 이상효율을 결정하시오.

풀이

유체 설명 보트에 대하여 상대적으로 유동을 관찰할 때, 그 유동은 정상상태이고 물은

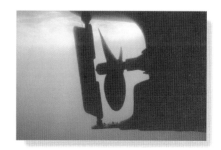

(© Carver Mostardi/Alamy)

---

* 연습문제 6-73을 참조하라.

$\rho = 1000 \text{ kg/m}^3$의 밀도를 가지는 비압축성 유체이다.

해석   프로펠러를 통해 흐르는 물의 평균 속도는 다음과 같다.

$$Q = VA; \qquad\qquad 0.04 \text{ m}^3/\text{s} = V[\pi(0.06 \text{ m})^2]$$
$$V = 3.537 \text{ m/s}$$

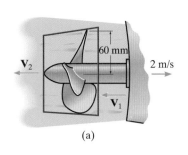

정상유동을 얻기 위해 검사체적은 프로펠러와 함께 움직이고 있으며, 이때 프로펠러로 유입되는 유동속도 V_1은 그림 6-17a에 나타나 있듯이 2 m/s의 값을 가진다. 식 (6-9)를 이용하여 검사체적으로부터 유출되는 속도 V_2를 구할 수 있다.

$$V = \frac{V_1 + V_2}{2}; \qquad V_2 = 2\,(3.537 \text{ m/s}) - 2 \text{ m/s} = 5.074 \text{ m/s}$$

그림 6-17b에서 보듯이 보트에 작용하는 추력을 얻기 위해 식 (6-10)을 적용하면 다음과 같다.

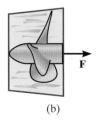

(b)

그림 6-17

$$F = \frac{\rho \pi R^2}{2}(V_2{}^2 - V_1{}^2)$$
$$= \frac{(1000 \text{ kg/m}^3)\,(\pi)\,(0.06 \text{ m})^2}{2}\left[(5.074 \text{ m/s})^2 - (2 \text{ m/s})^2\right]$$
$$= 122.94 \text{ N} = 123 \text{ N} \qquad\qquad\qquad\qquad\qquad\quad \textit{Ans.}$$

출력 동력과 입력 동력은 식 (6-11)과 (6-12)로부터 각각 구할 수 있다.

$$\dot{W}_o = FV_1 = (122.94 \text{ N})\,(2 \text{ m/s}) = 245.88 \text{ W}$$
$$\dot{W}_i = FV = (122.94 \text{ N})\,(3.537 \text{ m/s}) = 434.82 \text{ W}$$

그러므로 프로펠러의 이상효율은 다음과 같다.

$$\eta = \frac{\dot{W}_o}{\dot{W}_i} = \frac{245.88 \text{ W}}{434.82 \text{ W}} = 0.5654 = 56.5\% \qquad\qquad \textit{Ans.}$$

같은 결과를 식 (6-13)으로부터도 얻을 수 있다.

$$\eta = \frac{2V_1}{V_1 + V_2} = \frac{2(2 \text{ m/s})}{(2 \text{ m/s}) + (5.074 \text{ m/s})} = 0.5654$$

6.6   가속운동 중인 검사체적에 대한 적용

어떤 경우에 있어서는 가속하고 있는, 고정된 크기와 형태를 가진 검사체적을 선택하여 해석하는 것이 더 편리할 때가 있다. 뉴턴의 제2법칙을 가속하고 있는 검사체적 내 유체에 대해 적용하면 다음과 같다.

$$\Sigma \mathbf{F} = \frac{d(m\mathbf{V})}{dt} \qquad\qquad\qquad\qquad (6\text{-}17)$$

만약 유체의 속도 $\mathbf{V}$가 고정된 관성좌표계로부터 측정된다면, $\mathbf{V}$는 검사체적의 속도 $\mathbf{V}_{cv}$와 검사표면에 대한 유체의 상대 속도 $\mathbf{V}_{f/cv}$를 더해준 것과 같다. 즉,

$$\mathbf{V} = \mathbf{V}_{cv} + \mathbf{V}_{f/cv}$$

이 식을 식 (6-17)에 대입하면 다음과 같다.

$$\Sigma\mathbf{F} = m\frac{d\mathbf{V}_{cv}}{dt} + \frac{d(m\mathbf{V}_{f/cv})}{dt} \qquad (6-18)$$

우변의 첫 번째 항은 유체 시스템의 질량과 검사체적의 가속도의 곱을 나타낸다. 우변의 두 번째 항이 가리키는 시간변화율은 $\boldsymbol{\eta} = m\mathbf{V}_{f/cv}/m = \mathbf{V}_{f/cv}$와 함께 레이놀즈 수송정리를 이용하여 다음과 같이 다시 표현할 수 있다.

$$\frac{d(m\mathbf{V}_{f/cv})}{dt} = \frac{\partial}{\partial t}\int_{cv}\mathbf{V}_{f/cv}\,\rho\,d\mathcal{V} + \int_{cs}\mathbf{V}_{f/cs}\,\rho\mathbf{V}_{f/cs}\cdot d\mathbf{A}$$

위의 식을 식 (6-18)에 대입하면,

$$\Sigma\mathbf{F} = m\frac{d\mathbf{V}_{cv}}{dt} + \frac{\partial}{\partial t}\int_{cv}\mathbf{V}_{f/cv}\,\rho\,d\mathcal{V} + \int_{cs}\mathbf{V}_{f/cs}\,\rho\mathbf{V}_{f/cs}\cdot d\mathbf{A} \qquad (6-19)$$

합력　　검사체적의　　운동량의 상대적　　　운동량의 상대적 대류변화
　　　　가속도와　　　국소변화
　　　　질량의 곱

이 결과는 가속하고 있는 검사체적에 작용하는 외력의 합은 검사체적 내에 포함된 **전체 질량**의 관성 효과와 검사체적 내 유체운동량의 국소변화율, 그리고 검사표면으로 유입 및 유출되는 유체운동량의 대류변화율, 이 3가지의 총합과 같다는 것을 가리킨다. 다음의 두 절에서 이 방정식의 중요한 응용문제를 다룰 것이다.

*6.7   터보제트와 터보팬

터보제트 또는 터보팬 엔진은 비행기의 추진을 위하여 주로 사용된다. 그림 6-18a에 나와 있듯이, **터보제트**(turbojet)는 터보제트의 전면으로부터 흡입된 공기를 **압축기**(compressor)라 불리는 여러 개의 팬을 통과시킴으로써 공기의 압력을 증가시킨다. 일단 공기가 고압 상태에 도달하면, 연료가 분사되고 연소실에서 발화가 된다. 그 결과 뜨거운 가스가 팽창하고 터빈을 통해 고속으로 빠져나간다. 가스의 운동에너지의 일부분은 터빈과 압축기에 연결된 축을 회전시키는 데 사용된다. 남은 에너지는 가스가 배기노즐로 분사되면서 비행기를 추진시키는 데 사용된다. 터보제트의 효율은 프로펠러와 같이 비행기의 속도가 증가할수록 증가한다. 그림 6-18b의 **터보팬 엔진**(turbofan engine)은 터보제트와 같은 원리로 작동하지만, 차이점은 터보제트를 둘러싸고 있는 덕트를 통해 흘러가는 공기의 일부분을 추진에 사용하여 유입공기를 추가적으로 확보할 수 있도록 압축기 전면에 장착되어 있는 팬이 축과 함께 회전한다는 것이다. 그로부터 추력을 더 증가시킬 수 있다.

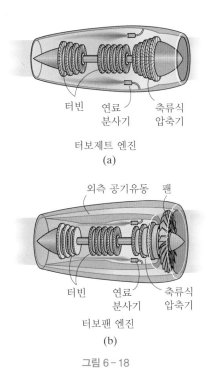

터빈　연료　　축류식
　　　분사기　압축기

터보제트 엔진
(a)

외측 공기유동　　팬

터빈　연료　　축류식
　　　분사기　압축기

터보팬 엔진
(b)

그림 6-18

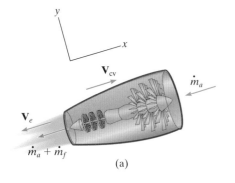

(a)

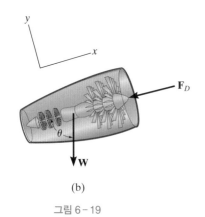

(b)

그림 6-19

터보제트(또는 터보팬)의 동작과 추력을 분석하기 위해서 그림 6-19a의 엔진을 고려해보자.* 여기서 검사체적은 엔진을 둘러싸고 있으며, 엔진 내 가스(공기)와 연료를 포함한다. 만약 엔진이 초기에 정지상태에 있다면 검사체적은 엔진과 함께 가속되고, 그래서 문제 해석을 위해 관찰 및 측정이 고정된(관성) 좌표계에 대하여 도출된 식 (6-19)를 반드시 사용해야 한다. 단순화를 위해 엔진을 통해 흐르는 유동이 1차원, 비압축성 정상유동이라 가정하자. 그림 6-19b에서 검사체적의 자유물체도에 작용하는 힘은 엔진의 무게 $\mathbf{W}$와 대기의 항력 $\mathbf{F}_D$로 구성된다. 흡입구 및 출구의 공기는 대기압 상태에 있기 때문에 흡입구 및 출구의 검사표면에 작용하는 계기압력은 0이다. 결과적으로 식 (6-19)에서 엔진에 적용된 정상유동에 대한 식은 다음과 같다.

$$(+\nearrow) \quad -W\cos\theta - F_D = m\frac{dV_{\mathrm{cv}}}{dt} + 0 + \int_{\mathrm{cs}} V_{f/\mathrm{cs}}\,\rho\,\mathbf{V}_{f/\mathrm{cs}}\cdot d\mathbf{A}$$

위 식의 우변 마지막 항은 흡입구에서 공기유동이 $(\mathbf{V}_{f/\mathrm{cs}})_i = -\mathbf{V}_{\mathrm{cv}}$의 상대 속도를 가지고 있고, 배기구에서 연료와 공기의 혼합물은 $(\mathbf{V}_{f/\mathrm{cs}})_e = \mathbf{V}_e$의 상대 속도를 가지고 있음을 알기 때문에 계산이 가능하다. 그러므로 부호규약에 따라,

$$-W\cos\theta - F_D = m\frac{dV_{\mathrm{cv}}}{dt} + (-V_{\mathrm{cv}})(-\rho_a V_{\mathrm{cv}} A_i) + (-V_e)(\rho_{a+f} V_e A_e)$$

흡입구에서 $\dot{m}_a = \rho_a V_{\mathrm{cv}} A_i$이고, 배기구에서 $\dot{m}_a + \dot{m}_f = (\rho_{a+f} V_e A_e)$이다. 그러므로 식 (6-19)는 다음과 같이 된다.

$$-W\cos\theta - F_D = m\frac{dV_{\mathrm{cv}}}{dt} + \dot{m}_a V_{\mathrm{cv}} - (\dot{m}_a + \dot{m}_f)V_e \qquad (6\text{-}20)$$

엔진의 추력은 엔진 및 엔진 내부 내용물의 질량에 작용하는 관성력, $m(dV_{\mathrm{cv}}/dt)$와 함께 좌변의 두 힘을 반드시 극복해야 한다. 다시 말하면 엔진의 추력은 질량유동에 의해 야기되는 결과로써, 다음과 같이 식 (6-20) 우변의 마지막 두 항으로 표현된다.

$$T = (\dot{m}_a + \dot{m}_f)V_e - \dot{m}_a V_{\mathrm{cv}} \qquad (6\text{-}21)$$

이것이 바로 검사체적의 자유물체도에 추력을 표시하지 않은 이유이다.

6.8 로켓

로켓 엔진은 고체 또는 액체 형태의 연료를 사용한다. 고체연료를 사용하는 엔진은 연료의 균일한 연소가 가능한 형태로 추진체를 설계함으로써 일정한 추력을 생산하기 위해 고안되었다. 일단 발화가 진행되면 추력을 제어할 수 없다. 액체연료 엔진은 파이프, 펌프 및 압력 탱크의 사용과 관계되어 더 복잡한 설계가 요구된다. 액체연료 엔진은 연소실로 연료가 들어올 때 산화제를 액체연료와 혼합함으로써

상업용 제트 여객기에 장착되어 있는 터보팬 엔진

---

* 이 논의에서 엔진은 비행기 혹은 고정된 지지대에 장착되지 않는다.

동작한다. 추력의 제어는 연료의 유동을 적절하게 제어함으로써 가능하다.

이러한 로켓들의 성능은 터보제트에 적용된 것과 동일한 과정으로 선형 운동량 방정식을 사용함으로써 평가할 수 있다. 그림 6-20a에 나타낸 것처럼 검사체적을 로켓 전체로 간주한다면, 무게가 그림 6-20b와 같이 수직적으로 아래를 향하고, 오직 연료만 사용되기 때문에 $\dot{m}_a = 0$이라는 것을 제외하고 식 (6-20)을 적용할 수 있다.

$$(+\uparrow) \quad -W - F_D = m\frac{dV_{cv}}{dt} - \dot{m}_f V_e \tag{6-22}$$

이 방정식의 수치적 적용은 예제 6.12에서 주어진다.

(a)   (b)

그림 6-20

> 요점정리

- 프로펠러는 유체가 블레이드 쪽으로 움직이다가 블레이드를 통과할 때 프로펠러 앞에 있는 유체의 선형 운동량을 증가시키게 하는, 나사처럼 작동하는 추진장치이다. 풍력터빈은 프로펠러와 반대 방식으로 작동한다. 즉 바람으로부터 에너지를 빼앗아서 바람의 운동량을 감소시킨다. 선형 운동량 및 베르누이 방정식을 사용함으로써 위 두 장치의 작동을 간단하게 해석할 수 있다.
- 만약 가속운동을 하고 있는 검사체적을 선택하면, 운동량 방정식은 반드시 검사체적 내 질량에 대한 관성을 설명하는 추가적인 항 $m(dV_{cv}/dt)$를 포함시켜야 한다. 이 항은 뉴턴의 제2법칙이 운동량 방정식의 기초이기 때문에 반드시 포함되어야 하고, 비가속 또는 관성 기준 좌표계로부터 측정되어야 한다.
- 운동량 방정식은 터보제트나 로켓의 운동을 해석하는 데 사용된다. 추력은 엔진으로부터 나오는 질량유량과 관계된 결과 항이기 때문에 자유물체도에는 표현하지 않는다.

(© AF archive/Alamy)

> 예제 6.11

그림 6-21a에서 제트 비행기는 140 m/s의 일정한 속력으로 고도 비행을 하고 있다. 2개의 터보제트 엔진은 각각 3 kg/s의 질량유량으로 연료를 소모한다. 온도가 15°C인 공기가 0.15 m²의 단면적을 가지고 있는 흡입구로 들어간다. 비행기에서 측정된 배기구의 속도가 700 m/s의 상대 속도를 가질 때 비행기에 작용하는 항력을 구하시오.

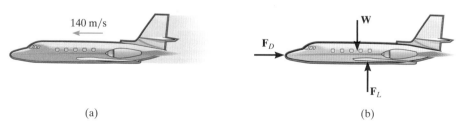

(a)   (b)

그림 6-21

풀이

유체 설명   이 문제는 비행기에 대하여 상대적으로 측정된 정상유동의 경우이다. 엔진 내부의 공기는 압축성이나, 이 문제에서는 배기속도를 알고 있기 때문에 압축성 효과를 고려하지 않아도 된다. 부록 A를 참고하면 $T = 15°C$에서 $\rho_a = 1.23 \ kg/m^3$이다.

해석   항력을 측정하기 위해 그림 6-21a에서 비행기 전체와 2개의 엔진, 그리고 엔진 내부의 공기 및 연료를 모두 검사체적으로써 고려할 것이다. 이 검사체적은 $V_{cv} = 140 \ m/s$의 일정한 속력으로 움직이므로 각각의 엔진으로 흐르는 공기의 질량유량은 다음과 같다.

$$\dot{m}_a = \rho_a V_{cv} A = (1.23 \ kg/m^3)(140 \ m/s)(0.15 \ m^2)$$
$$= 25.83 \ kg/s$$

질량보존 법칙을 만족하기 위해 같은 질량유량이 각각의 엔진을 통과해서 흐른다. 검사체적에 대한 자유물체도는 그림 6-21b에서 볼 수 있다. 2개의 엔진이 있다는 것을 감안하여 식 (6-20)을 적용하면 다음과 같다.

$$(\xleftarrow{+}) -W\cos\theta - F_D = m\frac{dV_{cv}}{dt} + \dot{m}_a V_{cv} - (\dot{m}_a + \dot{m}_f)V_e$$

$$0 - F_D = 0 + 2[(25.83 \ kg/s)(140 \ m/s) - (25.83 \ kg/s + 3 \ kg/s)(700 \ m/s)]$$

$$F_D = 33.13(10^3) \ N = 33.1 \ kN \qquad\qquad Ans.$$

비행기가 평형상태에 있기 때문에 이 항력은 엔진에 의해서 생성된 추력과 같다.

예제 6.12

그림 6-22에서 로켓과 로켓의 연료는 5 Mg의 초기질량을 가지고 있다. 로켓이 정지상태로부터 발사될 때 3 Mg의 연료는 $\dot{m}_f = 80 \ kg/s$의 비율로 감소하고 로켓에 대한 일정한 상대 속도 1200 m/s로 분사된다. 로켓의 최대 속도를 구하시오. 고도에 따른 중력 변화와 공기의 항력저항은 무시한다.

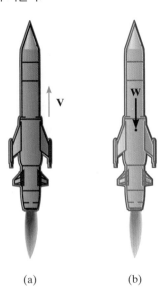

(a)   (b)

그림 6-22

풀이

유체 설명 연료의 유동은 로켓에 대하여 상대적으로 측정될 때 정상유동이다. 항력저항을 고려하지 않았기 때문에 로켓 주위의 공기의 압축 효과는 여기서 고려되지 않는다.

해석 그림 6-22a와 같이 검사체적은 로켓과 로켓 속의 내용물을 포함한다. 자유물체도가 그림 6-22b에 도시되어 있다. 이 문제에 대해 식 (6-20)을 적용하면 다음을 얻는다.

$$(+\uparrow) \quad -W = m\frac{dV_{cv}}{dt} - \dot{m}_f V_e$$

여기서 $V_{cv}=V$이고, 비행 중 어느 t의 순간에서 로켓의 질량은 $m=(5000-80t)$ kg이다. $W=mg$이므로 다음을 얻는다.

$$-[(5000-80t)\text{ kg}](9.81\text{ m/s}^2) = [(5000-80t)\text{ kg}]\frac{dV}{dt} - (80\text{ kg/s})(1200\text{ m/s})$$

이 방정식에서 엔진의 추력은 마지막 항에 표시되어 있다. 변수 분리 후 $t=0$일 때 $V=0$인 조건을 이용하여 적분을 수행하면 다음과 같다.

$$\int_0^V dV = \int_0^t \left(\frac{80(1200)}{5000-80t} - 9.81\right)dt$$

$$V = -1200\ln(5000-80t) - 9.81t \Big|_0^t$$

$$V = 1200\ln\left(\frac{5000}{5000-80t}\right) - 9.81t$$

최대 속도는 모든 연료가 배출되는 순간에 발생하고, 여기까지 걸린 시간 t'은 다음과 같다.

$$m_f = \dot{m}_f t'; \qquad 3(10^3)\text{ kg} = (80\text{ kg/s})t' \qquad t' = 37.5\text{ s}$$

그러므로

$$V_{max} = 1200\ln\left(\frac{5000}{5000-80(37.5)}\right) - 9.81(37.5)$$

$$V_{max} = 732\text{ m/s} \qquad\qquad Ans.$$

만약 공기저항을 포함하면 결과가 훨씬 복잡하게 나타난다. 13장에서 이 문제를 더 자세히 다룰 것이다.

참고문헌

1. J. R. Lamarch and A. J. Baratta, *Introduction to Nuclear Engineering*, Prentice Hall, Inc., Upper Saddle River, NJ, 2001.

2. J. A. Fry. *Introduction to Fluid Mechanics*, MIT Press, Cambridge, MA, 1994.

3. National Renewable Energy Laboratory, *Advanced Aerofoil for Wind Turbines(2000)*, DOE/GO-10098-488, Sept. 1998, revised Aug. 2000.

4. M. Fremond et al., "Collision of a solid with an incompressible fluid," *Journal of Theoretical and Computational Fluid Dynamics*, London, UK.

5. D. A. Griffin and T. D. Ashwill "Alternative composite material for megawatt-scale wind turbine blades: design considerations and recommended testing," *J Sol Energy Eng* 125:515-521, 2003.

6. S. M. Hock, R. W. Thresher, and P. Tu, "Potential for far-term advanced wind turbines performance and cost projections," *Sol World Congr Proc Bienn Congr Int Sol Energy Soc* 1:565-570, 1992.

7. B. MacIsaak and R. Langlon, *Gas Turbine Propulsion Systems*, American Institute of Aeronautics and Astronautics, Ruston, VA, 2011.

8. V. Streeter, et al., *Fluid Mechanics*, 9th edition, Mc Graw Hill, N. Y.

기초문제

6.1 – 6.2절

F6-1   물이 40 mm의 직경을 가지고 있는 엘보를 통해 0.012 m³/s 의 유량으로 배출되고 있다. 만약 A에서 입력이 160 kPa이면 엘보가 파이프에 작용하는 합력은 얼마인지 구하시오.

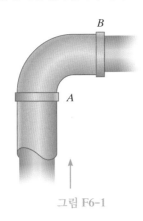

그림 F6-1

F6-3   직경 50 mm의 개방 파이프 AB로부터 물이 10 m/s의 속도로 흘러나오고 있다. 만약 유동이 3 m/s²의 비율로 가속된다면 A에서 파이프의 압력은 얼마인지 구하시오.

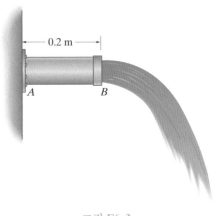

그림 F6-3

F6-2   무시가능할 정도의 무게를 가진 방패가 직경 40 mm인 물줄기를 60°의 각도로 막고 있다. 물줄기는 0.02 m³/s의 유량으로 분사되고, 분사되는 양의 30%가 위로 향한다고 하면 방패가 제자리를 유지하기 위해 필요한 합력은 얼마인지 구하시오.

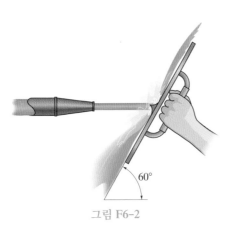

그림 F6-2

F6-4   원유가 같은 유량으로 Y자형 이음부품의 각각의 분지관을 흐른다. 만약 A에서의 압력이 80 kPa이라고 하면, 이음부품이 분지관에서 제 위치를 계속적으로 유지하는 데 필요한 A에서의 합력은 얼마인지 구하시오.

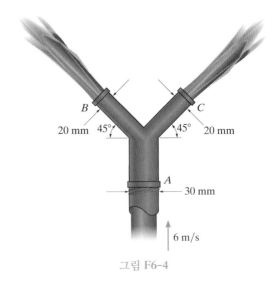

그림 F6-4

F6-5 테이블용 팬이 직경 0.25 m의 후류를 생성한다. 만약 공기가 블레이드를 떠나면서 20 m/s의 수평방향 속도를 가질 때 팬이 제자리에 있을 수 있도록 테이블이 팬에 가하는 수평 마찰력을 구하시오. 공기는 1.22 kg/m³의 일정한 밀도를 가지고 있고 블레이드의 오른쪽 바로 앞의 공기는 정지해 있다고 가정한다.

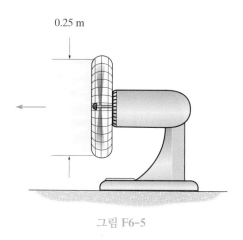

0.25 m

그림 F6-5

6.3절

F6-6 물이 직경 20 mm의 파이프로부터 나와서 1.5 m/s의 속도로 왼쪽으로 움직이는 베인을 타격한다. 그림에 나타낸 것처럼 물이 90°로 편향될 때 베인에 가해지는 합력을 구하시오.

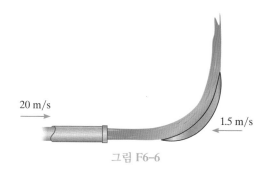

20 m/s   1.5 m/s

그림 F6-6

연습문제

6.1–6.2 절

E6-1 원형 파이프를 통해 흐르는 유동은 난류이고, 속도형상은 Prandtl의 1/7 멱급수 식인 $u = V_{max}(1 - r/R)^{1/7}$로 가정한다. 만약 ρ가 밀도이면, 파이프를 통해서 흘러가는 단위 시간당 유체의 운동량이 $(49/72)\pi R^2 \rho V_{max}^2$임을 보이고, V가 유동의 평균 속도일 때, $V_{max} = (60/49)V$가 됨을 보이시오. 또한 단위 시간당 운동량이 $(50/49)\pi R^2 \rho V^2$임을 보이시오.

r
R

그림 E6-1

E6-2 유체유동의 속도형상이 그림과 같이 포물선일 때, 길이가 0.2 m인 파이프에서 유체의 선형 운동량을 구하시오. 유동의 평균 속도를 사용한 유체의 선형 운동량과 이 결과를 비교하시오. 유체의 밀도는 $\rho = 800$ kg/m³이다.

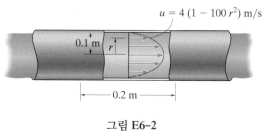

$u = 4(1 - 100\, r^2)$ m/s

0.1 m r

0.2 m

그림 E6-2

E6-3 기름이 8 m/s로 직경 200 mm의 파이프를 통해서 흐르고 있다. 노즐을 통해서 대기로 기름이 배출된다면, 파이프에 부착된 노즐을 유지하기 위해 연결면 AB의 볼트에 가해지는 합력은 얼마인지 구하시오. 기름의 밀도는 $\rho_o = 920$ kg/m³이다.

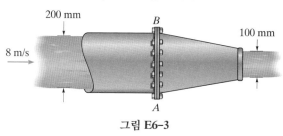

200 mm   B   100 mm

8 m/s

A

그림 E6-3

*E6-4 기름이 8 m/s의 속도로 직경 100 mm의 파이프를 흐르고 있다. 만약 A와 B에서 압력이 60 kPa이라면, 기름 유동이 엘보에 가하는 힘의 수평 및 수직성분이 얼마인지 구하시오. 기름 유동은 수평면에서 발생한다. 기름의 밀도는 $\rho_o = 900$ kg/m³이다.

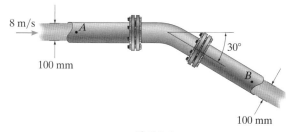

8 m/s   A

100 mm   30°

B

100 mm

그림 E6-4

E6-5 물제트가 4 m/s로 직경 100 mm의 파이프를 통해서 흐르고 있다. 그림에 나타난 것처럼 물제트가 고정된 베인을 타격하고 편향될 때, 물제트가 베인에 가하는 접선성분이 0이면, A와 B를 향해 흐르는 체적유량은 각각 얼마인지 구하시오.

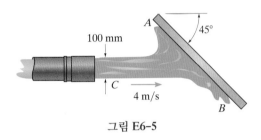

그림 E6-5

E6-6 물제트가 4 m/s로 직경 100 mm의 파이프를 통해서 흐르고 있다. 그림에 나타난 것처럼 물제트가 고정된 베인을 타격하고 편향될 때, 물 제트가 베인에 가하는 수직력을 구하시오.

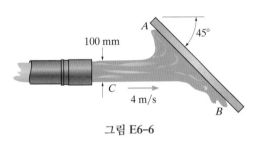

그림 E6-6

E6-7 보트가 50 mm 직경의 호스를 통해 물로 채워지고 있다. 만약 호스로부터 유출되는 물의 속도가 그림에서 보여지는 방향으로 $V_A = 8$ m/s라면, 보트를 제자리에 두기 위해 로프에 가해져야 하는 힘을 구하시오. 보트 내부 물의 수면은 수평적으로 유지되며, 수면의 변화율은 무시하는 것으로 가정한다.

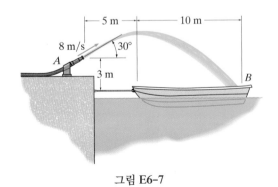

그림 E6-7

*E6-8 물이 0.05 m³/s의 유량으로 리듀싱 엘보(reducing elbow)를 흘러나오고 있다. A에서 엘보를 제자리에 두도록 하는 데 필요한 힘의 수평 및 수직성분을 결정하시오. 엘보의 무게와 크기, 그리고 엘보 내 물의 무게는 무시한다. 물은 B에서 대기로 방출된다.

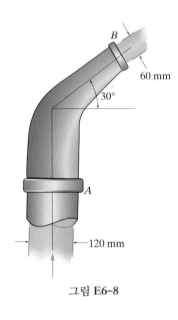

그림 E6-8

E6-9 물이 A점에서 8 m/s의 속도로 호스로부터 분출되고 있다. 물이 천장에 가하는 힘을 결정하시오. 천장과 충돌한 물이 다시 그 물줄기 속으로 유입되지 않는다고 가정한다.

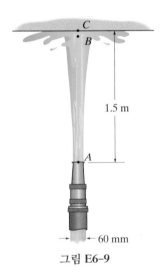

그림 E6-9

E6–10   1.25 m³/s의 체적유량이 파이프를 통해 흘러나오고 있다. 물이 파이프의 끝에 부착된 축소관에 작용하는 수평력을 결정하시오.

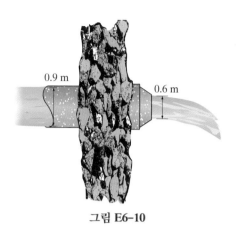

0.9 m   0.6 m

그림 E6–10

E6–11   물이 0.03 m³/s의 유량으로 리듀싱 엘보를 흘러나오고 있다. 엘보가 제자리에 있도록 하는 데 필요한 힘의 수평 및 수직성분을 결정하시오. 파이프와 엘보, 그리고 내부의 물은 총 80 kg의 질량을 가진다. 물은 B에서 대기로 방출된다.

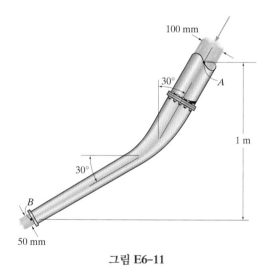

100 mm
30°
A
1 m
30°
B
50 mm

그림 E6–11

*E6–12   직경 40 mm의 파이프 AB가 있다. 만약 물이 0.015 m³/s의 비율로 흘러나올 때, 파이프가 제자리에 있도록 A에 가해져야 하는 힘의 수평 및 수직성분을 결정하시오. 파이프와 파이프 내부 물은 총 9 kg의 질량을 가진다.

E6–13   파이프 AB가 40 mm의 직경을 가진다. 만약 A에서 작용하는 수직 장력이 300 N을 초과할 수 없다면, 파이프를 통해 흐를 수 있는 최대 체적유량을 결정하시오. 파이프와 내부의 물은 총 9 kg의 질량을 가진다.

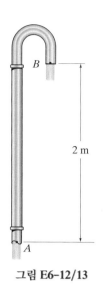

B
2 m
A

그림 E6–12/13

E6–14   질량 m의 반구형 그릇이 직경 d의 노즐로부터 배출되는 수직방향의 물제트에 의해 평형상태를 유지하고 있다. 체적유량이 Q일 때, 그릇이 정지되는 높이 h를 구하시오. 물의 밀도는 ρ_w이다.

E6–15   500 g의 반구형 그릇이 직경 10 mm의 노즐로부터 배출되는 수직방향의 물제트에 의해 평형상태를 유지하고 있다. 그릇의 높이 h를 노즐로부터 나오는 물의 체적유량 Q의 함수로 표현하시오. 0.5(10⁻³) m³/s ≤ Q ≤ 1(10⁻³) m³/s에 대해서 Q에 대한 높이 h(수직축)를 그래프로 그리시오. 유량의 증가분은 ΔQ = 0.1(10⁻³) m³/s이다.

h

그림 E6–14/15

*E6–16 직경이 40 mm인 노즐이 있다. 물이 고정된 블레이드를 향하여 20 m/s의 속도로 배출될 때, 물에 의해서 블레이드에 가해지는 수평력을 구하시오. 블레이드는 물을 $\theta=45°$의 각도로 균일하게 나누는 것으로 가정한다.

E6–17   직경이 40 mm인 노즐이 있다. 물이 고정된 블레이드를 향하여 20 m/s의 속도로 배출될 때, 물에 의해서 블레이드에 가해지는 수평력을 블레이드 각도 θ의 함수로 표현하시오. $0°\le\theta\le75°$에 대해서 θ에 대한 힘(수직축)을 그래프로 그리시오. 각도의 증가분은 $\Delta\theta=15°$이다. 블레이드는 물을 균등하게 나누는 것으로 가정한다.

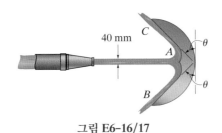

그림 E6-16/17

E6–18   기름이 A에서 파이프를 통해 6 m/s의 속도로 흐르고 있다. 만약 A에서 압력이 65 kPa이라면, C에서 직경이 더 큰 파이프에 뚜껑을 붙잡고 있는 이음을 따라 발달되는 수평 전단합력을 결정하시오.

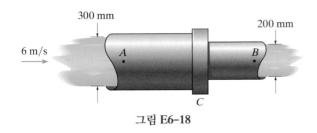

그림 E6-18

E6–19   직경이 40 mm인 파이프에서 디스크 밸브는 물의 유량을 0.008 m³/s가 되도록 제어하는 데 사용되고 있다. 밸브가 x의 위치에서 닫혀 있을 때, 그 위치에서 밸브를 유지하는 데 필요한 힘 $\mathbf{F}$를 결정하시오.

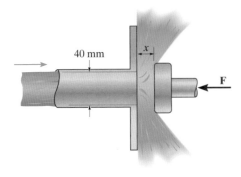

그림 E6-19

*E6–20 물제트가 직경 80 mm의 파이프로부터 9 m/s의 정상유동 속도로 분출되고 있다. 물제트가 그림에 나타낸 것처럼 평판을 타격한 후 비스듬하게 편향될 때, 물제트가 평판에 가하는 수직력을 결정하시오.

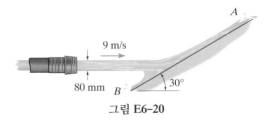

그림 E6-20

E6–21   물제트가 직경 80 mm의 파이프로부터 9 m/s의 정상유동 속도로 분출되고 있다. 물제트가 그림에 나타낸 것처럼 평판을 타격한 후 비스듬하게 편향될 때, 만약 물이 평판에 작용하는 힘의 접선성분이 0이라면, A와 B 각각을 향해 흐르는 물의 체적유량을 결정하시오.

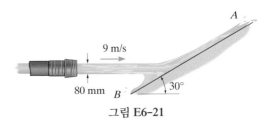

그림 E6-21

E6–22   물이 4 m/s의 속도로 엘보를 통해 흐르고 있다. C에서 지지대가 엘보에 작용하는 힘의 수평 및 수직성분을 결정하시오. A와 B에서 파이프 내 압력은 200 kPa이다. A와 B에서는 아무런 지지대가 없다고 가정한다.

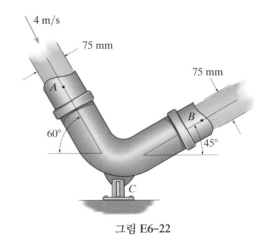

그림 E6-22

E6-23 공기가 45000 L/min의 유량으로 500 mm의 사각덕트를 흐르고 있다. 덕트의 끝단 B에서 작용하는 수직력을 결정하시오. 밀도는 $\rho_a = 1.202$ kg/m³이다.

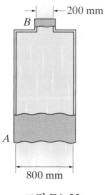

그림 E6-23

*E6-24 물이 6 m/s의 속도로 파이프 A를 통해 흐르고 있다. 물이 수평적으로 놓인 파이프 결합체에 작용하는 힘의 x, y성분을 각각 결정하시오. 파이프의 직경은 A에서 100 mm이고, B와 C에서 60 mm이다. 물은 B와 C에서 대기로 방출된다.

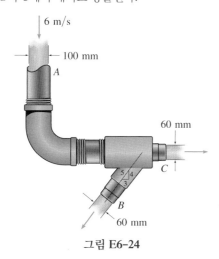

그림 E6-24

E6-25 300 kg의 원형 크래프트가 지상에서 100 mm의 높이로 떠 있다. 이때 공기는 18 m/s의 속도로 직경 200 mm인 흡입구로부터 유입되고 땅으로 그림과 같이 배출된다. 크래프트가 지상에 가하는 압력을 구하시오. 공기의 밀도는 $\rho_a = 1.22$ kg/m³이다.

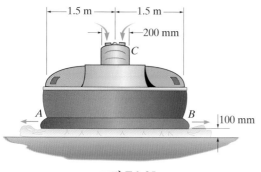

그림 E6-25

E6-26 그림에서 보이듯이 직경 20 mm의 파이프가 벽 쪽으로 물을 뿜고 있다. 그 물줄기가 벽에 작용하는 수직력을 결정하시오.

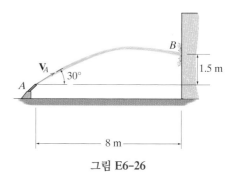

그림 E6-26

E6-27 물이 직경 40 mm인 파이프들의 시스템을 통해 흐르고 있다. A에서 속도는 6 m/s이고 압력은 120 kPa이다. 지지대 C에서 힘의 수평 및 수직성분을 결정하시오. A와 B에서 아무런 저항력이 존재하지 않는다. 파이프 시스템과 그 내부의 물의 질량은 총 54 kg이다.

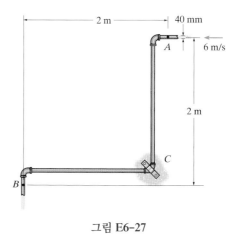

그림 E6-27

*E6-28 물이 4 m/s의 속도로 C에서 파이프를 통해 흐른다. 파이프 어셈블리가 평형을 유지하기 위해 엘보 D에 작용하는 힘의 수평 및 수직성분을 구하시오. 파이프의 크기와 그 내부 물의 무게는 무시한다. 파이프는 C에서 직경이 60 mm이고, A와 B에서 직경은 각각 20 mm이다.

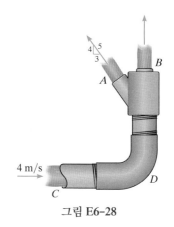

그림 E6-28

E6-29 원유가 0.02 m³/s의 유량으로 수평방향으로부터 45° 기울어진 엘보를 통해 흐른다. A에서 압력이 300 kPa일 때, 기름이 엘보에 작용하는 합력의 수평 및 수직성분을 구하시오. 엘보의 크기는 무시한다.

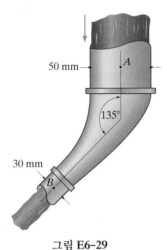

그림 E6-29

E6-30 원자로는 전자기 펌프를 사용하여 노심을 통해 전달되는 액체 나트륨에 의해 냉각된다. 액체 나트륨은 A에서 6 m/s의 속도와 150 kPa의 압력으로 직경 90 mm의 파이프를 통해서 흐르고, 사각덕트를 통과한다. 이곳에서 액체 나트륨은 9 m의 펌프수두를 주는 전자기력에 의해 토출된다. 만약 액체 나트륨이 B에서 60 mm 직경의 파이프를 통해 나간다면, 파이프를 제자리에서 유지하기 위해 각 팔에 작용되어야 하는 구속력 **F**는 얼마인지 구하시오. 액체 나트륨의 밀도는 $\rho_{Na} = 850$ kg/m³이다.

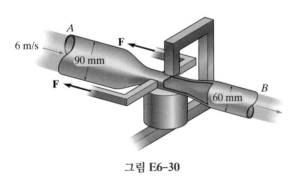

그림 E6-30

E6-31 스피드보트는 그림에서처럼 제트 구동기에 의해 동력을 받는다. 바닷물은 직경 120 mm의 흡입구 A를 통해 0.35 m³/s의 체적유량으로 펌프 내부로 유입된다. 펌프의 임펠러는 물을 가속시키면서 직경 80 mm의 노즐 B를 통해 수평방향으로 힘을 가한다. 스피드보트에 가해지는 추력의 수평 및 수직성분을 결정하시오. 바닷물의 밀도는 $\rho_{sw} = 1030$ kg/m³이다.

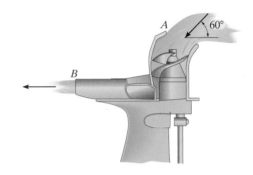

그림 E6-31

*E6-32 물이 3 m/s의 속도로 엘보를 통해 흐르고 있다. A와 B에서 파이프의 연결이 그 어떠한 저항력을 발생시키지 않는다고 가정한다. 엘보가 평형을 유지하기 위해 지지대가 그 엘보에 작용해야 하는 수평 합력 **F**를 결정하시오. A와 B에서 파이프 내 압력은 80 kPa이다.

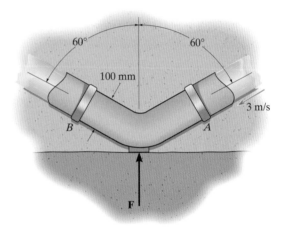

그림 E6-32

E6-33 5 m 폭의 정수조가 배수로를 향하는 물의 유동을 조절하기 위하여 사용되고 있다. 유동을 지연시키기 위해 12개의 배플블록(baffle block)이 정수조에 사용된다. 유량이 80 m³/s일 때 각 블록에 작용하는 수평력을 결정하시오.

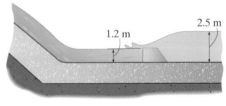

그림 E6-33

E6-34 80 kg 몸무게를 가진 남자가 체중계 위에 서 있다. 물을 받기 위한 양동이가 10 kg의 질량을 가지고, 그 양동이로 물이 20 mm 직경의 호스를 통해 0.001 m³/s의 유량으로 흘러 들어올 때, 그 순간 체중계가 가리키는 눈금을 판별하시오. 양동이 내 물 수면의 변화가 무시될 수 있을 정도로 양동이의 크기가 충분히 크다고 가정한다.

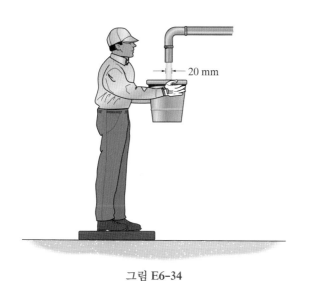

그림 E6-34

E6-35 파이프 *AB*가 직경 40 mm를 가지고 있다. 만약 물이 그 파이프를 0.015 m³/s의 유량으로 흐른다면, 파이프가 제자리에 있도록 하기 위해 *A*에 가해져야 하는 힘의 수평 및 수직성분을 결정하시오. 파이프와 그 내부의 물의 질량은 총 12 kg이다.

*E6-36 파이프 *AB*가 직경 40 mm를 가지고 있다. 만약 *A*점에서 파이프 내에 발달된 장력이 250 N을 초과할 수 없다면, 파이프에서 허용가능한 최대 체적유량이 얼마인지 결정하시오. 파이프와 그 내부의 물의 질량은 총 12 kg이다.

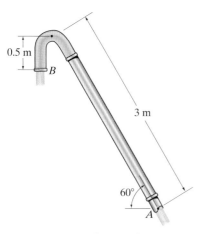

그림 E6-35/36

6.3절

E6-37 그림에 나타낸 것처럼 25 mm 직경의 물줄기가 블레이드를 향해 10 m/s의 속도로 유입되고 180°로 편향된다. 블레이드가 2 m/s로 왼쪽으로 이동하는 경우, 물에 작용하는 블레이드의 수평력을 구하시오.

E6-38 블레이드가 2 m/s로 오른쪽으로 움직이는 경우에 대해 연습문제 6-37을 풀이하시오. 블레이드에 가해지는 힘을 0으로 줄이기 위해서는 블레이드가 오른쪽으로 얼마의 속도로 움직여야 하는지를 결정하시오.

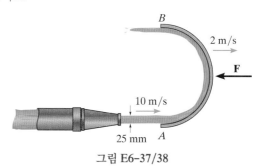

그림 E6-37/38

E6-39 보트가 1.25 m의 직경으로 후류를 발생시키는 팬에 의해 동력을 받고 있다. 만약 팬이 보트에 상대적으로 40 m/s의 평균 속도로 공기를 토출하고, 보트는 8 m/s의 일정한 속도로 나아가고 있을 때, 팬이 보트에 가하는 힘을 구하시오. 공기는 $\rho_a = 1.22$ kg/m³의 밀도를 가지고 있고, *A*에 들어오는 공기는 바닥에 대해 상대적으로 정지해 있다고 가정한다.

그림 E6-39

*E6-40 물줄기가 카트의 경사면에 충돌하고 있다. 굴림마찰에 의해 카트가 2 m/s의 일정한 속도로 오른쪽을 향해 이동할 때, 물줄기에 의해 생산된 동력을 구하시오. 직경 50 mm의 노즐로부터 토출유량은 0.04 m³/s이다. 토출유량의 1/4은 경사면 아래로 흐르고, 3/4은 경사면 위로 흐른다.

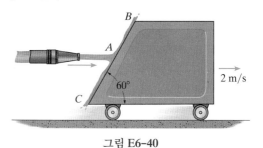

그림 E6-40

E6-41 물이 3 m/s의 속도로 호스를 통해 흐르고 있다. 만약 반원통형 컵이 2.5 m/s의 속도로 오른쪽으로 이동하고 있을 때, 컵에 작용하는 힘 **F**를 구하시오.

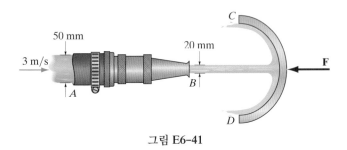

그림 E6-41

E6-42 물이 3 m/s의 속도로 호스를 통해 흐르고 있다. 반원통형 컵을 1.5 m/s의 일정한 속도로 왼쪽으로 계속 이동시키고자 할 때 요구되는 힘 **F**를 구하시오.

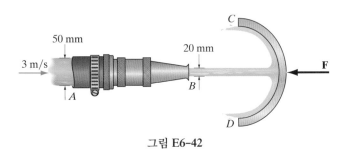

그림 E6-42

E6-43 트럭의 전면에 있는 플라우(plow)가 0.55 m³/s의 체적유량으로 액체 슬러시를 수직적, 즉 트럭의 운동방향과 $\theta = 90°$가 되도록 퍼 올리고 있다. 만약 트럭이 5 m/s의 일정한 속도로 움직일 때, 삽질에 의해서 야기되는 트럭 운동에 대한 저항력을 결정하시오. 액체 슬러시의 밀도는 $\rho_s = 1150$ kg/m³이다.

*E6-44 트럭이 0.25 m의 깊이로 액체 슬러시를 삽질하면서 5 m/s의 속도로 앞쪽으로 이동하고 있다. 만약 슬러시의 밀도가 125 kg/m³이고 3 m 폭의 블레이드로부터 $\theta = 60°$의 각도로 위쪽으로 버려진다면, 이 운동을 유지하기 위해 필요한 바퀴의 견인력을 구하시오. 슬러시가 삽에 들어오는 속도와 동일한 속도로 버려진다고 가정한다.

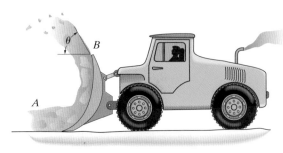

그림 E6-43/44

E6-45 그림에서 보듯이, 20 mm 직경의 물줄기가 블레이드를 향해 8 m/s의 속도로 유입되고 120°의 각도로 편향된다. 블레이드가 3 m/s의 속도로 오른쪽으로 움직일 때, 블레이드가 물줄기에 작용하는 힘 **F**를 결정하시오.

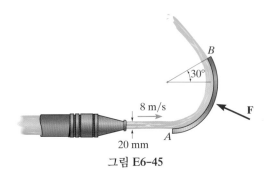

그림 E6-45

E6-46 베인이 왼쪽을 향해 4 m/s의 일정한 속도로 계속 움직이도록 하는 데 요구되는 동력을 구하시오. 직경 50 mm의 노즐로부터 분사되는 유량은 0.02 m³/s이다. 분사량의 2/3는 경사면의 위쪽을 향하고, 1/3은 아래쪽과 충돌지점 근방을 향한다.

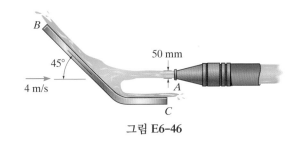

그림 E6-46

E6-47 차량이 선로에 있는 물을 퍼 올리는 데 사용되고 있다. 아래의 3가지 경우에 대해 일정한 속도 **v**로 차량을 앞쪽으로 당기는 데 필요한 힘을 구하시오. 흡입관의 단면적은 A이고, 물의 밀도는 ρ_w이다.

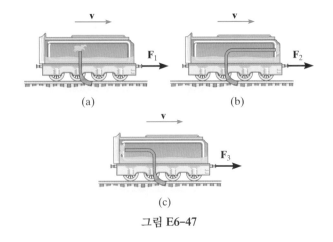

그림 E6-47

*E6–48 물제트가 A에서 20 m/s의 속도로 유입될 때, 베인이 8 m/s의 속도로 움직인다. 물제트의 단면적이 650 mm²이고, 그림과 같이 편향될 때, 물제트가 베인에 작용하는 동력을 구하시오.

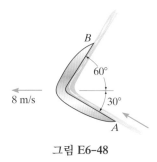

그림 E6–48

E6–49 대형 물트럭이 직경 80 mm의 파이프를 통해 2400 L/min의 체적유량으로 물을 방출한다. 만약 트럭 내 물의 깊이가 1.5 m라면, 트럭이 굴러가는 것을 막기 위해 도로가 타이어에 가해야 할 마찰력을 구하시오.

그림 E6–49

6.4절

E6–50 물이 3 m/s의 속도로 파이프를 통해 흐르고 있다. 엘보가 제 위치에 있도록 하기 위해 필요로 하는 A에서 힘의 수평 및 수직성분과 모멘트를 구하시오. 엘보와 엘보 내부 물의 무게, 그리고 높이 변화는 무시한다.

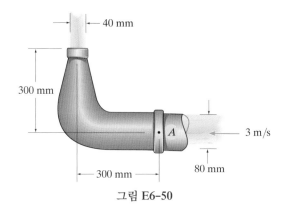

그림 E6–50

E6–51 물의 흐름을 전환하기 위해 슈트(chute)를 사용한다. 유량이 0.4 m³/s이고, 슈트가 0.03 m²의 단면적을 갖는 경우, 평형을 유지하기 위해 핀 A에 걸리는 수평 및 수직성분과 롤러 B에서의 수평력을 구하시오. 슈트와 슈트 내부의 물의 무게는 무시한다.

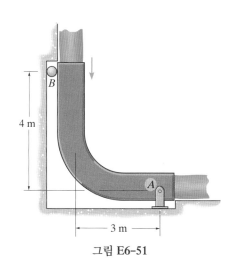

그림 E6–51

*E6–52 공기가 A에서 3 kg/s의 질량유량으로 프로펠러 튜브 안으로 들어오고, 튜브에 대해 400 m/s의 상대 속도로 끝단 B와 C를 나간다. 튜브가 1500 rev/min의 각속도로 회전할 때, 튜브에 작용하는 마찰토크 **M**을 구하시오.

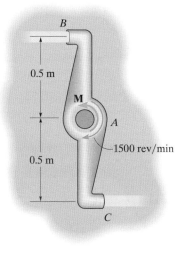

그림 E6–52

E6-53 잔디용 스프링클러가 수평면에서 회전을 하는 4개의 팔로 구성되어 있다. 각각의 노즐 직경은 8 mm이다. 물은 0.006 m³/s의 유량으로 호스를 통해 공급되고, 4개의 팔을 통해 대기로 수평적으로 토출된다. 팔이 계속적으로 회전하도록 하는 데 필요한 토크를 구하시오.

E6-54 잔디용 스프링클러가 수평면에서 회전을 하는 4개의 팔로 구성되어 있다. 각각의 노즐 직경은 8 mm이다. 물은 0.006 m³/s의 유량으로 호스를 통해 공급되고, 4개의 팔을 통해 대기로 수평적으로 토출된다. 팔의 일정한 각속도를 결정하시오. 수직방향의 마찰은 무시한다.

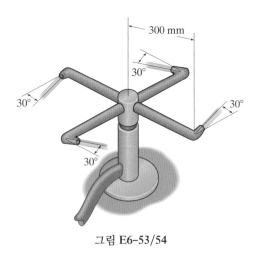

그림 E6-53/54

E6-55 물이 8 m/s의 속도로 직경 200 mm의 곡관을 흐르고 있으며, B에서 대기로 배출된다. A에서 연결관에 작용하는 힘의 수평 및 수직성분과 모멘트를 결정하시오. 곡관과 곡관 내부 물의 질량은 25 kg이고 G에서 무게중심을 가진다.

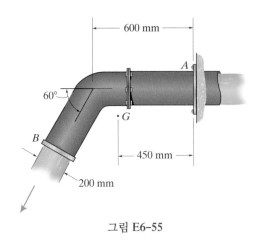

그림 E6-55

*E6-56 폭이 b인 수레바퀴가 일자형의 평판으로 구성되어 있고, 속도 V의 물의 흐름으로부터 깊이 h까지 충격을 받는다. 만약 수레바퀴가 각속도 ω로 회전하고 있다면, 물에 의해 수레바퀴에 공급되는 동력을 결정하시오.

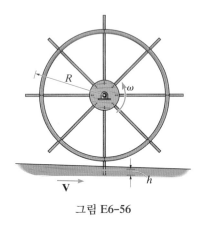

그림 E6-56

E6-57 팬이 120(10³) L/min의 유량으로 공기를 불어낸다. 팬의 질량이 15 kg이고 G에서 무게중심을 가질 때, 팬이 전복되지 않도록 하기 위해 필요한 베이스의 가장 작은 직경 d를 결정하시오. 팬을 통해 불어나오는 공기흐름은 0.5 m의 직경을 가지며, 공기의 밀도는 $\rho_a = 1.202$ kg/m³라고 가정한다.

그림 E6-57

E6-58 공기가 1.75 kg/s의 질량유량으로 *A*를 들어갈 때, 만약 프로펠러 튜브가 60 rad/s의 일정한 각속도로 회전하고 있다면, 그 튜브에 작용하는 마찰토크 **M**이 얼마인지 결정하시오. 공기의 밀도는 $\rho_a = 1.23$ kg/m³이고, *B*, *C*, *D*, *E*에서 노즐의 직경은 100 mm이다.

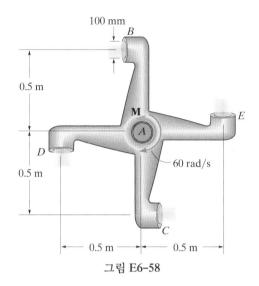

그림 E6-58

E6-59 물이 3 m/s의 속도로 굽어진 이음관을 통해 흐른다. 물이 *B*에서 대기 중으로 나갈 때, 이음관의 평형이 유지되는 데 필요한 *C*에서의 힘의 수평 및 수직성분과 모멘트를 구하시오. 이음관과 이음관 내부 물의 무게는 무시한다.

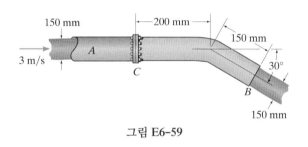

그림 E6-59

*E6-60 도시된 바와 같이 곡관이 플랜지 *A*와 *B*에서 파이프에 연결되어 있다. 만약 파이프의 직경이 160 mm일 때, 지지대의 고정된 베이스 *D*에 부과되는 힘의 수평 및 수직성분과 모멘트를 결정하시오. 곡관과 곡관 내부 물의 총 질량은 120 kg이고, 질량중심은 *G*이다. *A*에서 물의 압력은 120 kPa이다. 플랜지 *A*와 *B*에 아무런 힘이 전달되지 않는다고 가정한다.

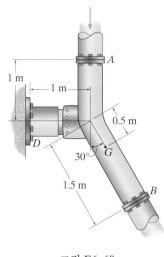

그림 E6-60

E6-61 물이 10 m/s의 속도로 파이프로부터 대기로 배출되고 있다. 파이프를 평형상태로 유지하기 위해 고정된 지지대 *A*에 작용하는 힘의 수평 및 수직성분과 모멘트를 결정하시오. *C*에서 파이프에 의한 저항력, 그리고 파이프와 그 내부 물의 무게는 무시한다.

E6-62 물이 3.6 m/s의 속도로 T자형 이음관으로 유입되고 있다. 파이프가 *B*에 연결되어 있고 그 파이프 내 압력이 75 kPa일 때, 파이프를 평형상태로 유지하기 위해 고정된 지지대 *A*에 작용하는 힘의 수평 및 수직성분과 모멘트를 결정하시오. *B*와 *C*에서 파이프에 의한 저항력, 그리고 파이프와 그 내부 물의 무게는 무시한다.

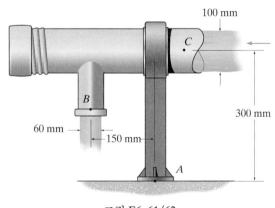

그림 E6-61/62

E6-63 회전하고 있는 잔디용 스프링클러는 주어진 그림에 나와 있는 것처럼 직경 5 mm의 노즐을 가진 2개의 팔로 구성된다. 물은 6 m/s의 속도로 팔에서 상대적으로 유출되고 있고, 팔은 10 rad/s로 회전하고 있다. 고정된 관찰자가 측정했을 때, 물이 노즐로부터 빠져나오는 속도와 베어링 A에서의 비틀림 저항이 얼마인지 구하시오.

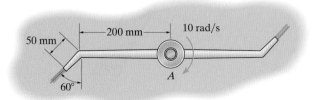

그림 E6-63

*E6-64 물이 6 m/s의 속도로 A를 지나 수평 이음관으로 흘러 들어오고 있고, B에서 대기로 방출되고 있다. 수평 이음관을 제자리에 있도록 하는 데 요구되는 C에서의 힘의 수평 및 수직성분과 모멘트를 결정하시오.

E6-65 물이 6 m/s의 속도로 A를 지나 수평 이음관으로 흘러 들어오고 있고, B에서 50 kPa의 계기압력을 가지는 탱크로 방출되고 있다. 수평 이음관을 제자리에 있도록 하는 데 요구되는 C에서의 힘의 수평 및 수직성분과 모멘트를 결정하시오.

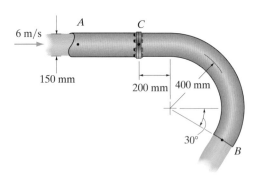

그림 E6-64/65

E6-66 곡관을 흐르는 물의 속도가 4 m/s일 때, 고정된 지지대 D에 작용하는 힘의 수평 및 수직성분, 그리고 모멘트를 결정하시오. 곡관과 곡관 내부 물의 총 질량은 20 kg이고, 질량중심은 G에 있다. A에서 물의 압력은 50 kPa이다. A와 B에서 플랜지로 전달되는 힘은 전혀 존재하지 않는다고 가정한다.

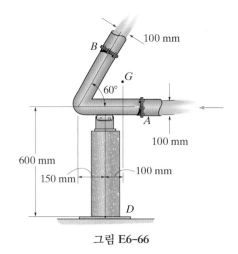

그림 E6-66

6.5-6.8절

E6-67 연료가 0.75 kg/s의 질량유량으로 연소될 때, 공기가 25 kg/s의 질량유량과 $V_A = 125$ m/s의 속도로 제트엔진 속으로 흡입된다. 제트엔진이 지지대에 작용하는 수평력을 결정하시오. B에서 배기속도는 $V_B = 550$ m/s이다.

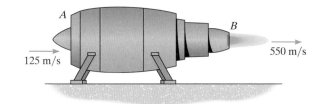

그림 E6-67

*E6-68 제트 비행기가 750 km/h의 일정한 속도로 비행하고 있다. 공기는 A 지점에서 0.8 m²의 단면적을 가지고 있는 엔진실로 들어간다. 연료는 $\dot{m}_e = 2.5$ kg/s의 질량유량으로 공기와 혼합되고, 비행기에 대하여 상대적으로 측정된 900 m/s의 속도로 배출되고 있다. 엔진이 비행기의 날개에 작용하는 힘을 구하시오. 공기의 밀도는 $\rho_a = 0.850$ kg/m³이다.

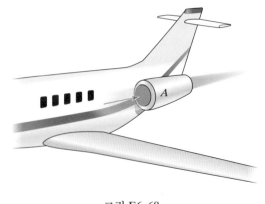

그림 E6-68

E6-69 제트기가 1.8 kg/s의 비율로 연료를 소모하고 비행기에 대하여 1200 m/s의 속도로 연료를 내뿜으면서 400 m/s의 속도로 정지된 공기 중을 비행하고 있다. 엔진을 통해서 지나가는 공기 50 kg당 연료 1 kg을 소모하는 경우, 엔진에 의해서 발생하는 추력 및 엔진의 효율을 결정하시오.

그림 E6-69

E6-70 6.5 Mg의 질량을 가진 비행기가 2개의 제트엔진에 의해 추진되고 있다. 브레이크 디플렉터가 작동하여 비행기가 60 m/s의 수평적 속도로 착륙한다면, 착륙 후 4초가 지난 뒤에 비행기의 속도는 얼마인지 구하시오. 비행기로부터 상대적으로 측정된 엔진의 배기 속도는 900 m/s이고, 시간에 따른 질량유량은 24 kg/s로 일정하다. 랜딩기어(landing gear)의 굴림저항력, 그리고 연료의 소모율은 무시한다.

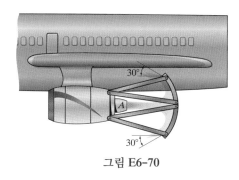

그림 E6-70

E6-71 비행기가 250 km/h의 속도로 정지된 공기 중을 날고 있다. 비행기는 직경 1.5 m의 프로펠러를 이용하여 350 m³/s 유량의 공기를 배출한다. 비행기의 추력을 결정하시오. 공기의 밀도는 $\rho_a = 1.007$ kg/m³이다.

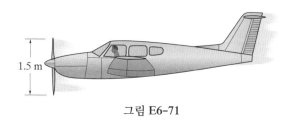

그림 E6-71

*E6-72 보트가 프로펠러를 이용하여 1.85 m³/s의 유량으로 물을 배출하면서 40 km/h의 속도로 정지된 물 위를 나아가고 있다. 만약 프로펠러의 직경이 400 mm라면, 보트 위의 프로펠러가 작용하는 추력은 얼마인지 구하시오.

E6-73 식 (6-16)을 그래프로 그리고, 베츠의 법칙이 가리키는 것처럼 풍력터빈의 최대효율이 왜 59.3%인지를 보이시오.

E6-74 화재를 진압하는 데 사용하기 위해 12 Mg 질량의 헬기가 호수 위를 비행하면서 물 5 m³를 양동이에 담고 있다. 물이 가득 채워진 양동이를 호수 위로 끌어올리기 위해서 필요한 엔진의 동력을 구하시오. 수평 블레이드는 14 m의 직경을 가진다. 공기의 밀도는 $\rho_a = 1.23$ kg/m³이다.

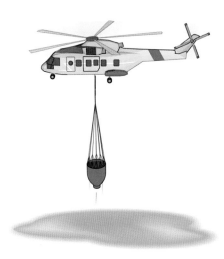

그림 E6-74

E6-75 제트보트가 보우(bow)를 통해 0.03 m³/s의 유량으로 물을 흡입하면서 10 m/s의 일정한 속도로 움직인다. 물이 보트에 대하여 상대적으로 측정된 30 m/s의 속도로 선미를 따라 펌프로부터 배출된다면, 엔진에 의해서 발생되는 추력은 얼마인지 결정하시오. 만약 물이 운동방향에 수직한 방향으로 들어와서 보트의 측면을 따라 흡입된다면, 추력이 얼마인지 결정하시오. 만약 효율이 단위 시간당 공급된 에너지에 대한 단위 시간당 일의 상대적 비율로 정의된다면, 각각의 경우에 대하여 효율을 계산하시오.

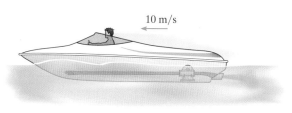

그림 E6-75

*E6-76 풍력터빈이 8 m/s의 바람 속에서 48%의 효율을 가진다. 만약 공기가 20℃의 온도에서 표준 대기압에 노출되어 있다면, 블레이드 축에 작용하는 추력과 그 블레이드에 의해 얻는 동력을 구하시오.

E6-77 풍력터빈이 8 m/s의 바람 속에서 48%의 효율을 가진다. 만약 공기가 20℃의 온도에서 표준 대기압에 노출되어 있다면, 블레이드 전면과 후면의 압력 차이를 구하시오. 또한 블레이드를 통과하는 공기의 평균 속도를 구하시오.

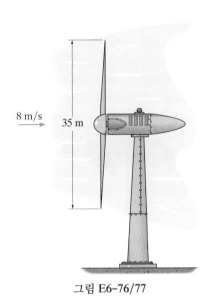

그림 E6-76/77

E6-78 팬이 전복되지 않으면서 8 kg 질량의 팬에 의해 발생가능한 미풍의 최대 속도를 결정하시오. 블레이드의 직경은 400 mm이고, 질량중심은 G이다. 공기의 밀도는 $\rho_a = 1.20$ kg/m³이다.

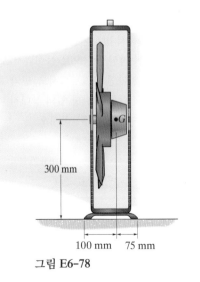

그림 E6-78

E6-79 팬은 큰 산업용 건물 내의 공기를 순환시키는 데 사용된다. 100 kg 질량의 팬 조립체는 1.5 m 길이의 블레이드 10개로 구성된다. 팬이 베어링에 지지되어서 마찰 없이 자유롭게 회전할 수 있도록 모터에 공급되어야 하는 동력을 결정하시오. 팬이 발생시키는 공기의 하강속도는 얼마인지 결정하시오. 허브 H의 크기는 무시한다. 공기의 밀도는 $\rho_a = 1.23$ kg/m³이다.

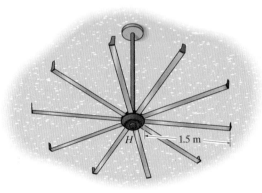

그림 E6-79

*E6-80 브레이크 디플렉터와 함께 검사되는 동안에, 공기가 고정된 제트엔진으로부터 480 m/s의 속도와 20 kg/s의 질량유량으로 배출된다. 디플렉터를 그림에서 보이는 위치에 고정시키기 위해 두 연결대 각각에 작용해야 하는 힘을 결정하시오.

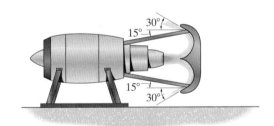

그림 E6-80

E6-81 160 m/s의 속도로 정지된 공기 중을 비행하고 있는 항공기가 있다. 그 항공기에 부착된 제트엔진은 0.5 m 직경의 입구를 통해 표준 대기온도와 표준 압력에서 공기를 흡입한다. 만약 연료가 2 kg/s의 비율로 공급되고, 연료와 공기의 혼합물이 항공기에 대하여 상대적으로 600 m/s의 속도로 0.3 m 직경의 노즐을 통해 분사된다면, 엔진에 의해 공급되는 추력을 결정하시오.

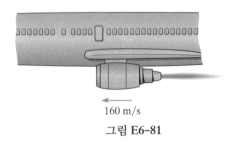

그림 E6-81

E6-82 초기질량 20 g의 풍선이 20°C의 온도를 갖는 공기로 채워져 있다. 풍선이 공기를 방출할 때, 풍선은 위로 8 m/s²의 비율로 가속된다. 풍선의 꼭지에서 나오는 공기의 초기 질량유량을 결정하시오. 풍선은 300 mm의 반경을 갖는 구라고 가정한다.

참고: 구의 체적은 $V = \frac{4}{3}\pi r^3$이다.

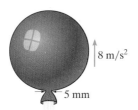

그림 E6-82

E6-83 풍선이 200 kg 질량의 물을 담은 용기를 수송하고 있다. 만약 용기가 4 m/s의 일정한 속도로 상승하면서 100 mm 직경의 출구를 통해 물을 80 kg/s의 비율로 배출한다면, 물의 배출에 따른 풍선의 초기 상승 가속도를 결정하시오. 풍선과 빈 용기의 질량은 총 1.5 Mg이다.

그림 E6-83

*****E6-84** 제트기가 1260 km/h의 속도로 수평하게 비행한다. 그때 공기가 52 m³/s의 비율로 흡입구멍 S에 들어간다. 만약 엔진이 1.85 kg/s의 비율로 연료를 태우고, 공기와 연료의 혼합가스가 제트기에 대한 상대적인 속도 2880 km/h로 배출될 때, 공기저항에 의해 제트기에 발생하는 항력을 결정하시오. 제트기는 8 Mg의 질량을 가진다. 공기는 $\rho_a = 1.112$ kg/m³의 일정한 밀도를 가진다고 가정한다.

그림 E6-84

E6-85 로켓이 연료를 포함하여 초기질량 m_0를 가진다. 발화될 때 연료는 로켓에 대한 상대적인 속도 v_e로 $\dot{m}_e$의 질량유량을 배출한다. 이때 A_e의 단면적을 가진 노즐에서 압력은 p_e이다. 로켓의 항력이 $F_D = ct$(t는 시간, c는 상수)일 때 로켓의 속도를 결정하시오. 중력으로 인한 가속도는 일정하다고 가정한다.

E6-86 로켓이 연료를 포함하여 초기질량 m_0를 가진다. 만약 연료가 로켓에 대한 상대적인 속도 v_e로 방출된다면, 로켓이 일정한 가속도 a_0를 유지하는 데 필요한 연료의 소모율을 결정하시오. 공기저항을 무시하고 중력가속도는 일정하다고 가정한다.

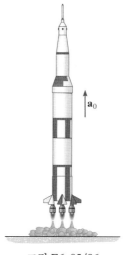

그림 E6-85/86

E6-87 제트기가 1200 km/h의 속도로 수평하게 비행한다. 그때 공기가 80 m³/s의 비율로 흡입구멍 S에 들어간다. 만약 엔진이 2.50 kg/s의 비율로 연료를 태우고, 공기와 연료의 혼합가스가 제트기에 대한 상대적인 속도 3000 km/h로 배출될 때, 공기저항에 의해 제트기에 발생하는 항력을 결정하시오. 제트기는 10 Mg의 질량을 가진다. 공기는 0.909 kg/m³의 일정한 밀도를 가진다고 가정한다.

그림 E6-87

*E6-88 제트기가 수평에서 30°의 방향으로 900 km/h의 속도로 비행한다. 연료가 5~20 kg/s의 질량유량으로 소비되고 엔진이 450 kg/s의 비율로 공기를 흡입하며, 배기가스(공기 및 연료)가 제트기에 대하여 상대적인 속도 1500 m/s를 가진다면, 이 순간 제트기의 가속도를 결정하시오. 공기의 항력은 $F_D = (2.75v^2)$ N이고, 속도의 단위는 m/s이다. 제트기의 질량은 5 Mg이다.

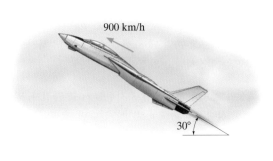

그림 E6-88

E6-89 로켓이 300 m/s의 속도로 상승하면서 로켓에 대한 상대적인 속도 3000 m/s로 연료를 50 kg/s의 비율로 방출한다. 배기노즐이 0.05 m²의 단면적을 가질 때 로켓의 추력을 결정하시오.

그림 E6-89

E6-90 로켓이 175 kg/s의 비율로 7200 kg의 고체연료를 소비하고 로켓에 대한 상대적인 속도 1800 m/s로 연료를 배출할 때, 모든 연료가 소비되기 직전의 순간에서 로켓의 속도와 가속도를 결정하시오. 공기저항과 고도에 따른 중력의 변화는 무시한다. 로켓은 정지상태에서 시작하여 이륙 시 20 Mg의 질량을 가진다.

E6-91 로켓이 이륙 후 30초가 지나 500 m/s의 속도를 가질 수 있도록 연료의 일정한 연소비율을 결정하시오. 연료가 로켓에 대한 상대적인 속도 3000 m/s로 배출된다. 로켓은 연료 6.5 Mg을 포함하여 21.5 Mg의 총 질량을 가진다. 공기저항과 고도에 따른 중력의 변화는 무시한다.

그림 E6-90/91

*E6-92 이단 로켓은 비어 있을 때 1.2 Mg의 질량을 가지며, 2단계 발사체 *B*는 5400 km/h의 상대 속도로 1단계 발사체로부터 분리된다. 2단계에서 연료는 350 kg의 질량을 가진다. 만약 연료가 35 kg/s의 비율로 소비되면서 2000 m/s의 상대 속도로 배출된다면, 2단계 발사체 *B*의 엔진이 점화된 직후 가속도를 결정하시오. 모든 연료가 소비되기 직전 로켓의 가속도가 얼마인지 결정하시오. 공기저항과 중력의 변화는 무시한다.

그림 E6-92

개념문제

P6-1 물대포가 예인선으로부터 특정한 포물선 모양으로 분출된다. 물의 분출이 예인선에 어떠한 영향을 미치는지 설명하시오.

그림 P6-1

P6-2 물이 물레방아의 버킷 위로 흐르면서 바퀴를 회전시킨다. 사진 속 버킷의 형상이 휠에 최대 운동량을 생성하기에 가장 효과적인 방식으로 설계되어 있는지 설명하시오.

그림 P6-2

6장 복습

선형 및 각운동량 방정식은 유체의 방향을 변화시키기 위해서 물체 또는 표면이 유체에 가하는 합력이나 우력모멘트를 결정하는 데 사용된다. 운동량 방정식들의 적용을 위해서는 고체와 유체 부분을 모두 포함하도록 검사체적을 설정하는 것이 필요하다. 검사체적에 작용하는 힘들과 우력모멘트들은 자유물체도에 표시한다.	압력 힘 (출구) / 전단력 / 압력 힘 / 무게 / 전단력 / 압력 힘 (입구) / 압력 힘
운동량 방정식은 벡터 방정식이기 때문에 x, y, z 관성좌표계의 축을 따라 스칼라 성분으로 분해될 수 있다.	$$\Sigma \mathbf{F} = \frac{\partial}{\partial t}\int_{cv} \mathbf{V}\rho \, d\mathcal{V} + \int_{cs} \mathbf{V} \rho \mathbf{V}_{f/cs} \cdot d\mathbf{A}$$ $$\Sigma \mathbf{M}_O = \frac{\partial}{\partial t}\int_{cv} (\mathbf{r} \times \mathbf{V})\rho \, d\mathcal{V} + \int_{cs} (\mathbf{r} \times \mathbf{V}) \rho \mathbf{V}_{f/cs} \cdot d\mathbf{A}$$
만약 검사체적이 일정한 속도로 움직이고 있다면, 그때 각각의 열린 검사표면으로 들어오거나 나가는 속도는 검사표면에 대해 **상대** 속도로 측정되어야 한다.	$$\Sigma \mathbf{F} = \frac{\partial}{\partial t}\int_{cv} \mathbf{V}\rho \, d\mathcal{V} + \int_{cs} \mathbf{V}_{f/cs} \rho \mathbf{V}_{f/cs} \cdot d\mathbf{A}$$
프로펠러는 유체가 나선운동을 하는 블레이드를 통과하는 동안 선형 운동량을 상승시킨다. 풍력터빈은 유체의 선형 운동량을 감소시켜 유체로부터 에너지를 획득한다. 선형 운동량 방정식과 베르누이 방정식을 사용하여 이러한 2개의 장치에 대한 유동을 간단히 해석할 수 있다.	
터보제트와 로켓의 경우처럼 검사체적이 가속운동을 하도록 선택된다면, 운동량 방정식은 검사체적 내부 질량의 가속도를 고려해야 한다.	$$\Sigma \mathbf{F} = m\frac{dV_{cv}}{dt} + \frac{\partial}{\partial t}\int_{cv} \mathbf{V}_{f/cv}\rho \, d\mathcal{V} + \int_{cs} \mathbf{V}_{f/cs} \rho \mathbf{V}_{f/cs} \cdot d\mathbf{A}$$

CHAPTER 7

World Perspectives/The Image Bank/Getty Image

허리케인은 자유와류와 강제와류로 이루어진 조합와류이다. 이러한 움직임은 미분형 유동 해석을 통하여 분석 가능하다.

미분형 유동 해석

7.1 미분형 해석

이전 3개장에서 유체흐름과 관련된 문제분석을 위하여 유체입자로 이루어진 시스템에 질량, 에너지, 운동량 보존 방정식을 적용하였다. 그러나 표면에 대한 압력 및 전단 응력 변화를 확인하거나 닫힌 도관 또는 수로 내에서 유체의 속도 및 가속도분포를 알아야 하는 경우도 있다. 이를 위하여 미소 크기의 유체요소를 고려해야 하는데, 이는 앞에서 언급한 속도, 가속도, 압력의 변화가 미분방정식을 적분함으로써 얻어지기 때문이다.

실제 유체의 경우 유체의 점성 및 압축성으로 인해 유동의 미분학적 해석이 매우 복잡해질 수 있다. 그 결과 컴퓨터를 통한 수치 해석을 이용해야만 유체유동에 관한 미분방정식의 해가 구해질 수 있다. 그러나 특정 상황에서는 유체를 이상적인 상태로 가정할 수 있고, 이러한 가정 하에서 유동에 관한 미분방정식은 좀 더 해석적으로 다룰 수 있는 형태가 되는데, 이로부터 얻은 미분방정식의 해로부터 다양한 공학적 문제에 대한 유용한 정보를 얻을 수 있다. 이러한 유체의 미분학적

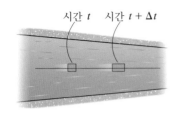

요소의 병진운동과 선형변형
(이상유체)

그림 7-1

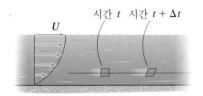

요소의 병진운동과 각변형
(점성유체)

그림 7-2

해석 이전에 우선 운동학적인 관점에서 유체의 유동을 살펴보기로 하자.

7.2　미분형 유체요소의 운동학

일반적으로 유체가 흐르는 동안 유체요소에 작용하는 힘은 요소형상의 변형 또는 변화를 야기하며 이와 함께 '강체' 운동을 일으킨다. 여기서 강체운동(rigid-body motion)은 병진운동과 회전운동을, 변형(distortion)은 요소면의 신장/수축 또는 사이각의 변화를 유발한다. 예를 들면, 그림 7-1에서 보이는 것처럼 이상적으로 거동하는 유체가 축소관을 흘러갈 때 선형변형을 일으키며 병진운동을 한다. 또한 점성유체가 그림 7-2와 같은 정상상태의 흐름을 갖는 경우 각변형을 하며 병진운동을 한다. 물론 좀 더 복잡한 유동에서는 이러한 유체의 움직임들이 동시에 일어날 수 있다. 이와 같은 유체의 일반적인 거동을 더 잘 이해하기 위해서 우선 유체의 이동과 변형을 분리하여 분석한 다음 이러한 유체의 거동과 유동의 속도구배에 어떤 연관이 있는지 공부할 것이다. 이는 유동의 속도구배가 유체의 이동과 변형을 유발하기 때문이다.

병진운동　그림 7-3a에서와 같이 3차원 공간에서 이동하는 미분형 유체요소를 생각해보자. 이 유체요소의 이동속도(rate of translation)는 $\mathbf{V} = u\mathbf{i} + v\mathbf{j} + w\mathbf{k}$로 정의되고 이 속도를 통하여 유체요소의 이동을 구할 수 있다. 예를 들어 그림 7-3b에서와 같이 x축 방향으로 요소의 왼쪽 면은 Δt 시간 동안 $u\Delta t$의 거리를 이동한다.

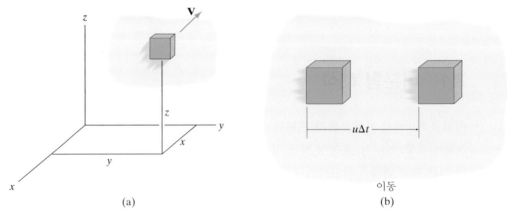

(a)

이동
(b)

그림 7-3

선형변형　유동이 비균일할 때 유체요소의 신장 또는 수축이 발생한다. 그림 7-3c에서와 같이 미소요소의 왼쪽 면은 시간 Δt초 동안 x축 방향으로 $u\Delta t$만큼 이동할 것이다. 반면에 오른쪽 면은[*] $[u + (\partial u/\partial x)\Delta x]\, \Delta t$만큼 이동하며, 이는 오른쪽 면이 왼쪽 면보다 $(\partial u/\partial x)\, \Delta x \Delta t$ 거리를 더 이동한다는 뜻이 된다. 여기에서 속도

---

[*]　이 장에서는 테일러 급수의 $\left(\frac{\partial^2 u}{\partial x^2}\right)\frac{1}{2!}(\Delta x)^2 + \cdots$와 같은 2차 이상 고차항은 고려하지 않는데, 이는 $\Delta t \to 0$의 극한에서 해당 값이 1차항보다 무시할 만큼 작은 값이 되기 때문이다.

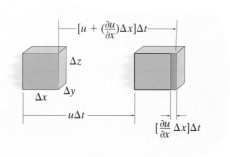

선형변형

(c)

그림 7 – 3 (계속)

구배는 편미분형으로 나타내어지는데, 이는 일반적으로 x축 방향으로 속도성분 u 가 유동에서 유체요소의 위치와 시간의 함수이기 때문이며, $u = u(x, y, z, t)$의 형태로 표현된다.

미소면의 이동은 $u\Delta t$만큼의 **병진운동**(translation)과 $[(\partial u/\partial x)\,\Delta x]\Delta t$만큼의 **선형변형**(linear distortion) 또는 **팽창**(dilatation)을 유발한다. 이때 선형변형에 의한 미소요소의 체적변화는 $\delta V_x = [(\partial u/\partial x)dx]\,dy\,dz\,dt$와 같다. 또한 y축 및 z축 방향의 속도성분 v와 w의 효과를 고려하면 두 축 방향에 대해서도 결과적으로 비슷한 체적변화를 얻을 것이다. 그러므로 미소요소의 일반적인 체적변화는 다음과 같이 표현된다.

$$\delta V = \left[\frac{\partial u}{\partial x} + \frac{\partial v}{\partial y} + \frac{\partial w}{\partial z} \right] (dx\,dy\,dz)\,dt$$

체적팽창률(volumetic dilatation rate)로 불리는 단위체적에 대한 체적의 변화율을 다음과 같이 표현할 수 있다.

$$\frac{\delta V / dV}{dt} = \frac{\partial u}{\partial x} + \frac{\partial v}{\partial y} + \frac{\partial w}{\partial z} \tag{7-1}$$

회전 유체역학에서는 한 점을 기준으로 한 유체요소의 회전을 그 점을 지나는 수직한 두 선의 **평균 각속도**(average angular velocity)로 정의하였다. 이러한 기준 설정을 위하여 그림 7-4a와 같이 사각형 유체요소를 고려해보자. 그림과 같이 회전하기 위해서는 오른쪽 하단 모서리 부분은 왼쪽 하단 모서리보다 y축 양의 방향으로 $[(\partial v/\partial x)\Delta x]\Delta t$만큼 더 이동한다.* 이러한 차이는 x축에 따른 속도성분 v의 변화 때문임을 주목하라. v의 변화는 Δx의 전 범위에서 일어난다. 이로 인하여 그림 7-4b에서 확인할 수 있는 것과 같이 요소의 밑면 Δx는 반시계방향으로 미소각

---

* 그림 7-3에서 본 것과 같이 v의 y축으로의 상대 변화는 요소의 신장을 야기할 것이다.

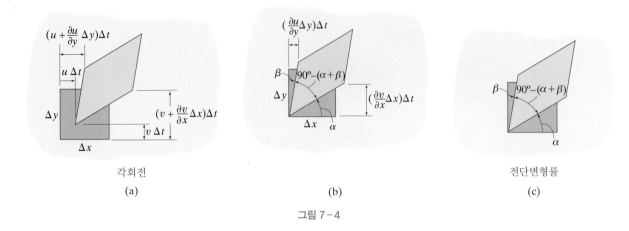

각회전
(a)

(b)

전단변형률
(c)

그림 7-4

$\alpha = [(\partial v/\partial x)\,\Delta x]\Delta t/\Delta x$만큼 회전한다.[*] 이와 같은 방식으로 그림 7-4a에서와 같이 왼쪽 하단 모서리는 오른쪽으로 $u\Delta t$만큼 이동하고, 왼쪽 상단 모서리는 오른쪽으로 $[u+(\partial u/\partial y)\,\Delta y]\,\Delta t$만큼 이동한다. 결과적으로 요소의 왼쪽 면 Δy는 시계방향으로 미소각 $\beta = [(\partial u/\partial y)\,\Delta y]\Delta t/\Delta y$만큼 회전한다. 따라서 그림의 요소면의 평균 각속도 ω_z는 $\Delta t \to 0$의 극한에서 α와 β의 시간에 따른 평균 변화율로 계산되며, 이는 다음과 같다.

$$\omega_z = \lim_{\Delta t \to 0} \frac{1}{2}\frac{(\alpha - \beta)}{\Delta t} = \frac{1}{2}(\dot{\alpha} - \dot{\beta})$$

또는

$$\omega_z = \frac{1}{2}\left(\frac{\partial v}{\partial x} - \frac{\partial u}{\partial y}\right) \tag{7-2}$$

만약 3차원 유동이라 한다면 같은 방식으로 x 및 y축 각속도 성분이 존재할 것이며 일반적으로 다음과 같이 표현된다.

$$\begin{aligned}
\omega_x &= \frac{1}{2}\left(\frac{\partial w}{\partial y} - \frac{\partial v}{\partial z}\right) \\
\omega_y &= \frac{1}{2}\left(\frac{\partial u}{\partial z} - \frac{\partial w}{\partial x}\right) \\
\omega_z &= \frac{1}{2}\left(\frac{\partial v}{\partial x} - \frac{\partial u}{\partial y}\right)
\end{aligned} \tag{7-3}$$

각변형   유체요소의 각변형은 점성에 의하여 야기된 **전단변형률**(shear strain)로 정량화된다. 이를 위하여 그림 7-4b에서 보는 것과 같이 미소요소의 수직한 두 면의 각변형을 알아야 한다. $\alpha = [(\partial v/\partial x)\,\Delta x]\Delta t/\Delta x$(반시계방향), $\beta = [(\partial u/\partial y)\,\Delta y]\Delta t/\Delta y$ (시계방향)이므로 그림 7-4c에서와 같이 초기 Δx와 Δy 사이의 각 90°는 다음과 같

---

[*]   오른손 법칙에 따라 반시계 회전 방향은 그림의 지면을 뚫고 나오는 수직한 z축 방향이다.

이 변형된다.

$$\gamma_{xy} = 90° - \left[90° - (\alpha + \beta) \right]$$
$$= \alpha + \beta$$
$$= \left[\left(\frac{\partial v}{\partial x} \right) \Delta x \right] \frac{\Delta t}{\Delta x} + \left[\left(\frac{\partial u}{\partial y} \right) \Delta y \right] \frac{\Delta t}{\Delta y}$$

고체와는 다르게 유체유동에서는 시간에 따른 **전단변형률**을 사용한다. 따라서 각변형을 시간 Δt로 나누면 다음의 전단변형를 얻는다.

$$\dot{\gamma}_{xy} = \dot{\alpha} + \dot{\beta} = \frac{\partial v}{\partial x} + \frac{\partial u}{\partial y} \tag{7-4}$$

만약 3차원 유동을 고려한다면, 앞에서 z축의 전단변형률과 마찬가지로 x, y축 방향으로의 전단변형률을 얻게 될 것이다. 일반적으로 각 축에 대한 전단변형률은 다음과 같이 표현된다.

$$\dot{\gamma}_{xy} = \frac{\partial v}{\partial x} + \frac{\partial u}{\partial y}$$
$$\dot{\gamma}_{xz} = \frac{\partial w}{\partial x} + \frac{\partial u}{\partial z} \tag{7-5}$$
$$\dot{\gamma}_{yz} = \frac{\partial w}{\partial y} + \frac{\partial v}{\partial z}$$

7.3 순환과 와도

회전유동은 유동 영역의 순환을 기술하거나 해당 지점의 와도를 확인함으로써 특징지을 수 있다. 이제 이런 특징들을 정의해보자.

순환 **순환**(circulation) Γ(감마)의 개념은 물체의 경계 주위의 유동을 연구했던 Lord Kelvin 경에 의하여 처음으로 소개되었다. 순환은 닫힌 3차원 곡면을 따라가는 총 유량으로 정의된다. 유동의 단위 깊이 또는 2차원 체적유량에 대해 생각해보면 순환은 m²/s의 단위를 가지며 이를 계산하기 위해서는 그림 7-5에서와 같이 곡선에 접하는 속도성분을 경로에 따라 폐적분하여야 한다. 공식적으로 표현하면, 내적 $\mathbf{V} \cdot d\mathbf{s} = V \, ds \cos \theta$에 선적분을 취하는 것인데 다음과 같이 표현된다.

$$\Gamma = \oint \mathbf{V} \cdot d\mathbf{s} \tag{7-6}$$

관례적으로 적분은 z축에 양의 방향인 반시계방향으로 수행된다.

이에 대한 응용 예를 보기 위하여, 그림 7-6과 같이 (x, y) 지점에 위치한 미소요소 주위의 순환을 계산해보자. 이때 유동은 2차원 불균일 정상유동이며 속도는

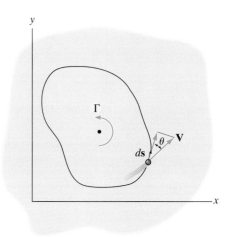

순환

그림 7-5

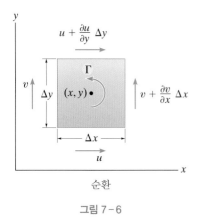

순환

그림 7-6

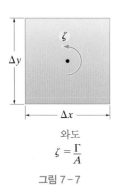

와도

$$\zeta = \frac{\Gamma}{A}$$

그림 7-7

$\mathbf{V} = u(x, y)\mathbf{i} + v(x, y)\mathbf{j}$와 같이 주어진다. 미소요소의 면 방향으로의 평균 속도는 그림에서와 같다. 식 (7-6)을 적용하면 다음을 얻는다.

$$\Gamma = u\,\Delta x + \left(v + \frac{\partial v}{\partial x}\Delta x\right)\Delta y - \left(u + \frac{\partial u}{\partial y}\Delta y\right)\Delta x - v\,\Delta y$$

이를 간단히 하면 다음과 같다.

$$\Gamma = \left(\frac{\partial v}{\partial x} - \frac{\partial u}{\partial y}\right)\Delta x \Delta y$$

여기서 미소요소에 대한 순환이라는 것이 개별 유체입자가 미소요소의 경계 주위를 "돈다"는 의미가 아니라는 것에 주의하라. 앞에서 언급한 순환이라는 것은 단순히 경계 주위에서 유동의 결과 또는 총량에 의한 것이다.

와도 와도(vorticity) ζ(제타)는 (x, y) 한 지점에서 단위면적당 순환으로 정의된다. 예를 들어 그림 7-7과 같이 순환을 요소의 면적 $\Delta x \Delta y$로 나누면 다음을 얻는다.

$$\boxed{\zeta = \frac{\Gamma}{A} = \frac{\partial v}{\partial x} - \frac{\partial u}{\partial y}} \tag{7-7}$$

이 결과를 식 (7-2)와 비교하면 $\zeta = 2\,\omega_z$임 알 수 있다.

와도는 실제로 벡터이며 오른손 법칙을 적용한 2차원 유동의 경우 와도는 $+z$축 방향이 된다. 만약 3차원 유동을 고려한다면 비슷한 식 (7-3)에 의하여 다음을 얻는다.

$$\zeta = 2\boldsymbol{\omega} \tag{7-8}$$

비회전유동 각회전 또는 와도는 유동을 분류하는 지표가 될 수 있다. 만약 $\omega \neq 0$인 유동이라 한다면 **회전유동**(rotational flow)이 되며 $\omega = 0$인 경우 **비회전유동**(*irrotatonal flow*)이라 지칭할 수 있다.

이상유체에 점성력 없이 오직 압력과 중력만이 작용하면 이 유체는 비회전유동을 한다. 또 압력과 중력의 합력은 언제나 도심에 작용하기 때문에 이상유체의 요소가 초기에 비회전 상태에 있었다고 한다면 두 힘에 의해 유체의 움직임이 유발된다고 하더라도 이 유동은 비회전유동을 유지한다.

회전과 비회전유동의 차이를 다음에 몇 가지 간단한 예로 보여줄 수 있다. 그림 7-8a와 7-8b에서와 같이 이상유체는 회전하지 않는데, 이는 미소요소의 사잇각을 이루는 두 면의 평균 회전이 없기 때문이며(예, $\alpha = \beta = 0$), 이를 비회전유동이라 한다. 그러나 그림 7-8c에서는 유체요소의 윗면과 아랫면이 각기 다른 속도로 움직이며 이로 인해 수직면이 $\dot{\beta}$의 각변형률을 가지고 시계방향 회전을 한다. 그 결과 **회전유동**을 유발하게 되며 평균 각속도는 $\omega_z = (\dot{\alpha} - \dot{\beta})/2 = (0 - \dot{\beta})/2 = -\dot{\beta}/2$가 된다. 이때 음수는 회전이 시계방향임을 의미한다. 만약 곡관에서 점성유동이 발달하면 바깥쪽 흐름이 더욱 빨라지는데, 이로 인해 미소요소면이 $-\dot{\alpha}$와 $\dot{\beta}$의 각속도로 회전하게 되고 결국 평균 각속도는 $\omega_z = \frac{1}{2}(-\dot{\alpha} - \dot{\beta})$가 된다.

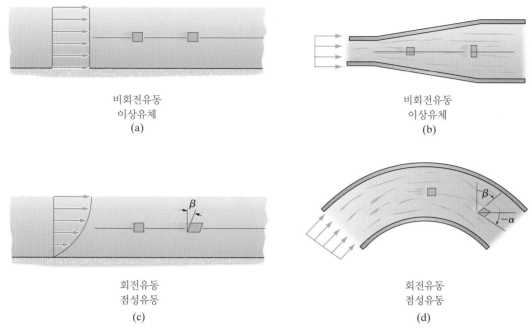

비회전유동
이상유체
(a)

비회전유동
이상유체
(b)

회전유동
점성유동
(c)

회전유동
점성유동
(d)

그림 7-8

예제 7.1

그림 7-9와 같이 이상유체가 속도 $U = 0.2$ m/s의 균일 속도를 가지고 있다. 삼각형 및
원형 경계에서 순환을 구하시오.

풀이

유동 상태 xy 평면에 대한 이상유체가 균일 정상유동을 가진다.

삼각형 경로   그림 7-9a에서 삼각형 경로 주위의 순환을 계산하기 위하여 적분을 수행

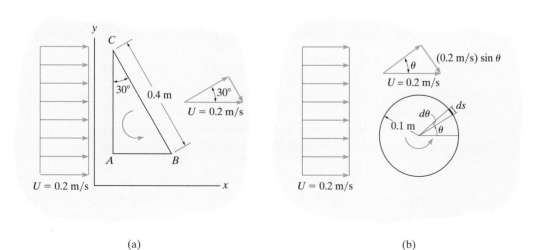

(a)

(b)

그림 7-9

하는 대신에 삼각형 각 면의 길이와 면에 상응하는 속도성분을 구한다. C점에서 A점으로, A점에서 B점으로, B점에서 C점으로 순차적으로 속도와 면 방향 길이성분의 내적을 합산하면 다음과 같다.

$$\Gamma = \oint \mathbf{V} \cdot d\mathbf{s} = \Sigma \mathbf{V} \cdot \mathbf{s}$$

$$= (0)(0.4 \text{ m} \cos 30°) + (0.2 \text{ m/s})(0.4 \text{ m} \sin 30°) - (0.2 \text{ m/s} \sin 30°)(0.4 \text{ m})$$

$$= 0 \hspace{4cm} \textit{Ans.}$$

수식에서 마지막 음수항은 0.2 m/s $\sin 30°$로 표현되는 속도성분이 시계방향 회전에서 비롯된 것임을 주목하라.

원형 경로   원형의 경계는 그림 7-9b와 같이 반시계방향으로 양의 각도 θ를 이용한 원통좌표를 통하여 쉽게 결정할 수 있다. 미소경로 $ds = (0.1 \text{ m}) d\theta$에 대한 $\mathbf{V}$의 속도성분은 $-(0.2 \text{ m/s}) \sin \theta$이므로

$$\Gamma = \oint \mathbf{V} \cdot d\mathbf{s} = \int_0^{2\pi} -(0.2 \text{ m/s}) \sin \theta \ (0.1 \text{ m}) \ d\theta = 0.02(\cos \theta) \Big|_0^{2\pi}$$

$$= 0 \hspace{4cm} \textit{Ans.}$$

일반적인 관점에서 기술하면, 경로의 형상과 관계없이 2가지 경우에 대하여 이상유체는 순환을 만들어내지 못하고 때문에 $\zeta = \Gamma/A$로 와도 역시 없다.

예제 7.2

그림 7-10a와 같이 평행한 두 평판 사이 점성유동의 속도가 $U = 0.002[1 - 10(10^3)y^2]$ m/s로 정의된다. 이때 y는 미터 단위를 갖는다. 중심으로부터 $y = 5$ mm 떨어진 지점의 유체요소의 와도와 전단변형률을 구하시오.

풀이

유동상태   실제 유체가 1차원 불균일 정상유동 상태에 있다.

와도   속도성분 $u = 0.002[1 - 10(10^3)y^2]$ m/s와 $v = 0$에 대하여 식 (7-7)을 이용한다.

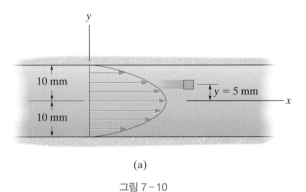

(a)

그림 7-10

$$\zeta = \frac{\partial v}{\partial x} - \frac{\partial u}{\partial y}$$

$$= 0 - 0.002\big[0 - 10(10^3)(2y)\big]\bigg|_{y\,=\,0.005\text{ m}}\text{rad/s} = 0.200 \text{ rad/s} \qquad Ans.$$

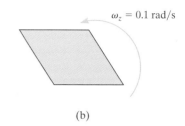

(b)

와도는 유체의 점성에 기인한 것으로 $\zeta \neq 0$이기 때문에 회전유동이 된다. 실제로 유체요소는 $w_z = \zeta/2 = 0.1$ rad/s의 각속도를 갖는다. 그림 7-10b에서와 같이 $y = 0.005$ m 지점에서 속도장을 살펴보면 유체요소의 윗면 속도가 아래쪽보다 느린데, 이로 인해 해당 와도는 양의 값(반시계방향)이 된다.

전단변형률 식 (7-4)를 적용하면

$$\dot{\gamma}_{xy} = \dot{\alpha} + \dot{\beta} = \frac{\partial v}{\partial x} + \frac{\partial u}{\partial y}$$

$$= 0 + 0.002\big[0 - 10(10^3)(2y)\big]\bigg|_{y\,=\,0.005\text{ m}}\text{rad/s} = -0.200 \text{ rad/s} \qquad Ans.$$

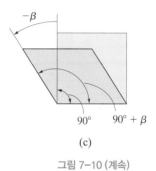

(c)

그림 7-10 (계속)

β는 시계방향으로 양의 값이고 전단변형은 그림 7-10c에서와 같이 두 변 사이의 각의 변화 $90° - (90° + \beta) = -\beta$와 같이 계산되기 때문에 전단변형률은 음수가 된다.

7.4 질량보존

이 장에서 그림 7-11과 같이 열린 표면을 갖는 고정된 미분형 검사체적의 유체유동에 대한 연속방정식을 유도할 것이다. 이때 속도장은 $u = u(x, y, z, t)$, $v = v(x, y, z, t)$, $w = w(x, y, z, t)$의 속도성분을 갖는 3차원 유동으로 간주한다. 점 (x, y, z)는 검사체적의 중심이며 해당 지점에서 밀도는 $\rho = \rho(x, y, z, t)$이다. 검사체적 내에서 질량의 국소변화는 유체의 압축성 때문에 일어난다. 또 유동이 불균일할 때 검사표면 사이의 대류변화가 나타날 수 있다. 예를 들어 그림 7-11은 이러한 대류변화가 x축 방향으로 나타남을 보여준다. 만약 검사체적의 x축 방향으로 연속방정식, 식 (4-12)를 적용하면 다음을 얻는다.

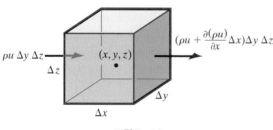

그림 7-11

$$\frac{\partial}{\partial t} \int_{cv} \rho \, d\mathcal{V} + \int_{cs} \rho \mathbf{V}_{f/cs} \cdot d\mathbf{A} = 0$$

$$\frac{\partial \rho}{\partial t} \Delta x \, \Delta y \, \Delta z + \left(\rho u + \frac{\partial (\rho u)}{\partial x} \Delta x \right) \Delta y \, \Delta z - \rho u \, \Delta y \, \Delta z = 0$$

질량의 국소변화   질량의 순 대류변화

이를 $\Delta x \, \Delta y \, \Delta z$로 나누고 간단히 하면

$$\frac{\partial \rho}{\partial t} + \frac{\partial (\rho u)}{\partial x} = 0 \qquad (7\text{-}9)$$

또한 y, z축으로의 검사표면에 대한 대류변화를 포함하면 연속방정식은 다음과 같이 된다.

$$\frac{\partial \rho}{\partial t} + \frac{\partial (\rho u)}{\partial x} + \frac{\partial (\rho v)}{\partial y} + \frac{\partial (\rho w)}{\partial z} = 0 \qquad (7\text{-}10)$$

이상유체의 2차원 정상상태유동

비록 가장 일반적인 형태의 연속방정식을 유도하였지만, 종종 해당 방정식을 2차원 정상유동에 적용하는 경우가 있다. 이 특별한 경우, 밀도가 일정하면 식 (7-10)은 다음과 같은 형태가 된다.

$$\boxed{\frac{\partial u}{\partial x} + \frac{\partial v}{\partial y} = 0} \qquad (7\text{-}11)$$

정상유동
비압축성 유체

식 (7-1)에서 확인할 수 있는 것처럼, 이 식이 의미하는 것은 **체적팽창률**은 0이라는 것이다. 예를 들면 x축 방향으로 길이 증가율이 양수($\partial u/\partial x > 0$)라면 식 (7-11)에 의하여 y축 방향으로 길이 증가율은 음수($\partial v/\partial y < 0$)가 된다.

원통좌표계

그림 7-12에서와 같이 원통좌표계 r, θ, z를 이용하여 연속방정식을 미분형 검사체적에 적용할 수 있다. 이 장에서는 증명 없이 원통좌표계에 대한 결과식을 아래와 같이 나타내고 후에 이 식을 이용하여 대칭 유동을 설명할 것이다. 일반적 원통좌표계에 대한 연속방정식은 다음과 같다.

$$\frac{\partial \rho}{\partial t} + \frac{1}{r} \frac{\partial (r \rho v_r)}{\partial r} + \frac{1}{r} \frac{\partial (\rho v_\theta)}{\partial \theta} + \frac{\partial (\rho v_z)}{\partial z} = 0 \qquad (7\text{-}12)$$

만일 비압축성 유체의 정상유동이라 한다면 2차원 (r, θ)에서 연속방정식은 다음과 같다.

$$\boxed{\frac{v_r}{r} + \frac{\partial v_r}{\partial r} + \frac{1}{r} \frac{\partial v_\theta}{\partial \theta} = 0} \qquad (7\text{-}13)$$

정상유동
비압축성 유체

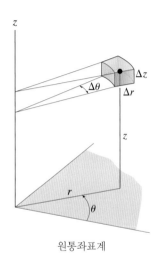

원통좌표계

그림 7-12

7.5 유체입자에 대한 운동방정식

이 장에서는 뉴턴의 운동 제2법칙을 미분형 유체입자(요소)에 적용하여 가장 일반적인 형태의 방정식 형태를 유도할 것이다. 그러나 이에 앞서 미소면적 ΔA에 작용하는 힘 $\Delta\mathbf{F}$의 효과를 수학적으로 나타내어야 한다. 그림 7-13a에서 볼 수 있는 것처럼 $\Delta\mathbf{F}$는 면의 수직방향으로 $\Delta\mathbf{F}_z$와 접하는 방향으로 $\Delta\mathbf{F}_x$, $\Delta\mathbf{F}_y$의 요소를 가지며 응력은 이러한 표면력의 결과이다. 수직력은 **수직응력**(normal stress)을 유발하며 다음과 같이 정의된다.

$$\sigma_{zz} = \lim_{\Delta A \to 0} \frac{\Delta F_z}{\Delta A}$$

또한 **전단응력**(shear stress)은 전단력에 의한 결과이며 다음과 같다.

$$\tau_{zx} = \lim_{\Delta A \to 0} \frac{\Delta F_x}{\Delta A}, \quad \tau_{zy} = \lim_{\Delta A \to 0} \frac{\Delta F_y}{\Delta A}$$

하첨자 표현의 첫 번째 문자(z)는 면요소 ΔA에서 정의되는 바깥쪽으로 수직인 방향을, 두 번째 문자는 직교좌표계에서 해당 응력의 방향을 의미한다. 이러한 규약에 따라 체적요소의 6면에 작용하는 힘을 고려하면 각 면에 작용하는 3개의 응력 요소는 그림 7-13b와 같다.

   유체의 모든 지점에서 이러한 응력들로 정의된 **응력장**(stress field)이 존재하는데, 이런 응력장이 위치에 따라 **변화**하기 때문에 유체요소에 힘의 변화가 생긴다. 예를 들어 그림 7-13c와 같이 유체입자의 자유물체도를 고려해보면 x축 방향의 응력요소에 의하여 힘이 생성될 것이다. 이 x축 방향 결과 **표면력**(surface force)은 다음과 같다.

$$
\begin{aligned}
(\Delta F_x)_{\text{sf}} = {} & \left(\sigma_{xx} + \frac{\partial \sigma_{xx}}{\partial x}\Delta x\right)\Delta y\,\Delta z - \sigma_{xx}\,\Delta y\,\Delta z \\
& + \left(\tau_{yx} + \frac{\partial \tau_{yx}}{\partial y}\Delta y\right)\Delta x\,\Delta z - \tau_{yx}\,\Delta x\,\Delta z \\
& + \left(\tau_{zx} + \frac{\partial \tau_{zx}}{\partial z}\Delta z\right)\Delta x\,\Delta y - \tau_{zx}\,\Delta x\,\Delta y
\end{aligned}
$$

각 항을 정리하고 같은 방식으로 y, z축 방향으로 생성되는 표면력을 구하면 다음을 얻는다.

$$(\Delta F_x)_{\text{sf}} = \left(\frac{\partial \sigma_{xx}}{\partial x} + \frac{\partial \tau_{yx}}{\partial y} + \frac{\partial \tau_{zx}}{\partial z}\right)\Delta x\,\Delta y\,\Delta z$$

$$(\Delta F_y)_{\text{sf}} = \left(\frac{\partial \tau_{xy}}{\partial x} + \frac{\partial \sigma_{yy}}{\partial y} + \frac{\partial \tau_{zy}}{\partial z}\right)\Delta x\,\Delta y\,\Delta z$$

$$(\Delta F_z)_{\text{sf}} = \left(\frac{\partial \tau_{xz}}{\partial x} + \frac{\partial \tau_{yz}}{\partial y} + \frac{\partial \sigma_{zz}}{\partial z}\right)\Delta x\,\Delta y\,\Delta z$$

이런 힘들과 별개로 입자의 무게에 의한 **체적힘**(body force)이 있다. 입자의 질

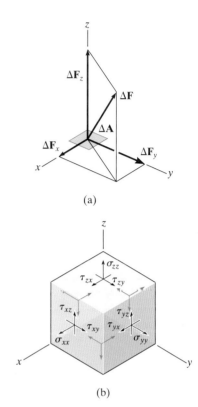

(a)

(b)

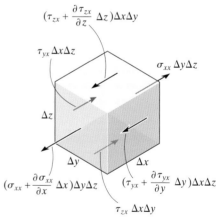

자유물체도
(c)

그림 7-13

량이 Δm이면 체적힘은 $\Delta W = (\Delta m)g = \rho g\, \Delta x\, \Delta y\, \Delta z$와 같이 된다. 좀 더 일반적으로 표현하기 위해 x, y, z축이 임의의 방향이라 하면 축방향을 따라 자중성분은 ΔW_x, ΔW_y, ΔW_z가 존재한다. 결국 유체입자에 작용하는 체적힘과 표면력의 성분을 모두 나타내면 다음과 같다.

$$\Delta F_x = \left(\rho g_x + \frac{\partial \sigma_{xx}}{\partial x} + \frac{\partial \tau_{yx}}{\partial y} + \frac{\partial \tau_{zx}}{\partial z} \right) \Delta x\, \Delta y\, \Delta z$$

$$\Delta F_y = \left(\rho g_y + \frac{\partial \tau_{xy}}{\partial x} + \frac{\partial \sigma_{yy}}{\partial y} + \frac{\partial \tau_{zy}}{\partial z} \right) \Delta x\, \Delta y\, \Delta z \qquad (7\text{-}14)$$

$$\Delta F_z = \left(\rho g_z + \frac{\partial \tau_{xz}}{\partial x} + \frac{\partial \tau_{yz}}{\partial y} + \frac{\partial \sigma_{zz}}{\partial z} \right) \Delta x\, \Delta y\, \Delta z$$

이와 같이 외력을 정립함으로써 입자의 운동에 관하여 뉴턴의 운동 제2법칙을 적용할 수 있다. 가속도를 정의하기 위하여 물질미분을 사용하면 식 (3-7)로부터 다음을 얻는다.

$$\Sigma \mathbf{F} = \Delta m \frac{D\mathbf{V}}{Dt} = (\rho \Delta x\, \Delta y\, \Delta z)\left[\frac{\partial \mathbf{V}}{\partial t} + u\frac{\partial \mathbf{V}}{\partial x} + v\frac{\partial \mathbf{V}}{\partial y} + w\frac{\partial \mathbf{V}}{\partial z} \right]$$

식 (7-14)를 대입하여 체적 $\Delta x\, \Delta y\, \Delta z$로 묶어내고 속도 $\mathbf{V} = u\mathbf{i} + v\mathbf{j} + w\mathbf{k}$를 이용하면, 이 식의 x, y, z 성분은 다음과 같다.

$$\rho g_x + \frac{\partial \sigma_{xx}}{\partial x} + \frac{\partial \tau_{yx}}{\partial y} + \frac{\partial \tau_{zx}}{\partial z} = \rho\left(\frac{\partial u}{\partial t} + u\frac{\partial u}{\partial x} + v\frac{\partial u}{\partial y} + w\frac{\partial u}{\partial z} \right)$$

$$\rho g_y + \frac{\partial \tau_{xy}}{\partial x} + \frac{\partial \sigma_{yy}}{\partial y} + \frac{\partial \tau_{zy}}{\partial z} = \rho\left(\frac{\partial v}{\partial t} + u\frac{\partial v}{\partial x} + v\frac{\partial v}{\partial y} + w\frac{\partial v}{\partial z} \right) \qquad (7\text{-}15)$$

$$\rho g_z + \frac{\partial \tau_{xz}}{\partial x} + \frac{\partial \tau_{yz}}{\partial y} + \frac{\partial \sigma_{zz}}{\partial z} = \rho\left(\frac{\partial w}{\partial t} + u\frac{\partial w}{\partial x} + v\frac{\partial w}{\partial y} + w\frac{\partial w}{\partial z} \right)$$

결국 위의 식들은 운동에 관한 3개의 지배 방정식이다. 식의 좌변은 외부합력 $\Sigma \mathbf{F}$이고 우변항은 관성항 $m\mathbf{a}$가 된다.

다음 장에서는 이 운동방정식을 적용하여 이상유체의 움직임을 탐구할 것이다. 또 7.12절에서는 뉴턴 유체의 좀 더 일반적인 경우를 생각해볼 것이다.

7.6 오일러와 베르누이 방정식

이상유체라는 가정 하에서 앞에서 언급한 방정식은 좀 더 간단한 형태가 될 것이다. 점성에 의한 전단응력이 없고 수직응력을 압력으로 대체해보자. 그림 7-13b에서와 같이 수직응력이 면의 바깥쪽을 양의 방향으로 정의함으로써 압력은 압축응력을 유발하고 $\sigma_{xx} = \sigma_{yy} = \sigma_{zz} = -p$로 표현된다. 결과적으로 이상유체입자에 대한 일반적인 운동방정식은 다음과 같다.

$$\rho g_x - \frac{\partial p}{\partial x} = \rho\left(\frac{\partial u}{\partial t} + u\frac{\partial u}{\partial x} + v\frac{\partial u}{\partial y} + w\frac{\partial u}{\partial z}\right)$$

$$\rho g_y - \frac{\partial p}{\partial y} = \rho\left(\frac{\partial v}{\partial t} + u\frac{\partial v}{\partial x} + v\frac{\partial v}{\partial y} + w\frac{\partial v}{\partial z}\right) \qquad (7\text{-}16)$$

$$\rho g_z - \frac{\partial p}{\partial z} = \rho\left(\frac{\partial w}{\partial t} + u\frac{\partial w}{\partial x} + v\frac{\partial w}{\partial y} + w\frac{\partial w}{\partial z}\right)$$

해당 방정식을 x, y, z 직교좌표상의 **오일러 운동방정식**(Euler equation of motion)이라 한다. 5.1절에서 유선 위의 s, n좌표에 대하여 좀 더 간단한 형태의 오일러 방정식을 유도하였다.

2차원 정상유동 많은 경우에 z축 방향의 속도성분 w가 0인 2차원 정상상태 유동을 다룬다. 이때 절대좌표와 x, y축을 일치시키면 중력가속도는 $\mathbf{g} = -g\mathbf{j}$가 되어 식 (7-16)의 오일러 방정식은 다음과 같이 표현할 수 있다.

$$-\frac{1}{\rho}\frac{\partial p}{\partial x} = u\frac{\partial u}{\partial x} + v\frac{\partial u}{\partial y} \qquad (7\text{-}17)$$

$$-\frac{1}{\rho}\frac{\partial p}{\partial y} - g = u\frac{\partial v}{\partial x} + v\frac{\partial v}{\partial y} \qquad (7\text{-}18)$$

연속방정식, 식 (7-11)과 위의 두 방정식을 연립하여 풀어냄으로써 유체 내에 어느 지점에서라도 속도성분 u, v와 압력성분 p를 결정할 수 있다.

베르누이 방정식 5.2절에서 오일러 방정식을 유선의 길이성분으로 적분함으로써 베르누이 방정식을 얻었다. 이때 적분의 결과를 동일한 유선 위의 두 점에 적용하였다. 그러나 만약 유체유동이 $\omega = 0$인 비회전유동이라면 베르누이 방정식을 서로 다른 유선 위의 두 점에 대하여 적용할 수 있었다. 이를 보이기 위하여, 비회전유동을 고려해보면 $\omega_z = 0$ 혹은 $\partial u/\partial y = \partial v/\partial x$임을 알 수 있다. 이를 식 (7-17)과 (7-18)에 적용하면 다음을 얻는다.

$$-\frac{1}{\rho}\frac{\partial p}{\partial x} = u\frac{\partial u}{\partial x} + v\frac{\partial v}{\partial x}, \qquad -\frac{1}{\rho}\frac{\partial p}{\partial y} - g = u\frac{\partial u}{\partial y} + v\frac{\partial v}{\partial y}$$

$\partial(u^2)/\partial x = 2u(\partial u/\partial x)$, $\partial(v^2)/\partial x = 2v(\partial v/\partial x)$, $\partial(u^2)/\partial y = 2u(\partial u/\partial y)$, $\partial(v^2)/\partial y = 2v(\partial v/\partial y)$이기 때문에 위의 식은 다음과 같은 형태가 된다.

$$-\frac{1}{\rho}\frac{\partial p}{\partial x} = \frac{1}{2}\frac{\partial(u^2 + v^2)}{\partial x}, \qquad -\frac{1}{\rho}\frac{\partial p}{\partial y} - g = \frac{1}{2}\frac{\partial(u^2 + v^2)}{\partial y}$$

첫 번째 식을 x에 대하여, 두 번째 식을 y에 대하여 적분하면 다음을 얻는다.[*]

---

[*] p는 x와 y의 함수이므로 $(1/\rho)\partial p/\partial x$를 적분하면 $p/\rho + f(y)$를 얻는데, 이는 $f(y)$가 x 방향으로 불변이기 때문이다.

$$-\frac{p}{\rho} + f(y) = \frac{1}{2}\left(u^2 + v^2\right) = \frac{1}{2}V^2$$

$$-\frac{p}{\rho} - gy + h(x) = \frac{1}{2}\left(u^2 + v^2\right) = \frac{1}{2}V^2$$

이때 대문자 V는 유체입자의 속도성분으로부터 얻어지는 속력($V^2 = u^2 + v^2$)이 된다. 위의 두 식을 등치시키면 $f(y) = -gy + h(x)$를 얻는다. 이때 x와 y는 독립변수이므로 해당 식으로부터 $h(x) =$ 상수임을 알 수 있고, 결국 $f(y) = -gy +$ 상수가 된다. $h(x) =$ 상수라는 해석의 결과를 위의 두 식에 적용하면 정상 비회전유동, 이상유체에 대한 베르누이 방정식은 다음과 같이 된다.

$$\frac{p}{\gamma} + \frac{V^2}{2g} + y = 상수 \qquad (7\text{-}19)$$

정상 비회전유동, 이상유체

　결과적으로 유동이 비회전일 때는 베르누이 방정식을 임의의 두 점 (x_1, y_1), (x_2, y_2)에 적용할 수 있으며, 이 두 점이 반드시 동일 유선 위의 점일 필요는 없다. 물론 이 경우라도 이상유체가 정상상태라는 가정은 필요함을 주의하라.

요점정리

- 일반적으로 유체의 미분형 요소에 외력이 가해지면 유체요소는 '강체'의 병진, 회전운동과 함께 선형변형 및 각변형을 한다.
- 유체입자의 시간에 따른 변위는 속도장으로 정의된다.
- 선형변형은 유체의 단위체적당 체적변화로 측정할 수 있으며, 시간에 따른 변화를 체적팽창률이라 한다.
- 유체입자의 회전은 수직한 두 성분의 평균 각속도로 정의된다. 또 회전은 와도 $\zeta = 2\omega$로 특징할 수도 있다.
- 만약 $\omega = 0$인 **비회전유동**이라 한다면 유체의 회전은 없다. 유체가 점성이 없는 이상유체라면 유체유동은 언제나 비회전유동이 되는데, 이는 회전을 유발하는 점성전단력이 존재하지 않기 때문이다.
- 각변형은 직각을 이루는 유체요소의 두 변의 변화에 의해 야기되는 전단변형 또는 전단변형률로 정의된다. 전단변형률은 전단응력에 의한 것인데, 이는 유체의 점성의 결과이다. 이상유체 또는 비점성유체는 각변형이 없다.
- 이상유체는 **비압축성**이기 때문에 정상유동에서는 단위체적당 시간에 따른 체적변화를 나타내는 연속방정식의 값이 0된다.
- 오일러 방정식은 이상유체의 미분형 유체입자에 작용하는 압력 및 중력과 입자의 가속관계를 보여준다. 정상 비회전유동일 때 해당 방정식을 적분하고 결과식을 정리함으로써 베르누이 방정식을 얻는다.
- 이상유체가 비회전($\omega = 0$) 정상유동장이라면 베르누이 방정식은 **임의의 두 점** 사이에 적용할 수 있다.

예제 7.3

그림 7-14와 같이 2차원 이상유동이 평행한 두 벽 사이에 $\mathbf{V} = \{-6x\mathbf{i} + 6y\mathbf{j}\}$ m/s의 속도 장을 가지도록 형성되어 있다. B(1 m, 2 m) 위치에 존재하는 유체입자의 체적팽창률과 회전을 구하시오. 만약 A(1 m, 1 m)에서의 압력이 250 kPa이라면 B점의 압력은 얼마이 겠는가? 단 $\rho = 1200$ kg/m³이다.

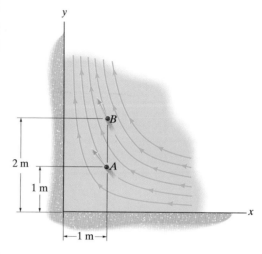

그림 7 - 14

풀이

유체 상태   속도가 시간의 함수가 아니므로 정상유동이며 유체는 이상유체이다.

체적팽창률 $u = (-6x)$ m/s, $v = (6y)$ m/s, $w = 0$을 식 (7-1)에 적용하면 다음을 얻는다.

$$\frac{\delta V / dV}{\partial t} = \frac{\partial u}{\partial x} + \frac{\partial v}{\partial y} + \frac{\partial w}{\partial z}$$

$$= -6 + 6 + 0 = 0 \qquad Ans.$$

이 결과로부터 이상유체는 비압축성이므로 B점에서 유체요소의 체적변화가 없음을 확 인할 수 있다.

회전 B점에서 유체요소의 각속도를 식 (7-2)로부터 구할 수 있다.

$$\omega_z = \frac{1}{2}\left(\frac{\partial v}{\partial x} - \frac{\partial u}{\partial y}\right)$$

$$= \frac{1}{2}(0 - 0) = 0 \qquad Ans.$$

따라서 z축 방향으로 유체입자의 회전은 없다. 실제로 위의 두 결과는 유체의 속도장 모 든 지점에 적용할 수 있는데, 이는 결과식이 x, y와 관련 없이 만족하기 때문이다. 이는 이상유체에 대하여 당연한 결과라고 할 수 있다.

압력   유체가 비회전 정상상태에 있으므로 임의의 두 점에 대하여 식 (7-14)로 표현된 베르누이 방정식을 적용할 수 있다. 이때 A와 B점에서 속력은 다음과 같다.

$$V_A = \sqrt{[-6(1)]^2 + [6(1)]^2} = 8.485 \text{ m/s}$$

$$V_B = \sqrt{[-6(1)]^2 + [6(2)]^2} = 13.42 \text{ m/s}$$

두 평판 사이의 운동이므로 다음을 얻는다.

$$\frac{p_A}{\gamma} + \frac{V_A^2}{2g} + z_A = \frac{p_B}{\gamma} + \frac{V_B^2}{2g} + z_B$$

$$\frac{250(10^3) \text{ N/m}^2}{(1200 \text{ kg/m}^3)(9.81 \text{ m/s}^2)} + \frac{(8.485 \text{ m/s})^2}{2(9.81 \text{ m/s}^2)} + 0$$

$$= \frac{p_B}{(1200 \text{ kg/m}^3)(9.81 \text{ m/s}^2)} + \frac{(13.42 \text{ m/s})^2}{2(9.81 \text{ m/s}^2)} + 0$$

$$p_B = 185 \text{ kPa} \qquad Ans.$$

7.7 퍼텐셜 유동 유체역학

7.1절에서 언급한 바와 같이 점성과 압축에 의한 효과는 유체의 해석을 복잡하게 만든다. 그러나 이상유체라는 가정과 함께 이러한 효과를 무시하여도 간단하면서도 비교적 정확한 해석이 가능하다. 이러한 이상유체유동의 수학적 연구는 주로 19세기 후반에 이루어졌는데, 여러 가지 유동 종류에 대한 근사화와 실험적 측정이나 유체의 밀도값 없이 이론적 해석결과를 제공하고자 하는 노력에서 이루어졌다. 1900년대 초, Ludwig Prandtl은 유체의 점성이 유동의 경계 주변을 연구할 때 매우 중요한 역할을 함을 발견하였다. 물과 공기의 경우와 같이 유체가 빠르거나 점성이 작을 때 이러한 '경계층(boundary layer)'은 매우 얇다고 결론지었다. 이러한 얇은 경계층으로부터 멀리 떨어진 부분에서는 이상유체라는 가정이 때때로 합리적이며, 때문에 이론적 방법론에 근거한 유체역학 해석이 실제 유동에도 적용될 수 있다.

이제 이어지는 절에서는 이론적 접근법이 공학적 해석에 어떻게 적용되는지에 대한 이해를 제공하기 위하여 이러한 접근법을 소개하고자 한다.* 먼저 2차원 유동장에서 유선함수와 퍼텐셜 함수가 어떻게 얻어지는지 살펴볼 것이다. 그리고 이를 이용하여 유동장 안에서 유체의 속도와 압력을 결정할 수 있음을 보게 될 것이다. 일부 기본적인 유동 형태를 분석하고 이런 유동을 중첩성 또는 대수적 결합을 통하여 어떻게 물체 주변의 다양한 형태의 유동을 기술할 수 있는지 보여줄 것이다.

7.8 유선함수

2차원에서 연속방정식을 만족시키는 방안은 2개의 미지수 u, v를 하나의 미지함수로 대체하는 것이다. 이렇게 함으로써 미지수의 개수를 줄일 수 있고 결과적으로 이상유체유동 문제에 관한 해석을 더 간단히 할 수 있다. 이번 절에서 이러한 수단으로써 유선함수를 사용할 것이다. 다음 절에서는 유선함수에 대응하는 퍼텐셜 함수를 이용할 것이다.

유선함수(stream function) ψ (프사이)는 모든 유선의 방정식을 대표하는 방정식이다. 2차원 유동에서 이 함수는 x와 y의 함수가 되며, 또한 각각의 유선의 방정식은 유선함수가 상수가 되는 $\psi(x, y) = C$의 형태가 된다. 3.2절에서 유선의 방정식을 구하기 위하여 u와 v의 관계성을 살펴본 것을 기억하라. 여기에서는 그 절차를 복습하고 이러한 방법의 유효성을 좀 더 확장할 것이다.

---

* 이 방법에 대한 확장된 논의는 수학적으로 엄격하여 미분방정식 풀이에 대한 상당한 수준의 기술이 요구된다. 참조문헌 [8]~[11] 참고.

속도성분 성의에 의하여 유체입자는 그림 7-15와 같이 언제나 유선의 접선방향으로 이동한다. 따라서 접선의 기울기를 속도성분 **u**와 **v**의 비로써 결정할 수 있다. 그림에서와 같이 $dy/dx = v/u$이며, 정리하면 다음과 같다.

$$u\,dy - v\,dx = 0 \tag{7-20}$$

이제 유선함수 $\psi(x, y) = C$에 전미분을 취하면 다음을 얻는다.

$$d\psi = \frac{\partial\psi}{\partial x}dx + \frac{\partial\psi}{\partial y}dy = 0 \tag{7-21}$$

이를 식 (7-20)과 비교하면 속도성분과 유선함수의 관계는 다음과 같다.

$$\boxed{u = \frac{\partial\psi}{\partial y}, \quad v = -\frac{\partial\psi}{\partial x}} \tag{7-22}$$

따라서 만약 유선함수 $\psi(x, y) = C$를 안다고 하면 위의 방정식을 이용하여 유선을 따르는 유체입자의 속도성분을 구할 수 있다. 정상상태유동일 때 이러한 방식으로 얻어진 속도성분은 자동으로 연속방정식을 만족한다는 것을 알 수 있다. 식 (7-22)를 식 (7-11)에 대입함으로써 이를 확인할 수 있다.

$$\frac{\partial u}{\partial x} + \frac{\partial v}{\partial y} = 0; \qquad \frac{\partial}{\partial x}\left(\frac{\partial\psi}{\partial y}\right) + \frac{\partial}{\partial y}\left(-\frac{\partial\psi}{\partial x}\right) = 0$$

$$\frac{\partial^2\psi}{\partial x\,\partial y} - \frac{\partial^2\psi}{\partial y\,\partial x} = 0$$

문제에 따라 그림 7-16과 같은 극좌표계 (r, θ)에서는 속도성분을 유선함수로 나타내는 것이 편리함을 보게 될 것이다. 증명을 생략하고 $\psi(r, \theta) = C$로 주어진 유선함수를 이용하여 반경방향 및 교축방향 속도성분을 다음과 같이 구할 수 있다.

$$\boxed{v_r = \frac{1}{r}\frac{\partial\psi}{\partial\theta}, \quad v_\theta = -\frac{\partial\psi}{\partial r}} \tag{7-23}$$

속도는 언제나 유선에 접선 방향이다.

체적유량 유선함수를 이용하여 두 유선을 지나는 유체의 체적유량을 결정할 수 있다. 예를 들어 그림 7-17a에서와 같이 ψ와 $\psi + d\psi$ 사이에 존재하는 삼각형 형태의 미분형 검사체적을 생각해보자. 2차원 유동이기 때문에 해당 요소를 지나는 유량 dq를 z축 방향 단위 깊이당 유량으로 생각하면 단위는 m^2/s가 된다. 이 유동은 언제나 유관 내로 제한되는데, 이는 유체의 속도가 언제나 유선에 접하는 방향이므로 유선에 수직방향 유동이 없기 때문이다. 유체의 연속성에 의하여 AB 검사표면을 통해 들어간 유체는 AC와 BC 검사표면을 통과하여 나온 양과 일치해야 한다. 지면에 수직방향으로 단위가 1인 유체흐름을 생각하므로 BC를 통한 유출량은 $u[dy(1)]$이며, AC의 경우 일반적으로 v가 위쪽 방향에 대하여 양수이므로 유출

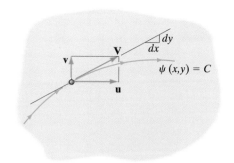

속도는 언제나 유선에 접선방향이다.

그림 7 – 15

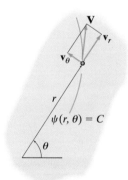

극좌표계

그림 7 – 16

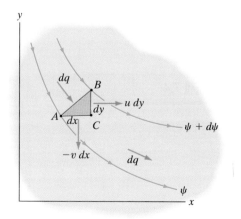

(a)

그림 7 – 17

량은 $-v[dx(1)]$이 된다. 이를 비압축성 정상유동의 연속방정식에 적용하면 다음을 얻는다.

$$\frac{\partial}{\partial t}\int_{cv}\rho\,d\forall + \int_{cs}\rho\mathbf{V}_{f/cs}\cdot d\mathbf{A} = 0$$

$$0 - \rho\,dq + \rho u[dy(1)] - \rho v[dx(1)] = 0$$

$$dq = u\,dy - v\,dx$$

이 결과를 식 (7-22)에 대입하면 식 (7-21)의 우변항이 된다.

$$dq = d\psi$$

따라서 두 유선 ψ와 $\psi+d\psi$ 사이를 통과하는 체적유량 dq는 단순히 유선함수의 차 $(\psi+d\psi)-\psi=d\psi$로 구할 수 있다. 유한한 거리만큼 떨어진 두 유선 사이를 지나는 유체의 체적유량은 이를 적분함으로써 얻을 수 있다. 예를 들어, 만약 두 유선이 $\psi_1(x,y)=C_1$, $\psi_2(x,y)=C_2$로 주어진다면 체적유량은 다음과 같다.

$$q = \int_{\psi_1}^{\psi_2} d\psi = \psi_2(x,y) - \psi_1(x,y) = C_2 - C_1 \qquad (7\text{-}24)$$

이 결과들을 정리해보자. 만약 유선함수 $\psi(x,y)=C$가 주어진다면 유선함수의 상수를 변화시킴으로써 유선함수를 결정할 수 있고, 이를 통하여 유동을 가시화할 수 있다. 유선을 따르는 유동의 속도성분은 식 (7-22)[또는 식 (7-23)]를 통하여 구할 수 있다. 또한 두 유선이 $\psi_1(x,y)=C_1$, $\psi_2(x,y)=C_2$로 주어진다면 이 유선 사이를 지나는 체적유량은 식 (7-24)에 따라 유선함수의 상수값의 차 $q=C_2-C_1$으로 결정할 수 있다. 3.2절에서 언급한 바와 같이 유선이 그려지면 유선 사이의 거리를 이용해 유동의 상대 속도를 알 수 있다. 이는 질량보존으로부터 기인하는데, 예를 들어 그림 7-17b에서와 같이 유관을 통해 지나는 유체는 질량보존을 위해 유속이 빠른 부분에서는 유선의 폭이 좁아졌다가 유속이 느린 곳에서는 넓어져야 하는 원리이다. 따라서 유선이 서로 가까운 곳에서는 유체의 속도가 빠르며 속도가 느린 곳에서는 유선의 간격이 넓어지는 것이다.

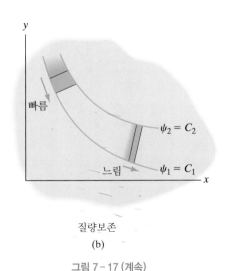

빠름

느림

$\psi_2 = C_2$

$\psi_1 = C_1$

질량보존
(b)

그림 7–17 (계속)

예제 7.4

$\psi(x,y)=y^2-x$의 유동함수로 정의되는 유동이 있다. $\psi_1(x,y)=0$, $\psi_2(x,y)=2\ \mathrm{m^2/s}$, $\psi_3(x,y)=4\ \mathrm{m^2/s}$의 유선을 그리시오. 또 유선 $\psi_2(x,y)=2\ \mathrm{m^2/s}$ 위 $y=1\ \mathrm{m}$ 지점의 유체입자의 속도를 구하고 이 유동장이 연속방정식을 만족함을 보이시오.

풀이

유체 상태   시간에 관련된 항이 존재하지 않으므로 이상유체의 정상유동이다.

유동함수   3개의 유선에 대한 방정식은 다음과 같다.

$$y^2 - x = 0$$
$$y^2 - x = 2$$
$$y^2 - x = 4$$

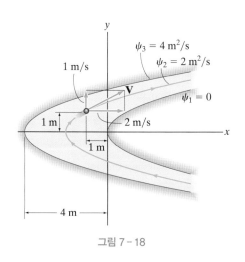

그림 7-18

위의 방정식은 그림 7-18에서와 같다. 각각의 방정식은 포물선 형태이고 상수에 따라 각각 유선을 달리 표현한다.

속도 각 유선에 대한 속도성분은 다음과 같다.

$$u = \frac{\partial \psi}{\partial y} = \frac{\partial}{\partial y}(y^2 - x) = (2y) \text{ m/s}$$

$$v = -\frac{\partial \psi}{\partial x} = -\frac{\partial}{\partial x}(y^2 - x) = -(-1) = 1 \text{ m/s}$$

연속성은 식 (7-11)을 만족함으로써 보일 수 있다.

$$\frac{\partial u}{\partial x} + \frac{\partial v}{\partial y} = 0; \qquad 0 + 0 = 0$$

$y^2 - x = 2$의 유선에 대하여 $y = 1$ m이면 $x = -1$ m이고 이 지점에서 $u = 2$ m/s, $v = 1$ m/s 이다. 속도성분으로부터 해당 지점에서 유체입자의 속도를 구하면 다음과 같다.

$$V = \sqrt{(2 \text{ m/s})^2 + (1 \text{ m/s})^2} = 2.24 \text{ m/s} \qquad \textit{Ans.}$$

그림 7-18에서 작은 화살표로 나타낸 x, y축 속도성분의 방향은 유동의 방향을 평균적으로 보여준다는 것에 주목하라.

비록 이 문제에서 직접적으로 묻지 않지만 $\psi_1 = 0$, $\psi_3 = 4$ m^2/s의 유선이 고체 경계면이라 가정해본다면, 식 (7-24)로부터 이 수로(혹은 유관)를 지나는 단위 깊이당 체적유량은 다음과 같다.

$$q = \psi_3 - \psi_1 = 4 \text{ m}^2/\text{s} - 0 = 4 \text{ m}^2/\text{s}$$

예제 7.5

y축과 각도 θ를 이루는 균일유동이 그림 7-19와 같이 형성되어 있다. 이 유동의 유동함수를 구하시오.

풀이

유체 상태 $\mathbf{U}$가 일정하므로 정상 균일 이상유체유동이다.

속도 속도의 x, y축 성분은 다음과 같다.

$$u = U \sin\theta, \qquad v = -U \cos\theta$$

유선함수 속도성분 u와 유동함수의 관계를 이용하면

$$u = \frac{\partial \psi}{\partial y}; \qquad U \sin\theta = \frac{\partial \psi}{\partial y}$$

이를 y에 관하여 적분하면 ψ를 얻는다.

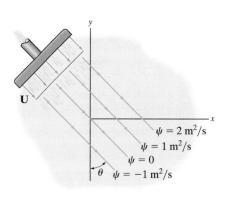

균일유동

그림 7-19

$$\psi = (U \sin \theta)y + f(x) \tag{1}$$

여기서 $f(x)$는 결정이 필요한 미지함수이다. 속도성분 v와 유동함수의 관계로부터

$$v = -\frac{\partial \psi}{\partial x}; \qquad -U \cos \theta = -\frac{\partial}{\partial x}[(U \sin \theta)y + f(x)]$$

$$-U \cos \theta = -0 - \frac{\partial}{\partial x}[f(x)]$$

적분하면

$$f(x) = (U \cos \theta)x + c$$

이 결과를 식 (1)에 대입하면

$$\psi(x, y) = (U \sin \theta)y + (U \cos \theta)x + c$$

이때 원점을 지나는 유선을 기준으로 삼는다면 $x=0$, $y=0$에서 $\psi = \psi_0 = 0$이다. 따라서 유선함수는 다음과 같다.

$$\psi(x, y) = (U \sin \theta)y + (U \cos \theta)x \qquad \textit{Ans.}$$

속도성분은 $u = \partial\psi/\partial y = U \sin \theta$, $v = -\partial\psi/\partial x = -U \cos \theta$이므로 각각 유선 위에서 유체입자의 속도성분은 다음과 같다.

$$V = \sqrt{(U \sin \theta)^2 + (-U \cos \theta)^2} = U$$

이 결과를 그림 7-19와 비교해보라.

예제 7.6

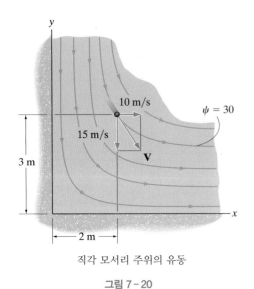

10 m/s

15 m/s

V

$\psi = 30$

3 m

2 m

직각 모서리 주위의 유동

그림 7-20

그림 7-20에서 90° 코너를 돌아가는 정상상태 이상유체유동의 유선이 유선함수 $\psi(x, y) = (5xy)$ m²/s로 정의된다. 점 $x=2$ m, $y=3$ m에서 유동의 속도를 구하시오. 유동장 내 임의의 두 점에 대하여 베르누이 방정식을 적용할 수 있겠는가?

풀이

유체 상태   정상상태 이상유체유동이다.

속도   속도성분은 식 (7-22)에 의하여 결정된다.

$$u = \frac{\partial \psi}{\partial y} = \frac{\partial}{\partial y}(5xy) = (5x) \text{ m/s}$$

$$v = -\frac{\partial \psi}{\partial x} = -\frac{\partial}{\partial x}(5xy) = (-5y) \text{ m/s}$$

$x=2$ m, $y=3$ m의 지점에서

$$u = 5(2) = 10 \text{ m/s}$$

$$v = -5(3) = -15 \text{ m/s}$$

속력은 다음과 같다.

$$V = \sqrt{(10 \text{ m/s})^2 + (-15 \text{ m/s})^2} = 18.0 \text{ m/s} \qquad \textit{Ans.}$$

그림 7-20에서와 같이 속도의 방향은 유선의 접선방향이 된다. 이 유선을 정의하는 식을 찾기 위해서 $\psi(x, y) = 5(2)(3) = C = 30 \ \text{m}^2/\text{s}$를 적용한다. 따라서 $\psi(x, y) = 5xy = 30$ 또는 $xy = 6$을 얻는다.

이상유체는 비회전유동이다. 이를 확인하기 위하여 식 (7-2)를 적용하면

$$\omega_z = \frac{1}{2}\left(\frac{\partial v}{\partial x} - \frac{\partial u}{\partial y}\right) = \frac{1}{2}\left[\frac{\partial(-5y)}{\partial x} - \frac{\partial(5x)}{\partial y}\right] = 0$$

따라서 유동장 내 임의의 두 점의 압력차를 구하기 위하여 베르누이 방정식을 적용할 수 있음이 확인되었다.

7.9 퍼텐셜 함수

앞 절에서 속도성분과 유동의 유선을 기술하는 유선함수와의 관계를 살펴보았다. 속도성분들을 단일 함수와 관련짓는 또 다른 방안은 **퍼텐셜 함수**(potential function) ϕ(파이)를 이용하는 것이다. 이때 퍼텐셜 함수는 $\phi = \phi(x, y)$로 나타낸다. 속도성분은 다음 식에 따라 정의된다.

$$\boxed{u = \frac{\partial \phi}{\partial x}, \quad v = \frac{\partial \phi}{\partial y}} \tag{7-25}$$

합속도는 다음과 같다.

$$\mathbf{V} = u\mathbf{i} + v\mathbf{j} = \frac{\partial \phi}{\partial x}\mathbf{i} + \frac{\partial \phi}{\partial y}\mathbf{j} \tag{7-26}$$

퍼텐셜 함수 ϕ는 비회전유동에서만 적용된다. 이를 보이기 위하여 식 (7-25)를 식 (7-2)에 대입해보면 다음을 얻는다.

$$\omega_z = \frac{1}{2}\left(\frac{\partial v}{\partial x} - \frac{\partial u}{\partial y}\right)$$
$$= \frac{1}{2}\left[\frac{\partial}{\partial x}\left(\frac{\partial \phi}{\partial y}\right) - \frac{\partial}{\partial y}\left(\frac{\partial \phi}{\partial x}\right)\right] = \frac{1}{2}\left[\frac{\partial^2 \phi}{\partial x \, \partial y} - \frac{\partial^2 \phi}{\partial y \, \partial x}\right] = 0$$

따라서 만일 어떤 유동장에서 퍼텐셜 함수 $\phi(x, y)$가 정의된다면 이 유동은 비회전유동이 되는데, 이는 퍼텐셜 함수가 $\omega_z = 0$을 자동으로 만족하기 때문이다.

$\phi(x, y)$의 또 다른 특징은 속도가 언제나 등퍼텐셜선 $\phi(x, y) = C'$에 수직이라는 것이다. 그 결과 등퍼텐셜선은 유선과 만나는 점에서 언제나 수직이 된다. 이는 $\phi(x, y) = C'$에 전미분을 취함으로써 알 수 있다.

$$d\phi = \frac{\partial \phi}{\partial x}dx + \frac{\partial \phi}{\partial y}dy = 0$$
$$= u\,dx + v\,dy = 0$$

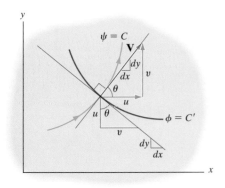

그림 7-21

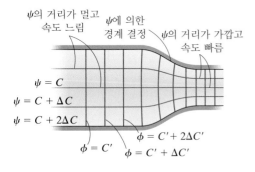

변화를 수반하는 이상유동의 유동망

그림 7-22

또는

$$\frac{dy}{dx} = -\frac{u}{v}$$

도식적으로 보면 $dy/dx = v/u$로 표현되는 유선 $\psi = C$의 기울기 θ는 등퍼텐셜선 $\phi(x, y) = C'$의 기울기에 음의 역수이다. 따라서 그림 7-21에서와 같이 유선은 언제나 등퍼텐셜선에 수직이 된다.

마지막으로 퍼텐셜 함수를 극좌표계에서 표현하면 속도성분 v_r, v_θ와 퍼텐셜 함수는 다음의 관계를 갖는다(증명은 생략).

$$v_r = \frac{\partial \phi}{\partial r}, \quad v_\theta = \frac{1}{r}\frac{\partial \phi}{\partial \theta} \tag{7-27}$$

유동망 다양한 상수값 C 및 C'에 대한 유선 및 등퍼텐셜선의 집합은 **유동망** (flow net)을 형성하는데, 이는 유동 가시화에 도시적인 표현으로 쓰일 수 있다. 그림 7-22에 그 예가 나타나 있다. 여기에서 유선은 속도의 방향을 보여주고 등퍼텐셜선은 이에 수직한 방향으로 그려져 있다. 유동망은 유선과 등퍼텐셜선이 ΔC 및 $\Delta C'$과 동일한 증분 거리만큼 떨어져 있도록 구성된다. 그림에서 확인할 수 있는 것처럼 속도가 빠른 곳에서는 유선의 폭이 좁고 느린 곳에서는 폭이 넓어진다. 컴퓨터를 이용하면 유동망을 좀 더 편리하게 표현할 수 있는데, 이때 방정식 $\psi(x, y) = C$, $\phi(x, y) = C'$에서 상수의 값을 ΔC 및 $\Delta C'$만큼 점진적으로 증가시켜 도시한다.

> **요점정리**
>
> - 유선함수 $\psi(x, y) = C$에 의해 정의된 유동은 연속성을 만족시킨다. 만약 $\psi(x, y)$가 알려졌다고 하면 식 (7-22)를 이용하여 유동장 내 임의의 점에서 속도성분을 구하는 것이 가능하다. 또 임의의 두 유선 $\psi(x, y) = C_1$, $\psi(x, y) = C_2$ 사이를 지나는 유량은 유선함수의 상수차 $q = C_2 - C_1$으로 구할 수 있다. 유동이 회전이든 비회전이든 관계없이 속도성분은 **언제나** 연속방정식을 만족해야 한다.
> - 만약 유동이 퍼텐셜 함수 $\phi(x, y)$에 의해 정의된다면 이 유동은 **비회전유동**이 된다. 또 $\phi(x, y)$를 이용하여 식 (7-25)에 따라 유동장 내 임의의 지점에서 속도성분을 결정할 수 있다.
> - 등퍼텐셜선은 유선과 만나는 지점에서 언제나 수직이며 두 선의 집합에 의하여 유동망을 형성한다.
> - 특정 지점 (x_1, y_1)을 지나는 유선과 등퍼텐셜선의 상수를 $\psi(x, y) = C_1$, $\phi(x, y) = C_1'$으로 결정한 방정식을 구하고 도시한다.

예제 7.7

속도장이 $\mathbf{V} = \{4xy^2\mathbf{i} + 4x^2y\mathbf{j}\}$로 정의된 유동장이 있다. 이 유동장에 퍼텐셜 함수가 성립되는가? 만약 그렇다고 한다면 $x = 1$ m, $y = 1$ m를 지나는 등퍼텐셜선을 결정하시오.

풀이

유체 상태 $\mathbf{V}$가 시간에 무관하므로 정상유동이다.

해석   퍼텐셜 함수는 유동이 비회전일 때만 얻어진다. 이를 확인하기 위하여 식 (7-2)를 적용한다. 이때 $u = 4xy^2$, $v = 4x^2y$이다.

$$\omega_z = \frac{1}{2}\left(\frac{\partial v}{\partial x} - \frac{\partial u}{\partial y}\right) = \frac{1}{2}(8xy - 8xy) = 0$$

비회전유동이므로 퍼텐셜 함수가 존재한다. 속도의 x성분을 이용하여

$$u = \frac{\partial \phi}{\partial x}; \qquad\qquad u = \frac{\partial \phi}{\partial x} = 4xy^2$$

적분을 수행하면

$$\phi = 2x^2y^2 + f(y) \tag{1}$$

속도의 y성분을 이용하면

$$v = \frac{\partial \phi}{\partial y}; \qquad 4x^2y = \frac{\partial}{\partial y}\left[2x^2y^2 + f(y)\right]$$
$$4x^2y = 4x^2y + \frac{\partial}{\partial y}\left[f(y)\right]$$

적분하면

$$f(y) = c$$

따라서 식 (1)은 다음과 같이 된다.

$$\phi = 2x^2y^2 + c$$

원점을 지나는 등퍼텐셜선을 기준으로 정하면 $x = y = 0$에서 $\phi = \phi_0 = 0$이므로 $c = 0$이다. 따라서 퍼텐셜 함수는 다음과 같다.

$$\phi(x, y) = 2x^2y^2$$

점 (1 m, 1 m)를 지나는 등퍼텐셜선을 구하기 위하여 $\phi(x, y) = 2(1)^2(1)^2 = 2$와 같이 상수를 결정한다. 따라서 $2x^2y^2 = 2$ 또는

$$xy = \pm 1 \qquad\qquad\qquad \textit{Ans.}$$

이다.

예제 7.8

퍼텐셜 함수가 $\phi(x, y) = 10xy$로 주어지는 유동이 있다. 해당 유동에 대한 유선함수를 결정하시오.

풀이

유체 상태 퍼텐셜 함수가 정의되므로 이 유동은 비회전유동이며 또한 정상상태에 있다.

해석 우선 속도성분을 결정하고 이를 이용하여 유선함수를 구한다. 식 (7-25)를 이용하여

$$u = \frac{\partial \phi}{\partial x} = 10y$$

$$v = \frac{\partial \phi}{\partial y} = 10x$$

예상한 대로 이 속도성분은 연속방정식, 식 (7-11)을 만족시킨다. 식 (7-22)로부터 다음을 얻는다.

$$u = \frac{\partial \psi}{\partial y}; \qquad\qquad 10y = \frac{\partial \psi}{\partial y}$$

이를 y에 관하여 적분하면

$$\psi = 5y^2 + f(x) \tag{1}$$

식 (7-22)의 v에 관한 두 번째 항을 이용하면

$$v = -\frac{\partial \psi}{\partial x}; \qquad\qquad 10x = -\frac{\partial}{\partial x}\left[5y^2 + f(x)\right]$$

$$10x = -0 - \frac{\partial}{\partial x}\left[f(x)\right]$$

적분하면

$$f(x) = -5x^2 + c$$

이 결과를 식 (1)에 대입하고 원점을 지나는 유선을 기준선으로 정하면 $x = y = 0$에서 $\psi = \psi_0 = 0$이므로 $c = 0$이다. 따라서 유선함수는 다음과 같다.

$$\psi(x, y) = 5(y^2 - x^2) \qquad\qquad Ans.$$

유동망은 $\psi(x, y) = 5(y^2 - x^2) = C$와 $\phi(x, y) = 10xy = C'$의 식에서 각기 다른 상수 C, C'을 대입하여 구성할 수 있다. 이 결과는 그림 7-23a에서 보는 바와 같다. 만일 그림 7-23b와 같이 $\psi_1 = C_1$과 $\psi_2 = C_2$의 2개의 유선을 수로의 경계로 선택한다면 퍼텐셜 함수를 통해 얻는 유동장에 관한 해를 해당 수로 내 유동을 탐구하는 데 사용할 수 있다. 물론 이 경우 이상유체라는 가정이 있어야 한다.

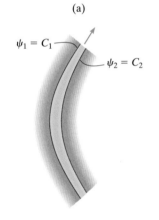

(a)

수로 내 유동

(b)

그림 7 – 23

7.10   기본 2차원 유동

모든 유동은 필수적으로 연속성을 만족시켜야 하지만 이상유동에서는 추가로 비압축성 및 비회전유동을 함께 만족하여야 한다. 이는 앞에서 이야기한 바와 같이 유선함수 ψ가 자동으로 연속성을 만족시키지만 추가로 비회전 조건을 만족시키기 위하여 $\omega_z = \frac{1}{2}(\partial v/\partial x - \partial u/dy) = 0$의 조건이 요구된다는 것이다. 따라서 유체의 속도성분 $u = \partial\psi/\partial y$와 $v = -\partial\psi/\partial x$를 비회전 조건식에 대입하면 다음을 얻는다.

$$\frac{\partial^2\psi}{\partial x^2} + \frac{\partial^2\psi}{\partial y^2} = 0 \tag{7-28}$$

비슷한 방식으로 퍼텐셜 함수 ϕ는 자동으로 비회전 조건을 만족하며 연속성을 만족하기 위하여 $(\partial u/\partial x) + (\partial v/\partial y) = 0$의 조건이 요구된다. 여기에 속도성분 $u = \partial\phi/\partial x$와 $v = \partial\phi/\partial y$를 대입하면 다음을 얻는다.

$$\frac{\partial^2\phi}{\partial x^2} + \frac{\partial^2\phi}{\partial y^2} = 0 \tag{7-29}$$

위의 두 방정식은 **라플라스 방정식**(Laplace's equation) 형태이다. 식 (7-28)에서 유선함수 ψ 또는 식 (7-29)에서 퍼텐셜 함수 ϕ에 관한 해는 이상유체에 관한 유동장을 모사하며 이 해를 구할 수만 있다면 유동망을 구성하고 속도성분 u, v 또한 식 (7-22), (7-25)로부터 얻을 수 있다.

  그동안 수많은 연구자들이 다양한 형태의 이상유동에 대하여 직접적으로 방정식을 풀거나 또는 간접적으로 유동장의 속도성분을 알아냄으로써 ψ와 ϕ의 해를 찾아내었다. 다음에서 5개의 기본 유동 형태에 대한 ψ와 ϕ의 해를 제시하고자 한다. 5가지 기본 유동들을 소개하고 나면 이들을 중첩하여 좀 더 복잡한 형태의 유동을 구성할 수 있음을 보일 것이다.

균일유동   그림 7-24a와 같이 유동이 균일하고 일정한 x축을 따라 U의 속도를 갖는다고 하면 속도성분은 다음과 같다.

$$u = U$$
$$v = 0$$

식 (7-22)로부터 유선의 방정식을 얻을 수 있다. 우선 u 속도성분을 활용하면

$$u = \frac{\partial\psi}{\partial y}; \qquad\qquad U = \frac{\partial\psi}{\partial y}$$

위를 y에 관하여 적분하면

$$\psi = Uy + f(x) \tag{1}$$

속도성분 v로부터

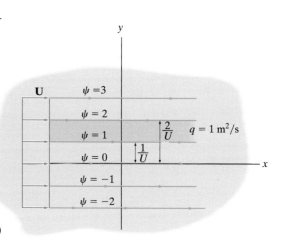

균일유동의 유선

(a)

그림 7-24

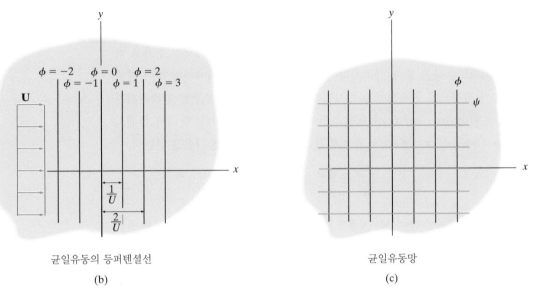

균일유동의 등퍼텐셜선

(b)

균일유동망

(c)

그림 7-24 (계속)

$$v = -\frac{\partial \psi}{\partial x}; \qquad 0 = -\frac{\partial}{\partial x}[Uy + f(x)]$$

$$0 = -0 - \frac{\partial}{\partial x}[f(x)] \qquad (2)$$

위를 적분하면 $f(x) = c$이다. 따라서 $\psi = Uy + c$이다. 원점을 지나는 유선을 기준으로 택하면 $x = y = 0$에서 $\psi = \psi_0 = 0$이므로 $c = 0$이고 다음의 유선함수를 얻는다.

$$\boxed{\psi = Uy} \qquad (7\text{-}30)$$

ψ에 특정한 상수를 취하면 그림 7-24a와 같은 유선이 그려진다. 앞에서 언급한 것처럼 $C = 0$일 때 $Uy = 0$인데, 이는 유선이 원점을 지나는 직선 $y = 0$이 되어야 함을 의미한다. 또한 $\psi = 1 \text{ m}^2/\text{s}$일 때는 $y = 1/U$이고 $\psi = 2 \text{ m}^2/\text{s}$이면 $y = 2/U$가 되며 나머지에 대해서도 동일한 방식으로 유선이 그려진다. 여기에서 두 유선 $\psi = 1 \text{ m}^2/\text{s}$, $\psi = 2 \text{ m}^2/\text{s}$ 사이의 유량이 식 (7-24)에 의하여 $q = 2 \text{ m}^2/\text{s} - 1 \text{ m}^2/\text{s} = 1 \text{ m}^2/\text{s}$로 결정됨을 참고하라.

이와 비슷하게 식 (7-25)인 $u = \partial\phi/\partial x$, $v = \partial\phi/\partial y$로부터 퍼텐셜 함수를 구할 수 있다. 유선함수와 같은 절차에 따라 다음을 얻는다.

$$\boxed{\phi = Ux} \qquad (7\text{-}31)$$

이때 ϕ에 특정한 상수를 취함으로써 등퍼텐셜선을 구할 수 있다. 예를 들면 $x = 0$에서 $\phi = 0$, $x = 1/U$에서 $\phi = 1 \text{ m}^2/\text{s}$ 등을 얻는다. 예상한 바와 같이 이 등퍼텐셜선은 그림 7-24b에 도시된 것처럼 유선과 수직하게 된다. 또한 ψ와 ϕ는 모두 라플라스 방정식을 만족하면 당연히 연속성과 비회전 조건을 함께 만족한다.

강교량 기둥 끝에서의 유동

선 소스유동 z축을 따라 유량 q로 유입된 유체는 xy평면 전체로 균등하게 퍼져나가며 2차원 유동을 형성할 것이다. 이러한 현상의 예로 그림 7-25a와 같이 수직인 파이프에서 유입된 유동이 수평인 2개의 평판 사이를 지나가며 형성하는 유동을 들 수 있다. 이때 q는 z축을 따르는 단위 깊이당 유체의 유량으로 정의되며 단위는 m²/s가 된다. 이 유동은 각방향으로 대칭이기 때문에 r, θ의 극좌표를 사용하는 것이 유동을 기술하는 데 편리할 것이다. 단위 깊이를 가지는 반경 r의 임의의 원을 생각해보면 유체가 통과하는 원의 가장자리 면적은 $A = 2\pi r(1)$이 될 것이다. $q = v_r A$이므로

$$q = v_r(2\pi r)(1)$$

따라서 반경방향 속도성분은

$$v_r = \frac{q}{2\pi r}$$

또한 각방향 대칭을 고려하면

$$v_\theta = 0$$

극좌표계에서 유선함수는 식 (7-23)으로부터 얻어진다. 반경방향 속도성분으로 다음을 얻는다.

$$v_r = \frac{1}{r}\frac{\partial \psi}{\partial \theta}; \qquad\qquad \frac{q}{2\pi r} = \frac{1}{r}\frac{\partial \psi}{\partial \theta}$$

$$\partial \psi = \frac{q}{2\pi}\partial \theta$$

이를 θ에 관해 적분하면

$$\psi = \frac{q}{2\pi}\theta + f(r)$$

이제 원주방향 속도성분을 고려하면

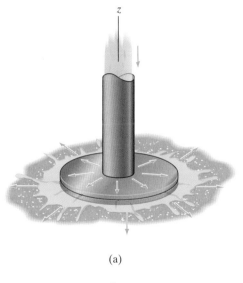

(a)

그림 7-25

$$v_\theta = -\frac{\partial \psi}{\partial r}; \qquad\qquad 0 = -\frac{\partial}{\partial r}\left[\frac{q}{2\pi}\theta + f(r)\right]$$

$$0 = -0 - \frac{\partial}{\partial r}[f(r)]$$

직분을 통하여

$$f(r) = c$$

따라서 $\psi = \frac{q}{2\pi}\theta + c$가 된다. 이때 $\theta = 0$의 유선을 기준으로 하면 $\psi = \psi_0 = 0$이고 $c = 0$이다. 따라서

$$\psi = \frac{q}{2\pi}\theta \qquad\qquad (7\text{-}32)$$

그림 7-25b와 같이 ψ가 상수일 때 유선은 원주각 θ에 상응하는 반경선이 된다. 예를 들면 $C = 0$이라 하면 $(q/2\pi)\,\theta = 0$ 또는 $\theta = 0$이 되고 이는 수평인 반경선이다. 마찬가지로 $\psi = 1$이면 $\theta = 2\pi/q$가 되어 유선함수 $\psi = 1$의 원주각을 결정할 수 있다. 다른 경우도 마찬가지의 과정을 거친다.

이와 비슷하게 퍼텐셜 함수도 식 (7-27)을 이용하여 결정할 수 있다.

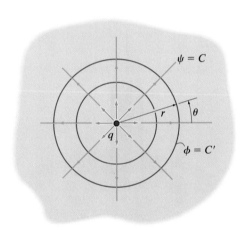

선 소스유동망

(b)

그림 7 - 25 (계속)

$$v_r = \frac{\partial \phi}{\partial r}; \qquad\qquad \frac{q}{2\pi r} = \frac{\partial \phi}{\partial r}$$

$$v_\theta = \frac{1}{r}\frac{\partial \phi}{\partial \theta}; \qquad\qquad 0 = \frac{1}{r}\frac{\partial \phi}{\partial \theta}$$

위의 식을 적분하여 다음을 얻는다.

$$\phi = \frac{q}{2\pi}\ln r \qquad\qquad (7\text{-}33)$$

ϕ에 관한 등퍼텐셜선의 중심은 모두 소스의 중심에 존재한다. 예를 들어 그림 7-25b에서 확인할 수 있는 것처럼 $\phi = 1$은 반경이 $r = e^{2\pi/q}$인 원을 나타낸다. 이때 $v_r = q/2\pi r$은 r이 0으로 수렴함에 따라 무한한 값이 되므로 소스는 수학적 특이점임을 주목할 필요가 있다. 하지만 그림 7-25에서처럼 소스로부터 떨어진 유동망은 물리적으로 유효하다.

선 싱크유동
유동이 반경 안쪽을 향하여 z축으로 빠져 나간다고 하면 유동의 강도 q는 음의 값을 갖게 되고 이러한 유동을 선 싱크유동(line sink flow)이라 한다. 이 유동은 그림 7-26a에서와 같이 2개의 평판 사이에서 존재하는 얇은 두께의 물이 배수되는 것으로 볼 수 있다. 이때 유체의 속도성분은

$$v_r = -\frac{q}{2\pi r}$$

$$v_\theta = 0$$

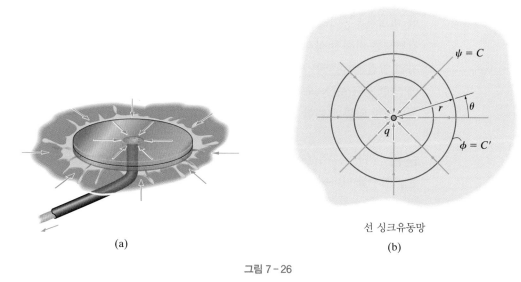

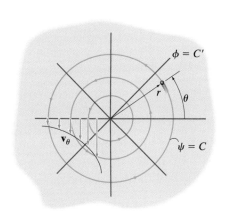

(a)

선 싱크유동망

(b)

그림 7 – 26

이에 관한 유선함수 및 퍼텐셜 함수는

$$\psi = -\frac{q}{2\pi}\theta \qquad (7\text{-}34)$$

$$\phi = -\frac{q}{2\pi}\ln r \qquad (7\text{-}35)$$

유선함수와 퍼텐셜 함수로 이루어진 유동망은 그림 7-26b와 같다.

자유와류유동
자유와류는 원형으로 토네이도와 허리케인의 형태를 보인다. 그림 7-27a와 같이 유선은 동심원들이 되고 등퍼텐셜선은 반경선을 이룬다. 이 유동을 표현하기 위해 선 소스의 퍼텐셜 함수를 식 (7-32) 꼴의 유선함수로 사용해보자. 이렇게 하면 와류에 대한 유선함수를 다음과 같이 얻는다.

$$\psi = -k\ln r \qquad (7\text{-}36)$$

이때 $k=q/2\pi$로 일정하다. 이제 식 (7-23)과 (7-27)로부터 v_θ를 구하면 $-\partial\psi/\partial r = (1/r)(\partial\phi/\partial\theta)$가 된다. 이로부터 퍼텐셜 함수를 구하면 다음과 같다.

$$\phi = k\theta \qquad (7\text{-}37)$$

식 (7-23)을 적용하면 속도성분은 다음과 같다.

$$v_r = \frac{1}{r}\frac{\partial\psi}{\partial\theta}; \qquad\qquad v_r = 0 \qquad (7\text{-}38)$$

$$v_\theta = -\frac{\partial\psi}{\partial r}; \qquad\qquad v_\theta = \frac{k}{r} \qquad (7\text{-}39)$$

이때 그림 7-27a와 같이 r이 증가함에 따라 v_θ가 감소하며 $r=0$에서 v_θ가 무한대

자유와류유동망

(a)

그림 7 – 27

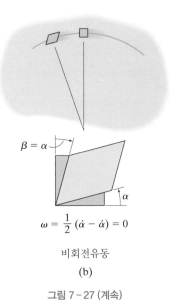

$$\beta = \alpha$$

$$\omega = \frac{1}{2}(\dot{\alpha} - \dot{\alpha}) = 0$$

비회전유동

(b)

그림 7 – 27 (계속)

로 특이점이 되는 것을 참고하라. 이 유동은 퍼텐셜 함수로 유동이 기술되기 때문에 비회전유동이라 볼 수 있다. 결론적으로 이야기하면 유동 내에서 유체입자의 각변형은 비회전 상태에서 이루어질 것이다. 다시 말해 그림 7-27b와 같이 유체입자의 인접한 두 면은 반대방향으로 동일한 속도로 회전하게 되며 이로 인해 두 면에 의한 **평균 회전속도**는 0이 된다. 마지막으로 와류는 반시계방향임을 참고하라. 시계방향 와류에 대한 수학적 표현은 식 (7-38)과 (7-39)에 반대부호가 될 것이다.

순환 자유와류유동에 대하여 식 (7-6)을 이용하면 순환 Γ를 이용하여 유선과 퍼텐셜 함수를 나타내는 것이 가능하다. 반경 r을 갖는 유선 주위의 순환을 고려하면

$$\Gamma = \oint \mathbf{V} \cdot d\mathbf{s} = \int_0^{2\pi} \frac{k}{r}(r\,d\theta) = 2\pi k$$

이 결과를 이용하면, 식 (7-36)과 (7-37)은 다음과 같이 된다.

$$\psi = -\frac{\Gamma}{2\pi}\ln r \tag{7-40}$$

$$\phi = \frac{\Gamma}{2\pi}\theta \tag{7-41}$$

이결과를 이용하여 후에 회전하는 실린더의 표면에 작용하는 압력의 효과를 살펴볼 것이다.

강제와류유동 강제와류는 그림 7-28a에서와 같은 유체의 움직임을 유발하기 위해서는 외부 토크 또는 힘이 필요하기 때문에 그와 같이 명명되었다. 일단 해당 유동이 시작되면 유체의 점성 효과는 지속적으로 작용하여 유체를 강체와 같

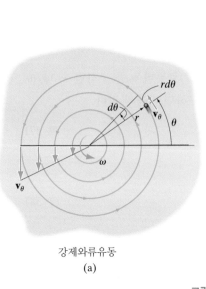

강제와류유동

(a)

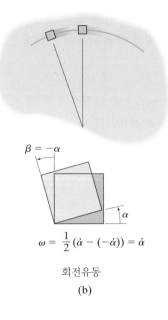

$$\beta = -\alpha$$

$$\omega = \frac{1}{2}(\dot{\alpha} - (-\dot{\alpha})) = \dot{\alpha}$$

회전유동

(b)

그림 7 – 28

이 회전시킨다. 이때 유체입자는 그 형태를 유지하며 고정축을 중심으로 회전한다. 때문이 그림 7-28b와 같이 인접한 두 면은 같은 각도 α로 회전하며 평균 회전각속도 $\dot{\alpha}$를 만들어낸다. 2.14절에서 다룬 것처럼 용기 내부의 실제 유체의 회전은 이와 같은 유동에 대한 전형적인 예가 될 수 있을 것이다. 유체입자가 회전하고 있기 때문에 이 유동에 대해서는 퍼텐셜 함수를 정의할 수 없다. 이 경우 2.14절에서 다룬 것처럼 속도성분 $v_r = 0$, $v_\theta = \omega r$이다(그림 7-28a 참고).

$$v_r = 0$$

$$v_\theta = -\frac{\partial \psi}{\partial r} = \omega r$$

이때 유선함수는 다음과 같다.

$$\boxed{\psi = -\frac{1}{2}\omega r^2} \tag{7-42}$$

예제 7.9

토네이도는 소용돌이치는 공기 질량으로 이루어져 있으며 그림 7-29a에 표현된 것처럼 수평 원형 유선을 따라 움직이는 바람과 같다. 이때 토네이도 내에 압력분포를 반경 r의 함수로 표현하시오.

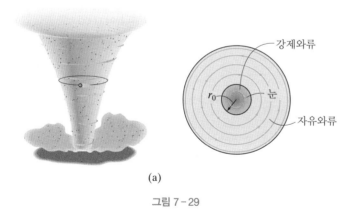

(a)

그림 7-29

(© Jim Zuckerman/Alamy)

풀이

유체 상태   정상상태 이상유체라 가정한다. 토네이도의 병진운동은 무시할 것이다.

자유와류   이 유동을 자유와류유동이라 가정하면 식 (7-38), (7-39)로부터 다음의 속도성분을 얻는다.

$$v_r = 0, \qquad v_\theta = \frac{k}{r} \tag{1}$$

자유와류의 내부 유동은 정상 비회전유동이므로 서로 다른 유선 위에 놓인 임의의 두 점에 대하여 베르누이 방정식을 적용할 수 있다. 토네이도 내부의 동일 높이에 있는 어느 정도의 거리를 둔 두 점 중에서 한 점은 바람의 속력이 $V = 0$, (계기)압력이 $p = 0$이라 하면 식 (7-19)에 의하여 다음 결과를 얻는다.

$$\frac{p_1}{\gamma} + \frac{V_1^2}{2g} + z_1 = \frac{p_2}{\gamma} + \frac{V_2^2}{2g} + z_2$$

$$\frac{p}{\rho g} + \frac{k^2}{2gr^2} + z = 0 + 0 + z$$

$$p = -\frac{\rho k^2}{2r^2} \qquad (2)$$

이때 k는 결정해야 할 상수이다. 이 수식에서 음의 부호는 해당 지점에서 흡입이 생성되는 것을 의미하며 이 흡입과 속도는 r이 작아짐에 따라 강해진다.

실제 유체에서는 자유와류는 존재할 수 없는데, 이는 $r \rightarrow 0$에 따라 속도와 압력이 무한대가 되기 때문이다. 대신에 r의 감소에 따라 속도구배가 증가하여 공기의 점성은 토네이도의 중심(core) 또는 눈(eye)이 회전각속도 ω로 회전하는 고체 시스템과 같이 되도록 충분한 정도의 전단응력을 만들어낸다. 그림 7-29a처럼 자유와류에서 강제와류로의 천이가 $r = r_0$에서 일어난다고 가정해보자.

강제와류 '강체' 움직임에 의하여 토네이도의 중심은 강제와류가 되며, 이때 유동 분석을 위해 예제 5-1의 오일러 방정식을 이용한 해석 결과를 사용할 수 있다.

해당 예제에서 압력의 분포가 다음과 같음을 보였다.

$$p = p_0 - \frac{\rho\omega^2}{2}\left(r_0^2 - r^2\right) \qquad (3)$$

이때 p_0는 r_0에서의 압력이다.

자유와류와 강제와류 전 범위에서의 압력분포를 알기 위하여 앞의 압력분포에 관한 결과식이 $r = r_0$에서 상응하도록 하여야 하며, 이로부터 식 (1)의 k를 결정할 수 있다. r_0에서 강제와류의 속도는 $v_\theta = \omega r_0$가 되는데, 이 값은 해당 지점에서 자유와류의 속도와 일치하여야 한다.

$$v_\theta = \omega r_0 = \frac{k}{r_0}, \qquad k = \omega r_0^2$$

식 (2)와 (3)의 압력도 또한 $r = r_0$에서 반드시 같아야 하므로 다음을 얻는다.

$$-\frac{\rho\left(\omega r_0^2\right)^2}{2r_0^2} = p_0 - \frac{\rho\omega^2}{2}\left(r_0^2 - r_0^2\right)$$

$$p_0 = -\frac{\rho\omega^2 r_0^2}{2}$$

따라서 위의 결과를 식 (3)에 대입하여 정리하면 구간 $r \leq r_0$의 강제와류에서 속도와 압력은 다음과 같다.

$$v_\theta = \omega r$$

$$p = \frac{\rho\omega^2}{2}\left(r^2 - 2r_0^2\right)$$

또한 구간 $r \geq r_0$의 자유와류에서 속도와 압력은 다음과 같다.

$$v_\theta = \frac{\omega r_0^2}{r}$$

$$p = -\frac{\rho\omega^2 r_0^4}{2r^2} \qquad \textit{Ans.}$$

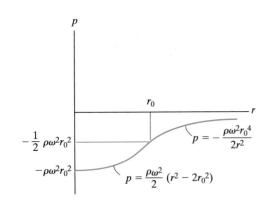

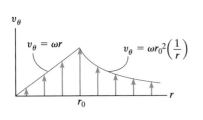

(b)

그림 7-29 (계속)

위의 결과를 이용하여 속도와 압력의 변화를 그림 7-29b와 같이 도시하였다. 이때 최대 흡입(음압)이 강제와류의 중심 $r=0$에서 발생함을 주목하라. 토네이도의 중심은 집, 차, 땅 위의 잔여물을 들어 올릴 수 있을 정도의 매우 낮은 압력과 토네이도를 파괴적으로 만들 수 있는 정도의 높은 속도가 동시에 존재하는 곳이다. 실제로 토네이도 중심에서 바람의 속도는 322 km/h를 넘어선다.

여기에서 자유와류로 둘러싸인 강제와류의 형태를 살펴보았으며 이런 형태는 종종 복합와류(compound vortex)라 불린다. 이러한 와류는 토네이도뿐만 아니라 물이 욕조 배수구를 빠져나갈 때 또는 강물이 배의 노 또는 다리 기둥 주위를 흘러갈 때도 발생한다.

7.11 유동 중첩

이전 절에서 이상유체유동에서 유선함수와 유동함수는 라플라스 방정식을 만족해야 함을 살펴보았다. 이때 ψ와 ϕ의 2차 미분항의 첫 번째 급수항은 선형이기 때문에 방정식에 관한 몇 가지 다른 해를 중첩하여 새로운 해로 구성할 수 있다. 예를 들어 $\psi=\psi_1+\psi_2$ 또는 $\phi=\phi_1+\phi_2$이다. 이와 같은 방식으로 기본 유동 형태를 중첩하여 복잡한 유동을 구성할 수 있다. 다음은 이에 대한 예시이다.

반체를 지나는 균일유동 만약 균일유동과 선 소스유동에 대한 유선함수, 퍼텐셜 함수를 중첩하면 다음을 얻는다.

$$\psi = \frac{q}{2\pi}\theta + Uy = \frac{q}{2\pi}\theta + Ur\sin\theta \qquad (7\text{-}43)$$

$$\phi = \frac{q}{2\pi}\ln r + Ux = \frac{q}{2\pi}\ln r + Ur\cos\theta \qquad (7\text{-}44)$$

이때 기존에 주어진 해를 극좌표로 변환하기 위하여 $x=r\cos\theta$, $y=r\sin\theta$의 좌표 변환 관계를 이용하였다.

식 (7-27)[또는 식 (7-23)]을 이용하여 속도성분을 다음과 같이 얻는다.

$$v_r = \frac{\partial\phi}{\partial r} = \frac{q}{2\pi r} + U\cos\theta \qquad (7\text{-}45)$$

$$v_\theta = \frac{1}{r}\frac{\partial\phi}{\partial\theta} = -U\sin\theta \qquad (7\text{-}46)$$

합성유동은 그림 7-30a의 형태와 같다. 유체는 유선을 넘어갈 수 없기 때문에 이 유동 내부의 어떠한 유선이라도 고체의 경계로써 선택될 수 있다. 예를 들면 그림 7-30b에 표현된 것처럼 유선 A-A′은 무한히 확장된 형체의 경계가 된다. 또한 그림 7-30c와 같이 정체점 P를 지나는 유선을 선택함으로써 다른 형태의 고체 경계 유동을 고려할 수도 있다. 이 정체점은 선 소스유동 q와 균일유동 U가 상호 상쇄되어 생긴다(그림 7-30a 참고). 정체점의 위치는 $r=r_0$이고 이 지점에서 x, y축 방향 속도성분은 반드시 0이 되어야 한다. 그리고 이 점 바로 직전에서 유동은 2개로

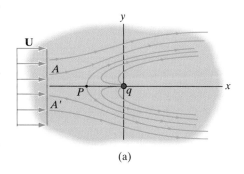

(a)

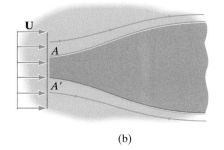

(b)

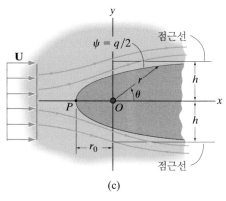

(c)

반체를 지나는 유동

그림 7-30

균등하게 나뉘어 물체 주변을 지나간다. 원주 속도 $v_\theta = 0$이 되므로 다음을 얻는다.

$$0 = -U \sin \theta$$
$$\theta = 0, \pi$$

해 $\theta = \pi$로부터 P의 위치 $r = r_0$를 얻는다. 또한 $v_r = 0$으로부터 다음을 얻는다.

$$0 = \frac{q}{2\pi r_0} + U \cos \pi$$

$$\boxed{r_0 = \frac{q}{2\pi U}} \tag{7-47}$$

점 P에 대한 반경방향 위치는 균일유동의 속도성분 U와 선 소스 q의 강도에 따라 달라진다.

점 $r = r_0$, $\theta = \pi$를 지나는 유선에 의하여 물체의 경계가 결정된다. 식 (7-43)으로부터 이 유선함수의 상수를 결정할 수 있다.

$$\psi = \frac{q}{2\pi} \pi + U\left(\frac{q}{2\pi U}\right) \sin \pi = \frac{q}{2}$$

따라서 경계 방정식은 다음과 같다.

$$\frac{q}{2\pi} \theta + Ur \sin \theta = \frac{q}{2}$$

이를 간단히 하기 위하여 식 (7-47)을 q에 대하여 풀어쓰고 이 결과를 위의 방정식에 대입하면 다음을 얻는다.

$$r = \frac{r_0(\pi - \theta)}{\sin \theta} \tag{7-48}$$

물체가 오른쪽으로 무한한 크기를 갖기 때문에 상하부 면은 접근선에 무한 접근하며 닫히지 않는다. 이러한 이유로 이 물체를 **반체**(half body)라 한다. 그림 7-30c에서 h는 식 (7-48)로부터 결정되는데, $y = r \sin \theta = r_0(\pi - \theta)$임을 주목하라. θ가 0 또는 2π로 수렴하면 $y = \pm h = \pm \pi r_0$가 된다. 식 (7-48)로부터 다음을 얻는다.

$$\boxed{h = \frac{q}{2U}} \tag{7-49}$$

U와 q의 값을 적절히 선택하여 균일유동 U 내부 대칭형 날개 전면부를 모델링하는 데 이 반체를 사용할 수 있다. 그러나 여기에 한계가 있다. 이상유체를 가정하였으므로 물체의 경계에서 유속이 존재하게 되는데 실제로는 점성력에서 기인한 점착조건에 의하여 유속은 0이 된다. 그러나 앞에서 언급한 바와 같이 이러한 점성 효과는 일반적으로 비교적 점성력이 적은 공기나 물 또는 속도가 매우 빠른 유동에서는 매우 얇은 층으로 한정된다. 따라서 이런 경계층 외부의 유동은 이 장에서 설명한 방식으로 다룰 수 있으며 실제로 이러한 해석 결과가 실험 결과와 상응함이 잘 알려져 있다.

더블릿　선 소스와 선 싱크가 서로 가까워지다 결국 합해지면 이를 더블릿 (doublet)이라 한다. 더블릿은 독특한 유동 형상을 만들어내며, 이를 이용하여 실린더 주변의 여러 가지 형태의 유동을 나타내는 데 사용된다. 그림 7-31a와 같은 동일한 강도의 소스 및 싱크가 만들어내는 유동에 대한 유선함수와 퍼텐셜 함수를 어떻게 구성하는지 살펴보자. θ_1과 θ_2를 각각 소스와 싱크의 변수로 하여 식 (7-32)와 (7-34)를 중첩하면 다음을 얻는다.

$$\psi = \frac{q}{2\pi}(\theta_1 - \theta_2)$$

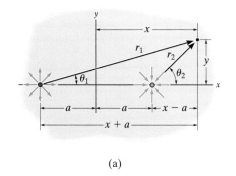

(a)

위의 식을 θ에 관해 정리하고 양변에 탄젠트를 취하면 다음을 얻는다.

$$\tan\left(\frac{2\pi\psi}{q}\right) = \tan(\theta_1 - \theta_2) = \frac{\tan\theta_1 - \tan\theta_2}{1 + \tan\theta_1\tan\theta_2} \qquad (7\text{-}50)$$

그림 7-27a로부터 θ_1과 θ_2를 x와 y로 나타낼 수 있다.

$$\tan\left(\frac{2\pi\psi}{q}\right) = \frac{[y/(x+a)] - [y/(x-a)]}{1 + [(y/(x+a))(y/(x-a))]}$$

또는

$$\psi = \frac{q}{2\pi}\tan^{-1}\left(\frac{-2ay}{x^2 + y^2 - a^2}\right)$$

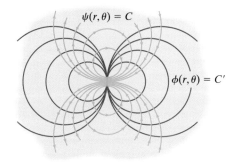

$\psi(r,\theta) = C$

$\phi(r,\theta) = C'$

더블릿

(b)

그림 7-31

이때 a가 작아질수록 각도는 $\theta_1 \to \theta_2 \to \theta$가 되며 각도차 $(\theta_1 - \theta_2)$는 작아진다. 이때 각도차에 탄젠트를 취한 값은 단순히 각도차에 근접하게 되는데 $\tan(\theta_1 - \theta_2) \to (\theta_1 - \theta_2)$가 되어 위 식에서 $\tan^{-1}$은 생략할 수 있다. 이 결과를 $r^2 = x^2 + y^2$과 $y = r\sin\theta$의 극좌표계로 나타내면 다음을 얻는다.

$$\psi = -\frac{qa}{\pi}\left(\frac{r\sin\theta}{r^2 - a^2}\right)$$

$a = 0$이면 소스와 싱크는 서로 상쇄될 것이다. 그러나 $a \to 0$에 따라 $q \to \infty$라 하면 이 경우 qa의 값을 어떤 상수값을 갖는다고 가정할 수 있다. 편의적으로 더블릿의 강도를 $K = qa/\pi$로 정의하면 극한조건에서 유선함수는 다음과 같이 표현할 수 있다.

$$\boxed{\psi = \frac{-K\sin\theta}{r}} \qquad (7\text{-}51)$$

비슷한 방식으로 퍼텐셜 함수를 다음과 같이 얻는다.

$$\boxed{\phi = \frac{K\cos\theta}{r}} \qquad (7\text{-}52)$$

더블릿에 대한 합성유동은 그림 7-31b에서 보는 바와 같이 원점을 지나는 수없이 많은 유체의 흐름으로 이루어진다. 다음 소절에서는 더블릿과 균일유동의 중첩을 통해 어떻게 실린더 주위 유동을 표현하는지 보여줄 것이다.

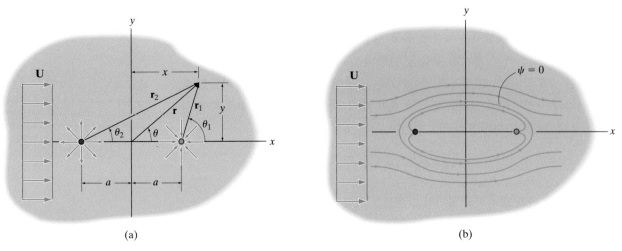

그림 7 – 32

랭킨 오벌 주위의 균일유동

그림 7-32a에서 도시한 것처럼 a의 거리를 둔 동일 강도의 선 소스와 선 싱크 주위를 균일유동이 지나간다고 하면 유선의 형태는 그림 7-32b와 같이 될 것이다. 앞에서 유도한 기본 유동에 대한 결과식을 이용하면 합성유도에 대하여 다음을 얻는다.

$$\psi = Uy + \frac{q}{2\pi}\theta_2 - \frac{q}{2\pi}\theta_1 = Ur\sin\theta + \frac{q}{2\pi}(\theta_2 - \theta_1) \tag{7-53}$$

$$\phi = Ux - \frac{q}{2\pi}\ln r_1 + \frac{q}{2\pi}\ln r_2 = Ur\cos\theta + \frac{q}{2\pi}\ln\frac{r_2}{r_1} \tag{7-54}$$

직교좌표계에 대하여 다시 정리하면

$$\psi = Uy - \frac{q}{2\pi}\tan^{-1}\left(\frac{2ay}{x^2 + y^2 - a^2}\right) \tag{7-55}$$

$$\phi = Ux + \frac{q}{2\pi}\ln\frac{\sqrt{(x+a)^2 + y^2}}{\sqrt{(x-a)^2 + y^2}} \tag{7-56}$$

이때 속도성분은 다음과 같다.

$$u = \frac{\partial\phi}{\partial x} = U + \frac{q}{2\pi}\left[\frac{x+a}{(x+a)^2 + y^2} - \frac{x-a}{(x-a)^2 + y^2}\right] \tag{7-57}$$

$$v = \frac{\partial\phi}{\partial y} = \frac{q}{2\pi}\left[\frac{y}{(x+a)^2 + y^2} - \frac{y}{(x-a)^2 + y^2}\right] \tag{7-58}$$

식 (7-53)에서 $\psi = 0$으로 하면, 그림 7-32c의 형상을 얻는다. 2개의 정체점을 지나는 유동이 만들어지는데, 최초로 이 유동의 조합을 고안해낸 수력학자인 William Rankine의 이름을 따서 **랭킨 오벌**(Rankine oval)이라 명명한다.

두 정체점을 찾기 위하여 $u = v = 0$의 조건을 이용한다. 식 (7-58)에 $v = 0$을 대입

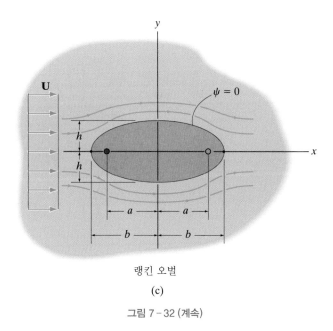

랭킨 오벌

(c)

그림 7 – 32 (계속)

하여 $y=0$을 얻는다. 또한 $u=0$의 조건으로부터 $x=b$, $y=0$을 얻는다. 식 (7-57)로부터 다음의 관계식을 얻는다.

$$b = \left(\frac{q}{U\pi} a + a^2 \right)^{1/2} \qquad (7\text{-}59)$$

이 치수로부터 그림 7-32c에서의 물체 길이의 절반이 결정된다. 물체 폭의 반이 되는 h는 $\psi=0$의 유선과 y축이 만나는 점($x=0$)으로부터 얻는다. 식 (7-55)로부터

$$0 = Uh - \frac{q}{2\pi} \left[\tan^{-1} \left(\frac{2ah}{h^2 - a^2} \right) \right]$$

이를 정리하면 다음과 같다.

$$h = \frac{h^2 - a^2}{2a} \tan \left(\frac{2\pi Uh}{q} \right) \qquad (7\text{-}60)$$

h에 대한 초월함수 방정식의 수치적 해를 구하기 위해 수치적 단계가 필요한데, 이는 예제 7-10에서 자세히 기술할 것이다. 일반적으로는 이러한 수치적 단계 시 h의 초깃값으로 $q/2U$보다 약간 작은 값을 선택하는데, 이는 랭킨 오벌과 같은 물체에서 물체 폭의 절반이 길이의 절반 값보다 작기 때문이다. 이때 h와 b값을 적절하게 조정하면 앞에서 도출한 유동의 결과를 비행기 스트럿 또는 다리의 지주 주위 유동을 살펴보는 데 적용할 수 있다.

실린더 주변의 균일유동

같은 강도를 갖는 선 소스와 선 싱크가 동일한 지점에 위치하면 더블릿을 형성하고 이 더블릿과 균일유동을 중첩함으로써 그림 7-33a와 같은 실린더 주위의 유동을 생성할 수 있다. 이를 위하여 식 (7-30),

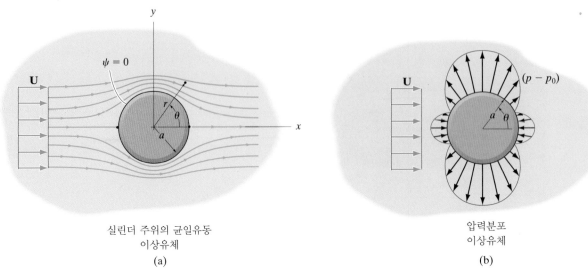

실린더 주위의 균일유동
이상유체
(a)

압력분포
이상유체
(b)

그림 7-33

(7-31)을 $x = r\cos\theta$와 $y = r\sin\theta$를 이용하여 나타내고, 이에 식 (7-51), (7-52)를 이용하며 다음과 같이 유선함수와 퍼텐셜 함수를 얻는다.

$$\psi = Ur\sin\theta - \frac{K\sin\theta}{r}$$

$$\phi = Ur\cos\theta + \frac{K\cos\theta}{r}$$

$\theta = 0$과 $\theta = \pi$의 두 정체점을 지나는 유선함수를 $\psi = 0$으로 하면 그림 7-33a와 같이 반경 $r = a$를 가지는 실린더의 경계면을 유선함수로 정의할 수 있다. $\psi = 0$과 $(Ua - K/a)\sin\theta = 0$으로부터 더블릿의 강도는 반드시 $K = Ua^2$이어야 한다. 따라서

$$\psi = Ur\left(1 - \frac{a^2}{r^2}\right)\sin\theta \tag{7-61}$$

$$\phi = Ur\left(1 + \frac{a^2}{r^2}\right)\cos\theta \tag{7-62}$$

또한 속도성분은 다음과 같다.

$$v_r = \frac{\partial\phi}{\partial r} = U\left(1 - \frac{a^2}{r^2}\right)\cos\theta \tag{7-63}$$

$$v_\theta = \frac{1}{r}\frac{\partial\phi}{\partial\theta} = -U\left(1 + \frac{a^2}{r^2}\right)\sin\theta \tag{7-64}$$

$r = a$이고 $\theta = 0°$ 또는 $\theta = 180°$인 곳에서 $v_r = 0$, $v_\theta = 0$이 됨을 주의하라. 그림 7-33a과 같이 실린더의 위 또는 아래($\theta = 90°$ 또는 $270°$)에서 유선의 간격이 좁아지므로 이 부분에서 속도가 $(v_\theta)_{max} = 2U$로 최대가 된다. 이상유체에서는 v_θ가 이러한 특정 값이 될 수 있지만 점성이 있는 실제 유체에서는 점성유동의 점착조건에 의하여 경계 근처의 속도가 0이 된다.

실린더로부터 충분히 멀리 떨어진 지점에 속도와 압력을 각각 $p = p_0$, $V = U$라 하여 베르누이 방정식을 적용하면 실린더 표면 또는 주변 지점에서 압력을 결정할 수 있다. 중력 효과를 무시하면 다음을 얻는다.

$$\frac{p}{\gamma} + \frac{V^2}{2g} = \frac{p_0}{\gamma} + \frac{U^2}{2g}$$

또는 $\gamma = \rho g$,

$$p = p_0 + \frac{1}{2}\rho(U^2 - V^2)$$

실린더 표면에서 $V = v_\theta = -2U \sin \theta$이므로 이를 위의 방정식에 대입하면 실린더 표면에서 압력을 다음과 같이 얻는다.

$$\boxed{p = p_0 + \frac{1}{2}\rho U^2(1 - 4\sin^2 \theta)} \tag{7-65}$$

그림 7-33b에 압력의 분포가 나타나 있다. 압력분포는 대칭이므로 합성력 또한 0이 된다. 이는 점성에 의한 마찰이 포함되지 않는 이상유체이기 때문일 것이다. 그러나 11장에서 점성에 의한 마찰의 효과를 고려하면 압력분포가 어떻게 달라지는지 살펴볼 것이다.

실린더 주변의 균일 자유와류유동 균일유동 이상유체 안에 반시계방향으로 회전하는 실린더가 놓여있다고 생각해보자. 이때 실린더 표면에 유체입자는 그 점성력 때문에 실린더 표면에 점착하여 움직일 것이다. 이러한 형태의 유동을 이상유체에 실린더가 잠겨있는 형태로 가정하여 균일유동과 순환 Γ를 갖는 자유와류를 식 (7-40)과 (7-41)을 중첩함으로써 근사적으로 모사할 수 있다. 이에 대한 유선함수와 퍼텐셜 함수는 다음과 같다.

$$\psi = Ur\left(1 - \frac{a^2}{r^2}\right)\sin \theta - \frac{\Gamma}{2\pi}\ln r \tag{7-66}$$

$$\phi = Ur\left(1 + \frac{a^2}{r^2}\right)\cos \theta + \frac{\Gamma}{2\pi}\theta \tag{7-67}$$

속도성분은 다음과 같다.

$$v_r = \frac{\partial \phi}{\partial r} = U\left(1 - \frac{a^2}{r^2}\right)\cos \theta \tag{7-68}$$

$$v_\theta = \frac{1}{r}\frac{\partial \phi}{\partial \theta} = -U\left(1 + \frac{a^2}{r^2}\right)\sin \theta + \frac{\Gamma}{2\pi r} \tag{7-69}$$

이때 실린더 주변($r = a$)에서 속도분포는 다음과 같다.

$$v_r = 0$$

$$v_\theta = -2U \sin \theta + \frac{\Gamma}{2\pi a} \tag{7-70}$$

실제 실린더 주변에서의 순환값이 얼마인지 살펴보는 것도 흥미로운 주제 중에 하나이다. 실린더 접선방향으로 속도는 언제나 $v=v_\theta$이고 $ds=a\,d\theta$이므로 순환은 다음과 같이 계산된다.

$$\Gamma = \oint \mathbf{V} \cdot d\mathbf{s} = \int_0^{2\pi} \left(-2U \sin \theta + \frac{\Gamma}{2\pi a} \right) (a\,d\theta)$$

$$= \left(2aU \cos \theta + \frac{\Gamma}{2\pi} \theta \right) \Big|_0^{2\pi} = \Gamma$$

식 (7-70)에서 $v_\theta=0$으로 놓아 정체점을 결정할 수 있다.

$$\sin \theta = \frac{\Gamma}{4\pi Ua} \tag{7-71}$$

만약 $\Gamma<4\pi Ua$이면 식 (7-71)은 θ에 대한 2개의 근을 갖기 때문에 그림 7-34a와 같이 실린더 위에 2개의 정체점이 존재하게 된다. 회전이 증가하여 $\Gamma=4\pi Ua$가 되면 2개의 정체점이 합쳐져 그림 7-34b와 같이 $\theta=90°$에 위치하게 된다. 마지막으로 회전이 더욱 증가하여 $\Gamma>4\pi Ua$가 되면 방정식에 근은 존재하지 않게 되어 정체점은 실린더 표면에 있지 않고 그림 7-34c와 같이 좀 더 떨어진 곳에 위치하게 된다.

앞에서의 경우처럼 베르누이 방정식을 적용하여 실린더 표면의 압력분포를 결정할 수 있다.

$$p = p_0 + \frac{1}{2}\rho U^2 \left[1 - \left(-2 \sin \theta + \frac{\Gamma}{2\pi Ua} \right)^2 \right]$$

$(p-p_0)$의 일반적인 분포형태가 그림 7-34d에 도시되어 있다. 실린더 표면 위의

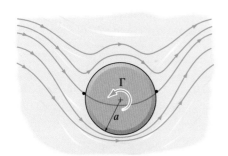

$\Gamma < 4\,\pi Ua$
2개의 정체점
(a)

$\Gamma = 4\,\pi Ua$
1개의 정체점
(b)

$\Gamma > 4\,\pi Ua$
실린더 표면에 정체점이
존재하지 않음
(c)

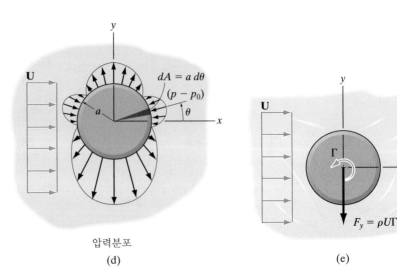

압력분포
(d)

(e)

그림 7-34

압력분포 중 x축 및 y축 방향 성분으로 분리하여 면적분을 하면 이상유동이 실린더 표면에 작용하는 단위 깊이당 합성력의 성분을 구할 수 있다.

$$F_x = -\int_0^{2\pi} (p - p_0) \cos \theta \, (a \, d\theta) = 0$$

$$F_y = -\int_0^{2\pi} (p - p_0) \sin \theta \, (a \, d\theta)$$

$$= -\frac{1}{2}\rho a U^2 \int_0^{2\pi} \left[1 - \left(-2\sin\theta + \frac{\Gamma}{2\pi U a} \right)^2 \right] \sin\theta \, d\theta$$

$$F_y = -\rho U \Gamma \qquad (7\text{-}72)$$

압력분포가 y축에 대하여 대칭이므로 $F_x=0$의 결과를 얻으며, 이는 '항력' 또는 x축 방향으로 저항력이 없음을 의미한다.[*] 다만 수직 아래 방향으로 합성력 성분 F_y만이 존재한다. 이 힘은 균일유동과 수직하게 되는데, 이를 '양력'이라 한다. 이런 방식으로 회전을 주어 던진 공이 양력을 받고 곡선을 그리며 움직이게 된다. 이를 **마그누스 효과**(Magnus effcct)라 하며 11장에서 다룬다.

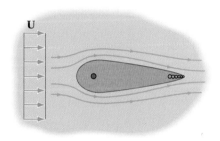

균일유동과 하나의 선 소스
그리고 일련의 선 싱크의 조합

그림 7-35

기타 응용   이상유동 중첩에 관한 아이디어를 확장하여 다양한 형태를 갖는 유동을 구성할 수 있다. 그림 7-35와 같은 비행기 날개 또는 익형을 대략적으로 구성하는 예를 들어보자. 이는 균일유동과 하나의 선 소스 그리고 일련의 선 싱크의 조합으로 구성되는데, 이때 선 싱크들의 싱크 강도의 총합은 단일 선 소스의 강도와 일치하여야 하며 일련의 싱크 강도는 점진적으로 감소하는 형태를 가지면 된다.

> **요점정리**

- 연속성과 비회전을 **동시에** 만족하는 유선함수 $\psi(x, y)$ 및 퍼텐셜 함수 $\phi(x, y)$는 미분형 라플라스 방정식을 적분하여 얻을 수 있다. 이해는 수력학의 기저해가 되며 **오직 이상유동**에 대해서만 적용 가능하다.
- 점성력이 작고 유체의 속도가 빠를 때 매우 **얇은** 경계층이 물체의 표면에 형성된다. 이때 점성 효과는 경계층 안으로만 제한되며 경계층 이외의 부분에서의 유동은 종종 이상유동으로 간주될 수 있다.
- 균일유동, 선 소스, 선 싱크, 더블릿, 자유와류에 대한 유선함수 $\psi(x, y)$ 및 퍼텐셜 함수 $\phi(x, y)$의 기본해를 제시하였다. 이러한 해들로부터 유동 내 임의의 지점에서 속도를 얻을 수 있고 베르누이 방정식을 이용하여 압력을 구할 수 있다.
- 강제와류는 **회전유동**이므로 유선함수 $\psi(x, y)$의 해만이 존재하며 퍼텐셜 함수 $\phi(x, y)$의 해는 존재하지 않는다.
- 유선함수 $\psi(x, y)$ 및 퍼텐셜 함수 $\phi(x, y)$에 대한 라플라스 방정식은 선형 미분방정식이므로 이상유동 기본해의 조합 역시 라플라스 방정식을 만족하며, 좀 더 복잡한 유동을 구성하기 위한 해의 중첩이 가능하다. 예를 들면 균일유동과 선 소스유동을 중첩하여 반체 주위의 유동을 생성할 수 있다. 또한 균일유동과 같은 위치에 있지 않은 동일 강도를 갖는 선 소스와 선 싱크를 조합하여 랭킨 오벌 주위 유동을 구성할 수 있다. 마지막으로 실린더 주위 유동은 균일유동과 더블릿을 조합하여 얻는다.
- 이상유체 속에 놓인 대칭형상을 갖는 물체는 **항력**을 유발하지 않는데, 이는 항력의 요인이 되는 점성력이 물체에 작용하지 않기 때문이다.

---

[*] 역사적으로 이것을 달랑베르의 모순이라고 부르는데, 실제 유체가 왜 물체의 저항을 유발하지 못하는지 1700년대에 Jean le Rond d'Alembert는 설명할 수 없었기 때문이다. 후에 1904년 Ludwig Prandtl이 제안한 경계층 이론으로 이에 대한 해석이 가능해졌다. 이에 대하여 11장에서 자세히 다룰 것이다.

예제 7.10

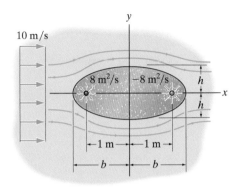

그림 7-36

랭킨 오벌 형상의 콘크리트로 된 다리 기둥을 $8 \ \text{m}^2/\text{s}$의 세기를 갖는 2 m 떨어진 선 소스와 선 싱크로 모델링하였다. 이때 물이 균일유동 $U = 10 \ \text{m/s}$로 흐른다면 기둥의 b과 h의 값을 구하시오.

풀이

유체 상태   정상상태, 물은 이상유체로 가정한다.

해석   정체점은 $x = \pm b$이고 식 (7-59)로부터 다음을 얻는다.

$$\begin{aligned}
b &= \left(\frac{q}{U\pi} a + a^2 \right)^{1/2} \\
&= \left[\frac{8 \ \text{m}^2/\text{s}}{(10 \ \text{m/s})\pi} (1 \ \text{m}) + (1 \ \text{m})^2 \right]^{1/2} \\
&= 1.12 \ \text{m}
\end{aligned}$$

Ans.

이 유동에 대한 유선함수는 식 (7-55)로부터 다음과 같이 얻는다.

$$\begin{aligned}
\psi &= Uy - \frac{q}{2\pi} \tan^{-1} \frac{2ay}{x^2 + y^2 - a^2} \\
&= 10y - \frac{4}{\pi} \tan^{-1} \frac{2y}{x^2 + y^2 - 1}
\end{aligned}$$

정체점을 기둥 표면으로 하기 위하여 기둥의 경계를 $\psi = 0$으로 놓으면

$$\psi = 10y - \frac{4}{\pi} \tan^{-1} \left(\frac{2y}{x^2 + y^2 - 1} \right) = 0$$

$$\tan(2.5\pi y) = \frac{2y}{x^2 + y^2 - 1}$$

이때 기둥의 반폭을 구하기 위하여 이 식에서 $x = 0$, $y = h$로 하면(그림 7-36 참고)

$$h = \frac{h^2 - 1}{2} \tan(2.5\pi h)$$

식 (7-60)에 $a = 1$ m, $U = 10$ m/s, $q = 8 \ \text{m}^2/\text{s}$를 대입하여 같은 결과를 얻을 수 있다. 수치적 풀이를 위하여 반체에서 반폭은 식 (7-49)로부터 얻는데, $q/2U = (8 \ \text{m}^2/\text{s})/[2(10 \ \text{m/s})] = 0.4$ 미이다. 이보다 약간 작은 값 $h = 0.35$ m에서 시작하여 값을 늘리거나 줄여가면서 방정식을 만족하는 h 값을 찾는다.

$$h = 0.321 \ \text{m}$$

Ans.

예제 7.11

그림 7-37a에서처럼 보트가 55 rad/s로 회전하는 높이 3 m, 직경 0.5 m의 수직한 원통에 의하여 추진력을 받고 있다. 이때 보트가 3 m/s의 속도로 전진하고 바람이 측면으로 4 m/s로 불어온다고 한다. 실린더가 보트에 작용하는 힘을 구하시오. 단 공기의 밀도는 $\rho_a = 1.22 \ \text{kg/m}^3$이다.

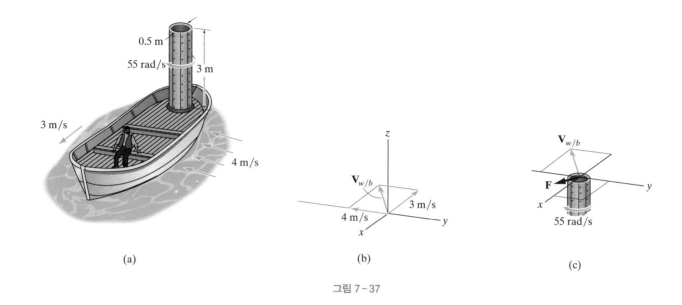

그림 7–37

풀이

유체 상태   정상상태 이상유체이다.

해석   회전하는 원통에 작용하는 단위 높이당 힘은 식 (7-72), $F = \rho U\Gamma$로부터 구할 수 있다. 보트(실린더)가 이동하고 있으므로 그림 7–37b와 같이 보트에 대한 바람의 상대 속도를 구해야 한다.

$$\mathbf{V}_{w/b} = \mathbf{V}_w - \mathbf{V}_b$$

$$\mathbf{V}_{w/b} = \{-4\mathbf{j} - 3\mathbf{i}\} \text{ m/s}$$

속도의 크기는 다음과 같다.

$$V_{w/b} = \sqrt{(-4 \text{ m/s})^2 + (-3 \text{ m/s})^2} = 5 \text{ m/s}$$

실린더 주변 유동의 순환은 다음과 같다.

$$\Gamma = \oint \mathbf{V} \cdot d\mathbf{s} = (55 \text{ rad/s})(0.25 \text{ m})[2\pi(0.25 \text{ m})]$$

$$= 21.60 \text{ m}^2/\text{s}$$

실린더의 높이가 3 m이므로 실린더에 작용하는 힘은 다음과 같다.

$$F = \rho V_{w/b} \Gamma h = (1.22 \text{ kg/m}^3)(5 \text{ m/s})(21.60 \text{ m}^2/\text{s})(3 \text{ m})$$

$$F = 395 \text{ N} \hspace{5cm} Ans.$$

이 힘은 그림 7–37c와 같이 $\mathbf{V}_{w/b}$에 수직으로 작용하며 x축 성분이 배를 전진시키는 추진력으로 작용한다.

참고: 이러한 추진 방식은 마그누스 효과에 기초한 것인데 1920년대 Anton Flettner에 의하여 최초로 채용되었다. 그의 'Flettner rotor ship'은 높이 15 m, 직경 3 m인 2개의 실린더를 가지고 있었는데 전기모터에 의하여 구동되었다.

7.12   나비에–스토크스 방정식

7.6절에서는 오직 중력과 압력만이 작용하는 이상유체에 적용 가능한 오일러 방정식을 유도하였다. 이러한 힘들은 각 유체입자와 요소에 동일 힘계(concurrent system)를 형성하므로 유동은 비회전유동이 된다. 그러나 실제 유체는 점성을 가지고 있으므로 점성력을 포함하기 위해서는 좀 더 엄밀한 형태의 방정식이 필요하다.

뉴턴의 운동 제2법칙에 따르는 유체 이동에 관한 일반적 형태의 미분형 방정식은 7.5절에서 식 (7-15)로 유도되었다. 이 방정식의 해를 구하기 위해서 응력 항을 유체의 점성계수와 속도구배로 표현하고 해당 방정식을 속도와 압력으로만 나타낸다. 뉴턴 유체의 1차원 유동에 대하여 전단응력이 식 (1-14), $\tau = \mu(du/dy)$와 같이 속도구배의 함수임을 되짚어 보자. 그러나 3차원 유동에서는 비슷하지만 그 표현식이 좀 더 복잡하다. 밀도가 일정한 뉴턴 유체와 같은 특수한 경우 수직응력 및 전단응력이 변형률과 선형적 관계를 갖는다. 유체점성에 대한 스토크스 법칙으로 알려진 응력과 변형률의 관계는 다음과 같이 정리할 수 있다(참고문헌 [16] 참조).*

$$\sigma_{xx} = -p + 2\mu\,\frac{\partial u}{\partial x}, \qquad \tau_{xy} = \tau_{yx} = \mu\left(\frac{\partial u}{\partial y} + \frac{\partial v}{\partial x}\right)$$

$$\sigma_{yy} = -p + 2\mu\,\frac{\partial v}{\partial y}, \qquad \tau_{yz} = \tau_{zy} = \mu\left(\frac{\partial v}{\partial z} + \frac{\partial w}{\partial y}\right) \qquad (7\text{-}73)$$

$$\sigma_{zz} = -p + 2\mu\,\frac{\partial w}{\partial z}, \qquad \tau_{zx} = \tau_{xz} = \mu\left(\frac{\partial u}{\partial z} + \frac{\partial w}{\partial x}\right)$$

응력에 관한 수식을 유체 이동에 관한 지배 방정식에 대입하고 비압축성 유체의 연속방정식을 이용하여 정리하고 식을 간단히 하면 다음을 얻는다.

$$\rho\left(\frac{\partial u}{\partial t} + u\frac{\partial u}{\partial x} + v\frac{\partial u}{\partial y} + w\frac{\partial u}{\partial z}\right) = \rho g_x - \frac{\partial p}{\partial x} + \mu\left(\frac{\partial^2 u}{\partial x^2} + \frac{\partial^2 u}{\partial y^2} + \frac{\partial^2 u}{\partial z^2}\right)$$

$$\rho\left(\frac{\partial v}{\partial t} + u\frac{\partial v}{\partial x} + v\frac{\partial v}{\partial y} + w\frac{\partial v}{\partial z}\right) = \rho g_y - \frac{\partial p}{\partial y} + \mu\left(\frac{\partial^2 v}{\partial x^2} + \frac{\partial^2 v}{\partial y^2} + \frac{\partial^2 v}{\partial z^2}\right) \qquad (7\text{-}74)$$

$$\rho\left(\frac{\partial w}{\partial t} + u\frac{\partial w}{\partial x} + v\frac{\partial w}{\partial y} + w\frac{\partial w}{\partial z}\right) = \rho g_z - \frac{\partial p}{\partial z} + \mu\left(\frac{\partial^2 w}{\partial x^2} + \frac{\partial^2 w}{\partial y^2} + \frac{\partial^2 w}{\partial z^2}\right)$$

운동 방정식

---

* 수직응력은 압력 항과 점성에 의한 전단응력 항을 모두 포함하는 값인데, 이때 압력은 유체입자 표면에 작용하는 평균 수직응력으로 $p = -\frac{1}{3}(\sigma_{xx} + \sigma_{yy} + \sigma_{zz})$이고 전단응력은 유체입자의 움직임에 의하여 발생하는 응력이다. 만약 유체가 정지상태($u = v = w = 0$)라 한다면 $\sigma_{xx} = \sigma_{yy} = \sigma_{zz} = -p$가 되며 파스칼 법칙의 결과가 된다. 또한 유동과 관련된 유선이 x축 방향으로 모두 평행하면(1차원 유동) $v = w = 0$이고 $\sigma_{yy} = \sigma_{zz} = -p$가 된다. 추가적으로 비압축성 유체에서 $v = w = 0$이면 연속방정식[식 (7-11)]은 $\partial u/\partial x = 0$이 되어 $\sigma_{xx} = -p$가 된다.

이 식에서 좌변 항은 '*ma*'를, 우변 항은 중력, 압력, 점성력에 의한 'ΣF'를 나타 낸다. 이 방정식은 19세기 초 프랑스의 공학자 Louis Navier와 수년 후 영국의 수 학자 George Stokes에 의하여 처음으로 유도되었다. 때문에 이 방정식을 종종 **나 비에-스토크스 방정식**(Navier-Stokes equation)이라 부른다. 이 방정식은 비압축 성의 μ가 일정한 뉴턴 유체의 균일 또는 비균일, 정상 또는 비정상상태의 유동에 적용된다. 다음의 연속방정식을 포함하면,

$$\frac{\partial u}{\partial x} + \frac{\partial v}{\partial y} + \frac{\partial w}{\partial z} = 0 \tag{7-75}$$

연속방정식

총 4개의 편미분 방정식을 통하여 속도성분 u, v, w와 압력 p를 얻을 수 있다.

그러나 불행히도 이 방정식의 일반적인 해는 존재하지 않는데, 이는 3개의 미지 수인 u, v, w가 4개의 방정식 모두에 존재하고, 또한 나비에-스토크스 방정식이 비 선형 2차 미분방정식이기 때문이다. 이러한 난제에도 불구하고 몇몇 경우에는 이 비선형 방정식을 매우 간단한 형태로 나타낼 수 있으며, 이로 인해 해석해를 얻을 수도 있다. 점성력이 지배적이고 유동의 경계조건 및 초기조건이 간단한 경우가 그러하다. 이를 어떻게 수행하는지 예제로 주어질 것이고 일부는 연습문제로 제공 될 것이다. 그 외 몇 가지 경우도 9장에서 다룰 것이다. 평행한 두 판 사이에서의 발 생하는 층류와 파이프 내부에서 발생하는 층류유동에 대한 해석이 바로 그것이다.

극좌표계

나비에-스토크스 방정식을 x, y, z의 직교좌표계에 대하여 유도하였 지만, 원통(또는 구)좌표계에 대해서도 이를 전개할 수 있다. 증명은 생략하고 그 림 7-38의 원통좌표계에 대한 나비에-스토크스 방정식을 나타내면 다음과 같다.

$$\rho\left(\frac{\partial v_r}{\partial t} + v_r\frac{\partial v_r}{\partial r} + \frac{v_\theta}{r}\frac{\partial v_r}{\partial \theta} - \frac{v_\theta^2}{r} + v_z\frac{\partial v_r}{\partial z}\right)$$
$$= -\frac{\partial p}{\partial r} + \rho g_r + \mu\left[\frac{1}{r}\frac{\partial}{\partial r}\left(r\frac{\partial v_r}{\partial r}\right) - \frac{v_r}{r^2} + \frac{1}{r^2}\frac{\partial^2 v_r}{\partial \theta^2} - \frac{2}{r^2}\frac{\partial v_\theta}{\partial \theta} + \frac{\partial^2 v_r}{\partial z^2}\right]$$

$$\rho\left(\frac{\partial v_\theta}{\partial t} + v_r\frac{\partial v_\theta}{\partial r} + \frac{v_\theta}{r}\frac{\partial v_\theta}{\partial \theta} + \frac{v_r v_\theta}{r} + v_z\frac{\partial v_\theta}{\partial z}\right)$$
$$= -\frac{1}{r}\frac{\partial p}{\partial \theta} + \rho g_\theta + \mu\left[\frac{1}{r}\frac{\partial}{\partial r}\left(r\frac{\partial v_\theta}{\partial r}\right) - \frac{v_\theta}{r^2} + \frac{1}{r^2}\frac{\partial^2 v_\theta}{\partial \theta^2} + \frac{2}{r^2}\frac{\partial v_r}{\partial \theta} + \frac{\partial^2 v_\theta}{\partial z^2}\right] \tag{7-76}$$

$$\rho\left(\frac{\partial v_z}{\partial t} + v_r\frac{\partial v_z}{\partial r} + \frac{v_\theta}{r}\frac{\partial v_z}{\partial \theta} + v_z\frac{\partial v_z}{\partial z}\right)$$
$$= -\frac{\partial p}{\partial z} + \rho g_z + \mu\left[\frac{1}{r}\frac{\partial}{\partial r}\left(r\frac{\partial v_z}{\partial r}\right) + \frac{1}{r^2}\frac{\partial^2 v_z}{\partial \theta^2} + \frac{\partial^2 v_z}{\partial z^2}\right]$$

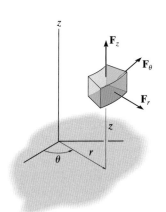

극좌표계

그림 7-38

---

* 압축성 유동에 대한 나비에-스토크스 방정식 또한 유도되었으며, 가변적 점도의 유체에 대하여서 도 적용 가능하도록 일반화될 수 있다. 참고문헌 [19] 참고.

또한 비압축성 유체에 대한 연속방정식은 다음과 같다.

$$\frac{v_r}{r} + \frac{\partial v_r}{\partial r} + \frac{1}{r}\frac{\partial v_\theta}{\partial \theta} + \frac{\partial v_z}{\partial z} = 0 \tag{7-77}$$

예제 7.12

사각형 탱크에 공급밸브 A를 열면 그림 7-39a처럼 점성 뉴턴 유체가 넘쳐흐른다. 이때 탱크 벽면으로 천천히 흘러내리는 유체의 속도분포를 구하시오.

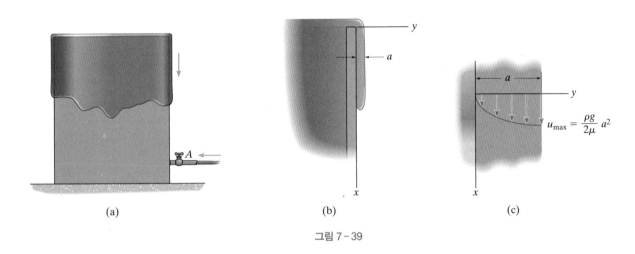

그림 7-39

풀이

유체 상태   비압축성 점성유체가 정상층류 유동상태에 있다고 가정한다. 또한 매우 짧은 거리를 흘러내린 후에는 그림 7-39b처럼 탱크 벽면을 따라 유체의 두께가 일정한 값 a를 유지한다고 하자.

해석   그림에서 설정한 좌표축에 따라 오직 x방향 속도성분 u만 존재한다. 또한 대칭조건에 따라 그림 7-39c처럼 u는 오직 y축 방향으로만 변화가 있다. 비압축성 정상유동이므로 연속방정식은 다음과 같이 된다.

$$\frac{\partial u}{\partial x} + \frac{\partial v}{\partial y} + \frac{\partial w}{\partial z} = 0$$

$$\frac{\partial u}{\partial x} + 0 + 0 = 0$$

적분하면 다음과 같다.

$$u = u(y)$$

이 결과를 이용하여 x와 y축 방향 나비에-스토크스 방정식을 다음과 같이 간단히할 수 있다.

$$\rho\left(\frac{\partial u}{\partial t} + u\frac{\partial u}{\partial x} + v\frac{\partial u}{\partial y} + w\frac{\partial u}{\partial z}\right) = \rho g_x - \frac{\partial p}{\partial x} + \mu\left(\frac{\partial^2 u}{\partial x^2} + \frac{\partial^2 u}{\partial y^2} + \frac{\partial^2 u}{\partial z^2}\right)$$

$$0 + 0 + 0 + 0 = \rho g - \frac{\partial p}{\partial x} + 0 + \mu\frac{\partial^2 u}{\partial y^2} + 0 \tag{1}$$

$$\rho\left(\frac{\partial v}{\partial t} + u\frac{\partial v}{\partial x} + v\frac{\partial v}{\partial y} + w\frac{\partial v}{\partial z}\right) = \rho g_y - \frac{\partial p}{\partial y} + \mu\left(\frac{\partial^2 v}{\partial x^2} + \frac{\partial^2 v}{\partial y^2} + \frac{\partial^2 v}{\partial z^2}\right)$$

$$0 + 0 + 0 + 0 = 0 - \frac{\partial p}{\partial y} + 0 + 0 + 0$$

위의 마지막 식으로부터 압력은 y축 방향으로 변화가 없음을 확인할 수 있다. 액체 표면에서 압력은 대기압이 되고, 또한 이 압력값은 액체 내부에서도 $p = 0$(계기압)으로 유지된다. 결과적으로 식 (1)은 다음과 같이 정리된다.

$$\frac{\partial^2 u}{\partial y^2} = -\frac{\rho g}{\mu}$$

y에 관하여 두 번 적분하면 다음을 얻는다.

$$\frac{\partial u}{\partial y} = -\frac{\rho g}{\mu}y + C_1 \tag{2}$$

$$u = -\frac{\rho g}{2\mu}y^2 + C_1 y + C_2 \tag{3}$$

상수 C_2를 결정하기 위하여 점착조건을 사용하면 그림 7-39c처럼 $y = 0$에서 $u = 0$이 되어 $C_2 = 0$이 된다. 또한 C_1을 결정하기 위하여 유체의 자유표면에서 전단응력이 작용하지 않는다는 조건을 사용한다. 이 조건을 식 (7-73)의 4번째 수식에 적용하면 다음을 얻는다.

$$\tau_{xy} = \mu\left(\frac{\partial u}{\partial y} + \frac{\partial v}{\partial x}\right)$$

$$0 = \mu\left(\frac{\partial u}{\partial y} + 0\right)$$

따라서 $y = a$에서 $du/dy = 0$이 된다. 이를 식 (2)에 대입하면 $C_1 = (\rho g/\mu)a$가 되고 결국 식 (3)은 다음과 같이 된다.

$$u = \frac{\rho g}{2\mu}\left(2ya - y^2\right) \qquad\qquad Ans.$$

유동이 충분히 발달하고 나면 액체가 탱크 표면을 따라 흘러 내려가는 동안 그림 7-39c에서와 같은 포물선 형태의 속도분포가 유지된다. 이는 아래쪽으로 작용하는 중력과 위쪽 방향의 점성력이 균형을 이루기 때문이다.

7.13   전산유체역학

이전 절에서 모든 유체유동은 적절한 경계조건 및 초기조건과 함께 연속방정식과 나비에-스토크스 방정식을 만족해야 함을 살펴보았다. 그러나 나비에-스토크스 방정식은 수학적으로 너무 복잡하기 때문에 매우 특수한 경우의 층류유동에 대해서만 그 해를 구할 수 있다.

다행히도 지난 수십 년 동안 컴퓨터의 계산속도와 메모리용량 등의 기하학적인 증가로 인해 유체의 지배 방정식을 수치적 방법으로 풀 수 있게 되었다. 이러한 학문 분야를 **전산유체역학**(CFD, computational fluid dynamic)이라 하며 항공기, 펌프, 터빈, 공조기, 빌딩 공력, 화학반응, 의학적 임플란트 장치, 심지어 대기 기상 모델링에까지 다양한 형태의 유체유동 문제를 분석하고 유체기계를 설계하는 데 사용된다.

현재 몇 가지 종류의 대중적인 CFD 컴퓨터 프로그램이 있는데, 예를 들면 FLUENT, FLOW-3D, ANSYS들이 있다. 이런 CFD 프로그램은 유체유동뿐만 아니라 열전달, 화학반응, 유체의 다상변화에 대한 해석까지 포함한다. 이러한 프로그램의 유체유동 예측의 정확도가 높아짐에 따라 CFD 기법 활용이 높아지고 모델이나 시제품에 대한 복잡한 유체실험들이 생략되어 유체와 관련된 설계 및 분석 비용을 줄일 수 있게 되었다. 이러한 CFD 기법에 대하여 간단히 소개하고 CFD 소프트웨어 개발을 위하여 어떤 기법들이 존재하는지 알아볼 것이다. 이 외에도 이 장의 마지막 부분에 제공된 다양한 종류의 참고문헌들로부터 CFD 분야에 대한 다양한 정보를 얻을 수 있으며, 특히 공과대학 또는 민간 교육시설에서 제공되는 교육과정 및 세미나를 참고할 수도 있다.

CFD 코드   CFD 코드에는 크게 입력, 프로그램, 출력의 3부분으로 나눌 수 있다. 각각을 살펴보자.

입력   코드 사용자는 유체 물성치와 관련된 정보, 유동의 종류(층류유동 또는 난류), 유동의 기하학적 구조와 경계조건을 입력하여야 한다.

유체 물성치   많은 CFD 패키지가 유체의 밀도와 점성력 같은 물리적 물성 정보를 포함하고 있는데, 해석하고자 하는 유체를 정의하여 선택할 수 있다. 프로그램이 제공하지 않는 물성 정보를 확인하여 개별적으로 입력해주어야 한다.

유동 현상   사용자는 프로그램이 제공하는 유동 형태와 관련된 물리적 모델을 선택하여야 한다. 예를 들면 많은 상용 패키지는 난류유동을 예측하는 다양한 모델을 제공하고 있다. 이런 모델 중 적절한 하나를 선택하는 것은 CFD 해석에 관한 경험이 있어야 가능한데, 이는 개별 난류 모델이 특정 유동에 대해서만 효과적으로 작용하기 때문이다.

기하학적 구조 유동의 물리적 경계와 내부를 반드시 결정하여야 한다. 이는 유체 영역에 대하여 격자 또는 메시(mesh)를 생성함으로써 수행된다. 사용자 편의를 위하여 대부분의 CFD 패키지는 다양한 형태의 경계조건 및 메시 형태들을 제공하는 데 이를 적절히 선택함으로써 수치계산의 속도 및 정확도를 개선할 수 있다.

프로그램 CFD 프로그램 사용자들에게 방정식 계산을 위한 다양한 종류의 알고리즘 또는 수치적 방법이 제공된다. 이는 크게 2가지 부분으로 나뉘는데, 첫째 유체를 이산입자로 간주하여 해석하고자 하는 유동과 관련된 편미분 방정식을 대수 방정식들로 변환한다. 둘째, 이러한 대수 방정식들의 해를 찾기 위하여 반복적 계산절차를 사용하는데, 문제에서 정의된 초기조건 및 경계조건을 만족하는 해가 찾아질 때까지 반복 계산을 수행한다. 위에 관련된 몇 가지 방법론들이 있다. 유한차분법, 유한요소법, 유한체적법 등이 이러한 것들이다.

유한차분법 유한차분법은 비정상유동에서 차분화된 시간 격자를 사용한다. 이 격자에서는 특정 점의 한 시간 간격 이후의 측정점 상태를 결정하기 위하여 이웃하는 점들의 현재 조건을 이용한다. 이런 접근법의 활용에 대한 약간의 아이디어를 제공하기 위하여 12장에서 비정상 개수로 유동에 이 방법을 활용할 것이다.

유한요소법 이름이 암시하는 것처럼 유한요소법은 유체를 매우 작은 '유한요소'로 나누고 각각의 요소를 기술하는 방정식들을 구성한다. 이때 이 방정식은 요소의 모서리 또는 인접한 요소의 노드(node)에서 경계조건을 만족하여야 한다. 이 방법은 유한차분법보다 높은 수준의 정확도를 제공하지만 이를 수행하기 위한 방법이 매우 복잡하다. 또한 유한요소법은 어떠한 종류의 경계 형태에도 잘 들어맞도록 할 수 있는데, 이는 요소 또는 격자가 어떠한 기하학적 구조라도 가능하기 때문이다.

유한검사체적법 유한검사체적법은 유한차분법과 유한요소법의 장점만을 결합한 방법이다. 복잡한 경계에 대한 모형화가 가능하며, 동시에 유한차분 관계식을 이용하여 지배 방정식을 간단명료하게 표현할 수 있다. 검사체적 내 속도, 밀도, 온도와 같은 유동변수의 국소변화는 유동 시스템을 구성하는 수없이 많은 미소 체적을 통하여 나타내며 이러한 변수의 순흐름은 검사표면을 통하여 대류로써 전달된다. 이 항들은 각각 대수 방정식으로 변환되고 수치적 반복법을 통하여 풀리게 된다. 이러한 장점으로 인해 유한검사체적은 확실한 자리매김을 할 수 있었으며, 현재 대부분의 CFD 소프트웨어에서 이 방법을 채택하고 있다.

출력 출력은 대체적으로 유동장에 대한 그래픽 형태이며 정의된 문제의 형상을 보여주거나 혹은 해석에서 사용된 격자 또는 메시를 나타내준다. 사용자는 속도변수에 대한 등고선을 보여줄 수 있는데, 여기에는 유선, 유맥선, 속도 벡터 등이 함께 나타내어질 수 있다. 정상유동에 대해서는 인쇄본 그림으로 나타나지만 비정상유동에 대해서는 비디오 형식의 애니메이션으로 보여질 수도 있다. 그림 7-40은 이러한 예이다.

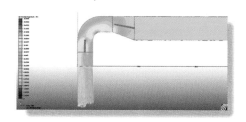

이 CFD 해석은 곡관에 대한 유동의 과도적 변화와 단면유속의 변화를 색상의 차이를 통해 가시화한다.

그림 7-40

일반적 고찰 복잡한 유동에 대한 실질적인 예측을 위해서는 운영자의 특정 코드에 대한 실행 경험이 필수적이라 할 수 있다. 물론 유체역학의 기본 원리에 대한 완벽한 이해가 매우 중요한데, 이는 유동에 맞는 적절한 모델의 선택과 시간 간격 및 격자 구조의 합리적인 결정을 위해서이다. 수치해가 얻어지면 실험데이터와 비교하거나 또는 비슷한 기존 유동과 비교 검증이 가능하다. 마지막으로 CFD 프로그램의 모든 책임은 운영자(공학자)의 손에 달려 있음을 명심해야 하며, 이러한 이유로 결과에 대한 책임 역시 함께 가져야 한다.

참고문헌

1. H. Lamb, *Hydrodynamics*, 6th ed., Dover Publications, New York, NY, 1945.

2. J. D. Anderson Jr., *Computational Fluid Dynamics: The Basics with Applications*, McGraw-Hill, New York, NY, 1995.

3. A. Quarteroni, "Mathematical models in science and engineering," *Notices of the AMS*, Vol. 56, No. 1, 2009, pp. 10-19.

4. T. W. Lee, *Thermal and Flow Measurements*, CRC Press, Boca Raton, FL, 2008.

5. T. J. Chung, *Computational Fluid Dynamics*, Cambridge, England, 2002.

6. J. Tannechill et al., *Computational Fluid Mechnanics and Heat Transfer*, 2nd ed., Taylor and Francis, Bristol, PA, 1997.

7. C. Chow, *An Introduction to Computational Fluid Mechanics*, John Wiley, New York, NY, 1980.

8. F. White, *Viscous Fluid Flow*, 3rd ed., McGraw-Hill, New York, NY, 2005.

9. J. K. Vennard, *Elementary Fluid Mechanics*, John Wiley and Sons, New York, NY, 1963.

10. J. M. Robertson, *Hydrodynamics in Theory and Applications*, Prentice Hall, Englewood Cliffs, NJ, 1965.

11. L. Milne-Thomson, *Theoretical Hydrodynamics*, 4th ed., Macmillan, New York, NY, 1960.

12. R. Peyret and T. Taylor, *Computational Methods for Fluid Flow*, Springer-Verlag, New York, NY, 1983.

13. I. H. Shames, *Mechanics of Fluids*, McGraw Hill, New York, NY, 1962.

14. J. Tu et al., *Computational Fluid Dynamics: A Practical Approach*, Butterworth-Heinemann, New York, NY, 2007.

15. A. L. Prasuhn, *Fundamentals of Fluid Mechanics*, Prentice-Hall, Englewood Cliffs, NJ, 1980.

16. D. N. Roy, *Applied Fluid Mechanics*, John Wiley, New York, NY, 1988.

17. J. Piquet, *Turbulent Flow Models and Physics*, Springer, Berlin, 1999.

18. X. Yang and H. Ma, "Cubic eddy-viscosity turbulence models for strongly swirling confined flows with variable density," *Int J Numer Meth Fluids*, 45, 2004, pp. 985-1008.

19. T. Cebui, *Computational Fluid Dynamics for Engineers*, Springer-Verlag, New York, NY, 2005.

20. D. Wilcox, *Turbulence Modeling for CFD*, DCW Industries, La Canada, CA, 1993.

연습문제

7.1 - 7.6절

E7-1 유체의 속도성분이 $u = 8(x^2 + y^2)$ m/s, $v = (-16xy)$ m/s로 정의된다. 단 x, y의 단위는 미터이다. 회전유동인지 비회전유동인지 결정하시오. 또한 삼각형 경로 $OABO$에 대한 순환을 구하시오.

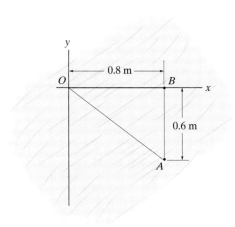

그림 E7-1

E7-2 그림과 같이 30° 각도를 갖는 6 m/s의 균일유동이 있다. 직사각형 경로 $OABCO$에 대한 순환을 구하시오.

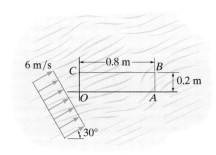

그림 E7-2

E7-3 그림에서 위쪽 평판은 **U**의 등속도로 오른쪽으로 당겨지고 있으며 이로 인해 선형적 속도분포가 그림과 같이 형성된다고 한다. 유체입자의 회전속도와 전단변형률을 y에 따라 구하시오.

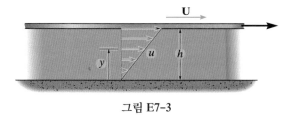

그림 E7-3

*E7-4 토네이도의 눈 부위에서 $v_r = 0$, $v_\theta = (0.4r)$ m/s라 한다. 이때 r은 미터 단위이다. $r = 100$ m, $r = 200$ m 지점에서 각각 순환을 구하시오.

그림 E7-4

E7-5 그림과 같이 유체입자가 극좌표에서 경계가 v와 $v + dv$의 유선으로 정의된다고 하자. 이때 와도가 $\zeta = -(v/r + dv/dr)$이 됨을 보이시오.

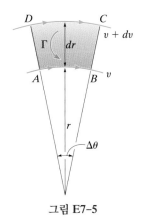

그림 E7-5

7.7 - 7.9절

E7-6 일정한 폭을 가지는 수로를 따라 흐르는 액체 유동의 속도분포가 $u = (2\sqrt{y})$ m/s라 한다. 이때 y의 단위는 미터이다. 이 유동에 대한 유선함수를 구하고 $\psi = 0$, $\psi = 0.5$ m²/s, $\psi = 1.5$ m²/s에 대한 유선을 도시하시오.

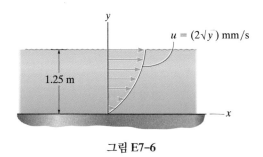

그림 E7-6

E7-7   일정한 폭을 가지는 수로를 따라 흐르는 액체 유동의 속도 분포가 $u = (2\sqrt{y})$ m/s라 한다. 이때 y의 단위는 미터이다. 퍼텐셜 함수를 결정하는 것이 가능한가? 그 이유는 무엇인가?

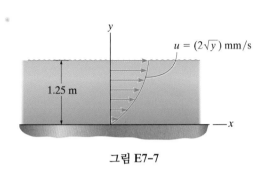

그림 E7-7

*E7-8   유체의 유동을 $\psi = (2x - 4y)$ m²/s의 유선함수로 기술할 수 있다. 이때 y는 미터 단위이다. 퍼텐셜 함수를 구하고 연속성을 만족함을 보이시오. 또 이 유동이 비회전유동임을 보이시오.

E7-9   유동의 속도성분이 $u = 2(y - x)$ m/s, $v = (4x + 2y)$ m/s라고 한다. 단 x, y는 미터 단위이다. 유선함수를 구하고 원점을 지나는 유선함수를 도시하시오.

E7-10 $u = (3x^2)$ m/s, $v = (2x^2 - 6xy)$ m/s의 속도성분으로 정의된 2차원 유동이 있다고 하자. 이때 x, y의 단위는 미터이다. 유선함수를 구하고 점 $(2\ m, 4\ m)$를 지나는 유선을 도시하시오.

E7-11   유동함수 $\psi = (0.5x^2 - y^2)$ m²/s로 정의된 유동이 있다고 하자. 단 x, y는 미터 단위이다. 삼각형 $ABCA$에서 연속성을 만족하는지 판정하시오.

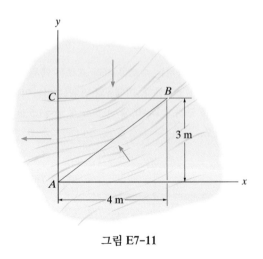

그림 E7-11

*E7-12   그림의 2차원 유동에서 유선함수와 퍼텐셜 함수를 결정하시오.

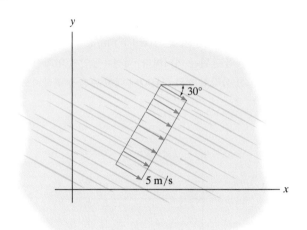

그림 E7-12

E7-13 y축 속도성분이 $v = (6y)$ m/s로 주어진 2차원 유동이 있다고 하자. 이때 y는 미터 단위이다. 이상유동이라고 한다면 x축 속도성분을 구하고 점 $x = 1$ m, $y = 2.5$ m에서 속도의 크기를 구하시오. 이때 원점에서 속도는 0이다.

E7-14   그림과 같이 오른쪽으로 이동하는 두 평판 사이에서 속도분포가 선형적으로 발달되어 있다고 하자. 유선함수를 구하고 이 유동에 대하여 퍼텐셜 함수가 존재하는지 판별하시오.

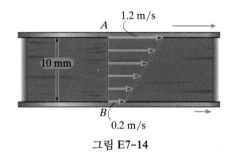

그림 E7-14

E7-15   유동의 유선함수가 $\psi = (8x + 6y)$ m²/s로 주어진다고 하자. 이때 x, y는 미터 단위이다. 퍼텐셜 함수를 결정하고 점 $(2\ m, -1.5\ m)$에서 유체입자의 속도의 크기를 구하시오.

*E7-16   유선함수 $\psi = (-2x^3y + 2xy^3)$ m²/s로 정의된 2차원 유동이 있다고 하자. 이때 x, y는 미터 단위이다. 이 유동이 연속성을 만족함을 보이고 회전유동인지 비회전유동인지를 결정하시오.

E7-17 유선함수 $\psi = [8r^{1/2} \sin (\theta/2)]$ m²/s로 정의된 유동에 평판이 잠겨있다고 하자. $r = 4$ m, $\theta = \pi$ 지점을 지나는 유선을 그리고 이 점에서 속도의 크기를 구하시오.

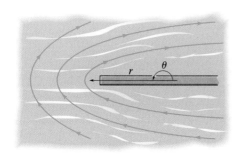

그림 E7-17

E7-18 속도성분 $u = (2y)$ m/s, $v = (3x)$ m/s로 정의된 2차원 유동이 있다. 이때 x, y는 미터 단위이다. 이 유동이 회전유동인지 비회전유동인지 결정하고 연속성을 만족함을 보이시오. 또 유선함수를 구하고 점 (2 m, 6 m)를 지나는 유선의 방정식을 구하여 이를 도시하시오.

E7-19 그림과 같이 오른쪽으로 이동하는 두 평판 사이에서 속도분포가 선형적으로 발달되어 있다고 하자. 위쪽 평판의 아랫면(유체의 최상단)에서 압력이 600 N/m²라 하자. 아래쪽 평판의 윗면(유체의 최하단)에서 압력을 구하시오. 단, 유체의 밀도는 $\rho = 1.2$ Mg/m³이다.

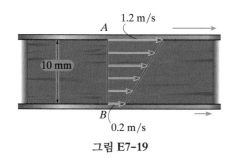

그림 E7-19

*E7-20 유체의 속도성분이 $u = 3(x^2 - y^2)$ m/s, $v = (-6xy)$ m/s로 정의된다. 이때 x, y는 미터 단위이다. 유선함수를 결정하고 퍼텐셜 함수가 존재한다면 이 또한 결정하시오. 점 (2 m, 1 m)를 지나는 유선과 등퍼텐셜선을 도시하시오.

E7-21 유체의 속도성분이 $u = (8xy)$ m/s, $v = 4(x^2 - y^2)$ m/s로 정의된다. 이때 x, y는 미터 단위이다. 퍼텐셜 함수를 결정하고 사각형 *ABCDA*의 순환을 구하시오.

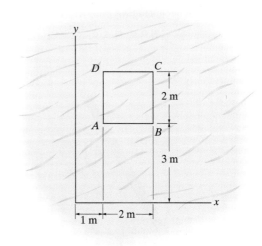

그림 E7-21

E7-22 유체의 속도성분이 $u = -(2x + 4y)$ m/s, $v = (2y - 4x)$ m/s로 정의된다. 이때 x, y는 미터 단위이다. 유선함수를 구하고 퍼텐셜 함수가 존재한다면 이 또한 구하시오.

E7-23 퍼텐셜 함수가 $\phi = (4x^2 - 4y^2)$ m²/s로 주어지는 유동이 있다고 하자. 이때 x, y는 미터 단위이다. 점 A(2 m, 1 m)에서 속도의 크기를 구하시오. 두 점 A(2 m, 1 m)와 B(1 m, 3 m)의 압력 차이는 얼마인지 구하시오.

*E7-24 유체의 속도성분이 $u = (2y + 3)$ m/s, $v = (2x)$ m/s로 정의된다. 이때 x, y는 미터 단위이다. 유선함수를 결정하고 퍼텐셜 함수가 존재한다면 이 또한 결정하시오.

E7-25 유체의 속도성분이 $u = 2(y^2 - x^2)$ m/s, $v = (4xy)$ m/s로 정의된다. 이때 x, y는 미터 단위이다. 만약 점 A(1 m, 4 m)에서 압력이 450 kPa이라면 점 B(0.5 m, -2 m)에서 압력은 얼마인가? 이 유동의 퍼텐셜 함수를 구하시오.

E7-26 유체의 속도성분이 $u = 4(-x + y)$ m/s, $v = (2x^2 + 4y)$ m/s로 정의된다. 이때 x, y는 미터 단위이다. 유선함수를 구하고 이 유동이 회전유동인지 비회전유동인지 결정하시오. 퍼텐셜 함수가 존재한다면 이를 구하시오.

E7-27 퍼텐셜 함수가 $\phi = (4x^2 - 4y^2)$ m²/s로 주어지는 유동이 있다고 하자. 이때 x, y는 미터 단위이다. 점 (1 m, 2 m)를 지나는 유선을 구하고 이 점에서 유체입자의 속도의 크기를 구하시오.

*E7-28 그림과 같이 경사진 판을 지나는 공기유동이 유선함수 $\psi = (2r^2 \sin 3\theta)$ m²/s로 정의된다. $r = 2$ m, $\theta = \pi/6$ rad인 지점에서 속도를 구하시오. 이때 코너를 원점으로 하고 이 점을 지나는 유선을 도시하시오.

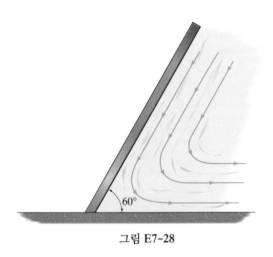

그림 E7-28

E7-29 그림의 코너 근방 유동에서 유선함수가 $\psi = (2xy)$ m²/s로 정의된다. 이때 x, y는 미터 단위이다. 만약 점 A(0.5 m, 1.5 m)에서 압력이 80 kPa이라면 점 B(1 m, 2 m)에서 압력은 얼마인가?

E7-30 그림의 코너 근방 유동에서 유선함수가 $\psi = (2xy)$ m²/s로 정의된다고 하자. 이때 x, y는 미터 단위이다. 점 (1 m, 2 m)를 지나는 유체입자의 x, y축으로의 속도성분 및 가속도성분을 구하시오. 또 이 점을 지나는 유선을 도시하시오.

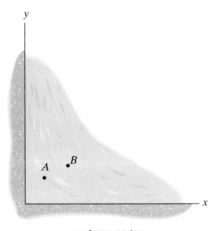

그림 E7-29/30

E7-31 유동에서 속도가 $\mathbf{V} = \{(6y+4)\mathbf{i}\}$ m/s로 정의된다. 이때 y는 수직방향으로 미터 단위이다. 이 유동이 회전인지 비회전인지 결정하시오. 만약 점 A에서 압력이 20 kPa이라면 원점에서 압력을 구하시오. 단 $\rho = 1100$ kg/m³이다.

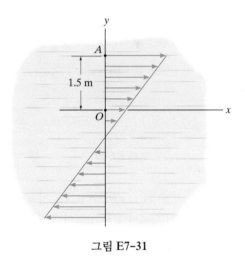

그림 E7-31

*E7-32 퍼텐셜 함수가 $\phi = 3(x^2 - y^2)$으로 정의된 유동이 있다. 이때 x, y는 미터 단위이다. 점 A(1 m, 0.3 m)에서 유체입자의 속도의 크기를 구하시오. 또 연속성을 만족함을 보이고 점 A를 지나는 유선함수를 구하시오.

E7-33 속도성분이 $u = (4y)$ m/s, $v = (4x)$ m/s로 정의되는 2차원 유동이 있다. 이때 x, y는 미터 단위이다. 유선함수와 점 (2 m, 1 m)를 지나는 유선의 방정식을 구하시오.

E7-34 그림과 같이 곡관을 지나는 자유와류유동이 있다. 이때 속도성분은 $v_r = 0$, $v_\theta = (8/r)$ m/s로 주어진다고 하자. 단 r은 미터 단위이다. 이 유동이 비회전임을 보이시오. 또 점 A에서 압력이 4 kPa이라면 점 B에서 압력을 구하시오. 단 $\rho = 1100$ kg/m³이다.

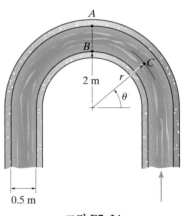

그림 E7-34

E7-35 x축 속도성분이 $u = (2y^2 - y - 2x^2)$ m/s로 정의되는 2차원 비회전유동이 존재한다고 하자. 이때 x, y는 미터 단위이다. $x = y = 0$에서 $v = 0$이라면 y축 속도성분을 구하시오.

*E7-36 속도성분이 $u = (y^2 - x^2)$ m/s, $v = (2xy)$ m/s로 정의되는 2차원 유동이 있다. 이때 x, y는 미터 단위이다. 만약 점 $A(3$ m, 2 m$)$에서 압력이 600 kPa이면 점 $B(1$ m, 3 m$)$에서 압력은 얼마인가? 또 이 유동에 대한 퍼텐셜 함수를 구하시오. 단 $\gamma = 8$ kN/m³이다.

E7-37 그림과 같은 순환 유동의 유동함수가 $\psi = (-2r^2)$ m²/s로 정의된다. $r = 2$ m, $\theta = -30°$에서 속도성분 v_r, v_θ, v_x, v_y를 구하시오.

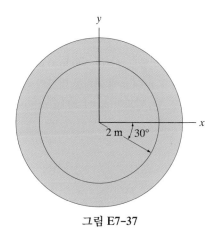

그림 E7-37

E7-38 유체의 속도성분이 $u = 3(x^2 + y)$ m/s, $v = (-6xy)$ m/s로 정의된다. 유선함수를 결정하고 사각형의 순환을 구하시오. $\psi = 0$, $\psi = 1$ m²/s, $\psi = 2$ m²/s의 유선을 도시하시오.

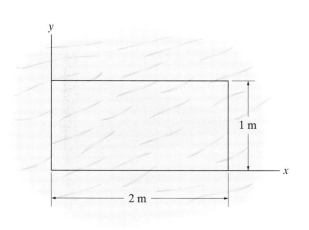

그림 E7-38

E7-39 퍼텐셜 함수가 $\phi = (xy)$ m²/s로 정의된 2차원 유동이 있다. 이때 x, y는 미터 단위이다. 유선함수를 구하고 점 $A(1$ m, 2 m$)$를 지나는 유선을 도시하시오.

*E7-40 그림의 유동에서 유선함수가 $\psi = 2(x^2 - y^2)$ m²/s로 정의된다. 만약 점 B에서 압력이 대기압이라 하면 점 $A(0.5$ m, $0)$에서 압력을 구하고 단위 깊이당 유량을 구하시오.

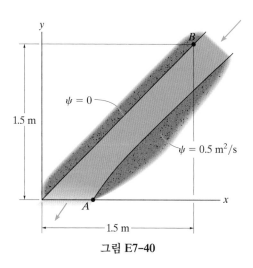

그림 E7-40

E7-41 그림과 같이 두 벽 사이 코너를 유체가 지나간다고 하자. 이때 유선함수가 $\psi = (5r^4 \sin 4\theta)$ m²/s로 정의된다. 이 유동이 연속성을 만족함을 보이시오. 또 점 $r = 2$ m, $\theta = (\pi/6)$ rad을 지나는 유선함수를 도시하고 이 점에서 속도의 크기를 구하시오.

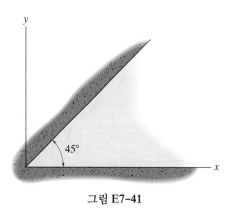

그림 E7-41

E7-42 퍼텐셜 함수가 $\phi = 6(x^2 - y^2)$ m²/s로 정의된 유동이 있다. 이때 x, y는 미터 단위이다. 점 $(2$ m, 3 m$)$에서 유체입자의 속도의 크기를 구하시오. 연속성을 만족함을 보이고 이 점을 지나는 유선을 구하시오.

E7-43 90° 코너를 지나가는 유체의 유선함수가 $\psi = 8r^2 \sin 2\theta$로 주어진다. 연속성을 만족함을 보이시오. 또 $r = 0.5$ m, $\theta = 30°$에서 r, θ 방향의 속도성분을 구하고 이 점을 지나는 유선을 도시하시오. 이 유동에 대한 퍼텐셜 함수를 구하시오.

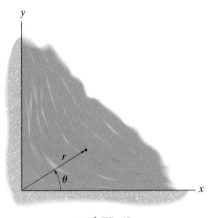

그림 E7-43

7.10–7.11 절

*E7-44 극좌표에서 아래와 같이 표현된 싱크에 대한 방정식이 연속성을 만족함을 보이시오.

$$\frac{\partial(v_r r)}{\partial r} + \frac{\partial v_\theta}{\partial \theta} = 0$$

E7-45 강도 q의 선 소스와 반시계방향의 자유와류를 조합하여 합성 $\psi = 0$의 유선함수를 도시하시오.

E7-46 원통형 탱크에서 물이 배수될 때 유동 표면은 순환 Γ의 자유와류와 같다. 물이 이상유체라 가정할 때 와류의 자유표면을 정의하는 $z = f(r)$를 구하시오.
힌트: 자유표면의 두 점에 대하여 베르누이 방정식을 적용하라.

그림 E7-46

E7-47 토네이도 중심으로부터 20 m 떨어진 평평한 빌딩 지붕에서 양력을 구하시오. 빌딩은 토네이도의 자유와류 지역에 있으며 중심으로부터 40 m 떨어진 지점의 바람 속도는 20 m/s이다. 공기의 밀도는 $\rho_a = 1.20$ kg/m³이다.

그림 E7-47

*E7-48 자유와류가 유선함수 $\psi = (-240 \ln r)$ m²/s로 정의된다. 이때 r의 단위는 미터이다. $r = 4$ m에 위치한 입자의 속도와 이 유선 위의 압력을 결정하시오. 단, 밀도는 $\rho_a = 1.20$ kg/m³이다.

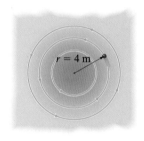

그림 E7-48

E7-49 O점에 위치한 소스가 퍼텐셜 함수 $\phi = (8 \ln r)$ m²/s로 표현되는 유동을 만들어낸다. 유선함수를 결정하고 $r = 5$ m, $\theta = 15°$에서 속도를 구하시오.

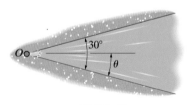

그림 E7-49

E7-50 그림과 같이 유동 소스 q가 벽에서 방출되며 동시에 유동이 벽을 향한다고 하자. 이때 유동함수는 $\psi = (4xy + 8\theta)$ m²/s이며 x, y는 미터 단위이다. y축 위에 존재하는 정체점의 위치 d를 결정하시오. 이 점을 지나는 유선을 도시하시오.

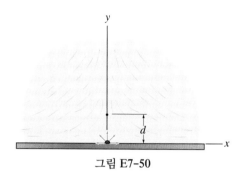

그림 E7-50

E7-51 파이프 A가 유동 소스 3 m²/s를 제공하는 반면에 배수구 B에서 유동이 3 m²/s로 나간다고 하자. 유선함수를 구하고 $\psi = 0.25$ m²/s, $\psi = 0.5$ m²/s에 대한 유선의 방정식을 결정하시오.

*E7-52 파이프 A가 유동 소스 3 m²/s를 제공하는 반면에 배수구 B에서 유동이 3 m²/s로 나간다고 하자. 퍼텐셜 함수를 구하고 $\phi = 1$ m²/s, $\phi = 2$ m²/s에 대한 등퍼텐셜선을 결정하시오.

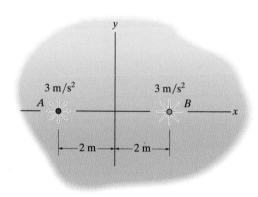

그림 E7-51/52

E7-53 그림과 같이 8 m/s의 균일유동과 강도 3 m²/s를 갖는 소스의 조합으로 이루어진 유동장에서 정체점의 위치를 결정하시오. 이 정체점을 지나는 유선함수를 도시하시오.

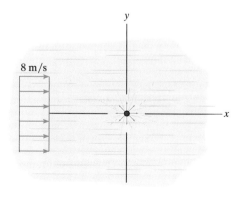

그림 E7-53

E7-54 소스와 싱크의 강도가 6 m²/s로 동일하며 그림과 같이 위치해 있다고 하자. 점 P에서 입자의 x, y축 속도성분을 결정하고 이 점을 지나는 유선의 방정식을 구하시오.

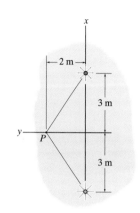

그림 E7-54

E7-55 만약 정체점 P의 위치가 $r_o = 0.5$ m라 한다면 소스의 강도 q는 얼마겠는가? 이 정체점을 지나는 유선을 도시하시오.

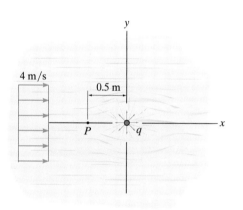

그림 E7-55

*E7-56 강도 3 m²/s를 갖는 2개의 소스가 그림과 같이 위치해 있다. 점 (3 m, 4 m)를 지나는 유체입자의 x, y축 속도성분을 구하시오. 또 이 점을 지나는 유선의 방정식을 결정하시오.

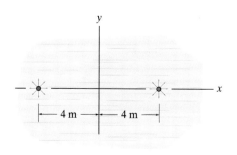

그림 E7-56

E7-57 0.2 m²/s의 강도를 갖는 소스와 싱크로 이루어진 랭킨 오벌이 있다. 균일유동의 속도가 4 m/s라 할 때 랭킨 오벌의 경계를 결정짓는 방정식을 구하시오.

E7-58 0.2 m²/s의 강도를 갖는 소스와 싱크로 이루어진 랭킨 오벌이 있다. 균일유동의 속도가 4 m/s라 할 때 랭킨 오벌의 장축과 단축을 구하시오.

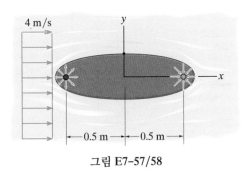

그림 E7-57/58

E7-59 동일 강도를 갖는 소스와 싱크로 이루어진 랭킨 오벌이 있다. 랭킨 오벌의 길이가 1.054 m라 할 때 소스와 싱크의 강도 q를 구하시오. 또 랭킨 오벌의 폭은 얼마인지 결정하시오. 단 균일유동의 속도는 4 m/s라 한다.

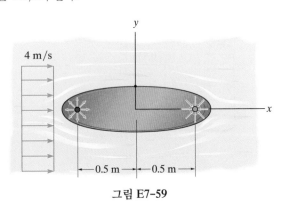

그림 E7-59

*E7-60 날개의 선두부는 반체로 근사화할 수 있다. 이 반체는 유속 150 m/s의 균일유동과 300 m² 강도의 선 소스의 중첩으로 구성된다고 할 때 반체의 폭과 정체점의 위치를 결정하시오.

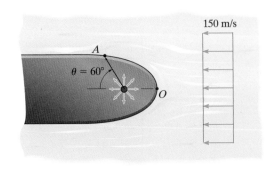

그림 E7-60

E7-61 날개의 선두부는 반체로 근사화할 수 있다. 이 반체는 유속 150 m/s의 균일유동과 300 m² 강도의 선 소스의 중첩으로 구성된다고 할 때 점 A와 O의 압력차를 구하시오. 이때 공기는 20℃ 대기압 상태에 있다.

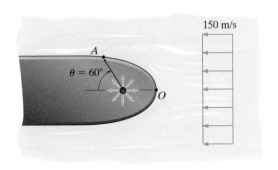

그림 E7-61

E7-62 반체는 속도 U의 균일유동과 강도 q의 선 소스 조합으로 구성된다. 반체의 위쪽 경계면의 압력분포를 θ의 함수로 나타내시오. 이때 균일유동 내에서 압력은 p_0라 하자. 중력의 효과는 무시하고 유체의 밀도는 ρ이다.

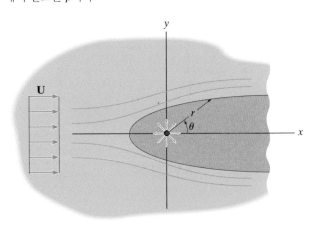

그림 E7-62

E7-63 소스의 강도가 0.5 m²/s이고 균일유동의 속도가 8 m/s일 때 반체의 경계 방정식을 구하시오.

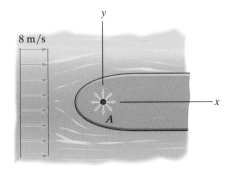

그림 E7-63

*E7-64 $U=0.4$ m/s, $q=1.0$ m²/s인 반체 유동이 그림과 같이 존재한다. 반체를 도시하고 점 $r=0.8$ m, $\theta=90°$에서 속도의 크기와 압력을 구하시오. 균일유동 영역에서 압력은 300 Pa이라 하자. 단 밀도는 $\rho=850$ kg/m³이다.

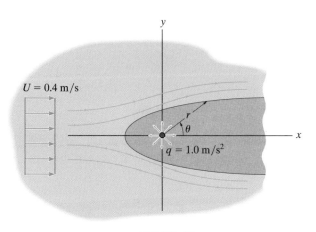

그림 E7-64

E7-65 그림 7-22b의 실린더 표면의 압력분포에 관한 식 (7-65)를 적분하여 합력이 0이 됨을 보이시오.

E7-66 반원형 건물(quonset hut)을 공기가 속도 $U=20$ m/s로 지나고 있다. 지붕에 위치한 A점 $\theta=120°$, B점 $\theta=30°$에서 속도의 크기와 절대압력을 구하시오. 균일유동 내에서 압력은 $p_0=90$ kPa이고, 이때 공기의 밀도는 $\rho_a=1.23$ kg/m³이다.

E7-67 반원형 건물을 공기가 속도 20 m/s로 지나고 있다. 지붕에 위치한 A점에서 속도의 크기와 절대압력을 구하시오. 지붕에 작용하는 수직방향 합력을 구하시오. 이때 이 건물의 길이는 10 m이고 공기의 밀도는 $\rho_a=1.23$ kg/m³이다.

*E7-68 반원형 건물을 공기가 속도 $U=20$ m/s로 지나고 있다. C점 $r=4.5$ m, $\theta=150°$에서 속도의 크기와 계기압력을 구하시오. 단 공기의 밀도는 $\rho_a=1.23$ kg/m³이다.

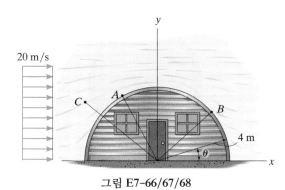

그림 E7-66/67/68

E7-69 실린더 주변의 공기유동이 그림과 같다고 하자. 실린더 위 $0\le\theta\le\pi/2$ rad 영역에 대한 압력을 $\pi/12$ rad 간격으로 도시하시오.

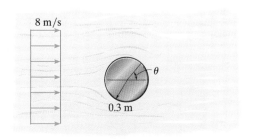

그림 E7-69

E7-70 튜브가 그림과 같이 조립되어 있고 이 튜브를 6 m/s의 균일유동이 통과한다고 하자. 위쪽 AB면에 작용하는 단위 길이당 합력을 구하시오. 단 밀도는 $\rho=1.22$ kg/m³이다.

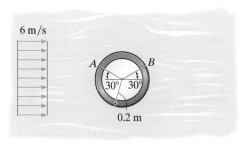

그림 E7-70

E7-71 긴 회전 실린더가 속도 2 m/s의 균일유동 내부에 있다. 단위 길이당 항력이 6.56 N/m라 한다면 실린더 주위의 순환과 정체점의 위치를 구하시오. 단 밀도는 $\rho_a=1.202$ kg/m³이다.

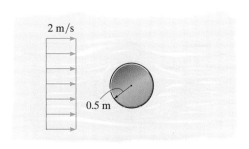

그림 E7-71

*E7-72 직경 200 mm의 실린더가 6 m/s의 균일유동 내에 있다. 실린더로부터 충분히 먼 곳에서의 압력이 150 kPa이라면, $\theta = 0°$인 곳에서 r에 따른 속도와 압력을 $r = 0.1$ m, 0.2 m, 0.3 m, 0.4 m, 0.5 m인 곳에서 구하고 변화를 도시하시오. 단 밀도는 $\rho = 1.5$ Mg/m³이다.

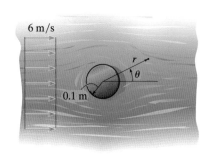

그림 E7-72

E7-73 물이 기둥을 향하여 1.5 m/s의 일정한 속도로 접근한다. A 점에서 수면으로부터 깊이 1.25 m 아래 지점의 압력을 구하시오. 단 물의 밀도는 $\rho_w = 1000$ kg/m³이다.

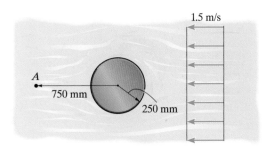

그림 E7-73

E7-74 200 mm 직경의 실린더가 그림과 같이 6 m/s의 균일유속 내부에 있다고 하자. 실린더로부터 충분히 떨어진 곳에서 압력이 150 kPa이다. $\theta = 90°$에서 r에 따른 속도와 압력을 $r = 0.1$ m, 0.2 m, 0.3 m, 0.4 m, 0.5 m인 곳에서 구하고 변화를 도시하시오. 단 밀도는 $\rho = 1.5$ Mg/m³이다.

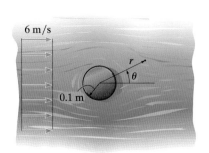

그림 E7-74

E7-75 물이 기둥을 향하여 2 m/s의 일정한 속도로 접근한다. 기둥의 외경은 2 m이고 균일유동 내의 압력은 55 kPa이라 하자. 점 A에서 압력을 구하시오. 단 물의 밀도는 $\rho_w = 1000$ kg/m³이다.

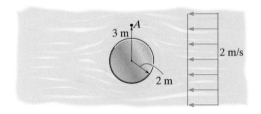

그림 E7-75

*E7-76 0.5 m 직경의 다리 기둥이 속도 4 m/s의 균일유동에 잠겨 있다. 수면 깊이 2 m 아래 지점에서 최대, 최소 압력을 구하시오.

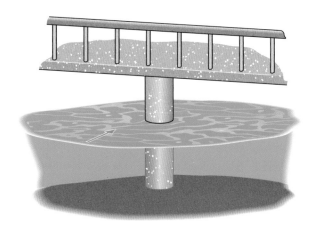

그림 E7-76

E7-77 원형 고층 건물이 40 m/s로 균일하게 불어오는 바람에 놓여있다고 하자. 압력이 최소가 되는 지점의 각도 θ는 얼마인가? 단 $\rho_a = 1.202$ kg/m³이다.

E7-78 원형 고층 건물이 40 m/s로 균일하게 불어오는 바람에 놓여있다고 하자. $\theta = 30°$, 60°, 90°의 빌딩 표면에서 속도와 압력을 구하시오. 단 밀도는 $\rho_a = 1.202$ kg/m³ 이다.

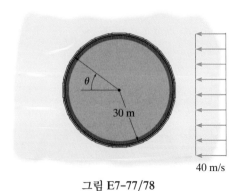

그림 E7-77/78

E7-79 반시계방향 80 rad/s의 각속도로 회전하는 실린더가 있다. 공기가 20 m/s 속도로 불어온다고 할 때, 정체점의 위치와 A 지점에서 절대압력을 구하시오. 균일유동 영역에서 절대압력은 98 kPa이고 밀도는 $\rho_a = 1.20$ kg/m³이다.

***E7-80** 반시계방향 80 rad/s의 각속도로 회전하는 실린더가 있다. 공기가 20 m/s 속도로 불어온다고 할 때, 단위 길이당 항력과 실린더에서 최고 압력을 결정하시오. 균일유동 영역에서 절대압력은 98 kPa이고 밀도는 $\rho_a = 1.20$ kg/m³이다.

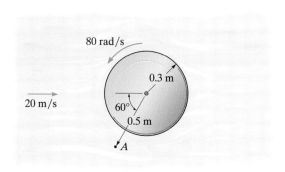

그림 E7-79/80

E7-81 1 m 길이의 실린더가 반시계방향으로 40 rad/s의 각속도로 회전하고 있다. 10 m/s의 속도를 갖는 공기가 균일하게 불어온다고 하면 실린더 표면에서 최대, 최소 압력을 구하시오. 또 실린더의 양력을 결정하시오. 균일유동 내에 압력은 300 Pa이고 공기의 밀도는 $\rho_a = 1.20$ kg/m³이다.

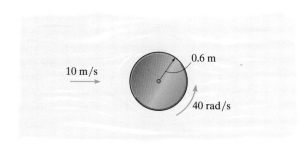

그림 E7-81

E7-82 균일유동 내부압력이 100 kPa이고 15 m/s의 속도로 그림과 같이 불어온다고 하자. 양력이 96.6 N이 되기 위한 각속도 ω를 구하시오. 단 밀도는 $\rho_a = 1.20$ kg/m³이다.

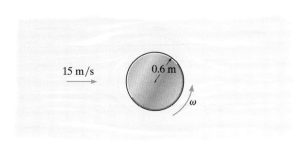

그림 E7-82

7.12절

E7-83 고정된 두 평판 사이에 층류가 그림과 같이 발달되어 있다고 하자. 이때 나비에-스토크스 방정식과 연속방정식은 $\partial^2 u/\partial y^2 = (1/\mu)\partial p/\partial x$와 $\partial p/\partial y = 0$으로 간단히 할 수 있다고 한다. 이때 두 방정식을 적분하여 속도분포가 $u = (1/2\mu)(dp/dx)[y^2 - (d/2)^2]$이 됨을 보이시오. 단 중력 효과는 무시하라.

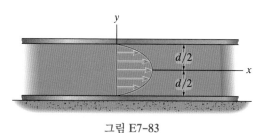

그림 E7-83

***E7-84** 유체가 그림과 같이 면적 A를 갖는 상판과 고정면에 의하여 닫혀있다. 상판을 U의 속도로 이동시키기 위해 힘 **F**가 작용한다. 층류유동이며 압력 변화가 없다고 한다면 나비에-스토크스 방정식과 연속방정식에 의하여 속도분포는 $u = U(y/h)$, 유체 내 전단응력은 $\tau_{xy} = F/A$로 표현됨을 보이시오.

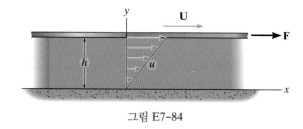

그림 E7-84

E7-85 속도성분이 $u = 3(x^2 - y^2)$ m/s, $v = (-6xy)$ m/s로 정의되는 수평유동이 있다고 하자. 이 유동이 연속방정식을 만족함을 보이시오. 또 나비에-스토크스 방정식을 이용하여 압력분포가 $p = C - \rho V^2/2 - \rho gz$로 정의됨을 보이시오.

E7-86 경사진 개수로에서 정상층 유동이 깊이 h로 형성되어 있다. 나비에-스토크스 방정식이 $\partial^2 u/\partial y^2 = -(\rho g \sin \theta)/\mu$와 $\partial p/\partial y = -\rho g \cos \theta$로 간단히 됨을 보이시오. 이 식을 적분하여 속도분포가 $u = [(\rho g \sin \theta)/2\mu](2hy - y^2)$, 전단응력이 $\tau_{xy} = \rho g \sin \theta (h - y)$로 주어짐을 보이시오.

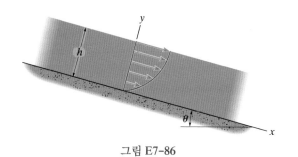

그림 E7-86

E7-87 밀도 ρ, 점도 μ인 유체가 2개의 실린더 사이를 채우고 있다. 바깥쪽 실린더는 정지해 있고 내부 실린더는 각속도 ω로 회전하고 있을 때 나비에–스토크스 방정식으로부터 속도분포를 구하시오. 단 유동은 층류라 가정한다.

그림 E7-87

7장 복습

유체입자의 시간에 따른 **변위**는 속도장에 의해 정의된다.	$\mathbf{V} = \mathbf{V}(x, y, z, t)$
유체입자의 **선형변형**은 단위체적당 체적변화로 결정된다. 시간에 따른 변형률을 체적팽창률이라 한다.	$\dfrac{\delta V/dV}{dt} = \dfrac{\partial u}{\partial x} + \dfrac{\partial v}{\partial y} + \dfrac{\partial w}{\partial z}$
유체입자의 회전의 속도 또는 **각속도**는 입자의 인접한 두 변의 평균 각속도로 결정된다.	$\omega_z = \dfrac{1}{2}\left(\dfrac{\partial v}{\partial x} - \dfrac{\partial u}{\partial y}\right)$
유체입자의 **각변형**은 두 변이 이루는 직각(90°)의 시간에 따른 변화로 정의되며 이를 전단변형률이라 한다.	$\dot{\gamma}_{xy} = \dfrac{\partial v}{\partial x} + \dfrac{\partial u}{\partial y}$
점성이 없는 비압축성 유체는 이상유체이며 비회전유동을 유발한다. 이때 비회전의 조건은 $\omega = \mathbf{0}$이다.	
순환 Γ는 경계에서 총 유동으로 결정되며, 와도 ζ는 각 유체의 단위 면적당 총 순환으로 구해진다.	$\Gamma = \left(\dfrac{\partial v}{\partial x} - \dfrac{\partial u}{\partial y}\right)\Delta x \Delta y$ $\zeta = \dfrac{\Gamma}{A} = \dfrac{\partial v}{\partial x} - \dfrac{\partial u}{\partial y}$
질량보존은 연속방정식으로 나타내진다.	$\dfrac{\partial u}{\partial x} + \dfrac{\partial v}{\partial y} = 0$
유선함수 $\psi(x, y)$는 연속방정식을 만족한다. $\psi(x, y)$가 주어지면 편미분을 통하여 유체의 모든 지점의 속도성분을 구할 수 있다.	$u = \dfrac{\partial \psi}{\partial y}, \qquad v = -\dfrac{\partial \psi}{\partial x}$
2개의 유선 $\psi(x, y) = C_1$, $\psi(x, y) = C_2$ 사이를 흐르는 유체의 단위깊이당 유량은 두 함수의 상수차로 구할 수 있다.	$q = C_2 - C_1$
퍼텐셜 함수 $\phi(x, y)$는 비회전유동 조건을 만족한다. $\phi(x, y)$ 지점의 속도성분을 구할 수 있다.	$u = \dfrac{\partial \phi}{\partial x}, \qquad v = \dfrac{\partial \phi}{\partial y}$

기본 2차원 유동	중첩유동
균일유동 $\psi = Uy \qquad u = U$ $\phi = Ux \qquad v = 0$	**반체를 지나는 균일유동** $\psi = \dfrac{q}{2\pi}\theta + Uy = \dfrac{q}{2\pi}\theta + Ur\sin\theta \qquad v_r = \dfrac{q}{2\pi r} + U\cos\theta$ $\phi = \dfrac{q}{2\pi}\ln r + Ux = \dfrac{q}{2\pi}\ln r + Ur\cos\theta \qquad v_\theta = -U\sin\theta$ $\qquad r_0 = \dfrac{q}{2\pi U} \qquad\qquad\qquad h = \dfrac{q}{2U}$ 소스에서 정체점까지의 거리 $\qquad\qquad$ 반높이
선 소스유동 $\psi = \dfrac{q}{2\pi}\theta \qquad v_r = \dfrac{q}{2\pi r}$ $\phi = \dfrac{q}{2\pi}\ln r \qquad v_\theta = 0$	
선 싱크유동 $\psi = -\dfrac{q}{2\pi}\theta \qquad v_r = -\dfrac{q}{2\pi r}$ $\phi = -\dfrac{q}{2\pi}\ln r \qquad v_\theta = 0$	**랭킨 오벌 주위의 균일유동** $\psi = Uy - \dfrac{q}{2\pi}\tan^{-1}\dfrac{2ay}{x^2+y^2-a^2} \qquad u = U + \dfrac{q}{2\pi}\left[\dfrac{x+a}{(x+a)^2+y^2} - \dfrac{x-a}{(x-a)^2+y^2}\right]$ $\phi = Ux + \dfrac{q}{2\pi}\ln\dfrac{\sqrt{(x+a)^2+y^2}}{\sqrt{(x-a)^2+y^2}} \qquad v = \dfrac{q}{2\pi}\left[\dfrac{y}{(x+a)^2+y^2} - \dfrac{y}{(x-a)^2+y^2}\right]$ $b = \left(\dfrac{q}{U\pi}a + a^2\right)^{1/2} \qquad\qquad h = \dfrac{h^2-a^2}{2a}\tan\left(\dfrac{2\pi Uh}{q}\right)$ 반길이 $\qquad\qquad\qquad\qquad$ 반폭
자유와류유동 $\psi = -k\ln r = -\dfrac{\Gamma}{2\pi}\ln r \quad v_r = 0$ $\phi = k\theta \qquad \phi = \dfrac{\Gamma}{2\pi}\theta \qquad v_\theta = \dfrac{k}{r}$ $\qquad \Gamma = 2\pi k$	**실린더 주변의 균일유동** $\psi = Ur\left(1 - \dfrac{a^2}{r^2}\right)\sin\theta \qquad v_r = U\left(1 - \dfrac{a^2}{r^2}\right)\cos\theta$ $\phi = Ur\left(1 + \dfrac{a^2}{r^2}\right)\cos\theta \qquad v_0 = -U\left(1 + \dfrac{a^2}{r^2}\right)\sin\theta$
강제와류유동 $\psi = -\dfrac{1}{2}\omega r^2 \qquad v_r = 0$ $\qquad\qquad\qquad v_\theta = \omega r$	**실린더 주위의 균일유동과 자유와류 유동** $\psi = Ur\left(1 - \dfrac{a^2}{r^2}\right)\sin\theta - \dfrac{\Gamma}{2\pi}\ln r \qquad v_r = \dfrac{\partial\phi}{\partial r} = U\left(1 - \dfrac{a^2}{r^2}\right)\cos\theta$ $\phi = Ur\left(1 + \dfrac{a^2}{r^2}\right)\cos\theta + \dfrac{\Gamma}{2\pi}\theta \qquad v_0 = \dfrac{1}{r}\dfrac{\partial\phi}{\partial\theta} = -U\left(1 + \dfrac{a^2}{r^2}\right)\sin\theta + \dfrac{\Gamma}{2\pi r}$ $\sin\theta = \dfrac{\Gamma}{4\pi Ua}$ 정체점 영역

CHAPTER 8

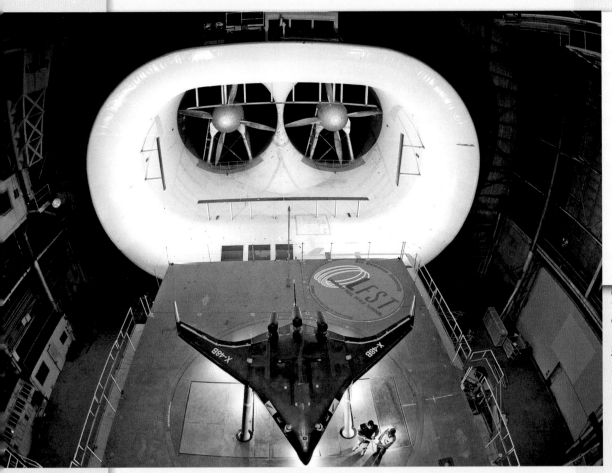

풍동은 항공기나 그 외 기타 운동장치의 모형을 시험할 때 사용된다. 이를 위하여, 모형은 실제 프로토 타입의 실험 결과를 잘 반영할 수 있도록 상사가 잘된 상태여야 한다.

차원해석과 상사성

학습목표

- 다양한 종류의 힘이 유동에 어떠한 영향을 미치는지를 이해하고, 이러한 힘들을 나타내는 중요한 무차원 변수들을 소개한다.
- 최소한의 정보로 유체의 거동을 실험적으로 연구하기 위한 차원해석 과정을 정형화한다.
- 실제 구조물 및 기계에 대한 모형의 크기를 어떻게 정하는지 살펴보고, 이 모형을 기반으로 유동의 효과를 실험적으로 연구한다.

8.1 차원해석

앞 장에서는 유체역학의 중요한 공식들을 다뤘고 이러한 공식들이 공학적으로 어떻게 응용되는지를 선보였다. 이러한 모든 경우에서 유동을 표현하는 방정식의 대수해를 얻을 수 있었다. 그러나 몇몇 매우 복잡한 유동을 동반한 문제의 경우 속도, 압력, 밀도, 점도 등과 같은 변수들의 조합만으로는 완전한 해석이 가능하지 않다. 이러한 유동의 경우 종종 실험을 통해 연구되곤 한다.

그러나 아쉽게도 실험이라는 것은 매우 값비싸거나 많은 시간을 잡아먹는 경우가 있기 때문에 필요로 하는 실험 데이터의 양을 최소화할 수 있는지 여부가 매우 중요하다. 이 문제에 대한 가장 좋은 해답은 해당 유동과 관련된 변수들을 총동원한 **차원해석**(dimensional analysis)을 이용하는 것이다. 여기서 차원해석이라는 것은 수학 하문의 한 세부분야로서 다양한 변수들을 **무차원항**(dimensionless groups)으로 조합하여 정리하는 것을 말한다. 이 무차원항들이 얻어진다면 최소한의 실험으로부터 최대한의 정보를 획득하는 데 활용할 수 있다.

차원해석은 1.4절에서 다루었던 **차원의 동차성 원리**를 기반으로 한다. 이는 유동방정식의 각 항이 동일한 단위를 가져야 한다는 것이다. 온도를 제외한 대부분의 유동방정식의 변수들은 가장 기초적인 단위인 질량 M, 길이 L, 시간 T 혹은 힘 F, 길이 L, 시간 T로 표현이 가능하다.[*] 편의를 위해 유체역학에서 다루는 다양한 변수들의 단위 조합이 표 8-1에 정리되어 있다.

비록 차원해석이 해석적 해를 제공하지 못한다 하더라도 유동 문제를 수식화하는 데 도움을 주기 때문에 간단한 실험만으로도 그 해를 구할 수 있게 해준다. 예시로 그림 8-1a와 같은 펌프의 동력 $\dot{W}$을 구하는 문제를 생각해보자. 이때 펌프의 동력은 A와 B 구간 사이의 압력 증가 Δp와 펌프의 유량 Q의 영향을 받는다. 이러한 미지의 관계를 실험적으로 알아내는 방법은 우선 펌프의 유량을 특정값인 Q_1만큼 흐르도록 맞춘 뒤, 동력을 변경시킴에 따라 그에 해당하는 압력 증가를 측정하는 것이다. 측정값들을 그래프에 표현하면 그림 8-1b와 같이 $\dot{W} = f(Q_1, \Delta p)$ 형태의 핵심 관계식을 나타낼 것이다. 이 방식을 Q_2 등에 반복적으로 대입하면 그림과 같은 일련의 선 혹은 곡선들을 만들 수 있다. 그러나 아쉽게도, 이러한 방식으

표 8-1			
양	기호	M-L-T	F-L-T
면적	A	L^2	L^2
체적	$\forall$	L^3	L^3
속도	V	LT^{-1}	LT^{-1}
가속도	a	LT^{-2}	LT^{-2}
각속도	ω	T^{-1}	T^{-1}
힘	F	MLT^{-2}	F
질량	m	M	$FT^2 L^{-1}$
밀도	ρ	ML^{-3}	$FT^2 L^{-4}$
비중량	γ	$ML^{-2} T^{-2}$	FL^{-3}
압력	p	$ML^{-1} T^{-2}$	FL^{-2}
동적 점성계수	μ	$ML^{-1} T^{-1}$	FTL^{-2}
동점성계수	ν	$L^2 T^{-1}$	$L^2 T^{-1}$
동력	$\dot{W}$	$ML^2 T^{-3}$	FLT^{-1}
체적유량	Q	$L^3 T^{-1}$	$L^3 T^{-1}$
질량유량	$\dot{m}$	MT^{-1}	FTL^{-1}
표면장력	σ	MT^{-2}	FL^{-1}
중량	W	MLT^{-2}	F
토크	T	$ML^2 T^{-2}$	FL

---

[*] 힘과 질량은 서로 독립적이지 않다. 이 둘은 뉴턴의 운동 법칙 $F = ma$에 의해 서로 관련되어 있다. 따라서 SI 계에서 힘은 $ML/T^2 (ma)$의 차원을 가졌다.

로 반복적으로 만든 수많은 그래프 없이는 임의의 Q와 Δp에 대응하는 $\dot{W}$ 값을 구하기가 어렵다.

$\dot{W}=f(Q, \Delta p)$의 관계식을 구하는 더 쉬운 방법은 변수들의 차원해석을 우선적으로 수행하는 것이다. 이때 Q와 Δp의 조합은 반드시 펌프의 동력과 동일한 단위를 가져야 한다. 여기서 Q와 Δp는 본질적으로 서로 다른 단위를 가지고 있기 때문에 단순히 이 두 변수들을 더하거나 뺄 수는 없으므로 두 변수들 간의 곱셈과 나눗셈의 조합이 될 것이다. 따라서 미지였던 앞서 언급된 관계식은 다음과 같은 형태를 가짐을 알 수 있다.

$$\dot{W} = CQ^a(\Delta p)^b$$

여기서 C는 미지의 무차원 상수이고 a와 b는 미지의 지수로서 펌프의 동력 단위와 차원의 동차성을 유지하도록 하는 값이다. 이제 표 8-1의 M–L–T 시스템을 이용해 보자. 위 관계식의 주요 변수의 차원들은 $\dot{W}(ML^2/T^3)$, $Q(L^3/T)$, $\Delta p(M/LT^2)$이다. 이 차원들을 앞서 언급된 관계식에 대입하면 다음과 같은 결과를 얻는다.

$$ML^2T^{-3} = (L^3T^{-1})^a(ML^{-1}T^{-2})^b$$
$$= M^b L^{3a-b} T^{-a-2b}$$

이 방정식에서 좌변과 우변의 단위가 같아야 하므로 아래와 같은 등식을 만족해야 한다.

$$\begin{aligned} M: & \quad 1 = b \\ L: & \quad 2 = 3a - b \\ T: & \quad -3 = -a - 2b \end{aligned}$$

위 등식을 풀면 $a=1$, $b=1$이다. 즉 그림 8-1b에 표현된 관계식은 다음과 같은 형태를 갖는다.

$$\dot{W} = CQ\Delta p \tag{8-1}$$

물론 이러한 과정을 정석대로 따르는 대신 직관적으로도 해답을 얻을 수 있다. 왜냐하면 Q와 Δp의 단위들이 서로 곱했을 때 상쇄되어 $\dot{W}$가 가지는 단위와 동일해지기 때문이다.

차원해석의 결과로 각 변수들 간의 관계식을 이미 구했으므로 이제는 임의의 $\dot{W}_1$에 해당하는 Q_1과 Δp_1을 측정하는 단 한 번의 실험만으로도 미지의 상수 $C = \dot{W}_1/(Q_1\Delta p_1)$를 찾기에 충분하다. 이 값을 알면 위의 관계식을 통해 모든 Q와 Δp에 대한 펌프의 동력을 계산할 수 있다.

8.2 중요 무차원수들

이전 예시와 같이 차원해석을 적용하는 방법은 Lord Rayleigh에 의해 고안되었다. 이후 Edgar Buckingham이 이 방식을 더욱 발전시켰는데, 8.3절에서 볼 수 있듯 그의 방식은 유동을 표현하는 변수들을 조합하여 무차원비 혹은 '수'들을 만드는 것

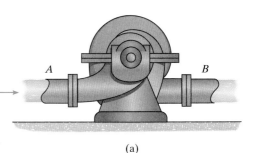

(a)

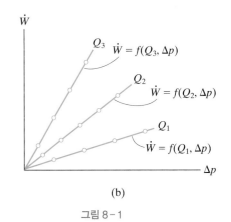

(b)

그림 8-1

을 요구한다. 이러한 수들은 종종 유체 혹은 유동에 작용하는 힘들의 비율로 나타내어진다. 특히 몇 가지의 무차원비들은 실험 유체역학 학문에서 매우 빈번하게 등장하므로 중요한 것들을 여기에서 소개하고자 한다.

관례적으로 각각의 무차원비는 동적 힘 또는 관성력, 혹은 압력, 점도, 중력과 같이 유동으로 인해 생기는 힘들로 이루어져 있다. 여기서 관성력은 사실 가상의 힘인데, 이는 물체의 운동방정식에서의 관성 항 ma를 대변하기 때문이다. 즉 $\sum F = ma$라는 식을 $\sum F - ma = 0$으로 이항하였을 때 나오는 $-ma$를 유체입자에 작용하는 합력이 0이 되도록 하는 **관성력**(inertia force)으로 생각할 수 있다. 이 관성력은 유체입자의 가속도를 포함하고 있어 대부분의 유동과 관련된 문제에서 중요하게 작용하므로 앞으로 언급될 모든 무차원비에 포함시킬 것이다.[*] 관성력은 ma 또는 $\rho \mathcal{V} a$로 나타낼 수 있으므로 유체의 성질인 ρ를 유지한다면 $\rho(L^3)(L/T^2)$라는 부분적인 차원을 가지게 된다. 또한 속도 V가 L/T라는 차원을 가지고 있으므로 위의 항에서 시간 차원을 소거하고 속도와 길이 차원으로, 즉 $\rho V^2 L^2$로 대신 표현할 수 있다.

이제 '수'라고 불리는 중요한 무차원 힘의 비를 정의하고 이후의 절에서는 이러한 힘의 비들이 특정 응용분야에서 가지는 중요성에 대해 다룰 것이다.

오일러수 두 지점에서의 정압 차이는 유체를 흐르게 만든다. 이때 유체가 흐르도록 하는 정압의 차이와 관성력($\rho V^2 L^2$)의 비를 **오일러수**(Euler number) 또는 **압력계수**(pressure coefficient)라고 부른다. 압력 힘 $\Delta p A$는 $\Delta p L^2$처럼 길이 차원으로 표현될 수 있으므로, 오일러수는 다음과 같다.

$$\text{Eu} = \frac{\text{압력 힘}}{\text{관성력}} = \frac{\Delta p}{\rho V^2} \tag{8-2}$$

이 무차원수는 파이프 유동처럼 압력과 관성력이 지배적인 경우 유동을 지배한다. 또한 유체 내의 공동현상 및 유동에 의해 생성되는 항력과 양력 효과에 대한 연구에도 큰 영향을 준다.

레이놀즈수 관성력 $\rho V^2 L^2$과 점성력의 비를 **레이놀즈수**(Reynolds number)라고 부른다. 뉴턴 유체의 경우 점성력은 뉴턴의 점성법칙 $F_v = \tau A = \mu(dV/dy)A$에 의해 정해진다. 유체의 성질인 μ를 포함하면 점성력은 $\mu(V/L)L^2$ 또는 μVL처럼 길이 차원을 가지게 되어 레이놀즈수는 다음과 같다.

$$\text{Re} = \frac{\text{관성력}}{\text{점성력}} = \frac{\rho VL}{\mu} \tag{8-3}$$

이 무차원비는 파이프 유동의 층류 및 난류 연구를 하던 영국의 공학자인 Osborne Reynolds에 의해 개발되었다. 식 (8-3)에서의 길이 L은 유동의 범위를 구분 짓는 차원이다. 예를 들어 파이프 유동의 경우 이 '특성길이'는 파이프의 직경을 사용한

---

[*] 유체입자는 속도의 크기와 방향이 계속 변하여 가속도가 존재한다.

다. 레이놀즈수가 높으면 유동 내에서 관성력이 점성력보다 우세해지며 유동은 난류가 된다. 이 개념에 착안하여 9.5절에서는 Reynolds가 어떻게 유동이 층류에서 난류로 천이하는 것을 대략적으로 예측할 수 있었는지를 보여줄 것이다. 파이프처럼 닫힌 관로 내 유동 외에도 점성력은 저속으로 움직이는 비행기 주위의 공기 유동과 배 혹은 잠수함 근처의 물의 유동에도 영향을 준다. 이러한 이유로 레이놀즈수는 다양한 유동 현상들에서 중요한 영향력을 가진다.

프라우드수   관성력 $\rho V^2 L^2$과 유체의 중량 $\rho \forall g = (\rho g) L^3$의 비는 V^2/gL로 표현된다. 만약 이 표현식에 제곱근을 취하면 **프라우드수**(Froude number)라는 무차원수를 얻는다.

$$\text{Fr} = \sqrt{\frac{\text{관성력}}{\text{중력}}} = \frac{V}{\sqrt{gL}} \qquad (8\text{-}4)$$

이 무차원수는 선박의 움직임으로 발생되는 표면파를 연구하던 William Froude라는 해양 건축가를 기리기 위해 이름 붙여졌다. 이 값은 유동 내 관성력과 중력 간의 상대적인 우세함을 나타낸다. 예를 들어 프라우드수가 1보다 크면 관성 효과가 중력 효과보다 우세하다는 것을 뜻한다. 이 수는 개수로나 댐 혹은 여수로 유동처럼 자유표면을 가지고 있는 유동에서 중요한 역할을 한다.

웨버수   관성력 $\rho V^2 L^2$과 표면장력 σL 간의 비를 **웨버수**(Weber number)라고 부른다. 이 수는 모세관 유동의 영향을 연구하던 Moritz Weber를 기리기 위해 명명되었다.

$$\text{We} = \frac{\text{관성력}}{\text{표면장력}} = \frac{\rho V^2 L}{\sigma} \qquad (8\text{-}5)$$

웨버수가 1보다 작은 경우 좁은 통로에서의 모세관 유동은 표면장력에 의해 제어된다는 것이 실험적으로 확인되었기 때문에 중요하다. 대부분의 공학적 응용분야에서 표면장력 효과는 흔히 무시된다. 그러나 표면장력 효과는 표면 위에 흐르는 얇은 유동 또는 작은 직경의 제트나 스프레이의 유동을 연구할 때 중요해진다.

마하수   관성력 $\rho V^2 L^2$과 유체의 압축성을 야기하는 힘의 비의 제곱근을 **마하수**(Mach number)라고 한다. 이 비는 오스트리아의 물리학자였던 Ernst Mach에 의해 개발되었으며 유체의 압축성 효과를 연구하는 데 척도로 삼았다. 유체의 압축성이 체적팽창계수 $E_\forall$로 계량됨을 기억하자. 이 계수는 압력 변화를 체적변형으로 나눈 것으로서 식 (1-11)처럼 $E_\forall = \Delta p/(\Delta \forall / \forall)$로 나타낸다. $E_\forall$의 단위가 압력 단위와 같고 또한 압력이 힘 $F = pA$를 만들므로, 소위 탄성력처럼 압축에 의한 힘인 $F = E_\forall L^2$은 길이 차원을 가진다. 관성력 $\rho V^2 L^2$과 유체의 압축력의 비는 $\rho V^2/E_\forall$로 표현된다. 13장에서는 이상기체의 경우 $E_\forall = \rho c^2$를 만족함을 보일 것이다. 여기서 c는 압력 교란(소리)이 유체 매질 속에서 퍼지는 속도를 말한다. 이것을 앞서 언급한 비에 대입하면 다음과 같은 결과를 가지며 이를 마하수라고 부른다.

$$M = \sqrt{\frac{관성력}{압축력}} = \frac{V}{c} \qquad (8\text{-}6)$$

M이 1보다 클 때, 즉 초음속의 경우 관성력이 유동을 지배하게 되고 유속은 압력 교란이 퍼지는 속도 c보다 커짐을 주목하자.

8.3 버킹험의 파이 정리

8.1절에서는 유동과 관련된 변수들을 적절히 조합하여 동일한 단위를 갖도록 하는 차원해석 방법을 다뤘다. 다만 이 방법도 변수가 많아질 경우 번거로워진다는 단점이 있다. 1914년에 실험학자 Edgar Buckingham은 더욱 직관적인 방법을 개발하였고, 이는 버킹험의 파이 정리라고 불리게 되었다. 이번 절에서는 이 정리의 활용을 체계화하고 4가지 이상의 물리적 변수가 유동을 제어하는 경우에 어떻게 적용되는지 알아볼 것이다.

버킹험의 파이 정리(Buckingham Pi theorem)라는 것은 만약 유동 현상이 속도, 압력, 점도처럼 n가지의 물리적 변수에 영향을 받는 동시에 M, L, T처럼 m개의 주요 차원을 가진다면 n가지의 물리적 변수가 $(n-m)$개의 독립된 무차원수 혹은 항들로 정리될 수 있음을 말한다. 각각의 항을 Π(파이)항이라고 부르는데, 이 특수문자는 수학에서 곱하기를 상징하기 때문이다. 이전 절에서 다룬 5개의 무차원수는 모두 전형적인 Π항들이다. Π항들 간의 함수적 관계를 세울 수 있다면 이후 모델 실험을 통해 각각의 항들이 어떻게 유동에 관여하는지를 살펴볼 수 있다. 유동에 가장 큰 영향을 주는 변수는 그대로 두고 미미하게 작용하는 변수는 무시할 수 있다. 위 과정을 통해 경험식을 궁극적으로 얻을 수 있으며 이후 미지의 계수 및 변수들은 더 자세한 실험을 통해 결정할 수 있다.

버킹험의 파이 정리를 증명하는 것은 다소 길며, 참고문헌 [1]처럼 차원해석과 관련된 여러 책에서 찾아볼 수 있다. 여기서는 활용법에 대해서만 다룰 것이다.

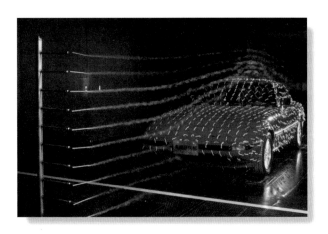

그림의 차에 가해지는 항력은 공기의 밀도, 압력, 속도와 유동 방향으로 정사영된 자동차의 단면적에 영향을 받는다.

(© Takeshi Takahara/Science Source)

해석의 절차

버킹험의 파이 정리는 유동 현상을 묘사하는 변수들 간의 무차원항을 찾는 데 사용되며, 이러한 무차원항들 간의 함수적 관계를 세우는 데 목적을 둔다. 다음의 절차는 이 정리를 적용하는 데 필요한 각 단계를 설명한다.

물리적 변수 정의

- 유동 현상에 관여하는 n가지의 변수를 지정한다. 다만 $Q = VA$처럼 다른 변수들 간의 곱셈 혹은 나눗셈으로 조합된 변수는 포함하지 않는다. 이들 중에서 Π항들을 구성하는 것이 가능한지 확인해본다. 만약 이것이 가능하지 않다면 이 n가지 변수들이 공통적으로 가지고 있는 주요 차원 M, L, T 혹은 F, L, T에서의 개수 m을 정한다.* 이를 통해 유동을 묘사하는 $(n-m)$개의 Π항을 얻을 수 있다. 예를 들어, 만약 압력, 속도, 밀도, 길이가 예상되는 변수들이라고 하면 n은 4가 될 것이다. 표 8-1을 통해 각각의 변수들의 차원이 각각 $ML^{-1}T^{-2}$, LT^{-1}, ML^{-3}, L임을 알 수 있다. 이 경우 M, L, T가 모두 존재하므로 m은 3이 되고 위 예시의 Π항은 $(4-3)$인 1개가 된다.

반복변수 선택

- n가지 변수들 중에서 m개의 기본 차원을 모두 가지고 있는 m개의 변수를 선별한다. 일반적으로 여기서 차원들의 조합이 단순하도록 선택하는 것이 현명하다.** 이렇게 뽑은 m개의 변수들을 **반복변수**(repeating variable)라고 부른다. 위의 예시에서 $M, L, T(m=3)$ 성분을 가진 길이, 속도, 밀도($m=3$)를 반복변수로 지정할 수 있다.

Π항

- $(n-m)$개의 변수들 중에 하나를 골라서 이 변수를 q라고 하자. 이 변수를 m개의 반복변수에 곱한다. 이때 m개의 반복변수들은 미지의 지수로 멱을 취하되 q 변수의 지수는 1로 설정한다. 이것이 첫 Π항이 된다. 이 과정을 $(n-m)$개의 나머지 다른 변수들에 적용하여 $(n-m)$개의 Π항을 만든다. 앞서 언급한 예시에서 압력 p 변수를 q로 정하여 Π항을 만든다. 즉 $\Pi = L^a V^b \rho^c p$가 된다.

차원해석

- 각 $(n-m)$개의 Π항들을 표 8-1을 참고하여 그들의 주요 차원(M, L, T 혹은 F, L, T)으로 표현한다. Π항이 무차원항임을 이용하여 미지의 차수들의 합이 0이 되도록 한다. 차수들이 정해지면 Π항들은 함수 형태 $f(\Pi_1, \Pi_2, \ldots) = 0$ 또는 명시적인 방정식의 형태가 되며 미지의 계수 및 지수들은 실험을 통해 확인할 수 있다.

다음의 예제들은 이 4가지 단계를 이해하고 해석의 절차를 활용하는 데 도움을 줄 것이다.

 * 차원해석을 위하여 M-L-T나 F-L-T 시스템 중 어느 것이든 사용할 수 있다. 그러나 이 두 시스템의 경우 각각 주요 차원의 개수인 m의 값이 다른 경우도 있다. 이러한 상황을 알아채기 위해 차원 행렬 기법을 이용할 수 있지만, 흔하지 않은 경우이므로 이 책에서는 다루지 않을 것이다. 참고문헌 [5]를 참조하라.
** 임의의 변수들에 대한 항들은 반복변수의 선택과 q에 따라 달라지므로 고유하지 않다. 하지만 그럼에도 모든 항들은 유효하다. 예제 8.2를 보라.

예제 8.1

차원해석을 이용하여 그림 8-2의 파이프 유동 문제에서 레이놀즈수를 구하시오. 이때 유동방정식은 유체의 밀도 ρ, 점도 μ, 속도 V와 파이프의 직경 D로 구성된 함수 형태임을 참고한다.

풀이

물리적 변수 정의 n은 4이다. 표 8-1을 이용하여 이 변수들을 M-L-T 시스템에 적용하면 다음과 같은 결과를 갖는다.

밀도, ρ ML^{-3}

점도, μ $ML^{-1}T^{-1}$

속도, V LT^{-1}

직경, D L

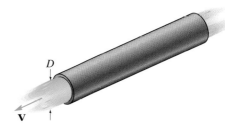

그림 8-2

주요 차원 M, L, T가 모두 사용되었으므로 $m = 3$이다. 즉 Π항은 $(4-3)$인 1개가 존재한다.

반복변수 선택 $m = 3$이므로 ρ, μ, V를 반복변수로 선택한다. 물론 μ, V, D처럼 다른 조합들도 가능하다.

Π항, $q = D$ D가 선택되지 않았으므로 D^1을 미지의 지수를 가진 반복변수에 곱하여 Π항을 만든다. 이를 통해 $\Pi = \rho^a \mu^b V^c D$를 만들 수 있다.

차원해석   이 Π항의 차원을 계산한다.

$$\Pi = \rho^a \mu^b V^c D$$
$$= (M^a L^{-3a})(M^b L^{-b} T^{-b})(L^c T^{-c})L = M^{a+b} L^{-3a-b+c+1} T^{-b-c}$$

Π항은 무차원항이므로 위 식에서의 지수들은 모두 0이 되어야 한다. 즉,

$M:$ $0 = a + b$

$L:$ $0 = -3a - b + c + 1$

$T:$ $0 = -b - c$

이 방정식을 풀면 $a = 1$, $b = -1$, $c = 1$이다. 따라서 Π항은 다음과 같다.

$$\Pi_{\text{Re}} = \rho^1 \mu^{-1} V^1 D = \frac{\rho V D}{\mu} \qquad\qquad Ans.$$

위 결과로 얻은 Π항을 레이놀즈수라고 부른다. 식 (8-3)에서 언급한 '특성길이' L은 이 문제의 경우 파이프의 직경인 D이다. 이 책의 뒤에서 레이놀즈수를 더욱 심층 있게 다룰 것이며, 파이프 유동이 층류인지 난류로 천이하였는지를 결정하는 데 점성력과 관성력이 어떤 중대한 역할을 하는지 보여줄 것이다.

예제 8.2

그림 8-3

그림 8-3에서의 비행기 날개는 공기의 유동이 날개 표면을 지나면서 생기는 항력 F_D에 노출된다. 이 항력은 공기의 밀도 ρ, 점도 μ, 날개의 '특성' 길이 L, 유속 V로 이루어진 함수일 것으로 예상된다. 항력이 이러한 변수로부터 어떠한 영향을 받는지 보이시오.

풀이

물리적 변수 정의   항력을 나타내는 미지의 함수는 양함수 $F_D = f(\rho, \mu, L, V)$ 형태로 표현된다. 이를 음함수 형태로 취하면 $h(F_D, \rho, \mu, L, V) = 0$으로 나타낼 수 있다.[*] 이 방식을 사용하면 n은 5이다. 표 8-1을 이용하여 이 변수들을 $F{-}L{-}T$ 시스템에 적용하면 다음과 같은 결과를 갖는다.

항력, F_D	F
밀도, ρ	$FT^2 L^{-4}$
점도, μ	FTL^{-2}
속도, V	LT^{-1}
길이, L	L

---

[*] $y = 5x + 6$을 $y - 5x - 6 = 0$으로 표현한 것과 같으며 전자는 $y = f(x)$의 형식으로, 후자는 $h(x, y) = 0$의 형식으로 작성된 결과이다.

주요 차원 F, L, T가 모두 사용되었으므로 $m = 3$이다. 즉 Π항은 $(5-3)$인 2개가 존재한다.

반복변수 선택 $m = 3$이므로 ρ, L, V를 반복변수로 선택한다. 선택받지 못한 나머지 F_D와 μ는 q항이 될 것이다.

Π_1항, $q = F_D$ 첫 Π항은 F_D를 q로 활용하여 만들 것이다. $\Pi_1 = \rho^a L^b V^c F_D$

차원해석   이 Π_1항이 가진 차원을 계산한다.

$$\begin{aligned}
\Pi_1 &= \rho^a L^b V^c F_D \\
&= (F^a T^{2a} L^{-4a})(L^b)(L^c T^{-c})F = F^{a+1}L^{-4a+b+c}T^{2a-c}
\end{aligned}$$

Π_1항은 무차원항이므로 위 식에서의 지수들은 모두 0이 되어야 한다. 즉,

F: $0 = a + 1$

L: $0 = -4a + b + c$

T: $0 = 2a - c$

이 방정식을 풀면 $a = -1$, $b = -2$, $c = -2$이다. 따라서 Π_1항은 다음과 같다.

$$\Pi_1 = \rho^{-1} L^{-2} V^{-2} F_D = \frac{F_D}{\rho L^2 V^2}$$

Π_2항, $q = \mu$ 두 번째 Π항은 μ를 q로 활용하여 만들 것이다. $\Pi_2 = \rho^d L^e V^h \mu$

차원해석   이 Π_2항이 가진 차원을 계산한다.

$$\begin{aligned}
\Pi_2 &= \rho^d L^e V^h \mu \\
&= (F^d T^{2d} L^{-4d})(L^e)(L^h T^{-h})FTL^{-2} = F^{d+1}L^{-4d+e+h-2}T^{2d-h+1}
\end{aligned}$$

Π_2항은 무차원항이므로 위 식에서의 지수들은 모두 0이 되어야 한다. 즉,

F: $0 = d + 1$

L: $0 = -4d + e + h - 2$

T: $0 = 2d - h + 1$

이 방정식을 풀면 $d = -1$, $e = -1$, $h = -1$이다. 따라서 Π_2항은

$$\Pi_2 = \rho^{-1} L^{-1} V^{-1} \mu = \frac{\mu}{\rho V L}$$

이다. 이때 Π_2가 무차원수이므로 Π_2^{-1}로 변환해도 무방하다. 역수를 취하면 Π_2항은 레이놀즈수가 된다.[*] 이렇게 얻은 Π항들을 통해 미지의 함수 f_1의 형태를 구하게 되었다.

$$f_1\left(\frac{F_D}{\rho L^2 V^2}, \text{Re}\right) = 0 \qquad\qquad Ans.$$

이 방정식에서 $F_D / \rho L^2 V^2$를 풀면 어떻게 F_D가 레이놀즈수와 관련되어 있는지를 알 수 있다.

---

[*]   예를 들어 만약 m을 ρ, L, F_D로 고르고 V와 μ를 q로써 사용한다면 $\Pi_1' = \rho^{1/2}LV/F_D^{1/2}$ 그리고 $\Pi_2' = \mu/\rho^{1/2}F_D^{1/2}$의 결과를 얻을 것이다. $\Pi_1 = (\Pi_1')^{-2}$이고 $\Pi_2 = \Pi_2'/\Pi_1'$임을 확인하라.

$$\frac{F_D}{\rho L^2 V^2} = f_2(\text{Re}) \qquad (1)$$

또는

$$F_D = \rho L^2 V^2 \left[f_2(\text{Re}) \right] \qquad (2) \; Ans.$$

추후 11장에서는 실험의 편리성을 위해 $f_2(\text{Re})$를 구하는 것보다는 항력을 유체의 동압 $\rho V^2/2$로 표현하고 실험적으로 얻은 무차원 항력계수 C_D를 사용하는 편이 좋다는 것을 보여줄 것이다. 이렇게 한다면 $F_D = \rho L^2 V^2[f_2(\text{Re})] = C_D L^2(\rho V^2/2)$만 풀면 되어 미지의 함수인 f_2는 $f_2(\text{Re}) = C_D/2$가 된다. 또한 같은 차원인 식 (1)의 L^2을 날개 면적 A로 바꾸면 식 (1)을 다음처럼 표현이 가능하다.

$$F_D = C_D A \left(\frac{\rho V^2}{2} \right) \qquad (3) \; Ans.$$

차원해석이 완전한 해를 가져다주지는 않지만, 11장에서 보게 될 것처럼 실험을 통해 C_D를 얻는다면 식 (3)을 통해 F_D를 구할 수 있다.

예제 8.3

그림 8-4

그림 8-4의 선박에는 선체 표면을 지나는 물에 의한 항력 F_D가 작용한다. 이 항력은 물의 밀도 ρ, 점도 μ의 함수일 것으로 예상되며, 또한 파도들이 만들어지고 있으므로 중력 g로 정의되는 파도의 무게도 중요할 것으로 예상된다. 선박의 '특성길이' L, 수류의 속도 V 또한 항력의 정도에 영향을 미칠 것이다. 항력이 이러한 변수로부터 어떠한 영향을 받는지 보이시오.

풀이

물리적 변수 정의   항력을 나타내는 미지의 함수는 양함수 $F_D = f(\rho, \mu, L, V, g)$ 형태로 표현되고, 이를 음함수 형태로 취하면 $h(F_D, \rho, \mu, L, V, g) = 0$으로 나타낼 수 있다. 이 방식을 사용하면 n은 6이다. 표 8-1을 이용하여 이 변수들을 F–L–T 시스템에 적용하면 다음과 같은 결과를 갖는다.

항력, F_D F
밀도, ρ $FT^2 L^{-4}$
점도, μ FTL^{-2}
속도, V LT^{-1}
길이, L L
중력, g LT^{-2}

해당 변수들에서 주요 차원 F, L, T가 모두 사용되었으므로 $m = 3$이다. 즉 Π항은 $(6 - 3)$인 3개가 존재한다.

반복변수 선택 $m = 3$이므로 ρ, L, V를 반복변수로 선택한다.

Π_1항, $q = F_D$와 **차원해석**   첫 Π항은 F_D를 q로 활용하여 만들 것이다. $\Pi_1 = \rho^a L^b V^c F_D$.

이 Π_1항이 가진 차원을 계산한다.

$$\Pi_1 = \rho^a L^b V^c F_D$$
$$= (F^a T^{2a} L^{-4a})(L^b)(L^c T^{-c})F = F^{a+1} L^{-4a+b+c} T^{2a-c}$$

Π_1항은 무차원항이므로 위 식에서의 지수들은 모두 0이 되어야 한다. 즉,

F: $0 = a + 1$

L: $0 = -4a + b + c$

T: $0 = 2a - c$

이 방정식을 풀면 $a = -1$, $b = -2$, $c = -2$이다. 따라서 Π_1항은 다음과 같다.

$$\Pi_1 = \rho^{-1} L^{-2} V^{-2} F_D = \frac{F_D}{\rho L^2 V^2}$$

Π_2항, $q=\mu$와 차원해석   두 번째 Π항은 μ를 q로 활용하여 만들 것이다. $\Pi_2 = \rho^d L^e V^h \mu$. 이 Π_2항이 가진 차원을 계산한다.

$$\Pi_2 = \rho^d L^e V^h \mu$$
$$= (F^d T^{2d} L^{-4d})(L^e)(L^h T^{-h})FTL^{-2} = F^{d+1} L^{-4d+e+h-2} T^{2d-h+1}$$

Π_2항은 무차원항이므로 위 식에서의 지수들은 모두 0이 되어야 한다. 즉,

F: $0 = d + 1$

L: $0 = -4d + e + h - 2$

T: $0 = 2d - h + 1$

이 방정식을 풀면 $d = -1$, $e = -1$, $h = -1$이다. 따라서 Π_2항은

$$\Pi_2 = \rho^{-1} L^{-1} V^{-1} \mu = \frac{\mu}{\rho VL}$$

이다. 이때 Π_2가 무차원수이므로 Π_2^{-1}로 변환해도 무방하다. 역수를 취하면 Π_2항은 레이놀즈수가 된다.

Π_3항, $q=g$와 차원해석   세 번째 Π항은 g를 q로 활용하여 만들 것이다. $\Pi_3 = \rho^i L^j V^k g$. 이 Π_3항이 가진 차원을 계산한다.

$$\Pi_3 = \rho^i L^j V^k g$$
$$= (F^i T^{2i} L^{-4i})(L^j)(L^k T^{-k})(LT^{-2}) = F^i L^{-4i+j+k+1} T^{2i-k-2}$$

Π_3항은 무차원항이므로 위 식에서의 지수들은 모두 0이 되어야 한다. 즉,

F: $0 = i$

L: $0 = -4j + j + k + 1$

T: $0 = 2i - k - 2$

이 방정식을 풀면 $i = 0$, $j = 1$, $k = -2$이다. 따라서 Π_3항은

$$\Pi_3 = \rho^0 L^1 V^{-2} g = gL/V^2$$

이다. 이 항이 프라우드수의 제곱의 역수임을 인지하자. Π_3는 무차원수여서 역수를 취

해도 무방하므로 Π_3 대신 Fr를 사용하자. 따라서 Π항들 간의 미지의 함수 f_1은 다음과 같은 형태를 가진다.

$$f_1\left(\frac{F_D}{\rho L^2 V^2}, \text{Re}, \text{Fr}\right) = 0 \qquad \text{Ans.}$$

위 식에서 $F_D/\rho L^2 V^2$를 풀면 레이놀즈수와 프라우드수로 이루어진 함수 f_2를 얻을 수 있다.

$$\frac{F_D}{\rho L^2 V^2} = f_2\,[\text{Re}, \text{Fr}] \qquad (1)$$

$$F_D = \rho L^2 V^2 f_2\,[\text{Re}, \text{Fr}] \qquad \text{Ans.}$$

예제 8.4

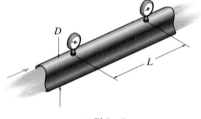

그림 8-5

그림 8-5에서와 같이 파이프 유동에서의 압력 감소 Δp는 마찰손실을 측정할 수 있게 해준다. Δp가 다음 나열되는 변수로부터 어떠한 영향을 받는지 보이시오.

파이프 직경 D, 길이 L, 유체의 밀도 ρ, 점도 μ, 유속 V, 파이프 내부의 평균적인 표면 불균일 정도와 직경의 비율을 의미하는 상대조도계수 ε/D.

풀이

물리적 변수 정의 이 문제의 경우 양함수 $\Delta p = f_1(D, L, \rho, \mu, V, \varepsilon/D)$ 혹은 음함수 $f_2(\Delta p, D, L, \rho, \mu, V, \varepsilon/D) = 0$으로 나타낼 수 있으며 n은 7이다. 표 8-1을 이용하여 이 변수들을 M-L-T 시스템에 적용하면 다음과 같은 결과를 갖는다.

압력 감소, Δp	$ML^{-1}T^{-2}$
직경, D	L
길이, L	L
밀도, ρ	ML^{-3}
점도, μ	$ML^{-1}T^{-1}$
속도, V	LT^{-1}
상대조도계수, ε/D	LL^{-1}

해당 변수들에서 주요 차원 M, L, T가 모두 사용되었으므로 $m = 3$이다. 즉 Π항은 $(7-3)$인 4개가 존재한다.

반복변수 선택 $m = 3$이므로 D, V, ρ를 반복변수로 선택한다. 상대조도계수는 그 자체로 무차원수이므로 선택할 수 없음을 유의하자. 또한 V를 L로도 교체할 수 없다. 시간 T가 고려되지 않게 되기 때문이다.

Π항과 차원해석 Π항들은 반복변수 D, V, ρ와 $q = \Delta p(\Pi_1)$, $q = L(\Pi_2)$, $q = \mu(\Pi_3)$, $q = \varepsilon/D(\Pi_4)$를 조합하여 만든다.

$$\Pi_1 = D^a V^b \rho^c \Delta p$$
$$= (L^a)(L^b T^{-b})(M^c L^{-3c})(M L^{-1} T^{-2}) = M^{c+1} L^{a+b-3c-1} T^{-b-2}$$

M: $0 = c + 1$

L: $0 = a + b - 3c - 1$

T: $0 = -b - 2$

이 방정식을 풀면 $a = 0$, $b = -2$, $c = -1$이다. 따라서 Π_1항은

$$\Pi_1 = D^0 V^{-2} \rho^{-1} \Delta p = \frac{\Delta p}{\rho V^2}$$

이다. 이 항은 오일러수이다.

$$\Pi_2 = D^d V^e \rho^h L$$
$$= (L^d)(L^e T^{-e})(M^h L^{-3h})(L) = M^h L^{d+e-3h+1} T^{-e}$$

M: $0 = h$

L: $0 = d + e - 3h + 1$

T: $0 = -e$

이 방정식을 풀면 $d = -1$, $e = 0$, $h = 0$이다. 따라서 Π_2항은

$$\Pi_2 = D^{-1} V^0 \rho^0 L = \frac{L}{D}$$

이다.

$$\Pi_3 = D^i V^j \rho^k \mu$$
$$= (L^i)(L^j T^{-j})(M^k L^{-3k})(M L^{-1} T^{-1}) = M^{k+1} L^{i+j-3k-1} T^{-j-1}$$

M: $0 = k + 1$

L: $0 = i + j - 3k - 1$

T: $0 = -j - 1$

이 방정식을 풀면 $i = -1$, $j = -1$, $k = -1$이다. 따라서 Π_3항은

$$\Pi_3 = D^{-1} V^{-1} \rho^{-1} \mu = \frac{\mu}{D V \rho}$$

이다. 이 항의 역수는 레이놀즈수이다.

$$\Pi_3^{-1} = \frac{\rho V D}{\mu} = \text{Re}$$

마지막으로,

$$\Pi_4 = D^l V^m \rho^n (\varepsilon / D)$$
$$= (L^l)(L^m T^{-m})(M^n L^{-3n})(L L^{-1}) = M^n L^{l+m-3n+1-1} T^{-m}$$

M: $0 = n$

L: $0 = l + m - 3n + 1 - 1$

T: $0 = -m$

이 방정식을 풀면 $l = 0$, $m = 0$, $n = 0$이다. 따라서 Π_4항은

$$\Pi_4 = D^0 V^0 \rho^0 \left(\frac{\varepsilon}{D} \right) = \frac{\varepsilon}{D}$$

이다. 시작부터 $\Pi_2 = L/D$, $\Pi_4 = \varepsilon/D$임을 정할 수 있었다면 시간을 더 아낄 수 있었을 것이다. 왜냐하면 이들은 길이에서 길이를 나눈 무차원비이기 때문이다. 이러한 관찰을 시작부터 했다면 단 2개의 Π항만 정해도 되었을 것이다.

과정이 어찌되었든 결과적으로 다음과 같은 함수 형태를 얻을 수 있다.

$$f_2 \left(\frac{\Delta p}{\rho V^2}, \text{Re}, \frac{L}{D}, \frac{\varepsilon}{D} \right) = 0$$

이 등식에 $\Delta p / \rho V^2$를 풀면 다음과 같은 형태로 적을 수 있다.

$$\Delta p = \rho V^2 f_3 \left(\text{Re}, \frac{L}{D}, \frac{\varepsilon}{D} \right) \qquad \text{Ans.}$$

10장에서 이 관계식이 파이프 시스템 설계에 어떻게 중요하게 활용되는지를 보일 것이다.

8.4   차원해석과 관련된 몇 가지 일반적 고찰

이전의 4개의 예시는 버킹험의 파이 정리를 이용하여 종속변수들 간의 함수적 관계 및 독립변수의 조합으로 이루어진 무차원항, 즉 Π항을 찾는 과정을 직관적으로 보여준다. 이러한 일련의 과정 속에서의 가장 큰 핵심은 유동에 영향을 미치는 변수들을 알맞게 예상하는 것이다. 이를 올바르게 수행하기 위해서는 유체역학 분야를 연구하고 경험을 쌓으면서 어떠한 법칙과 힘이 유동을 지배하는지를 이해하는 것이 필수적이다. 이런 적절한 변수들은 밀도와 점도 같은 유체의 속성과 시스템을 묘사하는 '특성길이' 외에도 중력, 압력, 유속과 같이 유동에 작용하는 힘을 만들어내는 다양한 변수들을 포함한다.

만약 변수선택이 올바르지 않았다면 차원해석은 엉뚱한 결과를 낳게 될 것이다. 변수선택을 잘못하였는지는 종속변수와 독립변수(Π항들) 간의 그래프를 그려봄으로써 확인할 수 있다. 이러한 경우 그래프의 점들은 산개될 것이기 때문이다. 불충분한 변수선택의 결과로 인지하지 못한 중요한 변수를 찾기 위한 추가적인 관찰이 필요하며 번거로운 차원해석 과정을 또다시 적용해야 한다. 또한 유동과 무관한 변수들을 고르거나 $Q = VA$처럼 변수들끼리 서로 종속된 형태를 고른다면 필요 이상의 Π항을 계산해야 하며 종속변수와 잉여 Π항들 간의 그래프를 그려보면 상수를 그릴 것이므로 제외해야 한다.

결론적으로 유동에 관여하는 중요한 변수들을 올바르게 선택했다면 Π항의 개수를 최소화할 수 있으며 차원해석에 필요한 시간뿐만 아니라 결과 검증을 위한 실험 비용도 줄여가며 최종 결과를 얻을 수 있다. 예를 들어 Π항이 단 하나만 존재한다면 이 항은 상수 C가 되기 때문에 실험과정은 매우 간단해질 것이다. 식 (8-1)이 바로 이 예시에 해당한다. 이 식에서 $\dot{W}/Q\Delta p = C$가 Π항이 되기 때문이다. 특정한 $\dot{W}$, Q, Δp의 조합에 해당하는 C값을 실험적으로 획득하게 되면 이 값이 상수이 므로 추가적인 실험을 통한 정보가 필요하지 않다.

만약 유동 현상을 설명하기 위해 2개의 Π항이 필요한 경우 이 두 항들 간의 함 수적 관계를 찾아야 한다. 예제 8-2의 식 (1)이 이의 예시라 할 수 있다. 이 경우 그 림 8-6a처럼 Π_1과 Π_2 사이의 그래프를 그리게 될 것이고 그래프 위의 점들을 커브 피팅하여 $\Pi_2 = f(\Pi_1)$의 함수 관계를 찾을 수 있다. 이 관계가 한번 정해지면 해당 유동 현상을 묘사하는 모든 데이터에 일관적으로 적용된다. 이 과정은 더 나아가 예제 8-3의 식 (1)처럼 3개의 Π항을 가지는 경우에도 적용이 가능하다. 다만 그림 8-6b처럼 각각의 Π항에 해당하는 일련의 곡선들을 만들어야 하기 때문에 실험이 매우 복잡해질 가능성이 있다. 이러한 문제를 우회하여 접근하기 위해 공학자들은 종종 모델을 만들어 유동 실험을 진행한다. 다음 절에서는 이 과정이 어떻게 이루 어지는지 다룰 것이다.

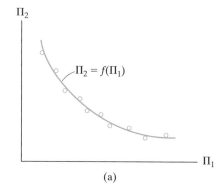
(a)

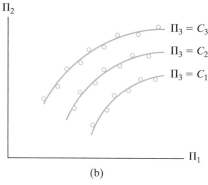
(b)

그림 8-6

> **요점정리**
>
> - 유체역학의 방정식들은 차원의 동차성을 가지는데, 이는 방정식의 각 항들이 반드시 동일한 차원의 조합을 가져야 한다는 것을 뜻한다.
> - 차원해석은 유동을 이해하기 위해 진행하는 실험에서 필요한 정보와 변수들을 줄이 는 역할을 한다. 이는 변수들을 적절히 조합하여 무차원항을 가지게 함으로써 가능하 다. 차원해석을 한다면, 여러 개의 변수들 간의 여러 개의 관계식을 찾는 것이 아닌, 무차원항들 간의 관계를 정리하는 단 하나의 관계식만 찾아도 된다.
> - 유체역학에서 5개의 중요한 무차원 힘의 비가 자주 등장한다. 이 모든 무차원비들은 동적 힘 또는 관성력과 나머지 어떠한 힘으로 구성되어 있다. 이 5개의 '무차원수'는 압력의 오일러수, 점성의 레이놀즈수, 중력의 프라우드수, 표면장력의 웨버수, 그리 고 유체의 압축성에 기인한 탄성력의 마하수이다.
> - 버킹엄의 파이 정리는 차원해석을 위한 체계적인 절차를 제시한다. 이 정리를 통해 얼마나 많은 무차원항(Π항)이 필요한지와 그들 간의 관계식을 정의하는 방법을 미 리 알 수 있게 해준다.

8.5 상사성

모델은 건축물, 자동차, 항공기와 같이 복잡한 구조의 물체 주위를 지나는 3차원 유동을 연구하기 위해 사용된다. 이는 해석직 또는 전산해로 유동을 설명하는 것이 훨씬 어렵기 때문이다. 전산 해석을 통해 유동을 설명하는 것이 가능하다 하더라도 복잡한 유동의 경우 그에 상응하는 실험을 통해 전산 해석 결과를 검증하는 것이 필요하고, 이때의 실험은 주로 모델을 통해 진행된다. 이는 전산 해석에 적용된 가 정들이 복잡한 실세 유동을 반영하지 못할 가능성이 항상 존재하기 때문이다.

모델과 시험환경이 적절한 배율을 가지도록 설정하고 실험하게 된다면 유동이 실제 물체에 어떠한 영향을 줄 것인지를 예측할 수 있다. 예를 들어, 모델을 통해

유동의 복잡성 때문에 도심지에서 바람의 영향은 풍동의 축소된 모델을 통해 실험되곤 한다.

속도 및 유동의 깊이 측정, 펌프나 터빈의 효율 예측 등이 가능하고 더 나아가 이러한 정보를 활용하여 필요시 모델을 변경하여 원형의 설계를 개선할 수 있다.

모델은 원형보다 작은 크기로 설계하는 것이 일반적이나 간혹 그 반대의 경우도 존재한다. 예를 들어 분사되어 나오는 휘발유의 유동을 연구하기 위해 원형보다 큰 모델을 만드는 경우가 있다. 그 밖에도 치과용 드릴을 설계하기 위해 터빈 날개를 지나는 유동을 연구하는 경우도 존재한다. 크기가 어떻든지 간에, 모델의 핵심은 실험에 사용되는 모델이 실제 유동에 영향을 받는 원형의 거동에 부합해야 한다는 것이다. **상사성**(similitude)은 이러한 상황을 확보하는 수학적 과정이다. 이는 모델과 그 주위를 지나는 유동이 원형의 그것과 기하학적으로 상사할 뿐만 아니라 운동학적으로, 그리고 동역학적으로도 상사할 것을 요구한다.

기하학적 상사성   만약 모델과 그 주위의 유동이 원형과 기하학적으로 닮았다면 모델의 길이성분은 원형의 그것과 동일한 비율을 가져야 하며 그 각도들도 모두 같아야 한다. 예시로 그림 8-7a의 원형(제트기)을 생각해보자. 이러한 선형 비율을 **축척비**(scale ratio)라 부르며 이는 모델의 길이 L_m과 원형의 길이 L_p의 비로 나타낸다.

$$\frac{L_m}{L_p}$$

만약 이 비가 모든 길이성분에 동일하게 유지된다면 모델과 원형의 면적비도 L_m^2/L_p^2로 동일할 것이며 체적비 또한 L_m^3/L_p^3가 될 것이다.

기하학적 상사성이 만족된다고 여겨지는 범위는 문제의 종류와 요구되는 해의 정확도에 따라 달라진다. 예를 들어 완전한 기하학적 상사는 표면의 거칠기, 즉 표면조도까지 동일한 축척비를 유지하는 것을 요구한다. 그러나 간혹 이 정도의 상사성을 만족하는 것은 불가능에 가까울 수 있는데, 특히 작은 모델의 경우 표면을 비현실적으로 매끄럽도록 해야 할 수 있기 때문이다. 또한 예상했던 유동 현상을 이끌어 내도록 수직 축척을 과장되게 모델링하는 경우도 있다. 예를 들어 강에 대한 연구를 할 때 강 바닥을 축척에 맞춰 모형화하는 것은 매우 어려워 위와 같은 모델링을 한다.

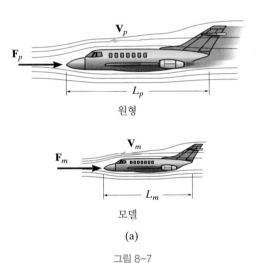

원형

모델

(a)

그림 8-7

운동학적 상사성   운동학적 상사성을 정의하는 데 필요한 주요 차원은 길이와 시간이다. 예를 들어 그림 8-7a의 경우 두 지점 사이의 유동은 같은 방향으로 흘러야 하며 그 속력은 모델과 원형이 동일한 비율을 가져야 한다. 이때 속력은 $V = L/T$로 나타내므로 속력비는 아래와 같이 표현할 수 있다.

$$\frac{V_m}{V_p} = \frac{L_m T_p}{L_p T_m}$$

만약 이 조건을 만족한다면 기하학적 상사성을 위한 길이비 L_m/L_p와 시간비 T_p/T_m도 동일하도록 만족해야 한다. 이에 따라 가속도 또한 T_p^2/T_m^2의 성분을 가지고 있으므로 비례할 것이다. 이러한 운동학적 상사성을 만족하는 전형적인 예는

행성들 간의 상대적 위치를 보여주고 각각의 궤도에 대한 적절한 시간 축척을 가진 태양계 모델이다.

동역학적 상사성 그림 8-7b와 같이 원형과 모델 주위를 흐르는 유동이 비슷한 유선을 그리려면 유체입자에 작용하는 힘이 서로 비례해야 한다. 이전에도 언급하였듯, 관성력 F_i는 물체 주위를 흐르는 유동에 큰 영향을 끼치는 중요한 힘으로 여겨진다. 이러한 이유로 모델과 원형 간의 동역학적 상사를 위해 관성력과 다른 힘들 F 사이의 힘비를 만들어내는 것을 표준으로 삼는다. 이러한 힘의 비를 기호적으로는 아래와 같이 나타낼 수 있다.

$$\frac{F_m}{(F_i)_m} = \frac{F_p}{(F_i)_p}$$

이러한 F에 해당하는 힘은 압력, 점도, 중력, 표면장력, 탄성력 등 다양하다. 이는 즉 완전한 동역학적 상사성을 위해서는 모델과 원형에 해당하는 오일러수, 레이놀즈수, 프라우드수, 웨버수, 마하수와 같은 각종 무차원수가 서로 동일해야 한다는 것이다.

사실 완전한 동역학적 상사를 위해 유동에 영향을 주는 모든 힘들이 비례일 필요는 없다. 이는 한 가지 힘이라도 상사성을 가진다면 나머지 힘들도 자연스럽게 상사성을 가지게 되기 때문이다. 왜 그런지 이해하기 위해, 그림 8-7b에서 원형과 모델 주위에 흐르는 2가지 유체입자가 같은 질량 m을 가지며 물체로부터의 상대적 위치가 동일한 상태에서 이 유체입자들에 작용하는 힘들이 오직 압력(pr), 점성력(v), 중력(g)인 경우를 생각해보자. 뉴턴의 제2법칙에 따라 유체입자에 작용하는 합력은 그 입자의 질량과 가속도를 곱한 ma와 항상 같아야 한다.[*]

뉴턴의 법칙을 $\sum \mathbf{F} - ma = 0$으로 나타내고 유체입자에 작용하는 관성력 $\mathbf{F}_i = -ma$를 고려하면 그림 8-7b에서와 같이 각자의 경우에 힘들의 벡터합은 다각형 모양으로 그려진다.

동역학적 상사를 위해 이 4가지의 힘들은 동일한 축척비를 가져야 한다. 그러나 이 다각형들이 닫힌곡선이므로 사실 세 힘들만 비례성을 만족시키면 네 번째 힘은 자연히 비례성을 가지게 된다. 예를 들어 관성력과 직접적인 연관이 있는 오일러수, 레이놀즈수, 프라우드수 중 두 수가 모델과 원형 간 동일한 비율을 가진다면 나머지 하나도 비례성을 만족하게 되는 것이다. 또한 관성력 $(F_i)_p$와 $(F_i)_m$이 MLT^{-2}라는 차원을 가지고 있으므로 동역학적 상사성을 만족하면 자연스럽게 기하학적 상사성과 운동학적 상사성을 만족하게 된다. 이는 관성력 $\mathbf{F}_i$가 비례하려면 길이 L과 시간 T도 비례해야 하기 때문이다.

사실 모델과 원형 간의 완전한 상사성을 만족하기란 여간 어려운 일이 아니다. 모델 제작과 시험 과정에서 어느 정도의 오차가 존재하기 때문이다. 다만 충분한 경험으로 축적된 판단력을 통해 단 한 가지의 지배적인 힘에 대해서만 상사성을

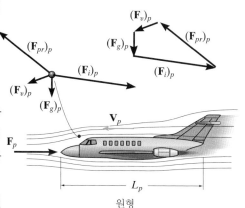

원형

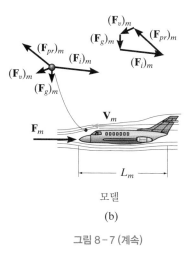

모델

(b)

그림 8-7 (계속)

---
[*] 입자들은 그 속도의 크기가 변동하므로 가속도를 가지며, 입자들이 움직이는 유선을 따라 속도의 방향 또한 변할 수 있다.

고려한다면 그 외의 힘들은 무시해도 무방할 수 있다. 이후에 언급될 3가지 경우가 그런 예이며, 이러한 예시들을 통해 실험에서 어떻게 상사성을 얻어내는지 알아보는 시간을 갖도록 하자.

파이프 내의 정상유동 파이프 유동을 연구하기 위해 그림 8-8과 같이 모델을 이용한다면 관성력과 점성력이 이 유동에서 중요한 작용을 한다는 것을 알게 될 것이다.[*] 그러므로 파이프 유동의 경우 동역학적 상사성을 만족하기 위해서는 모델과 원형의 레이놀즈수가 같아야 한다. 이 비를 위해서 파이프의 직경 D가 '특성길이' L로 쓰일 것이다.

$$\left(\frac{\rho V D}{\mu}\right)_m = \left(\frac{\rho V D}{\mu}\right)_p$$

종종 동일한 유체가 모델과 원형에 모두 사용되는 경우가 있는데, 이때 유체의 물성이 동일하므로 다음과 같이 간편화할 수 있다.

$$V_m D_m = V_p D_p$$

따라서 V_p, D_p, V_m의 값들이 주어졌을 때 모델의 유동이 원형과 동일하게 거동하기 위해서는 $D_m = (VD)_p / V_m$이 되어야 한다.

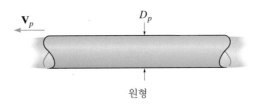

원형

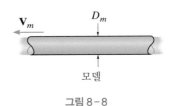

모델

그림 8-8

개수로 유동 그림 8-9와 같은 개수로 유동에서는 표면장력 및 압축성에 의한 힘들의 영향은 매우 미미하므로 무시할 수 있으며, 또한 개수로의 길이가 짧다면 마찰손실도 매우 작아서 점성력도 무시할 수 있다. 결과적으로 개수로 유동의 경우 관성력과 중력이 지배적인 영향을 끼치므로, 모델과 원형 사이의 상사성을 만족시키기 위해서 프라우드수 $\mathrm{Fr} = V/\sqrt{gL}$을 사용할 수 있다. 이때 유체의 깊이 h가 '특성길이' L로 사용되고 중력가속도는 동일하므로 다음과 같은 관계식을 구할 수 있다.

풍력터빈들은 종종 바다 한가운데에 위치한 경우도 있는데, 이때 기둥에 작용하는 파도 하중은 매우 큰 영향을 준다. 상사성을 이용하여 파도 수로 내에서 그 효과를 연구함으로써 이러한 지지물들을 적절하게 설계할 수 있다.

---

[*] 압력 또한 중요하나, 점성 대 관성력의 비가 같다는 것이 주어진 상황에서는 압력 대 관성력의 비의 비례성도 자동으로 만족된다.

$$\frac{V_m}{\sqrt{h_m}} = \frac{V_p}{\sqrt{h_p}}$$

개수로 유동의 모델링 외에도, 프라우드수는 수문이나 여수로와 같은 수리구조물에 대한 유동의 모델링에도 사용된다. 그러나 이러한 방식의 축척은 강에는 적용하기 어려운데, 모델의 깊이가 너무 얕아져서 점성과 표면장력을 무시할 수 없게 된다. 그래도 이전에 언급했듯 대부분의 경우 이러한 힘들은 무시할 수 있어 유동의 대략적인 모델링만을 실현할 수 있다.

원형

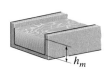

모델

그림 8-9

선박 이전의 두 경우에서는 상사성을 만족시키기 위해 한 가지 무차원수에 대한 등식만 성립하면 되었다. 그러나 그림 8-10과 같은 선박의 경우 항해하는 선체에 작용하는 항력은 선체 표면에 작용하는 마찰력(점성력)과 물이 선체와 맞대어 위로 뜨며 만들어지는 파도(중력) 모두의 영향을 받는다. 따라서 선박에 작용하는 총 항력은 예제 8.3처럼 레이놀즈수와 프라우드수의 함수가 될 것이다. 모델과 원형 간의 상사성을 만족시키기 위해서는 아래와 같은 조건이 필요하다.

$$\left(\frac{\rho V L}{\mu}\right)_m = \left(\frac{\rho V L}{\mu}\right)_p$$

$$\left(\frac{V}{\sqrt{gL}}\right)_m = \left(\frac{V}{\sqrt{gL}}\right)_p \tag{8-7}$$

이때 동점성계수는 $\nu = \mu/\rho$이고 중력가속도는 동일하므로 위의 두 등식은 다음과 같이 표현된다.

$$\frac{V_p}{V_m} = \frac{\nu_p L_m}{\nu_m L_p}$$

$$\frac{V_p}{V_m} = \left(\frac{L_p}{L_m}\right)^{1/2}$$

위 두 식에서 속도를 소거하면 다음과 같아진다.

$$\frac{\nu_p}{\nu_m} = \left(\frac{L_p}{L_m}\right)^{3/2} \tag{8-8}$$

선박의 경우 모델은 원형보다 훨씬 작기 때문에 L_p/L_m은 매우 커질 것이다. 따라서 식 (8-8)의 상사성을 만족시키기 위해서는 물보다 동점성계수가 훨씬 작은 유체를 사용하여 모델을 시험해야 하지만 이는 매우 비현실적인 방법이다.

이 난제를 해결하기 위해 Froude가 제시한 방법을 이용해보자. 예제 8.3에서 차원해석을 통해 변수들을 모두 활용하여 총 항력 F_D와 레이놀즈수 및 프라우드수 사이에 다음과 같은 함수적 관계를 가짐을 보였다.

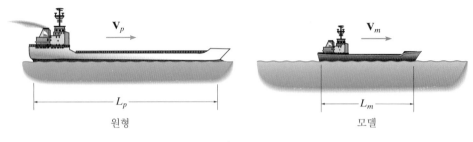

그림 8-10

$$F_D = \rho L^2 V^2 f[\,\mathrm{Re}, \mathrm{Fr}\,]$$

Froude는 이를 깨닫고 선박에 작용하는 총 항력은 2가지 성분, 레이놀즈수에 기반한 마찰항력과 프라우드수에 기반한 파도에 의한 항력의 합이라고 가정했다. 즉, 모델과 원형 간의 함수적 의존성은 두 별개의 미지 함수의 합과 같아지는 것이다.

$$F_D = \rho L^2 V^2 f_1(\mathrm{Re}) + \rho L^2 V^2 f_2(\mathrm{Fr}) \qquad (8\text{-}9)$$

파도 작용(중력)의 효과는 예측하는 것이 불가능할 정도로 어렵기 때문에 모델은 프라우드 축척에 근거하여 만들어진다. 즉 식 (8-4)를 따라 모델의 길이와 주변 유동의 속도를 사용해서 선박의 프라우드수와 같도록 한다. 모델의 **총 항력 F_D**는 특정 유속에서 모델을 끄는 데 필요한 힘을 찾는 방법으로 측정할 수 있다. 이 값은 물론 모델에 작용하는 파도에 의한 힘과 점성력을 모두 대변한다.

이때 점성력을 측정하기 위해서는 동일한 면적과 재질로 이루어진 얇은 판을 물 속에서 유속과 동일한 속도로 움직이도록 하는 단독적인 실험이 필요하다. 파도에 의한 힘은 총 항력에서 측정된 점성력을 빼는 방식으로 구한다. 모델에 작용하는 점성력과 파도에 의한 힘을 알게 된다면 선박에 작용하는 총 항력도 구할 수 있다. 이를 위해서 식 (8-9)로부터 원형과 모델에 대한 **중력** 힘들은 다음을 만족시켜야 한다.

$$\frac{(F_p)_g}{(F_m)_g} = \frac{\rho_p L_p^2 V_p^2 f_2(\mathrm{Fr})}{\rho_m L_m^2 V_m^2 f_2(\mathrm{Fr})}$$

여기서 미지의 함수 $f_2(\mathrm{Fr})$는 모델과 원형에서 서로 같으므로 소거되어 아래와 같이 된다.

$$(F_p)_g = (F_m)_g \left(\frac{\rho_p L_p^2 V_p^2}{\rho_m L_m^2 V_m^2} \right) \qquad (\text{중력})$$

마지막으로 식 (8-9)에서 선박에 작용하는 점성력 $\rho L^2 V^2 f_1(\mathrm{Re})$는 11장에서 다룰 것이지만, 항력계수를 이용한 비슷한 축척법으로 구할 수 있다. 이 2가지 힘들을 계산하면 그들의 합은 선박에 작용하는 총 항력이 되는 것이다.

복습 차원해석을 수행하는 것은 물론이고, 실험을 하기 위해서는 유체역학에 대한 충분한 배경지식을 바탕으로 유동을 지배하는 주요 힘들을 아는 것이 중요하다. 다음은 어떠한 유동인 경우에 어느 힘이 중요하게 작용하는지, 그리고 대응되는 어떤 상사성들을 만족해야 하는지 보여주는 예들이다.

- 관성력, 압력, 점성력은 자동차 또는 저속으로 나는 비행기 주변의 유동, 파이프 혹은 덕트 내 유동에 지배적이며, 레이놀즈수 상사성을 만족해야 한다.
- 관성력, 압력, 중력은 개수로, 댐, 여수로 유동이나 구조물에 작용하는 파도 작용에서 우세하며, 프라우드수 상사성을 만족해야 한다.
- 관성력, 압력, 표면장력은 액막, 기포의 형성, 모세관 유동에서 우세하며, 웨버수 상사성을 만족해야 한다.
- 관성력, 압력, 압축력은 고속 비행기 주변 유동 또는 제트나 로켓 노즐에서 분사되는 고속 유동에서 지배적이며, 마하수 상사성을 만족해야 한다.

이러한 모든 예에서 압력(오일러 수)은 고려되지 않아도 된다는 점을 기억하자. 이는 뉴턴의 제2법칙에 의해 자동으로 만족될 것이기 때문이다.

요점정리

- 모델을 만들거나 시험할 때 모델과 원형 사이의 상사성을 만족하는 것이 중요하다. 완전한 상사성은 모델과 원형이 기하학적으로 상사하고, 유동이 운동학적으로, 그리고 동역학적으로 상사할 때 생긴다.
- 기하학적 상사는 모델과 원형의 각각의 길이성분이 같은 비율로 비례하며 각도 또한 동일한 것을 말한다. 운동학적 상사는 모델과 원형 간 속도와 가속도가 서로 비례할 때 만족한다. 동역학적 상사는 모델과 원형 물체 주위를 흐르는 유동의 유체입자에 작용하는 힘들이 특정한 무차원비, 즉 오일러수, 레이놀즈수, 프라우드수, 웨버수, 마하수 등으로 유지될 때 성립된다.
- 때때로 상사성을 만족시키기 어려운 경우가 있다. 이러한 경우 엔지니어들은 유동에 지배적인 변수만을 고려하여 합리적인 결과와 함께 시간과 노력을 아낄 수 있다.
- 동역학적 상사를 만족하기 위한 필요조건은 모델과 원형에 작용하는 힘들의 비 중 하나를 제외한 나머지들이 동일한 것이다. 이는 뉴턴의 제2법칙에 의해 나머지 하나의 힘비(이는 주로 오일러수이다)는 자동으로 같아지기 때문이다.
- 원형의 성능을 합리적으로 예측하기 위하여 모델을 시험하기 위해서는 유동을 정의할 때 어떠한 힘이 크게 작용하는지를 정하는 뛰어난 판단력과 경험을 필요로 한다.

예제 8.5

그림 8-11과 같이 파이프 이음부를 흐르는 유동을 연구하기 위해 모델을 사용해보자. 원형의 파이프 직경은 100 mm이며 모델의 파이프 직경은 20 mm를 사용할 것이다. 모델의 재료 및 재질은 원형과 동일하며 같은 종류의 유체가 흐른다. 만약 원형의 파이프에서의 유속이 1.5 m/s일 것으로 예상된다면 모델에 흐르는 유속을 구하시오.

1.5 m/s

그림 8-11

풀이

파이프 유동을 지배하는 힘은 관성력과 점성력이므로 레이놀즈수 상사성이 만족되어야 하며, 이를 통해 유속과 파이프 직경 사이의 관계를 얻을 수 있다.

$$\left(\frac{\rho V D}{\mu}\right)_m = \left(\frac{\rho V D}{\mu}\right)_p \tag{1}$$

이때 모델과 원형에 서로 같은 유체가 흐르므로,

$$V_m D_m = V_p D_p$$

$$V_m = \frac{V_p D_p}{D_m} = \frac{(1.5\ \text{m/s})(100\ \text{mm})}{20\ \text{mm}} = 7.50\ \text{m/s} \qquad \textit{Ans.}$$

이전에 언급하였듯이 레이놀즈수 상사성은 축척 인자로 인하여 모델에 대해서 더 높은 유속을 가질 것을 요구한다. 식 (1)의 유속을 줄이기 위해서는 모델에 흐르는 유체가 더 높은 밀도 혹은 더 낮은 점도를 가져야 할 것이다.

예제 8.6

그림 8-12와 같이 모델 자동차는 원형의 1/4 크기로 제작되며 20°C의 수동 내에서 시험을 할 것이다. 원형 자동차가 동일한 온도 조건에서 30 m/s로 움직일 때와 동일한 조건을 가지도록 하는 물의 속도를 구하시오.

그림 8-12

풀이

이 문제에서는 점성력이 지배적인 작용을 하므로 동역학적 상사를 위해 레이놀즈수가 서로 같아야 한다. $\nu = \mu/\rho$임을 이용해서 유속 간의 관계를 아래와 같이 나타낼 수 있다.

$$\left(\frac{VL}{\nu}\right)_m = \left(\frac{VL}{\nu}\right)_p$$

$$V_m = V_p \left(\frac{\nu_m}{\nu_p}\right)\left(\frac{L_p}{L_m}\right)$$

부록 A에서 20°C일 때 공기와 물의 동점성계수를 찾을 수 있다.

$$V_m = (30 \text{ m/s})\left[\frac{1.00\left(10^{-6}\right) \text{ m}^2/\text{s}}{15.1\left(10^{-6}\right) \text{ m}^2/\text{s}}\right]\left(\frac{4}{1}\right)$$

$$= 7.95 \text{ m/s} \qquad\qquad\qquad Ans.$$

예제 8.7

그림 8-13의 여수로는 그 꼭대기를 넘어 흐르는 평균 유량이 $Q = 3000 \text{ m}^3/s$일 것으로 예상된다. 이 원형의 1/25 크기로 모델을 만들 때 유량을 구하시오.

그림 8-13

풀이

이 문제에서는 물의 하중이 유동에서 가장 중요한 요소이며 프라우드수 상사성을 만족해야 한다. 이 조건이 유속과 여수로의 크기 사이의 관계를 보여줄 것이다.

$$\left(\frac{V}{\sqrt{gL}}\right)_m = \left(\frac{V}{\sqrt{gL}}\right)_p$$

또는

$$\frac{V_m}{V_p} = \left(\frac{L_m}{L_p}\right)^{1/2} = \left(\frac{1}{25}\right)^{1/2} \qquad\qquad (1)$$

$Q = VA$이므로 이 속도비를 유량비로 나타낼 수 있다. 여기서 A는 수면에서 여수로의 꼭대기까지의 깊이 L_h와 여수로의 너비 L_w의 곱이다.

$$\frac{V_m}{V_p} = \frac{Q_m A_p}{Q_p A_m} = \frac{Q_m (L_h)_p (L_w)_p}{Q_p (L_h)_m (L_w)_m} = \frac{Q_m}{Q_p}\left(\frac{25}{1}\right)^2$$

이 결과를 식 (1)에 대입하면,

$$\frac{Q_m}{Q_p} = \left(\frac{1}{25}\right)^{5/2}$$

따라서

$$Q_m = Q_p\left(\frac{1}{25}\right)^{5/2}$$

$$= (3000 \text{ m}^3/\text{s})\left(\frac{1}{25}\right)^{5/2} = 0.960 \text{ m}^3/\text{s} \qquad Ans.$$

예제 8.8

그림 8-14의 펌프는 100 mm 직경의 파이프에 3 m/s의 유속으로 물이 흐르게 만든다. 이때 측정된 동력손실이 3 kW라면, 유사한 조건의 75 mm 직경 파이프에서의 동력손실을 구하시오.

풀이

동력은 힘과 속도의 곱 $\dot{W} = FV$로 정의된다. 이때 펌프는 물에 압력을 가해 파이프 안을 흐르게 만들며, $F = \Delta pA$이므로

$$\dot{W} = \Delta p(\pi D^2/4)V$$

또는

$$\frac{\dot{W}_1}{\dot{W}_2} = \left(\frac{\Delta p_1}{\Delta p_2}\right)\left(\frac{D_1}{D_2}\right)^2\left(\frac{V_1}{V_2}\right) \qquad (1)$$

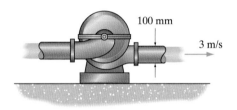

그림 8-14

압력과 유속 간의 관계는 오일러수 상사성을 통해 구할 수 있고, 유속과 길이성분 간의 관계는 레이놀즈수 상사성으로 찾을 수 있다. 동일한 유체(물)이며 파이프 직경 D를 '특성길이' L로 사용하면 다음과 같은 결과를 얻는다.

$$\left(\frac{\rho VD}{\mu}\right)_1 = \left(\frac{\rho VD}{\mu}\right)_2; \quad V_2 = V_1\left(\frac{D_1}{D_2}\right) = (3 \text{ m/s})\left(\frac{100 \text{ mm}}{75 \text{ mm}}\right) = 4 \text{ m/s}$$

$$\left(\frac{\Delta p}{\rho V^2}\right)_1 = \left(\frac{\Delta p}{\rho V^2}\right)_2; \quad \Delta p_2 = \left(\frac{V_2}{V_1}\right)^2 \Delta p_1 = \left(\frac{4 \text{ m/s}}{3 \text{ m/s}}\right)^2 \Delta p_1 = 1.7778 \Delta p_1$$

이 결과를 식 (1)에 대입하면,

$$\frac{3 \text{ kW}}{\dot{W}_2} = \left(\frac{\Delta p_1}{1.7778 \Delta p_1}\right)\left(\frac{100 \text{ mm}}{75 \text{ mm}}\right)^2\left(\frac{3 \text{ m/s}}{4 \text{ m/s}}\right)$$

$$\dot{W}_2 = 4.00 \text{ kW} \qquad Ans.$$

참고문헌

1. E. Buckingham, "Model experiments and the form of empirical equations," *Trans ASME*, Vol. 37, 1915, pp. 263-296.

2. S. J. Kline, *Similitude and Approximation Theory*, McGraw-Hill, New York, NY, 1965.

3. P. Bridgman, *Dimensional Analysis*, Yale University Press, New Haven, CT, 1922.

4. E. Buckingham, "On physically similar systems: illustrations of the use of dimensional equations," *Physical Reviews*, Vol. 4, No. 4, 1914, pp. 345-376.

5. T. Szirtes and P. Roza, *Applied Dimensional Analysis and Modeling*, McGraw-Hill, New York, NY, 1997.

6. R. Ettema, *Hydraulic Modeling: Concepts and Practice*, ASCE, Reston, VA, 2000.

연습문제

8.1–8.4절

E8-1   다음 항들의 F–L–T 차원을 구하시오.
(a) Qp/L, (b) $\rho V^2/\mu$, (c) E_{Ψ}/p, (d) γQL

E8-2   다음 항들의 M–L–T 차원을 구하시오.
(a) Qp/L, (b) $\rho V^2/\mu$, (c) E_{Ψ}/p, (d) γQL

E8-3   각각의 비가 무차원수인지를 알아보시오.
(a) $\mu V/L^3\rho$, (b) $\mu/\rho VL$, (c) $\sqrt{gL}/V$, (d) $\sigma/\rho L$

*E8-4   다음의 세 변수들을 무차원비로 구성해보시오.
(a) L, t, V, (b) σ, E_{Ψ}, L, (c) V, g, L

E8-5   고도 3 km에서 1500 km/h로 날고 있는 제트기의 마하수를 구하시오. 이때 음속은 $c = \sqrt{kRT}$이며 공기의 비열비는 $k = 1.40$ 이다.

E8-6 L, μ, ρ, V 변수들을 조합하여 무차원비의 형태로 나타내시오.

E8-7   차원해석을 통해 비압축성 유체의 정수압 p가 유체의 깊이 h와 비중량 γ로 구성됨을 보이시오.

*E8-8   공기의 음속 V는 점도 μ, 밀도 ρ, 압력 p에 영향을 받을 것으로 여겨진다. 이 변수들을 조합하여 V와의 관계를 표현하시오.

E8-9   웨버수가 무차원비임을 M–L–T 차원과 F–L–T 차원을 이용하여 증명하시오. 그리고 특성길이가 1.5 m이며 25°C의 물이 4 m/s로 흐를 때의 웨버수를 구하시오. 이때 $\sigma_w = 0.0726$ N/m이다.

E8-10   탱크의 구멍을 통해 새어 나오는 물줄기의 속도 V는 유체의 밀도 ρ, 수면으로부터의 깊이 h, 중력가속도 g의 영향을 받을 것으로 여겨진다. 이때 V와 나머지 변수들 간의 관계를 나타내시오.

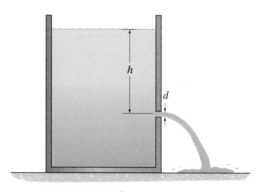

그림 E8-10

E8-11   강둑 A 위로 넘쳐흐르는 유량 Q는 둑의 너비 b, 수두 H, 중력가속도 g의 영향을 받는다. 만약 Q가 b에 선형적으로 비례한다면 Q와 나머지 변수들 간의 관계를 구하시오. 만약 H가 2배가 된다면 Q는 어떻게 되겠는가?

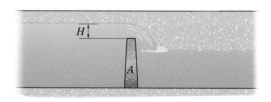

그림 E8-11

*E8-12 차원해석을 통해 뉴턴의 점성법칙을 유도하시오. 유체의 전단응력 τ는 유체의 점도 μ, 각변형 du/dy로 구성된 함수이다. 힌트: 미지의 함수 $f(\tau, \mu, du, dy)$를 이용하라.

E8-13 초 단위로 측정되는 부표의 진동 주기 τ는 그 단면적 A, 질량 m, 그리고 물의 비중량 γ에 영향을 받는다. τ와 이들 변수들 간의 관계를 구하시오.

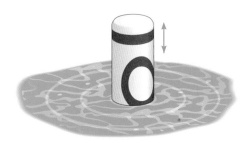

그림 E8-12/13

E8-14 터빈의 배출량 Q는 생성 토크 T, 각속도 ω, 터빈의 직경 D, 유체의 밀도 ρ로 구성된 함수이다. 이 함수 관계를 구하시오. 만약 Q가 T에 선형적으로 비례한다면 터빈의 직경 D의 변화에는 어떤 영향을 받는가? 이때 $q=Q$, $q=T$로 정하라.

E8-15 얇은 판 위로 흐르는 유체의 경계층 두께 δ는 판의 시작점으로부터의 거리 x, 자유흐름 속도 U, 유체의 밀도 ρ와 점도 μ의 영향을 받는다. δ와 나머지 변수들 간의 관계를 구하시오. $q=\delta$, $q=\mu$를 사용하라.

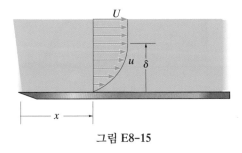

그림 E8-15

*E8-16 변수 p, g, D, ρ를 적절히 조합하여 무차원비를 만드시오.

E8-17 파이프 유동의 평균 유속 V는 파이프 직경 D, 단위 길이당 압력 변화 $\Delta p/\Delta x$, 물의 점도 μ로 구성된 함수이다. V와 나머지 변수들 간의 관계를 구하시오.

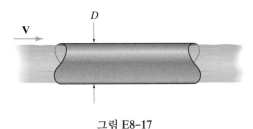

그림 E8-17

E8-18 짧은 시간 동안 대동맥 내에서 일어나는 압력 변화를 $\Delta p = c_a(\mu V/2R)^{1/2}$로 모델링할 수 있다. 이때 μ는 혈액의 점도이며, V는 혈류속도, R는 대동맥의 반경이다. c_a의 M-L-T 차원을 구하시오.

그림 E8-18

E8-19 부력 F는 잠긴 체적 V와 유체의 비중량 γ의 함수이다. 이때 이 함수 관계를 구하시오.

*E8-20 그림의 부표는 일정 주기 τ초마다 위아래로 움직인다. 이 거동은 부표의 질량 m, 단면적 A, 중력가속도 g, 물의 밀도 ρ에 영향을 받는다. 이때 τ와 나머지 변수들 간의 관계를 구하시오.

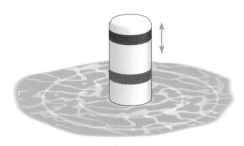

그림 E8-20

E8-21 액체 표면파의 한 파장이 전파되는 데 소요되는 시간 τ는 파장 λ, 액체의 깊이 h, 중력가속도 g, 액체의 표면장력 σ의 함수일 것으로 예상된다. 이때 $q=\tau$와 $q=h$를 사용하여 두 Π항 h/λ와 $\tau\sqrt{g/\lambda}$항을 얻는 과정을 보이시오. 이 액체가 15°C의 물이라고 가정하였을 때 수심 $h=150$ mm에서의 실험 결과를 아래 표에 정리하였다. 이 자료를 바탕으로 두 Π항 간의 그래프를 그리시오.

τ (s)	λ (mm)
0.05	25
0.10	50
0.15	75
0.20	100
0.25	125
0.30	150

그림 E8-21

E8-22 파이프를 통과하는 기체의 유량 Q는 기체의 밀도 ρ, 중력가속도 g, 파이프의 직경 D의 함수이다. Q와 나머지 변수들 간의 관계를 구하시오.

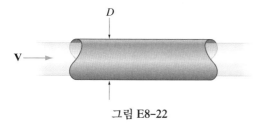

그림 E8-22

E8-23 비눗방울 내부의 압력 p는 비눗방울의 반경 r과 액막의 표면장력 σ 간의 함수이다. p와 나머지 변수들 간의 관계를 구하시오. 이 결과를 1.10절에서 얻었던 결과와 비교해보시오.

그림 E8-23

*E8-24 피펫에 채워진 액체가 다 빠지는 데 걸리는 시간 t는 유체의 밀도 ρ와 점도 μ, 노즐의 직경 d, 중력가속도 g의 함수일 것으로 예상된다. $q=t$와 $q=\mu$를 사용하여 두 Π항 $(\sqrt{g/d})t$와 $\mu/(\rho d^{3/2}g^{1/2})$을 얻어내는 과정을 나타내시오. 이 액체가 15℃의 물일 때라 가정하고 실험을 한 결과가 아래 표에 정리되어 있다. 이 자료를 바탕으로 두 Π항 간의 그래프를 그리시오.

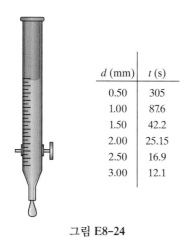

d (mm)	t (s)
0.50	305
1.00	87.6
1.50	42.2
2.00	25.15
2.50	16.9
3.00	12.1

그림 E8-24

E8-25 표면파의 전파속도 c는 파장 λ, 밀도 ρ, 표면장력 σ의 영향을 받는다. c와 나머지 변수들 간의 관계를 구하시오. 만약 액체의 밀도가 1.5배로 증가한다면 c는 얼마만큼 감소할 것인가?

E8-26 수중 폭발이 일어날 경우 임의의 순간의 충격파의 압력 p는 폭약의 질량 m, 폭발로 형성된 초기 압력 p_0, 충격파의 반경 r, 물의 밀도 ρ, 체적팽창계수 E_V의 함수이다. $q=p$, $q=\rho$, $q=E_V$를 활용하여 p와 나머지 변수들 간의 관계를 구하시오.

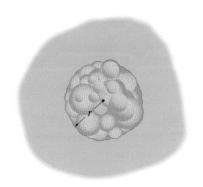

그림 E8-26

E8-27 다공성 종이 위에 만들어진 기름 얼룩의 직경 D는 분출 노즐의 직경 d, 노즐의 높이 h, 기름의 속도 V, 밀도 ρ, 점도 μ, 표면장력 σ의 영향을 받는다. 이 과정을 정의하는 무차원비를 구하시오. $q=\mu$, σ, D, d를 사용하라.

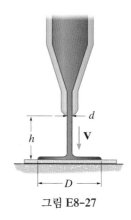

그림 E8-27

*E8-28 강둑을 넘쳐흐르는 물의 높이 H는 배출량 Q, 강둑의 너비 b와 높이 h, 중력가속도 g, 유체의 밀도 ρ, 점도 μ, 표면장력 σ의 영향을 받는다. H와 나머지 변수들 간의 관계를 구하시오. $q=H$, b, Q를 사용하라.

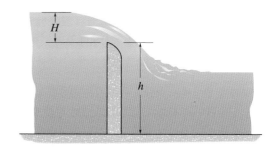

그림 E8-28

E8-29 자동차에 작용하는 항력 F_D는 속도 V, 바람방향 정사영 면적 A, 공기의 밀도 ρ와 점도 μ의 함수이다. F_D와 나머지 변수들 간의 관계를 구하시오. $q = F_D$와 $q = \mu$를 사용하라.

그림 E8-29

E8-30 피펫에 채워진 액체가 빠질 때 출구에서의 유속 V는 액체의 비중량 γ, 점도 μ, 노즐의 직경 d, 채워진 액체의 높이 h의 함수이다. V와 나머지 변수들 간의 관계를 구하시오. $q = h$와 $q = \mu$를 사용하라.

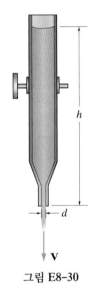

그림 E8-30

E8-31 펌프의 배출량 Q는 임펠러의 직경 D, 각속도 ω, 펌프의 동력 $\dot{W}$, 유체의 밀도 ρ와 점도 μ의 함수이다. Q와 나머지 변수들 간의 관계를 구하시오. $q = Q$, ρ, μ를 사용하라.

*E8-32 펌프의 동력 $\dot{W}$는 배출량 Q, 입구와 출구 사이의 압력 변화 Δp, 유체의 밀도 ρ의 함수이다. $\dot{W}$와 나머지 변수들 간의 관계를 구하시오.

E8-33 표면파의 파장 λ는 파동의 주기 τ, 물의 깊이 h, 중력가속도 g, 물의 표면장력 σ의 함수일 것으로 예상된다. λ와 나머지 변수들 간의 관계를 구하시오. $q = \lambda$와 $q = \tau$를 사용하라.

E8-34 선풍기가 밀어내는 바람의 유량 Q는 선풍기 날의 직경 D, 각속도 ω, 공기의 밀도 ρ, 선풍기 날 전후의 압력 변화 Δp의 함수이다. Q와 나머지 변수들 간의 관계를 구하시오. $q = \Delta p$와 $q = Q$를 사용하라.

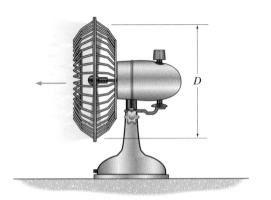

그림 E8-34

E8-35 튜브의 벽을 따라 유체가 올라오는 모세관 상승 h는 튜브의 직경 d, 표면장력 σ, 유체의 밀도 ρ, 중력가속도 g의 함수이다. $q = h$와 $q = \sigma$를 사용하여 두 Π항 h/d와 $\sigma/(\rho d^2 g)$를 구하는 과정을 서술하시오. 이 유체를 20°C의 물이라 가정하고 $\sigma = 0.0736$ N/m라 하였을 때의 실험 결과가 아래 표에 정리되어 있다. 이 자료를 바탕으로 두 Π항 간의 그래프를 그리시오.

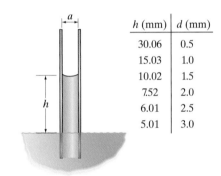

h (mm)	d (mm)
30.06	0.5
15.03	1.0
10.02	1.5
7.52	2.0
6.01	2.5
5.01	3.0

그림 E8-35

*E8-36 파이프 유동의 수두손실 h_L은 파이프의 직경 D, 유속 V, 유체의 밀도 ρ와 점도 μ의 함수이다. h_L과 나머지 변수들 간의 관계를 구하시오. $q = h_L$과 $q = \mu$를 사용하라.

E8-37 바람에 정면으로 맞서는 정사각형 평판에 작용하는 항력 F_D는 평판의 면적 A, 풍속 V, 공기의 밀도 ρ와 점도 μ의 영향을 받는다. F_D와 나머지 변수들 간의 관계를 구하시오. $q = F_D$와 $q = \mu$를 사용하라.

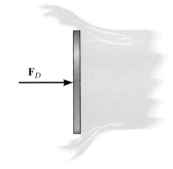

그림 E8-37

E8-38 터빈에 의해 생성되는 토크 T는 흡입부에서의 물의 깊이 h, 물의 밀도 ρ, 배출량 Q, 터빈의 각속도 ω의 영향을 받는다. T와 나머지 변수들 간의 관계를 구하시오. $q=T$와 $q=h$를 사용하라.

E8-39 배의 프로펠러에 의한 추력 T는 프로펠러의 직경 D, 각속도 ω, 배의 속도 V, 물의 밀도 ρ와 점도 μ의 영향을 받는다. T와 나머지 변수들 간의 관계를 구하시오. $q=\mu$, V, T를 사용하라.

그림 E8-39

***E8-40** 파이프 유동의 압력 변화 Δp는 유체의 밀도 ρ와 점도 μ, 파이프의 직경 D, 유속 V의 함수이다. Δp와 나머지 변수들 간의 관계를 구하시오. $q=\Delta p$와 $q=\mu$를 사용하라.

그림 E8-40

8.5절

E8-41 30 m 길이의 선박이 20 m/s로 항해하도록 설계되었을 때와 동일한 프라우드수를 가지는 0.75 m 길이의 모델 선박이 움직여야 하는 속도를 구하시오.

E8-42 구조물 주위로 흐르는 물은 5°C에서 1.2 m/s의 속도로 흐른다. 이 유동을 25°C의 물에서 1/20 크기의 모델로 구현하고자 한다면 필요한 유속을 구하시오.

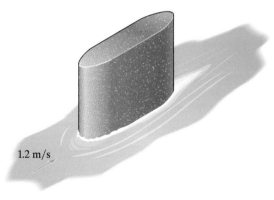

그림 E8-42

E8-43 잠수함에 작용하는 항력을 알고자 모델을 이용하기로 한다. 모델의 축척비는 1/100이며 시험은 8 m/s로 흐르는 25°C의 물에서 진행된다. 모델에 가해지는 항력이 20 N이라면 동일한 조건에서 운항하는 잠수함에 작용하는 항력을 구하시오. 이때 항력계수 $C_D=2F_D/\rho V^2 L^2$은 모델과 원형에 동일하게 적용된다.

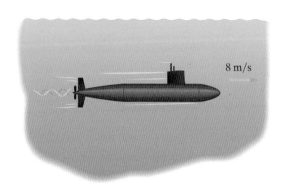

그림 E8-43

***E8-44** 직경 200 mm 임펠러가 포함된 수중펌프는 3 kW의 동력으로 0.25 m³/s의 유량을 내보낸다. 동역학적 상사성을 만족시키기 위한 150 mm 임펠러의 수중모터의 동력과 유량은 어떻게 되는가?

E8-45 100 m 길이의 선박에 작용하는 파도에 의한 항력을 알아보고자 4 m 길이의 선박 모델을 이용하고자 한다. 선박이 60 km/h로 운항하도록 설계되었을 때 모델의 속도는 얼마가 되어야 하는가?

E8-46 원형의 1/15 크기인 모델 비행기를 풍동에서 시험하고자 한다. 비행기가 고도 5 km에서 800 km/h로 비행하도록 설계되었을 때와 동일한 레이놀즈수와 마하수를 가지도록 하는 풍동의 공기밀도를 구하시오. 모델과 원형 모두 동일한 온도조건이라 가정하며 이때의 음속은 340 m/s이다.

E8-47 파이프에 흐르는 물과 원유의 유속은 각각 2 m/s와 8 m/s이다. 이 두 유동의 동역학적으로 상사하도록 하는 원유 파이프의 직경을 구하시오. 두 경우의 온도는 모두 20°C이다.

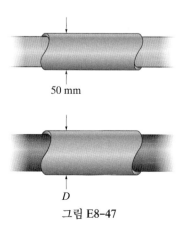

그림 E8-47

*E8-48 450 km/h의 풍동에서 모델 비행기를 시험하여 이에 작용하는 항력을 알아보고자 한다. 동일한 모델을 가지고 수중 채널에서 시험을 한다고 하였을 때, 풍동시험과 같은 결과를 가지도록 하는 데 필요한 물의 유속을 구하시오. 두 경우 모두 온도는 20℃이다.

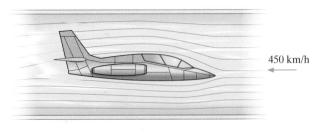

그림 E8-48

E8-49 제트기는 3 km 상공에서 마하 2의 속도로 비행할 수 있다. 1 km 상공에서 동일한 마하수를 가지도록 하는 비행속도는 얼마인가? 식 (13-19), $c = \sqrt{kRT}$를 이용하라. 이때 공기의 k는 1.40이다.

그림 E8-49

E8-50 비행기의 항력계수는 $C_D = 2F_D/\rho V^2 L^2$로 정의되어 있다. 만약 해수면에서의 모델 시험 결과 항력이 0.3 N이라면, 15배 큰 원형의 비행기가 3 km 상공에서 20배의 속도로 비행하는 경우의 항력은 얼마인가?

E8-51 3 : 2 크기 비율을 가진 비슷한 종류의 두 수중익선이 있다고 생각해보자. 큰 수중익선이 만드는 최대 양력이 8 kN이라면 동일한 속도에서 작은 수중익선이 낼 수 있는 최대 양력을 구하시오. 물의 온도는 동일하다고 가정하라. 이 문제는 오일러수와 레이놀즈수 상사성을 요구한다.

*E8-52 수로에서 생성되는 파도의 속도를 연구하기 위해 1/12 축척비의 수로 모델을 사용하고자 한다. 모델에서의 전파속도가 6 m/s일 때 실제 수로에서의 속도를 구하시오.

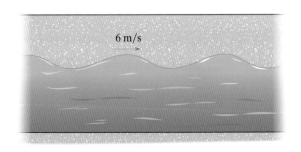

그림 E8-52

E8-53 50 mm 직경의 파이프를 흐르는 물의 압력손실이 4 Pa일 때, 동일한 길이와 100 mm 직경을 가진 파이프를 4 m/s로 흐르는 등유의 압력손실을 구하시오. 물과 등유의 온도는 모두 20℃이다.

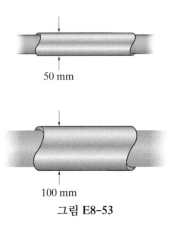

그림 E8-53

E8-54 비행기 날개 주위로 흐르는 유동을 연구하기 위해 수중에서 1/20의 축척비를 가진 모델을 시험하고자 한다. 비행기가 850 km/h로 비행하도록 설계되었을 때, 동일한 레이놀즈수를 가지도록 하는 모델의 속도를 구하시오. 이 값은 현실적으로 가능한 속도인가? 공기와 물의 온도는 모두 20℃이다.

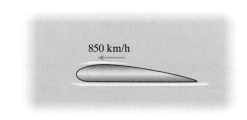

그림 E8-54

E8-55 모델 선박은 1/50 축척비로 제작되었다. 프라우드수와 레이놀즈수가 각각 모델과 원형에서 서로 같도록 하는 물의 동점성계수를 구하시오. 실제 선박이 20℃에서 운항하도록 설계되었다면 이 시험을 진행하는 것은 실용성이 있는가?

*E8-56 강의 수류가 3 m/s이고 모델에서의 수류는 0.75 m/s이다. 실제 강의 평균 깊이가 6 m일 때의 모델의 깊이를 구하시오.

E8-57   10 km 상공에서 비행하는 제트기 주변의 유동을 연구하기 위해 1/15 크기의 모델을 이용하고자 한다. 실제 제트기가 800 km/h로 비행한다면 풍동시험을 위한 유속은 얼마가 되어야 하는가? 이는 합리적인 값인가?

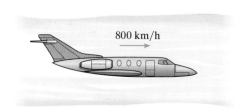

그림 E8-57

E8-58   15 m 길이의 비행기가 10 km 상공에서 1200 km/h로 비행할 때의 항력을 구하기 위하여 1 5 m 길이의 모델을 풍동에서 시험하고자 한다. 풍동의 환경이 20℃ 표준 대기압일 때, 바람의 속도를 구하시오.

E8-59   1/15 축척비의 모델을 통해 강다리의 기둥 주변의 유동을 연구하고자 한다. 실제 강의 유속이 0.8 m/s일 때에 상응하는 모델의 유속을 구하시오. 온도는 동일하다.

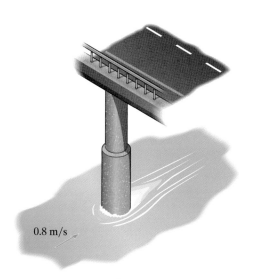

그림 E8-59

*E8-60   0.5 m 직경의 교반용 날의 최적 성능을 알아보고자 1/4 크기의 모델을 사용하였다. 수중 시험 결과 8 rad/s에서 최적의 성능이 나왔다면 에탄올을 교반하는 원형이 최적 성능을 내기 위한 각속도는 얼마인가? 두 경우 모두 온도는 20℃이다.

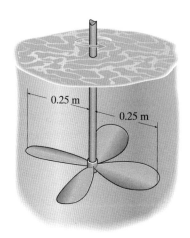

그림 E8-60

E8-61   강의 장애물에 의해 생성되는 파도를 연구하기 위해 1/20 축척비의 모델을 이용하였다. 강이 2 m/s로 흐른다면 모델의 유속은 얼마인가?

E8-62   20 m 길이의 잠수함은 40 km/h의 속도로 운항하도록 설계되었다. 1 m 길이의 모델을 풍동에서 실험할 때 필요한 바람의 속도를 구하시오. 풍동의 환경은 표준 대기압과 10℃ 온도에서 동일하다. 이 값은 합리적인가?

E8-63   180 m 길이의 선박은 $\rho_s = 1030$ kg/m³의 바다에서 항해한다. 1/60 축척비의 모델 선박은 물에서 시험되며 잠긴 체적이 0.06 m³이고 표면적이 3.6 m²이다. 이 모델을 예인 수조에서 0.5 m/s의 속도로 시험할 때 작용하는 총 항력은 2.25 N이다. 실제 선박에 작용하는 총 항력과 그때의 항해 속도를 구하시오. 이 항력을 극복하기 위한 최소 동력은 얼마인가? 마찰항력은 $(F_D)_f = \left(\frac{1}{2}\rho V^2 A\right) C_D$를 통해 구할 수 있다. C_D는 항력계수로, Re < 10⁶인 경우 $C_D = 1.328/\sqrt{\text{Re}}$이며 10⁶ < Re < 10⁹인 경우 $C_D = 0.455/(\log_{10}\text{Re})^{2.58}$이다. 물의 밀도는 $\rho = 1000$ kg/m³이며 동점성계수는 $\nu = 1.00(10^{-6})$ m²/s이다.

*E8-64 제트기는 −10°C의 기온과 60 kPa의 절대압력에서 1500 km/h의 속도로 비행한다. −30°C의 기온과 40 kPa의 절대압력에서 이와 동일한 마하수를 가지도록 하는 비행속도를 구하시오. 이 두 조건에서 체적탄성계수는 동일하다고 가정하자. 식 (13-20), $c = \sqrt{E_V/\rho}$ 를 활용하라.

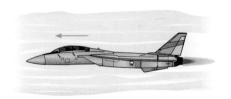

그림 E8-64

E8-65 20 m 폭의 사방 댐은 하류로 흐르는 쓰레기를 수거하는 역할을 한다. 사방 댐 위로 흐르는 유량이 250 m³/s이고 이에 대응하는 모델이 1/20의 축척비로 제작되었을 때, 이 모델 위로 흐르는 유량과 수면으로부터 댐 꼭대기까지의 깊이를 구하시오. 수온은 모두 동일하다고 가정하자. 댐 위로 흐르는 유량은 $Q = C_D\sqrt{g}LH^{3/2}$이며, 이때 C_D는 배출계수, g는 중력가속도, L은 댐의 길이(너비), H는 상류의 수면으로부터 댐의 꼭대기까지의 깊이이다. $C_D = 0.71$을 사용하라.

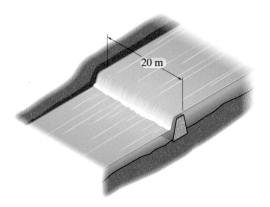

20 m

그림 E8-65

8장 복습

차원해석은 유동에 영향을 주는 변수들을 조합하여 무차원비를 만드는 방법을 제공한다. 이는 유동을 묘사하기 위해 필요한 실험을 최소화해준다.

유동을 연구할 때, 아래의 주요 무차원비들은 관성력과 다른 어떤 힘 간의 비를 표현한다.

$$\text{오일러수} \quad \text{Eu} = \frac{\text{압력}}{\text{관성력}} = \frac{\Delta p}{\rho V^2}$$

$$\text{레이놀즈수} \quad \text{Re} = \frac{\text{관성력}}{\text{점성력}} = \frac{\rho V L}{\mu}$$

$$\text{프라우드수} \quad \text{Fr} = \sqrt{\frac{\text{관성력}}{\text{중력}}} = \frac{V}{\sqrt{gL}}$$

$$\text{웨버수} \quad \text{We} = \frac{\text{관성력}}{\text{표면장력}} = \frac{\rho V^2 L}{\sigma}$$

$$\text{마하수} \quad \text{M} = \sqrt{\frac{\text{관성력}}{\text{압축성 힘}}} = \frac{V}{c}$$

버킹험의 파이 정리는 일련의 변수들로부터 무차원항을 정하는 방법을 제공한다.

상사성은 유동이 모델에 작용하는 것과 원형에 작용하는 것이 동일하도록 보장한다. 모델은 원형과 기하학적으로 상사해야 하며 유동은 운동학적으로, 그리고 동역학적으로 상사해야 한다.

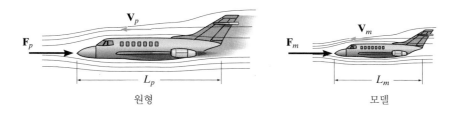

원형   모델

CHAPTER 9

Steve Satushek/Stone/Getty Images

파이프와 같이 닫힌 도관을 따라 발생하는 압력강하는 유체 내의 마찰손실로 인한 것이다. 이 손실은 층류유동과 난류유동에서 다르게 나타난다.

닫힌 도관 내부의 점성유동

학습목표

- 중력과 압력 힘 그리고 점성력이 평행평판 사이 및 파이프 내에 들어 있는 비압축성 유체의 층류유동에 미치는 영향을 고찰한다.
- 레이놀즈수에 따라 유동을 분류하는 방법을 설명한다.
- 난류 파이프 유동을 모델링하는 데 사용되는 몇 가지 방법을 제시한다.

9.1 평행평판 사이의 정상 층류유동

이 절에서는 경사진 두 평행평판 사이에 존재하는 점성(뉴턴) 유체의 층류유동을 학습하고자 한다. 그림 9-1a와 같이 두 평판은 거리 a만큼 떨어져 있고, 끝단 효과가 무시될 정도로 충분한 폭과 길이를 갖고 있으며, 윗판은 아랫판에 비해 상대 속도 U로 움직인다고 가정한다. 유체 속도는 x방향과 z방향으로는 일정한 반면, y방향으로만 변화하므로 유동은 1차원으로 볼 수 있다. 여기서 유체를 비압축성, 정상유동으로 가정하여 유체 내부의 전단응력과 속도분포를 구하고자 한다.

유동의 전단응력과 속도분포를 얻기 위해 운동량 방정식을 적용하고 그림 9-1b의 길이 Δx, 두께 Δy 그리고 폭 Δz를 갖는 미분형 검사체적을 선정한다. 이 검사체적의 자유물체도에서 x 방향으로 작용하는 힘에는 그림 9-1c의 열린 검사표면에 작용하는 압력 힘과 위와 아래의 닫힌 검사표면에 전단응력에 의한 힘, 그리고 검사체적 내의 유체 무게의 x성분 등이 있다. 인접한 유선상에서 유체의 운동이 다르므로 맞은편의 표면에서 전단력은 다르다. 그림에서와 같이 압력과 전단응력은

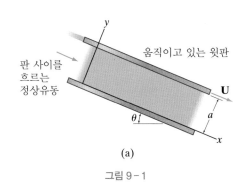

움직이고 있는 윗판

판 사이를
흐르는
정상유동

θ

U

a

x

(a)

그림 9-1

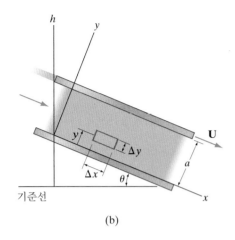

(b)

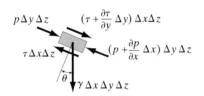

자유물체도

(c)

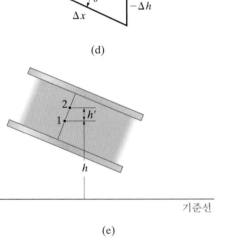

(d)

(e)

그림 9-1 (계속)

모두 각각 양의 x방향 및 y방향으로 증가한다고 가정한다. 유동은 정상이고 유체는 비압축성이며 $\Delta A_{in} = \Delta A_{out}$이므로 국소항과 대류항의 변화는 없고 운동량 방정식은 다음과 같은 평형방정식이 된다.

$$\Sigma F_x = \frac{\partial}{\partial t} \int_{cv} \mathbf{V}\rho \, d\forall + \int_{cs} \mathbf{V}\rho \, \mathbf{V}_{f/cs} \cdot d\mathbf{A}$$

$$\underbrace{p \, \Delta y \, \Delta z - \left(p + \frac{\partial p}{\partial x}\Delta x\right)\Delta y \, \Delta z}_{\text{총 압력}} + \underbrace{\left(\tau + \frac{\partial \tau}{\partial y}\Delta y\right)\Delta x \, \Delta z - \tau \, \Delta x \, \Delta z}_{\text{총 전단력}}$$

$$\underbrace{+ \gamma \Delta x \, \Delta y \, \Delta z \sin\theta}_{\text{무게}} = 0 + 0$$

각 항에서 공통인수인 체적 $\Delta x \Delta y \Delta z$를 약분하고 그림 9-1d의 $\sin\theta = -\Delta h/\Delta x$임을 주목하여 Δx와 Δh를 0으로 하는 극한을 취해서 정리하면 다음 식을 얻는다.

$$\frac{\partial \tau}{\partial y} = \frac{\partial}{\partial x}(p + \gamma h)$$

위 식의 우변(괄호 안)은 압력구배와 기준선으로부터 측정된 고도구배의 합으로 y와는 무관하다.[*] 예를 들어, 그림 9-1e의 점 1과 2에서 이 값을 고려하면, 점 1에서는 $p_1 + \gamma h_1$, 그리고 점 2에서는 $(p_1 - \gamma h') + \gamma(h_1 + h') = p_1 + \gamma h_1$이다. 결국 압력은 x만의 함수이므로 전미분 형태로 표현해도 되므로 위 식을 y에 대해 적분하면 다음 식이 주어진다.

$$\tau = \left[\frac{d}{dx}(p + \gamma h)\right]y + C_1$$

이 식은 단지 힘의 균형에만 근거했으므로 층류운동과 난류운동 모두에 대해 유효하다.

층류유동이 지배적인 뉴턴 유체라면 뉴턴의 점성법칙 $\tau = \mu(du/dy)$를 적용하여 다음의 속도분포를 얻는다.

$$\mu\frac{du}{dy} = \left[\frac{d}{dx}(p + \gamma h)\right]y + C_1$$

y에 대해 다시 적분하면

$$u = \frac{1}{\mu}\left[\frac{d}{dx}(p + \gamma h)\right]\frac{y^2}{2} + \frac{C_1}{\mu}y + C_2 \tag{9-1}$$

적분상수는 '점착조건', 즉 $y=0$, $u=0$과 $y=a$, $u=U$를 사용하여 구할 수 있다. 대입하여 정리하면 τ와 u에 대한 위 식은 다음과 같이 된다.

---

[*] 이 식은 $\partial\tau/\partial y = \gamma[\partial/\partial x(p/\gamma + h)]$의 형태로 표현될 수 있다. 여기서 $p/\gamma + h$는 압력 수두와 중력 수두의 합인 수력학적 수두(hydraulic head)이다.

$$\tau = \frac{U\mu}{a} + \left[\frac{d}{dx}(p + \gamma h)\right]\left(y - \frac{a}{2}\right) \qquad (9\text{-}2)$$

전단응력 분포
층류유동 및 난류유동

$$u = \frac{U}{a}y + \frac{1}{2\mu}\left[\frac{d}{dx}(p + \gamma h)\right](y^2 - ay) \qquad (9\text{-}3)$$

속도분포
층류유동

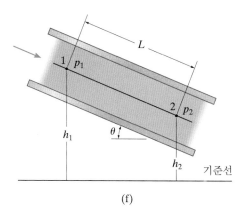

그림 9-1f의 동일 유선상의 임의의 두 점 1과 2에서 압력과 고도가 알려지면, 압력 구배와 고도구배를 구할 수 있다.

$$\frac{d}{dx}(p + \gamma h) = \frac{p_2 - p_1}{L} + \gamma \frac{h_2 - h_1}{L}$$

그림 9-1 (계속)

이제 점성력, 압력 힘, 그리고 중력이 유동에 미치는 효과를 잘 이해할 수 있는 몇 가지 특별한 경우를 고려해보자.

일정한 압력구배에 의한 수평유동 – 두 판 모두 고정된 경우

이 경우 그림 9-2와 같이 $U = 0$이고 $dh/dx = 0$이므로 식 (9-2)와 (9-3)은 다음과 같이 된다.

$$\tau = \frac{dp}{dx}\left(y - \frac{a}{2}\right) \qquad (9\text{-}4)$$

전단응력 분포

$$u = \frac{1}{2\mu}\frac{dp}{dx}(y^2 - ay) \qquad (9\text{-}5)$$

속도분포
층류유동

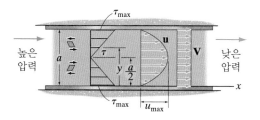

음의 압력구배를 갖는 고정된 판의 경우의
전단응력 분포와 실제 속도분포 및
평균 속도분포

그림 9-2

유체가 오른쪽으로 움직이기 위해서 dp/dx는 음이어야 한다. 다시 말해 유체의 왼쪽에 더 높은 압력이 작용해야만 유체가 오른쪽으로 움직인다. 운동방향으로 압력을 감소시키는 것은 마찰로 인한 전단응력이다.

식 (9-4)를 그래프로 나타내면 전단응력은 y에 따라 선형적으로 변하고 τ_{max}는 그림 9-2와 같이 각 판의 표면에서 나타난다. 판 사이의 중심영역에서는 전단응력이 작으므로 속도는 더 크다. 요컨대 식 (9-5)의 속도분포는 포물선 형태이며 최대 속도는 $du/dy = 0$인 중심에서 나타난다. 식 (9-5)에 $y = a/2$를 대입하면 최대 속도는 다음과 같다.

$$u_{max} = -\frac{a^2}{8\mu}\frac{dp}{dx} \qquad (9\text{-}6)$$

최대 속도

체적유량은 속도분포를 판 사이의 단면적에 걸쳐 적분하여 구한다. 판이 폭이 b라면 $dA = b\,dy$이므로

$$Q = \int_A u\,dA = \int_0^a \frac{1}{2\mu}\frac{dp}{dx}(y^2 - ay)(b\,dy)$$

$$Q = -\frac{a^3 b}{12\mu}\frac{dp}{dx} \tag{9-7}$$

체적유량

마지막으로 판 사이의 단면적은 $A = ab$이므로 그림 9-2의 평균 속도는 다음과 같이 구해진다.

$$V = \frac{Q}{A} = -\frac{a^2}{12\mu}\frac{dp}{dx} \tag{9-8}$$

평균 속도

이 식을 식 (9-6)과 비교하면

$$u_{\max} = \frac{3}{2}V$$

이다.

일정한 압력구배에 의한 수평유동 – 윗판이 움직이는 경우

이 경우 $dh/dx = 0$이므로 식 (9-2)와 (9-3)은 다음과 같이 된다.

$$\boxed{\tau = \frac{U\mu}{a} + \frac{dp}{dx}\left(y - \frac{a}{2}\right)} \tag{9-9}$$

전단응력 분포

$$\boxed{u = \frac{U}{a}y + \frac{1}{2\mu}\frac{dp}{dx}(y^2 - ay)} \tag{9-10}$$

속도분포
층류유동

그리고 체적유량은 다음과 같다.

$$Q = \int_A u\,dA = \int_0^a \left[\frac{U}{a}y + \frac{1}{2\mu}\frac{dp}{dx}(y^2 - ay)\right] b\,dy$$

$$= \frac{Uab}{2} - \frac{a^3 b}{12\mu}\frac{dp}{dx} \tag{9-11}$$

체적유량

그리고 $A = ab$이므로 평균 속도는

$$V = \frac{Q}{A} = \frac{U}{2} - \frac{a^2}{12\mu}\frac{dp}{dx} \tag{9-12}$$

평균 속도

이다. 최대 속도의 위치는 중간지점에서 발생하지 않고 윗판의 속력 U와 압력구배 dp/dx에 의존한다. 예를 들어 충분히 큰 양(+)의 압력구배가 발생한다면 식 (9-10)에 따라 순수 역(음)류가 일어날 수 있다. 전형적인 속도분포는 그림 9-3a와 같이 유체의 윗부분은 판의 운동 **U**에 의해 **오른쪽**으로 끌리고 나머지 부분은 양의 압력구배에 밀려 **왼쪽**으로 움직이는 형태를 보여준다. 압력구배가 음이 되면 이 구배와 판의 운동이 함께 작용해서 그림 9-3b와 같은 속도분포가 나타나게 된다.

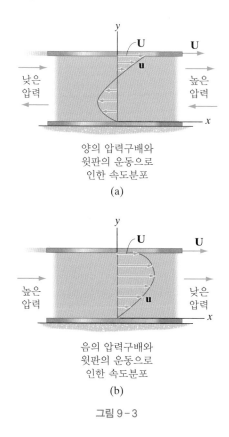

양의 압력구배와
윗판의 운동으로
인한 속도분포
(a)

음의 압력구배와
윗판의 운동으로
인한 속도분포
(b)

그림 9-3

윗판의 운동만으로 인한 수평유동

압력구배 dp/dx 및 경사 dh/dx가 모두 0이므로 유동은 전적으로 움직이는 판에 의해 발생한다. 이 경우 식 (9-2)와 (9-3)은 다음과 같이 된다.

$$\tau = \frac{U\mu}{a} \tag{9-13}$$

전단응력 분포

$$u = \frac{U}{a}y \tag{9-14}$$

속도분포
층류유동

이 결과는 그림 9-4와 같이 전단응력은 일정한 반면에 속도분포는 선형적임을 보여준다.

1.7절에서 이 상황은 뉴턴의 점성법칙과 관련된다는 것을 살펴보았다. 경계(이 경우에는 판)의 운동만으로 인한 유체운동은 Maurice Couette의 이름을 따서 **쿠에트 유동**(Couette flow)으로 알려져 있다. 그렇지만 일반적으로 '쿠에트 유동'이라는 용어는 경계운동만으로 인한 층류유동이나 난류유동을 가리킨다.

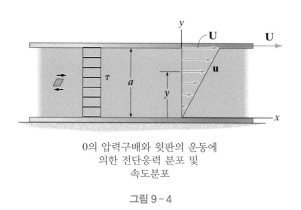

0의 압력구배와 윗판의 운동에
의한 전단응력 분포 및
속도분포

그림 9-4

제한사항 이 절에서 전개된 속도에 관련된 모든 식들은 비압축성 뉴턴 유체의 정상 **층류유동**에만 적용된다는 것을 명심해야 한다. 따라서 이 식들을 사용하기 위해서는 층류유동이 지배적임을 분명히 해야 한다. 9.5절에서는 층류유동을 확인하기 위하여 레이놀즈수 $Re = \rho VL/\mu$가 어떻게 사용되는지 검토할 것이다. 이를 위해 평행평판 사이의 유동에 대해서 판 사이의 거리 a를 '특성길이' L로 사용해서 레이놀즈수를 구한다. 또한 레이놀즈수를 구하는 데 평균 속도를 사용하면 $Re = \rho Va/\mu$이다. 실험에 따르면 층류유동은 이 레이놀즈수 값의 좁은 구간까지만 나타난다. 특정한 고유값은 없지만 이 책에서는 $Re = 1400$을 상한값으로 고려한다. 따라서

$$Re = \frac{\rho Va}{\mu} \leq 1400 \qquad (9\text{-}15)$$

판 사이의 층류유동

이 부등식을 만족하면 여기서 제시된 식들을 사용하여 구한 속도분포는 실험결과와 잘 일치한다.

9.2 평행평판 사이의 정상 층류유동에 대한 나비에 – 스토크스 해

7.12절에서 살펴본 연속방정식과 나비에-스토크스 방정식에 의해서도 식 (9-3)의 속도분포가 구해질 수 있음을 보이는 것은 유익하다. 이를 위해 그림 9-5와 같이 x, y, z축을 잡는다. x방향으로만 정상 비압축성 유동이 있고 $v = w = 0$이므로 연속방정식, 식 (7-10)은 다음과 같이 된다.

$$\frac{\partial \rho}{\partial t} + \frac{\partial(\rho u)}{\partial x} + \frac{\partial(\rho v)}{\partial y} + \frac{\partial(\rho w)}{\partial z} = 0$$

$$0 + \rho\frac{\partial u}{\partial x} + 0 + 0 = 0$$

따라서 $\partial u/\partial x = 0$이다.

z방향으로 유동은 대칭이고 정상이므로 u는 z와 x의 함수가 아니고 y만의 함수로 $u = u(y)$이다. 또한 그림 9-5로부터 $g_x = g\sin\theta = g(-dh/dx)$, 그리고 $g_y = -g\cos\theta$이다. 이 결과를 이용하면 식 (7-74)의 나비에-스토크스 방정식의 세 방향 성분식은 다음과 같이 된다.

$$\rho\left(\frac{\partial u}{\partial t} + u\frac{\partial u}{\partial x} + v\frac{\partial u}{\partial y} + w\frac{\partial u}{\partial z}\right) = \rho g_x - \frac{\partial p}{\partial x} + \mu\left(\frac{\partial^2 u}{\partial x^2} + \frac{\partial^2 u}{\partial y^2} + \frac{\partial^2 u}{\partial z^2}\right)$$

$$0 = \rho g\left(-\frac{dh}{dx}\right) - \frac{\partial p}{\partial x} + \mu\frac{d^2 u}{dy^2}$$

$$\rho\left(\frac{\partial v}{\partial t} + u\frac{\partial v}{\partial x} + v\frac{\partial v}{\partial y} + w\frac{\partial v}{\partial z}\right) = \rho g_y - \frac{\partial p}{\partial y} + \mu\left(\frac{\partial^2 v}{\partial x^2} + \frac{\partial^2 v}{\partial y^2} + \frac{\partial^2 v}{\partial z^2}\right)$$

$$0 = -\rho g\cos\theta - \frac{\partial p}{\partial y} + 0$$

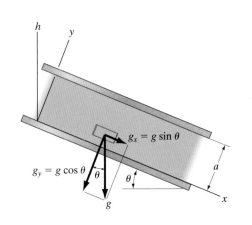

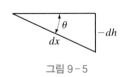

그림 9–5

$$\rho\left(\frac{\partial w}{\partial t} + u\frac{\partial w}{\partial x} + v\frac{\partial w}{\partial y} + w\frac{\partial w}{\partial z}\right) = \rho g_z - \frac{\partial p}{\partial z} + \mu\left(\frac{\partial^2 w}{\partial x^2} + \frac{\partial^2 w}{\partial y^2} + \frac{\partial^2 w}{\partial z^2}\right)$$

$$0 = 0 - \frac{\partial p}{\partial z} + 0$$

마지막으로 식을 적분하면 예상한 대로 p가 z방향으로는 일정함을 보여준다. 두 번째 식을 적분하면 다음과 같다.

$$p = -\rho(g\cos\theta)y + f(x)$$

우변의 첫 번째 항은 압력이 y방향에서 정수압 방식으로 변함을 보여준다. 우변의 두 번째 항 $f(x)$는 압력이 또한 x방향으로 변함을 보여준다. 이것은 점성 전단응력에 의한 것이다. 위의 첫 번째 나비에-스토크스 방정식을 $\gamma = \rho g$를 사용해서 다시 정리하고 두 번 적분하면 다음 식을 얻는다.

$$\frac{d^2 u}{dy^2} = \frac{1}{\mu}\frac{d}{dx}(p + \gamma h)$$

$$\frac{du}{dy} = \frac{1}{\mu}\frac{d}{dx}(p + \gamma h)y + C_1$$

$$u = \frac{1}{\mu}\left[\frac{d}{dx}(p + \gamma h)\right]\frac{y^2}{2} + C_1 y + C_2$$

이것은 식 (9-1)과 똑같은 결과이고, 따라서 해석은 앞에서와 같은 방법으로 진행한다.

요점정리

- 두 평행평판 사이의 정상유동은 압력 힘, 중력, 그리고 점성력의 균형을 이룬다. 유동이 층류인지 난류인지에 관계없이 점성 전단응력은 유체의 두께를 따라 **선형적으로** 변한다.
- 두 평행평판 사이의 비압축성 뉴턴 유체의 **정상 층류유동**에 대한 속도분포는 뉴턴의 점성법칙에 의해 구해진다. (모든) 유체의 운동은 고체 평판의 상대적인 운동과 유체 내의 압력구배로 인해 일어난다.
- 9.1절의 식은 첫 번째 원리에 의해 전개되었고, 9.2절의 식은 연속방정식과 나비에-스토크스 방정식을 풀어서 구했다. 이 결과들은 실험 측정치와 잘 일치한다. 실험에 따르면 평행평판 사이의 **층류유동**은 Re = $\rho V a / \mu \leq 1400$인 레이놀즈수의 임계값까지 발생한다. 여기서 a는 판 사이의 거리, V는 유동의 평균 속도이다.

해석의 절차

9.1절의 식은 다음 절차에 따라 적용된다.

유체 설명

유동은 정상이고 비압축성 뉴턴 유체여야 한다. 또한 **층류유동이 존재해야** 한다. 따라서 유동조건은 레이놀즈수 Re = $\rho V a / \mu \leq 1400$을 확실히 만족해야 한다.

해석

양의 부호규약에 따라 좌표계를 설정한다. 여기서 x는 유동방향으로 양이고, y는 바닥판부터 수직하게 위로 양의 방향으로 유동에 수직이다. 그리고 h는 그림 9-1b와 같이 수직하게 위로 양의 방향이다. 마지막으로 모든 식에 수치를 대입할 때 단위계는 일치해야 한다.

예제 9.1

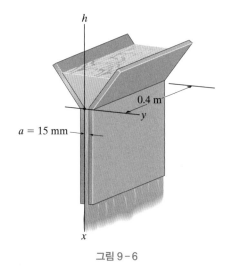

그림 9-6

그림 9-6에서 15 mm 간격으로 떨어져 있는 두 매끄러운 판 사이의 좁은 지역을 통하여 글리세린이 0.005 m³/s의 유량으로 흐르고 있다. 글리세린에 작용하는 압력구배를 구하시오.

풀이

유체 설명 해석에 있어 효과를 무시할 수 있도록 판은 충분히 넓다고(0.4 m) 가정한다. 또한 정상, 비압축성, 층류유동으로 가정한다. 부록 A로부터 ρ_g = 1260 kg/m³이고 μ_g = 1.50 N · s/m²이다.

해석 유량이 알려져 있으므로 먼저 식 (9-3)의 속도분포를 구함으로써 압력구배를 얻을 수 있다. 판들은 서로 상대운동이 없으므로 $U = 0$이고, 따라서

$$u = \frac{1}{2\mu}\left[\frac{d}{dx}(p + \gamma h)\right](y^2 - ay)$$

좌표계는 그림 9-6과 같이 왼쪽 판의 모서리를 따라 x를 설정하고 유동방향(아래)을 양으로 하며, h는 위를 양으로 잡는다. 따라서 $dh/dx = -1$이고, 위 식은 다음과 같이 된다.

$$u = \frac{1}{2\mu}\left(\frac{dp}{dx} - \gamma\right)(y^2 - ay) \tag{1}$$

Q가 알려져 있으므로 다음과 같이 속도분포를 연관시킨다.

$$Q = \int_A u\, dA = \int_0^a \frac{1}{2\mu}\left(\frac{dp}{dx} - \gamma\right)(y^2 - ay)\, b\, dy$$

$$= \frac{b}{2\mu}\left(\frac{dp}{dx} - \gamma\right)\int_0^a (y^2 - ay)\, dy = -\frac{b}{2\mu}\left(\frac{dp}{dx} - \gamma\right)\left(\frac{a^3}{6}\right)$$

이 식에 수치를 대입하면 다음과 같다.

$$0.005\ \text{m}^3/\text{s} = -\frac{0.4\ \text{m}}{2(1.50\ \text{N}\cdot\text{s/m}^2)}\left[\frac{dp}{dx} - (1260\ \text{kg/m}^3)(9.81\ \text{m/s}^2)\right]\left(\frac{(0.015\ \text{m})^3}{6}\right)$$

$$\frac{dp}{dx} = -54.31(10^3)\ \text{Pa/m} = -54.3\ \text{kPa/m} \qquad \textit{Ans.}$$

음의 부호는 글리세린 내의 압력이 유동방향으로 감소함을 가리킨다. 이는 점성으로 인한 마찰항력에 의한 것이다.

마지막으로 레이놀즈수 결정기준에 의해 유동이 층류인지를 확인할 필요가 있다. $V = Q/A$이므로 다음과 같다.

$$\text{Re} = \frac{\rho V a}{\mu} = \frac{(1260\ \text{kg/m}^3)\left[(0.005\ \text{m}^3/\text{s})/(0.015\ \text{m}(0.4\ \text{m}))\right](0.015\ \text{m})}{1.50\ \text{N}\cdot\text{s/m}^2}$$

$$= 10.5 < 1400 \quad (\text{층류유동})$$

예제 9.2

그림 9-7에서 직경이 100 mm인 마개가 파이프 내에 놓여있고 마개와 파이프 벽 사이에 기름이 흐를 수 있게 지지되고 있다. 마개와 파이프 사이의 간극이 1.5 mm이고 A에서의 압력이 400 kPa일 때 간극을 통한 기름의 유출량을 구하시오. $\rho_o = 920 \ \text{kg/m}^3$이고 $\mu_o = 0.2 \ \text{N} \cdot \text{s/m}^2$이다.

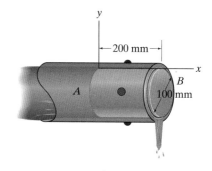

그림 9-7

풀이

유체 설명 기름은 비압축성이고 정상 층류유동으로 가정한다. 또한 간극 크기는 마개 직경에 비해 매우 작다고 가정하여 파이프의 곡률과 고도 변화는 무시한다. 그리고 유동은 정지해 있는 수평 '평행평판' 사이에서 발생한다고 가정한다.

해석 유출량은 식 (9-7)로부터 구할 수 있다. 유동방향을 x좌표의 양으로 하면 $dp/dx = (p_B - p_A)/L_{AB}$이다. $p_A = 400 \ \text{kPa}$, $p_B = 0$, $L_{AB} = 0.2 \ \text{m}$이므로 다음과 같다.

$$Q = -\frac{a^3 b}{12\mu_o}\frac{dp}{dx} = -\frac{(0.0015 \ \text{m})^3 [2\,\pi(0.05 \ \text{m})]}{12\,(0.2 \ \text{N} \cdot \text{s/m}^2)}\left[\frac{0 \ - \ 400(10^3) \ \text{N/m}^2}{0.2 \ \text{m}}\right]$$

$$= 0.8836(10^{-3}) \ \text{m}^3/\text{s} = 0.884(10^{-3}) \ \text{m}^3/\text{s} \qquad \textit{Ans.}$$

유동이 층류인지 확인하기 위해서 식 (9-8)로부터 평균 속도를 구해야 한다.

$$Q = VA; \quad 0.8836\,(10^{-3}) \ \text{m}^3/\text{s} = V[2\,\pi(0.05 \ \text{m})(0.0015 \ \text{m})]$$

$$V = 1.875 \ \text{m/s}$$

그러므로 레이놀즈수는 다음과 같다.

$$\text{Re} = \frac{\rho_o V a}{\mu_o} = \frac{(920 \ \text{kg/m}^3)(1.875 \ \text{m/s})(0.0015 \ \text{m})}{0.2 \ \text{N} \cdot \text{s/m}^2}$$

$$= 12.94 < 1400 \quad (\text{층류유동})$$

참고: 파이프와 마개의 곡률을 고려하면 이 문제에 대한 더 정확한 해석을 할 수 있다. 이 유동은 동심원을 통한 정상 층류유동을 나타내며, 관련된 식은 연습문제 9-46에 일부 나와 있다.

예제 9.3

폭이 45 mm인 종이 조각이 제조과정 동안 그림 9-8a에서와 같이 접착제 용기로부터 좁은 통로를 통해 0.6 m/s의 속도로 위쪽으로 당겨지고 있다. 종이의 양면에 묻은 접착제의 두께가 0.1 mm라면 통로 안에 있을 때 종이에 가해지는 단위 길이당 힘을 구하시오. 접착제는 밀도 $\rho = 735 \ \text{kg/m}^3$ 그리고 점성계수 $\mu = 0.843(10^{-3}) \ \text{N} \cdot \text{s/m}^2$를 갖는 뉴턴 유체로 가정한다.

풀이

유체 설명 통로 내에 정상유동이 흐른다. 접착제는 비압축성, 층류유동으로 가정한다.

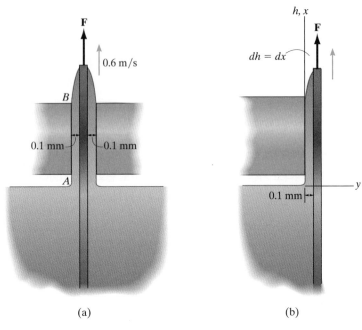

그림 9-8

해석   이 문제에서는 중력과 점성력이 지배적이다. A와 B에서의 압력이 대기압, 즉 $p_A = p_B = 0$이고, 따라서 A에서 B까지 $\Delta p = 0$이므로 접착제에 걸리는 압력구배는 없다.

종이는 움직이는 판처럼 거동하며 종이에 작용하는 단위 길이당 힘을 구하기 위해 먼저 식 (9-2)를 적용하여 종이에 작용하는 전단응력을 구한다. 즉

$$\tau = \frac{U\mu}{a} + \left[\frac{d}{dx}(p + \gamma h) \right]\left(y - \frac{a}{2} \right)$$

좌표계는 그림 9-8b의 왼쪽 면에 있는 접착제에 대해 한 방향만 고려한다.

종이가 위로 움직일 때 접착제가 부착되며 $y = a = 0.1$ mm에서 표면에 작용하는 전단응력을 극복해야 한다. $dh/dx = 1$ 그리고 $\partial p/\partial x = 0$이므로 위 식은 다음과 같이 된다.

$$\begin{aligned}
\tau &= \frac{U\mu}{a} + \gamma\left(\frac{a}{2} \right) \\
&= \frac{(0.6 \text{ m/s})[0.843(10^{-3}) \text{ N} \cdot \text{s/m}^2]}{0.1(10^{-3}) \text{ m}} + (735 \text{ kg/m}^3)(9.81 \text{ m/s}^2)\left[\frac{0.1(10^{-3}) \text{ m}}{2} \right] \\
&= 5.419 \text{ N/m}^2
\end{aligned}$$

종이의 양면에서 이 응력을 극복해야 하며, 종이는 폭이 45 mm이므로 단위 길이당 힘은

$$w = 2(5.419 \text{ N/m}^2)(0.045 \text{ m}) = 0.488 \text{ N/m} \qquad \textit{Ans.}$$

다음은 층류유동 가정을 확인해야 한다. 여기서는 실제 속도분포를 구해 평균 속도를 찾기보다는 $y = 0.1$ mm에서 조각에 발생하는 최대 속도를 고려한다. $u_{\max} = 0.6$ m/s이며, $u_{\max} > V$이므로 이 최대 속도에서도 레이놀즈수는 다음과 같다.

$$\text{Re} = \frac{\rho u_{\max} a}{\mu} = \frac{(735 \text{ kg/m}^3)(0.6 \text{ m/s})(0.0001 \text{ m})}{0.843(10^{-3}) \text{ N} \cdot \text{s/m}^2} = 52.3 < 1400 \quad (\text{층류유동})$$

9.3 매끄러운 파이프 내의 정상 층류유동

이 절에서는 매끄러운 파이프 내의 비압축성 유체의 정상유동을 해석하기 위해 전단응력과 속도분포를 알아볼 것이다. 여기서 유동은 축대칭이므로 유체 내의 검사체적 요소를 그림 9-9a와 같이 미분형 원판으로 고려하는 것이 편리하다. 전단응력 분포를 얻기 위해 이 검사체적에 운동량 방정식을 적용할 수 있다. 다시 말해 열린 검사표면의 앞면과 뒷면에서는 대류변화가 없고 검사체적 내에서 국소변화도 없다. 그림 9-9b의 검사체적의 자유물체도에서와 같이 x방향으로 작용하는 힘은 압력 힘, 중력, 그리고 점성력으로 다음 식을 얻는다.

$$\Sigma F_x = \frac{\partial}{\partial t} \int_{cv} \mathbf{V} \rho \, dV + \int_{cs} \mathbf{V} \rho \mathbf{V}_{f/cs} \cdot d\mathbf{A}$$

$$p\Delta A - \left(p + \frac{\partial p}{\partial x} \Delta x \right)\Delta A + \tau \Delta A' + \gamma \Delta V \sin \phi = 0 + 0$$

그림 9-9a로부터 열린 검사표면의 단면적은 $\Delta A = \pi r^2$이고, 닫힌 검사표면의 단면적은 $\Delta A' = 2\pi r \Delta x$, 그리고 검사체적의 체적은 $\Delta V = \pi r^2 \Delta x$이다. 위 식에 이 값들을 대입하고 그림 9-9c의 $\sin \phi = -\Delta h/\Delta x$임을 고려하여 극한을 취하면 다음 식을 얻는다.

$$\boxed{\tau = \frac{r}{2} \frac{\partial}{\partial x} (p + \gamma h)} \qquad (9\text{-}16)$$

전단응력 분포
층류유동 및 난류유동

그림 9-9d와 같이 전단응력은 r에 따라 변하고 $r = R$인 벽에서 가장 크고 중심에서 0의 값을 갖는다. τ는 단지 힘의 평형으로부터 구해지므로 이 분포는 **층류유동과 난류유동**에 모두 타당하다.

유동이 **층류**라면 뉴턴의 점성법칙 $\tau = \mu(du/dr)$을 사용하여 유체 내의 모든 지점에서 전단응력을 속도구배에 관련시킨다. 이 법칙을 식 (9-16)에 대입하고 항들을

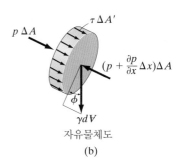

자유물체도
(b)

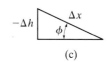

(c)

층류유동 및 난류유동
모두에 대한
전단응력 분포
(d)

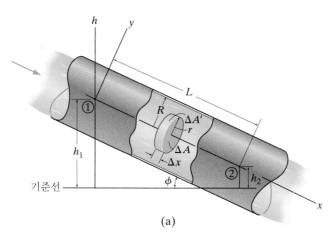

(a)

그림 9-9

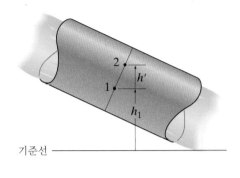

(e)

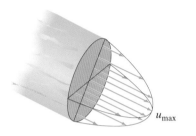

층류유동에 대한
속도분포

(f)

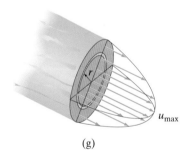

(g)

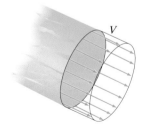

평균 속도분포

(h)

그림 9-9 (계속)

정리하면 다음을 얻는다.

$$\frac{du}{dr} = \frac{r}{2\mu}\frac{\partial}{\partial x}(p + \gamma h)$$

$(p + \gamma h)$는 모든 단면에서 일정하며 y방향과 무관하다.[*] 예를 들어 그림 9-9e에서 횡단면의 1 지점과 2 지점을 고려하면, 점 1에서는 $p_1 + \gamma h_1$이고 점 2에서는 $p_1 - \gamma h'$ $+ \gamma(h_1 + h') = p_1 + \gamma h_1$이다. 압력은 오직 x만의 함수이므로 위 식을 r에 대해 적분하면 다음 식을 얻는다.

$$u = \frac{r^2}{4\mu}\frac{d}{dx}(p + \gamma h) + C$$

적분상수는 '점착'조건 $r = R$에서 $u = 0$을 사용하여 구할 수 있으며, 결과는 다음과 같다.

$$u = -\frac{(R^2 - r^2)}{4\mu}\frac{d}{dx}(p + \gamma h) \qquad (9\text{-}17)$$

속도분포
층류유동

속도분포는 그림 9-9f와 같이 **포물면**의 형태이다. τ는 그림 9-9d와 같이 파이프 중심에서 작기 때문에 유체는 중심에서 가장 큰 속도를 갖는다.

최대 속도는 $r = 0$인 파이프 중심에서 나타나는데, 중심에서는 $du/dr = 0$이며, 속도는 다음과 같다.

$$u_{\max} = -\frac{R^2}{4\mu}\frac{d}{dx}(p + \gamma h) \qquad (9\text{-}18)$$

최대 속도

속도분포를 단면적에 대해 적분하면 체적유량이 구해진다. 그림 9-9g와 같이 미분형 환상 면적요소 $dA = 2\pi r dr$을 잡으면 다음 식을 얻는다.

$$Q = \int_A u\,dA = \int_0^R u\,2\pi r\,dr = -\frac{2\pi}{4\mu}\frac{d}{dx}(p + \gamma h)\int_0^R (R^2 - r^2)r\,dr$$

또는

$$Q = -\frac{\pi R^4}{8\mu}\frac{d}{dx}(p + \gamma h) \qquad (9\text{-}19)$$

체적유량

파이프의 단면적은 $A = \pi R^2$이므로 그림 9-9h의 평균 속도는 다음과 같다.

$$V = \frac{Q}{A} = -\frac{R^2}{8\mu}\frac{d}{dx}(p + \gamma h) \qquad (9\text{-}20)$$

평균 속도

---

[*] $du/dr = (r/2\mu)\gamma\partial/\partial x[p/\gamma + h]$이므로 수력학적 수두 $p/\gamma + h$는 모든 단면에서 일정한 값을 가진다.

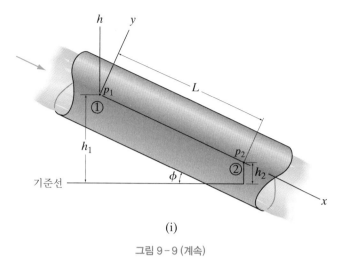

(i)

그림 9 – 9 (계속)

식 (9-18)과 비교하면 다음과 같다.

$$u_{max} = 2V \qquad (9\text{-}21)$$

$d(p + \gamma h)dx$항에 대해 정의하려면 그림 9-9i를 참고하자. 만약 임의의 유선상의 두 점 1과 2 사이에 압력 p_1과 p_2, 그리고 고도 h_1과 h_2를 알고 있다면 이 구배는 다음과 같이 된다.

$$\frac{d}{dx}(p + \gamma h) = \frac{p_2 - p_1}{L} + \gamma \frac{h_2 - h_1}{L} \qquad (9\text{-}22)$$

원형 파이프 내부의 수평유동

파이프가 수평으로 놓여있다면 $dh/dx = 0$ 이므로 중력은 유동에 영향을 미치지 않는다. 그림 9-10과 같이 파이프 왼쪽면의 압력이 더 높으면 이 압력은 길이 L에 걸쳐 유체를 오른쪽으로 '미는데', 유체마찰에 의해 압력은 파이프를 따라 감소한다. 부호규약법에 따르면 이것은 음의 압력구배($\Delta p/L < 0$)를 발생한다. 파이프 내경 $D = 2R$로 표현된 최대 속도, 평균 속도, 그리고 체적유량에 대한 결과는 다음과 같다.

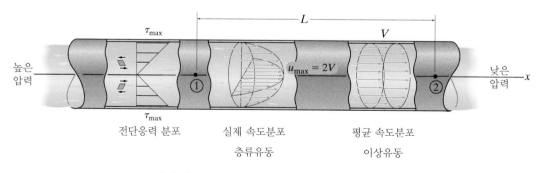

음의 압력구배에 대한 전단응력 분포 및 속도분포

그림 9 – 10

$$u_{\max} = \frac{D^2}{16\mu}\left(\frac{\Delta p}{L}\right) \qquad (9\text{-}23)$$

$$V = \frac{D^2}{32\mu}\left(\frac{\Delta p}{L}\right) \qquad (9\text{-}24)$$

$$\boxed{Q = \frac{\pi D^4}{128\mu}\left(\frac{\Delta p}{L}\right)} \qquad (9\text{-}25)$$

이 유동의 종류는 종종 **푸아죄유 유동**(Poiseuille flow)이라고 한다.식 (9-25)는 1800년대 중반에 독일의 공학자 Gotthilf Hagen에 의한 실험에서 처음으로 알려졌고, 프랑스 물리학자 Jean Louis Poiseuille[*]에 의해 독자적으로 유도되었기에 **하겐-푸아죄유 방정식**(Hagen-Poiseuille equation)으로 알려져 있다. 그 후에 Gustav Wiedemann에 의해 현재와 같은 해석적인 수식이 제공되었다.

체적유량 Q를 알고 있다면 파이프 길이 L에 걸쳐 발생하는 압력강하에 대한 식은 하겐-푸아죄유 방정식으로부터 구할 수 있다.

$$\Delta p = \frac{128\mu L Q}{\pi D^4} \qquad (9\text{-}26)$$

압력강하에 가장 큰 영향을 미치는 것은 파이프 직경임에 유의하라. 예를 들어 파이프 직경이 반으로 줄면 점성 유체마찰에 의한 압력강하는 16배 증가한다! 이 효과는 부식이나 스케일의 축적으로 좁아진 파이프를 통해 물 유동을 제공하는 펌프 능력에 심각한 결과를 미칠 수 있다.

9.4 매끄러운 파이프 내의 정상 층류유동에 대한 나비에-스토크스 해

이 절에서는 7.12절에서 살펴본 연속방정식과 나비에-스토크스 방정식을 사용하여 파이프 내의 속도분포를 구한다. 여기서는 그림 9-11a와 같이 설정된 원통좌표계를 사용한다.

이 경우는 그림 9-11a의 파이프 축을 따르는 비압축성 유동으로 $v_r = v_\theta = 0$이므로 연속방정식은 다음과 같이 얻어진다.

$$\frac{1}{r}\frac{\partial(r\rho v_r)}{\partial r} + \frac{1}{r}\frac{\partial(\rho v_\theta)}{\partial \theta} + \frac{\partial(\rho v_z)}{\partial z} = 0$$

$$0 + 0 + \rho\frac{\partial v_z}{\partial z} = 0 \quad \text{또는} \quad \frac{\partial v_z}{\partial z} = 0$$

유동이 정상이고 z축에 대해 대칭이므로 적분하면 $v_z = v_z(r)$이 된다.

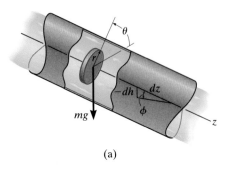

(a)

그림 9-11

---

[*] Poiseuille는 물을 사용하여 직경이 작은 튜브 내의 혈액 유동을 연구하였다. 그렇지만 실제로 혈관은 신축성이 있고, 혈액은 비뉴턴 유체로 점성계수가 일정하지 않다.

그림 9-11b를 잘 살펴보면 **g**의 원통좌표계 성분은 $g_r = -g \cos\phi \sin\theta$, $g_\theta = -g \cos\phi \cos\theta$, 그리고 $g_z = g \sin\phi$이다. 이 값들을 대입하면 원통좌표계로 유도된 첫 번째 나비에-스토크스 방정식은 다음과 같이 된다.

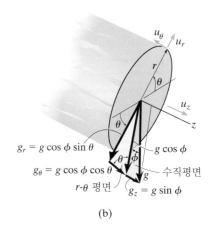

$$\rho\left(\frac{\partial v_r}{\partial t} + v_r\frac{\partial v_r}{\partial r} + \frac{v_\theta}{r}\frac{\partial v_r}{\partial\theta} - \frac{v_\theta^2}{r} + v_z\frac{\partial v_r}{\partial z}\right)$$

$$= -\frac{\partial p}{\partial r} + \rho g_r + \mu\left[\frac{1}{r}\frac{\partial}{\partial r}\left(r\frac{\partial v_r}{\partial r}\right) - \frac{v_r}{r^2} + \frac{1}{r^2}\frac{\partial^2 v_r}{\partial\theta^2} - \frac{2}{r^2}\frac{\partial v_\theta}{\partial\theta} + \frac{\partial^2 v_r}{\partial z^2}\right]$$

$$0 = -\frac{\partial p}{\partial r} - \rho g \cos\phi \sin\theta + 0$$

이 식을 r에 대해 적분하면 다음을 얻는다.

$$p = -\rho g r \cos\phi \sin\theta + f(\theta, z)$$

두 번째 나비에-스토크스 방정식에 대해

$$\rho\left(\frac{\partial v_\theta}{\partial t} + v_r\frac{\partial v_\theta}{\partial r} + \frac{v_\theta}{r}\frac{\partial v_\theta}{\partial\theta} + \frac{v_r v_\theta}{r} + v_z\frac{\partial v_\theta}{\partial z}\right)$$

$$= -\frac{1}{r}\frac{\partial p}{\partial\theta} + \rho g_\theta + \mu\left[\frac{1}{r}\frac{\partial}{\partial r}\left(r\frac{\partial v_\theta}{\partial r}\right) - \frac{v_\theta}{r^2} + \frac{1}{r^2}\frac{\partial^2 v_\theta}{\partial\theta^2} + \frac{2}{r^2}\frac{\partial v_r}{\partial\theta} + \frac{\partial^2 v_\theta}{\partial z^2}\right]$$

$$0 = -\frac{1}{r}\frac{\partial p}{\partial\theta} - \rho g \cos\phi \cos\theta + 0$$

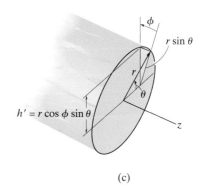

(c)

그림 9-11 (계속)

이 식을 θ에 대해 적분하면 다음을 얻는다.

$$p = -\rho g r \cos\phi \sin\theta + f(r, z)$$

이 두 결과를 비교하면 r, θ, z는 서로에 무관하게 변하므로 $f(\theta, z) = f(r, z) = f(z)$여야 한다. 그림 9-11c로부터 수직거리 $h' = r \cos\phi \sin\theta$이며, 따라서

$$p = -\rho g h' + f(z)$$

다시 말해 압력은 수직거리 h'에 의존하므로 수직평면에서 정수압 분포를 갖는다. 마지막 항 $f(z)$는 점성에 의한 압력 변화이다. 마지막으로 세 번째 나비에-스토크스 방정식은 다음과 같이 된다.

$$\rho\left(\frac{\partial v_z}{\partial t} + v_r\frac{\partial v_z}{\partial r} + \frac{v_\theta}{r}\frac{\partial v_z}{\partial\theta} + v_z\frac{\partial v_z}{\partial z}\right)$$

$$= -\frac{\partial p}{\partial z} + \rho g_z + \mu\left[\frac{1}{r}\frac{\partial}{\partial r}\left(r\frac{\partial v_z}{\partial r}\right) + \frac{1}{r^2}\frac{\partial^2 v_z}{\partial\theta^2} + \frac{\partial^2 v_z}{\partial z^2}\right]$$

$$0 = -\frac{\partial p}{\partial z} + \rho g \sin\phi + \mu\left[\frac{1}{r}\frac{\partial}{\partial r}\left(r\frac{\partial v_z}{\partial r}\right)\right]$$

그림 9-11a로부터 $\sin\phi = -dh/dz$이며, 이 식을 정리하면 다음과 같이 된다.

$$\frac{\partial}{\partial r}\left(r\frac{\partial v_z}{\partial r}\right) = \frac{r}{\mu}\left[\frac{\partial p}{\partial z} + \rho g\left(\frac{\partial h}{\partial z}\right)\right]$$

두 번 적분하면

$$r \frac{\partial v_z}{\partial r} = \frac{r^2}{2\mu}\left[\frac{\partial p}{\partial z} + \rho g\left(\frac{\partial h}{\partial z}\right)\right] + C_1$$

$$v_z = \frac{r^2}{4\mu}\left[\frac{\partial p}{\partial z} + \rho g\left(\frac{\partial h}{\partial z}\right)\right] + C_1 \ln r + C_2$$

속도 v_z는 파이프 중심에서 유한한 값을 가져야 하는데, $r \rightarrow 0$에 따라 $\ln r \rightarrow -\infty$ 이므로 $C_1 = 0$이다. '점착'조건에 의해 $r = R$인 벽에서 $v_z = 0$이다. 따라서

$$C_2 = -\frac{R^2}{4\mu}\left[\frac{\partial p}{\partial z} + \rho g\left(\frac{\partial h}{\partial z}\right)\right]$$

최종 결과는 다음과 같다.

$$v_z = -\frac{R^2 - r^2}{4\mu}\frac{d}{dz}(p + \gamma h)$$

이 결과는 식 (9-17)과 동일하며, 이후의 해석에서 9.3절의 다른 식들을 얻는다.

9.5 레이놀즈수

1883년에 Osborne Reynolds는 파이프 내의 층류유동을 확인할 수 있는 판단기준을 정했다. Reynolds는 그림 9-12a와 유사한 장치를 사용하여 유리관 안을 지나가는 물 유동을 제어하여 실험을 수행하였다. A에서 흐름 내에 색깔 있는 염료를 주입하고 B에 있는 밸브를 열었다. 유량이 적은 경우에 염료선이 곧고 고르므로 튜브 내의 유동은 **층류**로 관찰되었다(그림 9-12b). 밸브를 더 열어 유량이 증가함에 따라 염료선은 그림 9-12c의 천이유동을 겪으며 붕괴되기 시작했다. 유량이 더 증가함에 의해 마침내 염료가 튜브 내의 물 전체에 완전히 퍼지는 그림 9-12d의 난류가 발생했다. 기체는 물론 다른 액체를 사용한 실험에서도 같은 거동이 관찰되었다. 이 실험에서 Reynolds는 층류에서 난류로의 천이가 유체입자의 압력, 점성계수, 그리고 관성력에 의존한다고 생각하였다.

다른 두 실험적 구성에 대해 Reynolds는 그림 9-13의 한 유동에서 유체입자에 작용하는 힘들과 다른 유동에서 입자에 작용하는 힘들 사이에 같은 비를 갖기 때문에 상사한 유동이 발생한다고 추론하였다. 그렇지만 8.5절에서 지적한 바와 같

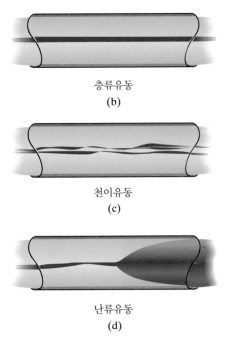

층류유동
(b)

천이유동
(c)

난류유동
(d)

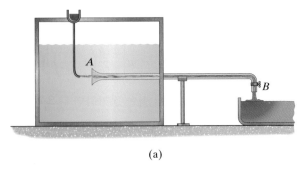

(a)

그림 9-12

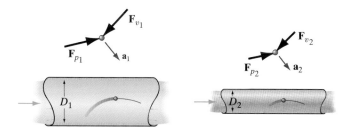

2개의 다른 실험적 구성에 대한 압력 힘,
점성력, 그리고 관성력 사이의 상사

그림 9-13

이 점성력과 관성력 사이의 상사는 자동으로 압력 힘과 관성력 사이의 상사를 성립시킨다. 관성력 사이의 상사는 각각의 경우 합력이 뉴턴의 운동 제2법칙을 만족시켜야 하므로 자동으로 이 점을 인식하여 Reynolds는 예제 8.1의 차원해석에서와 같은 점성력에 대한 관성력의 비를 연구하였고, 유동 상사를 위한 결정기준으로 무차원 '레이놀즈수' $\rho VD/\mu$를 제안했다.

이 비를 위해 임의의 속도와 파이프 치수 L이 선택될 수 있지만 다른 두 유동 상태에 있어 이들은 서로 대응되어야 함을 아는 것이 중요하다. 실제로는 평균 속도 $V = Q/A$가 채택되었고 '특성길이'로 언급되는 치수는 파이프 내경 D이다. V와 D를 사용하여, 레이놀즈수는 다음과 같이 정의된다.

$$\mathrm{Re} = \frac{\rho VD}{\mu} = \frac{VD}{\nu} \tag{9-27}$$

실험에 따르면 이 수가 높을수록 관성력이 점성력을 압도하여 유동을 지배하므로 층류유동이 붕괴될 가능성이 높아진다. 그리고 식 (9-27)로부터 유체유동이 빨라질수록 유체가 불안정해질 가능성이 높아진다. 마찬가지로 파이프 직경이 커질수록 파이프를 지나는 유체체적이 커지고 불안정성이 쉽게 발생할 수 있다. 마지막으로 동점성계수가 작아질수록 유동 교란이 점성 전단력에 의해 소멸될 기회가 적기 때문에 유동은 불안정해진다.

실제로 어느 레이놀즈수에서 파이프 내의 유동이 층류에서 난류로 갑자기 변할지를 정확히 예측하는 것은 매우 어렵다. 그림 9-12에서의 실험에 따르면 이것이 발생하는 임계속도는 장비의 초기 진동 또는 교란에 매우 민감하다. 또한 파이프 입구 형태, 파이프의 표면조도, 밸브를 열고 닫을 때 발생하는 약간의 변화에 영향을 받는다. 그렇지만 대부분의 공학적 응용에서 층류유동은 약 Re = 2300[*]에서 천이유동으로 바뀌기 시작한다. 이 값은 **임계 레이놀즈수**(critical Reynolds number)라 불리며, 이 책에서 다른 언급이 없는 한 균일한 곧은 파이프 내의 층류유동에 대한 한계치로 사용한다.

[*] 어떤 저자들은 2000~2400까지의 일반적인 범위를 갖는 다른 한계치를 사용한다.

$$\boxed{Re \leq 2300} \quad \text{곧은 파이프 내의 층류유동} \qquad (9\text{-}28)$$

이 값을 층류유동에 대한 임계 상한값으로 사용함으로써, 다음 장에서 파이프 내에서 발생하는 에너지 손실과 압력강하를 추정하여 파이프를 통과하는 유량을 결정하는 방법을 보여줄 것이다.

요점정리

- 파이프 내부의 정상유동은 압력 힘, 중력, 그리고 점성력이 균형을 이룬다. 이 경우에 점성 전단응력은 중심에서 0이며, 선형적으로 변하고 파이프 벽에서 최댓값을 갖는다. 이 분포는 유동 형태가 층류유동인지 천이유동인지 난류유동인지에 상관없다.
- 파이프 내의 비압축성 뉴턴 유체의 정상 층류유동에 대한 속도분포는 포물면 형태이다. 최대 속도는 $u_{max} = 2V$이고, 파이프 중심선을 따라 발생한다. 벽에서의 속도는 고정된 경계, '점착'조건에 의해 0이다.
- 파이프 내의 층류유동에 대한 식은 첫 번째 원리에 의해서도 유도될 수 있고, 연속방정식과 나비에-스토크스 방정식을 풀어서 구할 수도 있다. 그 결과는 실험결과와 아주 잘 일치한다.
- 수평 파이프 내의 유동은 압력 힘과 점성력 모두에 의존한다. Reynolds는 이 점을 인식하고 다른 두 유동조건 사이에 역학적 상사를 위한 결정기준으로 레이놀즈수 $Re = \rho V D / \mu$를 공식화했다.
- 실험에 따르면 $Re \leq 2300$이면 파이프 내에서 층류유동이 발생한다. 상한값에 대한 이러한 일반적인 평가가 이 책에서 사용된다.

해석의 절차

9.3절에서 전개된 식들은 다음 절차에 따라 적용된다.

유체 설명
유체는 비압축성으로 정의되고 유동은 정상이어야 한다. 층류유동이 지배적이어야 하므로 유동조건은 레이놀즈수 결정기준 $Re \leq 2300$을 넘지 말아야 한다.

해석
좌표계를 설정하고 양의 부호규약을 따른다. 여기서 길이방향 축은 유동방향으로 양이고, 반경방향 축은 파이프 중심선에서 바깥으로 양이며, 수직방향 축은 위가 양의 방향이다. 마지막으로 어떤 식이든지 수치를 대입할 때는 일치된 단위계를 사용해야 한다.

예제 9.4

그림 9-14에서 직경이 100 mm인 파이프를 통해 기름이 흐른다. A에서의 압력이 34.25 kPa일 때 B에서의 유출량을 구하시오. $\rho_o = 870 \text{ kg/m}^3$ 그리고 $\mu_o = 0.0360 \text{ N} \cdot \text{s/m}^2$이다.

풀이

유체 설명 기름은 비압축성이며, 정상 층류유동으로 가정한다.

해석 유출량은 식 (9-19)를 사용해서 구한다. x와 h의 좌표계 원점은 A에 두고, 부호규약에 따라 양의 x축은 유동방향으로 하고, 양의 h축은 수직 윗방향으로 한다. 따라서

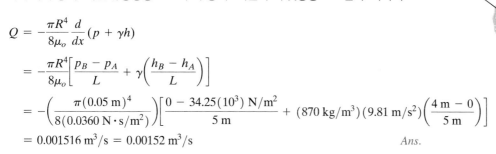

$$Q = -\frac{\pi R^4}{8\mu_o}\frac{d}{dx}(p + \gamma h)$$

$$= -\frac{\pi R^4}{8\mu_o}\left[\frac{p_B - p_A}{L} + \gamma\left(\frac{h_B - h_A}{L}\right)\right]$$

$$= -\left(\frac{\pi(0.05 \text{ m})^4}{8(0.0360 \text{ N} \cdot \text{s/m}^2)}\right)\left[\frac{0 - 34.25(10^3) \text{ N/m}^2}{5 \text{ m}} + (870 \text{ kg/m}^3)(9.81 \text{ m/s}^2)\left(\frac{4 \text{ m} - 0}{5 \text{ m}}\right)\right]$$

$$= 0.001516 \text{ m}^3/\text{s} = 0.00152 \text{ m}^3/\text{s} \qquad\qquad Ans.$$

그림 9-14

이 결과는 양이므로 유동은 A에서 B로 흐른다.

층류유동 가정은 평균 속도와 레이놀즈수 판단기준을 사용해서 확인한다.

$$V = \frac{Q}{A} = \frac{0.001516 \text{ m}^3/\text{s}}{\pi(0.05 \text{ m})^2} = 0.1931 \text{ m/s}$$

$$\text{Re} = \frac{\rho_o V D}{\mu_o} = \frac{(870 \text{ kg/m}^3)(0.1931 \text{ m/s})(0.1 \text{ m})}{0.0360 \text{ N} \cdot \text{s/m}^2} = 467 < 2300 \qquad \text{(층류유동)}$$

예제 9.5

그림 9-15에서 수직한 스탠드파이프를 통하여 흐르는 물 유동이 층류유동이기 위한 A에서의 최대압력을 구하시오. 파이프 내경은 80 mm이다. $\rho_w = 1000 \text{ kg/m}^3$이고 $\mu_w = 1.52(10^{-3}) \text{ N} \cdot \text{s/m}^2$이다.

풀이

유체 설명 물은 비압축성이며, 정상 층류유동으로 가정한다.

해석 층류유동에 대한 최대 평균 속도는 레이놀즈수 판단기준에 근거한다.

$$\text{Re} = \frac{\rho_w V D}{\mu_w}$$

$$2300 = \frac{(1000 \text{ kg/m}^3)(V)(0.08 \text{ m})}{1.52(10^{-3}) \text{ N} \cdot \text{s/m}^2}$$

$$V = 0.0437 \text{ m/s}$$

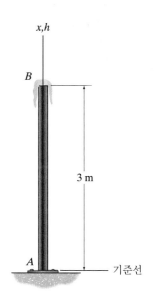

그림 9-15

A에서의 압력을 구하기 위해 식 (9-20)을 적용한다. 부호규약에 따라 그림 9-15와 같이,

양의 x는 유동방향인 수직 윗방향으로 하고, 양의 h도 수직 윗방향으로 하며, $dh/dx = 1$ 이므로 다음을 얻는다.

$$V = -\frac{R^2}{8\mu}\frac{d}{dx}(p + \gamma h)$$

$$0.0437 \text{ m/s} = -\frac{(0.04 \text{ m})^2}{8[1.52(10^{-3}) \text{ N} \cdot \text{s/m}^2]}\left[\left(\frac{0 - P_A}{3 \text{ m}}\right) + (1000 \text{ kg/m}^3)(9.81 \text{ m/s}^2)\left(\frac{3 \text{ m} - 0}{3 \text{ m}}\right)\right]$$

$$p_A = 29.430996(10^3) \text{ Pa} = 29.4 \text{ kPa} \qquad \textit{Ans.}$$

속도와 점성계수가 매우 작기 때문에 이 압력은 본질적으로 정수압, 즉 $p = \gamma h = (1000$ kg/m³)(9.81 m/s²)(3 m) $= 29.43(10)^3$ Pa이다. 다시 말해, A에서의 압력은 물기둥을 지지하는 데 주로 사용되고, 층류유동을 유지하기 위한 약간의 마찰저항을 극복하면서 파이프를 통해 물을 밀어 올리는 데(0.996 Pa)에는 거의 필요하지 않다.

9.6   입구부터 완전히 발달된 유동

수조에 부착된 파이프나 덕트의 개구를 통해 유체가 흐를 때 유체는 가속되기 시작하고 완전한 층류 정상유동 또는 완전한 난류 정상유동의 하나로 천이된다. 이들 각 경우를 따로 분리해서 살펴보자.

길고 곧은 파이프를 통한 유동은 완전히 발달된다. (Prisma Bildagentur AG/Alamy Stock Photo)

층류유동   그림 9-16a에서와 같이 파이프 입구에서 유체의 속도분포는 거의 균일하다. 이후에 유체가 파이프를 따라 더 아래로 흘러가면 벽에서 입자들은 0의 속도를 가져야 하므로 점성에 의해 벽 근처에 위치한 입자들은 느려진다. 더 흐르면 벽 근처에서 발달하는 점성층이 파이프 중심선을 향해 퍼져서 처음에는 균일한 속도를 갖고 있던 유체의 중심영역이 길이 L'에서 사라진다. 이후에 유동은 **완전히 발달되어** 층류유동의 경우 일정한 포물선 속도분포가 된다.

천이 또는 **입구길이**(entrance length) L'은 실제로 파이프 직경 D와 레이놀즈수의 함수이다. Henry Langhaar에 의해 공식화된 식을 사용하여 이 길이에 대해 평가할 수 있다(참고문헌 [2] 참고).

$$L' = 0.06(\text{Re})D \qquad \text{층류유동} \qquad (9\text{-}29)$$

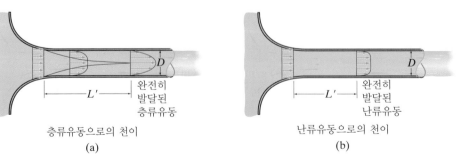

(a) 층류유동으로의 천이 — 완전히 발달된 층류유동, L', D

(b) 난류유동으로의 천이 — 완전히 발달된 난류유동, L', D

그림 9-16

파이프 내의 층류유동에 대한 결정기준 Re ≤ 2300을 사용해서 입구길이의 상한을 구하면 $L' = 0.06(2300)D = 138D$이다. 다음 예제에서 볼 수 있듯이 속도가 빠르거나 파이프 내의 밸브, 천이 또는 곡관에 의해 유동 발달이 방해를 받기 때문에 완전히 발달된 층류유동은 거의 발생하지 않는다.

난류유동　실험에 따르면 완전히 발달된 난류유동에 대한 입구길이는 레이놀즈수에 직접적으로 의존하지 않는다. 오히려 입구 형태나 종류, 그리고 파이프 벽의 실제 거칠기에 의존한다. 예를 들어 그림 9-16b와 같은 둥근 입구는 날카롭거나 90°인 입구에 비해 완전한 난류로의 천이길이가 더 짧다. 또한 거친 벽을 가진 파이프는 매끄러운 벽을 가진 파이프보다 더 짧은 거리에서 난류가 발생한다. 컴퓨터 해석 및 실험을 통해 완전히 발달된 난류유동은 비교적 짧은 거리 내에 발생한다고 밝혀졌다(참고문헌 [3] 참고). 예를 들어 낮은 레이놀즈수 Re = 3000인 경우 12D 정도이다. 더 큰 레이놀즈수에서는 더 긴 천이거리가 발생하지만 대부분의 공학적 해석에서는 비정상에서 평균 정상 난류유동으로의 천이가 입구 근처에 국한된다고 가정하는 것이 합리적이다. 따라서 공학자들은 다음 상에서 살펴볼 손실계수를 사용하여 난류 입구길이에서 발생하는 마찰 또는 에너지 손실을 계산한다.

예제 9.6

그림 9-17에서 직경이 150 mm인 배수관을 통한 유량이 0.0062 m³/s라면 유체가 물인 경우와 기름인 경우에 있어서 배수관을 따르는 유동이 층류인지 난류인지를 구분하시오. 기름인 경우에 완전히 발달된 유동까지의 입구길이를 구하시오. $\nu_w = 0.898(10^{-6})$ m²/s이고 $\nu_o = 0.0353(10^{-3})$ m²/s이다.

풀이

유체 설명　입구길이를 지나면 유동은 정상으로 간주한다. 물과 기름 모두 비압축성으로 가정한다.

해석　유동은 레이놀즈수에 의해 구분된다. 유동의 평균 속도는 다음과 같다.

$$V = \frac{Q}{A} = \frac{0.0062 \text{ m}^3/\text{s}}{\pi(0.075 \text{ m})^2} = 0.3508 \text{ m/s}$$

그림 9-17

물　레이놀즈수는

$$\text{Re} = \frac{VD}{\nu_w} = \frac{(0.3508 \text{ m/s})(0.15 \text{ m})}{0.898(10^{-6}) \text{ m}^2/\text{s}} = 58.6(10^3) > 2300 \qquad \textit{Ans.}$$

으로 유동은 난류이다.

　이에 비해 Re = 2300일 때 층류유동에 대한 평균 속도는 다음과 같다.

$$\text{Re} = \frac{VD}{\nu_w} = 2300; \qquad 2300 = \frac{V(0.15 \text{ m})}{0.898(10^{-6}) \text{ m}^2/\text{s}}$$

$$V = 0.0138 \text{ m/s}$$

이 값은 정말 작은 값으로, 실제로는 주로 비교적 낮은 점성에 의해 배구관을 통한 물 유동은 대부분 항상 난류이다.

기름 이 경우 레이놀즈수는

$$\text{Re} = \frac{VD}{\nu_o} = \frac{(0.3508 \text{ m/s})(0.15 \text{ m})}{0.0353(10^{-3}) \text{ m}^2/\text{s}} = 1491 < 2300 \qquad \textit{Ans.}$$

여기서는 입구 근처 지역 내에서 완전히 발달되지는 못했어도 층류유동이 배수관 내에 존재한다. 식 (9-29)를 적용하여 기름의 완전히 발달된 층류유동에 대한 천이길이를 구하면

$$L' = 0.06 \, (\text{Re}) \, D = 0.06(1491)(0.15 \text{ m}) = 13.4 \text{ m} \qquad \textit{Ans.}$$

이는 비교적 긴 거리로, 일단 발생하면 층류유동은 잘 인식되며, 9.3절에서 살펴본 바와 같이 압력 힘과 점성력의 균형으로 정의된다.

9.7   매끄러운 파이프 내의 층류 및 난류 전단응력

원형 단면을 갖는 파이프는 가장 흔한 유체 도관으로, 설계나 해석에 있어 층류유동과 난류유동 모두에 대해 전단응력 또는 마찰저항이 파이프 내에서 어떻게 발달되는지 밝히는 것은 중요하다. 단, 파이프 내부 벽면은 충분히 매끄럽다고 가정하여 유체 내에 형성되는 점성저항에 대해 알아보고자 한다. 파이프 내부 벽면이 거친 경우는 다음 장에서 알아보기로 하자.

층류유동 9.3절에서 점성유체로 가정하여 곧은 파이프를 통한 정상 층류유동에 대한 속도분포를 그림 9-18과 같이 얻었다. 이 포물선 분포에서 유체입자는 벽에 달라붙기 때문에 매끄러운 벽 둘레의 유체는 0의 속도를 가져야 한다. 벽으로부터 멀리 떨어진 유체층은 속도가 더 크며, 파이프 중심선에서 최대 속도가 된다. 1.7절에서 논의한 바와 같이, 유체 내의 **점성 전단응력**(viscous shear stress) 또는 마찰저항은 각 층이 인접한 층에 대해 미끄러질 때 유체 분자 사이의 연속적인 운동량 교환에 의해 발생된다.

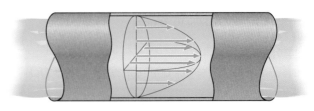

속도분포
층류유동

그림 9-18

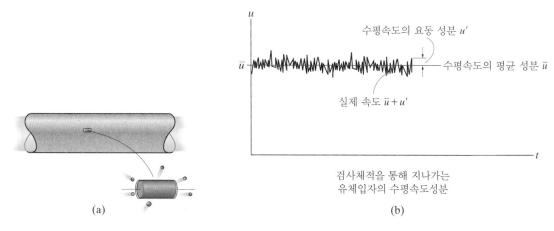

수평속도의 요동 성분 u'

수평속도의 평균 성분 $\bar{u}$

실제 속도 $\bar{u} + u'$

검사체적을 통해 지나가는
유체입자의 수평속도성분

(a)　　　　(b)

난류유동 파이프 내의 유량이 증가하면 층류 유체층은 불안정해지고 붕괴되면서 난류로의 유동 천이가 발생한다. 이것이 발생하면서 유체입자는 소용돌이(eddy) 또는 작은 와류를 형성하면서 무질서한 방식으로 움직이고 파이프를 통해 유체 혼합이 일어난다. 난류는 더 큰 에너지 손실을 일으키며, 따라서 층류에 비해 더 큰 압력강하가 발생한다.

그림 9-19a의 파이프 내의 임의의 지점에 고정된 작은 검사체적을 고려하여 난류유동의 영향을 고찰한다. 이 검사체적을 지나는 모든 유체입자의 속도는 무작위의 양식을 갖는다. 그렇지만 이 속도는 그림 9-19b와 같이 수평적인 평균 속도 $\bar{u}$와 평균에 대한 무작위의 수평요동속도 u'으로 분해할 수 있다. 요동은 매우 짧은 주기를 가지며, 요동의 크기는 평균 속도에 비해 작다. 평균 속도성분이 일정하다면 유동은 **정상 난류유동**(steady turbulent flow) 또는 더 정확히 **평균 정상유동**(mean steady flow)으로 분류할 수 있다. 유체의 '난류 혼합'은 파이프 중심 부근의 큰 지역 내에서 평균 수평속도성분 $\bar{u}$를 평평하게 하려는 경향이 있다. 그 결과로 속도 분포는 층류에 비해 균일하다. 실제 속도는 그림 9-19c에서와 같이 '흔들거리는' 형태지만, 검은색 선과 같이 평균화된다.

난류 혼합은 파이프 중심 지역에서는 쉽게 발생하지만, 벽에서 속도가 0인 경계조건을 만족하기 위해서 파이프 내벽 근처에서는 급속히 사라진다. 이 낮은 속도를 갖는 지역에 그림 9-19d와 같이 벽 부근에 **층류 점성저층**(laminar viscous sublayer)이 형성된다. 유동이 빨라질수록 파이프 중심 부근의 균일한 난류영역은 더 커지고 이 저층은 더 얇아진다. 다시 말해 벽면 근처 점성저층 영역에서 매우 큰 속도구배(du/dy)가 형성되고, 이는 작은 속도구배를 갖는 층류유동에 비해 훨씬 더 큰 전단응력이 파이프의 벽면에 작용하는 셈이다.

난류 전단응력 유체의 유동 특성은 난류에 의해 크게 영향을 받는다. 난류유동에서 유체'입자'는 층류유동에서 층 사이에서 전달되는 '분자'에 비해 크기가 훨씬 크다. 층류유동과 난류유동 모두에 있어 같은 현상이 발생하는데, 느리게 움직이는 입자는 빨리 움직이는 층으로 이동해서 빠른 층의 운동량을 감소시키려는 경향이 있다. 빠른 층에서 느린 층으로 이동한 입자는 반대 효과로 인해 느린 층

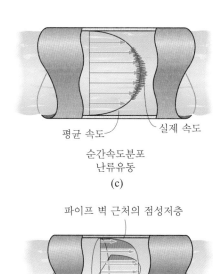

평균 속도　　실제 속도

순간속도분포
난류유동
(c)

파이프 벽 근처의 점성저층

속도분포
난류유동
(d)

그림 9-19

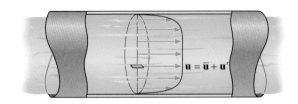

난류유동에서의 속도분포

(a)

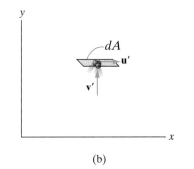

(b)

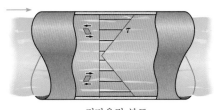

전단응력 분포

(c)

그림 9-20

의 운동량을 증가시킨다. 난류유동에서 이러한 운동량 전달방식은 유동 내에 분자 교환에 의해 발생하는 점성 전단응력보다 몇 배나 큰 **겉보기 전단응력**(apparent shear stress)을 발생시킨다.

겉보기 전단응력이 어떻게 발달되는지를 개념적으로 보여주기 위해 그림 9-20a에서 두 인접한 유체층을 따르는 정상 난류유동을 고려한다. 유동방향의 속도성분은 어떤 순간에서도 시간평균 $\bar{u}$와 평균 수평요동 u'성분들에 의해 표현된다. 즉 임의의 수평속도에 대해

$$u = \bar{u} + u'$$

난류 혼합으로 인해 수직방향의 국지적인 속도성분은 있겠지만 평균적인 유동은 없으므로 수직방향의 평균 유속은 없다. 따라서

$$v = v'$$

이제 그림 9-20b에서 보듯, 미소면적의 수평단면 dA를 관통하는 유체입자의 운동 v'을 고려하자. 면적 dA를 지나는 질량유량은 $\rho v' dA$이므로 수평 운동량 변화량 $u'(\rho v' dA)$은 위층이 전달된 입자에 가한 힘 dF의 결과이다. 전단응력은 $\tau = dF/dA$이며, 따라서 발생한 겉보기 난류 전단응력은 다음과 같다.

$$\tau_{\text{turb}} = \rho \overline{u'v'}$$

여기서 $\overline{u'v'}$는 $u'v'$의 곱평균이다. 이 겉보기 난류 전단응력은 1886년에 이를 주장한 Osborne Reynolds의 이름을 따서 종종 **레이놀즈 응력**(Reynolds stress)으로 언급된다.

따라서 난류유동 내의 전단응력은 두 성분으로 구성된다. 점성 전단응력은 시간평균 속도성분 $\bar{u}$에 의한 분자 교환 $\tau_{\text{visc}} = \mu \, d\bar{u}/dy$로 인한 것이고 겉보기 난류 전단응력 τ_{turb}은 유체층 사이에서 크기가 더 큰 소용돌이 입자의 교환에 근거한다. 이것은 평균 수평요동성분 u'의 결과이다. 따라서 다음과 같이 나타낼 수 있다.

$$\tau = \tau_{\text{visc}} + \tau_{\text{turb}}$$

식 (9-16)에서 지적한 바와 같이 τ는 그림 9-10과 그림 9-20c에서와 같이 선형적으로 변한다.

실제로 수직 및 수평 요동성분 v'과 u'은 유동 내의 각 위치에 따라 다르므로 겉보기 또는 난류 전단응력을 구하는 것은 매우 어렵다. 이런 사실에도 불구하고 Reynolds의 연구에 근거하여 그 후에 프랑스 수학자 Joseph Boussinesq가 유동의

와점성이라 불리는 개념을 사용하여 이 응력에 대한 경험식을 개발하였다. 뒤이어 Ludwig Prandtl이 유동 내에 형성된 소용돌이 크기에 근거한 **혼합 거리 가정**을 만들었다. 이들의 노력으로 난류 전단응력의 개념 및 속도와의 관계에 대한 이해가 증진되었지만 그들의 적용은 제한적으로 오늘날 더 이상 사용되지 않고 있다. 난류유동은 입자들의 불규칙한 운동에 의해 매우 복잡하며, 그 거동을 기술하는 하나의 정확한 수학식을 얻는 것은 실제로 불가능하다. 이러한 어려움으로 인해 난류유동을 포함하는 많은 실험적 연구가 수행되었다(참고문헌 [3], [4]). 실험으로부터 공학자들은 난류거동을 예측할 수 있는 여러 가지 모델을 만들었고, 7.13절에서 논의한 바와 같이 이들 중 일부는 전산유체역학(CFD)에 이용되어 복잡한 컴퓨터 프로그램에 포함되어 있다.

9.8 매끄러운 파이프 내의 난류유동

파이프 내의 난류유동에 대한 속도분포를 면밀히 측정하면 파이프 내에 3개의 다른 영역이 있다는 것을 확인할 수 있다. 이들 영역은 그림 9-21a에서 보이는 바와 같이 점성저층, 천이 영역, 난류유동 영역으로 구분된다.

점성저층 대부분의 모든 유체에 있어 파이프를 통한 유량이 얼마나 큰지 상관없이 파이프 벽에 있는 입자는 0의 속도를 가진다. 이 입자들은 벽에 '달라붙으며' 그 부근의 유체층은 느린 속도로 인해 층류유동을 나타낸다. 결과적으로 유체 내에 점성 전단응력이 이 영역을 지배하며 유체가 뉴턴 유체라면 전단응력은 $\tau_{\text{visc}} = \mu(du/dy)$로 표현될 수 있다. 경계조건 $y=0$에서 $u=0$을 사용해서 이 식을 적분하면 벽 전단응력 τ_0(상수)가 속도에 관련된다. 층류유동에 대해 $u=\bar{u}$인 그림 9-21b의 시간평균 속도이므로 다음을 얻는다.

$$\tau_0 = \mu \frac{\bar{u}}{y} \tag{9-30}$$

보통 '무차원' 변수로 그려지는 실험결과와 비교하기 위하여 이 결과를 **무차원비**로

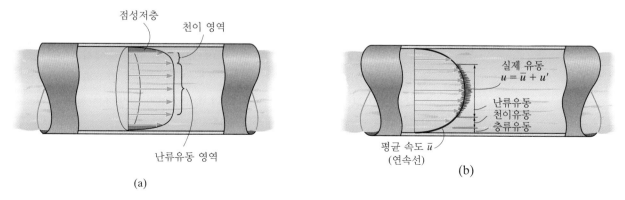

그림 9 – 21

(a)

(b)

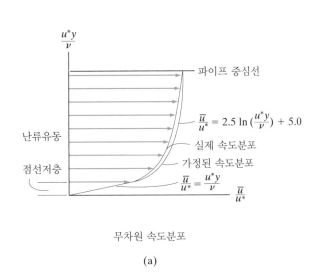

무차원 속도분포

(a)

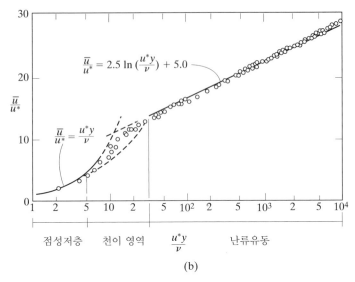

(b)

그림 9-22

나타낸다. 이를 위해 연구자들은 $u^* = \sqrt{\tau_0/\rho}$ 인자를 사용하였다. 이 상수는 속도의 단위를 가지며, 마찰속도 또는 **전단속도**(shear velocity)라 불린다. 위 식의 양변을 ρ로 나누고 동점성계수 $\nu = \mu/\rho$를 이용하면 다음 식을 얻는다.

$$\frac{\overline{u}}{u^*} = \frac{u^* y}{\nu} \tag{9-31}$$

u^*와 ν는 상수이므로 $\overline{u}$와 y는 그림 9-22a에서와 같이 점성저층 내의 무차원 속도분포를 나타내는 선형관계를 형성한다. 식 (9-31)을 **벽 법칙**(law of the wall)이라고 부른다. 이 식은 그림 9-22b의 준로그 그래프상에서 곡선으로 그려지며, $0 \leq u^* y/\nu \leq 5$의 범위에 대하여 Johann Nikuradse에 의해 최초로 얻어진 실험자료와 잘 맞는다(참고문헌 [6] 참고).

천이 및 난류유동 영역 이들 두 영역 내에서 유동은 점성 전단응력과 난류 전단응력을 모두 받는다. 결과적으로 전단응력을 다음과 같이 나타낼 수 있다.

$$\tau = \tau_{\mathrm{visc}} + \tau_{\mathrm{turb}} = \mu \frac{d\overline{u}}{dy} + |\rho \overline{u'v'}| \tag{9-32}$$

앞 절에서의 논의를 상기하면 난류(또는 레이놀즈) 전단응력은 유체층 사이에 큰 입자덩어리 교환으로부터 발생한다. 식 (9-32)의 두 성분 중에서 파이프 중심 내에서는 난류 전단응력이 지배적이지만 유동이 벽 근처로 갈수록 그 영향은 급격히 감소되고 그림 9-21a와 같은 갑작스런 속도강하가 발생하는 천이 영역으로 들어간다.

난류유동에 대한 속도분포는 Johann Nikuradse의 실험에 의해 확립되었다. 이로부터 Theodore von Kármán과 Ludwig Prandtl은 실험결과를 식으로 나타낼 수 있었다.

$$\frac{\overline{u}}{u^*} = 2.5 \ln\left(\frac{u^*y}{\nu}\right) + 5.0 \tag{9-33}$$

이 식을 그림으로 그리면 준로그 눈금상에서는 그림 9-22b와 같이 직선으로 나타나지만 그림 9-22a에서는 곡선으로 나타난다.

그림 9-22b의 눈금에 주의하라. 점성저층과 점선의 천이 영역은 매우 짧은 거리 $u^*y/\nu \le 30$까지만 나타나는 반면에 난류유동 영역은 $u^*y/\nu = 10^4$까지 도달한다. 이러한 이유로 대부분의 공학적 응용에서 점성저층과 천이 영역 내의 유동은 무시할 수 있다. 그 대신에 식 (9-33)만이 파이프에 대한 속도분포를 모델링하는 데 사용된다. 여기서는 물론 유체는 비압축성이고 유동은 완전한 난류이며, 평균적으로 정상이고, 파이프 벽은 매끄럽다고 가정한다.

멱법칙 근사
난류 속도분포는 다음과 같은 형태의 경험적인 멱법칙을 적용할 수 있다.

$$\frac{\overline{u}}{u_{\max}} = \left(1 - \frac{r}{R}\right)^{1/n} \tag{9-34}$$

여기서 $u_{\max}$는 파이프 중심에서 발생하는 최대 속도이며, 지수 n은 레이놀즈수에 의존한다. 특정한 n 값에 대한 몇 개의 Re 값이 표 9-1에 주어져 있다(참고문헌 [4] 참고). 그림 9-23에 층류유동을 포함한 속도분포들이 나타나 있다. n이 커짐에 따라 이들 분포가 평평해짐을 주목하라. 그 이유는 빠른 유동 또는 높은 레이놀즈수로 인한 것이다. 이 분포들 중에서 $n=7$이 계산에 자주 사용되며, 많은 경우에 있어 정확한 결과를 제공한다.

파이프 내의 속도분포는 그림 9-24와 같이 축대칭이므로 식 (9-34)를 적분하면 임의의 n 값에 대한 유량을 다음과 같이 구할 수 있다.

$$Q = \int_A \overline{u} \, dA = \int_0^R u_{\max}\left(1 - \frac{r}{R}\right)^{1/n}(2\pi r)dr$$
$$= 2\pi R^2 u_{\max}\frac{n^2}{(n+1)(2n+1)} \tag{9-35}$$

또한 $Q = V(\pi R^2)$이므로 유동의 평균 속도는 다음과 같다.

$$V = u_{\max}\left[\frac{2n^2}{(n+1)(2n+1)}\right] \tag{9-36}$$

식 (9-34)를 사용하지 않고도 유동 내의 무질서한 요동을 포함하는 다양한 '난류 모델'을 사용해서 난류 시간평균 유동을 예측하려는 시도가 있었다. 이 중요한 분야에서는 계속 연구가 진행 중에 있으며, 잘 된다면 앞으로 수년에 걸쳐 이 모델들은 개선될 것이다.

표 9-1

n	Re
6	$4 \, (10^3)$
7	$1 \, (10^5)$
9	$1 \, (10^6)$
10	$3 \, (10^6)$

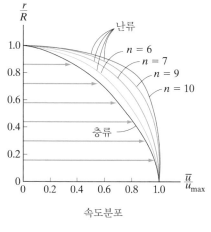

속도분포

그림 9-23

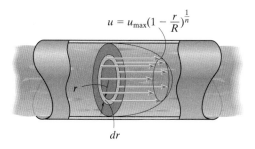

난류 속도분포 근사

그림 9-24

> **요점정리**
>
> - 수조에서 파이프로 유체가 흐를 때 완전히 발달한 속도분포가 얻어지기 전까지는 파이프를 따라 어느 정도 거리까지 가속이 된다. 정상 층류유동에 있어서 이러한 천이 또는 입구길이는 레이놀즈수와 파이프 직경의 함수이다. 정상 난류유동에서는 입구의 형태뿐만 아니라 파이프의 직경과 표면조도에 의존한다.
>
> - 난류유동은 유체입자의 무작위적인 복잡한 운동을 포함한다. 작은 소용돌이가 유동 내에 형성되고 국소적인 유체 혼합이 일어난다. 이것이 난류유동에서의 전단응력과 에너지 손실이 층류유동보다 훨씬 더 큰 이유이다. 전단응력은 점성 전단응력과 유체의 한 층에서 인접한 층으로 유체 입자덩어리의 전달에 의해 발생하는 '겉보기' 난류 전단응력의 조합이다.
>
> - 난류유동의 혼합 거동은 속도분포를 '평평하게 하려고' 하며, 이상유체와 같이 균일하게 만든다. 이 분포는 파이프 벽 근처에 항상 좁은 점성저층(층류유동)을 갖는다. 여기서 유체는 벽에서 속도가 0인 경계조건에 의해 매우 느리게 움직인다. 유동이 빨라질수록 이 저층은 더 얇아지고 벽면 근처의 속도구배가 더 클수록 벽면에 더 큰 전단응력이 작용한다.
>
> - 난류유동은 일정치 않으므로 속도분포를 나타내는 해석적 해를 얻을 수 없다. 대신에 속도분포 형태를 정의하기 위해 실험적 방법에 의존하고 식 (9–33), (9–34)와 같은 경험적 근사식에 맞추는 것이 필요하다.

예제 9.7

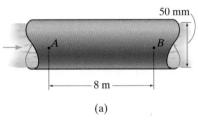

(a)

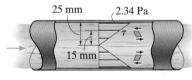

(b)

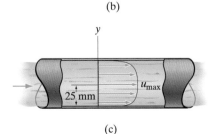

(c)

그림 9 – 25

그림 9–25a에서 보듯이 직경이 50 mm인 물 파이프의 매끄러운 내벽에서 난류유동이 발생한다. A에서의 압력은 10 kPa이고 B에서는 8.5 kPa이라면 파이프 벽면에서와 중심으로부터 15 mm 떨어진 거리에서 작용하는 전단응력의 크기를 구하시오. 파이프 중심에서의 속도는 얼마이며, 점성저층의 두께는 얼마인가? $\rho_w = 1000 \ \text{kg/m}^3$이고 $\nu_w = 1.08(10^{-6}) \ \text{m}^2/\text{s}$이다.

풀이

유체 설명 유동은 정상 난류유동이며, 물은 비압축성으로 가정한다.

전단응력 파이프 벽에서의 전단응력은 층류유동으로 인한 것이다. 따라서 식 (9–16)을 사용하여 구할 수 있다. 파이프는 수평상태이므로 $dh/dx = 0$이고, 다음을 얻는다.

$$\tau_0 = \frac{r}{2}\left(\frac{\Delta p}{L}\right) = \left|\left(\frac{0.025 \ \text{m}}{2}\right)\left[\frac{(8.5 - 10)(10^3) \ \text{N/m}^2}{8 \ \text{m}}\right]\right| = 2.344 \ \text{Pa} = 2.34 \ \text{Pa}$$

Ans.

유체 내의 전단응력은 그림 9–25b에서와 같이 파이프 중심으로부터 선형적으로 변한다. 이 결과는 9.3절에서 압력 힘과 점성력의 균형으로부터 주어졌으며, 층류유동과 난류유동 모두에 유효하다는 것을 상기하라. 비례관계에 의해 $r = 15$ m에서의 최대 전단응력을 다음과 같이 구할 수 있다.

$$\frac{\tau}{15 \ \text{mm}} = \frac{2.344 \ \text{Pa}}{25 \ \text{mm}}; \qquad \tau = 1.41 \ \text{Pa}$$

Ans.

속도   그림 9-25c의 중심선에서의 속도를 구하기 위해 식 (9-33)을 사용한다. 먼저

$$u^* = \sqrt{\tau_0/\rho_w} = \sqrt{(2.344 \text{ N/m}^2)/(1000 \text{ kg/m}^3)} = 0.04841 \text{ m/s}$$

이고, 파이프 중심선 $y = 0.025$ m에서

$$\frac{u_{\max}}{u^*} = 2.5 \ln\left(\frac{u^*y}{\nu_w}\right) + 5.0$$

$$\frac{u_{\max}}{0.04841 \text{ m/s}} = 2.5 \ln\left[\frac{(0.04841 \text{ m/s})(0.025 \text{ m})}{1.08(10^{-6}) \text{ m}^2/\text{s}}\right] + 5.0$$

$$u_{\max} = 1.09 \text{ m/s} \qquad\qquad Ans.$$

점성저층   점성저층은 그림 9-22b의 $u^*y/\nu = 5$까지 주어진다. 따라서

$$y = \frac{5\nu_w}{u^*} = \frac{5[1.08(10^{-6}) \text{ m}^2/\text{s}]}{0.04841 \text{ m/s}} = 0.11154(10^{-3}) \text{ m} = 0.112 \text{ mm} \quad Ans.$$

이 결과는 매끄러운 벽을 가진 파이프에만 적용된다. 파이프가 거친 표면을 가진다면 이 얇은 층을 통해 지나가는 돌기는 유동을 붕괴시켜 추가 마찰을 생성할 수 있다. 이러한 효과는 다음 장에서 살펴볼 것이다.

예제 9.8

그림 9-26a에서 직경이 100 mm인 매끄러운 파이프를 통해 등유가 20 m/s의 평균 속도로 흐른다. 점성마찰로 인해 파이프를 따르는 압력강하는 0.8 kPa/m이다. 파이프 중심선으로부터 $r = 10$ mm 위치에서 등유 내의 점성 전단응력 및 난류 전단응력을 구하시오. 멱법칙 속도분포를 사용하고 $\nu_k = 2(10^{-6})$ m²/s 그리고 $\rho_k = 820$ kg/m³이다.

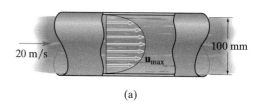

(a)

풀이

유체 설명   유동은 정상 난류유동이며, 등유는 비압축성으로 간주한다.

전단응력   전단응력 분포는 그림 9-26b와 같이 선형적이다. 최대 전단응력은 난류저층 내의 벽에서 나타나기 때문에 점성 영향에 의해서만 발생한다. 이 응력의 크기는 식 (9-16)을 사용하여 구한다. $dh/dx = 0$이므로

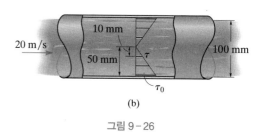

(b)

그림 9-26

$$\tau_0 = \frac{r}{2}\left(\frac{\Delta p}{L}\right) = \left|\left(\frac{0.05 \text{ m}}{2}\right)\left(\frac{-800 \text{ N/m}^2}{1 \text{ m}}\right)\right| = 20 \text{ Pa}$$

비례관계에 의해 $r = 10$ mm에서의 전단응력은 다음과 같다.

$$\frac{\tau}{10 \text{ mm}} = \frac{20 \text{ N/m}^2}{50 \text{ mm}}; \qquad \tau = 4 \text{ Pa} \qquad\qquad Ans.$$

점성 전단응력 성분   점성 전단응력 성분은 뉴턴의 점성법칙과 식 (9-34)의 멱법칙을 사용해서 $r = 10$ mm에서 구할 수 있다. 먼저 멱법칙을 사용하기 위해 레이놀즈수에 따른 지수 n을 구해야 한다.

$$\text{Re} = \frac{VD}{\nu_k} = \frac{(20 \text{ m/s})(0.1 \text{ m})}{2(10^{-6}) \text{ m}^2/\text{s}} = 1(10^6)$$

표 9-1로부터 이 레이놀즈수에 대하여 $n = 9$이다. 그림 9-26a의 최대 속도 u_{max}는 식 (9-36)에 의해

$$V = u_{max} \frac{2n^2}{(n+1)(2n+1)}; \qquad 20 \text{ m/s} = u_{max} \left[\frac{2(9^2)}{(9+1)[2(9)+1]} \right]$$

$$u_{max} = 23.46 \text{ m/s}$$

$\bar{u}$에 대해 식 (9-34)를 사용하고 $\mu_k = \rho \nu_k$이므로, 뉴턴의 점성법칙은 $\tau_{visc} = \mu_k (d\bar{u}/dy) = -\mu_k (d\bar{u}/dr)$이다. 여기서 $y = R - r$이므로 $dy = -dr$이다. 따라서

$$\tau_{visc} = -\mu_k \frac{d\bar{u}}{dr} = -\mu_k \frac{d}{dr} \left[u_{max} \left(1 - \frac{r}{R} \right)^{1/n} \right] = \frac{\mu_k u_{max}}{nR} \left(1 - \frac{r}{R} \right)^{(1-n)/n}$$

$$= \frac{(820 \text{ kg/m}^3)[2(10^{-6}) \text{ m}^2/\text{s}](23.46 \text{ m/s})}{9(0.05 \text{ m})} \left(1 - \frac{0.01 \text{ m}}{0.05 \text{ m}} \right)^{(1-9)/9}$$

$$= 0.1042 \text{ Pa} \qquad\qquad\qquad\qquad\qquad\qquad\qquad Ans.$$

이 값은 매우 작은 값이다.

난류 전단응력 성분 난류 전단응력 성분이 전단응력의 대부분을 차지한다. $r = 10$ mm 에서

$$\tau = \tau_{visc} + \tau_{turb}; \qquad 4 \text{ N/m}^2 = 0.1042 \text{ Pa} + \tau_{turb}$$

$$\tau_{turb} = 3.90 \text{ Pa} \qquad\qquad\qquad\qquad\qquad\qquad Ans.$$

참고문헌

1. S. Yarusevych et al., "On vortex shedding from an airfoil in low-Reynolds-number flows," *J Fluid Mechanics*, Vol. 632, 2009, pp. 245–271.

2. H. Langhaar, "Steady flow in the transition length of a straight tube," *J Applied Mechanics*, Vol. 9, 1942, pp. 55–58.

3. J. T. Davies. *Turbulent Phenomena*, Academic Press, New York, NY, 1972.

4. J. Hinze, *Turbulence*, 2nd ed., McGraw-Hill, New York, NY, 1975.

5. F. White, *Fluid Mechanics*, 7th ed., McGraw-Hill, New York, NY, 2008.

6. J. Schetz et. al., *Boundary Layer Analysis*, 2nd ed., American Institute of Aeronautics and Astronautics, 2011.

7. T. Leger and S. L., Celcio, "Examination of the flow near the leading edge of attached cavitation," *J Fluid Mechanics*, Cambridge University Press, UK, Vol. 373, 1998, pp. 61–90.

8. D. Peterson and J. Bronzino, *Biomechanics: Principles and Applications*, CRC Press, Boca Raton, FL, 2008.

9. K. Chandran et al., *Biofluid Mechanics: The Human Circulation*, CRC Press, Boca Raton, FL, 2007.

10. H. Wada, *Biomechanics at Micro and Nanoscale Levels*, Vol. 11, World Scientific Publishing, Singapore, 2006.

11. L. Waite and J. Fine, *Applied Biofluid Mechanics*, McGraw-Hill, New York, NY, 2007.

12. A. Draad and F. Nieuwstadt, "The Earth's rotation and laminar pipe flow," *J Fluid Mechanics*, Vol. 361, 1988, pp. 297–308.

연습문제

9.1-9.2절

E9-1 폭이 400 mm인 20 kg의 균일한 판이 10° 경사면을 따라 자유롭게 미끄러진다. 종단속도가 2 m/s일 때, 판 아래에 있는 유막의 대략적인 두께를 구하시오. $\rho_o = 900$ kg/m³이고 $\mu_o = 0.0685$ N · s/m²이다.

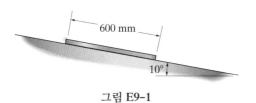

그림 E9-1

E9-2 용기를 통해 잡아당겨지는 폭이 200 mm인 플라스틱 조각 표면에 접착제가 공급된다. 테이프가 10 mm/s로 움직인다면 테이프에 가해지는 힘 **F**를 구하시오. $\rho_g = 730$ kg/m³이고 $\mu_g = 0.860$ N · s/m²이다.

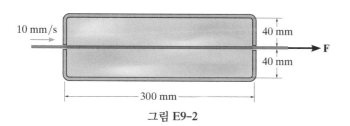

그림 E9-2

E9-3 건물 벽과 창틀 사이에 2 mm 너비의 틈이 존재한다. 건물 내부와 외부 사이에 압력차가 4 Pa이라면 이 틈을 통해 건물 밖으로 나가는 공기의 유량을 구하시오. 건물 벽의 두께는 150 mm이고 공기의 온도는 20°C이다.

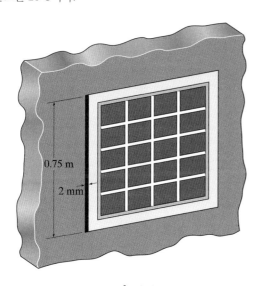

그림 E9-3

*E9-4 물탱크 측벽에 폭이 100 mm이고 평균 개구가 0.1 mm인 사각형 균열이 있다. 층류유동이 균열을 통해 흐른다면 균열을 통해 나가는 물의 체적유량을 구하시오. 물의 온도는 $T = 20$°C이다.

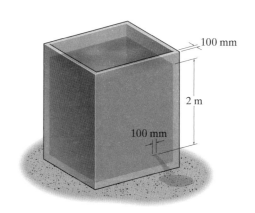

그림 E9-4

E9-5 평행평판 내의 A 지점에서 B 지점까지 압력강하가 100 Pa일 때, 물의 유량과 각 평판에서의 전단응력을 구하시오. 평판은 고정이고 폭은 600 mm이며, 물의 온도는 20°C이다.

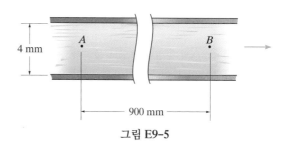

그림 E9-5

E9-6 평행평판 내의 A 지점에서 B 지점까지 압력강하가 100 Pa일 때, 물의 평균 유속을 구하시오. 평판은 고정이고 물의 온도는 20°C이다.

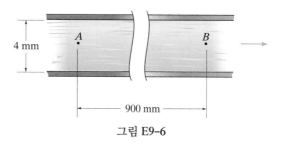

그림 E9-6

E9-7 질량이 50 kg인 소년이 경사면 아래로 미끄러지려 한다. 신발과 표면 사이에 두께가 0.3 mm인 기름막이 형성되어 있다면 경사면 아래로 내려가는 소년의 종단속도를 구하시오. 신발 양쪽의 총 접촉면적은 0.0165 m²이다. $\rho_o = 900$ kg/m³이고 $\mu_o = 0.0638$ N · s/m²이다.

그림 E9-7

*E9-8 얇은 엔진 기름층이 다른 속도로 움직이는 벨트 사이에 갇혀있다. 유막 내의 속도분포와 전단응력 분포를 그리시오. A와 B에서의 압력은 대기압이다. $\rho_o = 920$ kg/m³이고 $\mu_o = 0.45$ N · s/m²이다.

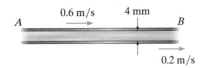

그림 E9-8

E9-9 벨트가 3 mm/s의 일정한 속도로 움직이고 있다. 벨트와 표면 사이에 질량이 2 kg인 판이 두께가 0.5 mm인 유막 위에 놓여있는 데 반해 판 윗면과 벨트 사이에 들어 있는 기름의 두께는 0.8 mm이다. 판이 표면 위를 미끄러질 때 판의 종단속도를 구하시오. 속도분포는 선형적이라고 가정한다. $\rho_o = 900$ kg/m³이고 $\mu_o = 0.0675$ N · s/m²이다.

그림 E9-9

E9-10 10 kg의 판 A와 4 kg의 판 B가 끈으로 연결된 채 경사면에 놓여있다. 판 아래의 기름의 두께가 0.4 mm라면, 판의 종단속도와 끈의 장력을 구하시오. 두 판 모두 300 mm의 폭을 가지고 있으며, $\rho_o = 920$ kg/m³이고 $\mu_o = 0.18$ N · s/m²이다.

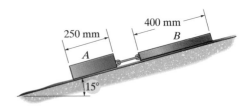

그림 E9-10

E9-11 2개의 평판으로 구성된 태양열 온수기가 지붕 위에 설치되어 있다. 물은 A로 들어가 B로 나온다. 평판 사이의 간격이 $a = 1.5$ mm일 때, 층류유동을 유지하기 위해 가능한 A와 B 사이의 최대 압력강하를 구하시오. 물의 평균 온도는 45°C로 가정한다.

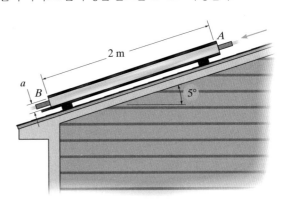

그림 E9-11

*E9-12 마개와 벽 사이의 간극이 0.2 mm가 되도록 핀을 사용해서 원통에 마개가 부착되어 있다. 원통에 담긴 기름 내의 압력이 4 kPa이라면 마개 측면을 통해 올라가는 기름의 초기 체적유량을 구하시오. 이 유동은 간극 크기가 마개 직경에 비해 매우 작으므로 평행평판 사이의 유동과 유사한 것으로 가정한다. $\rho_o = 880$ kg/m³이고 $\mu_o = 30.5(10^{-3})$ N · s/m²이다.

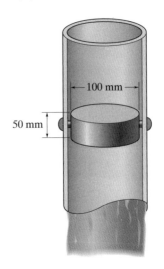

그림 E9-12

E9-13 나비에-스토크스 방정식을 사용하여 경사면을 따라 아래로 흐르는 유체의 정상 층류유동의 속도분포가 $u = [\rho g \sin \theta / (2\mu)] \times (2hy - y^2)$임을 보이시오. 여기서 ρ는 유체밀도, μ는 점성계수이다.

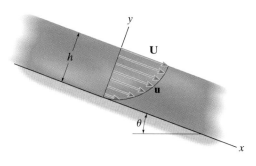

그림 E9-13

E9-14 직경이 100 mm인 축이 기름-윤활 베어링에 의해 지지되고 있다. 베어링 내의 간극이 2 mm라면 축이 180 rev/min으로 일정하게 회전하는 데 필요한 토크 T를 구하시오. 밀봉을 통한 기름 누설은 없고 이 유동은 간극 크기가 축 반경에 비해 매우 작으므로 평행평판 사이의 유동과 유사하다고 가정한다. $\rho_o = 840$ kg/m³이고 $\mu_o = 0.22$ N·s/m²이다.

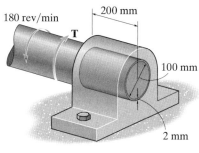

그림 E9-14

E9-15 그림과 같이 유체는 같은 방향이지만 다른 속도로 움직이는 두 평행평판 사이에 층류유동을 가지고 있다. 나비에-스토크스 방정식을 사용하여 유체의 전단응력 분포와 속도분포를 나타내고 이 결과를 그리시오. A와 B 사이에 압력구배는 없다.

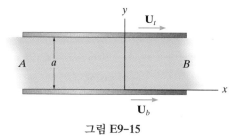

그림 E9-15

*E9-16 숨을 들이쉬면 공기는 코의 통로에 있는 그림과 같은 비갑개골을 통해 흐른다. 15 mm의 짧은 거리에 대해 평균 총 너비가 $w = 20$ mm이고 간격이 $a = 1$ mm인 평행평판 사이를 유동이 지나간

다. 폐에서 $\Delta p = 50$ Pa의 압력강하가 발생하고 공기의 온도가 20°C라면 공기를 들이마시는 데 필요한 동력을 구하시오.

그림 E9-16

E9-17 원자로에 사용하는 재료를 검사하기 위해 냉각수가 흐를 수 있도록 평판 형태의 연료요소가 배치되어 있다. 판들은 1.5 mm씩 떨어져 있다. 판을 지나는 유동의 평균 속도가 0.3 m/s일 때 연료요소의 길이에 걸쳐 발생하는 물의 압력강하를 구하시오. 각 연료요소의 길이는 900 mm이다. 끝단효과는 무시한다. $\rho_w = 965$ kg/m³이고 $\mu_w = 0.318(10^{-3})$ N·s/m²이다.

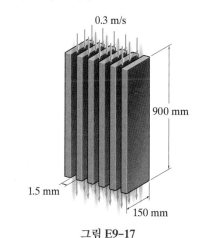

그림 E9-17

9.3 – 9.6절

E9-18 림프는 혈액에서 걸러져 면역체계의 중요 부분을 구성하는 유체이다. 뉴턴 유체로 가정하고 동맥으로부터 직경이 0.8 mm인 모세관전괄약근으로 수은기둥 120 mm의 압력에서 흘러들어가서 길이가 1200 mm인 다리를 통해 수직하게 위로 지나간 후 수은기둥 25 mm의 압력을 나타낼 때 유동의 평균 속도를 구하시오. $\rho_l = 1030$ kg/m³이고 $\mu_l = 0.0016$ N·s/m²이다.

E9-19 20°C의 휘발유가 직경 100 mm인 파이프를 따라 흐른다. 길이가 50 m인 구역에 대해 압력강하가 0.5 Pa일 때, 유량을 구하시오.

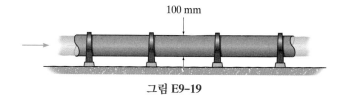

그림 E9-19

*E9-20 SAE 10W-30 엔진오일이 직경 125 mm인 파이프를 따라 2 m/s의 평균 속도로 흐른다. 이때 길이가 10 m인 구역에 대해 점성마찰로 인해 발생하는 압력강하를 구하시오. $\rho_o=920$ kg/m³이고 $\mu_o=0.2$ N·s/m²이다.

E9-21 직경이 125 mm인 파이프가 SAE 10W-30 엔진오일을 수송하는 데 사용된다. 유동이 층류유동이라면, 길이가 10 m인 구역에 대해 점성마찰로 인해 발생할 수 있는 최대 압력강하를 구하시오. $\rho_o=920$ kg/m³이고 $\mu_o=0.2$ N·s/m²이다.

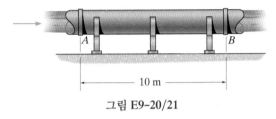

그림 E9-20/21

E9-22 피마자유가 A에서는 550 kPa의 압력을, B에서는 200 kPa의 압력을 받는다. 파이프의 직경이 30 mm라면 파이프 벽에 작용하는 전단응력과 피마자유의 최대 속도를 구하시오. 또한 유량 Q는 얼마인가? $\rho_{co}=960$ kg/m³이고 $\mu_{co}=0.985$ N·s/m²이다.

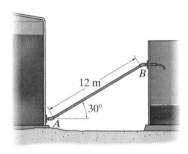

그림 E9-22

E9-23 20℃의 원유가 직경 50 mm인 매끄러운 파이프를 통해 분출된다. A에서 B까지의 압력강하가 36.5 kPa이라면 유동 내의 최대 속도를 구하고, 원유 내의 전단응력 분포를 그리시오.

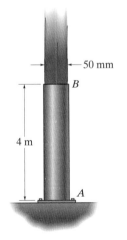

그림 E9-23

*E9-24 피마자유를 200 mm의 수위가 유지되도록 깔대기 속에 따른다. 줄기를 통해 일정한 비율로 흘러서 원통형 용기에 모아진다. 수위가 $h=50$ mm에 도달하기 위해 필요한 시간을 구하시오. $\rho_o=960$ kg/m³이고 $\mu_o=0.985$ N·s/m²이다.

E9-25 피마자유를 200 mm의 수위가 유지되도록 깔대기 속에 따른다. 줄기를 통해 일정한 비율로 흘러서 원통형 용기에 모아진다. $h=80$ mm 깊이까지 용기를 채우는 데 걸리는 시간이 5초라면 피마자유의 점성계수를 구하시오. $\rho_o=960$ kg/m³이다.

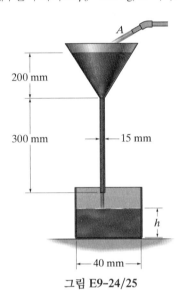

그림 E9-24/25

E9-26 직경이 100 mm인 수평 파이프가 피마자유를 처리 플랜트로 보낸다. 압력강하가 100 kPa이라면 파이프 내의 피마자유의 최대 속도와 피마자유 안의 최대 전단응력을 구하시오. $\rho_o=960$ kg/m³이고 $\mu_o=0.985$ N·s/m²이다.

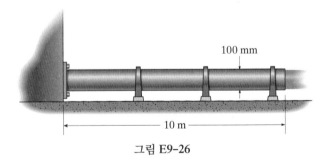

그림 E9-26

E9-27 망막 소동맥은 눈의 망막에 혈액 흐름을 제공한다. 소동맥의 내경은 0.08 mm이고, 유동의 평균 속도는 28 mm/s이다. 유동이 층류인지 난류인지 결정하시오. 혈액은 1060 kg/m³의 밀도와 0.0036 N·s/m²의 겉보기 점성계수를 갖고 있다.

*E9–28 수은 마노미터 압력계의 눈금이 $h = 20$ mm라면, SAE 10W 엔진오일의 파이프 내 체적유량을 구하시오. $\rho_{Hg} = 13550$ kg/m³, $\rho_o = 920$ kg/m³이고 $\mu_o = 0.182$ N · s/m²이다.

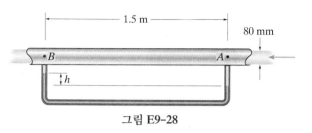

그림 E9–28

E9–29 수은 마노미터의 눈금이 $h = 40$ mm라면, SAE 10W 엔진오일의 파이프 내 질량유량을 구하시오. $\rho_{Hg} = 13550$ kg/m³, $\rho_o = 920$ kg/m³이고 $\mu_o = 0.182$ N · s/m²이다.

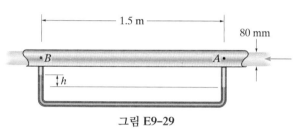

그림 E9–29

E9–30 원유가 직경이 50 mm인 파이프를 통해 수직하게 위로 흐르고 있다. 3 m 떨어져 있는 두 지점 사이의 압력차가 26.4 kPa일 때 체적유량을 구하시오. $\rho_o = 880$ kg/m³이고 $\mu_o = 30.2(10^{-3})$ N · s/m²이다.

E9–31 몸속 대부분의 혈액유동은 층류이며 혈액의 밀도가 1060 kg/m³이고 대동맥의 직경이 25 mm라면 혈액유동이 천이되기 전에 가질 수 있는 최대 평균 속도를 구하시오. 혈액은 뉴턴 유체이고 $\mu_b = 0.0035$ N · s/m²의 점성계수를 갖는 것으로 가정한다. 이 속도에서 직경이 0.008 mm인 눈의 대동맥에서 난류가 발생할 수 있는지 결정하시오.

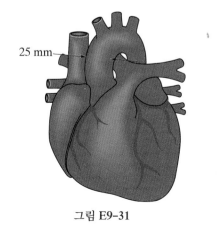

그림 E9–31

*E9–32 직경이 50 mm인 수평 파이프가 글리세린을 수송하는 데 사용된다. A에서의 압력이 $p_A = 125$ kPa이고 B에서의 압력이 $p_B = 110$ kPa일 때, 글리세린이 파이프의 벽면에 작용하는 전단응력을 구하시오.

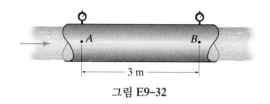

그림 E9–32

E9–33 직경이 100 mm인 수직 파이프가 20°C의 휘발유를 수송하는 데 사용된다. 그림과 같이 3 m 길이에 대한 압력강하가 30 kPa일 때, 파이프 벽면에 작용하는 전단응력을 구하시오.

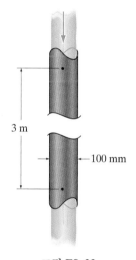

그림 E9–33

E9–34 원통형 탱크에 20°C의 원유가 채워져 있다. 밸브 A가 열리면 원유가 직경 20 mm인 파이프를 따라 흘러나온다. 초기상태($t = 0$)일 때, 탱크 내의 원유 높이가 $h = 8$ m라면, 원유 높이가 $h = 1$ m가 될 때의 시간을 구하시오. 파이프 내의 유동은 층류유동이라 가정한다.

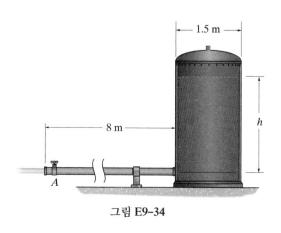

그림 E9–34

E9-35 원통형 탱크에 직경 60 mm인 파이프가 연결되어 $T = 20°C$의 원유가 채워진다. 유동이 층류유동이라면, 탱크 내의 원유 높이가 $h = 0$ m에서 $h = 2$ m가 될 때까지 걸리는 최소 시간을 구하시오. 또한 이 같은 일이 가능하기 위해서 어떠한 압력구배가 유지되어야 하는지 서술하시오. 공기는 탱크 위로 빠져나간다.

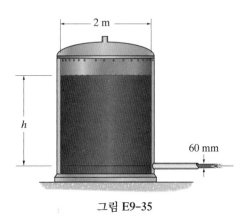

그림 E9-35

***E9-36** 직경이 100 mm인 수평 파이프가 20°C의 원유를 수송하는 데 사용된다. 길이가 8 m인 구역에 대해 압력강하가 500 Pa일 때, 원유의 평균 유속을 구하시오.

E9-37 직경이 100 mm인 수평 파이프가 20°C의 원유를 수송하는 데 사용된다. 파이프 길이가 8 m인 구역에 대해 층류유동이 유지될 때 가능한 최대 압력강하를 구하시오.

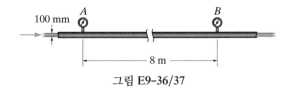

그림 E9-36/37

E9-38 물이 비커에서 직경이 4 mm인 튜브로 0.45 m/s의 평균 속도로 흘러간다. 물의 온도가 10°C일 때와 30°C일 때 유동이 층류인지 난류인지 구분하시오. 유동이 층류라면 완전히 발달된 유동이 발생하는 파이프 길이를 찾으시오.

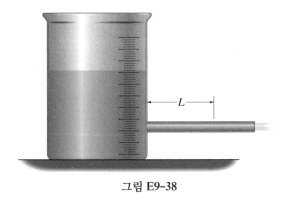

그림 E9-38

E9-39 어떤 남자가 직경 3 mm의 빨대를 통해 공기를 3 m/s의 속도로 불고 있다. 이때 빨대를 제자리에 고정시키기 위해 입술이 빨대에 가하는 힘을 구하시오. 완전 발달된 유동으로 가정하라. 공기의 온도는 20°C이다.

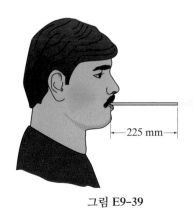

그림 E9-39

***E9-40** 20°C의 글리세린이 직경 50 mm인 매끄러운 파이프를 통해 분출된다. 그림과 같이 A에서 B까지의 압력강하가 60.5 kPa일 때, 글리세린의 체적유량을 구하고, 글리세린 내의 전단응력 분포를 그리시오.

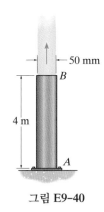

그림 E9-40

E9-41 공기의 온도가 30°C이고 평균 유속이 0.12 m/s일 때, 직경이 250 mm인 수평 공기 덕트에 작용하는 전단응력을 구하시오.

E9-42 기름과 등유가 그림과 같이 Y형 파이프를 통해 함께 보내진다. 두 유체가 60 mm 직경의 파이프를 따라 섞이면서 흐를 때 난류유동이 발생할지를 판단하시오. $\rho_o = 880$ kg/m³ 그리고 $\rho_k = 810$ kg/m³이다. 유체 혼합은 $\mu_m = 0.024$ N · s/m²의 점성계수를 갖는다.

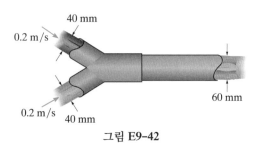

그림 E9-42

E9-43 글리세린이 수평 파이프를 통해 흐를 때, 길이가 50 m인 구역에 대해 압력강하가 40 kPa이다. 이때 파이프 벽에서 25 mm 떨어진 지점의 글리세린 내의 전단응력을 구하시오. 또한 파이프의 중심선을 따라 전단응력 분포와 체적유량을 구하시오. $\rho_g = 1260$ kg/m³이고 $\mu_g = 1.50$ N · s/m²이다.

그림 E9-43

*E9-44 글리세린이 직경 100 mm인 파이프의 수직단면으로 들어갈 때 A에서의 압력이 15 kPa이다. B에서의 유량을 구하시오.

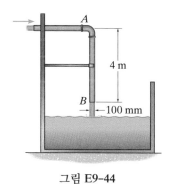

그림 E9-44

E9-45 동심원에 대한 레이놀즈수 $\mathrm{Re} = \rho V D_h / \mu$는 $D_h = 4A/P$로 정의되는 수력직경을 사용해서 구해진다. 여기서 A는 동심원 내의 열린 단면적이고, P는 접수길이이다. 유량이 0.01 m³/s일 때 30℃인 물에 대한 레이놀즈수를 구하시오. 이 유동은 층류인가? $r_i = 40$ mm와 $r_o = 60$ mm이다.

E9-46 뉴턴 유체는 동심원을 통해 지나는 층류유동을 갖는다. 나비에-스토크스 방정식을 풀어서 유동에 대한 속도분포가 다음과 같음을 보이시오.

$$v_z = \frac{1}{4\mu} \frac{dp}{dz} \left[r^2 - r_o^2 - \left(\frac{r_o^2 - r_i^2}{\ln(r_o/r_i)} \right) \ln \frac{r}{r_o} \right]$$

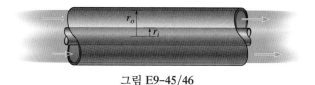

그림 E9-45/46

9.7 - 9.8절

E9-47 $T = 20$℃의 에틸알코올이 직경 60 mm인 매끄러운 파이프에 흐르고 있다. 길이가 6 m인 구역에 대해 압력이 120 kPa에서 108.5 kPa로 떨어질 때, 파이프의 벽과 중심에서 전단응력을 각각 구하시오. 파이프의 중심선을 따라 유속은 어떻게 변하는가? 유동은 난류이다. 식 (9-33)을 사용하라.

*E9-48 $T = 20$℃의 에틸알코올이 직경 60 mm인 매끄러운 파이프에 흐르고 있다. 길이가 6 m인 구역에 대해 압력이 120 kPa에서 108.5 kPa로 떨어질 때, 파이프의 벽에서 10 mm 떨어진 지점에서 전단응력을 구하시오. 점성저층의 두께는 얼마인가?

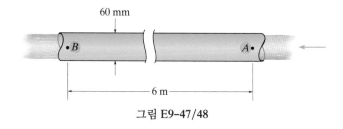

그림 E9-47/48

E9-49 직경이 30 mm인 매끄러운 파이프를 SAE 10W-30 엔진오일이 0.0095 m³/s의 유량으로 흐르고 있다. 파이프 벽으로부터 5 mm 떨어진 지점에서 엔진오일의 유속을 구하시오. 결과를 얻기 위해 식 (9-34)의 멱법칙 속도분포를 이용하라. $\nu_o = 0.1(10^{-3})$ m²/s이다.

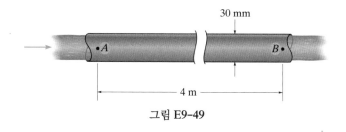

그림 E9-49

E9-50 직경 200 mm인 매끄러운 파이프가 4 m/s의 최대 속도를 갖는 50℃의 물을 수송하고 있다. 10 m 길이의 파이프에 걸친 압력강하와 파이프 벽에서의 전단응력을 구하시오. 또한 점성저층의 두께는 얼마인가? 식 (9-33)을 사용하라.

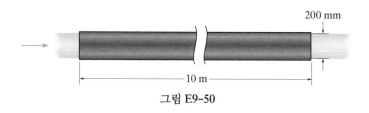

그림 E9-50

E9–51 직경이 80 mm인 매끄러운 파이프를 통해 20°C의 물이 흐르고 있다. A에서의 압력이 250 kPa이고 B에서의 압력이 238 kPa일 때, 점성저층의 두께를 구하시오. 파이프 중심선을 따라 유속은 어떻게 변하는가?

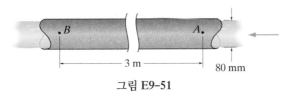

그림 E9–51

*E9–52 직경이 80 mm인 매끄러운 수평 파이프를 20°C의 등유가 흐르고 있다. 10 m 길이에 걸쳐 압력강하가 1.25 kPa일 때 최대 유속을 구하시오. 점성저층의 두께는 얼마인가? 식 (9–33)을 사용하라.

E9–53 직경이 30 mm인 매끄러운 파이프를 SAE 10W-30 엔진오일이 흐르고 있다. A에서의 압력이 200 kPa이고 B에서의 압력이 170 kPa일 때 점성저층의 두께와 파이프 내의 엔진오일의 최대 전단응력과 최대 유속을 구하시오. 유동이 난류이면 식 (9–33)을 사용하라. $\rho_o = 920$ kg/m³이고 $\nu_o = 0.1(10^{-3})$ m²/s이다.

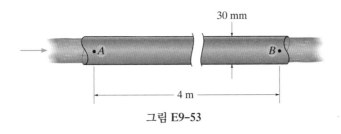

그림 E9–53

E9–54 직경이 200 mm인 매끄러운 수평 파이프를 20°C의 등유가 흐르고 있다. 파이프 벽으로부터 40 mm 떨어진 지점에서 유속을 구하시오. 그때의 전단응력은 얼마인가? 단, 파이프 길이방향으로 압력강하는 20 kPa/m이고 유동이 난류이면 식 (9–33)을 사용하라.

E9–55 직경이 200 mm인 매끄러운 파이프를 흐르는 SAE 10W-30 엔진오일의 파이프 벽으로부터 40 mm 떨어진 지점에서의 점성 전단응력과 난류 전단응력을 구하시오. 체적유량은 0.095 m³/s이고 파이프 길이방향의 압력강하는 3 kPa/m이다. 결과를 얻기 위하여 식 (9–34)의 멱법칙 속도분포를 사용하라. $\rho_o = 920$ kg/m³이고 $\mu_o = 0.14$ N·s/m²이다.

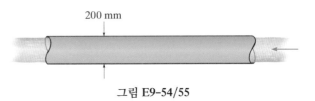

그림 E9–54/55

*E9–56 직경이 200 mm인 매끄러운 파이프를 250°C의 물이 0.141 m³/s의 유량으로 흐르고 있다. A에서 B까지의 압력강하가 250 Pa일 때 파이프 중심선을 기준으로 $r = 50$ mm인 지점과 $r = 100$ mm인 지점에서 점성 전단응력과 난류 전단응력을 구하시오. 식 (9–34)의 멱법칙 속도분포를 사용하라.

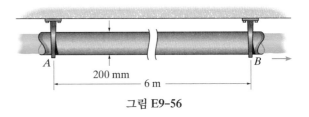

그림 E9–56

E9–57 목 동맥의 내벽에 위치한 인공이식 조직편에 대한 실험 검사에 따르면 주어진 순간에 동맥을 지나는 혈액유동은 $u = 8.36(1 - r/3.4)^{1/n}$ mm/s로 근사화한 속도분포를 갖는다. 여기서 r의 단위는 밀리미터이고, $n = 2.3 \log_{10} \text{Re} - 4.6$이다. $\text{Re} = 2(10^9)$일 때 동맥 벽 위의 속도분포를 그리고, 이 순간에서의 유량을 구하시오.

그림 E9–57

9장 복습

두 평행평판 사이 또는 파이프 내에서 정상유동이 발생한다면 유동이 층류든 난류든 관계없이 유체 내의 전단응력은 압력 힘과 중력, 그리고 점성력 사이에 균형을 이루도록 선형적으로 변한다.

층류유동 및 난류유동
모두에 대한
전단응력 분포

이 책에서 평행평판 사이의 층류유동은 Re≤1400을, 파이프 내의 층류유동은 Re≤2300을 요구한다. 뉴턴 유체에 대해 층류유동이 발생하면 뉴턴의 점성법칙을 사용하여 이 도관을 따르는 속도분포와 압력강하를 구할 수 있다. 판 또는 파이프에 대해 관련된 수식을 사용할 때는 설정된 좌표계와 관련된 부호규약을 따라야 한다.

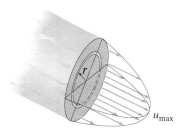

층류유동에 대한
속도분포

큰 수조로부터 파이프로 유체가 흐를 때 완전히 발달된 층류유동 또는 난류유동이 되기까지 어느 정도 거리에 걸쳐 가속이 된다.

파이프 내의 난류유동은 유체의 일정치 않은 혼합에 의해 추가 마찰손실을 발생시킨다. 혼합은 평균 속도분포를 더 균일하게 만드는 경향이 있다. 그렇지만 파이프 벽을 따라 층류유동을 갖는 좁은 점성저층이 항상 존재한다.

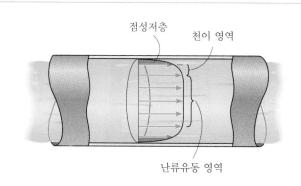

난류유동에서 유체 내부의 혼합을 예측하기 어렵기 때문에 속도 분포는 해석적으로 구할 수 없다. 그 대신 실험결과를 이용해서 이 분포를 표현하는 경험적 수식을 개발해야 한다.

$$\frac{\overline{u}}{u^*} = 2.5 \ln\left(\frac{u^* y}{\nu}\right) + 5.0$$

$$\frac{\overline{u}}{u_{\max}} = \left(1 - \frac{r}{R}\right)^{1/n}$$

CHAPTER 10

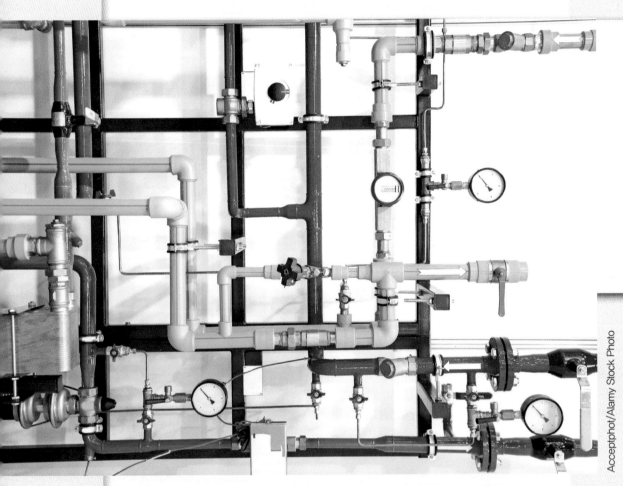

Acceptphot/Alamy Stock Photo

파이프 시스템을 설계하기 위해서는 연결부와 배관부품에서 발생하는 모든 손실과 함께 파이프 내의 마찰손실을 알아야 한다.

파이프 유동에 대한 해석과 설계

학습목표

- 파이프 내의 표면조도에 의한 마찰손실을 논의하며 이 손실을 구하기 위해 실험자료를 사용하는 방법을 기술한다.

- 다양한 배관부품과 연결부를 갖는 파이프 시스템을 어떻게 해석하고 설계하는지 보여준다.

- 파이프를 통과하는 유량을 측정하기 위해 공학자들이 사용하는 몇 가지 방법들을 설명한다.

10.1 거친 파이프에서 유동에 대한 저항

유체 점성의 효과에 관한 이전 장의 논의를 확장하고 유체 내부와 파이프의 거친 벽을 따라 발생하는 마찰저항이 어떻게 파이프 내의 압력강하에 기여하는지 논의할 것이다. 이는 파이프 시스템을 설계하거나 특정한 유동을 유지하는 데 필요한 펌프를 선택할 때 중요하다. 여기서는 원형 단면을 갖는 곧은 파이프에 초점을 맞출 것이다. 왜냐하면 이 형상은 압력을 견디는 데 가장 좋은 구조적 강도를 제공하며, 또한 원형 단면은 가장 작은 마찰저항으로 가장 많은 유체를 수송할 것이기 때문이다.

공학실무에서 유체마찰과 벽 조도 모두에 의한 에너지 손실을 자주 **주 수두손실** (major head loss) h_L 또는 단순히 **주 손실**(major loss)이라 부른다. 그림 10-1에서 거리 L만큼 떨어진 파이프 내의 두 지점에서 압력을 측정함으로써 주 손실을 결정할 수 있다. 이 두 지점 사이에 걸쳐 있는 검사체적에 에너지 방정식을 적용하면, 정상 비압축성 유동에 대해 축일이 없고, 파이프는 수평이므로 $z_{in} = z_{out} = 0$, 그리

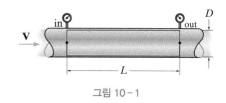

그림 10-1

고 $V_{\text{in}} = V_{\text{out}} = V$이며 다음 식을 얻는다.

$$\frac{p_{\text{in}}}{\gamma} + \frac{V_{\text{in}}^2}{2g} + z_{\text{in}} + h_{\text{pump}} = \frac{p_{\text{out}}}{\gamma} + \frac{V_{\text{out}}^2}{2g} + z_{\text{out}} + h_{\text{turbine}} + h_L$$

$$\frac{p_{\text{in}}}{\gamma} + \frac{V^2}{2g} + 0 + 0 = \frac{p_{\text{out}}}{\gamma} + \frac{V^2}{2g} + 0 + 0 + h_L$$

$$h_L = \frac{p_{\text{in}} - p_{\text{out}}}{\gamma} = \frac{\Delta p}{\gamma} \tag{10-1}$$

압력이 수두손실을 생성하는 마찰저항을 극복하는 일을 해야 하므로 이 손실은 파이프의 길이 L에 걸쳐서 압력강하를 생성한다. 이런 이유로 입구 압력은 출구 압력보다 커야 한다. 물론 유체가 이상유체이면($h_L = 0$), 마찰저항이 일어나지 않기 때문에, 양쪽 끝단에서의 압력은 같을 것이다.*

층류유동 층류유동에서 주 수두손실은 유체 내부에서 발생한다. 이는 유체의 원통형 층들이 서로 간에 서로 다른 상대 속도를 가지고 미끄러져 지나갈 때 이 층들 사이에서 발생하는 마찰저항 혹은 전단응력 때문이다. 뉴턴 유체에 대해 이 전단응력은 뉴턴의 점성법칙 $\tau = \mu(du/dy)$에 의해 속도구배와 관련지어진다. 9.3절에서 파이프 유동의 평균 속도와 압력구배 $\Delta p/L$을 연관시키기 위해 이 표현식을 사용하였다. 그 결과는 식 (9-24), $V = (D^2/32\mu)(\Delta p/L)$이다. 이 식과 식 (10-1)을 사용하여 수두손실을 평균 속도의 항으로 다음과 같이 나타낼 수 있다.

$$h_L = \frac{32\mu VL}{D^2\gamma} \tag{10-2}$$
층류유동

손실은 직경의 제곱에 반비례하므로 파이프의 내경이 감소함에 따라서 손실은 증가함에 주목하라. 이 수두손실은 유체의 점성에 기인하기 때문에 유동 전반에 걸쳐서 생산된다. 파이프 벽면 위의 어떠한 작은 표면조도는 일반적으로 층류에 대해 어느 정도까지는 영향을 미치지 않으며 손실에 거의 영향을 미치지 않을 것이다.

나중에 편의를 위해서, 식 (10-2)를 레이놀즈수 $\text{Re} = \rho VD/\mu$로 표현하고 다음과 같은 형태로 재정리할 수 있다.

$$\boxed{h_L = f\frac{L}{D}\frac{V^2}{2g}} \tag{10-3}$$

여기서

$$\boxed{f = \frac{64}{\text{Re}}} \tag{10-4}$$
층류유동

항 f는 **다르시 마찰계수**(Darcy friction factor)라 하며 혹은 여기서 단순히 **마찰계수**

---

* 여기서 유체의 무게에 의해 야기되는 압력의 작은 차이는 무시한다(그림 5-2 참고).

(friction factor)로 부를 것이다.* 층류에 대해 마찰계수는 오직 레이놀즈수의 함수이며 파이프 벽의 내측 표면이 매끄럽든 거칠든 상관이 없다. 오히려 마찰손실은 오로지 유체의 점성에 의해서만 발생한다.

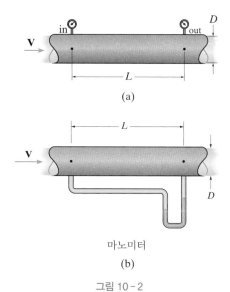

난류유동 층류유동과 다르게 난류유동으로 인한 파이프에서의 수두손실을 결정할 해석적 수단이 없어서 실험적으로 결정해야 한다. 난류유동에서의 수두손실은 그림 10-2a에서와 같이 2개의 압력게이지를 가지고 길이 L에 걸친 압력강하를 측정하거나 그림 10-2b에서와 같이 마노미터를 사용하여 측정한다. 실험에 의하면 압력강하는 파이프 직경 D, 파이프 길이 L, 유체밀도 ρ, 점성계수 μ, 평균 속도 V, 그리고 조도 또는 파이프 안쪽 표면으로부터 돌출된 평균 높이 ε에 의존한다. 이 모든 변수들이 어떻게 Δp에 연관되는지 이해하는 데 필요한 실험의 횟수를 줄이기 위해서 차원해석을 사용할 필요가 있다. 실제로 8장의 예제 8.4에서 차원해석을 사용하여 압력강하 Δp는 3개의 무차원비의 함수 g_1으로 나타낼 수 있음을 보였다. 즉

$$\Delta p = \rho V^2 g_1\left(\mathrm{Re}, \frac{L}{D}, \frac{\varepsilon}{D}\right)$$

더 많은 실험은 압력강하가 파이프 길이에 정비례하는 것으로 기대하는 것이 합리적임을 보였다. 파이프가 길수록 압력강하는 커지고 비율 L/D는 함수 g_1에서 빠져나올 수 있다. 그래서

$$\Delta p = \rho V^2 \frac{L}{D} g_2\left(\mathrm{Re}, \frac{\varepsilon}{D}\right)$$

마지막으로 파이프 내의 수두손실을 구하기 위해 이 결과를 활용하고 식 (10-1)을 적용하고 $\gamma = \rho g$임을 인식하면 다음을 얻는다.

$$h_L = \frac{L}{D} \frac{V^2}{2g} g_3\left(\mathrm{Re}, \frac{\varepsilon}{D}\right)$$

편의를 위해 수두손실을 속도수두 $V^2/2g$로 표현하기 위해 인자 2를 집어 넣었다. 다른 말로 미지의 함수는 이제 $g_3(\mathrm{Re}, \varepsilon/D) = 2g_2$이다. 여기에서 확립된 바와 같이, 주어진 Re에서 수두손실은 속도수두에 정비례한다는 사실은 또한 실험에 의해 확인된 것이다.

만약 위 식을 식 (10-3)과 비교하고 마찰계수를 다음과 같이 표현하면,

$$f = g_3\left(\mathrm{Re}, \frac{\varepsilon}{D}\right)$$

그러면 층류유동에 대해서 한 것처럼 난류유동에 대한 수두손실을 동일한 형태로 표현할 수 있다. 즉,

---

* 몇몇 공학자들은 덜 유명한 **파닝 마찰계수**(Fanning friction factor) 혹은 **마찰계수**(friction coefficient)를 사용하는데, $C_f = f/4$로 정의된다.

$$h_L = f \frac{L}{D} \frac{V^2}{2g}$$

(10-5)

이 중요한 결과는 19세기 말에 처음으로 이를 제안한 Henry Darcy와 Julius Weisbach의 이름을 따서 **다르시-바이스바흐 방정식**(Darcy-Weisbach equation)이라 불린다. 이 식은 차원해석에 의해 유도되었고, 층류 혹은 난류유동을 가지는 유체에 적용된다.

층류유동의 경우 마찰계수는 식 (10-4)로부터 구할 수 있지만, 난류유동의 경우에는 실험을 통해 마찰계수 관계식 $f = g_3(\text{Re}, \varepsilon/D)$를 구해야 한다. 이를 위한 첫 번째 시도는 Johann Nikuradse에 의해 수행되었고, 그 다음에는 다른 사람들에 의해 ε으로 잘 정의되는 특정한 크기의 균일한 모래, 알갱이에 의해 인공적으로 거칠게 만든 파이프를 사용하여 수행되었다. 불행히도 실제 응용에서 상용 파이프는 잘 정의된 균일한 조도를 가지지 않는다. 그렇지만 Lewis Moody와 Cyril Colebrook은 상용 파이프를 사용한 실험을 수행하여 Nikuradse의 결과를 확장시켰다.

무디 선도   Moody는 $f = g_3(\text{Re}, \varepsilon/D)$에 대한 그의 자료를 로그-로그 스케일에 그려진 그래프 형태로 제시하였다. 이 그래프는 종종 **무디 선도**(Moody diagram)

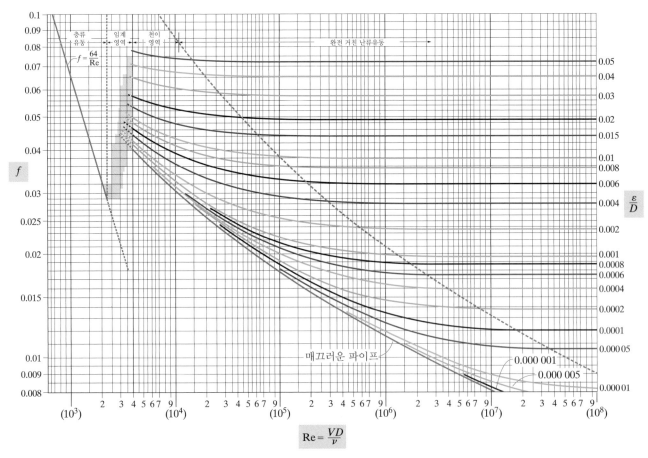

그림 10-3

라 불리며, 편의를 위해 그림 10-3에 제시하였다. 이 도표를 사용하기 위해서는 파이프 내벽의 평균 **표면조도**(surface roughness) ε을 아는 것이 필요하다. 이 책의 뒤표지 안쪽에 주어진 무디 선도 위에 나와 있는 표는 파이프가 충분히 좋은 상태에 있을 경우에 ε의 전형적인 값들을 제공한다(참고문헌 [1], [2]). 하지만 파이프를 오래 사용하면 부식되거나 찌꺼기가 끼게 될 수 있음을 인식하라. 이렇게 되면 ε의 값은 크게 달라질 수 있으며, 극단적인 경우에는 D의 값을 작게 한다. 이러한 이유로 공학자들은 ε의 값을 정할 때 보수적인 판단을 하도록 연습해야 한다.

일단 ε이 알려지면 **상대조도**(relative roughness) ε/D와 레이놀즈수가 무디 선도로부터 마찰계수 f를 구하는 데 사용될 수 있다. 이 도표를 사용할 때 레이놀즈수에 따라 4개의 서로 다른 영역으로 나누어지는 것에 주목하라.

층류유동 실험적 증거는 **층류유동**이 유지된다면 마찰계수는 파이프의 거칠기에 독립적이며 대신에 식 (10-4), $f = 64/\text{Re}$을 따라서 레이놀즈수에 반비례하는 것을 보여준다. 이는 여기서 레이놀즈수가 작은 유동에 대한 저항이 단지 그림 10-4a의 유체 내에 층류 전단응력에 의해서만 야기되므로 예상된 사실이다.

임계영역과 천이유동 파이프 내의 유동이 $\text{Re} = 2300$의 레이놀즈수 이상으로 증가하면 유동이 불안정해지므로 f 값들이 불확실하다(임계영역). 천이유동에서는 층류와 난류 사이를 왔다갔다하거나 둘의 조합으로 나타난다. 이 경우에는 보수적으로 다소간 높은 f 값을 선택하는 것이 중요하다. 난류가 파이프의 일정 영역 내에서 발생하기 시작하지만 벽을 따라서 느리게 움직이는 유체는 여전히 층류로

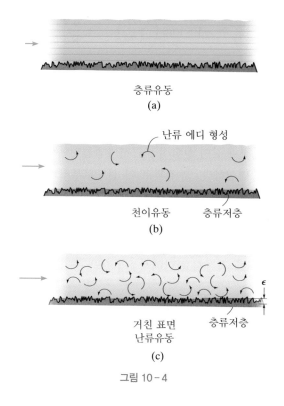

층류유동
(a)

난류 에디 형성

천이유동　층류저층
(b)

ϵ

거친 표면
난류유동　층류저층
(c)

그림 10-4

남아 있다. 이 **층류저층**은 속도가 증가할수록 얇아지고 결국 파이프 벽의 얼마간의 거친 요소들이 그림 10-4b의 이 저층을 통과해 지나가고 표면조도 효과가 중요해지기 시작한다. 그래서 마찰계수는 레이놀즈수와 상대조도 모두의 함수가 된다.

난류유동   레이놀즈수가 매우 크면 거친 요소 대부분은 층류저층을 뚫고 지나가서 마찰계수가 그림 10-4c에서의 이러한 거친 요소들의 크기 ε에 의존한다. 높은 ε/D를 가지는 아주 거친 파이프에서는 무디 선도의 곡선들이 빠르게 평평해지고 수평으로 된다. 다른 말로 f 값들이 레이놀즈수에 덜 의존적이 되고 유체 내부 대신에 벽 근처의 전단응력에 더 강하게 영향을 받는다.

경험적 해들 f를 구하기 위해 무디 선도를 사용하지 않고 무디 선도의 곡선들을 근사하게 맞추는 경험적 공식을 사용해서 마찰계수를 얻을 수 있다. 이 방식은 특히 컴퓨터 프로그램이나 스프레드시트를 사용할 때 유용하다. 콜브룩 방정식이 이러한 목적으로 가장 흔하게 사용된다(참고문헌 [2]).

$$\frac{1}{\sqrt{f}} = -2.0 \log\left(\frac{\varepsilon/D}{3.7} + \frac{2.51}{\text{Re}\sqrt{f}}\right) \tag{10-6}$$

불행히도 이 식은 f에 대해 명시적으로 풀 수 없는 초월함수 방정식이므로 휴대용 계산기나 개인용 컴퓨터를 활용해 반복적인 절차를 사용해 풀어야 한다.

더 직접적인 근사방법은 1983년에 S. Haaland에 의해 개발된 다음 식을 사용하는 것이다(참고문헌 [5]).

$$\frac{1}{\sqrt{f}} = -1.8 \log\left[\left(\frac{\varepsilon/D}{3.7}\right)^{1.11} + \frac{6.9}{\text{Re}}\right] \tag{10-7}$$

이 식은 무디 선도나 콜브룩 방정식을 사용해 얻어진 결과와 비교해서 2% 오차 내의 결과를 가져다준다.[*]

f를 구하기 위해 어떤 방법을 사용하더라도 파이프의 표면조도나 측정자료의 곡선 맞춤을 명시하는 것과 같이 실험적인 근사방법들이 무디 선도를 만들어내는 데 사용되었다는 것을 명심하라. 그 결과로 이 선도로부터 얻어진 자료의 기대되는 정확도는 10~15% 사이에 위치할 것이다. 또한 이전에 언급한 바와 같이 파이프의 표면조도와 직경은 침전과 스케일 축적 혹은 부식에 의해 시간이 지남에 따라 변화할 것이다. 따라서 f에 근거한 계산은 다소 제한적인 신뢰성을 가지고 있다. 앞으로의 활용을 위해 적절히 판단해서 f의 값을 증가시키는 것을 충분히 허용하여야 한다.

일단 파이프의 최종 직경이 결정되면 크기가 산업표준에 부합하도록 밀리미터 단위로 표기된 표준 직경을 수록한 차트가 사용되어야 한다. 이 크기는 '요구되는'

---

[*] 또 다른 공식이 P. K. Swamee와 A. K. Jain에 의해 개발되었다. 참고문헌 [10]을 살펴보라.

크기보다 근소하게 커야 한다. 이러한 크기들을 수록한 전형적인 차트가 전미표준협회(American National Standards Institute)에 의해 출판되었으며 인터넷상에서 찾을 수 있다.

비원형 도관 지금까지의 논의에서는 원형 단면을 갖는 파이프만을 고려하였다. 그렇지만 공식화 과정들은 난형이나 직사각형과 같이 비원형 단면을 갖는 도관에도 적용될 수 있다. 이러한 경우 레이놀즈수를 계산할 때 '특성길이'로 도관의 **수력직경**(hydraulic diameter)이 보통 사용된다. 이 '직경'은 $D_h = 4A/P$인데, 여기서 A는 도관의 단면적이고 P는 도관의 둘레이다. 예를 들어, 원형 파이프에 대해 $D_h = [4(\pi D^2/4)]/(\pi D) = D$이다. 일단 D_h가 알려지면 레이놀즈수, 상대조도, 그리고 무디 선도가 통상적인 방법으로 사용된다. 얻은 결과는 동심원이나 길쭉한 구멍과 같이 극도로 좁은 형상에 대해서는 그렇게 신뢰할 만하지 못하지만 일반적으로 공학실무에 있어서는 허용될 수 있는 정확성의 범위에 있다(참고문헌 [19]).

하젠 – 윌리엄스 방정식 물 분배, 관개 혹은 스프링클러 시스템에 사용되는 물 파이프를 설계하는 공학자들은 가끔 A. Hazen과 G. Williams에 의해 제안된 경험적 방정식을 사용한다. 이 방정식은 레이놀즈수에 의존하지 않기 때문에 이 방정식이 직경 50 mm 이상, 그리고 수온이 5℃와 25℃ 사이에 있는 파이프에 대해 적용될 때 적절한 정확도가 얻어진다. 파이프 단위 미터당 수두손실을 계산하기 위한 공식은 다음과 같다.

$$\Delta h_L = 10.67 Q^{1.85} C^{-1.85} D^{-4.87} \qquad (10\text{-}8)$$

여기서, Q는 m³/s 단위이고, D는 미터 단위이고 거칠기 계수 C는 무차원이다. 전형적인 값들은 파이프 벽의 곰보자국과 시간에 따른 스케일 축적을 고려하여 구리 파이프에 대해서는 $C = 130$, 강철 파이프에 대해서는 $C = 140$, PVC 파이프에 대해서는 $C = 150$이다. 이 방정식에 대해 추가적인 정보를 위해서는 참고문헌 [19]를 살펴보라.

> ▶ 요점정리
>
> - 거친 파이프에서 **층류유동**에 대한 저항은 표면상태가 유동을 심하게 붕괴시키지 않으므로 파이프의 표면조도와는 **무관하다**. 대신에 마찰계수는 단지 레이놀즈수만의 함수이며, 이 경우 $f = 64/\text{Re}$를 사용해서 해석적으로 구할 수 있다.
> - 완전 발달된 정상 비압축성 유동에서 거친 파이프에서 **난류유동**에 대한 저항은 레이놀즈수와 파이프 벽의 상대조도 ε/D 모두에 의존하는 마찰계수 f에 의해 특징지어진다. 이러한 $f = g_3(\text{Re}, \varepsilon/D)$의 관계는 무디 선도에 의해 그래프로, 콜브룩의 경험식에 의해 해석적으로, 또는 식 (10-7)과 같은 대안적 수식으로 표현된다. 무디 선도에 나타낸 바와 같이 **매우 높은 레이놀즈수**에서 f는 파이프 벽의 상대조도에 주로 의존하고 레이놀즈수에는 거의 의존하지 않는다.

해석의 절차

단일 파이프 내의 수두손실을 포함하는 많은 문제들은 3개 방정식의 조건들을 충족할 것이 요구된다.

- 파이프 길이에 걸친 압력강하 Δp는 에너지 방정식을 사용하여 수두손실 h_L과 관계된다.

$$\frac{p_{\text{in}}}{\gamma} + \frac{V_{\text{in}}^2}{2g} + z_{\text{in}} + h_{\text{pump}} = \frac{p_{\text{out}}}{\gamma} + \frac{V_{\text{out}}^2}{2g} + z_{\text{out}} + h_{\text{turbine}} + h_L$$

- 파이프에서의 수두손실은 다르시-바이스바흐 방정식에 의해 변수 f, L, D, 그리고 V와 관계된다.

$$h_L = f\frac{L}{D}\frac{V^2}{2g}$$

- 마찰계수 f는 $f = g_3(\text{Re}, \varepsilon/D)$를 그래프로 나타내는 무디 선도를 사용하거나 식 (10-6)이나 (10-7)을 사용하여 해석적으로 Re와 ε/D에 관계된다.

문제에 따라서 이 세 식을 만족하는 것은 예제 10.1, 10.2, 그리고 10.3에서와 같이 매우 직접적일수도 있지만 f와 h_L이 **미지수**인 경우에는 해를 구하기 위해 무디 선도를 사용한 시행착오법 절차가 필요하다. 이런 유형의 문제들이 예제 10.4와 10.5에 주어져 있다.

예제 10.1

그림 10-5에서 직경 200 mm 아연도금 강철 파이프가 20℃ 온도의 물을 수송한다. 유량 $Q = 90$ L/s라면 200 m 길이의 파이프에 걸친 수두손실과 압력강하를 구하시오.

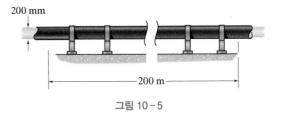

그림 10-5

풀이

유체 설명 완전 발달된 정상유동으로 가정하고 물은 비압축성으로 간주할 수 있다. 부록 A에서, $T = 20$℃에서 $\rho_w = 998.3$ kg/m³이고 $\nu_w = 1.00(10^{-6})$ m²/s이다. 유동을 분류하기 위해 레이놀즈수를 계산해야 한다.

$$V = \frac{Q}{A} = \frac{\left(90\,\dfrac{\text{L}}{\text{s}}\right)\left(\dfrac{1\,\text{m}^3}{1000\,\text{L}}\right)}{\pi(0.1\,\text{m})^2} = 2.865\,\text{m/s}$$

$$\text{Re} = \frac{VD}{\nu_w} = \frac{(2.865\,\text{m/s})(0.2\,\text{m})}{1.00(10^{-6})\,\text{m}^2/\text{s}} = 5.73(10^5) > 2300 \quad \text{(난류)}$$

해석 아연도금 강철 파이프에 대한 ε 값은 이 책의 뒤표지 안쪽의 무디 선도 상단부 표로부터 얻는다. 상대조도는 $\varepsilon/D = 0.15$ mm/200 mm $= 0.000750$이다. 이 값과 레이놀즈수를 사용하면 무디 선도는 $f = 0.019$이다. 대신에 식 (10-7)의 Haaland 방정식을 사용하면

$$\frac{1}{\sqrt{f}} = -1.8\log\left[\left(\frac{0.00075}{3.7}\right)^{1.11} + \frac{6.9}{5.73(10^5)}\right]; \quad f = 0.0189$$

이전 값과 충분히 근접한 값을 얻는다. 하지만 일관성을 위해 $f = 0.019$를 사용한다. 따라서 다르시-바이스바흐 방정식으로부터 수두손실은

$$h_L = f\frac{L}{D}\frac{V^2}{2g} = (0.019)\left(\frac{200 \text{ m}}{0.2 \text{ m}}\right)\left[\frac{(2.865 \text{ m/s})^2}{2(9.81 \text{ m/s}^2)}\right] = 7.9477 \text{ m} = 7.95 \text{ m} \quad Ans.$$

이것은 파이프 길이 200 m에 걸친 에너지 손실을 나타낸다. 결과적인 압력강하는 에너지 방정식이나 식 (10-1)로부터 구할 수 있다.

$$\frac{p_{\text{in}}}{\gamma} + \frac{V_{\text{in}}^2}{2g} + z_{\text{in}} + h_{\text{pump}} = \frac{p_{\text{out}}}{\gamma} + \frac{V_{\text{out}}^2}{2g} + z_{\text{out}} + h_{\text{turbine}} + h_L$$

$$\frac{p_{\text{in}}}{\gamma_w} + \frac{V^2}{2g} + 0 + 0 = \frac{p_{\text{out}}}{\gamma_w} + \frac{V^2}{2g} + 0 + 0 + h_L$$

$$h_L = \frac{\Delta p}{\gamma_w}; \qquad 7.9477 \text{ m} = \frac{\Delta p}{\left(998.3 \text{ kg/m}^3\right)\left(9.81 \text{ m/s}^2\right)}$$

$$\Delta p = 77.83(10^3) \text{ Pa} = 77.8 \text{ kPa} \qquad Ans.$$

난류로 인해 이 압력강하는 파이프 벽의 거칠기에 기인한 물 안에서의 마찰손실이 결과이다.

예제 10.2

그림 10-6에서 직경이 250 mm이고 길이가 3 km인 주철 파이프를 통해 중유가 흐른다. 체적유량이 40 L/s일 때 파이프 내의 수두손실을 구하시오. $\nu_o = 0.120(10^{-3}) \text{ m}^2/\text{s}$ 이다.

250 mm

그림 10-6

풀이

유체 설명 완전 발달된 정상유동에 중유는 비압축성으로 가정한다. 유동을 분류하기 위해 레이놀즈수를 확인해야 한다.

$$V = \frac{Q}{A} = \frac{(40 \text{ L/s})(1 \text{ m}^3/1000 \text{ L})}{\pi(0.125 \text{ m})^2}$$

$$= 0.8149 \text{ m/s}$$

따라서

$$\text{Re} = \frac{VD}{\nu_o} = \frac{(0.8149 \text{ m/s})(0.250 \text{ m})}{0.120(10^{-3}) \text{ m}^2/\text{s}} = 1698 < 2300 \quad \text{(층류)}$$

해석 층류유동에 대한 f를 무디 선도를 통해서 구하기보다는 식 (10-4)로부터 직접 구할 수 있다.

$$f = \frac{64}{\text{Re}} = \frac{64}{1698} = 0.0377$$

따라서

$$h_L = f\frac{L}{D}\frac{V^2}{2g} = (0.0377)\left(\frac{3000 \text{ m}}{0.250 \text{ m}}\right)\left[\frac{(0.8149 \text{ m/s})^2}{2(9.81 \text{ m/s}^2)}\right]$$
$$= 15.3 \text{ m} \hspace{2cm} Ans.$$

여기서 수두손실은 기름의 점성에 기인한 것이고 파이프의 표면조도에는 의존하지 않는다.

예제 10.3

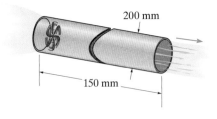

200 mm

150 mm

그림 10-7

그림 10-7에서 팬은 직경 200 mm의 아연도금 박판 금속 덕트를 통해 20℃ 온도의 공기를 불어넣는 데 사용된다. 덕트의 길이가 150 m이고 유량이 0.15 m³/s일 때 요구되는 팬의 출력 동력을 구하시오. $\varepsilon = 0.15$ mm이다.

풀이

유체 설명 공기는 비압축성이고 팬이 완전 발달된 정상유동을 유지한다고 가정한다. 부록 A에서 20℃ 온도의 공기가 대기압 상태에서는 $\rho_a = 1.202$ kg/m³이고 $\nu_a = 15.1(10^{-6})$ m²/s이다. 유동의 유형을 레이놀즈수로부터 구할 수 있으므로

$$V = \frac{Q}{A} = \frac{0.15 \text{ m}^3/\text{s}}{\pi(0.1 \text{ m})^2} = \frac{15}{\pi} \text{ m/s}$$

$$\text{Re} = \frac{VD}{\nu_a} = \frac{\left(\dfrac{15}{\pi} \text{ m/s}\right)(0.2 \text{ m})}{15.1(10^{-6}) \text{ m}^2/\text{s}} = 6.32(10^4) > 2300 \hspace{1cm} \text{(난류)}$$

해석 덕트의 입구와 출구 사이에 에너지 방정식을 적용해서 팬의 축수두를 구할 수 있다. 하지만 먼저 덕트를 따라 발생하는 수두손실을 구해야 한다. 여기서 $\varepsilon/D = 0.15$ mm/200 mm = 0.00075이다. 이 값과 Re를 사용하면 무디 선도에서 $f = 0.0228$이다. 따라서 다르시-바이스바흐 방정식으로부터 덕트를 통한 수두손실은 다음과 같다.

$$h_L = f\frac{L}{D}\frac{V^2}{2g} = (0.0228)\left(\frac{150 \text{ m}}{0.2 \text{ m}}\right)\left[\frac{\left(\dfrac{15}{\pi} \text{ m/s}\right)^2}{2(9.81 \text{ m/s}^2)}\right] = 19.87 \text{ m}$$

팬, 덕트, 덕트의 입구 쪽에 있는 정지한 공기 부분을 포함하는 검사체적을 선정한다. 그러면 압력이 대기압이므로 $p_{in} = p_{out} = 0$이고 공기는 덕트 내에서 가속되기 이전에 정지한 상태에서 팬을 향해서 움직이기 시작하므로 $V_{in} \approx 0$이다.[*] 팬은 펌프와 유사하게 작용하므로 공기에 에너지를 더해준다. 따라서 에너지 방정식은 다음과 같다.

---

[*] 물론 덕트를 향한 일부의 공기 유동은 개방구 근처에서 일어나지 않는다. 하지만 전산해석방법(CFD)의 사용이 부족한 상태에서 공기가 입구 바로 앞에서 정지한 상태라고 가정한다. 이러한 사항을 염두에 두고 검사체적을 다르게 선택하는 것도 가능하며 이것은 다음 절에서 논의할 것이다. 또한 예제 10.7을 참고하라.

$$\frac{p_{\text{in}}}{\gamma} + \frac{V_{\text{in}}^2}{2g} + z_{\text{in}} + h_{\text{pump}} = \frac{p_{\text{out}}}{\gamma} + \frac{V_{\text{out}}^2}{2g} + z_{\text{out}} + h_{\text{turbine}} + h_L$$

$$0 + 0 + 0 + h_{\text{fan}} = 0 + \frac{\left(\frac{15}{\pi}\, \text{m/s}\right)^2}{2(9.81\, \text{m/s}^2)} + 0 + 0 + 19.87\, \text{m}$$

$$h_{\text{fan}} = 21.03\, \text{m}$$

빠른 속도로 인해서 이 수두의 대부분은 공기의 마찰저항을 극복하는 데 사용되고 (19.87 m), 나머지(1.16 m)는 운동에너지를 발생시키는 데 사용된다. 그러므로 팬의 출력동력은 다음과 같다.

$$\dot{W}_s = \gamma_a Q h_{\text{fan}} = (1.202\, \text{kg/m}^3)(9.81\, \text{m/s}^2)(0.15\, \text{m}^3/\text{s})(21.03\, \text{m})$$

$$= 37.2\, \text{W} \hspace{4cm} \textit{Ans.}$$

예제 10.4

그림 10-8에서 직경 150 mm인 파이프를 통해서 원유가 흐른다. 100 m 길이의 파이프에 걸쳐 수두손실이 $h_L = 7.5$ m보다 크지 않다면 최대 평균 속도를 구하시오. $\nu_o = 40.0(10^{-6})$ m²/s이고 $\varepsilon = 0.06$ mm이다.

150 mm

그림 10-8

풀이

유체 설명 원유는 비압축성이고 완전 발달된 정상유동을 가정한다.

해석 여기서 마찰계수나 평균 속도는 모르지만 수두손실이 주어졌기 때문에 다르시-바이스바흐 방정식을 사용해서 마찰계수는 평균 속도와 다음과 같이 관련시킬 수 있다.

$$h_L = f\frac{L}{D}\frac{V^2}{2g}; \hspace{1.5cm} 7.5\, \text{m} = f\left(\frac{100\, \text{m}}{0.15\, \text{m}}\right)\left[\frac{V^2}{2(9.81\, \text{m/s}^2)}\right]$$

따라서

$$V = \sqrt{\frac{0.220725}{f}} \hspace{4cm} (1)$$

마찰계수를 얻기 위해서 무디 선도를 사용할 것인데, 이를 위해 레이놀즈수를 먼저 계산할 필요가 있다. 불행하게도 레이놀즈수는 속도의 항으로만 표현될 수 있다.

$$\text{Re} = \frac{VD}{\nu_o} = \frac{V(0.15\, \text{m})}{40.0(10^{-6})\, \text{m}^2/\text{s}} = 3750V \hspace{2cm} (2)$$

시행착오법을 사용해서 Re를 어떤 값으로 가정한다. 평균값을 취해 Re $= 3(10^4)$일 경우 어떻게 되는지 살펴보자. 무디 선도로부터 $\varepsilon/D = 0.06$ mm/150 mm $= 0.0004$의 조건에 해당하는 곡선에 대해 f에 대한 추정치는 $f = 0.0245$이다. 따라서 식 (1)로부터

$$V = \sqrt{\frac{0.220725}{0.0245}} = 3.00\, \text{m/s}$$

그리고 식 (2)로부터 레이놀즈수를 다음과 같이 얻을 수 있다.

$$\text{Re} = 3750(3.00 \text{ m/s}) = 1.13(10^4)$$

이 값을 가지고 무디 선도는 새로운 값 $f = 0.031$을 주고, 다시 식 (1), (2)를 사용하면 $V = 2.66 \text{ m/s}$이고 $\text{Re} = 1.00(10^4)$이다. 이제 새로운 레이놀즈수를 사용하면 무디 선도에서 $f = 0.0313$을 얻는데, 이전 값에 가깝다(10% 이하의 차이가 보통 적당하다). 따라서 식 (1)에 의해서

$$V = 2.66 \text{ m/s} \qquad\qquad\text{Ans.}$$

참고: 다음과 같은 방법으로도 이 문제를 풀 수 있다. 식 (1), (2)에서 V를 제거함으로써 레이놀즈수 Re를 f의 항으로 표현한다. 그 다음에 이 결과를 콜브룩 방정식인 식 (10-6)에 적용하거나 식 (10-7)을 사용한 뒤 계산기를 활용해 수치해석방법으로 f를 구한다.

예제 10.5

그림 10-9에서 주철 파이프가 $0.30 \text{ m}^3/\text{s}$의 유량으로 물을 수송하는 데 사용된다. 수두 손실이 파이프 1 m 길이당 0.006 m를 넘지 않는다면 사용 가능한 파이프의 최소 직경 D를 구하시오. $\nu_w = 1.15(10^{-6}) \text{ m}^2/\text{s}$이다.

그림 10-9

(Prisma Bildagentur AG/Alamy Stock Photo)

풀이

유체 설명 물은 비압축성이고 완전 발달된 정상유동을 가정한다.

해석 이 문제에서 마찰계수 f와 파이프 직경 D는 모두 알려져 있지 않다. 하지만 수두 손실이 알려져 있으므로 다르시-바이스바흐 방정식을 사용해 f와 D를 연관시킬 수 있다.

$$h_L = f \frac{L}{D} \frac{V^2}{2g}$$

$$0.006 \text{ m} = f \left(\frac{1 \text{ m}}{D} \right) \frac{\left[\dfrac{0.3 \text{ m}^3/\text{s}}{(\pi/4)D^2} \right]^2}{2(9.81 \text{ m/s}^2)}$$

$$D^5 = 1.2394 \, f \qquad\qquad (1)$$

레이놀즈수는 파이프 직경을 사용하여 다음과 같이 나타낼 수 있다.

$$\text{Re} = \frac{VD}{\nu_w} = \frac{\left(\dfrac{0.3 \text{ m}^3/\text{s}}{(\pi/4)D^2} \right)D}{1.15(10^{-6}) \text{ m}^2/\text{s}}$$

$$\text{Re} = \frac{3.3215(10^5)}{D} \qquad\qquad (2)$$

무디 선도는 Re와 f를 관련시키지만 이 값들을 모르므로 시행착오법을 사용해야 한다. 즉 f에 대한 값을 가정하고 그 다음에 식 (1), (2)에서 D와 Re를 구한다. 다시 이 값들을

사용하여 무디 선도에서 f 값을 찾는다. 그리고 다시 이 값을 사용하여 위의 과정을 반복하는데, f가 이전 값에 가까워질 때까지 반복한다.

또한 콜브룩 방정식을 사용해서 문제를 풀 수 있다. 주철에 대해 $\varepsilon = 0.00026$ m이므로 식 (1), (2)를 사용하면

$$\frac{1}{\sqrt{f}} = -2.0 \log\left(\frac{0.00026/(1.2394f)^{1/5}}{3.7} + \frac{2.51}{\left[3.3215(10^5)/(1.2394f)^{1/5} \right] \sqrt{f}} \right)$$

이 방정식은 f 값을 구하기 위해 수치해석방법으로 풀 수 있다. 그 결과는 $f \approx 0.01777$이고 식 (1)로부터

$$D = 0.4662 \,\text{m} = 566 \,\text{mm} \qquad\qquad \textit{Ans.}$$

여기서 사용 가능한 제조 크기에 기반해서 근소하게 큰 직경을 가지는 파이프를 선택해야 한다. 또한 다르시–바이스바흐 방정식에서 언급되었듯이 이 큰 크기의 D는 계산된 수두손실에서 근소한 감소를 만들어낼 것이다.

10.2 파이프 배관부품과 형상 변화에서 발생하는 손실

앞 절에서 주 수두손실은 점성의 마찰 효과와 파이프 거칠기에 의해 파이프의 곧은 길이방향을 따라 발생하는 것을 보았다. 이뿐 아니라 난류 효과는 곡관, 밸브, 배관부품, 입구 그리고 형상 변화와 같은 파이프 연결부에서 수두손실을 만들어낸다. 이 손실을 **부차적 손실**(minor losses)이라 부른다. 하지만 짧은 길이를 가지는 파이프 시스템의 경우에는 부차적 손실이 종종 파이프의 모든 곧은 길이 부분에서의 주 손실보다 크기 때문에 이 용어는 약간 부적절한 표현이 될 수도 있음을 인지하라.

부차적 손실은 유체가 지나가는 연결부 내에서 발생한 유체의 가속화된 난류 혼합의 결과이다. 생성된 난류 에디와 소용돌이는 하류로 이송되며 완전히 발달된 층류유동 또는 난류유동이 복원되기 전에 소산되어 열을 발생시킨다. 부차적 손실이 연결부 내에만 국한될 필요는 없지만 에너지 방정식의 적용을 위해서 주 손실에 대한 경우에서 했던 것처럼 속도수두의 항으로 부차적 손실을 표현한다고 가정한다. 여기서 다음과 같이 수식화한다.

$$\boxed{h_L = K_L \frac{V^2}{2g}} \tag{10-9}$$

여기서 K_L은 **저항계수**(resistance coefficient) 혹은 **손실계수**(loss coefficient)라고 하며 실험에서 구해진다.* 설계 매뉴얼에 이러한 자료가 자주 제공되지만 서로 다

---

* 유량계수(flow coefficient)는 부차적 손실을 보고하기 위해 밸브산업에서 때때로 사용된다. 특히 조절밸브에 대해서 그렇다. 이 인자는 저항계수와 유사하며 다르시–바이스바흐 방정식에 의해 서로 연관될 수 있다. 추가적인 세부사항은 참고문헌 [19]에 주어져 있다. 이 장의 마지막 부분에서 다양한 유형의 노즐과 유량계에서 발생하는 손실들을 표현하는 데 **송출계수**(discharge coefficient)가 어떻게 사용되는지 논의할 것이다.

른 곳에서 생산된 특정 배관부품에 대해서는 보고된 수치들이 달라질 수 있으므로 손실계수를 선택할 때는 주의를 기울여야 한다. 참고문헌 [13]과 [19]를 살펴보라. 일반적으로 생산자의 권장사항들이 고려되어야 한다. 다음에 이어지는 것은 실무에서 접하게 되는 배관부품들의 몇 가지 공통 유형에 대한 K_L 값들의 부분적 목록이며 이 값들을 문제풀이에 사용할 것이다.

입구와 출구   저장소로부터 파이프로 유체가 들어갈 때 사용된 형상 변화 유형에 따라 부차적 손실이 발생한다. 그림 10-10a에서와 같이 둥글게 잘 가공된 입구(well-rounded entrance)는 유동에 점진적인 변화를 주므로 가장 작은 손실을 발생시킨다. K_L 값은 형상 변화의 반경 r에 의존하지만 그림에서 설명된 바와 같이 $r/D \geq 0.15$이면 $K_L = 0.04$이다. 더 큰 손실을 발생시키는 입구 형상 변화들로는 분출된 입구(flush entrance)의 경우 그림 10-10b에서 $K_L = 0.5$이고 재진입 파이프(re-entrant pipe)의 경우 그림 10-10c에서 $K_L = 1.0$이다. 유체의 유선들이 날카로운 코너 주위에서 90° 각도로 갑자기 휘어질 수 없기 때문에 이러한 상황들은 유체를 파이프의 벽으로부터 분리시키고 입구 근처에서 **베나 콘트랙타**(vena contracta) 혹은 입구 근처 유체의 '잘록함(necking)'을 형성한다. 그림에 나타난 것처럼 베나 콘트랙타는 유동을 제한해서 입구 근처에서 속도를 증가시키고 압력은 낮추고 유동 박리를 형성하여 이러한 위치들에서 국소적인 소용돌이를 생성한다.

큰 저장소 안으로 향하는 파이프 출구(discharge pipe)에서는 그림 10-10d에 나

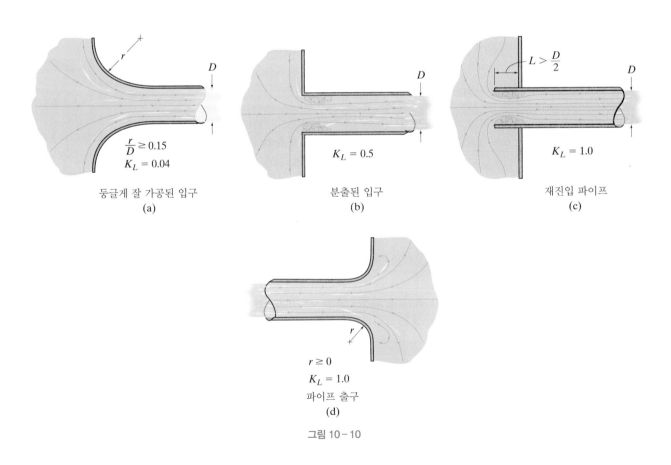

$$\frac{r}{D} \geq 0.15$$
$$K_L = 0.04$$

둥글게 잘 가공된 입구
(a)

$K_L = 0.5$

분출된 입구
(b)

$L > \dfrac{D}{2}$

$K_L = 1.0$

재진입 파이프
(c)

$r \geq 0$
$K_L = 1.0$
파이프 출구
(d)

그림 10-10

타낸 것처럼 형상 변화의 모양에 상관없이 손실계수 $K_L = 1.0$이다. 여기서 유체가 파이프를 빠져나가고 결국 저장소 안에서 멈추어 쉬게 되므로 유체의 운동에너지는 열에너지로 변환된다.

형상 변화를 포함하는 파이프 시스템에 에너지 방정식을 적용할 때는 주의를 기울여야 한다. 만약 큰 저장소가 유체를 입구로 공급한다면 유체가 입구에서 0의 속도 값을 가지고, 가속을 시작해서 파이프 안에서 손실을 만든다고 가정할 수 있다. 반면 파이프 출구에서 발생되는 손실은 파이프 안에서 생기지 않고 오히려 손실이 저장소 안에서 생긴다. 이런 부분에 대해 추가적으로 명확하게 하기 위해 예제 10.7을 살펴보라.

확대와 축소 서로 다른 직경을 가지는 파이프 간의 연결부에서는 부차적 손실이 발생한다. 각 경우에 대한 손실계수 K_L은 더 작은 직경 $D_1 < D_2$을 가지는 파이프에 대한 속도수두 $(V_1^2/2g)$에 대해 적용된다. 여기서는 3가지 유형을 고려한다.

급격 확대 그림 10-11a에 나타나 있는 급격 확대에 대한 부차적 손실은 큰 파이프의 코너 A, B에서 발생하는 정체에 의해서만 근소하게 영향을 받는다. 주로 부차적 손실은 유체가 큰 파이프로 들어가면서 유체의 운동에너지가 소산되는 결과이다. 그 결과 손실은 연결부의 상류와 하류의 지점들 사이에 질량보존, 운동량보존, 에너지보존 방정식을 적용하여 구할 수 있다. K_L에 대한 결과적 방정식은 그림 10-11a에 주어져 있으며 실험과 가까운 일치를 보여준다.

급격 축소 그림 10-11b에 나타나 있듯이 배관부품이 급격 축소일 때 베나 콘트랙타가 작은 직경 파이프 내에 형성된다. 직경비에 의존하므로 베나 콘트랙타의 형성은 잘 정의되지 않고, 따라서 손실계수는 실험적으로 결정된다. 몇몇 결과가 그림 10-11b에 그래프로 표시되어 있다. 참고문헌 [3]을 살펴보라.

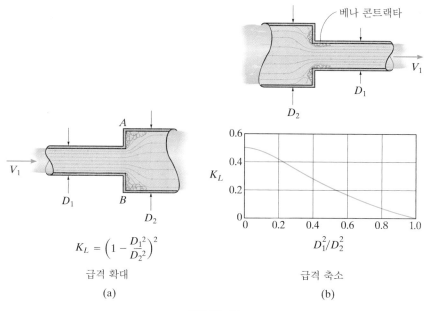

$$K_L = \left(1 - \frac{D_1^2}{D_2^2}\right)^2$$

급격 확대

(a)

급격 축소

(b)

그림 10-11

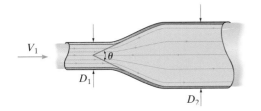

$\theta\ (\dfrac{D_2}{D_1} = 4)$	K_L
10°	0.13
20°	0.40
30°	0.80

점진적 확대

(c)

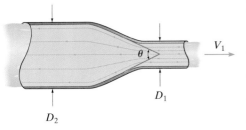

$\theta\ (\dfrac{D_2}{D_1} = 4)$	K_L
10°	0.02
20°	0.04
30°	0.04

점진적 축소

(d)

그림 10-11 (계속)

점진적 확대 그림 10-11c의 원뿔형 디퓨저의 경우에서처럼 유동의 변화가 점진적이면 비교적 작은 각도 $\theta < 8°$에 대해서는 손실이 현저하게 감소한다. 큰 각도는 벽면을 따라서 생기는 마찰손실과 더불어서 유동 박리와 소용돌이 형성을 발생시킨다. 이러한 경우에는 K_L 값이 급격 확대의 경우보다 더 클 수도 있다. 참고문헌 [17]을 살펴보라. K_L의 몇 가지 전형적인 값들이 그림 10-11c에 주어져 있다.

점진적 축소 노즐의 경우에서처럼 유동이 점진적 축소 형상을 지나갈 때 유동이 잘 정의되어 있고, 박리가 없고 소용돌이 형성이 거의 없어서 손실이 거의 발생하지 않는다. 몇 가지 실험적 결과가 그림 10-11d에 나타나 있다. 참고문헌 [21]을 살펴보라.

파이프 연결부 파이프와 파이프 간의 연결부에서의 수두손실 가능성도 고려되어야 한다. 예를 들면, 작은 직경 파이프는 일반적으로 나사산이 있어서 잘린 부분에 절삭 조각들이 남아 있다면 유동을 교란하고 연결부위를 통해서 추가적인 손실을 야기한다. 비슷하게 큰 직경 파이프는 용접하거나, 플랜지 접합하거나, 혹은 접착제로 접착하는데, 이러한 접합부는 적절하게 제작해서 연결되지 않으면 추가적인 수두손실을 발생시킨다.

곡관 그림 10-12a에 나타난 것처럼 곡관을 통해서 유체가 흘러갈 때 유체입자들은 속도가 방향이 변하기 때문에 굽어진 유선을 따라서 수직 혹은 반경방향 가속을 받는다. 결과적으로 중심선에서 속도가 가장 크기 때문에 유동 안에서 생성되는 원심력 $m(V^2/r)$은 파이프의 중심선에서 가장 크다. 비교하면 벽 근처에서는 점착조건 때문에 원심력이 작다. 유체 내부에서의 힘의 불균형은 유체의 중심부분을 상부벽을 향해서 밀게 되고, 이것이 유동이 되돌아서 옆으로 타고 돌아 하부벽을 향해 움직이게 한다. **2차 유동**(secondary flow)이라 불리는 이 선회운동은 파이프를 따라 흐르는 유동과 합해져서 유동 안에 2개의 나선형 운동을 형성한다.

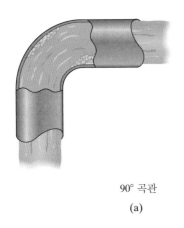

90° 곡관

(a)

외벽

2차 유동

내벽

90° 곡관 내의 안내 날개

(b)

그림 10-12

이것과 내벽으로부터 생길 수 있는 유동 박리는 일단 유체가 먼 하류로 파이프의 곱은 부위를 타고 내려가면 결국은 소산되어 흩어지는 큰 점성 마찰손실을 만든다. 이런 효과를 피하기 위해 더 큰 반경의 곡관 혹은 '롱 스윕'이 사용되거나 그림 10-12b에서처럼 선회운동과 수두손실을 줄이기 위해서 큰 파이프의 날카로운 곡관부에 안내 날개를 설치한다. 몇몇 파이프 곡관의 손실계수를 위해서는 표 10-1을 살펴보라.

밸브 유체의 유량을 조절하기 위해 많은 종류의 밸브가 사용된다. 특히 **게이트 밸브**(gate valve)는 그림 10-13a에서와 같이 유동에 수직한 '게이트' 또는 판으로 유동을 봉쇄하도록 작동한다. 게이트 밸브는 주로 액체 유동을 통과시키거나 막기 위해 사용되며, 따라서 완전히 열리든지 완전히 닫히든지 한 가지를 선택한다. 열린 위치에서는 유동을 조금도 방해하지 않기 때문에 저항은 매우 작거나 없다. 그래서 표 10-1의 손실계수로 표시된 것처럼 매우 낮은 저항을 가지고 있다. 그림 10-13b에 있는 **글로브 밸브**(globe valve)는 유량을 조절하기 위해 설계되었다. 밸브는 정지상태의 링 시트(ring seat)로부터 위아래로 움직이는 스토퍼 디스크(stopper disk)로 구성된다. '글로브'란 명칭은 현대적 디자인은 일반적으로 완전한 구형은 아니지만 바깥 하우징의 구형 형상을 나타낸다. 작동하는 방법에서 글로브 밸브와 유사한 그림 10-13c에 나타난 **앵글 밸브**(angle valve)는 유동에 90° 전환이 있을 때 사용된다. 그림 10-13에서 2개의 추가적인 밸브로 그림 10-13d의 유동의 역류를 방지하는 **스윙 체크 밸브**(swing check valve)와 그림 10-13e의 가격이 저렴하고 신속한 차폐 수단으로 유량을 조절하는 **나비 밸브**(butterfly valve)가 나타나 있다. 모든 밸브에 있어서, 완전히 열린 때와 대조적으로 각각의 그림에서와 같이 밸브가 부분적으로 열린 때는 손실이 크게 증가한다.

표 10-1

파이프 배관부품에 대한 손실계수	K_L
게이트 밸브 — 완전 개방	0.19
글로브 밸브 — 완전 개방	10
앵글 밸브 — 완전 개방	5
볼 밸브 — 완전 개방	0.05
스윙 체크 밸브	2
90° 엘보 (단반경)	0.9
90° 롱 스윕 엘보	0.6
45° 곡관 (단반경)	0.4
180° 리턴 곡관 (단반경)	2
파이프 길이방향 속도를 위한 티	0.4
분지방향 속도를 위한 티	1.8

전형적인 나비 밸브

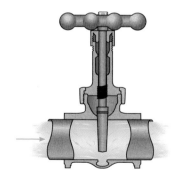

부분적으로 열린 게이트 밸브

(a)

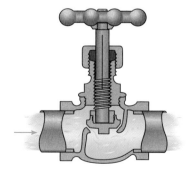

부분적으로 열린 글로브 밸브

(b)

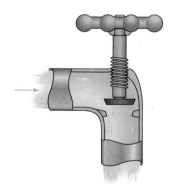

부분적으로 열린 앵글 밸브

(c)

그림 10-13

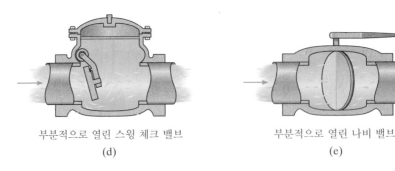

부분적으로 열린 스윙 체크 밸브   부분적으로 열린 나비 밸브
(d)   (e)

그림 10 – 13 (계속)

이것과 같이 큰 직경 파이프 시스템에서도 필터, 엘보, 그리고
티에서 발생하는 수두손실을 따져 보아야 한다. (© Fotolia)

파이프 시스템과 함께 사용되는 펌프를 선택할 때는 밸브, 엘보, 티, 그리고 다른 배관부품으로 인한 부차적 수두손실이 고려되어야 한다.
(© Aleksey Stemmer/Fotolia)

등가길이   밸브와 배관부품의 부차적 손실을 기술하는 또 다른 방법은 **등가길이비**(equivalent-length ratio) L_{eq}/D를 사용하는 것이다. 이는 배관부품이나 밸브 내의 마찰손실을 '부차적 손실'계수 K_L로 인한 것과 동일한 '주 손실'을 만들어내는 파이프의 등가길이 L_{eq}로 바꾸는 것을 필요로 한다. 곧은 파이프를 통한 수두손실은 다르시-바이스바흐 방정식 $h_L = f[L_{eq}/D](V^2/2g)$로부터 구해지고 밸브나 배관부품을 통한 수두손실은 $h_L = K_L(V^2/2g)$로 표현되므로 비교에 의해서

$$K_L = f\left(\frac{L_{eq}}{D}\right)$$

이다. 따라서 동일한 손실을 발생시키는 파이프의 등가길이는 다음과 같다.

$$L_{eq} = \frac{K_L D}{f} \tag{10-10}$$

시스템에 대한 총 수두손실 혹은 압력강하는 파이프의 전체 길이와 각 배관부품에 대해 결정되는 등가길이의 합을 사용해서 계산할 수 있다.

> **요점정리**
>
> - 곧은 파이프를 통해 흐르는 유체에서의 마찰손실은 다르시-바이스바흐 방정식 $h_L = f(L/D)(V^2/2g)$로부터 구해지는 '주' 수두손실로 표현할 수 있다.
> - '부차적' 수두손실은 파이프 배관부품, 입구, 형상 변화, 그리고 연결부에서 발생한다. 이 손실은 $h_L = K_L(V^2/2g)$로 표현되는데, 여기서 손실계수 K_L은 실험에서 구해지거나 설계 핸드북 혹은 생산자 카탈로그에 출판된 표 형식의 자료로부터 구해진다.
> - 주 손실과 부차적 수두손실 모두 파이프를 따라 발생하는 압력강하의 원인이 된다.

10.3 단일 파이프라인 유동

많은 파이프라인들은 그림 10-14와 같이 곡관, 밸브, 필터, 그리고 형상 변화를 가지는 단일 직경 파이프로 구성된다. 이 시스템은 산업과 주거용, 그리고 수력발전을 위해 물을 수송하는 데 자주 사용된다. 또 원유 또는 기계장치 내의 윤활유를 수송하는 데 사용되기도 한다. 나음의 절차는 이러한 시스템을 적절히 설계하는 데 사용된다.

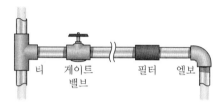

티   게이트   필터   엘보
밸브

그림 10 - 14

> **해석의 절차**
>
> 단일 파이프라인을 통한 유동을 포함하는 문제들은 연속방정식과 에너지 방정식을 동시에 만족해야 하고 시스템 전체에 걸친 모든 주 및 부차적 수두손실을 고려해야 한다. 비압축성 정상유동에서 이러한 두 방정식은 유동의 '입구'와 '출구' 두 지점을 기준으로 해서
>
> $$Q = V_{in}A_{in} = V_{out}A_{out}$$
>
> 그리고
>
> $$\frac{p_{in}}{\gamma} + \frac{V_{in}^2}{2g} + z_{in} + h_{pump} = \frac{p_{out}}{\gamma} + \frac{V_{out}^2}{2g} + z_{out} + h_{turbine} + f\frac{L}{D}\frac{V^2}{2g} + \Sigma K_L\left(\frac{V^2}{2g}\right)$$
>
> 알려진 값과 모르는 값에 따라 3가지 기본 문제유형으로 나누어진다.
>
> **압력강하 구하기**
>
> - 길이, 직경, 고도, 조도, 그리고 유량이 알려진 경우 파이프의 압력강하는 에너지 방정식을 사용하여 직접 구할 수 있다.
>
> **유량 구하기**
>
> - 파이프 길이, 직경, 조도, 고도, 그리고 압력강하가 모두 알려진 경우 유량(또는 평균 속도 V)을 구하는 데 있어서 레이놀즈수 $Re = VD/\nu$가 미지수이고 마찰계수가 무디 선도에서 직접 구해질 수 없기 때문에 시행착오법이 필요하다.
>
> **파이프 길이 또는 직경 구하기**
>
> - 파이프 설계는 일반적으로 파이프의 길이와 직경의 설정을 요구한다. 이들 변수 중 하나는 유량(혹은 평균 속도) 그리고 허용된 압력강하나 수두손실과 함께 다른 변수 하나를 알면 구할 수 있다. 무디 선도에서 이전 경우와 마찬가지로 레이놀즈수와 마찰계수를 얻어야 하므로 해의 과정에서 시행착오법이 필요하다.
>
> 다음 예제들은 이들 각 문제유형을 적용한다.

예제 10.6

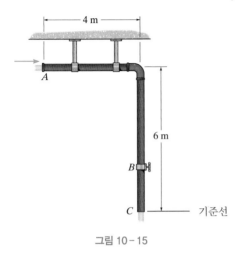

그림 10-15

그림 10-15의 B에 위치한 글로브 밸브가 완전히 열려 있을 때 직경 65 mm인 주철 파이프를 통해 물이 2 m/s의 속도로 흘러 나간다. A에서 파이프 내의 압력을 구하시오. $\rho_w = 996$ kg/m³이고 $\nu_w = 0.8(10^{-6})$ m²/s이다.

풀이

유체 설명   정상 비압축성 유동으로 가정한다.

해석   압력강하는 에너지 방정식을 사용해 구할 수 있지만 먼저 주 및 부차적 수두손실을 구해야 한다.

주 수두손실을 위해서 무디 선도로부터 마찰계수를 구한다. 주철 파이프에 대해 $\varepsilon/D = 0.26$ mm/65 mm = 0.004이다. 그리고

$$\mathrm{Re} = \frac{VD}{\nu_w} = \frac{(2 \text{ m/s})(0.065 \text{ m})}{0.8(10^{-6}) \text{ m}^2/\text{s}}$$

$$= 1.625(10^5)$$

이므로 $f = 0.029$이다.

엘보를 위한 부차적 수두손실은 $0.9(V^2/2g)$이고 완전히 열린 글로브 밸브에 대해서는 $10(V^2/2g)$이다. 따라서 총 수두손실은

$$h_L = f\frac{L}{D}\frac{V^2}{2g} + 0.9\left(\frac{V^2}{2g}\right) + 10\left(\frac{V^2}{2g}\right)$$

$$= 0.029\left(\frac{10 \text{ m}}{0.065 \text{ m}}\right)\left[\frac{(2 \text{ m/s})^2}{2(9.81 \text{ m/s}^2)}\right] + (0.9 + 10)\left[\frac{(2 \text{ m/s})^2}{2(9.81 \text{ m/s}^2)}\right]$$

$$= 0.9096 \text{ m} + 2.222 \text{ m}$$

$$= 3.132 \text{ m}$$

이다. 2개의 항을 비교하면 이 경우에는 부차적 손실이 비록 '부차적'으로 지칭되기는 하지만 총 손실에 가장 큰 기여(2.222 m)를 한다.

A에서 C까지 파이프 안의 물을 포함하는 검사체적을 고려하자. 파이프는 전체 길이에 걸쳐서 같은 직경을 가지므로 연속방정식에서 $V_A A = V_C A$ 또는 $V_A = V_C = 2$ m/s이다. C를 통과하는 중력 기준선에 대해 에너지 방정식은

$$\frac{p_A}{\gamma_w} + \frac{V_A^2}{2g} + z_A + h_{\text{pump}} = \frac{p_C}{\gamma_w} + \frac{V_C^2}{2g} + z_C + h_{\text{turbine}} + h_L$$

$$\frac{p_A}{(996 \text{ kg/m}^3)(9.81 \text{ m/s}^2)} + \frac{(2 \text{ m/s})^2}{2(9.81 \text{ m/s}^2)} + 6\text{m} + 0 = 0 + \frac{(2 \text{ m/s})^2}{2(9.81 \text{ m/s}^2)} + 0 + 0 + 3.132 \text{ m}$$

이다. 해를 구하면 다음과 같다.

$$p_A = -28.02(10^3) \text{ Pa} = -28.0 \text{ kPa} \qquad \textit{Ans.}$$

이 결과는 A에서 파이프 안에 음압이 발생하는 것을 나타낸다.

예제 10.7

그림 10-16에서 물이 저수조에서 직경 80 mm, 길이 25 m의 파이프를 통해 저장탱크로 1.5 m/s의 속도로 퍼 올려지고 있다. a) $h = 3$ m, b) $h = 4$ m일 때 펌프의 요구되는 출력동력을 구하시오. 마찰계수는 $f = 0.025$이다. 파이프 시스템의 부차적 손실들을 포함하라.

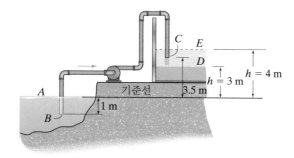

그림 10 – 16

풀이

유체 설명   정상 비압축성 유동으로 가정한다. $\rho_w = 1000$ kg/m³이다.

Part a) $h = 3$ m (C에서 파이프가 물에 담겨있지 않다.)

해석 I   그림 10-16에서 저수조의 물의 일부와 전체 파이프 안의 물을 포함하는 검사체적을 설정하고 A와 C 사이에서 에너지 방정식을 적용한다. 연속방정식은 파이프가 일정한 직경을 가지므로 속도가 파이프 전체에서 일정하게 유지되는 것을 요구한다. 부차적 수두손실은 B 위치의 재진입 파이프에서 $1.0(V^2/2g)$이고 4개의 엘보에서 $4[0.9(V^2/2g)]$이다. 저수조 수면의 기준선에 대해

$$\frac{p_A}{\gamma_w} + \frac{V_A^2}{2g} + z_A + h_{\text{pump}} = \frac{p_C}{\gamma_w} + \frac{V_C^2}{2g} + z_C + h_{\text{turbine}} + h_L$$

$$0 + 0 + 0 + h_{\text{pump}} = 0 + \frac{(1.5 \text{ m/s})^2}{2(9.81 \text{ m/s}^2)} + 3.5 \text{ m} + 0 + \left[(0.025)\left(\frac{25 \text{ m}}{0.08 \text{ m}}\right) + 1.0 + 4(0.9)\right]\left(\frac{(1.5 \text{ m/s})^2}{2(9.81 \text{ m/s}^2)}\right)$$

$$= 5.038 \text{ m}$$

해석 II   이제는 그림 10-16에서 파이프 내의 물과 B 위치에서 파이프로부터 약간의 수평거리까지만을 포함하는 검사체적을 고려한다. 이 경우 파이프 입구 B 근처의 물은 0의 속도값을 가진다고 가정하는데, 파이프 안으로 가속되어 들어오면서 재진입 손실이 발생한다. B와 C 지점 사이에서 에너지 방정식을 적용하면

$$\frac{p_B}{\gamma_w} + \frac{V_B^2}{2g} + z_B + h_{\text{pump}} = \frac{p_C}{\gamma_w} + \frac{V_C^2}{2g} + z_C + h_{\text{turbine}} + h_L$$

$$\frac{(1 \text{ m})(1000 \text{ kg/m}^3)(9.81 \text{ m/s}^2)}{(1000 \text{ kg/m}^3)(9.81 \text{ m/s}^2)} + 0 + (-1) + h_{\text{pump}} = 0 + \frac{(1.5 \text{ m/s})^2}{2(9.81 \text{ m/s}^2)} + 3.5 \text{ m} + 0$$

$$+ \left[0.025\left(\frac{25 \text{ m}}{0.08 \text{ m}}\right) + 1.0 + 4(0.9)\right]\left[\frac{(1.5 \text{ m/s})^2}{2(9.81 \text{ m/s}^2)}\right]$$

---

* 저수조 수면은 정지한 상태로 유지되므로 이 가정을 적용하였다. 그리고 만약 A와 B 두 지점 사이에서 에너지 방정식이 적용된다면 $V_B = 0$의 조건이 필요할 것이다.

수식을 풀이하면 이전과 같은 값, 즉 $h_{pump} = 5.038$ m를 얻는다. 식 (5-17)을 적용하면 출력동력은

$$\dot{W}_s = Q\gamma h_s = (1.5 \text{ m/s})[\pi(0.04 \text{ m})^2][(1000 \text{ kg/m}^3)(9.81 \text{ m/s}^2)](5.038 \text{ m})$$

$$= 372.65 \text{ W} = 373 \text{ W}$$ *Ans.*

Part b) $h = 4$ m (C에서 파이프가 물에 담겨있다.)

해석 III   그림 10-16에서 저수조와 탱크의 물의 일부와 전체 파이프 안의 물을 포함하는 검사체적을 고려하자. A와 E 사이에서 에너지 방정식을 적용하고 C에서의 방출을 통한 부차적 손실 $1.0(V^2/2g)$를 포함해야 한다.

$$\frac{p_A}{\gamma_w} + \frac{V_A^2}{2g} + z_A + h_{pump} = \frac{p_E}{\gamma_w} + \frac{V_E^2}{2g} + z_E + h_{turbine} + h_L$$

$$0 + 0 + 0 + h_{pump} = 0 + 0 + 4 \text{ m} + 0 + \left[0.025\left(\frac{25 \text{ m}}{0.08 \text{ m}}\right) + 1.0 + 4(0.9) + 1.0\right]\left[\frac{(1.5 \text{ m/s})^2}{2(9.81 \text{ m/s}^2)}\right]$$

수식을 풀이하면

$$h_{pump} = 5.538 \text{ m}$$

해석 IV   이제는 그림 10-16에서 파이프 내의 물만 포함하는 검사체적을 고려하고 B와 C 지점 사이에서 에너지 방정식을 적용한다. 여기서 C에서 파이프로부터의 방출로 인한 부차적 손실을 배제하는데, 이는 저장탱크 내에서만 일어나는 손실이기 때문이다. 따라서

$$\frac{p_B}{\gamma_w} + \frac{V_B^2}{2g} + z_B + h_{pump} = \frac{p_C}{\gamma_w} + \frac{V_C^2}{2g} + z_C + h_{turbine} + h_L$$

$$\frac{(1 \text{ m})(1000 \text{ kg/m}^3)(9.81 \text{ m/s}^2)}{(1000 \text{ kg/m}^3)(9.81 \text{ m/s}^2)} + 0 + (-1 \text{ m}) + h_{pump}$$

$$= \frac{(0.5 \text{ m})(1000 \text{ kg/m}^3)(9.81 \text{ m/s}^2)}{(1000 \text{ kg/m}^3)(9.81 \text{ m/s}^2)} + \frac{(1.5 \text{ m/s})^2}{2(9.81 \text{ m/s}^2)} + 3.5 \text{ m} + 0$$

$$+ \left[0.025\left(\frac{25 \text{ m}}{0.08 \text{ m}}\right) + 1.0 + 4(0.9)\right]\left[\frac{(1.5 \text{ m/s})^2}{2(9.81 \text{ m/s}^2)}\right]$$

h_{pump}에 대해서 수식을 풀이하면 이전과 동일한 결과를 얻는다. 따라서

$$\dot{W}_s = Q\gamma h_s = (1.5 \text{ m/s})[\pi(0.04 \text{ m})^2][(1000 \text{ kg/m}^3)(9.81 \text{ m/s}^2)](5.538 \text{ m})$$

$$= 409.63 \text{ W} = 410 \text{ W}$$ *Ans.*

참고: 이 예제는 에너지 방정식을 적용할 때 어떤 선택된 검사체적 내에서 발생하는 모든 손실을 고려하는 것의 중요성을 예시한다. 입구 형상 변화부는 파이프 내에서 부차적 손실을 만들어내고 출구 형상 변화부는 저수조 안에서 손실을 만들어내는 것을 기억하라.

예제 10.8

그림 10-17에서 A에 위치한 게이트 밸브가 완전히 열렸을 때 C에서의 초기 방출유량이 $0.475\ \mathrm{m^3/s}$라면 아연도금 강철 파이프의 요구되는 직경을 구하시오. 저장소는 그림에 표시된 만큼 물로 채워져 있다. 또 동일한 총 수두손실을 만들어내는 파이프의 등가길이는 얼마인가? $\nu_w = 1(10^{-6})\ \mathrm{m^2/s}$를 사용하라.

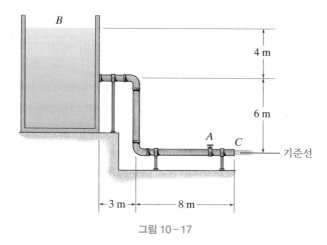

그림 10−17

풀이

유체 설명 저장소는 크기가 커서 $V_B \approx 0$으로 가정하며, 따라서 유동은 정상상태이다. 또한 물은 비압축성으로 가정한다.

해석 파이프가 전체 길이에 걸쳐서 동일한 직경을 가지므로 연속방정식은 파이프 모든 위치에서 파이프를 통과하는 속도가 동일할 것을 요구한다. 따라서

$$Q = VA; \qquad\qquad 0.475\ \mathrm{m^3/s} = V\left(\frac{\pi}{4}D^2\right)$$

$$V = \frac{0.6048}{D^2} \qquad\qquad (1)$$

그림 10-17에서 기준선은 C를 통과하고 에너지 방정식을 B와 C 사이에서 적용한다. 이 경우에 검사체적은 저수조와 파이프 안의 물을 포함한다.

주 손실은 다르시-바이스바흐 방정식으로부터 구한다. 파이프를 통한 부차적 손실은 분출된 입구로부터 $0.5(V^2/2g)$, 2개의 엘보로부터 $2[0.9(V^2/2g)]$, 그리고 완전히 열린 밸브로부터 $0.19(V^2/2g)$가 발생한다. 따라서

$$\frac{p_B}{\gamma_w} + \frac{V_B^2}{2g} + z_B + h_{\text{pump}} = \frac{p_C}{\gamma_w} + \frac{V_C^2}{2g} + z_C + h_{\text{turbine}} + h_L$$

$$0 + 0 + (4\ \mathrm{m} + 6\ \mathrm{m}) + 0 = 0 + \frac{V^2}{2g} + 0 + 0 + \left[f\left(\frac{17\ \mathrm{m}}{D}\right)\left(\frac{V^2}{2g}\right) + 0.5\left(\frac{V^2}{2g}\right) + 2\left[0.9\left(\frac{V^2}{2g}\right)\right] + 0.19\left(\frac{V^2}{2g}\right)\right]$$

혹은

$$10 = \left[f\left(\frac{17}{D}\right) + 3.49\right]\left[\frac{V^2}{2(9.81\ \mathrm{m/s^2})}\right] \qquad\qquad (2)$$

V를 제거하고 식 (1)과 (2)를 결합하면 다음 식을 얻는다.

$$536.40D^5 - 3.49D - 17f = 0 \tag{3}$$

이제 무디 선도를 가지고 시행착오법 절차를 사용해야 한다. f의 값을 가정하고 D에 대한 이 5차 방정식을 풀기보다는 D의 값을 추정하고 f를 계산한 다음 무디 선도에서 이 값을 검증하는 것이 더 쉬운 방법이다. $D=0.350$ m로 가정하면 식 (3)에서 $f=0.039$이다. 식 (1)로부터 $V=4.937$ m/s이므로, 따라서

$$\mathrm{Re} = \frac{VD}{\nu_w} = \frac{(4.937 \text{ m/s}) (0.350 \text{ m})}{1(10^{-6}) \text{ m}^2/\text{s}} = 1.73(10^6)$$

아연도금 강철 파이프에 대해서 $\varepsilon/D=0.15$ mm/350 mm$=0.000429$이다. 따라서 계산된 ε/D와 Re 값을 가지고 무디 선도에서 $f=0.0165 \neq 0.0939$를 얻는다.

다음 반복에서는 $f=0.0165$에 가까운 f를 주는 D의 값을 선택한다. 말하자면 $D=0.3$ m를 선택하면 식 (3)에서 $f=0.01508$이다. 그러면 이 값을 가지고 $V=6.72$ m/s, Re$=2.02(10^6)$ 그리고 $\varepsilon/D=0.15$ mm/300 mm$=0.0005$이다. 이 새로운 값들을 가지고 무디 선도로부터 $f=0.0168$을 얻는데, 계산된 값(0.01508)과 충분히 가까운 값이다. 따라서 다음의 답을 구할 수 있다.

$$D = 300 \text{ mm} \qquad\qquad\qquad \textit{Ans.}$$

파이프 등가길이 그림 10-17에서 배관부품이 없다면 파이프는 17 m의 길이를 가진다. $f=0.01508$을 사용하고 식 (10-10)을 적용하면 돌출된 입구에서 $K_L=0.5$, 2개의 엘보에서 $K_L=0.9$, 그리고 완전히 열린 게이트 밸브에서 $K_L=0.19$이다. 각각의 등가길이를 구하면 다음과 같다.

$$L_{\mathrm{eq}} = 17 \text{ m} + \frac{0.5(0.3 \text{ m})}{0.01508} + 2\left(\frac{0.9(0.3 \text{ m})}{0.01508}\right) + \frac{0.19(0.3 \text{ m})}{0.01508}$$

$$L_{\mathrm{eq}} = 66.5 \text{ m} \qquad\qquad\qquad \textit{Ans.}$$

10.4 파이프 시스템

직경과 길이가 다른 몇 개의 파이프가 함께 연결된다면 이 파이프들은 2가지 유형의 파이프 시스템을 형성한다. 특히 그림 10-18a와 같이 파이프가 연이어서 연결되면 시스템은 **직렬**(series)이고 반면에 그림 10-18b와 같이 파이프가 유동을 다른

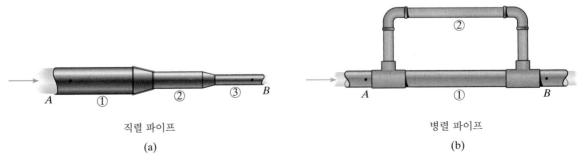

직렬 파이프

(a)

병렬 파이프

(b)

그림 10-18

고리들로 나누어지게 하면 시스템은 **병렬**(parallel)이다. 이러한 경우들을 각각 따로 취급할 것이다.

직렬 파이프

직렬 파이프 시스템의 해석은 단일 파이프 해석에 사용된 것과 유사하다. 이 경우에 연속방정식을 만족하기 위해 각 파이프 분절을 통과하는 유량은 같아야 하며, 그래서 그림 10-18a의 3개의 파이프 시스템은 다음 식을 만족한다.

$$Q = Q_1 = Q_2 = Q_3$$

또한 시스템의 총 수두손실은 각 파이프 분절을 통한 주 수두손실의 합과 시스템에 대한 모든 부차적 수두손실들을 합한 것과 같다. 따라서 A(입구)와 B(출구) 사이에 에너지 방정식을 적용하면 다음과 같다.

$$\frac{p_A}{\gamma} + \frac{V_A^2}{2g} + z_A = \frac{p_B}{\gamma} + \frac{V_B^2}{2g} + z_B + h_L$$

여기서

$$h_L = h_{L1} + h_{L2} + h_{L3} + h_{minor}$$

앞 절의 단일 파이프를 가진 경우와 비교하면 여기 문제는 각 파이프에 대해 마찰계수와 레이놀즈수가 다르므로 더 복잡하다.

병렬 파이프

병렬 시스템은 몇 개의 고리를 가질 수 있지만, 여기서는 그림 10-18b에서와 같이 단 1개의 고리를 갖는 시스템을 고려한다. 문제에서 A와 B 사이의 압력강하와 각 파이프에서의 유량을 찾아야 한다면 유동의 연속방정식에 의해 다음 식을 얻는다.

$$Q_A = Q_B = Q_1 + Q_2$$

A(입구)와 B(출구) 사이에 에너지 방정식을 적용하면 다음과 같다.

$$\frac{p_A}{\gamma} + \frac{V_A^2}{2g} + z_A = \frac{p_B}{\gamma} + \frac{V_B^2}{2g} + z_B + h_L$$

유체는 항상 저항을 최소로 받는 경로로 흐르려고 하므로 각 분지를 통한 유량은 각 분지의 유동에 대해 같은 수두손실 또는 유동저항을 유지하도록 자동으로 조정된다. 따라서 각 분지의 길이에 대해서 다음이 요구된다.

$$h_{L1} = h_{L2}$$

이를 이용하면 단일 고리를 갖는 시스템의 해석은 간단하며 위의 두 식을 만족하는 것에 기초한다.

물론 병렬 시스템이 1개 이상의 고리를 갖는다면 해석은 더 어려워진다. 예를 들어 그림 10-19에서 보이는 파이프 네트워크를 고려해보자. 이러한 시스템은 큰 건물, 산업용 공정, 혹은 도시 상수도 시스템에 사용되는 대표적인 형태이다. 그 복

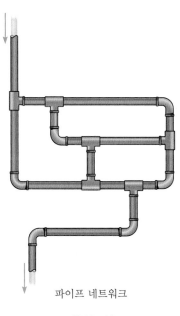

파이프 네트워크

그림 10-19

잡성으로 인해 유동방향과 각 회로 내의 유량이 분명하지 않을 수 있고, 따라서 해를 구하기 위해 반복적인 해석이 필요하다. 이를 위한 가장 효과적인 방법은 컴퓨터를 이용한 선형대수학에 기초한다. 이를 적용하는 것에 대한 자세한 내용은 여기서는 다루지 않으며, 오히려 파이프 네트워크 내의 유동과 관련된 논문이나 책에서 논의되어 있다. 참고문헌 [14]를 살펴보라.

▶ 해석의 절차

- 직렬 또는 병렬인 파이프 시스템을 포함하는 문제의 해는 앞 절에서 개요를 서술한 것과 같은 절차를 따른다. 일반적으로 유동은 연속방정식과 에너지 방정식을 모두 만족해야 하며, 이 식들을 적용하는 순서는 풀려는 문제유형에 의존한다.
- **직렬** 파이프에 있어 각 파이프 분절을 통한 유량은 같아야 하며, 수두손실은 모든 파이프에서의 총합이다. **병렬** 파이프에 있어 총 유량은 시스템의 각 분지로부터의 유량을 합한 것이다. 또한 유동은 저항을 최소로 받는 경로를 따르므로 각 분지에 대한 수두손실은 동일하다.

예제 10.9

그림 10-20에서 파이프 BC와 CE는 아연도금 강철로 만들어졌고, 각각 직경 200 mm와 100 mm이다. F에 위치한 게이트 밸브가 완전히 열렸을 때 초기 물의 방출유량을 L/min 단위로 구하시오. C에 있는 필터는 $K_L = 0.7$이다. D에서의 점진적 축소로 인한 손실은 무시하고 $\nu_w = 1.15(10^{-6})$ m²/s를 사용하라.

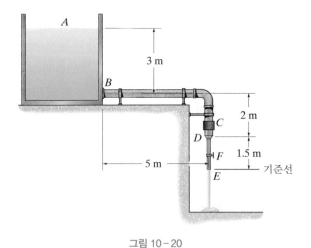

그림 10-20

풀이

유체 설명   정상 비압축성 유동에 $V_A \approx 0$으로 가정한다.

연속방정식   큰 직경의 파이프를 통한 평균 속도를 V로 두고 작은 직경의 파이프 평균 속도를 V'으로 둔 다음, D에 위치한 리듀서 내 물의 국소화된 검사체적을 선택하고 연속방정식을 적용하면 다음을 얻는다.

$$\frac{\partial}{\partial t}\int_{cv}\rho \, d\mathcal{V} + \int_{cs}\rho \mathbf{V}_{f/cs}\cdot d\mathbf{A} = 0$$

$$0 - V\left[(\pi \, 0.1 \text{ m})^2\right] + V'\left[(\pi \, 0.05 \text{ m})^2\right] = 0$$

$$V' = 4V$$

에너지 방정식 이 결과를 사용해서 속도와 마찰계수 간의 관계를 얻기 위해서 A와 E 사이에서 에너지 방정식을 적용한다. 여기서 검사체적은 저장소와 파이프 시스템 전체에 걸쳐 있는 물을 포함한다.

$$\frac{p_A}{\gamma_w} + \frac{V_A^2}{2g} + z_A + h_{\text{pump}} = \frac{p_E}{\gamma_w} + \frac{V_E^2}{2g} + z_E + h_{\text{turbine}} + h_L$$

$$0 + 0 + 6.5\,\text{m} + 0 = 0 + \frac{(4V)^2}{2g} + 0 + 0 + h_L \tag{1}$$

시스템에서 부차적 손실들은 B의 돌출된 입구 $0.5(V^2/2g)$, 엘보 $0.9(V^2/2g)$와 필터 $0.7(V'^2/2g)$, 그리고 완전히 열린 게이트 밸브 $0.19(V'^2/2g)$이다. 각 파이프 분절의 주 수두손실을 위해 다르시-바이스바흐 방정식을 사용하고 파이프 시스템의 총 수두손실을 V의 항으로 표시하면 다음을 얻는다.

$$h_L = f\left(\frac{7\,\text{m}}{0.2\,\text{m}}\right)\frac{V^2}{2g} + f'\left(\frac{1.5\,\text{m}}{0.1\,\text{m}}\right)\left[\frac{(4V)^2}{2g}\right] + 0.5\left(\frac{V^2}{2g}\right) + 0.9\left(\frac{V^2}{2g}\right) + 0.7\left[\frac{(4V)^2}{2g}\right] + 0.19\left[\frac{(4V)^2}{2g}\right]$$

$$h_L = (35f + 240f' + 15.64)\left(\frac{V^2}{2g}\right)$$

여기서 f와 f'은 각각 큰 직경과 작은 직경 파이프의 마찰계수이다. 식 (1)에 대입하여 간략화하면 다음을 얻는다.

$$127.53 = (35f + 240f' + 31.64)V^2 \tag{2}$$

무디 선도 아연도금 강철 파이프에서 $\varepsilon = 0.15$ mm이고

$$\frac{\varepsilon}{D} = \frac{0.15\,\text{mm}}{200\,\text{mm}} = 0.00075, \qquad \frac{\varepsilon}{D'} = \frac{0.15\,\text{mm}}{100\,\text{mm}} = 0.0015$$

이다. 따라서

$$\text{Re} = \frac{VD}{\nu_w} = \frac{V(0.2\,\text{m})}{1.15(10^{-6})\,\text{m}^2/\text{s}} = 1.739(10^5)V \tag{3}$$

$$\text{Re}' = \frac{V'D}{\nu_w} = \frac{4V(0.1\,\text{m})}{1.15(10^{-6})\,\text{m}^2/\text{s}} = 3.478(10^5)V \tag{4}$$

무디 선도의 조건들을 충족시키기 위해 f와 f'에 대한 사이의 값을 가정하는데, 즉 $f = 0.0195$와 $f' = 0.022$로 둔다. 따라서 식 (2), (3), 그리고 (4)로부터 $V = 1.842$ m/s, $\text{Re} = 3.20(10^5)$, 그리고 $\text{Re}' = 6.41(10^5)$을 얻는다. 이 결과를 사용해서 무디 선도를 확인하면 $f = 0.0195$와 $f' = 0.022$를 얻는다. 이 값들은 앞에서 가정했던 값과 동일하다.* 따라서 $V = 1.842$ m/s이고 방출유량은 직경 200 mm 파이프에 대해서 구할 수 있다.

---

* 만약 그들이 같지 않다면 f와 f'의 새로운 값들을 사용하고 또 다른 반복을 수행한다.

$$Q = VA = (1.842 \text{ m/s})[\pi(0.1 \text{ m})^2] = 0.05787 \text{ m}^3/\text{s}$$

혹은 1000 L/m³이므로

$$Q = \left(0.05787 \frac{\text{m}^3}{\text{s}}\right)\left(\frac{1000 \text{ L}}{1 \text{ m}^3}\right)\left(\frac{60 \text{ s}}{1 \text{ min}}\right) = 3472 \text{ L/min} \qquad Ans.$$

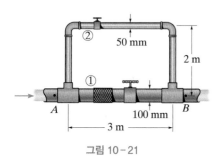

예제 10.10

그림 10-21

그림 10-21에서 분지 파이프 시스템을 통해 0.03 m³/s 유량으로 물이 흐른다. 직경이 100 mm인 파이프 내에 필터와 글로브 밸브가 있고, 직경이 50 mm인 우회 파이프 내에 게이트 밸브가 있다. 파이프는 아연도금 강철로 만들어져 있다. 두 밸브가 완전히 열려 있을 때 각 파이프를 지나는 유량과 A와 B 사이의 압력강하를 구하시오. 필터에 의한 수두손실은 $K_L = 1.6(V^2/2g)$이다. $\gamma_w = 9810 \text{ N/m}^3$와 $\nu_w = 1(10^{-6}) \text{ m}^2/\text{s}$를 사용하라.

풀이

유체 설명   완전 발달된 정상 비압축성 유동으로 가정한다.

연속방정식   A에 있는 티 내의 물을 검사체적으로 고려하면 연속방정식에 의해 다음 식들을 얻는다.

$$Q = V_1A_1 + V_2A_2$$
$$0.03 \text{ m}^3/\text{s} = V_1[\pi(0.05 \text{ m})^2] + V_2[\pi(0.025 \text{ m})^2]$$
$$15.279 = 4V_1 + V_2 \tag{1}$$

무디 선도   분지 1은 2개의 티, 필터, 그리고 완전히 열린 글로브 밸브를 통한 유동을 가진다. 표 10-1을 사용하면 총 수두손실은

$$(h_L)_1 = f_1\left(\frac{3 \text{ m}}{0.1 \text{ m}}\right)\left(\frac{V_1^2}{2g}\right) + 2(0.4)\left(\frac{V_1^2}{2g}\right) + 1.6\left(\frac{V_1^2}{2g}\right) + 10\left(\frac{V_1^2}{2g}\right)$$
$$= (30 f_1 + 12.4)\frac{V_1^2}{2g} \tag{2}$$

분지 2는 2개의 티, 2개의 엘보, 그리고 완전히 열린 게이트 밸브를 통한 유동을 가진다. 따라서

$$(h_L)_2 = f_2\left(\frac{7 \text{ m}}{0.05 \text{ m}}\right)\left(\frac{V_2^2}{2g}\right) + 2(1.8)\left(\frac{V_2^2}{2g}\right) + 2(0.9)\left(\frac{V_2^2}{2g}\right) + 0.19\left(\frac{V_2^2}{2g}\right)$$
$$= (140 f_2 + 5.59)\frac{V_2^2}{2g} \tag{3}$$

각 분지에서의 수두손실이 동일한 $(h_L)_1 = (h_L)_2$의 조건을 사용하면

$$(30 f_1 + 12.4)V_1^2 = (140 f_2 + 5.59)V_2^2 \tag{4}$$

식 (1)과 (4)는 4개의 미지수를 가지고 있다. 무디 선도의 조건들을 만족시키기 위해 마찰계수에 대한 사이의 값을 $f_1 = 0.02$와 $f_2 = 0.025$로 가정한다. 따라서 식 (1)과 (4)는 다음 결과를 준다.

$$V_1 = 2.941 \text{ m/s}$$
$$V_2 = 3.517 \text{ m/s}$$

따라서

$$(\text{Re})_1 = \frac{V_1 D_1}{\nu_w} = \frac{(2.941 \text{ m/s})(0.1 \text{ m})}{1(10^{-6}) \text{ m}^2/\text{s}} = 2.94(10^5)$$

$$(\text{Re})_2 = \frac{V_2 D_2}{\nu_w} = \frac{(3.517 \text{ m/s})(0.05 \text{ m})}{1(10^{-6}) \text{ m}^2/\text{s}} = 1.76(10^5)$$

$(\varepsilon/D_1) = 0.15 \text{ mm}/100 \text{ mm} = 0.0015$와 $(\varepsilon/D_2) = 0.15 \text{ mm}/50 \text{ mm} = 0.003$이기 때문에 무디 선도를 사용하면 $f_1 = 0.022$와 $f_2 = 0.027$을 얻는다. 이 값들을 가지고 계산을 반복하면 식 (1)과 (4)에서 $V_1 = 2.95 \text{ m/s}$와 $V_2 = 3.48 \text{ m/s}$를 얻는데, 이전 값에 매우 근접한 값이다. 따라서 각 파이프를 통과하는 유량은

$$Q_1 = V_1 A_1 = (2.95 \text{ m/s})[\pi(0.05 \text{ m})^2] = 0.0232 \text{ m}^3/\text{s} \qquad Ans.$$

$$Q_2 = V_2 A_2 = (3.48 \text{ m/s})[\pi(0.025 \text{ m})^2] = 0.0068 \text{ m}^3/\text{s} \qquad Ans.$$

$Q = Q_1 + Q_2 = 0.03 \text{ m}^3/\text{s}$를 만족하는 것에 주목하라.

에너지 방정식 A와 B 사이의 압력강하는 에너지 방정식으로부터 구해진다. 검사체적은 A와 B 사이의 시스템 안에 있는 모든 물을 포함한다. A(입구)와 B(출구)를 통과하는 기준선을 가지고 $z_A = z_B = 0$과 $V_A = V_B = V$이고 다음을 얻는다.

$$\frac{p_A}{\gamma_w} + \frac{V_A^2}{2g} + z_A + h_{\text{pump}} = \frac{p_B}{\gamma_w} + \frac{V_B^2}{2g} + z_B + h_{\text{turbine}} + h_L$$

$$\frac{p_A}{\gamma_w} + \frac{V^2}{2g} + 0 + 0 = \frac{p_B}{\gamma_w} + \frac{V^2}{2g} + 0 + 0 + h_L$$

혹은

$$p_A - p_B = \gamma_w h_L$$

식 (2)를 사용하면 다음을 얻는다.

$$p_A - p_B = (9810 \text{ N/m}^3)[30(0.022) + 12.4]\left[\frac{(2.95 \text{ m/s})^2}{2(9.81 \text{ m/s}^2)}\right]$$

$$= 56.8(10^3) \text{ Pa} = 56.8 \text{ kPa} \qquad Ans.$$

이 병렬 시스템에서는 $(h_L)_1 = (h_L)_2$이므로 식 (3)을 사용해서도 이 결과를 얻을 수 있다.

10.5 유량 측정

오랜 기간 동안 파이프 또는 닫힌 도관을 통해 흐르는 유체의 체적유량이나 속도를 측정하기 위해 많은 장치들이 개발되었다. 각 장치는 특정 용도를 가지며, 장치의 선택은 요구되는 정확도, 비용, 유량의 크기, 그리고 사용 편리성 등에 달려있다. 이 절에서는 유량 측정에 사용되는 좀 더 일반적인 장치들을 설명한다. 더 상

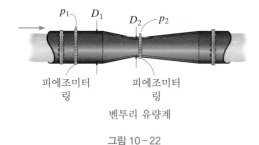

피에조미터 링   피에조미터 링

벤투리 유량계

그림 10-22

세한 내용은 이 장의 마지막에 있는 참고문헌이나 특정 생산자의 웹사이트에서 찾을 수 있다.

벤투리 유량계

벤투리 유량계(venturi meter)는 5.3절에서 논의되었고, 여기서는 그것의 원리를 간단히 복습한다. 그림 10-22에서와 같이 이 장치는 벽으로부터의 박리를 방지하고, 따라서 유체 내의 마찰손실을 최소화하기 위해서 파이프에서 목까지는 축소되는 단면을 갖고 그 후에는 파이프로 다시 돌아가면서 점진적으로 확대되는 단면을 가진다. 5.3절에서 논의했듯이 베르누이 방정식과 연속방정식을 적용해서 다음 식과 같이 목에서의 평균 속도를 구한다.

$$V_2 = \sqrt{\frac{2(p_1 - p_2)/\rho}{1 - (D_2/D_1)^4}} \tag{10-11}$$

정확도를 위해 벤투리 유량계는 종종 그림 10-22와 같이 하나는 유량계 상류에, 다른 하나는 목에 위치시킨 2개의 **피에조미터 링**(piezometer ring)이 끼워져 있다. 각 링은 링 내에 평균 압력이 발생할 수 있도록 그것이 부착된 파이프에 있는 일련의 환상 구멍을 둘러싸고 있다. 마노미터 또는 압력센서가 링들 사이의 평균 정압 차이($p_1 - p_2$)를 측정하도록 링들에 연결된다.

베르누이 방정식은 유동 내의 어떠한 마찰손실도 고려하지 않기 때문에 공학 실무에서는 공학자들이 위의 식에 실험적으로 구해진 **벤투리 송출계수**(venturi discharge coefficient) C_v를 곱해서 변형한다. 이 계수는 목에서의 실제 평균 속도와 이론 속도와의 비를 나타낸다. 즉,

$$C_v = \frac{(V_2)_\text{act}}{(V_2)_\text{theo}}$$

C_v의 특정한 값들은 일반적으로 파이프의 레이놀즈수의 함수로 제작자들에 의해 보고된다. 일단 C_v가 얻어지면 목에서의 실제 속도는

$$(V_2)_\text{act} = C_v\sqrt{\frac{2(p_1 - p_2)/\rho}{1 - (D_2/D_1)^4}}$$

$Q = V_2 A_2$에 주목하면 체적유량은 다음 식으로부터 구할 수 있다.

$$Q = C_v\left(\frac{\pi}{4}D_2^2\right)\sqrt{\frac{2(p_1 - p_2)/\rho}{1 - (D_2/D_1)^4}}$$

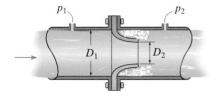

노즐 유량계

그림 10-23

노즐 유량계

노즐 유량계(nozzle meter)는 기본적으로는 벤투리 유량계와 같은 방식으로 작동한다. 그림 10-23에서와 같이 이 장치가 유동 경로에 삽입되면 유동은 노즐 앞에서 수축되면서 목을 통해 지나가고 유동의 진로가 바뀌지 않은 상태에서 노즐을 떠난다. 이것은 노즐을 통한 유동의 가속과 이후에 유동이 먼 하류에서 조정하려는 감속에 의해 국소적인 난류를 발생시킨다. 그 결과로 노즐을 통한 마찰손실은 벤투리 유량계보다 크다. 포트 1에서부터 포트 2까지의 압력

강하 측정값은 식 (10-11)을 적용하여 이론 속도 V_2를 구하는 데 사용된다. 여기서 공학자들은 모든 마찰손실을 고려하기 위해서 실험에서 구해진 **노즐 송출계수**(nozzle discharge coefficient) C_n을 사용한다. 따라서 유량은 다음과 같다.

$$Q = C_n \left(\frac{\pi}{4} D_2^2 \right) \sqrt{\frac{2(p_1 - p_2)/\rho}{1 - (D_2/D_1)^4}}$$

상류의 레이놀즈수의 함수인 C_n 값들은 노즐과 파이프의 다양한 면적비에 대해 제작자들에 의해 제공된다.

오리피스 유량계

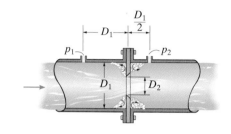

오리피스 유량계

그림 10-24

파이프 내의 유량을 측정하는 또 다른 방법은 그림 10-24의 오리피스 유량계(orifice meter)에 의해 유동을 수축시키는 것이다. 오리피스 유량계는 단순히 내부에 구멍이 있는 평판으로 구성된다. 압력은 상류의 한 지점에 더해서 유선들이 여전히 수평이고 평행하고 정압이 일정한 베나 콘트랙타 혹은 좁혀진 곳에서 측정된다. 앞에서와 같이 이들 지점에 베르누이 방정식과 연속방정식을 적용하면 식 (10-11)로 정의되는 이론 평균 속도를 구할 수 있다. 미터를 통한 실제 유량은 유동에서의 마찰손실과 베나 콘트랙타의 영향을 모두 고려하여 제작자에 의해 제공되는 **오리피스 송출계수**(orifice discharge coefficient) C_o를 사용해서 구한다. 따라서

$$Q = C_o \left(\frac{\pi}{4} D_2^2 \right) \sqrt{\frac{2(p_1 - p_2)/\rho}{1 - (D_2/D_1)^4}}$$

3가지 유량계 중에서 벤투리 유량계가 가장 비싸지만 손실이 최소이므로 가장 정확한 측정값을 준다. 오리피스 유량계는 가장 값이 싸고 설치가 쉽지만 베나 콘트랙타의 크기가 잘 정의되지 않으므로 가장 부정확하다. 또 이 유량계는 수두손실 또는 압력강하가 가장 많이 발생한다. 어떤 유량계를 선택하든지 완전히 발달된 유동이 확립될 수 있는 충분한 길이를 갖는 곧은 파이프 영역을 따라 설치하는 것이 중요하다. 이렇게 해서 얻어진 결과는 실험에서 구해진 것과 높은 상관성을 가져야 한다.

로토미터

로토미터

그림 10-25

로토미터(rotometer)는 그림 10-25에서와 같이 수직한 파이프에 부착된다. 유체가 아래에서 흘러 들어가고 끝으로 갈수록 넓어지는 유리관을 지나서 상부를 떠난 후에 파이프로 돌아간다. 관 속에 유동에 의해 위로 떠오르는 무게를 갖는 플로트가 있다. 플로트가 올라감에 따라 관의 면적이 커지므로 유동의 속도는 작아져서 결국에 플로트는 관 표면의 눈금이 가리키는 평형수위에 도달한다. 이 수위는 파이프 내의 유량과 직접 관련되므로 플로트 수위를 읽어 유량을 구한다. 수평 파이프에서는 유사한 장치가 장애물이 측정된 거리만큼 용수철을 압축하게 하고 그 위치를 유리관을 통해 볼 수 있다. 이들 유량계 모두 약 99%의 정확도로 유량을 측정할 수 있으나, 원유와 같이 매우 불투명한 유체의 유량을 측정하는 데 사용할 수 없기 때문에 사용에 얼마간의 제한이 있다.

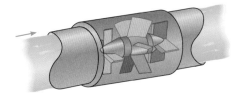

터빈 유량계

그림 10-26

풍속계

터빈 유량계   38~305 mm에 이르는 큰 직경을 갖는 파이프에서 파이프를 지나는 유체 유동이 그림 10-26에서처럼 회전자 날개를 회전시킬 수 있도록 파이프 부분 내에 터빈 로터가 설치될 수 있다. 액체의 경우 이 장치는 보통 소수의 날개만 갖고 있지만, 기체의 경우는 날개를 회전시키기에 충분한 토크를 발생시키기 위해서 더 많은 날개가 필요하다. 유량이 클수록 날개는 더 빨리 회전한다. 날개 중 하나에는 날개가 회전하면서 센서를 지나갈 때 발생하는 전기충격파에 의해 회전이 감지될 수 있도록 표시가 되어 있다. 터빈 유량계(turbine flow meter)는 천연가스나 상수도 시스템을 통한 물의 유량을 측정하는 데 자주 사용된다. 이 유량계는 또한 손으로 잡고 풍속을 측정하기 위해 날개가 바람 속에서 회전할 수 있도록 제작된 것도 있다. 사진에 보이는 **풍속계**(anemometer)는 유사한 방식으로 작동한다. 이 장치는 회전축 위에 올려진 컵을 사용해서 축의 회전이 바람의 속도와 가지는 상관관계를 측정한다.

와열

셰더 막대

와류 유량계

그림 10-27

와류 유량계   그림 10-27과 같이 **셰더 막대**(shedder bar)라 불리는 원통형의 장애물이 유동 내에 설치되면 유체가 막대 주위를 지나가면서 막대가 형성하는 교란이 **본 카르만 와열**(Von Kármán vortex street)*이라 불리는 와류열을 발생시킨다. 막대 양변에 교대로 나타나는 와류의 주파수 f는 모든 요동에 대해 작은 전기펄스를 생성하는 압전결정체(piezoelectric crystal)를 사용해서 측정할 수 있다. 이 주파수 f는 유체 속도 V에 비례하고 **스트로우할수**(Strouhal number) $St = fD/V$에 의해 속도에 관계된다. 여기서 '특성길이' D는 셰더 막대의 직경이다. 스트로우할수는 유량계의 특정한 작동범위 내에서는 알려져 있는 일정한 값을 갖기 때문에 평균 속도 V는 $V = fD/St$로 구해진다. 그러면 유량은 $Q = VA$이고, 여기서 A는 유량계의 단면적이다. 와류 유량계(vortex flow meter)를 사용하는 장점은 움직이는 부분이 없고 약 99%의 정확도를 갖는 것이다. 하지만 한 가지 단점은 유동 붕괴에 따라 발생하는 수두손실이다.

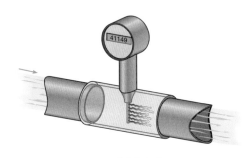

정온풍속계

그림 10-28

열식 질량유량계   명칭이 의미하듯이 열식 질량유량계(thermal mass flow meter)는 유동 내의 매우 국소적인 지역에서 기체 속도를 구하기 위해 온도를 측정한다. 가장 많이 사용되고 있는 종류의 하나는 **정온풍속계**(constant-temperature anemometer)이다. 이 장치는 보통 텅스텐으로 만들어지고, 예를 들어 직경 0.5 μm, 길이 1 mm의 매우 작고 얇은 전선으로 구성된다. 열선이 유동 내에 놓이면 그림 10-28처럼 유동 흐름에 의해 냉각됨에 따라 전기적으로 유지되는 일정 온도까지 가열된다. 일정 온도를 유지하기 위해 전선에 공급되어야 하는 전압과 유동 속도는 상관관계를 가질 수 있다. 두 방향 또는 세 방향에서 유동을 측정하기 위해 몇 개 센서들이 작은 체적 내에 배치될 수도 있다.

　전선은 끊어지기 매우 쉬우므로 기체 내의 입자상 물질이 전선을 손상시키거나 끊어트리지 않게 주의해야 한다. 속도가 빠르거나 불순물이 많은 기체의 경우에는

---

* 11장에서 이에 대해서 추가적으로 논의할 것이다.

작동원리는 같지만 훨씬 두꺼운 세라믹 지지대에 부착된 얇은 금속 필름 센서로 구성된 **고온필름풍속계**(hot-film anemometer)를 사용해서 낮은 민감도로 속도를 측정할 수 있다.

양 변위 유량계

흘러 지나가는 액체의 양을 구하기 위해 사용되는 유량계의 한 종류는 **양 변위 유량계**(positive displacement flow meter)라 불린다. 이것은 그림 10-29와 같이 유량계 내에 두 기어의 로브(lobe) 사이의 공간과 같은 측정실로 구성된다. 로브들과 케이싱 사이의 근접 공차(close tolerance)를 보장해서 각 회전 마다 정확히 조절된 액체의 양만 통과하게 한다. 기계적으로 또는 전기펄스에 의 해 이 회전수를 계산해서 액체의 총량이 측정된다.

양 변위 유량계

그림 10-29

진동판 유량계

진동판 유량계(nutating disk meter)는 보통 가정의 물 공급량 또는 펌프로 끌어당긴 휘발유 양을 측정하기 위해 사용된다. 이것은 99% 정도의 정확도를 가진다. 이 유량계는 그림 10-30과 같이 유량계 챔버 내에 정확히 측정 된 액체 체적을 고립시키는 경사진 원판으로 구성된다. 원판 중심이 볼과 스핀들 (spindle)에 고정되어 있으므로 액체로부터 작용하는 압력이 원판을 수직축에 대 해 회전하게 한다. 그것에 의하여 담겨있는 액체 체적이 축에 대한 회전마다 챔버 를 통과해 지나간다. 진동판의 수직축에 대한 회전마다 회전 원판에 부착된 자석 에 의한 자기 요동이나 스핀들에 부착된 기어-축(gear-and-axle) 장치에 의해 기 록될 수 있다.

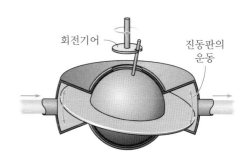

진동판 유량계

그림 10-30

자기 유량계

이러한 유형의 유량계는 유지보수가 거의 필요 없으며 바닷물, 하수, 액체나트륨, 그리고 다양한 유형의 산성 용액과 같이 전기를 통하는 액체의 평균 속도를 측정한다. 동작원리는 어떤 전도체(액체)에 걸쳐서 유도되는 전압은 그 전도체가 자기장에 대해 직각방향으로 움직일 때 전도체의 속도에 비례한다는 것을 설명하는 패러데이의 법칙에 기반한다. 유량을 측정하기 위해서 2개의 전극 을 그림 10-31에서와 같이 파이프 내벽의 마주 보는 위치에 설치하고 전압계에 연 결한다. 자기장이 전체 유동 단면에 걸쳐서 만들어지고 전압계는 두 전극 사이의 전기적 퍼텐셜 혹은 전압을 측정한다. 이것은 유동의 속도와 정비례한다.

  자기 유량계는 99~99.5%에 달하는 정확도를 가지며 최대 305 mm의 직경을 가

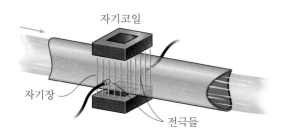

자기 유량계

그림 10-31

지는 파이프에 사용되었다. 측정값은 전극에 포집되는 공기방울들과 유체와 파이프 내에 존재하는 정전기에도 매우 민감하다. 이러한 이유로 최고의 성능을 발휘하기 위해서는 파이프가 적절히 접지되어야 한다.

다른 유형들   유동의 작은 영역에서의 속도를 정확하게 측정하는 데 사용되는 다른 유형의 유량계들이 있다. **레이저 도플러 유량계**(laser Doppler flow meter)는 레이저빔을 목표영역을 향해 조준하고 그 영역을 지나가는 작은 입자들에 레이저빔이 반사된 후에 레이저빔의 주파수 변화를 측정한다.[*] 이 자료는 다시 특정한 방향으로의 속도를 얻기 위해 변환된다. 이 기법은 값비싸지만 고정밀도이며, 영역 내의 입자들의 모든 3가지 방향의 속도성분을 구하는 데 사용된다. **초음파 유량계**(ultrasonic flow meter) 또한 도플러 원리에 기반해서 작동한다. 초음파 유량계는 음파를 유체를 통해 흘려보내고 반사되어 돌아오는 파동의 주파수 변화를 압전변환기(piezoelectric transducer)로 측정하고, 그런 다음 속도를 구하기 위해 변환한다. 마지막으로 입자영상유속계(particle image velocimetry, PIV)는 아주 작은 입자를 유체 안에 띄우는 방법이다. 카메라와 레이저 섬광등(laser strobe light)을 사용해 유동의 속력과 방향을 발광하는 입자를 추적하여 측정할 수 있다.

참고문헌

1. L. F. Moody, "Friction Factors for Pipe Flow," *Trans ASME*, Vol. 66, 1944, pp. 671-684.
2. F. Colebrook, "Turbulent flow in pipes with particular reference to the transition region between the smooth and rough pipe laws," *J Inst Civil Engineers*, London, Vol. 11, 1939, pp. 133-156.
3. V. Streeter, *Handbook of Fluid Dynamics*, McGraw-Hill, New York, NY.
4. L. W. Mays, *Hydraulic Design Handbook*, McGraw Hill, New York, NY.
5. S. E. Haaland, "Simple and explicit formulas for the friction-factor in turbulent pipe flow," *Trans ASME, J Fluids Engineering*, Vol. 105, 1983.
6. H. Ito, "Pressure losses in smooth pipe bends," *J Basic Engineering*, 82 D, 1960, pp. 131-134.
7. C. F. Lam and M. L Wolla, "Computer analysis of water distribution systems," *Proceedings of the ASCE, J Hydraulics Division*, Vol. 98, 1972, pp. 335-344.
8. H. S. Bean, *Fluid Meters: Their Theory and Application*, ASME, New York, NY, 1971.
9. R. J. Goldstein, *Fluid Mechanics Measurements*, 2nd ed., Taylor and Francis, New York, NY, 1996.
10. P. K. Swamee and A. K. Jain, "Explicit equations for pipe-flow problems," *Proceedings of the ASCSE, J Hydraulics Division*, Vol. 102, May 1976, pp. 657-664.
11. H. H. Brunn, *Hot-Wire Anemometry—Principles and Signal Analysis*, Oxford University Press, New York, NY, 1995.
12. R. W. Miller, *Flow Measurement Engineering Handbook*, 3rd ed., McGraw-Hill, New York, NY, 1996.
13. E. F. Brater et al., *Handbook of Hydraulics*, 7th ed., McGraw-Hill, New York, NY, 1996.
14. R. W. Jeppson, *Analysis of Flow in Pipe Networks*, Butterworth-Heinemann, Woburn, MA, 1976.
15. R. J. S. Pigott, "Pressure Losses in Tubing, Pipe, and Fittings," *Trans. ASME*, Vol. 73, 1950, pp. 679-688.
16. *Measurement of Fluid Flow on Pipes Using Orifice, Nozzle, and Venturi*, ASME MFC-3M-2004.
17. J. Vennard and R. Street, *Elementary Fluid Mechanics*, 5th ed., John Wiley and Sons, New York, NY, 1975.
18. *Fluid Meters, Their Theory and Application*, ASME, 6th ed., New York, NY, 1971.
19. *Flow of Fluid through Valves, Fittings and Pipe*, Technical Paper 410, Crane Co., Stamford, CT, 2011.
20. R. D. Blevins, *Applied Fluid Dynamics Handbook*, Krieger Publishing, Malabar, FL, 2003.
21. Bradshaw, P. T., et al., *Engineering Calculation Methods for Turbulent Flow*, Academic Press, New York, 1981.

---

[*]   도플러 원리는 빛 또는 음파의 생성원이 관찰자를 향해서 움직일 때는 원래 주파수보다 높은 주파수가 만들어지고 관찰자로부터 멀어질 때는 원래 주파수보다 낮은 주파수가 만들어지는 것을 설명한다. 이 효과는 움직이는 경찰차나 소방차의 사이렌 소리를 들을 때 꽤 확실하게 느껴진다.

기초문제

10.1절

F10-1 20℃의 글리세린이 직경 40 mm, 길이 4 m의 상용 강철 파이프를 통해서 탱크로부터 빠져나온다. 파이프를 따라서 압력구배와 파이프의 중심선을 따라서 글리세린의 최대 속도를 결정하시오. 또 4 m 길이 구간에서 수두손실을 구하시오. 부차적 손실은 무시하라.

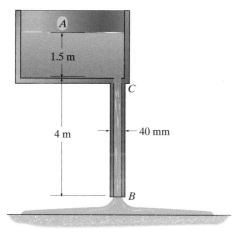

그림 F10-1

F10-2 25℃의 물이 직경 100 mm의 상용 강철 파이프를 통해서 500 m 거리에 걸쳐서 펌핑되고 있다. 만약 유량이 0.03 m³/s이고 이 길이를 걸쳐서 압력강하가 25 kPa이라면 펌프에 의해 공급된 동력을 결정하시오.

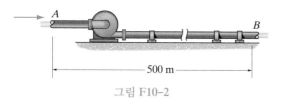

그림 F10-2

F10-3 25℃의 물이 0.0314 m³/s의 유량으로 수평방향으로 배치된 주철 파이프를 통해 흐르고 있다. 200 m 길이에 걸쳐서 허용된 압력강하가 80 kPa을 넘지 않아야 한다면 가장 작은 파이프 직경을 결정하시오.

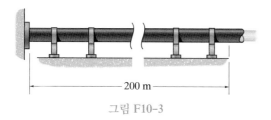

그림 F10-3

10.2 – 10.3절

***F10-4** SAE 10W30 기름이 게이트 밸브가 완전히 개방되었을 때 한 탱크에서 다른 탱크로 흐른다. 파이프는 상용 강철 재질에 직경 20 mm이다. 유량이 0.002 m³/s가 되도록 할 때 탱크에 가해져야 하는 압력을 결정하시오. 분출된 입구, 완전 개방된 게이트 밸브, 그리고 2개의 90° 엘보로 인한 부차적 손실을 포함하라. $\rho_o = 920$ kg/m³, $\nu_o = 0.1(10^{-3})$ m²/s를 사용하라.

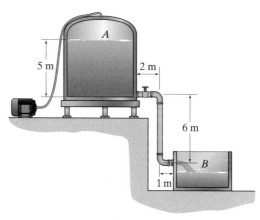

그림 F10-4

F10-5 탱크가 20℃의 물로 채워져 있다. *C*에 위치한 게이트 밸브가 개방되었을 때 직경 80 mm의 주철 파이프를 통해서 흐르는 유량을 결정하시오. 분출된 입구, 완전 개방된 게이트 밸브, 그리고 90° 엘보로 인한 부차적 손실을 포함하라.

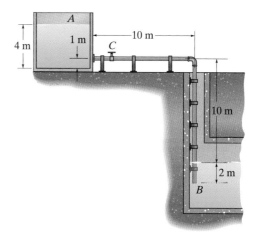

그림 F10-5

연습문제

10.1절

E10-1 50 m 길이, 직경 150 mm의 수평 아연도금 강철 파이프가 10°C의 물을 수송하는 데 사용된다. 만약 속도가 3 m/s라면 파이프 전체 길이에 걸친 압력강하를 구하시오.

E10-2 25°C의 물이 150 m 길이의 수평 아연도금 강철 파이프를 통해 하수처리 공장으로 전달된다. 만약 물이 A 지점에서 650 kPa의 압력을 형성하는 펌프를 사용해서 대기 중으로 방출되고 있다면 B 지점에서의 방출이 7500 L/min이 될 때 파이프의 직경을 최대한 근접한 mm 수치로 구하시오.

E10-3 20°C의 휘발유가 250 mm 직경을 가지는 매끄러운 파이프를 통해서 0.185 m³/s의 유량으로 흐르고 있다. 파이프의 20 m 길이 구간에서의 수두손실을 구하시오.

*E10-4 75 mm 직경을 가지는 파이프가 3 m/s의 속도로 물을 공급한다. 만약 파이프가 상용 강철로 만들어졌고 물의 온도가 25°C라면 마찰계수를 구하시오.

E10-5 글리세린이 직경 200 mm의 매끄러운 수평 파이프를 통해서 4 m/s의 평균 속도로 흐르고 있다. 파이프의 15 m 길이 구간에서의 압력강하를 구하시오.

E10-6 만약 40°C의 공기가 매끄러운 원형 덕트를 통해서 0.685 m³/s의 유량으로 흐르고 있다면 덕트의 10 m 길이 구간에 걸쳐서 일어나는 압력강하를 구하시오.

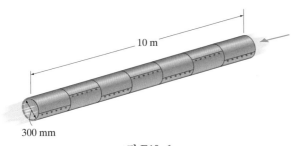

그림 E10-6

E10-7 유동이 층류를 유지하는 조건에서 아연도금 강철 덕트를 통해 흐를 수 있는 최대 공기 유량 Q를 구하시오. 이 경우에 200 m 길이의 덕트 구간을 따라서 발생하는 압력강하를 구하시오. $\rho_a = 1.202$ kg/m³, $\nu_a = 15.1(10^{-6})$ m²/s를 사용하라.

*E10-8 공기가 아연도금 강철 덕트를 통해 4 m/s의 속도로 흐르고 있다. 2 m 길이의 덕트 구간을 따라서 발생하는 압력강하를 구하시오. $\rho_a = 1.202$ kg/m³, $\nu_a = 15.1(10^{-6})$ m²/s를 사용하라.

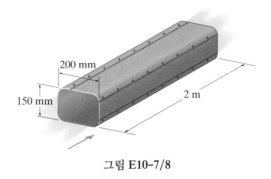

그림 E10-7/8

E10-9 직경 450 m의 오래된 콘크리트 배수관을 통해 물이 0.650 m³/s의 유량으로 가득 차서 흐르고 있다. A 지점에서 B 지점에 걸친 압력강하를 구하시오. 배수관은 수평으로 배치되어 있다. $f = 0.07$을 사용하라.

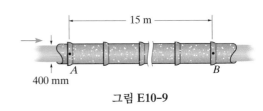

그림 E10-9

E10-10 직경 400 mm의 오래된 콘크리트 배수관을 통해 물이 0.5 m³/s의 유량으로 가득 차서 흐르고 있다. A 지점에서 B 지점에 걸친 압력강하를 구하시오. 배수관은 윗방향으로 5 m/100 m 기울기를 가지고 있다. $f = 0.021$을 사용하라.

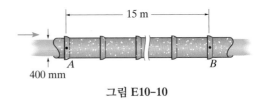

그림 E10-10

E10-11 만약 압력강하가 150 Pa이라면 직경 30 mm, 길이 1000 m의 상용 강철 파이프를 통해 흐르는 $T = 20$°C의 메탄의 유량을 구하시오.

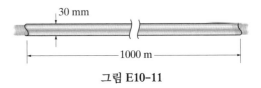

그림 E10-11

*E10–12 20℃의 물이 직경 50 mm 주철 파이프를 통해 5.88 kg/s 의 질량유량으로 윗방향으로 흐르고 있다. 8 m 길이의 수직방향 부분에서 일어나는 주 수두손실을 구하시오. A에서의 압력은 얼마인가? 물은 B에서 대기 중으로 방출된다.

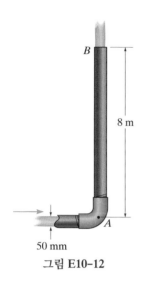

그림 E10–12

E10–13 강으로부터 직경 40 mm, 길이 3 m의 호스를 통해 물이 퍼올려지고 있다. 호스 안에서 공동현상이 발생하지 않을 때 C 지점에서 호스로부터의 최대 방출 체적유량을 구하시오. 호스의 마찰계수는 $f = 0.028$이며 물의 게이지 증기압은 -98.7 kPa이다.

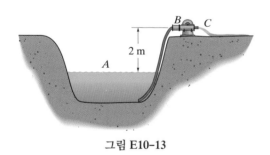

그림 E10–13

E10–14 직경 100 mm 주철 파이프가 $T = 25$℃의 물로 원통형 탱크를 채우는 데 사용된다. 빈 탱크를 6.5분 안에 3 m 깊이만큼 채우기 위해서 필요한 펌프의 요구되는 출력동력을 구하시오. 파이프의 전체 길이는 50 m이다.

E10–15 직경 100 mm의 주철 파이프가 $T = 25$℃의 물로 비어 있는 원통형 탱크를 채우는 데 사용된다. 만약 펌프의 출력동력이 4.5 kW 라면 펌프가 가동된 6분 이후에 탱크의 물의 깊이 h를 구하시오. 파이프의 전체 길이는 50 m이다.

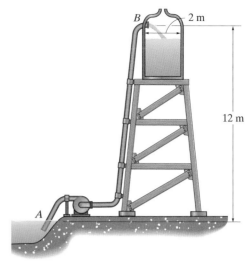

그림 E10–14/15

*E10–16 직경 20 mm 구리코일이 태양열 온수히터로 사용된다. 50℃의 평균 온도를 가지는 물이 코일을 9 L/min으로 통과해 갈 때 코일 내에서 발생하는 주 수두손실을 구하시오. 각 곡관의 길이는 무시하라. 코일에 대해 $\varepsilon = 0.03$을 사용하라.

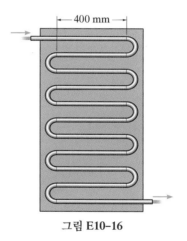

그림 E10–16

E10–17 아연도금 강철 파이프가 20℃의 물을 3 m/s의 속도로 이송하는 데 사용된다. 파이프의 4 m 길이 구간에 걸쳐 발생하는 압력강하를 구하시오.

그림 E10–17

E10-18 35°C의 물이 직경 50 mm, 길이 5 m의 파이프를 통해서 우물로부터 퍼 올려진다. 공동현상이 발생하지 않는 조건에서 C에서의 최대 질량유량을 구하시오. 파이프의 조도는 $\varepsilon = 0.2$ mm이고 물의 게이지 증기압은 -95.7 kPa이다.

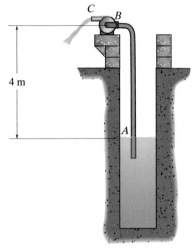

그림 E10-18

E10-19 30°C의 공기가 상용 강철 덕트를 통해 0.650 m³/s의 유량으로 흐른다. 덕트의 12 m 길이 구간에 걸친 압력강하를 구하시오.

*E10-20 12 m 길이에 걸친 상용 강철 덕트의 압력강하가 12.5 Pa일 때 30°C의 공기의 유량 Q를 구하시오.

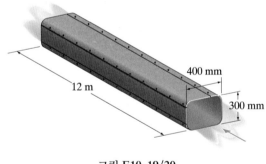

그림 E10-19/20

E10-21 직경 75 mm, 표면조도 $\varepsilon = 0.2$ mm를 가지는 수평 아연도금 강철 파이프가 60°C의 물을 3 m/s의 속도로 이송하는 데 사용된다. 파이프 12 m 길이에 걸친 압력강하를 구하시오.

E10-22 천연가스가 10 L/min으로 흐르고 있는 직경 40 mm의 수평 튜브의 마찰계수를 구하시오. 천연가스의 밀도는 $\rho_g = 0.665$ kg/m³이고 1000 m 길이에 걸친 압력강하는 15.5 Pa이다.

E10-23 음용수가 20°C에서 4 m/s의 속도로 수평 아연도금 강철 파이프를 통해서 흐른다. 20 m 길이에 걸친 압력강하가 36 kPa을 넘지 않는다면 파이프의 최소 허용 가능한 직경 D를 구하시오.

*E10-24 저류지에 있는 물이 둔덕을 넘어 호수로 퍼 올려진다. 200 mm 직경의 호스가 표면조도 $\varepsilon = 0.16$ mm를 가질 때 파이프로부터의 유량이 12000 L/min가 되는 데 필요한 펌프의 출력동력을 구하시오. 호스는 250 m의 길이를 가지며 물의 온도는 25°C이다.

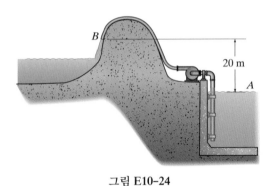

그림 E10-24

E10-25 $T = 30$°C의 물이 400 mm 직경의 콘크리트 파이프를 통해서 A 지점의 저수지로부터 B 지점으로 흐른다. 유량을 구하시오. 콘크리트 파이프의 길이는 100 m이며 표면조도는 $\varepsilon = 0.8$ mm이다.

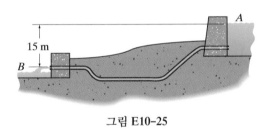

그림 E10-25

E10-26 A 지점에서의 밸브가 열릴 때 20°C의 메탄이 직경 200 mm 상용 강철 파이프를 통해 0.095 m³/s의 유량으로 흐른다. 파이프의 AB 구간 길이에 걸친 압력강하를 구하시오.

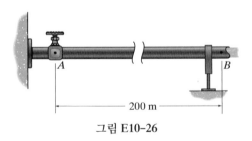

그림 E10-26

E10-27 직경 100 mm 아연도금 강철 파이프의 AB 구간이 15 kg의 질량을 가진다. 글리세린이 3 L/s로 파이프로부터 방출될 때 A 지점에서의 압력과 A에 있는 플랜지 볼트(flange bolt)에 작용하는 힘을 구하시오.

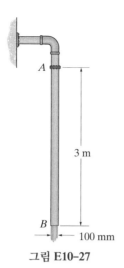

그림 E10-27

*E10-28 상용 강철 파이프가 $T = 20℃$의 글리세린을 14.8 kg/s의 질량유량으로 운송해야 한다. 100 m 길이의 파이프에 걸친 압력강하가 350 kPa을 넘지 않는다면 파이프에 요구되는 직경을 구하시오.

E10-29 직경 75 mm, 표면조도 $ε = 0.2$ mm의 아연도금 강철 파이프가 60℃의 물을 3 m/s의 속도로 수송하는 데 사용된다. 파이프가 수직방향이고 유동은 위로 흐른다면 12 m 길이의 파이프에 걸친 압력강하를 구하시오.

E10-30 직경 D, 마찰계수 f를 가진 파이프에서 체적유량이 2배가 된다면 파이프의 압력강하는 몇 % 증가하는가? 매우 높은 레이놀즈수로 인해 f는 상수로 가정하라.

E10-31 밀도 $ρ = 998.3$ kg/m³의 물로 가정되는 하수가 직경 50 mm 파이프를 사용하여 습한 우물로부터 퍼 올려진다. 공동현상을 발생시키지 않는 펌프로부터의 최대 방출유량을 구하시오. 마찰계수는 $f = 0.026$이다. 물의 게이지 증기압은 -98.7 kPa이다. 파이프의 물에 잠긴 부분에서의 마찰손실은 무시하라.

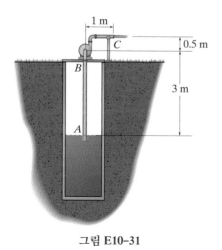

그림 E10-31

*E10-32 밀도 $ρ = 998.3$ kg/m³의 물로 가정되는 하수가 직경 50 mm, 마찰계수 $f = 0.026$을 가지는 파이프를 사용하여 습한 우물로부터 퍼 올려진다. 펌프가 500 W의 동력을 물에 전달할 때 펌프로부터의 방출유량을 구하시오. 파이프의 물에 잠긴 부분에서의 마찰손실은 무시하라.

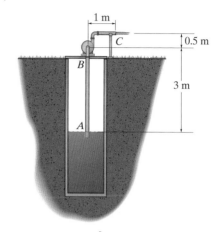

그림 E10-32

E10-33 25℃의 물이 직경 80 mm 주철 파이프를 통해 흐른다. A 지점에서의 압력이 500 kPa일 때 방출유량을 구하시오.

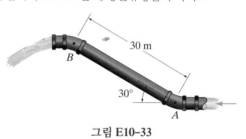

그림 E10-33

E10-34 구덩이로부터 저장소로 물을 퍼 올리기 위해 배출펌프가 필요하다. 직경 40 mm 상용 강철 파이프가 사용되고 유량이 960 L/min가 되도록 할 때 펌프에 의해 공급되는 필요 동력을 구하시오. 파이프 길이는 80 m이고 물의 온도는 30℃이다.

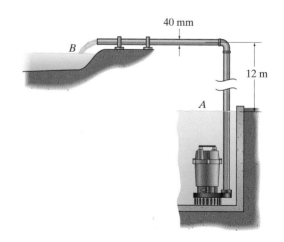

그림 E10-34

E10–35 30°C의 공기가 0.75 m³/s의 유량으로 직경 400 mm 아연도금 강철 덕트를 통해 팬에 의해 수송된다. 길이 60 m에 걸친 수두손실을 구하시오.

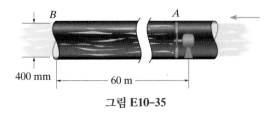

그림 E10–35

*E10–36 직경 80 mm 호스로 B 지점에서 $T=25$°C의 물을 1500 L/min으로 방출하기 위해 펌프가 공급해야 하는 동력을 구하시오. 80 m 길이를 가지는 호스는 표면조도 $\varepsilon=0.16$ mm를 가지는 물질로 만들어졌다.

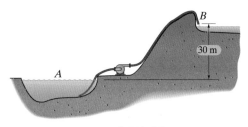

그림 E10–36

E10–37 물이 직경 40 mm 호스를 통해 300 L/min으로 트럭으로 퍼 올려진다. 호스의 전체 길이는 8 m, 마찰계수는 $f=0.018$이고 트럭의 탱크는 대기 중에 개방되어 있을 때, 펌프에 의해 공급되어야 하는 동력을 구하시오.

E10–38 물이 직경 40 mm 호스를 통해 트럭 상단으로 0.003 m³/s로 퍼 올려진다. C 지점에서 A 지점까지의 호스 길이가 10 m이고 마찰계수는 $f=0.018$일 때, 펌프의 출력동력을 구하시오.

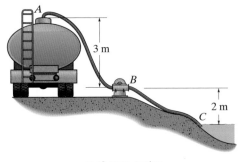

그림 E10–37/38

E10–39 길이 150 m, 직경 200 mm의 수평 상용 강철 파이프가 $T=30$°C의 물을 수송하는 데 사용된다. 파이프를 통한 방출유량이 6000 L/min이고 펌프 입구에서의 압력이 25 kPa일 때 펌프의 출력동력을 구하시오. 펌프의 출구는 대기 중으로 열려 있다.

*E10–40 직경 150 mm 아연도금 강철 파이프가 $T=30$°C의 물을 1.5 m/s의 속도로 수송하는 데 사용된다. 파이프의 길이 20 m에 걸친 압력강하를 구하시오.

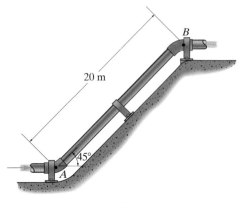

그림 E10–40

E10–41 A 지점에 위치한 저장소로부터 직경 50 mm의 파이프 조합을 통해 물을 빼낸다. 상용 강철 파이프가 사용되고 밸브 E가 닫혀 있고 F가 열려 있을 때 B 지점의 탱크 안으로 들어가는 초기 방출유량을 구하시오. $\nu_w=1.00(10^{-6})$ m²/s를 사용하라.

E10–42 A 지점에 위치한 저장소로부터 직경 50 mm의 파이프 조합을 통해 물을 빼낸다. 상용 강철 파이프가 사용되고 밸브 E와 F가 모두 완전히 열려 있을 때 A 지점의 저장소로부터 파이프로의 초기 유량을 구하시오. 말단 C는 대기 중으로 열려 있다. $\nu_w=1.00(10^{-6})$ m²/s를 사용하라.

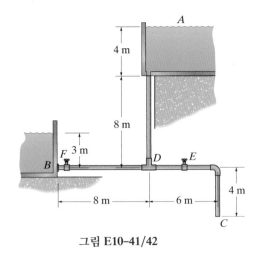

그림 E10–41/42

E10–43 관개를 위해 20°C의 물이 운하로부터 들판으로 표면조도 $\varepsilon=0.02$ mm를 가지는 파이프를 사용해서 뽑아진다. 파이프 길이가 120 m일 때 파이프가 0.02 m³/s의 유량을 제공하도록 하는 데 필요한 직경을 구하시오.

그림 E10-43

*E10-44 $T = 20°C$의 등유가 직경 100 mm 상용 강철 파이프를 통해 22.5 kg/s로 흐른다. 길이 50 m에 걸쳐 일어나는 압력강하를 구하시오.

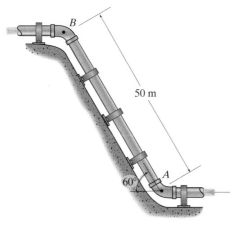

그림 E10-44

E10-45 직경 50 mm의 파이프가 표면조도 $\varepsilon = 0.01$ mm를 가진다. 20°C의 물이 0.006 m³/s로 방출될 때 A 지점에서의 압력을 구하시오.

E10-46 직경 50 mm의 파이프가 표면조도 $\varepsilon = 0.01$ mm를 가진다. 물의 온도는 20°C이고 A 지점에서의 압력이 50 kPa일 때 B 지점에서의 방출유량을 구하시오.

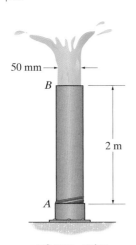

그림 E10-45/46

E10-47 수중펌프가 원통형 탱크를 채우기 위해 사용된다. 탱크 안의 수위가 35 mm/s로 상승하고 높이 $h = 1.5$ m일 때 이 순간 펌프의 출구 A에 형성된 압력을 구하시오. 직경 60 mm 주철 파이프는 길이가 30 m이다. 물의 온도는 30°C이다.

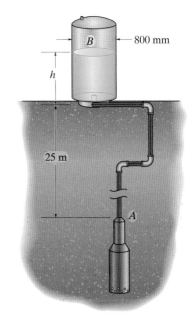

그림 E10-47

*E10-48 방출유량이 0.07 m³/s라면 C에 있는 터빈에 의해 15°C의 물로부터 뽑아내는 동력을 구하시오. 아연도금 강철 파이프는 직경 150 mm를 가진다. 또 파이프의 에너지구배선과 수력구배선을 그리시오.

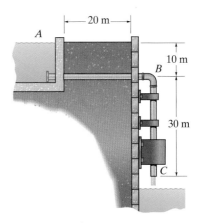

그림 E10-48

E10-49 직경 150 mm의 상용 강철 파이프에서 A 지점에서 펌프까지의 길이와 펌프에서 B 지점까지의 길이가 각각 8 m, 50 m일 때 25 kW 펌프에 의해 발생되는 방출유량을 구하시오. 또 A 지점에서 B 지점까지 파이프의 에너지구배선과 수력구배선을 그리시오. 물의 온도는 20°C이다.

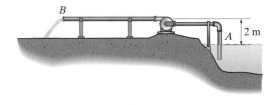

그림 E10-49

E10–50 저장소로부터의 배수로가 전체 길이 400 m, 직경 900 mm 콘크리트 파이프로 구성되어 있다. 파이프를 지나는 유량을 구하시오. 콘크리트의 표면조도는 $\varepsilon = 1.8$ mm이고 물의 온도는 20°C이다.

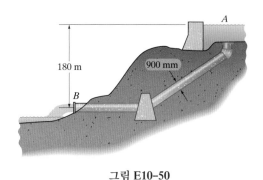

그림 E10–50

E10–51 30°C의 물이 A 지점에 위치한 커다란 지하탱크로부터 직경 150 mm인 매끄러운 파이프를 통해 퍼 올려진다. B 지점에서의 방출 유량이 9000 L/min일 때 28 m 길이의 파이프에 연결된 펌프에 요구되는 출력동력을 구하시오. A 지점을 통과하는 기준선을 기점으로 파이프에 대한 에너지구배선과 수력구배선을 그리시오.

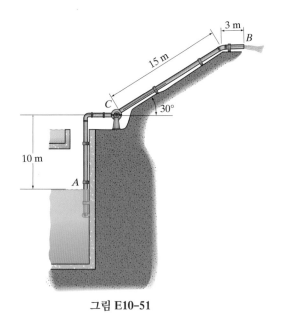

그림 E10–51

10.2–10.3절

***E10–52** 직경 150 mm 파이프를 통해 6000 L/min으로 물이 흐른다. 물이 필터를 통과할 때의 압력강하는 2.50 kPa이다. 필터에 대한 손실계수를 구하시오.

그림 E10–52

E10–53 직경 100 mm 상용 강철 파이프가 B 지점에 위치한 직경 40 mm 노즐을 통해 25°C의 물을 0.025 m³/s의 유량으로 방출한다. A 지점에서의 압력을 구하시오. 노즐의 부차적 수두손실 계수는 $K_L = 0.15$이다.

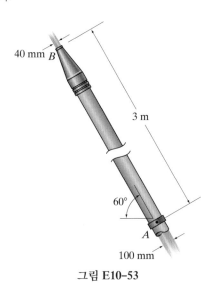

그림 E10–53

E10–54 직경 100 mm 상용 강철 파이프가 직경 40 mm 노즐을 통해 25°C의 물을 방출한다. A 지점에서의 압력이 250 kPa일 때 방출유량을 구하시오. 노즐의 부차적 손실계수는 $K_L = 0.15$이다.

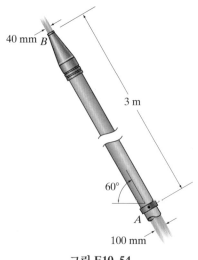

그림 E10–54

E10-55 40℃의 공기가 *A* 지점의 덕트를 통해 15 m/s의 속도로 흐른다. *A* 지점과 *B* 지점 사이의 압력 변화를 구하시오. 덕트 직경의 급격한 변화에 의해 발생하는 부차적 손실을 고려하라.

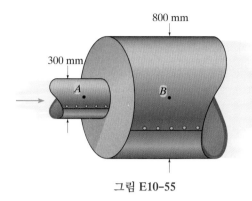

그림 E10-55

*E10-56 40℃의 공기가 *A* 지점의 덕트를 통해 2 m/s의 속도로 흐른다. *A* 지점과 *B* 지점 사이의 압력 변화를 구하시오. 덕트 직경의 급격한 변화에 의해 발생하는 부차적 손실을 고려하라.

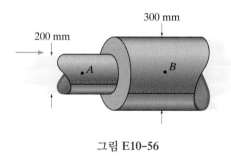

그림 E10-56

E10-57 20℃의 물이 *B* 지점의 게이트 밸브는 완전히 열린 상태에서 *C* 지점에서 0.003 m³/s의 유량으로 방출하도록 직경 20 mm 아연도금 강철 파이프를 통해서 흐른다. *A* 지점에서 요구되는 압력을 구하시오. 4개의 엘보와 게이트 밸브의 부차적 손실을 포함하라.

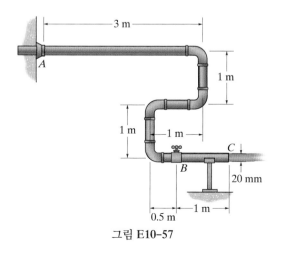

그림 E10-57

E10-58 *A* 지점의 커다란 탱크 안의 공기의 압력이 300 kPa이다. *B* 지점의 게이트 밸브가 완전히 열린 이후에 탱크로부터 흘러나오는 20℃의 물의 유량을 구하시오. 직경 50 mm 파이프는 아연도금 강철로 만들어졌다. 돌출된 입구, 2개의 엘보, 그리고 게이트 밸브의 부차적 손실을 포함하라.

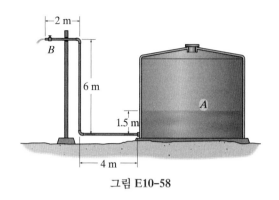

그림 E10-58

E10-59 20℃의 물이 기다란 저장소로부터 직경 80 mm 아연도금 강철 파이프를 통해 흘러나온다. 글로브 밸브가 완전히 열려 있을 때 방출유량을 구하시오. 파이프의 길이는 50 m이다. 돌출된 입구, 4개의 엘보, 그리고 글로브 밸브의 부차적 손실을 포함하라.

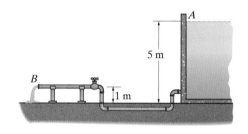

그림 E10-59

*E10-60 15℃의 물이 저장소 *A*로부터 커다란 탱크 *B*로 퍼 올려진다. 펌프의 출력동력이 3.70 kW이고 *h*=8 m일 때 탱크로 들어가는 체적유량을 구하시오. 상용 강철 파이프는 전체 길이가 30 m이고 직경이 75 mm이다. 엘보와 탱크로 들어가는 급격 확대에 대한 부차적 손실을 포함하라.

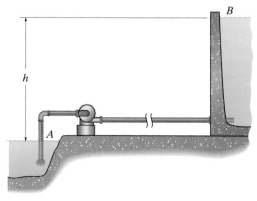

그림 E10-60

E10-61 90°C의 물이 A에서 2 m/s의 속도와 450 kPa의 압력으로 방열기로 들어간다. 각 180° 곡관의 부차적 손실계수가 $K_L = 1.03$일 때 출구 B에서 파이프 내의 압력을 구하시오. 구리 파이프는 직경이 6 mm이다. $\varepsilon = 0.0012$ mm를 사용하라. 방열기는 수직한 평면에 설치되어 있다.

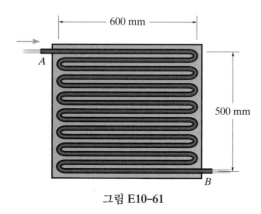

그림 E10-61

E10-62 40°C의 물이 A 지점에서 직경 20 mm 파이프를 통해 2 m/s로 흐른다. B에서 직경 12 mm 게이트 밸브가 완전히 열려 있을 때 A 지점에서의 물의 압력을 구하시오. B 지점의 주둥이의 부차적 손실계수는 $K_L = 0.6$이다. 또한 엘보, 티, 그리고 게이트 밸브의 부차적 손실을 고려하라. E 지점의 게이트 밸브는 닫혀 있다. 파이프에 대해 $f = 0.016$을 사용하라.

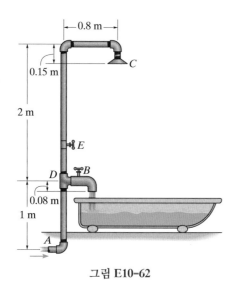

그림 E10-62

E10-63 40°C 의 물이 A 지점에서 직경 20 mm 구리 파이프를 통해 2 m/s로 흐른다. 물이 흐를 때 각각이 1.5 mm의 직경을 가지는 100개의 구멍으로 구성된 샤워헤드를 통해 빠져나간다. 샤워헤드의 부차적 손실계수가 $K_L = 0.45$일 때 A 지점에서의 물의 압력을 구하시오. 또한 3개의 엘보, 티, 그리고 E 지점에 위치한 완전히 열린 게이트 밸브의 부차적 손실을 고려하라. B 지점의 게이트 밸브는 닫혀 있다. 구리 파이프에 대해 $f = 0.016$을 사용하라.

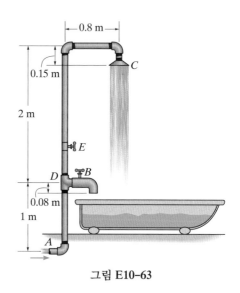

그림 E10-63

***E10-64** 마당의 자동 스프링클러 시스템이 직경 20 mm이고 $\varepsilon = 0.0025$ mm를 가지는 PVC 파이프로 만들어져 있다. 시스템이 그림에 나타난 크기를 가질 때 C와 D의 각 스프링클러 헤드를 통한 체적 유량을 구하시오. A의 수전꼭지는 온도 25°C, 압력 275 kPa의 물을 공급한다. 높이 변화는 무시하고 2개의 엘보와 티의 부차적 손실은 포함하라. C와 D 지점의 직경 6 mm 스프링클러 노즐의 손실계수는 $K_L = 0.05$이다.

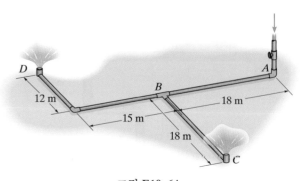

그림 E10-64

E10–65 25℃의 물이 직경 40 mm 상용 강철 파이프를 흘러서 게이트 밸브를 600 L/min으로 빠져나간다. 게이트 밸브의 열린 직경이 40 mm이고 A에서의 압력이 20 kPa일 때 B 지점의 펌프에 의해 공급되어야 하는 요구되는 동력을 구하시오. 2개의 90° 엘보와 완전히 열린 게이트 밸브의 부차적 손실을 고려하라. A를 통과하는 기준선을 기점으로 파이프에 대한 에너지구배선과 수력구배선을 그리시오.

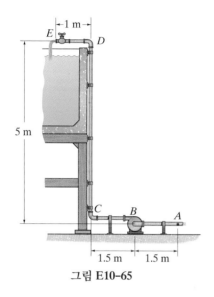

그림 E10–65

10.4절

E10–66 2개의 직경 50 mm 파이프 ABD와 ACD로 구성된 아연도금 강철 파이프 분지로 25℃의 물이 흘러간다. 파이프 ABD와 ACD의 길이는 각각 8 m와 12 m이다. A에서 D까지의 압력강하가 75 kPa일 때 각 파이프를 통과하는 유량을 구하시오. 부차적 손실은 무시하라. 파이프 분지는 수평면상에 위치해 있다.

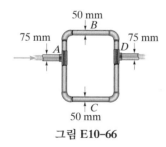

그림 E10–66

E10–67 2개의 직경 50 mm 파이프 ABD와 ACD로 구성된 아연도금 강철 파이프 분지로 25℃의 물이 흘러간다. 파이프 ABD와 ACD의 길이는 각각 8 m와 12 m이다. A를 통과하는 방출유량이 0.0215 m³/s일 때 A에서 D까지의 압력강하를 구하시오. 부차적 손실은 무시하라. 파이프 분지는 수평면상에 위치해 있다.

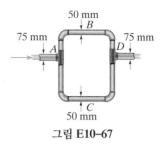

그림 E10–67

*E10–68 2개의 물탱크가 직경 100 mm 파이프를 사용하여 함께 연결되어 있다. 각 파이프의 마찰계수가 f=0.024일 때 B의 밸브는 닫힌 상태에서 A의 밸브가 열려 있을 때 탱크 C로부터 흘러나오는 유량을 구하시오. 부차적 손실은 무시하라.

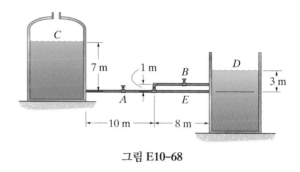

그림 E10–68

E10–69 2개의 물탱크가 직경 100 mm 아연도금 강철 파이프를 사용하여 함께 연결되어 있다. A와 B의 밸브가 모두 열린 상태에서 탱크 C로부터 흘러나오는 유량을 구하시오. 부차적 손실은 무시하라. $\nu_w = 1.00(10^{-6})$ m²/s를 사용하라.

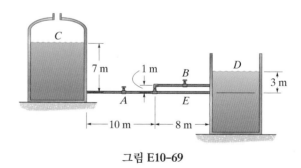

그림 E10–69

E10–70 20℃의 물이 그림에 나타난 길이와 직경을 가지는 2개의 상용 강철 파이프를 통해서 퍼 올려지고 있다. 펌프 출구 A에서의 압력이 215 kPa일 때 방출유량을 구하시오. 부차적 손실은 무시하라.

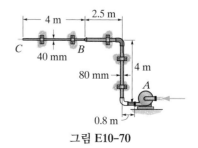

그림 E10–70

E10-71 2개의 아연도금 강철 파이프가 고리를 형성하기 위해 분지한다. 분지 *CAD*의 길이는 120 m이고 분지 *CBD*의 길이는 60 m이다. 20℃의 물이 각 분지로 같은 양이 흐를 때 분지 *CAD*에 사용되는 펌프의 동력을 구하시오. 모든 파이프는 75 mm의 직경을 가진다. 고리는 수평면상에 위치한다. 부차적 손실은 무시하라.

그림 E10-71

*E10-72 60℃의 물을 수송하는 구리 파이프 시스템이 2개의 분지로 구성된다. 분지 *ABC*의 파이프는 직경 10 mm, 길이 3 m이고 분지 *ADC*의 파이프는 직경 20 mm, 길이 10 m이다. 펌프가 *A*에서 유입 유량 300 L/min을 제공할 때 각 분지를 통과하는 유량을 구하시오. ε=0.025 mm를 사용하라. 시스템은 수평면상에 위치한다. 엘보와 티의 부차적 손실을 포함하라. *A*와 *C*에서의 직경은 동일하다.

E10-73 *A*에서의 압력이 400 kPa이고 *C*에서의 압력이 100 kPa일 때 문제 10-72에서 기술된 파이프 시스템의 각 분지를 통과하는 유량을 구하시오. 엘보와 티의 부차적 손실을 포함하라. *A*와 *C*에서의 직경은 동일하다.

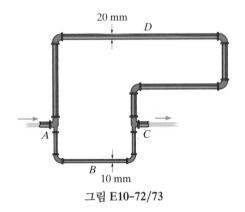

그림 E10-72/73

10장 복습

파이프 내의 마찰손실은 층류유동에 대해서 해석적으로 결정될 수 있다. 마찰손실은 마찰계수 $f = 64/\text{Re}$로 정의된다. 천이유동과 난류유동에서 마찰계수(f)는 무디 선도나 무디 선도의 곡선들을 잘 맞추는 경험식을 사용해서 결정할 수 있다.	
일단 마찰계수(f)가 얻어지면 '주 손실'로 불리는 수두손실은 다르시-바이스바흐 방정식으로부터 구할 수 있다.	$$h_L = f \frac{L}{D} \frac{V^2}{2g}$$
파이프 네트워크가 배관부품과 형상 변화를 가지고 있으면 이들 연결부에서 발생하는 수두손실을 고려해야 한다. 이 손실들은 '부차적 손실'로 불린다.	 $$h_L = K_L \frac{V^2}{2g}$$
파이프 시스템들이 **직렬**로 배열될 수 있는데, 이때 각 파이프를 통한 유량은 같아야 하고 수두손실은 모든 파이프에서의 총합 손실이다.	 $$Q = Q_1 = Q_2 = Q_3 \qquad h_L = h_{L1} + h_{L2} + h_{L3} + h_{\text{minor}}$$
파이프가 **병렬**로 배열될 수 있는데, 이때 총 유량은 시스템 내의 각 분지로부터의 유량의 합이고 각 분지에 대한 수두손실은 같다.	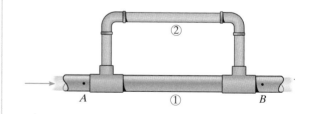 $$Q_A = Q_B = Q_1 + Q_2 \qquad (h_L)_1 = (h_L)_2$$
파이프를 통한 유량은 여러 가지 다른 방식으로 측정될 수 있다. 대표적으로 벤투리 유량계, 노즐 유량계 또는 오리피스 유량계가 있다. 또 로토미터, 터빈 투량계와 몇 가지 다른 유량계들이 사용된다.	

CHAPTER 11

비행기 표면의 공기 유동은 항력과 양력을 발생시킨다. 실험을 통해 이들 힘을 분석할 수 있다.

외부 표면 위를 흐르는 점성유동

학습목표

- 경계층의 개념을 소개하고 그 특성을 논의한다.
- 평판 표면의 층류 및 난류경계층에서 발생하는 전단응력 및 마찰저항을 결정한다.
- 유동 압력이 물체에 가하는 수직력 및 항력을 결정한다.
- 다양한 형상의 물체에서 발생하는 양력과 유동박리의 효과를 논의한다.

11.1 경계층의 개념

유체가 물체 위를 흐를 때, 표면상의 유체입자들의 속도는 0이 된다. 표면에서 멀어지면 속도는 증가하며 그림 11-1에 나타난 바와 같이 자유유동 속도 **U**에 도달하게 된다. 속도가 자유유동 속도로 일정한 영역에서 유체는 전단응력 혹은 유체층간 미끄러짐이 거의 없어져서 비점성 유동이 된다(지배 방정식에서 점성 항이 0이 되며 점성이 무시된다). 1904년 Ludwig Prandtl은 이러한 유동 거동의 특성을 파악하고, 속도가 변화하는 국부 영역을 **경계층**(boundary layer)으로 명명하였다. 이 개념을 이용하면 경계층 위(바깥)의 유동은 이상(ideal, 비점성) 유동으로 해석할 수 있고, 경계층 내부 유동은 반드시 점성을 적용하여야 한다.

물체 표면을 흐르는 유체는 저항력을 발생시킨다. 이를 결정할 필요가 있는 경우, 경계층의 형성을 반드시 이해해야 한다. 경계층 내부 유동의 분석을 통해 프로펠러, 날개, 터빈 블레이드, 그리고 움직이는 유체와 연동하는 많은 기계 및 구조의 요소를 설계할 수 있다. 이번 장에서 얇은 경계층에 의해 생기는 현상들에 대

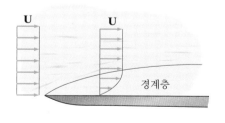

경계층의 성장

그림 11-1

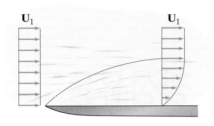 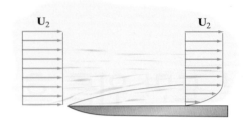

느리게 이동하거나 높은 점도를 가진 유체는
두꺼운 경계층을 형성한다.

빠르게 이동하거나($U_2 > U_1$), 낮은 점도를 가진 유체는
얇은 경계층을 형성한다.

그림 11-2

해 논의할 것이다. 이는 유체가 낮은 점도를 가지고 표면 위를 상대적으로 빠르게 이동할 때 발생한다. 그림 11-2에서 보이듯, 유체가 느리게 이동하거나 높은 점도를 가진 경우 두꺼운 경계층을 형성한다. 이 현상을 이해하기 위해서는 특별한 실험 장비를 활용하거나 컴퓨터를 이용한 수치해석 방법을 적용해야 한다(참고문헌 [5]).

경계층 개념   경계층의 발달 혹은 성장을 설명하기에 가장 적합한 경우는 긴 평판 위를 흐르는 균일한 속도분포의 정상상태 유동이다. 이는 배의 몸체, 비행기의 평평한 부분, 건물의 옆면 등에서 발생할 수 있다.

경계층의 기본 특성은 그림 11-3에서 보이는 세 영역으로 구분하여 다음과 같이 설명할 수 있다.

층류유동   유체가 균일한 자유유동 속도 **U**로 평판의 전단(leading edge)을 통과해 평판 위를 흐르면, 평판 표면상의 유체입자는 속도가 0이고 그 위의 입자들은 자유유동 속도보다 느리게 이동한다. 평판 길이방향으로 속도가 느린 유체는 완만한 층을 형성하며 층류유동을 발전시킨다.

천이유동   유동방향으로 진행하며 층류유동이 더욱 발전하면, 불안정해지고 무질서한 영역에 도달한다. 이를 천이 영역이라고 한다. 이때 일부 유체입자들은 다음과 같은 난류의 특성을 보인다. 유체입자들이 층간을 이동하며 임의적인 형태의 혼합을 발생시킨다.

난류유동   유체의 혼합으로 경계층의 두께가 급격하게 커지며, 결과적으로 난류 경계층이 형성된다. 층류로부터 난류로 천이함에도 불구하고 평판 표면상의 유체입자는 표면에 붙어있기에, 표면 인접 부분에 '느리게 움직이는' 매우 얇은 층이 여전히 존재한다. 이를 **층류**(laminar) 혹은 **점성저층**(viscous sublayer)이라고 부르며 난류경계층 아래 부분에 항상 존재한다.

경계층의 두께   유동방향으로 평판 위를 진행함에 따라 경계층 내부에서 속

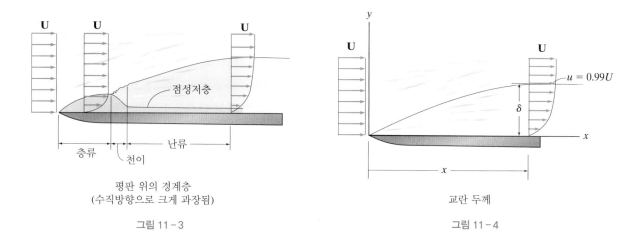

평판 위의 경계층
(수직방향으로 크게 과장됨)

그림 11-3

교란 두께

그림 11-4

도가 자유유동 속도에 이르는 경계층 영역의 두께는 증가한다. 이 두께는 잘 정의
되지 않으므로 공학자들은 이 두께를 정하기 위해 3가지 방법을 사용한다.

교란 두께   유동방향 평판 위치 x에서 경계층의 두께를 정하는 가장 간단한 방
법은 유동의 속도가 자유유동 속도의 일정 백분율과 같아지는 높이 δ로 정의하
는 것이다. 일반적으로 통용되는 값은 그림 11-4에 나타난 $u = 0.99U$이다. 이 높이
(두께)까지 유체가 교란된다고 보고, 이를 **교란 두께**(disturbance thickness)라고 부
른다.

배제 두께   경계층의 두께는 **배제 두께**(displacement thickness) δ^*로 나타낼 수
도 있다. 이상유체를 다루는 경우 어느 경계 위의 질량유량(그림 11-5b)이 실제 유
체(그림 11-5a)에서의 질량유량과 같게 되도록 실제 표면으로부터 배제되어야 하
는 거리를 말한다. 이 개념은 풍동과 제트엔진의 입구를 이상유체 이론을 이용하
여 설계하는 데 종종 사용된다.
　거리 δ^*를 결정하려면 그림 11-5 각각의 경우에 대하여 파란색 음영 부분의 양

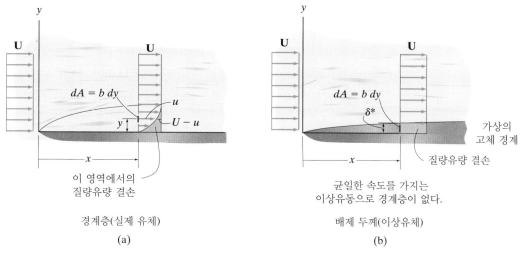

경계층(실제 유체)

(a)

배제 두께(이상유동)

(b)

그림 11-5

을 계산하고 동일하게 맞추어야 한다. 이들은 각각 질량유량의 감소 혹은 질량유량의 결손을 의미한다. 표면(혹은 평판)이 폭 b를 갖고 있다면, 실제 유체(그림 11-5a)의 경우에는 x 지점 높이 y에서 미소면적 $dA = b\,dy$를 통과하는 질량유량은 $d\dot{m} = \rho u\,dA = \rho u(b\,dy)$이다. 만일 이상유체(그림 11-5b)가 존재한다면 점성 효과는 발생하지 않고, 따라서 $u = U$이며 동일 면적을 통과하는 질량유량은 $d\dot{m}_0 = \rho U(b\,dy)$이다. 따라서 점성으로 인한 **질량유량 결손**은 $d\dot{m}_0 - d\dot{m} = \rho(U - u)(b\,dy)$이다. 전체 경계층에 대하여 이 총 결손을 결정하기 위해서는 그 높이까지의 적분이 필요하다. 그림 11-5b의 이상유체에 대해서 결손은 간단하게 $\rho U(b\delta^*)$이다.

$$\rho U\,(b\,\delta^*) = \int_0^\infty \rho\,(U - u)(b\,dy)$$

균일유동에서의 손실   경계층에서의 손실

그리고 ρ, U, b가 상수이므로, 이 식은 다음과 같이 쓸 수 있다.

$$\delta^* = \int_0^\infty \left(1 - \frac{u}{U}\right)dy \qquad (11\text{-}1)$$

따라서 배제 두께 δ^*를 결정하려면 경계층의 속도형상 $u = u(y)$을 반드시 알아야 한다. 그러면 평판을 따라 각각의 위치에서 이 적분값을 해석적 또는 수치적으로 결정할 수 있다.

운동량 두께   경계층에 의한 속도 교란을 다루기 위한 다른 방법으로, 유동의 운동량이 동일하게 흐르기 위하여 유체가 이상적이라고 가정한 경우 표면이 얼마나 이동하여야 하는지를 고려할 수 있다. 이 표면의 높이 변화를 **운동량 두께** (momentum thickness) Θ라고 한다(그림 11-6b). 이후 11.3절에서 경계층 유동을 기술하는 데 사용되는 다양한 속도형상에 대하여 평판 표면에서의 유체 저항을 계산하는 데 이 개념을 사용한다. 운동량 두께는 이상적인 유동 대비 경계층에서의 운동량 손실을 나타낸다. 이 값을 알기 위해서는 각각의 경우에 대해 운동량 유동결손율을 결정하여야 한다. 평판의 폭이 b라면 실제 유체의 경우(그림 11-6a), 높이 y에서 면적 dA를 통과하는 유체는 운동량 변화율 $d\dot{m}u = \rho(dQ)u = \rho(u\,dA)u$를 갖는다. $dA = b\,dy$이므로 $d\dot{m}u = \rho(ub\,dy)u$이다. 따라서 운동량 유동결손율은 $\rho[ub\,dy](U - u)$이다. 이상적인 유체의 경우(그림 11-6b), dA 면적에서 운동량 유동결손율은 $\rho(U\,dA)U$이다. 총 면적은 Θb이므로 다음 조건이 성립해야 한다.

$$\rho(U\Theta b)U = \int_0^\infty \rho u\,(U - u)b\,dy$$

또는

$$\Theta = \int_0^\infty \frac{u}{U}\left(1 - \frac{u}{U}\right)dy \qquad (11\text{-}2)$$

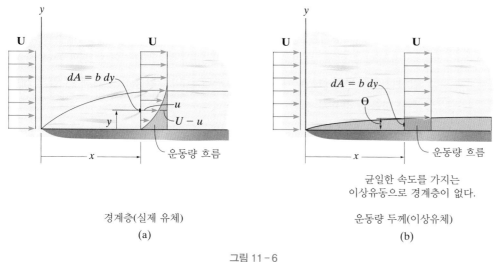

경계층(실제 유체)
(a)

균일한 속도를 가지는
이상유동으로 경계층이 없다.

운동량 두께(이상유체)
(b)

그림 11-6

요약하면, 경계층 두께를 다음의 3가지 정의로 설명할 수 있다. δ(교란 두께)는 경계층이 유동을 교란하여 속도가 $0.99U$가 되는 곳까지의 높이를 의미한다. δ^*(배제 두께)와 Θ(운동량 두께)는 이상적인 유체가 자유유동 속도 $\mathbf{U}$로 흐르는 경우, 이 유체가 실제 유체와 동등한 질량유량 및 운동량 흐름을 가질 수 있도록 표면을 이동시키는(재위치시키는) 높이를 의미한다.

경계층 분류 유체가 평판의 표면에서 유발하는 전단응력의 크기는 경계층 내부 유동의 성격에 따라 달라지므로, 층류가 어느 지점에서 난류로 천이하는지 파악하는 것이 중요하다. 경계층 발달에 있어 관성력과 점성력이 모두 영향을 미치므로 레이놀즈수를 사용할 수 있다. 평판을 따라 흐르는 유동의 경우(그림 11-7) '특성길이'를 평판의 전단으로부터 하류 쪽으로의 거리를 x로 정하고 이에 기반하여 레이놀즈수를 정의한다. 따라서

$$\mathrm{Re}_x = \frac{Ux}{\nu} = \frac{\rho Ux}{\mu} \qquad (11\text{-}3)$$

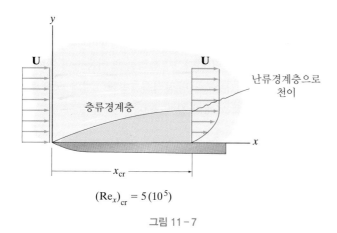

난류경계층으로
천이

층류경계층

$(\mathrm{Re}_x)_{cr} = 5(10^5)$

그림 11-7

층류는 $\mathrm{Re}_x = 1(10^5)$ 정도에서 허물어지기 시작하는 것으로 실험을 통해 알려져 왔다. 그러나 이 수치는 경우에 따라 $3(10^6)$까지 커질 수 있다. 이 값은 판의 표면조도, 유동의 균일성, 그리고 판의 표면을 따라 발생하는 온도 혹은 압력 변화에 민감하다(참고문헌 [11]). 이 책에서 일관된 값으로 활용하기 위해 이 임계 레이놀즈 수를 다음의 값으로 정한다.

$$\boxed{(\mathrm{Re}_x)_{cr} = 5(10^5)}$$
$$\text{평평한 평판}$$

(11-4)

예를 들어, 온도 20°C와 표준압력 조건에서 25 m/s로 흐르는 공기의 경우, 경계층은 판의 전단으로부터 임계거리인 $x_{cr} = (\mathrm{Re}_x)_{cr}\, \nu/U = 5(10^5)[15.1(10^{-6})\ \mathrm{m}^2/\mathrm{s}]/(25\ \mathrm{m/s}) = 0.302$까지 층류를 유지한다.

11.2 층류경계층

이 절에서는 속도가 층류경계층 내에서 어떻게 변화하는지 그리고 유체가 평판 표면에 가하는 전단응력은 어느 정도인지 알아본다. 이를 위해 경계층 내의 점성 유동을 분석해야 하므로 연속방정식과 운동량 방정식을 동시에 고려한다. 7.12절 에서 미분형 유체요소에 대하여 운동량 방정식을 고려하고 나비에–스토크스 방정식을 유도하였다. 이 식들은 알려진 일반해가 없는 복잡한 연립편미분방정식을 형성하지만, 경계층 영역 내에서 일정한 가정을 적용하여 단순화하면 유용한 해를 구할 수 있다.

이제 정상상태 비압축성 유동 조건에서 평판 위를 지나는 흐름(그림 11-8)에 대하여 해를 제시하고, 그 응용을 설명한다. 유체가 평판 위를 흐를 때 유동의 유선들이 위쪽으로 점진적으로 휘어지며, 이에 따라 (x, y)에 위치한 유체입자는 속도 성분 u와 v를 갖게 된다는 것이 실험을 통해 확인되어 왔다. 높은 레이놀즈수에서 경계층은 매우 얇으며, 따라서 수직방향 속도성분 v는 수평방향 속도성분 u에 비하여 매우 작다(그림 11-8). 또한 유체는 주로 평판방향으로 흐르므로 u와 v의 y방향 변화율($\partial u/\partial y$, $\partial v/\partial y$, $\partial^2 u/\partial y^2$)이 이들의 x방향 변화율($\partial u/\partial x$, $\partial v/\partial x$, $\partial^2 u/\partial x^2$) 보다 훨씬 크다. 더욱이, 경계층이 매우 얇으므로 내부의 압력은 실질적으로 일정하며 경계층 바로 바깥부분 압력과 같다($\partial p/\partial y \approx 0$). 마지막으로 경계층 위의 유동에서 압력은 일정하므로 $\partial p/\partial x \approx 0$이다. 이 가정들을 이용하여 Prandtl은 식 (7-74)로 표현되는 3개의 나비에–스토크스 방정식을 x방향 1개의 식으로 축약할 수 있었다. 이는 연속방정식과 함께 아래와 같이 표현할 수 있다.

$$u\,\frac{\partial u}{\partial x} + v\,\frac{\partial u}{\partial y} = \nu\,\frac{\partial^2 u}{\partial y^2}$$

$$\frac{\partial u}{\partial x} + \frac{\partial v}{\partial y} = 0$$

경계층 내부의 속도분포를 얻으려면 위 식들을 동시에 풀이하여 u와 v를 구해야

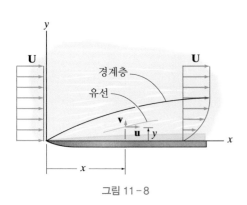

그림 11-8

한다. 어기에서 경계조건은 $y=0$에서 $u=v=0$, 그리고 $y=\infty$에서 $u=U$를 사용한다. 1908년에 Prandtl의 대학원생인 Paul Blasius가 수치해석을 이용하여 이를 최초로 수행했다(참고문헌 [16]). 그는 결과를 그림 11-9a에 보인 것처럼 무차원 속도 u/U를 축으로 하여 무차원 변수 $(y/x)\sqrt{\mathrm{Re}_x}$의 값들을 하나의 곡선 형태로 제시했다. 여기에서 Re_x는 식 (11-3)에 의해 정의된 값이다. 이 곡선에 대한 수치들은 표 11-1에 나열되어 있다. 따라서 그림 11-8에서 경계층 내부 임의의 한 점 (x, y)에서 한 입자의 속도 u는 위의 곡선 혹은 표로부터 결정할 수 있다.

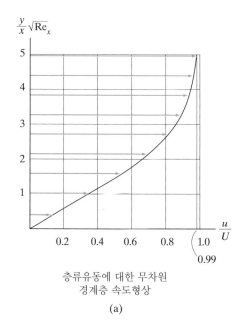

층류유동에 대한 무차원
경계층 속도형상

(a)

표 11-1 블라시우스의 해 – 층류경계층

$\dfrac{y}{x}\sqrt{\mathrm{Re}_x}$	u/U	$\dfrac{y}{x}\sqrt{\mathrm{Re}_x}$	u/U
0.0	0.0	2.8	0.81152
0.4	0.13277	3.2	0.87609
0.8	0.26471	3.6	0.92333
1.2	0.39378	4.0	0.95552
1.6	0.51676	4.4	0.97587
2.0	0.62977	4.8	0.98779
2.4	0.72899	∞	1.00000

교란 두께 이 두께 $y=\delta$ 지점에서 유동의 속도는 자유유동 속도의 99%, 즉 $u/U=0.99$이다. 그림 11-9a에 보인 블라시우스의 해로부터 이는 아래 조건을 만족하는 경우이다.

$$\frac{y}{x}\sqrt{\mathrm{Re}_x} = 5.0$$

따라서

$$\boxed{\delta = \frac{5.0}{\sqrt{\mathrm{Re}_x}}x} \tag{11-5}$$

교란 두께

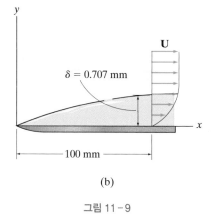

(b)

그림 11-9

이를 이용하여 층류경계층이 실제로 어느 정도 얇은지 추정해볼 수 있다. 예를 들어, 자유유동 속도 U가 $x_{\mathrm{cr}}=100$ mm 지점에서 레이놀즈수를 임계값 $(\mathrm{Re}_x)_{\mathrm{cr}}=5(10^5)$에 도달하게 하는 정도 크기인 경우, 이 지점에서 층류경계층의 두께는 겨우 0.707 mm이다(그림 11-9b).

배제 두께 u/U에 대한 블라시우스의 해를 식 (11-1)에 대입하고 수치적분을 수행하면 층류경계층에 대한 배제 두께를 다음과 같이 유도할 수 있다.

$$\boxed{\delta^* = \frac{1.721}{\sqrt{\mathrm{Re}_x}}x} \tag{11-6}$$

배제 두께

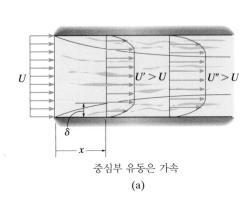

중심부 유동은 가속
(a)

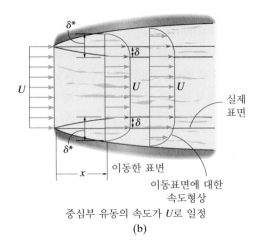

실제 표면

이동한 표면
이동표면에 대한 속도형상
중심부 유동의 속도가 U로 일정
(b)

그림 11-10

이 두께를 이용하여 가상의 고체면의 위치를 가정하고 그 위의 층류유동을 비점성 혹은 이상유동으로 여길 수 있다. 예를 들어, 그림 11-10a에서처럼 유체가 2개의 평행한 판 사이를 흐를 때, 각 판에서 경계층이 발전하며 '중심부'에서 유동은 질량보존에 의해 가속하게 된다. 중심부 유동에서 일정한 질량유량을 유지하기 위해 상부와 하부의 고체면을 바깥쪽으로 $\delta - \delta^*$만큼 이동시키면 된다(그림 11-10b).

운동량 두께   경계층의 운동량 두께를 얻으려면 u/U에 대한 블라시우스 해를 사용하여 식 (11-2)를 적분해야 한다. 수치적분 후의 결과는 다음과 같다.

$$\Theta = \frac{0.664}{\sqrt{\mathrm{Re}_x}}x \tag{11-7}$$

운동량 두께

전단응력   그림 11-11a에 보인 층류경계층에 대해 뉴턴 유체는 판의 표면에 다음의 전단응력이 작용한다.

$$\tau_0 = \mu\left(\frac{du}{dy}\right)_{y=0} \tag{11-8}$$

$y=0$에서의 속도구배는 그림 11-9a의 블라시우스 해의 선도로부터 구할 수 있다. 그 값은 다음과 같다.

$$\frac{d\left(\dfrac{u}{U}\right)}{d\left(\dfrac{y}{x}\sqrt{\mathrm{Re}_x}\right)}\Bigg|_{y=0} = 0.332$$

특정 위치 x에서 레이놀즈수는 $\mathrm{Re}_x = Ux/\nu$이다. 또한 U가 일정하므로, $d(u/U) = du/U$이고 $d(y\sqrt{\mathrm{Re}_x}/x) = dy\sqrt{\mathrm{Re}_x}/x$이다. 재배열하면, 미분 du/dy는 다음과

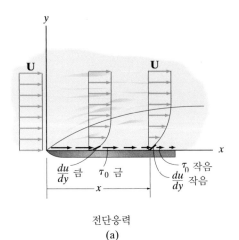

$\dfrac{du}{dy}$ 큼 τ_0 큼 τ_0 작음 $\dfrac{du}{dy}$ 작음

x

전단응력
(a)

그림 11-11

같다.

$$\frac{du}{dy} = 0.332\left(\frac{U}{x}\right)\sqrt{\text{Re}_x}$$

이를 식 (11-8)에 대입하면 아래 결과를 얻는다.

$$\tau_0 = 0.332\mu\left(\frac{U}{x}\right)\sqrt{\text{Re}_x} \qquad (11\text{-}9)$$

이 식을 이용하여 판의 선단으로부터 임의의 위치 x에서 판에 미치는 전단응력을 계산할 수 있다. 이 응력은 그림 11-11a에 보인 바와 같이 거리 x가 증가함에 따라 점차 작아진다. 이는 속도구배 du/dy가 점점 작아지기 때문이다.

τ_0는 판에 가해지는 항력의 원인이 되므로, 유체역학에서는 이를 유체 동압의 곱으로 표현한다.

$$\tau_0 = c_f\left(\frac{1}{2}\rho U^2\right) \qquad (11\text{-}10)$$

식 (11-9)와 $\text{Re}_x = \rho U x/\mu$를 이용하면, **표면마찰계수**(skin friction coefficient) c_f를 아래 식으로 결정할 수 있다.

$$c_f = \frac{0.664}{\sqrt{\text{Re}_x}} \qquad (11\text{-}11)$$

전단응력과 마찬가지로 c_f도 판의 선단으로부터의 거리 x가 증가함에 따라 점점 작아진다.

마찰항력   판의 표면에 작용하는 합력이 결정되기 위해서는 식 (11-9)를 표면에 대하여 적분해야 한다. 이 힘을 **마찰항력**(friction drag)이라고 부르며, 그림 11-11b에 보인 것처럼 판의 폭이 b이고 길이가 L인 경우 다음과 같이 표현된다.

$$F_{Df} = \int_A \tau_0\, dA = \int_0^L 0.332\mu\left(\frac{U}{x}\right)\left(\sqrt{\frac{\rho U x}{\mu}}\right)(b\, dx) = 0.332b\, U^{3/2}\sqrt{\mu\rho}\int_0^L \frac{dx}{\sqrt{x}}$$

$$F_{Df} = \frac{0.664 b\rho U^2 L}{\sqrt{\text{Re}_L}} \qquad (11\text{-}12)$$

여기에서

$$\text{Re}_L = \frac{\rho U L}{\mu} \qquad (11\text{-}13)$$

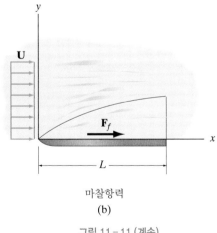

마찰항력
(b)

그림 11 – 11 (계속)

층류경계층에 의해 판에 작용하는 마찰항력을 측정하기 위한 실험이 수행되어 왔으며, 그 결과는 식 (11-12)로부터 얻어지는 값들과 가깝게 일치한다.

전단응력을 식 (11-10)으로 표현하는 방식과 유사하게, 마찰항력도 보통 유체 동압과 **마찰항력계수**(friction drag coefficient)를 이용하여 표현한다. 층류와 난류에 공통되게 다음 관계식을 이용할 수 있다.

$$F_{Df} = C_{Df}bL\left(\frac{1}{2}\rho U^2\right) \tag{11-14}$$

이를 식 (11-12)에 대입하고 C_{Df}에 관하여 풀면, 경계층에 대해 다음을 얻는다.

$$C_{Df} = \frac{1.328}{\sqrt{Re_L}} \quad Re_L < 5(10^5) \tag{11-15}$$

요점정리

- 점성이 작고 유동의 속도가 빠르면, 평판의 표면 위에서 매우 얇은 경계층이 형성된다. 경계층 내에서 전단응력은 유체의 속도형상에 영향을 미친다. 판의 표면에서는 속도가 0이고 표면 윗방향으로 유동의 속도는 증가하며 점진적으로 자유유동 속도 U에 접근한다.
- 점성으로 인해 경계층의 두께는 판의 길이방향으로 증가한다. 평판이 유동방향으로 충분히 긴 경우에 경계층 내부의 유동은 층류로부터, 천이, 그리고 난류로 발전할 수 있다. 이 책에서는 편의상 경계층이 층류인 영역의 최대 길이 x_{cr}을 레이놀즈수 $(Re_x)_{cr} = 5(10^5)$인 것으로 정의한다.
- 경계층 이론의 중요한 목적 중 하나는 유동이 판의 표면에 미치는 전단응력 분포를 결정하고, 이로부터 표면에서의 마찰항력을 결정하는 것이다.
- 판의 임의의 위치에서, 경계층의 **교란 두께** δ는 유동의 속도가 $0.99U$에 도달하는 높이로 정의된다. **배제 두께** δ^*와 **운동량 두께** Θ는 유체가 균일속도 U로 흐르는 이상유체일 때 그것이 실제 유체와 각각 같은 질량 및 운동량 유량이 되도록 고체경계면이 밀려나거나 재위치되어야 하는 높이이다.
- 평판의 표면을 따른 **층류**경계층의 두께, 속도형상 및 전단응력 분포에 대한 수치해는 Blasius에 의해 풀이되었다. 그 결과들은 선도 및 표의 형태로 제시되었다.
- 경계층에 의한 마찰항력 F_{Df}는 일반적으로 무차원 마찰항력계수 C_{Df}, 판의 면적 bL, 유체 동압의 곱을 사용하여 $F_{Df} = C_{Df}bL(\frac{1}{2}\rho U^2)$로 표시된다. C_{Df}값들은 레이놀즈수의 함수이다.

예제 11.1

물이 판 주위로 평균 속도 0.25 m/s로 흐른다(그림 11-12a). 한쪽 면을 따라 전단응력 분포와 경계층 두께를 정하고, 길이 1 m 위치에서 경계층을 그리시오. $\rho_w = 1000 \text{ kg/m}^3$이고 $\mu_w = 0.001 \text{ N} \cdot \text{s/m}^2$이다.

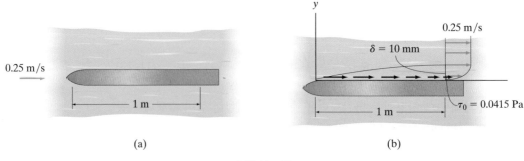

(a)   (b)

그림 11-12

풀이

유체 설명 판을 따라 비압축성 정상상태 유동으로 가정한다.

해석 식 (11-3)을 사용하여, 유동의 레이놀즈수를 x로 표현하면 아래와 같다.

$$\mathrm{Re}_x = \frac{\rho_w U x}{\mu_w} = \frac{(1000\ \mathrm{kg/m^3})(0.25\ \mathrm{m/s})x}{0.001\ \mathrm{N \cdot s/m^2}} = 2.5(10^5)x$$

$x = 1$ m일 때, $\mathrm{Re}_x = 2.5(10^5) < 5(10^5)$이므로 경계층은 층류로 유지된다. 따라서 전단응력 분포는 식 (11-9)로부터 결정될 수 있다.

$$\begin{aligned}
\tau_0 &= 0.332\,\mu_w\frac{U}{x}\sqrt{\mathrm{Re}_x} \\
&= 0.332(0.001\ \mathrm{N \cdot s/m^2})\left(\frac{0.25\ \mathrm{m/s}}{x}\right)\sqrt{2.5(10^5)x} \\
&= \left(\frac{0.0415}{\sqrt{x}}\right)\mathrm{Pa} \qquad\qquad Ans.
\end{aligned}$$

경계층 두께는 식 (11-5)를 적용하여 구한다.

$$\delta = \frac{5.0}{\sqrt{\mathrm{Re}_x}}x = \frac{5.0}{\sqrt{2.5(10^5)x}}x = 0.010\sqrt{x}\ \mathrm{m} \qquad\qquad Ans.$$

$0 \le x \le 1$ m에 대하여 결과들이 그림 11-12b에 제시되어 있다. x가 증가함에 따라, τ_0는 감소하고 δ는 증가함에 주목하라. 특히 $x = 1$ m일 때 $\tau_0 = 0.0415$ Pa이고 $\delta = 10$ mm이다.

예제 11.2

그림 11-13a의 배가 잔잔한 물을 가로질러 0.2 m/s로 천천히 움직이고 있다. 뱃머리로부터 $x = 1$ m 지점에서의 경계층 두께 δ를 구하시오. 또한 이 위치에서 경계층 내 $y = \delta$와 $y = \delta/2$에서의 물의 속도를 구하시오. $\nu_w = 1.10(10^{-6})\ \mathrm{m^2/s}$를 사용하라.

풀이

유체 설명 배의 선체는 평판이고, 배를 기준으로 물은 비압축성 정상상태 유동을 하는 것으로 가정한다.

교란 두께 먼저 경계층이 $x = 1$ m에서 층류인지 확인한다.

$$\mathrm{Re}_x = \frac{Ux}{\nu_w} = \frac{(0.2\ \mathrm{m/s})(1\ \mathrm{m})}{1.10(10^{-6})\ \mathrm{m^2/s}} = 1.818(10^5) < (\mathrm{Re}_x)_{\mathrm{cr}} = 5(10^5) \qquad \mathrm{OK}$$

층류임이 확인되었으므로 블라시우스의 해, 식 (11-5)를 사용하여 $x = 1$ m에서 경계층 두께를 정한다.

$$\delta = \frac{5.0}{\sqrt{\mathrm{Re}_x}}x = \frac{5.0}{\sqrt{1.818(10^5)}}(1\ \mathrm{m}) = 0.01173\ \mathrm{m} = 11.7\ \mathrm{mm} \qquad Ans.$$

속도 $x = 1$ m, $y = \delta = 0.01173$ m에서의 정의에 의해 $u/U = 0.99$이다. 따라서 그림 11-13b의 이 점에서 물의 속도는

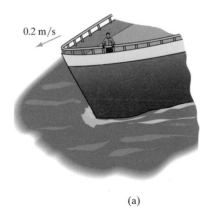

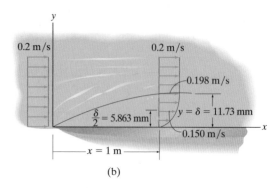

그림 11-13

$$u = 0.99(0.2 \text{ m/s}) = 0.198 \text{ m/s} \qquad \textit{Ans.}$$

$x = 1$ m와 $y = \delta/2 = 5.863(10^{-3})$ m에서 물의 속도를 구하기 위해 그림 11-9a의 그래프 혹은 표 11-1을 활용하여 u/U의 값을 찾는다.

$$\frac{y}{x}\sqrt{\text{Re}_x} = \frac{5.863(10^{-3}) \text{ m}}{1 \text{ m}}\sqrt{1.818(10^5)} = 2.5$$

2.5에 인접한 값인 2.4와 2.8 사이에서 표의 값들을 이용하여 선형보간을 사용하면,

$$\frac{u/U - 0.72899}{2.5 - 2.4} = \frac{0.81152 - 0.72899}{2.8 - 2.4}; \qquad u/U = 0.7496$$
$$u = 0.7496(0.2 \text{ m/s}) = 0.150 \text{ m/s} \qquad \textit{Ans.}$$

유사한 방법을 적용하면 그림 11-13b에 있는 속도형상을 따르는 다른 점들에 대해서도 값을 찾을 수 있다. 또한 이 방법을 적용하면 다른 x값에 대한 u를 구할 수도 있다. 그러나 이 경우 x의 최댓값은 x_{cr}을 넘지 않아야 한다.

$$(\text{Re}_x)_{\text{cr}} = \frac{Ux_{\text{cr}}}{\nu_w}; \qquad 5(10^5) = \frac{(0.2 \text{ m/s})x_{\text{cr}}}{1.10(10^{-6}) \text{ m/s}}; \qquad x_{\text{cr}} = 2.75 \text{ m}$$

이 거리를 넘어서면 경계층은 천이를 시작하고, 더 멀어지면 난류가 된다.

예제 11.3

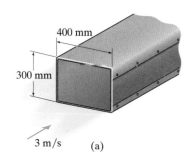

그림 11-14

공기가 3 m/s로 그림 11-14a의 직사각형 덕트로 흘러 들어간다. 2 m 길이인 덕트 끝 지점에서 배제 두께, 그리고 덕트를 빠져나올 때 공기의 균일속도를 구하시오. $\rho_a = 1.20$ kg/m³ 그리고 $\mu_a = 18.1(10^{-6})\text{N} \cdot \text{s/m}^2$이다.

풀이

유체 설명   공기는 비압축성 정상상태 유동으로 가정한다.

배제 두께   식 (11-3)을 사용하면, 덕트를 통과하는 공기의 레이놀즈수는

$$\text{Re}_x = \frac{\rho_a Ux}{\mu_a} = \frac{(1.20 \text{ kg/m}^3)(3 \text{ m/s})x}{18.1(10^{-6}) \text{ N} \cdot \text{s/m}^2} = 0.1989(10^6)x$$

$x=2$ m일 때 $\mathrm{Re}_x=3.978(10^5)<5(10^5)$이므로 덕트 내부에 층류경계층이 발생한다. 따라서 식 (11-6)을 사용하여 배제 두께를 결정할 수 있다.

$$\delta^* = \frac{1.721}{\sqrt{\mathrm{Re}_x}}\,x = \frac{1.721}{\sqrt{0.1989(10^6)x}}\,x = 3.859(10^{-3})\sqrt{x}\ \mathrm{m} \qquad (1)$$

여기서 $x=2$ m일 때 $\delta^*=0.005457$ m$=5.46$ mm이다.   *Ans.*

속도 공기를 이상유체로 가정하는 경우에, 실제 유체와 같은 질량유량이 덕트를 통과하기 위해서는 그림 11-14b의 오른쪽과 같이, $x=2$ m에서 덕트 단면의 크기가 줄어야 한다. 다시 말해, 그림 11-14c의 옅은 음영에 해당하는 출구 단면적의 면적은 아래와 같다.

$$A_{\mathrm{out}} = [0.3\ \mathrm{m} - 2(0.005457\ \mathrm{m})][0.4\ \mathrm{m} - 2(0.005457\ \mathrm{m})] = 0.1125\ \mathrm{m}^2$$

각 단면에서 일정한 질량유량이 흘러야 하므로, 덕트를 빠져나가는 공기의 균일유동은 덕트에 들어오는 공기의 균일유동보다 더 큰 속도를 가져야 한다. 그 값을 정하기 위해 아래와 같이 연속방정식을 적용해야 한다.

$$\frac{\partial}{\partial t}\int_{\mathrm{cv}}\rho\,d\forall + \int_{\mathrm{cs}}\rho\mathbf{V}_{f/\mathrm{cs}}\cdot d\mathbf{A} = 0$$

$$0 - \rho_a U_{\mathrm{in}}A_{\mathrm{in}} + \rho_a U_{\mathrm{out}}A_{\mathrm{out}} = 0$$

$$-(3\ \mathrm{m/s})[(0.3\ \mathrm{m})(0.4\ \mathrm{m})] + U_{\mathrm{out}}(0.1125\ \mathrm{m}^2) = 0$$

$$U_{\mathrm{out}} = 3.20\ \mathrm{m/s} \qquad\qquad \textit{Ans.}$$

이러한 U의 증가는 경계층이 유동의 통로를 감소시켰기 때문에 발생한다. 다시 말하면, 단면적이 배제 두께만큼 감소된 것이다. 만약 덕트를 따라 3 m/s의 균일속도를 유지하고자 하면, 식 (1)에 따라 길이방향으로 $2\delta^*$만큼 덕트의 크기가 가로와 세로 방향으로 각각 증가되도록 단면이 확대되어야 한다.

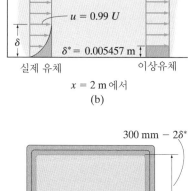

$x=2$ m에서
(b)

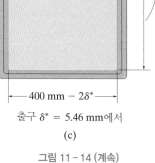

출구 $\delta^* = 5.46$ mm에서
(c)

그림 11-14 (계속)

예제 11.4

소형잠수함의 선미에 그림 11-15a에 보이는 치수를 가진 삼각형 안정핀(stabilizing fin)이 있다. 물의 온도가 15°C이고, 잠수함이 0.5 m/s로 이동할 때 핀에 작용하는 항력을 구하시오.

풀이

유체 설명 잠수함을 기준으로, 비압축성 정상상태 유동이다. 부록 A로부터 15°C의 물에 대하여 $\rho_w=999.2$ kg/m^3 그리고 $\nu_w=1.15(10^{-6})$ m^2/s를 이용한다.

해석 먼저 경계층 내의 유동이 층류인지 결정해야 한다. 가장 큰 레이놀즈수는 그림 11-15b에서 x값이 가장 큰, 핀의 기저부에서 발생하므로

$$(\mathrm{Re})_{\max} = \frac{Ux}{\nu_w} = \frac{(0.5\ \mathrm{m/s})(1\ \mathrm{m})}{1.15(10^{-6})\ \mathrm{m}^2/\mathrm{s}} = 4.35(10^5) < 5(10^5) \qquad \text{층류}$$

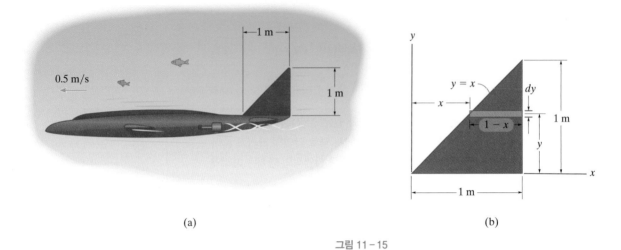

(a)   (b)

그림 11-15

여기에서 핀의 길이 x가 y에 따라 변화하므로 적분이 필요하다. 그림 11-15b와 같이 x축과 y축을 설정하면, 핀의 임의의 미소 띠는 길이 $1-x$ 그리고 너비 dy를 가진다. 식 (11-12)에 $b=dy$와 $L=1-x$를 적용하면, 띠의 양면에 작용하는 항력은 아래와 같다.

$$dF_{Df} = 2\left[\frac{0.664b\rho_w U^2 L}{\sqrt{\mathrm{Re}_L}}\right] = 2\left[\frac{0.664(dy)\left(999.2\ \mathrm{kg/m^3}\right)(0.5\ \mathrm{m/s})^2(1-x)}{\sqrt{\dfrac{(0.5\ \mathrm{m/s})(1-x)}{1.15\left(10^{-6}\right)\ \mathrm{m^2/s}}}}\right]$$

$$= 0.5031\left(1-x\right)^{1/2}dy$$

$x=y$이므로, 핀의 면적을 이루는 모든 띠에 작용하는 총 항력은 아래와 같다.

$$F_{Df} = 0.5031\int_0^{1\,\mathrm{m}} (1-y)^{1/2}\,dy$$

$$= 0.5031\left[-\frac{2}{3}(1-y)^{3/2}\right]_0^{1\,\mathrm{m}} = 0.335\ \mathrm{N} \qquad\qquad Ans.$$

이 항력은 매우 작은 값이다. 잠수함의 작은 속도와 물의 낮은 동점성계수에 따른 결과이다.

11.3 운동량 적분방정식

앞 절에서 Blasius에 의해 개발된 해를 이용하여 층류경계층에 의해 발생하는 전단응력 분포를 결정할 수 있었다. 이 해석은 블라시우스의 해에서 속도형상을 뉴턴의 점성법칙 $\tau=\mu(du/dy)$를 이용해 전단응력과 관련지을 수 있었기에 가능했다. 그러나 난류경계층에 대해서는 τ와 μ 사이에 그러한 관계가 성립하지 않는다. 따라서 난류유동에 대한 효과를 연구하기 위해서는 다른 접근방법이 필요하다.

1921년에 Theodore von Kármán은 층류와 난류 모두에 적합한 근사적인 경계층

해석방법을 제안했다. 한 점에서 미분형 검사체적에 대하여 연속방정식과 운동량 방정식을 쓰는 대신, von Kármán은 이를 그림 11-16a와 같이 너비 dx를 갖고 판의 표면으로부터 경계층과 교차하는 유선까지 뻗는 미분형 검사체적에 적용하는 것을 고려하였다. 이 요소를 통하는 유동은 정상상태이며, 작은 높이로 인해 그 안의 압력은 일정하다고 가정한다. 유동의 x성분은 왼쪽의 열린 검사표면 AC로 유입되고, 오른쪽의 열린 검사표면 DE를 통해 빠져나간다. 어떤 유동도 고정된 검사표면인 AE를 가로지를 수 없고, 또한 속도는 언제나 유선에 접선방향이기에 유선 경계인 CD를 가로지를 수 없다.

연속방정식

지면 수직방향의 폭이 단위 길이인 판에 대하여, 정상상태 연속방정식은 아래와 같다.

$$\frac{\partial}{\partial t}\int_{\text{cv}}\rho\, d\forall + \int_{\text{cs}}\rho\mathbf{V}_{f/\text{cs}}\cdot d\mathbf{A} = 0$$

$$0 - \int_0^{\delta_l}\rho u_l\, dy - \dot{m}_{BC} + \int_0^{\delta_r}\rho u_r\, dy = 0 \qquad (11\text{-}16)$$

여기에서 $\dot{m}_{BC}$은 일정속도 U의 흐름이 경계층의 상단과 유선 사이의 검사표면 BC 영역으로 유입되는 질량유량이다.

운동량 방정식

검사체적의 자유물체도는 그림 11-16b에 나타내었다. 검사체적 내부에서의 압력 p가 사실상 일정하고, 높이는 $h_{AC} \approx h_{ED}$이고, $AE = dx$이므로, 각각의 열린 검사표면에 작용하는 압력에 의한 합력은 서로 상쇄된다. 닫힌 검사표면에 작용하는 유일한 외력은 판으로부터의 전단응력에 의한 것이다. 이 힘은 $\tau_0(1\,dx)$이다. x 방향 운동량 방정식을 적용하면

$$\xrightarrow{+}\Sigma F_x = \frac{\partial}{\partial t}\int_{\text{cv}}V\rho\, d\forall + \int_{\text{cs}}V\rho\mathbf{V}_{f/\text{cs}}\cdot d\mathbf{A}$$

$$-\tau_0(1\,dx) = 0 + \int_0^{\delta_r}\rho u_r^2\, dy - \int_0^{\delta_l}\rho u_l^2\, dy - U\dot{m}_{BC}$$

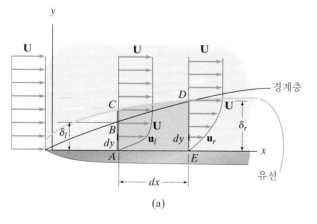

(a)

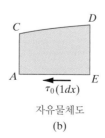

자유물체도

(b)

그림 11-16

식 (11-16)을 $\dot{m}_{BC}$에 대해 풀고 위 식에 대입하면, 비압축성 유체에서 ρ가 일정하므로

$$-\tau_0\,dx = \rho \int_0^{\delta_r} u_r{}^2 dy - \rho \int_0^{\delta_l} u_l{}^2 dy - U\rho\left[\int_0^{\delta_r} u_r\,dy - \int_0^{\delta_l} u_l\,dy\right]$$

$$-\tau_0\,dx = \rho \int_0^{\delta_r}(u_r{}^2 - Uu_r)\,dy - \rho \int_0^{\delta_l}(u_l{}^2 - Uu_l)\,dy$$

수직면 AC와 ED가 미소거리 dx만큼 떨어져 있으므로, 우변의 항들은 적분의 미소 차이를 나타낸다. 즉,

$$-\tau_0\,dx = \rho\,d\left[\int_0^{\delta}(u^2 - Uu)\,dy\right]$$

자유유동 속도 U는 일정하므로 이 식은 무차원 속도비 u/U의 항으로 나타낼 수 있고, 전단응력을 다음과 같이 나타낼 수 있다.

$$\boxed{\tau_0 = \rho U^2 \frac{d}{dx}\int_0^{\delta}\frac{u}{U}\left(1 - \frac{u}{U}\right)dy} \qquad (11\text{-}17)$$

적분 부분은 식 (11-2)의 운동량 두께를 나타내므로 아래와 같이 표현 가능하다.

$$\boxed{\tau_0 = \rho U^2 \frac{d\Theta}{dx}} \qquad (11\text{-}18)$$

위 2개의 방정식 모두 평판에 대한 **운동량 적분방정식**(momentum integral equation)이라 불린다. 이를 적용하려면 각 위치 x에서의 속도형상 $u=u(y)$를 알거나 혹은 이를 $u/U=f(y/\delta)$ 형식을 갖는 식에 의해 근사화하여야 한다. 몇 가지 근사적인 속도분포 형상들이 표 11-2에 나열되어 있다. 이들 중 어느 하나를 사용하여 식 (11-17)에 있는 적분값을 정할 수 있으나, 적분상한으로 인해 그 결과는 δ의 항으로 나타나게 된다. δ를 x의 함수로 결정하기 위해서는 τ_0도 역시 δ와 연관지어져야 한다. 다음의 예를 통해 층류경계층에 대해 뉴턴의 점성법칙을 이용하여 이

표 11-2

속도분포		δ	c_f	C_{Df}
Blasius		$5.00\dfrac{x}{\sqrt{\text{Re}_x}}$	$\dfrac{0.664}{\sqrt{\text{Re}_x}}$	$\dfrac{1.33}{\sqrt{\text{Re}_x}}$
1차식 (Linear)	$\dfrac{u}{U} = \dfrac{y}{\delta}$	$3.46\dfrac{x}{\sqrt{\text{Re}_x}}$	$\dfrac{0.578}{\sqrt{\text{Re}_x}}$	$\dfrac{1.16}{\sqrt{\text{Re}_x}}$
2차식 (Parabolic)	$\dfrac{u}{U} = -\left(\dfrac{y}{\delta}\right)^2 + 2\left(\dfrac{y}{\delta}\right)$	$5.48\dfrac{x}{\sqrt{\text{Re}_x}}$	$\dfrac{0.730}{\sqrt{\text{Re}_x}}$	$\dfrac{1.46}{\sqrt{\text{Re}_x}}$
3차식 (Cubic)	$\dfrac{u}{U} = -\dfrac{1}{2}\left(\dfrac{y}{\delta}\right)^3 + \dfrac{3}{2}\left(\dfrac{y}{\delta}\right)$	$4.64\dfrac{x}{\sqrt{\text{Re}_x}}$	$\dfrac{0.646}{\sqrt{\text{Re}_x}}$	$\dfrac{1.29}{\sqrt{\text{Re}_x}}$

를 수행하는 방법이 소개된다. 표 11-2에 제시된 δ, c_f 그리고 C_{Df}의 결과가 어떻게 결정되었는지도 나타낸다. 다음 절에서는 운동량 적분방정식을 난류경계층 유동에 적용하는 방법을 소개한다.

예제 11.5

너비가 b이고 길이가 L인 판 위에 형성된 층류경계층에 대한 속도형상은 그림 11-17과 같이 포물선 일부 형태인 2차식 $u/U = -(y/\delta)^2 + 2(y/\delta)$으로 근사된다. 경계층의 두께 δ, 표면마찰계수 c_f, 그리고 마찰항력계수 C_{Df}를 x의 함수로 구하시오.

풀이

유체 설명 표면 위를 지나는 정상상태 비압축성 층류유동이다.

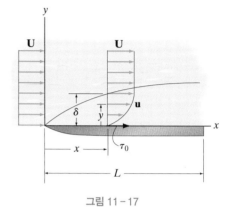

그림 11-17

경계층 두께 u/U 함수를 식 (11-17)에 대입하고 적분하면,

$$\tau_0 = \rho U^2 \frac{d}{dx}\int_0^\delta \frac{u}{U}\left(1 - \frac{u}{U}\right) dy$$

$$\tau_0 = \rho U^2 \frac{d}{dx}\int_0^\delta \left[-\left(\frac{y}{\delta}\right)^2 + 2\left(\frac{y}{\delta}\right)\right]\left[1 + \left(\frac{y}{\delta}\right)^2 - 2\left(\frac{y}{\delta}\right)\right] dy = \rho U^2 \frac{d}{dx}\left(\frac{2}{15}\delta\right)$$

$$\tau_0 = \frac{2}{15}\rho U^2 \frac{d\delta}{dx} \qquad (1)$$

δ를 얻기 위해서는, 판의 표면($y=0$)에서의 τ_0를 δ의 항으로 표시해야 한다. 층류유동이므로, $y=0$에서 뉴턴의 점성법칙을 사용한다.

$$\tau_0 = \mu \frac{du}{dy}\bigg|_{y=0} = \mu U \frac{d}{dy}\left[-\left(\frac{y}{\delta}\right)^2 + 2\left(\frac{y}{\delta}\right)\right]_{y=0} = \frac{2\mu U}{\delta} \qquad (2)$$

따라서 식 (1)은

$$\frac{2\mu U}{\delta} = \frac{2}{15}\rho U^2 \frac{d\delta}{dx} \quad \text{또는} \quad \rho U\,\delta\,d\delta = 15\mu\,dx$$

유체가 처음 판과 접촉할 때인 $x=0$에서 $\delta=0$이므로, 적분을 수행하면

$$\rho U \int_0^\delta \delta\,d\delta = \int_0^x 15\mu\,dx; \qquad \delta = \sqrt{\frac{30\mu x}{\rho U}} \qquad (3)$$

$\text{Re}_x = \rho U x/\mu$이므로 이는 또 다음과 같이 표현할 수 있다.

$$\delta = \frac{5.48x}{\sqrt{\text{Re}_x}} \qquad\qquad Ans.$$

표면마찰계수 식 (3)을 식 (2)에 대입하면, 판에 작용하는 전단응력은 x의 함수로 다음과 같이 표현된다.

$$\tau_0 = \frac{2\mu U}{\sqrt{\frac{30\mu x}{\rho U}}} = 0.365\sqrt{\frac{\mu\rho U^3}{x}} = 0.365\frac{\mu U}{x}\sqrt{\text{Re}_x}$$

식 (11-10)을 이용하면, 마찰항력계수는

$$c_f = \frac{\tau_0}{(1/2)\rho U^2} = \frac{0.365\dfrac{\mu U}{x}\sqrt{\mathrm{Re}_x}}{(1/2)\rho U^2} = \frac{0.730}{\sqrt{\mathrm{Re}_x}} \qquad\qquad Ans.$$

마찰항력계수 C_{Df}를 정하기 위해서는 먼저 F_{Df}를 구해야 한다.

$$F_{Df} = \int_A \tau_0\, dA = \int_0^x 0.365\sqrt{\frac{\mu\rho U^3}{x}}(b\, dx) = 0.365 b\sqrt{\mu\rho U^3}(2x^{1/2})\Big|_0^x = 0.730 b\sqrt{\mu\rho U^3 x}$$

따라서 식 (11-14)를 이용하면,

$$C_{Df} = \frac{F_{Df}/bx}{(1/2)\rho U^2} = \frac{1.461 b\sqrt{\mu\rho U^3 x}}{\rho U^2 bx}$$

$$C_{Df} = \frac{1.46}{\sqrt{\mathrm{Re}_x}} \qquad\qquad Ans.$$

여기에서 얻은 세 결과는 표 11-2에 나열되어 있다.

11.4 난류경계층

난류경계층은 층류경계층 대비 더 두껍고, 내부의 속도형상은 유체의 불규칙한 혼합으로 인해 더 균일하다. 이번 절에서 운동량 적분방정식을 이용하여 난류경계 층에 의한 항력을 결정한다. 그러나 이를 위해 먼저 속도형상을 y의 함수로 표현 해야 한다. 결과의 정확도는 이 함수가 실제 속도분포에 어느 정도 유사하게 근사 되었는지에 의존한다. 다양한 공식들이 지금까지 제안되어 왔지만, 간단하면서도 잘 맞는 식은 프란틀의 1/7승 법칙이다.

$$\frac{u}{U} = \left(\frac{y}{\delta}\right)^{1/7} \qquad\qquad (11-19)$$

이 식의 속도분포는 그림 11-18a에 나타난다. 이는 층류경계층에서의 속도분포보 다 더 고르게 분포한다. 속도의 고른 분포는, 앞에서 기술한 바와 같이, 난류유동 에 높은 수준의 유체 혼합과 운동량 전달이 존재하기 때문에 나타난다. 또한 이러 한 고른 분포로 인해 판의 표면 근처에서 더 큰 속도구배가 존재한다. 이에 따라 표면에서 형성되는 전단응력은 층류경계층에 의한 전단응력보다 훨씬 더 크다.

프란틀의 식은 $y=0$에서 속도구배 $du/dy = (U/7\delta)(y/\delta)^{-6/7}$가 무한대가 되어 실 제와는 다르며, 이 때문에 층류저층에는 적용되지 않는다. 그러므로 모든 난류경 계층에 대하여 표면전단응력 τ_0는 실험에 의해 δ와 연관되어야 한다.[*] 실험 데이터 와 잘 일치하는 경험적 공식은 Prandtl과 Blasius에 의해 제안되었다.

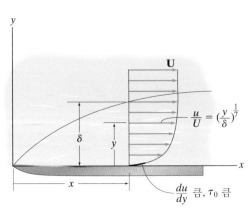

프란틀의 1/7승 법칙
(a)

그림 11-18

---

[*] 대상 유체가 뉴턴 유체인 경우, 뉴턴의 점성법칙은 층류경계층에 사용될 수 있다.

$$\tau_0 = 0.0225\rho U^2\left(\frac{\nu}{U\delta}\right)^{1/4} \tag{11-20}$$

운동량 적분방정식과 위 두 식을 이용하여 난류경계층의 두께 δ를 위치 x의 함수로 얻는다. 식 (11-17)을 적용하면,

$$\tau_0 = \rho U^2\frac{d}{dx}\int_0^\delta \frac{u}{U}\left(1-\frac{u}{U}\right)dy$$

$$0.0225\rho U^2\left(\frac{\nu}{U\delta}\right)^{1/4} = \rho U^2\frac{d}{dx}\int_0^\delta\left(\frac{y}{\delta}\right)^{1/7}\left[1-\left(\frac{y}{\delta}\right)^{1/7}\right]d$$

$$0.0225\left(\frac{\nu}{U\delta}\right)^{1/4} = \frac{d}{dx}\left[\frac{7}{8}\delta - \frac{7}{9}\delta\right] = \frac{7}{72}\frac{d\delta}{dx}$$

$$\delta^{1/4}d\delta = 0.231\left(\frac{\nu}{U}\right)^{1/4}dx$$

교란 두께 그림 11-3과 같이 모든 경계층은 초기에는 층류이지만, 만약 판의 앞쪽 면이 거칠면 경계층은 처음부터 실질적으로 난류가 될 수밖에 없다. 따라서 $\delta=0$인 $x=0$ 지점에서부터 적분을 수행하면 다음을 얻을 수 있다.

$$\int_0^\delta \delta^{1/4}d\delta = 0.231\left(\frac{\nu}{U}\right)^{1/4}\int_0^x dx \quad \text{또는} \quad \delta = 0.371\left(\frac{\nu}{U}\right)^{1/5}x^{4/5}$$

식 (11-3)을 사용하여 경계층 두께를 레이놀즈수의 항으로 나타내면 다음을 얻는다.

$$\boxed{\delta = \frac{0.371}{(\mathrm{Re}_x)^{1/5}}x} \tag{11-21}$$

평판 위 전단응력 분포 식 (11-21)을 식 (11-20)에 대입하면, 그림 11-18b에 나타난 평판 위 전단응력 분포를 x의 함수로 얻을 수 있다.

$$\tau_0 = 0.0225\rho U^2\left(\frac{\nu(\mathrm{Re}_x)^{1/5}}{U(0.371x)}\right)^{1/4}$$

$$\boxed{\tau_0 = \frac{0.0288\rho U^2}{(\mathrm{Re}_x)^{1/5}}} \tag{11-22}$$

판에 미치는 항력 그림 11-18c와 같이 판의 길이가 L이고, 너비가 b이면, 항력은 전단응력을 판의 면적에 대해 적분하여 얻을 수 있다.

$$F_{Df} = \int_A \tau_0\, dA = \int_0^L \frac{0.0288\rho U^2}{\left(\frac{Ux}{\nu}\right)^{1/5}}(b\,dx) = 0.0360\rho U^2\frac{bL}{(\mathrm{Re}_L)^{1/5}} \tag{11-23}$$

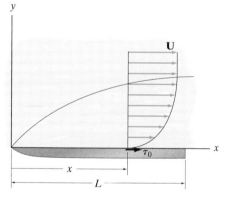

판에 작용하는 전단응력

(b)

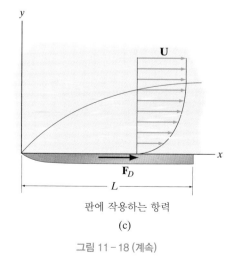

판에 작용하는 항력

(c)

그림 11-18 (계속)

따라서 식 (11-14)의 마찰항력계수는 아래와 같다.

$$C_{Df} = \frac{F_{Df}/bL}{(1/2)\rho U^2} = \frac{0.0721}{(\mathrm{Re}_L)^{1/5}} \qquad (11\text{-}24)$$

이 결과는 많은 실험들에 의해 검토되었고, 상수 0.0721을 0.0740으로 바꿔줌으로써 더욱 정확한 C_{Df}값을 얻을 수 있음이 확인되었다. 이 결과는 아래의 레이놀즈수 범위에서 잘 맞는다.

$$C_{Df} = \frac{0.0740}{(\mathrm{Re}_L)^{1/5}} \qquad 5(10^5) < \mathrm{Re}_L < 10^7 \qquad (11\text{-}25)$$

Re_L의 하한값은 층류경계층에 대한 한계값을 나타낸다. 더 높은 레이놀즈수에 대해서는 Hermann Schlichting이 관련된 실험결과와 잘 맞는 또 다른 경험식을 아래와 같이 제안했다(참고문헌 [16]).

$$C_{Df} = \frac{0.455}{(\log_{10} \mathrm{Re}_L)^{2.58}} \qquad 10^7 \le \mathrm{Re}_L < 10^9 \qquad (11\text{-}26)$$

이 모든 식들이 판 전체 길이에 대하여 난류경계층이 분포하는 경우에 한하여 유효하다는 점을 상기하라.

11.5 층류 및 난류경계층

11.1절과 11.2절에서 논의된 바와 같이 매끄러운 평판 위의 실제 경계층은 먼저 층류 영역이 발달하며 두께가 성장하고, $(\mathrm{Re}_x)_{cr} = 5(10^5)$ 근처에서 불안정해지며 결국 천이를 거쳐 난류가 된다. 따라서 판 위의 마찰항력을 계산하는 더 엄밀한 방법을 개발하기 위해서는 경계층의 층류와 난류 부분 모두에 대하여 고려해야 한다. Prandtl은 실험을 통하여 유동이 빠른 경우 천이 영역이 판을 따라서 매우 짧은 거리에 분포하므로 그 영역 내의 마찰항력을 무시함으로써 이러한 해석이 가능하다는 점을 발견하였다. 따라서 경계층을 그림 11-19a와 같이 모델화할 수 있다.

Prandtl은 마찰항력을 계산하기 위해 먼저 경계층이 그림 11-19b처럼 판의 전체 길이 L에 대해 완전히 난류라고 가정하고, 높은 레이놀즈수 혹은 아주 긴 거리 x에 대한 식 (11-26)을 사용하여 항력을 구했다. 그 후 식 (11-25)와 그림 11-19c에 나타난 임계영역의 시작점 $x = x_{cr}$까지의 난류 구간의 항력을 빼주고, 마지막으로 이 지점까지의 층류에 의한 힘력[블라시우스의 해, 식 (11-15), 그림 11-19d를 더해줌으로써 전체적인 결과에 대한 조정을 했다. 따라서 판에 작용하는 마찰항력은 다음과 같다.

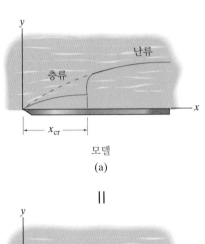

모델
(a)

$=$

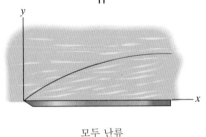

모두 난류
(b)

$-$

난류 구간
(c)

$+$

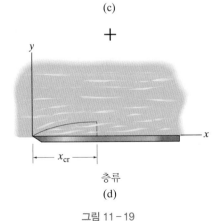

층류
(d)

그림 11-19

$$F_{Df} = \frac{0.455}{(\log_{10}\mathrm{Re}_L)^{2.58}}(1/2)\rho U^2(bL) - \frac{0.0740}{(\mathrm{Re}_x)_{\mathrm{cr}}^{1/5}}(1/2)\rho U^2(bx_{\mathrm{cr}})$$

$$+ \frac{1.328}{\sqrt{(\mathrm{Re}_x)_{\mathrm{cr}}}}(1/2)\rho U^2(bx_{\mathrm{cr}})$$

판에 대한 C_{Df}는 식 (11-14)로 정의되므로, 마찰항력계수는 다음과 같다.

$$C_{Df} = \frac{0.455}{(\log_{10}\mathrm{Re}_L)^{2.58}} - \frac{0.0740}{(\mathrm{Re}_x)_{\mathrm{cr}}^{1/5}}\frac{x_{\mathrm{cr}}}{L} + \frac{1.328}{\sqrt{(\mathrm{Re}_x)_{\mathrm{cr}}}}\frac{x_{\mathrm{cr}}}{L}$$

마지막으로, 비례관계 $x_{\mathrm{cr}}/L = (\mathrm{Re}_x)_{\mathrm{cr}}/\mathrm{Re}_L$와 천이조건 $(\mathrm{Re}_x)_{\mathrm{cr}} = 5(10^5)$이면, $5(10^5) \le \mathrm{Re}_L < 10^9$ 범위의 레이놀즈수 값들에 대하여 실험자료와 맞는 조건은 아래와 같다.

$$C_{Df} = \frac{0.455}{(\log_{10}\mathrm{Re}_L)^{2.58}} - \frac{1700}{\mathrm{Re}_L} \qquad 5(10^5) \le \mathrm{Re}_L < 10^9 \quad (11\text{-}27)$$

다양한 범위의 레이놀즈수에 대하여 마찰항력계수를 결정하기 위해 사용되는 해당 식들의 선도가 그림 11-20에 나와 있다. 여러 서로 다른 연구자들로부터 얻어진 실험값들이 이 이론과 매우 근접함에 주목하자. 또한 이들은 경계층 흐름에서의 천이가 레이놀즈수 $5(10^5)$에서 일어날 때 유효한 곡선들이라는 점을 기억하자. 만일 자유유동 속도가 갑작스럽게 난류의 영향을 받거나 혹은 판의 표면이 거칠면 유동의 천이는 좀 더 낮은 레이놀즈수에서 발생한다. 이 경우 식 (11-27)의 두 번째 항의 상수 1700은 이 변화를 고려하기 위해 수정되어야 한다. 이런 효과들을 고려하는 계산들은 여기서 소개하지 않는다. 상수 수정은 관련된 문헌에서 다루어지며, 참고문헌 [16]을 참조하라.

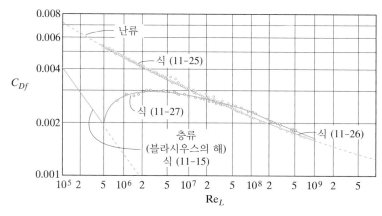

평판에 대한 마찰항력계수

그림 11-20

요점정리

- 운동량 적분방정식은 층류 혹은 난류경계층에 의해 생기는 경계층 두께와 표면전단응력 분포를 얻기 위한 근사적인 방법을 제공한다. 이 식을 적용하기 위해서는 속도형상 $u = u(y)$를 알고 전단응력을 경계층 두께 δ의 항, 즉 $\tau_0 = f(\delta)$로 표현할 수 있어야 한다.
- $u = u(y)$에 대한 블라시우스의 해는 층류경계층에 대하여 사용될 수 있고, 전단응력 τ_0는 뉴턴의 점성법칙을 이용해 δ와 연관될 수 있다. 난류경계층에 대해서는 유동이 불규칙하므로 필요한 연관관계는 실험에서 얻어지는 결과로부터 얻어야 한다. 예를 들어, 전체적으로 난류경계층인 경우 Prandtl과 Blasius에 의한 공식과 함께 프란틀의 1/7승 속도 법칙이 잘 맞는다.
- 층류경계층은 난류경계층에 비해 표면에 훨씬 작은 전단응력을 가한다. 난류경계층 내에서는 강한 유체 혼합이 발생하고, 이로 인해 표면에서는 더욱 큰 속도구배를 형성하고 더 큰 전단응력을 만든다.
- 층류 및 난류경계층이 함께 존재하는 경우, 평면상의 마찰항력계수는 천이유동이 발생하는 영역을 무시하고 두 경우의 중첩에 의해 얻을 수 있다.

예제 11.6

기름이 그림 11-21에 있는 평판 윗면에서 자유유동 속도 20 m/s로 흐른다. 판의 길이가 2 m이고 너비가 1 m이며 층류와 난류경계층의 조합이 형성되어 있는 경우, 판에 작용하는 마찰항력을 구하시오. $\rho_o = 890 \ \text{kg/m}^3$이고 $\mu_o = 3.40(10^{-3}) \ \text{N} \cdot \text{s/m}^2$이다.

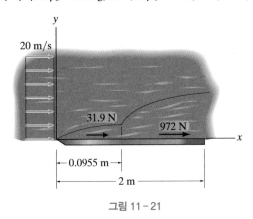

그림 11-21

풀이

유체 설명 비압축성 정상상태 유동으로 가정한다.

해석 먼저 그림 11-21에 나타난 층류경계층이 난류로 천이하기 시작하는 위치 x_{cr}을 정한다. 여기서 $(\text{Re}_x)_{cr} = 5(10^5)$이므로

$$(\text{Re}_x)_{cr} = \frac{\rho_o U x}{\mu_o}$$

$$5(10^5) = \frac{(890 \ \text{kg/m}^3)(20 \ \text{m/s}) x_{cr}}{3.40(10^{-3}) \ \text{N} \cdot \text{s/m}^2}$$

$$x_{cr} = 0.0955 \ \text{m} < 2 \ \text{m}$$

또한 판의 끝에서

$$\text{Re}_L = \frac{\rho_o U L}{\mu_o} = \frac{(890 \ \text{kg/m}^3)(20 \ \text{m/s})(2 \ \text{m})}{3.40(10^{-3}) \ \text{N} \cdot \text{s/m}^2} = 1.047(10^7)$$

식 (11-27)이 $5(10^5) \le \mathrm{Re}_L < 10^9$ 범위 내의 층류-난류경계층에 적용되므로, 항력계수를 구하기 위해 이 식을 이용하면,

$$C_{Df} = \frac{0.455}{(\log_{10}\mathrm{Re}_L)^{2.58}} - \frac{1700}{\mathrm{Re}_L}$$

$$= \frac{0.455}{\left[\log_{10}1.047(10^7)\right]^{2.58}} - \frac{1700}{1.047(10^7)}$$

$$= 0.002819$$

판에 작용하는 총 마찰항력은 이제 식 (11-14)를 사용하여 구할 수 있다.

$$F_{Df} = C_{Df}bL\left(\frac{1}{2}\rho_o U^2\right)$$

$$= 0.002819(1\ \mathrm{m})(2\ \mathrm{m})\left[\tfrac{1}{2}(890\ \mathrm{kg/m^3})(20\ \mathrm{m/s})^2\right]$$

$$= 1004\ \mathrm{N} \qquad\qquad\qquad\qquad\qquad Ans.$$

이 힘 중 판의 앞쪽 0.0955 m까지 분포하는 층류경계층에 의한 부분은 식 (11-12)로부터 정해진다.

$$(F_{Df})_{\mathrm{lam}} = \frac{0.664b\rho_o U^2 x_{\mathrm{cr}}}{\sqrt{(\mathrm{Re}_x)_{\mathrm{cr}}}}$$

$$= \frac{0.664(1\ \mathrm{m})(890\ \mathrm{kg/m^3})(20\ \mathrm{m/s})^2(0.0955\ \mathrm{m})}{\sqrt{5(10^5)}}$$

$$= 31.9\ \mathrm{N}$$

비교해보면, 대부분의 마찰항력에 난류경계층이 기여함을 알 수 있다.

$$(F_{Df})_{\mathrm{tur}} = 1004\ \mathrm{N} - 31.9\ \mathrm{N} = 972\ \mathrm{N}$$

예제 11.7

그림 11-22에 보이는 표면이 거친 판 위로 물이 자유유동 속도 10 m/s로 흐르며 경계층이 갑자기 난류로 변하고 있다. $x = 2$ m 지점에서 표면에 작용하는 전단응력과 이 위치에서 경계층의 두께를 구하시오. $\rho_w = 1000\ \mathrm{kg/m^3}$이고 $\mu_w = 1.00(10^{-3})\ \mathrm{N \cdot s/m^2}$이다.

풀이

유체 설명 비압축성 정상상태 유동으로 가정한다.

해석 이 경우 레이놀즈수는

$$\mathrm{Re}_x = \frac{\rho_w U x}{\mu_w} = \frac{(1000\ \mathrm{kg/m^3})(10\ \mathrm{m/s})(2\ \mathrm{m})}{1.00(10^{-3})\ \mathrm{N \cdot s/m^2}} = 20(10^6)$$

전체 유동을 난류경계층으로 가정할 수 있으므로 식 (11-22)를 사용하면, $x = 2$ m에서 면에 작용하는 전단응력은

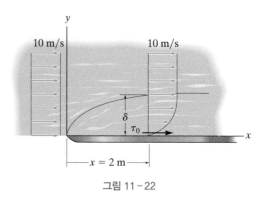

그림 11-22

$$\tau_0 = \frac{0.0288\rho_w U^2}{(\text{Re}_x)^{1/5}} = \frac{0.0288(1000\,\text{kg/m}^3)(10\,\text{m/s})^2}{\left[20(10^6)\right]^{1/5}}$$

$$= 99.8\,\text{Pa} \qquad\qquad\qquad\qquad Ans.$$

또한 식 (11-21)을 이용하면 $x = 2$ m 지점에서 경계층의 두께는

$$\delta = \frac{0.371x}{(\text{Re}_x)^{1/5}} = \frac{0.371(2\,\text{m})}{\left[20(10^6)\right]^{1/5}} = 0.02572\,\text{m} = 25.7\,\text{mm} \qquad Ans.$$

이 두께가 큰 값은 아니지만, 층류경계층보다는 훨씬 더 두꺼우며, 또한 $x = 2$ m에서 계산된 전단응력은 층류경계층에 의한 것보다 더 크다.

예제 11.8

그림 11-23에 나타난 비행기의 날개를 평균 너비 0.9 m와 길이 4 m를 갖는 평판이라고 가정할 경우, 각 날개에 작용하는 마찰항력을 구하시오. 비행기가 125 m/s의 속도로 비행하고 있고, 공기는 비압축성이라고 가정한다. $\rho_a = 0.819$ kg/m³이고 $\mu_a = 16.6(10^{-6})$ N · s/m²이다.

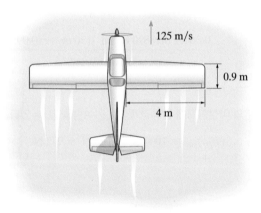

그림 11-23

풀이

유체 설명   비행기 중심 좌표계에서 유동은 정상상태 비압축성으로 가정할 수 있다.

해석   날개의 뒷부분(trailing edge) 위치에서 레이놀즈수는

$$\text{Re}_L = \frac{\rho_a U L}{\mu_a} = \frac{(0.819\,\text{kg/m}^3)(125\,\text{m/s})(0.9\,\text{m})}{16.6(10^{-6})\,\text{N} \cdot \text{s/m}^2}$$

$$= 5.550(10^6) > 5(10^5)$$

따라서 날개 표면에는 층류와 난류경계층이 조합되어 있다. $5(10^5) \leq \text{Re}_L < 10^9$에 적용되는 식 (11-27)을 적용하면,

$$C_{Df} = \frac{0.455}{(\log_{10} \text{Re}_L)^{2.58}} - \frac{1700}{\text{Re}_L}$$

$$= \frac{0.455}{\{\log_{10}[5.550(10^6)]\}^{2.58}} - \frac{1700}{5.550(10^6)}$$

$$= 0.0030001$$

마찰항력은 날개의 윗면과 아랫면에 모두 작용하므로 식 (11-14)를 사용하면,

$$F_{Df} = 2\left[C_{Df}bL\left(\frac{1}{2}\rho_a U^2\right)\right]$$

$$= 2\left\{(0.0030001)(4 \text{ m})(0.9 \text{ m})\left[\frac{1}{2}(0.819 \text{ kg/m}^3)(125 \text{ m/s})^2\right]\right\}$$

$$= 138.21 \text{ N} = 138 \text{ N} \qquad\qquad\qquad Ans.$$

11.6 항력과 양력

거의 모든 경우에 있어 자연스러운 유체의 흐름은 비정상상태이고 또한 비균일하다. 예를 들어 바람의 속도는 시간과 고도에 따라 변화하며, 또한 강 또는 개천에서 물의 속도도 그렇다. 그러나 공학 응용에서 이들 비균일한 효과는 평균화하거나 혹은 극한의 경우를 고려함으로써 근사할 수 있다. 이러한 근사를 사용하여 흐름을 정상상태 그리고 균일한 것처럼 해석할 수 있다. 이 절 및 이후의 절에서는 로켓과 같은 축대칭 물체, 높은 굴뚝과 같은 2차원 물체, 그리고 자동차와 같은 3차원 물체를 지나는 흐름을 포함하는 서로 다른 형상을 갖는 물체에 미치는 정상상태 균일유동의 영향에 대하여 살펴본다. 유동에 의한 힘들을 계산하는 것은 기계 및 항공공학뿐 아니라 구조 및 수력공학 등의 응용에서 중요하다.

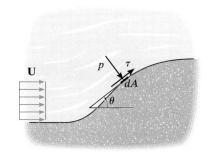

고정된 표면에 작용하는
압력과 전단응력

(a)

항력과 양력성분 만일 유체가 정상상태이고 균일한 자유유동 속도 **U**를 갖고 있고, 그림 11-24a에 보인 바와 같이 곡면을 갖는 물체를 만나면, 유체는 물체 표면에 점성 접선전단응력 τ와 수직압력 p를 가한다. 그림 11-24b의 표면상의 미소요소 dA에 대하여 τ와 p에 의해 만들어진 힘들을 그들의 수평(x) 및 수직(y) 성분으로 분해할 수 있다. **항력**(drag)은 **U** 방향으로 작용하는 힘이다. 물체의 모든 표면에 대하여 적분하면, 이 힘은

$$F_D = \int_A \tau \cos\theta \, dA + \int_A p \sin\theta \, dA \qquad (11\text{-}28)$$

양력(lift)은 **U**에 수직방향으로 작용하는 힘이다. 따라서

$$F_L = \int_A \tau \sin\theta \, dA - \int_A p \cos\theta \, dA \qquad (11\text{-}29)$$

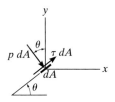

표면 면적요소에
작용하는 힘들

(b)

그림 11-24

트럭의 적재용 램프가 진행방향에 대하여 수직으로 유지되어 있기 때문에, 트럭에 큰 압력항력을 가하고 연료효율을 감소시킨다.

표면에서의 τ와 p의 분포를 알면, 이 적분을 수행할 수 있다. 다음은 이 적분을 수행하는 한 예이다.

예제 11.9

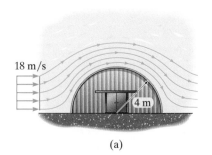

(a)

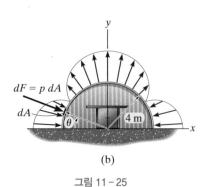

(b)

그림 11-25

그림 11-25a의 반원형 건물은 길이가 12 m이고, 속도 18 m/s의 균일한 바람을 정상상태로 받고 있다. 공기를 이상유체로 가정하고, 건물에 작용하는 양력과 항력을 구하시오. $\rho = 1.23$ kg/m³를 이용하라.

풀이

유체 설명 공기를 이상유체로 가정하면 점성은 없고, 이에 따라 경계층이나 점성전단응력은 건물에 작용하지 않는다. 다만 압력분포는 존재한다. 건물이 충분히 길다고 보면 끝단 효과는 이 2차원 정상상태 유동을 방해하지 않는다고 가정할 수 있다.

해석 7.11절에서 개괄한 이상유체유동 이론을 사용하여 실린더 표면상의 압력분포가 대칭임을 알 수 있다. 따라서 그림 11-25b에 보인 반원형인 경우 식 (7-68)로 나타낼 수 있다.

$$p = p_0 + \frac{1}{2}\rho U^2 (1 - 4\sin^2\theta)$$

$p_0 = 0$(계기압력)이므로,

$$p = 0 + \frac{1}{2}(1.23\ \text{kg/m}^3)(18\ \text{m/s})^2(1 - 4\sin^2\theta)$$

$$= 199.26(1 - 4\sin^2\theta)$$

그림 11-25b에 보인 것처럼 항력은 $d\mathbf{F}$의 수평 혹은 x방향 성분이다. 전체 건물에 대해 이 값은

$$F_D = \int_A (p\,dA)\cos\theta = \int_0^\pi (199.26)(1 - 4\sin^2\theta)\cos\theta\,[(12\ \text{m})(4\ \text{m})\,d\theta]$$

$$= 9564.48\int_0^\pi (1 - 4\sin^2\theta)\cos\theta\,d\theta$$

$$= 9564.48\left(\sin\theta - \frac{4}{3}\sin^3\theta\right)\Big|_0^\pi = 0 \qquad\qquad Ans.$$

이상유체는 압력분포가 y축에 대하여 대칭이므로 이 결과(0)는 예상된 결과이다.

양력은 $d\mathbf{F}$의 수직 혹은 y방향 성분이다. 여기서 $d\mathbf{F}_y$는 $-y$방향을 향한다. 따라서

$$F_L = -\int_A (p\,dA)\sin\theta = -\int_0^\pi (199.26)(1-4\sin^2\theta)\sin\theta[(12\text{ m})(4\text{ m})d\theta]$$

$$= -9564.48\int_0^\pi (1-4\sin^2\theta)\sin\theta\,d\theta$$

$$= -9564.48\left(3\cos\theta - \frac{4}{3}\cos^3\theta\right)\bigg|_0^\pi$$

$$= 31.88(10^3)\text{ N} = 31.9\text{ kN} \qquad\qquad Ans.$$

양(+)의 부호는 Lift(양력)라는 말이 제시하듯이, 공기흐름이 건물을 위로 끌어당기는 경향이 있음을 의미한다.

11.7 압력구배 효과

이전 절에서 항력과 양력이 물체의 표면에 작용하는 점성전단응력과 압력의 조합의 결과라는 점을 학습했다. 예를 들어, 평판의 경우를 고려해보자. 그림 11-26a에서와 같이 평판이 유동방향에 대해 나란히 놓여 있으면 점성**마찰항력**만 평판 위에 만들어진다. 이는 경계층의 효과이다. 그러나 그림 11-26b에서와 같이 유동방향에 대해 평판에 수직으로 위치하면, 판은 마치 **뭉툭한 물체**(bluff body)와 같다. 여기서는 **압력항력**(pressure drag)만이 만들어진다. 압력항력은 6장에서 논의된 바와 같이, 유체의 운동량 변화에 의해 야기된다. 이때 전단응력은 판 앞면의 위쪽과 아래쪽으로 동일하게 분포하므로, 총 전단항력은 0이다. 2가지 경우에서 어느 효과도 유동에 수직한 방향으로 힘을 만들지 못하므로 양력은 0이다. 양력과 항력을 모두 얻기 위해서는, 그림 11-26c와 같이 판이 유동방향에 대하여 각도를 이루

자동차의 형상은 경계층에 의해 생기는 압력항력과 점성마찰항력에 모두 영향을 미친다. (© Frank Herzog/culture-images GmbH/Alamy Stock Photo)

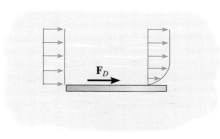

점성전단
경계층에 의한
마찰항력

(a)

유체의 운동량 변화에
의한 압력항력

(b)

그림 11-26

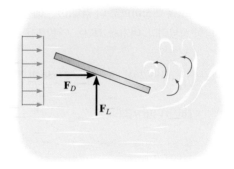

마찰항력과
압력항력의 조합
(c)

그림 11-26 (계속)

고 있어야 한다. 곡면이나 불규칙한 면을 가진 물체도 양력과 항력을 받을 수 있으며, 이 힘이 어떻게 만들어지는지 더 잘 이해하기 위해서 긴 실린더의 면을 지나는 균일유동에 대하여 고려해보자.

실린더 주위의 이상유동   실린더가 균일유동에 놓여 있으면, 그림 11-27a에 보이듯, 유동의 방향이 실린더 주위로 선회한다. 이상유체로 가정하면, 유체 입자의 속도는 정체점 A에서 0으로부터 증가하여 B에서 최댓값에 이른다. 속도는 실린더의 후면에서 다시 감소하며 정체점 C에서 0이 된다. 7.11절에서 논의되고 그림 11-27b에 보이는 바와 같이, 이러한 속도의 변화는 실린더 표면에서의 압력 변화에 역으로 영향을 미친다. 압력은 A에서 B까지 감소한다. 이러한 **순압력구배**(favorable pressure gradient) 혹은 압력 변화는 앞 표면상의 양압(밀어내는)에서 시작하여 감소하며 음압(빨아들이는)이 되고 B점에서 최솟값에 이른다. B에서

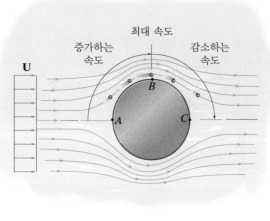

속도
이상유동
(a)

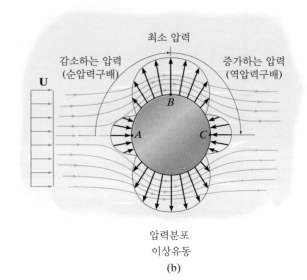

압력분포
이상유동
(b)

그림 11-27

C 사이는 속도 감소로 인해 압력이 증가하며, 이는 **역압력구배**(adverse pressure gradient)에 해당한다. 이상유체 가정 하에서, 압력분포는 실린더 주위에서 대칭이며 결과적인 총 압력항력(수평방향 힘)은 0이다. 또한 이상유체는 점성이 없으므로 실린더에 대해 점성마찰항력 또한 0이다.

실린더 주위의 실제 유동

실린더 주위를 자유롭게 미끄러질 수 있는 이상유체와 달리, 실제 유체는 점성을 가지고 있으며, 그 결과 유체는 경계층을 형성하고, 점착력으로 인해 그 둘레를 흐르는 동안 실린더 표면에 달라붙게 된다(사진 참고). 이 현상은 1900년대 초 루마니아 공학자 Henri Coacda에 의해 연구되었으며, **코안다 효과**(Coanda effect)라고 부른다.

곡면 위의 이러한 점성 거동을 이해하기 위하여 그림 11-28a에 보인 긴 실린더를 고려한다. 실제 유체의 경우, 정체점 A에서 유동이 시작하여 유체가 표면을 돌아 가속하며 실린더 표면에 층류경계층을 만든다. 이는 그림 11-28b의 영역 AB'에서 순압력구배(압력 감소)를 발생시킨다. 유동은 경계층 내부의 점성마찰의 항력 효과를 극복해야 하므로, 최소 압력과 최대 속도가 B' 지점에서 나타난다. 이는 이상유체 유동의 경우보다 더 이르게 발생한다.

B' 지점의 하류에서 경계층의 두께가 계속 성장하는 가운데, 속도의 감소로 인해 이 영역에서 역압력구배(증가하는 압력)가 발생한다. 표면 근처의 느리게 움직이는 입자들의 속도가 감소하여 C' 지점에서 결국 0이 되므로, 이 지점에서 실린더로부터 유동박리가 발생한다. C' 지점을 지나면 경계층 내에서 유동이 역류하기 시작하고 자유유동의 반대방향으로 움직인다. 이것은 결국 와류(vortex)를 형성하고, 그림 11-28a에 나타낸 바와 같이, 실린더로부터 떨어져(shedding) 나간다. 일련의 이 와류 혹은 소용돌이들은 **후류**(wake)를 만들고, 그 에너지는 결국 열로 소산된다. 후류 내의 압력은 상대적으로 일정하고, 실린더 주위의 전체 압력분포의 합력은 그림 11-28b와 같이 **압력항력** F_{Dp}를 만든다.

물이 유리컵에 달라붙어 물의 흐름이 구부러져 나타나는 코안다 효과

기둥의 옆면에서 발생하는 유동박리가 명확하게 보인다.

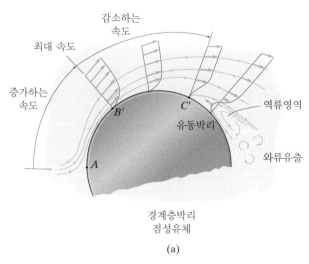

경계층박리
점성유체

(a)

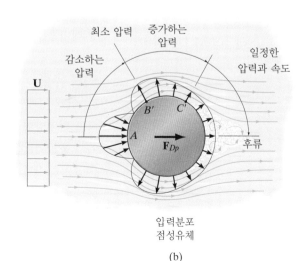

압력분포
점성유체

(b)

그림 11-28

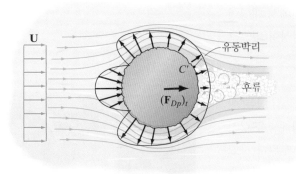

거친 실린더
난류경계층
더 작은 항력

(a)

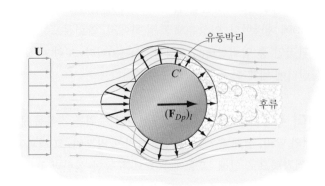

매끄러운 실린더
층류경계층
더 큰 항력

(b)

그림 11-29

고래의 지느러미발에는 이 사진에 보이는 것처럼 그 선단에 작은 혹들이 있다. 풍동시험을 통해 각 쌍의 작은 혹 사이의 물의 흐름이 시계방향과 반시계방향의 와류를 만들어낸다는 사실이 밝혀졌다. 이는 경계층 내의 난류를 더욱 강화시켜서 경계층이 지느러미발로부터 박리되는 것을 막아준다. 이는 고래에게 더 나은 기동성과 더 작은 항력을 제공한다.
(© Masa Ushioda/Stephen Frink Collection/ Alamy Stock Photo)

그림 11-29a와 같이 경계층 내부의 유동이 완전히 난류이면, 그림 11-29b와 같이 경계층 내부의 유동이 층류인 경우보다 유동박리가 나중에 일어난다. 이는 난류경계층 내에서는 유체가 잘 섞이며 층류의 경우보다 더 많은 운동에너지를 갖고 있기 때문이다. 그 결과 역압력구배가 유동을 정지시키는 데 더 오래 걸리고, 박리점은 표면의 더 뒤쪽에 생긴다. 결과적으로 그림 11-29a의 난류 압력분포의 합력 $(\mathbf{F}_{Dp})_t$는 그림 11-29b의 층류 압력분포의 합력 $(\mathbf{F}_{Dp})_l$보다 작은 압력항력을 만든다. 직관에 반하는 것처럼 보이겠지만, **압력항력을 감소시키는 한 방법**은 실린더의 전면을 거칠게 만드는 것이다. 표면 거칠기가 난류경계층을 만드는 효과가 있기 때문이다.

유감스럽게도 층류 및 난류경계층에 대해 실제 유동박리점 C'을 이론적으로 예측할 수 없으며 대신 근사적인 방법으로 추정 가능하다. 실험을 이용하여 층류에서 난류로의 천이점이 레이놀즈수의 함수임을 확인하였으므로, 점성 혹은 마찰항력과 마찬가지로 압력항력도 레이놀즈수의 함수로 볼 수 있다. 실린더의 경우, 해당 레이놀즈수를 찾기 위한 '특성길이'는 직경 D이며, 따라서 $\mathrm{Re} = \rho VD/\mu$이다.

와류유출   실린더 주위의 유동이 낮은 레이놀즈수 상태이면 **층류**가 지배적이다. 이때 경계층은 각 측면의 대칭점에서 박리하여 그림 11-30에 보이는 것처럼 서로 반대방향으로 회전하는 소용돌이를 형성한다. 레이놀즈수가 증가함에 따라 이 소용돌이들은 길게 늘어지며, 소용돌이가 한쪽 면에서 떨어져 나가기 전에, 다른 소용돌이가 다른 쪽에서 떨어져 나가기 시작한다. 이 교차하는 와류유출의 유동은 압력이 실린더의 각 측면에서 변동하게 만들고, 이는 실린더를 흐름에 수직한 **방향**으로 진동하게 한다. Theodore von Kármán은 이 효과를 최초로 연구한 사람 중 한 명이며, 이렇게 형성된 와류흐름을 보통 **본 카르만 와열**(von Kármán vortex trail 혹은 vortex street)이라고 한다. 이는 교차하는 와류들이 마치 거리에 있는 집

본 카르만 와열

그림 11-30

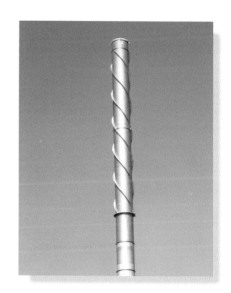

이 높고 얇은 벽을 가진 금속 굴뚝은 심한 풍하중을 받을 수 있다. 굴뚝의 원통형 형상은 그림 11-30에서와 같이 임계풍속에서 각 측면에서 떨어져 나오는 본 카르만 와열을 만든다. 이는 굴뚝을 바람 방향에 수직인 방향으로 진동하게 할 수 있다. 이를 방지하기 위해 펜스 혹은 '스트레이크'라고 불리는 나선형 와인딩(spiral winding)을 설치하여 유동을 교란시키고 와류의 형성을 막는다.

들처럼 놓여 있어서 붙여진 이름이다.

와류가 직경 D인 실린더의 각 측면에서 유출되는 횟수를 나타내는 주파수 f는 다음과 같이 정의되는 **스트로우할수**(Strouhal number)의 함수이다.

$$St = \frac{fD}{V}$$

이 무차원수는 체코의 과학자 Vincenc Strouhal을 기려 명명되었다. 그는 매달려 있는 전선들이 공기흐름 중에 만드는 'singing' 소음 관련 현상을 연구하였다. 스트로우할수에 대한 경험적인 값들은 실린더 주위 유동의 레이놀즈수에 연관되며 해당 연구결과들을 문헌에서 찾아볼 수 있다. 참고문헌 [15]를 참조하라. 그러나 매우 높은 레이놀즈수에서는 와류유출이 실린더 양쪽의 균일난류로 와해되어 진동이 사라지는 경향이 있다. 그럼에도 불구하고 와류유출에 의한 진동력은 높은 굴뚝, 안테나, 잠수함의 잠망경, 그리고 심지어 현수교의 케이블과 같은 구조물을 설계할 때 반드시 고려해야 하는 진동을 발생시킨다.

11.8 항력계수

전술한 바와 같이 물체에 작용하는 항력과 양력은 점성마찰과 압력분포의 조합이다. 표면에서의 전단응력 및 압력의 분포를 알면, 이 힘들을 예제 11.9에서와 같이 결정할 수 있다. 유감스럽게도 p와 특히 τ의 분포는 일반적으로 실험 혹은 다른 해석적인 방법을 통해 얻기 어렵다. 항력과 양력을 찾는 더 간단한 방법은 실험을 통해 이들을 직접 측정하는 것이다. 이 절에서는 항력에 대해 이 방법을 고려하고, 이후 11.11절에서는 양력에 대하여 고려한다.

유체역학에서 항력을 유체의 동압, 유동방향으로의 물체의 투영면적 A_p, 그리고 무차원 **항력계수**(drag coefficient) C_D로 나타내는 것이 표준절차가 되었다. 그 관계는 다음과 같다.

이 사람들의 무게가 공기에 의한 항력보다 더 클 때 가속할 수 있다. 속력은 종단속도까지 증가하며, 이 때 항력도 증가한다. 평형은 약 200 km/h 혹은 120 mi/h일 때 얻어진다.

$$F_D = C_D A_p \left(\frac{\rho V^2}{2} \right) \tag{11-30}$$

C_D값은 실험을 이용하여 결정할 수 있으며, 보통 풍동이나 수동 혹은 수로에서 원형(prototype)이나 모델에 대해 수행한다. 예를 들면, 자동차에 대한 C_D는 자동차를 풍동 내에 위치시켜 구한다. 여러 풍속 V에 대해 자동차의 움직임을 막는 데 필요한 수평방향 힘 F_D에 대해 측정한다. 각 속도별 C_D값은 아래와 같이 구한다.

$$C_D = \frac{F_D}{(1/2)\rho V^2 A_p}$$

다양한 형상에 대한 C_D의 구체적인 값들은 보통 공학용 핸드북과 산업용 카탈로그에서 얻을 수 있다. 그 값들은 일정하지 않으며, 실험에 의하면 이 계수들은 많은 요인들에 의존한다. 이제 여러 경우들에 대해 몇몇 변수들에 관하여 논의한다.

레이놀즈수   일반적으로 항력계수는 레이놀즈수에 크게 의존한다. 예를 들어, 공기 중에서 낙하하는 분말 혹은 물에서 가라앉는 가는 모래와 같이 매우 작은 크기와 무게를 갖는 물체 혹은 입자들은 매우 작은 레이놀즈수(Re≪1)를 갖는다. 이 경우 측면에서 유동박리는 일어나지 않으며, 항력은 오직 층류에 의해 생기는 점성마찰로 인해 발생한다.

물체가 구형이고 유동이 층류인 경우, 항력은 1851년에 George Stokes에 의해 유도된 해를 사용하여 해석적으로 결정될 수 있다. 그는 나비에-스토크스 방정식과 연속방정식을 풀어서 결과를 얻었으며, 그의 결과는 나중에 실험에 의해 검증되었다. 참고문헌 [7]을 참조하라. 항력은 아래 식과 같다.[*]

$$F_D = 3\pi\mu V D$$

식 (11-30)에 있는 항력계수의 정의를 사용하면, 구가 유동에 투영된 면적이 $A_p = (\pi/4)D^2$이므로, C_D를 레이놀즈수 $\text{Re} = \rho V D/\mu$의 항으로 표시할 수 있다.

$$C_D = 24/\text{Re} \tag{11-31}$$

실험을 통해 다른 형상들에 대한 C_D도 역시 Re≤1인 경우, Re의 역수에 대해 의존함이 알려져 왔다. 참고문헌 [19]를 참조하라.

실린더   표면이 매끄러운 실린더와 거친 실린더를 지나는 유동에 대하여 레이놀즈수에 따른 C_D의 실험 측정값이 그림 11-31의 그래프에 제시되어 있다(참고문헌 [16]). 레이놀즈수가 증가함에 따라 C_D는 감소하며, Re≈10^3 부근에서 일정한 값에 도달한다. 이로부터 Re≈10^5까지, 즉 실린더 주위에서 유동이 박리하기 시작

---

[*]   이 방정식은 종종 매우 높은 점도를 갖는 유체의 점도를 측정하기 위해 사용된다. 실험은 무게와 직경을 알고 있는 작은 구를 긴 실린더에 담겨있는 유체에 떨어뜨리고 그 종단속도를 측정하여 수행한다. 점도는 $\mu = F_D/(3\pi V D)$이다. F_D를 얻기 위한 더 자세한 사항은 예제 11.11에서 소개한다.

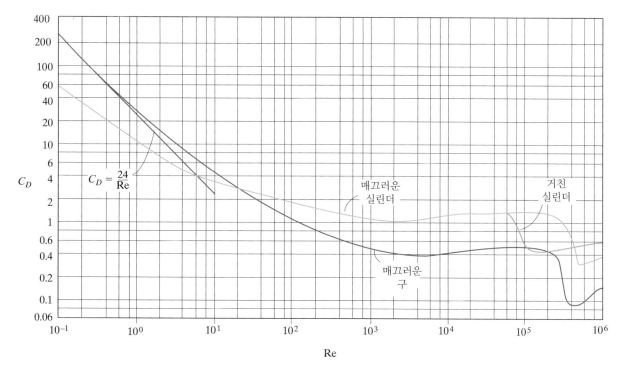

구와 긴 실린더에 대한 항력계수

그림 11-31

할 때까지 층류경계층이 계속된다. 높은 레이놀즈수 범위 $10^5 < \text{Re} < 10^6$에서 C_D는 갑자기 감소한다. 이는 표면 주위 경계층이 층류에서 난류로 바뀜에 따라 유동 박리점이 후류 쪽으로 이동하며 실린더의 뒷면 쪽에 위치하기 때문이다. 앞 절에서 언급한 바와 같이, 이 현상으로 인해 후류영역이 좁아지고 압력항력은 더 작아진다. 비록 점성항력은 약간 증가하나, 전체적으로 총 항력은 감소한다. 또한 거친 면은 매끄러운 면보다 경계층을 교란하여 더 빨리 난류가 되게 한다. 따라서 거친 면의 경우 C_D가 더 빨리 감소하며, $\text{Re} \approx 6(10^4)$에서 큰 변화를 보인다.

구 유체가 3차원 물체 주위를 흐를 때, 유동은 2차원의 경우에서와 매우 비슷하게 거동한다. 그러나 3차원의 경우 유동은 후면 쪽으로 진행하는 동시에 측면으로 돌아갈 수도 있다. 이는 유동박리점을 뒤로 이동시키는 효과가 있으며, 따라서 물체에 작용하는 항력을 더 작게 한다. 예를 들어, 매끄러운 구에 작용하는 항력은 그림 11-31과 참고문헌 [18]에 나와 있다. 낮은 레이놀즈수, 즉 $\text{Re} < 1$의 영역에서는 스토크스 방정식을 따른다. C_D 곡선의 모양은 실린더에서의 경우와 유사하다. 그러나 높은 레이놀즈수에 대해서는 구에 대한 C_D 값이 실린더에 대한 C_D 값의 약 절반이다. 실린더에서와 마찬가지로 높은 레이놀즈수에서 C_D의 감소는 층류에서 난류경계층으로의 천이에 기인한다. 또한 실린더에서와 마찬가지로 구가 거친 표면을 가지면 C_D는 더 크게 감소할 것이다. 이런 이유로 골프공 표면에 딤플 처리를 하고, 테니스공의 표면을 거칠게 하는 것이다. 이러한 공들은 빠른 속도로 움직이며, 이에 해당하는 레이놀즈수의 범위에서 거친 면은 더 낮은 C_D를 만들어 매끄러

선수 아래쪽에 둥글게 나온 부분은 선수파동의 높이와 선수 주위의 난류를 현저하게 감소시킨다. 감소된 조파항력계수로 인해 총 항력이 줄고 연료비가 절약된다.

운 표면을 가지는 공보다 더 멀리 이동한다.

프라우드수   중력이 항력에 큰 영향을 미칠 때에는, 항력계수는 프라우드수(Froude number) $\text{Fr} = V/\sqrt{gl}$ 의 함수이다. 8.5절에서 배의 상사법칙 적용 시 프라우드수와 레이놀즈수 모두를 사용한 점을 상기하라. 항력은 선체에 작용하는 점성마찰과 수면파를 형성하는 물의 양력 모두에 의해 만들어지므로 이 무차원수들은 모두 중요하다. 이 효과들을 독립적으로 연구하기 위해 모델들이 어떻게 시험되는지 살펴보았다. 특히 조파항력은 실험을 통해 조파항력계수$(C_D)_{\text{wave}}$와 프라우드수 사이의 관계를 파악함으로써 예측할 수 있다. 서로 다른 형태의 선박모형에 대하여 이러한 데이터를 도시함으로써 설계를 위한 적절한 형상을 선정하기 이전에 형상의 비교가 가능하다.

마하수   유체가 공기와 같은 기체일 때, 물체에 작용하는 항력을 결정하기 위해서는 유체의 압축성을 고려해야 하는 경우가 있다. 이때 물체에 작용하는 주도적인 힘들은 압력 외에도 관성, 점성, 그리고 압축성이 있다. 따라서 항력계수는 레이놀즈수와 마하수 모두의 함수이다.*

항력은 물체에 작용하는 점성마찰과 압력 모두에 의해 영향을 받는다. 그러나 압축성이 중요해지면, 이 두 요소의 효과는 유동이 비압축성일 때와 상당히 다르다. 그 현상을 알아보기 위해, 그림 11-32의 뭉툭한 물체(원통)와 테이퍼되거나 원뿔형 물체에 대한 C_D 대 M에 있어서의 변화를 고려해보자(참고문헌 [6]). 낮은 마하수(M≪1) 혹은 음속보다 매우 낮은 속도에서 항력은 주로 레이놀즈수의 영향을 받는다. 두 경우 모두에 있어 C_D는 매우 조금 증가한다. 음속 유동에 근접함에 따라 C_D는 급격히 증가한다. M = 1에서 충격파가 물체 위 혹은 앞쪽에 형성된다. 충격파는 대략 0.3 μm로 그 두께가 매우 얇고, 13장에서 논의되는 바와 같이 유동특성의 급격한 변화를 초래한다. 여기에서 중요한 점은 충격파를 지나며 압력이 크게 증가하고, 이로 인해 물체에 추가적인 항력이 발생한다는 점이다. 항공학에서는 이를 **조파항력**(wave drag)이라고 부른다. 이런 고속 조건에서 항력은 레이놀즈수에 거의 무관하고, 대신 충격파 전후의 압력 변화에 의해 만들어지는 조파항력이 항력의 지배적인 양을 만든다.

제트기에서와 같이 노즈(앞부분)가 테이퍼된 경우 조파항력이 노즈의 '앞부분'의 작은 영역에 국한되므로, 항력이 크게 감소한다. 뭉툭한 물체 및 테이퍼된 물체 모두에 있어 마하수가 증가하면서 충격파는 더 뒤쪽으로 기울고, 이에 따라 파 뒤쪽의 후류의 폭도 감소하여 C_D의 감소를 초래한다. 대부분의 항력이 앞부분에 발생하는 충격파에 의해 야기되므로, 초음속 유동에 있어서는 앞 형상이 뭉툭하거나 테이퍼된 물체 모두 뒷부분의 모양은 C_D를 감소시키는 데 별 영향을 주지 않는다. 그러나 아음속 유동의 경우에는 앞부분에서 충격파가 형성되지 않으므로, 뒷부분 형상을 테이퍼해서 유동박리를 억제함으로써 점성항력을 감소시킬 수 있다.

C_D

1.8
1.6
1.4
1.2
1.0
0.8
0.6
0.4
0.2

뭉툭한 물체

충격파

테이퍼된 물체

충격파

M

1   2   3   4

뭉툭한 물체와 테이퍼된
물체에 대한 항력계수

그림 11-32

---

* 마하수는 M = V/c이고, 여기서 c는 유체에서 측정된 음속이다.

11.9 다양한 형상을 가진 물체들에 대한 항력계수

여러 가지 다양한 형상을 갖는 물체 주위의 유동은 실린더 및 구 주위의 유동과 유사한 거동을 따른다. 일반적으로 $Re > 10^4$ 정도의 높은 레이놀즈수에서는, 유동이 물체의 날카로운 모서리에서 박리되고 후류가 형성되므로, 항력계수 C_D가 근본적으로 일정함이 여러 실험을 통해 확인되었다. 몇몇 형상들에 대한 전형적인 항력계수 값들이 $Re > 10^4$에 대하여 표 11-3에 주어졌다. 많은 다른 예들을 문헌에서 찾을 수 있다. 참고문헌 [19]를 참조하라. 각각의 C_D값은 일반적으로 물체의 형상과 레이놀즈수뿐만 아니라 물체의 표면조도와 물체의 유동에 대한 상대적인 각도에도 의존한다는 점에 유의하라.

응용 표 11-3에 나열된 형상들로 조합된 물체가 유동에 있고, 각각의 요소형상들이 모두 유동에 완전하게 노출되어 있는 경우, 식 (11-30)으로 결정되는 항력 $F_D = C_D A_P (\rho V^2 / 2)$은 각 형상에 대하여 계산된 항력의 중첩이 된다. 표 혹은 C_D에 대한 데이터를 사용할 때에는 적용 가능 조건들을 고려해야 한다. 실제로는 인접하고 있는 물체가 다른 물체 주위의 유동 형태에 영향을 줄 수 있으며, 이는 실제 C_D값에 크게 영향을 미칠 수 있다. 예를 들어, 대도시에서 구조공학자들은 설계될 건물을 둘러싸고 있는 기존 건물들의 모형을 제작하고, 이 전체 시스템을 풍동에서 시험한다. 때때로 복잡한 바람의 유동현상이 건물에 압력부하를 증가시키고, 그 증가는 설계부하의 일부로 고려되어야 한다. 마지막으로 기억해야 할 점은, 표의 자료들은 실제 자연에서는 절대 일어나지 않는 정상상태 균일유동에 대하여 측정된 자료라는 점이다. 따라서 C_D값을 선택할 때에는 유동에 관한 경험과 직관에 기반한 훌륭한 공학적 판단이 이루어져야 한다.

> **요점정리**

- 유동은 물체에 2가지 종류의 항력을 만들 수 있다. 경계층에 의한 접선방향의 점성**마찰항력**, 그리고 유체흐름의 운동량 변화로 인한 수직방향의 **압력항력**이다. 이 힘들의 **조합된 효과**가 무차원 항력계수 C_D로 표현되며 이는 실험에 의해 결정된다.

- 유체가 **곡면 위를 흐를** 때에는 표면상에 압력구배가 발생한다. 유동속도가 증가하면 압력이 더 **작아지거나** 혹은 압력구배가 감소(순구배)한다. 유동속도가 감소하면 압력이 더 **커지거나** 혹은 압력구배가 증가(역구배)한다. 유동이 지나치게 느려지면, 유동은 표면으로부터 박리되어 물체 뒤에 후류 혹은 난류영역을 형성한다. 실험을 통하여 후류 내부의 압력이 거의 일정하고, 자유유동 내부의 값과 거의 같음이 확인되었다.

- 곡면에서 경계층 유동의 박리는 물체의 표면에 비대칭적인 압력분포를 일으키고, 이로 인해 압력항력을 만든다.

- 대칭 형상 물체 주위의 **이상유체**에 의한 균일유동은 경계층을 만들지 않고 유체점성이 없으므로 표면에 전단응력도 존재하지 않는다. 또한 물체 주위의 압력분포는 대칭이므로 합력은 0이다. 결과적으로, 물체는 항력을 받지 않는다.

- 실린더 표면에서는 경계층의 박리가 일어날 수 있다. 이는 높은 레이놀즈수에서 교차하는 와류유출을 초래한다. 이 현상은 물체에 작용하는 진동력을 발생시키므로 설계 시 반드시 고려해야 한다.

- 실린더, 구, 그리고 여러 다른 단순한 형상들에 대한 항력계수 C_D는 실험적으로 구해졌고 문헌에서 찾아볼 수 있다. 구체적인 값들은 표나 선도 형태로 제시된다. 어느 경우에 있어서나 C_D는 레이놀즈수, 물체의 형상, 표면조도, 그리고 유동에 대한 상대적인 방향의 함수이다. 응용분야에 따라 점성 이외의 힘들이 중요한 경우도 있는데, 예를 들면 C_D가 프라우드수나 마하수에 의존할 수도 있다.

표 11-3 간단한 기하학적 형상들에 대한 항력계수, Re > 10⁴

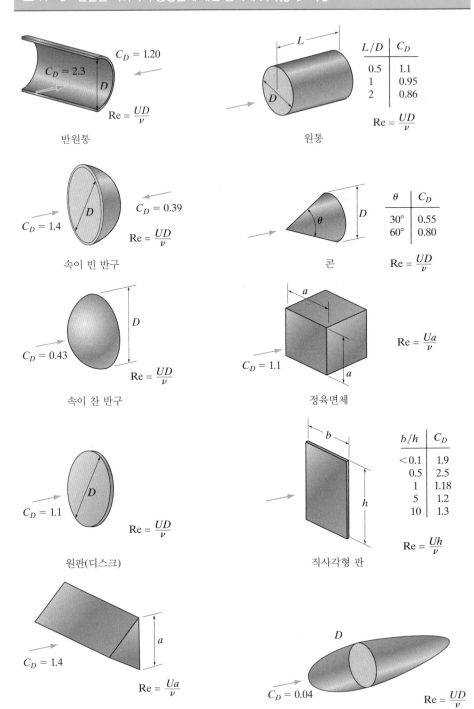

반원통

원통

속이 빈 반구

콘

속이 찬 반구

정육면체

원판(디스크)

직사각형 판

삼각단면

유선형 물체

예제 11.10

그림 11-33에 있는 반구형 접시에 15 m/s의 균일풍속이 직접 가해지고 있다. 바람에 의해 접시에 생기는 힘이 기둥의 기저 A에 미치는 모멘트를 구하시오. 공기에 대해 $\rho_a = 1.20 \text{ kg/m}^3$와 $\mu_a = 18.1(10^{-6}) \text{ N} \cdot \text{s/m}^2$를 사용하라.

풀이

유체 설명 상대적으로 느린 속도로 인해 공기는 비압축성이고, 유동은 정상상태인 것으로 가정한다.

해석 접시의 '특성길이'는 직경이고 1 m이다. 그러므로 유동의 레이놀즈수는

$$\text{Re} = \frac{\rho_a V D}{\mu_a} = \frac{(1.20 \text{ kg/m}^3)(15 \text{ m/s})(1 \text{ m})}{18.1(10^{-6}) \text{ N} \cdot \text{s/m}^2} = 9.94(10^5) > (10^4)$$

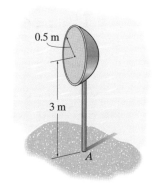

그림 11-33

표 11-3으로부터 항력계수 $C_D = 1.4$이고, 식 (11-30)을 적용하면

$$F_D = C_D A_p \left(\frac{\rho_a V^2}{2} \right) \tag{1}$$

$$= 1.4 [\pi(0.5 \text{ m})^2] \left[\frac{(1.20 \text{ kg/m}^3)(15 \text{ m/s})^2}{2} \right]$$

$$= 148.44 \text{ N}$$

직경과 속도는 각각 제곱되어 적용되므로, 이들은 결과에 큰 영향을 미친다. 바람의 분포가 균일하므로 F_D는 접시의 기하학적 중심에 작용한다. 따라서 A에 대한 이 힘의 모멘트는

$$M = (148.44 \text{ N})(3 \text{ m}) = 445 \text{ N} \cdot \text{m} \qquad \textit{Ans.}$$

기둥(실린더)에 작용하는 바람부하에 의한 추가적인 모멘트도 포함될 수 있다. 이 경우 C_D는 그림 11-31에 의해 결정되고, 식 (1)에서는 그 투영면적을 사용한다.

예제 11.11

질량이 0.5 kg이고 직경이 100 mm인 공이 그림 11-34a에서와 같이 기름탱크에 떨어진다. 낙하 시 종단속도를 구하시오. $\rho_o = 900 \text{ kg/m}^3$이고 $\mu_o = 0.0360 \text{ N} \cdot \text{s/m}^2$이다.

풀이

유체 설명 공에 대하여 상대적으로 보면, 공이 낙하할 때 초기에는 비정상상태 유동이고 공이 종단속도에 도달한 이후에는 정상상태 유동을 한다. 기름은 비압축성으로 가정한다.

해석 그림 11-34b에 나타나듯, 공에 작용하는 힘에는 무게, 부력, 그리고 항력이 있다. 공이 종단속도에 도달하면 평형상태가 이루어지므로,

$$+\uparrow \Sigma F_y = 0; \qquad F_b + F_D - mg = 0$$

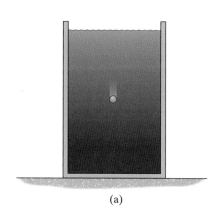

(a)

그림 11-34

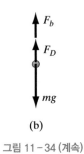

(b)

그림 11-34 (계속)

부력은 $F_b = \rho_o g V$이고, 항력은 식 (11-30)에 의해 표시된다. 따라서

$$\rho_o g V + C_D A_p \left(\frac{\rho_o V_t^2}{2} \right) - mg = 0$$

$$(900 \text{ kg/m}^3)(9.81 \text{ m/s}^2)\left[\tfrac{4}{3}\pi (0.05 \text{ m})^3 \right] + C_D \pi (0.05 \text{ m})^2 \left[\frac{(900 \text{ kg/m}^3) V_t^2}{2} \right]$$
$$- (0.5 \text{ kg})(9.81 \text{ m/s}^2) = 0$$

$$C_D V_t^2 = 0.07983 \text{ m}^2/\text{s}^2 \qquad (1)$$

C_D값은 그림 11-31에서 찾아야 하고 레이놀즈수에 따라 정해진다.

$$\text{Re} = \frac{\rho_o V_t D}{\mu_o} = \frac{(900 \text{ kg/m}^3)(V_t)(0.1 \text{ m})}{0.0360 \text{ N} \cdot \text{s/m}^2} = 2500 V_t \qquad (2)$$

해는 반복과정을 통해 구해진다. 우선, C_D값을 가정하고 식 (1)을 사용하여 V_t를 계산한다. 이 결과를 식 (2)에서 레이놀즈수를 계산하는 데 사용한다. 이 값을 사용하여 그림 11-31로부터 이에 상응하는 C_D값을 구한다. 가정한 값에 가깝지 않으면, 이들이 근사적으로 같아질 때까지 같은 절차를 반복한다. 반복계산과정이 표에 정리되어 있다.

반복횟수	C_D (가정된 값)	V_t(m/s) (식 (1))	Re (식 (2))	C_D (그림 11-31)
1	1	0.2825	706	0.55
2	0.55	0.3810	952	0.50
3	0.50	0.3996	999	0.48 (okay)

따라서 표로부터 종단속도는 다음과 같다.

$$V_t = 0.3996 \text{ m/s} = 0.400 \text{ m/s} \qquad \textit{Ans.}$$

예제 11.12

그림 11-35a에서 스포츠카와 운전자의 총 질량은 1.5 Mg이다. 운전자가 변속기를 중립에 놓았을 때 차는 11 m/s로 이동하고 있고 자유롭게 관성으로 움직이게 두어 40초가 지난 후에 그 속도가 10 m/s에 도달한다. 항력계수가 일정하다고 가정하고, 차에 대한 항력계수를 구하시오. 차체의 흔들림과 다른 기계적인 저항효과는 무시한다. 차의 전면 투영면적은 2 m²이다.

(a)

그림 11-35

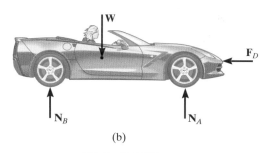

(b)

그림 11 – 35 (계속)

풀이

유체 설명 차가 점점 느려지므로, 차에 대하여 상대적으로 유동은 비정상상태 균일유동이다. 공기는 비압축성으로 가정하고, 표준온도에서 $\rho_a = 1.23 \text{ kg/m}^3$이다.

해석 차를 강체로 고려할 수 있으므로, 운동방정식 $\Sigma F = ma$를 적용할 수 있고, 차의 속도와 시간을 연관시키기 위해 $a = dV/dt$를 사용한다. 차를 '검사체적'으로 선택하고 그림 11-35b와 같이 자유물체도를 그리고 운동량 방정식을 적용하여도 동일한 결과를 얻을 수 있다.

$$\xrightarrow{+} \Sigma F_x = \frac{\partial}{\partial t} \int_{\text{cv}} V \rho \, d\forall + \int_{\text{cs}} V \rho V_{f/\text{cs}} \, dA$$

열린 검사표면이 없으므로, 마지막 항은 0이다. 우변의 첫 번째 항은 $V\rho$가 차의 위치에 따라 변하지 않는다는 점을 고려하면 $\int_{\text{cv}} d\forall = \forall$으로 단순화할 수 있다. $\rho\forall = m$으로 차와 운전자의 질량에 해당하므로 위의 방정식은 아래와 같다.

$$\xrightarrow{+} \Sigma F_x = \frac{d(mV)}{dt} = m\frac{dV}{dt}$$

마지막으로, F_D는 차에 작용하는 항력이므로,

$$-C_D A_p \left(\frac{\rho_a V^2}{2} \right) = m\frac{dV}{dt}$$

이고, 변수 V와 t를 분리하여 적분하면,

$$\frac{1}{2} C_D A_p \rho_a \int_0^t dt = -m \int_{V_0}^{V} \frac{dV}{V^2}$$

$$\frac{1}{2} C_D A_p \rho_a t \Big|_0^t = m\frac{1}{V}\Big|_{V_0}^{V}$$

$$\frac{1}{2} C_D A_p \rho_a t = m\left(\frac{1}{V} - \frac{1}{V_0} \right)$$

을 얻는다. 주어진 데이터를 대입하면 다음 해를 얻는다.

$$\frac{1}{2} C_D (2 \text{ m}^2)(1.23 \text{ kg/m}^3)(40 \text{ s}) = [1.5(10^3)\text{kg}]\left(\frac{1}{10 \text{ m/s}} - \frac{1}{11 \text{ m/s}} \right)$$

$$C_D = 0.277 \qquad\qquad \textit{Ans.}$$

이 예제에 사용된 2014년형 C7 corvette의 공력학적 설계는 CFD 해석과 700시간 이상의 풍동시험에 기초한다. 실험의 목적은 낮은 C_D를 유지하는 가운데, zero 양력과 기계적 냉각을 위해 요구되는 공기유량의 최적 균형을 얻는 것이었다. (ⓒ General Motors Corporation)

11.10 항력을 줄이기 위한 방법들

11.7절에서 실린더의 표면이 거친 경우 그림 11-29a에서와 같이 경계층 내에서 난류가 더 빨리 발생하고, 그 결과로 실린더 상의 유동박리점이 더 뒤로 움직임을 보였다. 그 결과 압력항력은 감소한다. 박리점을 뒤로 움직이게 하는 또 다른 방법은, 그림 11-36에 보인 바와 같이, 눈물방울의 형태를 갖는 것처럼 물체를 **유선형화**하는 것이다. 압력항력은 감소하더라도 유체흐름과 접촉하는 물체 면적이 넓어지므로 마찰항력은 증가한다. 최적형상은 압력항력과 마찰항력 모두의 조합인 총 항력이 최소가 될 때 나타난다.

불규칙적인 형상을 갖는 물체 주위의 유동은 복잡하여 유선형 물체에 대한 최적 형상은 실험에 의해 결정되어야 한다. 또한 어느 한 범위의 레이놀즈수 영역 내에서 잘 작동되는 설계가 다른 범위에서는 그렇게 효과적이지 않을 수 있다. 일반적으로, 낮은 레이놀즈수에서는 점성전단이 항력의 최대성분을 만들고, 높은 레이놀즈수에서는 압력항력성분이 지배한다.

익형 흔한 유선형 형상은 그림 11-37a의 익형이며, 그 위에 작용하는 항력은 그림 11-37b와 같이 자유유동 공기흐름과 이루는 **받음각**(angle of attack) α에 의존한다. 그림과 같이, 이 각도는 유동 수평방향과 전연으로부터 후연까지 방향으로 측정된 길이인 날개의 **코드**(chord) 사이의 각도로 정의된다. α가 증가함에 따

유선형 물체

그림 11-36

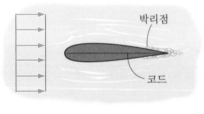

(a)

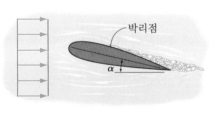

받음각 α에서의 유동박리

(b)

그림 11-37

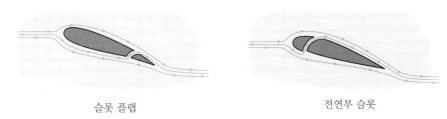

슬롯 플랩   전연부 슬롯

그림 11 - 38

라 날개의 경사로 인해 공기흐름 방향으로 투영면적이 더 넓어지고 후면의 압력
은 감소하므로, 유동박리점이 전연 쪽으로 이동하고 이는 압력항력을 증가시킨다.

설계 압력항력이 감소하도록 익형을 적절히 설계하려면, 박리점은 전연으로
부터 최대한 뒤쪽에 있어야 한다. 이를 위해서 현대식 날개들은 날개의 전면에서
는 층류경계층을 유지하기 위해 매끄러운 표면을 갖게 하고, 난류로 천이가 발생
하는 점에서는 거친 표면이나 혹은 날개 윗면에 작은 돌출핀(protruding fin)과 같
은 와류발생기(vortex generator)를 사용하여 경계층에 에너지를 공급한다. 이렇게
함으로써 경계층은 날개 표면상의 더욱 뒤까지 붙어있게 된다. 이는 비록 마찰항
력을 증가시키기는 하나, 압력항력을 감소시킨다.

익형에 대한 적절한 형상을 정의하는 것과는 별개로, 항공공학자들은 경계층 제
어를 위해 다양한 방법들을 고안해냈다. 큰 받음각에 대해 박리를 지연시키는 방
법으로 그림 11-38에 나타낸 바와 같이 슬롯 플랩이나 전연부 슬롯이 사용될 수
있다. 이 장치들은 빠른 속도의 공기를 날개의 밑에서 윗면으로 이동하게 하여 경
계층에 에너지를 공급하도록 설계된다. 또 다른 방법은 경계층 안의 느리게 움직
이는 공기를 슬롯이나 다공성 표면의 사용을 통해 빨아들이는 것이다. 이 방법들
모두 경계층 내부의 유속을 증가시키고, 이에 따라 박리를 지연시킨다. 이러한 방
법은 경계층을 얇게 하고, 이에 따라 층류에서 난류로의 천이를 지연시키는 장점
이 있다. 그러나 이런 설계가 성공하기 위해서는 추가로 발생하는 구조 및 기계적
문제들을 독창적으로 해결해야 하므로 어려움이 따른다.

익형의 항력계수 익형에 작용하는 항력은 NACA[*](National Advisory
Committee for Aeronautics, 미국 국립항공자문위원회)에 의해 광범위하게 연구되
어 왔다. NACA 등에서는 항공공학자들이 여러 가지 형상의 비행기 날개에 적용
할 수 있는 **단면항력계수**(section drag coefficient) $(C_D)_\infty$를 정하는 데 사용할 수 있
는 그래프들을 제공해왔다. 언급한 바와 같이, 이 계수는 **단면항력**(section drag)을
위한 것이다. 즉, 날개는 무한한 길이를 가지므로 날개 끝 주위의 흐름은 고려되지
않는다. 2409 날개 형상에 대한 전형적인 예가 그림 11-39에 받음각에 대한 $(C_D)_\infty$
값으로서 제시되었다. 날개 끝에서의 추가적인 유동은 날개에 **유도항력**(induced

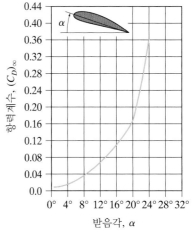

폭이 무한하게 긴 NACA 익형
2409 날개의 단면항력계수 $(C_D)_\infty$

그림 11 - 39

---

* 1958년에 이 기관은 새로 출범한 NASA(National Aeronautics and Space Administration, 미국 항공
우주국)에 통합되었다.

drag)을 만들고, 그 효과에 대해서는 다음 절에서 다룬다. $(C_D)_\infty$와 유도항력계수 $(C_D)_i$가 알려지면, '총' 항력계수 $C_D = (C_D)_\infty + (C_D)_i$가 결정된다. 그러면 익형에 작용하는 항력은 아래와 같다.

$$F_D = C_D A_{pl}\left(\frac{\rho V^2}{2}\right) \tag{11-32}$$

여기에서 A_{pl}은 날개의 **평면적**(planform), 즉 위 혹은 아래에서 투영한 면적이다.

차량 수십 년 동안 연료소비를 절감하기 위해 승용차, 버스, 그리고 트럭들에 작용하는 공기역학적 항력을 감소시키는 것이 중요하게 되었다. 유선형화는 차량의 길이제약으로 인해 제한되지만, 차량에 대하여 전후면의 형상을 재설계하거나, 사이드 미러의 앞쪽 표면을 둥글게 하고, 문의 손잡이를 들어가게 하고, 외부 안테나를 제거하고, 차체의 모서리를 둥글게 함으로써 C_D를 줄일 수 있다. 이를 수행함으로써 자동차 공학자들은 항력계수를 0.60 수준에서 0.30 근처로 줄일 수 있었다. 화물트럭의 경우, 항력계수는 1.35까지 될 수 있다. 하지만 공기흐름을 운전실 주위 및 트레일러의 바닥 측면을 따라 부드럽게 유도해주는 지붕 유선형 구조나 바람막이를 추가함으로써 약 20%의 감소를 얻을 수 있다(아래 사진 참조).

모든 차종에 대하여 항력계수는 레이놀즈수의 함수이다. 그러나 전형적인 고속도로 속력 범위 내에서 C_D값은 사실상 일정하다. 특정 차량에 대한 구체적인 C_D값들은 간행된 문헌자료에서 얻을 수 있다. 참고문헌 [23]을 참조하라. 표 11-4에 몇몇 종류의 운송수단에 대한 C_D값들을 나열하였다. 일단 C_D가 얻어지면, 항력은 식 (11-30)을 이용하여 결정할 수 있다.

$$F_D = C_D A_p\left(\frac{\rho V^2}{2}\right)$$

여기서 A_p는 차량의 유동방향 **투영면적**(projected area)이다.

현대식 트럭들은 전면에 둥근 그릴, 측면 하단을 따라 덮개, 그리고 천장에 유선형 구조를 갖고 있다. 이들이 적절하게 구성되면 항력을 감소시키며, 이들만으로 약 6%의 연료절약을 이룰 수 있다. 또한 후면의 펜더는 난류를 더욱 줄이고 항력을 감소시킨다.

표 11-4   운송수단에 대한 항력계수

자전거
$C_D = 1–1.5$
$A_p = 0.42 \text{ m}^2–0.56 \text{ m}^2$

스포츠카(Corvette C5)
$C_D = 0.29$
$A_p = 2.0 \text{ m}^2$

승용차(Toyota Prius)
$C_D = 0.25$
$A_p = 1.9 \text{ m}^2$

승합차(SUV)
$C_D = 0.35–0.4$
$A_p = 2.3 \text{ m}^2$

소형 트럭
$C_D = 0.6–0.8$
$A_p = 3.0 \text{ m}^2$

화물용 트럭
$C_D = 0.95–1.35$
$A_p = 8.9 \text{ m}^2$

기차
$C_D = 1.8–2.3$
$A_p = 14 \text{ m}^2$

낙하산
$C_D = 1.2–1.6$
$A_p = \dfrac{\pi}{4}D^2$

11.11 익형에 미치는 양력과 항력

물체의 표면 위를 흐르는 유체의 영향으로 물체에 항력이 발생하기도 하고 또한 양력도 발생한다. 항력은 유동의 이동방향으로 작용하고 양력은 그에 수직하게 작용한다는 점은 이미 언급하였다.

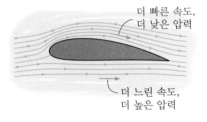

더 빠른 속도,
더 낮은 압력

더 느린 속도,
더 높은 압력

그림 11-40

익형 양력   익형 혹은 날개에 의해 만들어지는 양력 현상은 여러 가지 방법으로 설명될 수 있다. 가장 일반적으로 베르누이 방정식이 이를 위해 사용된다.[*] 기본적으로 속도가 더 빠르면 압력은 더 낮고, 그 역도 성립한다($p/\gamma + V^2/2g =$ 상수). 그림 11-40에서와 같이, 익형의 더 긴 윗면 위를 지나는 유동은 더 짧은 바닥면 아래 유동보다 더 빠르기 때문에, 윗면의 압력은 아래쪽보다 더 낮다. 이러한 압력분포의 합력은 양력을 만든다.

그러나 양력은 11.7절에서 논의한 코안다 효과를 사용하여 더욱 충실하게 설명할 수 있다. 예를 들어 그림 11-41a에 있는 날개 표면 위를 지나가는 공기흐름을 고려해보자. 접착력(adhesion)은 공기를 표면에 달라붙게 하므로, 표면 바로 위의 공기층은 경계층을 형성하며 점점 더 빠르게 이동하기 시작하며, 결국 공기의 속도가 균일한 공기흐름 속도 $\mathbf{V}_{a/w}$(날개에 대한 상대 속도)와 같아질 때까지 빨라진다. 이들 움직이는 층 사이의 압력차는 유동이 더 느리게 움직이는 층 쪽으로 구부러지게 한다. 다시 말해, 공기는 날개의 곡면 표면을 따라 흐르게 된다. 이 유동 방향을 재조정하는 효과는, 유체층 사이에서 공백이 생기는 것을 압력이 방지하는 경향이 있으므로, 날개의 표면으로부터 위쪽으로 소리의 속도로 전파된다. 그 결과 날개 위의 매우 큰 체적의 공기가 방향을 아래쪽으로 바꾸어 궁극적으로 그림 11-41b에 보이는 바와 같이 날개 뒤쪽에 '하향류(downwash)'를 만든다. 날개

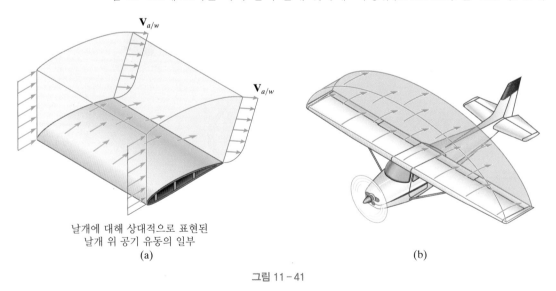

$\mathbf{V}_{a/w}$

$\mathbf{V}_{a/w}$

날개에 대해 상대적으로 표현된
날개 위 공기 유동의 일부
(a)

(b)

그림 11-41

---

[*] 이 식은 왜 양력이 발생하는가에 대한 개념적 이유를 제시한다. 그러나 날개 전면에서 인접했던 공기입자들이 날개의 윗면과 바닥면으로 나뉘어 흘러간 이후에 날개 후면부에서 다시 만나지 않기 때문에 실제로 양력을 계산하는 데 사용될 수는 없다.

가 그림 11-41c에 보이는 바와 같이 속도 $\mathbf{V}_w$로 고요한 공기 중을 움직인다면 날개의 후연으로부터 떨어져 나오는 공기의 속도는 날개에서 바라볼 때(혹은 조종사가 바라볼 때) $\mathbf{V}_{a/w}$가 된다. 그림 11-41d의 벡터합에 의해, 지상의 관찰자가 보는 공기의 '하향류' 속도는 $\mathbf{V}_a = \mathbf{V}_w + \mathbf{V}_{a/w}$이므로 거의 수직에 가깝다. 다시 말해, 비행기가 머리 위에서 가깝게 날아가면, 지상의 관찰자는 공기흐름이 마치 수직 아래로 향하는 것으로 느끼게 된다.

지금 설명한 바와 같이, 날개 주위 공기의 곡선을 이루는 유동은 사실상 공기에 (거의) 수직한 운동량을 준다. 이를 위해 날개는 공기 유동에 아래쪽으로 향하는 힘을 가해야 한다. 뉴턴의 제3법칙에 의해, 공기흐름은 반드시 날개에 크기는 같지만 방향이 반대인 위쪽을 향하는 힘을 가해야 한다. 양력을 만드는 것은 바로 이 힘이다. 그림 11-42a의 압력분포로부터 가장 큰 양력(가장 큰 음압 혹은 흡입압력)은 날개의 전면 위쪽 1/3 지점에서 발생하는 점에 주목하라. 왜냐하면 여기서 공기흐름이 날개의 표면을 따르기 위해 가장 많이 구부러져야 하기 때문이다. 압력이 양의 값인 바닥면에서도 흐름의 방향전환에 의해 야기되는 양력성분이 존재한다. 물론 이 총 양력은, 그림 11-42b에서와 같이, 날개형상이 어느 정도 구부러지거나 캠버가 있는 경우 더 크다.

순환 7.11절에서 이상유체 균일유동에 놓여 있는 실린더가 회전하면 양력이 발생함을 보였다. 이는 실린더 주위에 순환 Γ를 중첩시킴으로써 얻었다. Martin Kutta와 Nikolai Joukowski는 독립적으로 식 (7-74), $L = \rho U \Gamma$로 계산되는 양력이 2차원 유동을 맞는 임의의 닫힌 형상 물체에 대해 유효하다는 것을 보였다. 이 중요한 결과는 **쿠타-주코프스키 이론**(Kutta-Joukowski theorem)으로 알려져 있고, 익형과 수중익선에 작용하는 양력을 실험 측정치와 비슷하게 예측하기에 공기역학에서 양력을 추정하는 데 자주 사용된다.

이 원리가 어떻게 작용하는지 알아보기 위해 그림 11-43a에서 균일유동 U를 받고 있는 익형을 고려해보자. 이상유동인 경우 정체점은 전연 A와 뒤쪽에 있는 후연의 윗면 B에 생긴다. 그러나 이상유체는 후연의 아래쪽을 돌아 정체점 B로 올라

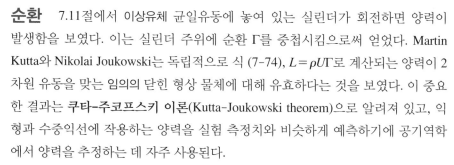

(c)

$$\mathbf{V}_a = \mathbf{V}_w + \mathbf{V}_{a/w}$$

(d)

그림 11-41 (계속)

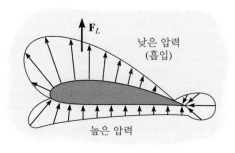

압력분포

(a)

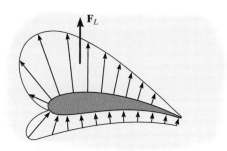

압력분포 - 캠버가 있는 익형

(b)

그림 11-42

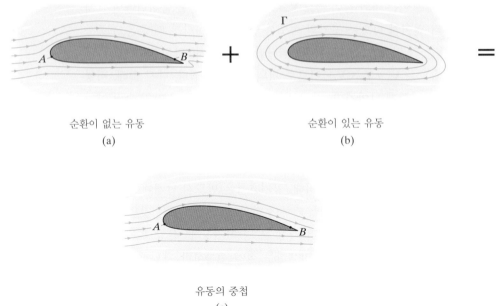

순환이 없는 유동
(a)

순환이 있는 유동
(b)

유동의 중첩
(c)

그림 11-43

오는데, 이런 유동은 존재할 수가 없다. 이 경우 날카로운 모서리를 돌아 올라가기 위해 속도의 방향이 변해야 하므로 무한대의 수직가속도를 필요로 하게 되며, 물리적으로 가능하지 않다. 흐름이 꼬리부분을 부드럽게 빠져나가 일직선으로 흐르게 하기 위해, 1902년에 Kutta는 그림 11-43b에 보이는 것처럼 익형 주위에 시계방향 순환 Γ를 추가할 것을 제안했다. 이 방법으로 그림 11-43a와 11-43b의 두 유동을 중첩시키면 익형 윗면의 공기는 아래쪽 공기보다 더 빨리 이동하고, 정체점 B는 그림 11-43c와 같이 후연으로 이동한다. 아랫면에서 느리게 움직이는 공기는 더 높은 압력을 갖고, 윗면에서 빠르게 움직이는 공기는 더 낮은 압력을 갖는다. 이 압력차가 $L = \rho U\Gamma$에 의해 계산되는 양력을 발생시킨다.

실험자료　작은 받음각에 대해서는 **양력계수**(lift coefficient) C_L을 순환을 이용하여 해석적으로 계산할 수 있으나, 큰 받음각의 경우 C_L은 반드시 실험에 의해 결정해야 한다. C_L값은 보통 받음각 α의 함수로 도시되며, NACA 2409 날개단면에 대한 선도인 그림 11-44와 같이 표현된다. 이 자료 및 날개의 평면도 면적 A_{pl}을 아래 식에 적용하면 양력이 계산된다.

$$F_L = C_L A_{pl}\left(\frac{\rho V^2}{2}\right) \tag{11-33}$$

익형의 받음각이 증가함에 따라 양력에 나타나는 변화는 매우 흥미롭다. 그림 11-45a에 보인 바와 같이, 적절히 설계된 익형에서 받음각이 0일 때 경계층의 박리점은 날개의 후연 근처에 있다. 그러나 α가 증가하면 경계층 내의 공기는 전연 위에서 더 빠르게 움직이고 박리점이 앞쪽으로 이동하게 된다. 받음각이 임계값에 도달하면 날개 윗면에 걸쳐 큰 난류 후류가 성장하여, 항력을 증가시키고 양력은 갑자기

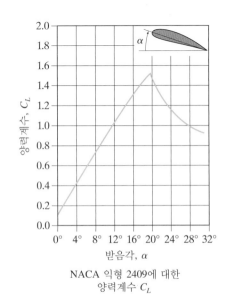

NACA 익형 2409에 대한
양력계수 C_L

그림 11-44

박리점

박리점

α

실속

(a)   (b)

그림 11-45

감소하게 된다. 이를 **실속**(stall) 조건이라고 한다(그림 11-45b). 그림 11-44에서 양력계수가 최댓값인 $C_L \approx 1.5$를 갖는 점은 $\alpha \approx 20°$에서 발생한다. 실속은 수평비행을 회복하기에 충분한 고도를 갖지 못하는 모든 저공 항공기에 매우 위험하다.

양력을 만들기 위해 받음각을 변화시키는 방법 외에도 현대식 비행기는 그림 11-46과 같이 날개의 곡률을 증가시키기 위해 전연과 후연에 가변 플랩을 가지고 있다. 속도가 느리고 항력에 대한 양력의 제어 필요성이 가장 중요한 때인 이착륙하는 동안에 플랩들이 사용된다.

경주용 자동차 비행기 날개에서 기술되는 것과 같은 익형들이 경주용 자동차에도 장착된다. 511쪽의 사진을 참조하라. 독특한 차체 형상과 함께 이 장치들은 익형의 공기역학적 효과에 의해 **하향력**을 발생시킴으로써 차의 제동력과 코너링을 증강시키기 위해 설계된다. 이러한 익형이 없는 경우, 차의 바닥면에서 형성되는 양력으로 인해 타이어가 노면과 접촉하지 않게 되어 안정성과 제어를 잃을 수도 있다. 유감스럽게도 이 용도로 사용되는 익형은 항력계수를 증가시킨다. 예를 들면, 표 11-4의 자동차들 대비 포뮬러원 경주용 자동차는 $C_D = 0.7 \sim 1.1$ 범위의 항력계수를 갖는다.

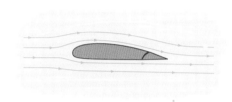

플랩 올림

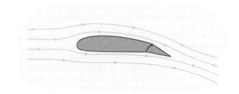

플랩 내림

그림 11-46

끝단와류와 유도항력 익형(날개)에 의해 생성되는 항력에 대한 이전의 논의는 날개 길이의 변화나 날개 끝의 조건에 대한 고려 없이 날개 위를 지나는 유동에 관한 것이었다. 다시 말하면, 날개는 무한한 날개폭을 가지거나 평행한 벽 사이에 있는 것으로 고려되었다. 실제 날개 위를 지나는 유동을 고려하고자 한다면, 후연과 날개 끝에서 떨어져 나온 유동이 항공기에 추가적인 항력 발생에 기여하는 **끝단와류**(wing vortex trail)라고 불리는 소용돌이를 만든다. 옆의 사진을 참조하라.

이 와류가 어떻게 발생하는지를 보이기 위해 그림 11-47에 보인 날개를 고려해보자. 여기에서 날개 바닥에 작용하는 더 높은 압력은 유동이 후연 위로, 그리고 날개의 끝 위로 돌아 올라가게 한다. 끝단에서 떨어져 나간 유동은 날개 아래에서 유동을 왼쪽으로 당기고 돌아감에 따라 날개 윗면의 압력이 낮은 흐름을 오른쪽으로 밀게 된다. 그 결과 후연에서 떨어져 나온 횡류가 여러 와류(와류 궤적)들을 형성한다. 이는 날개 끝단에서 훨씬 큰 자취를 남기는 와류(trailing vortex)의 형성을 돕는다. 이 교란을 만드는 데에는 에너지가 소모되고, 결국 양력에 추가적인

끝단와류 궤적은 이 농업용 비행기의 날개 끝에서 명확하게 보인다. 낮은 압력의 와류로 인해 수증기가 응축되며 가시화되었다.
(© NASA Archive/Alamy Stock Photo)

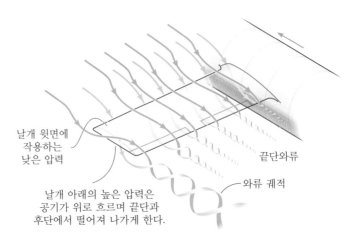

날개 윗면에
작용하는
낮은 압력

끝단와류

와류 궤적

날개 아래의 높은 압력은
공기가 위로 흐르며 끝단과
후단에서 떨어져 나가게 한다.

그림 11-47

현대의 대부분의 제트기들은 유도항력을 만드는
끝단와류를 완화시키기 위해 위쪽을 향하는 작은
날개를 날개 끝에 갖고 있다.

(© Konstantin Yolshin/Alamy Stock Photo)

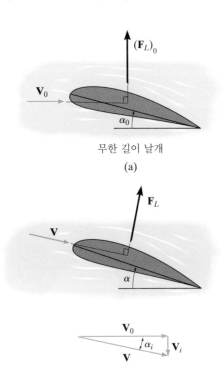

부담을 주며, **유도항력**을 초래한다. 이는 총 항력과 날개의 강도를 계산할 때 반드시 고려되어야 한다. 실제로 대형 항공기에 의해 이런 방식으로 만들어지는 난류는 강도가 상당할 수 있고 수분 동안 지속되어 가까운 거리 뒤에서 비행하는 더 작은 비행기에 위험을 초래한다.

전형적인 제트 비행기에 작용하는 유도항력은 일반적으로 총 항력의 30~50%에 이르고, 이착륙 시와 같은 저속에서 이 비율은 더욱 높아진다. 이 힘의 성분을 줄이기 위해 현대식 항공기들은 옆에 있는 사진과 같이 날개 끝에 **split-scimitar winglet**(윙릿), 즉 위 아래쪽을 향하는 작은 익형을 추가한다. 풍동에서의 실험들로부터 윙릿을 사용했을 때 자취를 남기는 와류는 강도를 잃게 되고 순항속도에서 항공기 총 항력 대비 약 5~6%의 감소를 가져오며, 이는 이착륙하는 동안에 더 많이 감소함이 확인되었다.

유도항력계수

무한한 길이를 갖는 익형이 V_0의 속도로 수평방향으로 이동하는 경우, 익형은 단면항력만 극복하면 된다. 따라서 비행 중에 그림 11-48a에 보인 것처럼 날개(혹은 비행기)의 무게를 띄우기 위해 필요한 양력$(F_L)_0$을 유지하기 위해 **유효받음각**(effective angle of attack) α_0로 방향을 잡는다. 그러나 유한한 길이를 갖는 익형의 경우, 날개 끝단와류로 인해 발생하는 유동교란들이 날개에 작용하는 약간의 하향 유도속도 V_i 및 유도항력을 발생시키고 이로 인해 양력의 일부를 잃는다. 결과적으로 날개에 대한 공기 유동의 상대 속도는 그림 11-48b에서 보듯 $V = V_0 + V_i$가 된다. 정의에 따라 속도 V에 수직방향으로 작용하는 필요 양력 F_L을 제공하기 위해, 받음각은 α_0에서 더 큰 값인 α로 변해야 한다. 이 각도차 $\alpha_i = \alpha - \alpha_0$는 매우 작고, 무게를 지지하기 위해 필요한 실제 양력 F_L은 $(F_L)_0$에 비해 약간 클 뿐이다. 단면항력은 공기의 자유유동 속도 V_0에 대해 상대적으로 결정되므로, 보통 F_L을 속도 V_0에 대해 평행한 성분과 수직인 성분, $(F_L)_0$와 $(F_D)_i$로 분해한다. 그림 11-48c에 보인 바와 같이, 벡터를 합하면 수평성분 $(F_D)_i$는 유도항력이고, 작은 각도 α_i에 대해서 그 크기는 양력과 $(F_D)_i \approx F_L \alpha_i$에 의해 관련지어진다.

$(F_L)_0$

V_0

α_0

무한 길이 날개

(a)

F_L

V

α

유한 길이 날개

(b)

V_0

α_i

V_i

V

그림 11-48

실험 및 해석을 통해 Prandtl은 많은 실제 경우들과 유사한 그림 11-41b에서와 같이, 날개 위에서 공기가 교란되어 타원 형태로 흐르면, α_i는 양력계수 C_L, 날개 길이 b, 그리고 평면 투영면적 A_{pl}의 함수로 표시됨을 보였다. 그의 결과는 다음과 같다.

$$\alpha_i = \frac{C_L}{\pi b^2 / A_{pl}} \tag{11-34}$$

유도항력과 양력계수는 각각 관련 힘에 비례하므로[식 (11-32), (11-33)], 그림 11-48c로부터,

$$\alpha_i = \frac{(F_D)_i}{F_L} = \frac{(C_D)_i}{C_L}$$

따라서 식 (11-34)를 이용하여 **유도항력계수**(induced drag coefficient)는 다음과 같이 결정된다.

$$(C_D)_i = \frac{C_L^2}{\pi b^2 / A_{pl}}$$

만약 길이가 $b \to \infty$이면, 기대하는 바와 같이 $(C_D)_i \to 0$임에 주목하라.

위의 식은 임의의 날개형상에 대한 유도항력계수의 **최솟값**을 나타내며, 이를 사용하면 날개에 대한 총 항력계수는 다음과 같다.

$$C_D = (C_D)_\infty + \frac{C_L^2}{\pi b^2 / A_{pl}} \tag{11-35}$$

여기서 $(C_D)_\infty$는 그림 11-39와 같은 그래프를 통해 결정할 수 있는 단면항력계수이다.

회전하는 구

양력은 또한 회전하는 구의 궤적에 큰 영향을 미칠 수 있다. 이는 회전으로 인해 구 주위의 압력분포가 변하고, 공기 운동량의 방향이 그에 따라 변하기 때문이다. 예를 들어, 그림 11-49a의 회전이 없는 상태에서 왼쪽으로 이동하는 구를 고려해보자. 여기서 공기는 구의 주위를 대칭적으로 흐르고, 구는 양력은 받지 않고 수평항력만 받는다. 회전만 하는 구에 무슨 현상이 일어나는지 살펴보면, 표면이 구 주위의 공기를 당겨 그림 11-49b와 같이 회전방향으로 경계층을 형성한다. 이 두 효과를 합하면 그림 11-49c에 보인 조건이 만들어진다. 즉, 그림 11-49a와 11-49b 모두에서 공기는 구의 위쪽에서 같은 방향으로 흐른다. 이것은 에너지를 증가시키고 경계층이 더 긴 시간 동안 표면에 부착되어 있도록 허용한다. 구의 아래쪽을 지나는 공기는 두 경우에 있어 반대방향으로 흐르며, 결국 에너지를 잃고 더 이른 경계층 박리를 야기한다. 이 2가지 효과는 구 뒷편에서 순하향류를 만든다. 이에 대한 반응으로서 익형과 마찬가지로 공기는 구를 위로 밀어내거나 혹은 들어올린다(그림 11-49c). 여기에서 기술된 바와 같이 회전하는 구가 양력을 발생시키는 현상을 **마그누스 효과**(Magnus effect)라 부른다. 이 현상은 독

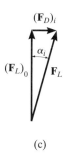

(c)

그림 11 – 48 (계속)

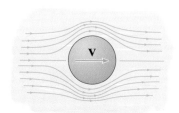

이상 균일유동
(a)

$+$

순환
(b)

$\parallel$

저압
고속

고압
저속

혼합 유동
(c)

그림 11 – 49

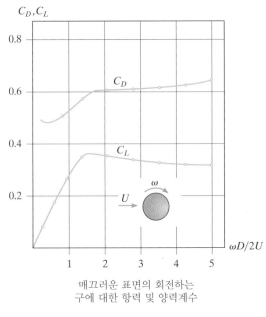

매끄러운 표면의 회전하는
구에 대한 항력 및 양력계수

그림 11-50

일의 과학자인 Heinrich Magnus가 최초로 발견하였다. 야구, 테니스, 탁구 등을 해본 대부분의 사람들은 본능적으로 이 현상을 인지하며, 공을 던지거나 칠 때 이를 활용한다.

표면이 매끄러운 회전하는 구에 대한 항력 및 양력계수의 실험자료는 그림 11-50에 소개되어 있다. 이 자료는 $Re = VD/\nu \leq 6(10^4)$에 대하여 유효하다. 참고 문헌 [20]을 참조하라. 어느 점까지 양력계수가 구의 각속도에 크게 의존하는지에 주목하라. 이 점을 지나서는 ω의 증가는 양력에 거의 영향을 미치지 않는다. 표면을 거칠게 함으로써 양력을 증가시킬 수 있는데, 이는 거친 표면이 난류를 초래함으로써 구 주위의 순환을 증가시키고 구의 위와 아래 사이에 압력차를 크게 만들기 때문이다. 또한 거친 표면은 경계층의 박리를 지연시켜서 항력을 감소시킬 수 있다.

이 회전하는 구는 마그누스 효과로 인해 공중에 떠 있을 수 있다. 즉 회전에 의해 만들어지는 양력과 공기흐름의 방향전환이 구의 무게와 균형을 이룬다.

요점정리

- 물체를 유선형으로 만들면 물체에 미치는 압력항력을 감소시키지만, 마찰항력을 증가시키는 효과가 있다. 적절한 설계를 위해서는 이들 효과가 모두 최소화되어야 한다.
- 유선형 물체에 미치는 압력항력은 표면 위에 경계층을 확장시키는 방법, 즉 경계층이 표면으로부터 박리하는 것을 방지함으로써 감소시킬 수 있다. 익형의 경우 날개 슬롯, 와류발생기를 사용하거나 표면을 거칠게 하는 방법, 그리고 경계층으로 공기를 빨아들이기 위한 다공성 표면을 사용하는 방법 등을 적용할 수 있다.
- 익형을 설계할 때에 항력과 양력이 모두 중요하다. 이 힘들은 항력계수 C_D와 양력계수 C_L과 연관되며, 이들 계수들은 실험적으로 결정되고 받음각의 함수로 도시된다.

- 공기흐름이 날개를 지나면서 방향이 바뀌게 되므로 익형에 의해 양력이 발생된다. 날개형상은 공기의 운동량을 변화시키는 힘을 만들고, 따라서 공기는 아래쪽으로 흐른다. 이러한 공기 하향류는 날개에 반대방향의 힘을 작용하여 양력을 만들어준다.

- 끝단와류는 날개의 윗면과 아랫면에 작용하는 압력차에 의해 항공기의 날개 끝단으로부터 만들어진다. 공기가 날개 후연과 끝단에서 가로질러 흘러 나가며 생성되는 이 와류는 설계 시 반드시 고려하여야 하는 유도항력을 만든다.

- 회전하는 구가 날아가면 회전으로 인해 구의 표면상에 비균일 압력분포가 생긴다. 이로 인해 공기의 운동량 방향이 바뀌고 양력이 만들어져서 정상 공기흐름에서 구의 궤적이 구부러진다.

예제 11.13

그림 11-51에 있는 비행기는 질량 1.20 Mg을 가지고 있고 고도 7 km에서 수평으로 비행하고 있다. 각 날개가 스팬 6 m와 코드길이 1.5 m를 갖는 NACA 2409 단면으로 분류되는 경우, 비행기가 대기속도 70 m/s를 가질 때 받음각을 구하시오. 또한 날개로 인해 비행기에 작용하는 항력은 얼마인가? 그리고 비행기를 실속에 이르게 하는 받음각과 속도는 얼마인가?

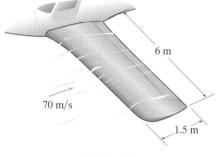

그림 11-51

풀이

유체 설명 비행기에 대해 상대적으로 정상상태 유동이다. 또한 공기는 비압축성으로 가정한다. 부록 A를 사용하면, 7 km 고도에서 $\rho_a = 0.590$ kg/m³이다.

받음각 수직방향 평형을 고려하면 양력은 비행기의 무게와 같아야 하므로, 식 (11-33)을 이용하여 요구되는 양력계수를 결정할 수 있다. 날개가 2개 있으므로,

$$F_L = 2C_L A_{pl}\left(\frac{\rho V^2}{2}\right)$$

$$1.20(10^3)\text{ kg }(9.81\text{ m/s}^2) = 2C_L(6\text{ m})(1.5\text{ m})\left(\frac{(0.590\text{ kg/m}^3)(70\text{ m/s})^2}{2}\right)$$

$$C_L = 0.452$$

그림 11-44로부터 받음각은 대략 다음과 같다.

$$\alpha = 5° \qquad\qquad Ans.$$

항력 이 받음각에서 단면항력계수는 그림 11-39로부터 결정된다. 이 값은 무한한 길이의 날개에 관한 값이며 대략 다음과 같다.

$$(C_D)_\infty = 0.02$$

날개에 대한 총 항력계수는 식 (11-35)로부터 결정된다.

$$C_D = (C_D)_\infty + \frac{C_L^2}{\pi b^2/A_{pl}} = 0.02 + \frac{(0.452)^2}{\pi(6\text{ m})^2/[(6\text{ m})(1.5\text{ m})]}$$

$$= 0.02 + 0.0163 = 0.0363$$

따라서 양 날개에 작용하는 항력은

$$F_D = 2C_D A_{pl}\left(\frac{\rho V^2}{2}\right)$$

$$= 2(0.0363)\left[(6\text{ m})(1.5\text{ m})\right]\left(\frac{(0.590\text{ kg/m}^3)(70\text{ m/s})^2}{2}\right)$$

$$F_D = 944\text{ N} \qquad\qquad\qquad Ans.$$

실속   그림 11-44로부터 실속은 받음각이 약 20°일 때 발생하고 $C_L = 1.50$이다. 실속이 발생할 때 비행기의 속도는 아래와 같다.

$$F_L = 2C_L A_{pl}\left(\frac{\rho V^2}{2}\right)$$

$$1.20(10^3)\text{ kg }(9.81\text{ m/s}^2) = 2(1.5)(6\text{ m})(1.5\text{ m})\left(\frac{(0.590\text{ kg/m}^3)V_s^2}{2}\right)$$

$$V_s = 38.4\text{ m/s} \qquad\qquad\qquad Ans.$$

참고문헌

1. T. von Kármán, "Turbulence and skin friction," *J Aeronautics and Science*, Vol. 1, No. 1. 1934, p. 1.

2. W. P. Graebel, *Engineering Fluid Mechanics*, Taylor Francis, NY, 2001.

3. W. Wolansky et al., *Fundamentals of Fluid Power*, Houghton Mifflin, Boston, MA., 1985.

4. A. Azuma, *The Biokinetics of Flying and Swimming*, 2nd ed., American Institute of Aeronautics and Astronautics, Reston, VA, 2006.

5. J. Schetz et al., *Boundary Layer Analysis*, 2nd ed., American Institute of Aeronautics and Astronautics, Reston, VA, 2011.

6. J. Vennard and R. Street, *Elementary Fluid Mechanics*, 5th ed., John Wiley, 1975.

7. G. Tokaty, *A History and Philosophy of Fluid Mechanics*, Dover Publications, New York, NY, 1994.

8. E. Torenbeek and H. Wittenberg, *Flight Physics*, Springer-Verlag, New York, NY, 2002.

9. T. von Kármán, *Aerodynamics*, McGraw-Hill, New York, NY, 1963.

10. L. Prandtl and O. G. Tietjens, *Applied Hydro- and Aeromechanics*, Dover Publications, New York, NY, 1957.

11. D. F. Anderson and S. Eberhardt, *Understanding Flight*, McGraw-Hill, New York, NY, 2000.

12. H. Blasius, "The boundary layers in fluids with little friction," NACA. T. M. 1256, 2/1950.

13. L. Prandtl, "Fluid motion with very small friction," NACA. T. M. 452, 3/1928.

14. P. T. Bradshaw et al., *Engineering Calculation Methods for Turbulent Flow*, Academic Press, New York, NY, 1981.

15. O. M. Griffin and S. E. Ramberg, "The vortex street wakes of vibrating cylinders," *J Fluid Mechanics*, Vol. 66, 1974, pp. 553-576.

16. H. Schlichting, *Boundary-Layer Theory*, 8th ed., Springer-Verlag, New York, NY, 2000.

17. F. M. White, *Viscous Fluid Flow*, 3rd ed., McGraw-Hill, New York, NY, 2005.

18. L. Prandtl, *Ergebnisse der aerodynamischen Versuchsanstalt zu Göttingen*, Vol. II, p. 29, R. Oldenbourg, 1923.

19. *CRC Handbook of Tables for Applied Engineering Science*, 2nd ed., CRC Press, Boca Raton, Fl, 1973.

20. S. Goldstein, *Modern Developments in Fluid Dynamics*, Oxford University Press, London, 1938.

21. J. D. Anderson, *Fundamentals of Aerodynamics*, 4th ed., McGraw-Hill, New York, NY, 2007.

22. E. Jacobs et al., "The characteristics of 78 related airfoil sections from tests in the variable-density wind tunnel." National Advisory Committee for Aeronautics, Report 460, U.S. Government Printing Office, Washington, DC.

23. A. Roshko, "Experiments on the flow past a circular cylinder at very high Reynolds numbers," *J Fluid Mechanics*, Vol. 10, 1961, pp. 345-356.

24. W. H. Huchs, *Aerodynamics of Road Vehicles*, 4th ed., Society of Automotive Engineers, Warrendale, PA, 1998.

25. S. T. Wereley and C. D. Meinhort, "Recent advances in micro-particle image velocimetry," *Annual Review of Fluid Mechanics*, Vol. 42, No. 1, 2010, pp. 557-576.

연습문제

11.1 - 11.3절

E11-1 20°C의 공기가 2 m/s의 속도로 평판 위를 흐른다. 판의 앞 모서리로부터 $x=0.5$ m 지점에서 경계층의 교란 두께와 배제 두께를 구하시오. 교란 두께의 절반 높이에서 유동의 속도를 구하시오.

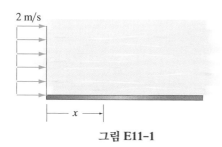

그림 E11-1

E11-2 유체는 층류이며 평판 위를 흐른다. 판의 앞 모서리로부터의 거리가 $x=0.5$ m인 지점에서 경계층의 교란 두께가 10 mm라고 할 때, $x=1$ m 지점에서의 경계층의 교란 두께를 구하시오.

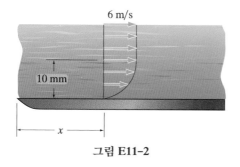

그림 E11-2

E11-3 기름이 평판 위를 층류로 흐른다. 평판의 앞 모서리로부터 $x=2$ m 지점에서의 속도형상을 그리시오. 표 11-1을 사용하여 u값이 $u=0.99U$가 되기까지 $(y/x)\sqrt{\mathrm{Re}_x}$가 0.8 증가할 때마다 구하시오. $\nu_0=40(10^{-6})$ m²/s를 사용하라.

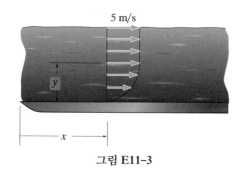

그림 E11-3

*E11-4 3 m 길이의 평판 위를 지나는 기름이 전체 영역에서 층류경계층을 유지할 수 있는 최대 자유유동 속도를 구하시오. $\nu_0=40(10^{-6})$ m²/s를 사용하라.

E11-5 20°C의 물이 자유유동 속도 500 mm/s로 흐른다. 평판의 너비가 0.2 m인 경우, 표면에 미치는 항력을 계산하시오.

E11-6 20°C의 물이 자유유동 속도 500 mm/s로 흐른다. 경계층의 교란 두께를 거리 x가 $0 \leq x \leq 0.5$ m의 범위에서 0.1 m 증가할 때마다 도시하시오.

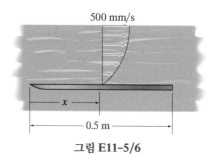

그림 E11-5/6

E11-7 바람이 직사각형 표지판의 옆면을 따라 흐른다. 공기 온도가 20°C이고 자유유동 속도가 1.5 m/s일 때, 표지판의 전면과 후면에 미치는 마찰항력을 구하시오.

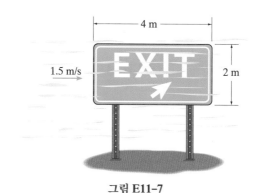

그림 E11-7

*E11-8 20°C의 물이 평판의 윗면 위를 흐른다. 자유유동 속도가 0.8 m/s일 때, 평판의 끝단에서 경계층의 교란 두께 및 운동량 두께를 구하시오.

E11-9 물의 자유유동 속도가 0.8 m/s이고 20°C일 때, 평판 표면에 미치는 마찰항력을 구하시오.

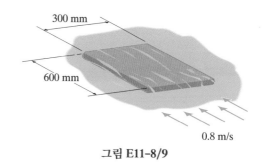

그림 E11-8/9

E11-10 거친 지형 위로 부는 바람에 대한 경계층은 식 $u/U = [y/(y+0.02)]$로 근사될 수 있다. 여기에서 y의 단위는 미터이다. 바람의 자유유동 속도가 10 m/s일 때, 지면으로부터 높이 $y = 0.2$ m와 $y = 0.4$ m에서의 속도를 구하시오.

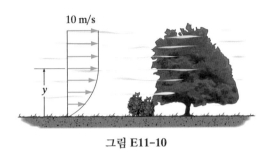

그림 E11-10

E11-11 온도 $T = 20℃$의 휘발유가 평판 위를 흐른다. 경계층이 층류에서 난류로 천이하는 위치 $x = x_{cr}$을 구하시오.

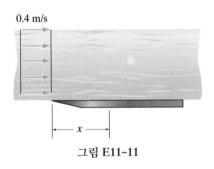

그림 E11-11

*E11-12 기름이 평판 위를 흐른다. 전면 모서리로부터 0.75 m 거리에서 층류경계층의 교란 두께가 10 mm일 때 자유유동 속도를 구하시오. $\nu_0 = 40(10^{-6})$ m²/s를 사용하라.

E11-13 기름이 2 m 길이의 평판 위를 자유유동 속도 2 m/s로 흐른다. 경계층과 전단응력을 x에 대하여 도시하고, 0.5 m마다 값을 구하시오. 또한 판에 미치는 마찰항력을 구하시오. 판의 폭은 0.5 m이고, $\rho_{co} = 960$ kg/m³와 $\mu_{co} = 985(10^{-3})$ N·s/m²를 사용하라.

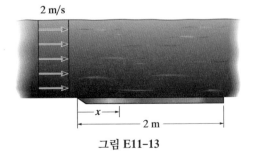

그림 E11-13

E11-14 온도 $T = 20℃$의 글리세린에 완전히 잠겨 있는 50 kg의 판을 2 m/s의 속도로 끌어 올리는 경우 케이블에 가해지는 힘 **F**를 구하시오. 부력의 효과도 고려하라.

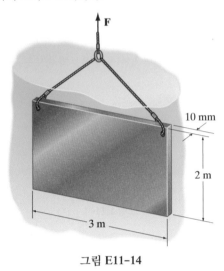

그림 E11-14

E11-15 15℃의 물이 너비 900 mm인 분류판을 $U = 2$ m/s의 속도로 수로 안에서 흐른다. 판의 양면에 미치는 마찰항력을 구하시오. 끝단 효과는 무시하라.

그림 E11-15

*E11-16 60℃의 공기가 매우 넓은 덕트를 통해 흐른다. 중앙의 200 mm 코어 영역에서 유동속도가 일정하게 자유유동 속도 0.5 m/s를 유지하기 위해 요구되는 덕트의 폭 a를 구하시오.

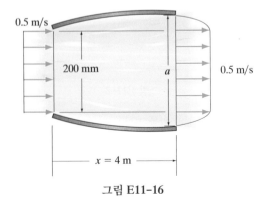

그림 E11-16

E11-17 30℃의 공기가 평판 위를 3 m/s의 속도로 흐른다. 경계층의 교란 두께가 15 mm가 되는 거리 x를 구하시오.

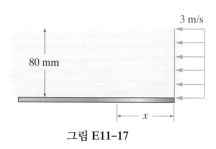

그림 E11-17

E11-18 보트가 온도 20℃의 잔잔한 물을 0.8 m/s의 속도로 이동하고 있다. 배의 키를 높이 800 mm, 길이 600 mm의 평판으로 가정하고, 키 양면에 작용하는 마찰항력을 구하시오.

E11-19 보트가 온도 20℃의 잔잔한 물을 0.8 m/s의 속도로 이동하고 있다. 배의 키를 평판으로 가정하고, 끝단 A에서의 경계층 두께를 구하시오. 또한 이 지점에서 경계층의 배제 두께를 구하시오.

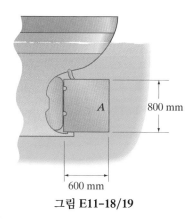

그림 E11-18/19

*E11-20 유체의 층류경계층이 $u/U = C_1 + C_2(y/\delta) + C_3(y/\delta)^2$와 같이 2차식 포물선형으로 가정된다. 자유유동 속도 U가 $y = \delta$에서 시작한다고 할 때, 상수 C_1, C_2 및 C_3를 구하시오.

E11-21 유체의 층류경계층이 $u/U = C_1 + C_2(y/\delta) + C_3(y/\delta)^3$와 같이 3차식으로 가정된다. 자유유동 속도 U가 $y = \delta$에서 시작한다고 할 때, 상수 C_1, C_2 및 C_3를 구하시오.

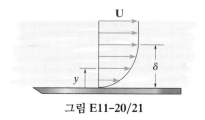

그림 E11-20/21

E11-22 유체의 층류경계층이 $u/U = y/\delta$로 근사될 수 있다고 가정하고, 경계층의 두께를 x와 Re_x의 함수로 나타내시오.

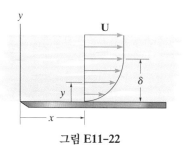

그림 E11-22

E11-23 유체의 층류경계층이 $u/U = \sin(\pi y/2\delta)$에 의해 근사될 수 있다고 가정하고, 경계층의 두께를 x와 Re_x의 함수로 나타내시오.

*E11-24 유체의 층류경계층이 $u/U = \sin(\pi y/2\delta)$에 의해 근사될 수 있다고 가정하고, 경계층의 배제 두께 δ^*를 x와 Re_x의 함수로 나타내시오.

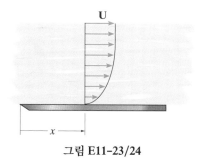

그림 E11-23/24

E11-25 유체의 층류경계층에 대한 속도형상이 $u/U = 1.5(y/\delta) - 0.5(y/\delta)^3$로 가정되는 경우, 경계층의 두께를 x와 Re_x의 함수로 나타내시오.

E11-26 유체의 층류경계층에 대한 속도형상이 $u/U = 1.5(y/\delta) - 0.5(y/\delta)^3$로 가정되는 경우, 표면에 미치는 전단응력의 분포를 x와 Re_x의 함수로 나타내시오.

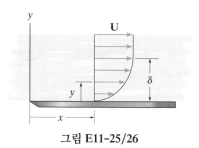

그림 E11-25/26

E11-27 판 위를 지나는 유체의 층류경계층은 식 $u/U = C_1(y/\delta) + C_2(y/\delta)^2 + C_3(y/\delta)^3$에 의해 근사될 수 있다. 경계조건 $y=\delta$일 때 $u=U$, $du/dy=0$일 때 $y=\delta$, 그리고 $y=0$일 때 $d^2u/dy^2=0$을 이용하여 상수 C_1, C_2, C_3를 구하시오. 운동량 적분방정식을 사용하여 경계층의 교란 두께를 x와 Re_x의 함수로 구하시오.

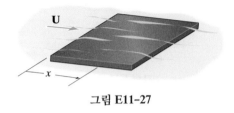

그림 E11–27

11.4 – 11.5절

*****E11-28** 비행기가 고도 3 km의 바람이 없는 공기 속을 450 km/h로 순항 중이다. 날개에 미치는 마찰항력을 구하시오. 날개가 평판이라고 가정하고, 길이는 그림을 참고하라. 경계층은 전체적으로 난류로 가정하라.

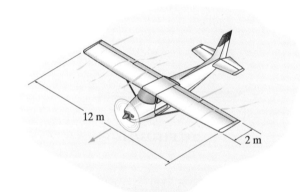

그림 E11–28

E11-29 비행기가 고도 2 km의 바람이 없는 공기 속을 300 km/h로 순항 중이다. 각각의 날개를 너비 1.5 m와 길이 5 m의 평판으로 가정할 경우, 각 날개에 미치는 마찰항력을 구하시오. 경계층은 전체적으로 난류로 가정하라.

E11-30 비행기가 고도 2 km의 바람이 없는 공기 속을 300 km/h로 순항 중이다. 각각의 날개를 너비 1.5 m의 평판으로 가정할 경우, 날개의 중간 지점과 끝단에서 경계층의 교란 두께를 구하시오. 경계층은 전체적으로 난류로 가정하라.

E11-31 유체의 난류경계층 속도형상을 $u = U(y/\delta)^{1/6}$로 근사할 수 있다고 가정하자. 운동량 적분방정식을 이용하여 교란 두께를 x와 Re_x의 함수로 구하시오. Prandtl과 Blasius가 개발한 경험식을 활용하라.

*****E11-32** 유체의 난류경계층 속도형상을 $u = U(y/\delta)^{1/6}$로 근사할 수 있다고 가정하자. 운동량 적분방정식을 이용하여 배제 두께를 x와 Re_x의 함수로 구하시오. Prandtl과 Blasius가 개발한 경험식을 활용하라.

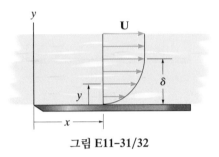

그림 E11–31/32

E11-33 화물트럭 옆면의 중간 $x=2.5$ m 지점에서 경계층의 교란 두께를 구하시오. 화물트럭의 속도는 90 km/h이다. 바람은 없고 공기의 온도는 30℃이다. 표면을 매끄러운 평판으로 가정하라.

E11-34 화물트럭 각 옆면에 미치는 항력을 구하시오. 화물트럭의 속도는 90 km/h이다. 바람은 없고 공기의 온도는 30℃이다. 표면을 매끄러운 평판으로 가정하라. 층류 및 난류경계층을 모두 고려하라.

그림 E11–33/34

E11-35 비행기가 고도 3 km의 바람이 없는 공기 속을 750 km/h로 순항 중이다. 각각의 날개를 너비 2 m와 길이 6 m의 평판으로 가정할 경우, 각 날개에 미치는 마찰항력을 구하시오. 층류 및 난류경계층을 모두 고려하라.

*****E11-36** 배가 온도 15℃의 잔잔한 물에서 15 km/h로 전진 중이다. 배의 바닥면을 길이 200 m, 너비 40 m의 평판으로 가정하고, 물이 바닥면에 미치는 마찰항력을 구하시오. 층류 및 난류경계층을 모두 고려하라.

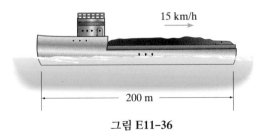

그림 E11–36

E11-37 풍동이 온도 20°C, 자유유동 속도 40 m/s의 공기를 사용하여 작동된다. 이 속도가 전 터널을 통하여 중심의 1 m 코어 영역에서 유지되도록 하려면, 성장하는 경계층을 수용하기 위한 출구에서의 크기 a를 구하시오. 출구에서의 경계층이 난류임을 보이고, 배제 두께를 계산할 때 $\delta^* = 0.0463x/(\text{Re}_x)^{1/5}$를 이용하라.

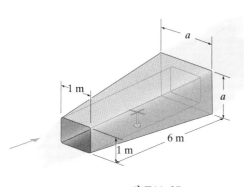

그림 E11-37

E11-38 바닥이 평평한 보트가 물 온도 15°C인 호수 위를 4 m/s로 이동하고 있다. 보트의 길이가 10 m이고 폭이 2.5 m일 때, 보트 바닥에 작용하는 대략적인 항력을 구하시오. 경계층은 완전히 난류인 것으로 가정하라.

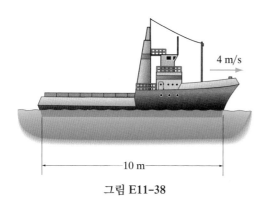

그림 E11-38

E11-39 유조선의 매끄러운 표면적 4.5(10³) m²가 바다와 접촉하고 있다. 배의 속도가 2 m/s일 때 배의 선체에 작용하는 마찰항력과 이 힘을 극복하기 위해 요구되는 동력을 구하시오. $\rho = 1030$ kg/m³와 $\mu = 1.14(10^{-3})$ N·s/m²를 이용하라. 층류 및 난류경계층을 모두 고려하라.

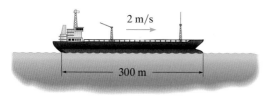

그림 E11-39

*E11-40 바지선이 3 m/s의 속도로 견인되고 있다. 바닥과 옆면에 물에 의해 가해지는 총 마찰항력을 구하시오. 물은 잔잔하고 온도는 15°C이다. 잠긴 부분의 깊이는 1.5 m이다. 경계층은 완전히 난류인 것으로 가정하라.

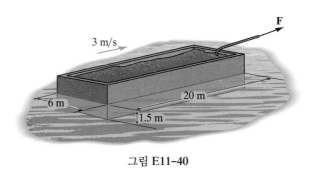

그림 E11-40

E11-41 비행기의 날개가 평균적으로 각각 길이 5 m, 폭 3 m이다. 비행기가 고도 2 km에서 바람이 없는 공기 속을 600 km/h로 비행할 때 날개에 작용하는 마찰항력을 구하시오. 날개들은 평판이고 경계층은 완전히 난류인 것으로 가정하라.

E11-42 비행기의 날개가 400 km/h의 속도로 고도 2 km에서 날아가고 있다. 날개는 폭 2 m의 평판으로 가정한다. 날개의 중간 지점에서 경계층의 교란 두께와 전단응력을 구하시오. 경계층은 완전히 난류인 것으로 가정하라.

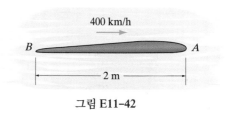

그림 E11-42

E11-43 비행기의 날개가 450 km/h의 속도로 고도 3 km에서 날아가고 있다. 날개는 폭 2 m와 길이 8 m의 평판으로 가정한다. 각 날개에 미치는 마찰항력을 구하시오. 경계층은 완전히 난류인 것으로 가정하라.

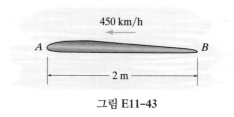

그림 E11-43

*E11-44 비행기의 꼬리날개가 대략 폭이 0.6 m이고 길이는 1.5 m 이다. 꼬리날개에 공기가 균일하게 흐르는 것으로 가정했을 때, 경계층의 교란 두께 δ를 도시하시오. 층류경계층에 대해서는 매 0.01 m 의 증분에 대하여, 그리고 난류경계층에 대해서는 매 0.1 m의 증분에 대한 값들을 제시하시오. 또한 꼬리날개에 미치는 마찰항력을 계산하시오. 비행기는 바람이 없는 공기 중을 고도 2 km에서 600 km/h 의 속도로 날고 있다. 층류 및 난류경계층을 모두 고려하라.

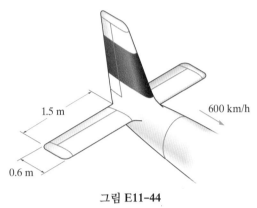

그림 E11-44

11.6절

E11-45 주택의 바람이 불어오는 방향의 지붕은 폭이 20 m이고 그림과 같이 바람을 맞고 있다. 지붕 면 위의 평균 압력이 3 kPa이고, 지붕 면 아래, 즉 다락방에서의 압력이 2 kPa일 때, 바람이 불어오는 쪽 지붕에 미치는 압력항력을 구하시오.

그림 E11-45

E11-46 건물의 앞면에 바람이 불고 있다. 가해지는 압력은 $p = (0.9y^{1/2})$ kPa이다. 여기에 y는 지면으로부터 측정한 미터 단위의 높이다. 이로 인해 바람을 맞는 면에 작용하는 압력의 합력을 구하시오.

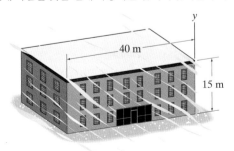

그림 E11-46

E11-47 건물이 속도 35 m/s의 균일한 바람을 받고 있다. 공기 온도가 10℃라고 할 때, 항력계수 $C_D = 1.38$을 갖는 건물의 전면에 작용하는 압력의 합력을 구하시오.

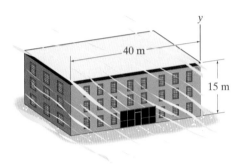

그림 E11-47

*E11-48 흐르는 공기에 의해 원통 표면에 작용하는 압력분포는 $p = [6 - (6/\pi)\theta]$ kPa이다. $0 \le \theta \le 180°$에서 원통에 작용하는 압력의 항력을 구하시오. 원통의 길이는 4 m이다.

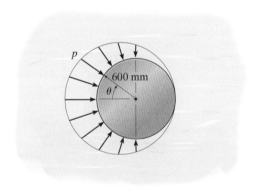

그림 E11-48

E11-49 경사면에 작용하는 공기압은 보여진 선형분포에 의해 근사화된다. 폭이 3 m일 때, 면에 작용하는 수평방향의 합력을 구하시오.

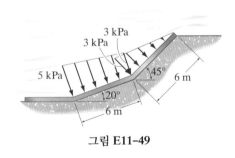

그림 E11-49

E11-50 건물의 벽에 바람이 불고 있고 이로 인한 압력분포는 $p = (215.5\rho y^{1/2})$ Pa이다. y는 미터 단위이다. 벽에 미치는 압력의 합력을 구하시오. 공기의 온도는 20°C이고 건물의 폭은 10 m이다.

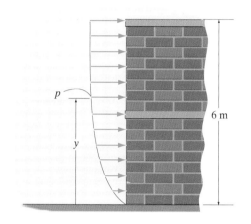

그림 E11-50

11.7 – 11.9절

E11-51 건물의 안테나가 2개의 부드러운 원통으로 이루어져 있다. 평형상태 유지를 위한 기초에서의 구속모멘트를 구하시오. 바람의 평균 속도는 25 m/s이고 공기의 온도는 10°C이다.

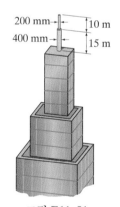

그림 E11-51

*****E11-52** 오토바이와 운전자의 전면 투영면적이 0.635 m²이다. 속도 108 km/h를 유지하기 위해 필요한 동력을 구하시오. 항력계수는 $C_D = 0.72$이고 공기의 온도는 30°C이다.

그림 E11-52

E11-53 자동차의 항력계수는 $C_D = 0.28$이고 공기의 온도는 20°C이다. 투영면적이 2.5 m²일 때, 일정한 속도 160 km/h를 유지하는 데 필요한 동력을 구하시오.

그림 E11-53

E11-54 균일한 운송용 상자의 질량이 50 kg이다. 바닥면에서 마찰계수는 $\mu_s = 0.5$이다. 바람의 속도가 10 m/s일 때, 바람이 상자를 넘어가게 할지 미끄러지게 할지 결정하시오. 항력계수는 $C_D = 1.06$이고 공기의 온도는 20°C이다.

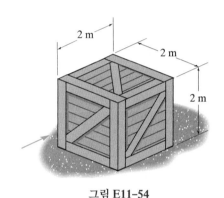

그림 E11-54

E11-55 로켓이 60°의 노즈콘(nose cone)을 가지고 있고, 기본 직경이 1.25 m이다. 온도가 10°C인 공기 중에서 60 m/s로 이동 중일 때, 콘에 작용하는 공기의 항력을 구하시오. 콘에 대해서는 표 11-3을 사용하라. 또한 왜 이 값은 정확한 가정이 아닌지 설명하시오.

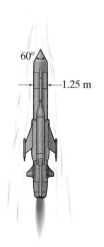

그림 E11-55

*E11-56 20°C의 더러운 물이 저장탱크에 들어가 수위 2 m까지 찬 후 흐름을 멈춘다. 직경이 0.05 mm 이상인 모든 침전물 구형 입자들이 바닥에 가라앉는 데 필요한 최단시간을 구하시오. 입자의 밀도는 $\rho = 1.6$ Mg/m³ 혹은 그 이상으로 가정한다. 구의 체적은 $V = \frac{4}{3}\pi r^3$ 이다.

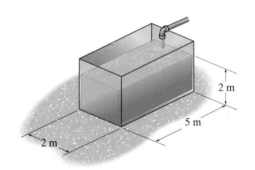

그림 E11-56

E11-57 공의 직경이 250 mm이다. 10 m/s의 속력으로 찼을 경우, 공에 작용하는 초기 항력을 구하시오. 이 힘은 일정하게 유지되는가? 공기의 온도는 20°C이다.

E11-58 직경이 20 mm이고 밀도가 $\rho_b = 3.00$ Mg/m³인 단단한 공이 밀도 $\rho_l = 2.30$ Mg/m³이고 점도 $\nu_l = 0.052$ m²/s인 기름 내에서 떨어질 때 종단속도를 구하시오. 공의 체적은 $V = \frac{4}{3}\pi r^3$이다.

E11-59 5 m 직경의 풍선이 고도 2 km에 있다. 종단속도 12 km/h로 이동하는 경우, 풍선에 미치는 항력을 구하시오.

*E11-60 질량이 300 kg이고 직경이 0.9 m인 기름 탱크가 절반이 잠긴 채로 보트에 의해 예인되고 있다. 항력계수가 $C_D = 0.82$인 경우, 보트의 속도가 8 m/s인 순간, 수평한 예인 줄에 걸리는 장력을 구하시오. 이때 가속도는 1.5 m/s²이다. 물의 밀도 $\rho_w = 1000$ kg/m³를 이용하라.

그림 E11-60

E11-61 잠수함의 잠망경은 잠겨 있는 부분의 길이가 2.5 m이고 직경이 50 mm이다. 잠수함이 8 m/s로 이동 중일 때, 잠망경의 기저에 발생하는 모멘트를 구하시오. 물의 온도는 15°C이다. 잠망경은 매끄러운 원통으로 간주하라.

E11-62 간판이 14 m/s의 바람을 받고 있다면, 바람 항력에 의한 원형 간판의 기저 A에 발생하는 모멘트를 구하시오. 공기의 온도는 20°C이다. 기둥에 미치는 항력은 무시하라.

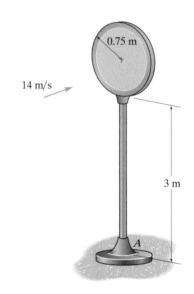

그림 E11-62

E11-63 트럭은 일정한 속도 80 km/h로 이동할 때 항력계수 $C_D = 1.12$를 갖는다. 트럭의 평균 전면 투영면적이 10.5 m²라고 할 때, 이 속도에서 트럭을 몰기 위해 필요한 동력을 구하시오. 공기의 온도는 10°C이다.

*E11-64 트럭은 일정한 속도 60 km/h로 이동할 때 항력계수 $C_D = 0.86$을 갖는다. 트럭의 평균 전면 투영면적이 10.5 m²라고 할 때, 이 속도에서 트럭을 몰기 위해 필요한 동력을 구하시오. 공기의 온도는 10°C이다.

그림 E11-63/64

E11-65 한 변의 길이가 600 mm인 정사각형 모양의 판이 12 m/s의 유동속도를 갖는 30°C의 공기 중에 놓여 있다. 판이 유동방향에 수직일 때와 평행일 때의 항력을 계산하고 비교하시오.

E11-66 고도 8 km 대기 상층부에 있는 입자상 물질은 평균 직경이 3 μm이다. 입자의 질량이 42.5(10⁻¹²) g이라고 할 때, 지구상에 가라앉는 데 필요한 시간을 구하시오. 중력은 일정한 것으로 가정하고, 공기에 대해 $\rho = 1.202$ kg/m³와 $\mu = 18.1(10^{-6})$ N·s/m²를 이용하라.

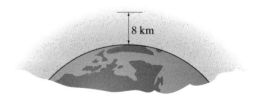

그림 E11-66

E11-67 직경이 80 mm이고 질량이 25 g인 스티로폼 공이 고층 건물에서 떨어진다. 종단속도를 구하시오. 공기의 온도는 20℃이다. 구의 체적은 $V = \frac{4}{3}\pi r^3$이다.

*E11-68 떨어지는 빗방울의 직경이 1 mm이다. 대략의 종단속도를 구하시오. 공기에 대해 $\rho_a = 1.247$ kg/m³와 $\nu_a = 14.2(10^{-6})$ m²/s를 이용하라. 부력은 무시하고, 구의 체적은 $V = \frac{4}{3}\pi r^3$이다.

E11-69 낙하산은 항력계수 $C_D = 1.36$과 개방직경 4 m를 갖는다. 사람이 낙하산을 타고 낙하할 때 종단속도를 구하시오. 공기는 20℃이다. 낙하산과 사람의 총 질량은 90 kg이다. 사람에게 작용하는 항력은 무시하라.

E11-70 낙하산은 항력계수 $C_D = 1.36$을 갖는다. 사람이 종단속도 10 m/s를 얻기 위해 요구되는 낙하산의 개방직경을 구하시오. 공기는 20℃이다. 낙하산과 사람의 총 질량은 90 kg이다. 사람에게 작용하는 항력은 무시하라.

E11-71 사람과 낙하산의 총 질량은 90 kg이다. 낙하산이 개방직경 6 m를 갖고, 사람이 종단속도 5 m/s로 내려올 때, 낙하산의 항력계수를 구하시오. 공기는 20℃ 이다. 사람에게 작용하는 항력은 무시하라.

그림 E11-69/70/71

*E11-72 트럭의 측면 방향으로 작용하는 압력항력을 구하시오. 공기는 20℃이고 풍속은 54 km/h이다. $C_D = 1.3$을 이용하라.

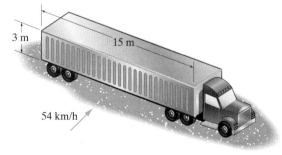

그림 E11-72

E11-73 보트의 돛대는 직경 20 mm, 총 길이 50 m인 로프로 구성되는 삭구에 의해 제 위치를 유지한다. 로프를 원통형으로 가정하고,

보트가 10 m/s로 전진할 때, 로프에 의해 보트에 작용하는 항력을 구하시오. 공기의 온도는 30℃이다.

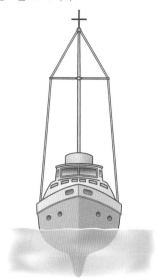

그림 E11-73

E11-74 매끄러운 다리의 원통형 교각은 각각 직경이 0.75 m이다. 강이 평균 속도 0.08 m/s를 유지한다고 할 때, 물이 각 교각에 미치는 항력을 구하시오. 수온은 20℃이다.

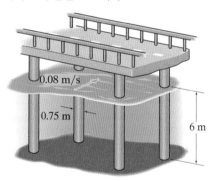

그림 E11-74

E11-75 공의 직경이 40 mm이고 꿀 속에서 종단속도 0.3 m/s로 떨어진다. 공의 질량을 구하시오. 꿀에 대하여 $\rho_h = 1360$ kg/m³와 $\nu_h = 0.04$ m²/s를 이용하라. 구의 체적은 $V = \frac{4}{3}\pi r^3$이다.

그림 E11-75

*E11-76 바윗돌이 평균 물 온도가 15°C인 호수의 표면에서 정지 상태로부터 놓여진다. $C_D=0.5$일 경우, 바윗돌이 깊이 600 mm에 도달했을 때의 속도를 구하시오. 바윗돌은 직경이 50 mm이고 밀도가 $\rho_r=2400$ kg/m³인 구로 가정해도 된다. 구의 체적은 $V=\frac{4}{3}\pi r^3$이다.

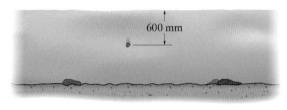

그림 E11-76

E11-77 매끄러운 공의 직경이 43 mm이고 질량은 45 g이다. 수직 윗방향으로 20 m/s의 속력으로 던져졌을 때, 공의 초기 가속도를 구하시오. 온도는 20°C이다.

E11-78 매끄러운 원통이 레일에 매달려 있고 부분적으로 물에 잠겨 있다. 바람의 속도가 8 m/s일 때, 원통의 종단속도를 구하시오. 물과 공기는 모두 20°C이다.

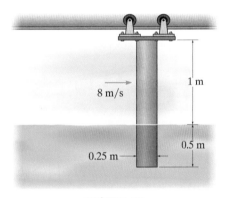

그림 E11-78

E11-79 스프레이가 코팅용 입자를 25 m/s의 속도로 분사하고 있다. 입자가 노즐을 떠난 이후 8 μs일 때의 속도를 구하시오. 입자의 평균 직경은 0.6 μm이고 질량은 0.8(10⁻¹²) g이다. 공기는 20°C이다. 수직방향 속도는 무시하라. 구의 체적은 $V=\frac{4}{3}\pi r^3$이다.

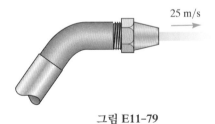

그림 E11-79

*E11-80 믹서의 날들이 밀도 ρ이고 점도 μ인 액체를 섞는 데 사용된다. 각각의 날이 길이 L, 너비 w이면, 일정 각속도 ω로 날을 회전시키는 데 필요한 토크 $\mathbf{T}$를 구하시오. 날 단면의 항력계수는 C_D이다. 섞이는 동안에도 액체는 정지해 있는 것으로 가정하라.

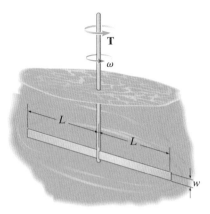

그림 E11-80

E11-81 밀도가 2.40 Mg/m³이고 직경이 2 mm인 모래입자가 튜브 안에 담긴 기름의 표면에 정지상태에서 놓여졌다. 입자가 아래쪽으로 떨어지면서 '느린 점성류'가 그 주위에 만들어진다. 약 Re=1 정도에서 스토크스의 법칙이 유효하지 않게 될 때의 시간과 입자의 속도를 구하시오. 기름의 밀도는 $\rho_o=900$ kg/m³이고, 점도는 $\mu_o=30.2(10^{-3})$ N·s/m²이다. 입자는 구형이며, 그 체적은 $V=\frac{4}{3}\pi r^3$이다.

그림 E11-81

E11-82 구형 풍선이 헬륨으로 채워져 있고 질량은 9.50 g이다. 풍선이 떠오를 때 종단속도를 구하시오. 공기의 온도는 20°C이고 구의 체적은 $V=\frac{4}{3}\pi r^3$이다.

그림 E11-82

E11-83 평균 직경이 0.05 mm이고, 평균 밀도가 450 kg/m³인 먼지 입자들이 공기흐름에 의해 흩어지고, 600 mm 높이의 책상 모서리에서 떨어져 0.5 m/s의 수평방향 정상유동의 바람에 실린다. 책상의 모서리에서 대부분의 입자들이 바닥에 떨어지는 곳까지의 거리 d를 구하시오. '느린 점성류'이므로, 입자의 궤적은 직선으로 가정한다. 공기의 온도는 20°C이고 구의 체적은 $V = \frac{4}{3}\pi r^3$이다.

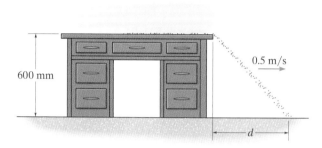

그림 E11-83

*E11-84 낙하산과 사람의 총 질량은 90 kg이고, 낙하산을 개방했을 때 직경이 3 m이고 6 m/s로 자유낙하하고 있다. 속도가 10 m/s로 증가되는 시간을 구하시오. 또한 종단속도는 얼마인가? 계산을 위해 낙하산은 속이 빈 반구로 가정한다. 공기의 밀도는 $\rho_a = 1.25$ kg/m³이다.

그림 E11-84

11.10 ~ 11.11절

E11-85 비행기의 무게가 5 Mg일 때, 대기속도가 180 km/h에 이르면 비행장에서 이륙할 수 있다. 비행기에 짐 450 kg이 추가되면, 동일한 받음각에서 이륙하기 위한 대기속도를 구하시오.

그림 E11-85

E11-86 5 Mg의 비행기가 고도 1 km에서 비행 중이다. 각각의 날개는 길이가 6 m이고 코드길이가 1.5 m이며, 또한 NACA 2409 날개단면으로 분류할 수 있다. 비행기가 450 km/h로 비행 중일 때, 양력계수와 받음각을 구하시오.

E11-87 5 Mg의 비행기가 고도 1 km에서 비행 중이다. 각각의 날개는 길이가 6 m이고 코드길이가 1.5 m이며, 또한 NACA 2409 날개단면으로 분류할 수 있다. 비행기가 450 km/h로 비행 중일 때, 날개에 작용하는 총 항력을 구하시오. 또한 실속 조건이 발생할 때의 받음각과 이때의 속도를 구하시오.

그림 E11-86/87

*E11-88 글라이더가 바람이 없는 공기 중에서 8 m/s의 일정한 속력을 갖는다. 양력계수 $C_L = 0.70$과 날개 항력계수 $C_D = 0.04$를 갖는 경우, 하강각도 θ를 구하시오. 글라이더는 매우 긴 날개길이를 가지므로 날개에 작용하는 항력에 비하면 동체에 작용하는 항력은 무시할 만하다.

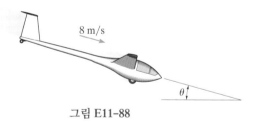

그림 E11-88

E11-89 5 Mg의 비행기가 60 m/s의 속도로 비행하고 있다. 각 날개를 길이 6 m, 폭 1.5 m의 직사각형, 그리고 단면을 NACA 2409라고 가정했을 때 양력을 발생시키기 위한 최소 받음각 α를 구하시오. 공기의 밀도는 $\rho = 1.21$ kg/m³이다.

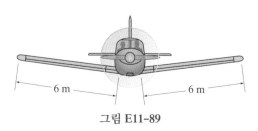

그림 E11-89

E11-90 4 Mg 비행기의 각 날개가 길이 6 m, 폭 1.5 m를 갖는다. 비행기는 고도 2 km에서 속도 450 km/h로 수평 비행 중이다. 양력계수를 구하시오.

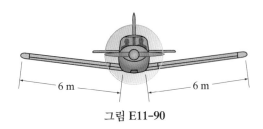

그림 E11-90

E11-91 글라이더는 무게가 180 kg이다. 항력계수 $C_D = 0.456$, 양력계수 $C_L = 1.20$, 그리고 총 날개면적 $A = 8.52 \ \text{m}^2$이면, 일정한 속도로 하강할 때의 각도 θ를 구하시오.

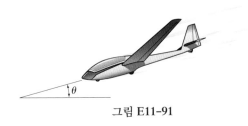

그림 E11-91

*E11-92 6 Mg 비행기가 360 km/h로 비행 중이다. 각 날개가 길이 6 m와 폭 2 m를 가진다. 적절한 받음각 α로 비행할 때 각 날개의 단면항력을 구하시오. 날개의 단면은 NACA 2409이고, 공기의 밀도는 $\rho_a = 1.007 \ \text{kg/m}^3$이다.

E11-93 글라이더의 질량이 160 kg이다. 항력계수가 $C_D = 0.316$이고, 양력계수는 $C_L = 1.20$이다. 날개의 총 면적은 $A = 6 \ \text{m}^2$이다. 고도 1.5 km인 곳으로부터 5 km 떨어진 곳에 위치하고 길이가 1.5 km인 활주로에 착륙이 가능한지 결정하시오. 공기의 밀도는 일정하다고 가정하라.

그림 E11-93

E11-94 비행기가 고도 3 km에 위치한 공항에서는 200 km/h의 속도로 이륙할 수 있다. 해수면 고도의 공항에서 이륙 시 필요한 속도를 구하시오.

그림 E11-94

E11-95 매끄러운 공의 직경이 80 mm이다. 속도 10 m/s로 공을 치고 이때 공의 각속도가 80 rad/s이다. 공에 작용하는 양력을 구하시오. $\rho_a = 1.23 \ \text{kg/m}^3$와 $\nu_a = 14.6(10^{-6}) \ \text{m}^2/\text{s}$를 이용하라.

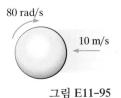

그림 E11-95

*E11-96 7.5 Mg 비행기의 2개의 날개가 각각 길이 6 m이고 평균 폭은 1.5 m이다. 324 km/h로 비행할 때 각 날개에 작용하는 총 항력이 3.85 kN이다. 같은 받음각, 그리고 같은 고도에서 속도 486 km/h로 비행할 때, 각 날개에 작용하는 총 항력을 구하시오. 타원형 양력 분포를 가정하라. 밀도 $\rho_a = 0.8820 \ \text{kg/m}^3$를 이용하라.

E11-97 직경 50 mm인 0.5 kg의 공이 속도 10 m/s와 각속도 400 rad/s로 던져진다. 10 m 거리만큼 떨어져 있는 목표점에서 수평으로부터 빗나간 거리 d를 구하시오. 그림 11-50을 참고하고, 수직방향 속도에 의한 양력은 무시하라. $\rho_a = 1.20 \ \text{kg/m}^3$와 $\nu_a = 15.0(10^{-6}) \ \text{m}^2/\text{s}$를 이용하라.

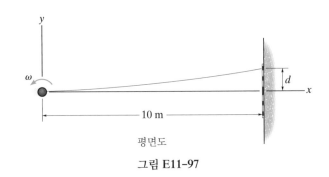

평면도

그림 E11-97

개념문제

P11-1　위 사진과 같은 컵에 있는 뜨거운 차를 저으면, '찻잎들'은 결국 컵의 중앙 바닥으로 가라앉는다. 찻잎은 왜 가장자리에 모이지 않고 중앙에 모이는지 설명하시오.

그림 P11-1

P11-2　삼각형 건물과 돔형 건물 중 어느 구조물이 허리케인 상황에서 잘 버티겠는가? 각각의 경우 유동에 대한 압력분포와 유선을 그리고 답을 설명하시오.

그림 P11-2

P11-3　비행기에 양력, 항력, 추력, 그리고 무게가 작용한다. 이륙하는 동안 비행기가 상승할 때 양력은 비행기의 무게보다 더 작은가, 더 큰가, 아니면 같은가? 설명하시오.

그림 P11-3

P11-4　야구공이 대기 중에서 위로 던져진다. 가장 높은 곳까지 올라가는 데 걸리는 시간은 공이 동일한 높이에서 동일 지점으로 떨어지는 데 걸리는 시간보다 긴가, 짧은가, 혹은 동일한가? 설명하시오.

그림 P11-4

11장 복습

경계층은 물체의 표면 위 영역에 위치한 유체의 매우 얇은 층이다. 경계층 내에서 속도는 표면에서 0으로부터 유체의 자유유동 속도까지 변한다.

평판의 표면 위에 형성되는 경계층 내의 유동은 임계거리 x_{cr}까지는 층류이다. 이 책에서 이 거리는 $(\text{Re}_x)_{cr} = Ux_{cr}/\nu = 5(10^5)$로부터 결정된다.

층류경계층에 대한 속도형상은 Blasius에 의해 구해졌다. 그 해는 선도 및 표의 형태로 주어진다. 이 속도형상을 알면 경계층의 두께와 유동이 평판에 미치는 마찰항력을 구할 수 있다.

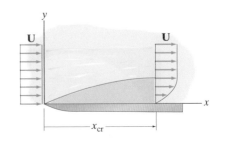

난류경계층에 의한 마찰항력은 실험에 의해 결정된다. 층류와 난류 모두에 대하여 이 힘은 레이놀즈수의 함수인 무차원 마찰항력계수 C_{Df}를 사용하여 표현된다.

$$F_{Df} = C_{Df}A\left(\frac{1}{2}\rho U^2\right)$$

층류와 난류경계층 모두에 대하여 두께와 전단응력 분포는 운동량 적분방정식을 사용하여 근사적 방법으로 결정할 수 있다.

난류는 층류에 비해 표면에서 더 큰 전단응력을 야기하므로, 난류경계층은 표면에 더 큰 마찰항력을 발생시킨다.

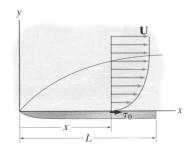

점성마찰과 압력으로 인한 항력계수 C_D는 실린더, 구, 그리고 많은 다른 형상들에 대해 실험을 통해 구해졌다. 일반적으로 C_D는 레이놀즈수, 물체의 형상, 표면조도, 유체 내에서의 방향의 함수이다. 경우에 따라 항력계수는 프라우드수 혹은 마하수에 영향을 받기도 한다.

$$F_D = C_D A_p\left(\frac{\rho V^2}{2}\right)$$

익형을 설계할 때에는 항력과 양력이 모두 중요하다. 항력과 양력계수인 C_D와 C_L은 실험에 의해 결정되고 받음각에 대한 함수로써 그래프로 제시된다.

외부 표면 위를 흐르는 점성유동을 위한 기초식들

경계층 두께

$$\delta^* = \int_0^\infty \left(1 - \frac{u}{U}\right)dy$$
배제 두께

$$\Theta = \int_0^\infty \frac{u}{U}\left(1 - \frac{u}{U}\right)dy$$
운동량 두께

층류경계층

$$\mathrm{Re}_x = \frac{Ux}{\nu} = \frac{\rho Ux}{\mu}$$

$$\delta = \frac{5.0}{\sqrt{\mathrm{Re}_x}}x$$
교란 두께

$$\delta^* = \frac{1.721}{\sqrt{\mathrm{Re}_x}}x$$
배제 두께

$$\Theta = \frac{0.664}{\sqrt{\mathrm{Re}_x}}x$$
운동량 두께

$$(\mathrm{Re}_x)_{\mathrm{cr}} = 5(10^5)$$
평판

$$\tau_0 = c_f\left(\frac{1}{2}\rho U^2\right)$$
전단응력

$$c_f = \frac{0.664}{\sqrt{\mathrm{Re}_x}}$$

$$F_{Df} = C_{Df}bL\left(\frac{1}{2}\rho U^2\right)$$
마찰항력

$$C_{Df} = \frac{1.328}{\sqrt{\mathrm{Re}_L}}$$

운동량 적분방정식

$$\tau_0 = \rho U^2 \frac{d}{dx}\int_0^\delta \frac{u}{U}\left(1 - \frac{u}{U}\right)dy$$

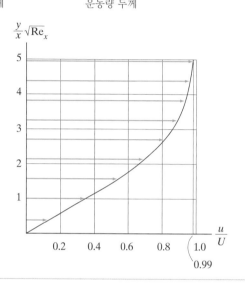

난류경계층

$$\frac{u}{U} = \left(\frac{y}{\delta}\right)^{1/7}$$
프란틀 법칙

$$\delta = \frac{0.371}{(\mathrm{Re}_x)^{1/5}}x$$
교란 두께

$$\tau_0 = \frac{0.0288\rho U^2}{(\mathrm{Re}_x)^{1/5}}$$
전단응력

$$C_{Df} = \frac{0.0740}{(\mathrm{Re}_L)^{1/5}} \quad 5(10^5) < \mathrm{Re}_L < 10^7$$

$$C_{Df} = \frac{0.455}{(\log_{10}\mathrm{Re}_L)^{2.58}} \quad 10^7 \leq \mathrm{Re}_L < 10^9$$
마찰항력계수

층류 및 난류경계층

$$C_{Df} = \frac{0.455}{(\log_{10}\mathrm{Re}_L)^{2.58}} - \frac{1700}{\mathrm{Re}_L} \quad 5(10^5) \leq \mathrm{Re}_L < 10^9$$
마찰항력계수

항력과 양력

$$F_D = C_D A_{pl}\left(\frac{\rho V^2}{2}\right)$$
익형의 항력

$$F_D = C_D A_p\left(\frac{\rho V^2}{2}\right)$$
형상 항력

$$F_L = C_L A_{pl}\left(\frac{\rho V^2}{2}\right)$$
양력

CHAPTER 12

개수로는 배수와 관개에 자주 사용된다. 개수로를 통해 적당한 유동이 유지되도록 적절하게 설계하여야 한다.

개수로 유동

학습목표

- 개수로 내의 유동을 비에너지의 개념에 근거하여 구분한다.
- 둔덕 위와 슬루스 게이트 아래를 지나는 유동을 공부한다.
- 수로를 통한 정상 균일유동 및 정상 비균일유동에 대한 해석방법을 소개한다.
- 수력도약에 대해 논의하고 여러 가지 형태의 위어를 사용한 개수로에서의 유동 측정방법을 소개한다.

12.1 개수로 유동의 유형

이 장에서는 **개수로**(open channel), 즉 개방된 혹은 자유표면을 갖는 도관을 통한 유동을 다룬다. 밀폐된 도관들에 있어서는 유동이 압력에 의해 주도되는 반면, 개수로에서 흐름을 일으키는 주된 구동력은 중력이다. 개수로 유동은 배수계통의 설계, 강과 하천의 수력학적 해석의 기본을 형성하므로 토목엔지니어들의 주된 관심사이다. 본 장의 의도는 개수로 유동의 좀 더 중요한 몇 가지 측면에 대한 소개를 통해 이 주제에 관한 전공 과정을 더 깊이 연구하기 위한 적합한 기초를 제공하고자 하는 것이다. 전형적인 개수로에는 강, 운하, 지하배수로, 그리고 용수로 등이 있다. 이들 중 강과 개울은 변화하는 단면을 갖고 있고, 이는 시간의 경과에 따라 침식과 흙의 퇴적으로 인해 변한다. **운하**(canal)는 일반적으로 매우 길고 곧으며, 배수, 물대기 혹은 항해에 사용된다. **지하배수로**(culvert)는 보통 꽉 찬 상태로 흐르지 않으며, 대개 콘크리트나 석조로 만들어진다. 지하배수로는 종종 노면 밑에서 배수를 운반하는 데 사용된다. 마지막으로 **용수로**(flume)는 지면 위에서 지지되는 도관으로서 대개 오목한 홈 위로 배수를 운반하기 위해 설계된다.

수로가 일정한 단면을 가질 때, 이는 **균일단면수로**(prismatic channel)라 부른다. 예를 들어, 운하와 용수로는 전형적으로 직사각형 혹은 사다리꼴 단면으로 구성되는가 하면, 지하배수로는 종종 원형 혹은 타원형상을 갖는다. 강과 하천은 비균일단면을 갖는다. 그러나 대략적인 해석을 위해 단면들은 때때로 사다리꼴과 준타원형 같은 일련의 서로 다른 크기의 균일단면들로 모형화된다.

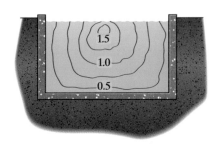

직사각형 수로에 대한 전형적인
속도 등고선(단위: m/s)

그림 12-1

층류와 난류   층류는 개수로에서 일어날 수 있지만, 공학적 사례는 매우 드물다. 이는 유동이 층류에 대한 레이놀즈수 기준을 만족할 만큼 아주 느려야 하기 때문이다. 실제로 개수로 유동은 대부분 난류이다. 실제 일어나는 액체의 혼합은 표면 위로 부는 바람의 마찰력과 수로의 양옆을 따른 마찰력에 의해 일어난다. 이런 효과들은 속도형상을 매우 비정상적으로 만들고, 그 결과 최대속도가 액체 표면 근처에 나타나나, 보통 표면에서 나타나지는 않는다. 개방된 직사각형 개수로를 통과해 흐르는 물에 대한 전형적인 속도구배는 그림 12-1에 나타낸 바와 유사하게 보일 수 있다. 따라서 유동이 층류인 것처럼 표면이 잠잠해 보인다 하더라도 표면의 아래는 난류일 수 있다. 난류의 불규칙성에도 불구하고 일반적으로 실제 유동을 균일한 1차원 유동으로 근사화할 수 있고, 유동 예측에 있어 상당히 타당한 결과를 얻는다.

균일유동과 정상유동   개수로 유동은 층류 혹은 난류 외에 다른 방법으로도 분류할 수 있다.

균일유동(uniform flow)은 액체의 깊이가 수로의 길이방향으로 일정하게 유지될 때 일어나는데, 이 경우 액체의 속도는 위치가 한 곳에서 다음 위치로 갈 때 변하지 않기 때문이다. 한 예로 작은 기울기를 가진 수로(그림 12-2a)에서는 흐름을 야기하는 중력과 흐름에 저항하는 마찰력이 균형을 이루게 된다. 길이를 따라 깊이가 변하면 유동은 **비균일**하게 된다. 이는 경사가 변하거나 혹은 수로의 단면적이 변할 경우에 발생할 수 있다. **가속 비균일유동**은 그림 12-2b와 같이 흐름의 깊이가 하류로 가면서 감소할 때 발생한다. 홈통이나 여수로를 따라 흘러 내리는 물이 한 예이다. **감속 비균일유동**은 그림 12-2c에서와 같이 아래쪽으로 기울어진 수로의 물이 댐의 (상류)면을 만나 불어나는 경우와 같이 깊이가 증가하는 경우에 발생한다.

수로 내의 **정상유동**(steady flow)은 유동이 그림 12-2a에서와 같이 시간 경과에 따라 유동이 일정하게 유지될 때 일어나고, 따라서 특정 위치에서의 그 깊이는 일정하게 유지된다. 이 유동은 개수로 유동을 포함하는 대다수 문제에 적용된다. 그러나 파동이 특정 위치를 지나가면, 깊이와 그에 따른 유동이 시간에 따라 변하게 되어 **비정상유동**(unsteady flow)이 나타난다.

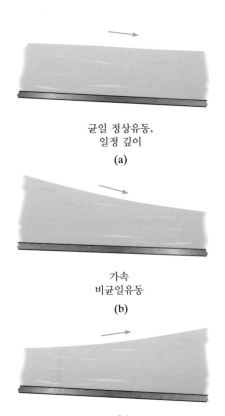

균일 정상유동,
일정 깊이

(a)

가속
비균일유동

(b)

감속
비균일유동

(c)

그림 12-2

수력도약   위에서 언급한 유동 형식 외에도 개수로에서 발생할 수 있는 또 다른 현상이 있다. **수력도약**(hydraulic jump) 현상은 운동에너지를 빠르게 소산시켜

흐름을 빠른 유동(rapid flow)에서 잔잔한 유동(tranquil flow)으로 바꾸어 주는 국부적인 난류이다. 그것은 그림 12-3과 같이 일반적으로 여울 혹은 여수로의 바닥에서 발생한다.

수력도약

그림 12-3

12.2 개수로 유동의 분류

이 절의 후반부에는 개수로에서 나타나는 유동형식이 수로 내의 액체 속도와 표면에서의 파의 속도를 비교함으로써 분류될 수 있음을 보게 될 것이다. 그러나 이 비교를 위해서는 먼저 파의 속도를 구하는 방법을 공식화할 필요가 있다. 특히 수로에서의 액체 속도에 대한 파의 상대적인 속도를 **파의 속도**(wave celerity) c라고 한다.

수로 내에서 파를 만들기 위한 한 가지 방법은 유동 내에 서지(surge)를 만드는 것이다. 수문이나 다른 장애물이 갑자기 유동을 막게 되면 양의 서지가 발생하여, 액체가 수문에 대해 불어나며 그림 12-4a와 같이 급격히 흐름을 상승시킨다. 그 결과로 나타나는 파면(wave front)은 유동의 상류로 전파되고 속도 c로 움직인다. 이 속도를 구하기 위해 수로는 수평이고 직사각형 단면을 가지며 액체는 이상유체인 것으로 가정한다.

초기에 유동은 평균 속도 $\mathbf{V}_1$을 갖고 깊이는 y_1이며, 수문이 유체에 충격을 주기 때문에 유동속도는 느려져 결국 0이 되고 새로운 깊이 y_2까지 흐름을 상승시킨다. 고정된 관찰자에게는 파가 깊이를 증가시킴에 따라 비정상유동이 나타난다. 그러나 파가 지나갈 때 파 내에 담겨진 액체가 사실은 그렇지 않음에도 마치 실제로 표면 위를 속도 c로 이동하는 것 같은 착각을 불러일으키나, 사실상 파는 다만 액체를 위로 올릴 뿐이라는 점을 잊지 말아야 한다.

다음 해석을 위하여 기준계를 파의 속도로 이동하는 검사체적에 고정함으로써 파와 함께 이동하는 관찰자의 입장에서 유동은 그림 12-4b에 보이는 것처럼 정상유동으로 보이도록 하는 것이 더 편리하다. 그 결과 1차원 유동에 대하여, 열린 검사표면 1에서 액체는 왼쪽으로 $V_1 + c$의 속도로 이동하고, 유동은 막혀 있으므로, 열린 검사표면 2의 액체는 왼쪽으로 c의 속도로 이동하는 것처럼 보인다. 수로가 일정한 폭 b를 갖는다고 가정하면, 연속방정식은

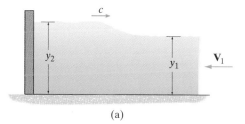

(a)

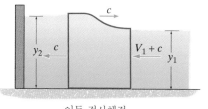

이동 검사체적

(b)

$$\frac{\partial}{\partial t} \int_{cv} \rho \, dV + \int_{cs} \rho \, \mathbf{V}_{f/cs} \cdot d\mathbf{A} = 0$$

$$0 + \rho c(y_2 b) - \rho(V_1 + c)y_1 b = 0$$

$$V_1 = c\left(\frac{y_2}{y_1} - 1\right)$$

이제 운동량 방정식을 적용하며, 여기서 유량 $\rho \mathbf{V}_{f/cs} \cdot \mathbf{A}$는 위의 연속방정식으로부터 계산된다. 검사체적에 대한 자유물체도를 나타낸 그림 12-4c를 사용하면,

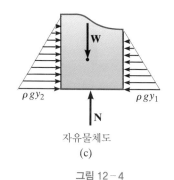

자유물체도

(c)

그림 12-4

$$\Sigma \mathbf{F} = \frac{\partial}{\partial t} \int_{cv} \mathbf{V} \rho d\forall + \int_{cs} \mathbf{V} \rho \mathbf{V}_{f/cs} \cdot d\mathbf{A}$$

$$\frac{1}{2}(\rho g y_2)y_2 b - \frac{1}{2}(\rho g y_1)y_1 b = 0 - c[\rho(V_1 + c)y_1 b] - (V_1 + c)[-\rho(V_1 + c)y_1 b]$$

$$\frac{1}{2}gy_1^2 - \frac{1}{2}gy_2^2 = -(V_1 + c)V_1 y_1$$

V_1에 대한 결과를 이 식에 대입하고 c에 대하여 풀면,

$$c = \sqrt{\frac{gy_1(y_1 + y_2)}{2y_2}}$$

파는 액체의 깊이에 비해 낮은 높이를 갖는다고 하면, $y_1 \approx y_2 \approx y$로 되므로

$$\boxed{c = \sqrt{gy}} \tag{12-1}$$

이 결과는 $\mathbf{V}_1$의 크기에 무관함에 주의하라. 만일 그림 12-4a에서 갑자기 수문을 들어올리는 경우와 같이 음의 서지가 발생한다 해도 동일한 속도가 얻어질 것이다. 또한 유동이 없는 경우에도 c는 물의 표면 위로 이동하는 파의 속도를 나타냄을 알 수 있다. 그것은 오직 수로 내 액체 깊이만의 함수이다.

프라우드수 파와 마찬가지로 모든 개수로 유동의 구동력은 **중력**이며, 그래서 1871년에 William Froude는 프라우드수를 공식화하고 이 유동을 기술하였으며, 그것이 어떻게 활용될 수 있는지를 보였다. 8장에서 프라우드수를 중력에 대한 관성력의 비율의 제곱근으로 정의했음을 상기하라. 이제 그 결과는 다음과 같이 표현된다.

$$\text{Fr} = \frac{V}{\sqrt{gy}} = \frac{V}{c} \tag{12-2}$$

이때 V는 수로 내 액체의 평균 속도이고, y는 깊이이다. 프라우드수가 왜 중요한지를 보이기 위해, 예를 들어 그림 12-4d에 보인 것처럼 판이 갑자기 속도 $\mathbf{V}$를 갖는 정상운동을 방해하는 경우를 고려해보자. Fr = 1이면 식 (12-2)로부터 $c = V$이다. 이 경우가 발생하면 왼쪽의 파는 **정지상태**에 있게 된다. 이것은 **임계유동**(critical flow)이라 불린다. Fr < 1이면 $c > V$이고, 이 파는 **상류**로 전달될 것이다. 이것은 **아임계유동**(subcritical flow) 혹은 **잔잔한 유동**(tranquil flow)의 조건이다. 다시 말하면, 중력 혹은 파의 무게는 그 이동으로 야기되는 관성력을 극복한다. 끝으로, Fr > 1이면 $V > c$이고, 파는 하류로 씻겨간다. 이것은 **초임계유동**(supercritical flow) 혹은 **빠른 유동**(rapid flow)이라고 하며, 중력이 파의 관성력에 의해 압도된 결과이다.

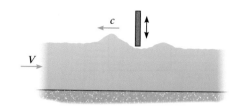

아임계유동: 파는 상류로 이동 $V < c$
임계유동: 정지파 $V = c$
초임계유동: 파는 하류로 이동 $V > c$

(d)

그림 12-4 (계속)

12.3 비에너지

개수로를 따라 각 위치에서 유동의 실제 거동은 그 위치에서 유동의 **총에너지**에 의존한다. 이 에너지를 찾기 위해서는 이상적인 액체의 정상유동을 가정하는 베르누이 방정식을 적용한다. 그림 12-5에 나타낸 바와 같이 수로의 바닥에 기준선을 잡고, 액중 임의 깊이 d에서의 유선상의 점을 선택하면, 이 점에서 베르누이 방정식은

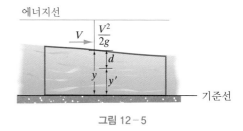

그림 12−5

$$\frac{p}{\gamma} + \frac{V^2}{2g} + y' = 상수$$

$$E = \frac{\gamma d}{\gamma} + \frac{V^2}{2g} + (y - d) = 상수 \tag{12-3}$$

혹은

$$E = \frac{V^2}{2g} + y \tag{12-4}$$

을 요구한다. 이 합은 특정 위치에서 단위 액체무게당 운동에너지와 퍼텐셜에너지의 양을 말하므로 **비에너지**(specific energy) E라고 한다. 다른 방식으로 기술하면, **비수두**(specific head)라 불리기도 하는데, 그 이유는 비수두가 길이단위를 가지며, 따라서 그림 12-5에서와 같이 수로 바닥으로부터 에너지선까지의 수직거리를 나타내기 때문이다.

비에너지는 $Q = VA$를 이용하여 체적유량의 항으로도 나타낼 수 있다. 따라서

$$E = \frac{Q^2}{2gA^2} + y \tag{12-5}$$

더 나아가 특정 단면을 고려함으로써 E를 y만의 함수로도 표현할 수 있다.

직사각형 단면   만약 단면이 그림 12-6a와 같이 직사각형이라면, 단위 폭당 체적유량은 $q = Q/b$이고, 이때 $A = by$이므로

$$\boxed{E = \frac{q^2}{2gy^2} + y} \tag{12-6}$$

비에너지

이 식에는 2개의 독립변수, 즉 q와 y가 있다. 그러나 일정한 q값에 대한 식 (12-6)의 그림은 그림 12-6b에 보인 모양을 갖는다. 그것은 **비에너지 선도**(specific energy diagram)라고 한다. 특별히 $q = 0$이면, 45° 기울어진 선에 의해 나타낸 바와 같이 $E = y$이다. 이것은 움직이지 않는 혹은 운동에너지가 없고 퍼텐셜에너지만 있는 액체상태를 나타낸다. 그러나 액체가 유량 q를 가질 때에는 동일한 비에너지 $E = E'$를 갖는 2개의 가능한 깊이 y_1과 y_2가 존재한다. 여기서 더 작은 값 y_1은 낮은 퍼텐셜에너지와 높은 운동에너지를 나타낸다. 이것은 빠른 혹은 초임계유동이다. 마찬가지로 더 큰 값 y_2는 높은 퍼텐셜에너지와 낮은 운동에너지를 나타낸다. 그

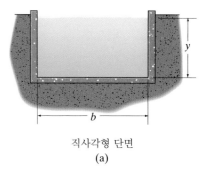

직사각형 단면
(a)

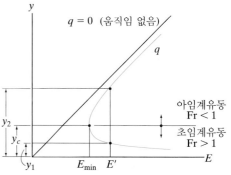

단위 폭당 유량에 대한
비에너지 선도
(b)

그림 12−6

것은 잔잔한 혹은 아임계유동을 나타낸다.

그래프에 나타낸 바와 같이 비에너지의 **최솟값** E_{min}은 **임계깊이** y_c에서 나타난다. 이 값은 식 (12-6)의 미분값을 0으로 놓고 $y = y_c$에서 그 결과값을 구하여 얻을 수 있다. q는 일정하므로

$$\frac{dE}{dy} = \frac{-q^2}{gy_c^3} + 1 = 0$$

$$y_c = \left(\frac{q^2}{g}\right)^{1/3} \tag{12-7}$$

직사각형 단면을 갖는 운하들은 종종 유량이 적거나 밀집된 거주지역의 제한된 공간 내에서 사용된다.

y_c를 식 (12-6)에 대입하면, E_{min}의 값은

$$E_{min} = \frac{y_c^3}{2y_c^2} + y_c = \frac{3}{2}y_c \tag{12-8}$$

요약하면, 이것은 액체가 요구되는 유량 q를 유지하면서 가질 수 있는 가장 작은 비에너지 값이다. 이는 그림 12-6b에서 곡선의 노즈 위치에서 발생하는데, 여기서는 유량 q가 임계깊이 y_c에 있게 된다.

이 깊이에서의 임계속도를 찾기 위해서는 $q = V_c y_c$를 식 (12-7)에 대입한다. 그 결과

$$y_c = \left(\frac{V_c^2 y_c^2}{g}\right)^{1/3}$$

따라서

$$\boxed{V_c = \sqrt{gy_c}} \tag{12-9}$$

유체가 임계속도에 있을 때 프라우드수는 다음과 같이 된다.

$$Fr = \frac{V_c}{\sqrt{gy_c}} = 1$$

따라서 그림 12-6b에 있는 곡선의 윗부분에 있는 임의의 점에 대하여 유동의 깊이는 임계깊이를 초과한다($y = y_2 > y_c$). 이 유동이 발생하면 $V < V_c$이고, 또한 $Fr < 1$이다. 즉, 아임계 혹은 잔잔한 유동이다. 마찬가지로, 곡선의 **아랫부분**에 있는 임의의 점에 대하여 유동의 깊이는 임계깊이보다 작다($y = y_1 < y_c$). 그러면 $V > V_c$이고 $Fr > 1$이다. 이 유동은 초임계 혹은 빠른 유동이다. 3가지 유동의 구분은 다음과 같다.

대형 배수로들은 비교적 쉽게 지을 수 있는 사다리꼴 형상으로 종종 축조된다. 엔지니어들은 지하수 흡수로 인한 벽 내부의 정수압력을 감소시키기 위해 경사면을 따라 '물구멍(weep hole)'을 설치한 점에 주목하라.

$$
\begin{array}{ll}
Fr < 1, y > y_c \;\; \text{또는} \;\; V < V_c & \text{아임계(잔잔한)유동} \\
Fr = 1, y = y_c \;\; \text{또는} \;\; V = V_c & \text{임계유동} \\
Fr > 1, y < y_c \;\; \text{또는} \;\; V > V_c & \text{초임계(빠른)유동}
\end{array} \tag{12-10}
$$

비에너지 선도가 y_c에서 분지되기 때문에 공학자들은 임계깊이에서 유동이 일어나도록 수로를 설계하지 않는다. 임계깊이의 유동은 **정지파**(stationary wave) 혹은 **기복**

(undulation) 현상이 액체표면에서 발생하고, 유동깊이의 미소 교란은 액체가 아임
계와 초임계유동 사이에서 계속적으로 바뀌게 되면서 불안정 조건을 유발한다.

비직사각형 단면   수로단면이 그림 12-7과 같이 비직사각형일 때 최소 비에너
지는 식 (12-5)의 미분을 취하여 그 값을 0으로 놓고 $A = A_c$를 만족시켜 얻어야 한
다. 그러면

$$\frac{dE}{dy} = \frac{-Q^2}{gA_c{}^3}\frac{dA}{dy} + 1 = 0$$

수로의 상단에서 띠 모양의 요소면적은 $dA = b_{top}\,dy$이고, 따라서

$$\frac{Q^2}{g} = \frac{A_c{}^3}{b_{top}} \tag{12-11}$$

그림 12-7에서 단면의 기하학적 형상을 나타내는 b_{top}과 A_c가 모두 임계깊이 y_c와
연관될 수 있다면, y_c에 대한 해는 이 식으로부터 결정할 수 있다. 불규칙한 단면에
대해 적용하고자 할 때에는 y_c에 대한 초깃값을 가정하고, 계산된 우변의 값을 좌
변의 상수값인 Q^2/g와 비교한다. 식을 만족할 때까지 y_c에 대한 반복계산을 수행
한다(예제 12.3 참조).

유동의 임계속도를 얻기 위해 $Q = V_c A_c$를 위 식에 대입하고 V_c에 대하여 푼다.
그러면

$$\boxed{V_c = \sqrt{\frac{gA_c}{b_{top}}}} \tag{12-12}$$

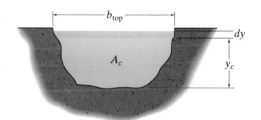

임의의 단면을 갖는
수로 내의 임계깊이

그림 12-7

를 얻는다. 이 속도에서 $Fr = 1$이고, 마찬가지로 임의의 다른 V에 대하여 유동은
식 (12-10)에 따라 초임계 혹은 아임계로 구분될 수 있다.

> **요점정리**

- 개수로 유동은 대부분 액체 내부에서 일어나는 혼합작용으로 인한 난류현상이다. 비록 속도형상이 매우 불규칙하기는 하지만, 타당한 해석을 위해 액체는 이상유체이고 유동은 1차원적이며, 단면에 걸쳐 평균 속도를 갖는 것으로 가정할 수 있다.
- 정상유동은 시간의 경과에 따라 특정 단면에서의 속도형상이 일정하게 유지될 것을 요구한다. 균일유동은 이 형상이 모든 단면에 있어 동일하게 유지될 것을 요구한다. 폭이 일정한 개수로에 균일유동이 일어날 때, 유동의 깊이는 전 수로를 통해 일정하게 유지된다.
- 개수로 유동은 중력에 대한 관성력의 비의 제곱근인 프라우드수에 따라 분류된다. $Fr = 1$일 때, **임계유동**이 깊이 y_c에서 일어난다. 표면에 생기는 파동은 **정적인 상태**에 있다. $Fr < 1$일 때에는, **아임계유동**이 깊이 $y > y_c$에서 일어나며, 표면에 만들어진 파는 **상류로 이동**이 가능하다. 마지막으로, $Fr > 1$일 때에는, **초임계유동**이 깊이 $y < y_c$에서 발생하며, 모든 파들은 **하류로 씻겨 내려간다.**
- 개수로에서 유동의 비에너지 혹은 비수두 E는 운동에너지와 **수로의 바닥에 위치한** 기준점으로부터 측정되는 퍼텐셜에너지의 합이다. 비에너지 선도는 주어진 유량 q에 대한 $E = f(y)$의 선도이다. 이 선도를 통해 유동은 낮은 깊이 $y < y_c$에서 $V > V_c$로 빠르게 이동하거나(높은 운동에너지와 낮은 퍼텐셜에너지), 더 깊은 $y > y_c$에서 $V < V_c$로 잔잔한 유동의 형태로 이동(낮은 운동에너지와 높은 퍼텐셜에너지)함을 알 수 있다.
- 주어진 유량 q의 비에너지는 유동이 **임계깊이** y_c에 있을 때 **최소**이다.

예제 12.1

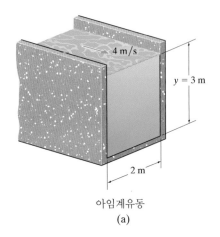

4 m/s

$y = 3$ m

2 m

아임계유동

(a)

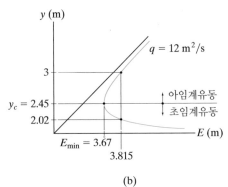

아임계유동
초임계유동

$y_c = 2.45$

2.02

$E_{min} = 3.67$

3.815

(b)

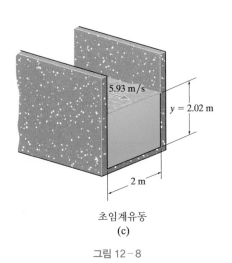

5.93 m/s

$y = 2.02$ m

2 m

초임계유동

(c)

그림 12-8

물이 그림 12-8a에 나타낸 바와 같이 직사각형 수로에서 흐르고 속도는 4 m/s이다. 만일 흐름의 깊이가 3 m인 경우 유동을 분류하시오. 그 유동과 동일한 비에너지를 공급하는 다른 깊이에서의 유동의 속도는 얼마인가?

풀이

유체 설명 유동은 균일하고 정상이며, 물은 이상유체라고 가정한다.

해석 유동을 분류하기 위해, 먼저 식 (12-7)로부터 임계깊이를 결정한다. 단위 폭당 유량은 $q = Vy = (4 \text{ m/s})(3 \text{ m}) = 12 \text{ m}^2/\text{s}$이므로

$$y_c = \left(\frac{q^2}{g}\right)^{1/3} = \left[\frac{(12 \text{ m}^2/\text{s})^2}{(9.81 \text{ m/s}^2)}\right]^{1/3} = 2.45 \text{ m}$$

여기서 $y_c < y = 3$ m이므로 유동은 아임계유동 혹은 잔잔한 유동이다.   *Ans.*

임의의 깊이 y에 대하여, 유동에 대한 비에너지는 식 (12-6)을 사용하여 결정된다.

$$E = \frac{(12 \text{ m}^2/\text{s})^2}{2(9.81 \text{ m/s}^2)y^2} + y \qquad (1)$$

이 식의 선도는 그림 12-8b에 나와 있다. $y = 3$ m에서

$$E = \frac{q^2}{2gy^2} + y = \frac{(12 \text{ m}^2/\text{s})^2}{2(9.81 \text{ m/s}^2)(3 \text{ m})^2} + 3 \text{ m} = 3.815 \text{ m}$$

$E = 3.815$ m와 동일한 비에너지를 제공하는 다른 깊이를 찾기 위해, 식 (1)에 이 값을 대입해야 한다. 식을 정리하면 다음을 얻는다.

$$y^3 - 3.815y^2 + 7.339 = 0$$

3차 방정식을 풀면,

$$y = 3 \text{ m} > 2.45 \text{ m} \qquad \text{아임계(이전과 같음)}$$
$$y = 2.024 \text{ m} < 2.45 \text{ m} \qquad \text{초임계} \qquad\qquad \textit{Ans.}$$
$$y = -1.21 \text{ m} \qquad \text{비실제적임}$$

그림 12-8c의 초임계 혹은 빠른 유동의 경우, 깊이가 $y = 2.024$ m일 때 속도는 반드시

$$q = Vy; \qquad\qquad 12 \text{ m}^2/\text{s} = V(2.024 \text{ m})$$
$$V = 5.93 \text{ m/s} \qquad\qquad \textit{Ans.}$$

이다. 임계유동에서의 비에너지는 식 (12-8), 즉 $E_{min} = \frac{3}{2}y_c$ 혹은 $y_c = 2.45$ m임을 이용하여 식 (1)로부터 결정할 수 있다. 그 값은 3.67 m이고, 그림 12-8b에 나와 있다.

요약하면, 비에너지 혹은 $E = 3.815$ m의 비수두를 갖는 유동은 깊이 2.02 m에서 빨라지고 혹은 3 m의 깊이에서는 잔잔하다. 동일한 유동이 다른 비에너지 값 E를 가지면, 식 (1)의 해로부터 얻어지는 2개의 서로 다른 깊이에서 나타난다.

예제 12.2

그림 12-9a에 나타난 수평 직사각형 수로는 폭이 2 m이고 점차적으로 좁아져 폭이 1 m 로 된다. 물이 8.75 m³/s의 유량으로 흐르고 2 m 단면에서 깊이가 0.6 m라면, 1 m 단면 에서의 깊이를 구하시오.

풀이

유체 설명 비록 천이구간에서는 비균일유동이 존재하기는 하지만, 각 영역에서 균일 한 정상유동이다. 물은 이상유체로 가정한다.

해석 폭이 넓은 단면에서 $q = (8.75 \text{ m}^3/\text{s})/(2 \text{ m}) = 4.375 \text{ m}^2/\text{s}$이므로, 임계깊이는

$$y_c = \left(\frac{q^2}{g}\right)^{1/3} = \left[\frac{(4.375 \text{ m}^2/\text{s})^2}{9.81 \text{ m/s}^2}\right]^{1/3} = 1.25 \text{ m}$$

이다. 이 단면에서는 깊이가 $y = 0.6 \text{ m} < y_c$이므로, 유동은 초임계유동 혹은 빠른 유동이다. $b = 2 \text{ m}$인 이 단면에서의 유동에 대한 비에너지는 식 (12-6)을 사용하여 구할 수 있다.

$$E = \frac{q^2}{2gy^2} + y = \frac{(4.375 \text{ m}^2/\text{s})^2}{2(9.81 \text{ m/s}^2)y^2} + y \qquad (1)$$

$y = 0.6 \text{ m}$일 때, $E = 3.310 \text{ m}$이다.

수로 바닥이 수평을 유지하고 또한 마찰손실이 없으므로, 이 E값은 수로를 통해 반드시 일정하게 유지된다. 폭이 1 m일 때, $q = (8.75 \text{ m}^3/\text{s})/(1 \text{ m}) = 8.75 \text{ m}^2/\text{s}$이고, 식 (12-6)은

$$E = \frac{q^2}{2gy^2} + y = \frac{(8.75 \text{ m}^2/\text{s})^2}{2(9.81 \text{ m/s}^2)y^2} + y \qquad (2)$$

가 된다. 이제 1 m 단면에서의 깊이를 알기 위해서는,

$$3.310 \text{ m} = \frac{(8.75 \text{ m}^2/\text{s})^2}{2(9.81 \text{ m/s}^2)y^2} + y$$

$$y^3 - 3.310y^2 + 3.902 = 0 \qquad (3)$$

이 단면에서 임계깊이는

$$y_c = \left(\frac{q^2}{g}\right)^{1/3} = \left[\frac{(8.75 \text{ m}^2/\text{s})^2}{9.81 \text{ m/s}^2}\right]^{1/3} = 1.98 \text{ m}$$

식 (3)을 깊이에 대하여 풀면,

$$y = 2.82 \text{ m} > 1.98 \text{ m} \qquad \text{아임계}$$
$$y = 1.45 \text{ m} < 1.98 \text{ m} \qquad \text{초임계}$$
$$y = -0.956 \text{ m} \qquad \text{비실제적임}$$

유동이 원래 초임계상태였기에 그 상태를 유지하고, 그래서 1 m 단면에서의 깊이는

$$y = 1.45 \text{ m} \qquad \qquad Ans.$$

이다. 식 (1)과 (2)를 그림 12-9b와 같이 도시하면, 왜 8.75 m³/s의 유동이 전 수로를 통

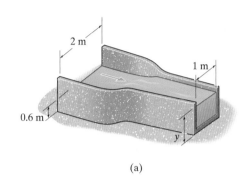

(a)

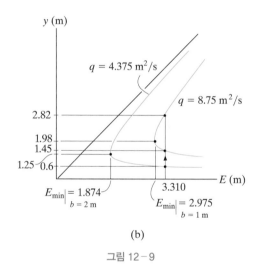

(b)

그림 12-9

해 초임계상태로 유지되는지 이해하는 데 도움이 될 것이다. 그림에서 E_{min}의 값은 식 (12-8)로부터 얻어진다. 수로의 폭이 점차 2 m에서 1 m로 좁아짐에 따라 수위는 $b=2$ m에 대한 곡선상의 $y=0.6$ m로부터, $b=1$ m에 대한 곡선상의 점 $y=1.45$ m에 도달할 때까지 상승한다. 물이 이 단면에서 $y=2.82$ m 이상의 깊이에 도달하는 것은 불가능하다. 왜냐하면 비에너지는 일정하게 유지되어야 하므로 $E_{min}=2.975$ m까지 감소할 수도 없고, 다시 요구되는 $E=3.310$ m까지 증가하는 것은 불가능하기 때문이다.

예제 12.3

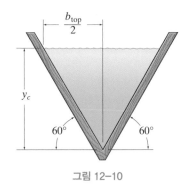

그림 12-10

수로는 그림 12-10에 보인 바와 같이 삼각형 단면을 갖는다. 유량이 12 m³/s인 경우 임계깊이를 구하시오.

풀이

유체 설명 이상유체의 정상유동으로 가정한다.

해석 임계유동에 대하여 비에너지는 최솟값이 요구되며, 이는 식 (12-11)을 만족해야 함을 의미한다. 그림 12-10으로부터,

$$b_{top} = 2(y_c \cot 60°) = 1.1547 y_c$$

$$A_c = \frac{1}{2} b_{top} y_c = \frac{1}{2}(1.1547 y_c) y_c = 0.5774 y_c^2$$

따라서

$$\frac{Q^2}{g} = \frac{A_c^3}{b_{top}}$$

$$\frac{(12 \text{ m}^3/\text{s})^2}{9.81 \text{ m/s}^2} = \frac{(0.5774 \, y_c^2)^3}{1.1547 y_c}$$

이를 풀면

$$y_c = 2.45 \text{ m} \qquad\qquad Ans.$$

12.4 둔덕 혹은 요철 위의 개수로 유동

액체가 그림 12-11a에 나타낸 것처럼 수로 바닥의 둔덕 위를 흐를 때에는, 수로 바닥의 증가된 높이로 인해 액체질량이 들어 올려지면서, 비에너지는 감소한다. 이 효과를 살펴보기 위해 높이 변화가 작고 짧은 거리에 걸쳐 일어난다는 가정하에 유동을 1차원, 즉 수평방향으로 고려한다. 또한 모든 마찰 효과는 무시한다.

둔덕 먼저 그림 12-11a와 같이 $y_1 < y_c$가 되어, 접근하는 유동이 초임계유동인 경우를 고려하자. 흐름이 둔덕 위를 지나감에 따라 액체는 거리 h만큼 상승하고,

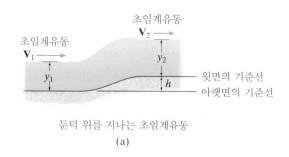

둔덕 위를 지나는 초임계유동
(a)

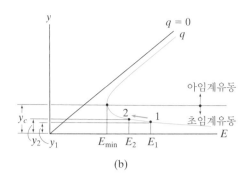

(b)

그에 따라 그림 12-11b에 표시한 바와 같이 유동의 깊이는 y_1에서 y_2로 증가한다. 다시 말하면, 액체를 h만큼 들어올리기 위해 에너지가 사용됨에 따라(퍼텐셜에너지 증가), 연속방정식으로 인해 액체는 여전히 초임계유동을 유지하기는 하지만 느려진다(운동에너지 감소).*

이제 잔잔한 유동의 경우, 그림 12-11c에서와 같이 $y_1 > y_c$인 경우를 고려하면, 둔덕을 지난 후 유동의 깊이는 y_1에서 y_2로 감소(퍼텐셜에너지 감소)하며, 유동속도의 증가(운동에너지 증가)를 초래한다. 하지만 그림 12-11d와 같은 아임계유동이 대부분이다.

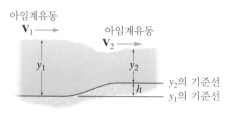

둔덕 위를 지나는 아임계유동
(c)

요철 그림 12-11e와 같이, 수로 바닥에 요철 혹은 언덕이 있으면, 유체를 들어 올리는 데 있어 E가 감소할 수 있는 한계가 존재한다. 그림 12-11f에 보인 바와 같이, 그 한계는 $(E_1 - E_{\min})$이다. 이 값이 요철의 최대 상승 $(y_c - y_1) = h_c$를 결정한다. 이 상승이 나타나면, 요철은 적절하게 설계되고, 비에너지는 곡선의 노즈 근처를 따라갈 수 있고 유동은 그에 따라, 예를 들어 초임계에서 아임계로 변한다.** 다시 말하면, 요철의 꼭대기에 도달할 때, 유동은 임계깊이에 있게 된다. 그리고 요철이 아래쪽으로 경사지기 시작하면서, 운동에너지가 유동에 더해진다. 비에너지가 E_1으로 돌아가면서 퍼텐셜에너지로 변환되어 깊이를 y_2로 높여준다.

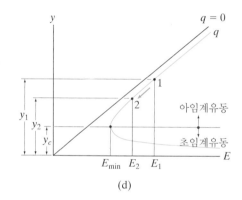

(d)

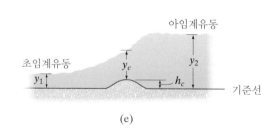

(e)

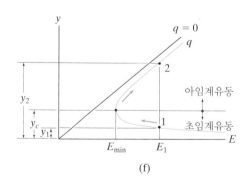

(f)

그림 12-11

---

 * 유동의 연속성은 $Q = V_1(y_1 b) = V_2(y_2 b)$ 혹은 $V_2 = V_1(y_1/y_2)$를 요구한다. 그러나 $y_1/y_2 < 1$이고, 따라서 $V_2 < V_1$이다.

** 요철에 대한 적절한 설계 형상 없이는, 흐름은 초임계유동으로 되돌아간다. 또한 적절히 설계된 요철은 아임계유동을 초임계유동으로 변화시킬 수 있다. 참고문헌 [2]를 참조하라.

예제 12.4

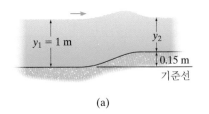

(a)

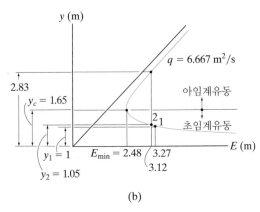

(b)

그림 12-12

물이 그림 12-12a의 폭 1.5 m인 직사각형 개수로를 통해 흐른다. 초기 깊이는 1 m이고 유량은 10 m³/s이다. 수로 바닥이 0.15 m 상승할 때, 새로운 깊이를 구하시오.

풀이

유체 설명   유동은 정상유동이고, 물은 이상유체로 가정한다.

해석   유동에 대한 임계깊이는 식 (12-7)로부터 정해진다. $q = (10\ \text{m}^3/\text{s})/(1.5\ \text{m}) = 6.667\ \text{m}^2/\text{s}$이므로

$$y_c = \left(\frac{q^2}{g}\right)^{1/3} = \left[\frac{(6.667\ \text{m}^2/\text{s})^2}{9.81\ \text{m/s}^2}\right]^{1/3} = 1.65\ \text{m}$$

그리고 최소 비에너지는 식 (12-8)에 의해

$$E_{min} = \frac{3}{2}y_c = \frac{3}{2}(1.65\ \text{m}) = 2.48\ \text{m}$$

원래 $y = 1\ \text{m} < 1.65\ \text{m}$이므로, 유동은 초임계 혹은 빠른 (유동) 상태이다.

물이 둔덕 위를 지남에 따라 물이 상승하게 되므로 비에너지의 일부는 잃게 된다. 둔덕의 왼편에서의 비에너지는 $y_1 = 1\ \text{m}$와 함께 식 (12-6)을 사용하면

$$E_1 = \frac{q^2}{2g\,y_1^2} + y_1$$

$$E_1 = \frac{(6.667\ \text{m}^2/\text{s})^2}{2(9.81\ \text{m/s}^2)(1\ \text{m})^2} + 1\ \text{m} = 3.27\ \text{m}$$

둔덕의 오른편에서, $E_2 = E_1 - h = 3.27\ \text{m} - 0.15\ \text{m} = 3.12\ \text{m}$이다. 따라서 식 (12-6)은

$$3.12\ \text{m} = \frac{(6.667\ \text{m}^2/\text{s})^2}{2(9.81\ \text{m/s}^2)y_2^2} + y_2$$

$$y_2^3 - 3.12\,y_2^2 + 2.265 = 0$$

이 된다. 3개의 근에 대하여 풀면

$$y_2 = 2.83\ \text{m} > 1.65\ \text{m} \qquad \text{아임계}$$
$$y_2 = 1.05\ \text{m} < 1.65\ \text{m} \qquad \text{초임계}$$
$$y_2 = -0.764\ \text{m} \qquad \text{비실제적임}$$

유동은 들어 올려지면서 $E_{min} = 2.48\ \text{m}$보다 더 작은 비에너지를 가질 수 없으므로 초임계상태를 유지해야 한다. 다시 말해, 비에너지 E는 그림 12-12b와 같이 3.12 m와 3.27 m 사이로 제한된다. 결과적으로

$$y_2 = 1.05\ \text{m} \qquad\qquad Ans.$$

이다.

---

*   각각의 경우 기준선은 해당 수로의 바닥으로 설정한다.

예제 12.5

물이 그림 12-13a의 폭 0.9 m를 가진 수로를 통해 흐른다. 유량이 2.5 m³/s이고 원래 깊이는 잔잔한 유동으로 0.75 m이다. 상류 흐름이 초임계유동이고, 유동이 하류에서 아임계유동으로 변할 수 있도록 하기 위해 수로 바닥에 놓이게 될 요철의 요구되는 높이를 구하시오.

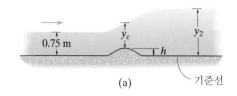

(a)

풀이

유체 설명 유동은 정상유동이고, 물은 이상유체로 가정한다.

해석 $q = (2.5 \text{ m}^3/\text{s})/(0.9 \text{ m}) = 2.7778 \text{ m}^2/\text{s}$이므로, 유동에 대한 임계깊이는

$$y_c = \left(\frac{q^2}{g}\right)^{1/3} = \left[\frac{(2.7778 \text{ m}^2/\text{s})^2}{9.81 \text{ m/s}^2}\right]^{1/3} = 0.9231 \text{ m}$$

$y_1 = 0.75 \text{ m} < y_c$이므로, 요철 전의 유동은 초임계유동이다. 또 최소 비에너지는

$$E_{min} = \frac{3}{2} y_c = \frac{3}{2}(0.9231 \text{ m}) = 1.385 \text{ m}$$

일반적으로, 유동에 대한 비에너지는

$$E = \frac{q^2}{2gy^2} + y; \qquad E = \frac{(2.7778 \text{ m}^2/\text{s})^2}{2(9.81 \text{ m/s}^2)y^2} + y$$

$$E = \frac{0.3933}{y^2} + y \qquad (1)$$

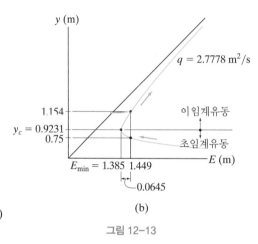

(b)

그림 12-13

따라서 깊이 $y_1 = 0.75 \text{ m}$에서는 그림 12-13b와 같이 $E_1 = 1.449 \text{ m}$이다. 동일한 비에너지에서의 아임계유동에 대한 깊이는 다음 식을 풀어서 결정할 수 있다.

$$1.449 = \frac{0.3933}{y^2} + y$$

$$y^3 - 1.449 y^2 + 0.3933 = 0$$

3개의 근들은

$y_2 = 1.154 \text{ m} > 0.9231 \text{ m}$	아임계
$y_2 = 0.75 \text{ m} < 0.9231 \text{ m}$	초임계(이전과 같음)
$y_2 = -0.455 \text{ m}$	비실제적임

그림 12-13b에 보인 바와 같이, 요철을 지나 아임계유동을 만들려면 요철 높이는 물로부터 $E_1 - E_{min} = 1.449 \text{ m} - 1.385 \text{ m} = 0.0645 \text{ m}$만큼의 비수두를 먼저 제거해야 한다. 그 다음에 요철의 정상을 막 지난 후 요철이 적절하게 설계되었다면, 동일한 양의 에너지가 회복될 것이고 잔잔한 유동이 새로운 깊이 $y_2 = 1.154 \text{ m}$에서 생기게 된다. 그러므로 요구되는 요철의 높이는

$$h = 0.0645 \text{ m} \qquad \textit{Ans.}$$

이다.

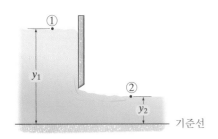

슬루스 게이트 아래의 유동

그림 12-14

슬루스 게이트들은 댐 뒤에 있는 저수지의 수위 조절을 위해 댐의 물마루에 설치된다.

12.5 슬루스 게이트 아래의 개수로 유동

슬루스 게이트(sluice gate)는 저수지로부터 수로로 액체의 배출량을 조절하기 위해 자주 사용되는 일종의 저류식 갑문이다. 그림 12-14에 보인 예에서 수문은 부분적으로 개방되어 있고 자유유출 상태이다. 유동에 대해 알아보기 위해 수문을 통한 마찰손실을 무시하고 이상유체의 정상유동을 가정한다. 이제 본질적으로 유동이 없는 점 1과 평균 속도 V_2를 갖는 정상유동 상태인 점 2 사이의 유선에 대하여 베르누이 방정식을 적용할 수 있다.

$$\frac{p_1}{\gamma} + \frac{V_1^2}{2g} + y_1 = \frac{p_2}{\gamma} + \frac{V_2^2}{2g} + y_2$$

$$0 + 0 + y_1 = 0 + \frac{V_2^2}{2g} + y_2$$

수로가 폭이 b인 직사각형이라면, 단위 폭당 유량 $q = Q/b$을 깊이의 함수로 얻기 위해 $q = V_2 y_2$라는 점을 이용할 수 있다. V_2에 대입하고 q에 대하여 정리하면

$$y_1 = \frac{q^2}{2gy_2^2} + y_2$$

$$q = \sqrt{2g}\left(y_2^2 y_1 - y_2^3\right)^{1/2} \tag{12-13}$$

를 얻는다. 수문의 개방과 폐쇄는 y_2와 또한 수문을 통과하는 유량을 변화시킨다. 최대유량은 위 식을 y_2에 관하여 미분을 취하고 그 값을 0으로 놓아 결정할 수 있다.

$$\frac{\partial q}{\partial y_2} = \sqrt{2g}\left[\left(\tfrac{1}{2}\right)\left(y_2^2 y_1 - y_2^3\right)^{-1/2}\left(2y_2 y_1 - 3y_2^2\right)\right] = 0$$

그 해는

$$y_2 = \frac{2}{3}y_1 \tag{12-14}$$

을 요구한다. y_2가 이 임계깊이일 때, 단위 폭당 최대유량은 식 (12-13)으로부터 결정된다.

$$q_{\max} = \sqrt{\frac{8}{27}gy_1^3} \tag{12-15}$$

최대유량, 즉 $y_2 = \frac{2}{3}y_1$이고 $V = q_{\max}/y_2$일 때, 프라우드수는

$$\mathrm{Fr} = \frac{V}{\sqrt{gy_2}} = \frac{q_{\max}/y_2}{\sqrt{gy_2}} = \frac{1}{y_2\sqrt{gy_2}}\sqrt{\frac{8gy_1^3}{27}} = \sqrt{\frac{8}{27}\left(\frac{y_1}{\frac{2}{3}y_1}\right)^3} = 1$$

따라서 슬루스 게이트를 지나는 유동의 분류는

---

* 수문에 작용하는 힘은 운동량 방정식을 사용하여 구할 수 있다(예제 6.3 참조).

$Fr < 1$	아임계유동
$Fr = 1$	임계유동
$Fr > 1$	초임계유동

과 같다. 이 결과들은 다음과 같이 설명될 수 있다. 상류가 아임계유동인 상태에서 수문이 개방되면, 수문을 지나는 유동의 속도는 증가하며 $Fr > 1$이다. 속도는 임계깊이 $y_2 = \frac{2}{3}y_1$에서 최댓값에 도달한다($Fr = 1$). 수문이 그 이상 열리면 유량은 이제 감소한다($Fr < 1$). 이때에는 중력이 관성력보다 더 커지게 된다. 다시 말하면, 반대편의 y_2가 충분히 커서 유체의 무게가 더 이상의 속도 증가를 제한하기 때문에 액체가 수문 밑을 통과하기가 더 어렵다. 실제 이 해석의 결과들은 수문 아래의 마찰손실을 고려하기 위해 어느 정도 수정된다. 이를 위해 보통 유량에 실험적 **송출계수**(discharge coefficient)를 곱하여 사용한다. 참고문헌 [8]을 참조하라.

> **요점정리**
>
> - 정상상태 유동은 수로가 폭의 변화나 높이의 변화(상승 혹은 하강)를 경험하기 이전과 이후에는 아임계 혹은 초임계상태로 **유지된다**.
> - 요철은 유동을 하나의 형식에서 다른 형식, 예를 들어 초임계상태에서 아임계상태로 변화시키고자 할 때 설계될 수 있다. 이는 요철이 처음에는 유동으로부터 비에너지를 제거하여 유동이 임계깊이가 되도록 하고, 그 다음에 원래의 비에너지로 되돌아오게 하기 때문에 일어난다. 그렇게 함으로써 비에너지가 비에너지 선도의 '노즈' 근처로 이동할 수 있게 해준다.
> - 수로의 상승, 요철, 혹은 슬루스 게이트 밑을 지나는 정상유동은 천이 길이가 대개 짧기 때문에 마찰손실이 없는 1차원 유동으로 근사화할 수 있다. 천이의 양쪽 유동은 프라우드수에 따라 분류된다.
> - 슬루스 게이트 밑을 통과하는 최대유량은 출구유동의 깊이가 $y_2 = \frac{2}{3}y_1$이 되도록 개방되었을 때 발생한다.

예제 12.6

그림 12-15의 슬루스 게이트는 깊이 6 m의 대형 저수지로부터 물의 흐름을 제어하는 데 사용된다. 폭 4 m인 수로로 개방되면, 수로를 통해 발생 가능한 최대유량 및 관련된 유동의 깊이를 구하시오.

풀이

유체 설명   저수지의 수면은 수위가 일정하며 정상유동을 갖는다. 또한 물은 이상유체로 가정한다.

해석   최대유량은 임계깊이에서 발생하고, 식 (12-14)로부터 결정된다.

$$y_2 = \frac{2}{3}y_1 = \frac{2}{3}(6 \text{ m}) = 4 \text{ m} \qquad \qquad Ans.$$

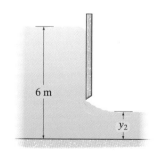

그림 12-15

이 깊이에서 유량은 식 (12-15)로부터 결정된다.

$$Q_{max} = q_{max}b; \quad Q_{max} = \left(\sqrt{\frac{8}{27}gy_1{}^3}\right)b$$
$$= \left(\sqrt{\frac{8}{27}(9.81 \text{ m/s}^2)(6 \text{ m})^3}\right)(4 \text{ m})$$
$$= 100.23 \text{ m}^3/\text{s} = 100 \text{ m}^3/\text{s} \qquad \textit{Ans.}$$

기대한 바와 같이, 이 유동에 대한 프라우드수는 다음과 같다.

$$\text{Fr} = \frac{V_c}{\sqrt{gy_c}} = \frac{(100.23 \text{ m}^3/\text{s})/[4 \text{ m}(4 \text{ m})]}{\sqrt{(9.81 \text{ m/s}^2)(4 \text{ m})}} = 1$$

예제 12.7

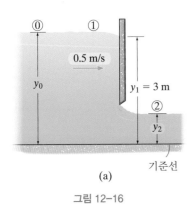

(a)

그림 12-16

그림 12-16a의 폭 2 m의 수로에서 흐름이 슬루스 게이트에 의해 통제된다. 슬루스 게이트는 부분적으로 개방되어 게이트 근처의 물의 깊이는 3 m이고 평균 속도는 0.5 m/s이다. 사실상 정지상태에 있는 먼 상류의 물의 깊이를 구하고, 또한 자유유출이 발생하는 게이트 하류에서의 깊이를 구하시오.

풀이

유체 설명 슬루스 게이트에서 멀리 떨어진 곳의 물은 깊이가 일정하여 점 1과 2에서의 유동은 정상인 것으로 가정한다. 또한 물은 이상유체로 가정한다.

해석 베르누이 방정식이 수면의 유선상에 위치한 점 0과 1 사이에 적용되면

$$\frac{p_0}{\gamma} + \frac{V_0{}^2}{2g} + y_0 = \frac{p_1}{\gamma} + \frac{V_1{}^2}{2g} + y_1$$
$$0 + 0 + y_0 = 0 + \frac{(0.5 \text{ m/s})^2}{2(9.81 \text{ m/s}^2)} + 3 \text{ m}$$
$$y_0 = 3.01274 \text{ m} = 3.0127 \text{ m} \qquad \textit{Ans.}$$

베르누이 방정식은 점 1과 2 사이에 적용될 수 있으나, 또한 점 0과 2 사이에도 적용 가능하다. 그렇게 하면

$$\frac{p_0}{\gamma} + \frac{V_0{}^2}{2g} + y_0 = \frac{p_2}{\gamma} + \frac{V_2{}^2}{2g} + y_2$$
$$0 + 0 + 3.0127 \text{ m} = 0 + \frac{V_2{}^2}{2(9.81 \text{ m/s}^2)} + y_2 \qquad (1)$$

연속방정식은 점 1과 2에서 유량이 동일하여야 함을 요구한다.

$$Q = V_1A_1 = V_2A_2$$
$$(0.5 \text{ m/s})[3 \text{ m} (2 \text{ m})] = V_2y_2(2 \text{ m})$$
$$V_2y_2 = 1.5$$

$V_2 = 1.5/y_2$를 식 (1)에 대입하면,

$$y_2^3 - 3.01274y_2^2 + 0.11468 = 0$$

3개의 해를 구하면,

$$y_2 = 3 \text{ m}(= y_1) \qquad \text{아임계(이전과 같음)}$$
$$y_2 = 0.2020 \text{ m} \qquad \text{초임계}$$
$$y_2 = -0.1892 \text{ m} \qquad \text{비실제적임}$$

첫 번째 해는 깊이 $y_2 = y_1 = 3$ m를 보이고, 두 번째 해는 게이트 하류의 깊이이다. 따라서

$$y_2 = 0.2020 \text{ m} \qquad\qquad\qquad Ans.$$

이다. 수로의 바닥높이는 일정하고 게이트를 통한 마찰손실은 (이상유체로) 무시하였으므로, 유동에 대한 비에너지는 점 0, 1, 혹은 2로부터 결정된다. 점 1을 이용하여,

$$E = \frac{q^2}{2gy_2^2} + y_2 = \frac{[(0.5 \text{ m/s}) (3 \text{ m})]^2}{2(9.81 \text{ m/s}^2)(3 \text{ m})^2} + 3 \text{ m} = 3.01274 \text{ m} = 3.0127 \text{ m}$$

비에너지 선도는 그림 12-16b에 나와 있다. 여기서

$$y_c = \frac{2}{3}y_0 = \frac{2}{3}(3.01274 \text{ m}) = 2.0084 \text{ m} = 2.008 \text{ m}$$

$$E_{min} = \frac{q^2}{2gy_c^2} + y_c = \frac{[(0.5 \text{ m/s})(3 \text{ m})]^2}{2(9.81 \text{ m/s}^2)(2.0084 \text{ m})^2} + 2.0084 \text{ m} = 2.037 \text{ m}$$

언급한 바와 같이, 게이트 주위의 상류에는 아임계유동이 발생하고, 하류에는 초임계유동이 생긴다.

(b)

그림 12-16 (계속)

12.6 정상 균일 수로 유동

모든 개수로들은 거친 표면을 갖고 있으므로, 수로 내에서 정상 균일유동을 유지하기 위해서는 길이방향을 따라 일정한 경사와 일정한 단면적과 표면조도를 갖는 것이 필수적이다. 이런 조건들이 실제로는 거의 발생하지 않음에도 불구하고, 이런 가정들에 기초한 해석이 종종 배수로와 관개 시스템용의 많은 형식의 수로설계에서 사용되고 있다. 더욱이 이 해석은 때때로 개천과 강 같은 자연수로의 일정유량특성을 근사화하는 데에도 사용된다.

공학현장에서 보통 사용되는 전형적인 각기둥 단면의 개수로들을 그림 12-17에 나타내었다. 이들 형상과 관계되는 중요한 기하학적 성질은 다음과 같이 정의된다.

유동면적 A 유동단면의 면적. 그림 12-17에서 파란색으로 표시

접수길이 P 수로와 액체가 접촉하는 수로 단면의 둘레. 자유액체표면 위의 거리는 포함되지 않는다. 그림 12-17에서 빨간색으로 표시

수력반경 R_h 접수길이에 대한 유동단면의 면적 비

$$R_h = \frac{A}{P} \qquad\qquad (12-16)$$

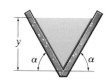
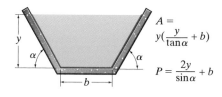

그림 12-17

사다리꼴 단면을 갖는 배수로

레이놀즈수 개수로 유동에서 레이놀즈수는 일반적으로 Re = VR_h/ν로 정의되고, 여기서 수력반경 R_h가 '특성길이'이다. 실험에 의하면 층류는 단면의 형상에 따라 다르기는 하지만 많은 경우 Re ≤ 500로 명시될 수 있다. 예를 들어, 폭 1 m이고 유동깊이 0.5 m인 직사각형 단면을 갖는 수로는 $R_h = A/P = [1 \text{ m}(0.5 \text{ m})]/[2(0.5 \text{ m}) + 1 \text{ m}] = 0.25$ m의 수력반경을 갖는다. 그 수로가 표준 온도에서 물을 수송하고 있다면, 층류를 유지하기 위한 평균 속도는

$$\text{Re} = \frac{VR_h}{\nu}; \qquad 500 = \frac{V(0.25 \text{ m})}{1.00(10^{-6}) \text{ m}^2/\text{s}}$$

$$V = 2.00 \text{ mm/s}$$

이하가 되어야 한다. 이 흐름은 매우 느리고, 따라서 앞에서 언급한 바와 같이 실제로 모든 개수로 유동은 난류이다. 사실상, 거의 모든 유동은 매우 높은 레이놀즈수에서 발생한다.

체지 방정식 수로의 표면이 거칠고 그에 따라 길이 L 방향으로 수두손실이 일어나므로 경사진 수로를 따라 흐르는 정상 균일유동을 해석하기 위해서 에너지 방정식을 적용할 것이다. 그림 12-18에 나타난 액체에 대하여 검사체적을 고려한다면, 수직방향의 검사표면들은 같은 높이 y를 갖는다. 또한 $V_\text{in} = V_\text{out} = V$이다. 수력학적 수두 $p/\gamma + z$를 계산하기 위해 액체표면상에 있는 점들을 기준으로 삼는다. 이때 $p_\text{in} = p_\text{out} = 0$이다.[*]

$$\frac{p_\text{in}}{\gamma} + \frac{V_\text{in}^2}{2g} + z_\text{in} + h_\text{pump} = \frac{p_\text{out}}{\gamma} + \frac{V_\text{out}^2}{2g} + z_\text{out} + h_\text{turbine} + h_L$$

$$0 + \frac{V^2}{2g} + y + \Delta y + 0 = 0 + \frac{V^2}{2g} + y + 0 + h_L$$

여기서 $\Delta y = L \sin \theta$ 이다. 작은 경사 혹은 작은 각도 θ 에 대하여, $\sin \theta \approx \tan \theta = S_0$ 이다. 그러면 $\Delta y = LS_0$이고

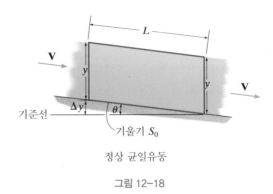

정상 균일유동

그림 12-18

---

[*] 이 수두는 각각의 열린 검사표면에서 일정하게 유지되며 예제 5.12에 소개된 바와 같이 표면상의 한 점에 대해서 계산될 수 있다.

$$h_L = LS_0$$

이다. 이 수두는 또한 다르시-바이스바흐 방정식을 이용하여

$$h_L = f\left(\frac{L}{D_h}\right)\frac{V^2}{2g}$$

로도 표현할 수 있다. 다양한 단면을 갖는 수로들을 고려하여, 여기서는 수력직경 $D_h = 4R_h$을 사용한다. 여기서 R_h는 10.1절에서 논의된 바와 같이 수력반경 혹은 접수길이에 대한 단면적의 비이다. 위의 두 식을 같게 놓고 V에 대하여 풀면,

$$V = C\sqrt{R_h S_0} \qquad (12\text{-}17)$$

를 얻고, 여기서 $C = \sqrt{8g/f}$이다.

이 결과는 1775년에 이를 실험적으로 추론해낸 프랑스 엔지니어 Antoine de Chézy의 이름을 따서 **체지의 식**(Chézy formula)으로 알려져 있다. 계수 C는 원래 상수로 여겨졌다. 하지만 그 후 실험을 통해 계수 C는 수로의 단면형상과 표면조도에 의존하는 것으로 밝혀졌다.

매닝 방정식

1891년에 아일랜드 공학자 Robert Manning은 C의 값을 수력반경과 $s/m^{1/3}$의 단위를 갖는 차원의 **표면조도계수**(surface roughness coefficient) n의 함수로 표현하는 방법을 확립하였다. 그는 $C = R_h^{1/6}/n$임을 밝혔다. 공학문제에서 종종 마주치는 공통적인 표면조건에 대한 전형적인 SI 단위계에서의 n값들은 표 12-1에 나열되어 있다(참고문헌 [2] 참조). 임의의 한 표면에 대한 n값은 수로의 형상과 크기, 그리고 수심에 따라 달라지므로 일정 범위의 값으로 제시되었다는 점에 주목하라. 또한 표면조도는 수로의 길이방향으로 변동 가능성이 있고, 시간의 경과에 따른 식물의 성장과 침식 효과로 인해 n값은 달라지게 된다. 결과적으로 설계를 위해 특정한 값을 선택할 때 주의가 필요하다. 평균 속도를 n의 항으로 표시하면, **매닝 방정식**(Manning equation)은

$$V = \frac{kR_h^{2/3}S_0^{1/2}}{n} \qquad (12\text{-}18)$$

이다. n이 표 12-1로부터 선택되면

$$k = 1 \text{ (SI 단위계)} \qquad (12\text{-}19)$$

이다. 이 공식은 상당히 정확한 결과를 제공하므로 계속해서 널리 사용되고 있다. $Q = VA$이고 수력반경은 $R_h = A/P$이므로, 식 (12-18)은 체적유량의 항으로도 표현될 수 있다. 즉

$$Q = \frac{kA^{5/3}S_0^{1/2}}{nP^{2/3}} \qquad (12\text{-}20)$$

표 12-1 표면조도계수

둘레	n
자연수로	
풀밭	$0.02 - 0.04$
드문드문한 초목	$0.05 - 0.1$
무성한 잡초	$0.07 - 0.15$
단단한 땅	$0.025 - 0.032$
부드러운 땅	$0.017 - 0.025$
자갈면	$0.02 - 0.035$
바위로 된 표면	$0.035 - 0.050$
인공수로	
강철	$0.012 - 0.018$
주철	$0.012 - 0.019$
파형강판	$0.022 - 0.030$
마감콘크리트	$0.010 - 0.013$
치기콘크리트	$0.012 - 0.016$
성형콘크리트	$0.011 - 0.015$
벽돌표면	$0.013 - 0.018$
목재	$0.010 - 0.013$

---

* 단순화하기 위해, n을 포함하는 모든 식에 수치자료를 대입할 때 n의 단위는 포함시키지 않는다.

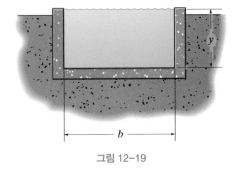

그림 12–19

사다리꼴 단면을 갖는 콘크리트 수로를 통과하는 유동

최적의 수력학적 단면   주어진 경사 S_0와 표면조도 n에 대하여, 접수길이 P가 감소하면 유량 Q는 증가한다. 따라서 최대유량 Q는 접수길이 P를 최소화함으로써 얻을 수 있다. 그런 일정한 단면은 수로를 건설하는 데 필요한 재료의 양을 최소화하고 유량을 최대화하기 때문에 **최적의 수력학적 단면**(best hydraulic cross section)이라고 불린다. 예를 들면, 그림 12–9에서와 같이 수로가 주어진 폭 b와 액체깊이 y를 갖는 직사각형 단면을 갖는다면 $A = by$이고, 따라서 $P = 2y + b = 2y + A/y$가 된다. 그러므로 b와 y 사이의 관계는 아직 알려져 있지 않지만, 일정한 A값에 대하여

$$\frac{dP}{dy} = \frac{d}{dy}\left(2y + \frac{A}{y}\right) = 2 - \frac{A}{y^2} = 0$$

$$A = 2y^2 = by \quad \text{혹은} \quad y = \frac{b}{2}$$

따라서 깊이 $y = b/2$로 흐르는 직사각형 수로는 수로를 건설하기 위해 사용되는 재료가 가장 적게 든다. 이 설계치수는 또한 최대의 균일유동 유량을 제공하기에 직사각형에 대한 최적의 단면인 것이다.

엄격한 의미에서 준원형 단면은 최고의 설계형상이다. 그러나 매우 큰 유량에 대해서는 이 형상은 일반적으로 토목공사가 어렵고 건설하는 데 비용이 많이 든다. 대신 대형 수로들은 사다리꼴 단면을 갖거나 혹은 낮은 깊이에 대해서는 수로의 단면은 직사각형일 수 있다. 어느 경우이건 주어진 단면형상에 대한 최적의 수력학적 단면은 항상 여기에서 제시된 것처럼, 접수길이를 단면적의 항으로 표현하고 그 미분값을 0으로 둠으로써 결정된다. 일단 최적의 단면이 얻어지면, 그 내부의 균일속도는 매닝 방정식을 사용하여 결정할 수 있다.

임계경사   식 (12-20)을 수로의 경사에 관하여 풀면, 수력반경 $R_h = A/P$의 항으로 나타낼 수 있고, 그러면

$$S_0 = \frac{Q^2 n^2}{k^2 R_h^{4/3} A^2} \tag{12-21}$$

수로의 기울기

를 얻는다. 임의의 단면을 가진 수로에 대한 **임계경사**(critical slope)는 흐름의 깊이가 임계깊이여야 한다는 점을 요구하며, 임계깊이는 식 (12-11)로부터 결정되므로 임계경사에 대한 위의 식은

$$S_c = \frac{n^2 g A_c}{k^2 b_{\text{top}} R_{hc}^{4/3}} \tag{12-22}$$

임계경사

가 된다. 여기서 임계면적 A_c와 수력반경 R_{hc}는 해당 단면에 대하여 $y = y_c$로 하여 결정된다. 깊이 y의 경우와 마찬가지로, 이 식을 사용하면 수로의 실제 경사 S_0를 임계경사 S_c와 비교할 수 있고, 그렇게 함으로써 유동을 분류할 수 있다.

$$S_0 < S_c \qquad \text{아임계유동}$$
$$S_0 = S_c \qquad \text{임계유동}$$
$$S_0 > S_c \qquad \text{초임계유동}$$

다음의 예제들은 이런 개념들의 몇 가지 응용사례를 보여준다.

요점정리

- 정상 균일 개수로 유동은 수로가 **일정한** 경사와 표면조도를 가지며, 수로 내의 액체가 **일정한** 단면을 가질 때 일어날 수 있다. 이 유동이 발생하면, 액체에 미치는 중력은 수로의 바닥과 가장자리를 따라 발생하는 마찰력과 균형을 이룬다.
- 매닝 방정식은 정상 균일유동을 갖는 개수로에서 평균 속도를 결정하는 데 사용될 수 있다.
- 일정한 유량, 경사 및 표면조도를 갖는 임의로 주어진 형상의 수로에 대하여 최적의 수력학적 단면은 해당 접수길이를 최소화함으로써 결정할 수 있다.
- 수로 내에서의 정상 균일유동의 분류는 경사 S_0를 임계경사 S_c와 비교하여 결정할 수 있다.

예제 12.8

그림 12-20의 수로는 마감된 콘크리트로 제작되고, 바닥은 수평거리 1000 m당 고도가 2 m 내려간다. 물의 깊이가 2 m일 때, 정상 균일유동의 체적유량을 구하시오. $n = 0.012$로 한다.

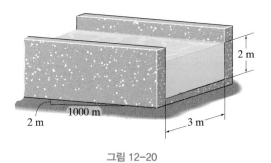

그림 12-20

풀이

유체 설명   유동은 정상 균일유동이고, 물은 비압축성 유체로 가정하며 평균 유속 V를 갖는다.

해석   여기에서는 SI 단위계에 대한 $k = 1$과 함께 매닝 방정식을 사용한다. 수로의 경사는 $S_0 = 2\,\text{m}/1000\,\text{m} = 0.002$이다. 또한 2 m 깊이의 물에 대하여 수력반경은

$$R_h = \frac{A}{P} = \frac{(3\,\text{m})(2\,\text{m})}{2(2\,\text{m}) + 3\,\text{m}} = 0.8571\,\text{m}$$

이다. 식 (12-18)을 적용하면

$$V = \frac{kR_h^{2/3}S_0^{1/2}}{n}$$

$$\frac{Q}{(3\text{ m})(2\text{ m})} = \frac{(1)(0.8571\text{ m})^{2/3}(0.002)^{1/2}}{0.012}$$

$$Q = 20.18\text{ m}^3/\text{s} = 20.2\text{ m}^3/\text{s} \qquad\qquad Ans.$$

예제 12.9

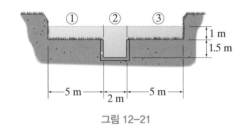

그림 12-21

그림 12-21의 수로는 마감되지 않은 콘크리트 단면($n=0.014$)과 양편에 가벼운 수초가 있는 범람 영역($n=0.050$)으로 구성된다. 수로의 바닥이 0.0015의 경사를 가지면, 그림과 같이 깊이 2.5 m일 때 정상 체적유량을 구하시오.

풀이

유체 설명   정상 균일유동이고, 물은 비압축성 유체로 가정한다.

해석   근사해를 얻기 위해, 단면은 그림 12-21과 같이 3개의 조합된 직사각형으로 구분되었다. 따라서 전체 단면을 통과하는 유동은 각각의 조합된 직사각형을 통한 흐름의 합이다. 계산 과정에서 직사각형들 사이의 액체 경계는 수로 벽면 혹은 바닥의 일부가 아니므로 접수길이에 포함되지 않음에 주의하라. 전술한 바와 같이, 마감되지 않은 콘크리트에 대하여 $n=0.014$이고, 수초가 있는 범람영역에 대해서는 $n=0.050$이므로, 식 (12-20)의 형식으로 쓰인 매닝 방정식을 사용하면

$$Q = \Sigma\frac{kA^{5/3}S_0^{1/2}}{nP^{2/3}} = (1)\,S_0^{1/2}\left(\frac{A_1^{5/3}}{n_1P_1^{2/3}} + \frac{A_2^{5/3}}{n_2P_2^{2/3}} + \frac{A_3^{5/3}}{n_3P_3^{2/3}}\right)$$

$$= (0.0015)^{1/2}\left[\frac{[(5\text{ m})(1\text{ m})]^{5/3}}{0.050(1\text{ m}+5\text{ m})^{2/3}} + \frac{[(2\text{ m})(2.5\text{ m})]^{5/3}}{0.014(1.5\text{ m}+2\text{ m}+1.5\text{ m})^{2/3}} + \frac{[(5\text{ m})(1\text{ m})]^{5/3}}{0.050(1\text{ m}+5\text{ m})^{2/3}}\right]$$

$$= 20.7\text{ m}^3/\text{s} \qquad\qquad\qquad\qquad Ans.$$

예제 12.10

그림 12-22a에 있는 삼각형 용수로가 협곡을 건너 물을 운반하기 위해 사용된다. 용수로는 나무로 만들어지고 경사는 $S_0=0.001$이다. 의도된 유량이 $Q=3\text{ m}^3/\text{s}$일 때, 유동의 깊이를 구하시오. $n=0.012$로 한다.

풀이

유체 설명   비압축성 유체의 정상 균일유동으로 가정한다.

해석 y가 그림 12-22b의 유동의 깊이이면

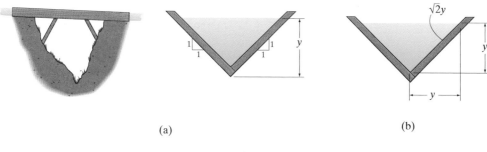

(a)   (b)

그림 12–22

$$P = 2\sqrt{2}y \quad \text{그리고} \quad A = 2\left[\frac{1}{2}(y)(y)\right] = y^2$$

이다. SI 단위계에 대하여

$$Q = \frac{kA^{5/3}S_0^{1/2}}{nP^{2/3}}; \qquad 3 \text{ m}^3/\text{s} = \frac{(1)(y^2)^{5/3}(0.001)^{1/2}}{0.012(2\sqrt{2}y)^{2/3}}$$

$$y = 1.36 \text{ m} \qquad\qquad\qquad Ans.$$

예제 12.11

그림 12-23의 수로는 삼각형 단면을 갖고 있으며 마감되지 않은 콘크리트로 만들어졌다. 유량이 1.5 m³/s일 때, 임계유동을 만드는 경사를 구하시오. $n = 0.014$로 한다.

풀이

유체 설명 비압축성 유체의 정상 균일유동을 가정한다.

해석 임계경사는 식 (12-22)를 사용하여 결정되지만, 먼저 임계깊이를 구해야 한다.

$$A_c = 2\left[\frac{1}{2}\left(\frac{1}{2}y_c\right)y_c\right] = \frac{1}{2}y_c^2$$

$$b_{\text{top}} = 2\left(\frac{1}{2}y_c\right) = y_c$$

식 (12-11)을 적용하면

$$\frac{Q^2}{g} = \frac{A_c^3}{b_{\text{top}}}$$

$$\frac{(1.5 \text{ m}^3/\text{s})^2}{9.81 \text{ m/s}^2} = \frac{\left(\frac{1}{2}y_c^2\right)^3}{y_c}$$

$$y_c = 1.129 \text{ m}$$

이 값들을 이용하면

(© Andrew Orlemann/Shutterstock)

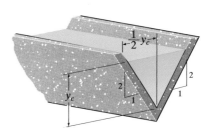

그림 12-23

$$b_{top} = 1.129 \text{ m}$$

$$A_c = \tfrac{1}{2}(1.129 \text{ m})^2 = 0.6374 \text{ m}^2$$

$$P_c = 2\sqrt{(1.129 \text{ m})^2 + (1.129 \text{ m}/2)^2} = 2.525 \text{ m}$$

$$R_{hc} = \frac{A_c}{P_c} = \frac{0.6374 \text{ m}^2}{2.525 \text{ m}} = 0.2525 \text{ m}$$

따라서

$$S_c = \frac{n^2 g A_c}{k^2 b_{top} R_{hc}^{4/3}} = \frac{(0.014)^2(9.81 \text{ m/s}^2)(0.6374 \text{ m}^2)}{(1)^2(1.129 \text{ m})(0.2525 \text{ m})^{4/3}} = 0.00680 \qquad \textit{Ans.}$$

그러므로 수로가 유량 $Q = 1.5 \text{ m}^3/\text{s}$를 가지면, S_c보다 작은 임의의 경사는 아임계(잔잔한)유동을, S_c보다 큰 경사는 초임계(빠른)유동을 만든다.

12.7 점진적으로 변하는 유동

앞 절에서는 일정한 경사를 갖는 개수로 내의 정상 균일유동에 관하여 다루었다. 이 경우 유동은 특정 깊이에서 나타나야 하고, 그에 따라 그 깊이는 수로의 길이에 대해 일정하게 유지된다. 그러나 수로의 경사 혹은 단면적이 점차 변화하거나 혹은 유동이 천이상태가 되면 액체의 깊이는 그 길이를 따라 변하고 정상 비균일유동이 얻어진다.

이 경우를 해석하기 위하여 그림 12-24에 보인 미분형 검사체적 상의 'in'과 'out' 단면 사이에 에너지 방정식을 적용한다. 수력학적 수두 항[*] $p/\gamma + z$를 계산하기 위해 액체표면의 상단에 있는 점을 선택한다. 여기서 $p_{in} = p_{out} = 0$이고, 따라서

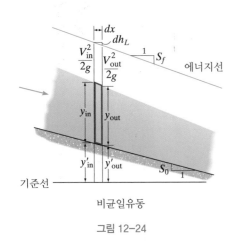

비균일유동

그림 12-24

$$\frac{p_{in}}{\gamma} + \frac{V_{in}^2}{2g} + y_{in} + h_{pump} = \frac{p_{out}}{\gamma} + \frac{V_{out}^2}{2g} + y_{out} + h_{turbine} + h_L$$

$$0 + \frac{V_{in}^2}{2g} + (y'_{in} + y_{in}) + 0 = 0 + \frac{V_{out}^2}{2g} + (y'_{out} + y_{out}) + 0 + dh_L$$

$$\frac{V_{in}^2}{2g} - \frac{V_{out}^2}{2g} = (y_{out} - y_{in}) + (y'_{out} - y'_{in}) + dh_L$$

좌변의 두 항들은 길이 dx에 걸친 속도수두의 **변화량**을 나타낸다. 또한 $y_{out} - y_{in} = dy$이고, $y'_{out} - y'_{in} = -S_0\, dx$이며, 여기서 S_0는 수로 바닥의 기울기로서 이는 오른쪽으로 낮게 기울 때 양의 값을 갖는다. 따라서

$$-\frac{d}{dx}\left(\frac{V^2}{2g}\right) dx = dy - S_0\, dx + dh_L$$

마찰경사(friction slope) S_f를 에너지구배선의 기울기로 정의하면, 그림 12-24에

---

[*] 예제 5.12에 설명된 바와 같이 열린 검사표면의 임의의 점이 선택될 수 있다.

나타낸 바와 같이 $dh_L = S_f\,dx$이다. dh_L에 대한 이 식을 위 방정식에 대입하고 정리하면

$$\frac{dy}{dx} + \frac{d}{dx}\left(\frac{V^2}{2g}\right) = S_0 - S_f \qquad (12\text{-}23)$$

직사각형 단면 만일 수로가 폭 b로 일정한 직사각형 단면을 갖는다면 $V = Q/by$이고, 따라서

$$\frac{d}{dx}\left(\frac{V^2}{2g}\right) = \frac{d}{dx}\left(\frac{Q^2}{2gb^2y^2}\right) = -2\left(\frac{Q^2}{2gb^2y^3}\right)\frac{dy}{dx} = -\left(\frac{V^2}{gy}\right)\left(\frac{dy}{dx}\right)$$

최종적으로 이 결과는 프라우드수의 항으로 나타낼 수 있다. $\mathrm{Fr} = V/\sqrt{gy}$이므로, $V^2/gy = \mathrm{Fr}^2$이다. 따라서

$$\frac{d}{dx}\left(\frac{V^2}{2g}\right) = -\mathrm{Fr}^2\frac{dy}{dx}$$

직사각형 단면에 대하여 식 (12-23)은 이제 다음과 같이 표현될 수 있다.

$$\boxed{\frac{dy}{dx} = \frac{S_0 - S_f}{1 - \mathrm{Fr}^2}} \qquad (12\text{-}24)$$

표면형상 Fr^2은 y의 함수이므로, 위 식은 수로를 따라 x의 함수로 액체표면의 깊이 y를 얻기 위해 적분을 요구하는 비선형 1계 미분방정식이다. 특별히 수로 바닥의 기울기가 변하거나 유동이 댐 혹은 슬루스 게이트와 같은 방해물을 만날 때에는 이 표면의 형상과 그 깊이를 결정할 수 있어야 한다는 점이 중요하다. 왜냐하면 홍수, 범람, 혹은 다른 예기치 못한 영향이 발생할 가능성이 있기 때문이다.

표 12-2에 보인 바와 같이, 액체표면이 형성될 수 있는 12개의 가능한 형상들이 나와 있다. 각 그룹의 형상들은 수로의 경사에 의해 분류되는데, 즉 수평(H), 완만함(M), 임계(C), 가파름(S), 혹은 역전(A)으로 분류된다. 또한 각각의 형상은 균일 혹은 정규유동의 깊이 y_n 및 임계유동의 깊이 y_c에 비교한 실제 유동의 깊이 y에 의해 결정되는 무차원수에 의해 표현되는 **영역**(zone)으로 분류된다. 제1영역은 y값이 크고, 제2영역은 중간값, 그리고 제3영역은 낮은 값이다. 액체표면의 모양과 형상들이 어떻게 수로 내에서 형성되는지에 관한 전형적인 예들도 표에 소개되어 있다.

임의의 문제에 대한 액체표면의 예비적 모양은 식 (12-24)에 의해 정의된 바대로 기울기의 거동을 연구함으로써 도시될 수 있다. 예를 들면, 그림 12-25에 보인 경우에 있어서는 $S_0 = 0$이고, $y > y_c$일 경우 유동은 아임계 혹은 잔잔하고, 그에 따라 $\mathrm{Fr} < 1$이다. 식 (12-24)에서 $dy/dx < 0$이고, 그래서 수면의 초기 기울기는 보인 바와 같이 감소한다. 다시 말하면, 깊이는 x가 증가함에 따라 감소한다. 이것이 표 12-2에 나타낸 $H2$ 형상이다.

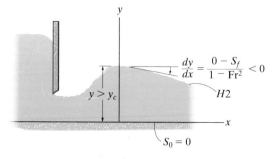

$$\frac{dy}{dx} = \frac{0 - S_f}{1 - \mathrm{Fr}^2} < 0$$

$H2$

$y > y_c$

$S_0 = 0$

그림 12-25

표 12-2 표면형상 분류

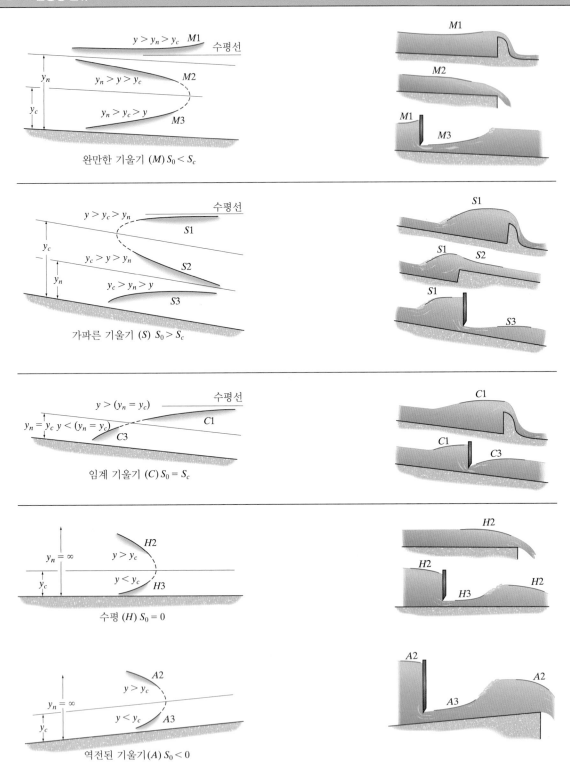

$y > y_n > y_c$ $M1$ 수평선

$y_n > y > y_c$ $M2$

$y_n > y_c > y$ $M3$

y_n

y_c

완만한 기울기 (M) $S_0 < S_c$

$y > y_c > y_n$ 수평선

$S1$

$y_c > y > y_n$ $S2$

$y_c > y_n > y$ $S3$

y_c

y_n

가파른 기울기 (S) $S_0 > S_c$

$y > (y_n = y_c)$ 수평선

$C1$

$y_n = y_c$ $y < (y_n = y_c)$

$C3$

임계 기울기 (C) $S_0 = S_c$

$y_n = \infty$ $H2$

$y > y_c$

$y < y_c$ $H3$

y_c

수평 (H) $S_0 = 0$

$A2$

$y > y_c$

$y_n = \infty$

$y < y_c$ $A3$

y_c

역전된 기울기 (A) $S_0 < 0$

표면형상의 계산 수면형상이 y, y_n, y_c, S_0, 그리고 S_c를 사용하여 분류되면, 실제 형상은 식 (12-24)를 적분하고 그 얻어진 결과가 같은 형상을 같는지, 실제로 y_c와 y_n의 범위 안에 있는지 검토함으로써 결정될 수 있다. 수년간 여러 가지 절차들이 이를 수행하기 위해 개발되어 왔다. 그렇지만 여기에서는 수치적분을 수행하기 위한 유한차분법을 사용하기로 한다. 이를 위해 먼저 식 (12-23)을 다음 형태로 쓴다.

$$\frac{d}{dx}\left(y + \frac{V^2}{2g}\right) = S_0 - S_f \quad \text{혹은} \quad dx = \frac{d(y + V^2/2g)}{S_0 - S_f}$$

만일 수로를 작은 유한한 지역 혹은 구간으로 분할하면, 이 식은 다음과 같은 유한차분의 항으로 쓸 수 있다.

$$\Delta x = \frac{(y_2 - y_1) + (V_2^2 - V_1^2)/2g}{S_0 - S_f} \quad (12\text{-}25)$$

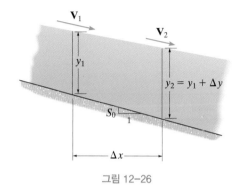

그림 12-26

해석은 그림 12-26에서 알려진 유량 Q와 물의 깊이 y_1을 갖는 **검사점**으로부터 시작한다. 보통의 경우에 해당하는 작은 경사일 경우에는 수직깊이 y_1은 유동의 단면적 A_1을 계산하는 데 사용될 수 있다. 그 후 평균 속도 V_1은 $V_1 = Q/A_1$을 이용하여 계산한다. 물 깊이의 증가분 Δy를 가정하여, $y_2 = y_1 + \Delta y$에서의 면적 A_2를 계산한다. 그리고 마지막으로 평균 속도가 $V_2 = Q/A_2$로부터 구해진다. 추가적으로 길이방향 부위를 따른 수두손실이 균일유동의 그것과 같다고 가정한다면, 매닝 방정식인 식 (12-18)을 이용하여 마찰경사를 결정할 수 있다.

$$S_f = \frac{n^2 V_m^2}{k^2 R_{hm}^{4/3}} \quad (12\text{-}26)$$

V_m과 R_{hm}값은 평균 속도와 평균 수력반경의 평균값들이다. 관련된 값들을 식 (12-25)에 대입하면, Δx를 계산할 수 있다. 적분은 수로의 끝에 도달할 때까지 다음 부분에 대하여 계속된다. 비록 이 방법은 손으로 수행하기에 지루하지만, 휴대용 계산기나 컴퓨터에 프로그램화하는 것은 비교적 간단하다. 실제로 여러 개의 소프트웨어 프로그램들도 개수로 유동에 대한 수면형상을 계산하는 데 활용이 가능하다. 많이 사용되는 프로그램인 HEC-RAS는 강과 배수로 같은 자연적으로 형성된 개수로에 잘 적용된다. 또한 HEC-RAS는 반복계산과정에 기초하며 상세한 사용법은 온라인상에서 찾아볼 수 있고, 사본은 (미국)육군공병대(Army Corps of Engineers)로부터 얻을 수 있다.

> **요점정리**
>
> - 정상 비균일유동이 존재할 때, 액체의 깊이는 점차 수로의 길이를 따라 변한다. 액체 표면의 기울기는 프라우드수 Fr, 수로 바닥의 경사 S_0, 그리고 마찰경사 S_f에 따라 달라진다.
> - 비균일유동에 대하여 표 12-2에 보인 것처럼 액체표면형상에 대한 12가지 분류가 있다. 어떤 형상이 발생할지를 결정하려면 수로의 경사 S_0와 임계경사 S_c를 비교하고, 또 액체깊이 y를 균일 혹은 정규유동에 대한 깊이 y_n, 그리고 임계유동에 대한 깊이 y_c와 비교할 필요가 있다.
> - 직사각형 수로 내의 비균일유동의 경우, 차분식 $dy/dx = (S_0 - S_f)/(1 - \text{Fr}^2)$의 수치적 분에 유한차분법을 사용할 수 있고, 그것을 통해 액체표면의 형상을 얻는다.

예제 12.12

그림 12-27a의 직사각형 수로는 마감되지 않은 콘크리트로 만들어지고 $S_0 = 0.035$의 경사를 가지고 있다. 유동이 사방댐에 도달하면, 그림 12-27b에 보인 것처럼 역류한다. 댐 앞의 특정 위치에서 물의 깊이는 1.25 m이고 유량은 $Q = 0.75$ m³/s이다. 유동에 대한 표면형상을 분류하시오. $n = 0.014$로 한다.

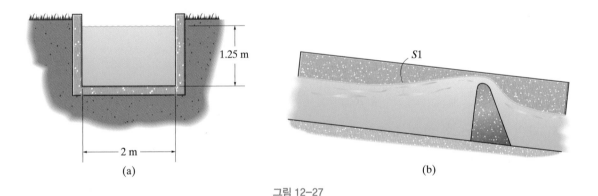

그림 12-27

풀이

유체 설명 유동은 정상이고 비균일하다. 물은 비압축성이다.

해석 표면형상을 분류하기 위해 임계깊이 y_c, 정규유동깊이 y_n, 그리고 임계경사 S_c를 정해야 한다. 식 (12-7)과 $q = Q/b = (0.75$ m³/s$)/(2$ m$) = 0.375$ m²/s로부터

$$y_c = \left(\frac{q^2}{g}\right)^{1/3} = \left[\frac{(0.375 \text{ m}^2/\text{s})^2}{9.81 \text{ m/s}^2}\right]^{1/3} = 0.2429 \text{ m}$$

$y = 1.25$ m $> y_c = 0.2429$ m이므로, 유동은 아임계유동이다. $Q = 0.75$ m³/s를 위한 정규 혹은 균일유동을 만드는 깊이 y_n은 매닝 방정식으로부터 결정된다.

$$P = (2y_n + 2 \text{ m})$$

이므로, 식 (12-20)은 다음과 같이 된다.

$$Q = \frac{kA^{5/3}S_0^{1/2}}{nP^{2/3}}; \qquad 0.75 \text{ m}^3/\text{s} = \frac{(1)[(2 \text{ m})y_n]^{5/3}(0.035)^{1/2}}{0.014(2y_n + 2 \text{ m})^{2/3}}$$

$$\frac{y_n^{5/3}}{(2y_n + 2 \text{ m})^{2/3}} = 0.017678$$

시행착오에 의해 풀거나 혹은 수치적인 절차를 사용하면

$$y_n = 0.1227 \text{ m}$$

를 얻는다. 임계경사는 식 (12-22)로부터 정한다.

$$S_c = \frac{n^2 g A_c}{k^2 b_{\text{top}} R_{hc}^{4/3}} = \frac{(0.014)^2(9.81 \text{ m/s}^2)(2 \text{ m})(0.2429 \text{ m})}{(1)^2(2 \text{ m})\left[\dfrac{2 \text{ m}(0.2429 \text{ m})}{2(0.2429 \text{ m}) + 2 \text{ m}}\right]^{4/3}}$$

$$= 0.004118$$

$y = 1.25 \text{ m} > y_c > y_n$이고 $S_0 = 0.035 > S_c$이므로, 그림 12-27에서 수면은 S1 형상이다.

Ans.

예제 12.13

물이 저수지로부터 슬루스 케이트 아래로 흘러 그림 12-28a와 같이 수평으로 폭 1.5 m 의 마감되지 않은 콘크리트 수로로 들어간다. 시작점 0에서 측정된 유량은 2 m³/s이고 깊이는 0.2 m이다. 이 점의 하류에서 측정되는 수로를 따른 물 깊이의 변화를 구하시오.

풀이

유체 설명　저수지는 일정한 수위를 유지한다고 가정하면, 유동은 정상이다. 지점 0의 바로 뒤에서 깊이가 변하므로 비균일유동이다. 평상시와 마찬가지로 물은 이상유체로 가정하고 평균 속도형상을 사용한다.

해석　먼저 물의 표면형상을 분류한다. $q = Q/b = (2 \text{ m}^3/\text{s})/(1.5 \text{ m}) = 1.333 \text{ m}^2/\text{s}$이므로, 임계깊이는

$$y_c = \left(\frac{q^2}{g}\right)^{1/3} = \left[\frac{(1.333 \text{ m}^2/\text{s})^2}{9.81 \text{ m/s}^2}\right]^{1/3} = 0.5659 \text{ m}$$

여기서 $y = 0.2 \text{ m} < y_c = 0.5659 \text{ m}$이고, 유동은 초임계유동이다. 수로가 수평이므로, $S_0 = 0$이다. 표 12-2를 이용하면, 그림 12-28a에 나타낸 바와 같이, 수면의 형상은 H3이다. 이것은 검사점으로부터 x가 증가함에 따라 물의 깊이가 증가함을 나타낸다. (수로가 경사져 있는 경우에는 y_n의 값이 형상 분류를 위해 필요하므로, 이 값을 구하기 위하여 매닝 방정식이 반드시 사용되어야 한다.)

하류의 깊이를 정하기 위해서는, 깊이의 증분을 $\Delta y = 0.01 \text{ m}$로 선택하여 계산구간을 나눈다. 지점 0에서 $y = 0.2 \text{ m}$이고, 속도는

$$V_0 = \frac{Q}{A_0} = \frac{2 \text{ m}^3/\text{s}}{(1.5 \text{ m})(0.2 \text{ m})} = 6.667 \text{ m/s}$$

이다. 따라서 수력반경은 다음과 같다.

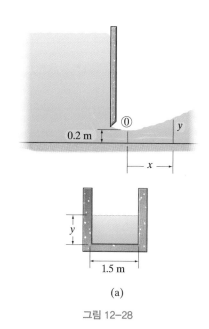

그림 12-28

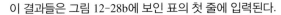

위치	y (m)	V (m/s)	V_m (m/s)	R_h (m)	R_{hm} (m)	S_{fm}	Δx (m)	x (m)
0	0.2	6.667		0.1579				0
			6.508		0.1610	0.09479	2.116	
1	0.21	6.349		0.1641				2.12
			6.205		0.1671	0.08200	2.104	
2	0.22	6.061		0.1701				4.22
			5.929		0.1731	0.07144	2.089	
3	0.23	5.797		0.1760				6.31

(b)

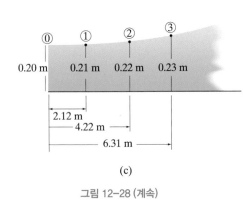

그림 12-28 (계속)

$$R_{h0} = \frac{A_0}{P_0} = \frac{(1.5\ \text{m})(0.2\ \text{m})}{[1.5\ \text{m} + 2(0.2\ \text{m})]} = 0.1579\ \text{m}$$

이 결과들은 그림 12-28b에 보인 표의 첫 줄에 입력된다.

지점 1에서 $y_1 = 0.2$ m $+ 0.01$ m $= 0.21$ m이므로 $V_1 = Q/A_1 = 6.349$ m/s이고, $R_{h1} = A_1/P_1 = 0.1641$ m이다(표의 세 번째 줄). 중간의 두 번째 줄의 값들은

$$V_m = \frac{V_0 + V_1}{2} = \frac{6.667\ \text{m/s} + 6.349\ \text{m/s}}{2} = 6.508\ \text{m/s}$$

$$R_{hm} = \frac{R_{h0} + R_{h1}}{2} = \frac{0.1579\ \text{m} + 0.1641\ \text{m}}{2} = 0.1610\ \text{m}$$

$$S_{fm} = \frac{n^2 V_m^2}{k^2 R_{hm}^{4/3}} = \frac{(0.014)^2 (6.508\ \text{m/s})^2}{(1)^2 (0.1610\ \text{m})^{4/3}} = 0.09479$$

$$\Delta x = \frac{(y_1 - y_0) + (V_1^2 - V_0^2)/2g}{(S_0 - S_{fm})}$$

$$= \frac{(0.21\ \text{m} - 0.2\ \text{m}) + [(6.349\ \text{m/s})^2 - (6.667\ \text{m/s})^2]/[2(9.81\ \text{m/s}^2)]}{(0 - 0.09479)}$$

$$= 2.116\ \text{m}$$

추가적인 계산은 표에 보인 바와 같이 그 다음의 두 지점에 대하여 반복되고, 그 결과가 그림 12-28c에 도시되었다. 각각의 증분 $\Delta y = 0.01$ m가 어느 정도 균일한 변화 Δx를 만들므로, 결과는 만족스러운 것으로 보인다. 더 큰 변화량이 얻어졌다면, 유한차분법의 정확도를 개선하기 위해 좀 더 작은 증분 Δy가 선택되어야 한다.

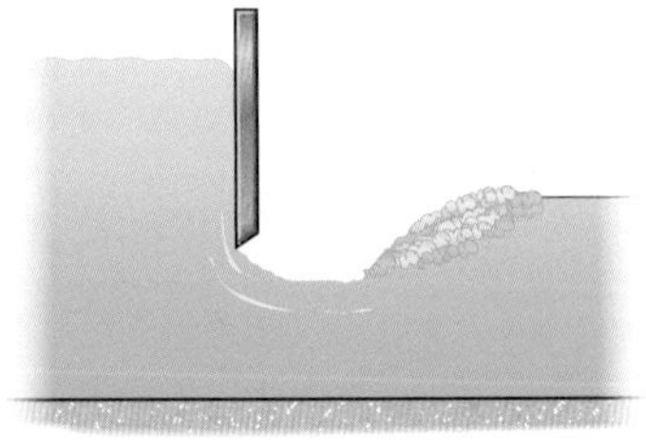

수력도약

그림 12-29

12.8 수력도약

물이 댐의 여수로로 흘러내리거나 슬루스 게이트 밑을 지날 때의 흐름은 그림 12-29와 같이 전형적으로 초임계유동이다. 아임계유동으로의 천이가 하류에서 일어날 수 있고, 이때 **수력도약**(hydraulic jump)이라는 아주 갑작스런 변화가 발생한다. 수력도약은 물의 운동에너지 일부를 방출하는 난류 혼합이며, 그 과정에서

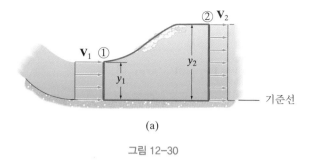

(a)

그림 12-30

아임계유동을 위해 필요한 깊이까지 수면이 상승한다. 급격한 에너지 손실로 인해 엔지니어들은 종종 빠른 흐름의 영향으로 인해 구조물이 손상을 입거나 빠른 흐름을 지지하는 기초를 문질러대는 것을 완화시키기 위해 정수지(stilling basin)를 사용하여 수력도약을 설계한다.

도약이 어떻게 형성되는지에 관계없이, 도약에 따른 수심 변화와 도약 내부에서의 에너지 손실을 결정하는 것은 가능하다. 이를 위해서는 그림 12-30a의 도약 영역을 포함하는 검사체적에 대해 연속방정식, 운동량 방정식, 그리고 에너지 방정식을 적용하여야 한다. 해석을 위해 도약이 폭 b를 갖는 직사각형 수로의 수평바닥을 따라 발생하는 것으로 고려한다.

연속방정식   검사체적이 도약을 지나 정상유동 영역까지 확장되므로,

$$\frac{\partial}{\partial t}\int_{cv}\rho\,dV + \int_{cs}\rho\,\mathbf{V}_{f/cs}\cdot d\mathbf{A} = 0$$

$$0 - \rho V_1(y_1 b) + \rho V_2(y_2 b) = 0$$

$$V_1 y_1 = V_2 y_2 \tag{12-27}$$

운동량 방정식   도약은 짧은 거리에서 발생한다는 것이 실험으로 확인되었고, 따라서 수로의 바닥과 측면에서의 고정된 검사표면인 그림 12-30b에 작용하는 마찰력은 압력에 의한 힘에 비해 무시해도 될 정도이다. 수평방향으로 운동량 방정식을 적용하면

$$\Sigma\mathbf{F} = \frac{\partial}{\partial t}\int_{cv}\mathbf{V}\rho\,dV + \int_{cs}\mathbf{V}\rho\,\mathbf{V}_{f/cs}\cdot d\mathbf{A}$$

이 식을 간략화하면

$$\frac{y_1^2}{2} - \frac{y_2^2}{2} = \frac{V_2^2}{g}y_2 - \frac{V_1^2}{g}y_1$$

V_2를 제거하기 위해 연속방정식을 사용하고, 각 항을 $y_1 - y_2$로 나누고 마지막으로 양변을 $2y_2/y_1^2$으로 곱하면

전형적인 수력도약의 형성

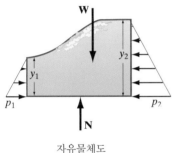

자유물체도

(b)

그림 12-30 (계속)

$$\frac{2V_1^2}{gy_1} = \left(\frac{y_2}{y_1}\right)^2 + \frac{y_2}{y_1} \qquad (12\text{-}28)$$

단면 1에서의 프라우드수는 $Fr_1 = V_1/\sqrt{gy_1}$이므로

$$2Fr_1^2 = \left(\frac{y_2}{y_1}\right)^2 + \frac{y_2}{y_1}$$

마지막으로, 2차 방정식의 근의 공식을 이용하여 양의 근 y_2/y_1에 관하여 풀면

$$\boxed{\frac{y_2}{y_1} = \frac{1}{2}\left[\sqrt{1 + 8Fr_1^2} - 1\right]} \qquad (12\text{-}29)$$

를 얻는다. 상류에서 임계유동이 발생하면 $Fr_1 = 1$이고, 이 식으로부터 $y_2 = y_1$임을 알 수 있다. 다시 말하면, 도약은 발생하지 않는다. 상류에서 빠른 유동이 발생하면 $Fr_1 > 1$이고, 따라서 $y_2 > y_1$이다. 이 경우에는 잔잔한 유동이 하류에서 발생한다.

에너지 방정식
그림 12-30a에서 열린 검사표면에서의 수력학적 수두 (p/γ) $+z$를 얻기 위해 수면상의 점들을 선택하여 에너지 방정식을 적용하면,

$$\frac{p_1}{\gamma} + \frac{V_1^2}{2g} + z_1 + h_{pump} = \frac{p_2}{\gamma} + \frac{V_2^2}{2g} + z_2 + h_{turbine} + h_L$$

$$0 + \frac{V_1^2}{2g} + y_1 + 0 = 0 + \frac{V_2^2}{2g} + y_2 + 0 + h_L$$

비에너지의 항으로 다시 표현하면 수두손실은

$$h_L = E_1 - E_2 = \left(\frac{V_1^2}{2g} + y_1\right) - \left(\frac{V_2^2}{2g} + y_2\right)$$

이다. 이 손실은 도약 내부에 있는 액체의 난류 혼합을 반영하는데, 이는 열의 형태로 소산된다. 연속방정식 $V_2 = V_1\,(y_1/y_2)$을 이용하여 다음과 같이 쓸 수 있다.

$$h_L = \frac{V_1^2}{2g}\left[1 - \left(\frac{y_1}{y_2}\right)^2\right] + (y_1 - y_2)$$

마지막으로, 식 (12-28)을 V_1^2에 대해서 풀고 그 결과를 위 식에 대입하면, 간략화 과정 후에 다음과 같이 도약에서의 수두손실을 구할 수 있다.

$$\boxed{h_L = \frac{(y_2 - y_1)^3}{4y_1y_2}} \qquad (12\text{-}30)$$

소하천에서의 수력도약

어떤 실제 유동에 있어서도, 항상 h_L은 양$(+)$의 값이어야 한다. 마찰력은 에너지를 소산시키기만 할 뿐 결코 유체에 에너지를 더하지 않으므로, 음$(-)$의 값은 열역학 제2법칙을 위배하는 것이다. 식 (12-30)에 보인 바와 같이, h_L은 $y_2 > y_1$일 때에만 양$(+)$의 값이고, 수력도약은 유동이 상류의 초임계유동에서 하류의 아임계유동으로 변할 때에만 발생한다.

> **요점정리**
>
> • 수로에서는 갑작스럽게 비균일유동이 수력도약의 형태로 나타날 수 있다. 이 과정은 초임계유동으로부터 에너지를 소산시키고, 이에 따라 매우 짧은 거리를 두고 흐름을 아임계유동으로 변환시킨다. 도약 양측 사이의 수심차와 도약 내에서의 에너지 손실은 연속, 운동량, 에너지 방정식을 만족시킴으로써 결정될 수 있다.

예제 12.14

물은 댐의 여수로로 흘러내려 그림 12-31과 같은 수력도약을 형성한다. 도약 직전의 유동속도는 8 m/s이고, 물의 깊이는 0.5 m이다. 수로 내에서 하류유동의 속도를 구하시오.

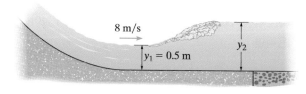

그림 12-31

풀이

유체 설명 정상 균일유동이 도약 전후에 발생한다. 물은 비압축성으로 가정되고, 평균 속도형상이 사용된다.

해석 도약 전 유동에 대한 프라우드수는

$$\text{Fr}_1 = \frac{V_1}{\sqrt{gy_1}} = \frac{8\,\text{m/s}}{\sqrt{(9.81\,\text{m/s}^2)(0.5\,\text{m})}} = 3.6122 > 1$$

이다. 따라서 유동은 초임계유동이고, 도약이 발생한다. 도약 후의 물의 깊이는

$$\frac{y_2}{y_1} = \frac{1}{2}\left(\sqrt{1 + 8\text{Fr}_1^2} - 1\right)$$

$$\frac{y_2}{0.5\,\text{m}} = \frac{1}{2}\left(\sqrt{1 + 8(3.6122)^2} - 1\right)$$

$$y_2 = 2.316\,\text{m}$$

이다. 이제 연속방정식, 식 (12-27)을 적용하여 속도 V_2를 얻는다.

$$V_1 y_1 = V_2 y_2$$

$$(8\,\text{m/s})(0.5\,\text{m}) = V_2(2.316\,\text{m})$$

$$V_2 = 1.727\,\text{m/s} = 1.73\,\text{m/s} \qquad\qquad \textit{Ans.}$$

예제 12.15

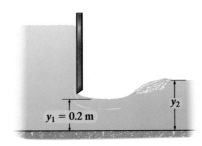

그림 12-32

그림 12-32의 슬루스 게이트가 폭 2 m인 수로에서 부분적으로 개방되어 있고, 게이트 밑을 지나는 물은 수력도약을 형성한다. 도약 직전의 저수위에서 물의 깊이는 0.2 m이고, 측정된 유량은 1.30 m³/s이다. 더 하류에서의 수로 내 물의 깊이와 도약에 의한 수두손실을 구하시오.

풀이

유체 설명   물은 비압축성이고, 저수지의 수위는 유지되어 정상유동이 슬루스 게이트를 지나 발생하는 것으로 가정한다.

해석   도약 직전에 프라우드수는

$$\text{Fr}_1 = \frac{V_1}{\sqrt{gy_1}} = \frac{Q/A_1}{\sqrt{gy_1}} = \frac{(1.30\,\text{m}^3/\text{s})/[(2\,\text{m})(0.2\,\text{m})]}{\sqrt{(9.81\,\text{m/s}^2)(0.2\,\text{m})}} = 2.320 > 1$$

따라서 유동은 **빠른** 유동이고 도약이 발생한다. 도약 후의 물의 높이를 결정하기 위해 식 (12-29)를 적용하면,

$$\frac{y_2}{y_1} = \frac{1}{2}\left(\sqrt{1 + 8\text{Fr}_1^2} - 1\right)$$

$$\frac{y_2}{0.2\,\text{m}} = \frac{1}{2}\left(\sqrt{1 + 8(2.320)^2} - 1\right)$$

$$y_2 = 0.5638\,\text{m} = 0.564\,\text{m} \qquad\qquad Ans.$$

이 깊이에서,

$$\text{Fr}_2 = \frac{Q/A_2}{\sqrt{gy_2}} = \frac{(1.30\,\text{m}^3/\text{s})/[(2\,\text{m})(0.5638\,\text{m})]}{\sqrt{(9.81\,\text{m/s}^2)(0.5638\,\text{m})}} = 0.4902 < 1$$

기대되는 바와 같이 유동은 잔잔한 유동이다. 수두손실은 식 (12-30)으로부터 결정된다.

$$h_L = \frac{(y_2 - y_1)^3}{4y_1 y_2} = \frac{(0.5638\,\text{m} - 0.2\,\text{m})^3}{4(0.2\,\text{m})(0.5638\,\text{m})} = 0.1068\,\text{m} = 0.107\,\text{m} \qquad Ans.$$

유동의 원래 비에너지는

$$E_1 = \frac{q^2}{2gy_1^2} + y_1 = \frac{[(1.30\,\text{m}^3/\text{s})/(2\,\text{m})]^2}{2(9.81\,\text{m/s}^2)(0.2\,\text{m})^2} + 0.2\,\text{m} = 0.7384\,\text{m}$$

이므로, 도약 후 유동의 비에너지는

$$E_2 = E_1 - h_L = 0.7384\,\text{m} - 0.1068\,\text{m} = 0.6316\,\text{m}$$

가 됨에 주목하라. 이 값으로부터 다음과 같이 도약 내에서 손실되는 에너지의 백분율을 구한다.

$$E_L = \frac{h_L}{E_1} \times 100\% = \left(\frac{0.1068\,\text{m}}{0.7384\,\text{m}}\right)(100\%) = 14.46\%$$

12.9 위어(둑, 보)

위어(weir)는 유동을 막아 물이 차오르고 마침내 그 위를 넘쳐흐르게 한다. 위어 위로 넘쳐흐르는 물의 깊이가 측정된다면, 간단하지만 효과적으로 유량을 측정하는 방법을 제공해준다. 일반적으로 2가지 형식의 칼날마루 위어와 넓은 마루 위어가 있다.

저수지로부터 유입되는 물의 홍수 조절

칼날마루 위어   **칼날마루 위어**(sharp-crested weir)는 보통 그림 12-33과 같이 상류 측에서 물과의 접촉을 최소화하기 위해 날카로운 모서리를 갖는 직사각형 또는 삼각형 판의 형태를 갖는다. 물이 위어의 위로 흐름에 따라 **냅**(nappe)이라고 불리는 베나 콘트랙타(vena contracta)를 형성한다. 이 형상을 유지하기 위해서는 물이 위어판으로부터 떨어져서 낙하할 수 있도록 냅의 아래쪽에 적절한 공기 환기구를 준비해줄 필요가 있다. 이것은 그림 12-33에서와 같이 수로의 전체 폭까지 확장되는 직사각형 판의 경우에는 더욱 필요하다.[*]

냅 내부의 유선은 곡선이고, 여기서 나타나는 가속도는 비균일유동을 야기하게 된다. 또한 위어판 바로 아래의 하류 수로에서 유동은 난류와 와류 운동의 영향을 포함한다. 그러나 위어의 상류에서는 유선은 대략적으로 나란하고, 압력은 정수압적으로 변하며, 유동은 균일하다. 그 결과, 이 영역에 대하여 위어 위를 지나는 유동은 액체의 상류깊이만의 함수라는 것을 확인할 수 있다. 이제 정상유동이고 물이 이상유체라는 가정하에 3가지 서로 다른 경우에 대하여 해석한다.

직사각형   위어가 그림 12-34a와 같이 전 수로 폭에 걸쳐 확장되는 직사각형 개구부를 갖고 있다면, 베르누이 방정식은 그림 12-34b에 보인 유선상의 점 1과 2

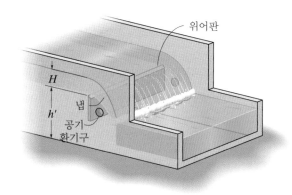

직사각형 위어 위를 지나는 유동

그림 12-33

---

[*] 대형 댐의 여수로가 자유낙하하는 냅과 동일한 형상을 갖는다는 점을 상기하는 것은 흥미로운 일인데, 이때 물이 여수로 표면과 경미한 접촉 상태이기 때문이다.

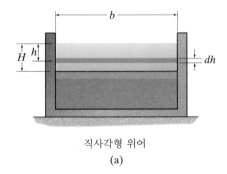

직사각형 위어

(a)

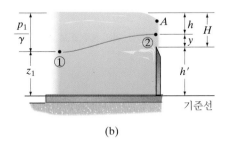

(b)

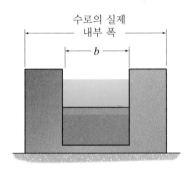

수축된 직사각형 위어

(c)

그림 12-34

사이에 적용될 수 있다. 접근속도 V_1이 V_2에 비해 작다고 가정하여 V_1이 무시될 수 있다면

$$\frac{p_1}{\gamma} + \frac{V_1^2}{2g} + z_1 = \frac{p_2}{\gamma} + \frac{V_2^2}{2g} + z_2$$

$$\frac{p_1}{\gamma} + 0 + z_1 = 0 + \frac{V_2^2}{2g} + (h' + y)$$

를 얻는다. 여기서 냅의 내부에서는 액체가 자유낙하 상태이고, 압력은 대기압이므로 $p_2 = 0$이다. 또한 그림 12-34b로부터 수력학적 수두 $p_1/\gamma + z_1 = h' + y + h$임을 주목하라. 이것을 위 식에 대입하고 V_2에 관하여 풀면

$$V_2 = \sqrt{2gh} \tag{12-31}$$

이다. 속도는 h의 함수이므로, 냅의 전 단면적(그림 12-34a)을 통한 **이론 배출량**(theoretical discharge)은 적분에 의해 결정된다. 이론 배출량은

$$Q_t = \int_A V_2\, dA = \int_0^H \sqrt{2gh}\,(b\, dh) = \sqrt{2g}\, b \int_0^H h^{1/2} dh$$

$$Q_t = \frac{2}{3}\sqrt{2g}\, bH^{3/2} \tag{12-32}$$

이다. 마찰손실의 효과와 적용된 다른 가정들을 고려하여 실험적으로 결정되는 **송출계수**(discharge coefficient) C_d는 식 (12-32)에 포함되어 있고 실제 배출량을 계산하는 데 사용된다. 그 값은 또한 위어 위를 지나는 흐름이 더 낮은 깊이(그림 12-34b의 점 A)를 갖는 현상과 냅의 수평방향의 수축량에 대해서도 보상해준다. C_d의 구체적인 값들은 개수로 유동에 관한 문헌들에서 찾아볼 수 있다. 참고문헌 [9]를 참조하라. 식 (12-32)에서 C_d를 사용하면

$$\boxed{Q_{\text{actual}} = C_d \frac{2}{3}\sqrt{2g}\, bH^{3/2}} \tag{12-33}$$

이 된다. 상류 유속을 더욱 느리게 하기 위해 그림 12-34c에 보이는 **수축된 직사각형 위어**(suppressed rectangular weir)가 사용된다. 그러나 매우 좁은 폭의 경우에는 냅이 측면을 따라서도 수축할 것이므로, 폭 b를 선정하는 데 있어 주의가 필요하다.

삼각형 배출량이 적을 때에는 그림 12-35의 삼각형 개구부를 갖는 위어판을 사용하는 것이 편리하다. 베르누이 방정식은 이전과 마찬가지로 속도에 대하여 동일한 결과를 나타내며, 식 (12-31)에 의해 표현된다. 미소면적 $dA = x\, dh$를 사용하면, 이론 배출량은 이제

$$Q_t = \int_A V_2\, dA = \int_0^H \sqrt{2gh}\, x\, dh$$

가 된다. 여기서 x값은 닮은꼴 삼각형에 의해 h와 연관되며,

$$\frac{x}{H-h} = \frac{b}{H}$$

$$x = \frac{b}{H}(H-h)$$

따라서

$$Q_t = \sqrt{2g}\,\frac{b}{H}\int_0^H h^{1/2}(H-h)dh = \frac{4}{15}\sqrt{2g}\,bH^{3/2}$$

이다. $\tan(\theta/2) = (b/2)/H$이므로

$$Q_t = \frac{8}{15}\sqrt{2g}\,H^{5/2}\tan\frac{\theta}{2} \qquad (12\text{-}34)$$

이다. 실험으로부터 얻어진 배출계수 C_d를 사용하면, 삼각형 위어를 통과하는 실제 유량은 다음과 같다.

$$\boxed{Q_{\text{actual}} = C_d\,\frac{8}{15}\sqrt{2g}\,H^{5/2}\tan\frac{\theta}{2}} \qquad (12\text{-}35)$$

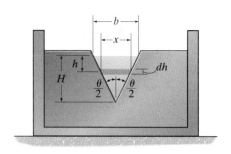

삼각형 위어

그림 12-35

넓은 마루 위어

넓은 마루 위어(broad-crested weir)는 그림 12-36에 나타낸 것처럼 수평한 거리 위를 흐르는 냅 유동을 지지하는 위어 블록으로 구성된다. 이 장치는 임계깊이 y_c와 유량 모두를 얻기 위한 수단으로 사용한다. 앞의 두 경우들과 마찬가지로 유체는 이상적이고 접근속도는 무시할 만하다고 가정한다. 이제 표면 유선상의 점 1과 2 사이에 베르누이 방정식을 적용하면

$$\frac{p_1}{\gamma} + \frac{V_1^2}{2g} + z_1 = \frac{p_2}{\gamma} + \frac{V_2^2}{2g} + z_2$$

$$0 + 0 + H = 0 + \frac{V_2^2}{2g} + y$$

를 얻는다. 따라서

$$V_2 = \sqrt{2g(H-y)}$$

이다. 유동이 처음에 아임계상태라면, 위어 블록 위를 지남에 따라 깊이가 임계깊이 $y = y_c$로 감소할 때까지 가속되고 비에너지는 최소가 된다. 이때 식 (12-9)가 적용된다.

$$V_2 = V_c = \sqrt{g y_c}$$

이 결과를 위 식에 대입하면

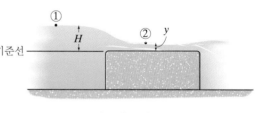

넓은 마루 위어

그림 12-36

강의 유량을 측정하는 데 사용되는 위어

$$y_c = \frac{2}{3}H \qquad (12\text{-}36)$$

를 얻는다. 수로가 직사각형이고 폭 b를 가졌다면, 이들 결과를 사용하여 이론 배출량은 다음과 같다.

$$Q_t = V_2 A = \sqrt{g\left(\frac{2}{3}H\right)}\left[b\left(\frac{2}{3}H\right)\right]$$

$$= b\sqrt{g}\left(\frac{2}{3}H\right)^{3/2} \qquad (12\text{-}37)$$

이 결과는 실험에 의해 얻어지는 실제 유동에 더 가깝다. 하지만 적용된 가정사항을 보상하는 것처럼, 둘을 더 잘 일치시키기 위해서는 실험적으로 결정된 **넓은 마루 위어계수** C_w가 사용된다. 참고문헌 [9]를 참조하라. 따라서

$$Q_{\text{actual}} = C_w b\sqrt{g}\left(\frac{2}{3}H\right)^{3/2} \qquad (12\text{-}38)$$

> **요점정리**
>
> - 칼날마루 및 넓은 마루 위어는 개수로에서 유량을 측정하는 데 사용된다.
> - 칼날마루 위어는 직사각형 형상 혹은 삼각형 형상을 갖는 판들이며, 수로에서 흐름에 수직한 방향으로 놓인다.
> - 넓은 마루 위어는 수평거리 위를 지나는 유동을 지지해준다. 이 장치는 임계깊이와 유량을 측정하는 데 사용된다.
> - 위어 위를 지나는 유동 혹은 배출량은 베르누이 방정식을 사용하여 결정될 수 있으며, 그 결과는 실험적으로 결정되는 배출계수를 사용하여 마찰손실 및 다른 효과들을 보상하기 위해 조정된다.

예제 12.16

그림 12-37에서 수로의 물은 깊이가 2 m이고, 삼각형 위어의 바닥으로부터 수로 바닥까지의 깊이는 1.75 m이다. 배출계수 $C_d = 0.57$일 때, 수로 내의 체적유량을 구하시오.

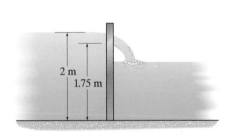
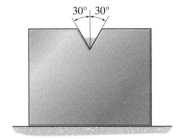

그림 12-37

풀이

유체 설명   수로의 수위는 일정한 것으로 가정하고, 정상유동이다. 또한 물은 이상유체로 간주한다.

해석   여기서 $H = 2$ m $- 1.75$ m $= 0.25$ m이다. 식 (12-35)를 적용하면, 유량은 다음과 같다.

$$Q_{\text{actual}} = C_d \frac{8}{15} \sqrt{2g} \, H^{5/2} \tan \frac{\theta}{2}$$

$$= (0.57)\left(\frac{8}{15}\right) \sqrt{2(9.81 \text{ m/s}^2)} \, (0.25 \text{ m})^{5/2} \tan 30°$$

$$= 0.0243 \text{ m}^3/\text{s} \qquad\qquad\qquad\qquad\qquad \textit{Ans.}$$

참고문헌

1. R. W. Carter et al., "Friction factors in open channels," *Journal Hydraulics Division, ASCE*, Vol. 89, No. AY2, 1963, pp. 97–143.

2. V. T. Chow, *Open Channel Hydraulics*, McGraw-Hill, New York, NY, 2009.

3. R. French, *Open Channel Hydraulics*, McGraw-Hill, New York, NY, 1992.

4. C. E. Kindsater and R. W. Carter, "Discharge characteristics of rectangular thin-plate weirs," *Trans ASCE*, 124, 1959, pp. 772–822.

5. R. Manning, "The flow of water in open channels and pipes," *Trans Inst of Civil Engineers of Ireland*, Vol. 20, Dublin, 1891, pp. 161–201.

6. H. Rouse, *Fluid Mechanics for Hydraulic Engines*, Dover Publications, Inc., New York, N. Y.

7. A. L. Prasuhn, *Fundamentals of Fluid Mechanics*, Prentice-Hall, NJ, 1980.

8. E. F. Brater, *Handbook of Hydraulics*, 7th ed., McGraw-Hill, New York, NY.

9. P. Ackers et al., *Weirs and Flumes for Flow Measurement*, John Wiley, New York, NY, 1978.

10. M. H. Chaudhry, *Open Channel Flow*, 2nd ed., Springer-Verlag, New York, NY, 2007.

11. Roughness Characteristics of Natural Channels, U.S. Geological Survey, Water-Supply Paper 1849.

연습문제

12.1–12.3절

E12–1   물이 깊이 4 m인 직사각형 수로에서 2 m/s의 속도로 흐르고 있다. 동일한 비에너지를 갖는 다른 유동깊이가 있다면 얼마인가? 비에너지 선도를 그리시오.

E12–2   물이 직사각형 수로에서 4 m/s의 속도로 흐르고 있다. 깊이가 1.5 m라면 동일한 비에너지를 갖는 다른 가능한 유속은 얼마인가?

E12–3   물이 폭 2 m인 직사각형 수로에서 3 m/s의 속도로 흐르고 있다. 수심이 0.9 m일 때, 동일한 유량을 갖는 유동의 비에너지와 또 다른 깊이를 구하시오.

*E12–4   직사각형 수로의 폭은 2 m이다. 유량이 5 m³/s이면, 물 깊이가 0.5 m일 때 프라우드수를 구하시오. 이 깊이에서 유동은 아임계인가 초임계인가? 그 유동의 임계속도는 얼마인가?

E12–5   대형 탱크에 깊이 1.5 m의 물이 담겨있다. 탱크가 하강하고 있는 승강기에 있다면, 하강률이 (a) 6 m/s로 일정할 때, (b) 1.5 m/s²로 가속될 때, (c) 9.81 m/s²로 가속될 때, 표면에 생성되는 파의 수평 방향 속도를 구하시오.

E12–6   직사각형 수로가 물을 8 m³/s로 수송한다. 유동에 대한 비에너지 선도를 그리고, $E = 3$ m에 대한 깊이 y를 표시하시오.

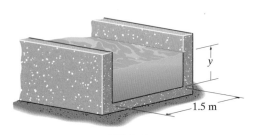

그림 E12–6

E12–7   운하의 깊이는 2 m, 폭은 3 m이며 속도 1.5 m로 흐른다. 거기에 돌이 던져졌을 때 파는 상류와 하류 방향으로 얼마나 빠르게 이동할 것인가? 프라우드수는 얼마인가?

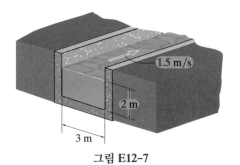

그림 E12–7

*E12–8   직사각형 수로는 폭이 2 m이다. 유량이 5 m³/s이면, 물 깊이가 1.5 m일 때 프라우드수를 구하시오. 이 깊이에서 유동은 아임계인가, 초임계인가? 그 유동의 임계속도는 얼마인가?

E12–9   폭 3 m의 직사각형 수로를 통해 분당 120(10⁶)리터의 물이 수송되고 있다. 깊이가 2 m일 때, 이 깊이에서의 비에너지와 임계깊이에서의 비에너지를 구하시오.

E12–10   직사각형 수로가 폭 4 m에서 3 m로 좁아지는 천이영역을 통과한다. 유량이 분당 900(10³)리터이고 $y_A = 3$ m일 때 B에서의 깊이를 구하시오.

E12–11   직사각형 수로는 폭이 4 m에서 3 m로 좁아지는 천이영역을 가지고 있다. 유량이 분당 900(10³)리터이고 $y_B = 1.25$ m일 때, A에서의 깊이를 구하시오.

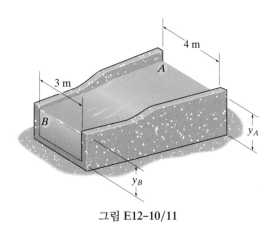

그림 E12–10/11

*E12–12   직사각형 수로는 물을 분당 360(10³)리터로 수송한다. 임계깊이 y_c를 구하고, 이 유동에 대한 비에너지 선도를 그리시오. 그리고 $y = 0.75y_c$와 $y = 1.25y_c$에 대한 E를 계산하시오.

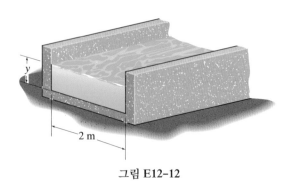

그림 E12–12

E12–13 직사각형 수로는 물을 분당 $1.5(10^6)$리터로 수송한다. 임계 깊이와 최소 비에너지를 구하시오. 만일 비에너지가 3 m라면, 가능한 2개의 유동깊이는 얼마인가?

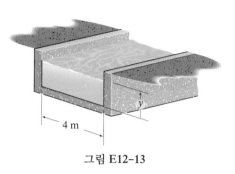

그림 E12–13

E12–14 수로를 통해 8 m³/s의 물이 수송되고 있다. 유동의 깊이가 $y=1.5$ m라면, 유동이 아임계인지 혹은 초임계인지 결정하시오. 유동의 임계깊이는 얼마인가? 유동의 비에너지를 최저 비에너지와 비교하시오.

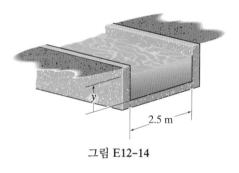

그림 E12–14

E12–15 물이 처음에 폭 3 m에서 점차 좁아져 $b_2=2$ m로 되는 수로에서 2 m³/s로 흐른다. 처음 물의 깊이가 1.5 m이면, 천이영역을 통과한 후 깊이 y_2를 구하시오. $y_2=y_c$인 임계유동이 되기 위한 폭 b_2는 얼마이어야 하는가?

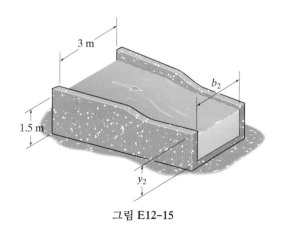

그림 E12–15

*E12–16 수로 내의 체적유량은 벤투리 구간을 이용하여 측정된다. $y_A=4$ m이고 $y_B=3.8$ m일 때 수로를 통과하는 유량을 구하시오.

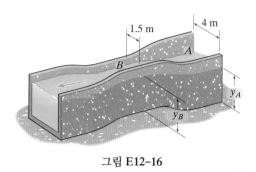

그림 E12–16

E12–17 직사각형 수로는 그림에 나타낸 바와 같이 폭이 2.5 m에서 1.5 m로 점점 좁아지는 천이영역을 갖는다. 물이 폭 2.5 m인 쪽에서 0.75 m/s의 속도로 흐른다면, 폭 1.5 m인 쪽에서의 깊이 y_2를 구하시오. 또한 물이 각각의 나팔 모양의 날개벽에 작용하는 하류방향의 수평력은 얼마인가?

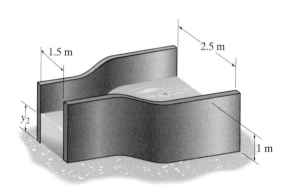

그림 E12–17

E12–18 물이 폭 4 m인 직사각형 수로 내에서 20 m³/s로 흐른다. 하류 끝에서의 깊이 y_B, 그리고 A와 B에서의 유동속도를 구하시오. $y_A=5$ m이다.

E12–19 물이 폭 4 m인 직사각형 수로 내에서 20 m³/s로 흐른다. 하류 끝에서의 깊이 y_B, 그리고 A와 B에서의 유동속도를 구하시오. $y_A=0.5$ m이다.

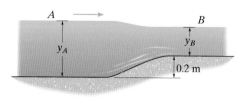

그림 E12–18/19

12.4절

*E12-20 직사각형 수로는 폭이 5 m이고 물을 분당 1.20(10⁶)리터로 수송한다. A에서의 깊이가 2.5 m이면, B에서 임계유동을 만들기 위한 수로 바닥의 최소 높이 h를 구하시오.

그림 E12-20

E12-21 물이 폭 3 m인 직사각형 수로를 통해 분당 840(10³)리터로 흐른다. $y_A = 1$ m일 때 $y_B = 1.25$ m가 될 수 있음을 보이시오. 이 깊이를 만들기 위해 필요한 수로 바닥의 고도 h의 증가량은 얼마인가?

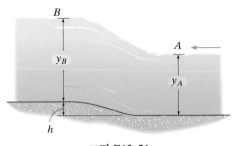

그림 E12-21

E12-22 직사각형 수로는 폭이 4 m이고 물을 분당 1.20(10⁶)리터로 수송한다. 바닥의 높이가 0.4 m 낮아졌다면 침하 후의 깊이 y_2를 구하시오.

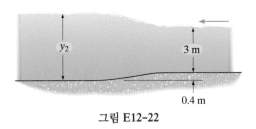

그림 E12-22

E12-23 물이 폭 3 m인 직사각형 수로를 통해 분당 840(10³)리터로 흐른다. $y_A = 2.5$ m일 때 $y_B = 2$ m가 될 수 있음을 보이시오. 이 깊이를 만들기 위해 필요한 수로 바닥의 고도 h의 증가량은 얼마인가?

그림 E12-23

*E12-24 수로는 폭이 2 m이고 물을 18 m³/s로 수송한다. 바닥의 높이가 0.25 m 낮아졌다면 새로운 물 깊이 y_2와 유속을 구하시오. 새로운 유동은 아임계인가, 초임계인가?

그림 E12-24

E12-25 직사각형 수로는 폭이 1.5 m이고 물의 깊이는 원래 2 m이다. 유량이 4.50 m³/s이면 상류유동이 아임계임을 보이고, 하류가 초임계유동으로 변환되기 위해 요구되는 요철 위에서의 물의 깊이 y'을 구하시오. 하류에서의 깊이는 얼마인가?

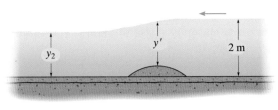

그림 E12-25

E12-26 직사각형 수로는 폭이 1.5 m이며 속도 2 m/s로 흐를 때 물의 깊이는 2 m이다. 초기에 유동이 아임계인지 혹은 초임계인지 결정하시오. 요철 위를 지난 후에 유동이 다른 형식으로 변하도록 하기 위해 적절히 설계된 요철의 요구되는 높이 h를 구하시오. 이 유동에 대한 새로운 깊이 y_2는 얼마인가?

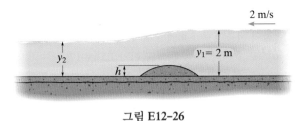

그림 E12-26

E12-27 직사각형 수로는 폭이 1.5 m이고, 물은 평균 속도 3.5 m/s로 흐른다. $y_1 = 0.9$ m이면 이 유동이 초임계임을 보이시오. 유동이 적절하게 설계된 요철 위를 지난 후에 아임계유동으로 변할 수 있게 하기 위해 요구되는 요철의 높이 h를 구하시오. 이 유동에 대한 깊이 y_2는 얼마인가?

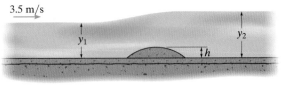

그림 E12-27

*E12-28 사실상 물이 정지상태에 있고 깊이 $y_0 = 3$ m이고, $y_2 = 1$ m일 때 슬루스 게이트를 통과하는 체적유량 및 게이트 직전에서의 깊이 y_1을 구하시오.

E12-29 사실상 물이 정지상태에 있고 유량이 분당 $540(10^3)$리터로 $y_0 = 4$ m일 때 깊이 y_2와 게이트 직전에서의 깊이 y_1을 구하시오.

E12-30 사실상 물이 정지상태에 있고 깊이 $y_0 = 6$ m일 때, 수로를 통과하는 체적유량을 깊이 y_2의 함수로 구하시오. 깊이 y_2가 $0 \le y_2 \le 5$ m인 범위에 대하여 수직축에 유량 결과를 도시하시오. 증분 $\Delta y_2 = 1$ m이다.

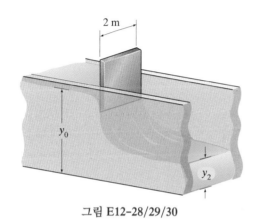

그림 E12-28/29/30

12.5절

E12-31 유량 60 m^3/s가 슬루스 게이트 아래로 지나간다. $y_1 = 6$ m일 때 깊이 y_2와 하류의 유동형식을 구하시오. 게이트를 통과할 수 있는 최대 체적유량은 얼마인가?

*E12-32 $y_1 = 6$ m, $y_2 = 2.5$ m일 때 게이트를 통과하는 물의 체적유량을 구하시오. 어떤 형식의 흐름이 나타나는가?

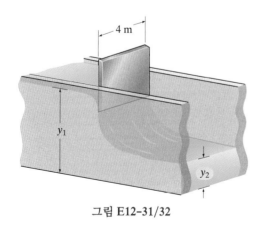

그림 E12-31/32

12.6절

E12-33 각각의 수로 단면에 대하여 수력반경을 구하시오.

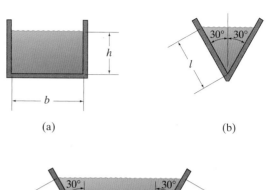

(a)   (b)

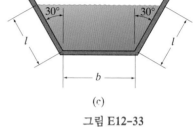

(c)

그림 E12-33

E12-34 수로는 나무로 만들어져 있고, 하향구배 0.0020을 갖는다. $y = 0.8$ m일 때, 물의 체적유량을 구하시오. $n = 0.012$이다.

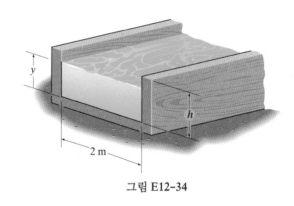

그림 E12-34

E12-35 수로는 나무로 만들어져 있고, 하향구배 0.0020을 갖는다. 물이 가득 찬 상태로 흐르고 있을 때, 즉 $y = h$일 때 최소량의 나무를 사용하여 최대의 체적유량을 만들기 위한 유동깊이 y를 구하시오. 이때 체적유량은 얼마인가? $n = 0.012$이다.

그림 E12-35

*E12-36 수로는 삼각형 단면을 가지고 있고 물이 가득 찬 상태로 흐르고 있다. 측면이 나무로 만들어지고 하향구배가 0.003이라고 할 때, 물의 체적유량을 구하시오. $n = 0.012$이다.

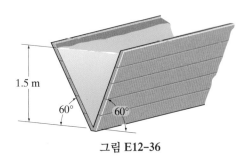

그림 E12-36

E12-37 지하배수로는 하향구배 S_0를 갖는다. 최대 체적유량을 만드는 물의 깊이 y를 구하시오.

E12-38 지하배수로는 하향구배 S_0를 갖는다. 이 유동이 최대속도를 갖게 하는 물의 깊이 y를 구하시오.

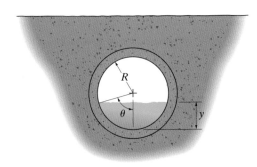

그림 E12-37/38

E12-39 수로는 마감되지 않은 콘크리트로 만들어지고 그림에서 보는 단면을 갖고 있다. 하향구배가 0.0008이라면, $y = 3$ m일 때 수로를 통한 물의 유량을 구하시오. $n = 0.014$이다.

*E12-40 수로는 마감된 콘크리트로 만들어지고 그림에서 보는 단면을 갖고 있다. 하향구배가 0.0008이라면, $y = 2.5$ m일 때 수로를 통한 물의 유량을 구하시오. $n = 0.012$이다.

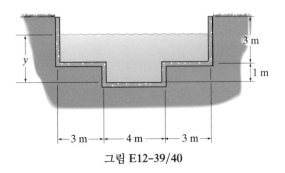

그림 E12-39/40

E12-41 수로는 마감되지 않은 콘크리트로 만들어지고 하향구배 0.004를 갖는다. 체적유량과 상응하는 임계경사를 구하시오. 유동이 아임계인지 혹은 초임계인지 명시하시오. $n = 0.012$이다.

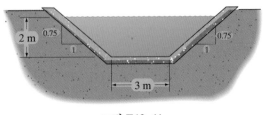

그림 E12-41

E12-42 수로는 마감되지 않은 콘크리트로 만들어지고 하향구배 0.006을 갖는다. 깊이가 $y = 3$ m일 때 체적유량을 구하시오. $n = 0.014$이다.

E12-43 수로는 마감되지 않은 콘크리트로 되어 있다. 체적유량이 145 m³/s일 때 임계깊이를 구하시오. 상응하는 임계경사는 얼마인가? $n = 0.014$이다.

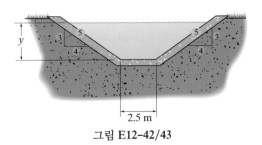

그림 E12-42/43

*E12-44 배수로는 하향구배 0.0035를 갖는다. 바닥과 측면에 잡초가 무성한 경우, 깊이가 2 m일 때 물의 체적유량을 구하시오. $n = 0.025$이다.

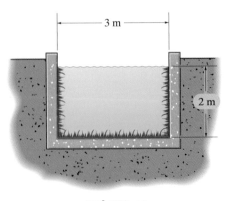

그림 E12-44

E12–45 수로는 삼각형 단면을 갖는다. 임계깊이 $y=y_c$를 θ와 유량 Q의 함수로 구하시오.

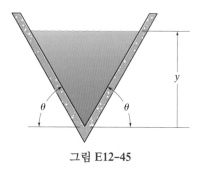

그림 E12–45

E12–46 직사각형 수로는 마감되지 않은 콘크리트 표면을 갖고 있고 기울기는 0.0015이다. 이 수로가 8.75 m³/s를 배출하고자 할 때 균일유동의 깊이를 구하시오. 유동은 아임계인가, 초임계인가? $n=0.012$이다.

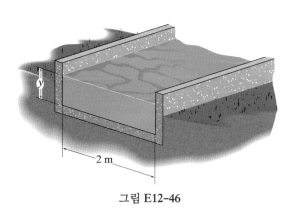

그림 E12–46

E12–47 수로는 마감되지 않은 콘크리트로 만들어진다. 12 m³/s의 물을 수송해야 하는 경우, 임계깊이 $y=y_c$와 임계경사를 구하시오. $n=0.014$이다.

*E12–48 수로는 마감되지 않은 콘크리트로 만들어진다. 12 m³/s의 물을 수송해야 하는 경우, 물의 깊이가 2 m일 때 하향구배를 구하시오. 또한 이 깊이에 대한 임계경사는 얼마이며, 이에 상응하는 임계유량은 얼마인가? $n=0.014$이다.

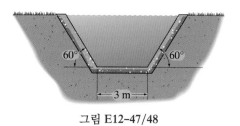

그림 E12–47/48

E12–49 마감처리가 되지 않은 콘크리트로 만들어진 하수관은 절반이 채워졌을 때 1.5 m³/s의 물을 수송할 수 있어야 한다. 관의 하향구배가 0.0015일 때, 요구되는 관의 내부반경을 구하시오. $n=0.014$이다.

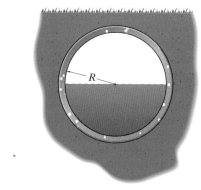

그림 E12–49

E12–50 물이 하향구배 0.0083을 갖는 삼각형 수로를 통해 균일하게 흐른다. 벽면은 마감된 콘크리트로 만들어졌다고 할 때, $y=1.5$ m에서의 체적유량을 구하시오. $n=0.012$이다.

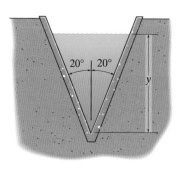

그림 E12–50

E12–51 직경 1.5 m인 마감되지 않은 콘크리트 배수관은 그림에 나타낸 깊이에서 4.25 m³/s의 물을 수송하여야 한다. 관에 요구되는 하향구배를 구하시오. $n=0.014$이다.

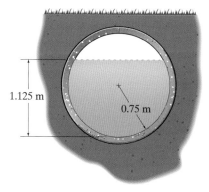

그림 E12–51

*E12-52 배수관은 마감된 콘크리트로 만들어지고 하향구배는 0.002이다. 중심 깊이가 $y = 1$ m일 때 관으로부터의 체적유량을 구하시오. $n = 0.012$이다.

E12-53 배수관은 마감된 콘크리트로 만들어지고 하향구배는 0.002이다. 중심 깊이가 $y = 0.3$ m일 때 관으로부터의 체적유량을 구하시오. $n = 0.012$이다.

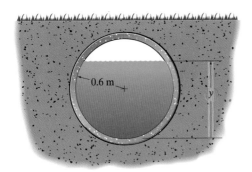

그림 E12-52/53

E12-54. 직경 800 mm인 마감되지 않은 콘크리트 배수관은 깊이 600 mm에서 2.25 m^3/s의 물을 수송하여야 한다. 관에 요구되는 하향구배를 구하시오. $n = 0.014$이다.

E12-55 물이 직경 0.25 m인 지하배수로를 통해 흐른다. 지하배수로는 마감되지 않은 콘크리트 표면으로 되어 있고 기울기는 0.002일 때, 체적유량을 구하시오. $n = 0.014$이다.

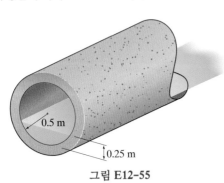

그림 E12-55

*E12-56 수로는 마감되지 않은 콘크리트로 만들어졌다. 깊이 $y = 2$ m일 때 유량이 20 m^3/s가 되게 하기 위해 요구되는 기울기를 구하시오. $n = 0.014$이다.

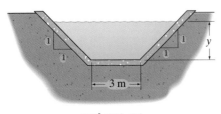

그림 E12-56

E12-57 수로는 마감되지 않은 콘크리트로 만들어졌다. 기울기가 0.004라면, 깊이가 $y = 3$ m일 때 체적유량을 구하시오. $n = 0.014$이다.

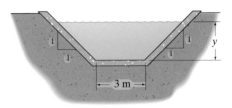

그림 E12-57

E12-58 유동의 깊이가 $y = R$일 때, 반원형 수로는 최적의 수력학적 단면을 제공함을 보이시오.

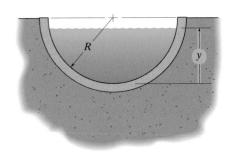

그림 E12-58

E12-59 마감되지 않은 콘크리트 수로는 하향구배 0.002와 60°의 경사벽면을 갖도록 의도되었다. 유량이 100 m^3/s로 추정된다면 수로 바닥의 기저폭 b를 구하시오. $n = 0.014$이다.

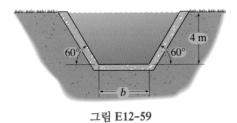

그림 E12-59

*E12-60 깊이가 $y = 1.25$ m이고 수로의 하향구배가 0.005일 때 수로를 통한 물의 체적유량을 구하시오. 수로의 벽면은 마감된 콘크리트이다. $n = 0.012$이다.

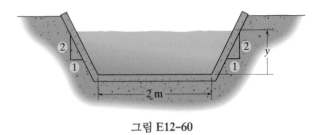

그림 E12-60

E12-61 유량이 $Q = 15$ m³/s일 때 수로 내의 물의 등류수심을 정하시오. 수로의 벽면은 마감된 콘크리트이고 하향구배는 0.005이다. $n = 0.012$이다.

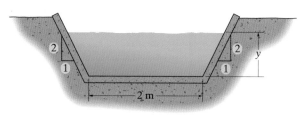

그림 E12-61

E12-62 주어진 단면적과 각도 θ에 대하여 접수길이를 최소화하기 위한 폭 $b = 2h(\csc \theta - \cot \theta)$임을 보이시오. 주어진 단면적과 깊이 h에 대해 접수길이가 최소가 되는 각도 θ를 구하시오.

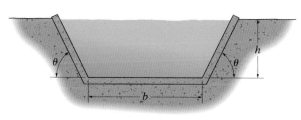

그림 E12-62

E12-63 꽉 찬 깊이의 유동에서 주어진 배출량에 대하여 최소량의 재료를 사용하는 최적의 수력학적 단면을 제공하기 위한 수로의 측면 길이 a를 기저폭 b의 항으로 구하시오.

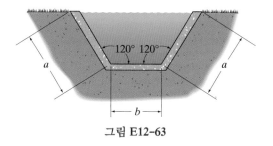

그림 E12-63

*E12-64 마감된 콘크리트 수로는 유량이 20 m³/s이다. 임계경사를 구하시오. $n = 0.012$이다.

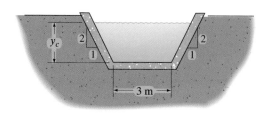

그림 E12-64

E12-65 수로가 기저폭 b의 최적의 수력학적 사다리꼴 단면을 갖도록 각도 θ와 측면 길이 l을 구하시오.

그림 E12-65

12.7절

E12-66 직사각형 수로는 마감된 콘크리트로 만들어졌고, 폭은 1.25 m이며 하향구배 0.01을 갖는다. 유량이 0.8 m³/s이고 특정 위치에서의 물의 깊이가 0.3 m이면 유동에 대한 표면형상을 구하고, 이 형상을 그리시오. $n = 0.012$이다.

E12-67 직사각형 수로는 마감된 콘크리트로 만들어졌고, 폭은 4 m이며 하향구배 0.0002를 갖는다. 유량이 7.50 m³/s이고 특정 위치에서의 물의 깊이가 1.5 m일 때 유동에 대한 표면형상을 구하고, 이 형상을 그리시오. $n = 0.012$이다.

*E12-68 직사각형 수로는 마감된 콘크리트로 만들어졌고, 폭은 1.25 m이며 하향구배 0.01을 갖는다. 유량이 0.8 m³/s이고 특정 위치에서의 물의 깊이가 0.6 m일 때 유동에 대한 표면형상을 구하고, 이 형상을 그리시오. $n = 0.012$이다.

E12-69 직사각형 수로는 마감되지 않은 콘크리트로 만들어졌고, 폭은 1.5 m이며 하향구배 0.06을 갖는다. 유량이 8.5 m³/s이고 특정 위치에서의 물의 깊이가 $y = 2$ m일 때 유동에 대한 표면형상을 구하고, 이 형상을 그리시오. $n = 0.012$이다.

E12-70 직사각형 수로는 마감되지 않은 콘크리트로 만들어졌고, 폭은 3 m이며 상향구배 0.008을 갖는다. 유량이 15.25 m³/s이고 특정 위치에서의 물의 깊이가 $y = 1.25$ m일 때 유동에 대한 표면형상을 구하고, 이 형상을 그리시오. $n = 0.014$이다.

E12-71 물이 마감된 콘크리트로 된 직사각형 수로를 따라 7.50 m³/s로 흐른다. 수로는 폭 4 m와 하향구배 0.0002를 가지며 물의 깊이는 검사단면 A에서 1.5 m이다. A로부터 깊이가 1.25 m가 되는 곳까지의 거리 x를 구하시오. 증분 $\Delta y = 0.05$ m를 사용하고, 표면형상을 그리시오. $n = 0.012$이다.

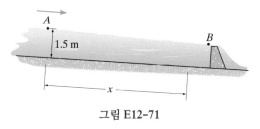

그림 E12-71

*E12-72 물이 마감되지 않은 콘크리트로 만들어진 수평 수로를 따라 4 m³/s로 흐른다. 수로가 폭 2 m와 검사단면 A에서 물의 깊이 0.9 m를 가지면, 검사단면으로부터 $x = 2$ m인 단면에서의 깊이를 근사하시오. 증분 $\Delta y = 0.004$ m를 사용하고, 0.884 m $\leq y \leq$ 0.9 m에 대한 형상을 그리시오. $n = 0.014$이다.

E12-73 마감되지 않은 콘크리트 수로는 폭 3 m와 상향구배 0.008을 갖는다. 검사단면 A에서 물의 깊이는 2 m이고 속도는 6 m/s이다. A로부터 하류로 5.5 m 떨어진 단면에서 물의 깊이 y를 구하시오. 증분 $\Delta y = 0.03$ m를 사용하여 표면형상을 그리시오. $n = 0.014$이다.

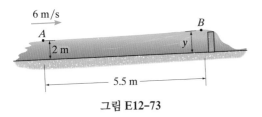

그림 E12-73

E12-74 물이 마감된 콘크리트로 만들어진 수평 직사각형 수로를 따라 8.50 m³/s로 흐른다. 수로의 폭이 3 m이고 검사단면 A에서 물의 깊이 0.5 m를 가지면, A에서 깊이가 0.75 m가 되는 곳까지의 대략적인 거리 x를 구하시오. $\Delta y = 0.05$ m를 사용하여 표면형상을 그리시오. $n = 0.012$이다.

12.8절

E12-75 수력도약은 하류 끝에서 깊이 5 m를 갖고 속도는 1.25 m/s이다. 수로의 폭이 2 m이면, 도약 전의 물의 깊이 y_1과 도약하는 동안 잃어버린 에너지 수두를 구하시오.

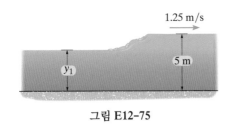

그림 E12-75

*E12-76 물이 폭 5 m인 여수로로 흘러내려 가고, 바닥에서 깊이는 0.75 m이고 12 m/s의 속도를 얻는다. 수력도약이 일어날 것인지 정하고, 도약이 발생하는 경우 도약 후의 유동속도와 깊이를 구하시오.

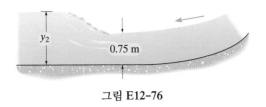

그림 E12-76

E12-77 물이 직사각형 수로 안에 있는 부분적으로 개방된 슬루스 게이트 아래로 흐른다. 물이 그림에 나타낸 깊이를 가진다면 수력도약이 형성될 것인지 결정하고, 도약이 있을 경우 도약의 하류 끝단에서의 깊이 y_c를 구하시오.

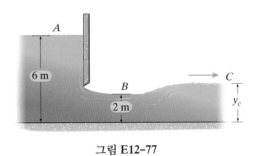

그림 E12-77

E12-78 물이 폭 2 m인 직사각형 수로를 통해 2.50 m³/s로 흐른다. 수력도약이 일어날 것인지 정하고, 도약이 발생하는 경우 도약 후 유동의 깊이 y_2와 도약으로 인해 손실된 에너지 수두를 구하시오.

그림 E12-78

E12-79 A에 있는 수중보는 수로 내에 수력도약을 초래한다. 수로의 폭이 1.5 m인 경우, 상류 및 하류에서의 물의 속도를 구하시오. 도약에서 얼마만큼의 에너지 수두가 손실되는가?

그림 E12-79

*E12-80 경사진 수로로부터 수평 수로로 물이 8 m³/s로 흘러 수력도약을 형성한다. 수로 폭은 2 m이고 도약 전 물의 깊이가 0.25 m일 때, 도약 후 물의 깊이를 구하시오. 도약을 할 동안 에너지 수두 손실량은 얼마인가?

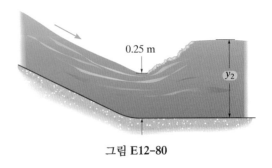

그림 E12-80

E12–81 수력도약은 하류 끝에서 깊이 3 m를 갖고 속도는 1.5 m/s이다. 수로 폭이 2 m이면, 도약 전 물의 깊이 y_1과 도약하는 동안의 수두손실을 구하시오.

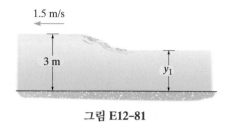

그림 E12–81

E12–82 폭 4 m인 댐의 여수로 위로 물이 25 m³/s로 흐른다. 바닥의 끝자락에서 물의 깊이가 0.5 m일 때, 수력도약 후 물의 깊이 y_2를 구하시오.

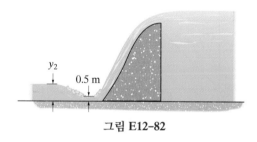

그림 E12–82

12.9절

E12–83 넓은 마루 위어를 지나는 물의 유량은 15 m³/s이다. 위어와 수로의 폭이 3 m라면, 수로 내 물의 깊이 y를 구하시오. $C_w = 0.80$이다.

그림 E12–83

*E12–84 직사각형 수로는 폭이 3 m이고 깊이는 1.5 m이다. 위어판 위를 지나는 물의 깊이가 $H = 1$ m일 때 직사각형 칼날마루 위어 위를 지나는 물의 체적유량을 구하시오. $C_d = 0.83$이다.

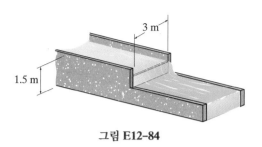

그림 E12–84

E12–85 직사각형 수로는 60° 삼각형 위어판과 맞추어져 있다. 수로 내 상류 물의 깊이는 2 m이고, 위어판의 바닥이 수로 바닥으로부터 1.6 m에 있을 때 위어 위를 지나는 물의 체적유량을 구하시오. $C_d = 0.72$이다.

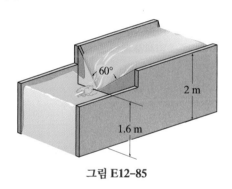

그림 E12–85

E12–86 폭 3 m인 수로 내에서 넓은 마루 위어를 지나는 물의 체적유량을 구하시오. $C_w = 0.87$이다.

그림 E12–86

12장 복습

실제로 모든 개수로 유동은 난류이다. 해석을 위해 유동은 1차원이라고 가정하고 단면을 지나는 평균 속도를 사용한다.	
수로를 따르는 유동의 특성은, 중력이 개수로 유동에 대한 구동력이므로, 프라우드수를 사용하여 분류된다. Fr<1이면 유동은 아임계상태, Fr>1이면 유동은 초임계상태이다. Fr=1이면 임계유동이 되며, 이 경우에는 액체표면에 정지파가 형성될 수 있다.	$$\text{Fr} = \frac{V}{\sqrt{gy}}$$
개수로에서 유동의 비에너지 혹은 비수두 E는 운동에너지와 퍼텐셜에너지의 합이다. 주어진 유동에 대한 선도로 나타내면 유동이 아임계, 임계, 혹은 초임계일 때의 깊이를 알 수 있다.	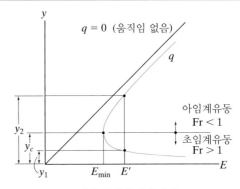 단위 폭당 유량에 대한 비에너지 선도
아임계 혹은 초임계유동 모두 주어진 유동과 수로 폭에 대하여 같은 비에너지를 생산할 수 있다. 임계유동이 그 정점에서 발생하도록 적절히 설계된 요철을 사용하면 유동은 초임계상태에서 아임계상태로 혹은 아임계상태에서 초임계상태로 변할 수 있다.	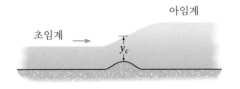
개수로 내의 정상 균일유동은 수로가 일정한 단면, 경사, 그리고 표면조도를 갖고 있는 경우에 발생 가능하다. 유동의 속도는 표면조도를 나타내기 위한 경험적 계수 n을 사용하는 매닝 방정식을 사용하여 결정할 수 있다.	$$V = \frac{kR_h^{2/3}S_0^{1/2}}{n}$$ 
만일 수로에서 비균일유동이 발생하면, 12개의 가능한 표면형상 유형이 존재한다. 그 형상은 에너지 방정식으로부터 유도되는 유한차분법을 사용하여 수치적으로 결정할 수 있다.	
비균일유동이 개수로에서 갑자기 발생할 수 있으며, 수력도약을 야기한다. 도약은 유동으로부터 에너지를 제거하여 유동을 초임계유동에서 아임계유동으로 변화시킨다.	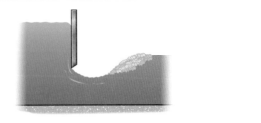

개수로에서의 유량은 칼날마루 혹은 넓은 마루 위어를 사용하여 측정될 수 있다. 특히 넓은 마루 위어는 흐름을 임계깊이를 갖는 유동으로 전환시킬 수도 있다.

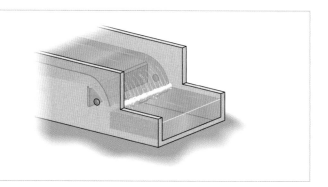

개수로 유동을 위한 기초식들

$$c = \sqrt{gy}$$

파의 속력

$$\text{Fr} = \frac{V}{\sqrt{gy}}$$

프라우드수

$$E = \frac{Q^2}{2gb^2y^2} + y$$

비에너지

$$V_c = \sqrt{gy_c}$$

임계속도
직사각형 수로

$$\frac{Q^2}{g} = \frac{A_c^3}{b_{\text{top}}}$$

$$V_c = \sqrt{\frac{gA_c}{b_{\text{top}}}}$$

임계속도
비직사각형 수로

$$q = \sqrt{2g}\left(y_2^2 y_1 - y_2^3\right)^{1/2}$$

$$y_2 = \frac{2}{3}y_1$$

$$q_{\text{max}} = \sqrt{\frac{8}{27}gy_1^3}$$

슬루스 게이트

$$R_h = \frac{A}{P}$$

수력반경

$$V = \frac{kR_h^{2/3}S_0^{1/2}}{n}$$

매닝 방정식

$$k = 1 \text{ (SI 단위계)}$$

$$Q = \frac{kA^{5/3}S_0^{1/2}}{nP^{2/3}}$$

$$S_0 = \frac{Q^2n^2}{k^2R_h^{4/3}A^2}$$

수로의 기울기

$$S_c = \frac{n^2gA_c}{k^2b_{\text{top}}R_{hc}^{4/3}}$$

임계경사
정상 균일유동

$$\frac{y_2}{y_1} = \frac{1}{2}\left[\sqrt{1 + 8\text{Fr}_1^2} - 1\right]$$

$$h_L = \frac{(y_2 - y_1)^3}{4y_1y_2}$$

수력도약

CHAPTER 13

공기의 속도가 음속에 도달하는 제트기 표면 위의 지점에서 국부 충격파가 형성된다. 이와 같은 현상은 공기가 습할 때 충격파로 인해 응축되어 수증기 콘을 형성할 때 관찰할 수 있다.

압축성 유동

학습목표

- 압축성 기체 유동 해석에 사용되는 열역학의 중요한 개념들을 제시한다.

- 단면적 변화에 따른 압축성 유동을 논의하고, 단면적 변화가 기체 물성치에 어떠한 영향을 미치는지 논의한다.

- 파이프 내에서 발생하는 마찰(파노 유동)과 파이프 벽으로부터 가열 또는 냉각(레일리 유동)이 압축성 유동에 어떠한 영향을 미치는지 논의한다.

- 축소-확대 노즐에서 발생하는 충격파에 대하여 논의하고, 곡면이나 불규칙한 벽면에서 형성되는 압축파와 팽창파에 대해 논의한다.

- 압축성 유동에 적용되는 압력 및 속도 측정법을 소개한다.

13.1 열역학의 개념

지금까지는 비압축성 유체에 대해서만 유체역학을 적용해왔다. 그러나 이 장에서는 고속 유동이 흐르는 공업용 덕트 및 파이프의 설계와 로켓, 항공기, 제트 엔진의 설계에서 중요하게 논의되는 압축성 효과에 대해 공부할 것이다.

압축성 기체 유동과 관련된 열역학의 주요 개념을 제시하면서 이 장을 시작할 것이다. 열역학은 압축성 유체 거동을 이해하는 데 중요한 역할을 한다. 기체의 운동에너지의 급격한 변화는 열에너지로 전환되고, 이것은 기체의 밀도 및 압력이 크게 변하는 요인이 된다.

이상기체 법칙 이 장에서는 탄성 구와 같이 거동하는 분자들로 구성된 **이상기체**를 고려할 것이다. 분자 간의 거리가 분자의 크기보다 크기 때문에 분자들은 불규칙적으로 운동하고 간헐적으로만 상호작용을 하는 준정상(quasi-stationary) 상태라고 가정한다. 지구환경의 압력과 온도에서 실제기체들은 이상기체와 매우 유사하며, 이 근사는 기체의 밀도가 낮아질수록 더욱 정확해진다.

이상기체의 절대온도 및 절대압력 그리고 밀도는 **이상기체 법칙**(ideal gas law)이라 불리는 다음의 단일 방정식과 관련된다는 것이 실험을 통해 확인되었다.

$$p = \rho R T \tag{13-1}$$

여기서 R은 기체상수이며, 각 기체에 따라 특정한 값을 가진다. 특정한 상태나 조건일 때, 기체의 3가지 **상태량** p, ρ, T와 관련 있기 때문에 이상기체 법칙은 **상태방정식**(equation of state)이라 불린다.

내부에너지와 열역학 제1법칙   또 다른 중요한 상태량은 **내부에너지**(internal energy)이며, 이상기체의 경우 내부에너지는 분자 및 원자들의 운동에너지와 퍼텐셜에너지를 종합하여 말한다. 기체가 닫힌 시스템이라고 가정하면, 질량이 시스템을 입출입할 수 없기 때문에 열과 일의 전달은 내부에너지의 변화로 이어진다.[*] **열역학 제1법칙**(first law of thermodynamics)은 열과 일, 그리고 내부에너지의 균형에 관한 법칙이다. 만약 기체의 단위 질량을 하나의 시스템으로 생각하면, 임의의 한 상태에서 다른 상태로 변화하면서 발생되는 내부에너지 변화(du)는 시스템으로 전달된 열에너지(dq)에서 시스템에 의해 외부로 발생된 일(dw)을 뺀 것과 같다. 그 일은 5.5절에서 언급된 것처럼 유동일로 정의되며, $dw = p\,dv$로 표현된다. 그러므로

$$\underset{\substack{\text{내부에너지} \\ \text{변화}}}{du} = \overset{\text{공급열}}{dq} - \underset{\substack{\text{배출} \\ \text{유동일}}}{p\,dv} \tag{13-2}$$

내부에너지의 변화는 한 상태에서 다른 상태로 시스템이 변화되는 과정과는 무관하나, dq와 $p\,dv$는 이 과정에 크게 의존한다. 전형적인 과정들로서는 정적, 정압, 등온과정, 또는 시스템으로 열이 들어오거나 나가지 않는 단열 과정이 있다.

비열   열량 dq는 기체의 물리량인 **비열**(specific heat) c에 의한 기체의 온도 변화 dT와 직접적으로 관련된다. 여기서 비열은 기체의 단위 질량당 온도를 1℃ 올리는 데 필요한 열의 양으로 정의할 수 있다.

$$c = \frac{dq}{dT} \tag{13-3}$$

비열은 가열 과정에 의존하며, 단위는 J/(kg · K)이다. 보통 정적 비열(c_v)과 정압 비열(c_p)로 정의된다.

정적 과정   체적이 일정하게 유지될 때 $dv = 0$이고, 외부로부터의 유동일은 없

---

[*]   여기서는 펌프에 의해 축일이 더해지거나 터빈에 의해 축일이 감소되는 것은 무시한다.

다. 그러면 열역학 제1법칙은 $du = dq$가 된다. 즉 기체의 내부에너지는 공급된 열의 양에 의해서만 증가한다. 그러므로 식 (13-3)은 다음과 같이 된다.

$$c_v = \frac{du}{dT} \tag{13-4}$$

대부분의 공학적 응용 범위에서, c_v는 온도 변화에 따라 일정하게 나타나므로 임의의 두 상태 간에 위 식을 다음과 같이 적분하여 나타낼 수 있다.

$$\Delta u = c_v \, \Delta T \tag{13-5}$$

따라서 c_v를 안다면 주어진 온도 변화 ΔT에 대한 내부에너지 변화를 알 수 있다.

정압 과정　정압 과정 동안 기체는 팽창하게 되므로 식 (13-2)는 내부에너지 변화와 유동일을 모두 고려해야 한다. 식 (13-3)을 이용하여 dq에 대해 풀면

$$c_p = \frac{du + p \, dv}{dT}$$

위 식을 간소화하기 위해 기체의 상태량 **엔탈피**(enthalpy) h를 정의한다. 공식적으로 엔탈피는 기체의 단위 질량당 유동일 pv와 내부에너지 u의 합으로 정의된다. 비체적 v는 $1/\rho$이므로

$$h = u + pv = u + \frac{p}{\rho}$$

또한 이상기체 법칙을 사용하여 엔탈피를 온도에 관해 정리하면 다음과 같다.

$$h = u + RT$$

엔탈피의 **변화**를 알기 위해 미분하면

$$dh = du + dp \, v + p \, dv$$

압력은 일정하므로 $dp = 0$이고, $dh = du + p \, dv$가 된다. 따라서 c_p는

$$c_p = \frac{dh}{dT} \tag{13-6}$$

c_p는 온도만의 함수이기 때문에 임의의 두 상태에 대해 이 식을 적분할 수 있다. 일반적으로 공학에서 고려하는 온도 범위 내에서 c_p는 c_v와 같이 기본적으로 일정하다고 생각한다. 그러므로

$$\Delta h = c_p \, \Delta T \tag{13-7}$$

따라서 c_p가 주어져 있다면 온도 변화량 ΔT에 대응하여 발생하는 엔탈피 변화량 (내부에너지와 유동일)을 계산할 수 있게 된다.

　$h = u + RT$를 미분하고 식 (13-4)와 (13-6)을 대입하면, 기체상수와 c_p, c_v 사이의 관계식을 다음과 같이 얻을 수 있다.

$$c_p - c_v = R \tag{13-8}$$

이 비열비를 다음과 같이 정의하고

$$k = \frac{c_p}{c_v} \tag{13-9}$$

식 (13-8)을 이용하면

$$c_v = \frac{R}{k - 1} \tag{13-10}$$

이고 또한

$$c_p = \frac{kR}{k - 1} \tag{13-11}$$

일반적인 기체들의 k와 R값들은 부록 A에 주어져 있으며, 위의 두 식으로부터 c_p 와 c_v를 계산할 수 있다.

엔트로피와 열역학 제2법칙   엔트로피(s)는 기체의 열역학적 상태량이

며, 이 상태량이 어떻게 변화하는지에 대해 이 장에서 공부할 것이다. 닫힌 시스템에서의 **엔트로피 변화**는 기체의 단위 질량당 압력, 체적 및 온도가 다른 상태로 변화할 때 발생되는 온도당 열량으로 정의된다.

$$ds = \frac{dq}{T} \tag{13-12}$$

예를 들어, 서로 다른 온도의 두 물체가 단열 용기 안에 같이 있는 **고립된 시스템** (isolated system)을 생각해보자. 고온에서 저온으로 이동하는 열 dq로 인해 결국 온도가 같아지게 될 것이다. 이때 한쪽은 엔트로피를 얻고, 다른 한쪽은 엔트로피를 잃게 된다. 고온에서 저온으로 열이 흐르는 과정은 비가역적이다. 즉 열은 저온에서 고온으로 절대로 흐르지 않는다. 그 이유는 저온일 때보다 고온일 때 내부에너지나 분자들 간의 열 교란이 많이 발생하기 때문이다.

　열역학 제2법칙(second law of thermodynamics)은 고립된 시스템 내에서 발생하는 엔트로피 변화에 기초하며, 이는 물리적 현상이 일어날 때의 시간 순서를 결정한다. 또한 열역학 제2법칙은 우선적인 시간 방향을 가지는데, 이것을 '시간이 흐르는 방향'이라고 하며, 변화과정이 **비가역적**(irreversible)이면 엔트로피는 항상 증가한다. 기체에서는 점성 마찰력에 의해 엔트로피가 증가하고 열이 발생한다. 만약 **가역**(reversible) 과정이라 가정한다면, 내부 마찰과 엔트로피 변화가 없는 등엔트로피 유동이 발생될 것이다. 그러므로

$$\begin{aligned} ds &= 0 \quad \text{가역} \\ ds &> 0 \quad \text{비가역} \end{aligned} \tag{13-13}$$

계산의 목적으로 dq를 소거하기 위해 열역학 제1법칙과 식 (13-12)를 결합하여 세기 성질 T와 ρ 그리고 엔트로피 변화량 간의 관계식을 다음과 같이 얻는다.

$$T \, ds = du + p \, dv$$

이 식에 $v = 1/\rho$와 이상기체 방정식 $p = \rho RT$ 그리고 c_v에 대해 정의한 식 (13-4)를 대입하여 나타내면

$$ds = c_v \frac{dT}{T} + \frac{R}{1/\rho} d\left(\frac{1}{\rho}\right)$$

온도가 변화하는 동안 c_v는 여전히 일정하므로 적분하면 다음과 같다.

$$s_2 - s_1 = c_v \ln \frac{T_2}{T_1} - R \ln \frac{\rho_2}{\rho_1} \qquad (13\text{-}14)$$

또한 엔트로피 변화는 T와 p에 연관된다. 먼저 엔탈피는 $dh = du + dp \, v + p \, dv$에 $T \, ds = du + p \, dv$를 대입함으로써 엔트로피와 관련지어 나타낼 수 있다.

$$T \, ds = dh - v \, dp$$

그런 다음 c_p에 대해 정의한 식 (13-6)과 이상기체 방정식 $p = RT/v$를 사용하면

$$ds = c_p \frac{dT}{T} - R \frac{dp}{p}$$

를 얻을 수 있으며, 이를 다시 적분하여 다음을 얻는다.

$$s_2 - s_1 = c_p \ln \frac{T_2}{T_1} - R \ln \frac{p_2}{p_1} \qquad (13\text{-}15)$$

등엔트로피 과정 파이프나 노즐을 통과하는 많은 종류의 압축성 유동 문제들은 매우 **짧은** 시간에 걸쳐 국소적으로 발생한다. 대부분의 경우, 유동하는 기체의 상태 변화를 **등엔트로피 과정**(isentropic process)으로 간주할 수 있다. 등엔트로피 과정에서는 기체가 한 상태에서 다른 상태로 갑자기 변하는 동안에 주변으로의 열전달이 발생하지 않으며, 이러한 과정을 **단열 과정**($dq = 0$)이라 한다. 또한 마찰손실을 무시할 수 있다면, 이는 가역과정이 되고, $ds = 0$이 된다(그림 13-1). 따라서 $T \, ds = du + p \, dv$와 $T \, ds = dh - v \, dp$에서 등엔트로피 과정이 되면 다음과 같이 된다.

$$0 = du + p \, dv$$
$$0 = dh - v \, dp$$

위 식을 비열에 대해 나타내면 다음 식을 얻는다.

$$0 = c_v dT + p \, dv$$
$$0 = c_p dT - v \, dp$$

여기서 dT를 소거하고 식 (13-9), $k = c_p/c_v$를 사용하여 나타내면

$$\frac{dp}{p} + k \frac{dv}{v} = 0$$

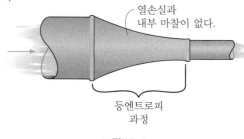

열손실과
내부 마찰이 없다.

등엔트로피
과정

그림 13-1

k는 일정하기 때문에 임의의 두 상태점에 대해 적분하면

$$\ln\frac{p_2}{p_1} + k \ln\frac{v_2}{v_1} = 0 \qquad \left(\frac{p_2}{p_1}\right)\left(\frac{v_2}{v_1}\right)^k = 1$$

$v = 1/\rho$로 대입하고 다시 정리하면, 밀도와 압력의 관계는 다음과 같이 된다.

$$\boxed{\frac{p_2}{p_1} = \left(\frac{\rho_2}{\rho_1}\right)^k} \tag{13-16}$$

또한 이 식으로부터 이상기체 방정식 $p = \rho RT$를 이용하여 압력을 절대온도에 대해서 다음과 같이 나타낼 수 있다.

$$\boxed{\frac{p_2}{p_1} = \left(\frac{T_2}{T_1}\right)^{k/(k-1)}} \tag{13-17}$$

이 장 전체에 걸쳐 앞서 정의한 식들을 이용하여 등엔트로피 또는 단열 압축성 유동에 관해 설명할 것이다.

요점정리

- 대부분의 공학응용에서 기체는 이상기체로 간주될 수 있다. 이상기체는 분자 크기보다 더 큰 거리로 임의의 운동을 하는 분자들로 구성된다. 그리고 이상기체 법칙($p = \rho RT$)을 따른다.
- 평형상태의 시스템은 압력, 밀도, 온도, 내부에너지, 엔트로피, 엔탈피 등과 같은 일정한 상태량을 가진다.
- 시스템의 단위 질량에 대한 내부에너지 변화량은 가열에 의해 증가하거나, 유동일에 의한 냉각으로 인해 감소된다. 이것이 열역학 제1법칙이다($du = dq - p \, dv$).
- 엔탈피는 내부에너지와 단위 질량당 유동일의 합으로 정의되는 기체의 상태량이다 ($h = u + p/\rho$).
- 정적 비열은 온도 변화에 따른 기체의 내부에너지 변화와 관련이 있다($\Delta u = c_v \Delta T$).
- 정압 비열은 온도 변화에 따른 기체의 엔탈피 변화와 관련이 있다($\Delta h = c_p \Delta T$).
- 엔트로피의 변화량(ds)으로 온도당 발생하는 열의 양을 알 수 있다($ds = dq/T$).
- 고립된 시스템에서 열역학 제2법칙은 **비가역 과정**일 때 엔트로피는 마찰로 인해 언제나 증가한다는 것을 의미한다($ds > 0$). 만약 마찰이 없거나 **가역 과정**일 경우, 엔트로피의 변화는 없다($ds = 0$).
- 정적 비열 c_v는 식 (13-14)와 같이 T 및 ρ의 변화에 따른 엔트로피 변화량 Δs와 관련하여 사용될 수 있으며, 정압 비열 c_p는 식 (13-15)와 같이 T 및 p의 변화에 따른 엔트로피 변화량 Δs와 관련하여 나타낼 수 있다.
- 등엔트로피 과정에서는 주변과의 열전달과 유동마찰이 없다. 즉 단열유동 및 가역 과정을 말한다($ds = 0$).

예제 13.1

그림 13-2와 같이 공기가 유량 5 kg/s로 덕트를 통해 흐른다. 지점 A에서의 계기압력 및 온도는 $p_A = 80$ kPa과 $T_A = 50$°C이고, B 지점에서는 $p_B = 20$ kPa과 $T_B = 20$°C이다. 두 지점에서 공기의 엔탈피, 내부에너지, 그리고 엔트로피 변화량을 구하시오.

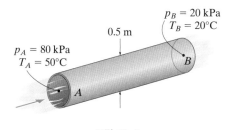

그림 13-2

풀이

유체 설명 A와 B 사이에 온도와 압력이 변하기 때문에 밀도 또한 변한다. 그러므로 정상 압축성 유동이 된다($k = 1.4$, $R = 286.9$ J/kg·K).

엔탈피 변화 엔탈피 변화량은 식 (13-7)로부터 구할 수 있다. 그러나 이에 앞서 식 (13-11)을 이용하여 정압 비열을 반드시 구해야 한다.

$$c_p = \frac{kR}{k-1}$$

$$= \frac{1.4(286.9 \text{ J/kg·K})}{(1.4 - 1)} = 1004.15 \text{ J/kg·K}$$

열역학 계산의 온도는 반드시 켈빈(Kelvin)으로 표현해야 한다. 그러므로

$$\Delta u = c_v(T_B - T_A)$$

$$= (717.25 \text{ J/kg·K})[(273 + 20) \text{ K} - (273 + 50) \text{ K}]$$

$$= -30.1 \text{ kJ/kg} \qquad \qquad \qquad \textit{Ans.}$$

여기서 음(−)의 부호는 엔탈피의 감소를 의미한다.

내부에너지 변화 식 (13-5)를 적용하여 정적 비열을 먼저 구한다.

$$c_v = \frac{R}{k-1} = \frac{286.9 \text{ J/kg·K}}{(1.4 - 1)} = 717.25 \text{ J/kg·K}$$

$$\Delta u = c_v(T_B - T_A) = (717.25 \text{ J/kg·K})[(273 + 20) \text{ K} - (273 + 50) \text{ K}]$$

$$= -21.5 \text{ kJ/kg} \qquad \qquad \qquad \textit{Ans.}$$

여기서 고온에서 저온으로 기체의 이동은 기체의 내부에너지를 감소시킨다.

엔트로피 변화 점 A와 B에서의 압력과 온도를 모두 알기 때문에 식 (13-15)를 사용하여 Δs를 찾을 수 있다. p와 T는 절댓값이 된다는 것을 항상 기억하라.

$$s_B - s_A = c_p \ln \frac{T_B}{T_A} - R \ln \frac{p_B}{p_A}$$

$$\Delta s = (1004.15 \text{ J/kg·K}) \ln \frac{(273 + 20) \text{ K}}{(273 + 50) \text{ K}} - (286.9 \text{ J/kg·K}) \ln \frac{(101.3 + 20) \text{ kPa}}{(101.3 + 80) \text{ kPa}}$$

$$= 17.4 \text{ J/kg·K} \qquad \qquad \qquad \textit{Ans.}$$

참고: 점 A에서의 속도는 질량유량 $\dot{m} = \rho_A V_A A_A$로부터 구할 수 있다. 여기서 공기의 밀도 ρ_A는 $p_A = \rho_A R T_A$로부터 구할 수 있다. 그 결과 $\rho_A = 1.956$ kg/m³, $V_A = 13.0$ m/s이다.

예제 13.2

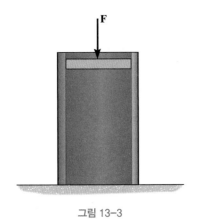

그림 13-3

그림 13-3과 같이 이동이 가능한 뚜껑을 가진 밀폐 용기에 계기압력 100 kPa과 온도가 20°C인 헬륨 4 kg이 들어 있다. 힘 **F**를 가해 기체의 압력이 250 kPa이 될 때까지 등엔트로피적으로 압축했을 때, 기체의 초기 밀도와 최종 온도 및 밀도를 구하시오.

풀이

유체 설명   등엔트로피 과정이기 때문에 열전달 및 마찰손실이 발생하지 않는다.

온도   가압 전후의 압력을 알기 때문에 식 (13-17)을 사용하여 온도를 구할 수 있다. 또한 부록 A로부터 헬륨의 $k = 1.66$을 얻을 수 있다.

$$\frac{p_2}{p_1} = \left(\frac{T_2}{T_1}\right)^{k/(k-1)}$$

$$\frac{(101.3 + 250)\,\text{kPa}}{(101.3 + 100)\,\text{kPa}} = \left(\frac{T_2}{(273 + 20)\,\text{K}}\right)^{1.66/(1.66-1)}$$

$$T_2 = 365.6\,\text{K} = 366\,\text{K} \qquad\qquad Ans.$$

밀도   헬륨의 초기 밀도는 이상기체 법칙으로부터 구할 수 있고, $R = 2077\,\text{J/kg} \cdot \text{K}$이므로

$$p_1 = \rho_1 R T_1$$

$$(101.3 + 100)(10^3)\,\text{Pa} = \rho_1 (2077\,\text{J/kg} \cdot \text{K})(273 + 20)\,\text{K}$$

$$\rho_1 = 0.3308\,\text{kg/m}^3 = 0.331\,\text{kg/m}^3 \qquad\qquad Ans.$$

가압 후의 밀도를 구하기 위해 식 (13-16)을 적용하면

$$\frac{p_2}{p_1} = \left(\frac{\rho_2}{\rho_1}\right)^k$$

$$\frac{(101.3 + 250)\,\text{kPa}}{(101.3 + 100)\,\text{kPa}} = \left(\frac{\rho_2}{0.3308\,\text{kg/m}^3}\right)^{1.66}$$

$$\rho_2 = 0.463\,\text{kg/m}^3 \qquad\qquad Ans.$$

다른 방법으로는 이상기체 법칙을 사용하여 구할 수 있다.

$$p_2 = \rho_2 R_2 T; \quad (101.3 + 250)(10^3)\,\text{Pa} = \rho_2 (2077\,\text{J/kg} \cdot \text{K})(365.6\,\text{K})$$

$$\rho_2 = 0.463\,\text{kg/m}^3 \qquad\qquad Ans.$$

이 결과는 대략 40%의 밀도 변화를 나타낸다.

13.2 압축성 유체에서의 파동 전파

비압축성 유동에서 어떤 압력 교란이 발생하면 이는 유체 내의 모든 지점에서 즉시 알 수 있을 것이다. 그러나 실제 모든 유체는 압축성이라서 압력 교란은 유체를 통해 한정된 속도로 전파될 것이다. 이러한 속도 c를 **음속**(sonic velocity)이라 한다.

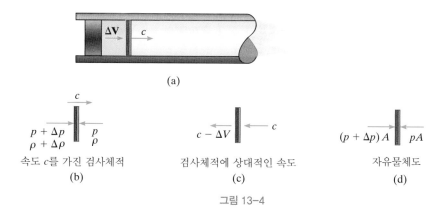

그림 13-4

그림 13-4a에서와 같이 유체가 담긴 열린 긴 튜브에서 음속을 정의할 수 있다. 오른쪽 방향으로 피스톤을 속도 ΔV로 약간의 거리를 이동하는 경우, 피스톤 바로 옆의 압력이 Δp만큼 갑자기 상승하게 된다. 이 지점의 분자 충돌이 오른쪽에 인접한 유체 분자들에게로 전파된다. 이때 운동량 교환이 피스톤으로부터 멀어지는 튜브 하류방향으로 음속(c)의 크기($c \gg \Delta V$)로 이동하는 매우 얇은 파의 형태로 이루어진다. 그림 13-4b에서 이 파의 미분형 검사체적에 대해 살펴보면, 튜브의 하류로 파가 저파됨에 따라 파 뒤에서는 피스톤 운동이 유체의 밀도, 압력, 속도를 각각 $\Delta \rho$, Δp, ΔV만큼 증가시킨다. 파 앞의 유체는 아직 파의 영향을 받지 않았으므로 밀도, 압력, 속도가 0이다.

정지된 상태로 파를 관찰할 때, 원래 정지되어 있던 유체가 파의 전파에 의해 움직이기 때문에, 관찰자를 지나는 유동은 비정상유동이 된다. 대신에 여기서는 그림 13-4c와 같이 관찰자를 파에 고정하고 음속 c로 똑같이 움직이는 것으로 간주할 것이다. 이 관점으로부터 정상유동을 얻을 수 있고, 그 결과 속도 c로 오른쪽에서 들어오고, 속도 $c - \Delta V$로 왼쪽으로 나가는 유동이 나타난다.

연속방정식 검사체적의 각 면의 단면적 A는 같기 때문에, 파의 1차원 정상유동에 대한 연속방정식은 다음과 같다.

$$\frac{\partial}{\partial t}\int_{cv} \rho \, dV + \int_{cs} \rho \mathbf{V}_{f/cs} \cdot d\mathbf{A} = 0$$

$$0 - \rho c A + (\rho + \Delta \rho)(c - \Delta V)A = 0$$

$$-\rho c A + \rho c A - \rho A \Delta V + c \Delta \rho A - \Delta \rho \Delta V A = 0$$

$\Delta \rho$와 ΔV는 0에 가까우므로, 마지막 항은 2차 항이므로 무시될 수 있다. 따라서 이 식을 간소화하면 다음과 같다.

$$c \, d\rho = \rho \, dV$$

선형 운동량 방정식 그림 13-4d의 자유물체도와 같이 열린 검사표면을 움직이는 힘은 압력에 의해서만 발생된다. 정상유동인 검사체적에 운동량 방정식을 적용하고

$$\xrightarrow{+} \Sigma \mathbf{F} = \frac{\partial}{\partial t} \int_{cv} \mathbf{V} \rho \, d\mathcal{V} + \int_{cs} \mathbf{V} \rho \mathbf{V}_{f/cs} \cdot d\mathbf{A}$$

$$(p + \Delta p)A - pA = 0 + [-c\rho(-cA) - (c - \Delta V)(\rho + \Delta \rho)(c - \Delta V)A]$$

미소변화의 극한을 취해 2차 항과 3차 항을 무시하면,

$$dp = 2\rho c \, dV - c^2 \, d\rho$$

연속방정식을 사용하여 c에 대해 풀면 다음을 얻는다.

$$c = \sqrt{\frac{dp}{d\rho}} \tag{13-18}$$

파는 매우 얇으며, 유체를 지나가는 매우 짧은 시간 동안 검사체적의 내외부로 전달되는 열은 없다는 것에 주의하라. 즉 단열 과정이라 할 수 있다. 또한 얇은 파 안의 마찰손실은 무시할 수 있고, 압력과 밀도 변화는 가역 과정과 관련된다. 결과적으로 음파 또는 압력 교란은 **등엔트로피 과정**으로 생각할 수 있다. 그러므로 식 (13-16)을 사용하여 밀도와 압력을 연관지어 다음 형태로 나타낼 수 있다.

$$p = C\rho^k$$

여기서 C는 상수이며, 미분하여 나타내면 p와 ρ의 관계는

$$\frac{dp}{d\rho} = Ck\rho^{k-1} = Ck\left(\frac{\rho^k}{\rho}\right) = Ck\left(\frac{p/C}{\rho}\right) = k\left(\frac{p}{\rho}\right)$$

이상기체 법칙($p/\rho = RT$)과 식 (13-18)을 결합하여 다음 식을 얻을 수 있다.

$$\boxed{c = \sqrt{kRT}} \tag{13-19}$$

음속

따라서 기체의 음속은 기체의 절대온도에 크게 의존한다. 예로 공기 15°C(288K)에서 음속 c는 340 m/s로 실험에서 얻어진 값과 상당히 일치한다.

또한 체적탄성계수와 유체의 밀도에 대하여 음속을 나타낼 수 있다. 체적탄성계수를 식 (1-11)에 의해 나타내면

$$E_V = -\frac{dp}{d\mathcal{V}/\mathcal{V}}$$

질량은 $m = \rho\mathcal{V}$, 질량 변화량은 $dm = dp\mathcal{V} + \rho d\mathcal{V}$이다. 질량은 상수이므로 $dm = 0$이 되고, $-d\mathcal{V}/\mathcal{V} = d\rho/\rho$가 된다. 그러므로

$$E_V = \frac{dp}{d\rho/\rho}$$

식 (13-18)로부터 다음과 같은 식이 주어진다.

$$c = \sqrt{\frac{E_V}{\rho}} \tag{13-20}$$

이 결과는 음속이 매질의 탄성 또는 압축성(E_V) 그리고 초기 상태량(ρ)에 의존한다는 것을 보여준다. 비압축성 유체에서는 더 빠른 압력파가 전파되고, 더 큰 밀도의 유체에서는 더 느린 파가 전파될 것이다. 예를 들어, 물의 밀도는 공기의 밀도에 약 1000배지만, 물의 체적탄성계수가 공기에 비해 매우 크기 때문에 물에서의 음속이 공기의 음속보다 4배가량 빠르게 전파된다(20°C에서 $c_a = 343$ m/s, $c_w = 1482$ m/s).

13.3 압축성 유동의 형태

압축성 유동을 분류하기 위해, 8장에서 정의된 **마하수** M(유체에 작용하는 압축력 대 관성력의 비의 제곱근으로 나타낼 수 있는 무차원수)을 사용할 것이다. 그 장에서 음속은 유체 내의 압력파에 의해 생성되는 음속 c와 유체의 속도 V의 비로 나타낼 수 있다는 것을 알았다. 그러므로 식 (13-19)를 사용하여 마하수를 나타내면

$$\text{M} = \frac{V}{c} = \frac{V}{\sqrt{kRT}} \qquad (13\text{-}21)$$

또는 마하수를 알고 있다면 다음과 같이 된다.

$$\boxed{V = \text{M}\sqrt{kRT}} \qquad (13\text{-}22)$$

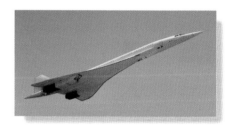

콩코드기는 M = 2.3의 속도로 비행할 수 있는 상업용 초음속 항공기였다.

그림 13-5a에서와 같이 속도 V로 움직이는 익형과 같은 물체를 고려해보자. 운동하는 동안 그림 13-4의 피스톤과 같이 물체의 앞면은 앞의 공기를 압축시키고, 표면으로부터 음속으로 진행하는 압력파의 발생을 야기한다. 이 효과는 V에 크게 의존한다.

아음속 유동, M<1 물체가 아음속 V로 계속 이동하는 동안 물체가 생성한 압력파들은 항상 $c - V$의 상대 속도로 물체의 앞으로 이동하게 될 것이다. 어떤 의미에서는 이러한 압력 교란들이 앞으로 전파되면서 물체가 도달하기 전에 유체의 상태량을 미리 조절하는 것이 가능하게 하므로, 전진하는 물체 앞에 있는 유체에 신호를 보내는 것과 같은 의미로 여겨진다. 결과적으로 그림 13-5a에 나타낸 것과 같이 물체 표면 주변 및 전체에 걸쳐 매끄러운 유동이 발생된다. 일반적으로 물체의 운동에 의해 발생되는 압력 변화는 M>0.3이나 $V>0.3c$일 때 아주 크게 발생하기 시작한다. 속도 $V=0.3c$에서 공기의 압축률은 1% 정도의 압력 변화를 일으킨다. 따라서 이전 장에서 가정한 바와 같이, c의 30% 또는 $0.3c$ 이하의 속도는 비압축성 유동으로 해석될 수 있으며, 이는 대부분의 공학 분야에서 충분한 정확성을 가진다. $0.3c<V<c$ 범위 안의 유동을 **아음속 압축성 유동**(subsonic compressible flow)이라 한다.

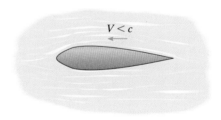

아음속 유동
(a)

그림 13-5

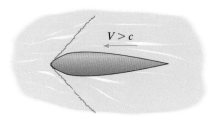

초음속 유동
(b)

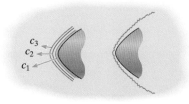

$c_1 > c_2 > c_3$의 관계에 의해
파가 합쳐지고 충격파를 형성한다.
(c)

그림 13-5 (계속)

음속 및 초음속 유동, M ≥ 1 물체가 압력파보다 빠르거나 같은 속도 V로 이동하는 경우, 물체 앞의 유체는 전진하는 물체를 인지하지 못한다. 유체가 비켜 가는 대신 압력파들이 모이게 되고, 그림 13-5b와 같이 물체 앞에서 매우 얇은 충격파가 형성된다.

이 현상을 이해하기 위해, 그림 13-5c에 나타낸 유체와 물체의 표면 사이의 상호작용에 대한 확대부를 살펴보자. 유체가 표면에 충돌함으로써 분자 충돌이 생기고, 유체 안에서는 온도구배가 발생되고 표면에서 가장 높은 온도가 된다. 음속은 온도의 함수이므로($c = \sqrt{kRT}$), 표면 가까이에서 형성된 압력파나 교란은 c_1에서 표면으로부터 멀어지면서 가장 높은 음속을 가지게 될 것이다. 그 결과 $c_1 > c_2$이기 때문에 앞의 파를 따라잡게 된다. 물체의 표면에서 벗어난 모든 음파들은 모이게 될 것이고, 국부 위치에 증가된 압력구배를 만들어내게 된다. 각각의 연속적인 압력파 및 교란은 13.2절에 언급된 바와 같이 등엔트로피 과정으로 간주되지만, 이러한 파들의 집합은 점성마찰 및 열전도 효과가 안정적으로 발생되기 시작해 매우 큰 압력을 얻을 수 있는 상태점까지 도달하게 된다. 이러한 과정은 등엔트로피 과정이 아니며, 표준 대기에서 그 두께가 분자의 평균 자유 경로의 3~5배 정도, 즉 대략 0.4 μm의 크기를 가진다. 이러한 파들의 집합을 **충격파**(shock wave)라 부르며, 충격파가 유체를 지나가면서 국소적인 압력, 밀도 그리고 온도의 변화를 발생시킨다. 물체나 충격파가 마하수 1로 이동하는 경우(M = 1)를 **음속 유동**(sonic flow)이라 하며, 마하수가 1보다 클 경우(M > 1)를 **초음속 유동**(supersonic flow)이라 부른다. 미사일이나 우주 왕복선 등과 같이 마하수가 5 이상 되는 **극초음속 유동**(hypersonic flow)에 대해서는 추후에 구분하기로 한다.

마하콘 충격파의 발생은 음속과 같거나 그보다 빠르게 움직이는 물체의 표면이나 그 근처에서 발생하는 매우 국부적인 현상임을 인식하는 것이 중요하다. 어느 한 지점에서 다른 지점으로 물체가 이동함으로써 형성되는 각 구면 충격파는 음속의 크기로 물체로부터 떨어져 이동할 것이다. 이를 설명하기 위해 그림 13-6에서와 같이 초음속 V로 수평 비행하고 있는 제트기를 생각해보자. 그림과 같이 $t = 0$일 때 만들어진 충격파는 비행기가 Vt'까지 이동할 때($t = t'$), ct'의 거리를 이동한다. t가 $t'/3$과 $2t'/3$일 때 생성된 충격파의 일부 또한 그림에서 볼 수 있다. 시간 t' 동안 생성된 모든 파들을 합치면 원뿔형의 경계층이 되며, 이것을 **마하콘**(Mach cone)이라 한다. 파들의 에너지는 구면 형태 파들의 상호작용으로 인해 대부분 마하콘의 면에 집중된다. 그리고 그 면을 지날 때, 파에 의해 큰 압력 변화가 생성되고, 이로 인해 '크랙' 또는 소닉 붐과 같은 상당히 시끄러운 소음이 발생된다.

그림 13-6에서 마하콘의 경사각 α는 제트기의 속도에 크게 의존하고, 마하콘 안에 빨간색 음영으로 칠해진 삼각형으로 정의할 수 있다.

$$\sin \alpha = \frac{c}{V} = \frac{1}{M} \tag{13-23}$$

속도 V가 증가되면, $\sin \alpha$이기 때문에 경사각 α는 작아지게 된다.

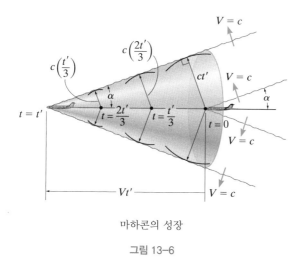

마하콘의 성장

그림 13–6

- 매질을 통해 이동하는 압력파의 **속도를 음속** c라 한다. 왜냐하면 압력 변화의 결과로 소리가 발생하기 때문이다. 모든 압력파들은 등엔트로피 과정으로 진행되며, 특정한 기체의 음속은 $c = \sqrt{kRT}$로 정의된다.
- 압축성 유동은 마하수를 사용하여 구분된다($M = V/c$). 아음속 유동($M < 1$)의 압력파는 항상 물체 앞에서 이동하며, 물체가 전진할 때 물체에 대하여 유체의 상태량을 조절하기 위해 물체 앞의 유체에 신호를 보낸다. $M \leq 0.3$인 경우, 일반적으로 비압축성 유체로 간주된다.
- 음속($M = 1$)이나 초음속($M > 1$)의 경우, 압력파들은 물체의 앞에서 이동할 수 없다. 따라서 물체의 앞에서 겹쳐져 물체의 표면이나 그 근처에서 충격파가 발생된다. 충격파의 발생으로 마하콘이 생성되고, 물체로부터 $M = 1$로 이동하게 되는 면이 만들어진다.

예제 13.3

그림 13–7과 같이 제트기가 $M = 2.3$으로 고도 18 km 상공을 비행하고 있다. 누군가의 머리 위로 제트기가 지나간 후 땅 위의 그 누군가가 비행기의 소리를 듣게 되는 시간을 구하시오. $c = 295$ m/s이다.

풀이

유체 설명 비행기가 초음속으로 비행하고 있기 때문에, 비행기 앞의 공기를 압축하게 된다. 음속(또는 마하수)이 공기의 온도(해발 고도에 따라 달라짐)에 크게 의존하지만, 여기서는 간단히 하기 위해 c가 일정하다고 가정한다.

해석 제트기 위에 형성된 마하콘의 경사각은

$$\sin \alpha = \frac{c}{V} = \frac{1}{2.3} = 0.4348$$

$$\alpha = 25.77°$$

그림 13–7과 같이 땅에서도 같은 각 α가 형성되므로

$$\tan 25.77° = \frac{18 \text{ km}}{x}$$

$$x = 37.28 \text{ km}$$

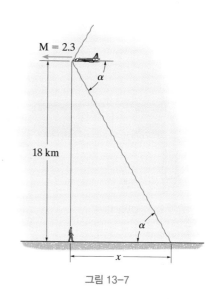

그림 13–7

따라서

$$x = Vt; \qquad 37.28(10^3) \text{ m} = 2.3(295 \text{ m/s})t$$

$$t = 54.9 \text{ s} \qquad\qquad Ans.$$

이 결과는 상당한 지연시간을 보여주며, 소리를 듣고 제트기의 위치를 찾는 것은 어렵다.

13.4　정체 상태량

노즐 및 벤투리를 통한 고속 기체 유동은 보통 **등엔트로피** 과정으로 근사할 수 있다. 유동이 짧은 거리에 걸쳐 있으면, 그 결과 온도 변화는 미세하게 된다. 따라서 열 전달이 발생하지 않고 마찰 효과는 무시할 수 있다는 가정은 타당하다.

유동 중 기체의 상태는 온도, 압력 그리고 밀도로 설명할 수 있다. 이 절에서는 어떤 기준점에서의 물성치 값들을 안다면 기체의 어떤 상태에서도 그 물성치 값을 구할 수 있음을 보여줄 것이다. 압축성 유동에 관련된 문제에서는 기준점으로 유동의 정체점을 선택할 것이다. 정체점에서는 운동에너지와 퍼텐셜에너지가 0이기도 하고 13.13절에서 제시할 내용과 같이 이 정체점을 기준으로 편리하게 실험적 측정이 되기 때문이다.

정체온도　정체온도(stagnation temperature) T_0는 기체의 속도가 0이 되었을 때의 온도를 나타낸다. 예를 들어 저장고 안의 정지된 기체의 온도가 정체온도이다. 열이 빠져나가지 않는 등엔트로피 유동이나 단열유동에서 T_0는 **전온도**(total temperature)로 불린다. 정지된 후의 유동에서의 모든 점에서 전온도는 동일하다. 유동과 함께 움직이는 관찰자에 의해 측정된 **정온도**(static temperature) T와는 다르다.

그림 13-8과 같이 고정 검사체적이 고려된 기체의 정체온도는 정온도와 연관된다. 저장고 안의 점 O는 정체온도 T_0이고, 속도 V_0는 0이다. 그리고 파이프 안의 온도는 정온도 T이고 속도는 V이다. 식 (5-16)의 에너지 방정식을 적용하면, 기체의 내부에너지는 무시하고, 단열유동으로 가정할 수 있으므로

그림 13-8

$$\dot{Q}_\text{in} - \dot{W}_\text{turbine} + \dot{W}_\text{pump} = \left[\left(h_\text{out} + \frac{V_\text{out}^2}{2} + gz_\text{out} \right) - \left(h_\text{in} + \frac{V_\text{in}^2}{2} + gz_\text{in} \right) \right] \dot{m}$$

$$0 - 0 + 0 = \left[\left(h + \frac{V^2}{2} + 0 \right) - (h_0 + 0 + 0) \right] \dot{m}$$

$$h_0 = h + \frac{V^2}{2} \tag{13-24}$$

이 결과는 식 (13-7)을 이용하여 온도에 관하여 나타낼 수 있게 된다[$\Delta h = c_p \, \Delta T$ 또는 $h_0 - h = c_p(T_0 - T)$]. 그러므로 다음을 얻는다.

$$c_p T_0 = c_p T + \frac{V^2}{2}$$

또는

$$T_0 = T\left(1 + \frac{V^2}{2c_p T}\right) \tag{13-25}$$

식 (13-11)인 $c_p = kR/(k-1)$과 식 (13-19)인 $c = \sqrt{kRT}$를 이용하여 c_p를 소거하고 마하수에 관하여 나타내면 다음과 같다.

$$T_0 = T\left(1 + \frac{k-1}{2}\mathrm{M}^2\right) \tag{13-26}$$

요약하면 한 점에서의 정온도 T는 유동에 관련되어 측정되는 값인 반면에, 전온도 T_0는 단열 과정을 통해 한 지점에서 유동이 정지된 후의 온도를 나타낸다. 마하수가 0일 때, 기체의 정온도 T와 전온도 T_0가 같아지게 된다는 것을 보여준다.

정체압력   한 점에서 기체의 압력 p는 유동에 관련되어 측정되기 때문에 **정압**(static pressure)이라 불린다. **정체압력**(stagnation pressure) 또는 **전압력**(total pressure) p_0는 등엔트로피적으로 유동이 정지된 점에서의 기체압력이다. 그렇지 않으면 열전달과 마찰 효과에 의해 전압력이 변화될 것이기 때문에 이 과정은 반드시 등엔트로피 과정이 된다. 이상기체에서 등엔트로피 과정(단열 및 가역 과정) 동안 온도와 압력은 식 (13-17)과 연관된다.

$$p_0 = p\left(\frac{T_0}{T}\right)^{k/(k-1)}$$

식 (13-26)을 대입하면 다음 식을 얻는다.

$$p_0 = p\left(1 + \frac{k-1}{2}\mathrm{M}^2\right)^{k/(k-1)} \tag{13-27}$$

유동이 등엔트로피 과정이면, 같은 유선 내에서는 정압 p가 변한다 하더라도 정체압 p_0는 모든 점에서 동일하다.

공기 및 산소 그리고 질소의 비열비 $k=1.4$일 때, 온도비(T/T_0)와 압력비(p/p_0)는 다양한 마하수에 대해 상기의 두 식으로부터 계산할 수 있으며, 부록 B의 표 B-1*에서 편리하게 찾을 수 있다. 부록의 표를 통해 보면 온도비(T/T_0)와 압력비(p/p_0)가 항상 1보다 작다는 것을 확인할 수 있다. 그 결과로부터 정온도 T와 정압 p는 그에 상응하는 정체온도 T_0와 p_0에 비해 항상 작다는 것을 알 수 있다.

---

* 압축성 유동과 관련된 많은 식들은 프로그램이 가능한 전자계산기를 이용하여 해결할 수 있고, 그 계산된 값들은 웹사이트를 통해서도 확인할 수 있다. 대부분의 문제들은 이와 같은 방법으로 해결해오고 있다.

정체밀도 식 (13-27)을 식 (13-16)과 $p = C\rho^k$에 대입하면, 기체의 정체밀도 ρ_0와 정밀도 ρ 간의 관계식을 얻을 수 있다.

$$\rho_0 = \rho\left(1 + \frac{k-1}{2}M^2\right)^{1/(k-1)} \tag{13-28}$$

예상한 바와 같이 ρ_0는 T_0 및 p_0처럼 등엔트로피 유동에서는 같은 유선상의 모든 점에서 그 값이 동일하다.

요점정리

- 열전달이 없는 단열유동에서 같은 유선상의 모든 점에서 정체온도 T_0는 같다. 그리고 등엔트로피 유동(마찰손실이 없고 단열유동)에서는 정체압 p_0와 정체밀도 ρ_0는 똑같이 유지된다. 대부분의 경우, 이러한 특성은 기체가 정체되거나 정지되는 저장고에서 측정된다.
- 정온도 T와 정압 p 그리고 밀도 ρ는 기체가 이동할 때 측정된다.
- 단열 과정 가정하에 에너지 방정식을 이용하여 T와 T_0의 관계식을 정의할 수 있다. 노즐을 통한 기체의 유동은 기본적으로 등엔트로피 유동이기 때문에 p와 ρ는 p_0와 ρ_0에 연관된다. 각각의 경우에 대해 상응하는 값들은 마하수와 기체의 비열비 k에 의해 결정된다.

예제 13.4

그림 13-9

100°C의 공기가 그림 13-9와 같이 큰 탱크 내에서 압력을 받고 있다. 노즐을 열었을 때, M = 0.6으로 공기가 분출된다. 노즐 출구에서의 온도를 구하시오.

풀이

유체 설명 마하수 M = 0.6 < 1이므로 아음속 압축성 유동과 관련된 문제이며, 정상유동으로 가정한다.

해석 탱크 안의 공기는 정지되어 있기 때문에 정체온도 $T_0 = (273 + 100)\,\mathrm{K} = 373\,\mathrm{K}$이다. 노즐을 통한 유동을 단열유동이라 가정하면, 열손실이 발생하지 않아 유동 전체의 정체온도는 동일하게 된다. 식 (13-26)을 적용하면

$$T_0 = T\left(1 + \frac{k-1}{2}M^2\right)$$

$$373\,\mathrm{K} = T\left(1 + \frac{1.4-1}{2}(0.6)^2\right)$$

$$T = 347.95\,\mathrm{K} = 74.9°\mathrm{C} \qquad\qquad Ans.$$

또한 온도비(T/T_0)가 나열된 표 B-1을 이용하여 M = 0.6일 때의 온도 T를 구할 수 있다.

$$T = 373\,\mathrm{K}\,(0.9328) = 348\,\mathrm{K} \qquad\qquad Ans.$$

유동에 대해 측정된 낮은 온도는 공기가 탱크에서 분출되며 발생하는 압력강하의 결과이다.

예제 13.5

질소가 그림 13-10과 같이 계기압력 $p = 200$ kPa, 온도 80°C 그리고 속도 150 m/s로 파이프를 통해 등엔트로피 유동을 한다. 이 유체의 정체온도와 정체압력을 구하시오. 대기압은 101.3 kPa이다.

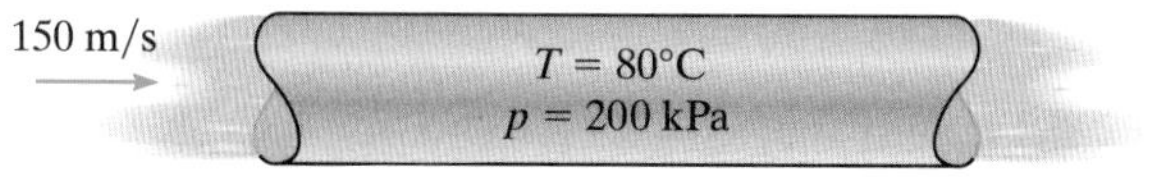

150 m/s → $T = 80$°C
$p = 200$ kPa

그림 13-10

풀이

유체 설명 마하수를 먼저 정의한다. 질소 온도 $T = (273 + 80)$ K $= 353$ K의 음속은

$$c = \sqrt{kRT} = \sqrt{1.40(296.8 \text{ J/kg} \cdot \text{K})(353 \text{ K})} = 383.0 \text{ m/s}$$

따라서

$$\text{M} = \frac{V}{c} = \frac{150 \text{ m/s}}{383.0 \text{ m/s}} = 0.3917 < 1$$

여기서 정상 아음속 압축성 유동이라는 것을 알 수 있다.

정체온도 식 (13-26)을 적용하면

$$T_0 = T\left(1 + \frac{k-1}{2}\text{M}^2\right) = (353 \text{ K})\left(1 + \frac{1.4 - 1}{2}(0.3917)^2\right)$$

$$T_0 = 363.8 \text{ K} = 364 \text{ K} \qquad\qquad Ans.$$

정체압력 정압은 $\rho = 200$ kPa이다. 식 (13-27)을 적용하고 결과를 절대 정체압력으로 풀이해서 나타내면

$$p_0 = p\left(1 + \frac{k-1}{2}\text{M}^2\right)^{k/(k-1)}$$

$$p_0 = [(101.3 + 200) \text{ kPa}]\left(1 + \frac{1.4 - 1}{2}(0.3917)^2\right)^{1.4/(1.4-1)}$$

$$p_0 = 334.91 \text{ kPa} = 335 \text{ kPa} \qquad\qquad Ans.$$

질소의 비열비는 $k = 1.4$이기 때문에 T_0와 p_0의 값은 표 B-1을 이용함으로써 구할 수 있다. 이 장에서는 수치적 정확도를 향상시키기 위해 부록 B의 표들의 값을 사용할 때 선형 보간법을 사용할 것이다. 예를 들어, 표 B-1에서 온도비가 M = 0.39, $T/T_0 = 0.9705$와 M = 0.40, $T/T_0 = 0.9690$ 같이 정의된다면 M = 0.3917의 온도비는 다음과 같이 구한다.

$$\frac{0.4 - 0.39}{0.4 - 0.3917} = \frac{0.9690 - 0.9705}{0.9690 - T/T_0}$$

$$0.9690 - T/T_0 = -0.001251$$

$$T/T_0 = 0.97025$$

따라서

$$T_0 = \frac{353 \text{ K}}{0.97025} = 363.82 \text{ K} = 364 \text{ K}$$

참고: 여기서는 등엔트로피 과정이기 때문에 엔트로피는 변하지 않는다. 이것은 식 (13-15)를 적용하여 증명할 수 있다.

$$s - s_0 = c_p \ln \frac{T}{T_0} - R \ln \frac{p}{p_0}$$

$$\Delta s = \left[\frac{1.4(296.8 \text{ J/kg} \cdot \text{K})}{1.4 - 1} \right] \ln \left(\frac{353 \text{ K}}{363.82 \text{ K}} \right) - (296.8 \text{ J/kg} \cdot \text{K}) \ln \left(\frac{301.3 \text{ kPa}}{334.9 \text{ kPa}} \right)$$

$$\Delta s = 0$$

예제 13.6

그림 13-11에서 파이프 입구 안의 절대압력은 98 kPa이다. 밸브를 열었을 때 파이프 안으로 들어오는 질량유량을 구하시오. 주변의 공기는 온도 20°C와 대기압(101.3 kPa)으로 정지되어 있다. 파이프의 직경은 50 mm이다.

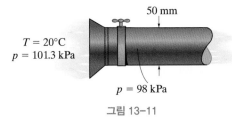

그림 13-11

풀이

유체 설명 입구를 통한 정상 등엔트로피 유동이라 가정한다. 압력이 주어졌기 때문에 식 (13-27)을 사용하여 마하수를 구할 수 있다. 주변의 공기는 정지상태이므로 정체압력 $p_0 = 101.3$ kPa이고, 이 값은 파이프 안에서도 유지된다. 공기의 비열비 $k = 1.4$이므로

$$p_0 = p \left(1 + \frac{k-1}{2} \text{M}^2 \right)^{k/(k-1)}$$

$$101.3 \text{ kPa} = (98 \text{ kPa}) \left(1 + \frac{1.4-1}{2} \text{M}^2 \right)^{1.4/(1.4-1)}$$

$$\text{M} = 0.2180 < 1 \quad \text{아음속 유동}$$

또한 이 값은 표 B-1과 보간법에 의해 얻을 수 있다($p/p_0 = 98$ kPa/101.3 kPa = 0.9674).

해석 질량유량은 $\dot{m} = \rho AV$로 정의된다. 따라서 반드시 기체의 밀도와 속도를 먼저 구해야 된다.

온도 $T = 20°C$에서 기체의 정체밀도는 부록 A에서 찾을 수 있다($\rho_0 = 1.202$ kg/m³). 식 (13-28)을 사용하여 파이프에서 공기의 밀도를 구하면

$$\rho_0 = \rho \left(1 + \frac{k-1}{2} \text{M}^2 \right)^{1/(k-1)}$$

$$1.202 \text{ kg/m}^3 = \rho \left(1 + \frac{1.4 - 1}{2}(0.2180)^2 \right)^{1/(1.4-1)}$$

$$\rho = 1.1739 \text{ kg/m}^3$$

또한 이 값은 식 (13-16), 즉 $p/p_0 = (\rho/\rho_0)^k$으로부터 얻을 수도 있다.

입구 안의 유동속도는 식 (13-22)를 통해 정의된다($V = M\sqrt{kRT}$). 이 값은 유동 중인 유체의 온도에 크게 의존한다. 온도는 $M = 0.218$에 대해 표 B-1과 식 (13-26)을 사용하여 찾을 수 있다.

$$T_0 = T\left(1 + \frac{k-1}{2}M^2 \right)$$

$$(273 + 20)\text{ K} = T\left(1 + \frac{1.4 - 1}{2}(0.2180)^2 \right)$$

$$T = 290.24 \text{ K}$$

따라서

$$V = M\sqrt{kRT} = (0.2180)\sqrt{1.4(286.9 \text{ J/kg} \cdot \text{K})(290.24 \text{ K})} = 74.44 \text{ m/s}$$

질량유량은 다음과 같다.

$$\dot{m} = \rho VA = 1.1739 \text{ kg/m}^3(74.44 \text{ m/s})\left[\pi(0.025 \text{ m})^2 \right]$$

$$= 0.172 \text{ kg/s} \qquad\qquad Ans.$$

참고: $M = 0.218 < 0.3$이므로 이 문제를 이상기체(마찰이 없고 비압축성)이고 정상유동으로 생각하고 풀면, 베르누이 방정식을 이용하여 속도를 정의할 수 있다. 이 경우,

$$\frac{p_0}{\rho} + \frac{V_0^2}{2} = \frac{p_1}{\rho} + \frac{V_1^2}{2}$$

$$\frac{101.3(10^3) \text{ N/m}^2}{1.202 \text{ kg/m}^3} + 0 = \frac{98(10^3) \text{ N/m}^2}{1.202 \text{ kg/m}^3} + \frac{V_1^2}{2}$$

$$V_1 = 74.10 \text{ m/s}$$

이 값은 공기의 압축성을 고려하여 해석한 $V = 74.44$ m/s의 값과 약 0.46%의 오차를 가진다.

13.5 가변 면적을 통과하는 등엔트로피 유동

압축성 유동 해석은 제트엔진의 덕트와 로켓 노즐을 통과하는 기체에 적용된다. 이러한 응용을 위해 그림 13-12a에서와 같이 기체가 흐르는 덕트의 단면적 변화에 의해 기체의 압력, 속도 그리고 밀도가 어떠한 영향을 받는지를 보여주고 논의할 것이다. 미소 거리에 대해서는 등엔트로피 과정 및 정상유동이라고 생각하자. 또한 덕트의 단면적은 서서히 변화한다고 가정하여 유동을 1차원 유동으로 간주

하고 평균 기체 물성치 값을 사용한다. 그림 13-12a와 같이 고정 검사체적은 덕트 안 기체의 일부분을 포함한다.

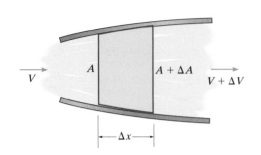

연속방정식
속도, 밀도 그리고 단면적 모두 변하기 때문에 연속방정식은 다음과 같이 주어진다.

$$\frac{\partial}{\partial t}\int_{cv} \rho \, d\forall + \int_{cs} \rho \mathbf{V}_{f/cs} \cdot d\mathbf{A} = 0$$

$$0 - \rho V A + (\rho + \Delta\rho)(V + \Delta V)(A + \Delta A) = 0$$

$\Delta x \to 0$을 취하면 2차 및 3차 항들은 소거되고, 다시 간소화하면

$$\rho V \, dA + V A \, d\rho + \rho A \, dV = 0$$

속도 변화는 다음과 같이 표현된다.

$$dV = -V\left(\frac{d\rho}{\rho} + \frac{dA}{A}\right) \tag{13-29}$$

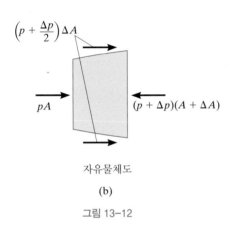

자유물체도

(b)

그림 13-12

선형 운동량 방정식
그림 13-12b의 검사체적 자유물체도에 보인 것과 같이 주변 기체가 검사표면의 앞면과 뒷면에 압력을 가한다. 덕트의 측면은 ΔA만큼 증가하기 때문에 평균 압력$(p + \Delta p/2)$은 증가된 면적에 의해 수평으로 작용될 것이다. 유동방향으로 선형 운동량 방정식을 적용하면

$$\xrightarrow{+}\sum \mathbf{F} = \frac{\partial}{\partial t}\int_{cv} \mathbf{V}\rho \, d\forall + \int_{cv} \mathbf{V}\rho \mathbf{V}_{f/cs} \cdot d\mathbf{A}$$

$$pA + \left(p + \frac{\Delta p}{2}\right)\Delta A - (p + \Delta p)(A + \Delta A) =$$

$$0 + V\rho(-VA) + (V + \Delta V)(\rho + \Delta\rho)(V + \Delta V)(A + \Delta A)$$

위 식을 전개하고 다시 고차 항들을 극한으로 제거하여 명확하게 나타내면

$$dp = -\left(2\rho V dV + V^2 d\rho + \rho V^2 \frac{dA}{A}\right) \tag{13-30}$$

식 (13-29)로부터 dV에 대해 값을 대입하면

$$dp = \rho V^2\left(\frac{d\rho}{\rho} + \frac{dA}{A}\right)$$

식 (13-18), 즉 $d\rho = dp/c^2$을 대입함으로써 $d\rho$를 소거한 다음, 마하수$(\mathrm{M} = V/c)$에 대하여 나타내면 면적 변화에 따른 압력 변화를 구할 수 있다.

$$dp = \frac{\rho V^2}{1 - \mathrm{M}^2}\frac{dA}{A} \tag{13-31}$$

마하수와 면적 변화에 따른 속도 변화는 식 (13-31)과 (13-30)을 동일시한 다음, 식 (13-29)를 사용하여 $d\rho/\rho$ 항을 소거하면 다음과 같이 된다.

$$dV = -\frac{V}{1 - M^2}\frac{dA}{A} \tag{13-32}$$

마지막으로 마하수와 면적 변화에 따른 밀도 변화는 식 (13-32)와 (13-29)를 동일시하여 정의할 수 있다. 그 결과 다음 식을 얻는다.

$$d\rho = \frac{\rho M^2}{1 - M^2}\frac{dA}{A} \tag{13-33}$$

아음속 유동 아음속 유동일 때(M<1), 위 식에서 $(1 - M^2)$ 항은 양(+)의 값이 된다. 그 결과 그림 13-13a와 같이 면적이 증가하거나 확대되는 덕트에서는 압력과 밀도는 증가하고 속도는 감소한다. 마찬가지로 면적이 줄어들거나 축소되는 덕트에서는 그림 13-13b와 같이 압력과 밀도는 감소하고 속도는 증가한다. 압력과 속도에 대한 이 결과들은 베르누이 방정식으로부터 알려진 비압축성 유동에 대한 결과와 유사하다. 예를 들어 압력이 높아지면 속도는 줄어들게 된다. 반대의 경우에도 마찬가지이다.

초음속 유동 초음속 유동일 때(M>1), 위 식에서 $(1 - M^2)$ 항은 음(−)의 값이 된다. 그 결과 반대의 효과가 발생한다. 그림 13-13c와 같이 덕트 면적이 증가하면 압력과 밀도는 감소하고 속도는 증가한다. 반면에 덕트 면적이 감소하면 그림 13-13d와 같이 압력과 밀도는 증가하고 속도는 감소한다. 일반적으로 예상했던 바와는 상반되지만 실험결과에서는 실제로 그렇게 나타난다. 어떤 의미에서 초음속 유동은 일반 도로의 자동차 흐름과 유사한 거동을 한다. 도로의 폭이 넓어지면 차들의 속도가 증가하게 되고(높은 속도), 넓게 퍼지기 시작한다(낮은 압력 및 밀도). 반대로 도로 폭이 좁아지면 차들이 밀집하게 되고(높은 압력 및 밀도) 속도가 저하된다(낮은 속도).

라발 노즐 노즐의 형상은 그림 13-14와 같다. 시작되는 축소부에서 아음속 유동(M<1)을 노즐목에서 음속(M=1)이 될 때까지 가속시키며, 이후 이어지는 확대부에서 음속에서 초음속 유동(M>1)까지 속도를 증가시킨다. 이러한 형태의 노즐을 **라발 노즐**(Laval nozzle)이라 하며, 이는 1893년에 증기 터빈에 사용하기 위해 스웨덴 공학자 Carl de Laval에 의해 고안되었다. 여기서 중요한 점은 노즐목에서는 음속(M=1) 이상의 속도를 내는 것이 불가능하다는 것이다. 음속에 도달하게 되면 노즐 유동의 가속을 야기하기 위해 압력파가 상류로 이동할 수 없게 되기 때문이다.

M<1(아음속 유동)
확대 덕트 dA>0
압력과 밀도는 증가한다.
속도는 감소한다.

(a)

M<1(아음속 유동)
축소 덕트 dA<0
압력과 밀도는 감소한다.
속도는 증가한다.

(b)

M>1(초음속 유동)
확대 덕트 dA>0
압력과 밀도는 감소한다.
속도는 증가한다.

(c)

M>1(초음속 유동)
축소 덕트 dA<0
압력과 밀도는 증가한다.
속도는 감소한다.

(d)

그림 13-13

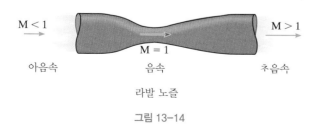

라발 노즐

그림 13-14

면적비 연속방정식을 이용하여 마하수에 대해 정리함으로써 노즐에 따른 임의의 점에서의 단면적을 구할 수 있다. 노즐목에서 음속 조건이 된다고 하면 노즐목의 단면적(A^*)을 기준으로 한다. 이 조건에서 $T=T^*$, $\rho=\rho^*$ 그리고 $\mathrm{M}=1$이다. 임의의 다른 점에서, $V = \mathrm{M}c = \mathrm{M}\sqrt{kRT}$이기 때문에 질량유량은 동일하게 다음과 같아야 한다.

$$\dot{m} = \rho V A = \rho^* V^* A^*; \quad \rho\left(\mathrm{M}\sqrt{kRT}\right)A = \rho^*\left(1\sqrt{kRT^*}\right)A^*$$

또는

$$\frac{A}{A^*} = \frac{1}{\mathrm{M}}\left(\frac{\rho^*}{\rho}\right)\sqrt{\frac{T^*}{T}} \tag{13-34}$$

또한 이 결과는 정체밀도와 온도에 관한 면적비로 다음과 같이 나타낼 수 있다.

$$\frac{A}{A^*} = \frac{1}{\mathrm{M}}\left(\frac{\rho^*}{\rho_0}\right)\left(\frac{\rho_0}{\rho}\right)\sqrt{\frac{T^*}{T_0}}\sqrt{\frac{T_0}{T}} \tag{13-35}$$

식 (13-26)과 (13-28)을 대입하고, ρ^*/ρ_0와 T^*/T_0 항들은 $\mathrm{M}=1$일 때의 값이기 때문에 간소화하면

$$\frac{A}{A^*} = \frac{1}{\mathrm{M}}\left[\frac{1 + \frac{1}{2}(k-1)\mathrm{M}^2}{\frac{1}{2}(k+1)}\right]^{\frac{k+1}{2(k-1)}} \tag{13-36}$$

주어진 비열비(k)에 대한 위 식의 그래프를 그림 13-15에 나타내었다. $A=A^*$인 경우를 제외하면, 각 A/A^*에 대한 마하수는 2개의 값을 가진다. M_1은 아음속 유동이 존재하는 구간의 면적 A'일 때이고, M_2는 초음속 유동이 흐르는 구간의 면적 A'일 때이다. M_1과 M_2에 대해 식 (13-36)을 푸는 것보다 비열비가 $k=1.4$로 주어진다면 표 B-1을 사용하는 것이 편리하다. 그림 13-15에서 표의 값들이 어떠한 곡선의 모양을 따라가는지 주목하라. 표를 보면 M의 증가에 따라 A/A^*는 $\mathrm{M}=1$이 되는 구간까지 감소하다가 그 이후 다시 증가한다.

M_1과 다른 임의의 점의 단면적 A_1이 주어진다면 표 B-1이나 식 (13-36)으로 마하수가 반드시 M_2가 되는 지점에서의 노즐 단면적 A_2를 정의할 수 있다. 이러한 방법에서 표가 어떻게 사용되는지 보여주기 위해 그림 13-16과 같은 경우를 생각하자. 여기서 $\mathrm{M}_1=0.5$, $A_1=\pi(0.03\text{ m})^2$ 그리고 $\mathrm{M}_2=1.5$이다. 표에서 A/A^*가 사용되기 때문에 A_2를 구하기 위해 노즐목의 면적 A^*에 대한 A_1과 A_2의 각 비를 참고할 것이다. 표 B-1[또는 식 (13-36)]로부터 $\mathrm{M}_1=0.5$, $\mathrm{M}_2=1.5$일 때의 면적비를 찾으면, 각각 $A_1/A^*=1.3398$, $A_2/A^*=1.176$이다. 이 두 면적비로 다음과 같이 구할 수 있다.

$$\frac{A_1}{A_2} = \frac{A_1/A^*}{A_2/A^*} = \frac{1.3398}{1.176}$$

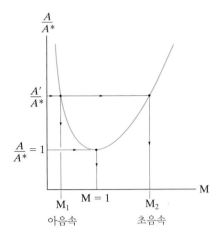

라발 노즐을 통과하는 유동
면적비 대 마하수

그림 13-15

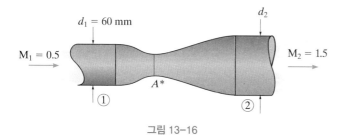

그림 13–16

따라서

$$A_2 = \frac{1}{4}\pi d_2^2 = \left[\pi(0.03 \text{ m})^2\right]\left(\frac{1.176}{1.3398}\right)$$

$$d_2 = 56.2 \text{ mm}$$

또한 이 방법은 노즐목을 통한 유동이 M = 1이 되지 않더라도 유효한 결과를 얻을 수 있다. 이와 같은 경우, 노즐이 면적 A^*로 좁아지는 목을 가진다고 생각할 수 있다.

예제 13.7

공기는 그림 13-17과 같이 50 mm 직경의 파이프를 통해 유입되고, $V_1 = 150$ m/s의 속도로 구간 1을 통과한다. 그리고 $p_1 = 400$ kPa의 절대압력과 $T_1 = 350$ K의 절대온도를 갖는다. 노즐목에서 음속 유동을 생성하기 위한 노즐목의 면적을 구하시오. 또한 초음속 유동이 구간 2에서 발생되는 경우, 이 위치에서 속도, 온도 및 요구되는 압력을 구하시오.

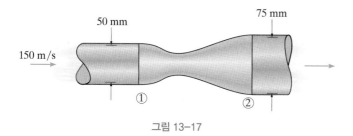

그림 13–17

풀이

유체 설명   노즐을 통과하는 등엔트로피 정상유동으로 가정한다.

노즐목 면적   구간 1에서의 마하수를 먼저 계산한다. 공기는 $k = 1.4$, $R = 286.9$ J/kg · K 이므로

$$\text{M}_1 = \frac{V_1}{\sqrt{kRT_1}} = \frac{150 \text{ m/s}}{\sqrt{1.4(286.9 \text{ J/kg}\cdot\text{K})(350 \text{ K})}}$$

$$= 0.40$$

식 (13-36)을 사용하여 노즐목에서의 M_1과 A_1을 결정할 수 있지만, $k = 1.4$로부터 표 B-1을 사용하는 것이 더 간편하다. 따라서 $\text{M}_1 = 0.40$에서는 다음과 같다.

$$\frac{A_1}{A^*} = 1.5901$$

$$A^* = \frac{\pi (0.025 \text{ m})^2}{1.5901}$$

$$= 0.0012348 \text{ m}^2 = 0.00123 \text{ m}^2 \qquad \textit{Ans.}$$

구간 2에서의 상태량 A^*를 알고 있으므로 A_2에서 마하수는 식 (13-36)으로부터 결정할 수 있다. 그러나 여기서도 표 B-1을 사용하는 것이 더 간단하다.

$$\frac{A_2}{A^*} = \frac{\pi (0.0375 \text{ m})^2}{0.0012348 \text{ m}^2} = 3.58$$

면적비로부터 대략 $M_2 = 2.8232$를 얻고, 초음속 유동이 확대부의 끝에서 발생한다. (2개의 마하수 중 다른 하나는 $M_1 = 0.1645$이고, 이는 출구에서 아음속 유동을 나타낸다.)

출구에서의 온도 및 압력은 $M = 2.8230$과 식 (13-26), (13-27)을 사용하여 결정할 수 있다. 그러나 이에 앞서 정체값인 T_0와 p_0를 구해야 한다. 이 값들을 찾기 위해 식 (13-26)과 (13-27)에 $M_1 = 0.40$, p_1, T_1의 값을 대입하여 사용할 수 있다. 더 간단한 방법은 다음과 같이 표 B-1을 사용하여 온도비와 압력비, T_2/T_1 및 p_2/p_1을 얻는 것이다.

$$\frac{T_2}{T_1} = \frac{T_2/T_0}{T_1/T_0} = \frac{0.38552}{0.9690} = 0.3978$$

$$\frac{p_2}{p_1} = \frac{p_2/p_0}{p_1/p_0} = \frac{0.03557}{0.8956} = 0.03972$$

따라서 T_0 및 p_0를 찾을 필요 없이, 다음과 같이 계산된다.

$$T_2 = 0.3978 T_1 = 0.3978(350 \text{ K}) = 139.23 \text{ K} = 139 \text{ K} \qquad \textit{Ans.}$$

$$p_2 = 0.03972 p_1 = 0.03972(400 \text{ kPa}) = 15.9 \text{ kPa} \qquad \textit{Ans.}$$

출구에서의 낮은 압력은 50 mm 직경의 파이프를 통해 150 m/s의 속도로 공기를 끌어들일 것이다.

구간 2에서 공기의 평균 속도는 다음과 같다.

$$V_2 = M_2 \sqrt{kRT_2} = 2.8232 \sqrt{1.4(286.9 \text{ J/kg} \cdot \text{K})(139.23 \text{ K})}$$

$$= 668 \text{ m/s} \qquad \textit{Ans.}$$

13.6   축소 및 확대 노즐을 통과하는 등엔트로피 유동

이 절에서는 그림 13-18a와 같이 정체된 기체의 대형 용기 또는 저장고에 부착된 노즐로부터 발생하는 압축성 유동을 연구한다. 여기서 노즐의 끝부분에서 파이프는 탱크 및 진공 펌프에 연결된다. 펌프를 작동하고 파이프의 밸브를 개방함으로써 노즐을 통한 유동을 조절할 수 있다. 이때 탱크 내의 **배압**(backpressure) p_b이 노즐을 통한 질량유량과 압력에 어떠한 영향을 미치는지에 대해 공부할 것이다.

축소 노즐 그림 13-18a와 같이 저장고에 축소 노즐을 부착하였을 때에 대해 고려해보자.

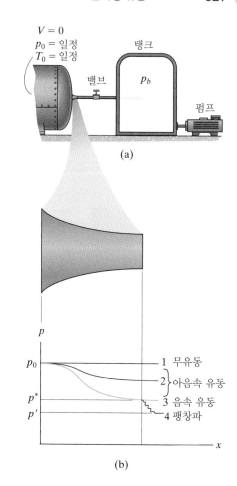

(a)

- 배압과 저장고의 압력이 같은 경우($p_b = p_0$), 그림 13-18b의 압력분포곡선 1에 나타낸 바와 같이 노즐을 통한 유동은 발생되지 않는다.

- p_b가 p_0보다 약간 낮은 경우, 노즐을 통해 흐르는 유동은 아음속으로 유지된다. 여기에서 속도는 노즐을 통해 증가하고, 선 2에 나타낸 바와 같이 압력은 감소한다.

- 이후 p_b의 압력강하로 결국 노즐 출구에서의 유동이 음속 유동 M = 1에 도달할 것이다. 이 지점에서의 배압을 **임계압력**(critical pressure) p^*라 부른다(선 3). 여기서의 압력은 식 (13-27)에서 M = 1로 하여 정의할 수 있다. p_0는 정체압력이므로, 결과는 다음과 같이 표현된다.

$$\frac{p^*}{p_0} = \left(\frac{2}{k+1} \right)^{k/(k-1)} \tag{13-37}$$

예를 들면, 공기 k = 1.4일 때, $p^*/p_0 = 0.5283$이다(표 B-1 참조). 즉 음속 유동에 도달하기 위한 노즐 외부의 압력은 저장고의 압력에 약 절반이 되어야 한다. 배압이 $p_b = p_0$에서 $p_b = p^*$로 감소되는 동안 유동은 등엔트로피 유동으로 간주된다. 그 이유는 얇은 경계층의 결과로 마찰손실이 최소화되어 노즐을 통해 충분히 빠른 유동의 가속화가 일어나기 때문이다.

- 배압이 더욱 저하된 경우($p' < p^*$)는 노즐의 압력분포와 유동의 질량유량에 영향을 미치지 않는다. '노즐목', 즉 노즐 출구에서의 압력은 반드시 p^*로 유지되기 때문에 노즐이 **초킹**(choked)되었다고 할 수 있다. 외부, 즉 노즐 출구 바로 뒤에서 압력은 갑자기 낮은 배압 p'까지 감소하게 된다. 그러나 이 압력감소는 단지 노즐 출구에서 3차원 팽창파의 형성으로 인해 발생되는 것이다(선 4). 기체의 팽창은 열손실과 마찰로 인해 엔트로피 증가를 초래하기 때문에 이 영역에서 등엔트로피 과정은 유지되지 않는다.

이러한 4가지의 경우 각각에 대한 배압의 함수로서 유량은 그림 13-18c와 같이 도시된다.

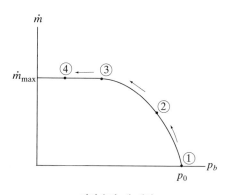

질량유량 대 배압

(c)

그림 13-18

축소 – 확대 노즐 축소-확대 또는 라발 노즐을 이용하여 그림 13-19a와 같이 동일한 실험을 고려해보자.

- 이전처럼, 배압이 저장고의 압력과 동일한 경우($p_b = p_0$), 노즐을 통해 압력이 일정하기 때문에 그림 13-19b의 선 1과 같이 노즐에서는 유동이 발생하지 않는다.

- 배압이 다소 떨어지는 경우에는 **아음속 유동**이 발생한다. 축소부를 통과하여 노즐목에서는 압력이 최저로 감소되는 동안 속도는 최대로 증가된다. 확대부에서는 그와 같이 압력은 증가하고 속도는 감소한다.

- 배압이 p_3가 되면, 노즐목에서의 압력은 p^*로 떨어지고 그 결과 음속(M = 1)

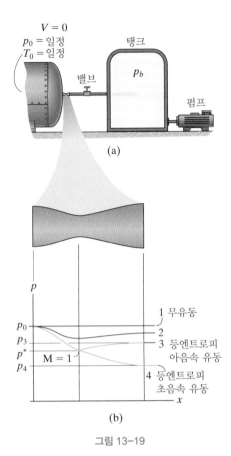

그림 13-19

군용 제트기는 벌어지거나 닫히는 것이 가능한 가변 노즐을 이용하여 추진 효율을 조절한다.

에 도달한다. 이 경우는 축소 및 확대부 모두에서 아음속이 발생하는 제한적인 경우이다(선 3). 노즐목에서의 속도가 최대(M = 1)이기 때문에 배압이 약간 감소하더라도 노즐을 통한 질량유량은 증가하지 않을 것이다. 따라서 노즐이 초 킹되고, 질량유량이 일정하게 유지된다.

- 확대부에서 유동을 등엔트로피적으로 가속시키기 위해, 선 4에 도시된 바와 같이 배압이 p_4에 도달할 때까지 계속 감소시킬 필요가 있다. 다시 한번 강조하지만, 노즐이 초킹되기 때문에 질량유량은 더 이상 증가하지 않는다.

- 선 3과 4의 압력선 분기로 인해 $p \geq p_3$와 $p = p_4$의 조건에서만 노즐 등엔트로피 유동이 발생한다. A/A^*(노즐목 면적 대 출구 면적)로 주어진 면적비에 대해 식 (13-36)은 그림 13-15(M_1 아음속과 M_2 초음속)에서 언급한 바와 같이 2개의 출구 마하수를 제공하기 때문이다. 그러므로 배압이 p_3와 p_4의 엔트로피 출구 압력 사이에 있는 경우 또는 p_4보다 낮은 경우, 출구 압력은 노즐 안 ($p_4 < p_b < p_3$)이나 바로 바깥쪽($p_b < p_4$)에 형성된 충격파를 통해서 갑자스럽게 배압으로 전환된다. 충격파는 마찰손실을 포함하기 때문에 등엔트로피 유동이 아니며, 노즐의 비효율적인 운용이 될 것이다. 이 현상에 대해서는 13.10절에서 논의할 것이다.

> ### 요점정리
>
> - **축소 덕트를 통한 아음속 유동**은 속도 증가와 압력 감소를 발생시킨다. **초음속 유동**은 반대의 효과가 발생된다(속도는 감소하고 압력은 증가한다).
> - **확대 덕트를 통한 아음속 유동**은 속도 감소와 압력 증가를 발생시킨다. **초음속 유동**은 반대의 효과가 발생된다(속도는 증가하고 압력은 감소한다).
> - 라발 노즐은 축소부에서는 아음속 유동을 계속 가속화시켜 노즐목에서 음속(M = 1)에 도달하고 이후 위치한 확대부를 통해 초음속으로 유동이 가속된다.
> - 노즐목에서는 음속(M = 1) 이상의 기체 유동이 발생되지 않는다. 이 속도에서 노즐목의 압력 신호를 상류로 보낼 수 없기 때문이다.
> - 임의의 단면적 A에서의 마하수는 노즐목 면적비(A/A^*)의 함수이다. 면적이 노즐목 면적 A^*일 때 M = 1이 된다.
> - 노즐목에서 초킹되는 조건은 M = 1이다. 이때 노즐목의 압력은 임계압력(p^*)으로 불린다. 이 조건은 노즐을 통한 최대 질량유량을 공급한다.
> - 라발 노즐의 경우, 노즐목에서 M = 1일 때 노즐에서 **등엔트로피 유동**을 발생하는 2가지 배압을 가진다. 하나는 확대부 내에서 아음속(M < 1)을 발생하고, 다른 하나는 확대부 내에 초음속(M > 1)을 생성한다. 그러나 두 경우 모두 충격파는 발생되지 않는다.

예제 13.8

그림 13-20과 같이 직경이 50 mm인 파이프의 위치 1에서 가장 큰 유량이 발생하기 위한 입구 압력을 구하시오. 파이프 밖의 공기는 표준 대기조건(압력 및 온도)이다. 이때의 질량유량은 얼마인가?

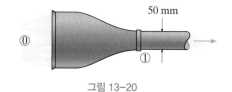

그림 13-20

풀이

유체 설명 노즐을 통과하는 등엔트로피 정상유동으로 가정한다.

해석 밖의 공기가 정지된 상태이기 때문에 정체압력, 온도, 밀도는 '표준 대기압'과 동일하다. 부록 A에서, $p_0 = 101.3$ kPa, $T_0 = 15℃$, $\rho_0 = 1.23$ kg/m³이다. 파이프의 최대 유량은 파이프 입구 마하수가 M = 1일 때 발생된다. 즉 M = 1의 유동이 발생되면, 파이프를 통해 흐르는 공기는 M = 1보다 더 빠르게 상류 쪽으로 감소된 압력을 전달할 수 없게된다. 표 B-1 또는 식 (13-27)을 이용하여 필요한 압력을 얻고, 이를 이용하여 다음과 같이 계산된다.

$$p_0 = p_1\left(1 + \frac{k-1}{2}\mathrm{M}_1^2\right)^{k/(k-1)} \qquad 101.3\,\mathrm{kPa} = p_1\left[1 + \left(\frac{1.4-1}{2}\right)(1)^2\right]^{1.4/(1.4-1)}$$

$$p_1 = 53.5\,\mathrm{kPa} \qquad\qquad Ans.$$

$\dot{m} = \rho AV$를 이용하여 질량유량을 구하기 위해 먼저 M = 1의 유동을 생성하는 공기의 속도와 밀도를 구한다. 위치 1에서 파이프 내 공기의 밀도는 식 (13-28) 또는 식 (13-16) $p_2/p_1 = (\rho_2/\rho_1)^k$로부터 결정될 수 있다. 식 (13-28)을 사용하면

$$\rho_0 = \rho_1\left(1 + \frac{k-1}{2}\mathrm{M}_1^2\right)^{1/(k-1)}$$

$$1.23\,\mathrm{kg/m^3} = \rho_1\left[1 + \left(\frac{1.4-1}{2}\right)(1)^2\right]^{1/(1.4-1)}$$

$$\rho_1 = 0.7797\,\mathrm{kg/m^3}$$

속도는 식 $V = \mathrm{M}\sqrt{kRT}$과 같이 파이프 내 공기 온도의 함수이다. 표 B-1과 M = 1일 때 식 (13-26)을 사용하거나 식 (13-17) $p_2/p_1 = (T_2/T_1)^{k(k-1)}$을 사용하여 온도를 얻을 수 있다. 식 (13-26)을 사용하여 다음과 같이 계산할 수 있다.

$$T_0 = T_1\left(1 + \frac{k-1}{2}\mathrm{M}_1^2\right) \qquad (273 + 15℃)\,\mathrm{K} = T_1\left[1 + \left(\frac{1.4-1}{2}\right)(1)^2\right]$$

$$T_1 = 240\,\mathrm{K}$$

따라서

$$V_1 = \mathrm{M}_1\sqrt{kRT_1} = (1)\sqrt{1.4(286.9\,\mathrm{J/kg\cdot K})(240\,\mathrm{K})} = 310.48\ \mathrm{m/s}$$

질량유량은 다음과 같다.

$$\begin{aligned}\dot{m} &= \rho_1 V_1 A_1 \\ &= \left(0.7797\,\mathrm{kg/m^3}\right)(310.48\ \mathrm{m/s})\left[\pi\left(0.025\ \mathrm{m}\right)^2\right] \\ &= 0.475\,\mathrm{kg/s} \qquad\qquad Ans.\end{aligned}$$

예제 13.9

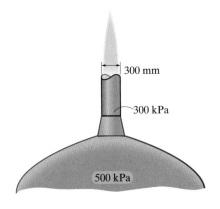

300 mm

300 kPa

500 kPa

그림 13-21

그림 13-21에서 탱크의 축소 노즐의 출구는 300 mm의 직경을 갖는다. 탱크 내의 질소는 500 kPa의 절대압력 및 1200 K의 절대온도를 가진다. 파이프 내의 절대압력이 300 kPa인 경우 노즐에서의 질량유량을 구하시오. 노즐을 통한 가장 큰 질량유량을 만들기 위해 필요한 압력은 얼마인가?

풀이

유체 설명   노즐을 통과하는 등엔트로피 정상유동으로 가정한다.

해석   탱크 내의 질소가 정지해 있기 때문에, 정체온도와 압력은 $p_0 = 500$ kPa과 $T_0 = 1200$ K이다.

p와 p_0 모두 알고 있기 때문에 $p/p_0 = 300$ kPa$/500$ kPa$=0.6$이 되고, 식 (13-27) 또는 표 B-1로부터 마하수 M $=0.8864$를 구한다.

식 $\dot{m} = \rho VA$로 질량유량을 구하기 위해 출구에서의 밀도와 속도를 찾아야 한다. 먼저 온도는 식 (13-26)이나 M $=0.8864$ 또는 $p/p_0 = 0.6$에 대해 표 B-1을 이용하여 구할 수 있다.

$$\frac{T}{T_0} = 0.8642$$

$$T = 0.8642(1200 \text{ K}) = 1037.00 \text{ K}$$

따라서 질소의 출구속도는 다음과 같다.

$$V = \text{M}\sqrt{kRT} = (0.8864)\sqrt{1.4(296.8 \text{ J/kg} \cdot \text{K})(1037 \text{ K})} = 581.86 \text{ m/s}$$

밀도는 이상기체 법칙을 이용하여 구할 수 있다. 따라서 노즐로부터 나오는 질량유량은 다음과 같이 된다.

$$\dot{m} = \rho VA = \left(\frac{p}{RT}\right)VA = \left[\frac{300(10^3) \text{ N/m}^2}{(296.8 \text{ J/kg} \cdot \text{K})(1037.00 \text{ K})}\right](581.86 \text{ m/s})[\pi(0.15 \text{ m})^2]$$

$$\dot{m} = 40.1 \text{ kg/s} \qquad\qquad Ans.$$

가장 큰 질량유량을 위해서는 출구에서 M $=1$이 되어야 하고, 식 (13-27) 또는 표 B-1에 따라

$$\frac{p^*}{p_0} = 0.5283 \quad \text{또는} \quad p^* = (500 \text{ kPa})(0.5283) = 264 \text{ kPa} \qquad Ans.$$

예제 13.10

그림 13-22에서 라발 노즐은 350 kPa의 공기로 차 있는 챔버와 연결된다. 노즐 안에서 초킹되고 파이프에서는 등엔트로피 아음속 유동이 발생될 때, 파이프의 위치 B에서의 배압을 구하시오. 또한 등엔트로피 초음속 유동을 발생시키기 위해 필요한 배압은 얼마인가?

풀이

유체 설명   노즐을 통과하는 등엔트로피 정상유동으로 가정한다.

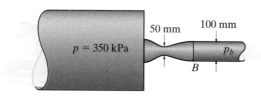

그림 13-22

해석 여기서 노즐목에서 M = 1을 생산하는 데 필요한 두 배압을 찾아야 한다(그림 13-19b의 p_3와 p_4). 노즐 출구와 목 사이의 면적비는

$$\frac{A_B}{A^*} = \frac{\pi(0.05\ \text{m})^2}{\pi(0.025\ \text{m})^2} = 4$$

이 면적비를 식 (13-36)에 사용하는 경우, 그림 13-15와 같이 출구 마하수 M이 2 개로 결정된다. 또한 표 B-1을 사용해서도 문제를 해결할 수 있다. $A_B/A^* = 4$일 때, $M_1 = 0.1467$(아음속 유동) 및 $p_B/p_0 = 0.9851$을 얻을 수 있다. 그러므로 위치 B에서 아음속 유동을 발생시키는 배압은

$$(p_B)_{max} = 0.9851(350\ \text{kPa}) = 345\ \text{kPa} \qquad Ans.$$

또한 표에서 다른 해답은, $A_B/A^* = 4$에서 $M_2 = 2.940$(초음속 유동) 및 $p_B/p_0 = 0.02980$ 이므로, 위치 B에서 초음속 유동을 발생시키는 배압은 다음과 같이 얻어진다.

$$(p_B)_{min} = 0.02979(350\ \text{kPa}) = 10.4\ \text{kPa} \qquad Ans.$$

참고: 이 두 압력값 모두 노즐에서 똑같은 질량유량을 만들어내며 그 값은 $\dot{m} = \rho^* V^* A^*$ 의 식을 이용하여 구할 수 있다.

예제 13.11

공기가 그림 13-23에서 $p_1 = 90$ kPa의 절대압력으로 100 mm 직경의 파이프를 통해 흐른다. $M_2 = 0.7$로 노즐을 빠져나가는 등엔트로피 유동이 발생하기 위해 노즐 끝단에서의 직경 d를 구하시오. 파이프 내의 공기는 표준 대기상태(압력 및 온도)의 대형 저장고로부터 나온다.

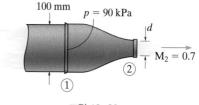

그림 13-23

풀이 I

유체 설명 노즐을 통과하는 등엔트로피 정상유동으로 가정한다.

해석 직경 d는 연속방정식으로부터 구할 수 있다.

$$\dot{m} = \rho_1 V_1 A_1 = \rho_2 V_2 A_2 \qquad (1)$$

먼저 M_1을 찾은 다음 1, 2 위치에서의 밀도와 속도를 알 수 있다.

대기의 정체값은 부록 A로부터 찾을 수 있다($p_0 = 101.3$ kPa, $T_0 = 15°C$, $\rho_0 = 1.23$ kg/m³). p_1 및 p_0를 안다면, 식 (13-27)을 사용하여 노즐 입구 위치 1에서의 M_1을 결정할 수 있다.

$$p_0 = p_1\left(1 + \frac{k-1}{2}M_1^2\right)^{k/(k-1)}$$

$$101.3 \text{ kPa} = (90 \text{ kPa})\left(1 + \frac{1.4-1}{2}M_1^2\right)^{1.4/(1.4-1)}$$

$$M_1 = 0.4146$$

예상대로, $M_1 < M_2 = 0.7$이다.

입구와 출구의 온도를 찾기 위해 식 (13-26)을 적용하면 다음과 같다.

$$T_0 = T_1\left(1 + \frac{k-1}{2}M_1^2\right)$$

$$(273 + 15) \text{ K} = T_1\left(1 + \frac{1.4-1}{2}(0.4146)^2\right)$$

$$T_1 = 278.43 \text{ K}$$

$$T_0 = T_2\left(1 + \frac{k-1}{2}M_2^2\right)$$

$$(273 + 15) \text{ K} = T_2\left(1 + \frac{1.4-1}{2}(0.7)^2\right)$$

$$T_2 = 262.30 \text{ K}$$

따라서 입구와 출구에서의 속도는

$$V_1 = M_1\sqrt{kRT_1} = (0.4146)\sqrt{1.4(286.9 \text{ J/kg} \cdot \text{K})(278.4 \text{ K})} = 138.63 \text{ m/s}$$

$$V_2 = M_2\sqrt{kRT_2} = (0.7)\sqrt{1.4(286.9 \text{ J/kg} \cdot \text{K})(262.3 \text{ K})} = 227.21 \text{ m/s}$$

노즐의 입구와 출구에서의 공기 밀도는 식 (13-28)을 사용하여 결정한다.

$$\rho_0 = \rho_1\left(1 + \frac{k-1}{2}M_1^2\right)^{1/(k-1)} \qquad 1.23 \text{ kg/m}^3 = \rho_1\left[1 + \frac{1.4-1}{2}(0.4146)^2\right]^{1/(1.4-1)}$$

$$\rho_1 = 1.1304 \text{ kg/m}^3$$

$$\rho_0 = \rho_2\left(1 + \frac{k-1}{2}M_2^2\right)^{1/(k-1)} \qquad 1.23 \text{ kg/m}^3 = \rho_2\left[1 + \frac{1.4-1}{2}(0.7)^2\right]^{1/(1.4-1)}$$

$$\rho_2 = 0.9736 \text{ kg/m}^3$$

마지막으로 식 (1)을 적용하면 다음과 같다.

$$\rho_1 V_1 A_1 = \rho_2 V_2 A_2$$

$$(1.1304 \text{ kg/m}^3)(138.63 \text{ m/s})[\pi(0.05 \text{ m})^2] = (0.9736 \text{ kg/m}^3)(227.21 \text{ m/s})\pi\left(\frac{d}{2}\right)^2$$

$$d = 84.2 \text{ mm} \qquad\qquad \textit{Ans.}$$

풀이 II

노즐의 끝단에서 아음속 유동이 발생하더라도, 표 B-1을 사용하는 직접적인 방법으로 이 문제를 해결할 수도 있다. 이를 위해, $M = 1$과 $A = A^*$의 조건에서 노즐의 가상적인 확장을 기준으로 한 다음, $M_1 = 0.4146$의 면적비 A_1과 $M_2 = 0.7$의 면적비 A_2에 관한 관계식을 만든다.

$$\frac{A_2}{A_1} = \frac{A_2/A^*}{A_1/A^*}$$

따라서

$$A_2 = A_1\left(\frac{A_2/A^*}{A_1/A^*}\right)$$

표 B–1을 사용하면

$$\frac{1}{4}\pi d^2 = \pi(0.05 \text{ m})^2\left(\frac{1.0944}{1.5451}\right)$$

$$d = 84.2 \text{ mm} \qquad\qquad\qquad Ans.$$

13.7 압축성 유동에 대한 마찰의 영향

대부분의 실제 상황에서 수도관이나 가스관은 거친 표면을 가지고 있어, 가스가 그 관을 통과하면 마찰이 발생하게 되고 그 마찰이 가스를 가열시킨다. 그렇게 되면 유동의 특성이 변화된다. 이 현상은 일반적으로 배기가스 및 압축공기 파이프에서 발생한다. 이 절에서는 일정한 단면적을 가지고 벽면 **마찰계수**(friction factor) f를 지닌 파이프 내에서 고속 유동이 어떻게 변화하는지를 고려할 것이다. f는 무디 선도로부터 결정된다.[*] 이상기체와 열량적 완전기체(비열이 일정), 정상유동으로 가정한다. 또한 기체에서 생성된 열이 빠져나가지 않는다고 가정한다면, 그 과정은 단열이라고 볼 수 있다. 이러한 형태의 유동을 보통 **파노 유동**(Fanno flow)이라고 부른다. 이 현상을 첫 번째로 연구한 Gino Fanno의 이름에서 유래되었다.

마찰과 마하수가 유동에 어떠한 영향을 미치는지 연구하기 위해, 그림 13–24a와 같이 고정 미분형 검사체적에 유체역학의 기본방정식을 적용할 것이다. 유동 상태량들은 각각의 열린 검사표면에 나열되어 있다.

산업용 파이프 내의 높은 체적유량을 가진 가스 유동은 압축성 유동 해석을 사용하여 연구될 수 있다. (© Kodda/Shutterstock)

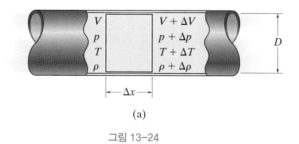

(a)

그림 13–24

---

[*] 대부분 덕트의 단면이 원형이지만, 다른 형상이 고려될 경우, $D_h = 4A/P$로 정의된 덕트의 수력 직경으로 파이프 직경 D를 대체할 수 있다. 여기서 A는 단면적이며, P는 덕트의 둘레값(perimeter)이다. 참고로, 필요에 따라 $D_h = 4(\pi D^2/4)/(\pi D) = D$로 사용할 수 있다.

연속방정식   정상유동이기 때문에, 연속방정식은 다음과 같이 된다.

$$\frac{\partial}{\partial t}\int_{cv}\rho\,d\!\!\!\!-V + \int_{cs}\rho\mathbf{V}_{f/cs}\cdot d\mathbf{A} = 0$$

$$0 + (\rho + \Delta\rho)(V + \Delta V)A + \rho(-VA) = 0$$

극한을 취하면 2차 항이 무시되고,

$$\frac{d\rho}{\rho} + \frac{dV}{V} = 0 \tag{13-38}$$

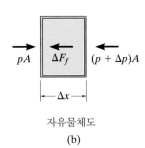

자유물체도
(b)

그림 13-24 (계속)

선형 운동량 방정식   그림 13-24b의 자유물체도와 같이 마찰력 ΔF_f는 닫힌 검사표면에서 작용하고, 9장에서 언급된 벽면 전단응력 τ_w이며, 식 (9-16) $\tau_w = \frac{r}{2}\frac{\partial}{\partial x}(p + \gamma h)$에 의해 정의된다. 유체는 기체이기 때문에 그 중량을 무시할 수 있고, 다음과 같은 식을 얻을 수 있다.

$$\tau_w = \left(\frac{D}{4}\right)\left(\frac{\Delta p}{\Delta x}\right)$$

식 (10-1) $\Delta h_L = \Delta p/\rho g$ 또는 식 (10-3) $\Delta h_L = f(\Delta x/D)(V^2/2g)$의 수두손실에 의해 Δp와 Δx를 소거할 수 있다. 두 방정식의 오른쪽 항들을 동일하게 두고 $\Delta p/\Delta x$에 관하여 풀면, $\Delta p/\Delta x = (f/D)(\rho V^2/2)$를 얻는다. 그러므로

$$\tau_w = \left(\frac{D}{4}\right)\left(\frac{f}{D}\right)\left(\frac{\rho V^2}{2}\right) = \frac{f\rho V^2}{8}$$

마지막으로, τ_w가 고정된 검사표면 면적($\pi D\Delta x$)에 작용하고, 열린 검사표면의 면적이 $A = \pi D^2/4$이기 때문에, 마찰력은 아래와 같다.

$$\Delta F_f = \tau_w[\pi D\Delta x] = \frac{fA}{D}\left(\frac{\rho V^2}{2}\right)\Delta x$$

이 결과를 이용하여, 검사체적에 대한 운동량 방정식을 다음과 같이 적용한다.

$$\xrightarrow{+}\Sigma\mathbf{F} = \frac{\partial}{\partial t}\int_{cv}\mathbf{V}\rho\,d\!\!\!\!-V + \int_{cs}\mathbf{V}\rho\mathbf{V}_{f/cs}\cdot d\mathbf{A}$$

$$-\frac{fA}{D}\left(\frac{\rho V^2}{2}\right)\Delta x - (p + \Delta p)A + pA$$

$$= 0 + (V + \Delta V)(\rho + \Delta\rho)(V + \Delta V)A + V\rho(-VA)$$

$\Delta x \rightarrow 0$일 때, 2차 및 3차 항을 무시할 수 있고, 식 (13-38)을 사용하여 아래의 식을 얻을 수 있다.

$$-\frac{f}{D}\left(\frac{\rho V^2}{2}\right)dx - dp = \rho VdV \tag{13-39}$$

유동의 마하수에 $f\,dx/D$를 연관시키기 위해 이상기체 법칙 및 에너지 방정식을 이 결과와 함께 사용해야 한다.

이상기체 법칙   이상기체 법칙은 $p = \rho RT$이다. 하지만 이 식의 미분 형태는

$$dp = d\rho RT + \rho R \, dT$$

또는

$$dp = \left(\frac{d\rho}{\rho}\right)p + \frac{p \, dT}{T}$$

여기서 $d\rho/\rho$는 연속방정식, 식 (13-38)을 사용하여 제거할 수 있다.

$$\frac{dp}{p} = \frac{dT}{T} - \frac{dV}{V} \qquad (13\text{-}40)$$

에너지 방정식   단열유동이기 때문에, 파이프에 걸쳐 정체온도는 일정하게 유지되며, 에너지 방정식을 적용하여 식 (13-26)이 만들어진다.

$$T_0 = T\left(1 + \frac{k-1}{2}M^2\right) \qquad (13\text{-}41)$$

미분할 경우, 위의 식을 단순화시킬 수 있다.

$$\frac{dT}{T} = -\frac{2(k-1)M}{2 + (k-1)M^2} \, dM \qquad (13\text{-}42)$$

또한 $V = M\sqrt{kRT}$이기 때문에, 위의 미분은 아래의 식 같이 된다.

$$dV = dM\sqrt{kRT} + M\left(\frac{1}{2}\right)\frac{kR}{\sqrt{kRT}} \, dT$$

$$\frac{dV}{V} = \frac{dM}{M} + \frac{1}{2}\frac{dT}{T} \qquad (13\text{-}43)$$

이상기체 법칙을 사용하여 식 (13-39)에서 ρ를 제거하고 $V = M\sqrt{kRT}$를 적용하면 아래의 식을 얻는다.

$$\frac{1}{2}f\frac{dx}{D} + \frac{dp}{kM^2 p} + \frac{dV}{V} = 0$$

이 방성식에 식 (13-40), (13-42), (13-43)을 대입하면 단순화된 최종 식을 구할 수 있다.

$$f\frac{dx}{D} = \frac{(1 - M^2)\, d(M^2)}{kM^4\left(1 + \frac{1}{2}(k-1)M^2\right)} \qquad (13\text{-}44)$$

파이프 길이 대 마하수   그림 13-25a의 위치 1에서 2로 파이프를 따라 식 (13-44)를 적분할 때, 그 결과는 복잡한 표현이 될 것이며, 수치상으로 나타내기 위해서 추가적인 작업이 필요하게 된다. 그러나 파이프가 실제로 충분히 길다면 (또는 충분히 길다고 생각한다면), 마찰 효과는 유동을 음속($M = 1$)으로 변화시키는 경향을 나타낼 것이다. 음속은 **임계점**에서 발생되고, 위치 1에서 $x_{cr} = L_{max}$의

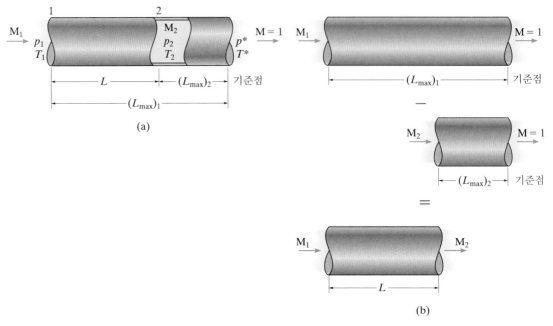

그림 13-25

위치까지 구간적분을 적용하기 위하여 이 임계점을 기준점으로 사용할 수 있을 것이다. 그림 13-25a의 기준점에서 $x_{cr} = L_{max}$, $p = p^*$, $T = T^*$, $\rho = \rho^*$이다. 길이 L_{max}에 따라 마찰계수는 실제로 달라지는데, 이는 f가 레이놀즈수의 함수이기 때문이다. 하지만 레이놀즈수는 일반적으로 높으므로[*], 여기서는 f의 **평균값**을 사용한다. 그러므로

$$\frac{f}{D}\int_0^{L_{max}} dx = \int_M^1 \frac{(1 - M^2)\,d(M^2)}{kM^4[1 + \frac{1}{2}(k-1)M^2]}$$

$$\frac{fL_{max}}{D} = \frac{1 - M^2}{kM^2} + \frac{k+1}{2k}\ln\left[\frac{[\frac{1}{2}(k+1)]M^2}{1 + \frac{1}{2}(k-1)M^2}\right] \qquad (13\text{-}45)$$

이 식으로부터, 파이프 길이가 $L \leq L_{max}$이면, 마하수 M_1에서 M_2로 변화시키기 위해 필요한 파이프의 길이 L을 결정할 수 있다. 그림 13-25b에 도시된 바와 같이, 위의 식을 단순화시킬 필요가 있다.

$$\frac{fL}{D} = \left.\frac{f(L_{max})_1}{D}\right|_{M_1} - \left.\frac{f(L_{max})_2}{D}\right|_{M_2} \qquad (13\text{-}46)$$

온도 $M = 1$일 때, 위치 1과 임계점 또는 기준점에서 식 (13-41)을 적용한다면, 단열 과정이 되기 때문에 정체온도는 일정하게 유지되므로, 마하수에 관하여 표현된 온도비를 구할 수 있다.

---

[*]   높은 값의 레이놀즈수는 거의 일정한 값 f를 가지게 되는데, 이는 무디 선도가 점차 일정해지는 경향을 보이기 때문이다.

$$\frac{T}{T^*} = \frac{T/T_0}{T^*/T_0} = \frac{\frac{1}{2}(k+1)}{1 + \frac{1}{2}(k-1)M^2} \tag{13-47}$$

속도 속도는 마하수와 연관되고, 아래와 같이 속도비로 표현하기 위하여 식 (13-47)을 사용할 수 있다.

$$\frac{V}{V^*} = \frac{M\sqrt{kRT}}{(1)\sqrt{kRT^*}} = M\left[\frac{\frac{1}{2}(k+1)}{1 + \frac{1}{2}(k-1)M^2}\right]^{1/2} \tag{13-48}$$

밀도 연속방정식 $\rho VA = \rho^* V^* A$을 적용하고, 식 (13-48)을 사용하면 밀도비는 $\rho/\rho^* = V^*/V$이거나 또는

$$\frac{\rho}{\rho^*} = \frac{1}{M}\left[\frac{1 + \frac{1}{2}(k-1)M^2}{\frac{1}{2}(k+1)}\right]^{1/2} \tag{13-49}$$

압력 이상기체 방정식 $p = \rho RT$으로부터, $p/p^* = (\rho/\rho^*)(T/T^*)$를 얻을 수 있다. 그러므로 식 (13-47)과 (13-49)로부터 압력비를 얻을 수 있다.

$$\frac{p}{p^*} = \frac{1}{M}\left[\frac{\frac{1}{2}(k+1)}{1 + \frac{1}{2}(k-1)M^2}\right]^{1/2} \tag{13-50}$$

마지막으로, 등엔트로피 과정이 아니기 때문에 정체 압력비는 파이프에 따라 달라질 수 있다. 정체 압력비는 $p_0/p_0^* = (p_0/p)(p/p^*)(p^*/p_0^*)$에 의해 얻을 수 있고, 식 (13-27)과 (13-50)을 사용하여 나타내면

$$\frac{p_0}{p_0^*} = \frac{1}{M}\left[\left(\frac{2}{k+1}\right)\left(1 + \frac{k-1}{2}M^2\right)\right]^{(k+1)/[2(k-1)]} \tag{13-51}$$

그림 13-26은 T/T^*, V/V^*, p/p^* 대 M의 비에 대한 변화 그래프이고, 구체적인 수치값은 방정식이나, 인터넷상에서 계산된 값을 사용하여 결정할 수 있다. 또는 $k = 1.4$라면, 부록 B의 표 B-2를 사용하여 결정할 수 있다.

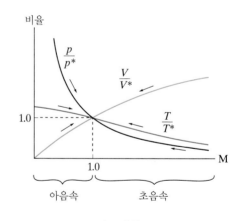

파노 유동

그림 13-26

파노 선 앞서 유도한 방정식들을 이용하여 완벽하게 유동을 설명할 수 있지만, 온도의 함수인 엔트로피가 파이프에 따라 어떻게 변화하는지 고려함으로써 유체 거동에 어떠한 영향을 미치는지 살펴보는 것이 도움이 된다. 이렇게 하려면, 파이프를 따라 초기 위치 1과 어떤 임의의 위치 사이의 엔트로피 변화를 반드시 표현해야 한다.

식 (13-14)를 시작으로,

$$s - s_1 = c_v \ln\frac{T}{T_1} - R \ln\frac{\rho}{\rho_1} \tag{13-52}$$

온도의 관점에서 ρ/ρ_1로 표현할 것이다. A가 일정하기 때문에, 연속방정식은 $\rho/\rho_1 = V_1/V$이 필요하고, 정체온도는 단열 과정 동안 일정하게 유지되기 때문에, 다음 식 (13-25)로부터 $V = \sqrt{2c_p(T_0 - T)}$를 얻는다. 식 (13-52)에 대입하면

$$s - s_1 = c_v \ln T - c_v \ln T_1 + R \ln \sqrt{2c_p(T_0 - T)} - R \ln V_1$$

$$= c_v \ln T + \frac{R}{2} \ln(T_0 - T) + \left[-c_v \ln T_1 + \frac{R}{2} \ln 2c_p - R \ln V_1 \right] \quad (13\text{-}53)$$

마지막 3개의 항들은 일정하고 파이프의 초기 위치에서 정해진다. 여기서 $T = T_1$과 $V = V_1$이다. 그림 13-27에 보인 그림과 같이 식 (13-53)을 그래프화하면, 유동에 대한 **파노 선**(Fanno line)(T-s 선도)을 구할 수 있다.

상기 식의 미분을 사용함으로써 최대 엔트로피의 지점을 찾을 수 있다. $ds/dT = 0$인 위치에서 유동은 음속(M = 1)이 발생한다. M = 1보다 위의 구간은 아음속이고(M < 1), 아래의 구간은 초음속 유동이다(M > 1). 두 경우 모두, 기체를 파이프 하류로 이동시킴으로써 발생하는 마찰로 인해 엔트로피가 증가된다.[*] 예상한 바와 같이, 초음속 유동에서는 마하수는 M = 1에 도달할 때까지 감소한다. 여기서 유동은 임계길이에서 초킹된다. 하지만 아음속 유동일 때는 마하수가 증가한다. 이 결과는 일반적인 직관적 예상과는 반대이다. M ≤ 1일 때, 그림 13-26에서 언급한 바와 같이 압력이 급격하게 떨어지기 때문에 이러한 일이 발생한다. 이러한 압력강하는 마찰로 인한 열 또는 저항이 유동을 감속시키는 효과보다 더 커서 유체를 냉각하고 속도를 가속시킨다.

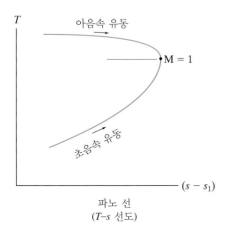

T

아음속 유동

M = 1

초음속 유동

$(s - s_1)$

파노 선
(T-s 선도)

그림 13-27

> **요점정리**
>
> - 열손실 없이 파이프의 벽을 따라 마찰 효과를 포함하는 파이프 또는 덕트를 통해 이상기체가 흐르는 것을 파노 유동이라고 한다. 마찰계수 f에 대한 평균값을 사용하여, 기체 상태량 T, V, ρ, p는 마하수가 알려진 파이프의 임의의 위치에서 결정될 수 있고, 제공된 상태량들은 M = 1이 되는 기준점 또는 임계점에서 알 수 있다.
> - 파이프 안의 마찰은 **아음속 유동**에서 M = 1에 도달할 때까지 마하수를 **증가**시키고, **초음속 유동**에서는 마하수를 **감소**시킨다.

예제 13.12

공기가 그림 13-28과 같은 30 mm 직경의 파이프에 속도 153 m/s 및 온도 300 K로 유입된다. 평균 마찰계수 $f = 0.040$이라면 출구에서 음속이 되기 위해서는 파이프의 길이 L_{max}가 얼마가 되어야 하는가? 또한 L_{max}에서와 $L = 0.8$ m에서의 속도를 각각 구하시오.

풀이

유체 설명 파이프를 따라 단열 및 정상 압축성 파노 유동이 흐른다고 가정한다.

---

[*] 열역학 제2법칙에 위배되기 때문에 엔트로피는 감소할 수 없다.

최대 파이프 길이 파이프의 임계길이 L_{max}는 식 (13-45)나 표 B-2*를 이용하여 구할 수 있다. 먼저 초기 마하수를 구한다.

$$V = M\sqrt{kRT} \; ; \quad 153 \text{ m/s} = M_1\sqrt{1.4(286.9 \text{ J/kg} \cdot \text{K})(300 \text{ K})}$$

$$M_1 = 0.4408 < 1 \quad \text{아음속 유동}$$

표 B-2나 식 (13-45)를 이용하여, $(f/D)(L_{max}) = 1.6817$을 얻으면 최대 파이프 길이는

$$L_{max} = \left(\frac{0.03 \text{ m}}{0.040}\right)(1.6817) = 1.2613 \text{ m} = 1.26 \text{ m} \qquad Ans.$$

출구에서 $M = 1$이다. 기체의 속도는 식 (13-48) 또는 표로부터 얻을 수 있다. $M_1 = 0.4408$인 경우, $V_1/V^* = 0.4731$이다. 따라서

$$V^* = 322.98 \text{ m/s} = 323 \text{ m/s} \qquad Ans.$$

$L = 0.8$ m에서의 유동 상태량 표 및 식들은 임계점을 이용하기 때문에 이 지점의 $(f/D)L$을 반드시 구해야 한다. 그러므로

$$\frac{f}{D}L' = \frac{0.04}{0.03 \text{ m}}(1.2613 \text{ m} - 0.8 \text{ m}) = 0.6150$$

표를 이용하여 V/V^*에 대해 보간된 값으로

$$V = \frac{V}{V^*}V^* = (0.6133)(322.98 \text{ m/s}) = 198 \text{ m/s} \qquad Ans.$$

공기가 파이프 하류로 0.8 m 이동할 때, 속도가 153 m/s에서 198 m/s로 어떻게 증가되는지 주목하라. 연습문제로 온도가 0.8 m에서 300 K에서 293 K로 감소되는 것을 보여라. V와 T값은 그림 13-26 곡선의 경향을 따르게 된다.

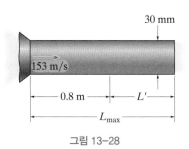

그림 13-28

예제 13.13

큰 저장고의 공기가 그림 13-29a와 같이 직경이 50 mm인 파이프로 흐른다($M = 0.5$). 파이프 출구에서 기체의 마하수를 구하시오. $L = 1$ m이다. 파이프를 늘려 $L = 2$ m가 되면 어떤 현상이 발생하는지 설명하시오. 여기서 파이프의 마찰계수 $f = 0.0300$이다.

풀이

유체 설명 파이프를 따라 단열 및 정상 압축성 파노 유동이 흐른다고 가정한다.

$L = 1$ m 먼저 음속이 발생하는 최대 길이 L_{max}를 계산한다. $M = 0.5$를 사용하여 식 (13-45)로부터 다음을 얻는다.

$$\frac{fL_{max}}{D} = 1.0691; \quad L_{max} = \frac{1.0691(0.05 \text{ m})}{0.030} = 1.782 \text{ m}$$

$L = 1$ m < 1.782 m이므로 출구에서는

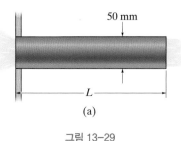

그림 13-29

---

* 좀 더 정확한 결과는 표의 값을 이용한 선형 보간법보다 방정식 또는 인터넷 자료로부터 얻을 수 있다.

$$\frac{f}{D}L' = \frac{0.030}{(0.05 \text{ m})}(1.782 \text{ m} - 1 \text{ m}) = 0.4691$$

식 (13-45)를 사용히여

$$M_2 = 0.606 \qquad \qquad Ans.$$

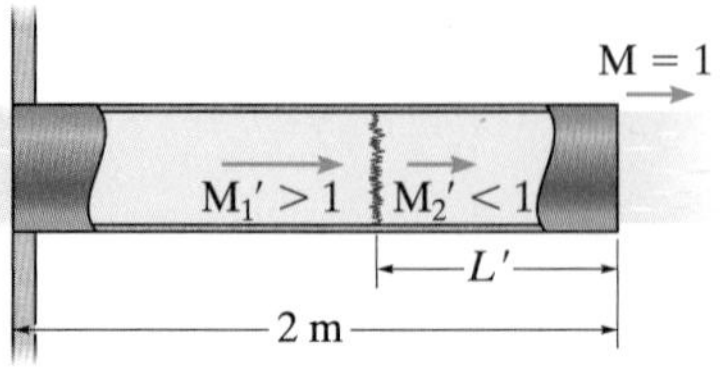

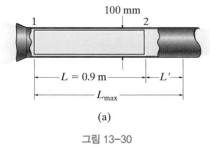

그림 13-29 (계속)

$L=2$ m   파이프 길이가 $L = 2$ m로 늘어나면, $L > L_{max}$(M = 0.5 유입)이다. 그 결과 마찰이 파이프에 축소된 유동을 발생시키게 되고, 음속 유동은 파이프의 출구에서 초킹된다. 이 경우,

$$\frac{fL_{max}}{D} = \frac{(0.03)(2 \text{ m})}{(0.05 \text{ m})} = 1.2$$

그 다음 식 (13-45)를 사용하여 새로운 입구 마하수를 구하면

$$M_1 = 0.485 \qquad \qquad Ans.$$

참고: 만약 확장된 파이프의 입구를 통해 초음속 유동이 유입된다면 어떤 현상이 발생할지 생각해보자. 이러한 경우, 여전히 파이프의 출구에서는 음속 유동(M = 1)이 될 것이다. 그러나 파이프 안에는 그림 13-29b와 같이 수직 충격파가 발생될 것이다. 이 충격파는 파 왼쪽의 초음속 유동을 파 오른쪽의 아음속 유동으로 바꿀 것이다. 13.9절에서 충격파 양쪽의 마하수 M_1'와 M_2'가 어떻게 연관되는지 보여줄 것이다. L_1'의 출구 마하수는 1이 되어야 하므로, 관계식들로 충격파의 특정 길이 L'을 구할 수 있다. 파이프가 더 길어지면 충격파는 더욱 입구 쪽으로 이동할 것이고, 초음속 유동이 공급되는 노즐 내에서 결정된다. M = 1의 지점이 노즐목에 다다르면 유동은 초킹되고, 그로 인해 유량은 줄어들게 된다.

예제 13.14

방 안의 압력은 대기압(101 kPa)이고, 온도는 293 K이다. 방 안으로부터 공기가 100 mm 직경의 파이프로 등엔트로피적으로 유입된다고 하면, 파이프 입구에서의 절대압력 $p_1 = 80$ kPa이다. 이때의 질량유량을 구하고, $L = 0.9$ m에서의 정체압력과 정체온도를 계산하시오. 평균 마찰계수는 $f = 0.03$이다. 또한 파이프의 전체 길이 0.9 m에 작용하는 전체 마찰력은 얼마인가?

풀이

유체 설명   파이프를 따라 단열 정상 압축성 파노 유동이 흐른다고 가정한다.

질량유량   파이프의 입구로 들어가는 질량유량은 식 $\dot{m} = \rho_1 V_1 A_1$으로 계산할 수 있으나, 이에 앞서 V_1과 ρ_1을 구해야 한다. 파이프 안 유동은 등엔트로피 유동이고, 정체압력 $p_0 = 101$ kPa인 동안 압력 $p_1 = 80$ kPa이기 때문에, 기체의 마하수와 입구온도를 식 (13-27)과 (13-26)을 사용하여 구할 수 있다.

$$\frac{p_1}{p_0} = \frac{80 \text{ kPa}}{101 \text{ kPa}} = 0.792$$

$$M_1 = 0.5868이고 \quad \frac{T_1}{T_0} = 0.93557$$

그림 13-30

따라서 $T_1 = 0.93557(293 \text{ K}) = 274.12 \text{ K}$가 되므로

$$V_1 = \mathrm{M}_1\sqrt{kRT_1} = 0.5868\sqrt{1.4(286.9 \text{ J/kg} \cdot \text{K})(274.12 \text{ K})}$$
$$= 194.71 \text{ m/s}$$

ρ_1을 구하기 위해 이상기체 방정식을 사용하면

$$p_1 = \rho_1 RT_1; \qquad 80(10^3) \text{ Pa} = \rho_1 (286.9 \text{ J/kg} \cdot \text{K})(274.12 \text{ K})$$
$$\rho_1 = 1.0172 \text{ kg/m}^3$$

질량유량은

$$\dot{m} = \rho_1 V_1 A_1 = (1.0172 \text{ kg/m}^3)(194.71 \text{ m/s})[\pi(0.05 \text{ m})^2]$$
$$\dot{m} = 1.5556 \text{ kg/s} = 1.56 \text{ kg/s} \qquad \textit{Ans.}$$

정체온도 및 압력　파이프를 통한 단열유동이기 때문에 정체온도는 일정하게 유지된다.

$$(T_0)_2 = (T_0)_1 = 293 \text{ K} \qquad \textit{Ans.}$$

등엔트로피 유동이 아니기 때문에 마찰은 파이프 전체에 걸쳐 정체압력을 변화시킬 것이다. 표 B–2나 식 (13–51)을 사용함으로써 $L = 0.9$ m에서의 $(p_0)_2$를 계산할 수 있다. 먼저 유동이 초킹되기 위해 필요한 파이프의 최대 길이 L_{max}를 찾아야 된다. $\mathrm{M}_1 = 0.5868$을 이용하면 식 (13–45)로 $fL_{max}/D = 0.03\ L_{max}/0.1 = 0.5455$가 되므로, $L_{max} = 1.8183$ m가 된다. 이 지점에서 식 (13–48), (13–51), 그리고 (13–50)은 다음과 같이 된다.

$$\frac{V_1}{V^*} = 0.6218; \qquad V^* = \frac{194.71 \text{ m/s}}{0.6218} = 313.16 \text{ m/s}$$

$$\frac{(p_0)_1}{p_0^*} = 1.2043; \qquad p_0^* = \frac{101 \text{ kPa}}{1.2043} = 83.87 \text{ kPa}$$

$$\frac{p_1}{p^*} = 1.8057; \qquad p^* = \frac{80 \text{ kPa}}{1.8057} = 44.30 \text{ kPa}$$

L_{max}는 기준점이기 때문에 그림 13–30a의 지점 2에서 $fL'/D = 0.03(1.8183 \text{ m} - 0.9 \text{ m})/$ $0.1 \text{ m} = 0.27548$이 된다. 식 (13–45)로부터 $\mathrm{M} = 0.6690$이고, 이 지점의 정체압력은 식 (13–51)로부터

$$\frac{(p_0)_2}{p_0^*} = 1.1188; \qquad (p_0)_2 = 1.1188(83.87 \text{ kPa}) = 93.8 \text{ kPa} \qquad \textit{Ans.}$$

마찰력　발생되는 마찰력은 그림 13–30b에서와 같이 검사체적의 자유물체도에 적용된 운동량 방정식을 이용해 얻을 수 있다. 먼저 정압 p_2와 속도 V_2를 반드시 구해야 한다. $fL'/D = 0.27548$에서

$$\frac{p_2}{p^*} = 1.5689; \qquad p_2 = 1.5689(44.30 \text{ kPa}) = 69.51 \text{ kPa}$$

$$\frac{V_2}{V^*} = 0.7021; \qquad V_2 = 0.7021(313.16 \text{ m/s}) = 219.86 \text{ m/s}$$

따라서

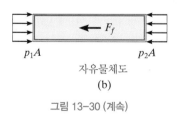

자유물체도

(b)

그림 13–30 (계속)

$$\overset{+}{\to}\Sigma\mathbf{F} = \frac{\partial}{\partial t}\int_{cv}\mathbf{V}\rho\,d\mathcal{V} + \int_{cs}\mathbf{V}\rho\mathbf{V}_{f/cs}\cdot d\mathbf{A}$$

$$-F_f + p_1 A - p_2 A = 0 + V_2\dot{m} + V_1(-\dot{m})$$

$$-F_f + \left[80(10^3)\,\text{N/m}^2\right]\left[\pi(0.05\,\text{m})^2\right] - \left[69.51(10^3)\,\text{N/m}^2\right]\left[\pi(0.05\,\text{m})^2\right]$$

$$= 0 + 1.5556\,\text{kg/s}\,(219.86\,\text{m/s} - 194.71\,\text{m/s})$$

$$F_f = 43.3\,\text{N} \qquad\qquad\qquad \textit{Ans.}$$

13.8   압축성 유동에 대한 열전달의 영향

이 절에서는 일정한 단면적을 갖는 직진 파이프의 벽을 통한 열전달이 있을 때, 일정한 비열을 갖는 이상기체의 압축성 정상유동에 어떠한 영향을 미칠 것인지에 대해 고찰할 것이다. 이런 형태의 유동은 일반적으로 터보제트 엔진의 연소실에 있는 파이프와 덕트 안에서 발생한다. 여기서 열전달은 중요인자이며, 마찰은 무시될 수 있다. 또한 열은 파이프 벽을 통해서만이 아니라 가스 자체에서도 추가된다. 예를 들면, 화학공정이나 핵 방사선에 의해 발생될 수 있다. 어떤 형식으로든지 가열된 유동은 영국의 물리학자 Lord Rayleigh의 이름을 따서 **레일리 유동**(Rayleigh flow)이라고 불린다. 수치 작업을 단순화하기 위해, 파노 유동과 동일하게 파이프에서 $M = 1$의 유동이 발생되는 임계 또는 초크 상태의 가스 상태량 T^*, p^*, ρ^* 그리고 V^*에 대한 기준점을 만들어 마하수에 관한 방정식을 얻을 것이다. 이러한 상태에 대한 미분형 검사체적은 그림 13-31a에 도시되어 있다. 여기서 ΔQ는 기체에 열이 공급된다면 양의 값이 되고, 냉각될 경우에는 음의 값이 된다.

연속방정식   연속방정식은 식 (13-38)과 동일하다. 즉

$$\frac{d\rho}{\rho} + \frac{dV}{V} = 0 \qquad\qquad (13\text{-}54)$$

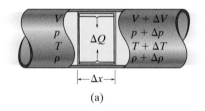

자유물체도
(b)

그림 13-31

선형 운동량 방정식   그림 13-31b의 자유물체도와 같이 압력은 열린 검사표면에만 작용한다.

$$\overset{+}{\to}\Sigma\mathbf{F} = \frac{\partial}{\partial t}\int_{cv}\mathbf{V}\rho\,d\mathcal{V} + \int_{cs}\mathbf{V}\rho\mathbf{V}_{f/cs}\cdot d\mathbf{A}$$

$$-(p + \Delta p)A + pA = 0 + (V + \Delta V)(\rho + \Delta\rho)(V + \Delta V)A + V(-\rho VA)$$

식 (13-54)를 이용해 $d\rho$를 제거하면 다음을 얻는다.

$$dp + \rho V dV = 0$$

p로 이 식을 나눈다. 그리고 ρ와 T를 제거하기 위하여 이상기체 법칙($p = \rho RT$)과

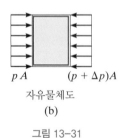

화학처리공장의 파이프들은 길이방향으로 가열되어 레일리 유동 조건을 만든다.

(© Eric Gevaert/ Alamy)

$V = \text{M}\sqrt{kRT}$를 사용하면 다음 식을 얻는다.

$$\frac{dp}{p} + k\text{M}^2\frac{dV}{V} = 0 \qquad (13\text{-}55)$$

이상기체 법칙

이상기체 방정식($p = \rho RT$)은 연속방정식이 결합된 미분 형태로 표현되며, 식 (13-40)과 동일한 식을 얻는다.

$$\frac{dp}{p} = \frac{dT}{T} - \frac{dV}{V} \qquad (13\text{-}56)$$

에너지 방정식

기체에 대한 축일과 내부에너지의 변화가 없으므로 에너지 방정식은 다음과 같이 된다.

$$\dot{Q}_{\text{in}} - \dot{W}_{\text{turbine}} + \dot{W}_{\text{pump}} = \left[\left(h_{\text{out}} + \frac{V_{\text{out}}^2}{2} + gz_{\text{out}}\right) - \left(h_{\text{in}} + \frac{V_{\text{in}}^2}{2} + gz_{\text{in}}\right)\right]\dot{m}$$

$$\dot{Q} - 0 + 0 = \left[\left(h + \Delta h + \frac{(V + \Delta V)^2}{2} + 0\right) - \left(h + \frac{V^2}{2}\right)\right]\dot{m}$$

$\dot{m}$으로 양변을 나누면 다음과 같이 된다.

$$\frac{dQ}{dm} = dh + VdV$$

$$= d\left(h + \frac{V^2}{2}\right)$$

정체점에서, $h + V^2/2 = h_0$와 식 (13-7) $dh = c_p dT$를 사용하여 다음을 얻는다.

$$\frac{dQ}{dm} = d(h_0) = c_p dT_0$$

유한 열전달(ΔQ)에 대해 전개하면

$$\boxed{\frac{\Delta Q}{\Delta m} = c_p\left[(T_0)_2 - (T_0)_1\right]} \qquad (13\text{-}57)$$

예상대로 단열 과정이 아니기 때문에, 정체온도는 일정하게 유지되지 않는다는 것을 알 수 있다. 오히려 열전달의 작용으로 정체온도는 증가된다.

속도, 압력 그리고 온도가 마하수와 어떻게 연관되는지 설명하기 위해 위의 식들을 결합한 다음 적분할 것이다.

속도

$V = \text{M}\sqrt{kRT}$이기 때문에 파생된 식 (13-43)은 다음 식을 만들어낸다.

$$\frac{dV}{V} = \frac{d\text{M}}{\text{M}} + \frac{1}{2}\frac{dT}{T} \qquad (13\text{-}58)$$

식 (13-55), (13-56)과 함께 이 식을 결합하면 다음을 얻을 수 있다.

$$\frac{dV}{V} = \frac{2}{M(1 + kM^2)} dM \qquad (13\text{-}59)$$

$V = V$, $M = M$과 $V = V^*$, $M = 1$ 사이를 적분하면 다음을 얻는다.

$$\frac{V}{V^*} = \frac{M^2(1 + k)}{1 + kM^2} \qquad (13\text{-}60)$$

밀도 한정된 길이의 파이프에 대해, 연속방정식으로부터 $\rho^* V^* A = \rho V A$나 $V/V^* = \rho^*/\rho$ 그리고 밀도들은 다음과 같이 연관됨을 알 수 있다.

$$\frac{\rho}{\rho^*} = \frac{1 + kM^2}{M^2(1 + k)} \qquad (13\text{-}61)$$

압력 압력에 대해 식 (13-55)와 (13-59)를 결합하면 다음을 얻는다.

$$\frac{dp}{p} = -\frac{2kM}{1 + kM^2} dM$$

$p = p$, $M = M$에서 $p = p^*$, $M = 1$까지 적분하면 아래의 식과 같다.

$$\frac{p}{p^*} = \frac{1 + k}{1 + kM^2} \qquad (13\text{-}62)$$

온도 마지막으로, 온도비는 식 (13-59)를 식 (13-58)로 대입함으로써 결정된다.

$$\frac{dT}{T} = \frac{2(1 - kM^2)}{M(1 + kM^2)} dM$$

그리고 $T = T$, $M = M$에서 $T = T^*$, $M = 1$까지 적분하면 다음 식을 얻을 수 있다.

$$\frac{T}{T^*} = \frac{M^2(1 + k)^2}{(1 + kM^2)^2} \qquad (13\text{-}63)$$

마하수 대 V/V^*, p/p^* 그리고 T/T^*의 변화를 그림 13-32에 도시하였고, $k = 1.4$에 대한 수치값들은 직접 계산, 인터넷 또는 부록 B의 표 B-3 값들의 보간법을 통해 구할 수 있다.

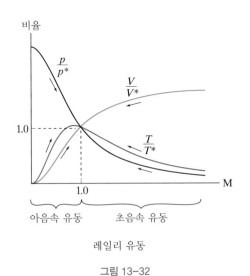

비율

$\dfrac{p}{p^*}$

$\dfrac{V}{V^*}$

$\dfrac{T}{T^*}$

1.0

1.0

M

아음속 유동 　 초음속 유동

레일리 유동

그림 13-32

정체온도 및 압력 다양한 계산들을 위해 파이프의 한 위치, 임계 및 기준점에서의 정체온도와 정체압력비 값들이 필요하다. 식 (13-63)과 (13-26)을 사용하여 다음과 같이 정의된다.

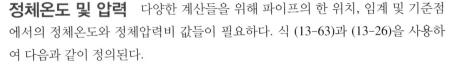

$$\frac{T_0}{T_0^*} = \frac{T_0}{T} \frac{T}{T^*} \frac{T^*}{T_0^*} = \left(1 + \frac{k - 1}{2} M^2\right) \left[\frac{M^2(1 + k)^2}{(1 + kM^2)^2}\right] \frac{2}{k + 1}$$

$$\frac{T_0}{T_0^*} = \frac{2(k+1)M^2\left(1 + \dfrac{k-1}{2}M^2\right)}{(1 + kM^2)^2} \tag{13-64}$$

유사한 방식으로, 식 (13-62)와 (13-27)의 압력비를 사용함으로써 다음을 얻는다.

$$\frac{p_0}{p_0^*} = \left(\frac{1+k}{1+kM^2}\right)\left[\left(\frac{2}{k+1}\right)\left(1 + \frac{k-1}{2}M^2\right)\right]^{k/(k-1)} \tag{13-65}$$

편의를 위해 이 비율들은 표 B-3에서 주어진다.

레일리 선 레일리 유동을 쉽게 이해하기 위해서, 파노 유동에서 다뤘던 것처럼 기체의 엔트로피가 온도에 의해 어떻게 변하는가를 설명할 것이다. M = 1인 임계상태에서, 온도비 및 압력비에 관련된 엔트로피의 변화는 식 (13-15)로 설명된다.

$$s - s^* = c_p \ln \frac{T}{T^*} - R \ln \frac{p}{p^*}$$

마지막 항은 식 (13-62)를 제곱함으로써 온도에 관하여 표현될 수 있으며, 이를 식 (13-63)에 대입함으로써 다음을 구할 수 있다.

$$\left(\frac{p}{p^*}\right)^2 = \frac{T}{M^2 T^*}$$

그 결과, 식 (13-63)에서 M^2에 대해 풀고 위의 식에 대입하였을 때, 엔트로피의 변화는 다음과 같다.

$$s - s^* = c_p \ln \frac{T}{T^*} - R \ln \left[\frac{k+1}{2} \pm \sqrt{\left(\frac{k+1}{2}\right)^2 - k \frac{T}{T^*}}\right]$$

이 방정식을 그래프화하면, 그림 13-33에 보인 **레일리 선**(Rayleigh line)(T-s 선도)이 나타난다. $ds/dT = 0$의 조건일 때, 파노 유동과 같이 엔트로피의 최대치는 M = 1에서 발생한다. 또한 파노 유동처럼 그래프의 상부는 아음속 유동(M < 1)으로 정의되고, 하부는 초음속 유동(M > 1)으로 정의된다. 초음속 유동에서 가열은 기체 온도의 증가를 야기시키는 반면, M = 1에 도달할 때까지 마하수는 감소한다. M = 1에서 유동은 초킹된다.[*] 따라서 초음속 유동을 증가시키기 위해서는 가열하는 것보다 냉각하는 것이 필요하다. 아음속 유동에서의 가열은 최대 온도 T_{max}에 도달하게 만들고, 마하수를 $M = 1/\sqrt{k}$까지 증가시킨다($dT/ds = 0$). 그런 다음 기체의 온도는 떨어지게 될 것이고, 마하수는 M = 1로 최대치가 된다. 이러한 현상은 그림 13-32 곡선에서 분명하게 나타난다.

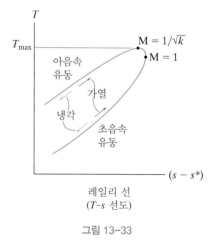

레일리 선
(T-s 선도)

그림 13-33

---

[*] 열역학 제2법칙에 위배되기 때문에 엔트로피는 감소할 수 없다.

예제 13.15

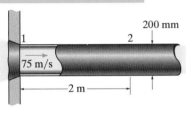

그림 13-34

그림 13-34와 같이 외부의 공기가 직경 200 mm의 파이프에 등엔트로피적으로 유입된다. 공기가 위치 1에 닿을 때 온도는 295 K, 속도는 75 m/s, 절대압력은 135 kPa이다. 파이프 벽면에서 100 kJ/kg · m의 열이 공급된다면 위치 2에서 기체의 상태량을 구하시오.

풀이

유체 설명 비점성 정상 압축성 유동이라 가정한다. 가열되기 때문에 레일리 유동이다.

임계점에서 기체의 상태량 위치 2에서 기체의 상태량은 표 B-3에 있는 임계점에서의 상태량(M = 1)을 이용하여 구할 수 있다. 먼저 위치 1에서의 상태량들을 이용하여 마하수 M_1을 구한다.

$$V_1 = M_1\sqrt{kRT_1} \qquad 75\text{ m/s} = M_1\sqrt{1.4(286.9\text{ J/kg}\cdot\text{K})(295\text{ K})}$$

$$M_1 = 0.2179 < 1 \quad \text{아음속}$$

표 B-3을 이용하면

$$T^* = \frac{T_1}{T_1/T^*} = \frac{295\text{ K}}{0.24042} = 1227.01\text{ K}$$

$$p^* = \frac{p_1}{p_1/p^*} = \frac{135\text{ kPa}}{2.2504} = 59.99\text{ kPa}$$

$$V^* = \frac{V_1}{V_1/V^*} = \frac{75\text{ m/s}}{0.10683} = 702.03\text{ m/s}$$

위치 2에서 기체의 상태량 식 (13-64)를 사용하여 위치 2에서의 마하수를 구할 수 있다. 그러나 그 전에 표나 식을 이용하여 정체온도 $(T_0)_2$와 T_0^*를 찾아야 한다. 먼저 등엔트로피 유동을 위해 식 (13-26)이나 표 B-1에서 $M_1 = 0.2179$에 대한 $(T_0)_1$를 구할 수 있다.

$$(T_0)_1 = \frac{T_1}{T_1/(T_0)_1} = \frac{295\text{ K}}{0.9906} = 297.80\text{ K}$$

여기에 식 (13-57)의 에너지 방정식을 이용하면 $(T_0)_2$를 결정할 수 있다.

$$c_p = \frac{kR}{k-1} = \frac{1.4(286.9\text{ J/kg}\cdot\text{K})}{1.4-1} = 1004.15\text{ J/kg}\cdot\text{K}$$

$$\frac{\Delta Q}{\Delta m} = c_p\big[(T_0)_2 - (T_0)_1\big]$$

$$\frac{100(10^3)\ \text{J}}{\text{kg}\cdot\text{m}}\ (2\ \text{m}) = \left[\,1.00415(10^3)\ \text{J/kg}\cdot\text{K}\,\right]\left[\,(T_0)_2 - 297.80\ \text{K}\,\right]$$

$$(T_0)_2 = 496.97\ \text{K}$$

또한 $M_1 = 0.2179$에 대해 표 B-3으로부터 임계 또는 기준점에서 정체온도는

$$T_0^* = \frac{(T_0)_1}{(T_0)_1/T_0^*} = \frac{297.80\ \text{K}}{0.20225} = 1472.14\ \text{K}$$

마지막으로 정체온도비로부터 M_2를 구하면

$$\frac{(T_0)_2}{T_0^*} = \frac{496.97\ \text{K}}{1472.14\ \text{K}} = 0.33758$$

표 B-3을 이용하여 $M_2 = 0.2949$를 얻는다. M_2에서의 다른 값들은

$$T_2 = T^*\left(\frac{T_2}{T^*}\right) = 1227.01\ \text{K}(0.39810) = 488\ \text{K} \qquad \textit{Ans.}$$

$$p_2 = p^*\left(\frac{p_2}{p^*}\right) = 59.99\ \text{kPa}(2.13950) = 128\ \text{kPa} \qquad \textit{Ans.}$$

$$V_2 = V^*\left(\frac{V_2}{V^*}\right) = 702.03\ \text{m/s}\ (0.18607) = 131\ \text{m/s} \qquad \textit{Ans.}$$

이 결과는 $M_1 = 0.2179$에서 $M_2 = 0.2949$로 증가함에 따라 압력은 135 kPa에서 128 kPa로 감소하고, 온도는 295 K에서 488 K로, 속도는 75 m/s에서 131 m/s로 각각 증가하는 것을 나타낸다. 이러한 변화는 그림 13-32의 레일리 아음속 유동 곡선에 대한 경향과 일치한다.

13.9 수직 충격파

고속의 비행기나 로켓, 초음속 풍동에 사용되는 노즐 또는 디퓨저를 설계할 때, 노즐 내부에 정지 충격파가 발생할 수 있다. 예를 들면, $M > 1$로 비행하는 제트 비행기의 엔진 흡입부에서 정지 충격파가 발생한다. 엔진 압축기에 공기가 들어가기 전에 충격파는 공기를 아음속으로 감속시키고 압력은 상승시킨다. 이 절에서는 유동 상태량들이 충격파를 지나면서 어떻게 변하는지 마하수의 함수로 분석한다. 이를 위해 연속방정식과 운동량 방정식, 에너지 방정식, 그리고 이상기체 방정식을 사용한다.

13.3절에 본 바와 같이 충격파는 매우 얇은 고강도 압축파이다. 만약 충격파가 '정지상태'라고 한다면 이는 움직이지 않음을 의미한다. 그림 13-35a와 같이 충격파의 하류에서는 온도와 압력 그리고 밀도는 높아지고 속도는 느려지는 반면에, 상류에서는 물성치들이 상대적으로 반대값을 갖는다. 충격파 내에서 기체분자의 빠른 감속으로 인해 큰 열전달과 점성마찰이 발생한다. 결과적으로, 충격파 내의 열역학적 과정은 비가역 과정이고, 충격파를 지나게 되면 엔트로피는 증가될 것이다. 그러므로 그 과정은 등엔트로피 과정이 아니다. 만약 약간의 거리를 확장하여 충

이 로켓의 배기장치는 초음속으로 노즐을 통과하지만 충격파가 발생하지 않도록 설계되었다. 그러나 로켓이 상승하므로 주변 압력은 감소하게 되고, 그 결과 배기장치는 노즐 밖으로 팽창파를 발생시킬 것이다. (© Valerijs Kostreckis/Alamy)

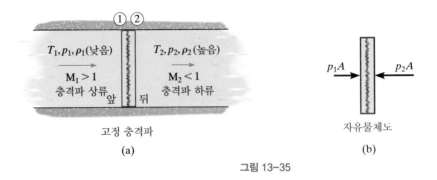

그림 13-35

격파를 둘러싸는 검사체적을 설정한다면, 검사표면을 통해 열이 통과되지 않기 때문에 검사체적 안의 기체 시스템은 단열 과정을 겪는다. 대신 온도 변화는 검사체적 내에서 발생된다.

연속방정식 충격파가 정지된 상태일 때, 유동은 정상상태이고[*] 연속방정식은 다음과 같다.

$$\frac{\partial}{\partial t} \int_{cv} \rho \, d\mathcal{V} + \int_{cs} \rho \mathbf{V}_{f/cs} \cdot d\mathbf{A} = 0$$

$$0 - \rho_1 V_1 A + \rho_2 V_2 A = 0$$

$$\rho_1 V_1 = \rho_2 V_2 \tag{13-66}$$

선형 운동량 방정식 그림 13-35b에 검사체적의 자유물체도에 보인 것과 같이, 압력이 파의 양쪽 면에만 작용하며 이 압력의 차이가 기체를 감속시키게 하고, 이로 인해 운동량 손실이 발생한다. 선형 운동량 방정식을 적용하면 다음과 같은 관계식을 얻는다.

$$\xrightarrow{+} \Sigma \mathbf{F} = \frac{\partial}{\partial t} \int_{cv} \mathbf{V} \rho \, d\mathcal{V} + \int_{cs} \mathbf{V} \rho \mathbf{V}_{f/cs} \cdot d\mathbf{A}$$

$$p_1 A - p_2 A = 0 + V_1 \rho_1 (-V_1 A) + V_2 \rho_2 (V_2 A)$$

$$p_1 + \rho_1 V_1^2 = p_2 + \rho_2 V_2^2 \tag{13-67}$$

이상기체 법칙 비열이 일정한 이상기체를 가정하면, $p = \rho R T$의 이상기체 방정식에 따라 식 (13-67)을 다음과 같이 쓸 수 있다.

$$p_1 \left(1 + \frac{V_1^2}{RT_1} \right) = p_2 \left(1 + \frac{V_2^2}{RT_2} \right)$$

$V = \mathrm{M}\sqrt{kRT}$이기 때문에, 압력비는 마하수와 관련하여 다음 식이 유도된다.

$$\frac{p_2}{p_1} = \frac{1 + k\mathrm{M}_1^2}{1 + k\mathrm{M}_2^2} \tag{13-68}$$

---

[*] 충격파가 이동한다 해도 충격파에 좌표계를 설정하면, 정상유동이라는 같은 가정을 할 수 있다.

에너지 방정식 단열 과정이기 때문에, 정체온도는 충격파를 지나 일정하게 유지될 것이다. 그러므로 $(T_0)_1 = (T_0)_2$가 되고, 에너지 방정식에서 파생된 식 (13-26)으로부터 다음과 같이 유도된다.

$$\frac{T_2}{T_1} = \frac{1 + \dfrac{k-1}{2}M_1^2}{1 + \dfrac{k-1}{2}M_2^2} \qquad (13\text{-}69)$$

충격파의 양쪽 면에 대한 속도비는 식 (13-22) $V = M\sqrt{kRT}$로부터 결정된다.

$$\frac{V_2}{V_1} = \frac{M_2\sqrt{kRT_2}}{M_1\sqrt{kRT_1}} = \frac{M_2}{M_1}\sqrt{\frac{T_2}{T_1}} \qquad (13\text{-}70)$$

식 (13-69)를 사용하면 다음 결과를 얻는다.

$$\frac{V_2}{V_1} = \frac{M_2}{M_1}\left[\frac{1 + \dfrac{k-1}{2}M_1^2}{1 + \dfrac{k-1}{2}M_2^2}\right]^{1/2} \qquad (13\text{-}71)$$

식 (13-66)의 연속방정식으로부터 밀도비를 얻을 수 있다.

$$\frac{\rho_2}{\rho_1} = \frac{V_1}{V_2} = \frac{M_1}{M_2}\left[\frac{1 + \dfrac{k-1}{2}M_2^2}{1 + \dfrac{k-1}{2}M_1^2}\right]^{1/2} \qquad (13\text{-}72)$$

마하수 사이의 관계식 이상기체 법칙을 사용하여 얻어지는 온도비에 의해 마하수 M_1과 M_2 사이의 관계식을 만들 수 있다.

$$\frac{T_2}{T_1} = \frac{p_2/\rho_2 R}{p_1/\rho_1 R} = \frac{p_2}{p_1}\left(\frac{\rho_1}{\rho_2}\right)$$

위 식에 식 (13-68)과 (13-69), (13-72)를 대입하고 식 (13-69)를 연결하면 M_1에 관하여 M_2를 풀 수 있을 것이다. 2가지 해가 가능하다. 첫 번째 해는 충격파가 없는 등엔트로피 유동의 경우로서 $M_2 = M_1$의 무의미한 해가 된다. 다른 해는 비가역 유동에 대한 해로서, 다음과 같은 관계식이 구해진다.

$$\boxed{\;M_2^2 = \frac{M_1^2 + \dfrac{2}{k-1}}{\dfrac{2k}{k-1}M_1^2 - 1}\;} \quad M_1 > M_2 \qquad (13\text{-}73)$$

즉 M_1을 안다면, M_2는 이 식으로부터 알 수 있다. 또한 충격파의 앞뒤에서 발생하는 p_2/p_1, T_2/T_1, V_2/V_1 그리고 ρ_2/ρ_1는 이전의 방정식들로부터 결정된다.

마지막으로 충격파를 지나고 발생하는 엔트로피의 증가는 식 (13-15)로부터 알 수 있다.

$$s_2 - s_1 = c_p \ln \frac{T_2}{T_1} - R \ln \frac{p_2}{p_1} \tag{13-74}$$

이 엔트로피의 증가로 인해 충격파를 지난 정체압력은 감소할 것이다. $(p_0)_2 / (p_0)_1$을 결정하기 위해서, 식 (13-27)을 사용하면

$$\frac{(p_0)_2}{(p_0)_1} = \left(\frac{(p_0)_2}{p_2}\right)\left(\frac{p_2}{p_1}\right)\left(\frac{p_1}{(p_0)_1}\right) = \frac{p_2}{p_1}\left[\frac{1 + \dfrac{k-1}{2}M_2^2}{1 + \dfrac{k-1}{2}M_1^2}\right]^{k/(k-1)} \tag{13-75}$$

식 (13-68)과 (13-73)을 조합하면 다음을 얻을 수 있다.

$$\frac{p_2}{p_1} = \frac{2k}{k+1}M_1^2 - \frac{k-1}{k+1} \tag{13-76}$$

위 식과 식 (13-73)을 식 (13-75)에 대입하여 간소화하면 다음 결과를 얻는다.

$$\frac{(p_0)_2}{(p_0)_1} = \frac{\left[\dfrac{\dfrac{k+1}{2}M_1^2}{1 + \dfrac{k-1}{2}M_1^2}\right]^{k/(k-1)}}{\left[\dfrac{2k}{k+1}M_1^2 - \dfrac{k-1}{k+1}\right]^{1/(k-1)}} \tag{13-77}$$

편의를 위해, p_2/p_1, ρ_2/ρ_1, T_2/T_1와 M_2들 값은 $k=1.4$의 경우인 부록 B의 표 B-4로부터 결정할 수 있다. 좀 더 정확한 결과는 방정식이나 인터넷상에서 계산된 값을 사용하여 얻을 수 있다.

어떤 k 특정값이든 그림 13-35a처럼 초음속 유동($M_1 > 1$)이 충격파 앞에 형성되어 있을 때, 충격파 뒤에서는 항상 아음속 유동($M_2 < 1$)이 형성된다는 것을 식 (13-73)을 사용하면 알 수 있다. 충격파 앞의 유동은 아음속($M_1 < 1$)이 될 수 없다는 것을 인지하라. 만약 충격파 앞의 유동이 아음속이 된다면 식 (13-73)에 의해 충격파 뒤의 유동이 초음속($M_2 > 1$)이 된다. 이는 식 (13-74)로부터 엔트로피의 감소를 초래하며, 이 결과는 열역학 제2법칙을 위배하는 것으로 불가능하다.

13.10 노즐 내에서의 충격파

제트 비행기 및 로켓에 사용되는 추진 노즐은 외부 압력과 온도 등 조건에 따라 그 내부 물리 현상이 달라진다. 추력 역시 그 압력값에 따라 변할 것이다. 외부 압력 조건에 따라 노즐 안에 충격파가 형성될 수 있다. 이 과정을 이해하기 위해서, 그림 13-36a와 같이 다양한 배압 변화에 따른 축소-확대 (라발) 노즐에서의 압력 변화들을 복습해보자.

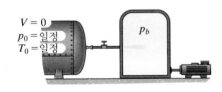

$V = 0$
$p_0 = $ 일정
$T_0 = $ 일정

p_b

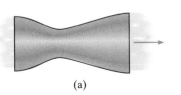

(a)

그림 13-36

- 그림 13-36b에 나타나 있는 것과 같이 배압이 정체압력과 같을 때($p_1 = p_0$) 노즐을 통한 유동은 발생하지 않는다(선 1).

- p_2로 배압을 낮추면, 노즐을 통해 아음속 유동이 발생하고 최저압력과 최고 속도는 노즐목에서 나타난다. 이 유동은 등엔트로피 유동이다(선 2).

- 배압이 p_3로 낮아졌을 때, 노즐목에서 음속(M = 1)이 되고, 아음속 등엔트로피 유동이 노즐의 축소부와 확대부 모두에서 형성된다. 이때 **최대** 질량유량이 발생되고, 이후 배압을 더 감소시켜도 질량유량은 증가하지 않는다(선 3).

- 배압이 p_5로 낮아졌을 때, 수직 충격파는 그림 13-36c와 같이 노즐의 확대부 안에서 발생될 것이며, 이 유동은 등엔트로피 유동이 아니다. 그림 13-36b(선 5)처럼 충격파를 지난 압력은 A에서 B까지 급격하게 증가하게 되고, 충격파부터 노즐 끝단까지 아음속 유동을 발생시킨다. 즉, 그 압력은 B로부터의 곡선을 따르고 출구에서 배압에 도달한다.

- 배압(p_6)의 추가적인 감소는 그림 13-36d와 같이 출구로 충격파를 이동시킬 것이다. 여기서 확대부의 전체에 걸쳐 초음속 유동이 발생되고, 충격파 **왼쪽**의 p_4에 도달하게 된다. 출구에서의 충격파는 p_4에서 p_6까지 급격하게 압력을 변화시키고, 그 결과 출구 유동을 **아음속**으로 만든다(선 6).

- 또한 p_6에서 p_7까지 배압의 추가적인 감소는 노즐 출구면의 왼쪽에 위치한 압력에 영향을 주지 않을 것이다. 그리고 $p_4 < p_7$의 상태로 유지될 것이다. 이 조건하에, p_4에서 그 기체 분자들은 p_7일 때보다 압력이 더 떨어지게 되고, 그 기체는 **과도팽창**(overexpanded)되었다고 한다. 결과적으로 그림 13-36e와 같이 노즐로부터 유동이 확장되고 기체의 압력이 배압과 같아지도록 상승하게 되므로(p_7), 노즐 외부에서는 **다이아몬드** 형태의 **경사 압축 충격파**(oblique compression shock wave)가 발생할 것이다.

- 배압이 p_4로 낮아졌을 경우 축소부의 아음속 유동과 노즐목에서의 음속 유동 그리고 확대부에서는 초음속 유동이 발생되는 노즐의 등엔트로피 설계 조건을 만족하게 된다(선 4). 이때 충격파는 생성되지 않게 되고, 에너지 손실이 발생되지 않아 최대 효율 조건이 된다.

- 배압의 추가적인 감소는 노즐 출구면의 왼쪽에 위치한 압력(p_4)이 배압(p_8)보다 더 **높아지기** 때문에($p_4 > p_8$) **부족팽창**(underexpanded)되는 확대부의 내부 유동을 야기시킬 것이다. 결과적으로 그림 13-36f처럼 압력이 배압과 같아질 때까지 노즐 외부에서는 다이아몬드 형태의 **팽창파**가 발생하게 될 것이다.

과도팽창 유동과 부족팽창 유동의 효과는 13.12절에 잘 설명되어 있다. 또한 이에 대한 자세한 설명은 기체역학과 관련된 책에서 더욱 철저히 다루어진다. 예를 들어 참고문헌 [3]을 참조하라.

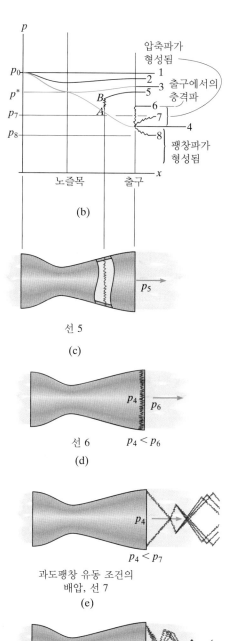

(b)

(c) 선 5

(d) 선 6 $p_4 < p_6$

(e) 과도팽창 유동 조건의 배압, 선 7 $p_4 < p_7$

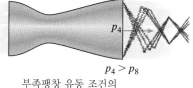

(f) 부족팽창 유동 조건의 배압, 선 8 $p_4 > p_8$

그림 13-36 (계속)

- 충격파는 매우 얇다. 충격파 내부의 마찰 효과로 인해 엔트로피가 증가하므로 등엔트로피 과정이 아니다. 단열 과정이기 때문에 열을 얻거나 손실되지 않으며, 충격파의 각 면에 대한 정체온도는 같다. 하지만 정체압력과 밀도는 정지 충격파를 지나면서 엔트로피 변화로 인해 더욱 커질 것이다.
- 정지 충격파 앞의 유동 마하수(M_1)를 안다면, 충격파 뒤의 마하수(M_2)를 구할 수 있다. 또한 그 충격파 앞의 온도, 압력 그리고 밀도 T_1, p_1, ρ_1이 알 수 있는 값이라면, 충격파 뒤에 위치한 T_2, p_2, ρ_2값 역시 알 수 있다.
- 정지 충격파 앞의 유동은 항상 초음속이고, 충격파 뒤의 유동은 항상 아음속이 된다. 그 반대 결과는 열역학 제2법칙에 위배되기 때문에 발생되지 않는다.
- 그림 13-36b의 선 4와 같이 축소-확대 노즐은 노즐목에서 M = 1과 출구에서는 초음속으로 등엔트로피 유동을 발생시키는 배압을 이용할 때 가장 효율적이다. 이 조건은 열전달이 없거나 마찰손실을 발생시키지 않는 설계 조건이다.
- 노즐이 초킹될 때, 노즐목에서 M = 1과 출구에서 아음속 유동 상태를 가진다(선 3). 이후 배압의 감소는 노즐의 확대부(선 5) 안에서 형성되는 충격파 발생을 야기시킨다. p_6까지의 배압이 감소하면 충격파는 출구를 향해 이동하여 결국 출구에 도달하게 된다(선 6).
- p_7까지 배압을 감소시키면 과도팽창으로 인해 노즐의 끝에서 떨어진 지점에서 경사 충격파가 생성된다. 배압이 p_4로 줄었을 때, 초음속 등엔트로피 유동이 발생한다. 마지막으로 배압이 p_8으로 떨어졌을 때, 노즐 끝에 부족팽창의 상태를 만들어내는 팽창파가 형성될 것이다.

예제 13.16

그림 13-37의 파이프로 공기가 이송된다. 고정 충격파 바로 앞에서 측정된 공기의 상태량은 각각 온도 20℃, 절대압력 30 kPa, 속도 550 m/s이다. 고정 충격파 뒤쪽의 기체에 대한 온도, 압력, 속도를 구하시오.

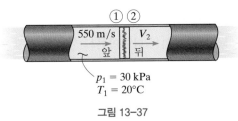

$p_1 = 30$ kPa
$T_1 = 20$℃

그림 13-37

풀이

유체 설명 충격파는 단열 과정이며, 앞뒤로 정상유동이 발생된다.

해석 그림 13-37에서 보는 것과 같이 검사체적에는 충격파가 포함된다. 공기의 비열비는 1.4이므로 식을 이용하는 것보다 표 B-4를 이용하여 문제를 푸는 것이 더 쉽다. 먼저 M_1을 구해야 한다.

$$M_1 = \frac{V_1}{\sqrt{kRT_1}}$$

$$= \frac{550 \text{ m/s}}{\sqrt{1.4(286.9 \text{ J/kg} \cdot \text{K})(273 + 20) \text{ K}}} = 1.6032$$

$M_1 > 1$이므로 $M_2 < 1$이 될 것이고, 충격파 뒤의 압력과 온도는 증가될 것이다.

$M_1 = 1.6032$를 이용하여 충격파 뒤의 M_2와 압력비 및 온도비는 식 (13-73), (13-68), (13-69)로부터 얻을 수 있다.

$$M_2 = 0.66746$$

$$\frac{p_2}{p_1} = 2.8321$$

$$\frac{T_2}{T_1} = 1.3902$$

따라서

$$p_2 = 2.8321(30 \text{ kPa}) = 85.0 \text{ kPa} \qquad Ans.$$

$$T_2 = 1.3902(273 + 20) \text{ K} = 407.3 \text{ K} \qquad Ans.$$

충격파 뒤의 기체 속도는 식 (13-71)로부터 구하거나, 이미 T_2를 알기 때문에 식 (13-22)를 사용하여 구할 수 있다.

$$V_2 = M_2\sqrt{kRT_2} = 0.66746\sqrt{1.4(286.9 \text{ J/kg} \cdot \text{K})(407.3 \text{ K})} = 270 \text{ m/s} \qquad Ans.$$

예제 13.17

절대압력 50 kPa과 온도 8°C에서 제트기가 M = 1.5로 이동하고 있다. 이 속도에서는 그림 13-38a에서 보는 것과 같이 엔진 흡입구에서 충격파가 발생된다. 충격파 바로 뒤의 기체 압력과 속도를 구하시오.

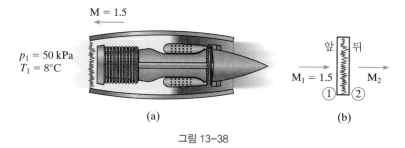

그림 13-38

풀이

유체 설명　충격파를 포함한 검사체적은 엔진과 같이 움직이고 그 결과 열린 검사표면을 통해 정상유동이 발생된다(그림 13-38b). 그리고 충격파 내부는 단열 과정이다.

해석　$V_2 = M_2\sqrt{kRT_2}$로부터 속도 V_2를 구할 수 있으므로 먼저 M_2와 T_2를 구해야 한다. 비열비 $k = 1.4$이고, $M_1 = 1.5$(초음속)에 대해 식 (13-73), (13-76), (13-69)를 사용하거나 표 B-4로부터 값을 찾으면

$$M_2 = 0.70109 \quad 아음속$$

$$\frac{p_2}{p_1} = 2.4583$$

$$\frac{T_2}{T_1} = 1.3202$$

그러므로 충격파 바로 뒤의 물성치들은

$$p_2 = 2.4583(50 \text{ kPa}) = 123 \text{ kPa}$$ *Ans.*

$$T_2 = 1.3202(273 + 8) \text{ K} = 370.98 \text{ K}$$ *Ans.*

따라서 엔진에 대한 공기의 속도는

$$V_2 = M_2\sqrt{kRT_2} = (0.70109)\sqrt{1.4(286.9 \text{ J/kg} \cdot \text{K})(370.98 \text{ K})}$$

$$= 271 \text{ m/s}$$ *Ans.*

예제 13.18

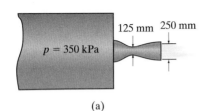

(a)

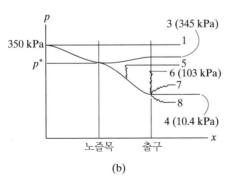

(b)

그림 13-39

그림 13-39a에서와 같이 노즐이 절대압력 350 kPa의 대형 저장고와 연결되어 있다. 노즐 안과 노즐 출구 바로 바깥쪽에서 충격파가 발생되기 위한 배압의 범위를 구하시오.

풀이

유체 설명   노즐을 통과하는 유동은 정상유동이라 가정한다.

해석   먼저 그림 13-39b의 선 3과 4와 같이 노즐을 통해 아음속 및 초음속 등엔트로피 유동을 발생하는 배압을 설정할 수 있다. 노즐(확대부)의 목과 출구의 면적비는 $A/A^* = \pi(0.125 \text{ m})^2/\pi(0.0625 \text{ m})^2 = 4$이다. 이 값에 대해 식 (13-36) 또는 표 B-1($k=1.4$)로부터 2개의 출구 마하수를 얻을 수 있다. $A/A^* = 4$에 대해 확대부(선 3)의 유동이 등엔트로피 아음속 유동인 경우 M $\approx 0.1465 < 1$과 $p/p_0 = 0.9851$의 결과를 얻는다. 여기서는 충격파가 발생하지 않기 때문에 유동 전체에 걸쳐 정체압력은 350 kPa로 유지된다. 이때 출구압력 $p_3 = 0.9851(350 \text{ kPa}) = 345 \text{ kPa}$이 된다. 다시 말해서, 이 배압은 노즐목에서 M=1과 출구 마하수 M=0.1465의 등엔트로피 아음속 유동을 발생시킨다.

$A/A^* = 4$이고 확대부(선 4)의 유동이 등엔트로피 초음속 유동인 경우, 식 (13-36)으로부터 M=2.9402 > 1과 $p/p_0 = 0.02979$의 결과를 얻는다. 따라서 출구압력은 $p_4 = 0.02979(350 \text{ kPa}) = 10.43 \text{ kPa} = 10.4 \text{ kPa}$이 된다.

출구 마하수가 M=2.9402의 초음속 유동을 생성해야 하기 때문에 압력은 이전의 압력보다 작아진다. 이 두 경우는 노즐에서 충격파가 발생되지 않는 배압의 등엔트로피 유동이지만, 두 경우 모두 노즐목에서는 초크 상태이다(M=1).

그림 13-39b(선 6)처럼 노즐 출구에서 수직 충격파가 발생된다면, 충격파 바로 왼쪽, 즉 충격파 바로 뒤의 압력은 10.43 kPa이 될 것이다. 이때 충격파 앞, 즉 출구면 바로 바깥쪽에 있는 배압을 찾기 위해 식 (13-76) 또는 표 B-4에서 M=2.9402에 대해 p_6/p_4값을 찾으면, $p_6/p_4 = 9.9187$이 되므로 $p_6 = 9.9187$, $p_4 = 9.9187(10.43 \text{ kPa}) = 103 \text{ kPa}$이 된다.

따라서 배압의 범위가 아래와 같을 때 수직 충격파는 노즐(선 3과 6 사이의 선 5와 같이)의 확대부 안에서 생성된다.

$$103 \text{ kPa} < p_b < 345 \text{ kPa}$$ *Ans.*

선 7과 같이 출구에서 압축파를 발생시키기 위한 배압(선 6과 4 사이)의 범위는 다음과 같다.

$$10.4 \text{ kPa} < p_b < 103 \text{ kPa}$$ *Ans.*

마지막으로 팽창파는 다음과 같이 선 4 이하(선 8과 같이)의 어디서든 형성될 것이다.

$$p_b < 10.4 \text{ kPa}$$ *Ans.*

13.11 경사 충격파

13.2절에서 제트기나 빠른 속도로 움직이는 물체가 앞의 주변 공기와 충돌하게 되면, 물체에 의해 생성된 압력이 주위의 공기를 밀어낸다. 아음속(M < 1)에서는 그림 13-40a와 같이 표면의 형상에 맞추어 유선이 만들어진다. 그러나 물체의 속도가 초음속(M ≥ 1)으로 증가하면, 다가오는 공기의 속도가 아주 빨라 표면 앞에서 생성된 압력은 상류의 공기와 충분한 정보교류를 하지 못하게 된다. 대신에 공기의 분자들이 모여 **경사 충격파**(oblique shock wave)를 생성한다. 이 충격파는 그림 13-40b와 같이 표면 앞에서 꺾이기 시작하고 물체 표면으로부터 떨어지게 된다. 그림 13-40c와 같이 더 빠른 속도에서 물체의 앞부분이 날카로운 경우에는 더욱 가파른 각(β)의 충격파가 발생되고 표면과 붙게 된다. 이후 속도가 더 증가하면 이 각 β는 계속해서 감소한다. 표면으로부터 더 멀어진 경우에는 그림 13-41과 같이 충격파의 영향은 약해지고 대기압을 통해 M = 1로 이동하는 마하각(α)을 가지는 마하콘이 발생된다. 이 모든 결과는 유동에 대한 유선의 방향을 변화시킬 것이며, 경사 충격파의 원점 부근에서 유선은 대부분 꺾여 물체의 표면과 거의 평행하게 된다.[*] 그러나 더 멀리의 약한 마하콘을 지나는 경우에는 방향이 변하지 않고 유지된다.

경사 충격파에서는 유선의 방향 변화가 중요하게 여겨지지만, 수직 충격파와 동일한 방법으로 해석할 수 있다. 이러한 상황들을 분석하기 위해, 형상을 정의하는 2개의 각도를 사용한다. 그림 13-42a에 나타낸 바와 같이, β는 충격파의 각도를 말하며, θ는 유선의 변위각 또는 충격파 뒤의 속도 $\mathbf{V}_2$의 방향을 의미한다. 편의를 위해 충격파의 수직 및 접선 유동을 고려한다. n과 t의 성분들을 이용하여 $\mathbf{V}_1$과 $\mathbf{V}_2$를 해석하면

$$V_{1n} = V_1 \sin \beta \qquad V_{2n} = V_2 \sin (\beta - \theta)$$

$$V_{1t} = V_1 \cos \beta \qquad V_{2t} = V_2 \cos (\beta - \theta)$$

또는 M = V/c 이므로

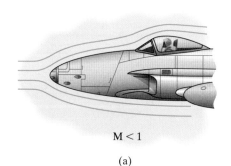

M < 1

(a)

분리된 경사 충격파 또는
궁형 충격파
(뭉뚝한 앞부분을 가진 물체)

M > 1

(b)

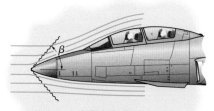

부착된 충격파
(날카로운 앞부분을 가진 물체)

M > 1

(c)

그림 13-40

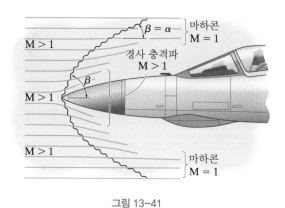

그림 13-41

---

[*] 초음속에서 경계층은 매우 얇다. 그 결과 유선의 방향에 미치는 영향이 크지 않다.

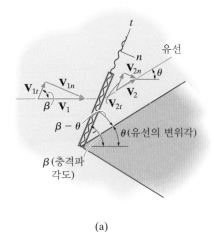

(a)

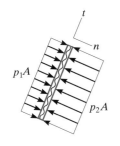

자유물체도

(b)

그림 13-42

$$M_{1n} = M_1 \sin \beta \qquad M_{2n} = M_2 \sin (\beta - \theta) \qquad (13\text{-}78)$$

$$M_{1t} = M_1 \cos \beta \qquad M_{2t} = M_2 \cos (\beta - \theta) \qquad (13\text{-}79)$$

해석을 위해 정지 충격파로 간주하고 그림 13-42a와 같이 앞뒤의 각 면적이 A인 충격파의 일부분을 포함하는 고정 검사체적을 설정한다.

연속방정식 단위 면적당 유동은 정상유동이며, 충격파를 통해 t 방향의 유동은 발생되지 않는다고 가정하면

$$\frac{\partial}{\partial t} \int_{cv} \rho \, d\forall + \int_{cs} \rho \mathbf{V}_{f/cs} \cdot d\mathbf{A} = 0$$

$$0 - \rho_1 V_{1n} A + \rho_2 V_{2n} A = 0$$

$$\rho_1 V_{1n} = \rho_2 V_{2n} \qquad (13\text{-}80)$$

운동량 방정식 그림 13-42b의 검사체적의 자유물체도에 나타낸 바와 같이, 압력은 n 방향으로만 작용한다. 또한 유동 $\rho \mathbf{V}_{f/cs} \cdot \mathbf{A}$는 $\mathbf{V}_1$ 및 $\mathbf{V}_2$의 수직성분에 의해서만 야기된다. 따라서 t 방향에 운동량 방정식을 적용하면

$$+\nearrow \Sigma F_t = \frac{\partial}{\partial t} \int_{cv} V_t \rho \, d\forall + \int_{cs} V_t \rho \mathbf{V}_{f/cs} \cdot d\mathbf{A}$$

$$0 = 0 + V_{1t}(-\rho_1 V_{1n} A) + V_{2t}(\rho_2 V_{2n} A)$$

식 (13-80)을 사용하여 다음을 얻을 수 있다.

$$V_{1t} = V_{2t} = V_t$$

즉 접선방향의 속도성분은 충격파의 양쪽에 그대로 남아 있다.

n 방향은

$$\searrow + \Sigma F_n = \frac{\partial}{\partial t} \int_{cv} V_n \rho \, d\forall + \int_{cs} V_n \rho \mathbf{V}_{f/cs} \cdot d\mathbf{A}$$

$$p_1 A - p_2 A = 0 + V_{1n}(-\rho_1 V_{1n} A) + V_{2n}(\rho_2 V_{2n} A)$$

또는

$$p_1 + \rho_1 V_{1n}^2 = p_2 + \rho_2 V_{2n}^2 \qquad (13\text{-}81)$$

에너지 방정식 중력의 영향을 무시하고, 단열 과정이 발생한다고 가정하여 에너지 방정식을 적용하면

$$\dot{Q}_{in} - \dot{W}_{turbine} + \dot{W}_{pump} = \left[\left(h_{out} + \frac{V_{out}^2}{2} + gz_{out} \right) - \left(h_{in} + \frac{V_{in}^2}{2} + gz_{in} \right) \right] \dot{m}$$

$$0 - 0 = \left[\left(h_2 + \frac{V_{2n}^2 + V_{2t}^2}{2} + 0 \right) - \left(h_1 + \frac{V_{1n}^2 + V_{1t}^2}{2} + 0 \right) \right] \dot{m}$$

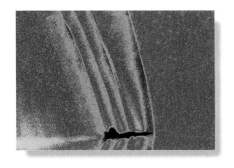

풍동 시험 중인 모델에 형성된 경사 충격파를 보여주는 슐리렌 가시화 사진
(© L. Weinstein/ Science Source)

$V_{1t} = V_{2t}$이므로 다음과 같다.

$$h_1 + \frac{V_{1n}^2}{2} = h_2 + \frac{V_{2n}^2}{2} \tag{13-82}$$

식 (13-80), (13-81) 그리고 (13-82)는 식 (13-66), (13-67) 그리고 (13-24)와 동일하다. 결과적으로, 경사 충격파에서의 수직방향 유동은 이전에 성립한 수직 충격파 방정식(표 B-4)을 사용하여 설명할 수 있다. 방정식들을 정리하면 다음과 같다.

$$M_{2n}^2 = \frac{M_{1n}^2 + \dfrac{2}{k-1}}{\dfrac{2k}{k-1}M_{1n}^2 - 1} \tag{13-83}$$

$$\frac{p_2}{p_1} = \frac{2k}{k+1}M_{1n}^2 - \frac{k-1}{k+1} \tag{13-84}$$

$$\frac{(p_0)_2}{(p_0)_1} = \frac{\left[\dfrac{\dfrac{k+1}{2}M_{1n}^2}{1 + \dfrac{k-1}{2}M_{1n}^2}\right]^{k/(k-1)}}{\left[\dfrac{2k}{k+1}M_{1n}^2 - \dfrac{k-1}{k+1}\right]^{1/(k-1)}} \tag{13-85}$$

$$\frac{T_2}{T_1} = \frac{1 + \dfrac{k-1}{2}M_{1n}^2}{1 + \dfrac{k-1}{2}M_{2n}^2} \tag{13-86}$$

$$\frac{\rho_2}{\rho_1} = \frac{V_{1n}}{V_{2n}} = \frac{M_{1n}}{M_{2n}}\left[\frac{1 + \dfrac{k-1}{2}M_{2n}^2}{1 + \dfrac{k-1}{2}M_{1n}^2}\right]^{1/2} \tag{13-87}$$

충격파의 양쪽 면에서 M_1 및 M_2가 모두 초음속이고, M_{1n} 또한 초음속이면 M_{2n}는 반드시 아음속이 되어야 한다. 그래야만 열역학 제2법칙에 위배되지 않는다. 실제의 많은 경우에서는, 초기 유동 상태량 V_1, p_1, T_1, ρ_1과 각도 θ는 이미 알려져 있다.

　마하수 M_1과 θ 및 β를 다음 식을 통해 연관시킬 수 있다. $V_{1t} = V_{2t}$이므로 식 (13-22)에 의해

$$M_{1t}\sqrt{kRT_1} = M_{2t}\sqrt{kRT_2}$$

$$M_{2t} = M_{1t}\sqrt{\frac{T_1}{T_2}}$$

그림 13-42a의 속도와 같이 $M_{2n} = M_{2t}\tan(\beta - \theta)$이므로

$$M_{2n} = M_{1t}\sqrt{\frac{T_1}{T_2}}\tan(\beta - \theta) = M_1\cos\beta\sqrt{\frac{T_1}{T_2}}\tan(\beta - \theta)$$

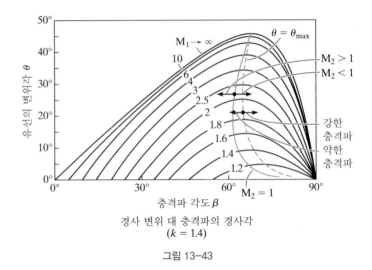

경사 변위 대 충격파의 경사각
($k = 1.4$)

그림 13-43

이 식을 제곱하고 식 (13-86)의 온도비를 대입하면, 다음 식을 얻는다.

$$M_{2n}^2 = M_1^2 \cos^2 \beta \left(\frac{1 + \dfrac{k-1}{2} M_{2n}^2}{1 + \dfrac{k-1}{2} M_{1n}^2} \right) \tan^2(\beta - \theta)$$

식 (13-83)과 (13-78)을 결합하고, 그림 13-42a의 속도 삼각형에서 $M_{1n} = M_1 \sin \beta$ 를 사용하면 다음과 같이 최종 결과를 얻는다.

$$\tan \theta = \frac{2 \cot \beta (M_1^2 \sin^2 \beta - 1)}{M_1^2 (k + \cos 2\beta) + 2} \tag{13-88}$$

다양한 M_1에 대한 이 방정식의 그래프는 그림 13-43에서 β 대 θ의 곡선으로 제공 된다. 예를 들어, 곡선($M_1 = 2$)에서 변위각이 $\theta = 20°$인 경우 충격파의 각도 β는 2 개의 값을 가진다. 낮은 각도 $\beta = 53°$는 약한 충격파를 나타내고 높은 각도 $\beta = 74°$ 는 강한 충격파의 경우이다. 대부분의 경우 약한 충격파의 압력비가 작기 때문에 강한 충격파보다 약한 충격파가 먼저 형성된다.[*] 또한 약 45° 이상의 변위각에서 는 이 해법을 적용하는 것이 불가능하다. $M_2 = 0$인 경우에는 최대 변위각은 $\theta_{max} =$ 25°이다. 더 높은 변위각에서 충격파는 물체 표면으로부터 떨어지게 되고, 물체 앞 부분에서 더 높은 저항을 발생시킬 것이다(그림 13-40b). 충격파 후방 속도의 각 도 변화가 없는 극단적인 경우($\theta = 0°$)에는, 식 (13-88)에 의해 $\beta = \sin^{-1}(1/M_1) = \alpha$ 로 주어지게 되고, 이는 그림 13-41의 마하콘을 생성한다.

---

[*] 압력 증가는 표면 형상의 급격한 변화에 의해 유동이 차단되는 경우 하류에서 발생할 수 있다. 이 러한 경우, 압력비는 높아지게 되고 강한 충격파가 생성된다.

요점정리

- 경사 충격파는 M ≥ 1로 이동하는 물체의 전면에 형성된다. 일반적으로 충격파는 몸체의 표면에 부착되어 있고, 속도의 증가에 따라 충격파의 각도 β가 감소하기 시작한다. 충격파 중심부로부터 멀리 떨어진 곳에서는 마하콘이 형성되고 M = 1의 속도로 이동한다.

- 경사 충격파의 마하수나 속도의 접선성분은 충격파의 양쪽에서 변함없이 똑같은 값을 갖는다. 수직성분은 수직 충격파 학습 때 사용한 동일한 식을 사용하여 크기를 구할 수 있다. 그리고 이 식을 사용하여 충격파를 지나는 유선의 변위각(θ)과의 상관관계를 알 수 있다.

예제 13.19

제트기가 수평으로 845 m/s의 속도로 비행하고 있다. 비행 고도의 공기 온도는 10°C이고, 절대압력은 80 kPa이다. 그림 13-44a에 나타낸 각도와 같이 경사 충격파가 제트기의 앞부분에 형성되었다면, 압력과 온도는 얼마인가? 그리고 충격파 바로 뒤의 공기의 방향을 구하시오.

(a)

풀이

유체 설명 공기는 압축성이며, 충격파는 단열 과정이나 등엔트로피 유동이 아니다. 제트기에서 보면 정상유동이 발생한다.

해석 먼저 제트기의 마하수를 결정하여야 한다.

$$M_1 = \frac{V_1}{c} = \frac{V_1}{\sqrt{kRT_1}} = \frac{845 \text{ m/s}}{\sqrt{1.4(286.9 \text{ J/kg} \cdot \text{K})(273 + 10) \text{ K}}} = 2.5063$$

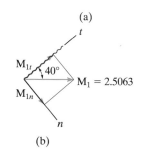
(b)

그림 13-44b에 나타낸 형상에서, M_1은 충격파에 대한 수직 및 접선성분으로 구해진다. 수직성분은 $M_{1n} = 2.5063 \sin 40° = 1.6110$이다. 충격파의 앞에서 발생하는 압력, 온도, 속도를 얻기 위해 표 B-4를 사용하거나, 식 (13-83), (13-84), 그리고 (13-86)을 사용할 수 있다. 표를 사용하여, $M_{2n} = 0.6651$을 얻는다. 아음속이며, 예상대로 열역학 제2법칙에 위배되지 않는다. 또한 표 B-4로부터,

$$\frac{T_2}{T_1} = 1.3956; \quad T_2 = 1.3956(273 + 10) \text{ K} = 394.95 \text{ K} = 395 \text{ K} \qquad \text{Ans.}$$

$$\frac{p_2}{p_1} = 2.8619; \quad p_2 = 2.8619(80 \text{ kPa}) = 228.90 \text{ kPa} = 229 \text{ kPa} \qquad \text{Ans.}$$

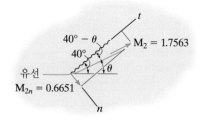
(c)

그림 13-44c에서의 각 θ는 M_1과 β를 알기 때문에 식 (13-88)에서 바로 얻을 수 있다.

$$\tan \theta = \frac{2 \cot \beta (M_1^2 \sin^2 \beta - 1)}{M_1^2(k + \cos 2\beta) + 2}$$

$$\tan \theta = \frac{2 \cot 40° [(2.5063)^2 \sin^2 40° - 1]}{(2.5063)^2(1.4 + \cos 2(40°)) + 2}$$

$$\theta = 17.7° \qquad \text{Ans.}$$

유동 결과는 그림 13-44d에 도시되어 있다.

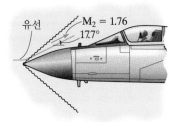
(d)

그림 13-44

13.12 압축 및 팽창파

익형 또는 어떤 물체가 초음속으로 움직이고 있다면, 앞면에 경사 충격파가 형성 될 뿐만 아니라 물체의 곡면을 따라 유체의 흐름방향이 바뀜에 따라 압축파나 팽 창파가 형성된다. 그림 13-45a를 예로 제트기 위의 오목한 표면에서는 압축파를 발생시킨다. 이 압축파들이 하나의 파로 모여 합쳐지면 이전 장에서 공부한 경사 충격파가 된다. 한편 볼록한 표면의 경우에는 **팽창**되어 서로 벌어지는 다수의 팽창 파가 형성되어, 그림 13-45b와 같이 무수히 많은 마하파의 연속인 '팬'이 생성된 다. 이러한 거동은 그림 13-45c처럼 날카로운 모퉁이에서도 발생한다. 팽창 과정 동안 각 팽창파의 마하각 α가 **줄어듦**에 따라 마하수는 커지게 된다. 각 파들이 형성 될 때 생기는 기체 상태량 변화는 미소하기 때문에 생성된 각 파를 등엔트로피 과 정으로 간주할 수 있고, 이 파들의 집합인 '팬' 전체 또한 등엔트로피 과정이다.

이러한 팽창파 팬을 분석하기 위하여 하나의 파에 국한하여 살펴보면, 그림 13-46a처럼 차분적인 변위각 $d\theta$만큼의 차이로 유선의 방향이 바뀐다고 볼 수 있 다. 여기서의 목표는 $d\theta$를 마하수 M에 대해 표현하는 것이다. $M_1 > 1$이고 파는 마 하각(α)이 적용된다. 수직성분과 접선성분으로 속도 **V**와 **V** + d**V**를 분해하고 접선 방향의 속도성분들은 동일하게 유지된다는 원리를 이용하면 $V_{t1} = V_{t2}$이 되고, 다 음 관계식이 성립된다.

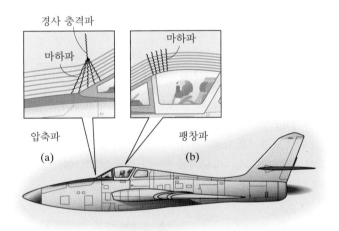

압축파   팽창파
(a)   (b)

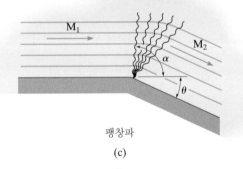

팽창파

(c)

그림 13-45

$$V \cos \alpha = (V + dV) \cos (\alpha + d\theta) = (V + dV)(\cos \alpha \cos d\theta - \sin \alpha \sin d\theta)$$

$d\theta$는 작기 때문에, $\cos d\theta \approx 1$이고 $\sin d\theta \approx d\theta$가 된다. 따라서 식은 $dV/V = (\tan \alpha) d\theta$가 된다. 식 (13-23) $\sin \alpha = 1/M$을 사용하면 $\tan \alpha$는

$$\tan \alpha = \frac{\sin \alpha}{\cos \alpha} = \frac{\sin \alpha}{\sqrt{1 - \sin^2 \alpha}} = \frac{1}{\sqrt{M^2 - 1}}$$

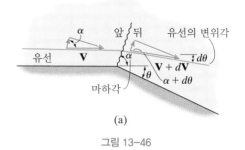

(a)

그림 13-46

그러므로

$$\frac{dV}{V} = \frac{d\theta}{\sqrt{M^2 - 1}} \tag{13-89}$$

$V = M\sqrt{kRT}$이므로 미분하면

$$dV = dM\sqrt{kRT} + M\left(\frac{1}{2}\right)\frac{kR}{\sqrt{kRT}} dT$$

또는

$$\frac{dV}{V} = \frac{dM}{M} + \frac{1}{2}\frac{dT}{T} \tag{13-90}$$

단열유동에서 정체온도와 정온도의 관계식은 식 (13-26)으로부터 정의된다.

$$T_0 = T\left(1 + \frac{k-1}{2}M^2\right)$$

위 식을 미분하고 다시 정리하면 다음을 얻는다.

$$\frac{dT}{T} = -\frac{2(k-1)M \, dM}{2 + (k-1)M^2} \tag{13-91}$$

마지막으로 식 (13-89), (13-90), (13-91)을 결합하면 파의 변위각은 마하수와 마하수의 변화에 대해 다음과 같이 나타낼 수 있다.

$$d\theta = \frac{2\sqrt{M^2 - 1}}{2 + (k-1)M^2}\frac{dM}{M}$$

특정 변위각 θ에 대해, 각각 다른 마하수를 가지는 파들에 대하여 이 관계식을 처음과 끝 구간에 대해 적분한다. 일반적으로 유동 끝의 마하수는 알 수 없으므로, $M = 1$과 $\theta = 0°$인 기준점으로부터 이 관계식을 적분하는 것이 더 간편하다. 이 기준점으로부터 팽창된 유동을 통과하는 변위각 $\theta = \omega$를 정의할 수 있고, 그 결과 $M = 1$에서 M까지의 마하수가 변한다.

$$\int_0^\omega d\theta = \int_1^M \frac{2\sqrt{M^2 - 1}}{2 + (k-1)M^2}\frac{dM}{M}$$

$$\omega = \sqrt{\frac{k+1}{k-1}} \tan^{-1}\left(\sqrt{\frac{k-1}{k+1}(M^2 - 1)}\right) - \tan^{-1}(\sqrt{M^2 - 1}) \tag{13-92}$$

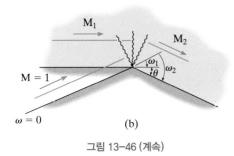

그림 13-46 (계속)

이 식은 **프란틀-마이어 팽창 함수**(Prandtl-Meyer expansion function)라 불리며, Ludwig Prandtl과 Theodore Meyer에 의해 명명되었다. 이 식으로 팽창파 팬에 의해 발생되는 유동의 전체 변위각을 구할 수 있다. 예를 들어 그림 13-46b에서 유동이 초기 마하수 M_1과 θ로 방향이 바뀐다면 M_1에 대해 ω_1을 얻기 위해 식 (13-92)를 적용함으로써 M_2를 계산할 수 있다. $\theta = \omega_2 - \omega_1$이므로 $\omega_2 = \omega_1 + \theta$이다. 그런 다음 ω_2로 M_2를 계산하기 위해 다시 식 (13-92)에 적용한다. 이러한 수치적 계산이 필요하지만, 식 (13-92)에 대해 표로 나타낸 값 또는 인터넷상에서 계산된 값을 선택하여 계산할 수 있다. 그 값들은 부록 B의 표 B-5에 나열되어 있다.

> **요점정리**
>
> - 유동이 표면의 끝단이나 곡면을 지남에 따라 $M \geq 1$일 때, 압축파나 팽창파가 발생된다.
> - 압축파들은 경사 충격파로 합쳐진다.
> - 팽창파들은 무한히 많은 수의 마하파로 구성된 '팬'으로 형성된다. 팽창파들에 의해 발생되는 유선의 변위각은 프란틀-마이어 팽창 함수를 사용하여 구할 수 있다.

예제 13.20

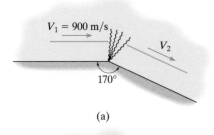

(a)

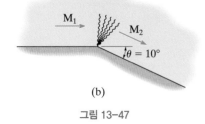

(b)

그림 13-47

공기가 속도 900 m/s, 절대압력 100 kPa 그리고 온도 30°C로 표면을 따라 흐르고 있다. 그림 13-47a에서 볼 수 있듯이 날카로운 모퉁이에서 팽창파들이 발생된다. 팽창파의 바로 오른쪽에서의 속도, 온도, 압력을 구하시오.

풀이

유체 설명 등엔트로피적으로 팽창되는 정상 압축성 유동이다.

상류 및 초기 마하수는 다음과 같다.

$$M_1 = \frac{V_1}{c} = \frac{V_1}{\sqrt{kRT}} = \frac{900 \text{ m/s}}{\sqrt{1.4(286.9 \text{ J/kg} \cdot \text{K})(273 + 30) \text{ K}}} = 2.5798$$

해석 식 (13-92)의 프란틀-마이어 팽창 함수는 $M = 1$을 기준점으로 하므로 ω_1을 구하면

$$\omega_1 = \sqrt{\frac{k+1}{k-1}} \tan^{-1}\sqrt{\frac{k-1}{k+1}(M_1^2 - 1)} - \tan^{-1}\sqrt{M_1^2 - 1} \qquad (1)$$

$$= \sqrt{\frac{1.4+1}{1.4-1}} \tan^{-1}\sqrt{\frac{1.4-1}{1.4+1}((2.5798)^2 - 1)} - \tan^{-1}\sqrt{(2.5798)^2 - 1}$$

$$= 40.96°$$

또한 이와 동일한(또는 근사) 값을 표 B-5로부터 얻을 수 있다. 경사면 위의 경계층이 매우 얇기 때문에 유선의 변위각은 그림 13-47b와 같이 표면의 변위각과 동일하게 정의된다($180° - 170° = 10°$). 그러므로 하류의 팽창파는 반드시 변위각이 $40.96° + 10° = 50.96°$인 마하수 M_2가 된다.

변위각을 이용하여 식 (13-92)의 프란틀-마이어 팽창 함수를 사용하여 시행착오를 거쳐 M_2를 구하기 위해 시도하는 것보다 표를 이용하여 $\omega_2 = 50.96°$에 대한 값을 찾는

것이 낫다.

$$M_2 = 3.0631$$

즉 팽창파는 $M_1 = 2.5798$에서 $M_2 = 3.0631$까지 마하수를 증가시킨다. 이러한 증가는 열역학 제2법칙에 위배되지 않는다. 파의 수직성분은 초음속에서 아음속으로 변하기 때문이다.

등엔트로피 팽창이기 때문에 파 오른쪽의 온도를 식 (13-69)를 사용하여 구할 수 있다.

$$\frac{T_2}{T_1} = \frac{1 + \dfrac{k-1}{2} M_1^2}{1 + \dfrac{k-1}{2} M_2^2} = \frac{1 + \dfrac{1.4-1}{2}(2.5798)^2}{1 + \dfrac{1.4-1}{2}(3.0631)^2} = 0.8104$$

$$T_2 = 0.8104(273 + 30) \, K = 245.54 \, K = 246 \, K \qquad Ans.$$

또한 표 B-1을 사용하면 다음과 같다.

$$\frac{T_2}{T_1} = \frac{T_2}{T_0}\frac{T_0}{T_1} = (0.34764)\left(\frac{1}{0.42894}\right) = 0.8104$$

그 결과 $T_2 = 0.8104(273 + 30) \, K = 246 \, K$가 된다.

비슷한 방법으로, 식 (13-17)이나 표 B-1을 사용하여 압력 값을 구할 수 있다.

$$\frac{p_2}{p_1} = \frac{p_2}{p_0}\frac{p_0}{p_1} = (0.024775)\left(\frac{1}{0.051706}\right) = 0.47915$$

따라서

$$p_2 = 0.47915(100 \, kPa) = 47.9 \, kPa \qquad Ans.$$

팽창파 이후 유동의 속도는 다음과 같다.

$$V_2 = M_2\sqrt{kRT_2} = 3.0631\sqrt{1.4(286.9 \, J/kg \cdot K)(245.54 \, K)} = 962 \, m/s \qquad Ans.$$

13.13 압축성 유동 측정

압축성 기체 유동에서 압력과 속도는 다양한 방법으로 측정될 수 있다. 여기서 몇 가지에 대해 논의할 것이다.

피토관 및 피에조미터   5.3절에 비압축성 유동의 경우에 거론되었던 피토 정압관은 압축성 유동 측정에서도 쓰인다(그림 13-48a). 유동 안의 정압 p는 튜브의 옆면에서 측정되는 반면에, 정체 또는 전압 p_0는 튜브의 전면에 위치한 정체점에서 측정된다. 정체점에서 유동은 마찰손실 없이 급속히 정지되므로 이 과정을 등엔트로피 과정으로 가정할 수 있다.

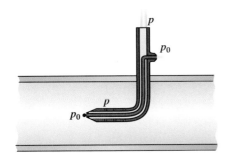

피토정압관
아음속 유동

(a)

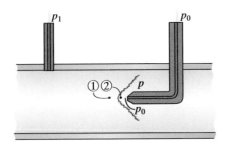

피토관과 피에조미터
아음속 및 초음속 유동

(b)

그림 13-48

아음속 유동 아음속 압축 유동에서는 압력이 식 (13-27)과 연관된다. $V = M\sqrt{kRT}$이므로 식 (13-27)에 이 식을 대입하여 M에 대하여 푼 다음 V에 대해 다시 정리하면

$$V = \sqrt{\frac{2kRT}{k-1}\left[\left(\frac{p_0}{p}\right)^{(k-1)/k} - 1\right]} \qquad (13\text{-}93)$$

온도 T를 알고 있다면, 이 식을 사용하여 유동의 속도를 구할 수 있다.

실제로 유동에서는 쉽게 교란되기 때문에 T를 직접 측정하기보다 차라리 정체점에서의 정체온도 T_0를 측정하는 것이 더 쉽다. 이러한 경우에 사용되는 관계식은 식 (13-11)과 식 (13-17)[여기서 $T = T_0(p/p_0)^{(k-1)/k}$]을 식 (13-93)에 대입하여 얻을 수 있다.

$$V = \sqrt{2c_p T_0\left[1 - \left(\frac{p}{p_0}\right)^{(k-1)/k}\right]} \qquad (13\text{-}94)$$

이후 측정량을 대입하면 교란되지 않은 기체의 자유-유동 속도를 얻는다.

초음속 유동 기체가 초음속으로 흐른다면 그림 13-48b에서 보듯 급격한 압력 변화로 인해 피토관에 도달하기 바로 전에 궁형 충격파가 형성될 것이다. 이 충격파는 위치 1의 초음속을 위치 2에서의 아음속으로 바꾼다. 따라서 이러한 경우의 유동속도를 구하기 위해 충격파 전면에 걸친 압력 p_1과 p_2가 연관된 식 (13-68)을 사용한다. 또한 측정된 정체압력 p_0과 p_2 간의 관계식을 식 (13-27)을 사용하여 정의한다. 이 두 식을 결합하고 식 (13-73)을 사용하여 상류 마하수에 관한 식으로 그 결과를 나타낸다.

$$\frac{p_0}{p_1} = \frac{\left(\frac{k+1}{2}M_1^2\right)^{k/(k-1)}}{\left(\frac{2k}{k+1}M_1^2 - \frac{k-1}{k+1}\right)^{1/(k-1)}} \qquad (13\text{-}95)$$

압력 p_1은 그림 13-48b와 같이 유동의 경계층에 피에조미터를 사용하여 독자적으로 측정할 수 있다. 그런 다음 p_1 및 p_0값과 식 (13-95)를 사용하여 초음속 유동 ($M_1 > 1$)에 대한 마하수를 얻을 수 있다.

피토관과 피에조미터를 사용하는 것보다 더 좋은 방법은 10.5절에 설명되었던 열선풍속계(hot-wire anemometer)를 사용하여 기체의 속도를 측정하는 방법이다.

벤투리 유량계 10.5절에서와 같이 $V \le 0.3c$이면 기체는 비압축성으로 가정하고 그림 13-49의 벤투리 유량계를 흘러가는 질량유량은 다음과 같이 결정된다.

그림 13-49

$$\dot{m} = C_v A_2 \sqrt{\frac{2\rho_1(p_1 - p_2)}{1 - (D_2/D_1)^4}}$$

압축성 유동에서는 벤투리 유량계 안의 밀도 변화를 고려하여 위 식을 수정한

다. 실험적으로 정해진 **팽창계수**(expansion factor) Y를 사용하면 다음과 같다.

$$\dot{m} = C_v Y A_2 \sqrt{\frac{2\rho_1(p_1 - p_2)}{[1 - (D_2/D_1)^4]}} \qquad (13\text{-}96)$$

팽창계수 값들은 다양한 압력비 그래프로부터 구할 수 있다. 참고문헌 [6]을 참조하라. 식 (13-96)은 작동되는 기본 원리가 같기 때문에 노즐유동이나 오리피스 유량계에도 사용된다.

참고문헌

1. J. E. A. John, *Gas Dynamics*, Prentice Hall, Upper Saddle River, NJ, 2005.
2. F. M. White, *Fluid Mechanics*, McGraw-Hill, New York, NY, 2011.
3. H. Liepmann, *Elements of Gasdynanics*, Dover, New York, NY, 2002.
4. P H. Oosthuizen and W. E. Carsvallen, *Compressible Fluid Flow*, McGraw-Hill, New York, NY, 2003.
5. S. Schreier, *Compressible Flow*, Wiley-Interscience Publication, New York, NY, 1982.
6. A. H. Shapiro, *The Dynamics and Thermodynamics of Compressible Fluid Flow*, John Wiley and Sons, Inc, New York, N.Y.
7. W. B. Brower, *Theory, Table, and Data for Compressible Flow*, Taylor and Francis, New York, NY, 1990.
8. R. Vos and S. Faroldhi, *Introduction to Transonic Aerodynamics*, Springer, New York, NY, 2015.

연습문제

13.1절

E13-1 20°C의 공기가 180 m/s의 속도로 덕트를 통과하여 흐른다. 속도가 250 m/s로 증가한다면, 이때 공기의 온도를 구하시오. 힌트: Δh를 구하기 위해 에너지 방정식을 사용하라.

E13-2 밀폐된 탱크가 250 kPa 절대압력, 200°C의 공기를 저장하고 있다. 온도가 150°C로 떨어진다면, 이때 공기의 밀도, 압력 및 내부에너지 및 엔탈피의 단위 질량당 변화량을 구하시오.

E13-3 파이프 내부에 온도 20°C, 계기압력 100 kPa의 헬륨이 있을 때, 헬륨의 밀도를 계산하시오. 또 헬륨이 등엔트로피 과정을 거쳐 계기압력 250 kPa로 압축될 때, 헬륨의 온도를 구하시오. 절대압력은 101.3 kPa이다.

*E13-4 산소가 절대압력 850 kPa로 용기 안에 보관되어 있다. 온도가 10°C에서 60°C로 증가한다면, 압력과 엔트로피 변화 크기를 구하시오.

E13-5 질소가 온도의 변화 없이 절대압력 200 kPa에서 500 kPa로 압축된다. 이때 엔트로피와 엔탈피 변화량을 구하시오.

E13-6 질소가 A 위치에서 B 위치로 흐르고 있을 때, 온도는 10°C에서 30°C로 증가하고 절대압력은 200 kPa에서 175 kPa로 감소한다. 두 지점 사이의 단위 질량당 내부에너지, 엔탈피, 엔트로피의 변화량을 구하시오.

E13-7 A 지점에서 공기의 온도가 15°C이고 절대압력은 250 kPa이다. 온도가 40°C가 되고 절대압력이 125 kPa이 되면 공기의 밀도 및 엔탈피 변화량을 구하시오.

그림 E13-7

*E13-8 A 지점에서 공기의 온도가 20℃이고 절대압력은 600 kPa이다. B 지점에서 온도가 5℃이고 절대압력은 450 kPa이면, 공기의 엔탈피, 엔트로피 변화량을 구하시오.

그림 E13-8

E13-9   밀폐된 탱크 내에 200℃ 온도 및 530 kPa 절대압력의 헬륨이 보관되어 있다. 온도가 250℃로 증가한다면 헬륨의 밀도, 압력, 단위 질량당의 내부에너지 및 엔탈피 변화량을 구하시오.

E13-10   산소가 A 지점에서 B 지점으로 이동하면서 온도는 50℃에서 60℃로 증가하고, 절대압력은 300 kPa에서 240 kPa로 감소한다. 두 지점 사이의 단위 질량당 내부에너지, 엔탈피, 엔트로피의 변화량을 구하시오.

13.2-13.4절
E13-11   제트기가 3 km의 고도에서 900 km/h의 속도로 비행하고 있다. 마하수를 구하시오.

*E13-12   제트기가 10 km의 고도에서 마하수 2의 속도로 비행한다. 지상에 있는 관찰자가 바로 머리 위로 비행기가 지나간 후 소리를 듣기까지 걸리는 시간은 얼마인가?

그림 E13-12

E13-13   물의 온도가 10℃이다. 음파탐지기가 큰 고래를 감지하는데 3초가 걸렸다면 고래로부터 선박까지의 거리는 얼마인가? 이때 $\rho = 1025$ kg/m³이고 $E_V = 2.42$ GPa이다.

E13-14   로켓의 상단부에서 만들어진 마하콘의 반각이 15°이다. 공기의 온도가 −20℃이면, 로켓의 속도는 얼마인가?

E13-15   5 km 높이에서 2.2 마하수로 비행하고 있는 제트기의 마하콘 반각 α를 구하시오.

*E13-16   15℃에서 360 km/h의 속도를 달리고 있는 경주용 자동차의 마하수를 구하시오.

E13-17   온도가 20℃일 때, 물과 공기에서의 음파 속도를 구하시오. 물에서는 $E_V = 2.42$ GPa이다.

E13-18   20℃의 온도에서 물과 공기에서의 음파 속도를 비교하시오. 20℃ 물의 체적탄성계수는 $E_V = 2.2$ GPa이다.

E13-19   8 km의 고도로 날고 있는 제트기가 마하수가 1.5가 되기 위해서 얼마나 빠른 시속 km/h으로 비행해야 하는가?

*E13-20 B 지점에서 공기가 마하수 0.4의 속도로 노즐을 빠져나가고 있다. 공기의 온도가 8℃이고 절대압력이 20 kPa일 때 저장소 안의 A 지점의 절대압력 및 온도를 구하시오.

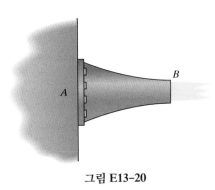

그림 E13-20

E13-21   300 mm 직경의 파이프 내에서 공기가 마하수 1.6의 속도로 흐르고 있다. 정체온도가 25℃이고 질량유량이 60 kg/s일 때, 공기의 밀도 및 정체압력을 구하시오.

E13-22   30℃ 온도 및 680 kPa 절대압력의 공기가 200 mm 직경의 덕트를 흐른다. 마하수가 0.42일 때 질량유량을 구하시오.

E13-23   깊이 3 km 바다 위에 선박이 위치해 있다. 음파탐지기가 바닥에서 반사되어 선박으로 돌아오는 음파의 이동시간을 구하시오. 평균 물의 온도는 10℃이다. 이 바닷물은 $\rho = 1030$ kg/m³이고 $E_V = 2.11(10^9)$ Pa이다.

*E13-24   제트기가 5 km 머리 위로 비행하고 있다. 비행기 소리가 6초 뒤에 들린다면, 비행기의 속도는 얼마인가? 공기의 평균 온도는 10℃이다.

E13-25   메탄의 정체온도가 20℃일 때, 절대 정체압력은 750 kPa이다. 유동의 압력이 550 kPa일 때, 유속을 구하시오.

E13-26   300 mm 파이프에서 질소가 0.85의 마하수로 흐르고 있다. 절대압력이 280 kPa이고 온도가 10℃일 때, 유량과 정체밀도를 구하시오.

13.5–13.6절

E13-27 탱크가 70℃ 온도 및 800 kPa 절대압력의 산소를 보관하고 있다. 축소 노즐의 출구 직경이 6 mm이고 외부 절대압력이 100 kPa일 때, 빠져나가는 초기 질량유량은 얼마인가?

*E13-28 탱크가 80℃ 온도 및 175 kPa 절대압력의 헬륨을 보관하고 있다. 축소 노즐의 출구 직경이 6 mm이고 외부 절대압력이 98 kPa일 때, 빠져나가는 초기 질량유량은 얼마인가?

그림 E13-27/28

E13-29 출구 직경 30 mm의 축소 노즐이 대형 탱크와 연결되어 있다. 탱크의 공기 온도가 20℃이고 절대압력은 580 kPa이면, 탱크로부터 배출되는 질량유량은 얼마인가? 탱크 외부의 절대압력은 102 kPa이다.

E13-30 출구 직경 30 mm의 축소 노즐이 대형 탱크와 연결되어 있다. 탱크내부의 공기 온도가 60℃이고 출구에서는 10℃이면, 탱크 내부의 절대압력과 질량유량은 얼마인가? 탱크 외부의 절대압력은 102 kPa이다.

그림 E13-29/30

E13-31 절대압력 102 kPa의 대기로 라발 노즐을 통해 공기가 배출된다면, 노즐의 확대 부분에서 등엔트로피 초음속 유동이 형성되기 위한 댕크 내에서의 절대압력은 얼마인가? 노즐의 출구 직경은 30 mm이고 노즐목 직경은 20 mm이다.

그림 E13-31

*E13-32 로켓 챔버 내에 절대압력 1.30 MPa 연료혼합물이 있다. 출구와 노즐목의 면적비가 2.5일 때, 출구에서의 마하수를 구하시오. 충분히 확장된 초음속 유동이 발생한다고 가정한다. 연료혼합물의 $k = 1.40$, $R = 286.9$ J/kg · K이고 대기압은 101.3 kPa이다.

그림 E13-32

E13-33 축소 노즐의 출구 직경이 50 mm이다. 이 노즐이 절대압력 180 kPa 및 125℃ 온도의 대형 공기 탱크와 연결되어 있을 때 이 탱크의 질량유량을 구하시오. 외부 공기는 절대압력 101.3 kPa이다.

E13-34 노즐목 직경이 50 mm일 때 최대 가능 질량유량을 구하시오. 저장고 공기의 절대압력은 400 kPa이고 온도는 30℃이다.

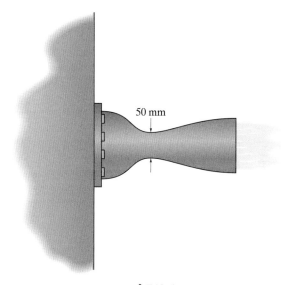

그림 E13-34

E13–35 공기가 파이프 내에서 200 m/s의 속도로 흐른다. 온도가 500 K이고 절대 정체압력이 200 kPa일 때, 마하수와 질량유량은 얼마인가?

*E13–36 공기가 파이프 내에서 200 m/s의 속도로 흐른다. 온도가 400 K이고 절대 정체압력이 280 kPa일 때, 유동의 압력은 얼마인가? 등엔트로피 유동으로 가정하라.

그림 E13–35/36

E13–37 대형 탱크 안에 절대압력 150 kPa, 온도 20°C인 공기가 있다. A 위치에서 5 mm 직경 노즐을 통해 공기가 배출된다. 탱크가 움직이는 것을 방지하기 위한 질량유량과 수평력은 얼마인가? 대기압은 100 kPa이다.

그림 E13–37

E13–38 라발 노즐이 절대압력 102 kPa 대기로 개방되어 있다. 노즐의 확대부분에서 등엔트로피 아음속 유동이 발생하기 위한 공기의 압력을 구하시오. 노즐의 출구 직경은 30 mm이고 노즐목 직경은 20 mm이다.

그림 E13–38

E13–39 노즐에서 공기의 질량유량이 2 kg/s이고 A 지점에서 절대압력과 온도는 각각 650 kPa 및 350 K이다. 노즐의 확대부분에서 등엔트로피 유동이 유지되고 B 지점에서 아음속, 초음속 유동이 되기 위한 B 지점의 압력은 얼마인가? 또한 노즐목 C와 B 지점에서의 마하수는 얼마인가?

*E13–40 노즐에서 공기의 질량유량이 2 kg/s이고 A 지점에서 절대압력과 온도는 각각 650 kPa 및 350 K이다. 노즐의 확대부분에서 등엔트로피 유동이 유지되고 B 지점에서 아음속, 초음속 유동이 되기 위한 B 지점의 온도는 얼마인가?

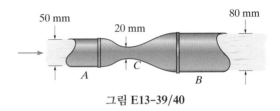

그림 E13–39/40

E13–41 저장고 안의 질소는 온도가 20°C이고 절대압력은 300 kPa이다. 노즐의 질량유량을 구하시오. 대기압력은 100 kPa이다.

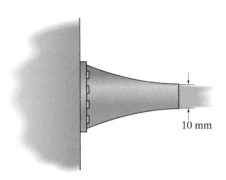

그림 E13–41

E13–42 대형 탱크 안에 700 kPa 절대압력, 400 K 온도의 공기가 저장되어 있다. 축소 노즐의 출구 직경이 40 mm이고 파이프 안의 절대압력이 150 kPa일 때, 탱크에서 파이프로 흐르는 질량유량을 구하시오.

E13–43 대형 탱크 안에 700 kPa 절대압력, 400 K 온도의 공기가 저장되어 있다. 축소 노즐의 출구 직경이 40 mm이고 파이프 안의 절대압력이 400 kPa일 때, 탱크에서 파이프로 흐르는 질량유량을 구하시오.

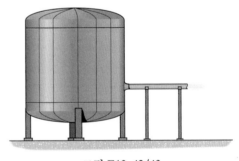

그림 E13–42/43

*E13–44 공기가 $M_A = 0.2$로 노즐 안으로 들어오고 등엔트로피적으로 $M_B = 2$의 속도로 빠져나간다. A 지점에서의 직경이 30 mm일 때, 노즐목과 B 지점에서의 직경을 구하시오. 또한 A 지점에서의 절대압력이 300 kPa일 때, B 지점에서의 정체압력과 압력을 구하시오.

E13–45 공기가 $M_A = 0.2$로 노즐 안으로 들어오고 등엔트로피적으로 $M_B = 2$의 속도로 빠져나간다. A 지점에서의 직경이 30 mm일 때, 노즐목과 B 지점에서의 직경을 구하시오. 또한 A 지점에서의 온도가 300 K일 때, B 지점에서의 정체온도와 온도를 구하시오.

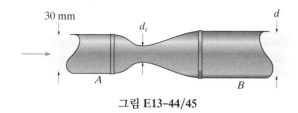

그림 E13-44/45

E13-46 대형 탱크가 절대압력 400 kPa, 20℃ 온도의 공기를 저장하고 있다. 노즐 입구 A 지점에서 압력이 300 kPa인 탱크로부터 유출되는 질량유량을 구하시오.

E13-47 103 kPa 절대압력과 20℃ 온도를 지닌 대기 공기가 A 지점에서 절대압력이 30 kPa인 축소 노즐을 통해 탱크 안으로 유입된다. 유입되는 질량유량을 구하시오.

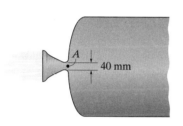

그림 E13-46/47

*E13-48 대형 원통형 탱크가 1200 kPa 절대압력과 45℃ 온도를 갖는 공기를 저장하고 있다. 노즐목의 직경이 20 mm이고 출구 직경이 50 mm이다. 파이프를 통해 등엔트로피 초음속 유동을 형성하기 위한 파이프 안의 절대압력은 얼마인가? 이 유동의 마하수는 얼마인가?

E13-49 대형 원통형 탱크가 1200 kPa 절대압력과 45℃ 온도를 갖는 공기를 저장하고 있다. 노즐목의 직경이 20 mm이고 출구 직경이 50 mm이다. 파이프를 통해 등엔트로피 초음속 유동을 유지하고 노즐에서 초킹되기 위한 파이프 안의 절대압력은 얼마인가? 이 조건의 유동의 속도는 얼마인가?

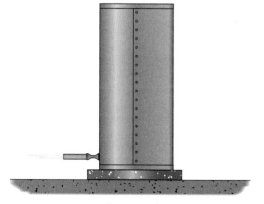

그림 E13-48/49

E13-50 대형 탱크가 420 kPa 절대압력과 20℃ 온도를 갖는 공기를 저장하고 있다. 노즐목의 직경이 20 mm이고 출구 직경이 35 mm이다. 노즐의 확대부분에서 등엔트로피 초음속 유동을 유지하고 노즐에서 초킹되기 위한 파이프 안의 절대온도와 압력은 얼마인가? 또한 파이프 안의 절대압력이 200 kPa이라면 탱크로 유입되는 질량유량은 얼마인가?

E13-51 대형 탱크가 420 kPa 절대압력과 20℃ 온도를 갖는 공기를 저장하고 있다. 노즐목의 직경이 20 mm이고 출구 직경이 35 mm이다. 노즐의 확대부분에서 등엔트로피 초음속 유동을 유지하고 노즐에서 초킹되었을 때 연결된 파이프 안의 절대온도와 압력 및 질량유량은 얼마인가?

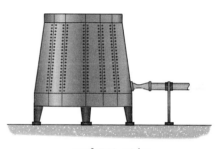

그림 E13-50/51

*E13-52 20℃ 온도 및 102 kPa의 대기 공기가 노즐을 통해 절대 내부압력이 45 kPa인 파이프로 유입되고 있다. 파이프 안으로의 질량유량이 20 g/s일 때 노즐목의 직경은 얼마인가?

E13-53 25℃ 온도 및 101.3 kPa의 대기 공기가 노즐을 통해 절대 내부압력이 80 kPa인 파이프로 유입되고 있다. 노즐목의 직경이 10 mm일 때 파이프 안으로 유입되는 질량유량은 얼마인가?

E13-54 20℃ 온도 및 102 kPa의 대기 공기가 노즐을 통해 절대 내부압력이 60 kPa인 파이프로 유입되고 있다. 노즐목의 직경이 15 mm일 때 파이프 안으로 유입되는 질량유량은 얼마인가?

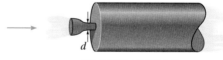

그림 E13-52/53/54

E13-55 질소가 파이프 안에서 흐르고 있다. 정체온도가 10℃이고 정체압력이 1500 kPa, 절대압력이 1250 kPa일 때 질량유량을 구하시오.

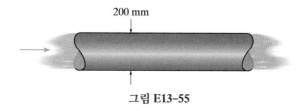

그림 E13-55

*E13–56 대형 탱크가 250 K 온도, 1.20 MPa의 절대압력의 공기를 저장하고 있다. 밸브를 열었을 때 초킹이 발생한다. 바깥 대기압력은 101.3 kPa이다. 탱크로부터의 질량유량을 구하시오. 노즐 출구의 직경은 40 mm이고 노즐목의 직경은 20 mm이다.

E13–57 대형 탱크가 250 K 온도, 150 kPa의 절대압력의 공기를 저장하고 있다. 밸브를 열었을 때 초킹이 발생한다. 바깥 대기압력은 90 kPa이다. 탱크로부터의 질량유량을 구하시오. 등엔트로피 유동으로 가정하라. 노즐 출구의 직경은 40 mm이고 노즐목의 직경은 20 mm이다.

그림 E13–56/57

E13–58 효율적인 운용을 위해 초음속 제트엔진 뒷부분에 축소-확대 노즐이 설치되어 있다. 외부 공기 절대압력은 25 kPa이고 엔진 내부의 절대압력은 400 kPa, 절대온도는 1200 K이다. 질량유량이 15 kg/s이면 노즐 출구의 직경은 얼마이며 노즐목의 직경은 얼마인가? $k = 1.40$이고 $R = 256$ J/kg · K이다.

E13–59 대형 탱크가 680 kPa 절대압력, 85℃ 온도의 공기를 저장하고 있다. 축소 노즐 출구의 직경이 15 mm일 때 탱크에서 유출되는 질량유량은 얼마인가? 표준 대기압은 101.3 kPa이다.

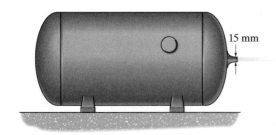

15 mm

그림 E13–59

*E13–60 절대압력 400 kPa의 공기가 파이프 내의 A 지점에서 M = 0.5이다. 노즐목의 직경이 $d_1 = 110$ mm인 부분에서 마하수는 얼마인가? 또한 B 지점에서의 마하수, 절대압력, 압력은 얼마인가?

E13–61 절대압력 400 kPa의 천연가스(메탄)가 파이프 내의 A 지점에서 M = 0.1이다. 노즐목에서 M = 1이 되기 위한 직경은 얼마인가?

또한 노즐목에서의 절대압력, 압력 및 B 지점에서 등엔트로피 유동이 되기 위한 아음속, 초음속 마하수는 얼마인가?

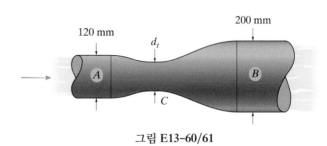

120 mm d_t 200 mm

A   C   B

그림 E13–60/61

13.7–13.8절

E13–62 $T_1 = 270$ K이고 절대압력이 $p_1 = 330$ kPa인 질소가 $M_1 = 0.3$의 속도로 파이프 안을 흐르고 있다. 이것이 100 kJ/kg · m로 가열된다면 2 지점에서 유출되는 질소의 속도와 압력은 얼마인가?

E13–63 $T_1 = 270$ K이고 절대압력이 $p_1 = 330$ kPa인 질소가 $M_1 = 0.3$인 파이프 안을 흐르고 있다. 이것이 100 kJ/kg · m로 가열된다면 1과 2 지점에서의 정체온도는 얼마이고 두 지점 사이의 단위 질량당 엔트로피 변화량은 얼마인가?

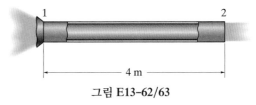

1   2   4 m

그림 E13–62/63

*E13–64 직경 80 mm의 파이프는 평균 마찰계수가 $f = 0.005$이다. 대형 탱크 A의 노즐이 $M_1 = 1.8$, 40℃ 온도, 1050 kPa 절대압력의 파이프 1 지점으로 공기를 이송하고 있다. 질량유량을 구하시오. $L_0 = 5$ m라면, 파이프 내에서 수직 충격파가 형성됨을 보이시오.

E13–65 직경 80 mm의 파이프는 평균 마찰계수가 $f = 0.005$이다. 대형 탱크 A의 노즐이 $M_1 = 1.8$, 40℃ 온도의 파이프 1 지점으로 공기를 이송하고 있다. 질량유량을 구하시오. $L_0 = 3$ m라면, $L = 2$ m에서의 속도와 온도는 얼마인가?

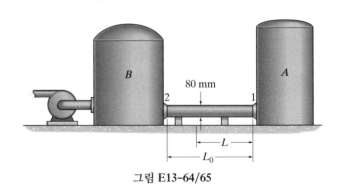

B   80 mm   A

L L_0

그림 E13–64/65

E13-66 대형 저장고의 공기는 300 K의 온도이고 200 kPa의 절대압력이다. 공기가 1과 2 지점 사이로 흐르는 동안 65 kJ/kg의 열량이 가해지고 2 지점에서 초킹이 발생한다면, 1 지점에서의 밀도와 압력은 얼마인가? 2 지점에서의 배압은 $M_1 < 1$을 야기한다.

E13-67 대형 저장고의 공기는 300 K의 온도이고 200 kPa의 절대압력이다. 공기가 1과 2 지점 사이로 흐르는 동안 65 kJ/kg의 열량이 가해지고 2 지점에서 초킹이 발생한다면, 2 지점에서의 온도와 압력은 얼마인가? 2 지점에서의 배압은 $M_1 < 1$을 야기한다.

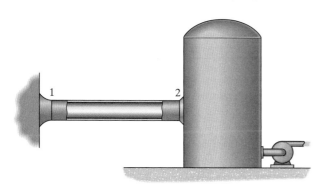

그림 E13-66/67

*E13-68 공기가 $M_1 = 1.85$, $T_1 = 60°C$, 절대압력 $p_1 = 600$ kPa인 파이프 안으로 유입되고 있다. 출구에서 $M_2 = 1.15$의 속도로 유출된다면, 공기에 의해 흡수되거나 빠져나가는 단위 질량당의 열량은 얼마인가?

E13-69 공기가 $M_1 = 1.85$, $T_1 = 60°C$, 절대압력 $p_1 = 600$ kPa인 200 mm 직경 파이프 안으로 유입되고 있다. 출구에서 $M_2 = 1.15$의 속도로 유출된다면, 1과 2 지점에서의 정체온도는 얼마이고, 파이프 안의 일정한 가열로 인한 두 지점 사이의 단위 질량당 엔트로피 변화는 얼마인가?

그림 E13-68/69

E13-70 큰 방 안의 온도가 24°C이고 절대압력은 101 kPa이다. 1 지점의 절대압력이 90 kPa인 200 mm 직경의 덕트로 공기가 유입될 때, 유동이 초킹이 되는 덕트의 임계길이 L_{max}를 구하시오. 또한 2 지점에서의 마하수, 온도, 압력을 구하시오. 평균 마찰계수는 $f = 0.002$로 한다.

E13-71 큰 방 안의 온도가 24°C이고 절대압력은 101 kPa이다. 1 지점의 절대압력이 90 kPa인 200 mm 직경의 덕트로 공기가 유입될 때, 덕트 내의 질량유량과 덕트에 가해지는 마찰력을 구하시오. 또한 유동이 초킹이 되는 덕트의 임계길이 L_{max}를 구하시오. 평균 마찰계수는 $f = 0.002$로 한다.

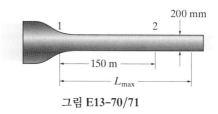

그림 E13-70/71

*E13-72 대형 저장고가 $T = 20°C$의 온도, $p = 300$ kPa 절대압력의 공기를 저장하고 있다. 평균 마찰계수 0.03의 1.5 m 길이, 50 mm 직경의 파이프 안으로 흐른다. 2 지점에서 초킹이 발생된다면, 질량유량 및 1번 입구와 2번 출구에서의 속도, 압력, 온도는 얼마인가?

E13-73 대형 저장고가 $T = 20°C$의 온도, $p = 300$ kPa 절대압력의 공기를 저장하고 있다. 평균 마찰계수 0.03의 1.5 m 길이, 50 mm 직경의 파이프 안으로 흐른다. 2 지점에서 초킹이 발생된다면, 2번 출구에서의 정체온도, 정체압력은 얼마이고, 1번 입구와 2번 출구 사이의 엔트로피 변화는 얼마인가?

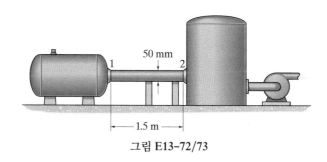

그림 E13-72/73

E13-74 25°C 온도의 바깥 공기가 덕트 안으로 유입되고 덕트를 따라 130 kJ/kg의 열량이 가열된다. 1 지점에서 온도가 $T = 15°C$이고 절대압력은 98 kPa이다. 2 지점에서의 마하수, 온도, 압력은 얼마인가? 마찰은 무시한다.

E13-75 25°C 온도의 바깥 공기가 덕트 안으로 유입되고 덕트를 따라 130 kJ/kg의 열량이 가열된다. 1 지점에서 온도가 $T = 15°C$이고 절대압력은 98 kPa이다. 질량유량은 얼마이고, 1과 2 지점 사이의 내부에너지 변화량은 얼마인가?

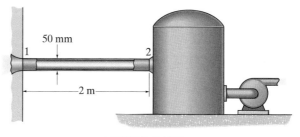

그림 E13-74/75

*E13-76 덕트의 직경이 150 mm이다. 평균 마찰계수가 $f = 0.004$이고 입구속도가 125 m/s, 285 K 온도, 165 kPa의 절대압력으로 공기가 유입될 때, 출구에서의 같은 물성치 값들은 얼마인가?

E13-77 덕트의 직경이 150 mm이다. 평균 마찰계수가 $f = 0.004$이고 입구속도가 125 m/s, 285 K 온도, 165 kPa의 절대압력으로 공기가 유입될 때, 덕트 안에서의 질량유량은 얼마이고 90 m 길이의 덕트에 작용하는 마찰력은 얼마인가?

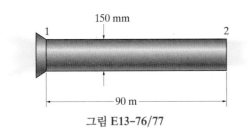

그림 E13-76/77

E13-78 280 K 온도, 320 kPa 압력의 공기가 대형 저장고로부터 덕트 안으로 유입된다. 덕트 안을 흐르는 동안 122 kJ/kg의 열량이 유입된다. 1 지점에서 도달할 수 있는 최고 속도는 얼마인가? 2 지점의 배압은 $M_1 < 1$을 야기한다.

E13-79 450 K 온도, 600 kPa 압력의 공기가 대형 저장고로부터 덕트 안으로 유입된다. 덕트 안을 흐르는 동안 150 kJ/kg의 열량이 유입된다. 2 지점에서 배압이 $M_1 > 1$을 야기하고 유동이 초킹이 되도록 한다면 질량유량은 얼마인가?

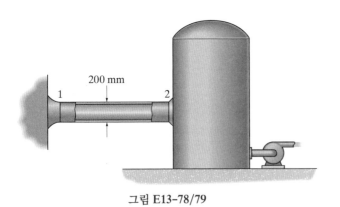

그림 E13-78/79

*E13-80 100 mm 직경의 파이프가 40℃ 온도 및 450 kPa 절대압력의 공기를 저장하는 대형 저장고에 노즐을 통해 연결되어 있다. $L = 5$ m이고 2번 출구 지점에서 배압이 $M_1 > 1$을 야기하고 초킹이 되도록 한다면, 파이프 안의 질량유량은 얼마인가? 파이프 내에서 평균 마찰계수는 0.0085로 가정한다.

E13-81 100 mm 직경의 파이프가 40℃ 온도 및 450 kPa 절대압력의 공기를 저장하는 대형 저장고에 노즐을 통해 연결되어 있다. $L = 5$ m이고 2번 출구 지점에서 배압이 $M_1 < 1$을 야기하고 초킹이 되도록 한다면, 파이프 안의 질량유량은 얼마인가? 파이프 내에서 평균 마찰계수는 0.0085로 가정한다.

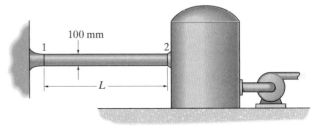

그림 E13-80/81

13.9-13.10절

E13-82 파이프 안에서 정지 충격파가 발생한다. 1 지점 상류에서의 공기는 $p_1 = 80$ kPa 절대압력, $T_1 = 75℃$ 온도, $V_1 = 700$ m/s 속도를 지닌다. 2 지점에서의 압력, 온도, 속도를 구하시오. 또한 1과 2 지점에서의 마하수를 구하시오.

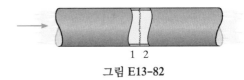

그림 E13-82

E13-83 라발 노즐이 대형 탱크에 연결되어 있다. 탱크 안의 공기가 375 K 온도, 480 kPa 절대압력일 때, 노즐 출구에서 팽창 충격파를 발생시키기 위한 배압의 범위는 얼마인가?

*E13-84 라발 노즐이 대형 탱크에 연결되어 있다. 탱크 안의 공기가 375 K 온도, 480 kPa 절대압력일 때, 노즐 출구에서 경사 충격파를 발생시키기 위한 배압의 범위는 얼마인가?

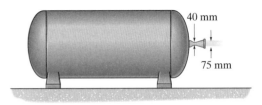

그림 E13-83/84

E13-85 병 형태의 탱크가 900 kPa 절대압력, 20℃ 온도의 0.13 m³의 산소를 저장하고 있다. 출구 노즐의 직경이 15 mm일 때, 노즐이 열렸을 때 절대압력이 300 kPa까지 떨어질 때까지의 필요한 시간을 구하시오. 이 과정 중 탱크 안의 온도가 일정하게 유지되고 대기 절대압력이 101.3 kPa이라고 가정한다.

그림 E13-85

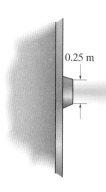

그림 E-88/89

E13-86 노즐의 왼쪽에 대형 탱크가 연결되어 있고 그 안의 공기의 온도가 80°C이고, 절대압력이 630 kPa이다. 배압이 330 kPa일 때, 노즐로부터의 질량유량을 구하시오.

E13-87 노즐의 왼쪽에 대형 탱크가 연결되어 있고 그 안의 공기의 온도가 80°C이고, 절대압력이 630 kPa이다. 등엔트로피 유동이면서 초킹을 발생시키는 배압의 2가지 값을 구하시오. 또한 등엔트로피 유동의 최고 출구속도는 얼마인가?

E13-90 M = 2.3의 속도로 비행하는 제트기의 앞부분에 수직 충격파가 발생한다. 공기의 온도가 −5°C이고 절대압력이 40 kPa일 때, 충격파 전방의 압력과 정체압력을 구하시오.

E13-91 200 mm 직경 파이프 내에 10°C 온도, 100 kPa 절대압력의 공기가 있다. 파이프 안에 충격파가 형성되고 충격파 전방의 속도가 1000 m/s일 때, 충격파 후방의 속도는 얼마인가?

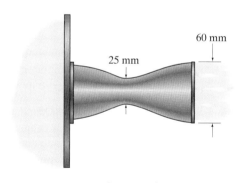

그림 E13-86/87

*E13-88 출구 직경이 0.25 m인 축소 노즐이 있다. 대형 탱크 내의 연료-산화제 혼합체가 4 MPa 절대압력, 1800 K 온도를 지니고, 대기압력이 100 kPa일 때, 노즐로부터의 질량유량은 얼마인가? 혼합체는 $k = 1.38$이고 $R = 296$ J/kg · K이다.

E13-89 출구 직경이 0.25 m인 축소 노즐이 있다. 대형 탱크 내의 연료-산화제 혼합체가 4 MPa 절대압력, 1800 K 온도를 지니고, 배압이 진공일 때, 노즐로부터의 질량유량은 얼마인가? 혼합체는 $k = 1.38$이고 $R = 296$ J/kg · K이다.

*E13-92 절대압력이 50 kPa인 공기 중을 M = 1.3으로 비행하는 제트기가 있다. 직경이 0.6 m 엔진의 입구에 충격파가 형성될 때, 공기의 마하수는 얼마인가? 또한 이곳의 압력과 정체압력은 얼마인가? 엔진 내에서는 등엔트로피 유동으로 가정한다.

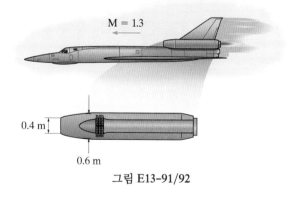

그림 E13-91/92

E13-93 제트 엔진 안에 축소-확대 배기 노즐이 있다. 노즐 입구에서 연료-공기 혼합체의 절대압력이 900 kPa이고 온도가 1850 K이다. 노즐로 유입되는 혼합체의 속도가 125 m/s이고, 등엔트로피 유동으로 비행기를 빠져나갈 때, 노즐목과 출구의 직경은 얼마인가? 입구 직경은 600 mm이다. 외부 절대압력은 102 kPa이다. 혼합체는 $k=1.4$이고 $R=265$ J/kg · K이다.

E13-94 제트 엔진 안에 축소-확대 배기 노즐이 있다. 노즐 입구에서 절대압력이 900 kPa이고 연료-공기 혼합체의 온도가 1850 K이다. 노즐로 유입되는 혼합체의 속도가 125 m/s이고, 등엔트로피 유동으로 비행기를 빠져나갈 때, 노즐목과 출구의 직경은 얼마이고 질량유량은 얼마인가? 입구 직경은 600 mm이다. 외부 절대압력은 50 kPa이다. 혼합체는 $k=1.4$이고 $R=265$ J/kg · K이다.

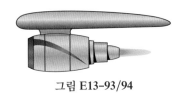

그림 E13-93/94

E13-95 대형 탱크가 275 K의 온도 및 560 kPa의 절대압력의 공기를 노즐에 공급하고 있다. 노즐에서 초크가 발생하기 위한 배압을 구하시오. 출구에서 팽창파가 발생하기 위한 배압의 범위는 얼마인가?

*E13-96 대형 탱크가 275 K 온도 및 560 kPa 절대압력의 공기를 노즐에 공급하고 있다. 노즐에서 초크가 발생하기 위한 배압을 구하시오. 노즐 내에 정지 충격파가 발생하기 위한 배압의 범위는 얼마인가?

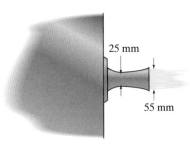

그림 E13-95/96

E13-97 제트기를 대기압 101.3 kPa의 지상에서 실험하고 있다. 연료-공기 혼합체가 300 mm 직경의 노즐입구를 통해 250 m/s 속도, 300 kPa 절대압력, 800 K 온도로 유입되어, 등엔트로피적으로 초음속 유동이 되어 빠져나간다고 할 때, 배기가스의 속도를 구하시오. $k=1.4$이고 $R=249$ J/kg · K이다. 등엔트로피 유동으로 가정하라.

E13- 98 제트기를 대기압 101.3 kPa의 지상에서 실험하고 있다. 연료-공기 혼합체가 300 mm 직경의 노즐입구를 통해 250 m/s 속도, 300 kPa 절대압력, 800 K 온도로 유입되어, 등엔트로피 초음속 유동으로 빠져나간다고 할 때, 노즐목의 직경 d와 출구 직경 d_e를 구하시오. $k=1.4$이고 $R=249$ J/kg · K이다.

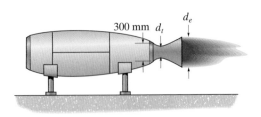

그림 E13-97/98

E13-99 10°C 온도와 60 kPa 절대압력의 공기를 비행하는 제트기 앞에 충격파가 발생한다. 비행기가 M=2.3으로 비행한다면, 충격파 후방의 압력과 온도는 얼마인가?

*E13-100 제트기가 고도 8 km에서 M=2.5의 속도로 비행하고 있다. 엔진 입구에서 충격파가 발생한다면, 충격파 직전과 엔진 내부의 짧은 거리 뒤에서의 정체압력은 얼마인가?

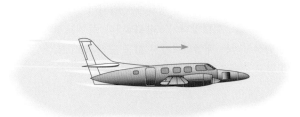

그림 E13-99/100

E13-101 M=2.3으로 비행하는 제트기 전방에 수직 충격파가 발생한다. 공기의 온도가 −5°C이고 절대압력이 40 kPa일 때, 비행기에 대한 공기의 상대 속도와 충격파 전방의 온도를 구하시오.

E13-102 20°C 온도 및 100 kPa 절대압력의 공기가 있는 파이프 안에서 원통형 플러그가 150 m/s의 속도로 발사되었다. 아래의 그림과 같이 충격파가 발생한다. 충격파의 속도 및 플러그에 작용하는 압력을 구하시오.

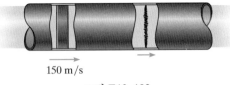

그림 E13-102

E13-103 대형 저장고 A의 공기 절대압력이 450 kPa이다. 노즐 내에 정지 수직 충격파가 발생하기 위한 B 지점의 배압의 범위를 구하시오.

*E13-104 대형 저장고 A의 공기 절대압력이 450 kPa이다. 출구에서 경사 충격파가 발생하기 위한 B 지점의 배압의 범위를 구하시오.

E13-105 대형 저장고 A의 공기 절대압력이 450 kPa이다. 출구에서 팽창파가 발생하기 위한 B 지점의 배압의 범위를 구하시오.

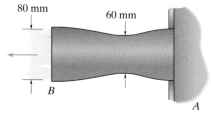

그림 E13-103/104/105

E13-106 노즐 내부에 직경이 100 mm인 C 지점에 충격파가 형성되었다. A 지점에서 $M_A = 3.0$이고 절대압력이 $P_a = 15$ kPa일 때, B 지점에서의 압력을 구하시오.

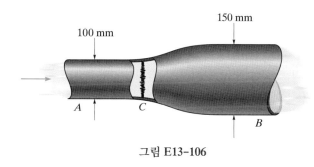

그림 E13-106

E13-107 대형 탱크 A 내부의 공기 절대압력이 500 kPa이고 출구 평면에서 경사 충격파가 발생하기 위한 B 지점에서의 배압의 범위를 구하시오.

*E13-108 대형 탱크 A 내부의 공기 절대압력이 500 kPa이고 노즐의 확대관 부분에서 정지 수직 충격파가 발생하기 위한 B 지점에서의 배압의 범위를 구하시오.

E13-109 대형 탱크 A 내부의 공기 절대압력이 500 kPa이고 출구 평면에서 팽창파가 발생하기 위한 B 지점에서의 배압의 범위를 구하시오.

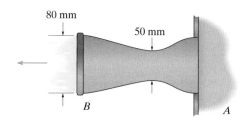

그림 E13-107/108/109

E13-110 20℃ 온도 및 180 kPa 절대압력의 공기가 대형 탱크로부터 노즐 안으로 흐르고 있다. 노즐 직경이 50 mm인 지점에서 충격파가 형성되기 위한 출구의 배압을 구하시오.

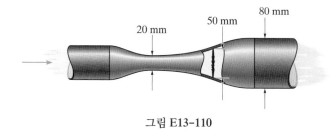

그림 E13-110

13.11~13.12절

E13-111 제트기가 8℃ 온도 및 90 kPa 절대압력의 공기 중을 비행하고 있다. 날개의 앞전이 그림과 같이 쐐기 모양의 형상을 지니고 있다. 비행기가 800 m/s 속도 및 2°의 받음각으로 비행할 때, 앞전에서 형성되는 약한 경사 충격파 오른쪽 또는 날개의 하부 B 지점에서의 압력과 온도를 구하시오.

*E13-112 제트기가 8℃ 온도 및 90 kPa 절대압력의 공기 중을 비행하고 있다. 날개의 앞전이 그림과 같이 쐐기 모양의 형상을 지니고 있다. 비행기가 800 m/s 속도 및 2°의 받음각으로 비행할 때, 앞전에서 형성되는 약한 경사 충격파 오른쪽 또는 날개의 상부 A 지점에서의 압력과 온도를 구하시오.

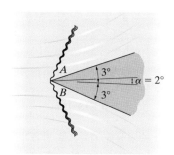

그림 E13-111/112

E13-113 온도가 15℃이고 절대압력이 70 kPa인 풍동 내의 긴 덕트 속을 공기가 700 m/s의 속도로 관통하고 있다. 그림과 같이 터널 내의 날개 앞전이 8°의 쐐기 각도로 나타나 있다. 받음각이 $\alpha = 1.5°$로 주어져 있을 때, 윗면에 작용하는 압력을 구하시오.

E13-114 온도가 15℃이고 절대압력이 70 kPa인 풍동 내의 긴 덕트 속을 공기가 700 m/s의 속도로 관통하고 있다. 그림과 같이 터널 내의 날개 앞전이 8°의 쐐기 각도로 나타나 있다. 받음각이 $\alpha = 1.5°$로 주어져 있을 때, 아랫면에 작용하는 압력을 구하시오.

E13-115 온도가 15℃이고 절대압력이 70 kPa인 풍동 내의 긴 덕트 속을 공기가 700 m/s의 속도로 관통하고 있다. 그림과 같이 터널 내의 날개 앞전이 8°의 쐐기 각도로 나타나 있다. 받음각이 $\alpha = 6.5°$로 주어져 있을 때, 윗면에 작용하는 압력을 구하시오.

*E13-116 온도가 15℃이고 절대압력이 70 kPa인 풍동 내의 긴 덕트 속을 공기가 700 m/s의 속도로 관통하고 있다. 그림과 같이 터널 내의 날개 앞전이 8°의 쐐기 각도로 나타나 있다. 받음각이 $\alpha = 6.5°$로 주어져 있을 때, 아랫면에 작용하는 압력을 구하시오.

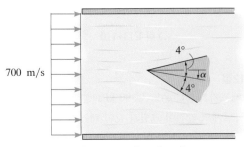

그림 E13-113/114/115/116

E13-117   제트기가 2℃ 온도 및 80 kPa 절대압력의 공기 중을 $M = 2.4$의 속도로 비행하고 있다. 날개의 앞전의 각도가 $\delta = 16°$일 때, 날개에 부착되어 있는 경사 충격파의 오른쪽, 즉 날개 앞의 공기의 속도와 압력, 온도를 구하시오. 날개에 부착되지 않고 앞부분으로부터 떨어져 충격파가 형성되는 각도는 얼마인가?

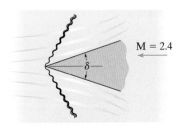

그림 E13-117

E13-118   제트기가 수평선을 기준으로 받음각 15°를 가지고 위쪽으로 상승하고 있다. 비행기는 8℃ 온도 및 90 kPa 절대압력의 공기 중을 700 m/s의 속도로 비행하고 있다. 그림과 같이 날개 앞전이 쐐기 형태일 때, 팽창파의 오른쪽, 즉 윗면에서의 공기의 압력 및 온도는 얼마인가?

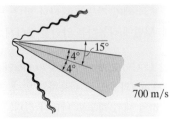

그림 E13-118

E13-119   날개의 앞전이 다음의 그림과 같이 쐐기 형태로 주어져 있다. 비행기가 5℃ 온도 및 60 kPa 절대압력의 공기 중을 900 m/s의 속도로 비행하고 있다면, 날개에 형성되는 약한 경사 충격파의 각도는 얼마인가? 또한 충격파의 오른쪽, 즉 날개 표면에서의 압력과 온도는 얼마인가?

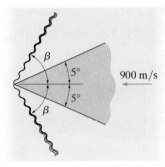

그림 E13-119

*E13-120 25℃ 온도 및 200 kPa 절대압력의 산소가 900 m/s의 속도로 직각 덕트 안에서 흐르고 있다. 그림과 같이 흐름이 꺾여져 흐른다. A 지점에서의 형성되는 약한 경사 충격파의 각도는 얼마인가? 또한 충격파 오른쪽에서의 산소 온도 및 압력은 얼마인가?

E13-121   25℃ 온도 및 200 kPa 절대압력의 산소가 900 m/s의 속도로 직각 덕트 안에서 흐르고 있다. 그림과 같이 흐름이 꺾여져 흐른다. B 지점에서의 형성되는 팽창파 오른쪽에서의 온도 및 압력은 얼마인가?

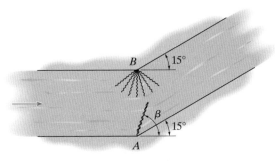

그림 E13-120/121

E13-122   제트기의 날개는 다음 그림과 같이 다이아몬드 형태로 가정될 수 있다. 비행기는 8℃ 온도 및 85 kPa 절대압력의 공기에서 900 m/s의 속도로 수평 비행하고 있다. A 지점에서 형성되는 약한 경사 충격파 오른쪽의 날개 윗면에서와 B 지점에서 형성되는 팽창파 오른쪽의 날개 윗면에서의 압력 값들은 얼마인가?

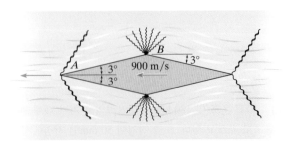

그림 E13-122

13장 복습

이상기체는 이상기체 방정식을 따른다.	$$p = \rho R T$$
열역학 제1법칙에 따르면 시스템의 내부에너지는 시스템에 열이 더해지면 증가하고 시스템이 유동일을 할 때 감소한다.	$$dn = dq - \rho dv$$
엔트로피 ds의 변화는 기체의 상태가 변하는 동안 특정 온도에서 단위 질량 당 전달되는 열에너지를 나타낸다. 열역학 제2법칙에 따르면 엔트로피는 마찰로 인해 항상 증가한다.	$$ds = \frac{dq}{T} > 0$$
압력파는 매질 속에서 최대속도 c, 즉 음속으로 이동한다. 이 과정은 등엔트로피 과정이다. 즉, 열손실과 마찰이 없다(단열 과정, $ds = 0$).	$$c = \sqrt{kRT}$$
압축성 유동은 마하수($M = V/c$)에 의해 분류된다. $M < 1$인 유동은 아음속이고, $M = 1$이면 음속, $M > 1$이면 초음속이다. $V \le 0.3c$이면 비압축성 유동이라고 가정할 수 있다.	
유동이 단열일 경우 정체온도는 동일하게 유지되고, 유동이 등엔트로피 과정일 경우 정체압력과 정체밀도는 같다. 이러한 물성치들은 기체가 정지하는 지점에서 측정이 가능하다.	
유체가 움직이는 동안 측정된 정온도 T, 정압력 p, 정밀도 ρ의 값들은 정체값 T_0, p_0, ρ_0들이 관련된 공식을 통해 얻을 수 있다. 이들은 마하수와 기체의 비열비 k에 따라 정해진다.	
축소관에서 아음속 유동은 속도의 증가와 압력의 감소를 야기하고, 초음속 유동에서는 그와 반대 현상이 일어난다. 즉 속도가 감소하고 압력이 증가한다.	
확대관에서 아음속 유동은 속도의 감소와 압력의 증가를 야기하고, 초음속 유동에서는 그와 반대 현상이 일어난다. 즉 속도가 증가하고 압력이 감소한다.	

라발 노즐에서는 축소부에서는 아음속 유동을 가속하여 노즐목에서 음속이 되게 하고 그 이후 확대부를 통해 계속 가속되어 출구에서는 초음속 유동이 된다.

M = 1일 때 라발 노즐의 목에서 초킹이 발생한다. 이 경우에 확대부 전체에 걸쳐 등엔트로피 유동이 되게 하는 2개의 배압 조건이 존재한다. 하나는 노즐목 하류에서 아음속 유동을 만들고, 다른 하나는 초음속 유동을 만든다.

파노 유동은 단열 과정이기 때문에 파이프의 마찰 효과만 고려한다. M = 1인 기준점 또는 임계점에서의 상태량을 이용하여 임의의 점의 상태량들을 정할 수 있다.

레일리 유동은 파이프를 통해 흐르는 기체에 가열 또는 냉각 효과를 고려한다. M = 1인 기준점 또는 임계점의 상태량을 통해 임의의 점의 상태량들을 정할 수 있다.

충격파는 매우 얇은 두께로 형성되는 비엔트로피 과정이다. 단열 과정이기 때문에 정체온도는 충격파의 양면에서 동일하게 유지된다.

다음 쪽의 표로 정리된 수식들로부터 충격파의 양면에 대한 기체의 마하수, 온도, 압력, 밀도 등 물성치들 상호간의 관계를 정리할 수 있다.

배압이 노즐을 통해 등엔트로피 유동을 생성하지 못하면, 노즐 또는 노즐 출구에서 충격파가 만들어지고, 노즐을 효율적으로 활용하지 못하는 상태가 된다.

표면 위의 속도가 가장 큰 지점에서 경사 충격파가 형성된다. 충격파 양면에서의 온도, 압력, 밀도의 상태량들은 충격파의 수직성분과 접선성분으로 나누어 분석하면 그 값들을 쉽게 결정할 수 있다. 충격파 수직성분은 수직 충격파 학습 시와 같은 분석방법을 이용하고 접선성분은 충격파 전후 모두 같다는 성질을 이용한다.

날카로운 모서리 또는 곡면 위의 압축파는 경사 충격파로 합쳐지거나 또는 팽창파를 생성할 수 있다. 팽창파에 의해 야기되는 유동의 변위각은 프란틀-마이어 팽창 함수를 사용하여 계산할 수 있다.

압축성 유동은 피토관과 피에조미터 또는 벤투리 유량계를 사용하여 측정할 수 있다. 또한 열선풍속계 및 다른 유량계로도 측정이 가능하다.

압축성 유동을 위한 기초식들

$$s_2 - s_1 = c_v \ln \frac{T_2}{T_1} - R \ln \frac{\rho_2}{\rho_1}$$

$$s_2 - s_1 = c_p \ln \frac{T_2}{T_1} - R \ln \frac{p_2}{p_1}$$

엔트로피

$$\frac{p_2}{p_1} = \left(\frac{\rho_2}{\rho_1}\right)^k \qquad \frac{p_2}{p_1} = \left(\frac{T_2}{T_1}\right)^{k/(k-1)}$$

등엔트로피 과정

$$c = \sqrt{kRT} \qquad V = M\sqrt{kRT}$$

음속

$$T_0 = T\left(1 + \frac{k-1}{2}M^2\right)$$

$$p_0 = p\left(1 + \frac{k-1}{2}M^2\right)^{k/(k-1)}$$

$$\rho_0 = \rho\left(1 + \frac{k-1}{2}M^2\right)^{1/(k-1)}$$

정체 상태량들

$$\frac{A}{A^*} = \frac{1}{M}\left[\frac{1 + \frac{1}{2}(k-1)M^2}{\frac{1}{2}(k+1)}\right]^{\frac{k+1}{2(k-1)}}$$

노즐 면적비

$$\frac{fL_{max}}{D} = \frac{1 - M^2}{kM^2} + \frac{k+1}{2k}\ln\left[\frac{[(k+1)/2]M^2}{1 + \frac{1}{2}(k-1)M^2}\right]$$

$$\frac{T}{T^*} = \frac{\frac{1}{2}(k+1)}{1 + \frac{1}{2}(k-1)M^2}$$

$$\frac{p}{p^*} = \frac{1}{M}\left[\frac{\frac{1}{2}(k+1)}{1 + \frac{1}{2}(k-1)M^2}\right]^{1/2}$$

$$\frac{p_0}{p_0^*} = \frac{1}{M}\left[\left(\frac{2}{k+1}\right)\left(1 + \frac{k-1}{2}M^2\right)\right]^{(k+1)/2(k-1)}$$

$$\frac{V}{V^*} = M\left[\frac{\frac{1}{2}(k+1)}{1 + \frac{1}{2}(k-1)M^2}\right]^{1/2}$$

파노 유동

$$\frac{\Delta Q}{\Delta m} = c_p\left[(T_0)_2 - (T_0)_1\right]$$

$$\frac{T}{T^*} = \frac{M^2(1+k)^2}{(1+kM^2)^2} \qquad \frac{p}{p^*} = \frac{1+k}{1+kM^2}$$

$$\frac{p_0}{p_0^*} = \left(\frac{1+k}{1+kM^2}\right)\left[\left(\frac{2}{k+1}\right)\left(1 + \frac{k-1}{2}M^2\right)\right]^{k/(k-1)}$$

$$\frac{T_0}{T_0^*} = \frac{2(k+1)M^2\left(1 + \frac{k-1}{2}M^2\right)}{(1+kM^2)^2}$$

$$\frac{V}{V^*} = \frac{M^2(1+k)}{1+kM^2}$$

레일리 유동

$$\frac{T_2}{T_1} = \frac{1 + \frac{k-1}{2}M_1^2}{1 + \frac{k-1}{2}M_2^2}$$

$$\frac{p_2}{p_1} = \frac{1 + kM_1^2}{1 + kM_2^2}$$

$$\frac{\rho_2}{\rho_1} = \frac{M_1}{M_2}\left[\frac{1 + \frac{k-1}{2}M_2^2}{1 + \frac{k-1}{2}M_1^2}\right]^{1/2}$$

$$\frac{V_2}{V_1} = \frac{M_2}{M_1}\left[\frac{1 + \frac{k-1}{2}M_1^2}{1 + \frac{k-1}{2}M_2^2}\right]^{1/2}$$

$$M_2^2 = \frac{M_1^2 + \frac{2}{k-1}}{\frac{2k}{k-1}M_1^2 - 1} \qquad M_1 > M_2$$

수직 충격파

$$\tan\theta = \frac{2\cot\beta(M_1^2\sin^2\beta - 1)}{M_1^2(k + \cos 2\beta) + 2}$$

경사 충격파

$$\omega = \sqrt{\frac{k+1}{k-1}}\tan^{-1}\left(\sqrt{\frac{k-1}{k+1}(M^2-1)}\right) - \tan^{-1}\left(\sqrt{M^2-1}\right)$$

팽창파

CHAPTER 14

펌프는 화학공정 플랜트나 수처리 플랜트에서 유체를 이송시키는 중요한 역할을 한다.

터보기계

학습목표

- 축류 또는 반경류 펌프 및 터빈이 유체에 에너지를 공급하거나 추출함으로써 어떻게 작동하는지를 이해한다.

- 터보기계의 유동역학, 토크, 동력, 성능에 대해 학습한다.

- 공동현상이 미치는 영향과 이 현상을 어떻게 최소화할 수 있는지를 이해한다.

- 유동 시스템의 요구치를 만족시키는 펌프를 선택하는 방법을 알아본다.

- 터보기계 상사와 관련된 몇 가지 중요한 펌프의 척도법칙을 소개한다.

14.1 터보기계의 종류

터보기계(turbomachine)는 다양한 형태의 펌프와 터빈으로 구성되며, 이는 유체와 기계의 회전익 간에 에너지를 전달한다. 팬, 압축기, 송풍기 등을 포함하는 **펌프**는 유체에 에너지를 공급하는 반면, **터빈**은 에너지를 추출한다. 이러한 터보기계들은 유체가 흐르는 방식으로 분류할 수 있다. 유동의 방향이 축방향과 나란하다면 **축류 기계**(axial-flow machine)라 부른다. 축류 기계의 예로는 제트엔진의 압축기 또는 그림 14-1a와 같은 축류 펌프 등이 있다. **반경류 기계**(radial-flow machine)는 회전익으로 유동을 반경방향으로 형성시킨다. 그림 14-1b와 같은 원심 펌프가 그 예이다. 그림 14-1c의 혼류 펌프와 같은 **혼류형 기계**(mixed-flow machine)는 축방향 유동을 반경류 방향으로 약간 변화시킨다.

이러한 3가지 종류의 터보기계를 주로 **동역학적 유체기계**(dynamic fluid device)라 칭하는데, 이는 유체가 회전익들을 통과하며 동역학적인 상호작용을 하여 유동방향이 변하기 때문이다. 이 장에서 그림 14-1d와 같은 **양변위 펌프**(positive-

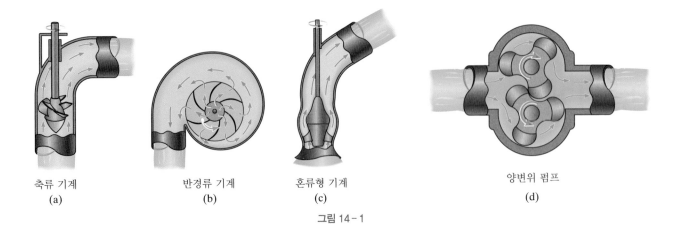

축류 기계
(a)

반경류 기계
(b)

혼류형 기계
(c)

양변위 펌프
(d)

그림 14-1

displacement pump)는 다루지 않을 것이다. 양변위 펌프는 인간의 심장처럼, 챔버가 움직이며 그 안의 유체를 이동시킨다. 양변위 펌프의 예로는 그림 14-1d와 같은 기어 펌프 또는 피스톤과 실린더로 이루어진 펌프 등이 있다. 이러한 장치들은 앞서 설명한 동역학적 유체기계에 비해 훨씬 큰 압력을 만들어낼 수 있긴 하지만 유량은 훨씬 적다.

14.2 축류 펌프

축류 펌프(axial-flow pump)는 많은 유량을 만들어낼 수 있지만 상대적으로 낮은 압력으로 유체를 이동시킨다는 단점이 존재한다. 마치 팬이나 비행기의 프로펠러처럼, 그림 14-2a와 같이 유체가 펌프에 진입하고 나가는 동안 유동의 방향은 축방향과 나란하다. 일련의 고정익과 회전익으로 구성된 **임펠러**(impeller)를 통과하며 유체에 에너지가 공급된다. 임펠러의 후단에는 **고정익**(stator vane)이 존재하는데, 이는 회전익에 의한 와류 생성을 억제하고 유체가 축방향과 나란하게 흐르도록 유지시키는 역할을 한다. 간혹 고정익이 상류 측에 위치한 경우도 있는데, 이는 유동에 초기 와류가 수반될 경우에 해당한다.

축류 펌프가 구동하는 방식을 이해하기 위해, 그림 14-2b와 같은 임펠러의 날을 생각해보자. 임펠러에 의해 유체가 위로 밀어지면서 하류 측의 압력이 감소하여 결과적으로 아래에서 위 방향으로 유동이 생긴다. 그림에서 보인 것과 같이, 유체가 회전익에 V_1의 속도로 접근하여 통과하게 되면 그보다 더 빠른 속도 V_2가 될 것이다. 이 과정의 결과로 생긴 더 높은 운동에너지는 일부분 변환되어 회전익 표면의 압력이 증가하게 하여 유체를 위로 밀게 한다.

원하는 유동을 만들어내기 위한 토크를 구하기 위하여 임펠러의 회전익 앞과 뒤로 원활하게 흐르는 이상유체를 가정한다. 이러한 가정을 바탕으로 그림 14-2a와 같이 임펠러 주변의 유체를 포함한 검사체적을 정하고, 유동과 관련된 유체역학의 기본방정식을 적용할 것이다. 임펠러 주변의 유동이 비정상상태이긴 하지만 임펠러의 회전에 의해 주기적인 성향을 보인다. 임펠러 주변에 위치한 열린 검사

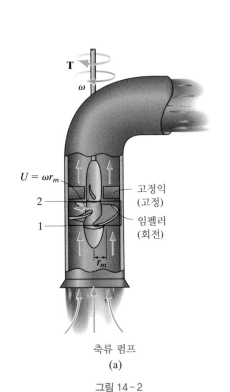

$U = \omega r_m$

고정익
(고정)

임펠러
(회전)

2

1

r_m

축류 펌프
(a)

그림 14-2

표면에 유체가 들어오고 나가므로 이 유동을 평균적으로는 준정상상태라고 볼 수 있다.

연속성 그림 14-2b와 같이 펌프가 축류 유동을 열린 검사표면 1로 끌어들이는 유동은 열린 검사표면 2로 나가는 축류 유동과 동일해야 한다. 이러한 검사표면들이 동일한 면적을 가지고 있으므로 정상유동에서의 연속방정식을 적용하면 다음과 같다.

$$\frac{\partial}{\partial t} \int_{cv} \rho \, dV + \int_{cs} \rho \mathbf{V}_{f/cs} \cdot d\mathbf{A} = 0$$

$$0 - \rho V_{a1} A + \rho V_{a2} A = 0$$

$$V_{a1} = V_{a2} = V_a$$

이 결과로부터 평균 유속의 축방향 성분은 일정하게 유지된다는 것을 알 수 있다.

각운동량 임펠러가 유체에 작용하는 토크 $\mathbf{T}$는 액체가 회전익을 흘러 지나가는 동안 각운동량을 변화하게 만든다. 이때 만약 회전익이 상대적으로 짧다고 가정하면, 1차 근사식을 이용하여 액체의 각운동량을 그림 14-2c의 임펠러 평균 반경 r_m을 통해 정할 수 있다. 식 (6-5)의 각운동량 방정식을 적용한 검사체적의 중심축에 적용하면 다음과 같은 결과를 가진다.

$$\Sigma \mathbf{M} = \frac{\partial}{\partial t} \int_{cv} (\mathbf{r} \times \mathbf{V}) \rho \, dV + \int_{cs} (\mathbf{r} \times \mathbf{V}) \rho \mathbf{V}_{f/cs} \cdot d\mathbf{A}$$

$$= 0 + \int_{cs} (\mathbf{r} \times \mathbf{V}) \rho \mathbf{V}_{f/cs} \cdot d\mathbf{A}$$

모멘트 항 $\mathbf{r} \times \mathbf{V}$를 만드는 $\mathbf{V}$의 성분은 $\mathbf{V}_t$이고, 유동에 기여하는 $\mathbf{V}$의 성분은 $\rho \mathbf{V}_{f/cs} dA$는 $\mathbf{V}_a$이다. 그러므로 T는 다음과 같다.

$$T = \int_{cs} (r_m V_t) \rho V_a \, dA \tag{14-1}$$

이를 구간 1과 구간 2의 검사표면에 대하여 적분하고,[*] $Q = V_a A$ 식을 사용하면 $T = r_m V_{t2} \, \rho Q - r_m V_{t1} \, \rho Q$이고, 이를 정리하면 다음과 같다.

$$\boxed{T = \rho Q r_m (V_{t2} - V_{t1})} \tag{14-2}$$

이를 **오일러의 터보기계 방정식**(Euler turbomachine equation)이라 부른다. 위 식의 오른쪽 항은 질량유량을 나타내며, 이들은 각각 펌프 ρQ와 모멘트 $r_m V_t$로부터 생성되었다.

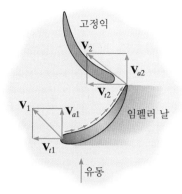

(b)

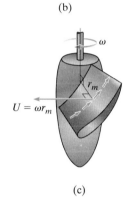

(c)

그림 14-2 (계속)

---

[*] 만약 회전익이 길면 각각의 회전익을 작은 단위로 나누어 좁은 너비 Δr과 평균 반경 r_m을 가지게 함으로써 유체에 가한 토크를 더 근접하게 근사할 수 있다. 이 방법을 사용하여 수치적 적분을 할 수 있다.

동력   펌프에 의해 생성된 동력을 축동력이라 칭하는데, 이는 축동력이 모터에 공급된 전기에너지가 아닌 펌프의 축으로 전달된 동력을 의미하기 때문이다. SI 계에서 동력의 단위는 와트(1 W = 1 N · m/s = 1 J/s)이다. 펌프가 유체에 전달하는 **축동력**(shaft power)은 가해진 토크와 임펠러의 각속도 ω의 곱으로 정의된다. 식 (14-2)를 통해 아래와 같은 식을 구할 수 있다.

$$\dot{W}_{\text{pump}} = T\omega = \rho Q r_m (V_{t2} - V_{t1})\omega \tag{14-3}$$

이 식을 각속도 대신 임펠러의 중간지점에서의 속도로도 나타낼 수 있다. 그림 14-2c와 같이 이 지점에서 회전익의 속도는 $U = \omega r_m$이므로 위 식을 다음과 같이 표현할 수 있다.

$$\dot{W}_{\text{pump}} = \rho Q U (V_{t2} - V_{t1}) \tag{14-4}$$

위의 등식은 생성 토크 또는 유체에 전달되는 에너지 전달률은 펌프의 외형 혹은 임펠러 회전익의 개수 등과 무관하다는 것을 암시한다.[*] 그 대신 생성 토크는 임펠러의 동작과 액체가 임펠러를 통과하는 속도의 접선성분의 영향을 받는다.

유동운동학   각각의 임펠러 회전익의 안팎을 유동이 지나가는 과정을 쉽게 이해하기 위해 **속도 벡터 선도**(velocity kinematic diagram)를 그려보자. 그림 14-3a와 같이 회전익의 중심에서의 속도는 $U = \omega r_m$이며 회전익의 전단과 진입 유동의 상대적인 속도 $(\mathbf{V}_{\text{rel}})_1$은 β_1의 접선각을 가질 것이다. 이 두 속도성분의 합은 유체의 속도 $\mathbf{V}_1$이 되며 각은 α_1이다. α_1과 β_1을 정하는 관례적 규칙에 유의하라. α_1은 $\mathbf{V}_1$과 $+\mathbf{U}$ 사이의 각도인 반면 β_1은 $(\mathbf{V}_{\text{rel}})_1$과 $-\mathbf{U}$ 사이의 각도이다. 벡터합의 평행사변형 법칙에 의해 $\mathbf{V}_1$은 다음과 같다.

$$\mathbf{V}_1 = \mathbf{U} + (\mathbf{V}_{\text{rel}})_1 \tag{14-5}$$

여기서 $\mathbf{V}_1$ 또한 수직성분으로 분해될 수 있으므로 아래와 같다.

$$\mathbf{V}_1 = \mathbf{V}_{t1} + \mathbf{V}_a \tag{14-6}$$

여기서 $V_{t1} = V_a \cot \alpha_1$이다.

펌프가 최적의 성능을 내기 위해서는 그림 14-3b와 같이 적절한 β_1을 설계하여 $\mathbf{V}_1$이 위로 향하도록, 즉 $\alpha_1 = 90°$가 되도록 해야 한다. 이런 경우 임펠러 진입 유동의 방향이 일정하여 $\mathbf{V}_1 = \mathbf{V}_a$가 된다. 더욱 중요한 점은 $V_{t1} = 0$이라는 것인데, 이는 식 (14-4)에서 계산된 동력이 최대임을 뜻한다.

이러한 일련의 과정들은 액체가 임펠러를 통과하는 경우에도 적용된다. 이 경우 그림 14-3c와 같이 임펠러 회전익의 후단과 유동의 상대적인 속도는 $(\mathbf{V}_{\text{rel}})_2$이며 β_2를 향한다. 그러므로 $\mathbf{V}_2$의 성분은 다음과 같다.

$$\mathbf{V}_2 = \mathbf{U} + (\mathbf{V}_{\text{rel}})_2 \tag{14-7}$$

또는

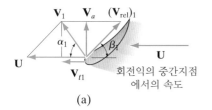

회전익의 중간지점
에서의 속도

(a)

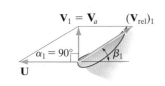

(b)

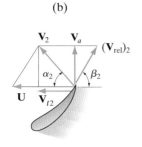

(c)

그림 14-3

---

[*]   너무 많은 회전익은 유동을 제한하고 마찰손실을 증가시켜 좋지 않다.

$$\mathbf{V}_2 = \mathbf{V}_{t2} + \mathbf{V}_a \qquad (14\text{-}8)$$

난류와 마찰에 의한 손실을 줄이기 위해서는 그림 14-3d처럼 회전익의 후단을 통과하는 $\mathbf{V}_2$의 방향이 고정익의 전단 방향과 나란해야 한다.

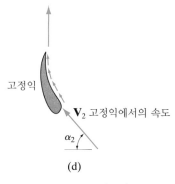

(d)

그림 14-3 (계속)

해석의 절차

아래는 축류 펌프의 회전익을 통과하는 유동을 해석하기 위한 절차를 제시한다.

- 회전익으로 진입하는 유동의 경우, 우선 회전익의 중간지점에서의 속도 $\mathbf{U}$의 방향을 정한다. 이 속력은 $U = \omega r_m$으로 구할 수 있다. 펌프를 지나가는 축류 속도 $\mathbf{V}_a$는 항상 $\mathbf{U}$의 방향과 수직이다. 이 속력은 유동 $Q = V_a A$를 통해 구할 수 있는데, 여기서 A는 회전익 주위로 흐르는 유동의 면적이다. 그림 14-3a와 14-3c에서와 같이, 회전익에 진입하거나 통과하는 유동의 상대 속도 $\mathbf{V}_{rel}$은 $-\mathbf{U}$ 방향에서 측정한 회전익의 설계 각도 β_2와 접한다.
- 어떠한 성분이 주어졌는지에 따라 그림 14-3a와 같이 $+\mathbf{U}$ 방향에서 측정된 유동의 속도 $\mathbf{V}_1$과 각도 α_1을 구한다.
- 회전익의 후단을 통과하는 유동을 해석하는 경우에도 그림 14-3c의 속도 벡터 선도를 따라 동일한 과정을 거친다.
- $\mathbf{U}$, $\mathbf{V}$, $\mathbf{V}_a$, $\mathbf{V}_{rel}$을 찾으면 유속 $\mathbf{V}$를 서로 수직한 두 성분으로 분해하여 접선성분 $\mathbf{V}_t$를 구할 수 있다. 여기서 $\mathbf{V} = \mathbf{V}_a + \mathbf{V}_t$와 $\mathbf{V} = \mathbf{U} + \mathbf{V}_{rel}$이다. 문제에 따라 벡터 분해를 통해 다양한 크기와 각도를 가지는 성분을 구할 수 있다.
- 유속의 접선성분 $\mathbf{V}_{t1}$과 $\mathbf{V}_{t2}$를 구하게 되면 펌프의 요구 토크와 동력은 식 (14-2)와 (14-4)를 통해 찾을 수 있다.

예제 14.1

그림 14-4a의 축류 펌프의 임펠러는 150 rad/s의 각속도로 회전하고 있다. 회전익들의 길이는 50 mm이며 직경 50 mm의 중심축 위에 고정되어 있다. 이 펌프의 출수량이 0.06 m^3/s이고 회전익 전단의 각도가 $\beta_1 = 30°$일 때, 회전익의 전단에서의 물의 속도를 구하시오. 임펠러 내부에서 유동이 흐르는 평균 단면적은 0.02 m^2이다.

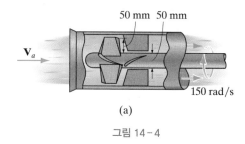

(a)

그림 14-4

풀이

유체 설명 정상유동으로 가정하고 평균 속도를 사용한다.

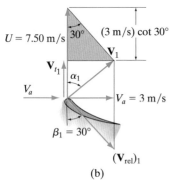

그림 14-4 (계속)

운동학   평균 반경을 사용하여 회전익의 중심에서의 속도를 구한다.

$$U = \omega r_m = (150 \text{ rad/s})\left(\frac{0.05 \text{ m}}{2} + \frac{0.05 \text{ m}}{2}\right) = 7.50 \text{ m/s}$$

또한 유량이 주어졌으므로 회전익의 전단을 통과하는 축류 속도를 구할 수 있다.

$$Q = VA; \qquad 0.06 \text{ m}^3/\text{s} = V_a(0.02 \text{ m}^2)$$

$$V_a = 3 \text{ m/s}$$

물이 회전익의 전단에 접근하는 동안의 속도 벡터 선도가 그림 14-4b에 그려져 있다. 관례적으로 α_1과 β_1이 어떻게 정해지는지 주의하자. 이전에 언급하였듯이 V_1은 $V_1 = V_{t1} + V_a$ 또는 $V_1 = U + (V_{rel})_1$ 두 방식으로 벡터 분해가 가능하다.

풀이 1

삼각법을 이용하여 V_1을 구해보자.

$$V_{t1} = 7.50 \text{ m/s} - (3 \text{ m/s}) \cot 30° = 2.304 \text{ m/s}$$

$$\tan \alpha_1 = \frac{3 \text{ m/s}}{2.304 \text{ m/s}}, \quad \alpha_1 = 52.48°$$

$$3 \text{ m/s} = V_1 \sin 52.48°$$

$$V_1 = 3.78 \text{ m/s} \qquad\qquad\qquad Ans.$$

풀이 2

V_1을 구하는 다른 방법은 삼각함수를 이용하는 것이다.

$$\tan 30° = \frac{3 \text{ m/s}}{7.50 \text{ m/s} - V_{t1}}$$

$$V_{t1} = 2.304 \text{ m/s}$$

따라서 V_1은 다음과 같다.

$$V_1 = \sqrt{(V_a)^2 + (V_{t1})^2}$$

$$= \sqrt{(3 \text{ m/s})^2 + (2.304 \text{ m/s})^2} = 3.78 \text{ m/s} \qquad Ans.$$

풀이 3

직교 벡터를 통해서도 V_1를 구할 수 있다.

$$V_1 = V_a + V_{t1} = 3\mathbf{i} + V_{t1}\mathbf{j}$$
$$V_1 = U + (V_{rel})_1 = (V_{rel})_1 \sin 30°\mathbf{i} + [7.50 - (V_{rel})_1 \cos 30°]\mathbf{j} \qquad (1)$$

위 등식들을 합치고 좌변과 우변의 $\mathbf{i}$, $\mathbf{j}$가 일치하도록 하면

$$3 = (V_{rel})_1 \sin 30°$$
$$V_{t1} = 7.50 - (V_{rel})_1 \cos 30°$$

이를 풀면 $(V_{rel})_1 = 6$ m/s이고 $V_{t1} = 2.304$ m/s이다. 따라서 식 (1)에 의해

$$V_1 = \sqrt{(3 \text{ m/s})^2 + (2.304 \text{ m/s})^2} = 3.78 \text{ m/s} \qquad Ans.$$

예제 14.2

그림 14-5a의 축류 펌프의 임펠러 회전익은 1000 rev/min의 각속도로 회전하고 있다. 펌프의 요구 유량이 0.2 m^3/s일 때 최적의 효율을 내도록 하는 회전익 전단의 각도 β_1을 구하시오. 또한 β_2가 70°일 때, 축을 회전시키기 위한 평균 토크와 펌프의 평균 동력을 구하시오. 펌프 내 임펠러 주위로 흐르는 단면적은 0.03 m^2이다.

풀이

유체 설명 펌프 내 유동을 정상유동으로 가정하고 평균 속도를 사용한다. $\rho = 1000$ kg/m^3이다.

운동학 회전익의 중심에서의 속도는 다음과 같다

$$U = \omega r_m = \left(\frac{1000 \text{ rev}}{\text{min}}\right)\left(\frac{1 \text{ min}}{60 \text{ s}}\right)\left(\frac{2\pi \text{ rad}}{1 \text{ rev}}\right)(0.125 \text{ m})$$
$$= 13.09 \text{ m/s}$$

따라서 임펠러를 통과하는 축류 유동의 속도는 다음과 같다.

$$Q = V_a A; \qquad 0.2 \text{ m}^3/\text{s} = V_a(0.03 \text{ m}^2); \qquad V_a = 6.667 \text{ m/s}$$

가장 효율적인 구동을 위해선 $\alpha_1 = 90°$로 설계하여 $V_{t1} = 0$이 되도록 해야 한다. 따라서 회전익의 전단에 접근하는 물의 속도는 $V_1 = V_a = 6.667$ m/s이다. 그림 14-5b로부터 삼각함수를 활용하면 β_1을 구할 수 있다.

$$\tan \beta_1 = \frac{6.667 \text{ m/s}}{13.09 \text{ m/s}}$$
$$\beta_1 = 27.0° \qquad \qquad Ans.$$

그림 14-5c와 같이 회전익의 후단에서의 접선 속도 V_{t2}를 구하는 방법은 아래와 같다.

$$V_{t2} = 13.09 \text{ m/s} - (6.667 \text{ m/s}) \cot 70° = 10.664 \text{ m/s}$$

토크와 동력 속도의 접선성분을 구했으므로 식 (14-2)를 적용하여 토크를 계산할 수 있다.

$$T = \rho Q r_m (V_{t2} - V_{t1})$$
$$= (1000 \text{ kg/m}^3)(0.2 \text{ m}^3/\text{s})(0.125 \text{ m})(10.664 \text{ m/s} - 0)$$
$$= 267 \text{ N} \cdot \text{m} \qquad \qquad Ans.$$

식 (14-4)로부터 펌프가 물에 공급한 동력 또한 계산할 수 있다.

$$\dot{W}_{\text{pump}} = \rho Q U (V_{t2} - V_{t1})$$
$$= (1000 \text{ kg/m}^3)(0.2 \text{ m}^3/\text{s})(13.09 \text{ m/s})(10.664 \text{ m/s} - 0)$$
$$= 27.9 \text{ kW} \qquad \qquad Ans.$$

참고: 그림 14-5b에서 $\alpha_1 < 90°$라면 이전 예제처럼 V_1에 접선성분 V_{t1}이 생겨 동력손실을 야기할 것이다.

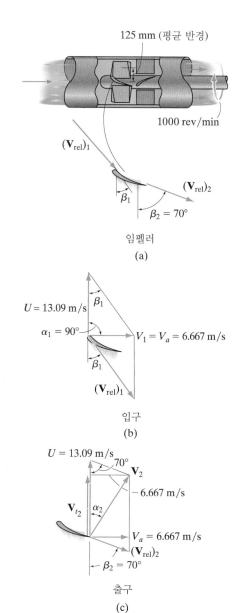

125 mm (평균 반경)

1000 rev/min

$(\mathbf{V}_{\text{rel}})_1$

$(\mathbf{V}_{\text{rel}})_2$

β_1

$\beta_2 = 70°$

임펠러
(a)

$U = 13.09$ m/s

β_1

$\alpha_1 = 90°$

$V_1 = V_a = 6.667$ m/s

β_1

$(\mathbf{V}_{\text{rel}})_1$

입구
(b)

$U = 13.09$ m/s

70°

$\mathbf{V}_2$

6.667 m/s

$\mathbf{V}_{t2}$

α_2

$V_a = 6.667$ m/s

$(\mathbf{V}_{\text{rel}})_2$

$\beta_2 = 70°$

출구
(c)

그림 14-5

이 리프 불도저는 반경류 펌프로써 작동된다. 축방향 입구를 통해 모아진 공기는 케이싱의 벌류트 형상을 따라 오른쪽의 파이프로 배출됨을 주목하라.

14.3 반경류 펌프

산업계에서 가장 흔한 종류의 펌프는 아마도 **반경류 펌프**(radial-flow pump)일 것이다. 축류 펌프와 비교하여 더 낮은 속도로 구동하며 더 적은 유량을 만들지만 반대로 만들어내는 압력은 더 높다. 반경류 펌프는 진입 유동이 임펠러의 축방향과 나란하며 그림 14-6a와 같이 임펠러를 통과하며 반경방향으로 흐름을 바꾸도록 설계되었다. 이 과정을 더 쉽게 이해하기 위해 그림 14-6b의 임펠러를 살펴보자. 임펠러의 회전으로 인해 주변의 유동은 가장자리 방향으로 밀쳐지게 된다. 이 과정은 축류 펌프와 유사하게 임펠러 주변의 압력을 낮추어 진입 유동을 더욱 끌어들인다. 유체가 빠르게 임펠러 위를 통과한 뒤, 그림 14-6a의 안내 날개를 따라 흐르며 펌프 케이싱의 가장자리에 모인다. 이러한 방식으로 유동이 흐르기 때문에 반경류 펌프를 **원심 펌프**(centrifugal pump) 혹은 **벌류트 펌프**(volute pump)라고도 부른다.

운동학 임펠러 주변 유동의 운동학은 14.2절의 축류 펌프 해석과정과 비슷한 방식으로 해석이 가능하다.

그림 14-6c는 전형적인 회전익으로서 전단의 속도는 $U_1 = \omega r_1$이고 후단에서의 속도는 $U_2 = \omega r_2$이다. 회전익의 전단과 후단의 각도 β가 $-\mathbf{U}$와 상대 속도 $\mathbf{V}_{rel}$ 사

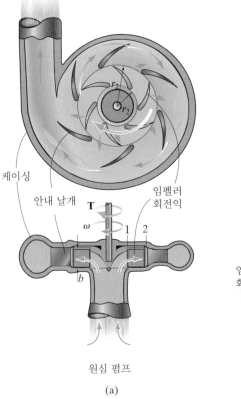

케이싱

안내 날개 $\mathbf{T}$ 1 2

ω

b

원심 펌프

(a)

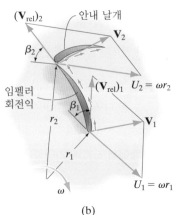

$(\mathbf{V}_{rel})_2$ 안내 날개

β_2 $\mathbf{V}_2$

임펠러
회전익

$(\mathbf{V}_{rel})_1$ $U_2 = \omega r_2$

r_2 β_1 $\mathbf{V}_1$

r_1

ω $U_1 = \omega r_1$

(b)

그림 14-6

이, 그리고 각도 α가 $+\mathbf{U}$와 $\mathbf{V}$ 사이의 각도임을 유의하자. 식 (14-5), (14-6)과 비슷하게 유체의 절대 속도 $\mathbf{V}$는 2가지 성분 $\mathbf{V} = \mathbf{U} + \mathbf{V}_{rel}$로 혹은 접선과 반경방향 성분 $\mathbf{V} = \mathbf{V}_t + \mathbf{V}_r$로 분해가 가능하다.

유동과 토크를 관련짓기 위해 마찰저항을 무시하고 비압축성 유체가 일정한 너비 b를 가진 임펠러의 회전익 주위를 원활하게 흐른다고 가정한다. 그림 14-6a에서와 같이 검사체적은 임펠러 내부의 유체를 포함한다.

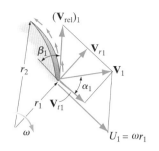

날개로 들어오는 유동

연속성 열린 검사표면 1과 2를 통한 정상유동이 반경방향으로 발생하므로 이러한 면에 적용하는 연속방정식은 다음과 같다.

$$\frac{\partial}{\partial t}\int_{cv}\rho\,dV + \int_{cs}\rho\mathbf{V}_{f/cs}\cdot d\mathbf{A} = 0$$

$$0 - \rho V_{r1}(2\pi r_1 b) + \rho V_{r2}(2\pi r_2 b) = 0$$

$$V_{r1}r_1 = V_{r2}r_2 \tag{14-9}$$

이때 $r_2 > r_1$이므로 속도의 반경방향 성분은 $V_{r2} < V_{r1}$이다.

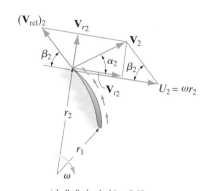

날개에서 나가는 유동

(c)

그림 14-6 (계속)

각운동량 임펠러의 회전축에 작용하는 토크와 유체의 각운동량은 각운동량 방정식을 활용하여 연관 지을 수 있다.

$$\Sigma\mathbf{M} = \frac{\partial}{\partial t}\int_{cv}(\mathbf{r}\times\mathbf{V})\rho\,dV + \int_{cv}(\mathbf{r}\times\mathbf{V})\rho\mathbf{V}_{f/cs}\cdot d\mathbf{A}$$

$\mathbf{r}\times\mathbf{V}$에서 모멘트를 생성하는 $\mathbf{V}$의 성분은 $\mathbf{V}_t$이며, 유동 $\rho\mathbf{V}_{f/cs}\cdot d\mathbf{A}$에 영향을 주는 성분은 $\mathbf{V}_r$이다.

$$T = 0 + r_1 V_{t1}[-\rho(V_{r1})(2\pi r_1 b)] + r_2 V_{t2}[\rho(V_{r2})(2\pi r_2 b)]$$

$$= \rho(V_{r2})(2\pi r_2 b)r_2 V_{t2} - \rho(V_{r1})(2\pi r_1 b)r_1 V_{t1} \tag{14-10}$$

이때 $Q = V_{r1}(2\pi r_1 b) = V_{r2}(2\pi r_2 b)$이므로 위의 결과를 아래와 같이 표현할 수 있다.

$$T = \rho Q(r_2 V_{t2} - r_1 V_{t1}) \tag{14-11}$$

그림 14-6c의 임펠러 운동학으로부터, r에 관계없이 $V_t = V_r\cot\alpha$임을 알 수 있다. 따라서 회전축에 작용하는 토크도 V_r과 α로 표현이 가능하다.

$$\boxed{T = \rho Q(r_2 V_{r2}\cot\alpha_2 - r_1 V_{r1}\cot\alpha_1)} \tag{14-12}$$

동력 식 (14-12)를 활용하여 유체에 전달된 동력을 임펠러 회전익의 전단과 후단의 속도로 표현이 가능하다. 이때 $U_1 = \omega r_1$이고 $U_2 = \omega r_2$이므로 아래 식으로 나타낼 수 있다.

$$\dot{W}_{pump} = T\omega = \rho Q(U_2 V_{r2}\cot\alpha_2 - U_1 V_{r1}\cot\alpha_1) \tag{14-13}$$

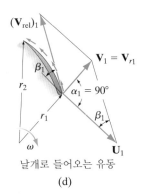

날개로 들어오는 유동
(d)

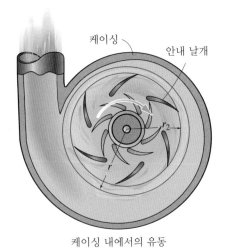

케이싱 내에서의 유동
(e)

그림 14-6 (계속)

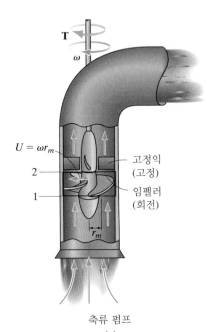

축류 펌프
(a)

그림 14-2 (반복)

축류 펌프에서의 경우와 유사하게 반경류 펌프 또한 회전익의 각도 β_1을 적절히 조절하여 유속 $V_1 = U_1 + (V_{rel})_1$이 오직 반경방향으로만 향하도록 설계되는 경우가 잦다. 그림 14-6d에서와 같이 이는 $\alpha_1 = 90°$, 즉 유속의 접선성분 $V_{t1} = 0$을 만족하는 것을 요구한다. 이 경우 식 (14-13)에서 $\cot 90° = 0$이므로 마지막 항이 소거되어 최대 동력을 생성해낼 수 있다.

식 (14-13)을 유속의 접선성분으로도 나타낼 수 있다. 그림 14-6c와 같이 주로 $V_t = V_r \cot \alpha$를 만족하므로 동력을 아래와 같이 표현할 수 있다.

$$\dot{W}_{pump} = \rho Q (U_2 V_{t2} - U_1 V_{t1}) \tag{14-14}$$

케이싱 내에서의 유동   케이싱 내의 유동 정보는 그림 14-6e와 같이 안내 날개의 후단 r_2부터 임의의 반경 r까지 열린 표면으로 구성된 검사체적 내의 유체에 각운동량 방정식을 적용해서 얻을 수 있다. 케이싱 내에서의 액체는 자유유동이다. 유체에 작용하는 토크가 없어 $T = 0$이므로 식 (14-11)은 아래와 같이 표현이 가능하다.

$$0 = rV_t - r_2 V_{t2}$$

또는

$$V_t = \frac{r_2 V_{t2}}{r} = \frac{\text{상수}}{r}$$

이는 7.10절에서 언급한 **자유와류유동**(free-vortex flow)이다. 이러한 유동이 안내 날개를 통과한 뒤 가장자리에 축적되므로 케이싱이 나선형 혹은 벌류트 형상을 가져야 한다. 이러한 이유로 반경류 펌프를 '벌류트 펌프'라 부른다.

14.4 펌프의 이상적인 성능

펌프의 성능은 유체가 임펠러 주위로 흐르는 동안의 에너지 평형을 통해 알 수 있다. 예를 들어 그림 14-2a의 축류 펌프의 경우, 열린 검사표면을 통과하는 비압축성 정상유동을 가정하고 마찰손실을 무시한다면, 즉 $h_L = 0$이면, 식 (5-14)의 에너지 방정식을 열린 검사표면 1(in)과 2(out)에 적용한 결과는 다음과 같다.

$$\frac{p_{in}}{\gamma} + \frac{V_{in}^2}{2g} + z_{in} + h_{pump} = \frac{p_{out}}{\gamma} + \frac{V_{out}^2}{2g} + z_{out} + h_{turbine} + h_L$$

$$h_{pump} = \left(\frac{p_{out}}{\gamma} + \frac{V_{out}^2}{2g} + z_{out} \right) - \left(\frac{p_{in}}{\gamma} + \frac{V_{in}^2}{2g} + z_{in} \right)$$

마찰손실을 무시하기 때문에 이를 **이상적인 펌프 수두**(ideal pump head)라 부른다. 이 식은 유체의 총 수두 변화를 의미하며 축류와 반경류 펌프에 모두 적용이 가능하다. 식 (5-17)을 활용하여 계산한 펌프에 의해 생산되는 이상적인 동력은 다음과 같다.

$$\dot{W}_{\text{pump}} = Q\gamma h_{\text{pump}} \qquad (14\text{-}15)$$

h_{pump}는 펌프의 구동으로 인한 유체의 추가적인 수두 변화를 의미하므로 이 값을 찾는 것은 매우 중요하다.

수두손실과 효율   이상적인 수두 펌프를 임펠러의 접선성분 속도로 나타내면 식 (14-4)로는 축류 펌프, 식 (14-14)로는 반경류 펌프의 h_{pump}를 구할 수 있다.

$$h_{\text{pump}} = \frac{U(V_{t2} - V_{t1})}{g} \qquad (14\text{-}16)$$
축류 펌프

$$h_{\text{pump}} = \frac{U_2 V_{t2} - U_1 V_{t1}}{g} \qquad (14\text{-}17)$$
반경류 펌프

펌프 내의 기계적인 수두손실 h_L로 인해 펌프에 의한 실제 수두 $(h_{\text{pump}})_{\text{act}}$는 이상적인 성능보다는 낮을 것이다. 이러한 손실은 축 베어링의 마찰, 펌프 케이싱과 임펠러 내부에서의 유체 마찰, 그리고 임펠러 주변 와류로 인한 추가적인 유동손실 등에 기인한다. 따라서 수두손실을 다음과 같이 표현할 수 있다.

$$h_L = h_{\text{pump}} - (h_{\text{pump}})_{\text{act}}$$

수력 효율(hydraulic efficiency) 또는 **펌프 효율**(pump efficiency)을 나타내는 η_{pump}는 펌프에 의한 실제 수두와 이상적인 수두 사이의 비율이며 다음과 같이 표현한다.

$$\eta_{\text{pump}} = \frac{(h_{\text{pump}})_{\text{act}}}{h_{\text{pump}}} (100\%) \qquad (14\text{-}18)$$

성능 – 유량 곡선 — 반경류 펌프   앞서 언급하였듯이 일반적인 반경류 펌프들은 적절한 임펠러 설계를 통해 그림 14-7d와 같이 초기 와류의 생성을 억제하여 $\alpha_1 = 90°$와 $V_{t1} = 0$이 되도록 한다. 또한 이런 경우 그림 14-7e와 같이 회전익의 후단에서의 V_{t2}와 V_{r2} 사이의 관계를 $V_{t2} = U_2 - V_{r2} \cot \beta_2$로 나타낼 수 있다. 따라서 이상적인 수두는 다음과 같다.

$$h_{\text{pump}} = \frac{U_2 V_{t2} - U_1 V_{t1}}{g} = \frac{U_2(U_2 - V_{r2} \cot \beta_2)}{g}$$

회전익의 폭이 b일 때 $Q = V_r A = V_{r2}(2\pi r_2 b)$이므로 다음과 같이 표현이 가능하다.

$$h_{\text{pump}} = \frac{U_2^2}{g} - \frac{U_2 Q \cot \beta_2}{2\pi r_2 bg} \qquad (14\text{-}19)$$
($\alpha_1 = 90°$)

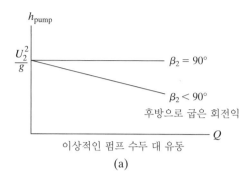

이상적인 펌프 수두 대 유동
(a)

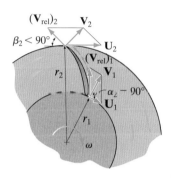

$\beta_2 < 90°$
(b)

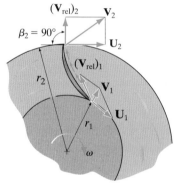

$\beta_2 = 90°$
(c)

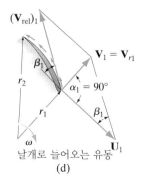

날개로 늘어오는 유동
(d)

그림 14-7

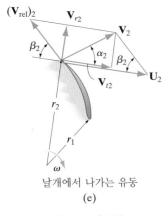

날개에서 나가는 유동
(e)

그림 14-7 (계속)

그림 14-7a에는 위 방정식의 그래프가 그려져 있으며, 그림 14-7b, 즉 $\beta_2 < 90°$인 경우와 그림 14-7c, 즉 $\beta_2 = 90°$인 경우의 정보가 포함되어 있다. 그래프에서 $\beta_2 < 90°$, 즉 일반적인 임펠러처럼 회전익이 후방으로 굽은 형상일 경우, 유량 Q가 증가함에 따라 펌프 수두가 감소하는 것을 주목하라. 만약 $\beta_2 = 90°$라면 회전익의 후단이 반경방향과 일치하며 $\cot 90° = 0$이므로 h_{pump}가 유동 Q에 의존하지 않게 된다. 이 경우 $h_{pump} = U_2^2/g$이다. 공학자들은 $\beta_2 > 90°$, 즉 전방으로 굽은 형태의 반경류 펌프를 설계하지 않는데, 이는 유동이 불안정하고 펌프가 **서지 현상**(surge)을 야기하는 원인이 되기 때문이다. 서지 현상이란 작동점을 찾기 위해 임펠러가 앞뒤로 요동치며 케이싱 내부의 급속한 압력 변화를 일으키는 현상을 말한다.

요점정리

- 연속방정식에 따라 축류 펌프를 통과하는 유동의 속도는 축방향에 나란하며 일정하게 유지돼야 한다. 반대로 반경류 펌프의 경우 유동이 반경방향으로 흐르며 이와 나란한 성분의 유속이 감소해야 한다.
- 축류와 반경류 펌프의 회전익 각도는 동일한 방식으로 정의되어 있다. α는 임펠러의 전단 혹은 후단을 지나는 유동의 속도 $\mathbf{V}$와 $+\mathbf{U}$ 사이의 각도이며, β는 임펠러의 전단 혹은 후단을 지나는 유동의 상대 속도 $\mathbf{V}_{rel}$와 $-\mathbf{U}$ 사이의 각도이다.
- 축류와 반경류 펌프에 의해 생성되는 토크와 동력은 회전익의 동작과 회전익의 전단와 후단을 지나는 유동의 **접선방향 성분**으로부터 영향을 받는다.
- 축류와 반경류 펌프는 주로 회전익에 접근하는 유동이 오직 축류 방향 또는 반경류 방향으로만 흐르도록 설계된다. 즉 $\alpha_1 = 90°$이므로 $V_{t1} = 0$이 된다.
- 축류와 반경류 펌프의 성능은 유동이 임펠러 주위로 흐르며 생기는 에너지 상승, 즉 수두 h_{pump} 상승을 통해 측정한다. 이 수두는 회전익의 중간지점에서의 속도 U와 유동이 임펠러에 접근할 때와 통과할 때의 유속의 접선성분 V_t의 변화에 영향을 받는다.
- 축류와 반경류 펌프의 효율은 실제 펌프 수두와 이상적인 펌프 수두 사이의 비율로써 나타낸다.

예제 14.3

예제 14.2의 축류 펌프에서 펌프의 마찰 수두손실이 2.8 m라고 가정할 때, 이 펌프의 수력 효율을 구하시오.

풀이

유체 설명 펌프 내부의 유동이 비압축성 정상유동임을 가정한다.

펌프 수두 예제 14.2의 결과와 식 (14-16)을 활용하여 이상적인 펌프 수두를 계산할 수 있다.

$$h_{pump} = \frac{U(V_{t2} - V_{t1})}{g} = \frac{13.09 \text{ m/s} (10.664 \text{ m/s} - 0)}{9.81 \text{ m/s}^2} = 14.23 \text{ m}$$

따라서 실제 펌프 수두는 다음과 같다.

$$(h_{pump})_{act} = (h_{pump}) - h_L = 14.23 \text{ m} - 2.8 \text{ m} = 11.43 \text{ m}$$

수력 효율 식 (14-18)을 적용하면 다음과 같다.

$$\eta_{pump} = \frac{(h_{pump})_{act}}{h_{pump}}(100\%) = \frac{11.43 \text{ m}}{14.23 \text{ m}}(100\%) = 80.3\% \qquad Ans.$$

예제 14.4

그림 14-8a의 반경류 펌프 임펠러의 회전익은 입구 반경 50 mm와 출구 반경 150 mm를 가지며 폭은 30 mm이다. 만약 회전익의 각도가 $\beta_1 = 20°$와 $\beta_2 = 10°$라고 가정했을 때, 펌프의 유량과 임펠러가 400 rev/min의 속도로 회전할 때의 실제 펌프 수두를 구하시오. 각 β_1은 유동이 임펠러를 지나 반경방향으로 흐르게 해준다. 펌프의 마찰 수두손실은 0.8 m이다.

풀이

유체 설명 비압축성 정상유동을 가정하며 평균 속도를 사용한다.

운동학 유량을 구하기 위해서 우선적으로 회전익 주위로 흐르는 유체의 속도를 찾아야 한다. 임펠러 회전익의 입구와 출구에서의 속도 또한 필요하다.

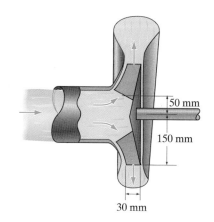

$$U_1 = \omega r_1 = \left(\frac{400 \text{ rev}}{\text{min}}\right)\left(\frac{1 \text{ min}}{60 \text{ s}}\right)\left(\frac{2\pi \text{ rad}}{1 \text{ rev}}\right)(0.05 \text{ m}) = 2.094 \text{ m/s}$$

$$U_2 = \omega r_2 = \left(\frac{400 \text{ rev}}{\text{min}}\right)\left(\frac{1 \text{ min}}{60 \text{ s}}\right)\left(\frac{2\pi \text{ rad}}{1 \text{ rev}}\right)(0.150 \text{ m}) = 6.283 \text{ m/s}$$

임펠러 주위 유동의 속도 벡터 선도가 그림 14-8b에 있다. $\mathbf{V}_1$이 반경방향이므로($\alpha_1 = 90°$) 다음과 같이 표현이 가능하다.

$$V_1 = V_{r1} = U_1 \tan \beta_1$$
$$= (2.094 \text{ m/s}) \tan 20° = 0.7623 \text{ m/s}$$

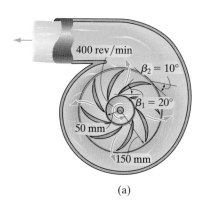

400 rev/min

유동 펌프로 들어오고 나가는 유량은 다음과 같다.

$$Q = V_1 A_1 = V_1(2\pi r_1 b_1)$$
$$= (0.7623 \text{ m/s})[2\pi(0.05 \text{ m})(0.03 \text{ m})]$$
$$= 0.007184 \text{ m}^3/\text{s}$$
$$= 0.00718 \text{ m}^3/\text{s} \qquad Ans.$$

(a)

수두 효율 이상적인 펌프 수두는 다음과 같다.

$$h_{pump} = \frac{U_2^2}{g} - \frac{U_2 Q \cot \beta_2}{2\pi r_2 b g}$$
$$= \frac{(6.283 \text{ m/s})^2}{9.81 \text{ m/s}^2} - \frac{(6.283 \text{ m/s})(0.007184 \text{ m}^3/\text{s}) \cot 10°}{2\pi(0.150 \text{ m})(0.03 \text{ m})(9.81 \text{ m/s}^2)}$$
$$= 3.10 \text{ m}$$

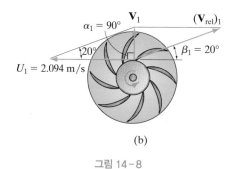

(b)

그림 14-8

따라서 실제 펌프 수두는 다음과 같다.

$$(h_{pump})_{act} = h_{pump} - h_L$$
$$= 3.10 \text{ m} - 0.8 \text{ m} = 2.30 \text{ m} \qquad Ans.$$

예제 14.5

그림 14-9의 반경류 물 펌프 임펠러의 외부 반경은 200 mm이며, 평균 폭 50 mm에 회전익의 후단 각도는 $\beta_2 = 20°$이다. 회전익이 100 rad/s의 각속도로 회전하며 전단에서의 유동방향이 반경방향일 때, 펌프의 이상적인 동력을 구하시오. 펌프의 유량은 0.12 m³/s 이다.

풀이 1

유체 설명 비압축성 정상유동을 가정하며 평균 속도를 사용한다. $\rho_w = 1000$ kg/m³이다.

운동학 펌프의 동력은 $\alpha_1 = 90°(V_{t1} = 0)$를 식 (14-14)에 적용하여 구할 수 있다. 우선적으로 U_2와 V_{r2}를 찾아야 한다. 임펠러 회전익의 후단에서의 속도는 다음과 같다.

$$U_2 = \omega r_2 = (100 \text{ rad/s})(0.2 \text{ m}) = 20 \text{ m/s}$$

또한 속도 V_{r2}의 반경성분은 $Q = V_{r2} A_2$로부터 찾을 수 있다.

$$0.12 \text{ m}^3/\text{s} = V_{r2}[2\pi(0.2 \text{ m})(0.05 \text{ m})]$$
$$V_{r2} = 1.910 \text{ m/s}$$

그림 14-9에서 보인 바와 같이 V_{t2}는 다음과 같다.

$$V_{t2} = U_2 - V_{r2} \cot 20° = 20 \text{ m/s} - (1.910 \text{ m/s}) \cot 20° = 14.75 \text{ m/s}$$

이상적인 동력

$$\dot{W}_{\text{pump}} = \rho Q(U_2 V_{t2} - U_1 V_{t1})$$
$$= (1000 \text{ kg/m}^3)(0.12 \text{ m}^3/\text{s})[(20 \text{ m/s})(14.75 \text{ m/s}) - 0]$$
$$= 35.41(10^3) \text{ W}$$
$$= 35.4 \text{ kW} \qquad \qquad \textit{Ans.}$$

풀이 2

이상적인 동력은 식 (14-15) $\dot{W}_{\text{pump}} = Q\gamma h_{\text{pump}}$를 활용하여 이상적인 펌프 수두와 관련 지을 수 있다. 우선 식 (14-19)를 활용하여 h_{pump}를 구해야 한다.

$$h_{\text{pump}} = \frac{U_2^2}{g} - \frac{U_2 Q \cot \beta_2}{2\pi r_2 bg}$$
$$= \frac{(20 \text{ m/s})^2}{9.81 \text{ m/s}^2} - \frac{(20 \text{ m/s})(0.12 \text{ m}^3/\text{s}) \cot 20°}{2\pi(0.2 \text{ m})(0.05 \text{ m})(9.81 \text{ m/s}^2)}$$
$$= 30.08 \text{ m}$$

따라서 이상적인 동력은 다음과 같다.

$$\dot{W}_{\text{pump}} = Q\gamma h_{\text{pump}}$$
$$= (0.12 \text{ m}^3/\text{s})(1000 \text{ kg/m}^3)(9.81 \text{ m/s}^2)(30.08 \text{ m})$$
$$= 35.41(10^3) \text{ W}$$
$$= 35.4 \text{ kW} \qquad \qquad \textit{Ans.}$$

전형적인 반경류 펌프

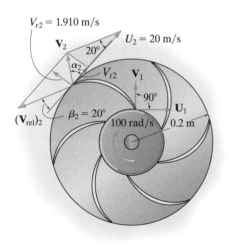

그림 14-9

14.5 터빈

유체에 에너지를 전달하는 펌프와 달리 터빈은 유체로부터 에너지를 추출하는 터보기계의 한 종류이다. 터빈은 크게 두 종류, 즉 충동 터빈과 반동 터빈으로 분류가 가능하며, 각자의 방식으로 유체의 에너지를 추출한다.

충동 터빈 충동 터빈(impulse turbine)은 그림 14-10a와 같이 수차에 일련의 '버킷'이 붙어 있는 형태를 가지며, 고속의 물제트가 버킷에 충돌하여 물의 운동량이 수차의 각운동량으로 전환된다. 특히 그림 14-10b와 같이 양쪽으로 파인 버킷에 의해 유동이 정확하게 반으로 갈라지는 충동 터빈을 1870년대에 개발한 Lester Pelton을 기려 **펠톤 수차**(Pelton wheel)라 칭한다. 이러한 충동 터빈은 고속이며 작은 유량을 가진 산악지형에서 주로 사용된다.

펠톤 수차의 버킷에 충돌하는 물줄기에 의한 힘은 그림 14-10b의 검사체적에 선형 운동량 방정식을 이용하여 구할 수 있다. 이 검사체적은 버킷에 인접해 있으며 일정한 속도 **U**로 움직인다. 그림 14-10c와 같이 노즐로부터 분사된 유동의 속도를 **V**라 하면 $\mathbf{V}_{f/cs} = \mathbf{V} - \mathbf{U}$는 유동과 각각의 버킷에 대한 **상대** 속도이다. 따라서 그림 14-10d처럼 $Q = V_{f/cs}A$를 활용하여 정상유동에 대한 자유물체도를 그려보면 다음과 같은 결과를 얻는다.

$$\Sigma\mathbf{F} = \frac{\partial}{\partial t}\int_{cv}\mathbf{V}\rho \, dV + \int_{cs}\mathbf{V}\rho \, \mathbf{V}_{f/cs}\cdot d\mathbf{A}$$

$$(\overset{+}{\rightarrow}) \qquad -F = 0 + V_{f/cs}\rho(-V_{f/cs}A) + (-V_{f/cs}\cos\theta)\rho(V_{f/cs}A)$$

$$F = \rho Q V_{f/cs}(1 + \cos\theta) \qquad (14\text{-}20)$$

출구 각도가 $0° \leq \theta < 90°$일 때 $\cos\theta$는 양수이므로 $90° \leq \theta \leq 180°$인 경우보다 더 많은 힘을 생성할 수 있음을 주목하라.

토크 수차에 의해 생성된 토크는 앞서 언급하였듯 회전축에 대한 충격력의 모멘트이다. 유동을 받아내는 버킷이 수차에 연속적으로 붙어 있으므로 수차 또한 연속적으로 회전하며 토크는 다음과 같다.

$$T = Fr = \rho Q V_{f/cs}(1 + \cos\theta)r \qquad (14\text{-}21)$$

동력 그림 14-10a와 같이 각 버킷이 평균 속력 $U = \omega r$을 가지므로 수차에 의한 축동력은 다음과 같다.

$$\dot{W}_{\text{turbine}} = T\omega = \rho Q V_{f/cs}U(1 + \cos\theta) \qquad (14\text{-}22)$$

유체에 의한 최대 동력은 $\theta = 0°$일 때, 즉 $\cos 0° = 1$일 때 가능하다. 또한 $V_{f/cs} =$

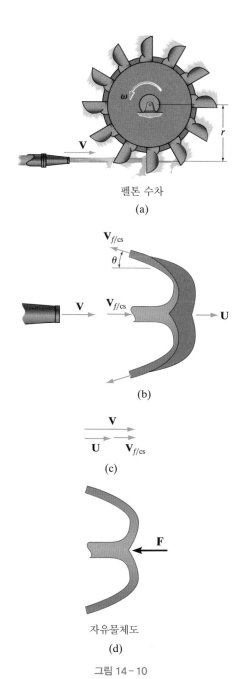

펠톤 수차
(a)

(b)

(c)

자유물체도
(d)

그림 14-10

펠톤 수차는 낮은 유량과 높은 수두에서 효율이 가장 좋다. 사진 속 수차는 2.5 m의 직경이며 700 m의 수두, 4 m³/s의 유량 조건에서 500 rpm으로 작동된다.

$V - U$이므로 $\dot{W}_{turbine} = \rho Q(V - U)U(2)$가 된다. 이때 $(V - U)U$도 최대가 되어야 하며 그 조건은 아래와 같다.

$$\frac{d}{dU}(V - U)U = (0 - 1)U + (V - U)(1) = 0$$

$$U = \frac{V}{2}$$

따라서 최대 동력을 생성하기 위한 유체와 버킷의 상대 속도는 $V_{f/cs} = V - V/2 = V/2$로, 버킷을 탈출하는 유동의 속도는 $V = U + V_{f/cs} = V/2 - V/2 = 0$이 된다. 즉, 물줄기의 운동에너지가 전부 수차의 회전운동에너지로 변환되었다고 볼 수 있다.

위의 결과들을 식 (14-22)에 적용하면 아래와 같다.

$$(\dot{W}_{turbine})_{max} = \rho Q\left(\frac{V^2}{2}\right) \tag{14-23}$$

이는 물론 이론적인 값으로, 아쉽게도 실제의 경우 버킷을 탈출하는 유체가 튀며 앞의 버킷에 닿아 역충격력을 발생시킨다. 이러한 현상을 방지하기 위해 공학자들은 그림 14-10b와 같이 유체의 탈출각도 θ를 20° 정도가 되도록 설계한다. 펠톤 수차는 물 튐에 의한 다른 손실들과 점성 및 기계적 마찰을 고려하여 유체의 에너지를 수차의 회전에너지로 변환시키는 데 약 85%의 효율을 가진다.

예제 14.6

그림 14-11a의 펠톤 수차는 직경이 3 m이며 버킷에 의한 물줄기의 굴절각은 160°이다. 수차가 3 rad/s의 각속도로 회전하며, 버킷에 충돌하는 이 물줄기의 직경이 150 mm이고 8 m/s의 속도로 흐를 때 수차에 의해 생성된 동력을 구하시오.

풀이

유체 설명   버킷 위에서의 유동은 정상유동이며, 물을 $\rho_w = 1000$ kg/m³의 이상유체로 가정한다.

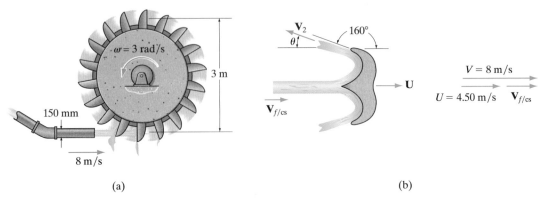

(a)   (b)

그림 14-11

운동학   식 (14-22)를 활용하여 문제를 풀기에 앞서 U와 $V_{f/cs}$를 먼저 구해야 한다. 버킷의 평균 속도는 다음과 같다.

$$U = \omega r = (3\ \text{rad/s})(1.5\ \text{m}) = 4.50\ \text{m/s}$$

그림 14-11b에서의 속도 벡터 선도는 버킷으로 진입하고 탈출하는 유동을 보여준다. 언급하였던 바와 같이 버킷과 유동 간의 상대 속도는 $V_{f/cs}$ = 8 m/s − 4.50 m/s = 3.50 m/s 이다.

동력   모든 버킷에 물이 흐르므로 $Q = VA$이다. $\theta = 20°$일 때의 동력은 다음과 같다.

$$\dot{W}_{\text{turbine}} = \rho_w Q V_{f/cs} U (1 + \cos\theta)$$

$$\dot{W}_{\text{turbine}} = (1000\ \text{kg/m}^3)\big[(8\ \text{m/s})\pi(0.075\ \text{m})^2\big](3.50\ \text{m/s})(4.50\ \text{m/s})(1 + \cos 20°)$$

$$= 4.32\ \text{kW} \hspace{4cm} \textit{Ans.}$$

반동 터빈   충동 터빈과 달리 **반동 터빈**(reaction turbine)의 회전익 또는 **회전차**(runner)에 흐르는 유동의 속도는 다소 느리지만, 터빈 주위로 더 많은 유량이 흐를 수 있다. **프로펠러 터빈**(propeller turbine)은 축방향 유동에 의해 작동된다. 그림 14-12a의 **카플란 터빈**(Kaplan turbine)은 Viktor Kaplan의 이름을 딴 프로펠러 터빈의 한 종류로서, 다양한 종류의 유동에 의해 작동될 수 있도록 회전익을 조정할 수 있다. 프로펠러 터빈은 주로 느린 유동과 높은 수두에서 사용된다. James Francis의 이름을 딴 그림 14-12b의 **프란시스 터빈**(Francis turbine)은 반경방향 또는 반경방향과 축방향의 혼합 유동에 의해서도 작동할 수 있다. 이 터빈은 다양한 유동과 수두로부터 작동할 수 있어야 하는 수력발전에서 가장 널리 사용된다.

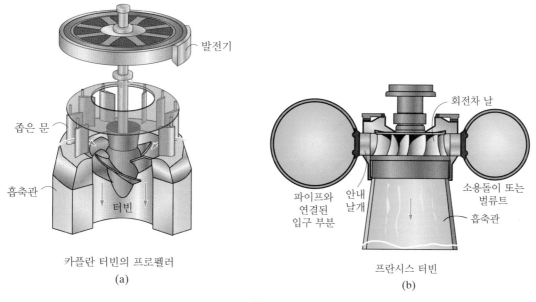

발전기

좁은 문

흡축관

터빈

회전차 날

파이프와 연결된 입구 부분

안내 날개

소용돌이 또는 벌류트

흡축관

카플란 터빈의 프로펠러
(a)

프란시스 터빈
(b)

그림 14-12

이 프로펠러 터빈의 직경은 4.6 m이며, 수두 7.65 m와 유량 87.5 m³/s의 유량을 75 rpm으로 전달하는 데 사용되었다.

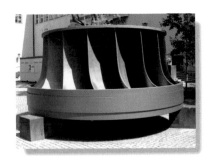

이 프란시스 터빈의 직경은 4.6 m이며, 수두 69 m, 유량 147 m³/s를 125 rpm으로 전달하는 데 사용되었다.

운동학   반동 터빈의 해석은 이전에 언급하였던 축류와 반경류 펌프의 해석 절차와 동일한 방법을 이용하며, 14.2절에 소개했던 회전익의 운동학에 대한 해석 절차도 동일하게 적용된다. 복습 차원에서, 제트 엔진에 사용되는 터빈 팬을 생각해보자. 이 팬은 그림 14-13a와 같이 뜨거운 공기와 연료의 혼합이 일련의 **고정익**(stator blade)과 **회전익**(rotor blade)을 축류 방향으로 일정하게 통과하는 **프로펠러 터빈**(propeller turbine)의 한 종류이다. 그림 14-13b와 같이 고정익을 통과한 유동은 α_1의 각도와 V_1의 속도로 회전익의 전단에 접근한다. 회전익을 통과한 유동은 다시 α_2의 각도와 V_2의 속도로 다음 고정익에 접근한다. 이때 터빈이 유동으로부터 에너지를 전달받으므로 유동의 유속(운동에너지)은 감소할 것이다 ($V_2 < V_1$). 펌프와 동일한 규칙을 따라 유속의 각도와 성분들이 어떻게 정해지는지 유의하라. 관례적으로 α는 $+U$와 V 사이의 각도이며, β는 $-U$와 V_{rel} 사이의 각도이다.

토크   회전익에 각운동량 방정식을 대입하면 식 (14-2) 또는 식 (14-11)을 통해 회전익에 가해진 토크를 구할 수 있다.

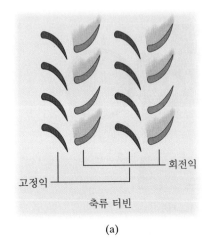

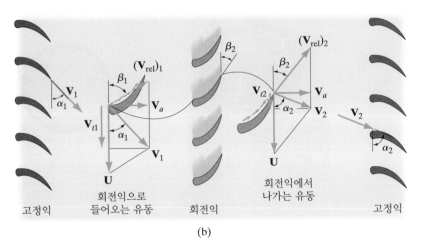

(a) 축류 터빈 / 고정익 / 회전익

(b) 고정익 / 회전익으로 들어오는 유동 / 회전익 / 회전익에서 나가는 유동 / 고정익

그림 14-13

$$T = -\rho Q r_m (V_{t2} - V_{t1}) \tag{14-24}$$

프로펠러 터빈

$$T = -\rho Q (r_2 V_{t2} - r_1 V_{t1}) \tag{14-25}$$

프란시스 터빈

그림 14-13b와 같이 $V_{t1} > V_{t2}$이며 유체가 회전익에 가한 토크가 양수여야 하므로 위 식의 우변에 음수 부호를 포함하였다.

동력 토크를 알면 터빈이 생성한 동력 또한 구할 수 있다.

$$\dot{W}_{\text{turbine}} = T\omega \tag{14-26}$$

수두와 효율 유체의 수두에서 제거된 **이상적인 터빈 수두**(ideal turbine head)는 식 (14-15)를 활용하여 동력에 대한 함수로 표현할 수 있다.

$$h_{\text{turbine}} = \frac{\dot{W}_{\text{turbine}}}{Q\gamma} \tag{14-27}$$

마지막으로, 유체의 수두에서 제거된 실제 터빈 수두는 유동이 터빈을 통과하며 발생하는 마찰손실까지 포함하므로 이상적인 터빈 수두보다 크다.

$$(h_{\text{turbine}})_{\text{act}} = h_{\text{turbine}} + h_L$$

따라서 마찰손실에 기반한 **터빈 효율**(turbine efficiency)은 다음과 같이 표현할 수 있다.

$$\eta_{\text{turbine}} = \frac{h_{\text{turbine}}}{(h_{\text{turbine}})_{\text{act}}} (100\%) \tag{14-28}$$

다음의 예제는 이러한 방정식들이 어떻게 응용되는지를 선보일 것이다.

> **요점정리**

- 펠톤 수차는 충동 터빈처럼, 고속의 유체 제트가 수차의 버킷에 충돌하는 방식으로 작동한다. 이 제트의 운동량 변화가 토크를 만들며 이는 수차가 회전하고 동력을 생성하게 한다.
- 펠톤 수차에 의해 생성된 에너지는 유동이 회전하는 버킷에 의해 완전히 반전될 때, 즉 버킷을 탈출하는 유동의 속도가 0일 때 최대이다.
- 카플란 터빈과 프란시스 터빈 같은 반동 터빈은 각각 축류 및 반경류 펌프와 유사하다. 모든 터빈들은 유동으로부터 에너지를 추출한다.

예제 14.7

프란시스 터빈의 안내 날개가 작동되도록 사용되는 연결부

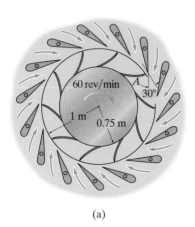

(a)

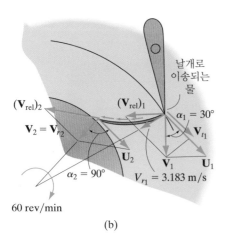

(b)

그림 14-14

그림 14-14a의 프란시스 터빈의 안내 날개는 폭 200 mm의 회전익을 통과하는 수류의 방향을 $\alpha_1 = 30°$가 되도록 만든다. 그림 14-14b와 같이 회전익은 60 rev/min의 각속도로 회전하며 4 m³/s의 출수량을 반경방향(중심 방향)으로 흘려 보낸다($\alpha_2 = 90°$). 터빈에 의해 생성된 동력과 이상적인 수두손실을 구하시오.

풀이

유체 설명   회전익을 지나는 수류를 이상유체의 정상유동으로 가정하며, $\rho_w = 1000$ kg/m³이다.

운동학   동력을 계산하기 위해 우선 그림 14-14b에서 회전익의 전단과 후단에서의 유속의 접선성분을 알아야 한다. 출수량을 활용하여 $r_1 = 1$ m 지점인 회전익 전단에서의 유속의 반경방향 성분을 구한다.

$$Q = V_{r1} A_1$$

$$4 \text{ m}^3/\text{s} = V_{r1} [2\pi(1 \text{ m})(0.20 \text{ m})]$$

$$V_{r1} = 3.183 \text{ m/s}$$

따라서 그림 14-14b에서의 접선성분은 다음과 같다.

$$V_{t1} = (3.183 \text{ m/s}) \cot 30°$$

$$= 5.513 \text{ m/s}$$

회전익의 후단에서는 오직 반경방향의 유동만 존재하므로 $V_{t2} = 0$이다.

동력   프란시스 터빈에 식 (14-25)와 (14-26)을 적용하면 다음과 같은 결과를 얻는다.

$$\dot{W}_{\text{turbine}} = -\rho_w Q(r_2 V_{t2} - r_1 V_{t1})\omega$$

$$\dot{W}_{\text{turbine}} = -(1000 \text{ kg/m}^3)(4 \text{ m}^3/\text{s})\left[0 - (1 \text{ m})(5.513 \text{ m/s})\right]\left(\frac{60 \text{ rev}}{\text{min}}\right)\left(\frac{1 \text{ min}}{60 \text{ s}}\right)\left(\frac{2\pi \text{ rad}}{1 \text{ rev}}\right)$$

$$\dot{W}_{\text{turbine}} = 138.6(10^3) \text{ W} = 139 \text{ kW} \qquad Ans.$$

수두손실   식 (14-27)을 통해 이상적인 수두손실을 찾을 수 있다.

$$h_{\text{turbine}} = \frac{\dot{W}_{\text{turbine}}}{Q\gamma}$$

$$= \frac{138.6(10^3) \text{ W}}{(4 \text{ m}^3/\text{s})(1000 \text{ kg/m}^3)(9.81 \text{ m/s}^2)}$$

$$= 3.53 \text{ m} \qquad Ans.$$

14.6 펌프 성능

어떠한 목표에 부합하는 특정한 펌프를 고르기 위해서는, 펌프의 **성능 특성** (performance characteristic)을 고려해야 한다. 임의의 유동에 대한 성능 특성은 요구 축동력 $\dot{W}_{pump}$, 실제 펌프 수두 $(h_{pump})_{act}$, 펌프의 효율 η 등을 포함한다. 앞 절에서는 해석적 방법에 기반하여 어떻게 이러한 특성들을 계산하였는지를 학습하였다. 그러나 실제 적용에서는 유동 및 기계적 손실이 발생하며 각 정보 또한 실험적으로 찾아야 한다. 이러한 일련의 과정이 어떻게 이루어지는지를 이해하기 위해 반경류 펌프를 시험하는 경우를 생각해보자.*

펌프 시험은 참고문헌 [12]에 설명되어 있는 표준화된 절차를 따른다. 그림 14-15a는 위 시험을 위한 실험장치를 보여준다. 위 실험장비의 펌프는 물(또는 특정한 유체)가 일정한 직경의 파이프를 통해 탱크 A에서 탱크 B로 흐르도록 만든다. 압력 게이지는 펌프의 입출구에 장착되어 있으며 밸브를 통해 유동을 제어하고 물이 B에서 A로 되돌아가기 전 유속을 측정한다. 펌프의 임펠러는 전기 모터에 의해 회전하므로 입력 동력 $\dot{W}_{pump}$ 또한 측정이 가능하다.

시험은 밸브가 닫힌 상태로 시작된다. 펌프가 켜진 뒤 임펠러가 정격 속도인 ω_0로 회전한다. 밸브를 살짝 연 뒤 유량 Q, 펌프 전후의 압력 변화 $(p_2 - p_1)$, 동력 $\dot{W}_{pump}$을 측정한다. 이후 에너지 방정식을 통해 1과 2 지점 사이의 실제 펌프 수두를 계산한다. 이때 $V_2 = V_1 = V$이며, 높이 차이 $z_2 - z_1$과 펌프 내부의 수두손실의 총합을 수두로 나타내면 $(h_{pump})_{act} = h_{pump} - h_L$이 된다. 따라서 다음과 같은 관계식을 얻는다.

$$\frac{p_{in}}{\gamma} + \frac{V_{in}^2}{2g} + z_{in} + h_{pump} = \frac{p_{out}}{\gamma} + \frac{V_{out}^2}{2g} + z_{out} + h_{turbine} + h_L$$

$$\frac{p_1}{\gamma} + \frac{V^2}{2g} + 0 + h_{pump} = \frac{p_2}{\gamma} + \frac{V^2}{2g} + 0 + 0 + h_L$$

$$(h_{pump})_{act} = h_{pump} - h_L = \frac{p_2 - p_1}{\gamma}$$

펌프와 파이프 시스템은 정제 공장과 화학처리 공장 등에서 중요한 역할을 한다.

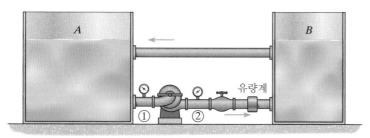

펌프 시험

(a)

그림 14-15

---

* 공학적인 응용에 사용되는 방법들에 관한 더 자세한 설명은 펌프 설계와 관련된 서적에 나와 있다. 참고문헌 [3], [5], [6], [7]을 참조하라.

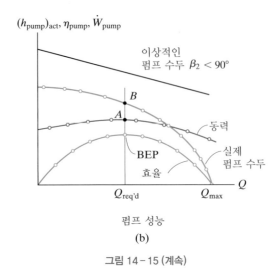

펌프 성능

(b)

그림 14-15 (계속)

이 $(h_{\text{pump}})_{\text{act}}$를 계산하고 Q와 $\dot{W}_{\text{pump}}$를 측정하면, $h_{\text{pump}} = (\dot{W}_{\text{pump}})/Q\gamma$로 표현한 식 (14-15)와 (14-18)을 활용하여 수력 효율을 나타낼 수 있다.

$$\eta_{\text{pump}} = \frac{(h_{\text{pump}})_{\text{act}}}{h_{\text{pump}}}(100\%) = \frac{Q\gamma(h_{\text{pump}})_{\text{act}}}{\dot{W}_{\text{pump}}}(100\%)$$

만약 펌프가 최대 용량으로 동작할 때까지 Q 값을 조금씩 상승시키며 각각의 Q에 해당하는 $(h_{\text{pump}})_{\text{act}}$, $\dot{W}_{\text{pump}}$, η_{pump} 값들을 그래프에 그린다면, 그림 14-15b와 같은 **성능 곡선**(performance curve)을 얻을 수 있다. 위 그래프의 상단에 위치한 직선은 그림 14-7a에서 보인 이상적인 펌프 수두이다. 그래프에 그려진 이상적인 펌프 수두와 실제 펌프 수두(파란색 곡선)는 모두 임펠러 회전익이 후방으로 굽은 형태, 즉 $\beta_2 < 90°$인 일반적인 펌프에 해당하는 경우라고 가정하였을 때의 곡선이다.

그림 14-15b에서 실제 펌프 수두가 이상적인 펌프 수두보다 항상 아래에 위치해 있음을 유의하라. 이와 같은 결과에는 여러 요인이 작용한다. 가장 중요한 요소는 임펠러 회전익의 개수가 유한하다는 것이며, 그 결과로 회전익을 통과하는 유동의 실제 각도는 β_2와 다를 것이다. 따라서 펌프 수두는 이와 비례하게 줄어들 것이다. 이러한 수두손실과 함께 유체 마찰 및 축 베어링과 부품 접합부에 작용하는 기계적 마찰, 그리고 임펠러와 나란하지 않은 난류유동에 의한 손실 모두 추가적인 수두손실로 이어진다.

그림 14-15b의 수력 효율(초록색 곡선)은 Q가 증가하는 동안 **최대 효율점**(BEP, best efficiency point)이 존재하며, 이후로는 효율이 감소하여 Q_{max}에서 0이 되는 것을 확인할 수 있다. 만약 어떠한 펌프가 $Q_{\text{req'd}}$의 유량을 만들어내야 한다면, 위 그래프의 곡선들을 토대로 해당 유량에서 BEP를 가지는 펌프를 선택해야 할 것이다. 해당 펌프는 빨간색 곡선 위의 A점에 해당하는 동력을 요구할 것이며, 파란색 곡선 위의 B점에 해당하는 실제 펌프 수두를 가질 것이다.

제조업체의 펌프 성능 곡선

제조업체는 본사 제품에 대하여 위와 유사한 시험을 토대로 펌프 성능 곡선을 제공한다. 일반적으로, 각각의 펌프는 일정한

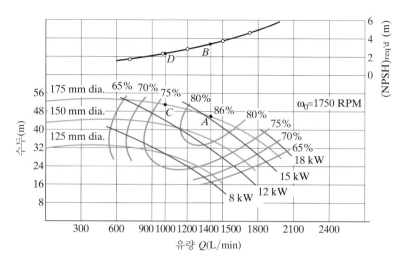

그림 14-16

정격 속도 ω_0에서 구동하며 케이싱 내부에 다양한 직경의 임펠러를 교체 장착할 수 있도록 설계된다. 이러한 성능 곡선들의 예시가 그림 14-16에 도시되어 있다. 이 예시 펌프는 $\omega_0 = 1750$ rpm의 정격 속도로 구동하며, 파란색 곡선들로 표현되어 있듯이 125 mm, 150 mm, 175 mm 직경의 임펠러를 장착할 수 있다. 이 펌프의 특정 유량에 대하여 실제 펌프 수두(파란색), 수력 효율(초록색), 제동 마력(빨간색)을 확인할 수 있다.[*] 예를 들어, 1750 rpm으로 구동하는 펌프의 임펠러 직경이 175 mm일 때, 최대 효율(A점)은 86%이며, BEP에 해당하는 유량은 1400 L/min 이다. 이 조건에서 펌프를 구동한다면, 펌프의 총 수두는 46 mm이며 16 kW의 동력이 요구될 것이다.

14.7 공동현상과 유효 흡입 수두

펌프의 성능을 제한시키는 한 가지 중요한 요소는 공동현상으로, 케이싱 내부의 압력이 특정 한도 아래로 내려갈 때 발생한다. 1.9절에서 다루었듯, **공동현상**(cavitation)이란 유체의 압력이 **증기압**(vapor pressure) p_v보다 낮아지는 경우 발생하는 현상임을 기억하라. 반경류 펌프의 경우 흡입부의 임펠러 중심부의 압력이 가장 낮아 공동현상이 종종 발생한다. 공동현상이 발생하면 액체가 끓어 기포가 생성되고, 수류를 따라 흐르다가 고압의 임펠러 회전익 부근에서 붕괴된다. 이 기포의 붕괴에 의해 발생된 충격파는 주변의 단단한 표면에 지속적으로 충격을 주어서 재료에 피로를 주고 표면의 일부를 마모시킨다. 이러한 과정은 부식이나 다른 전기기계적 효과에 의해 더욱 악화된다. 공동현상은 진동과 소음을 수반하며, 케이싱을 조약돌 등으로 치는 것과 유사한 소리를 낸다. 일단 공동현상이 발생하면 펌프의 성능은 급격하게 떨어진다.

---

[*] 그림 14-16의 성능 곡선 그래프는 각각의 곡선이 일정한 효율일 때를 그린 것이므로, 그림 14-15b와 형태가 다르다.

펌프의 흡입부에는 공동현상이 발생할 수 있는 **임계 흡입 수두**(critical suction head)가 존재한다. 이 값은 일정한 유량에 대해 수면으로부터 펌프의 높이를 변화시키는 방법으로 실험적인 측정이 가능하다. 유체를 펌프로 이동시키기 위한 파이프의 수직 길이가 증가할 때, 펌프의 효율이 급격하게 떨어지는 지점이 임계 고도가 될 것이다. 펌프의 입구에서의 정보와 에너지 방정식을 활용하여 이 임계 흡입 수두를 찾을 수 있다. 이는 $z=0$이므로 입구에서의 압력수두와 속도수두의 합 $(p/\gamma + V^2/2g)$로 표현이 가능하다. 만약 임계 흡입 수두에서 유체의 **증기압 수두**(vapor pressure head) p_v/γ를 빼면 **유효 흡입 수두**(NPSH, net positive suction head)를 구할 수 있다.

$$\text{NPSH} = \frac{p}{\gamma} + \frac{V^2}{2g} - \frac{p_v}{\gamma} \qquad (14\text{-}29)$$

공동현상 또는 p_v가 실제로는 펌프의 흡입부가 아닌 임펠러 회전익 표면 위에서 발생하므로 NPSH는 흡입부로부터 공동현상이 발생하는 지점까지 유체를 움직이는 데 필요한 추가적인 수두를 의미한다.

  제조업체들은 주로 이러한 실험을 바탕으로 다양한 유량에 대한 결과값들을 성능 곡선에 도시한다. 이러한 값을 **요구 NPSH**(required net positive suction head) 또는 $(\text{NPSH})_{\text{req'd}}$라 부른다. 그림 14-16의 펌프의 경우, 유량이 1400 L/min이며 175 mm 직경의 임펠러가 최고 효율(86%)로 회전하고 있을 때의 $(\text{NPSH})_{\text{req'd}}$는 3.50 m($B$점)임을 주목하라. 그래프에서 $(\text{NPSH})_{\text{req'd}}$를 찾아 이를 **가용 유효 흡입 수두**(available net positive suction head) $(\text{NPSH})_{\text{avail}}$와 비교한다. 이때 가용 유효 흡입 수두는 특정 유동 시스템의 압력수두와 속도수두로부터 정해진다. 공동현상의 발생을 억제시키기 위해서는 다음을 만족해야 한다.

$$(\text{NPSH})_{\text{avail}} \geq (\text{NPSH})_{\text{req'd}} \qquad (14\text{-}30)$$

더 명확한 이해를 위해 이 개념을 적용한 다음의 예제를 풀어보자.

예제 14.8

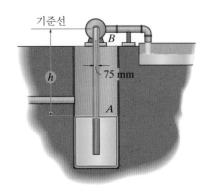

그림 14-17

그림 14-17의 펌프는 20°C의 하수를 우물에서 하수처리장으로 이동시키기 위해 사용된다. 75 mm 직경의 파이프에 흐르는 유량이 1/60 m³/s일 때, 그림 14-16의 펌프를 이용하는 경우 공동현상이 발생하는지를 알아보시오. 펌프는 하수의 수위가 최저 깊이인 $h=4$ m까지 낮아지면 작동을 멈춘다. 파이프의 마찰계수는 $f=0.020$이며, 그 밖의 부차적인 소실은 무시한다.

풀이

유체 설명 비압축성 정상유동이라 가정한다. 부록 A로부터, 20°C의 물의 밀도를 $\rho_w = 998.3$ kg/m³라 가정한다.

입구 압력 에너지 방정식을 적용하여 펌프의 임펠러 입구에서의 가용 유효 흡입 수두를 찾을 수 있다. 검사체적은 그림 14-17과 같이 수직 파이프 내부의 물과 우물로 구성되어 있다. B에서의 최대 흡입은 $h=4$ m일 때 발생한다. 증기압을 주로 절대압력

으로 표현하므로, 나머지 압력들도 절대압력으로 표현할 것이다. A에서의 대기압은
$p_A = 101.3$ kPa이다.

$$V_B = V = \frac{Q}{A}$$

$$= \frac{\frac{1}{60} \text{ m}^3/\text{s}}{\pi (0.0375 \text{ m})^2} = 3.7726 \text{ m/s}$$

이므로,

$$\frac{p_A}{\gamma} + \frac{V_A^2}{2g} + z_A + h_{\text{pump}} = \frac{p_B}{\gamma} + \frac{V_B^2}{2g} + z_B + h_{\text{turbine}} + f\frac{L}{D}\frac{V^2}{2g} + \Sigma K_L \frac{V^2}{2g}$$

$$\frac{101.3(10^3)\text{N}/\text{m}^2}{(998.3 \text{ kg/m}^3)(9.81 \text{ m/s}^2)} + 0 - 4 \text{ m} + 0$$

$$= \frac{p_B}{(998.3 \text{ kg/m}^3)(9.81 \text{ m/s}^2)} + \frac{(3.7726 \text{ m/s})^2}{2(9.81 \text{ m/s}^2)} + 0 + 0 + 0.02\left(\frac{4 \text{ m}}{0.075 \text{ m}}\right)\left[\frac{(3.7726 \text{ m/s})^2}{2(9.81 \text{ m/s}^2)}\right] + 0$$

$$p_B = 47.445(10^3) \text{ Pa}$$

따라서 펌프 입구에서의 가용 유효 흡입 수두는 다음과 같다.

$$\frac{p_B}{\gamma} + \frac{V_B^2}{2g} = \frac{47.445(10^3) \text{ N}/\text{m}^2}{(998.3 \text{ kg/m}^3)(9.81 \text{ m/s}^2)} + \frac{(3.7726 \text{ m/s})^2}{2(9.81 \text{ m/s}^2)}$$

$$= 5.570 \text{ m}$$

부록 A로부터, 20℃ 물의 (절대) 증기압은 2.34 kPa이다. 따라서 가용 NPSH는 다음과
같다.

$$(\text{NPSH})_{\text{avail}} = 5.570 \text{ m} - \frac{2.34(10^3) \text{ N}/\text{m}^2}{(998.3 \text{ kg/m}^3)(9.81 \text{ m/s}^2)}$$

$$= 5.331 \text{ m}$$

주어진 유량을 분당 리터로 표현하면 다음과 같다.

$$Q = \left(\frac{\frac{1}{60} \text{ m}^3}{\text{s}}\right)\left(\frac{1000 \text{ L}}{1 \text{ m}^3}\right)\left(\frac{60 \text{ s}}{1 \text{ min}}\right)$$

$$= 1000 \text{ L/min}$$

그림 14-16으로부터, $Q = 1000$ L/min일 때, $(\text{NPSH})_{\text{req'd}} = 2.33$ m(점 D)이며, $(\text{NPSH})_{\text{avail}}$
$> (\text{NPSH})_{\text{req'd}}$이므로 공동현상이 발생하지 않을 것이다.

　참고로, 만약 175 mm 직경의 임펠러가 사용되었다면(점 C), 그림 14-16에서와 같이
펌프의 효율은 약 77%일 것이며, 축동력은 대략 13.5 kW가 될 것이다.

14.8   유동 시스템과 관련된 펌프의 선택

유동 시스템(flow system)은 유체를 전달하는 데 사용되는 저장고, 파이프, 이음쇠, 펌프 등으로 구성되어 있다. 만약 펌프가 시스템에 특정 유량을 만들어내야 한다면, 이는 가장 경제적이고 효율적인 방법을 통해 이루어져야 한다. 예를 들어, 그림 14-18a의 시스템을 생각해보자. 만약 에너지 방정식을 점 1과 2 사이에 적용한다면 그 결과는 다음과 같다.

$$\frac{p_{\text{in}}}{\gamma} + \frac{V_{\text{in}}^2}{2g} + z_{\text{in}} + h_{\text{pump}} = \frac{p_{\text{out}}}{\gamma} + \frac{V_{\text{out}}^2}{2g} + z_{\text{out}} + h_{\text{turbine}} + h_L$$

$$0 + 0 + z_1 + (h_{\text{pump}})_{\text{req'd}} = 0 + 0 + z_2 + 0 + h_L$$

$$(h_{\text{pump}})_{\text{req'd}} = (z_2 - z_1) + h_L$$

이때 $(h_{\text{pump}})_{\text{req'd}}$는 펌프에 의해 시스템으로 공급되어야 하는 요구 펌프 수두이며, Q^2의 함수이다. 이는 상수 C에 대하여 위 식에서의 총 수두손실이 $h_L = C(V^2/2g)$의 형태인 점을 주목하면 이해하기 쉬울 것이다. $V = Q/A$이므로, $h_L = C(Q^2/2gA^2) = C'Q^2$이다. 만약 식 $(h_{\text{pump}})_{\text{req'd}} = (z_2 - z_1) + C'Q^2$를 그래프에 그려보면 포물선 형태로 그림 14-18b의 검정색 곡선과 유사하게 보일 것이다.

만약 그림 14-18a의 펌프가 그림 14-15b의 수두 성능 곡선(파란색)처럼 펌프 수두 $(h_{\text{pump}})_{\text{req'd}}$를 만들어낸다면 이 두 곡선의 교차점은 O가 될 것이다. 이 점 O는 시스템이 요구할 것으로 예상되는 유량을 의미하며, 펌프에 의해 제공된 유량을 암시하기도 한다. 이 점을 **시스템의 작동점**(operating point)이라 하며, 만약 그림 14-15b 펌프의 최대 효율점(BEP)에 근접하면 해당 펌프의 선택이 타당한 것이다. 그러나 시간이 지남에 따라 펌프 특성이 변할 것이라는 점을 알아야 한다. 예를 들어 시스템 내부의 파이프가 부식되어 마찰 수두손실이 증가할 수 있으며, 이는 그림 14-18b의 시스템 곡선을 올릴 것이다. 또한 펌프 성능이 나빠져 성능 곡선이 내려갈 수도 있다. 이러한 영향들은 작동점을 O'으로 옮기며 펌프 효율도 떨어뜨릴 것이다. 따라서 어느 시스템이든 간에 최고의 공학적 설계를 위해서는 이러한 요소들을 염두에 두고 펌프를 선택해야 한다.

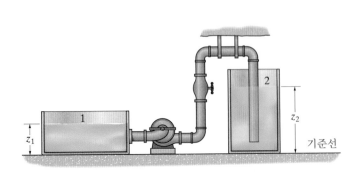

(a)

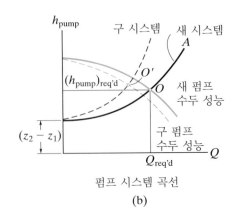

펌프 시스템 곡선

(b)

그림 14-18

예제 14.9

그림 14-19a의 축류 펌프는 호수 A에서 저장 탱크 B로 물을 전달하는 데 사용된다. 이 시스템의 파이프는 길이 100 m에 직경 100 mm이며, 마찰계수는 0.015이다. 펌프 성능에 대한 제조사 정보가 그림 14-19b에 나타나 있다. 이 펌프에 175 mm 직경의 임펠러를 사용하는 경우의 유량을 구하시오. 부차적 손실은 무시한다.

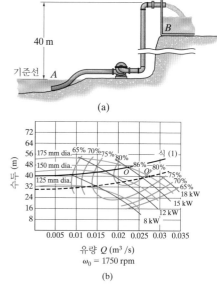

(a)

유량 Q (m³/s)
$\omega_0 = 1750$ rpm

(b)

그림 14-19

풀이

유체 설명   펌프가 구동하는 동안 비압축성 유체의 정상유동이라 가정한다.

시스템 방정식   실제 펌프 수두와 유량 Q 사이의 관계를 A와 B 사이에 에너지 방정식을 적용하여 찾을 수 있다. 검사체적은 파이프 내부와 호수 일부분의 물을 포함한다. 마찰계수가 주어졌으므로 무디 선도로부터 마찰계수를 구할 필요는 없다.

$$\frac{p_A}{\gamma} + \frac{V_A^2}{2g} + z_A + h_{\text{pump}} = \frac{p_B}{\gamma} + \frac{V_B^2}{2g} + z_B + h_{\text{turbine}} + h_L$$

$$0 + 0 + 0 + (h_{\text{pump}})_{\text{req'd}}$$

$$= 0 + \frac{V^2}{2(9.81 \text{ m/s}^2)} + 40 \text{ m} + 0 + (0.015)\left(\frac{100 \text{ m}}{0.1 \text{ m}}\right)\left[\frac{V^2}{2(9.81 \text{ m/s}^2)}\right]$$

또한 유량은 다음과 같이 표현이 가능하다.

$$Q = V[\pi(0.05 \text{ m})^2]$$

위 두 등식을 합친 결과는 다음과 같다.

$$(h_{\text{pump}})_{\text{req'd}} = [40 + 13.22 (10^3) Q^2] \text{ m} \tag{1}$$

식 (1)의 그래프를 그림 14-19b에 나타내었다. 펌프 수두 $(h_{\text{pump}})_{\text{req'd}}$는 펌프에 의해 시스템에 유량 $Q_{\text{req'd}}$를 제공하기 위해 공급되어야 한다. 이 곡선은 펌프에 대한 제조업체의 성능 곡선이다. (편의를 위해 Q의 단위를 m³/s로 하였으나, 실제로는 L/min을 더 자주 쓴다.) 175 mm 직경의 임펠러를 장착한 펌프의 경우 작동점 O는 성능 곡선과 시스템 수두 곡선이 교차하는 점에 위치해 있고, 이 점을 그래프에서 확인해보면 대략 $Q = 0.022$ m³/s이며(Ans.), $(h_{\text{pump}})_{\text{req'd}} = 46$ m이다. 따라서 이 펌프를 선택한 경우, 해당 유량에서의 효율은 성능 곡선을 통해 $\eta = 84\%$임을 알 수 있다.[*] 최대 효율점인 86%와 비교해보면 175 mm 직경의 임펠러를 장착한 해당 펌프를 선택하는 것이 적절하다.

흥미로운 점은, 만약 물의 수위와 저장 탱크 사이의 고도 차이가 40 m 대신 30 m였다면, 식 (1)의 그래프가 그림 14-19b의 점선에 해당한다는 것이다. 이 경우 작동점 O'에서의 유량은 0.0275 m³/s이나 효율은 $\eta = 78\%$ 정도로 다소 낮아 동일한 조건에서도 175 mm 직경의 임펠러를 장착한 펌프가 적절하지 않은 선택이 될 것이다. 이 시스템에 맞는 더 효율적인 펌프를 선택하기 위해서는 다른 펌프의 성능 곡선이 고려되어야 할 것이다.

---

[*] 성능 곡선에서 알 수 있듯이, 직경이 작은 임펠러를 가진 펌프는 더 낮은 효율을 가진다.

14.9 터보기계의 상사성

이전의 두 절에서는 요구되는 유량을 공급하기 위한 반경류 펌프 선택방법을 알아보았다. 그러나 축류 펌프, 반경류 펌프, 혼류 펌프처럼 특정 작업에 최적화된 펌프 **종류**를 선택해야 한다면, 차원해석을 사용하여 각각의 성능 변수를 기계의 기하학적 구조와 유동 특성을 포함하는 무차원항으로 표현하는 것이 편리하다. 이 무차원항을 사용하면 펌프의 성능을 유사한 유형의 펌프와 비교할 수 있으며, 펌프 모형을 만들 때 성능 변수를 시험하거나 원형의 특성을 예측하기 위해서도 사용할 수 있다.

14.6절에서 성능 곡선을 만들 때, **종속변수**로 펌프 수두 h, 동력 $\dot{W}$, 효율 η를 사용하는 것이 편리하다는 것을 알게 되었다. 또한 실험을 통해 이 세 종속변수들이 유체 속성 ρ, μ, 유량 Q, 임펠러의 회전 ω, 임펠러 직경 D와 같은 '특성길이' 등의 영향을 받는다는 것을 알게 되었다. 따라서 이 세 종속변수들과 독립변수들의 함수적 관계를 세울 수 있다.

$$gh = f_1(\rho, \mu, Q, \omega, D)$$
$$\dot{W} = f_2(\rho, \mu, Q, \omega, D)$$
$$\eta = f_3(\rho, \mu, Q, \omega, D)$$

차원해석의 편의를 위해 gh, 즉 단위질량당 에너지를 고려하였다. 8장에서 다루었던 버킹험의 파이 정리를 적용한다면, 이 세 함수 안에서 변수들의 무차원항을 만들 수 있다.[*]

$$\frac{gh}{\omega^2 D^2} = f_4\left(\frac{Q}{\omega D^3}, \frac{\rho \omega D^2}{\mu}\right)$$

$$\frac{\dot{W}}{\rho \omega^3 D^5} = f_5\left(\frac{Q}{\omega D^3}, \frac{\rho \omega D^2}{\mu}\right)$$

$$\eta = f_6\left(\frac{Q}{\omega D^3}, \frac{\rho \omega D^2}{\mu}\right)$$

위 세 등식의 좌변에 해당하는 무차원항들을 **수두계수**(head coefficient), **동력계수**(power coefficient), **효율**(efficiency)이라 부른다. 우변의 $Q/\omega D^3$는 **유량계수**(flow coefficient)이며, $\rho \omega D^2/\mu$는 펌프 내부의 점성력의 영향을 고려한 레이놀즈수의 형태이다. 펌프나 터빈의 경우 이 무차원수($\rho \omega D^2/\mu$)가 유량계수와 비교하여 세 종속변수의 크기에 영향을 주지 않는다는 것이 실험을 통해 밝혀졌다. 결과적으로 이 무차원수를 배제하고 다음과 같이 표현할 수 있다.

$$\frac{gh}{\omega^2 D^2} = f_7\left(\frac{Q}{\omega D^3}\right), \quad \frac{\dot{W}}{\rho \omega^3 D^5} = f_8\left(\frac{Q}{\omega D^3}\right), \quad \eta = f_9\left(\frac{Q}{\omega D^3}\right)$$

---

[*] 예시로 연습문제 8-37과 8-39를 참고하라.

펌프의 척도법칙 특정 종류의 펌프에 대하여 실험을 통해 3가지 함수적 관계를 구할 수 있는데, 이는 유동계수를 변화시켜 가며 수두계수, 동력계수, 효율의 그래프를 그리는 것을 요구한다. 이 곡선들은 그림 14-20과 유사한 형태를 가질 것이며, 그 형태가 축류, 반경류, 혼류와 같은 펌프 종류와 관계없을 것이므로, 이 계수는 **펌프의 척도법칙**(pump scaling law) 또는 **펌프의 상사법칙**(pump affinity law)이 된다. 즉, 이 계수를 활용하여 동일한 종류의 다른 두 펌프를 설계하고 비교할 수 있다. 예를 들어, 동일한 종류의 두 펌프의 유동계수가 동일하다면, 다음과 같은 관계식을 만족한다.

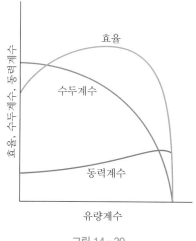

그림 14-20

$$\frac{Q_1}{\omega_1 D_1^3} = \frac{Q_2}{\omega_2 D_2^3} \qquad (14\text{-}31)$$

유량계수

이와 비슷한 방식으로 나머지 두 계수들 또한 관계식을 세울 수 있으므로, 두 반경류 펌프 또는 모형과 원형 등을 비교하여 이들의 척도를 구할 수 있다. 만약 동일한 유체가 사용되었다면 ρ와 g가 소거되므로 다음과 같이 표현이 가능하다.

$$\frac{h_1}{\omega_1^2 D_1^2} = \frac{h_2}{\omega_2^2 D_2^2} \qquad (14\text{-}32)$$

수두계수

$$\frac{\dot{W}_1}{\omega_1^3 D_1^5} = \frac{\dot{W}_2}{\omega_2^3 D_2^5} \qquad (14\text{-}33)$$

동력계수

$$\eta_1 = \eta_2$$

효율

이전에 언급하였듯이 반경류 펌프는 종종 다양한 직경의 임펠러를 케이싱 내부에 장착할 수 있으며 각속도 또한 변경할 수 있다. 그 결과로 척도법칙을 활용하여 D 나 ω가 변할 때 달라지는 Q, h, $\dot{W}$ 등을 예측할 수 있다. 예를 들어, 만약 펌프 임펠러의 직경이 D_1일 때 수두 h_1을 생산할 수 있으면, 동일한 ω를 가정하였을 때 수두계수를 활용하여 동일한 펌프의 임펠러 직경이 D_2일 때의 수두 h_2는 $h_1(D_2^2/D_1^2)$ 가 될 것이다.

비속도 특정 작업에 사용되는 터보기계의 **종류**를 선택할 때, 때로는 기계의 길이성분이 포함되지 않은 무차원항을 이용하는 것이 유용하다. 이 변수를 **비속도** (specific speed) N_s라 부르며, 차원해석을 진행하거나 유량계수와 수두계수의 비에서 임펠러의 직경 D를 소거하는 방식 등으로 구할 수 있다.

$$N_s = \frac{\omega Q^{1/2}}{(gh)^{3/4}} \qquad (14\text{-}34)$$

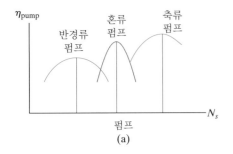

그림 14-21

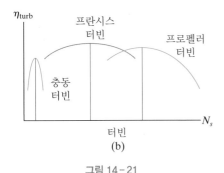

N_s 값에 따른 임펠러 선택

그림 14-22

각 종류의 터보기계에 대하여, N_s에 대한 효율의 그래프가 그림 14-21에 그려져 있다. 참고문헌 [15]를 참조하라. 특정 종류의 터보기계에 대하여 최고 효율은 각각의 곡선의 정점에서 발생하며, 이는 비속도 N_s의 특정한 값에 위치한다. 예를 들어, 그림 14-21a에서 본질적으로 낮은 비속도에서 구동하는 반경류 펌프는 높은 수두(고압)와 작은 유량을 만들어낸다. 반면 축류 펌프는 많은 유량을 만들어내며 낮은 수두(저압)를 발생시킨다. 이런 펌프들은 높은 비속도에서 작동하여 공동현상이 발생하기 쉽다. 혼류 펌프는 중간 범위의 비속도에서 작동한다. 이러한 3가지 펌프의 임펠러 형상이 그림 14-22에 나타나 있다. 이러한 경향은 그림 14-21b와 같이 터빈에서도 동일하게 적용된다.

요점정리

- 터보기계의 기계적 마찰과 유체 마찰손실 등이 존재하므로, 기계의 실제 성능은 실험을 통해 측정해야 한다.
- 공동현상은 터보기계 내에서 액체 압력이 증기압보다 낮아지는 곳에서 발생할 수 있다. 공동현상의 발생을 억제하기 위해 $(NPSH)_{avail}$이 $(NPSH)_{req'd}$보다 큰 터보기계를 선택하는 것이 중요하다.
- 유량에 대한 효율, 총 수두, 동력의 성능 곡선은 특정한 작업에 필요한 적절한 크기의 펌프를 고르는 수단을 제공한다. 그 펌프는 해당 유체 시스템의 요구되는 유량과 총 수두와 일치해야 하며, 그와 동시에 펌프의 효율 또한 높아야 한다.
- 펌프나 터빈의 성능 특성은 무차원항인 수두, 동력, 유량계수를 이용하여 기하학적으로 유사한 펌프나 모형 등의 그것과 비교할 수 있다.
- 특정한 작업에 알맞은 터보기계의 선택 기준은 기계의 비속도에 달려 있다. 예를 들어, 반경류 펌프는 낮은 유량과 높은 수두로 유체를 수송하기에 적합한 반면, 축류 펌프는 높은 유량과 낮은 수두로 유체를 수송하기에 알맞다.

예제 14.10

저수지 댐의 터빈은 수두 90 m에서 작동하며 50 m³/s의 유량을 방출한다. 만약 저수지의 수심이 감소하여 수두가 60 m가 된다면, 동일한 터빈에 의한 출수량을 구하시오.

풀이

$h_1 = 90$ m이고 $Q_1 = 50$ m^3/s이다. $h_2 = 60$ m가 주어졌으므로, 유량계수와 수두계수의 미지수 ω_1, ω_2를 소거하여 h와 Q 사이의 관계식을 구할 것이다. 식 (14-31)과 (14-32)를 활용한 결과는 다음과 같다.

$$\frac{\omega_1}{\omega_2} = \frac{Q_1 D_2^3}{Q_2 D_1^3} \tag{1}$$

$$\frac{\omega_1^2}{\omega_2^2} = \frac{h_1 D_2^2}{h_2 D_1^2} \tag{2}$$

그러므로

$$\frac{Q_1^2 D_2^4}{Q_2^2 D_1^4} = \frac{h_1}{h_2} \tag{2}$$

이때 $D_1 = D_2$이므로 다음과 같다.

$$Q_2 = Q_1 \sqrt{\frac{h_2}{h_1}}$$

$$= (50 \text{ m}^3/\text{s}) \sqrt{\frac{60 \text{ m}}{90 \text{ m}}} = 40.8 \text{ m}^3/\text{s} \qquad Ans.$$

예제 14.11

그림 14-23의 프란시스 터빈은 수두 10 m에서 75 rev/min의 각속도로 회전하여 동력 85 kW와 출수량 0.10 m^3/s를 만들어낸다. 만약 안내 날개가 고정되어 있다면, 수두가 3 m일 때의 각속도를 구하시오. 또한 이때의 출수량과 예상 동력을 구하시오.

풀이

$\omega_1 = 75$ rev/min, $h_1 = 10$ m, $\dot{W}_1 = 85$ kW, 그리고 $Q_1 = 0.10$ m^3/s이다. $h_2 = 3$ m일 때, 식 (14-32)의 수두계수 상사성을 통해 ω_2를 찾을 수 있다.

$$\frac{h_1}{\omega_1^2 D_1^2} = \frac{h_2}{\omega_2^2 D_2^2}$$

이때 $D_1 = D_2$이므로,

$$\omega_2 = \omega_1 \sqrt{\frac{h_2}{h_1}}$$

$$= (75 \text{ rev/min}) \sqrt{\frac{3 \text{ m}}{10 \text{ m}}}$$

$$= 41.08 \text{ rev/min} = 41.1 \text{ rev/min} \qquad Ans.$$

Q_2를 찾기 위해서는 식 (14-31)의 유량계수 상사성을 활용할 것이며, $D_1 = D_2$이므로 다음과 같이 표현이 가능하다.

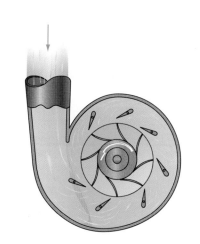

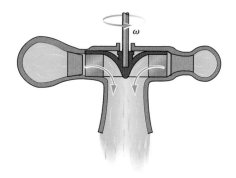

그림 14-23

$$Q_2 = Q_1 \left(\frac{\omega_2}{\omega_1} \right)$$

$$= \left(0.10 \text{ m}^3/\text{s} \right) \left(\frac{41.08 \text{ rev/min}}{75 \text{ rev/min}} \right) = 0.0548 \text{ m}^3/\text{s} \qquad Ans.$$

마지막으로, $\dot{W}_2$는 식 (14–33)의 동력계수 상사성을 활용하여 $D_1 = D_2$일 때 다음과 같이 구할 수 있다.

$$\dot{W}_2 = \dot{W}_1 \left(\frac{\omega_2}{\omega_1} \right)^3$$

$$= (85 \text{ kW}) \left(\frac{41.08 \text{ rev/min}}{75 \text{ rev/min}} \right)^3 = 14.0 \text{ kW} \qquad Ans.$$

예제 14.12

펌프 임펠러의 직경은 250 mm이며, 작동 시 0.15 m³/s의 출수량을 수두 6 m에서 만들어낸다. 필요 축동력은 9 kW이다. 유사한 종류의 펌프가 10 m 수두에서 0.25 m³/s의 출수량을 만들어내기 위한 임펠러 직경을 구하시오. 또한 이때의 예상 필요 축동력을 구하시오.

풀이

$D_1 = 250$ mm, $Q_1 = 0.15$ m³/s, $h_1 = 6$ m, $\dot{W}_1 = 9$ kW이다. $Q_2 = 0.25$ m³/s, $h_2 = 10$ m이므로, 예제 14.10의 식 (2)를 활용하여 각속도 비율 ω_1/ω_2를 소거하여 D_2를 찾을 수 있다.

$$\frac{Q_1^2 D_2^4}{Q_2^2 D_1^4} = \frac{h_1}{h_2}$$

$$D_2 = D_1 \left(\frac{Q_2}{Q_1} \right)^{1/2} \left(\frac{h_1}{h_2} \right)^{1/4}$$

$$= (250 \text{ mm}) \left(\frac{0.25 \text{ m}^3/\text{s}}{0.15 \text{ m}^3/\text{s}} \right)^{1/2} \left(\frac{6 \text{ m}}{10 \text{ m}} \right)^{1/4} = 284.05 \text{ mm} = 284 \text{ mm} \qquad Ans.$$

예제 14.10의 식 (1) 또는 유량계수로부터 각속도 비율을 구할 수 있다.

$$\frac{\omega_1}{\omega_2} = \frac{Q_1 D_2^3}{Q_2 D_1^3}$$

따라서 일정한 ρ와 동력계수 상사성을 활용하여 다음과 같은 관계식을 구할 수 있다.

$$\frac{\dot{W}_1}{\omega_1^3 D_1^5} = \frac{\dot{W}_2}{\omega_2^3 D_2^5}$$

$$\frac{\dot{W}_1}{\dot{W}_2} = \left(\frac{\omega_1}{\omega_2} \right)^3 \left(\frac{D_1}{D_2} \right)^5 = \left(\frac{Q_1}{Q_2} \right)^3 \left(\frac{D_2}{D_1} \right)^9 \left(\frac{D_1}{D_2} \right)^5 = \left(\frac{Q_1}{Q_2} \right)^3 \left(\frac{D_2}{D_1} \right)^4$$

따라서 필요 축동력은 다음과 같다.

$$\dot{W}_2 = \dot{W}_1 \left(\frac{Q_2}{Q_1} \right)^3 \left(\frac{D_1}{D_2} \right)^4 = (9 \text{ kW}) \left(\frac{0.25 \text{ m}^3/\text{s}}{0.15 \text{ m}^3/\text{s}} \right)^3 \left(\frac{250 \text{ mm}}{284.05 \text{ mm}} \right)^4 = 25.0 \text{ kW} \qquad Ans.$$

참고문헌

1. W. Janna, *Introduction to Fluid Mechanics*, Cengage Learning, Mason, OH, 1983.

2. F. Yeaple, *Fluid Power Design Handbook*, Marcel Dekker, New York, NY, 1984.

3. R. Warring, *Pumping Manual*, 7th ed., Gulf Publishing, Houston, TX, 1984.

4. O. Balje, *Turbomachines: A Guide to Design, Selection and Theory*, John Wiley, New York, NY, 1981.

5. I. J. Karassick, *Pump Handbook*, 2th ed., McGraw-Hill, New York, NY, 1995.

6. R. Evans et al., *Pumping Plant Performance Evaluation*, North Carolina Cooperative Extension Service, Publ. No. AG 452-6.

7. G. M. Jones et al., *Pumping Station Design*, 3rd ed., Butterworth-Heinemann, London, 2008.

8. I. J. Karassick, *Pump Handbook*, McGraw-Hill, New York, NY.

9. *Hydraulic Institute Standards*, 14th ed., Hydraulic Institute, Cleveland, OH, 1983.

10. P. N. Garay, *Pump Application Desk Book*, Fairmont Press, Lilburn, GA, 1990.

11. G. F. Wislicenus, *Fluid Mechanics of Turbomachinery*, 2nd ed., Dover Publications, New York, NY, 1965.

12. *Performance Test Codes: Centrifugal Pumps*, ASME PTC 8.2-1990, New York, NY, 1990.

13. *Equipment Testing Procedure: Centrifugal Pumps*, American Institute of Chemical Engineers, New York, NY, 2002.

14. E. S. Logan and R. Roy, *Handbook of Turbomachinery*, 2nd ed., Marcel Dekker, New York, NY, 2003.

15. J. A. Schetz and A. E. Fuhs, *Handbook of Fluid Dynamics and Fluid Machinery*, John Wiley, New York, NY, 1996.

16. L. Nelik, *Centrifugal and Rotary Pumps*, CRC Press, Boca Raton, FL, 1999.

연습문제

14.1–14.2절

E14-1 그림의 축류 펌프는 출수량 $0.20 \ \text{m}^3/\text{s}$를 만들어낸다. 만약 임펠러의 각속도가 $\omega = 150 \ \text{rad/s}$라면, 물이 회전익을 통과한 뒤 고정익에 접근하는 속도를 구하시오. 회전익을 떠나는 물과 임펠러의 상대 속도는 무엇인가? 임펠러의 평균 반경은 80 mm이며, 각도는 그림에 나타나 있다.

E14-2 그림의 축류 펌프는 출수량 $0.20 \ \text{m}^3/\text{s}$를 만들어낸다. 만약 임펠러의 각속도가 $\omega = 150 \ \text{rad/s}$라면, 펌프에 가해지는 동력을 구하시오. 임펠러의 평균 반경은 80 mm이며, 각도는 그림에 나타나 있다.

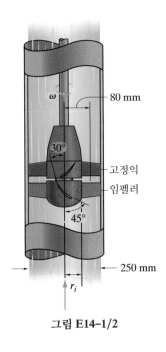

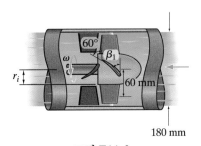

그림 E14-1/2

E14-3 그림의 축류 펌프는 출수량 $0.150 \ \text{m}^3/\text{s}$를 만들어낸다. $\alpha_1 = 90°$이기 위한 β_1을 구하시오. 또한 펌프에 가해지는 동력을 구하시오. 임펠러의 평균 반경은 60 mm이며, 각속도는 $\omega = 200 \ \text{rad/s}$이다.

그림 E14-3

*E14-4 그림의 축류 펌프는 출수량 $0.095 \ \text{m}^3/\text{s}$를 만들어낸다. 만약 임펠러의 각속도가 $\omega = 80 \ \text{rad/s}$라면, $\alpha_1 = 90°$이기 위한 β_1을 구하시오. 또한 회전익 전단에 접근하는 물과 임펠러의 상대 속도를 구하시오.

E14-5 그림의 축류 펌프는 출수량 $0.095 \ \text{m}^3/\text{s}$를 만들어낸다. 만약 임펠러의 각속도가 $\omega = 80 \ \text{rad/s}$이며 임펠러의 평균 반경이 75 mm라면, 회전익 후단을 통과하는 물의 속도와 이때 임펠러와의 상대 속도를 구하시오.

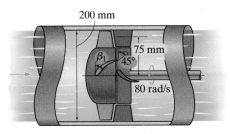

그림 E14-4/5

E14-6 한 축류 펌프는 평균 반경 100 mm의 임펠러를 장착하고 있으며, 이 임펠러는 1200 rev/min의 각속도로 회전하고 있다. 회전익 후단의 각도는 $\alpha_2 = 70°$이다. 만약 고정익의 후단을 통과하는 물의 속력이 8 m/s라면, 이때 물의 속도의 접선성분과 고정익과의 상대 속도를 구하시오.

E14-7 그림의 축류 펌프는 30 rad/s의 각속도로 출수량 $4(10^{-3})$ m^3/s를 만들어낸다. 만약 회전익 후단의 각도가 35°일 때, 회전익 후단을 통과하는 물의 속도와 이 속도의 접선성분을 구하시오.

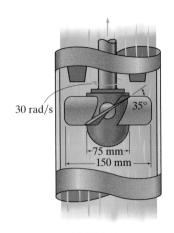

그림 E14-7

14.3–14.4절

*E14-8 40 mm 폭의 임펠러 회전익을 가진 반경류 펌프 입구에 접근하는 수류의 방향은 그림과 같이 20°로 변한다. 만약 회전익을 통과하는 수류의 각도가 40°라면, 임펠러에 가해야 하는 축동력을 구하시오.

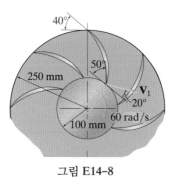

그림 E14-8

E14-9 40 mm 폭의 임펠러 회전익을 가진 반경류 펌프 입구에 접근하는 수류의 방향은 그림과 같이 20°로 변한다. 만약 회전익을 통과하는 수류의 각도가 40°라면, 이 펌프에 의한 총 수두를 구하시오.

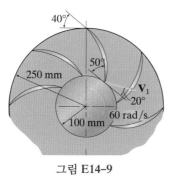

그림 E14-9

E14-10 반경류 펌프의 회전익이 300 rad/s의 각속도로 회전한다. 만약 펌프의 출수량이 30(10³) L/min이라면, 이 펌프의 이상적인 펌프 수두를 구하시오. 회적익의 폭은 60 mm이다.

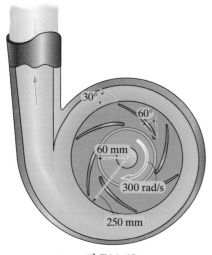

그림 E14-10

E14-11 반경류 펌프의 회전익이 180 rad/s의 각속도로 회전한다. 만약 회전익의 폭이 60 mm라면, 이 펌프의 출수량을 구하시오.

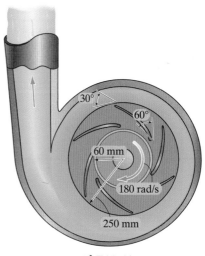

그림 E14-11

*E14-12 반경류 펌프의 회전익이 300 rad/s의 각속도로 회전한다. 만약 펌프의 출수량이 30(10³) L/min이라면, 회전익에 접근하고 통과하는 수류의 속도를 구하시오. 회전익의 폭은 60 mm이다.

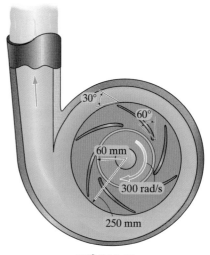

그림 E14-12

E14-13 $V_1 = 6$ m/s의 수류가 임펠러를 통과하며 $V_2 = 10$ m/s가 되었다. 만약 펌프의 출수량이 0.04 m³/s이며 회전익의 폭이 20 mm라면, 펌프의 축에 가해야 하는 토크를 구하시오.

E14-14 임펠러를 통과하는 물의 유량이 0.04 m³/s이다. 만약 회전익의 폭이 20 mm이며 회전익 전단과 후단에서의 수류의 방향이 각각 $\alpha_1 = 45°$, $\alpha_2 = 10°$라면, 이 펌프의 축에 가해야 하는 토크를 구하시오.

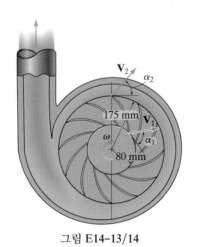

그림 E14-13/14

E14-15 반경류 펌프의 이상적인 펌프 수두를 $h_{pump} = (U_2 V_2 \cos \alpha_2)/g$ 로부터 구할 수 있음을 증명하시오. V_2는 회전익의 후단을 통과하는 물의 속도이다. 물은 처음부터 반경방향으로 흘러 회전익에 접근한다.

*E14-16 임펠러 1200 rev/min의 각속도로 회전하며 0.03 m³/s의 출수량을 만들어낸다. 임펠러 회전익의 후단을 통과하는 수류의 속도를 구하시오. 또한 펌프의 이상적인 동력과 이상적인 펌프 수두를 구하시오.

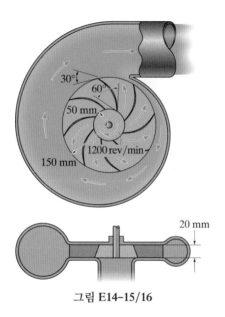

그림 E14-15/16

E14-17 반경류 펌프의 임펠러가 900 rev/min의 각속도로 회전한다. 만약 회전익의 폭이 50 mm이며 회전익의 전단과 후단의 각도가 그림과 같다면, 펌프의 동력을 구하시오. 물은 처음부터 반경방향으로 흘러 회전익에 접근한다.

E14-18 반경류 펌프의 임펠러가 900 rev/min의 각속도로 회전한다. 만약 회전익의 폭이 50 mm이며 회전익의 전단과 후단의 각도가 그림과 같다면, 회전익의 전단과 후단을 지나는 수류의 속도를 구하시오. 물은 처음부터 반경방향으로 흘러 회전익에 접근한다.

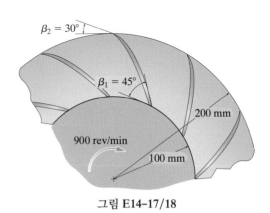

그림 E14-17/18

E14-19 반경 팬은 건물의 배관으로 공기를 주입하는 역할을 한다. 만약 공기의 온도가 $30°$C이며 임펠러가 80 rad/s의 각속도로 회전한다면, 모터의 출력동력을 구하시오. 회전익의 폭은 20 mm이며, 공기는 회전익에 반경방향으로 접근하며 30 m/s의 속도로 탈출한다.

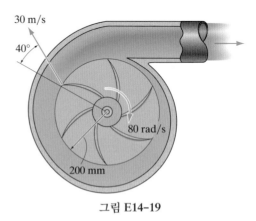

그림 E14-19

*E14-20   30℃의 공기가 폭 80 mm인 블로워의 회전익에 반경방향으로 접근하며 $\beta_2 = 40°$인 회전익 후단을 통과한다. 이 회전익을 120 rad/s의 각속도로 회전시키며 2.50 m³/s의 유량을 만드는 데 필요한 동력을 구하시오.

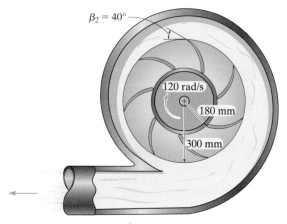

그림 E14-20

E14-21   원심 펌프의 회전익은 폭이 30 mm이며 60 rad/s의 각속도로 회전한다. 물은 반경방향으로 회전익에 접근하며 그림과 같이 20 m/s의 속도로 탈출한다. 출수량이 0.4 m³/s일 때, 펌프의 축에 가해야 하는 토크를 구하시오.

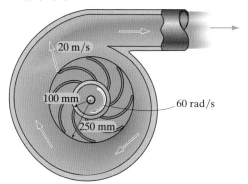

그림 E14-21

E14-22   물이 반경방향으로 임펠러의 회전익에 접근하고 16 m/s의 속도로 탈출한다. 만약 임펠러가 1200 rev/min의 각속도로 회전하며 출수량 48(10³) L/min을 만들어낸다면, 회전익의 후단 각도 β_2와 펌프의 효율이 $\eta = 0.65$일 때의 동력을 구하시오. 회전익의 폭은 80 mm이다.

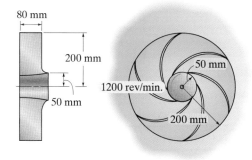

그림 E14-22

14.5절

E14-23 $V_a = 6$ m/s의 속도로 흐르는 물이 고정익을 통과하여 축류 터빈의 회전익에 $\alpha_1 = 30°$의 각도로 접근한다. 만약 터빈의 회전익이 60 rad/s의 각속도로 회전한다면, 이 유동을 올바르게 받아내기 위한 회전익 전단의 각도 β_1을 구하시오. 또한 $\beta_2 = 15°$를 통과하는 물을 받아내기 위한 두 번째 고정익의 각도 α_2를 구하시오. 터빈의 평균 반경은 500 mm이다.

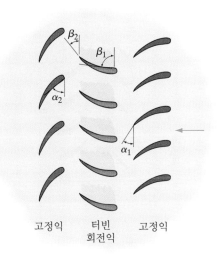

그림 E14-23

*E14-24 $V_a = 6$ m/s의 속도로 흐르는 물이 고정익을 통과하여 축류 터빈의 회전익에 $\alpha_1 = 30°$의 각도로 접근한다. 회전익의 평균 반경은 500 mm이다. 만약 $\beta_2 = 15°$이며 터빈의 회전익이 60 rad/s의 각속도로 회전하여 유량 10 m³/s를 만들어낸다면, 물에 의한 토크를 구하시오.

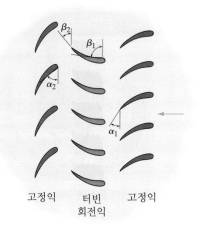

그림 E14-24

E14-25 가스 터빈의 회전익이 80 rad/s의 각속도로 회전하고 있다. 회전익의 평균 반경이 400 mm이며, 수평방향으로 고정익에 접근하는 초기 유동의 유속이 $V_a = 8$ m/s일 때, 회전익을 통과하는 동안 가스 유동과 회전익 간의 상대 속도를 구하시오. 또한 회전익 전단의 각도 β_1과 후단을 통과하는 유동의 각도 α_2를 구하시오.

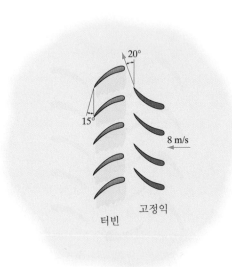

그림 E14-25

E14-26 물이 직경 400 mm의 토출관을 따라 2 m/s의 유속으로 흐른다. 그림의 노즐들은 직경 50 mm이며, 이 노즐을 통과한 물줄기는 펠톤 수차에 접선방향으로 향한다. 수차가 10 rad/s의 각속도로 회전할 때, 수차에 의해 생성된 토크와 동력을 구하시오.

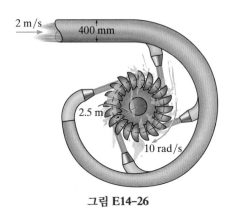

그림 E14-26

E14-27 물이 호수로부터 직경 300 mm, 길이 300 m의 파이프를 따라 흐른다. 이 파이프의 마찰계수는 $f = 0.015$이다. 이 파이프를 통과한 물은 직경 60 mm의 노즐에서 나와 160° 굴절각도의 버킷을 가진 펠톤 수차를 돌린다. 수차가 최적의 환경으로 돌 때의 동력과 토크를 구하시오. 부차적인 손실은 무시한다.

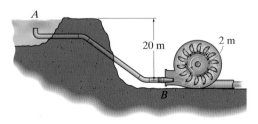

그림 E14-27

*E14-28 펠톤 수차의 버킷은 그림과 같이 직경 150 mm의 물줄기를 120°의 각도로 굴절시킨다. 만약 노즐을 나온 물줄기의 속도가 30 m/s라면, 이 물줄기가 30 rev/min의 각속도로 회전하는 수차에 가한 동력을 구하시오.

E14-29 펠톤 수차의 버킷은 그림과 같이 직경 150 mm의 물줄기를 120°의 각도로 굴절시킨다. 만약 노즐을 나온 물줄기의 속도가 30 m/s라면, 토크 $T = 55.7$ kN · m를 만들기 위한 각속도를 구하시오. 생성되는 동력을 최대화시키기 위한 각속도는 얼마인가?

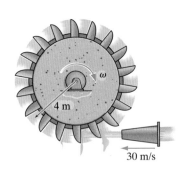

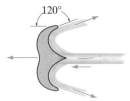

그림 E14-28/29

E14-30 그림과 같이 물이 16 m/s의 유속으로 프란시스 터빈의 회전익에 접근한다. 만약 회전익이 120 rev/min의 각속도로 회전하고 회전익 후단을 통과한 유동의 방향이 반경방향이라면, 터빈에 공급되는 동력을 구하시오. 회전익의 폭은 100 mm이다.

E14-31 그림과 같이 물이 16 m/s의 유속으로 프란시스 터빈의 회전익에 접근한다. 만약 회전익이 120 rev/min의 각속도로 회전하고 회전익 후단을 통과한 유동의 방향이 반경방향이라면, 터빈의 이상적인 수두를 구하시오. 회전익의 폭은 100 mm이다.

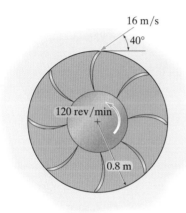

그림 E14-30/31

*****E14-32** 물이 $\alpha_1 = 50°$의 각도로 카플란 터빈에 접근하고 축류 방향으로 통과한다. 각 회전익의 내부 반경은 200 mm, 외부 반경은 600 mm이다. 만약 회전익이 $\omega = 28$ rad/s의 각속도로 회전하며 유량 8 m³/s를 만들어낸다면, 물이 터빈에 전달하는 동력을 구하시오.

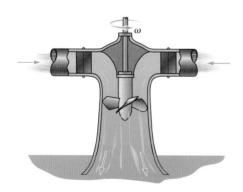

그림 E14-32

E14-33 프란시스 터빈의 회전익이 40 rad/s의 각속도로 회전하며 출수량 0.5 m³/s를 만든다. 물이 회전익 전단에 $\alpha_1 = 30°$로 접근하며 반경방향으로 통과할 때, 터빈의 축에 가해지는 토크와 동력을 구하시오.

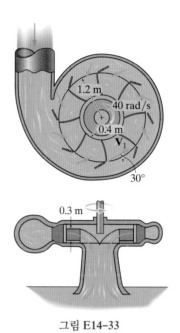

그림 E14-33

E14-34 프란시스 터빈의 회전익이 40 rad/s의 각속도로 회전하며 출수량 0.5 m³/s를 만든다. 물이 회전익 전단에 $\alpha_1 = 30°$로 접근하며 반경방향으로 통과한다. 만약 회전익의 폭이 0.3 m이며 총 수두 3 m 이내에서 작동한다면, 이 터빈의 수력 효율을 구하시오.

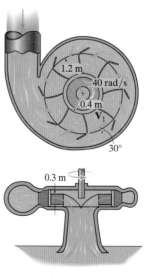

그림 E14-34

E14-35 그림과 같이 물이 폭 50 mm의 회전익에 20 m/s의 속도로 접근한다. 만약 회전익이 75 rev/min의 각속도로 회전하며 회전익 후단을 통과하는 수류의 방향이 반경방향이라면, 터빈에 가해지는 동력을 구하시오.

*E14-36 그림과 같이 물이 폭 50 mm의 회전익에 20 m/s의 속도로 접근한다. 만약 회전익이 75 rev/min의 각속도로 회전하며 회전익 후단을 통과하는 수류의 방향이 반경방향이라면, 터빈의 이상적인 수두를 구하시오.

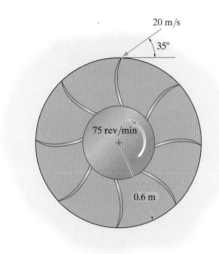

그림 E14-35/36

E14-37 축류 터빈의 회전익 각도가 $\alpha_1 = 30°$, $\beta_1 = 60°$, $\beta_2 = 30°$라면, 직경 500 mm의 회전익에 접근하고 통과하는 수류의 속도를 구하시오. 회전익은 70 rad/s의 각속도로 회전한다.

E14-38 카플란 터빈의 회전익은 평균 반경 0.6 m이며 50 rad/s의 각속도로 회전하여 유량 40 m³/s를 만들어낸다. 만약 각도가 $\alpha_1 = 35°$, $\beta_1 = 70°$, $\beta_2 = 40°$라면, 터빈의 이상적인 동력을 구하시오.

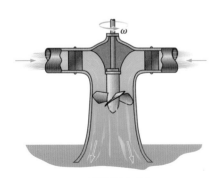

그림 E14-38

E14-39 폭 90 mm인 프란시스 터빈의 회전익을 따라 흐르는 유속이 그림과 같다. 만약 $V_1 = 18$ m/s이며 회전익이 80 rad/s의 각속도로 회전한다면, 회전익 후단을 탈출하는 수류의 상대 속도를 구하시오. 또한 β_1과 β_2를 구하시오.

*E14-40 폭 90 mm인 프란시스 터빈의 회전익을 따라 흐르는 유속이 그림과 같다. 만약 회전익이 80 rad/s의 각속도로 회전하며 유량 1.40 m³/s를 만들어낸다면, 터빈의 동력을 구하시오.

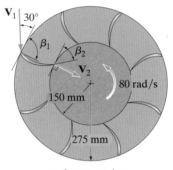

그림 E14-39/40

14.6–14.8절

E14-41 175 mm 직경의 임펠러를 장착한 반경류 펌프의 성능 곡선이 그림 14-13에 그려져 있다. 저수지 수면으로부터 $h = 42$ m 떨어진 탱크의 수면에 이 펌프로 물을 채울 때, 대략적인 유량을 구하시오. 부차적인 손실은 무시하고, 길이 40 m이고 직경 80 mm인 파이프의 마찰계수는 $f = 0.02$이다.

E14-42 150 mm 직경의 임펠러를 장착한 반경류 펌프의 성능 곡선이 그림 14-13에 그려져 있다. 저수지 수면으로부터 $h = 34$ m 떨어진 탱크의 수면에 이 펌프로 물을 채울 때, 대략적인 유량을 구하시오. 직경 80 mm인 호스의 마찰저항은 무시하고, $K_L = 3.5$라 가정하고 부차적인 손실을 고려하라.

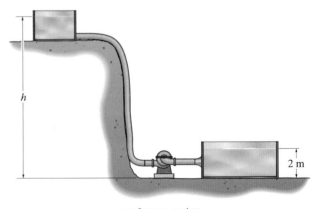

그림 E14-41/42

E14-43 20°C의 물이 직경이 50 mm인 아연도금 철(galvanized iron) 재질의 파이프를 이용하여 저수지로부터 트럭의 물탱크로 옮겨진다. 만약 펌프의 성능 곡선이 아래의 그림과 같다면, 펌프가 생성해낼 수 있는 최대한의 유량을 구하시오. 파이프의 총 길이는 50 m이다. 5개의 엘보에 의한 부차적인 손실을 고려하라.

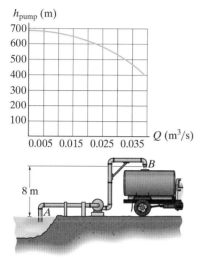

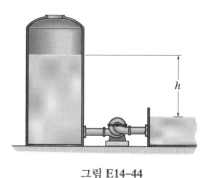

그림 E14-43

*E14-44 직경 150 mm의 임펠러를 장착한 반경류 펌프의 성능 곡선이 그림 14-16에 그려져 있다. 이 펌프를 사용하여 아래 그림과 같이 저장고의 물을 탱크로 옮길 때, 펌프의 유량이 1200 L/min인 경우의 펌프 효율을 구하시오. 또한 탱크에 최대한으로 물을 채웠을 때의 h를 구하시오. 유동 중에 발생하는 손실은 모두 무시한다.

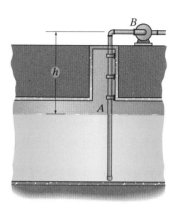

그림 E14-44

E14-45 지하수 탱크의 $T=25$°C의 물을 길이 6 m의 파이프와 펌프로 빼내려고 한다. 파이프의 직경은 100 mm이며 마찰계수는 $f=0.02$이다. 파이프 내부의 유속이 4 m/s이며 $h=3$ m일 때 공동현상이 일어나는지 확인하시오. 그림 14-16의 성능 곡선을 활용하라. 대기압은 101.3 kPa이며, 부차적인 손실은 무시한다.

E14-46 지하수 탱크의 $T=25$°C의 물을 길이 6 m의 파이프와 펌프로 빼내려고 한다. 파이프의 직경은 100 mm이며 마찰계수는 $f=0.02$이다. 파이프 내부의 유속이 4 m/s이며 $h=4$ m일 때 공동현상이 일어나는지 확인하시오. 그림 14-16의 성능 곡선을 활용하라. 대기압은 101.3 kPa이며, 부차적인 손실은 무시한다.

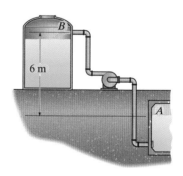

그림 E14-45/46

E14-47 파이프 시스템은 직경 80 mm에 길이 35 m이며, 아연도금 철 재질로 이루어진 파이프, 완전히 열린 밸브, 4개의 엘보, 플러시 입구, 아래의 그림과 같은 성능 곡선을 가진 펌프로 구성되어 있다. 마찰계수가 $f=0.022$일 때, 유량과 그때의 펌프 수두를 예측하시오.

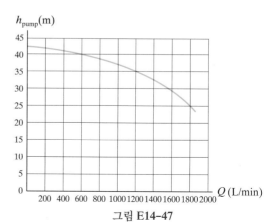

그림 E14-47

14.9절

*E14-48   처리 탱크 내부의 벤젠의 온도는 이 액체를 펌프를 통해 열교환기에 재순환시킴으로써 일정하게 유지된다. 이 펌프의 임펠러 회전속도는 1750 rpm이며 유량은 3600 L/min이다. 만약 열교환기의 온도가 유량이 2400 L/min인 경우에만 일정하게 유지된다면, 이때 임펠리의 회전속도를 구하시오.

E14-49   가변속 펌프를 임펠러 속도 1750 rpm에서 회전시키기 위해서는 20 kW의 동력이 필요하다. 임펠러의 회전속도가 750 rpm으로 감소하였을 때 필요한 동력을 구하시오.

E14-50   1500 rev/min의 각속도로 회전하는 임펠러를 장착한 펌프는 수두 40 m에서 유량 1500 L/min을 만들어낸다. 동일한 펌프를 1000 rev/min의 각속도로 회전시킬 때의 수두와 출수량을 구하시오.

E14-51   펌프가 1500 rev/min으로 작동할 때 800 L/min의 유량과 수두 25 m를 만들어낸다. 동일한 유량을 유지한 채 수두를 40 m로 올린다면, 교체 펌프로 동일한 효율을 유지하도록 하는 각속도를 구하시오.

*E14-52   직경 50 mm의 임펠러를 장착한 물 펌프 모형은 수두 1.5 m로 출수량 150 L/min을 만들어낸다. 원형 펌프가 수두 25 m에서 출수량 1000 L/min를 만들어내기 위한 임펠러의 직경을 구하시오.

E14-53   직경 100 mm의 임펠러를 장착한 반경류 펌프가 120 rad/s의 각속도로 구동하며 출수량 0.25 m³/s를 만들어낸다. 이 펌프와 기하학적으로 유사하며 직경 150 mm 임펠러를 장착한 펌프가 90 rad/s의 각속도로 회전할 때의 출수량을 구하시오.

E14-54   처리 탱크 내부의 벤젠의 온도는 이 액체를 펌프를 통해 열교환기에 재순환시킴으로써 일정하게 유지된다. 이 펌프의 임펠러의 직경은 140 mm이며 유량은 3600 L/min이다. 만약 열교환기의 온도가 유량이 2400 L/min인 경우에만 일정하게 유지된다면, 동일한 각속도를 유지하게 하는 임펠러의 직경을 구하시오.

E14-55   직경 150 mm의 임펠러를 장착한 반경류 펌프가 200 rad/s의 각속도로 회전하며 이상적인 수두를 300 mm 변화시킨다. 이 펌프와 기하학적으로 유사한 펌프의 임펠러 직경이 300 mm이며 90 rad/s의 각속도로 회전할 때, 이 펌프의 이상적인 수두 변화를 구하시오.

*E14-56   직경 100 mm의 임펠러를 장착한 펌프가 유량 900 L/min을 만들어낸다. 만약 이때 필요한 동력이 4 kW라면, 이와 유사한 펌프가 직경 150 mm 임펠러를 장착하며 6.5 kW를 요구하는 경우의 출수량을 구하시오.

14장 복습

축류 펌프를 통과하는 유동은 방향을 일정하게 유지한다. 반경류 펌프는 유동을 임펠러의 중심으로부터 반경방향으로 외부 케이싱을 향해 보낸다. 두 펌프의 운동학적 해석은 유사하며, 모두 임펠러의 속도와 회전익의 각도에 영향을 받는다.

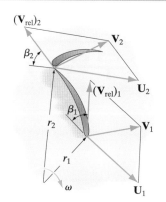

축류 펌프와 반경류 펌프에 의해 생성된 토크, 동력, 수두는 임펠러의 동작과 임펠러에 접근하고 통과하는 동안 유동의 속도의 **접선성분**에 영향을 받는다.

펠톤 수차는 충동 터빈의 일종이다. 유동이 수차 끝에 달린 버킷에 충돌하여 운동량을 변화시킴으로써 동력을 생산한다.

카플란 터빈과 프란시스 터빈은 반동 터빈의 일종이다. 이 장치들의 해석방법은 각각 축류 펌프와 반경류 펌프의 해석방법과 유사하다.

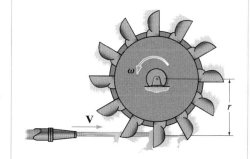

터보기계의 실제 성능 특성은 장치 내부의 기계적 손실과 유체 마찰손실을 고려하기 위하여 실험을 통해 구한다.

터보기계 내부의 유동에서 공동현상이 발생할 수 있다. 공동현상의 발생을 억제하기 위해서는 $(\text{NPSH})_{\text{avail}}$이 $(\text{NPSH})_{\text{req'd}}$보다 커야 하는데, 이 값은 실험을 통해 구할 수 있다.

유체 시스템 내에서 작동하기 위해 선택된 펌프는 요구되는 유량과 총 수두를 만족해야 하며 높은 효율로 작동해야 한다.

동일한 종류의 두 터보기계의 성능 특성을 비교하기 위해서는 유량계수, 수두계수, 동력계수가 상사성을 만족해야 한다.

$$\frac{Q_1}{\omega_1 D_1^3} = \frac{Q_2}{\omega_2 D_2^3}$$

$$\frac{h_1}{\omega_1^2 D_1^2} = \frac{h_2}{\omega_2^2 D_2^2}$$

$$\frac{\dot{W}_1}{\omega_1^3 D_1^5} = \frac{\dot{W}_2}{\omega_2^3 D_2^5}$$

터보기계를 특정 작업에 맞도록 선택할 때는 비속도로 판단하는데, 이는 각속도 ω, 유량 Q, 펌프 수두 h의 함수이다. 반경류 펌프는 낮은 비속도에서, 축류 펌프는 높은 비속도에서 효율적이다.

$$N_s = \frac{\omega Q^{1/2}}{(gh)^{3/4}}$$

부록 A

유체의 물리적 성질

20℃, 표준 대기압(101.3 kPa)에서 액체의 물리적 성질(SI 단위계)

액체	밀도 ρ (kg/m^3)	역학적 점성계수 μ (N·s/m^2)	동점성계수 ν (m^2/s)	표면장력 σ (N/m)
에틸알코올	789	$1.19(10^{-3})$	$1.51(10^{-6})$	0.0229
휘발유	726	$0.317(10^{-3})$	$0.437(10^{-6})$	0.0221
사염화탄소	1590	$0.958(10^{-3})$	$0.603(10^{-6})$	0.0269
등유	814	$1.92(10^{-3})$	$2.36(10^{-6})$	0.0293
글리세린	1260	1.50	$1.19(10^{-3})$	0.0633
수은	13 550	$1.58(10^{-3})$	$0.117(10^{-6})$	0.466
원유	880	$30.2(10^{-3})$	$0.0344(10^{-3})$	

표준 대기압(101.3 kPa)에서 기체의 물리적 성질(SI 단위계)

기체	밀도 ρ (kg/m^3)	역학적 점성계수 μ (N·s/m^2)	동점성계수 ν (m^2/s)	기체 상수 R (J/[kg·K])	비열비 $k = c_p/c_v$
공기(15℃)	1.23	$17.9(10^{-6})$	$14.6(10^{-6})$	286.9	1.40
산소(20℃)	1.33	$20.4(10^{-6})$	$15.2(10^{-6})$	259.8	1.40
질소(20℃)	1.16	$17.5(10^{-6})$	$15.1(10^{-6})$	296.8	1.40
수소(20℃)	0.0835	$8.74(10^{-6})$	$106(10^{-6})$	4124	1.41
헬륨(20℃)	0.169	$19.2(10^{-6})$	$114(10^{-6})$	2077	1.66
이산화탄소(20℃)	1.84	$14.9(10^{-6})$	$8.09(10^{-6})$	188.9	1.30
메탄(20℃)(천연가스)	0.665	$11.2(10^{-6})$	$16.8(10^{-6})$	518.3	1.31

온도에 따른 물의 물리적 성질(SI 단위계)

온도 T (°C)	밀도 ρ (kg/m³)	역학적 점성계수 μ (N·s/m²)	동점성계수 ν (m²/s)	포화 증기압 p_v (kPa abs.)
0	999.8	$1.80(10^{-3})$	$1.80(10^{-6})$	0.681
5	1000.0	$1.52(10^{-3})$	$1.52(10^{-6})$	0.872
10	999.7	$1.31(10^{-3})$	$1.31(10^{-6})$	1.23
15	999.2	$1.15(10^{-3})$	$1.15(10^{-6})$	1.71
20	998.3	$1.00(10^{-3})$	$1.00(10^{-6})$	2.34
25	997.1	$0.897(10^{-3})$	$0.898(10^{-6})$	3.17
30	995.7	$0.801(10^{-3})$	$0.804(10^{-6})$	4.25
35	994.0	$0.723(10^{-3})$	$0.727(10^{-6})$	5.63
40	992.3	$0.659(10^{-3})$	$0.664(10^{-6})$	7.38
45	990.2	$0.599(10^{-3})$	$0.604(10^{-6})$	9.59
50	988.0	$0.554(10^{-3})$	$0.561(10^{-6})$	12.4
55	985.7	$0.508(10^{-3})$	$0.515(10^{-6})$	15.8
60	983.2	$0.470(10^{-3})$	$0.478(10^{-6})$	19.9
65	980.5	$0.437(10^{-3})$	$0.446(10^{-6})$	25.0
70	977.7	$0.405(10^{-3})$	$0.414(10^{-6})$	31.2
75	974.8	$0.381(10^{-3})$	$0.390(10^{-6})$	38.6
80	971.6	$0.356(10^{-3})$	$0.367(10^{-6})$	47.4
85	968.4	$0.336(10^{-3})$	$0.347(10^{-6})$	57.8
90	965.1	$0.318(10^{-3})$	$0.329(10^{-6})$	70.1
95	961.6	$0.300(10^{-3})$	$0.312(10^{-6})$	84.6
100	958.1	$0.284(10^{-3})$	$0.296(10^{-6})$	101

표준 대기압(101.3 kPa)에서 온도에 따른 공기의 성질(SI 단위계)

온도 T (°C)	밀도 ρ (kg/m³)	역학적 점성계수 μ (N·s/m²)	동점성계수 ν (m²/s)
−50	1.582	$14.6(10^{-6})$	$9.21(10^{-6})$
−40	1.514	$15.1(10^{-6})$	$9.98(10^{-6})$
−30	1.452	$15.6(10^{-6})$	$10.8(10^{-6})$
−20	1.394	$16.1(10^{-6})$	$11.6(10^{-6})$
−10	1.342	$16.7(10^{-6})$	$12.4(10^{-6})$
0	1.292	$17.2(10^{-6})$	$13.3(10^{-6})$
10	1.247	$17.6(10^{-6})$	$14.2(10^{-6})$
20	1.202	$18.1(10^{-6})$	$15.1(10^{-6})$
30	1.164	$18.6(10^{-6})$	$16.0(10^{-6})$
40	1.127	$19.1(10^{-6})$	$16.9(10^{-6})$
50	1.092	$19.5(10^{-6})$	$17.9(10^{-6})$
60	1.060	$20.0(10^{-6})$	$18.9(10^{-6})$
70	1.030	$20.5(10^{-6})$	$19.9(10^{-6})$
80	1.000	$20.9(10^{-6})$	$20.9(10^{-6})$
90	0.973	$21.3(10^{-6})$	$21.9(10^{-6})$
100	0.946	$21.7(10^{-6})$	$23.0(10^{-6})$
150	0.834	$23.8(10^{-6})$	$28.5(10^{-6})$
200	0.746	$25.7(10^{-6})$	$34.5(10^{-6})$
250	0.675	$27.5(10^{-6})$	$40.8(10^{-6})$

고도에 따른 공기의 성질(SI 단위계)

고도 (km)	온도 T (°C)	압력 p (kPa)	밀도 ρ (kg/m³)	역학적 점성계수 μ (Pa·s)	동점성계수 ν (m²/s)
0	15.00	101.3	1.225	$17.89(10^{-6})$	$14.61(10^{-6})$
1	8.501	89.88	1.112	$17.58(10^{-6})$	$15.81(10^{-6})$
2	2.004	79.50	1.007	$17.26(10^{-6})$	$17.15(10^{-6})$
3	−4.491	70.12	0.9092	$16.94(10^{-6})$	$18.63(10^{-6})$
4	−10.98	61.66	0.8194	$16.61(10^{-6})$	$20.28(10^{-6})$
5	−17.47	54.05	0.7364	$16.28(10^{-6})$	$22.11(10^{-6})$
6	−23.96	47.22	0.6601	$15.95(10^{-6})$	$24.16(10^{-6})$
7	−30.45	41.10	0.5900	$15.61(10^{-6})$	$26.46(10^{-6})$
8	−36.94	35.65	0.5258	$15.27(10^{-6})$	$29.04(10^{-6})$
9	−43.42	30.80	0.4671	$14.93(10^{-6})$	$31.96(10^{-6})$
10	−49.90	26.45	0.4135	$14.58(10^{-6})$	$35.25(10^{-6})$
11	−56.38	22.67	0.3648	$14.22(10^{-6})$	$39.00(10^{-6})$
12	−56.50	19.40	0.3119	$14.22(10^{-6})$	$45.57(10^{-6})$
13	−56.50	16.58	0.2666	$14.22(10^{-6})$	$53.32(10^{-6})$
14	−56.50	14.17	0.2279	$14.22(10^{-6})$	$62.39(10^{-6})$
15	−56.50	12.11	0.1948	$14.22(10^{-6})$	$73.00(10^{-6})$
16	−56.50	10.35	0.1665	$14.22(10^{-6})$	$85.40(10^{-6})$
17	−56.50	8.850	0.1423	$14.22(10^{-6})$	$99.90(10^{-6})$
18	−56.50	7.565	0.1217	$14.22(10^{-6})$	$0.1169(10^{-3})$
19	−56.50	6.468	0.1040	$14.22(10^{-6})$	$0.1367(10^{-3})$
20	−56.50	5.529	0.08891	$14.22(10^{-6})$	$0.1599(10^{-3})$
21	−55.57	4.729	0.07572	$14.27(10^{-6})$	$0.1884(10^{-3})$
22	−54.58	4.048	0.06451	$14.32(10^{-6})$	$0.2220(10^{-3})$
23	−53.58	3.467	0.05501	$14.38(10^{-6})$	$0.2614(10^{-3})$
24	−52.59	2.972	0.04694	$14.43(10^{-6})$	$0.3074(10^{-3})$
25	−51.60	2.549	0.04008	$14.48(10^{-6})$	$0.3614(10^{-3})$

기체(*k*=1.4)의 압축성 성질

표 B-1 등엔트로피 유동(*k*=1.4)			
M	$\dfrac{T}{T_0}$	$\dfrac{p}{p_0}$	$\dfrac{A}{A'}$
0	1.0000	1.0000	∞
0.10	0.9980	0.9930	5.8218
0.11	0.9976	0.9916	5.2992
0.12	0.9971	0.9900	4.8643
0.13	0.9966	0.9883	4.4969
0.14	0.9961	0.9864	4.1824
0.15	0.9955	0.9844	3.9103
0.16	0.9949	0.9823	3.6727
0.17	0.9943	0.9800	3.4635
0.18	0.9936	0.9776	3.2779
0.19	0.9928	0.9751	3.1123
0.20	0.9921	0.9725	2.9635
0.21	0.9913	0.9697	2.8293
0.22	0.9901	0.9668	2.7076
0.23	0.9895	0.9638	2.5968
0.24	0.9886	0.9607	2.4956
0.25	0.9877	0.9575	2.4027
0.26	0.9867	0.9541	2.3173
0.27	0.9856	0.9506	2.2385
0.28	0.9846	0.9470	2.1656
0.29	0.9835	0.9433	2.0979
0.30	0.9823	0.9395	2.0351
0.31	0.9811	0.9355	1.9765
0.32	0.9799	0.9315	1.9219
0.33	0.9787	0.9274	1.8707
0.34	0.9774	0.9231	1.8229
0.35	0.9761	0.9188	1.7780
0.36	0.9747	0.9143	1.7358
0.37	0.9733	0.9098	1.6961
0.38	0.9719	0.9052	1.6587
0.39	0.9705	0.9004	1.6234
0.40	0.9690	0.8956	1.5901
0.41	0.9675	0.8907	1.5587
0.42	0.9659	0.8857	1.5289
0.43	0.9643	0.8807	1.5007
0.44	0.9627	0.8755	1.4740
0.45	0.9611	0.8703	1.4487
0.46	0.9594	0.8650	1.4246
0.47	0.9577	0.8596	1.4018
0.48	0.9560	0.8541	1.3801
0.49	0.9542	0.8486	1.3595
0.50	0.9524	0.8430	1.3398
0.51	0.9506	0.8374	1.3212
0.52	0.9487	0.8317	1.3034
0.53	0.9468	0.8259	1.2865
0.54	0.9449	0.8201	1.2703
0.55	0.9430	0.8142	1.2550
0.56	0.9410	0.8082	1.2403
0.57	0.9390	0.8022	1.2263

표 B-1 등엔트로피 유동($k=1.4$)

M	$\dfrac{T}{T_0}$	$\dfrac{p}{p_0}$	$\dfrac{A}{A'}$
0.58	0.9370	0.7962	1.2130
0.59	0.9349	0.7901	1.2003
0.60	0.9328	0.7840	1.1882
0.61	0.9307	0.7778	1.1767
0.62	0.9286	0.7716	1.1657
0.63	0.9265	0.7654	1.1552
0.64	0.9243	0.7591	1.1452
0.65	0.9221	0.7528	1.1356
0.66	0.9199	0.7465	1.1265
0.67	0.9176	0.7401	1.1179
0.68	0.9153	0.7338	1.1097
0.69	0.9131	0.7274	1.1018
0.70	0.9107	0.7209	1.0944
0.71	0.9084	0.7145	1.0873
0.72	0.9061	0.7080	1.0806
0.73	0.9037	0.7016	1.0742
0.74	0.9013	0.6951	1.0681
0.75	0.8989	0.6886	1.0624
0.76	0.8964	0.6821	1.0570
0.77	0.8940	0.6756	1.0519
0.78	0.8915	0.6691	1.0471
0.79	0.8890	0.6625	1.0425
0.80	0.8865	0.6560	1.0382
0.81	0.8840	0.6495	1.0342
0.82	0.8815	0.6430	1.0305
0.83	0.8789	0.6365	1.0270
0.84	0.8763	0.6300	1.0237
0.85	0.8737	0.6235	1.0207
0.86	0.8711	0.6170	1.0179
0.87	0.8685	0.6106	1.0153
0.88	0.8659	0.6041	1.0129
0.89	0.8632	0.5977	1.0108
0.90	0.8606	0.5913	1.0089
0.91	0.8579	0.5849	1.0071
0.92	0.8552	0.5785	1.0056
0.93	0.8525	0.5721	1.0043
0.94	0.8498	0.5658	1.0031
0.95	0.8471	0.5595	1.0022
0.96	0.8444	0.5532	1.0014
0.97	0.8416	0.5469	1.0008
0.98	0.8389	0.5407	1.0003
0.99	0.8361	0.5345	1.0001
1.00	0.8333	0.5283	1.000
1.01	0.8306	0.5221	1.000
1.02	0.8278	0.5160	1.000
1.03	0.8250	0.5099	1.001
1.04	0.8222	0.5039	1.001
1.05	0.8193	0.4979	1.002
1.06	0.8165	0.4919	1.003
1.07	0.8137	0.4860	1.004
1.08	0.8108	0.4800	1.005
1.09	0.8080	0.4742	1.006
1.10	0.8052	0.4684	1.008
1.11	0.8023	0.4626	1.010
1.12	0.7994	0.4568	1.011
1.13	0.7966	0.4511	1.013
1.14	0.7937	0.4455	1.015
1.15	0.7908	0.4398	1.017
1.16	0.7879	0.4343	1.020
1.17	0.7851	0.4287	1.022
1.18	0.7822	0.4232	1.025
1.19	0.7793	0.4178	1.026
1.20	0.7764	0.4124	1.030
1.21	0.7735	0.4070	1.033
1.22	0.7706	0.4017	1.037
1.23	0.7677	0.3964	1.040
1.24	0.7648	0.3912	1.043
1.25	0.7619	0.3861	1.047
1.26	0.7590	0.3809	1.050
1.27	0.7561	0.3759	1.054
1.28	0.7532	0.3708	1.058
1.29	0.7503	0.3658	1.062
1.30	0.7474	0.3609	1.066
1.31	0.7445	0.3560	1.071
1.32	0.7416	0.3512	1.075
1.33	0.7387	0.3464	1.080
1.34	0.7358	0.3417	1.084
1.35	0.7329	0.3370	1.089
1.36	0.7300	0.3323	1.094
1.37	0.7271	0.3277	1.099
1.38	0.7242	0.3232	1.104
1.39	0.7213	0.3187	1.109
1.40	0.7184	0.3142	1.115
1.41	0.7155	0.3098	1.120
1.42	0.7126	0.3055	1.126
1.43	0.7097	0.3012	1.132
1.44	0.7069	0.2969	1.138
1.45	0.7040	0.2927	1.144
1.46	0.7011	0.2886	1.150
1.47	0.6982	0.2845	1.156
1.48	0.6954	0.2804	1.163
1.49	0.6925	0.2764	1.169
1.50	0.6897	0.2724	1.176
1.51	0.6868	0.2685	1.183
1.52	0.6840	0.2646	1.190
1.53	0.6811	0.2608	1.197
1.54	0.6783	0.2570	1.204
1.55	0.6754	0.2533	1.212
1.56	0.6726	0.2496	1.219
1.57	0.6698	0.2459	1.227
1.58	0.6670	0.2423	1.234
1.59	0.6642	0.2388	1.242
1.60	0.6614	0.2353	1.250
1.61	0.6586	0.2318	1.258
1.62	0.6558	0.2284	1.267
1.63	0.6530	0.2250	1.275
1.64	0.6502	0.2217	1.284
1.65	0.6475	0.2184	1.292
1.66	0.6447	0.2151	1.301
1.67	0.6419	0.2119	1.310
1.68	0.6392	0.2088	1.319
1.69	0.6364	0.2057	1.328

표 B-1   등엔트로피 유동(k=1.4)

M	$\dfrac{T}{T_0}$	$\dfrac{p}{p_0}$	$\dfrac{A}{A'}$
1.70	0.6337	0.2026	1.338
1.71	0.6310	0.1996	1.347
1.72	0.6283	0.1966	1.357
1.73	0.6256	0.1936	1.367
1.74	0.6229	0.1907	1.376
1.75	0.6202	0.1878	1.386
1.76	0.6175	0.1850	1.397
1.77	0.6148	0.1822	1.407
1.78	0.6121	0.1794	1.418
1.79	0.6095	0.1767	1.428
1.80	0.6068	0.1740	1.439
1.81	0.6041	0.1714	1.450
1.82	0.6015	0.1688	1.461
1.83	0.5989	0.1662	1.472
1.84	0.5963	0.1637	1.484
1.85	0.5936	0.1612	1.495
1.86	0.5910	0.1587	1.507
1.87	0.5884	0.1563	1.519
1.88	0.5859	0.1539	1.531
1.89	0.5833	0.1516	1.543
1.90	0.5807	0.1492	1.555
1.91	0.5782	0.1470	1.568
1.92	0.5756	0.1447	1.580
1.93	0.5731	0.1425	1.593
1.94	0.5705	0.1403	1.606
1.95	0.5680	0.1381	1.619
1.96	0.5655	0.1360	1.633
1.97	0.5630	0.1339	1.646
1.98	0.5605	0.1318	1.660
1.99	0.5580	0.1298	1.674
2.00	0.5556	0.1278	1.688
2.01	0.5531	0.1258	1.702
2.02	0.5506	0.1239	1.716
2.03	0.5482	0.1220	1.730
2.04	0.5458	0.1201	1.745
2.05	0.5433	0.1182	1.760
2.06	0.5409	0.1164	1.775
2.07	0.5385	0.1146	1.790
2.08	0.5361	0.1128	1.806
2.09	0.5337	0.1111	1.821
2.10	0.5313	0.1094	1.837
2.11	0.5290	0.1077	1.853
2.12	0.5266	0.1060	1.869
2.13	0.5243	0.1043	1.885
2.14	0.5219	0.1027	1.902
2.15	0.5196	0.1011	1.919
2.16	0.5173	0.09956	1.935
2.17	0.5150	0.09802	1.953
2.18	0.5127	0.09649	1.970
2.19	0.5104	0.09500	1.987
2.20	0.5081	0.09352	2.005
2.21	0.5059	0.09207	2.023
2.22	0.5036	0.09064	2.041
2.23	0.5014	0.08923	2.059
2.24	0.4991	0.08785	2.078
2.25	0.4969	0.08648	2.096
2.26	0.4947	0.08514	2.115
2.27	0.4925	0.08382	2.134
2.28	0.4903	0.08251	2.154
2.29	0.4881	0.08123	2.173
2.30	0.4859	0.07997	2.193
2.31	0.4837	0.07873	2.213
2.32	0.4816	0.07751	2.233
2.33	0.4794	0.07631	2.254
2.34	0.4773	0.07512	2.273
2.35	0.4752	0.07396	2.295
2.36	0.4731	0.07281	2.316
2.37	0.4709	0.07168	2.338
2.38	0.4688	0.07057	2.359
2.39	0.4668	0.06948	2.381
2.40	0.4647	0.06840	2.403
2.41	0.4626	0.06734	2.425
2.42	0.4606	0.06630	2.448
2.43	0.4585	0.06527	2.471
2.44	0.4565	0.06426	2.494
2.45	0.4544	0.06327	2.517
2.46	0.4524	0.06229	2.540
2.47	0.4504	0.06133	2.564
2.48	0.4484	0.06038	2.588
2.49	0.4464	0.05945	2.612
2.50	0.4444	0.05853	2.637
2.51	0.4425	0.05762	2.661
2.52	0.4405	0.05674	2.686
2.53	0.4386	0.05586	2.712
2.54	0.4366	0.05500	2.737
2.55	0.4347	0.05415	2.763
2.56	0.4328	0.05332	2.789
2.57	0.4309	0.05250	2.815
2.58	0.4289	0.05169	2.842
2.59	0.4271	0.05090	2.869
2.60	0.4252	0.05012	2.896
2.61	0.4233	0.04935	2.923
2.62	0.4214	0.04859	2.951
2.63	0.4196	0.04784	2.979
2.64	0.4177	0.04711	3.007
2.65	0.4159	0.04639	3.036
2.66	0.4141	0.04568	3.065
2.67	0.4122	0.04498	3.094
2.68	0.4104	0.04429	3.123
2.69	0.4086	0.04362	3.153
2.70	0.4068	0.04295	3.183
2.71	0.4051	0.04229	3.213
2.72	0.4033	0.04165	3.244
2.73	0.4015	0.04102	3.275
2.74	0.3998	0.04039	3.306
2.75	0.3980	0.03978	3.338
2.76	0.3963	0.03917	3.370
2.77	0.3945	0.03858	3.402
2.78	0.3928	0.03799	3.434
2.79	0.3911	0.03742	3.467
2.80	0.3894	0.03685	3.500
2.81	0.3877	0.03629	3.534
2.82	0.3860	0.03574	3.567

표 B-1 등엔트로피 유동($k=1.4$)

M	$\dfrac{T}{T_0}$	$\dfrac{p}{p_0}$	$\dfrac{A}{A'}$
2.83	0.3844	0.03520	3.601
2.84	0.3827	0.03467	3.636
2.85	0.3810	0.03415	3.671
2.86	0.3794	0.03363	3.706
2.87	0.3777	0.03312	3.741
2.88	0.3761	0.03263	3.777
2.89	0.3745	0.03213	3.813
2.90	0.3729	0.03165	3.850
2.91	0.3712	0.03118	3.887
2.92	0.3696	0.03071	3.924
2.93	0.3681	0.03025	3.961
2.94	0.3665	0.02980	3.999
2.95	0.3649	0.02935	4.038
2.96	0.3633	0.02891	4.076
2.97	0.3618	0.02848	4.115
2.98	0.3602	0.02805	4.155
2.99	0.3587	0.02764	4.194
3.00	0.3571	0.02722	4.235
3.01	0.3556	0.02682	4.275
3.02	0.3541	0.02642	4.316
3.03	0.3526	0.02603	4.357
3.04	0.3511	0.02564	4.399
3.05	0.3496	0.02526	4.441
3.06	0.3481	0.02489	4.483
3.07	0.3466	0.02452	4.526
3.08	0.3452	0.02416	4.570
3.09	0.3437	0.02380	4.613
3.10	0.3422	0.02345	4.657
3.11	0.3408	0.02310	4.702
3.12	0.3393	0.02276	4.747
3.13	0.3379	0.02243	4.792
3.14	0.3365	0.02210	4.838
3.15	0.3351	0.02177	4.884
3.16	0.3337	0.02146	4.930
3.17	0.3323	0.02114	4.977
3.18	0.3309	0.02083	5.025
3.19	0.3295	0.02053	5.073
3.20	0.3281	0.02023	5.121
3.21	0.3267	0.01993	5.170
3.22	0.3253	0.01964	5.219
3.23	0.3240	0.01936	5.268
3.24	0.3226	0.01908	5.319
3.25	0.3213	0.01880	5.369
3.26	0.3199	0.01853	5.420
3.27	0.3186	0.01826	5.472
3.28	0.3173	0.01799	5.523
3.29	0.3160	0.01773	5.576
3.30	0.3147	0.01748	5.629
3.31	0.3134	0.01722	5.682
3.32	0.3121	0.01698	5.736
3.33	0.3108	0.01673	5.790
3.34	0.3095	0.01649	5.845
3.35	0.3082	0.01625	5.900
3.36	0.3069	0.01602	5.956
3.37	0.3057	0.01579	6.012
3.38	0.3044	0.01557	6.069
3.39	0.3032	0.01534	6.126
3.40	0.3019	0.01512	6.184
3.41	0.3007	0.01491	6.242
3.42	0.2995	0.01470	6.301
3.43	0.2982	0.01449	6.360
3.44	0.2970	0.01428	6.420
3.45	0.2958	0.01408	6.480
3.46	0.2946	0.01388	6.541
3.47	0.2934	0.01368	6.602
3.48	0.2922	0.01349	6.664
3.49	0.2910	0.01330	6.727
3.50	0.2899	0.01311	6.790
3.51	0.2887	0.01293	6.853
3.52	0.2875	0.01274	6.917
3.53	0.2864	0.01256	6.982
3.54	0.2852	0.01239	7.047
3.55	0.2841	0.01221	7.113
3.56	0.2829	0.01204	7.179
3.57	0.2818	0.01188	7.246
3.58	0.2806	0.01171	7.313
3.59	0.2795	0.01155	7.382
3.60	0.2784	0.01138	7.450
3.61	0.2773	0.01123	7.519
3.62	0.2762	0.01107	7.589
3.63	0.2751	0.01092	7.659
3.64	0.2740	0.01076	7.730
3.65	0.2729	0.01062	7.802
3.66	0.2718	0.01047	7.874
3.67	0.2707	0.01032	7.947
3.68	0.2697	0.01018	8.020
3.69	0.2686	0.01004	8.094
3.70	0.2675	0.009903	8.169
3.71	0.2665	0.009767	8.244
3.72	0.2654	0.009633	8.320
3.73	0.2644	0.009500	8.397
3.74	0.2633	0.009370	8.474
3.75	0.2623	0.009242	8.552
3.76	0.2613	0.009116	8.630
3.77	0.2602	0.008991	8.709
3.78	0.2592	0.008869	8.789
3.79	0.2582	0.008748	8.870
3.80	0.2572	0.008629	8.951
3.81	0.2562	0.008512	9.032
3.82	0.2552	0.008396	9.115
3.83	0.2542	0.008283	9.198
3.84	0.2532	0.008171	9.282
3.85	0.2522	0.008060	9.366
3.86	0.2513	0.007951	9.451
3.87	0.2503	0.007844	9.537
3.88	0.2493	0.007739	9.624
3.89	0.2484	0.007635	9.711
3.90	0.2474	0.007532	9.799
3.91	0.2464	0.007431	9.888
3.92	0.2455	0.007332	9.977
3.93	0.2446	0.007233	10.07
3.94	0.2436	0.007137	10.16
3.95	0.2427	0.007042	10.25

표 B-1 등엔트로피 유동(k=1.4)

M	$\dfrac{T}{T_0}$	$\dfrac{p}{p_0}$	$\dfrac{A}{A^{'}}$
3.96	0.2418	0.006948	10.34
3.97	0.2408	0.006855	10.44
3.98	0.2399	0.006764	10.53
3.99	0.2390	0.006675	10.62
4.00	0.2381	0.006586	10.72
4.01	0.2372	0.006499	10.81
4.02	0.2363	0.006413	10.91
4.03	0.2354	0.006328	11.01
4.04	0.2345	0.006245	11.11
4.05	0.2336	0.006163	11.21
4.06	0.2327	0.006082	11.31
4.07	0.2319	0.006002	11.41
4.08	0.2310	0.005923	11.51
4.09	0.2301	0.005845	11.61
4.10	0.2293	0.005769	11.71
4.11	0.2284	0.005694	11.82
4.12	0.2275	0.005619	11.92
4.13	0.2267	0.005546	12.03
4.14	0.2258	0.005474	12.14
4.15	0.2250	0.005403	12.24
4.16	0.2242	0.005333	12.35
4.17	0.2233	0.005264	12.46
4.18	0.2225	0.005195	12.57
4.19	0.2217	0.005128	12.68
4.20	0.2208	0.005062	12.79
4.21	0.2200	0.004997	12.90
4.22	0.2192	0.004932	13.02
4.23	0.2184	0.004869	13.13
4.24	0.2176	0.004806	13.25
4.25	0.2168	0.004745	13.36
4.26	0.2160	0.004684	13.48
4.27	0.2152	0.004624	13.60
4.28	0.2144	0.004565	13.72
4.29	0.2136	0.004507	13.83
4.30	0.2129	0.004449	13.95
4.31	0.2121	0.004393	14.08
4.32	0.2113	0.004337	14.20
4.33	0.2105	0.004282	14.32
4.34	0.2098	0.004228	14.45
4.35	0.2090	0.004174	14.57
4.36	0.2083	0.004121	14.70
4.37	0.2075	0.004069	14.82
4.38	0.2067	0.004018	14.95
4.39	0.2060	0.003968	15.08
4.40	0.2053	0.003918	15.21
4.41	0.2045	0.003868	15.34
4.42	0.2038	0.003820	15.47
4.43	0.2030	0.003772	15.61
4.44	0.2023	0.003725	15.74
4.45	0.2016	0.003678	15.87
4.46	0.2009	0.003633	16.01
4.47	0.2002	0.003587	16.15
4.48	0.1994	0.003543	16.28
4.49	0.1987	0.003499	16.42
4.50	0.1980	0.003455	16.56
4.51	0.1973	0.003412	16.70
4.52	0.1966	0.003370	16.84
4.53	0.1959	0.003329	16.99
4.54	0.1952	0.003288	17.13
4.55	0.1945	0.003247	17.28
4.56	0.1938	0.003207	17.42
4.57	0.1932	0.003168	17.57
4.58	0.1925	0.003129	17.72
4.59	0.1918	0.003090	17.87
4.60	0.1911	0.003053	18.02
4.61	0.1905	0.003015	18.17
4.62	0.1898	0.002978	18.32
4.63	0.1891	0.002942	18.48
4.64	0.1885	0.002906	18.63
4.65	0.1878	0.002871	18.79
4.66	0.1872	0.002836	18.94
4.67	0.1865	0.002802	19.10
4.68	0.1859	0.002768	19.26
4.69	0.1852	0.002734	19.42
4.70	0.1846	0.002701	19.58
4.71	0.1839	0.002669	19.75
4.72	0.1833	0.002637	19.91
4.73	0.1827	0.002605	20.07
4.74	0.1820	0.002573	20.24
4.75	0.1814	0.002543	20.41
4.76	0.1808	0.002512	20.58
4.77	0.1802	0.002482	20.75
4.78	0.1795	0.002452	20.92
4.79	0.1789	0.002423	21.09
4.80	0.1783	0.002394	21.26
4.81	0.1777	0.002366	21.44
4.82	0.1771	0.002338	21.61
4.83	0.1765	0.002310	21.79
4.84	0.1759	0.002283	21.97
4.85	0.1753	0.002255	22.15
4.86	0.1747	0.002229	22.33
4.87	0.1741	0.002202	22.51
4.88	0.1735	0.002177	22.70
4.89	0.1729	0.002151	22.88
4.90	0.1724	0.002126	23.07
4.91	0.1718	0.002101	23.25
4.92	0.1712	0.002076	23.44
4.93	0.1706	0.002052	23.63
4.94	0.1700	0.002028	23.82
4.95	0.1695	0.002004	24.02
4.96	0.1689	0.001981	24.21
4.97	0.1683	0.001957	24.41
4.98	0.1678	0.001935	24.60
4.99	0.1672	0.001912	24.80
5.00	0.1667	0.001890	25.00
6.00	0.1220	0.0006334	53.18
7.00	0.09259	0.0002416	104.1
8.00	0.07246	0.0001024	190.1
9.00	0.05814	0.00004739	327.2
10.00	0.04762	0.00002356	535.9

표 B-2 파노 유동(k=1.4)

M	$\dfrac{fL_{max}}{D}$	$\dfrac{T}{T^*}$	$\dfrac{V}{V^*}$	$\dfrac{p}{p^*}$	$\dfrac{p_0}{p_0^*}$
0.0	∞	1.2000	0.0	∞	∞
0.1	66.9216	1.1976	0.1094	10.9435	5.8218
0.2	14.5333	1.1905	0.2182	5.4554	2.9635
0.3	5.2993	1.1788	0.3257	3.6191	2.0351
0.4	2.3085	1.1628	0.4313	2.6958	1.5901
0.5	1.0691	1.1429	0.5345	2.1381	1.3398
0.6	0.4908	1.1194	0.6348	1.7634	1.1882
0.7	0.2081	1.0929	0.7318	1.4935	1.0944
0.8	0.0723	1.0638	0.8251	1.2893	1.0382
0.9	0.0145	1.0327	0.9146	1.1291	1.0089
1.0	0.0000	1.0000	1.0000	1.0000	1.0000
1.1	0.0099	0.9662	1.0812	0.8936	1.0079
1.2	0.0336	0.9317	1.1583	0.8044	1.0304
1.3	0.0648	0.8969	1.2311	0.7285	1.0663
1.4	0.0997	0.8621	1.2999	0.6632	1.1149
1.5	0.1360	0.8276	1.3646	0.6065	1.1762
1.6	0.1724	0.7937	1.4254	0.5568	1.2502
1.7	0.2078	0.7605	1.4825	0.5130	1.3376
1.8	0.2419	0.7282	1.5360	0.4741	1.4390
1.9	0.2743	0.6969	1.5861	0.4394	1.5553
2.0	0.3050	0.6667	1.6330	0.4082	1.6875
2.1	0.3339	0.6376	1.6769	0.3802	1.8369
2.2	0.3609	0.6098	1.7179	0.3549	2.0050
2.3	0.3862	0.5831	1.7563	0.3320	2.1931
2.4	0.4099	0.5576	1.7922	0.3111	2.4031
2.5	0.4320	0.5333	1.8257	0.2921	2.6367
2.6	0.4526	0.5102	1.8571	0.2747	2.8960
2.7	0.4718	0.4882	1.8865	0.2588	3.1830
2.8	0.4898	0.4673	1.9140	0.2441	3.5001
2.9	0.5065	0.4474	1.9398	0.2307	3.8498
3.0	0.5222	0.4286	1.9640	0.2182	4.2346

표 B-3　레일리 유동(k=1.4)

M	$\dfrac{T}{T^*}$	$\dfrac{V}{V^*}$	$\dfrac{p}{p^*}$	$\dfrac{T_0}{T_0^*}$	$\dfrac{p_0}{p_0^*}$
0.0	0.0	0.0	2.4000	0.0	1.2679
0.1	0.0560	0.0237	2.3669	0.0468	1.2591
0.2	0.2066	0.0909	2.2727	0.1736	1.2346
0.3	0.4089	0.1918	2.1314	0.3469	1.1985
0.4	0.6151	0.3137	1.9608	0.5290	1.1566
0.5	0.7901	0.4444	1.7778	0.6914	1.1140
0.6	0.9167	0.5745	1.5957	0.8189	1.0753
0.7	0.9929	0.6975	1.4235	0.9085	1.0431
0.8	1.0255	0.8101	1.2658	0.9639	1.0193
0.9	1.0245	0.9110	1.1246	0.9921	1.0049
1.0	1.0000	1.0000	1.0000	1.0000	1.0000
1.1	0.9603	1.0780	0.8909	0.9939	1.0049
1.2	0.9118	1.1459	0.7958	0.9787	1.0194
1.3	0.8592	1.2050	0.7130	0.9580	1.0437
1.4	0.8054	1.2564	0.6410	0.9343	1.0776
1.5	0.7525	1.3012	0.5783	0.9093	1.1215
1.6	0.7017	1.3403	0.5236	0.8842	1.1756
1.7	0.6538	1.3746	0.4756	0.8597	1.2402
1.8	0.6089	1.4046	0.4335	0.8363	1.3159
1.9	0.5673	1.4311	0.3964	0.8141	1.4033
2.0	0.5289	1.4545	0.3636	0.7934	1.5031
2.1	0.4936	1.4753	0.3345	0.7741	1.6162
2.2	0.4611	1.4938	0.3086	0.7561	1.7434
2.3	0.4312	1.5103	0.2855	0.7395	1.8860
2.4	0.4038	1.5252	0.2648	0.7242	2.0450
2.5	0.3787	1.5385	0.2462	0.7101	2.2218
2.6	0.3556	1.5505	0.2294	0.6970	2.4177
2.7	0.3344	1.5613	0.2142	0.6849	2.6343
2.8	0.3149	1.5711	0.2004	0.6738	2.8731
2.9	0.2969	1.5801	0.1879	0.6635	3.1359
3.0	0.2803	1.5882	0.1765	0.6540	3.4244

표 B-4   수직 충격파 유동($k=1.4$)

M_1	M_2	$\dfrac{p_2}{p_1}$	$\dfrac{\rho_2}{\rho_1}$	$\dfrac{T_2}{T_1}$	$\dfrac{(p_0)_2}{(p_0)_1}$
1.00	1.000	1.000	1.000	1.000	1.000
1.01	0.9901	1.023	1.017	1.007	1.000
1.02	0.9805	1.047	1.033	1.013	1.000
1.03	0.9712	1.071	1.050	1.020	1.000
1.04	0.9620	1.095	1.067	1.026	0.9999
1.05	0.9531	1.120	1.084	1.033	0.9999
1.06	0.9444	1.144	1.101	1.059	0.9997
1.07	0.9360	1.169	1.118	1.016	0.9996
1.08	0.9277	1.194	1.135	1.052	0.9994
1.09	0.9196	1.219	1.152	1.059	0.9992
1.10	0.9118	1.245	1.169	1.065	0.9989
1.11	0.9041	1.271	1.186	1.071	0.9986
1.12	0.8966	1.297	1.203	1.078	0.9982
1.13	0.8892	1.323	1.221	1.084	0.9978
1.14	0.8820	1.350	1.238	1.090	0.9973
1.15	0.8750	1.376	1.255	1.097	0.9967
1.16	0.8682	1.403	1.272	1.103	0.9961
1.17	0.8615	1.430	1.290	1.109	0.9953
1.18	0.8549	1.458	1.307	1.115	0.9916
1.19	0.8485	1.485	1.324	1.122	0.9937
1.20	0.8422	1.513	1.342	1.128	0.9928
1.21	0.8360	1.541	1.359	1.134	0.9918
1.22	0.8300	1.570	1.376	1.141	0.9907
1.23	0.8241	1.598	1.394	1.147	0.9896
1.24	0.8183	1.627	1.411	1.153	0.9884
1.25	0.8126	1.656	1.429	1.159	0.9871
1.26	0.8071	1.686	1.446	1.166	0.9857
1.27	0.8016	1.715	1.463	1.172	0.9842
1.28	0.7963	1.745	1.481	1.178	0.9827
1.29	0.7911	1.775	1.498	1.185	0.9811
1.30	0.7860	1.805	1.516	1.191	0.9794
1.31	0.7809	1.835	1.533	1.197	0.9776
1.32	0.7760	1.866	1.551	1.204	0.9758
1.33	0.7712	1.897	1.568	1.210	0.9738
1.34	0.7664	1.928	1.585	1.216	0.9718
1.35	0.7618	1.960	1.603	1.223	0.9697
1.36	0.7572	1.991	1.620	1.229	0.9676
1.37	0.7527	2.023	1.638	1.235	0.9653
1.38	0.7483	2.055	1.655	1.242	0.9630
1.39	0.7440	2.087	1.672	1.248	0.9607
1.40	0.7397	2.120	1.690	1.255	0.9582
1.41	0.7355	2.153	1.707	1.261	0.9557
1.42	0.7314	2.186	1.724	1.268	0.9531
1.43	0.7274	2.219	1.742	1.274	0.9504
1.44	0.7235	2.253	1.759	1.281	0.9476
1.45	0.7196	2.286	1.776	1.287	0.9448
1.46	0.7157	2.320	1.793	1.294	0.9420
1.47	0.7120	2.354	1.811	1.300	0.9390
1.48	0.7083	2.389	1.828	1.307	0.9360
1.49	0.7047	2.423	1.845	1.314	0.9329
1.50	0.7011	2.458	1.862	1.320	0.9298
1.51	0.6976	2.493	1.879	1.327	0.9266
1.52	0.6941	2.529	1.896	1.334	0.9233
1.53	0.6907	2.564	1.913	1.340	0.9200
1.54	0.6874	2.600	1.930	1.347	0.9166
1.55	0.6841	2.636	1.947	1.354	0.9132
1.56	0.6809	2.673	1.964	1.361	0.9097
1.57	0.6777	2.709	1.981	1.367	0.9061
1.58	0.6746	2.746	1.998	1.374	0.9026
1.59	0.6715	2.783	2.015	1.381	0.8989
1.60	0.6684	2.820	2.032	1.388	0.8952
1.61	0.6655	2.857	2.049	1.395	0.8915
1.62	0.6625	2.895	2.065	1.402	0.8877
1.63	0.6596	2.933	2.082	1.409	0.8538
1.64	0.6568	2.971	2.099	1.416	0.8799
1.65	0.6540	3.010	2.115	1.423	0.8760
1.66	0.6512	3.048	2.132	1.430	0.8720
1.67	0.6485	3.087	2.148	1.437	0.8680
1.68	0.6458	3.126	2.165	1.444	0.8640

표 B-4　수직 충격파 유동(k=1.4)

M_1	M_2	$\dfrac{p_2}{p_1}$	$\dfrac{\rho_2}{\rho_1}$	$\dfrac{T_2}{T_1}$	$\dfrac{(p_0)_2}{(p_0)_1}$
1.69	0.6431	3.165	2.181	1.451	0.8598
1.70	0.6405	3.205	2.198	1.458	0.8557
1.71	0.6380	3.245	2.214	1.466	0.8516
1.72	0.6355	3.285	2.230	1.473	0.8474
1.73	0.6330	3.325	2.247	1.480	0.8431
1.74	0.6305	3.366	2.263	1.487	0.8389
1.75	0.6281	3.406	2.279	1.495	0.8346
1.76	0.6257	3.447	2.295	1.502	0.8302
1.77	0.6234	3.488	2.311	1.509	0.8259
1.78	0.6210	3.530	2.327	1.517	0.8215
1.79	0.6188	3.571	2.343	1.524	0.8171
1.80	0.6165	3.613	2.359	1.532	0.8127
1.81	0.6143	3.655	2.375	1.539	0.8082
1.82	0.6121	3.698	2.391	1.547	0.8038
1.83	0.6099	3.740	2.407	1.554	0.7993
1.84	0.6078	3.783	2.422	1.562	0.7948
1.85	0.6057	3.826	2.438	1.569	0.7902
1.86	0.6036	3.870	2.454	1.577	0.7857
1.87	0.6016	3.913	2.469	1.585	0.7811
1.88	0.5996	3.957	2.485	1.592	0.7765
1.89	0.5976	4.001	2.500	1.600	0.7720
1.90	0.5956	4.045	2.516	1.608	0.7674
1.91	0.5937	4.089	2.531	1.616	0.7627
1.92	0.5918	4.134	2.546	1.624	0.7581
1.93	0.5899	4.179	2.562	1.631	0.7535
1.94	0.5880	4.224	2.577	1.639	0.7488
1.95	0.5862	4.270	2.592	1.647	0.7442
1.96	0.5844	4.315	2.607	1.655	0.7395
1.97	0.5826	4.361	2.622	1.663	0.7349
1.98	0.5808	4.407	2.637	1.671	0.7302
1.99	0.5791	4.453	2.652	1.679	0.7255
2.00	0.5774	4.500	2.667	1.688	0.7209
2.01	0.5757	4.547	2.681	1.696	0.7162
2.02	0.5740	4.594	2.696	1.704	0.7115
2.03	0.5723	4.641	2.711	1.712	0.7069
2.04	0.5707	4.689	2.725	1.720	0.7022
2.05	0.5691	4.736	2.740	1.729	0.6975
2.06	0.5675	4.784	2.755	1.737	0.6928
2.07	0.5659	4.832	2.769	1.745	0.6882
2.08	0.5643	4.881	2.783	1.754	0.6835
2.09	0.5628	4.929	2.798	1.762	0.6789
2.10	0.5613	4.978	2.812	1.770	0.6742
2.11	0.5598	5.027	2.826	1.779	0.6696
2.12	0.5583	5.077	2.840	1.787	0.6649
2.13	0.5568	5.126	2.854	1.796	0.6603
2.14	0.5554	5.176	2.868	1.805	0.6557
2.15	0.5540	5.226	2.882	1.813	0.6511
2.16	0.5525	5.277	2.896	1.822	0.6464
2.17	0.5511	5.327	2.910	1.821	0.6419
2.18	0.5498	5.378	2.924	1.839	0.6373
2.19	0.5484	5.429	2.938	1.848	0.6327
2.20	0.5471	5.480	2.951	1.857	0.6281
2.21	0.5457	5.531	2.965	1.866	0.6236
2.22	0.5444	5.583	2.978	1.875	0.6191
2.23	0.5431	5.636	2.992	1.883	0.6145
2.24	0.5418	5.687	3.005	1.892	0.6100
2.25	0.5406	5.740	3.019	1.901	0.6055
2.26	0.5393	5.792	3.032	1.910	0.6011
2.27	0.5381	5.845	3.045	1.919	0.5966
2.28	0.5368	5.898	3.058	1.929	0.5921
2.29	0.5356	5.951	3.071	1.938	0.5877
2.30	0.5344	6.005	3.085	1.947	0.5833
2.31	0.5332	6.059	3.098	1.956	0.5789
2.32	0.5321	6.113	3.110	1.965	0.5745
2.33	0.5309	6.167	3.123	1.974	0.5702
2.34	0.5297	6.222	3.136	1.984	0.5658
2.35	0.5286	6.276	3.149	1.993	0.5615

표 B-4 수직 충격파 유동(*k*=1.4)

M_1	M_2	$\dfrac{p_2}{p_1}$	$\dfrac{\rho_2}{\rho_1}$	$\dfrac{T_2}{T_1}$	$\dfrac{(p_0)_2}{(p_0)_1}$
2.36	0.5275	6.331	3.162	2.002	0.5572
2.37	0.5264	6.386	3.174	2.012	0.5529
2.38	0.5253	6.442	3.187	2.021	0.5486
2.39	0.5242	6.497	3.199	2.031	0.5444
2.40	0.5231	6.553	3.212	2.040	0.5401
2.41	0.5221	6.609	3.224	2.050	0.5359
2.42	0.5210	6.666	3.237	2.059	0.5317
2.43	0.5200	6.722	3.249	2.069	0.5276
2.44	0.5189	6.779	3.261	2.079	0.5234
2.45	0.5179	6.836	3.273	2.088	0.5193
2.46	0.5169	6.894	3.285	2.098	0.5152
2.47	0.5159	6.951	3.298	2.108	0.5111
2.48	0.5149	7.009	3.310	2.118	0.5071
2.49	0.5140	7.067	3.321	2.128	0.5030
2.50	0.5130	7.125	3.333	2.138	0.4990
2.51	0.5120	7.183	3.345	2.147	0.4950
2.52	0.5111	7.242	3.357	2.157	0.4911
2.53	0.5102	7.301	3.369	2.167	0.4871
2.54	0.5092	7.360	3.380	2.177	0.4832
2.55	0.5083	7.420	3.392	2.187	0.4793
2.56	0.5074	7.479	3.403	2.198	0.4754
2.57	0.5065	7.539	3.415	2.208	0.4715
2.58	0.5056	7.599	3.426	2.218	0.4677
2.59	0.5047	7.659	3.438	2.228	0.4639
2.60	0.5039	7.720	3.449	2.238	0.4601
2.61	0.5030	7.781	3.460	2.249	0.4564
2.62	0.5022	7.842	3.471	2.259	0.4526
2.63	0.5013	7.903	3.483	2.269	0.4489
2.64	0.5005	7.965	3.494	2.280	0.4452
2.65	0.4996	8.026	3.505	2.290	0.4416
2.66	0.4988	8.088	3.516	2.301	0.4379
2.67	0.4980	8.150	3.527	2.311	0.4343
2.68	0.4972	8.213	3.537	2.322	0.4307
2.69	0.4964	8.275	3.548	2.332	0.4271
2.70	0.4956	8.338	3.559	2.343	0.4236
2.71	0.4949	8.401	3.570	2.354	0.4201
2.72	0.4941	8.465	3.580	2.364	0.4166
2.73	0.4933	8.528	3.591	2.375	0.4131
2.74	0.4926	8.592	3.601	2.386	0.4097
2.75	0.4918	8.656	3.612	2.397	0.4062
2.76	0.4911	8.721	3.622	2.407	0.4028
2.77	0.4903	8.785	3.633	2.418	0.3994
2.78	0.4896	8.850	3.643	2.429	0.3961
2.79	0.4889	8.915	3.653	2.440	0.3928
2.80	0.4882	8.980	3.664	2.451	0.3895
2.81	0.4875	9.045	3.674	2.462	0.3862
2.82	0.4868	9.111	3.684	2.473	0.3829
2.83	0.4861	9.177	3.694	2.484	0.3797
2.84	0.4854	9.243	3.704	2.496	0.3765
2.85	0.4847	9.310	3.714	2.507	0.3733
2.86	0.4840	9.376	3.724	2.518	0.3701
2.87	0.4833	9.443	3.734	2.529	0.3670
2.88	0.4827	9.510	3.743	2.540	0.3639
2.89	0.4820	9.577	3.753	2.552	0.3608
2.90	0.4814	9.645	3.763	2.563	0.3577
2.91	0.4807	9.713	3.773	2.575	0.3547
2.92	0.4801	9.781	3.782	2.586	0.3517
2.93	0.4795	9.849	3.792	2.598	0.3487
2.94	0.4788	9.918	3.801	2.609	0.3457
2.95	0.4782	9.986	3.811	2.621	0.3428
2.96	0.4776	10.06	3.820	2.632	0.3398
2.97	0.4770	10.12	3.829	2.644	0.3369
2.98	0.4764	10.19	3.839	2.656	0.3340
2.99	0.4758	10.26	3.848	2.667	0.3312
3.00	0.4752	10.33	3.857	2.679	0.3283

표 B–5 프란틀–마이어 팽창 유동(k=1.4)	
M	ω (degrees)
1.00	0.00
1.02	0.1257
1.04	0.3510
1.06	0.6367
1.08	0.9680
1.10	1.336
1.12	1.735
1.14	2.160
1.16	2.607
1.18	3.074
1.20	3.558
1.22	4.057
1.24	4.569
1.26	5.093
1.28	5.627
1.30	6.170
1.32	6.721
1.34	7.279
1.36	7.844
1.38	8.413
1.40	8.987
1.42	9.565
1.44	10.146
1.46	10.730
1.48	11.317
1.50	11.905
1.52	12.495
1.54	13.086
1.56	13.677
1.58	14.269
1.60	14.860
1.62	15.452
1.64	16.043
1.66	16.633
1.68	17.222
1.70	17.810
1.72	18.396
1.74	18.981
1.76	19.565
1.78	20.146
1.80	20.725
1.82	21.302
1.84	21.877
1.86	22.449
1.88	23.019
1.90	23.586
1.92	24.151
1.94	24.712
1.96	25.271
1.98	25.827
2.00	26.380
2.02	26.930
2.04	27.476
2.06	28.020
2.08	28.560
2.10	29.097
2.12	29.631
2.14	30.161
2.16	30.688
2.18	31.212
2.20	31.732

M	ω (degrees)
2.22	32.249
2.24	32.763
2.26	33.273
2.28	33.780
2.30	34.283
2.32	34.782
2.34	35.279
2.36	35.772
2.38	36.261
2.40	36.746
2.42	37.229
2.44	37.708
2.46	38.183
2.48	38.655
2.50	39.124
2.52	39.589
2.54	40.050
2.56	40.508
2.58	40.963
2.60	41.415
2.62	41.863
2.64	42.307
2.66	42.749
2.68	43.187
2.70	43.622
2.72	44.053
2.74	44.481
2.76	44.906
2.78	45.328
2.80	45.746
2.82	46.161
2.84	46.573
2.86	46.982
2.88	47.388
2.90	47.790
2.92	48.190
2.94	48.586
2.96	48.980
2.98	49.370
3.00	49.757
3.02	50.14
3.04	50.52
3.06	50.90
3.08	51.28
3.10	51.65
3.12	52.01
3.14	52.39
3.16	52.75
3.18	53.11
3.20	53.47
3.22	53.83
3.24	54.18
3.26	54.53
3.28	54.88
3.30	55.22
3.32	55.56
3.34	55.90
3.36	56.24
3.38	56.58
3.40	56.90
3.42	57.24
3.44	57.56
3.46	57.89
3.48	58.21
3.50	58.53

기초문제 해답

2장

F2–1. $p_B + \rho_w g h_w = 400(10^3)$ Pa

$p_B + (1000 \text{ kg/m}^3)(9.81 \text{ m/s}^2)(0.3 \text{ m}) = 400(10^3)$ Pa

$p_B = 397.06(10^3)$ Pa

$+\uparrow F_R = \Sigma F_y;\ F_R = [397.06(10^3) \text{ N/m}^2][\pi(0.025 \text{ m})^2]$

$\qquad - [101(10^3) \text{ N/m}^2][\pi(0.025 \text{ m})^2]$

$\qquad = 581.31 \text{ N} = 581 \text{ N}$ \hfill *Ans.*

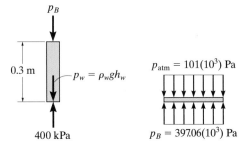

F2–2. *A*, *B* 및 *C*의 압력은 마노미터 방정식을 이용하여 얻을 수 있다. *A* 지점에 대해 그림 *a*를 참조하면,

$p_{atm} + \rho_w g h_w + \rho_o g h_o = p_A$

$0 + (1000 \text{ kg/m}^3)(9.81 \text{ m/s}^2)(1.25 \text{ m}) +$

$(830 \text{ kg/m}^3)(9.81 \text{ m/s}^2)(1.25 \text{ m}) = p_A$

$p_A = 22.44(10^3) \text{ Pa} = 22.4 \text{ kPa}$ \hfill *Ans.*

B 지점에 대해 그림 b를 참조하면,

$p_{atm} + \rho_o g h_o - \rho_w g h_w = p_B$

$0 + (830 \text{ kg/m}^3)(9.81 \text{ m/s}^2)(1.25 \text{ m}) -$

$(1000 \text{ kg/m}^3)(9.81 \text{ m/s}^2)(0.25 \text{ m}) = p_B$

$p_B = 7.7254(10^3) \text{ Pa} = 7.73 \text{ kPa}$ \hfill *Ans.*

C 지점에 대해 그림 c를 참조하면,

$p_{atm} + \rho_o g h_o + \rho_w g h_w = p_C$

$0 + (830 \text{ kg/m}^3)(9.81 \text{ m/s}^2)(1.25 \text{ m}) +$

$(1000 \text{ kg/m}^3)(9.81 \text{ m/s}^2)(1 \text{ m}) = p_c$

$p_C = 19.988(10^3) \text{ Pa} = 20.0 \text{ kPa}$ \hfill *Ans.*

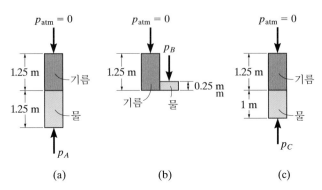

(a) \qquad (b) \qquad (c)

F2–3. 그림을 참조하면,

$p_{atm} + \rho_w g h_w - \rho_{Hg} g h_{Hg} = p_{atm}$

$\rho_w g h_w - \rho_{Hg} g h_{Hg} = 0$

$(1000 \text{ kg/m}^3)(9.81 \text{ m/s}^2)(2 + h)$

$\qquad - (13\,550 \text{ kg/m}^3)(9.81 \text{ m/s}^2)h = 0$

$\qquad 2000 + 1000h - 13\,550h = 0$

$h = 0.1594 \text{ m} = 159 \text{ mm}$ \hfill *Ans.*

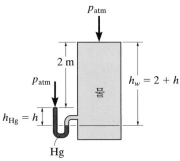

F2–4. $p_{atm} + \rho_w g h_w - \rho_{Hg} g h_{Hg} = p_{atm}$

$\rho_w h_w = \rho_{Hg} h_{Hg}$

$h_w = \left(\dfrac{\rho_{Hg}}{\rho_w}\right) h_{Hg}$

$(h - 0.3 \text{ m}) = \left(\dfrac{13\,550 \text{ kg/m}^3}{1000 \text{ kg/m}^3}\right)(0.1 \text{ m} + 0.5 \sin 30° \text{ m})$

$\qquad h = 5.0425 \text{ m} = 5.04 \text{ m}$ \hfill *Ans.*

F2–5. $p_B - \rho_w g h_w = p_A$

$p_B - \left(1000\ \text{kg/m}^3\right)\left(9.81\ \text{m/s}^2\right)(0.4\ \text{m}) = 300\left(10^3\right)\ \text{N/m}^2$

$p_B = 303.92\left(10^3\right)\ \text{Pa} = 304\ \text{kPa}$ *Ans.*

F2–6. $p_{\text{atm}} + \rho_{co} g h_{co} + \rho_w g h_w = p_B$

$\left[101\left(10^3\right)\ \text{N/m}^2\right] + \left(880\ \text{kg/m}^3\right)\left(9.81\ \text{m/s}^2\right)(1.1\ \text{m})$

$+ \left(1000\ \text{kg/m}^3\right)\left(9.81\ \text{m/s}^2\right)(0.9\ \text{m}) = p_B$

$p_B = 119.33\left(10^3\right)\ \text{Pa} = 119\ \text{kPa}$ *Ans.*

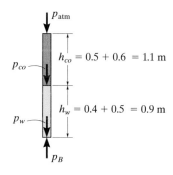

F2–7. A에 분산된 하중의 크기는 다음과 같다.

$w_A = \rho_w g h_A b = 1000(9.81)(2.5)(1.5) = 36.7875\left(10^3\right)\ \text{N/m}$

AB와 BC에서의 합력은 다음과 같다.

$(F_R)_{AB} = \dfrac{1}{2}\left[36.7875\left(10^3\right)\right](2.5) = 45.98\left(10^3\right)\ \text{N}$

$= 46.0\ \text{kN}$ *Ans.*

$(F_R)_{BC} = \left[36.7875\left(10^3\right)\right](2) = 73.575\left(10^3\right)\ \text{N} = 73.6\ \text{kN}$ *Ans.*

또는

$(F_R)_{AB} = \rho_w g \bar{h}_{AB} A_{AB} = 1000(9.81)(2.5/2)\left[2.5(1.5)\right]$

$= 45.98\left(10^3\right)\ \text{N} = 46.0\ \text{kN}$ *Ans.*

$(F_R)_{BC} = \rho_w g \bar{h}_{BC} A_{BC} = 1000(9.81)(2.5)\left[2(1.5)\right]$

$= 73.575\left(10^3\right)\ \text{N} = 73.6\ \text{kN}$ *Ans.*

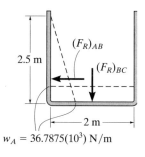

F2–8. 분산된 하중의 크기는 다음과 같다.

$w_A = \rho_o g h_A b = 900(9.81)(3)(2) = 52.974\left(10^3\right)\ \text{N/m}$

여기서 $L_{AB} = 3/\sin 60° = 3.464\ \text{m}$

$F_R = \dfrac{1}{2}\left[52.974\left(10^3\right)\right](3.464) = 91.8\ \text{kN}$ *Ans.*

또는

$F_R = \rho_o g \bar{h} A = 900(9.81)(1.5)\left[\left(3/\sin 60°\right)(2)\right] = 91.8\ \text{kN}$ *Ans.*

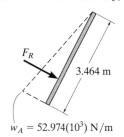

F2–9. A와 B의 하단에서의 분산된 하중의 크기는 다음과 같다.

$w_1 = \rho_w g h_1 b = 1000(9.81)(0.9)(2) = 17.658\left(10^3\right)\ \text{N/m}$

$w_2 = \rho_w g h_2 b = 1000(9.81)(1.5)(2) = 29.43\left(10^3\right)\ \text{N/m}$

그리고 이에 대한 합력은 다음과 같다.

$(F_R)_A = \dfrac{1}{2}\left[17.658\left(10^3\right)\right](0.9) = 7.9461\left(10^3\right)\ \text{N} = 7.94\ \text{kN}$ *Ans.*

$(F_R)_{B_1} = \left[17.658\left(10^3\right)\right](0.6) = 10.5948\left(10^3\right)\ \text{N}$

$(F_R)_{B_2} = \dfrac{1}{2}\left[29.43\left(10^3\right) - 17.658\left(10^3\right)\right](0.6) = 3.5316\left(10^3\right)$

$(F_R)_B = (F_R)_{B_1} + (F_R)_{B_2} = 10.5948\left(10^3\right) + 3.5816\left(10^3\right)$

$= 14.13\left(10^3\right)\ \text{N} = 14.1\ \text{kN}$ *Ans.*

또한 합력의 작용점은 다음과 같다.

$(y_p)_A = \dfrac{2}{3}(0.9) = 0.6\ \text{m}$ *Ans.*

$(y_p)_B = \dfrac{\left[10.5948\left(10^3\right)\right](0.9 + 0.6/2) + 3.5316\left(10^3\right)\left[0.9 + \frac{2}{3}(0.6)\right]}{14.1264\left(10^3\right)}$

$= 1.225\ \text{m}$ *Ans.*

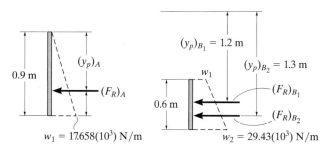

다른 방법으로, A에서의 합력을 다음과 같이 구할 수 있다.

$$(F_R)_A = \rho_w g \bar{h}_A A_A = 1000(9.81)(0.45)(0.9)(2)$$
$$= 7.9461(10^3) = 7.94 \text{ kN} \qquad Ans.$$

그리고 A에서 힘의 작용점은 다음과 같다.

$$(y_p)_A = \frac{(\bar{I}_x)_A}{\bar{y}_A A_A} + \bar{y}_A = \frac{\frac{1}{12}(2)(0.9^3)}{0.45[0.9(2)]} + 0.45 = 0.6 \text{ m} \qquad Ans.$$

한편, B에서의 합력을 다음과 같이 구할 수 있다.

$$(F_p)_B = \rho_w g \bar{h}_B A_B = 1000(9.81)(0.9 + 0.6/2)(0.6)(2)$$
$$= 14.1264(10^3) = 14.1 \text{ kN} \qquad Ans.$$

그리고 B에서 힘의 작용점은 다음과 같다.

$$(y_p)_B = \frac{(\bar{I}_x)_B}{\bar{y}_B A_B} + \bar{y}_B = \frac{\frac{1}{12}(2)(0.6^3)}{(0.9 + 0.6/2)(0.6)(2)} + (0.9 + 0.6/2)$$
$$= 1.225 \text{ m} \qquad Ans.$$

F2–10. 여기서 $\bar{y}_A = \bar{h}_A = \frac{2}{3}(1.2) = 0.8 \text{ m}$

$$A_A = \frac{1}{2}(0.6)(1.2) = 0.36 \text{ m}^2. \text{ 그러면}$$

$$F_R = \rho_w g \bar{h}_A A_A = 1000(9.81)(0.8)(0.36) = 2825.28 \text{ N}$$
$$= 2.83 \text{ kN} \qquad Ans.$$

또한 $(\bar{I}_x)_A = \frac{1}{36}(0.6)(1.2^3) = 0.0288 \text{ m}^4.$ 그러면

$$y_p = \frac{(\bar{I}_x)_A}{\bar{y}_A A_A} + \bar{y}_A = \frac{0.0288}{0.8(0.36)} + 0.8 = 0.9 \text{ m} \quad Ans.$$

F2–11. $\bar{y} = 2 \text{ m}, \bar{h} = 2 \sin 60° = \sqrt{3} \text{ m},$

$$A = \pi(0.5^2) = 0.25\pi \text{ m}^2$$

$$(\bar{I}_x) = \frac{\pi}{4}(0.5^4) = 0.015625\pi \text{ m}^4. \text{ 그러면}$$

$$F_R = \rho_w g \bar{h} A = 1000(9.81)(\sqrt{3})(0.25\pi) = 13.345(10^3) \text{ N}$$
$$= 13.3 \text{ kN} \qquad Ans.$$

$$y_p = \frac{I_x}{\bar{y} A} + \bar{y} = \frac{0.015625\pi}{2(0.25\pi)} + 2 = 2.03125 \text{ m} = 2.03 \text{ m} \; Ans.$$

F2–12. 분산된 하중의 크기는 다음과 같다.

$$w_1 = \rho_k g h_k b = 814(9.81)(1 \sin 60°)(2) = 13.831(10^3) \text{ N/m}$$
$$w_2 = w_1 + \rho_w g h_w b = 13.831(10^3) + 1000(9.81)(3 \sin 60°)(2)$$
$$= 64.805(10^3) \text{ N/m}$$

따라서 합력은 다음과 같이 구할 수 있다.

$$F_R = \frac{1}{2}[13.831(10^3)](1) + 13.831(10^3)(3)$$
$$+ \frac{1}{2}[64.805(10^3) - 13.831(10^3)](3)$$
$$= 124.87(10^3) \text{ N} = 125 \text{ kN} \qquad Ans.$$

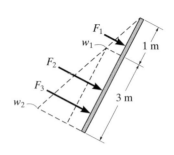

F2–13. 수평 성분:

$$w_A = \rho_w g h_A b$$
$$= (1000 \text{ kg/m}^3)(9.81 \text{ m/s}^2)(3 \sin 30° \text{ m})(0.5 \text{ m}) = 7357.5 \text{ N/m}$$
$$F_h = \frac{1}{2} w_A h_A$$
$$= \frac{1}{2}(7357.58 \text{ N/m})(3 \sin 30° \text{ m}) = 5518.125 \text{ N}$$
$$= 5.518 \text{ kN}$$

수직 성분:

$$F_v = \rho_w g V$$
$$= 1000 \text{ kg/m}^3(9.81 \text{ m/s}^2)[\frac{1}{2}(3 \cos 30° \text{ m})(3 \sin 30° \text{ m})(0.5 \text{ m})]$$
$$= 9557.67 \text{ N} = 9.558 \text{ kN}$$

$$\xrightarrow{+} \Sigma F_x = 0; \quad A_x - 5.518 \text{ kN} = 0 \quad A_x = 5.52 \text{ kN} \qquad Ans.$$

$$+\uparrow \Sigma F_y = 0; \quad 9.558 \text{ kN} - A_y = 0 \quad A_y = 9.56 \text{ kN} \qquad Ans.$$

$$\zeta + \Sigma M_A = 0; \quad (9.558 \text{ kN})[\frac{1}{3}(3 \cos 30° \text{ m})]$$
$$+ (5.518 \text{ kN})\frac{1}{3}(3 \sin 30° \text{ m}) - M_A = 0$$
$$M_A = 11.0 \text{ kN} \cdot \text{m} \qquad Ans.$$

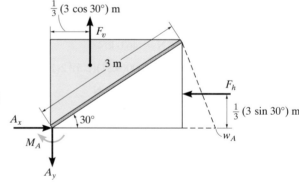

F2–14. 합력은 표면 AB 위의 기름 블록의 무게와 같다.

$$F_v = \rho_o g (A_{ACB} + A_{ABDE}) b$$

$$= (900 \text{ kg/m}^3)(9.81 \text{ m/s}^2)\left[\frac{\pi}{2}(0.5 \text{ m})^2 + (1)(1.5 \text{ m})\right](3 \text{ m})$$

$$= 50.13(10^3) \text{ N} = 50.1 \text{ kN} \qquad \qquad Ans.$$

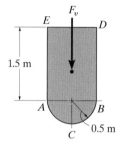

F2–15. AB면

  수평 성분

$$w_B = \rho_w g h_B b = (1000 \text{ kg/m}^3)(9.81 \text{ m/s}^2)(2 \text{ m})(0.75 \text{ m})$$

$$= 14.715(10^3) \text{ N/m}$$

$$F_h = \frac{1}{2} w_B h_B = \frac{1}{2}\left[14.715(10^3) \text{ N/m}\right](2 \text{ m})$$

$$= 14.715(10^3) \text{ N} = 14.7 \text{ kN} \rightarrow \qquad Ans.$$

  수직 성분

$$F_v = \rho_w g V$$

$$= (1000 \text{ kg/m}^3)(9.81 \text{ m/s}^2)\left[\frac{1}{2}\left(\frac{2 \text{ m}}{\tan 60°}\right)(2 \text{ m})(0.75 \text{ m})\right]$$

$$= 8495.71 \text{ N} = 8.50 \text{ kN} \uparrow \qquad Ans.$$

  CD면

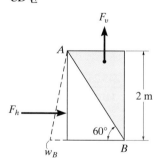

  수평 성분

$$w_D = \rho_w g h_D b = (1000 \text{ kg/m}^3)(9.81 \text{ m/s}^2)(2 \text{ m})(0.75 \text{ m})$$

$$= 14.715(10^3) \text{ N/m}$$

$$F_h = \frac{1}{2} w_D h_D = \frac{1}{2}\left[14.715(10^3) \text{ N/m}\right](2 \text{ m})$$

$$= 14.715(10^3) \text{ N} = 14.7 \text{ kN} \leftarrow \qquad Ans.$$

  수직 성분

$$F_v = \rho_w g V$$

$$= (1000 \text{ kg/m}^3)(9.81 \text{ m/s}^2)\left[\frac{1}{2}\left(\frac{2 \text{ m}}{\tan 45°}\right)(2 \text{ m})(0.75 \text{ m})\right]$$

$$= 14.715(10^3) \text{ N} = 14.7 \text{ kN} \downarrow \qquad Ans.$$

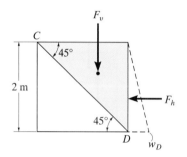

F2–16. AB면

  수평 성분

$$w_B = \rho_w g h_B b$$

$$= (1000 \text{ kg/m}^3)(9.81 \text{ m/s}^2)(0.5 \text{ m})(2 \text{ m})$$

$$= 9.81(10^3) \text{ N/m}$$

$$w_A = \rho_w g h_A b$$

$$= (1000 \text{ kg/m}^3)(9.81 \text{ m/s}^2)(2 \text{ m})(2 \text{ m})$$

$$= 39.24(10^3) \text{ N/m}$$

$$(F_h)_1 = [9.81(10^3) \text{ N/m}](1.5 \text{ m}) = 14.715(10^3) \text{ N} = 14.715 \text{ kN}$$

$$(F_h)_2 = \tfrac{1}{2}\left[39.24(10^3) \text{ N/m} - 9.81(10^3) \text{ N/m}\right](1.5 \text{ m})$$

$$= 22.0725(10^3) \text{ N} = 22.0725 \text{ kN}$$

  따라서

$$F_h = (F_h)_1 + (F_h)_2 = 14.715 \text{ kN} + 22.0725 \text{ kN}$$

$$= 36.8 \text{ kN} \leftarrow \qquad Ans.$$

  수직 성분

$$(F_v)_1 = \rho_w g V_1$$

$$= (1000 \text{ kg/m}^3)(9.81 \text{ m/s}^2)\left[\left(\frac{1.5 \text{ m}}{\tan 60°}\right)(0.5 \text{ m})(2 \text{ m})\right]$$

$$= 8.4957(10^3) \text{ N} = 8.4957 \text{ kN}$$

$$(F_v)_2 = \rho_w g V_2$$

$$= \left(1000 \text{ kg/m}^3\right)\left(9.81 \text{ m/s}^2\right)\left[\frac{1}{2}\left(\frac{1.5 \text{ m}}{\tan 60°}\right)(1.5 \text{ m})(2 \text{ m})\right]$$

$$= 12.7436\left(10^3\right) \text{ N} = 12.7436 \text{ kN}$$

따라서

$$F_v = (F_v)_1 + (F_v)_2$$

$$= 8.4957 \text{ kN} + 12.7436 \text{ kN}$$

$$= 21.2 \text{ kN}\uparrow \qquad\qquad Ans.$$

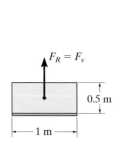

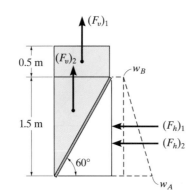

BC면

수평 성분

$$w_B = \rho_w g h_B b = \left(1000 \text{ kg/m}^3\right)\left(9.81 \text{ m/s}^2\right)(2 \text{ m})(1.5 \text{ m})$$

$$= 29.43\left(10^3\right) \text{ N/m}$$

$$F_h = \frac{1}{2} w_B h_B = \frac{1}{2}\left[29.43\left(10^3\right) \text{ N/m}\right](2 \text{ m})$$

$$= 29.43\left(10^3\right) \text{ N} = 29.4 \text{ kN}\leftarrow \qquad Ans.$$

수직 성분

$$F_v = \rho_w g V$$

$$= \left(1000 \text{ kg/m}^3\right)\left(9.81 \text{ m/s}^2\right)\left[(2 \text{ m})(2 \text{ m})(1.5 \text{ m}) - \frac{\pi}{4}(2 \text{ m})^2(1.5 \text{ m})\right]$$

$$= 12.631\left(10^3\right) \text{ N} = 12.6 \text{ kN}\uparrow \qquad Ans.$$

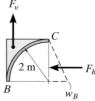

F2–17. AB면

수평 성분

$$w_B = \rho_w g h_B b = \left(1000 \text{ kg/m}^3\right)\left(9.81 \text{ m/s}^2\right)(2 \text{ m})(1.5 \text{ m})$$

$$= 29.43\left(10^3\right) \text{ N/m}$$

$$F_h = \frac{1}{2} w_B h_B = \frac{1}{2}\left[29.43\left(10^3\right) \text{ N/m}\right](2 \text{ m})$$

$$= 29.43\left(10^3\right) \text{ N} = 29.4 \text{ kN}\rightarrow \qquad Ans.$$

수직 성분

$$F_v = \rho_w g V = \left(1000 \text{ kg/m}^3\right)\left(9.81 \text{ m/s}^2\right)\left[\frac{1}{2}\left(\frac{2 \text{ m}}{\tan 45°}\right)(2 \text{ m})(1.50 \text{ m})\right]$$

$$= 29.43\left(10^3\right) \text{ N} = 29.4 \text{ kN}\uparrow \qquad Ans.$$

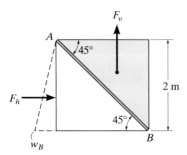

F2–18. 수평 성분

$$w_C = \rho_w g h_C b$$

$$= \left(1000 \text{ kg/m}^3\right)\left(9.81 \text{ m/s}^2\right)(5 \text{ m})(2 \text{ m})$$

$$= 98.1\left(10^3\right) \text{ N/ m}$$

$$F_h = \frac{1}{2} w_C h_C$$

$$= \frac{1}{2}\left[98.1\left(10^3\right) \text{ N/m}\right](5 \text{ m}) = 245.25\left(10^3\right) \text{ N}$$

$$= 245.25 \text{ kN}\leftarrow$$

수직 성분

$$F_v = \rho_w g V = \left(1000 \text{ kg/m}^3\right)\left(9.81 \text{ m/s}^2\right)\left[\frac{1}{2}\left(\frac{5 \text{ m}}{\tan \theta}\right)(5 \text{ m})(2 \text{ m})\right]$$

$$= \frac{245.25\left(10^3\right)}{\tan \theta} \text{ N} = \frac{245.25}{\tan \theta} \text{ kN}\uparrow$$

$$\zeta + \Sigma M_A = 0;$$

$$\left(\frac{245.25}{\tan \theta} \text{ kN}\right)\left[\frac{1}{3}\left(\frac{5 \text{ m}}{\tan \theta}\right)\right] - (245.25 \text{ kN})\left[\frac{2}{3}(5 \text{ m})\right] = 0$$

$$\frac{1}{\tan^2 \theta} = 2, \quad \theta = 35.3° \qquad Ans.$$

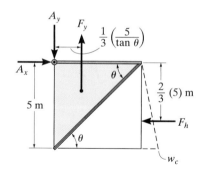

F2–19. $F_b = \rho_w g \forall b$

$$= (1000 \text{ kg/m}^3)(9.81 \text{ m/s}^2)[\pi(0.1 \text{ m})^2 d] = 308.2d$$

$+\uparrow \Sigma F_y = 0; \quad 308.2d - [2(9.81) \text{ N}] = 0; \quad d = 0.06366 \text{ m}$

$$\forall_w = \forall' - \forall_{wb}$$

$$\pi(0.2 \text{ m})^2(0.5 \text{ m}) = \pi(0.2 \text{ m}^2)h - \pi(0.1 \text{ m})^2(0.0636 \text{ m})$$

$$h = 0.516 \text{ m} \qquad Ans.$$

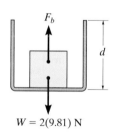

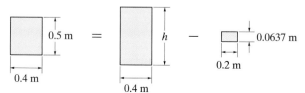

F2–20. $\tan \theta = \dfrac{a_c}{g} = \dfrac{4 \text{ m/s}^2}{9.81 \text{ m/s}^2} = 0.4077$

$$\theta = 22.18° = 22.2° \qquad Ans.$$

$h_B = 1.5 \text{ m} + (1 \text{ m}) \tan 22.18°$

$$= 1.9077 \text{ m}$$

$w_B = \rho_w g h_B b = (1000 \text{ kg/m}^3)(9.81 \text{ m/s}^2)(1.9077 \text{ m})(3 \text{ m})$

$$= 56.145(10^3) \text{ N/m} = 56.143 \text{ kN/m}$$

$F_R = \dfrac{1}{2}(56.145 \text{ kN/m})(1.9077 \text{ m}) = 53.56 \text{kN} = 53.6 \text{ kN} \quad Ans.$

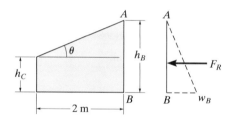

F2–21. $\tan \theta = \dfrac{a_c}{g} = \dfrac{6 \text{ m/s}^2}{9.81 \text{ m/s}^2} = 0.6116$

$h' = (1.5 \text{ m}) \tan \theta = (1.5 \text{ m})(0.6116) = 0.9174 \text{ m}$

$h_A = h_B + h' = 0.5 \text{ m} + 0.9174 \text{ m} = 1.4174 \text{ m}$

$p_A = \rho_o g h_A = (880 \text{ kg/m}^3)(9.81 \text{ m/s}^2)(1.4174 \text{ m})$

$$= 12.2364(10^3) \text{ Pa} = 12.2 \text{ kPa} \qquad Ans.$$

$p_B = \rho_o g h_B = (880 \text{ kg/m}^3)(9.81 \text{ m/s}^2)(0.5 \text{ m})$

$$= 4.3164(10^3) \text{ Pa} = 4.32 \text{ kPa} \qquad Ans.$$

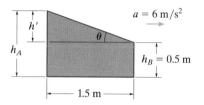

F2–22. $(\forall_{\text{air}})_i = (\forall_{\text{air}})_f$

$$\pi(1 \text{ m})^2(3 \text{ m} - 2 \text{ m}) = \dfrac{1}{2}[\pi(1 \text{ m})^2] h$$

$$h = 2 \text{ m}$$

$$h = \dfrac{\omega^2}{2g} r^2; \quad 2 \text{ m} = \left[\dfrac{\omega^2}{2(9.81 \text{ m/s}^2)}\right](1 \text{ m})^2$$

$$\omega = 6.26 \text{ rad/s} \qquad Ans.$$

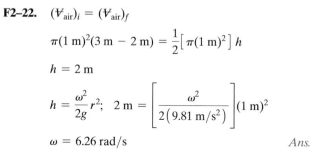

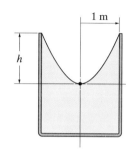

F2–23. $h = \dfrac{\omega^2}{2g}\,r^2;$ $h = \left[\dfrac{(8\text{ rad/s})^2}{2\left(9.81\text{ m/s}^2\right)}\right](1\text{ m})^2$

$$= 3.2620\text{ m}$$

$$\mathcal{V}_w = \mathcal{V}' - \mathcal{V}_{\text{par}}$$

$$\pi(1\text{ m})^2(2\text{ m}) = \pi(1\text{ m})^2(h_0 + 3.2620\text{ m}) - \tfrac{1}{2}\left[\pi(1\text{ m})^2(3.2620\text{ m})\right]$$

$$h_0 = 0.3690\text{ m}$$

따라서

$$h_{\max} = h + h_0 = 3.2620\text{ m} + 0.3690\text{ m} = 3.6310\text{ m}$$

$$h_{\min} = h_0 = 0.3690\text{ m}$$

$$p_{\max} = \rho_w g h_{\max} = \left(1000\text{ kg/m}^3\right)\left(9.81\text{ m/s}^2\right)(3.6310\text{ m})$$

$$= 35.62\left(10^3\right)\text{ Pa} = 35.6\text{ kPa} \qquad \textit{Ans.}$$

$$p_{\min} = \rho_w g h_{\min} = \left(1000\text{ kg/m}^3\right)\left(9.81\text{ m/s}^2\right)(0.3690\text{ m})$$

$$= 3.62\left(10^3\right)\text{ Pa} = 3.62\text{ kPa} \qquad \textit{Ans.}$$

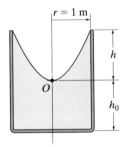

F2–24. $h = \dfrac{\omega^2}{2g}\,r^2;$ $h_{\max} = \left[\dfrac{(4\text{ rad/s})^2}{2\left(9.81\text{ m/s}^2\right)}\right](1.5\text{ m})^2$

$$= 1.8349\text{ m}$$

$$p_{\max} = \rho_o g h_{\max} = \left(880\text{ kg/m}^3\right)\left(9.81\text{ m/s}^2\right)(1.8349\text{ m})$$

$$= 15.84\left(10^3\right)\text{ Pa}$$

$$= 15.8\text{ kPa} \qquad \textit{Ans.}$$

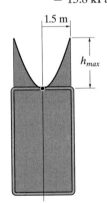

3장

F3–1. $t=0$일 때 $x=2$ m, $y=6$ m이므로

$$\dfrac{dx}{dt} = u = \dfrac{1}{4}x; \qquad \int_2^x \dfrac{dx}{x} = \int_0^t \dfrac{1}{4}dt$$

$$\ln x \Big|_2^x = \dfrac{1}{4}t\Big|_0^t; \quad \ln \dfrac{x}{2} = \dfrac{1}{4}(t)$$

$$x = 2e^{\frac{1}{4}(t)}$$

$$\dfrac{dy}{dt} = v = 2t; \qquad \int_6^y dy = \int_0^t 2t\,dt$$

$$y\Big|_6^y = t^2\Big|_0^t; \quad y - 6 = t^2$$

$$y = t^2 + 6$$

$t=2$ s일 때 입자의 위치는

$$x = 2\,e^{\frac{1(2)}{4}} = 3.30\text{ m}, \quad y = (2)^2 + 6 = 10\text{ m} \qquad \textit{Ans.}$$

F3–2. $\dfrac{dy}{dx} = \dfrac{v}{u};$ $\dfrac{dy}{dx} = \dfrac{8y}{2x^2} = \dfrac{4y}{x^2}$

$$\int_{3\text{ m}}^y \dfrac{dy}{y} = \int_{2\text{ m}}^x \dfrac{4dx}{x^2}; \quad \ln y\Big|_{3\text{ m}}^y = -4\left(\dfrac{1}{x}\right)\Big|_{2\text{ m}}^x$$

$$\ln \dfrac{y}{3} = -4\left(\dfrac{1}{x} - \dfrac{1}{2}\right)$$

$$y = 3e^{\frac{2(x-2)}{x}} \qquad \textit{Ans.}$$

F3–3. $a = \dfrac{\partial V}{\partial t} + V\dfrac{\partial V}{\partial x}$

$$\dfrac{\partial V}{\partial t} = 20t; \qquad \dfrac{\partial V}{\partial x} = 600x^2$$

$$a = \left[20t + \left(200x^3 + 10t^2\right)\left(600x^2\right)\right]\text{ m/s}^2$$

$t=2$ s일 때 $x=0.1$ m

$$a = 20(0.2) + \left[200\left(0.1^3\right) + 10\left(0.2^2\right)\right]\left[600\left(0.1^2\right)\right]$$

$$= 7.60\text{ m/s}^2 \qquad \textit{Ans.}$$

F3–4. $a = \dfrac{\partial u}{\partial t} + u\dfrac{\partial u}{\partial x}$

$$= 0 + 3(x + 4)(3)$$

$$= 9(x + 4)\text{ m/s}^2$$

$x=0.1$ m에서

$$a = 9(0.1 + 4) = 36.9\text{ m/s}^2 \qquad \textit{Ans.}$$

$$\frac{dx}{dt} = u = 3(x+4); \quad \int_0^x \frac{dx}{3(x+4)} = \int_0^t dt$$

$$\frac{1}{3}\ln(x+4)\Big|_0^x = t; \quad \frac{1}{3}\ln\left(\frac{x+4}{4}\right) = t$$

$$x = 4e^{3t} - 4; \quad x = \left[4\left(e^{3t} - 1\right)\right] \text{ m}$$

$t = 0.025$ s일 때

$$x = 4\left[e^{3(0.025)} - 1\right] = 0.2473 \text{ m} = 247 \text{ mm} \quad Ans.$$

F3–5.　$(a_x)_{\text{local}} = \dfrac{\partial u}{\partial t} = (4t) \text{ m/s}^2$

$t = 2$ s일 때

$$(a_x)_{\text{local}} = \left[4(2)\right] \text{ m/s}^2 = 8 \text{ m/s}^2$$

$$(a_x)_{\text{conv}} = u\frac{\partial u}{\partial x} + v\frac{\partial u}{\partial y}$$

$$= \left(3x + 2t^2\right)(3) + \left(2y^3 + 10t\right)(0)$$

$$= \left[3\left(3x + 2t^2\right)\right] \text{ m/s}^2$$

$t = 2$ s일 때, $x = 3$ m

$$(a_x)_{\text{conv}} = \left[3\left(3(3) + 2\left(2^2\right)\right)\right] \text{ m/s}^2 = 51 \text{ m/s}^2$$

$$(a_y)_{\text{local}} = \frac{\partial v}{\partial t} = 10 \text{ m/s}^2$$

$$(a_y)_{\text{conv}} = u\frac{\partial v}{\partial x} + v\frac{\partial v}{\partial y}$$

$$= \left(3x + 2t^2\right)(0) + \left(2y^3 + 10t\right)\left(6y^2\right)$$

$$= \left[6y^2\left(2y^3 + 10t\right)\right] \text{ m/s}^2$$

$t = 2$ s일 때, $y = 1$ m

$$(a_y)_{\text{conv}} = \left[6\left(1^2\right)\right]\left[2\left(1^3\right) + 10(2)\right] \text{ m/s}^2$$

$$= 132 \text{ m/s}^2$$

따라서

$$a_{\text{local}} = \sqrt{(a_x)_{\text{local}}^2 + (a_y)_{\text{local}}^2} = \sqrt{\left(8 \text{ m/s}^2\right)^2 + \left(10 \text{ m/s}^2\right)^2}$$

$$= 12.8 \text{ m/s}^2 \quad Ans.$$

$$a_{\text{conv}} = \sqrt{(a_x)_{\text{conv}}^2 + (a_y)_{\text{conv}}^2} = \sqrt{\left(51 \text{ m/s}^2\right)^2 + \left(132 \text{ m/s}^2\right)^2}$$

$$= 142 \text{ m/s}^2 \quad Ans.$$

F3–6.　$a_s = \left(\dfrac{\partial V}{\partial t}\right)_s + V\dfrac{\partial V}{\partial s}$

$$\left(\frac{\partial V}{\partial t}\right)_s = 0 \text{ (정상상태)} \qquad \frac{\partial v}{\partial s} = 40s$$

$$a_s = 0 + (20s^2 + 4)(40s) = \left[40s(20s^2 + 4)\right] \text{ m/s}^2$$

A에서, $s = r\theta = (0.5 \text{ m})\left(\dfrac{\pi}{4} \text{ rad}\right) = 0.125\pi \text{ m}$

$$a_s = 40(0.125\pi)\left[20(0.125\pi)^2 + 4\right] = 111.28 \text{ m/s}^2$$

$$a_n = \left(\frac{\partial V}{\partial t}\right)_n + \frac{V^2}{R}$$

여기서, $\left(\dfrac{\partial v}{\partial t}\right)_n = 0$, $R = 0.5$ m, 그리고 A에서,

$$V = \left[20(0.125\,\pi)^2 + 4\right] \text{ m/s} = 7.084 \text{ m/s}$$

$$a_n = 0 + \frac{(7.0842)^2}{0.5} = 100.37 \text{ m/s}^2$$

따라서

$$a = \sqrt{a_s^2 + a_n^2} = \sqrt{\left(111.28 \text{ m/s}^2\right)^2 + \left(100.37 \text{ m/s}^2\right)^2}$$

$$= 150 \text{ m/s}^2 \quad Ans.$$

F3–7.　입자의 속력이 일정하므로

$$a_s = 0$$

유선은 회전하지 않으므로 $(\partial V/\partial t)_n = 0$.

그러므로

$$a_n = \left(\frac{\partial V}{\partial t}\right)_n + \frac{V^2}{R} = 0 + \frac{(3 \text{ m/s})^2}{0.5 \text{ m}} = 18 \text{ m/s}^2$$

따라서

$$a = \sqrt{a_s^2 + a_n^2} = \sqrt{0^2 + \left(18 \text{ m/s}^2\right)^2}$$

$$= 18 \text{ m/s}^2 \quad Ans.$$

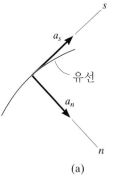

(a)

F3–8.　$a_s = \left(\dfrac{\partial V}{\partial t}\right)_s + V\dfrac{\partial V}{\partial s}$

$$\left(\frac{\partial V}{\partial t}\right)_s = \left[\frac{3}{2}(1000)\, t^{1/2}\right] \text{ m/s}^2 = \left(1500\, t^{1/2}\right) \text{ m/s}^2$$

$$\frac{\partial V}{\partial s} = 40s$$

$$a_s = \left[1500\, t^{1/2} + \left(20s^2 + 1000t^{3/2} + 4 \right)(40s) \right] \text{m/s}^2$$

A에서, $s = 0.3\,\text{m}$ 그리고 $t = 0.02\,\text{s}$.

$$a_s = \left\{ 1500\left(0.02^{1/2} \right) + \left[20\left(0.3^2 \right) + 1000\left(0.02^{3/2} \right) + 4 \right] \left[40(0.3) \right] \right\} \text{m/s}^2$$

$$= 315.67\ \text{m/s}^2$$

$$a_n = \left(\frac{\partial V}{\partial t} \right)_n + \frac{V^2}{R}$$

A에서, $\left(\dfrac{\partial V}{\partial t} \right)_n = 0,\ R = 0.5\,\text{m}$ 그리고

$$V = \left[20\left(0.3^2 \right) + 1000\left(0.02^{3/2} \right) + 4 \right] \text{m/s} = 8.628\ \text{m/s}$$

그리고

$$a_n = 0 + \frac{(8.628\ \text{m/s})^2}{0.5\ \text{m}} = 148.90\ \text{m/s}^2$$

따라서

$$a = \sqrt{a_s^2 + a_n^2} = \sqrt{(315.67\ \text{m/s}^2)^2 + (148.90\ \text{m/s}^2)^2}$$

$$= 349\ \text{m/s}^2 \qquad\qquad Ans.$$

4장

F4–1.
$$\dot{m} = \rho_w \mathbf{V} \cdot \mathbf{A} = (1000\,\text{kg/m}^3)(16\,\text{m/s})(0.06\,\text{m})\left[(0.05\,\text{m})\sin 60^\circ\right]$$
$$= 41.6\ \text{kg/s} \qquad\qquad Ans.$$

F4–2. $\quad p = \rho RT;$
$$(70 + 101)\left(10^3 \right) \text{N/m}^2 = \rho(286.9\ \text{J/kg} \cdot \text{K})(15 + 273)\ \text{K}$$
$$\rho = 2.0695\ \text{kg/m}^3$$
$$\dot{m} = \rho VA; \quad 0.7\ \text{kg/s} = \left(2.0695\ \text{kg/m}^3 \right)(V)\left[\tfrac{1}{2}(0.3\,\text{m})(0.3\,\text{m})\right]$$
$$V = 7.52\ \text{m/s} \qquad\qquad Ans.$$

F4–3. $\quad Q = VA = (8\,\text{m/s})\left[\pi(0.15\,\text{m})^2 \right]$
$$= 0.565\ \text{m}^3/\text{s} \qquad\qquad Ans.$$
$$\dot{m} = \rho_w Q = \left(1000\ \text{kg/m}^3 \right)\left(0.565\ \text{m}^3/\text{s} \right) = 565\ \text{kg/s} \quad Ans.$$

F4–4. $\quad Q = \displaystyle\int_A u\,dA;$
$$0.02\ \text{m}^3/\text{s} = \int_0^{0.2\,\text{m}} u_{\max}\left(1 - 25r^2 \right)(2\pi r\,dr)$$
$$\frac{0.01}{\pi} = u_{\max}\left(\frac{r^2}{2} - \frac{25r^4}{4} \right)\Bigg|_0^{0.2\,\text{m}}$$
$$\frac{0.01}{\pi} = u_{\max}\left(\frac{0.2^2}{2} - \frac{25(0.2^4)}{4} \right)$$
$$u_{\max} = 0.318\ \text{m/s} \qquad\qquad Ans.$$

또한 $\displaystyle\int_A V\,dA$는 속도분포에 의한 포물선 형상의 체적 $\left(\tfrac{1}{2}\pi r^2 h \right)$와 같다.

$$0.02\ \text{m}^3/\text{s} = \frac{1}{2}\pi(0.2\,\text{m})^2 V_0$$
$$V_0 = 0.318\ \text{m/s} \qquad\qquad Ans.$$

평균 속도는 다음과 같이 구할 수 있다.

$$V_{\text{avg}} = \frac{Q}{A} = \frac{0.02\ \text{m}^3/\text{s}}{\pi(0.2\,\text{m})^2} = 0.159\ \text{m/s} \qquad Ans.$$

F4–5. $\quad p = \rho RT;$
$$(80 + 101)\left(10^3 \right) \text{N/m}^2 = \rho(286.9\ \text{J/kg} \cdot \text{K})(20 + 273)\ \text{K}$$
$$\rho = 2.1532\ \text{kg/m}^3$$
$$\dot{m} = \rho VA = \left(2.1532\ \text{kg/m}^3 \right)\left(3\,\text{m/s} \right)\left[\pi(0.2\,\text{m})^2 \right]$$
$$= 0.812\ \text{kg/s} \qquad\qquad Ans.$$

F4–6. $\quad Q = \displaystyle\int_A V\,dA = \int_0^{0.5\,\text{m}} 6y^2(0.5\,dy) = \int_0^{0.5\,\text{m}} 3y^2\,dy$
$$= 0.125\ \text{m}^3/\text{s} \qquad\qquad Ans.$$

또한 속도분포가 만드는 포물선 형상의 체적은

$$Q = \tfrac{1}{3}(0.5\,\text{m})\left[6\left(0.5^2 \right)\,\text{m/s} \right](0.5\,\text{m})$$
$$= 0.125\ \text{m}^3/\text{s} \qquad\qquad Ans.$$

F4–7. $\quad \dfrac{\partial}{\partial t}\displaystyle\int_{\text{cv}} \rho\,d\forall + \int_{\text{cs}} \rho \mathbf{V}_{f/\text{cs}} \cdot d\mathbf{A} = 0$
$$0 - V_A A_A + V_B A_B + V_C A_C = 0$$
$$0 - (6\,\text{m/s})\left(0.1\,\text{m}^2 \right) + (2\,\text{m/s})\left(0.2\,\text{m}^2 \right) + V_C\left(0.1\,\text{m}^2 \right) = 0$$
$$V_C = 2\ \text{m/s} \qquad\qquad Ans.$$

F4–8. 변하는 검사체적을 선택하라.
$$\forall = (3\,\text{m})(2\,\text{m})(y) = (6y)\ \text{m}^3; \quad \frac{d\forall}{dt} = 6\frac{dy}{dt}$$
따라서
$$\frac{\partial}{\partial t}\int_{\text{cv}} \rho_l\,d\forall + \int_{\text{cs}} \rho_l \mathbf{V}_{f/\text{cs}} \cdot d\mathbf{A} = 0$$
$$\rho_l \frac{\partial \forall}{\partial t} - \rho_l V_A A_A = 0$$
$$\frac{\partial \forall}{\partial t} = V_A A_A; \quad 6\frac{\partial y}{\partial t} = \left(4\,\text{m/s} \right)\left(0.1\,\text{m}^2 \right)$$
$$\frac{\partial y}{\partial t} = 0.0667\ \text{m/s} \qquad\qquad Ans.$$

F4–9.　$\dfrac{\partial}{\partial t}\displaystyle\int_{cv}\rho\,d\forall+\int_{cs}\rho\mathbf{V}_{f/cs}\cdot d\mathbf{A}=0$

$0-\dot m_a-\dot m_w+\rho_m V_A=0$

$0-0.05\text{ kg/s}-0.002\text{ kg/s}+\left(1.45\text{ kg/m}^3\right)(V)\left[\pi\left(0.01\text{ m}^2\right)\right]=0$

$V=114\text{ m/s}$　　　　　*Ans.*

5장

F5–1.　파이프의 직경이 일정하기 때문에

$V_B=V_A=6\text{ m/s}$　　　　　*Ans.*

$\dfrac{p_A}{\rho_w}+\dfrac{V_A^2}{2}+gz_A=\dfrac{p_B}{\rho_w}+\dfrac{V_B^2}{2}+gz_B$

$\dfrac{p_A}{1000\text{ kg/m}^3}+\dfrac{V^2}{2}+\left(9.81\text{ m/s}^2\right)(3\text{ m})=0+\dfrac{V^2}{2}+0$

$p_A=-29.43\left(10^3\right)\text{ Pa}=-29.4\text{ kPa}$　　*Ans.*

음수 부호는 A에서 압력이 부분 진공임을 나타낸다.

F5–2.　$\dfrac{\partial}{\partial t}\displaystyle\int_{cv}\rho\,d\forall+\int_{cs}\rho\mathbf{V}_{f/cs}\cdot d\mathbf{A}=0$

$0-V_A A_A+V_B A_B=0$

$-\left(7\text{ m/s}\right)\left[\pi(0.06\text{ m})^2\right]+V_B\left[\pi(0.04\text{ m})^2\right]=0$

$V_B=15.75\text{ m/s}$　　　　　*Ans.*

$\dfrac{p_A}{\rho_0}+\dfrac{V_A^2}{2}+gz_A=\dfrac{p_B}{\rho_0}+\dfrac{V_B^2}{2}+gz_B$

동일한 수평 유선에서 A와 B를 선택하라.
$z_A=z_B=z.$

$\dfrac{300\left(10^3\right)\text{ N/m}^2}{940\text{ kg/m}^3}+\dfrac{\left(7\text{ m/s}\right)^2}{2}+gz$

$=\dfrac{p_s}{940\text{ kg/m}^3}+\dfrac{\left(15.75\text{ m/s}\right)^2}{2}+gz$

$p_B=206.44\left(10^3\right)\text{ Pa}=206\text{ kPa}$　　*Ans.*

F5–3.　여기서 $p_C=p_B=0$ 이고, $V_C=0$이다.

$\dfrac{p_B}{\rho_w}+\dfrac{V_B^2}{2}+gz_B=\dfrac{p_C}{\rho_w}+\dfrac{V_C^2}{2}+gz_C$

$0+\dfrac{V_B^2}{2}+0=0+0+\left(9.81\text{ m/s}^2\right)(2\text{ m})$

$V_B=6.264\text{ m/s}$

$\dfrac{\partial}{\partial t}\displaystyle\int_{cv}\rho\,d\forall+\int_{cs}\rho\mathbf{V}_{f/cs}\cdot d\mathbf{A}=0$

$0-V_A A_A+V_B A_B=0$

$0-V_A\left[\pi(0.025\text{ m})^2\right]+\left(6.264\text{ m/s}\right)\left[\pi(0.005\text{ m})^2\right]=0$

$V_A=0.2506\text{ m/s}$

AB는 짧은 거리이기 때문에

$\dfrac{p_A}{\rho_w}+\dfrac{V_A^2}{2}+gz_A=\dfrac{p_B}{\rho_w}+\dfrac{V_B^2}{2}+gz_B$

$\dfrac{p_A}{1000\text{ kg/m}^3}+\dfrac{\left(0.2506\text{ m/s}\right)^2}{2}+0=0+\dfrac{\left(6.264\text{ m/s}\right)^2}{2}+0$

$p_A=19.59\left(10^3\right)\text{ Pa}=19.6\text{ kPa}$　　*Ans.*

F5–4.　여기서 $V_A=8\text{ m/s}$, $V_B=0$이고(B는 정체점이다),
$z_A=z_B=0$이다(AB는 수평 유선이다).

$\dfrac{p_A}{\rho_w}+\dfrac{V_A^2}{2}+gz_A=\dfrac{p_B}{\rho_w}+\dfrac{V_B^2}{2}+gz_B$

$\dfrac{80\left(10^3\right)\text{ N/m}^2}{1000\text{ kg/m}^3}+\dfrac{\left(8\text{ m/s}\right)^2}{2}+0=\dfrac{p_B}{1000\text{ kg/m}^3}+0+0$

$p_B=112\left(10^3\right)\text{ Pa}$

마노미터 방정식은 다음과 같이 주어진다.

$p_B+\rho_w g h_w=p_C$

$112\left(10^3\right)\text{ Pa}+\left(1000\text{ kg/m}^3\right)\left(9.81\text{ m/s}^2\right)(0.3\text{ m})=p_C$

$p_C=114.943\left(10^3\right)\text{ Pa}=115\text{ kPa}$　　*Ans.*

F5–5.　$\dfrac{\partial}{\partial t}\displaystyle\int_{cv}\rho_w\,d\forall+\int_{cs}\rho_w\mathbf{V}_{f/cs}\cdot d\mathbf{A}=0$

$\rho_w\dfrac{\partial\forall}{\partial t}+\rho_w V_B A_B=0$

$\dfrac{\partial\forall}{\partial t}=V_B A_B$

그러나 $\forall=(2\text{ m})(2\text{ m})=4y$

$\dfrac{\partial\forall}{\partial t}=4\dfrac{\partial y}{\partial t}$

따라서

$4\dfrac{\partial y}{\partial t}=V_B\left[\pi(0.01\text{ m})^2\right]$

$V_A=\dfrac{\partial y}{\partial t}=25\pi\left(10^{-6}\right)V_B$　　　　(1)

$p_A=p_B=0$, $V_B\gg V_A$[식 (1)]이기 때문에 무시할 수 있다.

$$\frac{p_A}{\rho_w} + \frac{V_A^2}{2} + gz_A = \frac{p_B}{\rho_w} + \frac{V_B^2}{2} + gz_B$$

$$0 + 0 + \left(9.81 \text{ m/s}^2\right)y - 0 + \frac{V_B^2}{2} + 0$$

$$V_B = \sqrt{19.62\, y}$$

$y = 0.4$ m에서

$$V_B = \sqrt{19.62(0.4)} = 2.801 \text{ m/s}$$

$$Q = V_B A_B = \left(2.801 \text{ m/s}\right)\left[\pi(0.01 \text{ m})^2\right]$$
$$= 0.88\left(10^{-3}\right) \text{ m}^3/\text{s} \qquad \textit{Ans.}$$

$y = 0.2$ m에서

$$V_B = \sqrt{19.62(0.2)} = 1.981 \text{ m/s}$$

$$Q = V_B A_B = \left(1.981 \text{ m/s}\right)\left[\pi(0.01 \text{ m})^2\right]$$
$$= 0.622\left(10^{-3}\right) \text{ m}^3/\text{s} \qquad \textit{Ans.}$$

F5–6.
$$\frac{\partial}{\partial t}\int_{cv} \rho\, dV + \int_{cs} \rho \mathbf{V}_{f/cs} \cdot d\mathbf{A} = 0$$

$$0 - V_A A_A + V_B A_B = 0$$

$$0 - \left(4 \text{ m/s}\right)\left[\pi(0.1 \text{ m})^2\right] + V_B\left[\pi(0.025 \text{ m})^2\right] = 0$$

$$V_B = 64 \text{ m/s}$$

A와 B 사이에서는 $T = 80°C$일 때 $z_A = z_B = 0$,
$\rho_a = 1.000$ kg/m³이다(부록 A).

$$\frac{p_A}{\rho_a} + \frac{V_A^2}{2} + gz_A = \frac{p_B}{\rho_a} + \frac{V_B^2}{2} + gz_B$$

$$\frac{20\left(10^3\right) \text{ N/m}^2}{1.000 \text{ kg/m}^3} + \frac{\left(4 \text{ m/s}\right)^2}{2} + 0$$

$$= \frac{p_B}{1.000 \text{ kg/m}^3} + \frac{\left(64 \text{ m/s}\right)^2}{2} + 0$$

$$p_B = 17.69\left(10^3\right) \text{ Pa} = 18.0 \text{ kPa} \qquad \textit{Ans.}$$

F5–7. $p_A = p_B = 0$, $V_A \cong 0$ (큰 저수지),
$z_A = 6$ m 그리고 $z_B = 0$.

$$\frac{p_A}{\gamma_w} + \frac{V_A^2}{2g} + z_A = \frac{p_B}{\gamma_w} + \frac{V_B^2}{2g} + z_B$$

$$0 + 0 + 6 \text{ m} = 0 + \frac{V_B^2}{2\left(9.81 \text{ m/s}^2\right)} + 0$$

$$V_B = 10.85 \text{ m/s}$$

$$Q = V_B A_B = \left(10.85 \text{ m/s}\right)\left[\pi(0.05 \text{ m})^2\right]$$
$$= 0.0852 \text{ m}^3/\text{s} \qquad \textit{Ans.}$$

속도 수두는 다음과 같다.

$$\frac{V_B^2}{2g} = \frac{\left(10.85 \text{ m/s}\right)^2}{2\left(9.81 \text{ m/s}^2\right)} = 6 \text{ m}$$

이 값이 상수이기 때문에 HGL도 마찬가지이다.

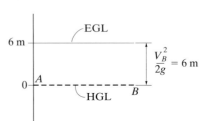

F5–8. $V_A = V_B = V$ (일정한 파이프 직경), $z_A = 2$ m,
$z_B = 1.5$ m, 그리고 $\rho_{co} = 880$ kg/m³ (부록 A).

$$\frac{p_A}{\gamma_{co}} + \frac{V_A^2}{2g} + z_A = \frac{p_B}{\gamma_{co}} + \frac{V_B^2}{2g} + z_B$$

$$\frac{300\left(10^3\right) \text{ N/m}^2}{\left(880 \text{ kg/m}^3\right)\left(9.81 \text{ m/s}^2\right)} + \frac{V^2}{2g} + 2 \text{ m}$$

$$= \frac{p_B}{\left(880 \text{ kg/m}^3\right)\left(9.81 \text{ m/s}^2\right)} + \frac{V^2}{2g} + 1.5 \text{ m}$$

$$p_B = 304.32\left(10^3\right) \text{ Pa} = 304 \text{ kPa} \qquad \textit{Ans.}$$

$$H = \frac{p_A}{\gamma_{co}} + \frac{V_A^2}{2g} + z_A$$

$$= \frac{300\left(10^3\right) \text{ N/m}^2}{\left(880 \text{ kg/m}^3\right)\left(9.81 \text{ m/s}^2\right)} + \frac{\left(4 \text{ m/s}\right)^2}{2\left(9.81 \text{ m/s}^2\right)} + 2 \text{ m}$$

$$= 37.567 \text{ m}$$

$$\frac{V^2}{2g} = \frac{\left(4 \text{ m/s}\right)^2}{2\left(9.81 \text{ m/s}^2\right)} = 0.815 \text{ m}$$

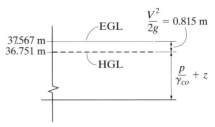

F5–9.
$$\frac{\partial}{\partial t}\int_{cv} \rho\, dV + \int_{cs} \rho \mathbf{V}_{f/cs} \cdot d\mathbf{A} = 0$$

$$0 - V_A A_A + V_B A_B = 0$$

$$0 - (3 \text{ m/s})\left[\pi(0.075 \text{ m})^2\right] + V_B\left[\pi(0.05 \text{ m})^2\right] = 0$$

$$V_B = 6.75 \text{ m/s} \qquad \textit{Ans.}$$

또한

$$0 - V_A A_A + V_C A_C = 0$$

$$-(3 \text{ m/s})[\pi(0.075 \text{ m})^2] + V_C[\pi(0.025 \text{ m})^2] = 0$$

$$V_C = 27 \text{ m/s} \qquad Ans.$$

A와 B 사이에서는

$$\frac{p_A}{\gamma_w} + \frac{V_A^2}{2g} + z_A = \frac{p_B}{\gamma_w} + \frac{V_B^2}{2g} + z_B$$

$$\frac{400(10^3) \text{ N/m}^2}{9810 \text{ N/m}^3} + \frac{(3 \text{ m/s})^2}{2(9.81 \text{ m/s}^2)} + 0$$

$$= \frac{p_B}{9810 \text{ N/m}^3} + \frac{(6.75 \text{ m/s})^2}{2(9.81 \text{ m/s}^2)} + 0$$

$$p_B = 381.72(10^3) \text{ Pa} = 382 \text{ kPa} \qquad Ans.$$

A와 C 사이에서는

$$\frac{p_A}{\gamma_w} + \frac{V_A^2}{2g} + z_A = \frac{p_C}{\gamma_w} + \frac{V_C^2}{2g} + z_C$$

$$\frac{400(10^3) \text{ N/m}^2}{9810 \text{ N/m}^3} + \frac{(3 \text{ m/s})^2}{2(9.81 \text{ m/s}^2)} + 0$$

$$= \frac{p_C}{9810 \text{ N/m}^3} + \frac{(27 \text{ m/s})^2}{2(9.81 \text{ m/s}^2)} + 0$$

$$p_C = 40.0(10^3) \text{ Pa} = 40 \text{ kPa} \qquad Ans.$$

$$H = \frac{p_A}{\gamma_w} + \frac{V_A^2}{2g} + z_A$$

$$= \frac{400(10^3) \text{ N/m}^2}{9810 \text{ N/m}^3} + \frac{(3 \text{ m/s})^2}{2(9.81 \text{ m/s}^2)} + 0$$

$$= 41.233 \text{ m}$$

A, B 및 C에서의 속도 수두는 다음과 같다.

$$\frac{V_A^2}{2g} = \frac{(3 \text{ m/s})^2}{2(9.81 \text{ m/s}^2)} = 0.459 \text{ m}$$

$$\frac{V_B^2}{2g} = \frac{(6.75 \text{ m/s})^2}{2(9.81 \text{ m/s}^2)} = 2.322 \text{ m}$$

$$\frac{V_C^2}{2g} = \frac{(27 \text{ m/s})^2}{2(9.81 \text{ m/s}^2)} = 37.156 \text{ m}$$

F5–10. $V_A \cong 0$, $p_A = p_C = 0$, $z_A = 40 \text{ m}$, 그리고 $z_C = 0$;

$$\frac{p_A}{\gamma_w} + \frac{V_A^2}{2g} + z_A + h_{\text{pump}} = \frac{p_C}{\gamma_w} + \frac{V_C^2}{2g} + z_C + h_{\text{turb}} + h_L$$

$$0 + 0 + 40 \text{ m} + 0 = 0 + \frac{(8 \text{ m/s})^2}{2(9.81 \text{ m/s}^2)} + 0 + h_{\text{turb}} + \left(\frac{150}{100}\right)(1.5 \text{ m})$$

$$h_{\text{turb}} = 34.488 \text{ m}$$

$$Q = V_C A_C = (8 \text{ m/s})[\pi(0.025 \text{ m})^2] = 5\pi(10^{-3}) \text{ m}^3/\text{s}$$

$$\dot{W}i = Q\gamma_w h_s = [5\pi(10^{-3}) \text{ m}^3/\text{s}](9810 \text{ N/m}^3)(34.488 \text{ m})$$

$$= 5314.43 \text{ W} = 5.314 \text{ kW}$$

$$\varepsilon = \frac{\dot{W}_o}{\dot{W}_i}; \quad 0.6 = \frac{\dot{W}_o}{5.314 \text{ kW}} \quad \dot{W}_o = 3.19 \text{ kW} \quad Ans.$$

F5–11. $Q = V_B A_B$; $0.02 \text{ m}^3/\text{s} = V_B[\pi(0.025 \text{ m})^2]$

$$V_B = 10.19 \text{ m/s}$$

$$p_B = 0, \quad z_A = 0, \quad z_B = 8 \text{ m}$$

$$\frac{p_A}{\gamma_w} + \frac{V_A^2}{2g} + z_A + h_{\text{pump}} = \frac{p_B}{\gamma_w} + \frac{V_B^2}{2g} + z_D + h_{\text{turb}} + h_L$$

$$\frac{80(10^3) \text{ N/m}^2}{9810 \text{ N/m}^3} + \frac{(2 \text{ m/s})^2}{2(9.81 \text{ m/s}^2)} + 0 + h_{\text{pump}}$$

$$= 0 + \frac{(10.19 \text{ m/s})^2}{2(9.81 \text{ m/s}^2)} + 8 \text{ m} + 0 + 0.75 \text{ m}$$

$$h_{\text{pump}} = 5.6793 \text{ m}$$

펌프가 물에 공급하는 동력은 다음과 같다.

$$\dot{W} = Q\gamma_w h_{\text{pump}} = (0.02 \text{ m}^3/\text{s})(9810 \text{ N/m}^3)(5.6793 \text{ m})$$

$$= 1.114(10^3) \text{ W} = 1.11 \text{ kW} \qquad Ans.$$

F5–12. 여기서 $\dot{Q}_m = -1.5 \text{ kJ/s}$. 그러면

$$\dot{Q}_{\text{in}} - \dot{W}_{\text{out}} = \left[\left(h_B + \frac{V_B^2}{2} + gz_B\right) - \left(h_A + \frac{V_A^2}{2} + gz_A\right)\right]\dot{m}$$

$$-1.5(10^3) \text{ J/s} - \dot{W}_{\text{out}} = \left\{\left[450(10^3) \text{ J/kg} + \frac{(48 \text{ m/s})^2}{2} + 0\right]\right.$$

$$\left. - \left[600(10^3) \text{ J/kg} + \frac{(12 \text{ m/s})^2}{2} + 0\right]\right\}(2 \text{ kg/s})$$

$$\dot{W}_{\text{out}} = 298 \text{ kW} \qquad Ans.$$

음수 부호는 엔진에 의해서 동력이 유동으로 추가되고 있음을 의미한다.

6장

F6–1. $Q = VA;$ $0.012 \ \text{m}^3/\text{s} = V[\pi(0.02 \ \text{m})^2];$
$V = 9.549 \ \text{m/s}$

$V_A = V_B = V = 9.549 \ \text{m/s}$ and $p_B = 0$

$$\Sigma F = \frac{\partial}{\partial t}\int_{cv} V\rho \ d\Psi + \int_{cs} V\rho \mathbf{V}_{f/cs} \cdot d\mathbf{A}$$

$$\overset{+}{\rightarrow}\Sigma F_x = 0 + V_B \rho_w (V_B A_B)$$

$F_x = (9.549 \ \text{m/s})(1000 \ \text{kg/m}^3)(0.012 \ \text{m}^3/\text{s}) = 114.59 \ \text{N} \rightarrow$

$+\uparrow \Sigma F_y = 0 + V_A(-\rho_w V_A A_A)$

$(160(10^3) \ \text{N/m}^2)(\pi(0.02 \ \text{m})^2) - F_y$

$\qquad = (9.549 \ \text{m/s})[-(1000 \ \text{kg/m}^3)(0.012 \ \text{m}^2/\text{s})]$

$F_y = 315.65 \ \text{N}\downarrow$

$F = \sqrt{F_x^2 + F_y^2} = \sqrt{(114.59 \ \text{N})^2 + (315.65)^2} = 336 \ \text{N} \ Ans.$

$\theta = \tan^{-1}\left(\frac{F_y}{F_x}\right) = \tan^{-1}\left(\frac{315.65 \ \text{N}}{114.59 \ \text{N}}\right) = 70.0° \qquad Ans.$

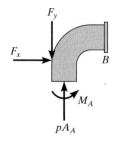

F6–2. $Q_A = V_A A_A; 0.02 \ \text{m}^3/\text{s} = V_A[\pi(0.02 \ \text{m})^2];$

$V_A = 15.915 \ \text{m/s}$

$Q_B = 0.3 Q_A = 0.3(0.02 \ \text{m}^3/\text{s}) = 0.006 \ \text{m}^3/\text{s}$

$Q_C = 0.7 Q_A = 0.7(0.02 \ \text{m}^3/\text{s}) = 0.014 \ \text{m}^3/\text{s}$

또한 $V_B = V_C = V_A = 15.915 \ \text{m/s}$ 그리고 $p_A = p_B = p_C = 0$.

$$\Sigma F = \frac{\partial}{\partial t}\int_{cv} V\rho \ d\Psi + \int_{cs} V\rho \mathbf{V}_{f/cs} \cdot d\mathbf{A}$$

$$\overset{+}{\rightarrow}\Sigma F_x = 0 + V_A[-(\rho_w V_A A_A)] + V_B \cos 60°(\rho_w V_B A_B)$$
$$\qquad\qquad\qquad + (-V_C \cos 60°)(\rho_w V_C A_C)$$

$-F_x = (15.915 \ \text{m/s})[-(1000 \ \text{kg/m}^3)(0.02 \ \text{m}^3/\text{s})]$

$\qquad + (15.915 \ \text{m/s})(\cos 60°)(1000 \ \text{kg/m}^3)(0.006 \ \text{m}^3/\text{s})$

$\qquad + (-15.915 \ \text{m/s})(\cos 60°)(1000 \ \text{kg/m}^3)(0.014 \ \text{m}^3/\text{s})$

$F_x = 381.97 \ \text{N}$

$+\uparrow \Sigma F_y = 0 + V_B \sin 60°(\rho_w V_B A_B) + (V_C \sin 60°)[-(\rho_w V_C A_C)]$

$-F_y = (15.915 \ \text{m/s}) \sin 60°(1000 \ \text{kg/m}^3)(0.006 \ \text{m}^3/\text{s})$

$\qquad + (15.915 \ \text{m/s}) \sin 60°[-(1000 \ \text{kg/m}^3)(0.014 \ \text{m}^3/\text{s})]$

$F_y = 110.27 \ \text{N}$

$F = \sqrt{F_x^2 + F_y^2} = \sqrt{(381.97 \ \text{N})^2 + (110.27 \ \text{N})^2} = 397.57 \ \text{N}$
$\qquad\qquad\qquad\qquad\qquad\qquad\qquad\qquad = 398 \ \text{N} \qquad Ans.$

$\theta = \tan^{-1}\left(\frac{F_y}{F_x}\right) = \tan^{-1}\left(\frac{110.27 \ \text{N}}{381.97 \ \text{N}}\right) = 16.1° \qquad Ans.$

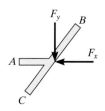

F6–3. $(F_A)_x = p_A A_A = p_A[\pi(0.025 \ \text{m})^2] = 0.625\pi(10^{-3})p_A$

$\Psi_0 = [\pi(0.025 \ \text{m})^2](0.2 \ \text{m}) = 0.125\pi(10^{-3}) \ \text{m}^3$

$A_A = A_B$ 그러므로 $V_A = V_B$

$$\Sigma \mathbf{F} = \frac{\partial}{\partial t}\int_{cv} \mathbf{V}\rho \ d\Psi + \int_{cs} \mathbf{V} \rho \mathbf{V}_{f/cs} \cdot d\mathbf{A}$$

$$\overset{+}{\rightarrow}\Sigma F_x = \frac{dV}{dt}\rho_w \Psi_0 + V_A[-(\rho_w V_A A_A)] + V_B(\rho_w V_B A_B)$$

$$\overset{+}{\rightarrow}\Sigma F_x = \frac{dV}{dt}\rho_w \Psi_0; \quad \text{여기서} \ \frac{dV}{dt} = 3 \ \text{m/s}^2$$

$0.625\pi(10^{-3})p_A = (3 \ \text{m/s}^2)(1000 \ \text{kg/m}^3)[0.125\pi(10^{-3}) \ \text{m}^3]$

$p_A = 600 \ \text{Pa} \qquad\qquad\qquad Ans.$

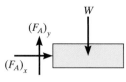

F6–4.

$Q_A = V_A A_A = (6 \ \text{m/s})[\pi(0.015 \ \text{m})^2] = 1.35\pi(10^{-3}) \ \text{m}^3/\text{s}$

$Q_B = Q_C = \frac{1}{2}Q_A = \frac{1}{2}[1.35\pi(10^{-3}) \ \text{m}^3/\text{s}]$

$\qquad = 0.675\pi(10^{-3}) \ \text{m}^3/\text{s}$

$Q_B = V_B A_B; \qquad 0.675\pi(10^{-3}) \ \text{m}^3/\text{s} = V_B[\pi(0.01 \ \text{m})^2]$

$\qquad\qquad\qquad\qquad V_B = 6.75 \ \text{m/s}$

$V_C = V_B = 6.75 \ \text{m/s}$

$$\Sigma F = \frac{\partial}{\partial t}\int_{cv} V\rho \ d\Psi + \int_{cs} V\rho \mathbf{V}_{f/cs} \cdot d\mathbf{A}$$

$$\overset{+}{\rightarrow}\Sigma F_x = 0 + (V_C\cos 45°)(\rho_{co}V_CA_C) + (-V_B\cos 45°)(\rho_{co}V_BA_B)$$

$$F_x = (V_C\cos 45°)\rho_{co}Q_C - (V_B\cos 45°)\rho_{co}Q_B$$

$$F_x = 0$$

$$+\uparrow\Sigma F_y = 0 + V_A(-\rho_{co}V_AA_A) + V_B\sin 45°(\rho_{co}V_BA_B)$$
$$+ V_C\sin 45°(\rho_{co}V_CA_C)$$

$$\left[80(10^3)\ \text{N/m}^2\right]\left[\pi(0.015\ \text{m})^2\right] - F_y$$
$$= (6\ \text{m/s})\left[-\left(880\ \text{kg/m}^3\right)\left(1.35\pi\left(10^{-3}\right)\ \text{m}^3/\text{s}\right)\right]$$
$$+ 2(6.75\ \text{m/s})\sin 45°\left[\left(880\ \text{kg/m}^3\right)\left(0.675\pi\left(10^{-3}\right)\ \text{m}^3/\text{s}\right)\right]$$
$$F_y = 61.1\ \text{N}$$

$F_x=0$이므로, F_y가 이음부품이 그것을 통해 흐르는 기름에 부과하는 총 힘이다.

$$F = F_y = 61.1\ \text{N}\downarrow \qquad\qquad Ans.$$

F6–5. $$\Sigma F = \frac{\partial}{\partial t}\int_{cv}V\rho d\mathcal{V} + \int_{cs}V\rho\mathbf{V}_{f/cs}\cdot d\mathbf{A}$$

$$\overset{+}{\rightarrow}\Sigma F_x = 0 + (-V_{out})[\rho_aV_{out}A_{out}]$$

$$-F_f = (-20\ \text{m/s})\left[\left(1.22\ \text{kg/m}^3\right)(20\ \text{m/s})\ \pi(0.125\ \text{m})^2\right]$$

$$F_f = 24.0\ \text{N} \qquad\qquad Ans.$$

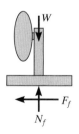

F6–6. $$(\overset{+}{\rightarrow})\mathbf{V}_f = \mathbf{V}_{cv} + \mathbf{V}_{f/cs}$$

$$20\ \text{m/s} = -1.5\ \text{m/s} + V_{f/cs}$$

$$V_{f/cs} = 21.5\ \text{m/s}$$

$$\Sigma F = \frac{\partial}{\partial t}\int_{cv}V\rho d\mathcal{V} + \int_{cs}V\rho\mathbf{V}_{f/cs}\cdot d\mathbf{A}$$

$$\overset{+}{\rightarrow}\Sigma F_x = 0 + (V_{f/cs})_{in}\left[-\rho(V_{f/cs})_{in}A_{in}\right]$$

$$-F_x = (21.5\ \text{m/s})\left[-(1000\ \text{kg/m}^3)(21.5\ \text{m/s})\ \pi(0.01\ \text{m})^2\right]$$

$$F_x = 145.2\ \text{N}$$

$$+\uparrow\Sigma F_y = 0 + (V_{f/cs})_{out}\left[\rho(V_{f/cs})_{out}(A_{out})\right]$$

$$F_y = (21.5\ \text{m/s})\left[(1000\ \text{kg/m}^3)(21.5\ \text{m/s})\ \pi(0.01\ \text{m})^2\right]$$
$$= 145.2\ \text{N}$$

$$F = \sqrt{F_x^2 + F_y^2} = \sqrt{(145.2)^2 + (145.2)^2} = 205\ \text{N} \qquad Ans.$$

$$\theta = \tan^{-1}\left(\frac{F_y}{F_x}\right) = \tan^{-1}\left(\frac{145.2}{145.2}\right) = 45°\ \searrow \qquad Ans.$$

10장

F10–1. 큰 크기의 탱크와 정상유동을 가정한다. 부록 A의 표로부터 $T=20°C$에서 $\rho_{gl} = 1260\ \text{kg/m}^3$이고 $\nu = 1.19(10^{-3})\ \text{m}^2/\text{s}$이다.

$$\text{Re} = \frac{VD}{\nu_{gl}} = \frac{V(0.04\ \text{m})}{1.19(10^{-3})\ \text{m}^2/\text{s}} = 33.61\ V \qquad (1)$$

파이프 내에 층류유동을 가정하면

$$f = \frac{64}{\text{Re}} = \frac{64}{33.61V} = \frac{1.904}{V}$$

주 수두손실은

$$h_L = f\frac{L}{D}\frac{V^2}{2g} = \left(\frac{1.904}{V}\right)\left(\frac{4\ \text{m}}{0.04\ \text{m}}\right)\left[\frac{V^2}{2(9.81\ \text{m/s}^2)}\right] = 9.7044\ V$$
$$(2)$$

B 지점을 통과하는 기준선을 잡고 A 지점과 B 지점 사이에 에너지 방정식을 적용하면

$$\frac{p_A}{\gamma_{gl}} + \frac{V_A^2}{2g} + z_A + h_{pump} = \frac{p_B}{\gamma_{gl}} + \frac{V_B^2}{2g} + z_B + h_{turbine} + h_L$$

$$0 + 0 + 5.5\ \text{m} + 0 = 0 + \frac{V^2}{2(9.81\ \text{m/s}^2)} + 0 + 0 + 9.7044V$$

$$V^2 + 190.4V - 107.91 = 0$$

$$V = 0.5651\ \text{m/s}$$

식 (1)로부터

$\text{Re} = 33.61(0.5651 \text{ m/s}) = 18.99 < 2300$

유동은 실제로 층류이며 식 (2)로부터

$h_L = 9.7044(0.5651 \text{ m/s}) = 5.4837 \text{ m} = 5.48 \text{ m}$

Ans.

층류유동에서 중심선에서의 속도는

$u_{\max} = 2V = 2(0.5651 \text{ m/s}) = 1.1302 \text{ m/s} = 1.13 \text{ m/s}$ *Ans.*

$$\frac{p_C}{\gamma_{gl}} + \frac{V_C^2}{2g} + z_C + h_{\text{pump}} = \frac{p_B}{\gamma_{gl}} + \frac{V_B^2}{2g} + z_B + h_{\text{turbine}} + h_L$$

$$\frac{p_C}{(1260 \text{ kg/m}^3)(9.81 \text{ m/s}^2)} + \frac{V^2}{2g} + 4 \text{ m} + 0 = 0 + \frac{V^2}{2g} + 0 + 0 + 5.4837 \text{ m}$$

$$p_C = 18.3397(10^3) \text{ Pa}$$

따라서 속도구배는

$$\frac{p_C - p_B}{L} = \frac{18.3397(10^3) \text{ Pa} - 0}{4 \text{ m}}$$

$$= 4.58 \text{ kPa/m} \qquad \textit{Ans.}$$

F 10–2. 부록 A로부터 $\rho_w = 997.1 \text{ kg/m}^3$이고 $\nu_w = 0.898(10^{-6}) \text{ m}^2/\text{s}$이다.

$$Q = VA; \quad 0.03 \text{ m}^3/\text{s} = V[\pi(0.05 \text{m})^2] \quad V = 3.8197 \text{ m/s}$$

$$\text{Re} = \frac{VD}{\nu_w} = \frac{(3.8197 \text{ m/s})(0.1 \text{ m})}{0.898(10^{-6}) \text{ m}^2/\text{s}} = 4.25(10^5)$$

상업용 강철 파이프에 대해서,

$$\frac{\varepsilon}{D} = \frac{0.045 \text{ mm}}{100 \text{ mm}} = 0.00045. \text{ 무디 선도로부터}$$

$f = 0.0175.$ 그러면 주 수두손실은

$$h_L = f\frac{L}{D}\frac{V^2}{2g} = 0.0175\left(\frac{500 \text{ m}}{0.1 \text{ m}}\right)\left[\frac{(3.8197 \text{ m/s})^2}{2(9.81 \text{ m/s}^2)}\right] = 65.069 \text{ m}$$

A 지점과 B 지점 사이에 에너지 방정식을 적용하면

$$\frac{p_A}{\gamma_w} + \frac{V_A^2}{2g} + z_A + h_{\text{pump}} = \frac{p_B}{\gamma_w} + \frac{V_B^2}{2g} + z_B + h_{\text{turbine}} + h_L$$

$$\frac{p_A}{\gamma_w} + \frac{V^2}{2g} + z + h_{\text{pump}} = \frac{p_B}{\gamma_w} + \frac{V^2}{2g} + z + 0 + h_L$$

$$h_{\text{pump}} = \frac{p_B - p_A}{\gamma_w} + h_L$$

$$= \frac{-25(10^3) \text{ N/m}^2}{(997.1 \text{ kg/m}^3)(9.81 \text{ m/s}^2)} + 65.069 \text{ m}$$

$$= 62.513 \text{ m}$$

$$\dot{W}_s = \gamma_w Q h_{\text{pump}} = (997.1 \text{ kg/m}^3)(9.81 \text{ m/s}^2)(0.03 \text{ m}^3/\text{s})(62.513 \text{ m})$$

$$= 18.3 \text{ kW} \qquad \textit{Ans.}$$

F 10–3. 부록 A로부터 25°C 물은 $\rho_w = 997.1 \text{ kg/m}^3$이고 $\nu_w = 0.898(10^{-6}) \text{ m}^2/\text{s}$이다.

유동의 평균 속도는

$$V = \frac{Q}{A} = \frac{0.0314\pi \text{ m}^3/\text{s}}{\frac{\pi}{4}D^2} = \frac{0.03998}{D^2}$$

$$\text{Re} = \frac{VD}{\nu_w} = \frac{\left(\frac{0.03998}{D^2}\right)(D)}{0.898(10^{-6}) \text{ m}^2/\text{s}} = \frac{4.4521(10^4)}{D} \qquad (1)$$

주 수두손실은

$$h_L = f\frac{L}{D}\frac{V^2}{2g} = f\left(\frac{200 \text{ m}}{D}\right)\left[\frac{(0.03998/D^2)^2}{2(9.81 \text{ m/s}^2)}\right] = 0.01629\frac{f}{D^5}$$

1 지점과 2 지점 사이에 에너지 방정식을 적용하면

$$\frac{p_1}{\gamma_w} + \frac{V_1^2}{2g} + z_1 + h_{\text{pump}} = \frac{p_2}{\gamma_w} + \frac{V_2^2}{2g} + z_2 + h_{\text{turbine}} + h_L$$

$$\frac{p_1}{\gamma_w} + \frac{V^2}{2g} + 0 + 0 = \frac{p_2}{\gamma_w} + \frac{V^2}{2g} + 0 + 0 + h_L$$

$$p_1 - p_2 = \gamma_w h_L$$

여기서 $p_1 - p_2 = 80(10^3) \text{ N/m}^2$. 그러면

$$80(10^3) \text{ N/m}^2 = (997.1 \text{ kg/m}^3)(9.81 \text{ m/s}^2)\left(0.01629\frac{f}{D^5}\right)$$

$$D = \frac{f^{1/5}}{3.4684} \qquad (2)$$

주철에 대해서 표면조도는 $\varepsilon = 0.00026 \text{ m}$. 반복적인 수치해법 절차가 필요하다.

반복횟수	f 가정값	D (m); 식 (2)	$\dfrac{\varepsilon}{D}$ (m/m)	레이놀즈 수; 식 (1)	무디 선도로부터의 f
1	0.02	0.1318	0.00197	$3.38(10^5)$	0.024
2	0.024	0.1367	0.00190	$3.26(10^5)$	0.024

두 번째 반복에서의 f 가정값은 무디 선도로부터 구해진 값과 거의 같다. 따라서 $D = 0.1367$ m는 적절한 결과이며

$$D = 137 \text{ mm} \qquad \textit{Ans.}$$

F10–4. 큰 상부 탱크와 정상상태의 유동을 가정한다.

$$Q = VA$$

$$0.002 \text{ m}^3/\text{s} = V[\pi(0.01 \text{ m})^2] \quad V = 6.3662 \text{ m/s}$$

$$\text{Re} = \frac{VD}{\nu_e} = \frac{(6.3662 \text{ m/s})(0.02 \text{ m})}{0.1(10^{-3}) \text{ m}^2/\text{s}} = 1273.24$$

Re < 2300이므로 층류유동이다.

$$f = \frac{64}{\text{Re}} = \frac{64}{1273.24} = 0.05027$$

주 수두손실은

$$(h_L)_{\text{major}} = f\frac{L}{D}\frac{V^2}{2g} = 0.05027\left(\frac{9 \text{ m}}{0.02 \text{ m}}\right)\left[\frac{(6.3662 \text{ m/s})^2}{2(9.81 \text{ m/s}^2)}\right] = 46.72 \text{ m}$$

부 수두손실은 분출된 입구($K_L = 0.5$), 완전 개방된 게이트 밸브($K_L = 0.19$), 그리고 90° 곡관($K_L = 0.9$)에서 발생한다.

$$(h_L)_{\text{minor}} = \sum K_L\frac{V^2}{2g} = [0.5 + 0.19 + 2(0.9)]\left[\frac{(6.3662 \text{ m/s})^2}{2(9.81 \text{ m/s}^2)}\right]$$

$$= 5.144 \text{ m}$$

B 지점을 통과하는 기준선을 설정하면

$$\frac{p_A}{\gamma_o} + \frac{V_A^2}{2g} + z_A + h_{\text{pump}} = \frac{p_B}{\gamma_o} + \frac{V_B^2}{2g} + z_B + h_{\text{turbine}} + h_L$$

$$\frac{p_A}{(920 \text{ kg/m}^3)(9.81 \text{ m/s}^2)} + 0 + 11 \text{ m} + 0$$

$$= 0 + \frac{(6.3662 \text{ m/s})^2}{2(9.81 \text{ m/s}^2)} + 0 + 0 + (46.72 \text{ m} + 5.144 \text{ m})$$

$$p_A = 387 \text{ kPa} \qquad\qquad\qquad Ans.$$

F10–5. 큰 탱크와 정상상태 유동을 가정한다. 부록 A로부터 20°C 물은 $\rho_w = 998.3 \text{ kg/m}^3$이고 $\nu_w = 1.00(10^{-6}) \text{ m}^2/\text{s}$이다.

$$\text{Re} = \frac{VD}{\nu_w} = \frac{V(0.08 \text{ m})}{1.00(10^{-6}) \text{ m}^2/\text{s}} = 80(10^3)V \qquad (1)$$

$$(h_L)_{\text{major}} = f\frac{L}{D}\frac{V^2}{2g} = f\left(\frac{22 \text{ m}}{0.08 \text{ m}}\right)\left[\frac{V^2}{2(9.81 \text{ m/s}^2)}\right] = 14.0163\,fV^2$$

부 수두손실은 분출된 입구($K_L = 0.5$), 완전 개방된 게이트 밸브($K_L = 0.19$), 그리고 90° 곡관($K_L = 0.90$)에서 발생한다.

$$(h_L)_{\text{minor}} = \Sigma K_L\frac{V^2}{2g} = (0.5 + 0.19 + 0.9)\left[\frac{V^2}{2(9.81 \text{ m/s}^2)}\right] = 0.08104V^2$$

B 지점에서의 압력 수두는 $p_B/\gamma_w = 2 \text{ m}$. B 지점을 통과하는 기준선을 설정하면

$$\frac{p_A}{\gamma_w} + \frac{V_A^2}{2g} + z_A + h_{\text{pump}} = \frac{p_B}{\gamma_w} + \frac{V_B^2}{2g} + z_B + h_{\text{turbine}} + h_L$$

$$0 + 0 + 15 \text{ m} + 0 = 2 \text{ m} + \frac{V^2}{2(9.81 \text{ m/s}^2)} + 0 + 0$$

$$+ 14.0163\,fV^2 + 0.08104\,V^2$$

$$(14.0163\,f + 0.13201)\,V^2 - 13 = 0$$

주철 파이프에 대해서 $\dfrac{\varepsilon}{D} = \dfrac{0.26 \text{ mm}}{80 \text{ mm}} = 0.00325$.

반복적인 해법 절차가 필요하다

반복횟수	f 가정값	V (m/s); 식 (2)	레이놀즈수; 식 (1)	무디 선도 로부터의 f
1	0.028	4.9787	3.98(10⁵)	0.027
2	0.027	5.0466	4.04(10⁵)	0.027

두 번째 반복에서의 f 가정값은 무디 선도로부터 구해진 값과 거의 같다. 따라서 $V = 5.0466$ m/s는 적절한 결과이다.

$$Q = VA = (5.0466 \text{ m/s})[\pi(0.04 \text{ m})^2]$$

$$= 0.0254 \text{ m}^3/\text{s} \qquad\qquad\qquad Ans.$$

연습문제 해답

1장

1–1.　**a.** 11.9 mm/s
　　　　b. 9.86 Mm·s/kg
　　　　c. 1.26 Mg·m

1–2.　**a.** kN·m
　　　　b. Gg/m
　　　　c. Mm/s
　　　　d. GN/m²

1–3.　**a.** 23.6 Gm
　　　　b. $42.1(10^{-3})$ m³
　　　　c. $7.01(10^3)$ N²

1–5.　$W = 19.5$ kN

1–6.　$\Delta\rho = -0.762$ kg/m³

1–7.　$W = 446$ N

1–9.　$p_2 = 449$ kPa

1–10.　$M_{ct} = 137$ kg

1–11.　$\rho_m = 755$ kg/m³, $S_m = 0.755$

1–13.　$p = (98.8\rho)$ kPa

1–14.　$W = 91.5$ N

1–15.　$h = 3.05$ m

1–17.　$T = 26.9°C$

1–18.　$\gamma = 26.6$ N/m³

1–19.　$p = 10.6$ MPa

1–21.　$M_r = 13.9$ Tg

1–22.　$E_V = 220$ kPa

1–23.　$p = 23.6$ MPa

1–25.　$E_V = 2.20$ GPa

1–26.　$\Delta\rho = 0.550$ kg/m³

1–27.　$\nu_o = 109(10^{-6})$ m²/s

1–29.　$\mu = 0.849$ N·s/m², $\nu = 2.00$ m/s

1–30.　$P = 0.0405$ N

1–31.　$\tau_p = 2.70$ Pa, $\tau_{fs} = 3.86$ Pa

1–33.　$\mu_a = 8.93(10^{-3})$ N·s/m²

1–34.　$\tau_{min} = 0.191$ MPa

1–35.　$\tau = 0.304$ mPa

1–38.　$P = 1.84$ N

1–39.　$\mu = 5.03$ N·s/m²

1–41.　서덜랜드 식을 사용하면
　　　　$T=283$ K에서, $\mu=17.9(10^{-6})$ N·s/m²
　　　　$T=353$ K에서, $\mu=20.8(10^{-6})$ N·s/m²

1–42.　$B = 1.36(10^{-6})$ N·s/(m²·K^{1/2}), $C = 78.8$ K

1–43.　$T=283$ K에서, $\mu=1.25(10^{-3})$ N·s/m²
　　　　$T=353$ K에서, $\mu=0.339(10^{-3})$ N·s/m²

1–45.　$T = 68.1$ N·m

1–46.　$T = 0.218\ \mu$N·m

1–47.　$\tau|_{r=40\,mm} = 7.03$ Pa, $\tau|_{r=80\,mm} = 14.1$ Pa

1–49.　$T = \dfrac{4\pi\mu\omega r^3 L}{t}$

1–50.　$T = \dfrac{\pi\mu\omega R^4}{2t\sin\theta}$

1–51.　$T_{boil} = 70.2°C$

1–53.　$P_{max} = 3.93$ kPa

1–54.　$P_{max} = 3.17$ kPa

1–55.　$p_{min} = 1.71$ kPa

1–57.　$P = 0.335$ N

1–58.　$\sigma = 0.0729$ N/m

1–59.　$d = \dfrac{2\sigma}{\Delta p}$

1–61.　$L = \left(\dfrac{0.0154}{\sin\theta}\right)$ m

1–62.　$l = 24.3$ mm

1–65.

$d(\mathbf{mm})$	1	2	3	4	5	6
$h(\mathbf{mm})$	−10.74	−5.37	−3.58	−2.69	−2.15	−1.79

1–66.　$d = 1.45$ mm

1–67.　$d = 2.58$ mm

2장

2–2.　$p_s = 16.0$ kPa
　　　　$p_d = 10.6$ kPa

2–3.　$h_{Hg} = 301$ mm

2–5.　$\rho_m = 1390$ kg/m³

2–6.　$h_{Hg} = 211$ mm

2–7.　$h = 5.33$ m

2–9.　$p_A = 9.68$ kPa, $p_B = -5.81$ kPa

2–10.　$p_A = 9.98$ kPa
　　　　$h = 1.79$ m

2–11.　$(p_B)_g = -27.1$ kPa

2–13.　$p_{max} = 78.5$ kPa
　　　　$p_A = 58.9$ kPa

2–14.　$d_b = 0.202$ mm

2–15.　$(p_b)_{gage} = 107$ kPa
　　　　탱크의 바닥 형상이 어떻게 생겼든 상관없다.

2–17.　$p = -E_V\ln\left(1 - \dfrac{\rho_o gh}{E_V}\right)$

2–18.　$\Delta h = 86.9$ mm

2–19.　$T_C = -56.5°C$
　　　　$p = 12.0$ kPa

2–21. $p = [0.00981(0.875h^2 + 825h)]$ kPa, 여기서 h는 미터 단위이다.

2–22. $p = 208$ kPa

2–23.

고도 (m)	0	1000	2000	3000	4000	5000	6000
p (kPa)	101.3	89.88	79.50	70.12	61.66	54.05	47.22

2–25.

z (m)	0	200	400	600	800	1000
p (kPa)	101.3	98.92	96.58	94.29	92.04	89.84

2–26. $p_{max} = 34.3$ kPa
$p_B = 29.4$ kPa

2–27. $p_c = 14.7$ kPa

2–29. $p_B = 17.8$ kPa

2–30. $h = 135$ mm

2–31. $h_{ke} = 164$ mm, $V_{ke} = 0.912(10^{-3})$ m³

2–33. $h = 893$ mm

2–34. $h' = 256$ mm

2–35. $p_B - p_A = 20.1$ kPa

2–37. $h = 76.8$ mm

2–38. $p_B = 15.1$ kPa

2–39. $p_B = 20.8$ kPa

2–41. $p_B - p_A = 1.32$ kPa

2–42. $p_A - p_B = e\left[y_t - \left(1 - \dfrac{A_t}{A_R}\right)y_R - \left(\dfrac{A_t}{A_R}\right)y_L\right]$

2–43. $h = 0.319$ mm

2–45. $h = 0.741$ m

2–46. $F_R = 29.3$ kN, $\bar{y}_P = 1.51$ m

2–47. $F_R = 197$ kN
$\theta = 26.6°$ ⬊
$x = 1$ m
$y = 2$ m

2–49. $F_B = 937$ N

2–50. $F_{AB} = 123$ kN
$F_{CD} = 19.6$ kN
$F_{BC} = 549$ kN

2–51. $h = 14.6$ m

2–53. $h = 4.95$ m

2–54. $h = 3.06$ m

2–55. $F_C = 25.3$ kN, $h = 3.5$ m

2–57. $N_B = 42.4$ kN
$A_x = 25.9$ kN,
$A_y = 26.7$ kN

2–58. $F_{BEDC} = 7.94$ kN, $d = 0.283$ m
$F_{AFEB} = 34.3$ kN $d' = 0.576$ m

2–59. $F_{BC} = 480$ kN, $F_{CD} = 596$ kN

2–61. $h = 12.2$ m

2–62. $N_B = 14.3$ kN, $F_A = 10.2$ kN

2–63. $h = 3.90$ m

2–65. $F_R = 7.36$ kN, $d = 0.556$ m

2–66. $F_R = 11.6$ kN, $d = 0.542$ m

2–67. $h = 3.60$ m

2–69. $F_R = 48.6$ kN, $y_P = 2.00$ m

2–70. $F_R = 48.6$ kN
$y_P = 2.00$ m

2–71. $F_R = 67.1$ kN, $y_P = 3.85$ m

2–73. $F_R = 73.1$ kN, $d = 917$ mm

2–74. $F_R = 40.4$ kN, $d = 2.44$ m

2–75. $F_R = 40.4$ kN, $d = 2.44$ m

2–77. $F_R = 72.8$ kN, $y_P = 3.20$ m

2–78. $F_R = 72.8$ kN, $y_P = 3.20$ m

2–79. $F_R = 96.1$ kN $d = 0.820$ m

2–81. $F_R = 3.92$ kN, $y_P = 0.600$ m

2–82. $M_C = 1181$ kg

2–83. $h = 2.03$ m

2–85. $F_R = 121$ kN, $y_P = 4.17$ m

2–86. $h = 3.60$ m < 4 m

2–87. $F_R = 12.8$ kN, $y_P = 1.03$ m

2–89. $F = 17.3$ kN, $y_P = 0.938$ m

2–90. $F = 17.3$ kN, $y_P = 0.938$ m

2–91. $F_R = 3.68$ kN, $y_P = 442$ mm

2–93. $F_R = 993$ kN, $\theta = 18.4°$ ⬉

2–94. $N_B = 194$ kN, $A_x = 177$ kN, $A_y = 31.9$ kN

2–95. $F_R = 368$ kN, $\theta = 53.1°$ ⬉

2–97. $N_B = 104$ kN, $A_y = 0$, $A_x = 66.2$ kN

2–98. $F_R = 179$ kN

2–99. $F_R = 262$ kN, $\theta = 53.1°$ ⬈

2–101. $F_R = 144$ kN, $\theta = 23.2°$ ⬊

2–102. $N_B = 71.5$ kN, $A_x = 88.3$ kN, $A_y = 0$

2–103. $N_B = 104$ kN, $A_y = 0$, $A_x = 66.2$ kN

2–105. $N_B = 52.3$ kN, $A_x = 654$ kN, $A_y = 476$ kN

2–106. $B_x = 235$ kN, $B_y = 275$ kN

2–107. $F_R = 472$ kN, $\theta = 33.7°$

2–109. $F_v = 17.7$ kN, $F_h = 35.4$ kN

2–110. $F_R = 53.8$ kN, $T = 42.3$ kN·m

2–111. $F_R = 53.8$ kN

2–113. $N = 5.34$ kN

2–114. $F_R = 253$ kN, $T = 140$ kN·m

2–115. $N_B = 118$ kN, $A_x = 0$, $A_y = 101$ kN

2–117. $T = 196$ kN·m

2–118. $N_B = 50.3$ kN, $A_y = 55.3$ kN, $A_x = 298$ kN

2–119. $V = 3812$ m³

2–121. $T_{AB} = 8.45$ kN

2–122. $N_B = 32.4$ N, $A_y = 7.20$ N, $A_x = 32.4$ N

2–123. $\delta_C = 51.4$ mm, $\delta_D = 58.4$ mm

2–125. $h = 1.12$ m

2–126. $h = 136$ mm

2–127. $h = 514$ mm

2–129. 물체는 복원된다.

2–130. 물체는 복원된다.

2–131.   **a.** $p = 10.7$ kPa

         b. $p = 12.9$ kPa

2–133. $\theta = 8.69°, p_A = 11.7$ kPa$, p_B = 17.7$ kPa

2–134. $p_A = 21.6$ kPa$, p_B = 11.6$ kPa

2–135.   정지된 경우: $p_B = 19.6$ kPa.

         가속도를 가질 때: $\Delta V = 3.57$ m^3,

         $p_B = 29.4$ kPa

2–139. $h'_A = 0.171$ m$, h'_B = 0.629$ m

2–141. $\omega = 0.977$ rad/s

2–142. $d = 0.132$ m

2–143. $d' = 0.151$ m

2–145. $p_B - p_A = 28.1$ kPa

2–146. $\omega = 7.95$ rad/s

2–147. $r_i = \left[\dfrac{4gr_o^2(d_o - d)}{\omega^2} \right]^{1/4}$

3장

3–1. $y^3 = 6x + 2, V = 8.94$ m/s$, \theta = 26.6°$ ⟋

3–2. $y = \frac{1}{10}(16 - 3x)$

3–3. $V = 19.8$ m/s$, \theta = 40.9°$

3–5. $V = 6.40$ m/s$, \theta = 309°$

3–6. $V = 10.3$ m/s$, \theta = 299°$

3–7. $y = \frac{4}{3}(e^{1.2x} - 1)$

3–9. $V = 6.32$ m/s$, \theta = 18.4°$

3–10. $V = 7.21$ m/s$, \theta = 56.3°$ ⟋$, y^4 = 4(96x - 224)$

3–11. $\ln(y^2) + y = 2x - 2.61, V = 5.66$ m/s,

         $\theta = 45°$ ⟋

3–13. $u = 3.43$ m/s$, v = 3.63$ m/s

3–14. $y^3 = 12x + 15, y = 7$ m$, x = 27.3$ m

3–15. $y^3 - 18y = 3x^2 + 9x - 38, V = 12.2$ m/s,

         $\theta = 35.0°$ ⟋

3–17. $y = 4e^{\frac{1}{8}(x^2 - 4)}$

3–18. $u = 2.60$ m/s$, v = \pm 1.50$ m/s

3–19. $y = 1.6x$

3–21. $t = 1$ s에 대해 $y = \left[3\left(\frac{3x^2 + 1}{4}\right)^{2/3} \right]$ m,

         $t = 1.5$ s에 대해 $y = \left[\frac{3}{4}(3x^2 + 1)\right]$ m

3–22. $y = 6e^{\frac{1}{900}(x^2 + x + 54)^2} - 4$

3–23. $y = 2x^2$

3–25. $V = 6.40$ m/s$, a = 8$ m/s$^2, y = \left(\frac{5}{2}\ln\frac{x}{2} + 1\right)$ m

3–26. $y = 5.60$ m$, x = 14.4$ m,

         $a = 13.4$ m/s$^2, \theta = 10.3°$ ⟋

3–27. $y^2 = \frac{1}{6}(x^3 + 46), a = 2.19$ m/s$^2, \theta = 59.0°$

3–29. $V = 1.92$ m/s$, a = 0.750$ m/s$^2, 5y^2 + 3x^2 = 93$

3–30. $a = 339$ m/s^2

3–31. $V = 8.41$ m/s$, \theta_v = 25.3°$ ⟋,

         $a = 19.4$ m/s$^2, \theta_a = 43.2°$ ⟋

3–33. $a = 1.77$ m/s^2

3–34. $a = 6.75$ m/s^2

3–35. $y = y = \left[\dfrac{2}{3}\ln\dfrac{x}{2} + 1 \right]$ m

         $a = 30.3$ m/s^2

         $\theta = 7.59°$ ⟋

3–37. $(0, 0)$에서 $a = 64$ m/s^2 ↓

         $(1$ m$, 0)$에서 $a = 89.4$ m/s$^2, \theta = 63.4°$ ⟍

3–38. $a = 100$ m/s^2

3–39. $y = 2x, a = 286$ m/s$^2, \theta = 63.4°$ ⟋

3–41. $a = 36.1$ m/s$^2, \theta = 33.7°$ ⟋

3–42. $V = (8 - 2x)$ m/s$, a = 4(x - 4)$ m/s^2

         $x = 4(1 - e^{-2t})$ m

3–43. $V = 5.66$ m/s$, a = 17.9$ m/s^2

3–45. $V = 33.5$ m/s$, \theta_v = 17.4°$

         $a = 169$ m/s$^2, \theta_a = 79.1°$ ⟋

3–46. $V = 4.12$ m/s$, a = 17.0$ m/s^2

3–47. $y = \dfrac{x}{2}, a = 2.68$ m/s$^2, \theta = 26.6°$ ⟋ θ

3–49. $a_s = 47.5$ m/s$^2, a_n = 7.76$ m/s^2

3–50. $a = 3.75$ m/s$^2, \theta = 36.9°$ ⟍

3–51. $a = 3.38$ m/s^2

3–53. $a = 72$ m/s^2

3–54. $a_s = 222$ m/s$^2, a_n = 128$ m/s^2

3–55. $a = 4$ m/s^2

4장

4–1. $Q = 0.540$ m^3/s$, V = 0.450$ m/s

4–2. $\dot{m} = 864$ kg/s

4–3. $V = 1.75$ m/s

4–5. $Q = 0.537$ m^3/s

4–6. $Q = 0.166$ m^3/s

4–7. $Q = \dfrac{2}{3}whu_{max}, V = \dfrac{2}{3}u_{max}$

4–9. $V = 1.90$ m/s

4–10. $Q = 0.0294$ m^3/s

4–11. $Q = \left[\dfrac{0.00502R}{(0.5774R + 3)^{1/2}} \right]$ m^3/s, 여기서 R은 미터단위

4–13. $Q = 0.0107$ m^3/s

4–14. $\dot{m} = 4.10$ kg/s

4–15.

p_g(kPa)	0	10	20	30	40	50
$\dot{m}$(kg/s)	2.94	3.23	3.52	3.81	4.10	4.39

4–17. $\dot{m} = 1.07$ kg/s

4–18.

T_c(°C)	0	10	20	30	40	50
$\dot{m}$(kg/s)	4.71	4.53	4.38	4.24	4.10	3.98

4–19. $t = 0.396$ s

4–21. $Q_1 = \dfrac{4(\pi - 2)}{\pi}\alpha R^2, Q_2 = 0.991\alpha R^2$

4–22. $n = 7.07(10^9)$

4–23. $t = 0.0147$ s

4–25. $u = 56.6$ m/s, $a = 42.7(10^3)$ m/s^2

4–26. $\Psi = 6.94(10^{-6})$ m^3, $n = 713$

4–31. 이동 검사체적은 이 유동을 정상상태로 간주할 수 있다.

4–39. $t = 45$ s

4–41. $a = \left[\dfrac{15.4(10^3)}{\pi^2(1 - 7.50x)^5}\right]$ m/s^2

4–42. $a = 662$ m/s^2

4–43. $a = 153$ m/s^2

4–45. $V_B = 28.8$ m/s, $a_A = 3.20$ m/s^2

4–46. $t = 48.5$ s

4–47. $t = 0.893d^{1/3}, s = 22.5$ m, 비현실적임

4–49. $V_C = 7.22$ m/s

4–50. $V_B = 3.98$ m/s

4–51. $\dot{m}_m = 0.714$ kg/s

4–53. $V = 9.42$ m/s

4–54. $V = (0.0236\, D^2)$ m/s, 여기서 D의 단위는 mm이다.

4–55. $d = 141$ mm, $V = 1.27$ m/s

4–57. $\dfrac{dy}{dt} = \left(\dfrac{Q_B}{2.25\pi} + 0.0178\right)$ m/s, 여기서 Q_B의 단위는 m^3/s이다.

4–58. $\dfrac{dy}{dt} = 0.0274$ m/s

4–59. $\dfrac{\partial y}{\partial t} = 0.123$ m/s

4–61. $V_A = 8.00$ m/s

4–62. $\rho_{mix} = 972$ kg/m^3

4–63. $\rho_m = 968$ kg/m^3

4–65. $V_s = \left(\dfrac{993}{t}\right)$ m/s, 여기서 t의 단위는 h이다.

4–66. $\dfrac{d\rho}{dt} = -0.101$ kg/(m$^3 \cdot$s), 비정상상태

4–67. $V_t = 0.786$ m/s, $V_b = 0.884$ m/s

4–69. $t = 4.19$ min

4–70. $\dfrac{dy}{dt} = 6.43$ m/s

4–71. $V_r = 3.11$ m/s

4–73. $V = 153$ m/s

4–74. $\dfrac{dy}{dt} = 21.4$ mm/s

4–75. $t = 1.48$ min

4–77. $\rho_m = 779$ kg/m^3, $V_C = 1.875$ m/s

4–78. $\rho_m = 779$ kg/m^3, $\dfrac{dy}{dt} = -3.27$ mm/s

4–79. $\dot{m}_{AB} = 4.41$ g/s,, $\dot{m}_{CD} = 2.94$ g/s, 검사면 AC를 통해서 흐르는 질량유량이 있다.

4–81. $V_b = 1.05$ m/s↓

4–82. $\dfrac{dh}{dt} = -0.0283$ m/s

4–83. $\dfrac{dh}{dt} = \left[-\dfrac{2}{3}d^2\right]$ m/s, d는 미터 단위이다.

4–85. $\rho = 1.90$ kg/m^3

4–86. $\rho = 0.247$ kg/m^3

4–87. $\Psi_w = 1.63$ m^3

4–89. $\dfrac{dy}{dt} = 0.0538$ m/s

4–90. $\dfrac{dy}{dt} = 0.0270$ m/s

4–91. $\rho = 9.04$ kg/m^3

4–93. $t = 32.7$ s

4–94. $t = 30.6$ s

4–95. $\Psi = 0.677$ m^3

5장

5–1. $a_s = 38.8$ m/s^2

5–2. $\Delta p = -901.5$ Pa

5–3. $\Delta p = -12.0$ kPa

5–5. $p_B - p_A = 11.7$ kPa

5–6. $V_A = 3.51$ m/s

5–7. $p_B = 198$ kPa

5–9. $p_B = -61.5$ Pa, $F = 1.93$ N

5–10. $V_A = 12.7$ m/s, $p_A = -60.8$ kPa

5–11. $p = 0.5\left[40.5 - \dfrac{6.48(10^6)}{r^2}\right]$ kPa, r의 단위는 mm이다.

5–13. $p_B - p_C = 3.32$ kPa

5–14. $Q = 0.870$ m^3/s

5–15. $V_A = 2.83$ m/s, $p_A = 320$ kPa

5–17. $V_B = 8.39$ m/s

5–18. $Q = 5.36$ m^3/s

5–19. $Q = 1.51$ m^3/s

5–21. $V_A = 32.1$ m/s, $V_B = 31.5$ m/s, $p_C = 525$ kPa

5–22. $V_A = 0.886$ m/s, $V_B = 3.54$ m/s

5–23. $\dot{m} = 0.100$ kg/s

5–25. $p_A = 1.23$ kPa

5–26. $h_B = 1.96$ m

5–27. $Q = 0.198$ m^3/s

5–29. $V_B = 14.4$ m/s, $p_B = 102$ kPa

5–30. $Q = 36.8$ m^3/s

5–31. $h = 0.789$ m

5–33. $\dot{m} = 19.5$ kg/s

5–34. $h = 137$ mm

5–35. $p(x) - p_A = (30x - 4.5\,x^2)\text{kPa}$

5–37. $Q = 0.236\ \text{m}^3/\text{s}$

5–38. $Q = [0.005625\,\pi\sqrt{80 + 19.62\,h}\,]\ \text{m}^3/\text{s}$

5–39. $V_B = 0.417\ \text{m/s}, p_A - p_B = 62.3\ \text{Pa}$

5–41. $p_A = 1.07\ \text{kPa}$

5–42. $h = 1.62\ \text{m}$

5–43. $Q = 146\ \text{m}^3/\text{s}$

5–45. $p_C = 66.3\ \text{kPa}, Q_A = 0.05625\ \text{m}^3/\text{s}$

5–46. $p_C = 62.8\ \text{kPa}, Q_B = 0.0244\ \text{m}^3/\text{s}$

5–47. $p_A = 9.81\ \text{kPa}$

5–49. $h = 41.0\ \text{mm}$

5–50. $V_C = 1.40\ \text{m/s}, d_D = 23.8\ \text{mm}$

5–51. $V = 9.33\ \text{m/s}, h_{\max} = 4.49\ \text{m}$

5–53. $V_B = 18.3\ \text{m/s}, V_C = 3.07\ \text{m/s}$

5–54. $t = 2.78\ \text{h}$

5–55. $V_A = 14.6\ \text{m/s}, V_B = 7.58\ \text{m/s}$

5–57. $\Psi_{le} = 18.9(10^3)\ \text{L}$

5–58. $\dot{m}_a = 1.12\ \text{kg/s}$

5–59. $p_B = 101.2\ \text{kPa}$

5–61. $V_C = 0.969\ \text{m/s}, \Delta p = 0.580\ \text{kPa}$

5–62. $Q = 1.65\ \text{m}^3/\text{s}$

5–63. $p_B = 317\ \text{kPa}$

5–65. $V_A = 0.700\ \text{m/s}, p_A = 4.17\ \text{kPa}$

5–66. $V_A = 39.3\ \text{m/s}$

5–67. $t = 24.7\ \text{min}$

5–69. $\dfrac{dy}{dt} = \left(-\sqrt{\dfrac{19.6\,y}{6.25(10^6)y^4 - 1}}\right)\text{m/s},$
y는 미터 단위이다.

5–70. $V_B = 16\ \text{m/s}, p_B = 19.05\ \text{kPa}$

5–73. $h_L = 1.53\ \text{m}$

5–74. $\dot{W}_s = 24.7\ \text{kW}$

5–77. $\dot{W}_{\text{out}} = 26.7\ \text{kW}$

5–78. $p_B - p_A = 73.6\ \text{kPa}$

5–79. $\dot{W}_s = 5.14\ \text{kW}$

5–82. $\dot{W}_s = 14.0\ \text{kW}$

5–85. $p_A = -5.89\ \text{kPa}$

5–86. $\dot{W}_s = 17.9\ \text{kW}$

5–87. $\dot{W}_s = 573\ \text{kW}$

5–89. $\alpha = 1.06$

5–90. $\alpha = 2$

5–91. $Q = 0.0424\ \text{m}^3/\text{s}$

5–93. $\dot{W}_{\text{out}} = 4.62\ \text{kW}$

5–94. $p_B - p_A = 58.6\ \text{kPa}$

5–95. $Q = 0.0773\ \text{m}^3/\text{s}$

5–97. $\dot{W}_s = 6.91\ \text{kW}$

5–98. $Q = 1.04\ \text{m}^3/\text{s}$

5–99. $h = 1.89\ \text{m}$

5–101. $V_B = 28.4\ \text{m/s}, p_B = -153\ \text{kPa}$

5–102. $\dot{W}_{\text{out}} = 8.95\ \text{kW}$

5–103. $\dot{W}_s = 116\ \text{kW}$

5–105. $\dot{W}_s = 32.5\ \text{kW}$

5–106. $\dot{W}_{\text{out}} = 19.8\ \text{kW}$

5–107. $p_A = 282\ \text{kPa}$

5–109. $\dot{W}_s = 4.59\ \text{kW}$

5–110. $\dot{W}_s = 11.2\ \text{kW}$

5–111. $h_L = 8.67\ \text{m}$

6장

6–2. $L = 10.1\ \text{kg}\cdot\text{m/s}$

6–3. $F = 8.32\ \text{kN}$

6–5. $Q_A = 0.00460\ \text{m}^3/\text{s}, Q_B = 0.0268\ \text{m}^3/\text{s}$

6–6. $F_n = 88.9\ \text{N}$

6–7. $T = 109\ \text{N}$

6–9. $F = 133\ \text{N}$

6–10. $F = 1.92\ \text{kN}$

6–11. $F_x = 51.5\ \text{N}, F_y = 1.33\ \text{kN}$

6–13. $Q = 0.0151\ \text{m}^3/\text{s}$

6–14. $h = \dfrac{8Q^2}{\pi^2 d^4 g} - \dfrac{m^2 g}{8\rho_w^2 Q^2}$

6–15. $h = \left[\dfrac{8.26(10^6)Q^4 - 0.307(10^{-6})}{Q^2}\right]\text{m}$

6–17. $F = \left[160\pi(1 + \sin\theta)\right]\text{N}$

6–18. $F = 1.67\ \text{kN}$

6–19. $F = \left[\dfrac{2.55(10^{-3})}{x^2} + 25.5\right]\text{N}$

6–21. $Q_A = 0.0422\ \text{m}^3/\text{s}, Q_B = 0.00303\ \text{m}^3/\text{s}$

6–22. $F_x = 197\ \text{N}, F_y = 1.50\ \text{kN}$

6–23. $F = 7.61\ \text{N}$

6–25. $p = 418\ \text{Pa}$

6–26. $F_n = 36.5\ \text{N}$

6–27. $C_x = 196\ \text{N}, C_y = 309\ \text{N}$

6–29. $F_x = 349\ \text{N}, F_y = 419\ \text{N}$

6–30. $F = 125\ \text{N}$

6–31. $T_h = 19.5\ \text{kN}, T_v = 9.66\ \text{kN}$

6–33. $F = 36.4\ \text{kN}$

6–34. $N = 886\ \text{N}$

6–35. $A_x = 102\ \text{N}, A_y = 239\ \text{N}$

6–37. $F = 141\ \text{N}$

6–38. $F = 62.8\ \text{N}, V_h = 10\ \text{m/s}$

6–39. $F = 1.92\ \text{kN}$

6–41. $F = 166\ \text{N}$

6–42. $F = 258\ \text{N}$

6–43. $F = 3.16\ \text{kN}$

6–45. $F = 13.6 \text{ N}, \theta = 30° \searrow$

6–46. $\dot{W} = 1.36 \text{ kW}$

6–47. $F_1 = F_2 = F_3 = \rho_w A V^2$

6–49. $F = 318 \text{ N}$

6–50. $A_x = 385 \text{ N}, A_y = 181 \text{ N}, M_A = 54.3 \text{ N} \cdot \text{m}$

6–51. $B_x = 4 \text{ kN}, A_x = 1.33 \text{ kN}, A_y = 5.33 \text{ kN}$

6–53. $M = 46.5 \text{ N} \cdot \text{m}$

6–54. $\omega = 86.1 \text{ rad/s}$

6–55. $A_x = 1.01 \text{ kN}$

6–57. $d = 199 \text{ mm}$

6–58. $M = 13.4 \text{ N} \cdot \text{m}$

6–59. $C_x = 21.3 \text{ N}, C_y = 79.5 \text{ N}, M_C = 15.9 \text{ N} \cdot \text{m}$

6–61. $A_x = 444 \text{ N}, A_y = 283 \text{ N}, M_A = 90.7 \text{ N} \cdot \text{m}$

6–62. $A_x = 1.03 \text{ kN}, A_y = 495 \text{ N}, M_A = 236 \text{ N} \cdot \text{m}$

6–63. $V_w = 5.48 \text{ m/s}, M = 0.211 \text{ mN} \cdot \text{m}$

6–65. $C_x = 2.28 \text{ kN}, C_y = 1.32 \text{ kN}, M_C = 1.18 \text{ kN} \cdot \text{m}$

6–66. $D_x = 778 \text{ N}, D_y = 645 \text{ N}, M_D = 514 \text{ N} \cdot \text{m}$

6–67. $T = 11.0 \text{ kN}$

6–69. $T = 74.2 \text{ kN}, e = 0.502$

6–70. $V = 47.7 \text{ m/s}$

6–71. $F = 90.7 \text{ kN}$

6–74. $\dot{W} = 3.50 \text{ MW}$

6–75. $T_1 = 600 \text{ N}, T_2 = 900 \text{ N}, e_1 = 0.5, e_2 = 0.6$

6–77. $V = 6.58 \text{ m/s}, \Delta p = 22.4 \text{ Pa}$

6–78. $V_b = 16.1 \text{ m/s}$

6–79. $V_2 = 15.0 \text{ m/s}, \dot{W}_s = 7.37 \text{ kW}$

6–81. $T = 18.2 \text{ kN}$

6–82. $\dot{m}_e = 0.00584 \text{ kg/s}$

6–83. $a_i = 0.479 \text{ m/s}^2$

6–85. $V = \left(V_e + \dfrac{p_e A_e}{\dot{m}_e} - \dfrac{m_0 c}{\dot{m}_e^2} \right) \ln \left(\dfrac{m_0}{m_0 - \dot{m}_e t} \right) + \left(\dfrac{c}{\dot{m}_e} - g \right) t$

6–86. $\dot{m}_f = \dfrac{m_0}{V_e} (a_0 + g) e^{-(a_0 + g)t/V_e}$

6–87. $F_D = 38.4 \text{ kN}$

6–89. $T = 150 \text{ kN}$

6–90. $a = 14.8 \text{ m/s}^2, V = 400 \text{ m/s}$

6–91. $\dot{m}_f = 167 \text{ kg/s}$

7장

7–1. 회전유동, $\Gamma = 3.07 \text{ m}^2/\text{s}$

7–2. $\Gamma = 0$

7–3. $\omega_z = \dfrac{U}{2h}, \dot{\gamma}_{xy} = \dfrac{U}{h}$

7–6. $\psi = \dfrac{4}{3} y^{3/2}$

　　$\psi = 0$에 대해 $y = 0$.
　　$\psi = 0.5 \text{ m}^2/\text{s}$에 대해 $y = 0.520$.
　　$\psi = 1.5 \text{ m}^2/\text{s}$에 대해 $y = 1.08$.

7–7. ϕ는 성립되지 않는다.

7–9. $\psi = y^2 - 2x^2 - 2xy, y = (1 \pm \sqrt{3})x$

7–10. $\psi = 3x^2 y - \dfrac{2}{3} x^3, y = \dfrac{2x^3 + 128}{9x^2}$

7–11. 만족한다.

7–13. $u = (-6x) \text{m/s}, V = 16.2 \text{ m/s}$

7–14. $\psi = 50y^2 + 0.2y, \phi$는 성립되지 않는다.

7–15. $V = 10 \text{m/s}, \phi = (6x - 8y) \text{m}^2/\text{s}$

7–17. $V = 2 \text{m/s}$

7–18. 회전유동, $\psi = y^2 - \dfrac{3}{2} x^2$,

　　$y = \sqrt{\dfrac{3}{2} x^2 + 30}$

7–19. $p_A = 482 \text{ Pa}$

7–21. $\phi = 4x^2 y - \dfrac{4}{3} y^3, \Gamma = 0$

7–22. $\psi = 2(x^2 - y^2) - 2xy, \phi = y^2 - x^2 - 4xy$

7–23. $V_A = 17.9 \text{ m/s}, p_B - p_A = 160 \text{ kPa}$

7–25. $\phi = 2xy^2 - \dfrac{2}{3} x^3, p_B = 1.05 \text{ MPa}$

7–26. 회전유동, $\psi = 2y^2 - 4xy - \dfrac{2}{3} x^3$

7–27. $V = 17.9 \text{ m/s}, xy = 2$

7–29. $p_B = 75.0 \text{ kPa}$

7–30. $xy = 2, u = 2 \text{ m/s} \rightarrow, v = 4 \text{m/s} \downarrow$
　　$a_x = 4 \text{m}^2/\text{s} \rightarrow, a_y = 8 \text{m}^2/\text{s} \uparrow$

7–31. 회전유동, $p_o = 36.2 \text{ kPa}$

7–33. $\psi = 2(y^2 - x^2), y = \pm \sqrt{x^2 - 3}$

7–34. $p_B = 832 \text{ Pa}$

7–35. $v = 4xy - x$

7–37. $v_r = 0, v_\theta = 8 \text{ m/s}, v_x = 4 \text{ m/s}, v_y = 6.93 \text{ m/s}$

7–38. $\psi = y(3x^2 + y^2), \Gamma = -12 \text{m}^2/\text{s}$

7–39. $\psi = \dfrac{1}{2} (y^2 - x^2)$

7–41. $V = 160 \text{ m/s}$

7–42. $V = 43.3 \text{ m/s}, xy = 6$

7–43. $v_r = 4 \text{ m/s}, v_\theta = -6.93 \text{ m/s}$

7–46. $z = \dfrac{\Gamma^2}{8\pi^2 g r^2}$

7–47. $p = -0.960 \text{ kPa}$

7–49. $\psi = 8\theta, V = 1.60 \text{ m/s}$

7–50. $d = \sqrt{2} \text{ m}$

7–51. $\psi = \left\{ -\dfrac{3}{2\pi}\tan^{-1}\left[\dfrac{4y}{x^2 + y^2 - 4}\right]\right\}$ m²/s

$\psi = 0.25$ m²/s에 대해 $x^2 + (y + 2\sqrt{3})^2 = 16$

$\psi = 0.5$ m²/s에 대해 $x^2 + \left(y + \dfrac{2\sqrt{3}}{3}\right)^2 = \dfrac{16}{3}$

7–53. $\theta = \pi, r = \dfrac{3}{16\pi}$ m

7–54. $u = \dfrac{18}{13}\pi$ m/s

$v = 0$

$x^2 + (y + 1.25)^2 = 3.25^2$

7–55. $q = 4\pi$ m²/s

7–57. $\dfrac{y}{x^2 + y^2 - 0.25} = \tan 40\pi y$

7–58. $L = 1.02$ m, $W = 0.0485$ m

7–59. $q = 0.697$ m²/s, $w = 0.157$ m

7–61. $p_O - p_A = 21.4$ kPa

7–62. $p = p_0 - \dfrac{\rho U^2}{2(\pi - \theta)^2}\left[\sin^2\theta + (\pi - \theta)\sin 2\theta\right]$

7–63. $y = x\tan[\pi(1 - 32y)]$

7–66. $V_A = 20$ m/s $\searrow_{30°}$, $V_B = 34.6$ m/s

$p_B = 90$ kPa, $p_A = 89.5$ kPa

7–67. $(F_R)_y = 32.8$ kN

7–69. $p = [39.04(1 - 4\sin^2 q)]$ Pa

7–70. $F_R = 15.2$ N/m$\uparrow$

7–71. $\Gamma = 2.73$ m²/s, $\theta = 12.5°$ and $167°$

7–73. $p_A = 12.5$ kPa

7–74.

r (m)	0.1	0.2	0.3	0.4	0.5
V (m/s)	12	7.5	6.67	6.375	6.24
p (kPa)	69	135	144	147	148

7–75. $p_A = 52.8$ kPa

7–77. $\theta = 90°$ 또는 $270°$, $p_{min} = -2.88$ kPa

7–78.

$V\vert_{\theta=30°} = 40$ m/s	$V\vert_{\theta=60°} = 69.3$ m/s	$V\vert_{\theta=90°} = 80$ m/s
$P\vert_{\theta=30°} = 0$	$P\vert_{\theta=60°} = -1.92\,kPa$	$P\vert_{\theta=90°} = -2.88\,kPa$

7–79. $u = 36.9°, 143°$, $p_A = 97.4$ kPa

7–81. $F_y = 1.09$ kN, $p_{max} = 350$ Pa, $p_{min} = -802$ Pa

7–82. $\omega = 2.37$ rad/s

7–87. $v_\theta = \dfrac{\omega r_i^2}{r_o^2 - r_i^2}\left(\dfrac{r_o^2 - r^2}{r}\right)$

8장

8–1. **a.** $\dfrac{F}{T}$

b. $\dfrac{1}{T}$

c. 1

d. $\dfrac{FL}{T}$

8–2. **a.** $\dfrac{ML}{T^3}$

b. $\dfrac{1}{T}$

c. 1

d. $\dfrac{ML^2}{T^3}$

8–3. 아니요
네
네
아니요

8–5. $M = 1.27$

8–6. $\dfrac{\rho VL}{\mu}$ 또는 $\dfrac{\mu}{\rho VL}$

8–9. $W_e = 3.30(10^5)$

8–10. $V = k\sqrt{gh}$

8–11. $Q = kb\sqrt{gH^3}$, Q는 2.83배 증가한다.

8–13. $\tau = k\sqrt{\dfrac{m}{\gamma A}}$

8–14. $Q = k\dfrac{T}{\omega\rho D^2}$

8–15. $\delta = xf(\mathrm{Re})$

8–17. $V = C\left[\dfrac{D^2}{\mu}\left(\dfrac{\Delta p}{\Delta x}\right)\right]$

8–18. $\left(\dfrac{M}{LT^2}\right)^{1/2}$

8–19. $F = ky\forall$

8–22. $Q = k\sqrt{gD^5}$

8–23. $p = k\dfrac{\sigma}{r}$

8–25. $c = k\sqrt{\dfrac{\sigma}{\rho\lambda}}$, 18.4% 감소

8–26. $p = p_0 f\left(\dfrac{\rho r^3}{m}, \dfrac{E_\forall}{p_0}\right)$

8–27. $g\left(\text{Re, We}, \frac{D}{h}, \frac{d}{h}\right) = 0$

8–29. $F_D = \rho V^2 L^2 [f(\text{Re})]$

8–30. $V = \frac{\gamma d^2}{\mu} f\left(\frac{h}{d}\right)$

8–31. $Q = D^3 \omega f\left(\frac{\rho D^5 \omega^3}{\dot{W}}, \frac{D^3 \omega^2 \mu}{\dot{W}}\right)$

8–33. $\lambda = h f\left(\tau\sqrt{\frac{g}{h}}\right)$

8–34. $Q = \omega D^3 f\left(\frac{\Delta p}{\rho \omega^2 D^2}\right)$

8–37. $F_D = \rho V^2 A f(\text{Re})$

8–38. $T = \rho Q^{5/3} \omega^{1/3} f\left[\left(\frac{\omega}{Q}\right)^{1/3} h\right]$

8–39. $T = \rho \omega^2 D^4 f\left(\frac{\mu}{\rho \omega D^2}, \frac{V}{\omega D}\right)$

8–41. $V_m = 3.16 \text{ m/s}$
8–42. $V_m = 14.2 \text{ m/s}$
8–43. $(F_D)_p = 200 \text{ kN}$
8–45. $V_m = 12 \text{ km/h}$
8–46. $\rho_p = 11.0 \text{ kg/m}^3$
8–47. $D = 428 \text{ mm}$
8–49. $V_2 = 673 \text{ m/s}$
8–50. $(F_D)_p = 20.0 \text{ kN}$
8–51. $V_s = 90 \text{ km/h}, (F_{\max})_s = 8 \text{ kN}$
8–53. $(\Delta p)_{ke} = 4.54 \text{ Pa}$
8–54. $V_m = 1126 \text{ km/h}$
8–55. $v_m = 2.83(10^{-9}) \text{ m}^2/\text{s}$, 실용성이 매우 낮다.
8–57. $V_m = 4.97 \text{ Mm/h}$, 합리적이지 않다.
8–58. $V_m = 5140 \text{ km/h}$
8–59. $V_m = 12 \text{ m/s}$
8–61. $V_m = 0.447 \text{ m/s}$
8–62. $V_m = 8672 \text{ km/h}$
8–63. $V_p = 3.87 \text{ m/s}, (F_D)_p = 250 \text{ kN}$, $\dot{W} = 967 \text{ kN}$
8–65. $Q_m = 0.140 \text{ m}^3/\text{s}$, $H_m = 0.158 \text{ m}$

9장

9–1. $a = 0.960 \text{ mm}$
9–2. $F = 0.0258 \text{ N}$
9–3. $Q = 0.737(10^{-3}) \text{ m}^3/\text{s}$
9–5. $Q = 0.356(10^{-3}) \text{ m}^3/\text{s}$
$\tau_t = 0.222 \text{ Pa}, \tau_b = 0.222 \text{ Pa}$
9–6. $V = 0.148 \text{ m/s}$

9–7. $U = 4.88 \text{ m/s}$
9–9. $V_p = 1.15 \text{ mm/s}$
9–10. $T = 0.532 \text{ N}$
$U = 0.738 \text{ m/s}$
9–11. $\Delta p \le 1.91 \text{ kPa}$
9–14. $T = 0.326 \text{ N·m}$
9–15. $u = \left(\frac{U_t - U_b}{a}\right) y + U_b, \tau_{xy} = \frac{\mu(U_t - U_b)}{a}$
9–17. $\Delta p = 8.06 \text{ kPa}$
9–18. $V = 5.24 \text{ mm/s}$
9–19. $Q = 77.4(10^{-6}) \text{ m}^3/\text{s}$
9–21. $\Delta p \le 16.4 \text{ kPa}$
9–22. $\tau = 183 \text{ N/m}^2, u_{\max} = 1.40 \text{ m/s}$
$Q = 0.494(10^{-3}) \text{ m}^3/\text{s}$
9–23. $\tau_{\max} = 6.15 \text{ Pa}, u_{\max} = 2.55 \text{ m/s}$
9–25. $Q = 0.970 \text{ N·s/m}^2$
9–26. $u_{\max} - 6.35 \text{ m/}\varepsilon$
$\tau_{\max} = 250 \text{ N/m}^2$
9–27. 층류
9–29. $\dot{m} = 16.8 \text{ kg/s}$
9–30. $Q = 0.849(10^{-3}) \text{ m}^3/\text{s}$
9–31. $(V)_{\max} = 0.304 \text{ m/s}$, 난류는 발생하지 않는다.
9–33. $\tau = 428 \text{ N/m}^2$
9–34. $t = 231 \text{ min}$
9–35. $t = 28.2 \text{ min}$,
$\frac{\Delta p}{L} = 353 \frac{\text{N/m}^2}{\text{m}}$
9–37. $\Delta p \le 610 \text{ Pa}$
9–38. At $T = 10°C, L' = 330 \text{ mm}$
At $T = 30°C, L' = 537 \text{ mm}$
9–39. $F = 0.307(10^{-3}) \text{ N}$
9–41. $\tau = 71.4(10^{-6}) \text{ N/m}^2$
9–42. 혼합이 일어나지 않는다.
9–43. $\tau|_{r=75mm} = 30 \text{ N/m}^2$
$\tau|_{r=0} = 0$
$Q = 0.0209 \text{ m}^3/\text{s}$
9–45. $\text{Re} = 79.14(10^3)$
층류유동이 아니다.
9–47. $\tau_O = 28.75 \text{ N/m}^2$
$\tau|_{r=0} = 0$
$u_{\max} = 4.89 \text{ m/s}$
9–49. $\bar{u} = 14.1 \text{ m/s}$
9–50. $\tau_0 = 17.4 \text{ N/m}^2$
$\Delta p = 3.47 \text{ kPa}$
$y = 21.2 \text{ μm}$
9–51. $\bar{u} = 8.02 \text{ m/s}$
$y = 17.7 \text{ μm}$
9–53. $\tau_0 = 56.25 \text{ N/m}^2, y = 2.02 \text{ mm}$

9–54. $\tau = 600 \text{ N/m}^2$
$\bar{u} = 32.8 \text{ m/s}$

9–55. $\tau_{\text{visc}} = 1.91 \text{ N/m}^2$
$\tau_{\text{turb}} = 148 \text{ N/m}^2$

9–57. $Q = 278 \text{ mm}^3/\text{s}$

10장

10–1. $p_1 - p_2 = 30.9 \text{ kPa}$

10–2. $D = 143 \text{ mm}$ 직경의 파이프 사용

10–3. $h_L = 0.892 \text{ m}$

10–5. $p_1 - p_2 = 72.0 \text{ kPa}$

10–6. $p_1 - p_2 = 28.4 \text{ Pa}$

10–7. $Q = 0.00608 \text{ m}^3/\text{s}, p_1 - p_2 = 0.801 \text{ Pa}$

10–9. $p_A - p_B = 19.5 \text{ kPa}$

10–10. $p_A - p_B = 13.6 \text{ kPa}$

10–11. $Q = 0.267(10^{-3}) \text{ m}^3/\text{s}$

10–13. $Q = 8.98 \text{ L/s}$

10–14. $\dot{W}_0 = 4.40 \text{ kW}$

10–15. $h = 2.80 \text{ m}$

10–17. $p_1 - p_2 = 5.87 \text{ kPa}$

10–18. $\dot{m} = 10.6 \text{ kg/s}$

10–19. $p_1 - p_2 = 11.1 \text{ Pa}$

10–21. $\Delta p = 17.7 \text{ kPa}$

10–22. $f = 0.106$

10–23. $D = 100 \text{ mm}$ 직경의 파이프 사용

10–25. $Q = 0.821 \text{ m}^3/\text{s}$

10–26. $p_A - p_B = 2.06 \text{ kPa}$

10–27. $p_A = -31.6 \text{ kPa}, F_A = 190 \text{ N}$

10–29. $p_1 - p_2 = 133 \text{ kPa}$

10–30. 300% 증가

10–31. $Q = 0.0145 \text{ m}^3/\text{s}$

10–33. $Q = 0.0424 \text{ m}^3/\text{s}$

10–34. $\dot{W} = 56.1 \text{ kW}$

10–35. $h_L = 5.66 \text{ m}$

10–37. $P = 427 \text{ W}$

10–38. $\dot{W} = 194 \text{ W}$

10–39. $\dot{W}_{\text{out}} = 3.17 \text{ kW}$

10–41. $Q = 0.00951 \text{ m}^3/\text{s}$

10–42. $Q_{AD} = 0.0137 \text{ m}^3/\text{s}$

10–43. Use $D = 107 \text{ mm}$

10–45. $p_A = 22.9 \text{ kPa}$

10–46. $Q = 19.5 \text{ L/s}$

10–47. $p_A = 519 \text{ kPa}$

10–49. $Q = 0.126 \text{ m}^3/\text{s}$

10–50. $Q = 11.1 \text{ m}^3/\text{s}$

10–51. $\dot{W}_{\text{out}} = 41.8 \text{ kW}$

10–53. $p_A = 250 \text{ kPa}$

10–54. $Q = 0.0250 \text{ m}^3/\text{s}$

10–55. $p_B - p_A = 30.6 \text{ Pa}$

10–57. $p_A = 742 \text{ kPa}$

10–58. $Q = 0.0142 \text{ m}^3/\text{s}$

10–59. $Q = 0.00806 \text{ m}^3/\text{s}$

10–61. $p_B = 359 \text{ kPa}$

10–62. $p_A = 65.3 \text{ kPa}$

10–63. $p_A = 47.7 \text{ kPa}$

10–65. $\dot{W}_o = 2.41 \text{ kW}$

10–66. $Q_A = 0.0212 \text{ m}^3/\text{s}$
$Q_B = 0.0117 \text{ m}^3/\text{s}$
$Q_C = 0.00955 \text{ m}^3/\text{s}$
$Q_D = 0.0212 \text{ m}^3/\text{s}$

10–67. $p_A - p_D = 76.8 \text{ kPa}$

10–69. $Q = 0.0430 \text{ m}^3/\text{s}$

10–70. $Q = 0.0133 \text{ m}^3/\text{s}$

10–71. $\dot{W} = 152 \text{ W}$

10–73. $Q_{ABC} = 0.000534 \text{ m}^3/\text{s}$
$Q_{ADC} = 0.00182 \text{ m}^3/\text{s}$

11장

11–1. $\delta = 9.71 \text{ mm}$
$\delta^A = 3.34 \text{ mm}$
$u = 1.50 \text{ m/s}$

11–2. $\delta = 14.1 \text{ mm}$

11–5. $F_{Df} = 0.0331 \text{ N}$

11–7. $F_D = 0.0456 \text{ N}$

11–9. $F_{Df} = 0.110 \text{ N}$

11–10. $u\big|_{y=0.2 \text{ m}} = 9.09 \text{ m/s}, u\big|_{y=0.4 \text{ m}} = 9.52 \text{ m/s}$

11–11. $x_{\text{cr}} = 546 \text{ mm}$

11–13. $F_{Df} = 40.8 \text{ N}$

11–14. $F = 444 \text{ N}$

11–15. $F_{Df} = 1.62 \text{ N}$

11–17. $x = 1.69 \text{ m}$

11–18. $F = 0.588 \text{ N}$

11–19. $\delta = 4.33 \text{ mm}$
$\delta^* = 1.49 \text{ mm}$

11–21. $C_1 = 0, C_2 = \dfrac{3}{2}, C_3 = -\dfrac{1}{2}$

11–22. $\Delta = \dfrac{3.46x}{\sqrt{\text{Re}_x}}$

11–23. $\delta = \dfrac{4.80x}{\sqrt{\text{Re}_x}}$

11–25. $\delta = \dfrac{4.64x}{\sqrt{\text{Re}_x}}$

11–26. $\tau_0 = 0.323\mu\left(\dfrac{U}{x}\right)\sqrt{\text{Re}_x}$

11–27. $C_1 = \dfrac{3}{2}, C_2 = 0, C_3 = -\dfrac{1}{2}$
$\delta = \dfrac{4.64x}{\sqrt{\text{Re}_x}}$

11–29. $F_{Df} = 165 \text{ N}$

11–30. $\delta|_{x=1.5\text{m}} = 23.6$ mm

$\delta|_{x=0.75\text{m}} = 13.6$ mm

11–31. $\delta = \dfrac{0.343x}{(\text{Re}_x)^{1/5}}$

11–33. $\delta = 44.6$ mm

11–34. $F_{Df} = 13.2$ N

11–35. $F_{Df} = 1.22$ kN

11–37. $a = 1.02$ m

11–38. $F = 495$ N

11–39. $F_{Df} = 15.7$ kN, $\dot{W} = 31.4$ kW

11–41. $F = 2.14$ kN

11–42. $\delta = 16.1$ mm

$\tau_0 = 15.5$ N/m^2

11–43. $F_{Df} = 652$ N

11–45. $(F_D)_p = 100$ kN

11–46. $F_R = 1.39$ MN

11–47. $F_D = 632$ kN

11–49. $F_{PD} = 43.7$ kN

11–50. $F_R = 25.4$ kN

11–51. $M_A = 18.6$ kN·m

11–53. $\dot{W} = 36.9$ kW

11–54. 상자를 미끄러지게 한다.

11–55. $F_D = 2.20$ kN

11–57. $F_D = 1.42$ N

11–59. $F_D = 17.6$ N

11–61. $M_A = 4.25$ kN·m

11–62. $M_A = 859$ N·m

11–63. $\dot{W} = 80.5$ kW

11–65. 수직: $F_D = 33.2$ N

평행: $F_D = 0.119$ N

11–66. $t = 114$일

11–67. $U_T = 12.4$ m/s

11–69. $U = 9.27$ m/s

11–70. $d = 3.71$ m

11–71. $C_D = 2.08$

11–73. $F_D = 75.7$ N

11–74. $F_D = 20.1$ N

11–75. $m = 673$ g

11–77. $a = -13.7$ m/s^2

11–78. $V_0 = 0.374$ m/s

11–79. $V = 8.98$ m/s

11–81. $V = 16.8$ mm/s, $t = 2.97$ ms

11–82. $V = 1.86$ m/s

11–83. $d = 8.88$ m

11–85. $U_2 = 188$ km/h

11–86. $C_L = 314$

$\alpha = 2.50°$ (대략)

11–87. $F_D = 3.30$ kN

$\alpha = 20°$

$V_s = 57.2$ m/s

11–89. $\alpha \approx 15°$

11–90. $C_L = 0.277$

11–91. $\theta = 20.8°$

11–93. 글라이더는 착륙할 수 있다.

11–94. $U_2 = 172$ km/h

11–95. $F_L = 0.03$ N

11–97. $d = 31.8$ mm

12장

12–1. $y = 1.01$ m

12–2. $V_2 = 3.78$ m/s

12–3. $E = 1.36$ m,

$y = 0.912$ m

12–5. **a.** 3.84 m/s

b. 3.53 m/s

c. 0

12–6. $y = 2.82$ m (아임계)

$y = 0.814$ m (초임계)

12–7. $V_{up} = 2.93$ m/s, $V_{down} = 5.93$ m/s,

Fr $= 0.339$

12–9. $E = 2.57$ m

$E_{min} = 2.48$ m

12–10. $y_B = 2.93$ m

12–11. $y_A = 0.734$ m

12–13. $y_c = 1.59$ m, $E_{min} = 2.38$ m

$y = 0.997$ m or $y = 2.73$ m

12–14. $y_c = 1.01$ m, 아임계, $E_{min} = 1.52$ m

$y = 1.5$ m에서 $E = 1.73$ m

12–15. $y_2 = 1.49$ m

12–17. $y_2 = 0.938$ m

$F = 2.35$ kN

12–18. $y_B = 4.80$ m, $V_A = 1$ m/s, $V_B = 1.40$ m/s

12–19. $y_B = 0.511$ m

$V_A = 10$ m/s

$V_B = 9.79$ m/s

12–21. $h = 0.150$ m

12–22. $y_2 = 3.43$ m

$b_c = 0.632$ m

12–23. $h = 0.400$ m

12–25. $y = 0.972$ m

$y_2 = 0.540$ m

12–26. $h = 0.438$ m

$y_2 = 0.749$ m

12–27. $h = 18.7$ mm, $y_2 = 1.12$ m

12–29. $y_2 = 0.547$ m

$y_1 = 3.93$ m

12–30.

y_2(m)	0	1	2	3	4	5
Q(m^3/s)	0	19.8	35.4	46.0	50.1 (최대)	44.3

12–31. $Q_{max} = 100 \text{ m}^3/\text{s}$
초임계: $y_2 = 1.62 \text{ m}$
아임계: $y_2 = 5.64 \text{ m}$

12–33. **a.** $R_h = \dfrac{bh}{2h + b}$

b. $R_h = \dfrac{\sqrt{3}}{8} l$

c. $R_h = \dfrac{\sqrt{3}l(l + 2b)}{4(2l + b)}$

12–34. $y = 1 \text{ m}$
$Q_{max} = 4.70 \text{ m}^3/\text{s}$

12–35. $y = 1 \text{ m}, Q_{max} = 4.70 \text{ m}^3/\text{s}$

12–37. $y = 1.88R$

12–38. $y = 1.63R$

12–39. $Q = 63.5 \text{ m}^3/\text{s}$

12–41. $Q = 98.7 \text{ m}^3/\text{s}, S_c = 0.00141$, 초임계

12–42. $Q = 145 \text{ m}^3/\text{s}$

12–43. $y_c = 3.92 \text{ m}$
$S_c = 0.00185$

12–45. $\left(\dfrac{2Q^2 \tan^2\theta}{g}\right)^{1/2}$

12–46. $y = 1.82 \text{ m}$, 아임계

12–47. $y_c = 1.09 \text{ m}, S_c = 0.00278$

12–49. $R = 798 \text{ mm}$

12–50. $Q = 2.51 \text{ m}^3/\text{s}$

12–51. $S_0 = 0.00504$

12–53. $Q = 0.259 \text{ m}^3/\text{s}$

12–54. $S_0 = 0.0404$

12–55. $Q = 0.136 \text{ m}^3/\text{s}$

12–57. $Q = 110 \text{ m}^3/\text{s}$, 초임계

12–59. $b = 3.08 \text{ m}$

12–61. $y = 1.25 \text{ m}$

12–62. $\theta = 60°$

12–63. $a = b$

12–65. $\theta = 60°, l = b$

12–66. $S2$

12–67. $M2$

12–69. $S1$

12–70. $A3$

12–71. $x = 1545 \text{ m}$

12–73. $y = 2.13 \text{ m}$

12–74. $x = 65.7 \text{ m}$

12–75. $y_1 = 0.300 \text{ m}, h_L = 17.3 \text{ m}$

12–77. 형성된다. $y_c = 4.74 \text{ m}$

12–78. $y_2 = 0.586 \text{ m}, h_L = 0.550 \text{ m}$

12–79. $V_1 = 7.14 \text{ m/s}$
$V_2 = 4.46 \text{ m/s}$
$h_L = 0.0844 \text{ m}$

12–81. $y_1 = 0.404 \text{ m}, h_L = 3.61 \text{ m}$

12–82. $y_2 = 3.75 \text{ m}$

12–83. $y = 3.38 \text{ m}$

12–85. $Q_{actual} = 0.0994 \text{ m}^3/\text{s}$

12–86. $Q_{actual} = 2.89 \text{ m}^3/\text{s}$

13장

13–1. $T_{out} = 5.01°C$

13–2. 밀도 ρ는 일정하게 유지된다. $\Delta\rho = 0$
$\Delta p = -26.4 \text{ kPa}$
$\Delta u = -32.5 \text{ kJ/kg}$
$\Delta h = -45.5 \text{ kJ/kg}$

13–3. $\rho_1 = 0.331 \text{ kg/m}^3, T_2 = 366 \text{ K}$

13–5. $\Delta h = 0, \Delta s = -272 \text{ J/kg·K}$

13–6. $\Delta u = 14.8 \text{ kJ/kg}$
$\Delta h = 20.8 \text{ kJ/kg}$
$\Delta s = 111 \text{ J/(kg·k)}$

13–7. $\Delta\rho = -1.63 \text{ kg/m}^3$
$\Delta h = 25.1 \text{ kJ/kg}$

13–9. 밀도 ρ는 일정하게 유지된다.
$\Delta p = 56.0 \text{ kPa}, \Delta u = 157 \text{ kJ/kg}$
$\Delta h = 261 \text{kJ/kg}$

13–10. $\Delta u = 9.74 \text{ kJ/kg}, \Delta h = 13.6 \text{ kJ/kg}$
$\Delta s = 99.2 \text{ J/kg·K}$

13–11. $M = 0.761$

13–13. $s = 2.30 \text{ km}$

13–14. $V = 1.23(10^3) \text{m/s}$

13–15. $\alpha = 27.04° = 27.0°$
$V = 705 \text{ m/s}$

13–17. $C_{air} = 343 \text{ m/s}, C_w = 1.50 \text{ km/s}$

13–18. $c_{air} = 343 \text{ m/s}, c_w = 1.48 \text{ km/s}$

13–19. $V = 1663 \text{ km/h}$

13–21. $\rho = 1.89 \text{ kg/m}^3$
$p_0 = 453 \text{ kPa}$

13–22. $\dot{m} = 36.0 \text{ kg/s}$

13–23. $t = 4.19 \text{ s}$

13–25. $V = 301 \text{ m/s}$

13–26. $\dot{m} = 68.7 \text{ kg/s}, \rho_0 = 4.67 \text{ kg/m}^3$

13–27. $\dot{m} = 0.0519 \text{ kg/s}$

13–29. $\dot{m} = 0.968 \text{ kg/s}$

13–30. $p_0 = 180 \text{ kPa}, \dot{m} = 0.281 \text{ kg/s}$

13–31. $P_0 = 13.3(10^3)$

13–33. $\dot{m} = 0.714 \text{ kg/s}$

13–34. $\dot{m} = 1.82 \text{ kg/s}$

13–35. $M = 0.446$
$\dot{m} = 17.2 \text{ kg/s}$

13–37. $\dot{m} = 0.00665 \text{ kg/s}, F = 1.69 \text{ N}$

13–38. $p_0 = 107 \text{ kPa}$

13–39. $M_C = 1$
아음속: $M_B = 0.150, p_B = 722 \text{ kPa}$
초음속: $M_B = 2.92, p_B = 22.6 \text{ kPa}$

13–41. $\dot{m} = 0.0547 \text{ kg/s}$

13–42. $\dot{m} = 1.78 \text{ kg/s}$

13–43. $\dot{m} = 1.77 \text{ kg/s}$

13–45. $d_t = 17.4 \text{ mm}, d_B = 22.6 \text{ mm}$
$T_0 = 302 \text{ K}, T_B = 168 \text{ K}$

13–46. $\dot{m} = 1.05 \text{ kg/s}$

13–47. $\dot{m} = 0.306 \text{ kg/s}$

13–49. $p_3 = 1193 \text{ kPa}, V = 33.2 \text{ m/s}$

13–50. $T = 291 \text{ K}, P = 409 \text{ kPa}, \dot{m} = 0.312 \text{ kg/s}$

13–51. $T = 121 \text{ K}, P = 19.2 \text{ kPa}, \dot{m} = 0.312 \text{ kg/s}$

13–53. $\dot{m} = 0.0155 \text{ kg/s}$

13–54. $\dot{m} = 42.2 \text{ g/s}$

13–55. $\dot{m} = 85.1 \text{ kg/s}$

13–57. $P = 90 < p_B$, 초킹이 발생한다.
$\dot{m} = 0.120 \text{ kg/s}$

13–58. $d_t = 197 \text{ mm}$
$d_e = 313 \text{ mm}$

13–59. $\dot{m} = 0.257 \text{ kg/s}$

13–61. $p_0 = 403 \text{ kPa}, d_t = 49.5 \text{ mm}, p_t = 219 \text{ kPa}$
$\text{M}_B = 0.0358, \text{M}_B = 4.07$

13–62. $P_2 = 242 \text{ kPa}$
$V_2 = 310 \text{ m/s}$

13–63. $(T_0)_1 = 275 \text{ K}, (T_0)_2 = 660 \text{ K}$
$\Delta s = 943 \text{ J/kg} \cdot \text{K}$

13–65. $T = 390 \text{ K}, V = 502 \text{ m/s}$

13–66. $p_1 = 156 \text{ kPa}, \rho_1 = 1.95 \text{ kg/m}^3$

13–67. $T^* = 304 \text{ K}, p^* = 98.4 \text{ kPa}$

13–69. $(T_0)_1 = 561 \text{ K}, (T_0)_2 = 671 \text{ K}, \Delta s = 265 \text{ J/(kg} \cdot \text{K)}$

13–70. $L_{\max} = 215 \text{ m}, \text{M}_2 = 0.565$
$p_2 = 64.3 \text{ kPa}, T_2 = 279 \text{ K}$

13–71. $(T_0)_1 = 275 \text{ K}, (T_0)_2 = 660 \text{ K}$
$\Delta s = 943 \text{ J/kg} \cdot \text{K}$

13–73. $p_0^* = 231 \text{ kPa}, t_0^* = 293 \text{ K}, \Delta s = 75.1 \text{ J/kg} \cdot \text{K}$

13–74. $\text{M}_2 = 0.583$
$T_2 = 400 \text{ K}$
$P_2 = 82.5 \text{ kPa}$

13–75. $\dot{m} = 0.330 \text{ kg/s}, \Delta u = 80.5 \text{ kJ/kg}$

13–77. $\dot{m} = 4.46 \text{ kg/s}, F_f = 806 \text{ N}$

13–78. $V_1 = 165 \text{ m/s}$

13–79. $\dot{m} = 17.4 \text{ kg/s}$

13–81. $\dot{m} = 6.91 \text{ kg/m}^3$

13–82. $\text{M}_1 = 1.87, \text{M}_2 = 0.601$
$T_2 = 552 \text{ K}, p_2 = 314 \text{ kPa}, V_2 = 283 \text{ m/s}$

13–83. $p_b < 17.6 \text{ kPa}$

13–85. $t = 4.28 \text{ s}$

13–86. $\dot{m} = 0.665 \text{ kg/s}$

13–87. $(p_e)_{\text{sub}} = 626 \text{ kPa}, (p_e)_{\text{sup}} = 10.6 \text{ kPa}$
$V_{\max} = 699 \text{ m/s}$

13–89. $\dot{m} = 183 \text{ kg/s}$

13–90. $p_2 = 240 \text{ kPa}, (p_0)_2 = 292 \text{ kPa}$

13–91. $V_2 = 261 \text{ m/s}$

13–93. $d_{\text{out}} = 410 \text{ mm}, d_t = 304 \text{ mm}$

13–94. $d_{\text{out}} = 504 \text{ mm}, d_t = 304 \text{ mm}, \dot{m} = 64.9 \text{ kg/s}$

13–95. 노즐에서 초크가 발생하려면
$p_b < 554 \text{ kPa}$
출구에서 팽창파가 발생하려면
$P_b < 12.4 \text{ kPa}$

13–97. $V_e = 659 \text{ m/s}$

13–98. $d_t = 254 \text{ mm}, d_e = 272 \text{ mm}$

13–99. $p_2 = 360 \text{ kPa}, T_2 = 551 \text{ K}$

13–101. $T_2 = 522 \text{ K}, V_2 = 245 \text{ m/s}$

13–102. $V_s = 445 \text{ m/s}, p_2 = 179 \text{ kPa}$

13–103. $250 \text{ kPa} < p_b < 413 \text{ kPa}$

13–105. $p_b < 52.2 \text{ kPa}$

13–106. $p_B = 176 \text{ kPa}$

13–107. $30.7 \text{ kPa} < p_b < 213 \text{ kPa}$

13–109. $p_b < 30.7 \text{ kPa}$

13–110. $p_e = 40.7 \text{ kPa}$

13–111. $p_B = 123 \text{ kPa}, T_B = 307 \text{ K}$

13–113. $(P_2)_t = 80.7 \text{ kPa}$

13–114. $(p_2)_b = 95.1 \text{ kPa}$

13–115. $(p_2)_t = 60.5 \text{ kPa}$

13–117. $p_2 = 131 \text{ kPa}, T_2 = 317 \text{ K}$
$V_2 = 742 \text{ m/s}, \delta = 57.4°$

13–118. $T_2 = 231 \text{ K}, p_2 = 45.3 \text{ kPa}$

13–119. $\beta = 25.6°$
$p_2 = 84.5 \text{ kPa}$
$T_2 = 307 \text{ K}$

13–121. $(T_2)_B = 211 \text{ K}, (p_2)_B = 59.7 \text{ kPa}$

13–122. $p_A = 105 \text{ kPa}, p_B = 68.5 \text{ kPa}$

14장

14–1. $(V_{rel})_2 = 5.10 \text{ m/s}, V_2 = 10.4 \text{ m/s}$

14–2. $W_{\text{pump}} = 4.48 \text{ kW}$

14–3. $\beta_1 = 28.9°, \dot{W}_{\text{pump}} = 14.7 \text{ kW}$

14–5. $V_2 = 4.49 \text{ m/s}, (V_{\text{rel}})_2 = 5.70 \text{ m/s}$

14–6. $(V_t)_2 = 2.74 \text{ m/s}, V_{\text{rel}} = 12.4 \text{ m/s}$

14–7. $V_2 = 1.29 \text{ m/s}, (V_t)_2 = 1.26 \text{ m/s}$

14–9. $h_{\text{pump}} = 18.9 \text{ m}$

14–10. $h_{\text{pump}} = 494 \text{ m}$

14–11. $Q = 0.423 \text{ m}^3/\text{s}$

14–13. $T = 54.5 \text{ N} \cdot \text{m}$

14–14. $T = 59.5 \text{ N} \cdot \text{m}$

14–17. $\dot{W} = 59.6 \text{ kW}$

14–18. $(V_{\text{rel}})_1 = 13.3 \text{ m/s}, (V_{\text{rel}})_2 = 9.42 \text{ m/s}$

14–19. $\dot{W}_{\text{pump}} = 207 \text{ W}$

14–21. $T = 1.81 \text{ kN} \cdot \text{m}$

14–22. $\dot{W}_{\text{in}} = 429 \text{ kW}$

14–23. $\beta_1 = 17.0° \; \alpha_2 = 38.3°$

14–25. $\beta_1 = 38.6°, (V_{rel})_1 = 12.8 \text{ m/s}$
$(V_{rel})_2 = 30.9 \text{ m/s}, \alpha_2 = 75.0°$

14–26. $T = 8.21 \text{ kN} \cdot \text{m}, \dot{W}_{turbine} = 82.1 \text{ kW}$

14–27. $T = 2.10 \text{ kN} \cdot \text{m}, \dot{W}_{turbine} = 10.3 \text{ kW}$

14–29. $T = 55.7(10^3) \text{ N} \cdot \text{m}$에 대해 $\omega = 29.8 \text{ rev/min}$
$\dot{W} = \dot{W}_{max}$에 대해 $\omega = 35.8 \text{ rev/min}$

14–30. $W_{turb} = 637 \text{ kW}$

14–31. $h_{turbine} = 12.6 \text{ m}$

14–33. $T = 230 \text{ N} \cdot \text{m}, \dot{W}_s = 9.19 \text{ kW}$

14–34. $\eta = 62.4\%$

14–35. $\dot{W} = 167 \text{ kW}$

14–37. $V_1 = 30.3 \text{ m/s}, V_2 = 17.5 \text{ m/s}$

14–38. $\dot{W}_{turb} = -16.6 \text{ MW}$

14–39. $\beta_1 = 54.5°, \beta_2 = 54.0°, (V_{rel})_2 = 20.4 \text{ m/s}$

14–41. $Q = 1210 \text{ L/min}$

14–42. $Q = 1360 \text{ L/min}$

14–43. $Q = 0.03375 \text{ m}^3/\text{s}$

14–45. 공동현상은 발생하지 않는다.

14–46. 공동현상이 발생한다.

14–47. $Q = 1660 \text{ L/min}, h_{pump} = 29.0 \text{ m}$

14–49. $W_2 = 1.57 \text{ kW}$

14–50. $Q_2 = 1000 \text{ L/min}, h_2 = 17.8 \text{ m}$

14–51. $\omega_2 = 2134 \text{ rev/min}$

14–53. $Q_2 = 0.633 \text{ m}^3/\text{s}$

14–54. $D_2 = 122 \text{ mm}$

14–55. $h_2 = 0.243 \text{ m}$

찾아보기

유체역학의 기본방정식

밀도와 비중량

$$\rho = \frac{m}{V} \qquad \gamma = \frac{W}{V}$$

이상기체 법칙

$$p = \rho R T$$

점성계수

$$\tau = \mu \frac{du}{dy} \qquad \nu = \frac{\mu}{\rho}$$

압력

$$p_{\text{avg}} = \frac{F}{A}$$

$$p_{\text{abs}} = p_{\text{atm}} + p_g$$

$$p = p_0 + \gamma h \qquad \text{비압축성 유체}$$

정수압 합력

$$F_R = \gamma \bar{h} A$$

$$y_P = \bar{y} + \frac{\bar{I}_x}{\bar{y} A} \qquad x_P = \bar{x} + \frac{\bar{I}_{xy}}{\bar{y} A}$$

체적 및 질량유량

$$Q = \mathbf{V} \cdot \mathbf{A} \qquad \dot{m} = \rho \mathbf{V} \cdot \mathbf{A}$$

유선 방정식

$$\frac{dy}{dx} = \frac{v}{u}$$

$$a = \frac{DV}{Dt} = \frac{\partial V}{\partial t} + V \frac{\partial V}{\partial x}$$

$$a_s = \left(\frac{\partial V}{\partial t} \right)_s + V \frac{\partial V}{\partial s} \qquad a_n = \left(\frac{\partial V}{\partial t} \right)_n + \frac{V^2}{R}$$

질량보존 법칙

연속방정식

$$\frac{\partial}{\partial t} \int_{\text{cv}} \rho \, dV + \int_{\text{cs}} \rho \mathbf{V}_{f/\text{cs}} \cdot d\mathbf{A} = 0$$

에너지

베르누이 방정식

$$\frac{p_1}{\gamma} + \frac{V_1^2}{2g} + z_1 = \frac{p_2}{\gamma} + \frac{V_2^2}{2g} + z_2$$

(정상유동, 이상유체, 동일 유선)

수력학적 수두

$$H = \frac{p}{\gamma} + \frac{V^2}{2g} + z$$

에너지 방정식

$$\frac{p_{\text{in}}}{\gamma} + \frac{V_{\text{in}}^2}{2g} + z_{\text{in}} + h_{\text{pump}} = \frac{p_{\text{out}}}{\gamma} + \frac{V_{\text{out}}^2}{2g} + z_{\text{out}} + h_{\text{turbine}} + h_L$$

수두손실

$$h_L = f \frac{L}{D} \frac{V^2}{2g} \qquad h_L = K_L \frac{V^2}{2g}$$

동력

$$\dot{W}_s = \dot{m} g h_s = Q \gamma h_s$$

운동량

선형 운동량 방정식

$$\Sigma \mathbf{F} = \frac{\partial}{\partial t} \int_{\text{cv}} \mathbf{V} \rho \, dV + \int_{\text{cs}} \mathbf{V} \rho \mathbf{V}_{f/\text{cs}} \cdot d\mathbf{A}$$

각운동량 방정식

$$\Sigma \mathbf{M}_O = \frac{\partial}{\partial t} \int_{\text{cv}} (\mathbf{r} \times \mathbf{V}) \rho \, dV + \int_{\text{cs}} (\mathbf{r} \times \mathbf{V}) \rho \mathbf{V}_{f/\text{cs}} \cdot d\mathbf{A}$$

무차원수

$$\text{Re} = \frac{\rho V L}{\mu} \qquad \text{Fr} = \frac{V}{\sqrt{gL}} \qquad \text{M} = \frac{V}{c}$$

항력

$$F_D = C_D A_p \left(\frac{\rho V^2}{2} \right)$$

SI 접두어			
배수	지수형	접두어	SI 기호
1 000 000 000	10^9	giga	G
1 000 000	10^6	mega	M
1 000	10^3	kilo	k
하위 배수			
0.001	10^{-3}	milli	m
0.000 001	10^{-6}	micro	μ
0.000 000 001	10^{-9}	nano	n

변환 인자

$$1 \text{ atm} = 101.3 \text{ kPa}$$

$$1000 \text{ L (1)} = 1 \text{ m}^3$$

$$1 \text{ hp} = 745.7 \text{ W}$$

면에 대한 기하학적 특성치

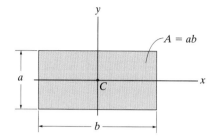

$A = ab$

$$I_x = \frac{1}{12}ba^3$$
$$I_y = \frac{1}{12}ab^3$$

직사각형

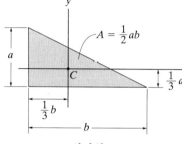

$A = \frac{1}{2}ab$

$$I_r = \frac{1}{36}ba^3$$
$$I_y = \frac{1}{36}ab^3$$

삼각형

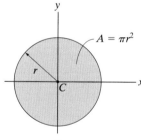

$A = \pi r^2$

$$I_x = \frac{1}{4}\pi r^4$$
$$I_y = \frac{1}{4}\pi r^4$$

원

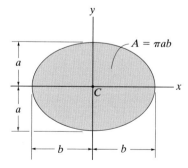

$A = \pi ab$

$$I_x = \frac{1}{4}\pi ba^3$$
$$I_y = \frac{1}{4}\pi ab^3$$

타원

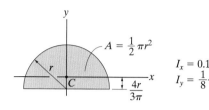

$A = \frac{1}{2}\pi r^2$

$$I_x = 0.1098\, r^4$$
$$I_y = \frac{1}{8}\pi r^4$$

반원

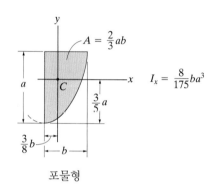

$A = \frac{2}{3}ab$

$$I_x = \frac{8}{175}ba^3$$

포물형

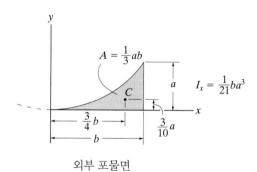

$A = \frac{1}{3}ab$

$$I_x = \frac{1}{21}ba^3$$

외부 포물면

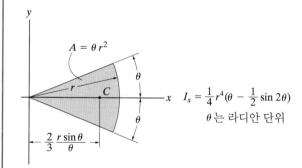

$A = \theta r^2$

$$I_x = \frac{1}{4}r^4\left(\theta - \frac{1}{2}\sin 2\theta\right)$$
θ 는 라디안 단위

부분 원

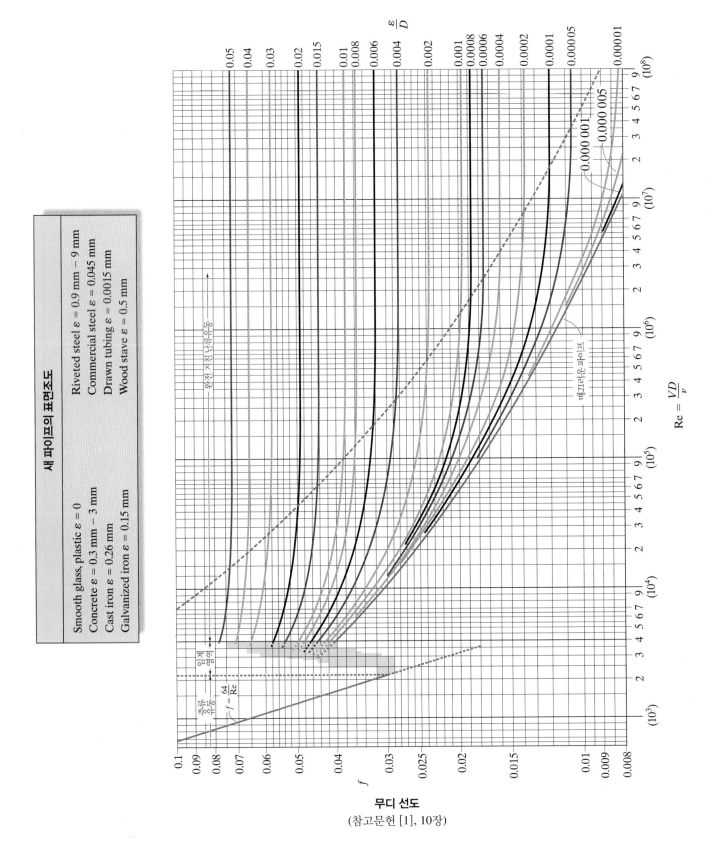

새 파이프의 표면조도

Smooth glass, plastic $\varepsilon = 0$
Concrete $\varepsilon = 0.3$ mm – 3 mm
Cast iron $\varepsilon = 0.26$ mm
Galvanized iron $\varepsilon = 0.15$ mm

Riveted steel $\varepsilon = 0.9$ mm – 9 mm
Commercial steel $\varepsilon = 0.045$ mm
Drawn tubing $\varepsilon = 0.0015$ mm
Wood stave $\varepsilon = 0.5$ mm

$$\mathrm{Re} = \frac{VD}{\nu}$$

$$\frac{\varepsilon}{D}$$

무디 선도
(참고문헌 [1], 10장)